Asia Edition

APPLIED STATISTICS AND PROBABILITY FOR ENGINEERS, 7th Edition

by Douglas C. Montgomery · George C. Runger

공학도를 위한 확률과 통계

제7판

더글러스 몽고메리 · 조지 룽거 지음

김경미 옮김

WILEY KM 경문사

역자 머리말

몽고메리(Montgomery)와 룽거(Runger) 교수가 저술한 확률과 통계 입문서 'Applied Statistics and Probability for Engineers'는 일곱 번째 개정을 거쳤으며, 오랫동안 미국의 많은 대학에서 널리 사용되고 있다. 역자는 예전에 확률과 통계 입문서 저술을 제안받았을 때, 이미 이 책을 포함한 많은 입문서가 존재하고 있어서 긍정적으로 고려하지 않았다.

지난 20년간 이 책을 교재로 강의하면서, 이 책이 통계학의 기본 원리를 수학적으로 설명하기보다는 논리적이고 직관적인 접근 방식을 취하며, 다양한 공학적 응용 사례를 통해 학생들의 흥미를 끌 수 있다는 점을 알게 되어 번역을 결심하게 되었다.

일찍이 품질 전문가 슈하트(Shewhart)와 데밍(Deming)은 통계학의 기여가 단순히 고도로 훈련된 통계학자를 산업에 투입하는 것만으로는 충분하지 않으며, 통계적 사고를 하는 다양한 분야의 인력을 양성하는 것이 더 중요하다고 언급한 바 있다. 이 번역서가 공학과 자연과학을 전공하는 학생들이 기초 통계학을 배우며 통계적 사고의 원리를 이해하는 데 도움이 되기를 바란다.

역자는 번역 과정에서 원저자들의 의도와 원전의 내용을 정확하게 전달하는 것을 최우선으로 하였으며, 이러한 측면을 고려하여 문체와 용어를 선택하였다. 전문 용어를 우리말로 옮길 때 한국통계학회의 통계용어사전과 대한수학회의 수학용어집을 참고하였다. 그럼에도 불구하고 같은 영어 용어에 대한 다양한 번역, 그리고 우리말과 영어의 구조적 차이로 인한 띄어쓰기 및 붙여쓰기에 차이가 있을 수 있다. 이 번역서에 대한 오류나 개선 사항이 있으면 언제든지 역자에게 알려주시면 적극적으로 반영하도록 하겠다.

이 번역서가 출판되기까지 많은 분의 도움을 받았다. 처음 번역을 의뢰해 주신 경문사의 이보선 부장님, 세심하게 원문 대조 작업과 교정을 도와주신 편집부의 유의진 님과 박수연 님, 유학을 떠나기 전 바쁜 중에도 교정을 도와준 박성준 군에게 깊이 감사드린다. 마지막으로 번역 과정에서 많은 조언을 아끼지 않은 오희석 교수님께도 감사의 마음을 전한다.

저자 머리말

의도한 독자에게

이 책은 공학, 물리학 및 화학 전공의 학부생을 위한 응용통계 및 확률의 입문서이다. 통계학은 새로운 제품, 제조시스템 및 공정을 설계하고 개발하며, 기존 시스템을 개선하는 데 중요한 역할을 한다. 통계적 방법은 관측 데이터의 변동성을 다루는 데 필요한 기술적이고 분석적인 방법을 제공하는 중요한 도구이다. 이 책에서 소개하는 다양한 방법은 경영, 생명과학, 사회과학 등 다른 분야의 통계분석에서 사용될 뿐만 아니라 특히 공학을 중심으로 한 독자를 염두에 두고 구성되었다. 이 방법들은 공학 및 화학/물리 과학 분야의 학생들에게 적합하며, 해당 분야에서 통계의 다양한 응용을 탐구하는 데 도움이 될 것이다. 예제와 연습문제는 공학과 과학을 기반으로 구성되었으며, 대부분 저자들의 컨설팅 경험과 출판된 자료에서 가져온 실제 데이터를 사용하였다.

모든 분야의 공학도는 최소한 한 학기 이상의 통계학을 수강해야 한다. 그러나 다른 학업 요구로 인해 학생들이 통계학을 단 한 학기만 수강하는 경우가 많다. 이 책은 한 학기에 적합하지만, 많은 학생이 통계의 중요한 응용을 이해하고 두 번째 학기를 선택하길 바라는 마음으로 두 학기에 걸쳐 필요한 충분한 자료를 제공한다. 또한, 유용한 참고서로 활용될 수 있을 것으로 기대한다.

처음 5판과 비교해 적절한 수학적 수준을 유지하였으며, 미적분을 한두 학기 수강하고 행렬대수에 대한 약간의 지식을 가진 공대생들이 쉽게 접근할 수 있다. 이 책은 독자가 수학적 이론보다는 방법론과 그 적용 방법을 이해할 수 있도록 구성되었다. 이번 판에서는 주요 부분을 재구성하고 새로운 연습문제를 추가하여 개선하였다.

책의 구성

공학통계 교재에 대한 흔한 비판 중 하나는 너무 길다는 것이다. 교수자와 학생 모두 이 책의 모든 주제를 한 학기는 물론 두 학기 동안 다루기 불가능하다고 불평한다. 저자들에게 이것은 중요한 문제이다. 강의의 내용과 수준에는 큰 차이가 있으며, 책의 가치를 해치지 않으면서 어떤 자료를 삭제할지 결정하는 것은 쉽지 않기 때문이다. 교수들의 의견을 바탕으로 이번 판에 어떤 주제를 포함할지 결정하였다.

1장에서는 통계의 기본 개념과 기술자가 문제 해결에 활용하는 통계 방법론을 소개한다. 경험모형의 구축, 공학실험의 설계, 제조공정의 감시 등 다양한 통계적 응용을 소개하며, 후속 장에서는 이를 더 깊이 다룬다.

2장부터 5장까지는 확률, 확률변수, 확률분포, 기댓값, 결합확률분포 및 독립성에 대한 기본 개념을 다룬다. 이 주제들은 비교적 포괄적으로 설명되지만, 수학적 세부 사항은 생략하였다.

6장에서는 표본추출과 함께 통계적 방법에 대한 내용을 시작하며, 데이터 요약, 줄기-잎 그림, 히스토그램, 상자그림, 확률그림 및 시계열그림을 설명한다. 7장에서는 표본분포, 중심극한정리 및 모수의 점추정에 대해 논의하며, 최대가능도법, 적률법, 베이지추정법의 중요한 성질도 소개한다.

8장에서는 단일표본에 대한 구간추정을 다루며, 평균, 분산, 표준편차, 비율에 대한 신뢰구간, 예측구간, 허용구간을 포함한다. 9장에서는 단일표본에 대한 가설검정을, 10장에서는 이표본 검정과 신뢰구간을 다루며, 이 주제는 광범위하게 재구성되었다. 적절한 표본 크기를 결정하는 방법에 대한 상세한 정보와 예시도 포함되었다. 학생들이 실제 공학 문제 해결에 이 기법을 어떻게 적용할 수 있는지를 익히고 그 배경 개념을 이해할 수 있도록 돕는다. 이 장에서는 공식적이고 수학적인 접근보다는 논리적이고 직관적인 방법론을 전개하였고, 비모수 방법에 대한 내용도 일부 포함한다.

11장과 12장은 단순선형회귀와 다중선형회귀를 다루며, 모형의 진단 및 타당성 검토, 로지스틱 회귀에 대한 소개도 포함한다. 12장에서는 행렬대수를 통해 다중회귀를 설명하며, 이는 개념을 이해하는 데 효과적인 방법이다. 스칼라 산술로 다중회귀를 설명하기는 복잡할 수 있으며, 학부생이 이해할 수 있는 수준의 행렬대수에 대한 지식이 필요하다.

13장과 14장은 단일요인과 다요인 실험을 다루며, 랜덤화, 블록화, 요인설계, 교호작용, 그래픽 데이터분석 및 부분 실험의 개념을 소개한다. 마지막으로 15장에서는 통계적 품질관리를 다루며, 관리도와 통계적 공정관리의 기본 원칙을 강조한다.

차례

10 이표본 통계추론

11 단순선형회귀와 상관

12 다중선형회귀

CHAPTER 1

공학에서 통계학의 역할

phillyskater/Getty Images

학습목표

이 장을 주의 깊게 학습한 후 다음을 할 수 있다.

1. 공학 문제의 해결 과정에서 통계학의 역할을 이해한다.
2. 변동이 공학적 의사결정에 사용되는 데이터에 미치는 영향을 이해한다.
3. 열거적 연구와 분석적 연구의 차이를 설명한다.
4. 공학 데이터의 다양한 수집 방법을 이해한다.
5. 공학 데이터의 다른 수집 방법에 비해 실험설계가 가지는 장점을 이해한다.
6. 역학모형과 경험모형의 차이를 설명한다.
7. 공학과 과학 분야에서 확률과 확률모형을 어떻게 활용하는지 이해한다.

목차

통계학은 변동이 존재하는 상황에서 의사결정을 지원하고 결론을 도출하는 데 도움을 주는 과학이다. 예를 들어 지역 고속도로 시스템의 수용 능력에 관심이 있는 도시공학 기술자를 생각해 보자. 교통에 관한 전형적인 문제를 풀기 위해서는 고속도로 시스템의 비업무 관련 통행 횟수, 가정-기반 통행 횟수, 가구원의 수, 가구당 승용차 보유 대수에 관한 데이터가 필요하다. 연구의 목적은 가구원의 수와 가구당 승용차 보유 대수를 통행 횟수와 관련시키는 통행-발생모형을 개발하는 것이다. 통행-발생모형은 교통 시스템을 계획할 때 중요한 도구이다. 모형을 구축하기 위해 **회귀분석**이라는 통계기법을 사용할 수 있다. 회귀분석은 공학에서 가장 널리 사용되는 통계적 방법 중 하나로 11장과 12장에서 학습한다.

병원 응급실은 의료전달 체계의 중요한 일부분이다. 환자가 응급실에 도착하는 과정은 매우 다양하며 하루 중 시간대, 요일, 장기적인 순환변동 등의 영향을 받는다. 서비스 과정은 환자가 필요로 하는 서비스 유형, 응급실 내 환자의 수, 응급실 직원과 조직에 따라 변한다. 응급실의 수용 능력도 제한적이므로 어떤 환자들은 오래 기다려야 한다. "환자들이 평균적으로 얼마나 기다리는가?"는 의료 제공자에게 중요한 질문이다. 대기시간이 길면 일부 환자는 치료받지 않고 떠날 수 있으며 이는 심각한 문제가 될 수 있다. 이 환자들이 치료받지 못하고 더 많은 문제와 합병증에 노출될 위험이 있기 때문이다. 따라서 또 하나의 중요한 질문은 "응급실에서 치료받지 않고 떠나는 환자의 비율은 얼마인가"이다. 이 질문에 답하려면 응급실을 설명하는 확률모형이 필요하다. 확률모형을 이용하여 대기시간과 치료받지 않고 떠나는 환자의 수에 대한 정확한 추정치를 구할 수 있다. 2장~5장에서는 이와 같은 문제를 해결할 때 유용하게 사용할 수 있는 확률모형을 학습한다.

확률과 통계의 개념은 매우 효과적이며 많은 공학 문제를 해결하는 데 크게 기여한다. 이 책에서는 확률과 통계의 다양한 응용 사례를 알아본다.

1.1 공학적 방법과 통계적 사고

기술자는 과학 원리를 효율적으로 응용하여 중요한 사회 문제를 해결하는 사람이다. 이를 위해 기술자는 기존 제품이나 공정을 개선하고, 고객의 요구를 충족하는 새로운 제품이나 공정을 설계한다. 이와 같은 문제를 공식화하고 해결하는 접근 방식을 공학적 방법(engineering method) 또는 과학적 방법(scientific method)이라고 한다. 공학적 방법의 절차는 다음과 같다.

1. 문제를 명확하고 간결하게 정의한다.
2. 문제와 문제의 해에 영향을 미치는 중요한 요인을 적어도 잠정적으로 파악한다.
3. 현상에 대한 과학적, 공학적 지식을 활용하여 문제에 관한 모형을 제안한다. 모형의 한계점이나 가정사항도 명시한다.
4. 적절한 실험을 수행하여 [단계 2]와 [단계 3]에서 제안한 모형이나 결론을 시험하

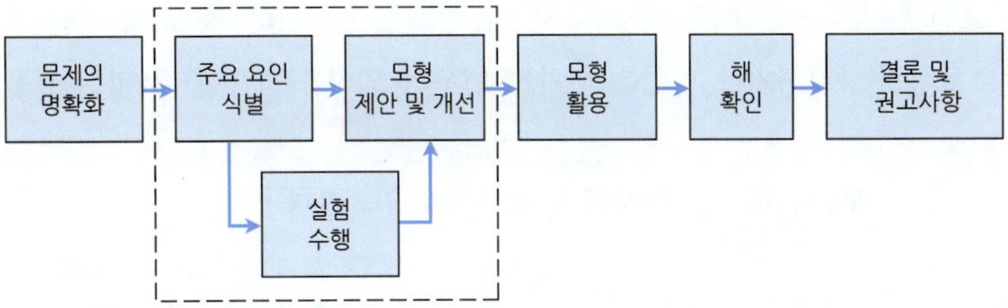

그림 1.1 공학적 방법

거나 검증하기 위한 데이터를 수집한다.

5. 수집된 데이터를 기반으로 모형을 개선한다.
6. 모형을 활용하여 문제의 해를 도출한다.
7. 도출한 해가 효과적이고 효율적인지 확인하기 위해 적절한 실험을 수행한다.
8. 문제의 해를 기반으로 결론을 도출하거나 권고사항을 제시한다.

이와 같은 공학적 방법의 절차를 그림으로 설명하면 그림 1.1과 같다. 기계(정역학, 동역학), 유체, 열, 전기, 재료 등의 다양한 공학 분야에서 공학적 방법을 활용한다. 공학적 방법에서는 문제와 문제의 해에 영향을 미칠 수 있는 요인, 현상의 모형, 제안된 모형과 해의 적절성을 검증하기 위한 실험이 서로 강하게 상호작용을 한다. 그림 1.1에서 [단계 2]~[단계 4]는 상자에 포함되어 있는데, 최종 해를 얻기 위해 이 단계의 반복이 필요하다는 것을 나타낸다. 따라서 기술자는 실험을 효율적으로 계획하고, 데이터를 수집, 분석, 해석하는 방법을 알아야 하며, 관측된 데이터가 문제에서 제안된 모형과 어떤 관련이 있는지 알아야 한다.

통계학은 의사결정을 지원하고 문제를 해결하며, 제품과 공정을 설계하기 위해 데이터를 수집, 제시, 분석 및 활용하는 방법을 다룬다. 간단히 말해 통계학은 데이터의 과학이다. 공학 실무의 다양한 측면이 데이터 작업과 관련되므로 기술자에게 통계 지식은 다른 공학 분야와 똑같이 중요하다. 특히 통계기법은 새로운 제품과 시스템의 설계, 기존 제품의 개선, 생산공정의 설계, 개발 및 개선에 도움이 된다.

1.1.1 변동

변동(variability)을 설명하고 이해하기 위해 통계기법을 사용한다. 변동은 시스템이나 현상을 연속적으로 관측한 결과가 정확히 일치하지는 않음을 뜻한다. 일상생활에서 우리는 변동을 경험하며, 통계적 사고는 변동을 의사결정과정에 효과적으로 통합하는 유용한 방법이다. 예를 들어 자동차의 연료 효율성을 생각해 보자. 연료 탱크마다 연비는 항상 똑같은가? 물론 그렇지 않다. 때로는 연비가 상당히 다르다. 연료 효율성에서 관측되는 이러한 변동은 최근의 주행 유형(도시 또는 고속도로), 시간에 따른 차량 상태의 변화(타이어 압력, 엔진 압축, 밸브 마모와 같은 요인), 사용한 연료의 브랜드와 옥탄 수치, 최근 날씨 조건과 같은 여러 요인에 의존한다. 이들 요인은 시스템 변동의 원인이다. 통계학은 변동을 설명하고, 연료 효율성에 중요하거나 영향을 미치는 변동의 원인을 학습할 수 있는 틀을 제공한다.

다음 예제는 공학 문제에서 변동이 어떻게 발생하는지 알려준다.

예제 1.1 가압 힘의 변동
어느 기술자가 자동차 엔진에 사용할 나일론 연결기를 설계하고 있다. 기술자는 연결기의 벽두께를 3/32인치로 설정하려고 하지만 이러한 결정이 연결기의 가압 힘에 미치는 영향이 불확실하다. 가압 힘이 너무 낮으면 엔진에 연결기를 설치할 때 연결기가 고장날 수 있다. 8개의 시제품을 생산하고 가압 힘을 측정한 결과는 12.6, 12.9, 13.4, 12.3, 13.6, 13.5, 12.6, 13.1 (단위:파운드)이다. 예상한 대로 시제품의 가압 힘이 모두 같지는 않다. 즉, 가압 힘의 측정치에는 변동이 있다.

가압 힘의 측정치에 변동이 있으므로 가압 힘을 확률변수(random variable)라고 둔다. 확률변수를 다루는 편리한 방법으로 측정치를 X라고 하고 다음 모형을 사용한다.

$$X = \mu + \epsilon \tag{1.1}$$

여기서 μ는 상수이고 ϵ은 무작위 교란이다. 상수는 측정마다 일정하지만, ϵ은 환경의 미세한 변화, 시험 장비의 변동, 부품의 차이 등으로 인해 변한다. 교란이 없으면 ϵ은 항상 0이므로 X는 상수 μ이다. 그러나 현실적으로는 항상 교란이 있고 측정치 X에는 변동이 있다. 변동을 측정하고 설명해야 하며 궁극적으로 줄여야 한다.

그림 1.2는 가압 힘 데이터의 점도표를 나타낸다. 점도표는 작은 크기의 데이터, 보통 20개 정도의 관측치를 표현할 때 아주 유용한 그래프이다. 점도표를 통해 데이터의 두 가지 특징인 위치(중심)와 퍼짐(변동)을 쉽게 확인할 수 있다. 점도표는 데이터의 비정상적 특징을 보여주는 편리한 방법이지만, 관측치의 개수가 적을 때는 점도표로부터 변동성 내의 특별한 패턴을 식별하기 어려울 수 있다.

공학 문제를 해결할 때 통계적 사고(statistical thinking)가 필요하다. 연결기를 설계하는 기술자를 생각해 보자. 시제품을 시험한 결과 가압 힘의 평균은 13.0파운드이다. 이 값이 너무 작아 목적에 적합하지 않다고 판단하고 더 두꺼운 1/8인치 두께를 조사하기로 하자. 새로운 설계에 대해 8개의 시제품을 제작하고 가압 힘을 측정한 결과가 12.9, 13.7, 12.8, 13.9, 14.2, 13.2, 13.5, 13.1이면 평균은 13.4이다. 두 표본의 점도표는 그림 1.3에 나타나 있다. 그림에서 두께를 늘리면 가압 힘이 증가하는 것을 볼 수 있지만, 몇 가지 분

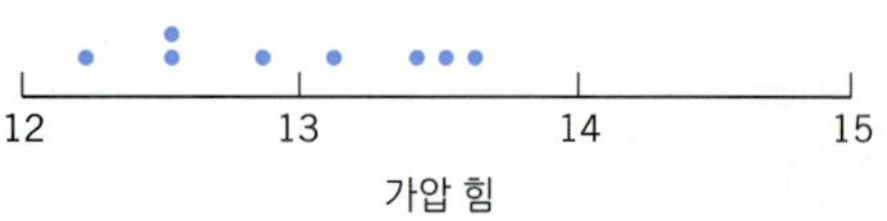

그림 1.2 3/32인치 벽두께에 대한 가압 힘의 점도표

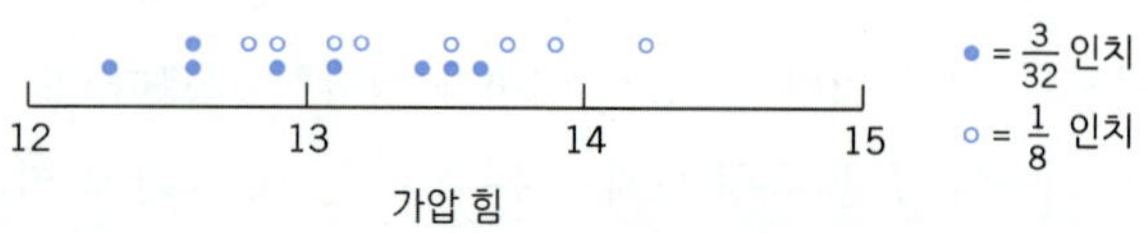

그림 1.3 두 종류의 벽두께에 대한 가압 힘의 점도표

명한 질문을 제기할 수 있다. 예를 들어 시제품의 다른 표본을 취하면 다른 결과가 나오지 않음을 어떻게 알 수 있는가? 크기 8의 시제품 표본은 신뢰할 수 있는 결과를 줄 정도로 충분한 크기인가? 지금까지 수집한 시험 데이터를 근거로, 두께를 늘리면 가압 힘이 증가한다고 결론을 내렸을 때 어떤 위험이 있는가? 예를 들어 두꺼운 시제품에서 가압 힘이 증가한 것은 시스템 고유의 변동으로 인해 우연히 일어난 것이고, 연결기의 두께(그리고 비용)를 늘려도 실제 가압 힘에는 영향을 주지 않을 수도 있는 것 아닌가? 하는 의문이 있을 수 있다.

1.1.2 모집단과 표본

제품이나 공정을 설계할 때 물리법칙(옴의 법칙이나 이상기체 법칙과 같은)이 도움이 되는 경우가 있다. 우리는 일반적 법칙으로부터 특정한 사례를 추론하는 이와 같은 논리에 익숙하다. 그러나 앞의 질문에 답하려면 특정한 측정치 집합으로부터 일반적 경우를 추론해야 한다. 이러한 추론은 표본(8개 연결기)으로부터 모집단(고객에게 판매되는 제품에 들어갈 모든 연결기)으로 확장하는 것으로, 이를 통계적 추론이라고 한다. 그림 1.4를 참고하기 바란다. 역사적으로 일부 사람들의 측정치를 수집한 후 전체 인구로 일반화한 사례가 있었고, 그때의 용어가 계속 사용되고 있다. 일부 객체의 측정치로부터 모든 객체의 측정치를 추론하면 **샘플링 오류**라고 하는 오류가 발생할 수 있다. 그러나 표본을 적절히 선택하면 이러한 위험을 수량화하고 필요한 표본크기를 결정할 수 있다.

1.2 공학 데이터의 수집

1.2.1 기본원칙

앞에서 데이터를 요약하는 간단한 방법을 알아보았다. 때로는 데이터가 모집단(population)의 모든 관측치로 구성된다. 이것은 센서스(census)이다. 그러나 공학 데이터는 거의 항상 모집단에서 추출된 표본(sample)이다. 데이터를 수집하는 세 가지 기본적 방법은 다음과 같다.

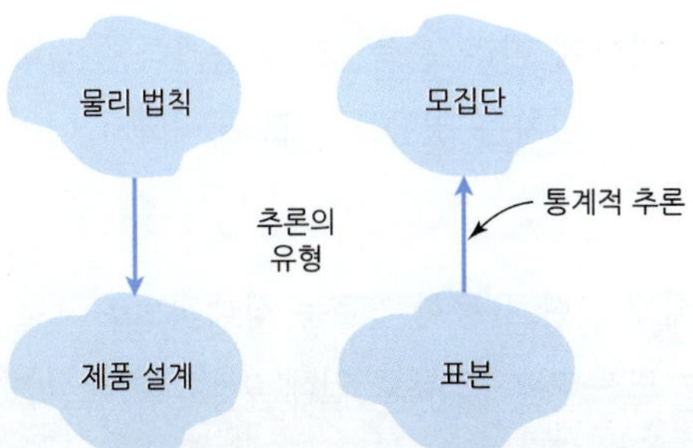

그림 1.4 통계적 추론은 일종의 논증이다.

- 과거의 데이터를 사용하는 소급연구(retrospective study)
- 관찰연구(observational study)
- 실험설계(designed experiment)

효과적인 데이터 수집 절차는 분석을 간소화하고 연구 대상인 모집단이나 공정을 잘 이해하는 데 도움이 된다. 아래에서 이러한 데이터 수집 방법들을 자세히 알아본다.

1.2.2 소급연구

Montgomery, Peck, Vining (2012)은 아세톤-부틸알코올 증류탑에서 주요 변수인 증류물(출력물 흐름)의 아세톤 농도를 설명한다. 증류물에 영향을 미칠 수 있는 요인은 재가열온도, 응축온도, 환류비이며, 생산 관리자는 다음을 수집하여 보관한다.

- 출력물의 시간당 시험 표본에서 측정한 아세톤 농도
- 시간에 따라 기록한 재가열온도 로그
- 응축기의 온도 조절기 로그
- 매시간의 명목 환류비

이 공정에서 환류비는 일정하게 유지되어야 한다. 따라서 생산 관리자는 환류비를 거의 변경하지 않는다.

소급연구에서는 특정 기간 보관한 과거 공정 데이터의 일부 또는 전부를 활용한다. 연구 목적은 두 온도와 환류비가 출력물 흐름의 아세톤 농도에 미치는 영향을 알아내는 것이다. 그러나 소급연구에는 다음과 같은 몇 가지 문제가 있다.

1. 과거 환류비가 거의 변하지 않았으므로 환류비와 아세톤 농도의 관계를 파악하기 어려울 수 있다.
2. 두 온도에 대한 (거의 연속적으로 기록한) 보관 데이터가 (매시간 측정한) 아세톤 농도 측정치와 완전하게 대응하지 않을 수 있다. 이 값들을 근사적으로 대응시킬 방법도 명확하지 않을 수 있다.
3. 생산 중 두 온도를 원하는 목푯값 또는 설정값에 가능한 한 가깝게 유지하려고 한다. 온도가 거의 변하지 않으므로 두 온도가 아세톤 농도에 미치는 영향을 평가하기 어려울 수 있다.
4. 변화의 범위가 좁은 경우 재가열온도가 증가함에 따라 응축온도가 증가하는 경향이 있다. 따라서 두 공정변수가 아세톤 농도에 미치는 영향을 서로 분리하기 어려울 수 있다.

소급연구에서는 상당한 양의 데이터가 있어도 문제에 관한 유용한 정보는 상대적으로 적을 수 있다. 관련 데이터 중 일부가 누락되거나 전송 또는 기록 오류로 인해 이상치(이례적인 값)가 발생할 수 있으며, 다른 중요한 요인에 관한 데이터를 보관하지 않았을 수도 있다. 예를 들어 증류탑에서 입력 흐름의 부틸알코올과 아세톤 농도는 매우 중요한 요인이지만 정기적으로 수집하기 어려워 보관하지 않는다. 이러한 문제로 과거 데이터를 통계적으로 분석할 때 데이터가 흥미로운 현상을 보여도 이 현상을 명확하고 신뢰할 수 있도록 설명하기 어려울 수 있다.

1.2.3 관찰연구

관찰연구에서 기술자는 공정이나 모집단을 최소한으로 교란한 후 관측하여 관심 있는 데이터를 기록한다. 일반적으로 이러한 연구는 짧은 기간 진행되며, 정기적으로 측정하기 어려운 변수를 포함할 수 있다. 증류탑에서 아세톤 농도를 측정할 때, 두 온도와 환류비를 기록하는 양식을 사용할 수도 있다. 입력 흐름의 농도를 측정하여 그 영향을 연구하는 것도 가능하다.

일반적으로 관찰연구는 앞에서의 문제점 1과 2를 해결하며 정확하고 신뢰할 수 있는 데이터를 수집하는 데 도움이 되기도 한다. 그러나 문제점 3과 4를 해결하는 데는 별로 도움이 되지 않는다.

1.2.4 실험설계

실험설계에서 기술자는 시스템이나 공정의 제어 가능한 변수를 **의도적으로** 변화시키고 그에 따른 시스템 출력 데이터를 관측한 후, 관측된 출력 성능의 변화가 어떤 변수로 인한 것인지를 추론하거나 결론을 도출한다. 1.1절의 나일론 연결기 예제는 실험설계에 해당한다. 다시 말해 더 높은 가압 힘을 얻을 수 있는지 알아보기 위해 연결기의 벽두께를 고의로 변화시킨다. 원인과 결과(cause-and-effect) 관계를 확립하기 위해서는 랜덤화(randomization)와 같은 기본원칙을 준수하는 실험설계가 필요하다.

공학 및 물리-화학 분야에서 우리가 아는 많은 사실은 시험이나 실험을 통해 얻어진다. 기술자는 흔히 과학과 공학 이론을 직접 응용할 수 없는 문제를 해결해야 하는데, 이러한 문제를 해결하는 유일한 방법은 실험을 수행하고 데이터를 관측하는 것이다. 관심의 현상을 설명할 수 있는 과학적 이론이 이미 존재하더라도 해당 이론이 특정 상황이나 환경에서 제대로 작동하는지 확인하기 위해 실험이 필요하다. 공학 실험을 설계, 수행하고 데이터를 분석할 때 통계적 사고와 통계적 방법이 중요한 역할을 한다. 실험설계는 공학 설계와 개발 및 생산공정의 개선에 중요한 역할을 한다.

나일론 연결기의 벽두께를 선택하는 문제를 다시 보자. 이 예제는 간단한 실험설계이다. 기술자는 연결기에 사용할 두 가지 벽두께를 선택하고, 각 벽두께에서 가압 힘의 측정치를 수집하기 위해 일련의 시험을 수행한다. 이 간단한 비교실험을 통해 기술자는 3/32인치와 1/8인치 사이의 차이가 있는지를 확인한다. 실험 데이터를 분석할 때 9장과 10장에서 학습하는 통계적 가설검정(hypothesis testing)을 이용하여 3/32인치와 1/8인치의 평균 가압 힘을 비교할 수 있다. 일반적으로 가설(hypothesis)은 관심 있는 시스템의 특징에 관한 진술이다. 예를 들어 3/32인치 벽두께의 평균 가압 힘은 시스템을 사용할 때 예상되는 최대 하중인 12.75파운드를 초과하는지 알고 싶을 수 있다. 9장에서 이와 같은 단일표본 가설검정 문제를 해결하는 방법을 알아본다. 또한, 기술자는 벽두께를 3/32인치에서 1/8인치로 증가하면 평균 가압 힘이 증가하는지 검정할 수 있다. 이 문제는 이표본 가설검정 문제에 해당하며, 10장에서 이와 같은 문제를 학습한다.

실험설계는 증류탑과 같은 복잡한 시스템을 분석할 때 사용할 수 있는 강력한 접근법이다. 이 공정에는 두 온도와 환류비라는 3개의 요인이 있고, 이 요인들이 출력 아세톤 농도에 미치는 영향을 조사하려고 한다. 이 경우 좋은 실험설계는 3개의 요인이 아세톤 농도에 미치는 영향을 분리할 수 있어야 한다. 실험에서 사용하는 3개 요인의 특정한 값을 요인수준이라고 한다. 일반적으로 각 요인에 대해 둘 또는 셋과 같이 적은 수의 수준을 사용한다. 증류탑 문제의 경우 각 요인에 대해 "높음"과 "낮음"이라는 두 수준을 사용하면 각각을 +1과 −1로 나타낼 수 있다. 이 공정에 대한 합리적인 실험설계 전략은 3개 요인의 수준의 모든 가능한 8가지 조합을 포함하는 기본 실험을 만드는 것이다. 이러한 유형의 실험을 요인실험(factorial experiment)이라고 한다. 이 실험설계는 표 1.1에 나와 있다.

그림 1.5는 증류탑에 대한 요인설계를 높은 수준과 낮은 수준의 항으로 만든 큐브 형태로 표현한 것이다. 각 공정조건에서 증류탑이 평형 상태에 도달하면 출력 흐름의 표본을 취하여 아세톤 농도를 측정하고 요인의 영향에 대해 구체적으로 추론한다. 이와 같은 방법으로 모집단이나 공정을 선제적으로 연구할 수 있다.

실험설계의 중요한 장점은 요인들의 교호작용(interaction)을 검출할 수 있다는 것이다. 증류탑 실험에서 요인으로 두 종류의 온도만 생각해 보자. 응축온도에 관계없이 재가열온도가 **낮으면** 반응농도가 **낮다**고 가정하자. 즉, 재가열온도가 낮을 때 응축온도는 반응농도에 영향을 미치지 않는다. 그러나 재가열온도가 높을 때는 응축온도가 **높으면** 반응농도가 좋지만 응축온도가 **낮으면** 반응농도가 나쁘다고 하자. 즉, 재가열온도가 **높은** 경우 응축

표 1.1 증류탑에 대한 실험설계(요인설계)

재가열온도	응축온도	환류비
−1	−1	−1
+1	−1	−1
−1	+1	−1
+1	+1	−1
−1	−1	+1
+1	−1	+1
−1	+1	+1
+1	+1	+1

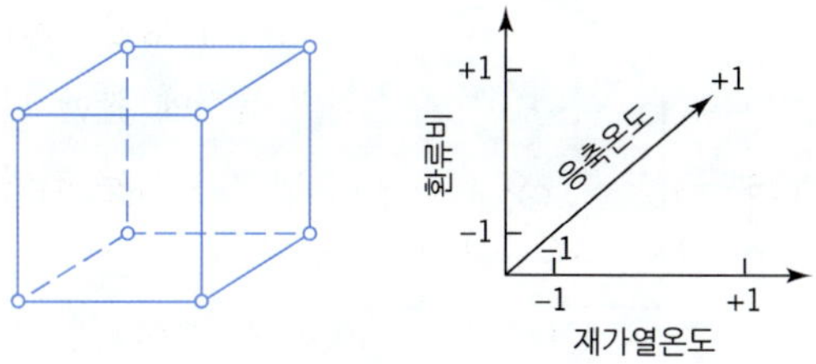

그림 1.5 증류탑에 대한 요인설계

온도는 반응농도에 영향을 미친다. 응축온도가 반응농도에 미치는 영향은 재가열온도의 수준에 따라 달라지는데, 이것을 "두 요인이 교호작용을 한다"고 말한다. 재가열온도와 응축온도의 **높은** 수준과 **낮은** 수준의 4개 조합을 모두 시험해야 교호작용을 검출할 수 있다.

요인설계를 여러 요인으로 쉽게 확장할 수 있다. 기술자가 4번째 요인으로 증류탑의 유형을 고려하고, 증류탑 유형으로 표준 디자인과 신규 디자인의 2가지가 있다고 가정해 보자. 그림 1.6을 보면 요인설계에서 재가열온도, 응축온도, 환류비, 증류탑 유형의 4개 요인을 어떻게 조사할 수 있는지 알 수 있다. 이 4개의 요인은 각각 두 수준을 가지므로 실험설계를 큐브(**하이퍼큐브**)로 나타낼 수 있다. 요인설계에서는 4개 요인의 모든 가능한 조합을 시험한다. 즉, 실험에서 16번의 시행이 필요하다.

일반적으로 k개 요인이 있고 각 요인이 두 수준이면 요인설계에는 2^k개의 조합이 있다. 그림 1.6에서 보는 것처럼 $k = 4$인 2^4 요인실험에서는 16번의 시행이 필요하다. 요인의 개수가 증가함에 따라 요인실험에 필요한 시행 횟수가 빠르게 증가한다. 예를 들어 8개 요인이 각각 두 수준이면 256번의 시행이 필요하다. 이는 시간과 자원의 관점에서 실행하기 어렵다. 다행히 4개 이상의 요인이 있으면 대부분의 경우 요인수준의 모든 가능한 조합을 실험할 필요가 없다. 기본 요인실험의 한 변형인 부분요인실험(fractional factorial experiment)에서는 요인 조합의 일부만 실험한다. 그림 1.7은 증류탑에 대한 부분요인설계를 나타낸다. 그림에서 원으로 표시된 조합, 즉 원래의 16개 대신 8개의 조합만 실험한다. 이를 1/2 부분이라고 한다. 이 설계는 4개 요인을 모두 연구할 때 우수한 실험설계이다. 개별 요인의 효과와 더불어 요인들이 어떻게 교호작용하는지에 관한 정보도 제공한다.

연구개발 분야의 기술자와 과학자는 신기술, 신제품과 공정의 설계와 개발, 기존 제품

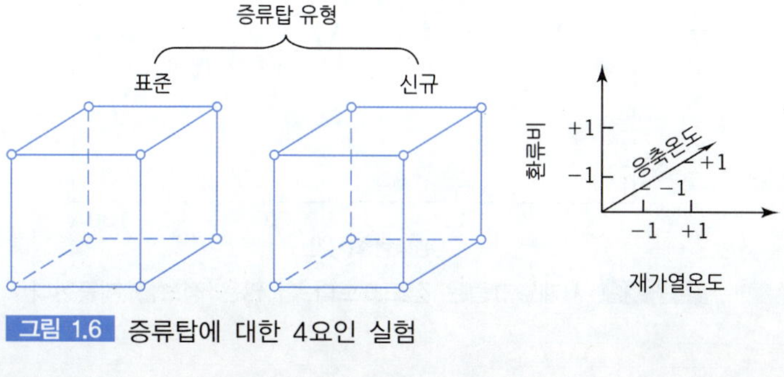

그림 1.6 증류탑에 대한 4요인 실험

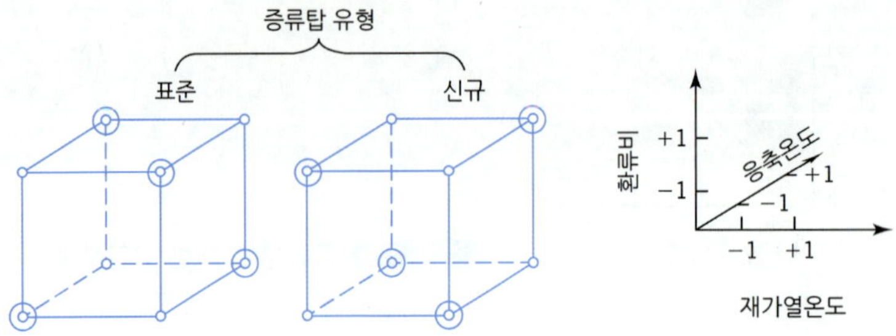

그림 1.7 증류탑에 대한 부분요인실험

과 공정의 개선을 위해 요인실험과 부분요인실험을 널리 활용하고 있다. 많은 공학 작업이 시험과 실험을 포함하므로 효과적이고 효율적인 실험을 설계하기 위한 기본원칙을 이해하는 것이 중요하다. 13장에서 이러한 원칙을 알아보고, 14장에서 요인설계와 부분요인설계를 중점적으로 학습한다.

1.2.5 시간에 따른 공정관측

우리는 종종 시간의 흐름에 따라 데이터를 수집한다. 이와 같은 데이터를 시계열그림(time series plot)으로 나타내면 시스템이나 공정에 영향을 미치는 현상을 시각적으로 파악할 수 있고 안정성 개념을 더 잘 평가할 수 있다.

그림 1.8은 1.2.2절에서 알아본 증류탑에서 매시간 측정한 아세톤 농도를 나타낸 점도표이다. 점도표에서 농도의 변동이 크다는 것을 알 수 있지만, 그 이유를 찾는 데는 점도표가 별로 도움이 되지 않는다. 반면 그림 1.9의 시계열그림에서는 공정평균이 이동한 것을 알 수 있고 이동시간도 추측할 수 있다.

유명한 산업통계학자인 W. Edwards Deming은 시간에 따라 공정과 시스템에 내재하는 변동의 본질을 이해하는 것이 중요하다고 강조하였다. 그는 구슬을 테이블 위의 목표물에 가능한 한 가까이 떨어뜨리는 실험을 수행하였다. 고리대에 깔때기를 부착하고 깔때기

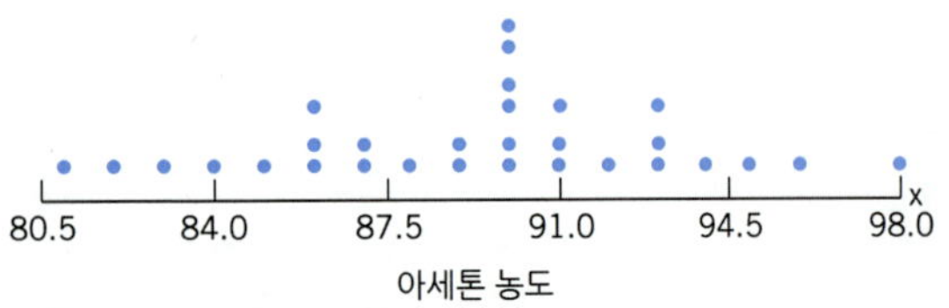

그림 1.8 점도표에서 변동을 볼 수 있지만 문제를 식별하지는 못한다.

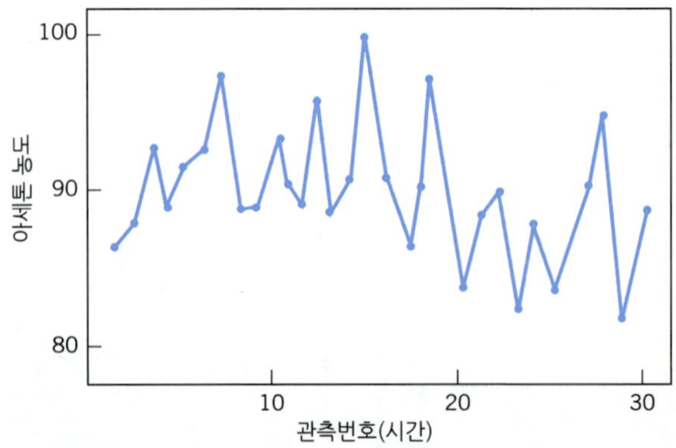

그림 1.9 시계열그림은 점도표보다 더 많은 정보를 제공한다.

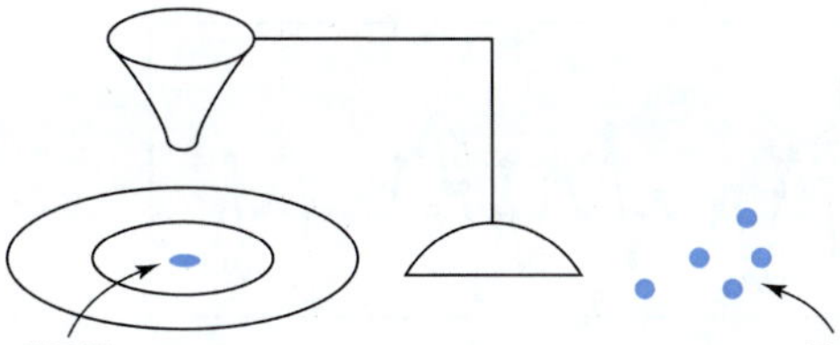

그림 1.10 Deming의 깔때기 실험

를 통해 구슬을 떨어뜨렸다. 그림 1.10과 같이 깔때기를 가능한 한 목표물의 중심에 가깝게 위치시키고, 공정을 운영하기 위해 다음 두 가지의 전략을 사용하였다. 첫째, 깔때기를 절대 움직이지 않는다. 다만 구슬을 떨어뜨릴 때마다 목표물로부터의 거리만 기록한다. 둘째, 첫 번째 구슬을 떨어뜨린 후 목표물과의 상대적 위치를 기록하고, 깔때기를 반대편으로 동일 거리만큼 이동하여 오차를 조정한다. 구슬을 떨어뜨릴 때마다 이와 같은 조정을 반복한다.

두 전략을 시도한 후 Deming은 목표물로부터 거리의 변동은 첫 번째 전략에서 보다 두 번째 전략에서 약 두 배나 크다는 사실에 주목하였다. 즉, 깔때기를 조정하면 목표물과의 편차가 증가하고, 한 구슬의 오차(목표물과의 위치 편차)가 다음 구슬의 오차에 관한 정보를 제공하지는 않는다. 깔때기를 조절하여 미래의 오류를 줄일 수 없으며 대신 깔때기를 목표물로부터 더 멀리 이동시키게 된다는 것이다.

이 흥미로운 실험으로부터 무작위 교란만 있는 공정을 조정하면 사실상 공정의 변동을 **증가**시키는 것을 알 수 있다. 이를 "과다제어(overcontrol)" 또는 "간섭(tampering)"이라고 한다. 공정의 체계적 이동을 보상하기 위해서만 조정을 사용해야 하며, 이 경우 조정이 도움이 될 수 있다. 깔때기 실험의 교훈을 시연하기 위해 컴퓨터 시뮬레이션을 사용할 수 있다. 그림 1.11은 무작위 교란만 있는 공정에서 추출한 100개의 측정치(y)를 나타낸 시계열그림이다. 공정 목표치는 10단위이다. 그림에는 공정평균이 목표치에 가까운 데이터를

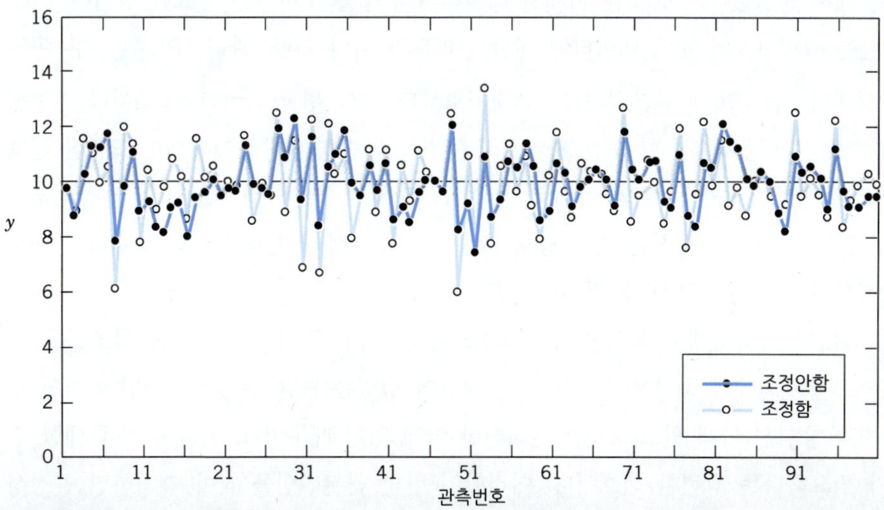

그림 1.11 무작위 교란에 대응하는 조정은 공정을 간섭하여 목표치로부터의 편차를 증가시킨다.

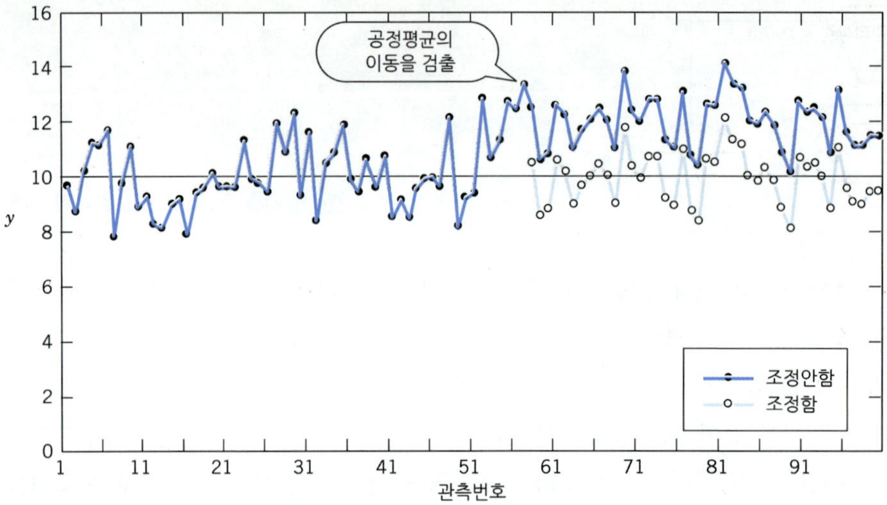

그림 1.12 관측번호 57에서 평균의 이동을 검출하고 조정(2단위 감소)하여 편차가 감소한다.

생성하도록 조정한 경우와 조정하지 않은 경우의 데이터가 나타난다. 이때 조정은 이전 측정치와 목표치 사이의 편차만큼 반대 방향으로 이루어진다. 예를 들어 측정치가 11단위(목표치 10보다 1단위 큰)인 경우 다음 측정치를 생성하기 전 공정평균을 1단위 감소시키는데, 이 경우 과다제어로 인해 목표치로부터의 편차가 증가한다.

그림 1.12는 그림 1.11에서 조정없이 얻은 데이터를 다시 보여주되, 공정평균 이동의 영향을 시연하기 위해 관측번호 50번 이후의 측정치를 2단위씩 증가시켰다. 만일 공정평균이 실제로 이동하였다면 조정이 유용할 수 있다. 그림 1.12에는 관측번호 57번에서 평균이동을 검출하고 평균에 대해 조정(2단위 감소)한 후 얻은 데이터도 나타나 있다. 이러한 조정의 결과 목표치로부터의 편차가 감소한 것을 알 수 있다.

언제 얼마만큼 조정해야 하는지에 관한 결정은 공정에 영향을 미치는 변동의 유형을 이해하는 데서 출발한다. 관리도는 시계열 데이터의 변동을 조사하는 중요한 방법이다. 그림 1.13에는 그림 1.9의 농도 데이터에 대한 관리도가 나와 있다. 관리도의 중심선은 공정이 안정상태인 처음 20개 표본의 농도 측정치로부터 구한 평균($\bar{x} = 91.5$ g/l)이다. 관리상한과 관리하한은 공정의 고유한 또는 자연스러운 변동을 반영하여 통계적으로 도출한 한계이다. 이러한 한계는 중심선 위와 아래로 농도 표준편차의 3배에 위치한다. 공정이 외부의 변동원인 없이 제대로 작동하는 경우 농도 측정치는 중심선 주변에서 임의로 변하며 대부분 관리상한과 관리하한 사이에 있어야 한다.

그림 1.13의 관리도에서 중심선, 관리상한, 관리하한으로 나타낸 시각적 참조틀을 보면, 20번 표본 주변에서 공정에 영향을 주는 교란이 있었음을 알 수 있다. 20번 이후의 모든 관측치가 중심선 아래 있고, 2개는 관리하한 아래 있기 때문이다. 이는 공정에 대한 수정조치가 필요하다는 강력한 신호이다. 이러한 교란의 근본원인을 찾아 제거하면 공정성능을 개선할 수 있다. 관리한계는 공정개선을 위해 필요한 조치에 관한 의사결정 규칙을

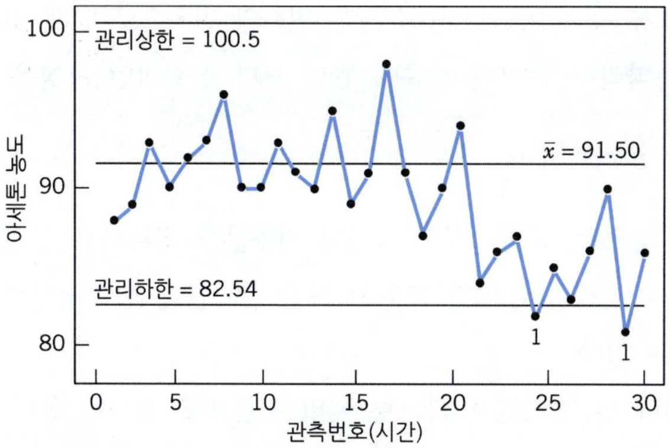

그림 1.13 아세톤 농도 데이터에 대한 관리도

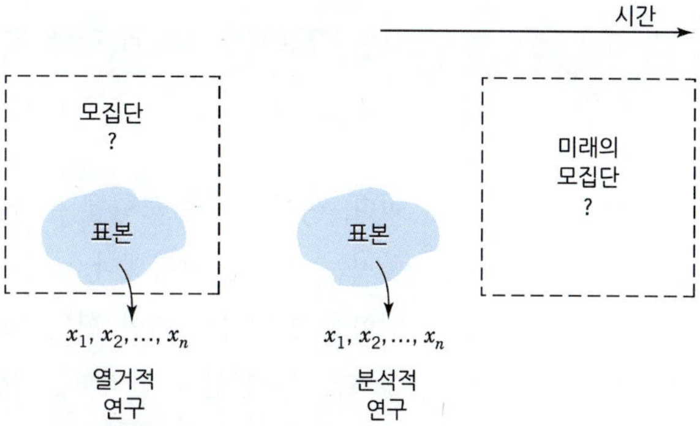

그림 1.14 열거적 연구와 분석적 연구

제공한다.

Deming은 또한 공정 데이터를 이용하여 서로 다른 유형의 결론을 도출할 수 있다고 설명하였다. 우리는 가끔 현재의 생산공정을 평가하기 위해 데이터를 수집한다. 예를 들어 한 로트에서 3개의 반도체 웨이퍼를 선택하고 저항을 측정한 후 이 정보를 활용하여 해당 로트를 평가한다. 이를 열거적 연구(enumerative study)라고 한다. 그러나 많은 경우 현재 생산공정에서 수집한 데이터를 이용하여 향후 생산을 평가한다. 이는 개념적인 미래의 모집단에 대해 결론을 내리는 것으로, Deming은 이것을 분석적 연구(analytic study)라고 명명하였다. 분석적 연구를 위해서는 안정된 공정에 관한 가정이 필요하며, Deming은 이러한 가정을 정당화하기 위해 관리도가 필요하다고 강조하였다. 두 방법을 그림으로 설명하면 그림 1.14와 같다.

관리도는 공정을 감시, 제어, 개선하기 위해 통계학을 사용하는 중요한 응용 분야이다. 관리도를 사용하는 통계학 분야를 통계적 공정관리(statistical process control) 또는 SPC라고 한다. 15장에서 SPC와 관리도를 학습한다.

1.3 역학모형과 경험모형

대부분의 공학 문제를 분석할 때 모형은 중요한 역할을 한다. 많은 경우 공학교육은 특정한 분야와 관련된 모형을 학습하고, 이 모형을 문제 정의와 해결에 적용하는 기법들을 다룬다. 가령 얇은 구리선에 흐르는 전류의 양을 측정할 때, 이 현상에 관한 모형은 옴의 법칙으로 다음과 같이 나타낼 수 있다.

$$전류 = 전압/저항 \quad 또는 \quad I = E/R \tag{1.2}$$

이런 유형의 모형을 역학모형(mechanistic model)이라고 한다. 역학모형은 변수 간의 물리적 메커니즘에 대한 기본지식으로부터 나온다. 만일 다른 시간, 다른 날에 여러 번 전류를 측정하는 실험을 수행하면 온도의 변화, 측정시스템의 성능 변동, 구리선의 다른 위치에 있는 미량의 불순물, 전압 공급원의 표류 등 제어 불가능한 작은 변화와 변동으로 인해 전류의 측정치가 조금씩 다를 수 있다. 따라서 측정된 전류에 관한 보다 실질적인 모형은

$$I = E/R + \epsilon \tag{1.3}$$

이다. 여기서 ϵ은 모형에 추가된 오차항으로, 역학모형이 측정된 전륫값을 정확하게 설명하지는 않음을 나타낸다. ϵ은 시스템에 영향을 주지만 모형에 포함되지 않은 변동원인의 영향을 반영하기 위한 항이라고 할 수 있다.

때로는 현상을 설명하는 간단하거나 잘 알려진 역학모형이 없는 문제를 풀어야 한다. 예를 들어 중합체의 평균 분자량(M_n)을 생각해 보자. M_n은 물질의 점도(V)와 관계가 있으며 또한 촉매량(C)과 반응기의 온도(T)에 따라 달라진다고 알려져 있다. M_n과 이 변수들의 관계를 표현하면

$$M_n = f(V, C, T) \tag{1.4}$$

이고, 이때 함수 f의 **형태**는 알려지지 않았다. 1차 테일러급수 전개를 이용하여

$$M_n = \beta_0 + \beta_1 V + \beta_2 C + \beta_3 T \tag{1.5}$$

을 제안할 수 있을 것이다. 여기서 β들은 알려지지 않은 모수이다. 옴의 법칙과 마찬가지로 이 모형이 현상을 완벽하게 설명하지는 않으므로 분자량에 영향을 줄 수 있는 다른 변동의 원인을 추가로 고려해야 한다. 따라서 분자량과 다른 세 변수의 관계를 나타내기 위해 다음 모형을 사용할 수 있다.

$$M_n = \beta_0 + \beta_1 V + \beta_2 C + \beta_3 T + \epsilon \tag{1.6}$$

이런 유형의 모형을 경험모형(empirical model)이라고 한다. 모형을 구축할 때 현상에 대한 공학적, 과학적 지식을 활용하지만 기본 메커니즘에 대한 이론적, 1차적 원리에 대한 이해로부터 모형을 직접 개발하지는 않았다.

이 개념을 구체적인 예로 살펴보기 위해 표 1.2에 있는 데이터를 보자. 반도체 제조공장에서 관찰연구를 통해 수집한 3개 변수에 관한 데이터이다. 이 공장에서는 생산된 반도체를 프레임에 와이어 접합한다. 관심의 변수는 접합력(접합을 깨는 데 필요한 힘), 와이어 길이, 다이 높이이고, 이 변수들 사이의 관계를 설명하는 모형을 찾고자 한다. 아쉽게도 쉽게 적용할 수 있는 물리적 메커니즘이 없으므로 역학모형으로 접근하는 것은 가능하지 않다.

그림 1.15는 접합력, 와이어 길이, 다이 높이에 관한 25개 관측치를 3차원 그래프로 나타낸 것이다. 이 그림을 보면 와이어 길이와 다이 높이가 증가하면 접합력도 커진다. 또한

$$\text{접합력} = \beta_0 + \beta_1(\text{와이어 길이}) + \beta_2(\text{다이 높이}) + \epsilon$$

표 1.2 와이어본드 접합력 데이터

관측번호	접합력(y)	와이어 길이(x_1)	다이 높이(x_2)
1	9.95	2	50
2	24.45	8	110
3	31.75	11	120
4	35.00	10	550
5	25.02	8	295
6	16.86	4	200
7	14.38	2	375
8	9.60	2	52
9	24.35	9	100
10	27.50	8	300
11	17.08	4	412
12	37.00	11	400
13	41.95	12	500
14	11.66	2	360
15	21.65	4	205
16	17.89	4	400
17	69.00	20	600
18	10.30	1	585
19	34.93	10	540
20	46.59	15	250
21	44.88	15	290
22	54.12	16	510
23	56.63	17	590
24	22.13	6	100
25	21.15	5	400

와 같은 모형이 변수의 관계를 설명하는 경험모형으로 적절해 보인다. 이러한 유형의 경험모형을 회귀모형이라고 한다. 11장과 12장에서 회귀모형을 구축하고, 구축된 회귀모형이

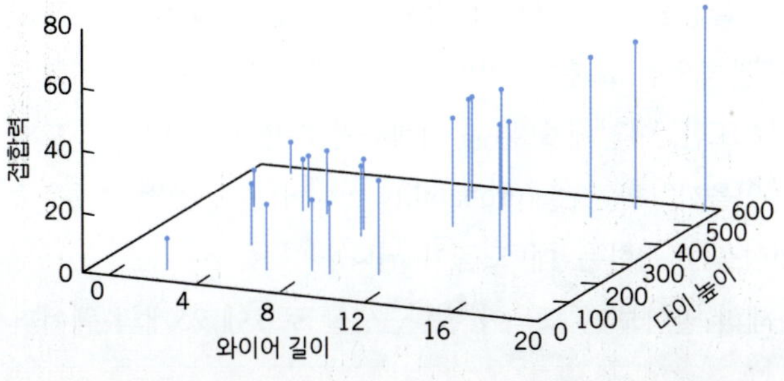

그림 1.15 와이어본드 접합력 데이터의 3차원 그림

근사 함수로 적절한지를 검증하는 방법을 알아본다. 회귀모형에서 모수를 추정하는 방법으로 Karl Gauss가 개발한 최소제곱법을 사용한다. 최소제곱법에서는 각 데이터 값과 모형 방정식으로 표현된 평면 사이의 거리의 제곱합이 최소가 되도록 경험모형의 모수(β)를 결정한다. 표 1.2의 데이터에 이 방법을 적용하면

$$\widehat{\text{접합력}} = 2.26 + 2.74(\text{와이어 길이}) + 0.0125(\text{다이 높이}) \tag{1.7}$$

이다. 여기서 접합력 위의 기호 "^"은 이것이 추정된 또는 예측된 것임을 나타낸다.

그림 1.16은 식(1.7)을 이용하여 계산한 와이어 길이와 다이 높이에 따른 접합력의 예측치를 나타낸 그래프이다. 예측치는 와이어 길이와 다이 높이의 공간 위 평면에 위치한다. 그림 1.15의 원래 데이터를 보면 이 모형이 변수의 관계를 잘 설명함을 알 수 있다. 이제 와이어 길이와 다이 높이의 다양한 조합에서 접합력을 예측하기 위해 식(1.7)의 경험모형을 사용할 수 있다. 기술자는 본질적으로 경험모형과 역학모형을 동등하게 사용할 수 있다.

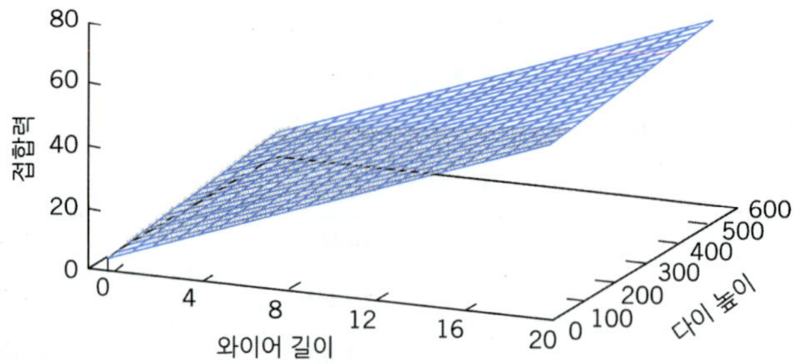

그림 1.16 경험모형으로 구한 접합력의 예측치

1.4 확률과 확률모형

1.1절에서는 표본으로 추출한 객체의 부분집합으로부터 측정치를 수집하고, 이를 기반으로 의사결정을 내려야 할 필요성에 대해 알아보았다. 이처럼 표본을 이용하여 모집단에 대한 결론을 도출하는 과정을 **통계적 추론**(statistical inference)이라고 한다. 반도체 제조공장의 큰 로트로부터 3개 웨이퍼를 표본으로 추출하는 상황을 생각해 보자. 좋은 결정을 내리려면 표본이 모집단을 얼마나 잘 대표하는지 분석할 필요가 있다. 로트 안에 불량 웨이퍼가 포함되어 있다면, 표본이 이들 불량품을 얼마나 잘 검출할까? "잘 검출"이라는 기준을 어떻게 수량화할 수 있는가? 근본적으로 표본을 기반으로 한 결정에 내재하는 위험을 어떻게 양적으로 표현할 수 있을까? 또한, 어떻게 표본을 선택하면 수용할 수 있는 정도의 위험만 있는 좋은 결정을 내릴 수 있을까? 확률모형(probability model)은 통계적 추론, 즉 일상적인 의사결정에 내재하는 위험을 측정하는 데 도움이 된다.

확률모형의 역할을 조금 더 자세히 알아보면 도움이 된다. 생산 로트에 25개의 웨이퍼

가 있다고 하자. 웨이퍼가 모두 불량품이거나 모두 양품이면 모든 표본에는 전부 불량품 또는 전부 양품만 있다. 그런데 로트에 불량 웨이퍼가 1개만 있다고 가정해 보자. 이 경우 표본이 불량 웨이퍼를 검출(포함)할 수도 있고 검출하지 못할 수도 있다. 표본을 추출하는 방법과 함께 확률모형을 이용하면 불량 웨이퍼를 검출하거나 검출하지 못할 위험을 수량화하고 결과에 따라 표본크기를 증가 또는 감소시킬 수 있다. 여기서 위험을 다음과 같이 해석할 수 있다. 정확히 1개의 불량 웨이퍼가 들어 있는 일련의 로트로부터 표본을 추출한다. 표본추출방법에 대해서는 다음 장에서 랜덤화를 다룰 때까지 논외로 하고, 각 로트에서 (3개 웨이퍼와 같이) 같은 크기의 표본을 같은 방식으로 선택한다고 가정해 보자. 표본이 불량 웨이퍼를 포함하는 로트의 비율, 더 정확히 말하면 일련의 로트의 개수가 한없이 커질 때, 표본이 불량 웨이퍼를 포함하는 로트 비율의 수렴값을 불량 웨이퍼를 검출할 확률이라고 해석한다.

표본추출방법에 관해 합리적 가정을 한 후 이 비율을 계산하기 위해 확률모형을 사용한다. 다행히 무수히 많은 로트로부터 표본을 추출할 필요는 없다. 2장과 3장에서 이런 유형의 문제를 학습한다. 중요한 것은 표본 데이터를 기반으로 로트의 품질에 관해 결정을 내릴 때 확률이 필요한 양적 정보를 제공한다는 것이다.

1.1절에서 알아본 바와 같이, 현재의 생산 데이터를 기반으로 미래의 생산에 관해 추론하는 분석적 연구에서는 모집단이 개념적일 수도 있다. 모집단을 이와 같이 확장하는 경우 통계적 추론과 확률모형의 역할은 더욱 중요하다.

앞의 예제에서는 표본의 각 웨이퍼를 불량품 또는 양품으로 분류했지만, 각 웨이퍼에서 연속적인 측정치를 수집할 수도 있다. 1.2.5절의 생산공정 예제에서는 주기적으로 농도의 측정치를 수집한다. 그림 1.8에서 이 측정치에 변동이 있고 공정이 농도 목표치에서 벗어났을 가능성을 보았다. 불량 웨이퍼의 예제에서처럼, 표본 데이터를 기반으로 공정 변화를 검출하는 능력을 알고 싶을 수 있다. 1.2.5절에서 관리한계는 공정조정의 여부를 결정하기 위한 규칙이라고 설명하였다. 농도 측정치에 대한 확률모형을 이용하여 공정 변화를 검출할 확률을 계산할 수 있다. 데이터에 대한 합리적인 가정과 **중심극한정리**라고 하는 결과로부터 연속 측정치에 관한 모형을 개발하였으며, 그와 관련된 정규분포는 통계추론에서 특히 중요한 확률모형이다. 물론 가정을 확인하는 것도 중요하다. 4장에서는 이러한 유형의 확률모형을 학습한다. 확률모형의 목적은 표본 데이터를 이용한 추론에 내재하는 위험을 수량화하는 것이다.

6장~15장에서는 표본 데이터에서 얻은 통계적 추론을 기반으로 의사결정을 내리는 방법을 알아본다. 의사결정의 위험을 수량화하고 데이터 수집 방법을 평가하며 표본크기를 결정하기 위해 연속 확률모형 특히 정규분포를 폭넓게 활용한다.

주요용어와 개념

가설(Hypothesis)
가설검정(Hypothesis testing)
간섭(Tampering)
경험모형(Empirical model)
공학적 방법(Engineering method)
과다제어(Overcontrol)
과학적 방법(Scientific method)
관찰연구(Observational study)
교호작용(Interaction)
랜덤화(Randomization)
모집단(Population)
변동(Variability)
부분요인실험(Fractional factorial experiment)
분석적 연구(Analytic study)
소급연구(Retrospective study)
시계열(Time series)
실험설계(Designed experiment)
역학모형(Mechanistic model)
열거적 연구(Enumerative study)
요인실험(Factorial experiment)
원인과 결과, 인과(Cause-and-effect)
통계적 공정관리(Statistical process control)
통계적 사고(Statistical thinking)
통계적 추론(Statistical inference)
표본(Sample)
확률모형(Probability model)
확률변수(Random variable)

CHAPTER 2

확률

Erik Isakson/Getty Images

학습목표

이 장을 주의 깊게 학습한 후 다음을 할 수 있다.

1. 그래프, 표, 목록, 나무그림을 이용하여 확률실험에서 표본공간과 사건의 의미를 이해하고, 이를 설명한다.
2. 확률을 해석하고, 결과의 확률을 이용하여 이산 표본공간에서 사건의 확률을 구한다.
3. 순열과 조합을 이용하여 사건과 표본공간을 구성하는 결과의 개수를 구한다.
4. 각 사건의 확률로부터 합집합, 교집합 등 결합사건의 확률을 구한다.
5. 사건의 조건부확률을 해석하고, 이를 구한다.
6. 사건의 독립을 확인하고, 독립을 이용하여 확률을 구한다.
7. 베이즈정리를 이용하여 조건부확률을 구한다.
8. 확률변수를 이해하고, 연속확률변수와 이산확률변수의 차이를 설명한다.

목차

어느 20대 여성 운동선수가 더운 날 달리기를 한 후 어지러움을 호소하며 응급실에 도착하였다. 심장마비를 확인하기 위해 심전도 검사를 하였고 이 선수가 비정상이라는 결과가 나왔다고 하자. 심전도 검사의 거짓 양성률(정상인 환자를 비정상이라고 진단할 확률)은 0.1이며, 거짓 음성률(비정상인 환자를 정상이라고 진단할 확률)은 0.1이라고 한다. 또한, 검사 전 이 선수가 심장마비일 가능성에 대한 사전확률은 0.001이라고 가정해 보자. 비정상이라는 심전도 검사 결과는 걱정스러운 일이지만, 검사 결과가 비정상일 때 실제로 심장마비일 가능성이 0.01 미만이라는 것을 알게 되면 놀랄 것이다. 이 사례에 대한 자세한 내용은 "왜 의사들은 타고난 베이지안인가" (2005, www.bmj.com/content/330/7499/1080)에서 확인할 수 있다.

위 사례의 핵심은 주어진 확률을 올바르게 결합하는 것이다. 이 예제와 같은 분석을 공학 제품의 시험에도 적용할 수 있다. 따라서 과학과 공학 분야에서 위험을 평가하고 더 나은 결정을 내리려면 확률을 다루는 방법을 알아야 한다. 이 장에서는 확률법칙을 학습하고, 다양한 상황에서 위험을 평가하기 위해 확률법칙을 사용한다.

2.1 표본공간과 사건

2.1.1 확률실험

얇은 구리선에 흐르는 전류의 양을 측정하고 있다면 실험을 수행하는 것이다. 여러 날 반복하여 전류를 측정하면 주변 온도의 변화, 측정시스템의 작은 변동, (여러 위치를 선택하면) 화학조성의 작은 불순물, 전류 공급원의 표류와 같은 실험 중 제어할 수 없는 변수의 작은 변화로 인해 측정치가 조금씩 다를 수 있다. 그 결과 이 실험뿐만 아니라 우리가 수행하는 많은 실험에는 **우연적** 요소가 있다. 때로는 우연변동이 실험 목표에 비해 무시할 수 있을 정도로 작다. 그러나 실험을 아무리 주의 깊게 계획하고 수행하여도 변동은 거의 항상 존재하며, 실험의 중요한 결론이 모호해질 정도로 변동이 클 수 있다. 이와 같은 상황에서 실험 결과를 모형화하고 분석할 때 여기서 학습하는 방법이 아주 유용하다.

우리의 목표는 변동의 종류를 이해하고 측정하며 모형화하는 것이다. 우리의 사고와 분석에서 변동을 고려하면 변동으로 인해 결론이 무효가 되지 않도록 할 수 있다. 변동을 반영하는 모형은 공학과 과학의 다른 분야에서 사용하는 모형과 크게 다르지 않다. 그림 2.1은 모형의 중요한 구성요소를 나타낸다. 물리적 시스템에 대한 수리적 모형(또는 추상화)을 개발할 때 모형이 완벽해야 하는 것은 아니다. 예를 들어 뉴턴의 법칙이 우주를 완벽하게 설명하지는 않는다. 그런데도 수리적 모형은 다양한 공학 제품의 성능을 근사적으로 수량화하기 위해 우리가 연구하고 분석하는 유용한 모형이다. 시스템에서 수집한 측정치를 이용하여 수리적 모형을 검증하고 나면, 이 모형을 이용하여 물리적 시스템의 중요한 측면을 이해하고 시스템의 입력에 따른 출력을 예측할 수 있다.

이 책의 전반에서 제어 가능한 변수를 의도적으로 변경시키지 않아도 시스템의 출력이

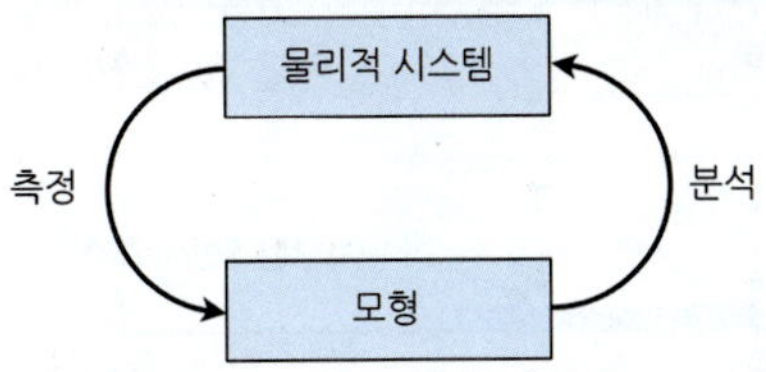

그림 2.1 모형과 물리적 시스템의 지속적 순환

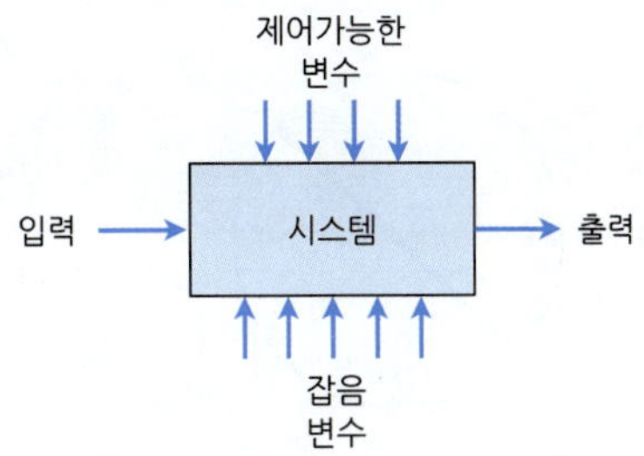

그림 2.2 입력이 출력으로 변환될 때 잡음변수가 영향을 미친다.

변동을 보이는 모형에 대하여 학습한다. 그림 2.2는 제어 가능한 입력과 제어 불가능한 입력(잡음)이 결합하여 시스템의 출력을 생성하는 모형을 나타낸다. 제어 가능한 입력을 일정하게 유지해도 제어 불가능한 입력으로 인해 시스템의 출력이 달라진다.

> **확률실험**
> 매번 동일한 방식으로 반복할 때 그 결과가 달라질 수 있는 실험을 **확률실험**이라고 한다.

구리선의 전류를 측정하는 예제에서 시스템에 대한 모형은 옴의 법칙일 것이다. 그런데 제어 불가능한 입력으로 인해 전류의 측정치에는 변동이 있으므로 옴의 법칙은 근삿값이다. 연구 중인 장치의 의도된 사용에 비해 변동이 크면 변동을 포함하도록 모형을 확장할 필요가 있다. 그림 2.3을 참고하기 바란다.

다른 예로, 컴퓨터나 음성통신망과 같은 통신 시스템을 설계할 때 이용자에게 제공할 정보의 용량을 중요하게 고려해야 한다. 음성통신의 경우 비즈니스 요구사항을 충족시키기 위해 충분한 개수의 외부 회선이 필요하다. 각 회선이 단일 대화만 전송할 수 있다면 몇 개의 회선을 구매해야 할까? 너무 적은 수의 회선을 구매하면 통화가 지연되거나 소실될 수 있고, 너무 많은 수의 회선을 구매하면 비용이 증가한다. **경쟁력 있는 비용으로** 고객 요구를 충족시킬 수 있는 제품을 설계하고 개발하는 것이 점점 더 중요해진다.

음성통신 시스템을 설계하려면 호출횟수와 통화지속시간에 관한 모형이 필요하다. 평균 5분마다 호출이 있고 5분 동안 통화가 지속됨을 알아도 충분하지 않다. 호출이 정확히 5분 간격으로 있고 통화가 정확히 5분 지속되면 1개 회선으로 충분하다. 그러나 호출횟수나 통화지속시간이 조금만 변해도 다른 통화는 불가능할 수 있다. 그림 2.4를 참고하기 바란다. 변동을 고려하지 않고 설계한 시스템은 실제 사용에서 형편없는 결과를 줄 수 있다. 호출횟수와 통화지속시간에 관한 모형을 개발할 때 변동을 반영하여야 한다.

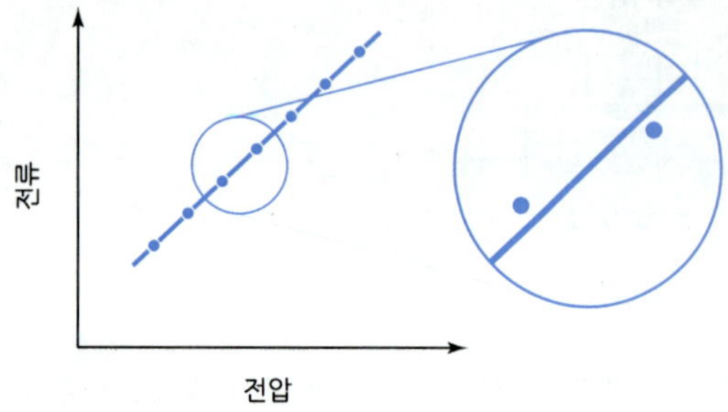

그림 2.3 시스템을 면밀히 검토하여 모형으로부터의 편차를 식별한다.

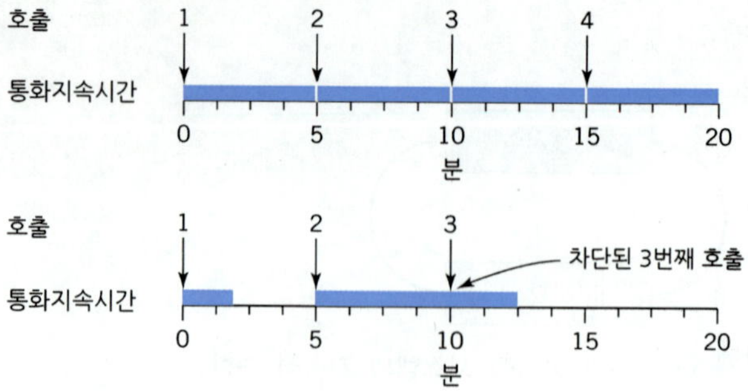

그림 2.4 변동은 시스템을 교란한다.

2.1.2 표본공간

확률실험을 모형화하고 분석하려면 먼저 실험의 모든 가능한 결과들(outcomes)의 집합을 이해해야 한다. 여기서 확률을 학습할 때 집합과 집합연산에 대한 기본 개념을 사용하며, 독자가 이 주제에 어느 정도 익숙하다고 가정한다.

> **표본공간**
>
> 확률실험의 모든 가능한 결과의 집합을 표본공간이라고 한다. 표본공간을 S로 나타낸다.

표본공간은 분석 목적에 따라 다르게 정의된다. 다음은 표본공간을 정의하는 사례이다.

예제 2.1 카메라 플래시

휴대전화 카메라의 플래시 충전시간(다음 플래시를 준비하는 시간)을 기록하는 실험을 생각해 보자. 충전시간의 가능한 값은 카메라의 해상도, 충전시간의 최솟값, 최댓값에 따라 달라진다. 그러나 시간은 양수이므로 표본공간을 편리하게 양의 실수, 즉

$$S = R^+ = \{x \mid x > 0\}$$

로 정의할 수 있다. 만일 충전시간이 항상 1.5초와 5초 사이라면 표본공간을 다음과 같이 정의할 수 있다.

$$S = \{x \mid 1.5 < x < 5\}$$

분석 목적에 따라 충전시간을 낮음, 중간, 높음만 고려하면 표본공간을 3개 결과의 집합, 즉

$$S = \{\text{낮음, 중간, 높음}\}$$

으로 정의할 수 있다. 특정 카메라가 최소 충전시간에 대한 규격을 만족하는지를 평가하는 것이 목적이면 표본공간을 단순히 2개 결과의 집합, 즉

$$S = \{\text{예, 아니요}\}$$

로 정의할 수 있다.

다음 두 종류의 표본공간을 구별하면 유용하다.

> **이산 표본공간과 연속 표본공간**
>
> 표본공간이 결과들의 유한집합이거나 셀 수 있는 무한집합인 경우 이산이라고 한다. 표본공간이 (유한하든 무한하든) 어떤 실수 구간을 포함하면 연속이라고 한다.

예제 2.1에서 $S=\{$예, 아니요$\}$는 이산 표본공간(discrete sample space)이고 $S=R^{+}$은 연속 표본공간(continuous sample space)이다. 다음 예제에서 분석 목적에 따라 표본공간의 정의가 달라질 수 있음을 알 수 있다.

예제 2.2 카메라 사양

카메라 두 대의 충전시간을 기록한다고 하자. 표본공간은 양의 실수 R^{+}를 확장하여 평면에서 양의 사분면인

$$S=R^{+}\times R^{+}$$

이 된다. 분석 목적이 카메라가 규격에 적합한지를 결정하는 것이면 카메라를 양품과 불량품으로 구분한다. 간단히 양품을 y, 불량품을 n으로 나타내기로 하자. 순서쌍 yn은 첫 번째 카메라는 양품이고 두 번째 카메라는 불량품임을 나타낸다고 하면 표본공간은 4개의 결과, 즉

$$S=\{yy, yn, ny, nn\}$$

로 나타낼 수 있다.

또한, 양품인 카메라의 개수에 관심이 있으면 표본공간은 $S=\{0,1,2\}$이다. 마지막으로 규격을 충족하지 못하는 카메라가 나타날 때까지 계속 시험하는 경우 표본공간은

$$S=\{n, yn, yyn, yyyn, yyyn, \cdots\}$$

이고, 이 표본공간은 셀 수 있는 무한집합이므로 이산 표본공간이다.

표본공간을 나무그림(tree diagram)으로 나타낼 수도 있다. 표본공간을 여러 단계로 구분할 수 있는 경우 첫 단계를 완료하는 n_1가지의 방법을 각각 나무의 줄기로 나타낸다. 두 번째 단계를 완료하는 n_2가지의 각 방법은 원래 줄기의 끝에서 시작하는 다음 줄기로 표현하고, 그 후 이러한 절차를 반복한다.

예제 2.3 메시지 지연

어느 디지털 통신시스템에서 각 메시지가 설계에서 지정한 시간 이내 수신되는지를 분류하고 있다. 3개 메시지를 분류하는 경우 가능한 결과의 표본공간을 나타내기 위해 나무그림을 사용할 수 있다.

각 메시지는 정시 또는 지연 수신되므로 3개 메시지에 대한 가능한 결과는 그림 2.5에서처럼 8개 줄기로 나타난다.

해석: 나무그림은 표본공간을 효과적으로 나타낸다. 나무가 너무 커서 구성하기 어려운 경우에도 표본공간을 개념적으로 명확히 해 준다.

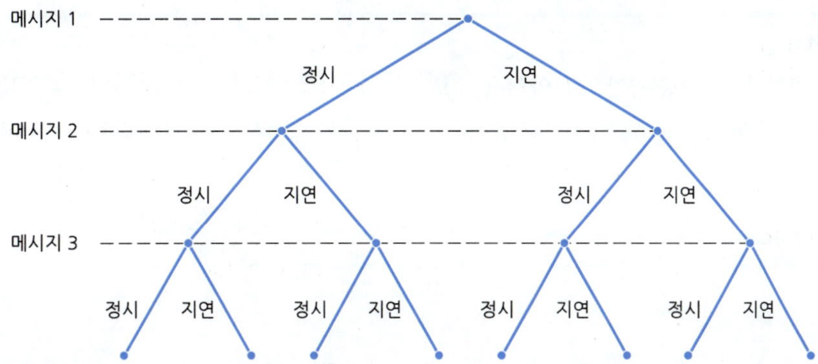

그림 2.5 3개 메시지의 나무그림

2.1.3 사건

우리는 종종 확률실험에서 서로 관련된 결과들의 모임에 관심이 있다. 이 관련된 결과들을 표본공간의 부분집합으로 설명할 수 있다.

> **사건**
> 사건은 확률실험의 표본공간의 부분집합이다.

또한, 사건을 조합하여 새로운 사건을 설명할 수 있다. 사건은 부분집합이므로 합집합, 교집합, 여집합과 같은 기본적인 집합연산을 이용하여 관심의 다른 사건을 생성할 수 있다. 사건의 관점에서 기본적인 집합연산을 요약하면 다음과 같다.

- 두 사건의 **합집합**은 두 사건 중 어느 하나에라도 속하는 모든 결과로 이루어진 사건이다. 합집합을 기호로 $E_1 \cup E_2$라고 나타낸다.
- 두 사건의 **교집합**은 두 사건에 모두 속하는 결과로 이루어진 사건이다. 교집합을 기호로 나타내면 $E_1 \cap E_2$이다.
- 표본공간에서 **여사건**은 해당 사건에 속하지 않는 결과로 이루어진 집합이다. 사건 E의 여사건을 기호로 E'라고 하는데, 문헌에 따라 E^c라고 나타내기도 한다.

예제 2.4 사건

예제 2.2의 표본공간 $S = \{yy, yn, ny, nn\}$을 다시 보자. 적어도 카메라 한 대는 양품인 결과로 이루어진 부분집합을 E_1이라고 하면 $E_1 = \{yy, yn, ny\}$이다. 두 대의 카메라가 모두 불량품인 사건을 E_2라고 하면 $E_2 = \{nn\}$이다. 사건의 다른 예로 $E_3 = \varnothing$, 즉 공집합이 있고 $E_4 = S$, 즉 표본공간도 있다. $E_5 = \{yn, ny, nn\}$이라고 하면 다음이 성립한다.

$$E_1 \cup E_5 = S, \quad E_1 \cap E_5 = \{yn, ny\}, \quad E_1' = nn$$

해석: 확률실험에서 관심의 결과를 정의하기 위해 사건을 사용한다. 주로 특정 사건의 확률에 관심이 있다.

예제 2.5 카메라 충전시간

예제 2.1에서 카메라 충전시간의 표본공간으로 양의 실수로 이루어진 집합, 즉 $S = R^+$를 사용할 수 있다. 또한,

$$E_1 = \{x \mid 10 \le x < 12\}, \; E_2 = \{x \mid 11 < x < 15\}$$

라고 하면 다음이 성립한다.

$$E_1 \cup E_2 = \{x \mid 10 \le x < 15\}$$
$$E_1 \cap E_2 = \{x \mid 11 < x < 12\}$$
$$E_1' = \{x \mid x < 10 \text{ 또는 } 12 \le x\}$$
$$E_1' \cap E_2 = \{x \mid 12 \le x < 15\}$$

예제 2.6 병원 응급실 방문

아래에 애리조나 주의 병원 응급실 4곳의 방문 현황을 요약한 표가 있다. LWBS는 방문자가 의사의 진찰을 받지 않고 바로 떠나는 방문을 나타낸다. 나머지 방문자는 치료 후 입원하거나 퇴원한다. A는 병원 1을 방문하는 사건, B는 방문 결과가 LWBS인 사건이라고 할 때 $A \cap B, A', A \cup B$에 속하는 결과의 개수를 각각 구해 보자.

사건 $A \cap B$는 병원 1을 방문하고 이 방문이 LWBS인 195번으로 구성된다. 사건 A'은 병원 2, 3, 4의 방문으로

$$6991 + 5640 + 4329 = 16960\text{번}$$

이다. 사건 $A \cup B$는 병원 1을 방문하거나 LWBS (또는 둘 다)인 방문으로

$$5292 + 270 + 246 + 242 = 6050\text{번}$$

이다. 사건 $A \cup B$에 속하는 결과의 개수를 구하기 위해 A와 B의 횟수를 더하고 $A \cap B$의 횟수를 빼서 (그렇지 않으면 2번 포함되므로) 다음과 같이 구할 수도 있다.

$$5292 + 953 - 195 = 6050\text{번}$$

해석: 병원은 필요한 자원을 파악하고 환자 서비스를 개선하기 위해 결과가 LWBS인 방문을 추적해야 한다.

	병원				
	1	2	3	4	합계
합계	5,292	6,991	5,640	4,329	22,252
LWBS	195	270	246	242	953
입원	1,277	1,558	666	984	4,485
퇴원	3,820	5,163	4,728	3,103	16,814

집합 간의 관계를 나타내기 위해 다이어그램을 사용하며, 다이어그램은 사건의 관계를 설명하는 데도 도움이 된다. 벤다이어그램(Venn diagram)을 이용하여 표본공간과 표본공간 안의 사건을 나타낼 수 있다. 예를 들어 그림 2.6(a)에서는 확률실험의 표본공간을 직사각형 S 안의 점(확률실험의 결과)들로 표현한다. 사건 A와 B는 표시된 영역에 있는 점

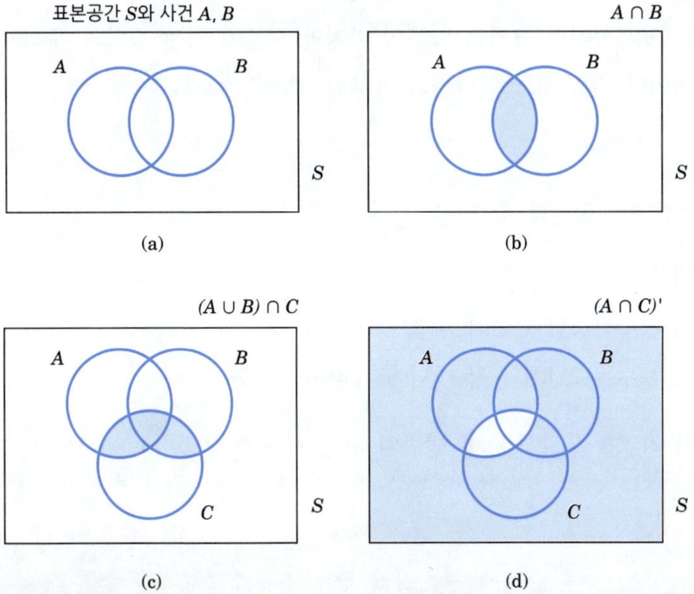

그림 2.6 벤다이어그램

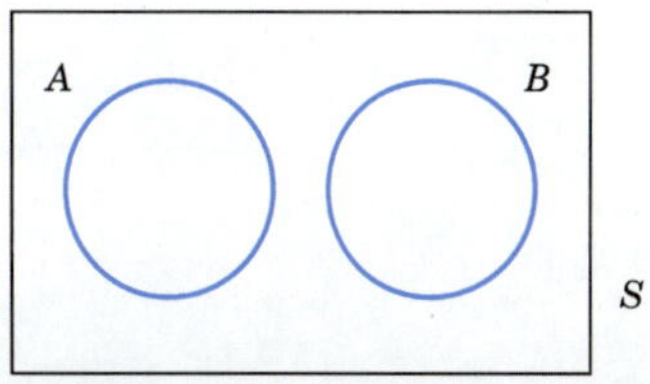

그림 2.7 상호배타적 사건

들의 부분집합이다. 그림 2.6(b), (c), (d)에는 결합사건이 나타나 있다. 그림 2.7은 공통적인 결과가 없는 두 사건을 나타낸다.

상호배타적 사건

두 사건 E_1, E_2가 $E_1 \cap E_2 = \varnothing$ 이면 상호배타적이라고 한다.

사건에 관한 다른 결과를 요약하면 다음과 같다.

- 여사건의 정의에 따라 $(E')' = E$이다.
- 집합연산의 분배법칙에 따라 다음이 성립한다.

$$(A \cup B) \cap C = (A \cap C) \cup (B \cap C), \quad (A \cap B) \cup C = (A \cup C) \cap (B \cup C)$$

- 드모르간의 법칙에 따라 $(A \cup B)' = A' \cap B'$, $(A \cap B)' = A' \cup B'$이다. 또한, $A \cap B = B \cap A$, $A \cup B = B \cup A$이다.

2.2 계수기법

이 장의 많은 예제에서 각 사건에 속하는 결과의 개수를 쉽게 결정할 수 있다. 그러나 더 복잡한 예제에서는 표본공간이나 사건에 속하는 결과를 결정하기 어려울 수 있다. 이런 경우 확률실험을 분석하기 위해 표본공간과 사건에 속하는 결과의 개수를 세어서 계산하는데, 이를 계수기법(counting technique)이라고 한다. 계수기법에서는 몇 가지 간단한 법칙을 이용하여 계산을 단순화한다.

그림 2.5의 나무그림을 보면 3개 메시지를 수신할 때 일어날 수 있는 모든 결과에 대한 표본공간을 알 수 있다. 표본공간의 크기는 나무의 마지막 수준에 있는 줄기의 개수이며, 이 경우 $2 \times 2 \times 2 = 8$이다. 일반적으로 다음의 유용한 결과가 성립한다.

계수기법에서 곱셈법칙

주어진 작업을 일련의 k단계로 구분할 수 있고

- 1단계를 완료하는 방법의 수는 n_1,
- 2단계를 완료하는 방법의 수는 1단계의 각 방법에 대하여 n_2,
- 3단계를 완료하는 방법의 수는 2단계의 각 방법에 대하여 n_3 등

이라고 가정하자. 주어진 작업을 완료하는 총 방법의 수는 $n_1 \times n_2 \times \cdots \times n_k$이다.

예제 2.7 웹 사이트의 설계

웹 사이트를 설계할 때 4종류의 색상, 3종류의 폰트, 3종류의 이미지 위치를 사용할 수 있으면, 곱셈법칙에 따라 웹 사이트를 설계하는 총 방법의 수는 $4\times3\times3=36$이다.

해석: 곱셈법칙과 계수기법을 이용하면 표본공간이나 사건에 속하는 결과의 개수를 쉽게 찾을 수 있고 이를 기반으로 사건의 확률을 계산할 수 있다.

순열: 다른 유용한 계산으로, 순서를 고려하여 집합의 원소를 나열하는 방법의 수를 구하는 문제를 알아본다. 원소들의 집합 $S=\{a,b,c\}$를 생각해 보자. 원소들의 순열(permutation)은 원소들의 순서화된 나열이다. 예를 들어 $abc, acb, bac, bca, cab, cba$는 모두 S의 원소들의 순열이다.

n개의 서로 다른 원소들의 순열의 수는

$$n!=n\times(n-1)\times(n-2)\times\cdots\times2\times1 \tag{2.1}$$

곱셈법칙으로부터 위의 결과가 성립한다. 따라서 순열을 다음과 같이 구할 수 있다. 먼저 n개 원소 중 첫 번째 위치에 놓을 원소를 선택하고, 나머지 $n-1$개 중 두 번째 위치에 놓을 원소를 선택한 다음, 남은 $n-2$개 중 세 번째 위치에 놓을 원소를 선택하는 방식으로 계속 진행한다. 이런 순열을 **선형 순열**이라고 한다.

또한, 집합의 일부 원소만 나열하는 방법의 수에 관심이 있을 수 있다. 곱셈법칙과 앞의 결과로부터 다음이 성립한다.

부분집합의 순열

서로 구별되는 n개 원소의 집합으로부터 r개를 선택하고 순서를 고려하여 나열하는 순열의 수는

$$P_r^n=n\times(n-1)\times(n-2)\times\cdots\times(n-r+1)=\frac{n!}{(n-r)!} \tag{2.2}$$

예제 2.8 인쇄회로기판

인쇄회로기판에 부품을 놓을 수 있는 8곳의 서로 다른 위치가 있다고 하자. 4개의 구별되는 부품을 기판에 배치할 때 가능한 설계는 몇 가지인지 구해 보자.

각 설계에서 첫 번째 부품을 8곳 중 한 곳, 두 번째 부품을 남은 7곳 중 한 곳, 세 번째 부품을 남은 6곳 중 한 곳, 네 번째 부품을 남은 5곳 중 한 곳에 놓는다. 따라서 서로 다른 설계의 수는 다음과 같다.

$$P_4^8=8\times7\times6\times5=\frac{8!}{4!}=1680$$

가끔 서로 구별되지 않는 객체에 대해 순서를 고려하여 나열하는 방법의 수를 세어야 하는 경우가 있다. 이런 계산에서 다음 결과가 유용하다.

유사 객체의 순열

유형 i인 객체의 수는 n_i $(i=1, 2, \cdots, r)$이고 $n = n_1 + n_2 + \cdots + n_r$일 때 n개 객체의 서로 다른 순열의 수는

$$\frac{n!}{n_1! n_2! n_3! \cdots n_r!} \tag{2.3}$$

예제 2.9 병원 스케줄

어느 병원에서 하루 3건의 무릎 수술과 2건의 고관절 수술을 예약한다. 무릎 수술과 고관절 수술을 각각 k와 h라고 하자. 3건의 무릎 수술과 2건의 고관절 수술을 나열하는 방법의 수는 $\frac{5!}{3!2!}$=10가지이다. 이 10가지는 다음과 같다.

$$\{kkkhh, kkhkh, kkhhk, khkkh, khkhk, khhkk, hkkkh, hkkhk, hkhkk, hhkkk\}$$

조합: 우리가 관심 있는 또 하나의 계산 문제는 n개 원소의 집합에서 r개 원소의 부분집합을 선택하는 방법의 수로, 이것을 조합(combination)이라고 한다. 이때 순서는 중요하지 않다. 집합 안의 원소를 나열하고 부분집합에 속하는 원소에는 "*"를 표시하여 r개 원소로 이루어진 부분집합을 찾을 수 있다. 따라서 r개의 "*"와 $n-r$개의 공백이 있는 각 순열은 서로 다른 부분집합이다. 예를 들어 집합 $S=\{a, b, c, d\}$의 부분집합 $\{a, c\}$는 $\begin{smallmatrix} a & b & c & d \\ * & & * & \end{smallmatrix}$로 나타낸다. 다음 식(2.4)를 이용하여 이와 같은 부분집합의 개수를 구할 수 있다.

조합

n개 원소의 집합으로부터 r개 원소의 부분집합을 만드는 방법의 수를 $\binom{n}{r}$ 또는 C_r^n이라고 나타낼 때

$$C_r^n = \binom{n}{r} = \frac{n!}{r!(n-r)!} \tag{2.4}$$

예제 2.10 인쇄회로기판의 배열

인쇄회로기판에 부품을 배열할 수 있는 8곳의 서로 다른 위치가 있다. 같은 종류의 부품 5개를 기판에 배열할 때, 몇 가지의 서로 다른 설계가 가능한지 구해 보자.

각 설계는 부품을 배열할 수 있는 8곳의 위치에 대한 크기 5의 부분집합이다. 식(2.4)를 이용하여 가능한 설계의 수를 구하면 $\frac{8!}{5!3!} = 56$가지이다.

어느 배치로부터 부품을 선택하는 확률실험에서 이미 뽑은 부품을 다음 부품을 뽑기 전에 되돌려 넣거나 되돌려 넣지 않을 수 있다. 이를 각각 복원추출(sampling with replacement)과 비복원추출(sampling without replacement)이라고 한다. 다음 예제에서는 식(2.4)와 곱셈법칙을 이용하여 비복원추출에 대한 일반적인 문제의 답을 구한다.

예제 2.11 비복원추출

50개의 부품이 들어 있는 상자에서 3개는 불량품, 47개는 양품이다. 이 상자로부터 6개의 부품을 비복원추출한다. 즉, 각 부품은 기껏해야 한 번만 선택될 수 있고, 표본은 50개 부품의 부분집합이다. 정확히 2개의 불량품을 포함하는 크기 6의 표본을 추출하는 방법의 수를 구해 보자.

정확히 2개의 불량품을 포함하는 부분집합을 만들려면 먼저 3개의 불량품 중 2개를 선택한다. 식(2.4)를 이용하여 이러한 방법의 수를 구하면 다음과 같다.

$$\binom{3}{2} = \frac{3!}{2!1!} = 3$$

다음으로 47개의 양품 중 남은 4개를 선택하는 방법의 수는

$$\binom{47}{4} = \frac{47!}{4!43!} = 178{,}365$$

이다. 이제 곱셈법칙에 따라 정확히 2개의 불량품이 포함된 크기 6의 표본을 추출하는 방법의 수를 구하면

$$3 \times 178{,}365 = 535{,}095$$

이다. 참고로 크기 6의 표본을 추출하는 방법의 수는

$$\binom{50}{6} = \frac{50!}{6!44!} = 15{,}890{,}700$$

이다.

2.3 확률의 해석과 공리

이 장에서는 유한한 (또는 셀 수 있는 무한한) 결과들의 집합으로 정의된 **이산 표본공간**에서 확률을 알아본다. 표본공간을 이산으로 제한하면 수학을 많이 사용하지 않고 확률의 개념과 설명을 단순화할 수 있다.

확률실험의 어떤 결과가 일어날 가능성을 수량화하기 위해 확률을 사용한다. 오늘 비가 올 가능성이 30%라는 말은 비가 올 기회에 대한 우리의 느낌을 수량화한 문장이다. 어떤 결과의 가능성을 수량화하기 위해 그 결과에 구간 [0,1]의 숫자(또는 0%~100%)를 할당한다. 큰 숫자는 작은 숫자보다 결과가 일어날 가능성이 높음을 의미한다. 0은 결과가 절대로 일어나지 않을 것임을 나타내고, 1은 결과가 반드시 일어날 것임을 나타낸다.

결과의 확률은 결과가 일어날 것이라는 우리의 주관적인 확률, 즉 **믿음의 정도**라고 해석할 수 있다. 당연히 개인마다 같은 결과에 다른 확률을 부여할 수 있다. 또한, 반복된 확률실험이라는 개념적 모형을 이용하여 확률을 해석할 수도 있다. 어떤 결과의 확률은 확률실험을 n번 반복할 때 그 결과가 나타나는 상대빈도의 (n이 한없이 커질 때) 수렴값이라고 해석된다. 예를 들어 디지털 신호에 손상 펄스가 있다는 결과에 0.2의 확률을 할당하면 많은 펄스를 분석할 때 약 20%의 펄스가 손상일 것임을 뜻한다. 이는 확률을 상대빈도로 해석한 것이다. 실험을 반복할 때 관심의 결과가 나오는 비율, 즉 **상대빈도**가 0.2이다. 실험에서 모든 결과의 확률의 합은 1이 되도록 확률을 선택한다. 따라서 확률을 상대빈도로 편리하게 해석할 수 있다. 그림 2.8은 상대빈도의 개념을 그림으로 설명한 것이다.

확률실험에서는 분석 대상인 시스템의 합리적 모형을 기반으로 확률을 할당한다. 한 가지 방법은 모든 결과가 일어날 가능성이 동등하다는 간단한 개념으로 확률을 할당하는 것이다. 예를 들어 100개의 레이저 다이오드가 있는 배치에서 1개를 임의로 선택한다고 하자. **임의로** 선택하면 배치에 있는 각 다이오드가 선택될 가능성이 모두 같다고 가정하는

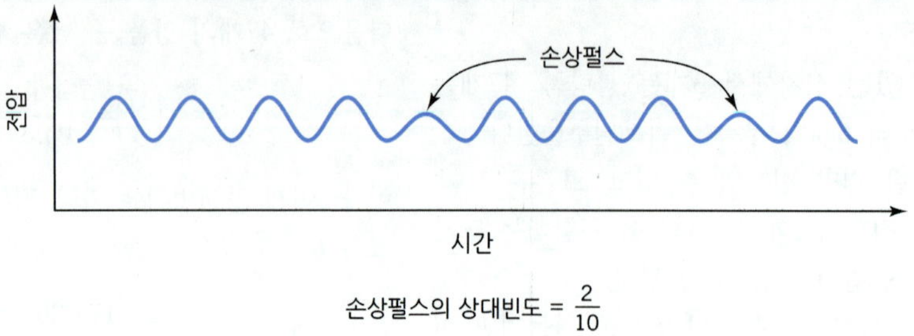

그림 2.8 통신채널에서 손상펄스의 상대빈도

것이 합리적이다. 확률의 합은 1이므로 이 실험의 확률모형은 100가지의 결과 각각에 0.01의 확률을 할당한다. 실험을 여러 번 반복하는 것을 상상하여 확률을 해석할 수 있다. 매 실험은 100개의 다이오드로부터 1개를 임의로 선택한다. 특정한 다이오드에 확률 0.01을 할당하였다면 반복된 실험에서 이 다이오드가 선택되는 비율이 0.01임을 의미한다. 모든 결과의 발생 가능성이 동등한(equally likely) 것으로 가정하였다면 같은 확률을 선택한 것이다.

> **발생 가능성이 동등한 결과**
>
> 발생 가능성이 모두 동등한 N개의 결과로 이루어진 표본공간에서 각 결과의 확률은 $\frac{1}{N}$이다.

표본공간의 여러 결과로 정의된 사건에 확률을 할당해야 하는 경우도 종종 있다. 이산 표본공간의 경우 이런 문제는 쉽게 해결된다.

예제 2.12 레이저 다이오드

100개의 레이저 다이오드가 들어 있는 배치에서 30%는 고객의 최소전력 요구를 충족한다. 1개의 다이오드를 임의로 선택할 때, 즉 각 다이오드가 선택될 확률이 같을 때 선택된 다이오드가 고객요구를 충족할 확률은 직관적으로 0.3이다.

사건 E는 고객 요구를 충족하는 30개의 다이오드로 이루어진 부분집합이라고 하자. E에는 30개의 결과가 있고 각 결과의 확률은 0.01이므로 사건 E의 확률은 0.3이다. 이러한 결과는 우리의 직관과 일치한다. 이를 그림으로 설명하면 그림 2.9와 같다.

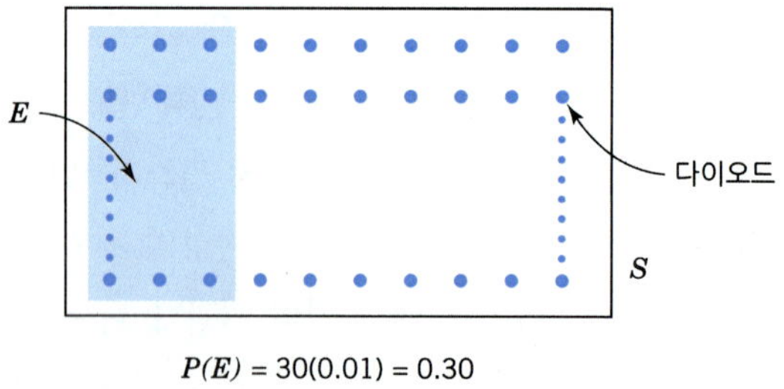

그림 2.9 사건 E의 확률은 E에 속하는 결과들의 확률의 합이다.

위의 예제와 같은 논리로 이산 표본공간에서 사건의 확률을 정의할 수 있다.

사건의 확률

이산 표본공간에서 **사건 E의 확률** $P(E)$는 E에 속하는 결과들의 확률의 합이다.

예제 2.13 사건의 확률

확률실험의 결과는 $\{a, b, c, d\}$ 중 하나이고 각 결과의 확률은 0.1, 0.3, 0.5, 0.1이라고 하자. 또한,

$$A = \{a, b\},\ B = \{b, c, d\},\ C = \{d\}$$

라고 하자. 그러면

$$P(A) = 0.1 + 0.3 = 0.4$$
$$P(B) = 0.3 + 0.5 + 0.1 = 0.9$$
$$P(C) = 0.1$$

이고

$$P(A') = 0.6,\ P(B') = 0.1,\ P(C') = 0.9$$

이다. 한편 $A \cap B = \{b\}$이므로

$$P(A \cap B) = 0.3$$

이다. 또한, $A \cup B = \{a, b, c, d\}$이므로

$$P(A \cup B) = 0.1 + 0.3 + 0.5 + 0.1 = 1$$

이다. 마지막으로 $A \cap C = \varnothing$이므로 다음이 성립한다.

$$P(A \cap C) = 0$$

다른 예로 어느 배치로부터 2개 이상의 부품을 임의로 선택하는 확률실험을 생각해 보자. **임의로** 선택한다는 것은 부품들의 각 가능한 부분집합이 모두 같은 확률로 선택됨을 의미한다.

예제 2.14 제조검사

예제 2.11의 검사를 다시 보자. 50개의 부품이 들어있는 상자에서 3개는 불량품이고 47개는 양품이다. 6개의 부품을 비복원추출할 때 정확히 2개의 불량품이 포함될 확률을 구해 보자.

표본공간은 6개를 비복원추출할 때 모든 가능한 (순서를 고려하지 않는) 부분집합으로 구성된다. 예제 2.11에서 보듯이, 크기 6의 부분집합 중 정확히 2개의 불량품을 포함하는 경우의 수는 535,095이고, 크기 6의 총 부분집합의 수는 15,890,700이다. 결과의 발생 가능성이 모두 동등할 때 한 사건의 확률은 표본공간 내 결과의 수에 대한 사건 내 결과의 수의 비율이다. 따라서 표본에 정확히 2개의 불량품이 포함될 확률은 다음과 같다.

$$\frac{535{,}095}{15{,}890{,}700} = 0.034$$

불량품을 하나도 포함하지 않으려면 6개 모두를 47개의 양품 중에서 뽑아야 한다. 따라서 불량품을 하나도 포함하지 않는 부분집합의 수는

$$\frac{47!}{6!41!} = 10{,}737{,}573$$

이고, 표본에 불량품이 하나도 포함되지 않을 확률은

$$\frac{10{,}737{,}573}{15{,}890{,}700} = 0.676$$

이다. 따라서 크기 6의 표본에 불량품이 하나도 포함되지 않을 가능성이 상당히 높다. 이 예제는 3장에서 학습하는 초기화분포와 관련된다.

사건의 확률을 정의하였으니 이제 가정을 모아 확률실험이 충족해야 하는 확률의 공리(axioms of probability)를 정리할 수 있다. 공리를 이용하면 실험에서 할당하는 확률을 상

대빈도로 해석할 수 있고, 이와 같은 확률의 할당은 상대빈도 간의 관계에 대한 우리의 직관적 이해와 일치한다. 예를 들어 사건 A가 사건 B에 포함되면 $P(A) \le P(B)$이다. **공리가 확률을 결정하는 것은 아니며,** 연구 대상인 시스템에 관한 지식을 바탕으로 확률을 할당해야 한다. 그러나 공리를 이용하면 일부 사건의 확률을 이용하여 다른 사건의 확률을 쉽게 계산할 수 있다.

> **확률의 공리**
> 확률은 확률실험에서 사건 모임의 개별 원소에 다음 성질을 만족하도록 할당하는 숫자이다.
>
> (1) S가 표본공간일 때 $P(S) = 1$
> (2) 모든 사건 E에 대하여 $0 \le P(E) \le 1$
> (3) $E_1 \cap E_2 = \varnothing$인 두 사건 E_1, E_2에 대하여 $P(E_1 \cup E_2) = P(E_1) + P(E_2)$

성질 (1)은 실험의 모든 시행에서 표본공간 안의 결과가 일어남을 뜻한다. 그 결과 S의 상대빈도는 1이다. 성질 (2)는 상대빈도가 0과 1 사이의 값이라는 요구와 같다. 성질 (3)은 사건 E_1과 E_2에 공통인 결과가 없으면 $E_1 \cup E_2$ 안의 결과의 상대빈도는 E_1과 E_2 안의 결과의 상대빈도의 합임을 뜻한다.

공리로부터 다음 결과가 성립한다. $P(\varnothing) = 0$이며 모든 사건 E에 대해서

$$P(E') = 1 - P(E)$$

이다. 예를 들어 사건 E의 확률이 0.4이면 상대빈도 해석에 따라 E'의 확률은 0.6이다. 또한, 사건 E_1이 사건 E_2에 포함되면 다음이 성립한다.

$$P(E_1) \le P(E_2)$$

2.4 사건의 합과 덧셈법칙

개별사건에 기본적인 집합연산을 적용하면 결합사건을 얻는다. 일반적으로 $A \cup B$와 같은 사건의 합집합, $A \cap B$와 같은 사건의 교집합, A'과 같은 여사건에 관심이 있다. 대개는 결합사건에 속하는 개별사건의 확률로부터 결합사건의 확률을 구할 수 있다. 또한, 결합사건의 확률을 계산할 때 기본적인 집합연산이 도움이 된다. 이 절에서는 사건의 합집합을 알아본다.

예제 2.15 반도체 웨이퍼

표 2.1에 반도체 생산공정에서 추출한 940개 웨이퍼의 증착기구 내의 위치와 오염도에 관한 데이터가 나타나 있다. H는 1개 웨이퍼를 임의추출할 때 웨이퍼의 오염도가 높은 사건이라고 하자. 그러면 $P(H)=\frac{358}{940}$이다.

웨이퍼가 증착기구의 중앙에 있는 사건을 C라고 하면 $P(C)=\frac{626}{940}$이다. 또한, $P(H\cap C)$는 웨이퍼가 증착기구의 중앙에 위치하면서 오염도가 높을 확률이므로

$$P(H\cap C)=\frac{112}{940}$$

이다. 사건 $H\cup C$는 웨이퍼가 증착기구의 중앙에 있거나 오염도가 높은 (또는 둘 다) 사건이므로

$$P(H\cup C)=\frac{872}{940}$$

이다. 사건 $H\cap C$에 포함되는 112개의 웨이퍼는 $P(H)$와 $P(C)$를 계산할 때 중복되므로 다음과 같이 $P(H\cup C)$를 구할 수도 있다.

$$P(H\cup C)=P(H)+P(C)-P(H\cap C)$$
$$=\frac{358}{940}+\frac{626}{940}-\frac{112}{940}=\frac{872}{940}$$

표 2.1 오염도와 위치에 따른 반도체 생산공정의 웨이퍼

오염도	증착기구 내의 위치		
	중앙	가장자리	합계
낮음	514	68	582
높음	112	246	358
합계	626	314	940

해석: 오염도의 원인을 더 잘 이해하기 위해 웨이퍼의 여러 위치에서 수율을 정기적으로 집계하여야 한다.

위의 예제에서는 A 또는 B의 확률을 $P(A\cup B)$로 나타내고 다음 덧셈법칙을 이용하였다.

합의 확률

$$P(A\cup B)=P(A)+P(B)-P(A\cap B) \tag{2.5}$$

두 사건 A와 B에 대하여 $A\cap B=\varnothing$이면 A와 B는 상호배타적(mutually exclusive)이라고 한다. 그러면 $P(A\cap B)=0$이고 확률의 세 번째 공리로부터 $A\cup B$의 확률은 다음과 같다.

A와 B가 상호배타적 사건이면

$$P(A\cup B)=P(A)+P(B) \tag{2.6}$$

3개 이상의 사건: 식(2.5)를 반복적으로 사용하고 기본적인 집합연산을 이용하면 $P(A\cup B\cup C)$와 같은 더 복잡한 확률을 계산할 수 있다. 예를 들면

$$P(A\cup B\cup C)=P[(A\cup B)\cup C]=P(A\cup B)+P(C)-P[(A\cup B)\cap C]$$

이다. 식(2.5)를 이용하여 위 식의 $P(A\cup B)$를 전개한 후 집합연산의 분배법칙을 이용하여 $P[(A\cup B)\cap C]$를 정리하면 다음과 같이 다시 쓸 수 있다.

$$P(A\cup B\cup C)=P(A)+P(B)+P(C)-P(A\cap B) -P(A\cap C)-P(B\cap C)+P(A\cap B\cap C) \tag{2.7}$$

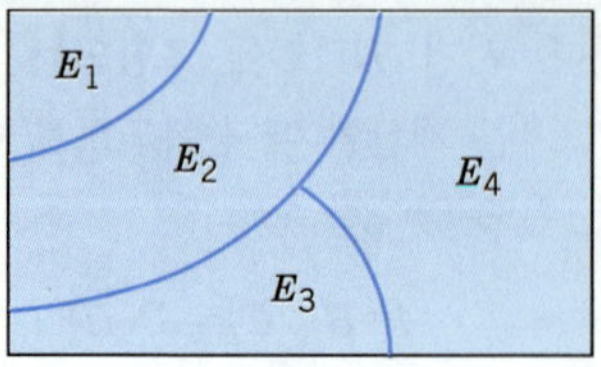

그림 2.10 4개의 상호배타적 사건에 대한 벤다이어그램

사건이 상호배타적이면 세 개 이상의 사건에 관한 결과도 간단히 계산할 수 있다. 일반적으로 사건의 모음 $E_1, E_2, \cdots, E_k$가 서로 공통부분이 없으면 상호배타적이라고 한다. 그림 2.10은 여러 개의 상호배타적 사건을 벤다이어그램으로 나타낸 것이다. 두 사건의 합에 대한 논리를 일반화하면 다음과 같다.

상호배타적 사건

사건 $E_1, E_2, \cdots, E_k$의 모음이 모든 (i, j)에 대하여 $E_i \cap E_j = \varnothing$ 이면 **상호배타적**이라고 한다. 상호배타적 사건의 모음에 대하여

$$P(E_1 \cup E_2 \cup \cdots \cup E_k) = P(E_1) + P(E_2) + \cdots + P(E_k) \tag{2.8}$$

예제 2.16 pH

자주 사용되는 상호배타적 사건의 간단한 예는 다음과 같다. X는 한 표본의 pH라고 할 때 X가 6.5 초과 7.8 이하인 사건을 생각해 보자. 이 사건의 확률을 구하기 위해 합집합이 사건의 범위와 같아지는 상호배타적 사건들의 모음을 만든 후 각 사건의 확률을 합하면 된다. 한 예는 다음과 같다.

$$P(6.5 < X \le 7.8)$$
$$= P(6.5 < X \le 7.0) + P(7.0 < X \le 7.5) + P(7.5 < X \le 7.8)$$

다른 예는

$$P(6.5 < X \le 7.8) = P(6.5 < X \le 6.6) + P(6.6 < X \le 7.1) + P(7.1 < X \le 7.4) + P(7.4 < X \le 7.8)$$

이다. 어느 방법이 좋은지는 어떤 확률값이 알려져 있는지에 따라 다르다.

해석: 뒤에서 확률을 계산하기 위해 한 사건을 상호배타적 사건으로 분할하는 방법을 자주 사용한다.

2.5 조건부확률

사건에 관한 추가적인 정보를 얻으면 확률을 다시 평가할 필요가 있다. 확률모형에 추가 정보를 반영하는 유용한 방법은 생성될 결과를 주어지는 사건의 원소로 가정하는 것이다. 즉, 주어지는 사건을 A라고 하면 A는 생성될 결과가 만족해야 하는 조건이므로 이 정보를 포함하도록 확률을 수정해야 한다. 사건 A가 일어났다는 조건에서 사건 B가 일어날 확률은 $P(B|A)$로 나타내고, $P(B|A)$를 주어진 A에 대한 B의 **조건부확률**(conditional probability)이라고 한다.

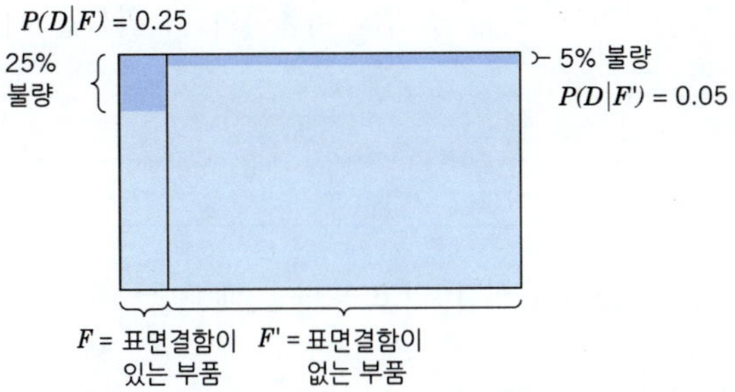

그림 2.11 표면결함 부품에 대한 조건부확률

어느 디지털 통신채널은 1,000비트를 전송할 때마다 1비트의 오류율을 가진다. 오류가 발생하는 사건은 드물지만, 오류가 발생하면 연속된 여러 비트에 영향을 미치는 버스트(burst) 형태라고 하자. 1비트를 전송할 때 오류의 확률은 1/1000이다. 그러나 이전의 비트에서 오류가 발생하였다면 버스트로 인해 다음 비트에서 오류가 발생할 확률은 1/1000보다 클 것이다.

어느 박막 제조공정에서 불량품의 비율은 2%이다. 그러나 이 공정은 오염 문제에 민감하여 오염이 불량률을 높일 수 있다. 특정 교대 근무 중 오염 제어에 사용하는 필터에 문제가 있었다면 불량률을 2%보다 높게 평가할 것이다.

어느 제조공정에서 부품의 10%는 눈에 보이는 표면결함이 있고, 표면결함이 있는 부품의 25%는 기능상 불량이다. 그런데 표면결함이 없는 부품의 경우 5%만이 기능상 불량이라고 하면 한 부품이 불량품일 확률은 해당 부품에 표면결함이 있는지에 따라 달라진다. 부품이 불량품인 사건을 D, 표면결함이 있는 사건을 F라고 하면 부품에 표면결함이 있을 때 불량품일 조건부확률은 $P(D|F)$이다. 표면결함이 있는 부품의 25%가 불량품이므로 $P(D|F) = 0.25$이다. 또한, F'은 부품에 표면결함이 없는 사건이고, 표면결함이 없는 부품의 5%가 불량품이므로 $P(D|F') = 0.05$이다. 이 결과를 정리하면 그림 2.11과 같다.

예제 2.17 표면결함과 불량

표 2.2는 400개의 부품을 표면결함과 기능상 불량으로 분류한 결과이다. 표의 조건부확률은 위에서 설명한 것과 같다. 예를 들어 표면결함이 있는 40개 부품 중 불량품의 수는 10개이므로

$$P(D|F) = \frac{10}{40} = 0.25$$

이다. 표면결함이 없는 360개 부품 중 불량품의 수는 18개이므로

$$P(D|F') = \frac{18}{360} = 0.05$$

이다.

해석: 불량품일 확률은 표면결함이 있는 부품에서 5배 더 높다. 이 계산을 보면 추가적인 정보에 따라 확률이 어떻게 수정되는지 알 수 있다. 또한, 표면결함과 기능상 불량이 관련이 있을 수 있으며, 이를 조사할 필요가 있다.

표 2.2 부품분류

	표면결함		
기능상 불량	예(사건 F)	아니요	합계
예(사건 D)	10	18	28
아니요	30	342	372
합계	40	360	400

예제 2.17에서는 조건부확률을 직접 계산하였다. 다음 정의를 이용하여 이 확률을 계산할 수도 있다.

조건부확률

사건 A가 일어났을 때 사건 B의 조건부확률을 $P(B|A)$라고 나타낼 때

$$P(B|A) = \frac{P(A \cap B)}{P(A)} \quad (\text{단, } P(A) > 0) \tag{2.9}$$

모든 결과의 발생 가능성이 동등한 확률실험에서 조건부확률의 정의를 생각해 보자. 총 N개의 결과가 있을 때

$$P(A) = \frac{(A\text{에 속하는 결과의 수})}{N},$$

$$P(A \cap B) = \frac{(A \cap B\text{에 속하는 결과의 수})}{N}$$

이므로

$$\frac{P(A \cap B)}{P(A)} = \frac{(A \cap B\text{에 속하는 결과의 수})}{(A\text{에 속하는 결과의 수})}$$

이다. 따라서 $P(B|A)$를 사건 A에 속하는 결과가 일어나는 시행 중에서 사건 B가 일어나는 시행의 상대빈도라고 해석할 수 있다.

예제 2.18 나무그림

표 2.2의 400개 부품을 다시 보자. 표 2.2에서

$$P(D|F) = \frac{P(D \cap F)}{P(F)} = \frac{10}{400} \bigg/ \frac{40}{400} = \frac{10}{40}$$

이고, 다음 4개의 확률이 모두 다르다.

$$P(F) = \frac{40}{400}, \qquad P(F|D) = \frac{10}{28},$$

$$P(D) = \frac{28}{400}, \qquad P(D|F) = \frac{10}{40}$$

여기서 $P(D)$와 $P(D|F)$는 같은 사건의 확률이지만 서로 주어진 정보가 다르다. 마찬가지로 $P(F)$와 $P(F|D)$는 주어진 정보가 다른 상황에서 같은 사건의 확률이다.

그림 2.12의 나무그림은 조건부확률을 표현할 때 유용하다. 첫 줄기는 표면결함에 관한 것이다. 표면결함이 있는 40개 부품 중 10개는 기능상 불량품이고 30개는 정품이다. 따라서

$$P(D|F) = \frac{10}{40}, \; P(D'|F) = \frac{30}{40}$$

이다. 표면결함이 없는 360개 중 18개는 기능상 불량품이고 342개는 정품이다. 따라서 다음이 성립한다.

$$P(D|F') = \frac{18}{360}, \; P(D'|F') = \frac{342}{360}$$

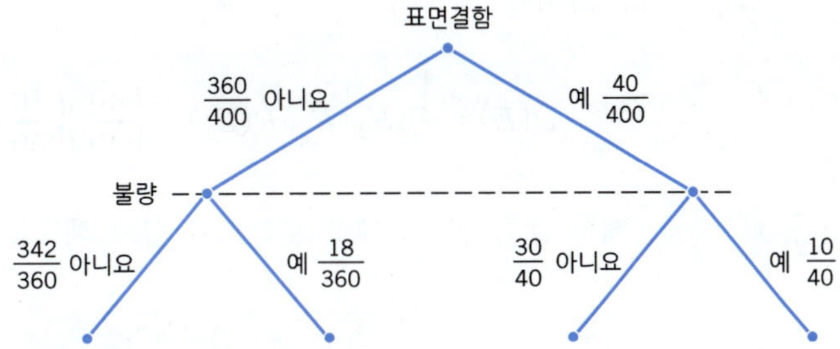

그림 2.12 부품분류에 대한 나무그림

임의표본과 조건부확률: 이 장의 앞에서 표본공간에 관해 학습할 때 복원추출과 비복원추출을 정의하고 3개 항목 $\{a, b, c\}$의 간단한 배치를 예제로 보았다. 이 배치에서 2개 항목을 비복원추출하고 순서를 고려하여 표본공간을 구성하면

$$\{(a, b), (a, c), (b, a), (b, c), (c, a), (c, b)\}$$

의 6개 결과가 있고 각 결과의 확률은 1/6이다. 한편 순서를 고려하지 않는 경우 표본공간에는 $\{(a, b), (a, c), (b, c)\}$의 3개 결과가 있고 각 결과의 확률은 1/3이다.

큰 배치로부터 표본을 임의추출할 때 표본공간을 나열하지 않고 조건부확률을 이용하여 확률을 계산하면 편리하다. 예를 들어 한 배치에 유형1의 부품 10개와 유형2의 부품 40개가 들어 있다고 하자. 두 부품을 비복원 임의추출할 때 먼저 유형1의 부품을 선택하였다면 다음에 유형2의 부품을 선택할 조건부확률은 얼마일까? 결과를 세어서 답을 구할 수도 있지만 임의표본(random sample)에 관한 다음 결과를 이용하면 이런 질문에 대한 답을 쉽게 구할 수 있다.

> **임의표본**
>
> **임의로** 선택한다는 것은 각각의 표본추출에서 배치에 남아 있는 대상이 선택될 가능성이 모두 동등함을 의미한다.

처음에 유형1의 부품을 선택하였으면 배치에는 9개의 유형1 부품과 40개의 유형2 부품이 남는데, 이 49개의 부품이 각각 다음에 선택될 가능성이 모두 같다. 따라서 처음에 유형1의 부품을 선택한 상황에서 다음에 유형2의 부품을 선택할 조건부확률은

$$P(E_2 \mid E_1) = \frac{40}{49}$$

이다. 이런 방식으로 다른 확률도 쉽게 구할 수 있다. 예를 들어 사건 E는 처음에 유형1의 부품을 선택하고 다음에 유형2의 부품을 선택할 확률이라고 할 때, E의 확률을 구하기 위해 각 단계를 생각해 보자. 처음에 유형1의 부품을 선택할 확률은 $P(E_1) = 10/50$이다. 처음에 유형1의 부품을 선택하였을 때 다음에 유형2의 부품을 선택할 조건부확률은

$P(E_2 | E_1) = 40/49$이다. 따라서

$$P(E) = P(E_2 | E_1)P(E_1) = \left(\frac{40}{49}\right)\left(\frac{10}{50}\right) = \frac{8}{49}$$

이다. 때로는 문제를 순차적인 단계로 분할하여 쉽게 해결할 수 있음을 알 수 있다.

2.6 사건의 교집합, 곱셈법칙, 전확률법칙

두 사건의 교집합의 확률을 계산해야 하는 경우가 있다. 식(2.9)에서 조건부확률의 정의를 다시 쓰면 다음 곱셈법칙(multiplication rule)이 성립한다.

곱셈법칙

$$P(A \cap B) = P(B | A)P(A) = P(A | B)P(B) \quad (2.10)$$

식(2.10)에서 A와 B를 교환하여 마지막 식을 얻는다.

예제 2.19 기계가공 단계

고rpm 피스톤의 수치제어 가공작업의 첫 번째 단계에서 금속 변화, 설비 정렬, 절삭 날의 상태, 진동 및 주변 환경 조건으로 인해 규격을 충족하지 못할 수 있다. 첫 번째 단계에서 규격을 충족할 확률은 0.9이다. 첫 번째 단계에서 규격을 충족하였을 때 두 번째 단계에서 규격을 충족할 확률은 0.95이다. 두 단계에서 모두 규격을 충족할 확률을 구해 보자.

첫 번째와 두 번째 단계에서 규격을 충족하는 사건을 각각 A와 B로 나타내면 구하는 확률은

$$P(A \cap B) = P(B | A)P(A) = 0.95 \times 0.90 = 0.855$$

이다. $P(A \cap B) = P(A | B)P(B)$도 성립하지만, 이 문제에서 주어진 정보로는 사용할 수 없다.

해석: 두 단계 모두 규격을 충족할 확률은 0.855이다. 피스톤을 완성하는데 추가적인 단계가 필요하다면 이 확률은 더 작아진다. 따라서 피스톤이 모든 규격을 충족하려면 각 단계에서 규격을 충족할 확률을 높여야 한다.

사건의 확률이 여러 조건에 대하여 각각 주어지는 경우가 있다. 이와 같은 조건부확률이 충분히 주어지면 그로부터 사건의 확률을 구할 수 있다. 예를 들어 반도체 제조공정 중 높은 오염 수준에 노출된 칩이 제품 고장을 일으킬 확률은 0.1이고, 그렇지 않은 칩이 제품 고장을 일으킬 확률은 0.005라고 가정하자. 특정 생산에서 높은 오염 수준에 노출된 칩은 20%라고 한다. 이 칩을 사용한 제품이 고장날 확률은 얼마인가?

구하는 확률은 칩이 높은 오염 수준에 노출되었는지 아닌지에 따라 다르다. 임의의 사건 B를 A와 교집합인 부분과 A'과 교집합인 부분의 합, 즉

$$B = (A \cap B) \cup (A' \cap B)$$

로 쓸 수 있다. 그림 2.13은 이것을 벤다이어그램으로 표현한 것이다. A와 A'은 상호배

타적이므로 $A \cap B$와 $A' \cap B$도 상호배타적이다. 따라서 식(2.6)의 상호배타적 사건의 합집합의 확률과 식(2.10)의 곱셈법칙으로부터 다음의 전확률법칙(total probability rule)이 성립한다.

전확률법칙: 두 사건

두 사건 A와 B에 대하여

$$P(B) = P(B \cap A) + P(B \cap A') = P(B \mid A)P(A) + P(B \mid A')P(A') \quad (2.11)$$

예제 2.20 반도체 오염

앞의 오염 문제에서 주어진 정보를 요약하면 다음과 같다.

고장확률	오염 수준	수준의 확률
0.10	높음	0.20
0.005	높지 않음	0.80

F는 제품이 고장나는 사건, H는 칩이 높은 오염 수준에 노출되는 사건일 때 $P(F)$를 구해 보자.

주어진 정보는

$$P(F \mid H) = 0.10, \quad P(F \mid H') = 0.005,$$
$$P(H) = 0.20, \quad P(H') = 0.80$$

이다. 식(2.11)로부터 구하는 확률은

$$P(F) = 0.10 \times 0.20 + 0.005 \times 0.80 = 0.024$$

로, 이 확률은 두 고장확률의 가중평균이다.

식(2.11)에서의 논리를 일반화할 수 있다. $A \cup A' = S$이므로

$$B = (A \cap B) \cup (A' \cap B)$$

이고, $A \cap A' = \varnothing$ 이므로 $A \cap B$와 $A' \cap B$는 상호배타적이다. 일반적으로 사건의 모음 $E_1, E_2, \cdots, E_k$가 $E_1 \cup E_2 \cup \cdots \cup E_k = S$를 만족하면 사건의 모음이 전체를 이루는 **포괄**(exhaustive)이라고 한다. 그림 2.14를 보면 사건 B를 상호배타적이고 포괄인 사건들로 분할할 수 있다.

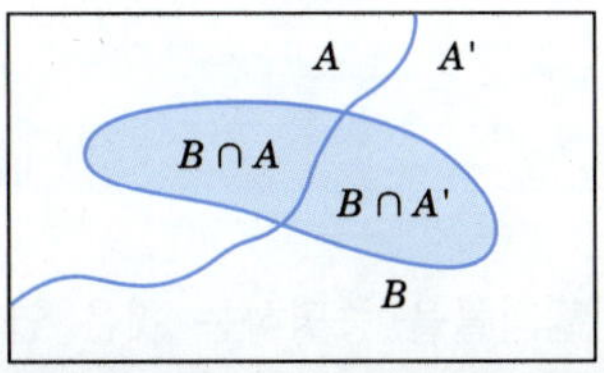

그림 2.13 사건을 두 개의 상호배타적 부분집합으로 분할

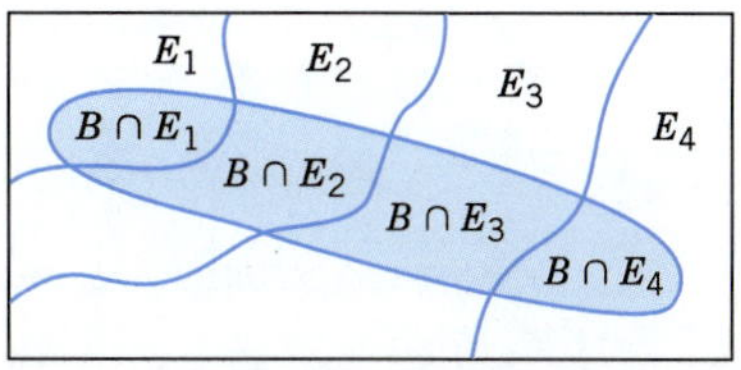

$B = (B \cap E_1) \cup (B \cap E_2) \cup (B \cap E_3) \cup (B \cap E_4)$

그림 2.14 사건을 여러 개의 상호배타적 부분집합으로 분할

전확률법칙: 여러 사건

상호배타적이고 포괄인 집합 $E_1, E_2, \cdots, E_k$에 대하여

$$P(B) = P(B\cap E_1) + P(B\cap E_2) + \cdots + P(B\cap E_k)$$
$$= P(B|E_1)P(E_1) + P(B|E_2)P(E_2) + \cdots + P(B|E_k)P(E_k) \qquad (2.12)$$

2.7 독립

조건부확률 $P(B|A)$가 $P(B)$와 같은 경우가 있다. 이 경우 실험의 결과 사건 A가 일어났다는 정보는 사건 B가 일어날 확률에 아무런 영향을 주지 않는다.

예제 2.21 복원추출

예제 2.11의 검사를 다시 보자. 50개의 부품이 들어있는 상자에서 3개는 불량품, 47개는 양품이다. 6개의 부품을 임의 추출할 때 다음 부품을 선택하기 전에 이미 선택한 부품을 되돌려 넣는다고 가정하자. 첫 번째 부품이 불량품이었을 때 두 번째 부품이 불량품일 확률을 구해 보자.

A와 B는 각각 첫 번째와 두 번째 부품이 불량품인 사건이라 할 때 $P(B|A)$를 구해야 한다. 두 번째 부품을 선택하기 전에 첫 번째 부품을 되돌려 넣으므로 상자에는 여전히 50개의 부품이 있고 그중 3개는 불량품이다. 따라서 B의 확률은 첫 번째 부품이 불량품인지 아닌지의 영향을 받지 않는다. 즉,

$$P(B|A) = \frac{3}{50}$$

이다. 또한, 두 부품이 모두 불량품일 확률은 다음과 같다.

$$P(A\cap B) = P(B|A)P(A) = \left(\frac{3}{50}\right)\left(\frac{3}{50}\right) = \frac{9}{2500}$$

위의 예제로부터 다음 사실을 알 수 있다. $P(B|A) = P(B)$인 특수한 경우

$$P(A\cap B) = P(B|A)P(A) = P(B)P(A)$$
$$P(A|B) = \frac{P(A\cap B)}{P(B)} = \frac{P(A)P(B)}{P(B)} = P(A)$$

이다. 따라서 다음과 같이 독립을 정의한다.

독립: 두 사건

다음 중 어느 하나를 만족하면 두 사건 A와 B는 독립이다.

$$P(A|B) = P(A)$$
$$P(B|A) = P(B)$$
$$P(A\cap B) = P(B)P(A) \qquad (2.13)$$

$P(A'\cap B') = P(A')P(B')$와 같이 독립과 관련된 다른 결과들을 증명하는 것은 연습문제로 남긴다. 독립(independence)이라는 개념은 사건 간의 중요한 관계이며, 이 책의

여러 부분에서 독립을 사용한다. 두 사건의 상호배타적 관계는 사건을 구성하는 결과에만 의존하지만, 독립 관계는 확률실험에서 사용하는 확률모형에 의존한다. 우리는 종종 관심의 물리적 시스템을 설명하기 위한 확률실험의 일부분으로 독립을 가정한다.

예제 2.22 비복원추출

예제 2.11의 검사를 다시 보자. 상자에는 3개의 불량품과 47개의 양품이 있다. 6개 부품을 비복원 임의추출할 때 A와 B는 각각 첫 번째와 두 번째 추출된 부품이 불량품인 사건을 나타낸다고 하자.

첫 번째가 불량품이면 두 번째가 불량품일 가능성이 더 작아지므로 두 사건이 독립이 아닐 것으로 예상된다. 실제로 $P(B|A) = \frac{2}{49}$이다. 그러면 $P(B)$는 얼마인가?

$P(B)$를 계산하려면 다음과 같이 첫 번째 추출한 부품이 불량품인지 아닌지를 생각해야 한다.

$$P(B) = P(B|A)P(A) + P(B|A')P(A')$$
$$= \left(\frac{2}{49}\right)\left(\frac{3}{50}\right) + \left(\frac{3}{49}\right)\left(\frac{47}{50}\right) = \frac{3}{50}$$

첫 번째 부품의 결과를 알지 못하고 두 번째 부품이 불량품일 무조건적 확률 $P(B)$는 첫 번째 부품이 불량품일 확률과 같다. $P(B|A)$와 $P(B)$가 다르므로 두 사건은 독립이 아니다.

독립의 정의를 세 개 이상의 사건으로 확장하면 다음의 일반적 결과가 성립한다.

독립: 여러 사건

사건 $E_1, E_2, \cdots, E_k$가 독립이기 위한 필요충분조건은 사건들의 모든 부분집합에 대하여

$$P(E_{i_1} \cap E_{i_2} \cap \cdots \cap E_{i_k}) = P(E_{i_1})P(E_{i_2}) \cdots P(E_{i_k}) \tag{2.14}$$

일반적으로 각 사건의 확률을 알고 각 사건이 서로 독립일 때 여러 사건이 동시에 일어날 확률을 구하기 위해 이 정의를 이용한다. 보통 확률실험의 기본을 이해하면 사건이 서로 독립인지 아닌지 알 수 있다.

예제 2.23 직렬회로

다음 회로가 작동하기 위해서는 왼쪽부터 오른쪽으로 기능 장치의 경로가 존재해야 한다. 각 장치가 작동할 확률은 그래프에 나와 있다. 장치의 고장은 서로 독립일 때 회로가 작동할 확률을 구해 보자.

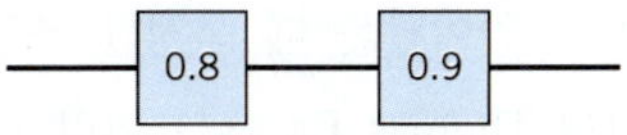

L과 R은 각각 왼쪽과 오른쪽 장치가 작동하는 사건을 나타낸다고 하자. 두 장치가 모두 작동해야만 경로가 존재하므로 이 회로가 작동할 확률은 다음과 같다.

$$P(L \cap R) = P(L)P(R) = 0.80 \times 0.90 = 0.72$$

해석: 두 장치가 모두 작동해야 하는 경우 회로가 작동할 확률은 0.72로 감소한다. 많은 장치가 직렬로 연결될 때 전체 회로가 작동하려면 각 장치의 작동확률이 높아야 한다.

예제 2.24 병렬회로

다음 회로는 왼쪽부터 오른쪽으로 기능장치의 경로가 존재해야만 작동한다. 각 장치가 작동할 확률은 그래프에 나와 있다. 장치의 고장은 서로 독립일 때 회로가 작동할 확률을 구해 보자.

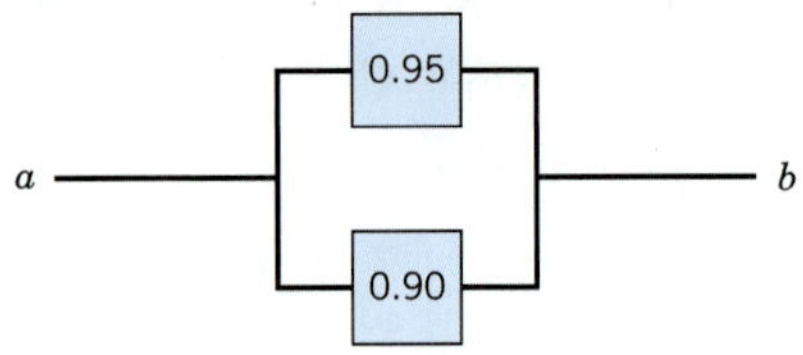

T와 B는 각각 위와 아래의 장치가 작동하는 사건을 나타낸다고 하자. 적어도 하나의 장치가 작동하면 경로가 존재하므로 이 회로가 작동할 확률은

$$P(T\cup B)=1-P[(T\cup B)']=1-P(T'\cap B')$$

이다. 여사건 T'와 B'로부터 해를 구하는 간단한 공식을 얻을 수 있다. 독립이라는 가정으로부터

$$P(T'\cap B')=P(T')P(B')=(1-0.95)(1-0.90)=0.005$$

이다. 따라서 이 회로가 작동할 확률은 다음과 같다.

$$P(T\cup B)=1-0.005=0.995$$

해석: 회로가 작동할 확률은 어느 한 장치가 작동할 확률보다 크다. 이는 병렬구조의 장점이다. 단점은 여러 장치가 필요하다는 것이다.

예제 2.25 고급회로

다음 회로는 왼쪽부터 오른쪽으로 기능장치의 경로가 존재해야만 작동한다. 각 장치가 작동할 확률은 그래프에 나와 있다. 장치의 고장은 서로 독립일 때 회로가 작동할 확률을 구해 보자.

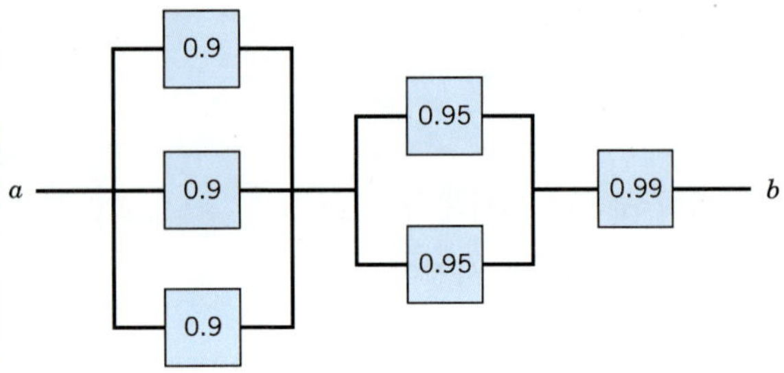

그래프를 세 개의 열로 분해하여 해를 구할 수 있다. L은 왼쪽 3개의 장치만 고려하여 기능장치의 경로가 있는 사건이라고 하자. 독립성과 앞의 예제로부터

$$P(L)=1-0.1^3$$

이다. 또한, M은 가운데 열의 2개 장치만 고려하여 기능장치의 경로가 있는 사건이라고 하자. 그러면

$$P(M)=1-0.05^2$$

이다. 오른쪽 열의 1개 장치에서 경로가 있을 확률은 해당 장치가 작동할 확률인 0.99이다. 따라서 독립성의 가정에 따라 이 회로가 작동할 확률은 다음과 같다.

$$(1-0.1^3)(1-0.05^2)(0.99)=0.987$$

2.8 베이즈정리

앞의 예제에서 주어진 정보를 조건부확률로 표현하고, 조건부확률을 이용하여 주어진 조건(높은 또는 낮은 오염)에서 어떤 사건(반도체 고장)이 일어날 확률을 구할 수 있었다. 그런데 확률실험의 결과 해당 사건(반도체 고장)이 일어났을 때 특정한 조건(높은 오염)이 있었을 확률에 관심이 있을 수도 있다. 1700년대 Thomas Bayes는 이러한 문제를 연구하고 베이즈정리(Bayes' theorem)라고 하는 중요한 결과를 얻었다. 베이즈정리의 수리적 원리는 단순하지만, 그 중요성을 간과하지 않아야 한다. 현대의 통계분석에서 이러한 확률을 매우 중요하게 다루고 있다.

조건부확률의 정의에 따라

$$P(A \cap B) = P(A \mid B)P(B) = P(B \cap A) = P(B \mid A)P(A)$$

이다. 이 식의 두 번째와 마지막 항을 다시 쓰면 다음이 성립한다.

$P(B) > 0$에 대하여

$$P(A \mid B) = \frac{P(B \mid A)P(A)}{P(B)} \tag{2.15}$$

이 식은 $P(B \mid A)$를 이용하여 $P(A \mid B)$를 계산할 때 유용하다.

예제 2.26 반도체 오염

예제 2.20에서 제품 고장이 발생하였을 때 칩의 오염 수준이 높았을 조건부확률을 구해 보자. 예제 2.20의 정보를 요약하면 다음과 같다.

고장확률	오염 수준	수준의 확률
0.10	높음	0.20
0.005	높지 않음	0.80

구하는 확률은

$$P(H \mid F) = \frac{P(F \mid H)P(H)}{P(F)} = \frac{(0.10)(0.20)}{0.024} = 0.83$$

이다. 위의 식에서 분모의 값을 구할 때 다음 식을 이용한다.

$$P(F) = P(F \mid H)P(H) + P(F \mid H')P(H')$$

일반적으로 식(2.15)의 분모인 $P(B)$를 식(2.12)의 전확률법칙을 이용하여 다시 표현하면 다음의 베이즈정리가 된다.

베이즈정리

$E_1, E_2, \cdots, E_k$는 상호배타적이고 포괄인 사건일 때 어떤 사건 B에 대하여

$$P(E_1 \mid B) = \frac{P(B \mid E_1)P(E_1)}{P(B \mid E_1)P(E_1) + P(B \mid E_2)P(E_2) + \cdots + P(B \mid E_k)P(E_k)} \tag{2.16}$$

단, $P(B) > 0$이다.

식(2.16)에서 분자는 항상 분모의 여러 항 중 하나라는 것을 유의해야 한다.

예제 2.27 의료검진

새 의료절차가 질병을 조기 발견하는 데 효과적이어서 모든 사람을 검진하려고 한다. 질병에 양성인 사람을 검사에서 양성으로 진단하는 확률, 즉 민감도는 0.99이고 음성인 사람을 음성으로 진단하는 확률, 즉 특이도는 0.95이다. 전체 인구에서 질병이 발병할 확률은 0.0001이다. 어떤 사람의 검사결과가 양성일 때 이 사람이 실제로 질병에 걸렸을 확률을 구해 보자.

D는 이 사람이 질병에 걸린 사건, S는 검사결과가 양성인 사건을 나타낼 때 구하는 확률은 $P(D \mid S)$이다. 질병이

없는 사람을 올바르게 음성으로 진단할 확률은 0.95이므로 질병이 없는 사람을 양성으로 진단할 확률은 $P(S|D')=0.05$이다. 이 값을 베이즈정리에 대입하면 구하는 확률은 다음과 같다.

$$P(D|S)=\frac{P(S|D)P(D)}{P(S|D)P(D)+P(S|D')P(D')}$$
$$=\frac{(0.99)(0.0001)}{(0.99)(0.0001)+(0.05)(1-0.0001)}$$
$$=\frac{1}{506}=0.002$$

해석: 검사 결과가 양성일 때 실제로 질병에 걸렸을 확률은 단지 0.002이다. 민감도와 특이도가 모두 높으므로 검사는 효과적이지만, 전 국민의 질병 발병률이 낮기 때문에 검사 결과가 양성이어도 실제로 질병에 걸렸을 확률은 상당히 낮다.

2.9 확률변수

보통 확률실험의 결과를 간단한 숫자로 요약한다. 앞의 많은 예제에서 표본공간은 모든 가능한 결과를 설명한다. 때로는 결과를 설명하는 것으로 충분하지만, 때로는 표본공간의 각 결과에 숫자를 대응시키면 편리하다. 실험의 결과를 미리 알 수 없으므로 각 결과에 대응시키는 숫자를 미리 알 수 없다. 이러한 이유로 확률실험의 결과에 숫자를 대응시키는 함수를 확률변수라고 한다.

확률변수

확률변수는 확률실험의 표본공간 안의 각 결과에 실수를 할당하는 함수이다.

확률변수와 실수값을 구별하기 위해 다음과 같은 기호를 사용한다.

기호

확률변수는 X와 같이 대문자로 나타낸다. 실험을 수행한 후 이 확률변수를 관측한 값은 $x=70$mA와 같이 소문자로 나타낸다.

어떤 경우에는 관측치(구리선의 전류나 가공품의 길이와 같은)가 실수 구간의 임의의 값(적어도 이론적으로는)이라고 가정할 수 있다. 그러면 관측치의 정밀도를 임의로 결정할 수 있다. 물론 실제로는 소수점 아래 한두 자리까지 반올림하도록 제한할 수 있다. 이런 관측치를 나타내는 확률변수를 연속확률변수(continuous random variable)라고 한다. 연속확률변수의 범위는 실수 구간의 모든 값을 포함한다. 즉, 범위가 연속이라고 할 수 있다.

또 어떤 경우에는 전송된 비트 중 오류로 수신되는 비트의 수를 기록하는 것처럼 관측치를 정수로 제한할 수 있다. 또한, 10,000개의 전송된 비트 중 오류로 수신되는 비트의 비율 0.0042와 같이 비율을 기록할 수도 있다. 그러면 관측치는 분수이지만 여전히 실직선 위의 이산적인 점으로 제한된다. 관측치를 실직선 위의 이산점으로 제한할 때 확률변수를 이산확률변수(discrete random variable)라고 한다.

> **이산확률변수와 연속확률변수**
> 이산확률변수는 유한개(또는 셀 수 있는 무한개)의 값을 범위로 하는 확률변수이다.
> 연속확률변수는 (유한한 또는 무한한) 실수의 구간을 범위로 하는 확률변수이다.

확률변수가 실제로는 이산이지만 취하는 값의 범위가 아주 크면 연속확률변수로 분석하는 것이 더 편리할 수 있다. 예를 들어 디지털 기기에서 전류 측정치를 백의 자리로 반올림한 mA로 표시한다면 측정치가 취하는 값이 제한되므로 이산확률변수이다. 그러나 전류 측정치를 연속확률변수로 간주하면 편리하고 간편한 근사가 된다.

> **확률변수의 예**
> 연속확률변수의 예: 전기전류, 길이, 압력, 온도, 시간, 전압, 무게
> 이산확률변수의 예: 표면의 긁힘 빈도, 1000개의 부품 중 불량품의 비율, 전송된 비트 중 오류로 수신되는 비트의 수

주요용어와 개념

결과(Outcome)
계수기법(Counting technique)
곱셈법칙(Multiplication rule)
나무그림(Tree diagram)
덧셈법칙(Addition rule)
독립(Independence)
발생 가능성이 동등한 결과(Equally likely outcomes)
베이즈정리(Bayes' theorem)
벤다이어그램(Venn diagram)
복원과 비복원(With and without replacement)
사건(Event)
상호배타적 사건(Mutually exclusive event)
순열(Permutation)
임의표본(Random sample)
조건부확률(Conditional probability)
조합(Combination)
전확률법칙(Total probability rule)
표본공간-이산과 연속(Sample space-discrete and continuous)
확률(Probability)
확률변수-이산과 연속(Random variable-discrete and continuous)
확률의 공리(Axioms of probability)

이산확률변수와 확률분포

CHAPTER **3**

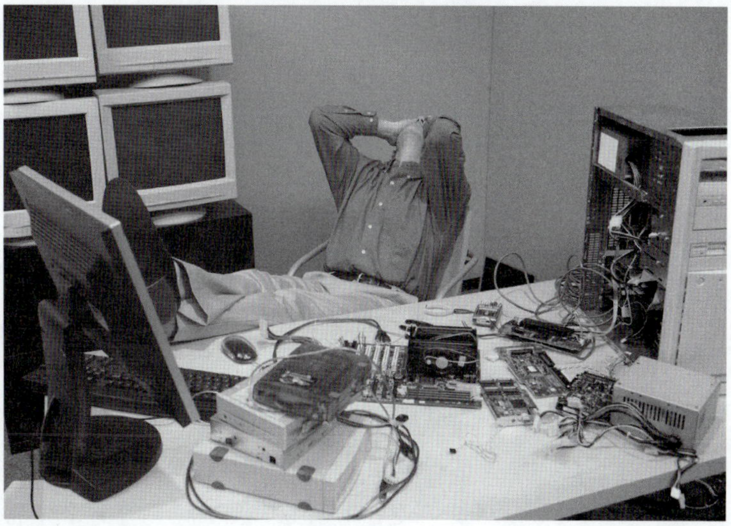

Thinkstock Images/Getty Images

학습목표

이 장을 주의 깊게 학습한 후 다음을 할 수 있다.

1. 확률질량함수를 이용하여 확률을 구하고, 그 반대로도 한다.
2. 누적분포함수로부터 확률과 확률질량함수를 결정하고, 그 반대로도 한다.
3. 이산확률변수의 평균과 분산을 계산한다.
4. 자주 사용하는 이산확률분포의 가정을 이해한다.
5. 자주 사용하는 이산확률분포에 대하여 확률, 평균, 분산을 구한다.

목차

컴퓨터 시스템에서 여러 개의 하드 디스크 드라이브를 하나의 논리 단위로 사용하는 방식을 중복배열 독립 디스크(redundancy array of independent disks, RAID)라고 한다. 중복배열을 사용하여 성능을 개선하고 디스크 고장에 대한 강건성을 얻을 수 있다. 이때 여러 디스크에 데이터 복사본을 동시에 기록하는 **미러링**(mirroring)을 사용하면 즉시 백업하고 고장복구 능력이 생기는 대신 저장용량이 줄어든다. 성능개선을 위해 데이터를 여러 디스크에 분산하고 각 디스크에 일부 데이터만 저장하는 **스트라이핑**(striping)을 사용할 수도 있다. 그러나 이 경우 하나의 디스크라도 고장나면 데이터가 손실될 수 있다. 절충적 설계 방식에서는 원본 데이터와 **패리티**(parity) **데이터**라고 하는 추가 데이터를 여러 디스크에 분산한다. 패리티 데이터를 사용하면 디스크가 고장나도 원본 데이터를 복구할 수 있다. 특히 RAID5 설계에서는 스트라이핑과 패리티를 사용하여 배열 내에서 한 디스크가 고장나도 원본 데이터를 복구하며, RAID6 설계에서는 두 디스크가 고장나도 원본 데이터를 복구한다. 보통 하드웨어 고장으로 인한 디스크 고장은 독립이고 고장확률은 일정하다고 가정한다. 배열 내의 디스크의 개수가 많을수록 데이터 손실의 위험, 시스템 성능, 가용성, 비용 등의 기준을 충족하는 적절한 배열을 설계하는 것이 더욱 중요해진다. 이때 고장 디스크의 개수를 이산확률변수로 모형화할 수 있다. 중복시스템의 데이터 손실 위험은 이 장에서 다루는 주제를 활용하는 하나의 사례이다.

3.1 확률분포와 확률질량함수

같은 또는 비슷한 확률실험과 확률변수로 여러 물리적 시스템을 설명할 수 있다. 따라서 일반적인 시스템에 대한 확률변수의 분포를 분석하고 그 결과를 다양한 응용 분야나 사례에 활용할 수 있다. 이 장에서는 응용 분야에서 자주 사용하는 확률실험과 이산확률변수의 분석에 관해 학습한다.

확률변수를 정의하면 확률실험의 원래 표본공간을 무시하고 확률변수의 확률분포에만 초점을 맞출 수 있다. 아래 예제 3.1에서는 확률실험을 확률변수 X가 취하는 값 $\{0, 1, 2\}$로 간결하게 요약한다. 이와 같이 확률변수를 이용하면 확률실험의 설명과 분석을 단순화할 수 있다.

확률변수 X의 확률분포(probability distribution)는 X가 취하는 값과 그 값을 취할 확률의 대응관계를 설명한다. 이산확률변수의 확률분포를 나타내기 위해 확률변수가 취하는 값과 그에 대응하는 확률을 표, 그래프, 수식으로 표현한다.

예제 3.1 플래시 충전시간

3대의 휴대전화 카메라의 플래시 충전시간을 시험하고 있다. 한 카메라가 충전시간에 관한 규격을 충족할 확률은 0.8이며, 카메라의 성능은 서로 독립이다. 표 3.1에 실험의 표본공간과 함께 각 사건의 확률이 나타나 있다. 예를 들어 카메라는 독립이므로 처음 두 카메라는 시험을 통과하고 세 번째 카메

라는 실패하는 사건을 ppf라고 하면 그에 대응하는 확률은

$$P(ppf) = 0.8 \times 0.8 \times 0.2 = 0.128$$

이다. 확률변수 X는 시험을 통과하는 카메라의 수라고 정의할 때 표 3.1의 마지막 열에는 실험의 각 결과에 대응하는 X의 값이 나타나 있다.

표 3.1 카메라 플래시 시험

카메라1	카메라2	카메라3	확률	X
통과	통과	통과	0.512	3
실패	통과	통과	0.128	2
통과	실패	통과	0.128	2
실패	실패	통과	0.032	1
통과	통과	실패	0.128	2
실패	통과	실패	0.032	1
통과	실패	실패	0.032	1
실패	실패	실패	0.008	0

예제 3.2 오염 입자

반도체 생산에서 한 웨이퍼에 발생하는 오염 입자의 수를 확률변수 X라고 하자. 웨이퍼는 여러 특성을 가지지만, X는 웨이퍼를 오염 입자의 수로만 설명한다.

X가 취하는 값은 0부터 한 웨이퍼에서 발견될 수 있는 최대 입자의 수를 나타내는 어느 큰 값까지의 정수이다. 이 최댓값이 크면 X의 범위를 0부터 무한대까지의 정수 집합이라고 가정할 수 있다.

또한, 한 실험에서 2개 이상의 확률변수를 정의할 수 있다. 예를 들어 확률변수 Y를 한 웨이퍼에서 최종 검사를 통과하지 못하는 칩의 수라고 정의할 수 있다.

예제 3.3 디지털 채널

어느 디지털 채널을 통해 전송하는 비트가 오류로 수신될 수 있다. 다음에 전송하는 4개의 비트 중 오류로 수신되는 비트의 수를 X라고 하면 X가 취하는 값은 $\{0, 1, 2, 3, 4\}$이다. 다음 절에서 학습하는 오류에 관한 모형을 이용하여 각 값의 확률을 결정할 수 있다. 이 확률을 다음과 같이 가정해 보자.

$$P(X=0) = 0.6561, \quad P(X=1) = 0.2916,$$
$$P(X=2) = 0.0486, \quad P(X=3) = 0.0036,$$
$$P(X=4) = 0.0001$$

X의 확률분포는 X가 취하는 값과 그 값을 취할 확률을 대응시킨다. X의 확률분포를 그래프로 나타내면 그림 3.1과 같다.

해석: 확률실험을 확률변수와 확률변수의 분포로 요약할 수 있다. 그러면 표본공간의 세부 내용을 생략할 수 있다.

그림 3.2에서 보는 것처럼 하중이 길고 얇은 보(beam)의 불연속 지점에 질량을 가한다고 할 때 하중은 각 이산점에서 질량을 결정하는 함수라고 할 수 있다. 마찬가지로 이산확

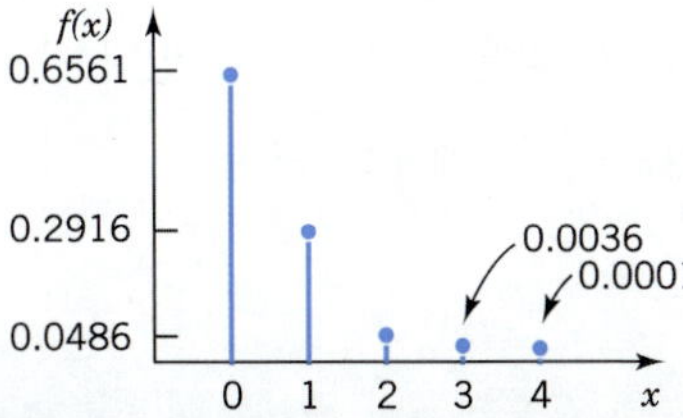

그림 3.1 오류 비트의 확률분포

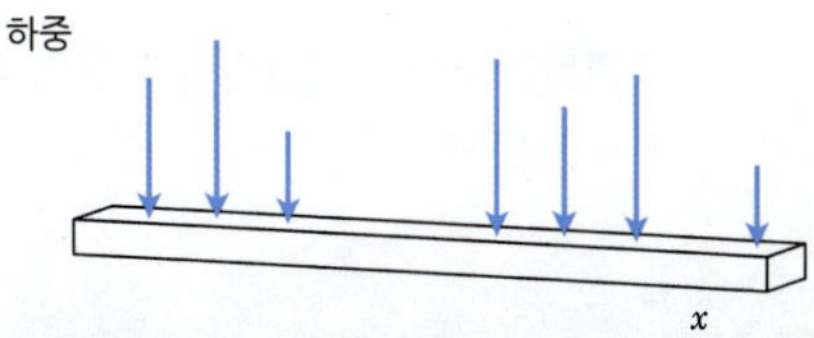

그림 3.2 길고 얇은 보의 이산점에서 하중

률변수 X의 분포는 X가 취하는 각 이산값에 확률을 대응시키는 함수, 즉 확률질량함수(probability mass function)로 설명할 수 있다.

> **확률질량함수**
>
> 이산확률변수 X가 취하는 값이 $x_1, x_2, \cdots, x_n$일 때, X의 확률질량함수 $f(x)$는 다음을 만족하는 함수이다.
>
> (1) $f(x_i) \geq 0$
>
> (2) $\sum_{i=1}^{n} f(x_i) = 1$
>
> (3) $f(x_i) = P(X = x_i)$ (3.1)

예제 3.3에서는 $f(0) = 0.6561$, $f(1) = 0.2916$, $f(2) = 0.0486$, $f(3) = 0.0036$, $f(4) = 0.0001$이고, 이 확률의 합은 1이다.

예제 3.4 웨이퍼 오염도

확률변수 X는 큰 오염 입자를 검출할 때까지 분석해야 하는 반도체 웨이퍼의 수라고 하자. 한 웨이퍼에 큰 오염 입자가 있을 확률은 0.01이고 웨이퍼는 서로 독립이라고 할 때 X의 확률분포를 구해 보자.

p는 웨이퍼에 큰 오염 입자가 있는 사건, a는 큰 오염 입자가 없는 사건을 나타낸다고 하자. 이 실험의 표본공간은 무한하고, 표본공간을 다음과 같이 a로 시작하고 p로 끝나는 모든 가능한 배열로 나타낼 수 있다.

$$S = \{p, ap, aap, aaap, aaaap, aaaaap, \cdots\}$$

몇 가지 특수한 경우를 살펴보자. 첫째,

$$P(X=1) = P(p) = 0.01$$

이다. 둘째, 독립이라는 가정으로부터

$$P(X=2) = P(ap) = 0.99 \times 0.01 = 0.0099$$

이다. 일반적으로 표현하면

$$P(X=x) = P(\underbrace{aa \cdots a}_{(x-1)\text{개의 } a}p) = (0.99)^{x-1}(0.01), \quad x = 1, 2, 3, \cdots$$

이다. 이 식은 X의 분포를 정의한다. $f(x) \geq 0$임은 분명하다. 이 확률의 합이 1임을 보일 수 있다. 이 예제는 뒤에서 자세히 알아보는 기하확률변수와 관련된다.

해석: 이 확률실험의 결과는 무수히 많지만 가질 수 있는 값의 범위가 (셀 수 있는) 무한한 이산확률변수로 설명하면 편리하다.

3.2 누적분포함수

확률변수의 확률분포를 나타내는 다른 방법으로 $P(X \leq x)$와 같은 누적확률이 있다. 누적확률로부터 이산확률변수의 확률질량함수를 구할 수 있다. 다음 예제를 보자.

예제 3.5 디지털 채널

예제 3.3에서 3개 이하의 비트에 오류가 있을 확률, 즉 $P(X \le 3)$을 구해 보자.

$\{X \le 3\}$는 사건 $\{X=0\}$, $\{X=1\}$, $\{X=2\}$, $\{X=3\}$의 합집합이다. 이 3개 사건은 상호배타적이므로

$$\begin{aligned} P(X \le 3) &= P(X=0)+P(X=1)+P(X=2)+P(X=3) \\ &= 0.6561+0.2916+0.0486+0.0036 = 0.9999 \end{aligned}$$

이다. 이 결과를 이용하여 다음을 구할 수 있다.

$$P(X=3) = P(X \le 3) - P(X \le 2) = 0.0036$$

일반적으로 이산확률변수 X가 취하는 값이 $x_1, x_2, \cdots, x_n$일 때 사건 $\{X=x_1\}$, $\{X=x_2\}$, $\cdots$, $\{X=x_n\}$은 상호배타적이므로 $P(X \le x) = \sum_{x_i \le x} P(X=x_i)$이다. 이 결과로부터 누적분포함수(cumulative distribution function)를 다음과 같이 정의한다.

누적분포함수

이산확률변수 X의 누적분포함수를 $F(x)$라고 나타낼 때

$$F(x) = P(X \le x) = \sum_{x_i \le x} P(X=x_i) = \sum_{x_i \le x} f(x_i)$$

이산확률변수 X의 누적분포함수 $F(x)$는 다음을 만족한다.

(1) $F(x) = P(X \le x) = \sum_{x_i \le x} f(x_i)$

(2) $0 \le F(x) \le 1$

(3) $x \le y$이면 $F(x) \le F(y)$ (3.2)

누적분포함수의 정의로부터 성질 (1)과 성질 (2)가 성립한다. $x \le y$인 경우 사건 $\{X \le y\}$는 사건 $\{X \le x\}$를 포함하므로 성질 (3)이 성립한다. 확률질량함수 대신 누적분포함수를 이용하여 확률을 구할 수 있다.

확률변수 X가 정수값만 취하여도 누적분포함수는 정수가 아닌 값에서도 정의된다. 예제 3.5에서

$$F(1.5) = P(X \le 1.5) = P(X=0) + P(X=1) = 0.6561 + 0.2916 = 0.9477$$

이다. X의 누적분포함수를 완전히 써 보면

$$F(x) = \begin{cases} 0, & x < 0 \\ 0.6561, & 0 \le x < 1 \\ 0.9477, & 1 \le x < 2 \\ 0.9963, & 2 \le x < 3 \\ 0.9999, & 3 \le x < 4 \\ 1, & 4 \le x \end{cases}$$

즉, $F(x)$는 $x_1, x_2, \cdots, x_n$의 값 사이에서 조각별로 일정하고, x_i에서 $F(x)$의 **비약**값으로 $P(X=x_i)$를 결정할 수 있다. 즉,

$$P(X=x_i)=F(x_i)-\lim_{x\uparrow x_i}F(x)$$

로, $P(X=x_i)$는 $F(x_i)$의 값과 x가 x_i로 증가할 때 $F(x)$의 극한값 간의 차이이다.

예제 3.6 누적분포함수

다음 누적분포함수를 이용하여 확률질량함수를 구해 보자.

$$F(x)=\begin{cases}0, & x<-2\\ 0.2, & -2\le x<0\\ 0.7, & 0\le x<2\\ 1, & 2\le x\end{cases}$$

$F(x)$를 그래프로 나타내면 그림 3.3과 같다. 확률이 0이 아닌 x는 $-2, 0, 2$뿐이다. 각 점에서 확률질량함수는 그 점에서 누적분포함수의 비약값으로 다음과 같이 구한다.

$$f(-2)=0.2-0=0.2$$
$$f(0)=0.7-0.2=0.5$$
$$f(2)=1.0-0.7=0.3$$

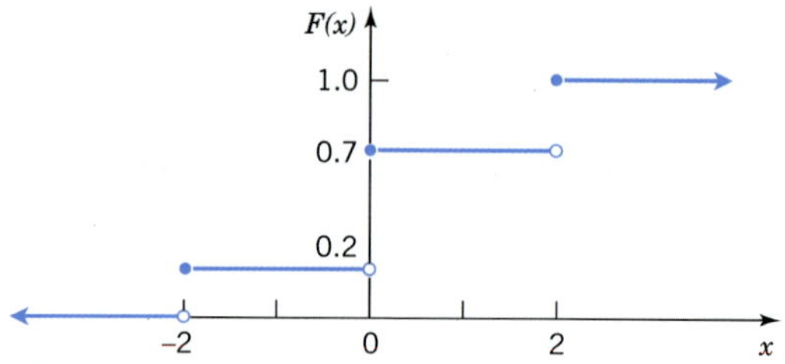

그림 3.3 예제 3.6의 누적분포함수

3.3 이산확률변수의 평균과 분산

보통 확률변수의 확률분포를 요약하기 위해 2개의 숫자를 사용한다. 하나는 확률분포의 중심 또는 가운데의 측도인 **평균**이고, 다른 하나는 분포의 퍼짐 또는 변동의 측도인 **분산**이다. 두 측도가 확률분포를 고유하게 식별하지는 못한다. 즉, 서로 다른 두 분포가 같은 평균과 분산을 가질 수 있다. 그렇지만 평균과 분산은 확률분포를 간단하고 유용하게 요약하는 측도이다.

평균과 분산

이산확률변수 X의 확률질량함수가 $f(x)$라고 하자.

(1) X의 기댓값(평균)을 μ 또는 $E(X)$라고 할 때

$$\mu=E(X)=\sum_x xf(x)$$

(2) X의 분산을 σ^2 또는 $V(X)$라고 할 때

$$\sigma^2=V(X)=E(X-\mu)^2=\sum_x(x-\mu)^2f(x)=\sum_x x^2f(x)-\mu^2 \tag{3.3}$$

단, X의 표준편차는 $\sigma=\sqrt{\sigma^2}$이다.

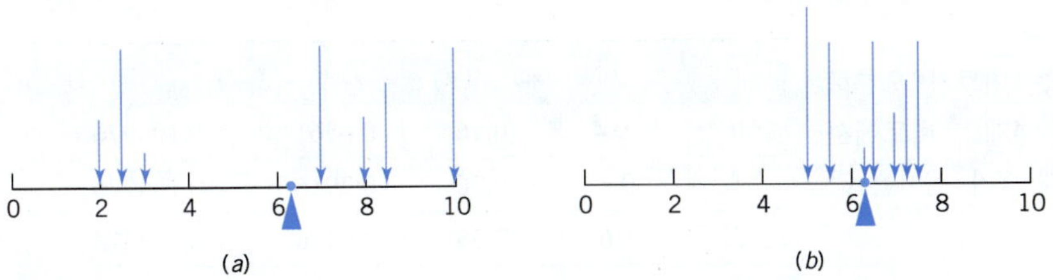

그림 3.4 확률분포의 평균은 균형점이다. (a)와 (b)의 평균은 같으나 (a)의 분산이 크다.

이산확률변수 X의 평균(mean) 또는 기댓값(expected value)은 X가 취하는 값과 그에 대응하는 확률을 각각 곱하여 더한 가중평균이다. $f(x)$가 길고 얇은 보에 가해지는 하중의 확률질량함수이면, $E(X)$는 보의 균형을 맞추는 지점이다. 그 결과 하중의 균형점과 마찬가지로 $E(X)$는 X의 분포의 중심이다. 그림 3.4를 참고하기 바란다.

확률변수 X의 분산(variance)은 X가 취하는 값의 퍼짐 또는 산포를 측정하는 측도이다. 표준편차(standard deviation)도 널리 사용하는 측도이다. X의 분산을 구할 때 각 편차의 제곱 $(x-\mu)^2$에 대한 가중치는 $f(x)$이다. 그림 3.4는 평균은 같으나 분산은 다른 두 확률분포를 나타낸다. 덧셈 성질과 μ의 정의를 이용하여 분산에 관한 다음 식이 모두 같음을 보일 수 있다.

$$\begin{aligned} V(X) &= \sum_x (x-\mu)^2 f(x) = \sum_x x^2 f(x) - 2\mu \sum_x x f(x) + \mu^2 \sum_x f(x) \\ &= \sum_x x^2 f(x) - 2\mu^2 + \mu^2 = \sum_x x^2 f(x) - \mu^2 \end{aligned}$$

분산을 계산하기 위해 위의 식 중 어느 식을 사용해도 된다. 그림 3.5에서 보는 것처럼 평균과 분산이 같아도 두 확률분포는 서로 다를 수 있다.

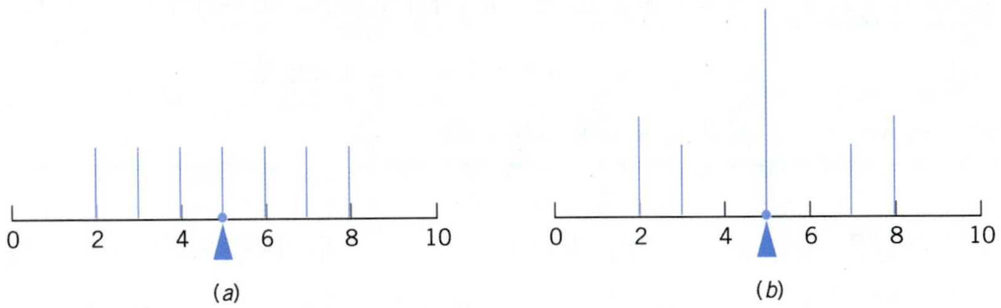

그림 3.5 (a)와 (b)의 확률분포는 평균과 분산이 같지만 서로 다른 분포이다.

예제 3.7 디지털 채널

예제 3.3에서 디지털 채널을 통해 전송하는 비트가 오류로 수신될 가능성이 있었다. 다음에 전송하는 4개의 비트에서 오류로 수신되는 비트의 수를 X라고 할 때 X가 취하는 값은 $\{0,1,2,3,4\}$이다. 이 값의 확률을

$P(X=0)=0.6561,\ P(X=1)=0.2916,\ P(X=2)=0.0486,$
$P(X=3)=0.0036,\ P(X=4)=0.0001$

라고 가정하면 X의 평균은 다음과 같다.

$$\begin{aligned}\mu = E(X) &= 0f(0)+1f(1)+2f(2)+3f(3)+4f(4)\\ &= 0\times 0.6561+1\times 0.2916+2\times 0.0486\\ &\quad +3\times 0.0036+4\times 0.0001=0.4\end{aligned}$$

X는 0.4를 취할 수 없지만 X가 취하는 값들의 가중평균은 0.4이다.

X의 분산을 계산하기 위해 다음과 같이 표를 이용하면 편리하다.

x	$x-0.4$	$(x-0.4)^2$	$f(x)$	$f(x)(x-0.4)^2$
0	−0.4	0.16	0.6561	0.104976
1	0.6	0.36	0.2916	0.104976
2	1.6	2.56	0.0486	0.124416
3	2.6	6.76	0.0036	0.024336
4	3.6	12.96	0.0001	0.001296

$$V(X)=\sigma^2=\sum_{i=1}^{5}(x_i-0.4)^2 f(x_i)=0.36$$

분산을 계산하는 다른 식을 사용해도 결과는 같다.

해석: 평균과 분산은 확률변수의 분포를 요약한다. 평균은 확률변수가 취하는 값들의 가중평균이고, 분산은 그 값들이 평균으로부터 얼마나 퍼져 있는지를 측정한다. 서로 다른 분포의 평균과 분산이 같을 수 있다.

예제 3.8 마케팅

어느 마케팅 팀에서 두 종류의 신제품 디자인의 잠재수익을 비교하고 있다. 디자인 A의 수익을 상당히 정확하게 3백만 달러로 예측하지만 디자인 B의 수익을 평가하기 어렵다고 하자. 디자인 B의 수익이 7백만 달러일 확률은 0.3이지만 2백만 달러에 불과할 확률이 0.7이라고 할 때, 어느 디자인을 선호하는지 알아보자.

디자인 A의 수익을 확률변수 X라고 하자. 디자인 A의 수익은 확실하므로 X의 분포는 확률 1로 3백만 달러이다. 따라서 $E(X)$ =3백만 달러이다. 디자인 B의 수익을 Y라고 할 때 Y의 기댓값을 구하면 다음과 같다.

$$E(Y)=7.0\times 0.3+2.0\times 0.7=3.5(\text{백만 달러})$$

$E(Y)>E(X)$이므로 디자인 B를 선호할 수 있으나 디자인 B의 분산이 더 크다. 즉,

$$V(Y)=\sigma^2=(7-3.5)^2(0.3)+(2-3.5)^2(0.7)=5.25$$

이 예제에서 변수의 단위는 백만 달러이고, 확률변수의 분산을 계산할 때 평균으로부터의 편차를 제곱하므로 σ^2의 단위는 (백만 달러)^{2}이다. 이와 같은 단위로 인해 분산을 해석하기 어렵다. 표준편차 σ의 단위는 확률변수의 단위와 같으므로 표준편차를 해석하기가 더 쉽다. 여기서

$$\sigma=\sqrt{5.25}=2.29(\text{백만 달러})$$

이고 σ는 μ에 비해 크다.

확률변수 X의 분산을 X의 특정한 함수 $h(X)=(X-\mu)^2$의 기댓값이라고 할 수 있다. 마찬가지로 이산확률변수의 모든 함수 $h(X)$의 기댓값을 다음과 같이 정의할 수 있다.

이산확률변수의 함수의 기댓값

이산확률변수 X의 확률질량함수가 $f(x)$일 때

$$E[h(X)]=\sum_x h(x)f(x) \qquad (3.4)$$

예제 3.9 디지털 채널

예제 3.7을 다시 보자. 확률변수 X는 다음에 전송하는 4개의 비트 중 오류로 수신되는 비트의 수이다. 오류로 수신되는 비트의 수의 제곱의 기댓값을 구해 보자.

이제 $h(X)=X^2$이고 구하는 기댓값은 다음과 같다.

$$E[h(X)]=(0^2)(0.6561)+(1^2)(0.2916)+(2^2)(0.0486)+(3^2)(0.0036)+(4^2)(0.0001)=0.52$$

해석: 확률변수의 함수의 기댓값은 확률변수의 값에서 함수를 평가한 가중평균이다.

예제 3.9에서 보는 바와 같이 $h(X)=X^2$의 기댓값은 $h[E(X)]$와는 다르다. 그러나 임의의 상수 a,b에 대하여 $h(X)=aX+b$이면 식(3.4)의 덧셈 성질에 의해

$$E(aX+b)=aE(X)+b, \quad V(aX+b)=a^2V(X)$$

이 성립한다. 예제 3.8에서 디자인 B의 수익이 10% 증가한다고 할 때 새로운 수익을 확률변수 U라고 하면 $U=h(Y)=1.1Y$이고, U의 평균과 분산은 다음과 같다.

$$E(U)=1.1E(Y)=(1.1)(3.5)=3.85\,(\text{백만 달러})$$
$$V(U)=1.1^2V(Y)=(1.1^2)(5.25)=6.35\,(\text{백만 달러})^2$$

3.4 이산균등분포

가장 간단한 이산확률변수로서 취하는 값이 유한개이고 각 값의 확률은 모두 같은 확률변수를 생각해 보자. 이 확률변수는 가질 수 있는 값 $x_1, x_2, \cdots, x_n$의 확률이 모두 $1/n$인 이산균등분포(discrete uniform distribution)를 따른다.

이산균등분포

확률변수 X의 범위 안의 n개 값 $x_1, x_2, \cdots, x_n$의 확률이 모두 같을 때, X는 이산균등분포를 따른다. X의 확률질량함수는

$$f(x_i)=\frac{1}{n}, \qquad i=1,2,\cdots,n \tag{3.5}$$

예제 3.10 일련번호

어느 부품의 일련번호에서 첫 자리에는 0부터 9까지의 숫자가 모두 같은 확률로 나타난다. 큰 배치에서 한 부품을 임의로 선택하고 그 일련번호의 첫 자리 숫자를 X라고 하면, X는 $R=\{0,1,2,\cdots,9\}$의 각 값의 확률이 0.1인 이산균등분포를 따른다. 즉, R 안의 각 값에 대하여 $f(x)=0.1$이다. X의 확률질량함수를 그래프로 나타내면 그림 3.6과 같다.

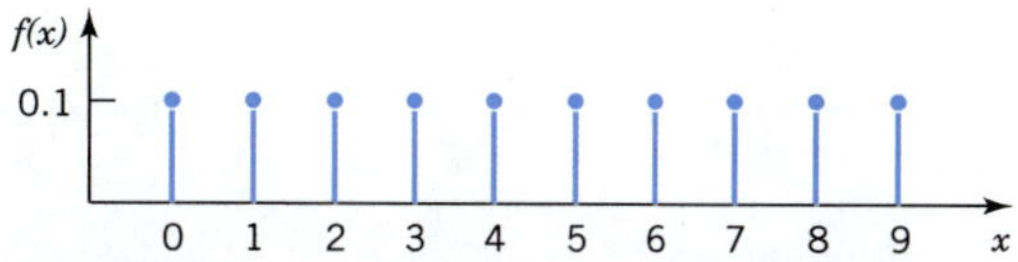

그림 3.6 이산균등확률변수의 확률질량함수

이산확률변수 X의 범위는 연속적인 정수 $a, a+1, \cdots, b$ $(a \le b)$라고 하자. X의 범위에는 $b-a+1$개의 값이 있고 각 값의 확률은 $1/(b-a+1)$이다. X의 평균은

$$\mu = \sum_{k=a}^{b} k\left(\frac{1}{b-a+1}\right)$$

이다. 항등식

$$\sum_{k=a}^{b} k = \frac{b(b+1)-(a-1)a}{2}$$

를 이용하여 위의 식을 간단히 정리하면 X의 평균은

$$\mu = \frac{b+a}{2}$$

이다. 분산의 유도는 생략하고 결과를 아래에 정리한다.

평균과 분산

연속적인 정수 $a, a+1, \cdots, b$ $(a \le b)$에 정의된 이산균등확률변수 X에 대하여

$$\mu = E(X) = \frac{b+a}{2}, \quad \sigma^2 = V(X) = \frac{(b-a+1)^2-1}{12} \tag{3.6}$$

예제 3.11 음성회선의 수

확률변수 X는 48개의 음성회선 중 특정 시점에 사용되고 있는 회선의 수라고 하자. X는 0부터 48까지의 정수를 취하는 이산균등확률변수라고 할 때, X의 평균과 표준편차는 각각 다음과 같다.

$$E(X) = \frac{48+0}{2} = 24$$

$$\sigma = \sqrt{\frac{(48-0+1)^2-1}{12}} = 14.14$$

해석: 특정 시점에 사용 중인 평균 회선의 수는 24개이지만 표준편차가 크다. 따라서 많은 경우 24개보다 훨씬 많거나 적은 수의 회선이 사용되고 있다.

식(3.6)은 보기보다 훨씬 유용하다. 예를 들어 이산균등확률변수 Y의 범위가 5, 10, $\cdots$, 30이라고 하면 $Y=5X$이고 X의 범위는 1, 2, $\cdots$, 6이다. 3.3절에서 학습한 X의 선형함수에 관한 공식을 이용하여 Y의 평균과 분산을 구하면 각각 다음과 같다.

$$E(Y) = 5E(X) = 5\left(\frac{1+6}{2}\right) = 17.5$$

$$V(Y) = 5^2 V(X) = 25\left[\frac{(6-1+1)^2-1}{12}\right] = 72.92$$

예제 3.12 음성회선의 비율

확률변수 Y는 48개 음성회선 중 특정 시점에 사용되고 있는 회선의 비율이고, X는 그 시점에 사용되고 있는 회선의 수라고 하자. 그러면 $Y = \frac{X}{48}$이다. 따라서 다음이 성립한다.

$$E(Y) = \frac{E(X)}{48} = 0.5,\quad V(Y) = \frac{V(X)}{48^2} = 0.087$$

3.5 이항분포

다음의 확률실험과 확률변수를 생각해 보자.

1. 동전을 10번 던진다. 앞면이 나오는 횟수를 X라고 나타낸다.
2. 낡은 공작기계로 생산하는 부품의 1%는 불량품이다. 이 기계로 생산하는 25개 부품 중 불량품의 개수를 X라고 나타낸다.
3. 공기 표본을 한번 추출할 때마다 특정 희귀물질을 포함할 확률은 10%이다. 공기 표본을 18번 추출할 때 희귀물질을 포함하는 표본의 수를 X라고 나타낸다.
4. 디지털 채널을 통해 전송되는 모든 비트의 10%는 오류로 수신된다. 다음에 전송되는 5개의 비트 중 오류로 수신되는 비트의 수를 X라고 나타낸다.
5. 사지선다형 문항 10개로 이루어진 객관식 시험에서 각 문항의 답을 임의로 선택한다. 10개 문항 중 정답을 맞힌 문항의 수를 X라고 나타낸다.
6. 어느 병원의 다음 20번 출산에서 여아의 수를 X라고 나타낸다.
7. 특정한 질병을 앓는 모든 환자 중 35%는 약물로 호전된다. 100명의 환자 중 약물로 호전되는 환자의 수를 X라고 나타낸다.

위의 확률실험을 모두 설명하는 일반적인 확률모형이 있으면 유용하다. 위의 각 확률실험에는 일련의 반복된 독립시행이 있다. 실험 1에서는 동전을 10번 던지고, 실험 2에서는 25개의 부품을 생산하는 것 등이 모두 독립시행이다. 각 실험에서 확률변수는 특정한 기준을 충족하는 시행의 횟수를 나타낸다. 각 시행의 결과는 기준을 충족하거나 충족하지 않으므로 각 시행을 성공 또는 실패로 구분할 수 있다. 가령 객관식 시험에서는 주어진 문항의 정답을 선택하면 성공, 나머지 3개의 오답 중 하나를 선택하면 실패라고 한다.

성공과 **실패**라는 구분은 단지 그렇게 부르는 것이다. 그 외에도 A와 B, 0과 1 등 다른 구분을 사용할 수도 있다. 이런 일반적 구분을 사용하면 오해의 소지가 있기도 하다. 예를 들어 실험 2에서 X는 불량품의 개수이므로 불량품을 생산하는 것을 **성공**이라고 부른다.

확률실험의 기본 구성요소로 가능한 결과가 2개뿐인 시행을 자주 사용한다. 이러한 시행을 베르누이 시행(Bernoulli trial)이라고 한다. 보통 각 시행은 **독립**, 즉 한 시행의 결과가 다른 시행의 결과에 영향을 주지 않는다고 가정한다. 또한, **각 시행에서 성공 확률이 일정하다**고 가정한다. 예를 들어 사지선다형 시험에서 응시자가 모든 문항을 완전히 추측하는 경우 각 문항의 정답 확률은 1/4로 일정하다고 가정할 수 있다.

예제 3.13 디지털 채널

디지털 채널을 통해 전송하는 비트가 오류로 수신될 확률은 0.1이고 각 전송은 서로 독립적이라고 가정하자. X를 다음에 전송하는 4개의 비트 중 오류로 수신되는 비트의 수라고 할 때, $P(X=2)$를 구해 보자.

문자 E는 오류로 수신되는 비트를, O는 정상적으로 수신되는 비트를 나타낸다고 하자. 오류 비트와 정상 비트를 나타내는 4개 문자를 나열하여 실험의 결과를 설명할 수 있다. 예를 들어 결과 $OEOE$는 2번째와 4번째 비트는 오류이고 다른 두 비트는 정상임을 나타낸다. X가 취하는 값은 다음과 같다.

결과	x	결과	x
$OOOO$	0	$EOOO$	1
$OOOE$	1	$EOOE$	2
$OOEO$	1	$EOEO$	2
$OOEE$	2	$EOEE$	3
$OEOO$	1	$EEOO$	2
$OEOE$	2	$EEOE$	3
$OEEO$	2	$EEEO$	3
$OEEE$	3	$EEEE$	4

$X=2$인 사건은 $\{EEOO, EOEO, EOOE, OEEO, OEOE, OOEE\}$의 6개 결과이다. 시행은 독립적이므로 결과 $\{EEOO\}$의 확률은

$$P(EEOO)=P(E)P(E)P(O)P(O)=(0.1)^2(0.9)^2=0.0081$$

이다. 또한, $X=2$인 6개 결과의 발생확률이 모두 같고 상호배타적이므로

$$P(X=2)=6\times 0.0081=0.0486$$

이다. 이 식을 일반적으로 표현하면 다음과 같다.

$$P(X=x)=(\text{오류 비트의 수가 } x\text{개인 결과의 개수})\times(0.1)^x(0.9)^{4-x}$$

위의 식을 계산하려면 오류 비트의 수가 x개인 결과의 개수가 필요한데, 이 개수는 4번의 시행(문자)을 두 집단으로 분할하여 구할 수 있다. 한 집단은 크기가 x이며 오류 수신을, 다른 집단은 크기가 $n-x$이며 정상 수신을 포함한다. 4번의 시행을 두 집단으로 분할하되 한 집단의 크기가 x인 경우의 수는 $\binom{4}{x}=\dfrac{4!}{x!(4-x)!}$이다. 따라서 다음이 성립한다.

$$P(X=x)=\binom{4}{x}(0.1)^x(0.9)^{4-x}$$

X의 확률질량함수를 식으로 나열하면 예제 3.3과 같고, 그래프로 나타내면 그림 3.1과 같다.

위의 예제로부터 다음 결과를 알 수 있다.

이항분포

다음과 같은 베르누이 시행을 n번 반복하는 확률실험을 생각해 보자.

(1) 각 시행은 서로 독립적이다.
(2) 각 시행의 결과는 성공과 실패로 구분된다.
(3) 각 시행에서 성공의 결과가 나타날 확률은 p로 일정하다.

확률변수 X는 n번의 독립시행에서 성공 횟수를 나타낼 때, X는 모수가 $0<p<1$와 $n=1, 2, \cdots$ 인 이항분포를 따른다. X의 확률질량함수는

$$f(x)=\binom{n}{x}p^x(1-p)^{n-x}, \quad x=0,1,\cdots,n \tag{3.7}$$

예제 3.13에서 $\binom{n}{x}$는 성공이 x번, 실패가 $n-x$번인 배열의 개수이다. 이러한 배열의 개수와 각 배열의 확률을 곱하여 $P(X=x)$를 구한다.

식(3.7)은 자주 이용되는 매우 유용한 공식이다. 이항분포(binomial distribution)라는 이름은 **이항정리**(binomial expansion)에서 유래한다. 상수 a, b에 대하여 이항정리는 다음과 같다.

$$(a+b)^n = \sum_{k=0}^{n} \binom{n}{k} a^k b^{n-k}$$

각 시행의 성공 확률이 p일 때, 이항정리에서 $a=p$, $b=1-p$라고 두면 이항확률변수의 확률의 합은 1임을 알 수 있다. 실험에서 각 시행의 결과는 **성공**과 **실패** 중 하나이므로 이 분포를 이항분포라고 한다. 각 시행의 결과를 3개 이상으로 구분하여 이항분포를 일반화한 분포를 다항분포라고 한다.

몇몇 모수값에 대하여 이항분포를 그래프로 나타내면 그림 3.7과 같다. 고정된 n에 대하여 p가 0에서 0.5로 증가할수록 또는 1에서 0.5로 감소할수록 분포의 모양은 점점 대칭이다. 또한, 고정된 p에 대하여 n이 커질수록 분포의 모양은 점점 대칭이다.

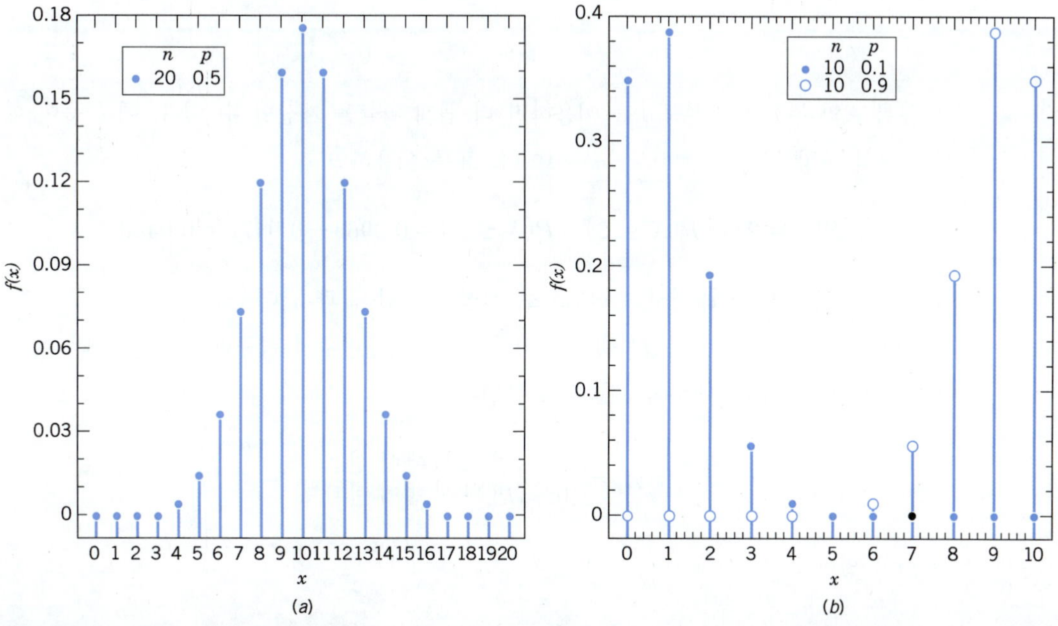

그림 3.7 n, p의 선택값에서 이항분포

예제 3.14 이항계수

다음은 이항계수 $\binom{n}{x}$를 계산하는 예제이다.

$$\binom{10}{3}=\frac{10!}{3!7!}=\frac{(10)(9)(8)}{(3)(2)}=120$$

$$\binom{15}{10}=\frac{15!}{10!5!}=\frac{(15)(14)(13)(12)(11)}{(5)(4)(3)(2)}=3{,}003$$

$$\binom{100}{4}=\frac{100!}{4!96!}=\frac{(100)(99)(98)(97)}{(4)(3)(2)}=3{,}921{,}225$$

또한, $0!=1$ 이다.

예제 3.15 유기 오염

물의 한 표본에 특정한 유기 오염물질이 있을 확률은 10%이고 표본과 오염물질의 존재는 독립적이라고 가정하자. 18개의 물 표본 중에서 정확히 2개의 표본에 오염물질이 있을 확률을 구해 보자.

18개의 표본을 분석할 때 오염물질이 있는 표본의 수를 X라고 하면 X는 $p=0.1$, $n=18$인 이항확률변수이다.

따라서

$$P(X=2)=\binom{18}{2}(0.1)^2(0.9)^{16}$$

이고, 이때 $\binom{18}{2}=\frac{18!}{2!16!}=\frac{18(17)}{2}=153$이므로

$$P(X=2)=153(0.1)^2(0.9)^{16}=0.284$$

이다. 또한, 적어도 4개 표본에 오염물질이 있을 확률을 구하면

$$P(X\ge 4)=\sum_{x=4}^{18}\binom{18}{x}(0.1)^x(0.9)^{18-x}$$

이다. 다음과 같이 여사건을 이용하면 이 확률을 더 쉽게 계산할 수 있다.

$$\begin{aligned}P(X\ge 4)&=1-P(X<4)=1-\sum_{x=0}^{3}\binom{18}{x}(0.1)^x(0.9)^{18-x}\\&=1-(0.150+0.300+0.284+0.168)=0.098\end{aligned}$$

한편 $3\le X<7$의 확률을 구하면 다음과 같다.

$$\begin{aligned}P(3\le X<7)&=\sum_{x=3}^{6}\binom{18}{x}(0.1)^x(0.9)^{18-x}\\&=0.168+0.070+0.022+0.005=0.265\end{aligned}$$

해석: 많은 물리적 시스템을 모형화할 때 이항확률변수를 사용하며, 이때 이항확률질량함수를 이용하여 확률을 계산할 수 있다.

부록 A의 누적 이항분포표를 이용하면 더 쉽게 확률을 계산할 수 있다. 예를 들어 예제 3.13의 이항분포는 $p=0.1$, $n=4$이다. 표를 이용하면

$$P(X=2)=P(X\le 2)-P(X\le 1)=0.9963-0.9477=0.0486$$

이고, 이 값은 예제 3.13에서 수작업으로 직접 계산한 값과 같다.

이항실험을 구성하는 독립시행을 분석하여 이항확률변수의 평균과 분산을 구할 수 있다. $i=1, 2, \cdots, n$에 대하여 새로운 확률변수를

$$X_i=\begin{cases}1, & i\text{번째 시행이 성공}\\0, & i\text{번째 시행이 실패}\end{cases}$$

라고 할 때,

$$X=X_1+X_2+\cdots+X_n$$

을 정의해 보자. 각 X_i의 평균과 분산은 다음과 같다.

$$E(X_i) = (1)(p) + (0)(1-p) = p$$
$$V(X_i) = (1-p)^2 p + (0-p)^2(1-p) = p(1-p)$$

5장에서 확률변수의 합을 학습할 때 직관적이고 합리적인 다음 결과를 알게 된다.

$$E(X) = E(X_1) + E(X_2) + \cdots + E(X_n)$$

또한, 5장에서 독립시행의 경우

$$V(X) = V(X_1) + V(X_2) + \cdots + V(X_n)$$

이 성립함을 알게 된다. 위의 두 식에 $E(X_i) = p$, $V(X_i) = p(1-p)$를 대입하면 $E(X) = np, V(X) = np(1-p)$이다. 이상을 정리하면 다음과 같다.

평균과 분산

모수가 p와 n인 이항확률변수 X에 대하여

$$\mu = E(X) = np,\ \sigma^2 = V(X) = np(1-p) \quad (3.8)$$

예제 3.16 평균과 분산

예제 3.13의 디지털 전송을 다시 보자. 다음에 전송하는 4개의 비트 중 오류로 수신되는 비트의 수를 X라고 하면 X는 $p=0.1,\ n=4$인 이항확률변수이다. 따라서 X의 기댓값과 분산은 다음과 같다.

$$E(X) = 4(0.1) = 0.4,\quad V(X) = 4(0.1)(0.9) = 0.36$$

이 결과는 예제 3.7에서 직접 계산한 값과 일치한다.

3.6 기하분포와 음이항분포

기하분포: 이항분포를 정의할 때 이용한 확률실험과 밀접하게 관련된 다른 확률실험을 알아본다. 먼저 성공 확률이 p인 독립시행, 즉 베르누이 시행을 가정한다. 그런데 시행 횟수를 미리 고정하는 대신 성공할 때까지 시행을 계속한다. 확률변수 X는 처음으로 성공할 때까지 필요한 총 시행 횟수라고 하자. 예제 3.4에서는 큰 입자를 검출할 때까지 계속하여 웨이퍼를 분석하는데 이 경우 X는 처음으로 큰 입자를 검출할 때까지 분석하는 총 웨이퍼의 수를 나타낸다.

예제 3.17 디지털 채널

디지털 채널을 통해 전송하는 비트가 오류로 수신될 확률은 0.1이다. 전송은 서로 독립적이고, 확률변수 X는 처음으로 수신오류가 나올 때까지 전송하는 총 비트의 수라고 하자.

그러면 $P(X=5)$는 처음 4개 비트가 모두 정상적으로 수신되고 다섯 번째 비트가 오류로 수신될 확률이다. O는 비트가 정상 수신되는 사건, E는 오류로 수신되는 사건을 나타낼 때 관심의 사건을 $\{OOOOE\}$로 나타낼 수 있다. 각 시행이 독립적이고 한 비트가 정상 수신될 확률은 0.9이므로

$$P(X=5) = P(OOOOE) = (0.9)^4(0.1) = 0.066$$

이다. X는 임의의 정수값을 취할 수 있다. 첫 번째 비트가 오류로 수신되면 $X=1$이다. 따라서 X의 범위는 모든 양의 정수 $\{1, 2, 3, \cdots\}$이다.

기하분포

확률변수 X는 일련의 베르누이 시행(성공 확률 p가 일정한 독립시행)에서 처음으로 성공할 때까지 필요한 총 시행 횟수라고 할 때, X는 모수가 $0 < p < 1$인 기하분포를 따른다. X의 확률질량함수는

$$f(x) = (1-p)^{x-1}p, \quad x = 1, 2, \cdots \tag{3.9}$$

그림 3.8은 기하확률변수의 확률질량함수를 나타낸 그래프이다. 각 x에서 선의 높이는 $x-1$에서 선의 높이에 $(1-p)$를 곱한 값이다. 확률이 등비수열로 감소하므로 기하분포(geometric distribution)라는 이름이 붙여졌다.

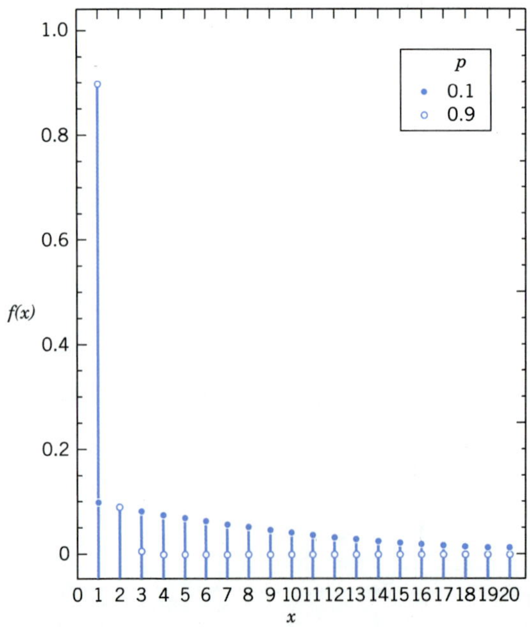

그림 3.8 p의 선택값에서 기하분포

예제 3.18 웨이퍼 오염도

한 웨이퍼에 큰 오염 입자가 있을 확률은 0.01이고 웨이퍼는 서로 독립적이라고 하자. 큰 오염 입자가 있는 웨이퍼를 처음으로 검출할 때까지 정확하게 125개의 웨이퍼를 분석해야 할 확률을 구해 보자.

X를 오염 입자를 검출할 때까지 분석해야 하는 웨이퍼의 개수라고 하면 X는 $p=0.01$인 기하확률변수이다. 따라서 구하는 확률은 다음과 같다.

$$P(X=125)=(0.99)^{124}(0.01)=0.0029$$

기하확률변수의 평균을 다음과 같이 쓸 수 있다.

$$\mu=\sum_{k=1}^{\infty}kp(1-p)^{k-1}=p\sum_{k=1}^{\infty}kq^{k-1} \quad (\text{단, } q=p-1)$$

이 식의 우변은 다음 기하급수의 합을 q에 대하여 편미분한 식이다.

$$p\sum_{k=1}^{\infty}q^k=\frac{pq}{1-q}$$

따라서 기하확률변수의 평균은 다음과 같다.

$$\mu=\frac{\partial}{\partial q}\left[\frac{pq}{1-q}\right]=\frac{p}{(1-q)^2}=\frac{p}{p^2}=\frac{1}{p}$$

기하확률변수의 분산을 구하려면 먼저 q에 대한 이차 편미분을 이용하여 $E(X^2)$를 구하고 공식 $V(X)=E(X^2)-[E(X)]^2$을 이용한다. 자세한 내용은 조금 더 복잡하지만, 세부 내용을 생략하고 결과를 다음에 정리한다.

평균과 분산

모수가 p인 기하확률변수 X에 대하여

$$\mu=E(X)=\frac{1}{p},\ \sigma^2=V(X)=\frac{(1-p)}{p^2} \tag{3.10}$$

예제 3.19 평균과 표준편차

예제 3.17의 디지털 전송을 다시 보자. $p=0.1$이므로 처음으로 수신오류가 발생할 때까지 전송하는 총 비트의 수의 평균은 $1/0.1=10$이고 표준편차는 다음과 같다.

$$\sigma=\sqrt{\frac{1-0.1}{0.1^2}}=9.49$$

해석: 이 예제에서 표준편차는 평균과 거의 같다. p가 작을 때 이런 결과가 일어난다. 따라서 p가 작을 때는 처음으로 성공할 때까지 실질적으로 필요한 시행의 횟수가 평균과 크게 다를 수 있다.

무기억성: 앞에서 기하확률변수는 처음으로 성공할 때까지 필요한 총 시행의 횟수라고 정

의하였다. 그런데 시행은 독립적이므로 확률변수의 확률분포를 변경하지 않고 언제든지 다음 성공할 때까지 필요한 시행 횟수를 다시 셀 수 있다. 예를 들어 100개의 비트를 이미 전송하였고 이후에 처음으로 수신오류인 비트가 106번째일 확률은 비트를 막 전송하여 처음 6번의 결과가 $OOOOOE$일 확률과 같다. 이 확률은 $(0.9)^5(0.1)=0.059$로, 첫 번째 수신오류가 6번째 비트에서 발생할 확률과 같다.

기하분포를 가정하는 것은 시스템이 마모되지 않음을 의미한다. 모든 전송에서 수신오류의 확률은 일정하다. 이런 의미에서 기하분포는 무기억성(lack of memory property)을 갖는다. 4장에서 지수확률변수를 학습할 때 무기억성을 다시 알아본다.

예제 3.20 무기억성

예제 3.17에서 한 비트가 오류로 수신될 확률은 0.1이다. 50개의 비트를 이미 전송했을 때 앞으로 수신오류가 처음 발생할 때까지 전송하는 평균 비트의 수는 $1/0.1=10$이다. 이 값은 막 비트를 전송하기 시작하여 처음으로 수신오류가 발생할 때까지 전송하는 평균 비트의 수와 같다.

음이항분포: r번 성공할 때까지 필요한 베르누이 시행의 횟수를 확률변수로 정의하면, 이 확률변수는 음이항분포(negative binomial distribution)를 따른다. 음이항분포는 기하분포를 일반화한 분포이다.

예제 3.21 디지털 채널

예제 3.17의 디지털 전송을 다시 보자. 채널을 통해 전송하는 비트가 오류로 수신될 확률은 0.1이다. 전송은 독립적이고 확률변수 X는 수신오류가 4번 발생할 때까지 전송하는 총 비트의 수라고 하자.

그러면 X는 $r=4$인 음이항분포를 따른다. X에 관한 확률은 다음과 같이 구한다. 예를 들어 $P(X=10)$은 처음 9번의 시행에서 정확히 3번의 오류가 발생하고 10번째 시행에서 4번째 오류가 발생할 확률이다. 처음 9번의 시행에서 정확히 3번의 오류가 발생할 확률은 이항분포로부터

$$\binom{9}{3}(0.1)^3(0.9)^6$$

이다. 시행은 독립적이므로 처음 9번의 시행 중 정확히 3번의 오류가 있고 10번째 시행에서 4번째 오류가 발생하는 확률을 구하기 위해 다음과 같이 두 사건의 확률을 곱한다.

$$\binom{9}{3}(0.1)^3(0.9)^6(0.1)=\binom{9}{3}(0.1)^4(0.9)^6$$

일반적으로 $P(X=x)$는 처음 $x-1$번의 시행에서 $r-1$번 성공하고, x번째 시행이 성공일 확률이다. 이항분포로부터 첫 번째 사건의 확률은

$$\binom{x-1}{r-1}p^{r-1}(1-p)^{x-r},\ r\le x$$

이고, 두 번째 사건의 확률은 p이다. 시행은 독립적이므로 두 확률을 곱하면

$$P(X=x)=\binom{x-1}{r-1}p^{r-1}(1-p)^{x-r}p$$

이다. 이상을 정리하면 다음과 같다.

음이항분포

확률변수 X는 일련의 베르누이 시행(성공 확률 p가 일정한 독립시행)에서 r번 성공할 때까지 필요한 총 시행 횟수를 나타낼 때 X는 모수가 $0 < p < 1$와 $r = 1, 2, 3, \cdots$ 인 **음이항분포**를 따른다. X의 확률질량함수는

$$f(x) = \binom{x-1}{r-1} p^r (1-p)^{x-r}, \quad x = r, r+1, r+2, \cdots \tag{3.11}$$

r번 성공하려면 적어도 r번 시행해야 하므로 X의 범위는 r부터 ∞까지의 정수이다. $r = 1$이면 음이항확률변수는 기하확률변수이다. 몇몇 모수값에 대하여 음이항분포를 그래프로 나타내면 그림 3.9와 같다.

X는 r번 성공할 때까지 필요한 총 시행 횟수라고 하자. X_1은 처음으로 성공할 때까지 필요한 시행 횟수, X_2는 두 번째 성공할 때까지 추가로 필요한 시행 횟수, X_3은 세 번째 성공할 때까지 추가로 필요한 시행 횟수 등으로 정의한다. 그러면 r번 성공할 때까지 필요한 총 시행 횟수는 $X = X_1 + X_2 + \cdots + X_r$이다. 무기억성으로 인해 확률변수 $X_1, X_2, \cdots, X_r$은 성공 확률 p가 모두 같은 기하분포를 따른다. 따라서 음이항확률변수는 기하확률변수의 합으로 해석할 수 있다. 이 개념을 그림으로 설명하면 그림 3.10과 같다.

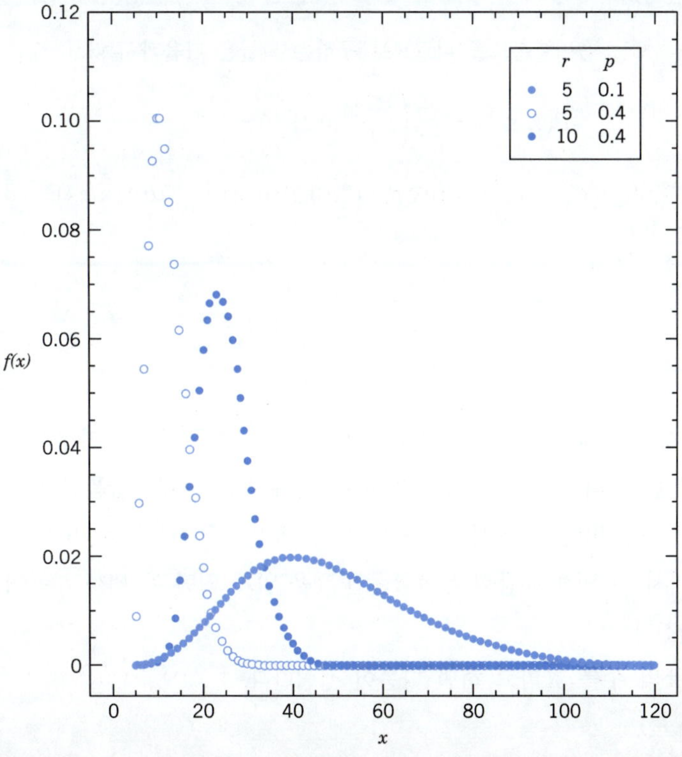

그림 3.9 r, p의 선택값에서 음이항분포

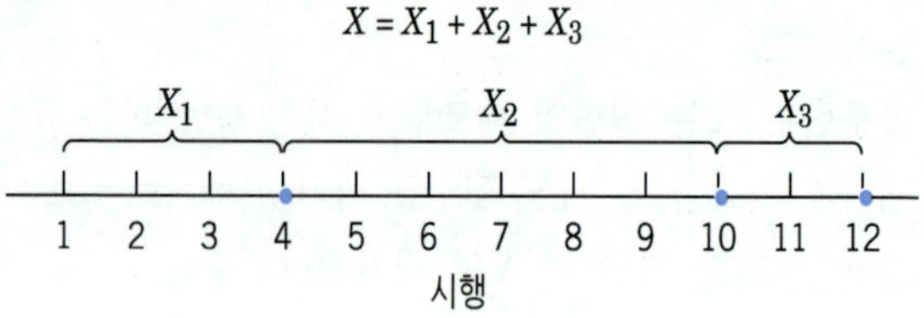

그림 3.10 기하확률변수의 합으로 나타낸 음이항확률변수

이항확률변수는 n번의 베르누이 시행에서 성공 횟수로서 시행 횟수는 미리 고정되고 성공 횟수는 확률변수이다. 음이항확률변수는 r번 성공할 때까지 필요한 시행 횟수로서 성공 횟수는 미리 고정되고 시행 횟수는 확률변수이다. 이런 의미에서 음이항확률변수는 이항확률변수의 반대이다. 그러나 음이항분포라는 이름은 음의 모수를 사용하면 이항분포의 확률질량함수와 비슷하다는 다소 덜 직관적인 사실에서 유래한다.

음이항확률변수를 기하확률변수의 합으로 표현하면 음이항확률변수의 평균과 분산이 다음과 같음을 쉽게 알 수 있다.

평균과 분산

모수가 p와 r인 음이항확률변수 X에 대하여

$$\mu = E(X) = \frac{r}{p}, \ \sigma^2 = V(X) = \frac{r(1-p)}{p^2} \tag{3.12}$$

예제 3.22 카메라 플래시

예제 3.1의 플래시 충전시간을 다시 보자. 한 카메라가 시험을 통과할 확률은 0.8이며 카메라의 성능은 독립적이다. 세 번째 실패가 5번 이하의 시험에서 일어날 확률을 구해 보자.

3번 실패할 때까지 시험한 총 카메라의 수를 X라고 하면 구하는 확률은 $P(X \le 5)$이다. 여기서 X는 $p=0.2$, $r=3$인 음이항분포를 따르므로 구하는 확률은 다음과 같다.

$$P(X \le 5) = \sum_{x=3}^{5} \binom{x-1}{2} (0.2)^3 (0.8)^{x-3}$$
$$= (0.2)^3 + \binom{3}{2}(0.2)^3(0.8) + \binom{4}{2}(0.2)^3(0.8)^2$$
$$= 0.058$$

3.7 초기하분포

일일 생산품 850개 중 50개는 고객의 요구를 충족하지 못하는 부적합품이라고 가정하자. 일일 생산품 중 2개를 비복원 임의추출할 때 첫 번째와 두 번째 부품이 부적합품인 사건을 각각 A와 B라고 하자. 표본공간에서 부품을 세어 보면 $P(B|A) = 49/849$, $P(A) = 50/850$이다. 따라서 첫 번째 부품이 부적합품인 것을 알게 되면 두 번째 부품이 부적합품일 가능성은 작아진다.

표본에 포함된 부적합품의 수를 X라고 하면 다음이 성립한다.

$$P(X=0)=P(\text{두 부품이 모두 적합품})=\left(\frac{800}{850}\right)\left(\frac{799}{849}\right)=0.886$$

$$\begin{aligned}P(X=1)=P(&\text{1번째 부품은 적합품이고 2번째 부품은 부적합품 또는}\\&\text{1번째 부품은 부적합품이고 2번째 부품은 적합품})\\=&\left(\frac{800}{850}\right)\left(\frac{50}{849}\right)+\left(\frac{50}{850}\right)\left(\frac{800}{849}\right)=0.111\end{aligned}$$

$$P(X=2)=P(\text{두 부품이 모두 부적합품})=\left(\frac{50}{850}\right)\left(\frac{49}{849}\right)=0.003$$

이 실험은 이항분포의 실험과는 근본적으로 다르다. 이 실험에서 시행은 서로 독립이 아니다. 이미 선택한 부품을 다음 선택 이전에 되돌려 넣는 특별한 경우 시행은 독립적이고 각 시행에서 부적합품이 선택될 확률이 같다. 그 경우에는 표본에 포함된 부적합품의 수가 이항확률변수이다.

한편 표본을 비복원추출하는 경우 앞에서처럼 확률을 구할 수도 있지만, 다음의 일반적 공식을 사용하면 아주 편리하다. 2장에서 학습한 계수기법을 이용하여 다음 결과가 성립함을 보일 수 있다.

> **초기하분포**
>
> N개의 원소로 이루어진 집합에서 K개는 성공, $N-K$개는 실패로 구분된다고 하자. 이 집합으로부터 크기 n의 표본을 비복원 임의추출한 후 표본에서 성공 횟수를 확률변수 X라고 하면 X는 초기하분포를 따른다. X의 확률질량함수는
>
> $$f(x)=\frac{\binom{K}{x}\binom{N-K}{n-x}}{\binom{N}{n}},\quad \max(0,n+K-N)\le x\le \min(K,n) \tag{3.13}$$
>
> 단, $K\le N$, $n\le N$ 이다.

최대 성공 횟수는 표본크기 n이나 가능한 성공 횟수 K보다 더 작아야 하므로 X의 범위는 $\min(K,n)$으로 제한된다. 또한, $n+K>N$인 경우 적어도 $n+K-N$번 성공해야 하므로 X의 범위에 $\max(0,\ n+K-N)$을 사용한다. 몇몇 모수값에 대하여 초기하분포(hypergeometric distribution)를 그래프로 나타내면 그림 3.11과 같다.

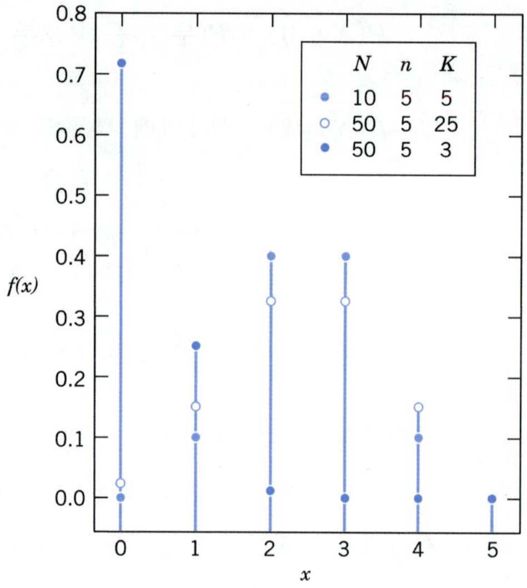

그림 3.11 N, n, K의 선택값에서 초기하분포

예제 3.23 비복원추출

이 절의 처음에 계산한 확률을 초기하확률변수의 확률질량함수를 이용하여 다시 계산하면 다음과 같다.

$$P(X=0)=\frac{\binom{50}{0}\binom{800}{2}}{\binom{850}{2}}=\frac{319{,}600}{360{,}825}=0.886$$

$$P(X=1)=\frac{\binom{50}{1}\binom{800}{1}}{\binom{850}{2}}=\frac{40{,}000}{360{,}825}=0.111$$

$$P(X=2)=\frac{\binom{50}{2}\binom{800}{0}}{\binom{850}{2}}=\frac{1{,}225}{360{,}825}=0.003$$

예제 3.24 공급업체의 부품

한 배치에 현지업체와 타지업체로부터 공급받은 부품이 각각 100개와 200개 들어 있다. 4개의 부품을 비복원 임의추출할 때 4개 모두 현지업체로부터 공급받은 부품일 확률을 구해 보자.

X는 표본에 포함된 현지업체 부품의 개수라고 할 때 X는 초기하분포를 따르고 구하는 확률은 다음과 같다.

$$P(X=4)=\frac{\binom{100}{4}\binom{200}{0}}{\binom{300}{4}}=0.0119$$

또한, 표본에 현지업체의 부품이 2개 이상 포함될 확률은

$$P(X\ge 2)=\frac{\binom{100}{2}\binom{200}{2}}{\binom{300}{4}}+\frac{\binom{100}{3}\binom{200}{1}}{\binom{300}{4}}+\frac{\binom{100}{4}\binom{200}{0}}{\binom{300}{4}}$$

$$=0.298+0.098+0.0119=0.407$$

이고, 표본에 현지업체의 부품이 적어도 하나 포함될 확률은 다음과 같다.

$$P(X\ge 1)=1-P(X=0)=1-\frac{\binom{100}{0}\binom{200}{4}}{\binom{300}{4}}=0.804$$

해석: 검사에서 비복원추출을 자주 사용하며, 이 경우 초기하분포를 이용하면 쉽게 확률을 계산할 수 있다.

실험을 이루는 시행으로부터 초기하확률변수의 평균과 분산을 결정할 수 있다. 그러나 시행이 서로 독립이 아니므로 이항분포보다 계산이 더 복잡하다. 초기하확률변수의 평균

과 분산은 다음과 같이 알려져 있다.

평균과 분산

모수가 N, K, n인 초기하확률변수 X에 대하여

$$\mu = E(X) = np,\ \sigma^2 = V(X) = np(1-p)\left(\frac{N-n}{N-1}\right) \tag{3.14}$$

단, $p = \dfrac{K}{N}$이다.

여기서 p는 N개에 대한 성공 비율이다. 다음 예제를 보자.

예제 3.25 평균과 분산

예제 3.24에서 표본크기는 4이다. 확률변수 X는 표본에 포함된 현지업체 부품의 개수일 때 $p = \dfrac{100}{300} = \dfrac{1}{3}$이다. 따라서 X의 평균과 분산은 각각 다음과 같다.

$$E(X) = 4\left(\frac{100}{300}\right) = 1.33$$

$$V(X) = 4\left(\frac{1}{3}\right)\left(\frac{2}{3}\right)\left(\frac{300-4}{299}\right) = 0.88$$

초기하확률변수와 이항확률변수의 평균은 비슷하다. 두 확률변수의 분산은 다음에 정의된 유한모집단 수정계수(finite population correction factor)에 대해서만 다르다.

유한모집단 수정계수

초기하확률변수의 분산 계산식에 나타나는 항인

$$\frac{N-n}{N-1} \tag{3.15}$$

을 **유한모집단 수정계수**라고 한다.

복원추출의 모든 시행에서 성공 확률이 일정하므로 복원추출은 무한집합으로부터 표본을 추출하는 것과 같다. 따라서 복원추출에서 성공 횟수 X는 이항확률변수이고 분산은 $np(1-p)$이다. 크기 N의 유한집합에서 비복원추출하는 경우 유한모집단 수정계수를 이용하여 이항분포의 분산을 수정해야 함을 알 수 있다.

N에 비해 n이 작으면 분산에 대한 수정이 적고 초기하분포와 이항분포는 유사하다. 이 경우 이항분포는 초기하분포를 효과적으로 근사한다. 이 결과를 그림으로 설명하면 그림 3.12와 같다.

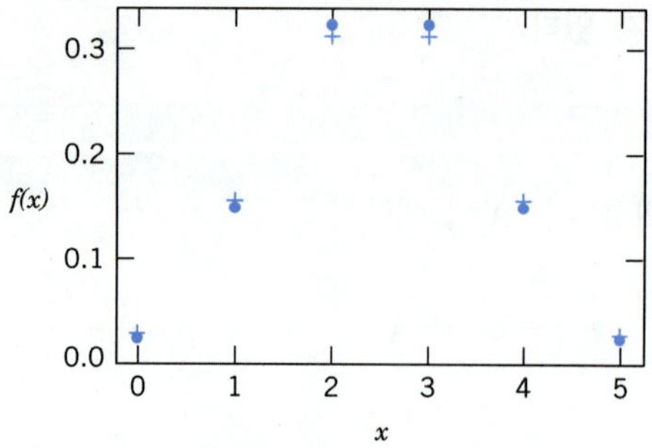

	0	1	2	3	4	5
초기하확률	0.025	0.149	0.326	0.326	0.149	0.025
이항확률	0.031	0.156	0.312	0.312	0.156	0.031

그림 3.12 초기하분포와 이항분포의 비교

3.8 푸아송분포

널리 사용되는 다른 한 분포는 사건이 어떤 구간(일반적으로 어떤 영역)에서 임의로 일어난다는 가정으로 출발한다. 이 경우 확률변수는 구간에서 관심의 사건이 발생하는 횟수이다.

예제 3.26 구리선 결함

얇은 구리선을 따라 결함이 임의로 발생한다. 확률변수 X는 길이 Tmm의 구리선에 발생하는 결함의 수이고, mm당 평균 결함의 수는 λ라고 가정하자.

λ의 정의에 따라 $E(X)=\lambda T$임을 예상할 수 있다. X의 확률분포를 구하기 위해 먼저 구리선을 길이가 각각 $\Delta t = T/n$(예를 들어 1μm)인 n개의 부분구간으로 나눈다. 부분구간이 충분히 작으면 각 부분구간에서 결함이 1개 이상 발생할 확률을 무시할 수 있다. 결함이 임의로 발생하므로 각 부분구간에서 결함이 발생할 확률은 같다고 할 수 있다. 이 확률을 p라고 하자. 또한, 한 부분구간과 다른 부분구간에서 결함이 발생하는 사건은 독립이라고 하자.

그러면 X를 이항확률변수로 근사할 수 있다. 즉, 각 부분구간에서 결함이 1개 또는 0개 발생한다. 따라서

$$E(X)=\lambda T = np$$

이고, 이 식을 p에 대하여 풀면

$$p=\frac{\lambda T}{n}$$

이다. 이항분포 근사를 이용하여 X의 분포를 구하면

$$P(X=x)\approx \binom{n}{x}p^x(1-p)^{n-x}$$

이다. 한편 충분히 작은 부분구간이면 n은 크고 p는 작다. 따라서 극한의 기본성질을 이용하면 n이 커짐에 따라

$$\binom{n}{x}\left(\frac{\lambda T}{n}\right)^x \to \frac{(\lambda T)^x}{x!}$$

$$\left(1-\frac{\lambda T}{n}\right)^{n-x} \to 1 \quad \left(1-\frac{\lambda T}{n}\right)^{n} \to e^{-\lambda T}$$

즉,

$$\lim_{n\to\infty} P(X=x)=\frac{e^{-\lambda T}(\lambda T)^x}{x!}, \quad x=0,1,2,\cdots$$

이다. 부분구간의 수는 한없이 커지므로 결함의 수인 X의 범위는 음이 아닌 모든 정수이다.

예제 3.26을 일반화하여 다양한 확률실험을 포함하도록 할 수 있다. 위의 예제에서는 구리선의 길이를 부분구간으로 나누었으나, 같은 논리를 시간, 면적, 체적의 구간에도 적용할 수 있다. 예를 들어 (1) 반도체 생산에서 오염 입자의 수, (2) 직물 두루마리에서 결함의 수, (3) 교환대에 도착하는 전화 호출의 수, (4) 정전 횟수, (5) 시료에서 방출되는 원자 입자의 수를 모두 다음에서 정의하는 확률질량함수로 설명할 수 있다.

일반적으로 길이가 Δt인 부분구간에 대하여 Δt가 0에 한없이 가까워짐에 따라 다음이 성립한다고 가정하자.

1. 한 부분구간에서 사건이 두 번 이상 일어날 확률은 0이다.
2. 한 부분구간에서 사건이 한 번 일어날 확률은 $\lambda\Delta t$이다.
3. 각 부분구간에서 사건은 독립적이다.

이 3가지 성질을 모두 만족하는 확률실험을 푸아송과정(Poisson process)이라고 한다.

위의 가정하에 부분구간을 독립적인 베르누이 시행으로 근사할 수 있다. 이때 시행 횟수는 $n = \dfrac{T}{\Delta t}$이고 성공 확률은 $p = \lambda\Delta t = \dfrac{\lambda T}{n}$이다. 이상을 정리하면 다음과 같다.

푸아송분포

확률변수 X는 푸아송과정의 구간 T에서 사건이 일어나는 횟수이고 λ는 단위구간에서 사건의 평균 횟수라고 할 때, X는 모수가 $\lambda > 0$인 푸아송분포를 따른다. X의 확률질량함수는

$$f(x) = \frac{e^{-\lambda T}(\lambda T)^x}{x!}, \quad x = 0, 1, 2, \cdots$$

푸아송분포(Poisson distribution)에서 확률의 합은

$$\sum_{x=0}^{\infty} \frac{e^{-\lambda T}(\lambda T)^x}{x!} = e^{-\lambda T} \sum_{x=0}^{\infty} \frac{(\lambda T)^x}{x!}$$

인데, 우변 안의 합은 e^x의 테일러급수 전개를 λT에서 평가한 값으로 $e^{\lambda T}$이므로 우변은 1이다. 즉, 푸아송분포에서 확률의 합은 1이다. 몇몇 모수값에 대하여 푸아송분포를 그래프로 나타내면 그림 3.13과 같다. 이 분포의 이름은 개발자인 Siméon-Denis Poisson에서 유래한다.

역사적으로 **과정**이라는 용어는 시스템을 시간의 흐름에 따라 관찰함을 의미한다. 구리선 예제에서는 푸아송분포를 길이에 적용했으나 면적에도 적용할 수 있다.

모수 λ는 단위구간에서 사건이 발생하는 평균 횟수이다. λ와 T에 **일관된 단위**를 사용하여야 한다. 예를 들어 λ가 mm당 2.3개의 결함이면 T도 mm로 표현한다. $\lambda = 7.1$이 cm^2 면적당 결함이면 4.5in^2의 면적은 $T = (4.5)(2.54^2) = 29.03\ \text{cm}^2$로 표현한다.

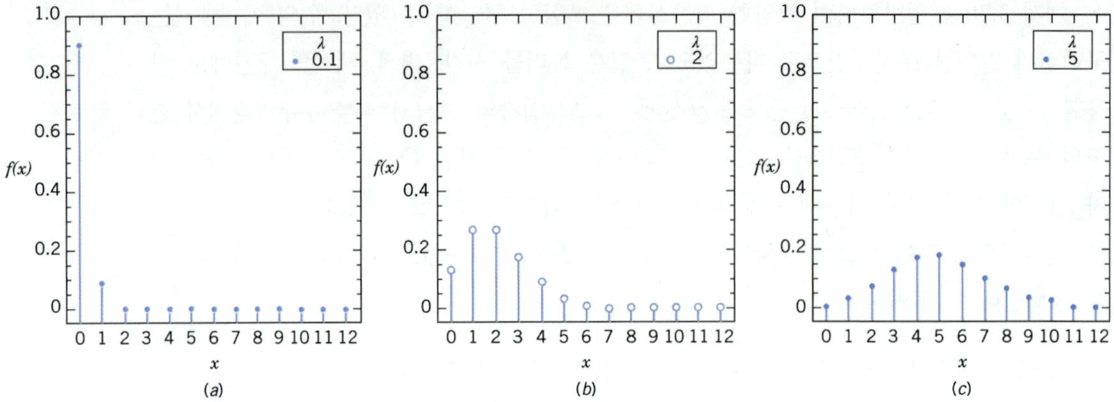

그림 3.13 λ의 선택값에서 푸아송분포

예제 3.27 구리선 결함

얇은 구리선에 발생하는 결함의 수는 mm당 평균 2.3개인 푸아송분포를 따른다고 할 때, 5mm의 구리선에 10개의 결함이 있을 확률을 구해 보자.

5mm의 구리선에 있는 결함의 수를 X라고 하면 X는 평균이

$$\lambda T = 2.3(\text{개/mm}) \times 5(\text{mm}) = 11.5(\text{개})$$

인 푸아송분포를 따르고 구하는 확률은 다음과 같다.

$$P(X=10) = e^{-11.5}\frac{11.5^{10}}{10!} = 0.113$$

또한, 2mm의 구리선에 적어도 1개의 결함이 있을 확률을 구해 보자. X는 2mm의 구리선에 있는 결함의 수라고 하면 X는 평균이

$$\lambda T = 2.3(\text{개/mm}) \times 2(\text{mm}) = 4.6(\text{개})$$

인 푸아송분포를 따르고 구하는 확률은 다음과 같다.

$$P(X \geq 1) = 1 - P(X=0) = 1 - e^{-4.6} = 0.9899$$

해석: 푸아송과정의 가정하에 λ가 주어지면 임의의 길이의 구간에 대해 확률을 계산할 수 있다. 제품규격의 결정, 공정관리, 자원계획 등에서 이런 계산을 널리 사용한다.

푸아송확률변수의 평균은

$$E(X) = \sum_{x=1}^{\infty} x \frac{e^{-\lambda T}(\lambda T)^x}{x!} = \lambda T \sum_{x=1}^{\infty} \frac{e^{-\lambda T}(\lambda T)^{x-1}}{(x-1)!}$$

이다. 위의 식에서 $x=0$의 기댓값은 0이므로 우변 안의 합은 $x=1$에서 시작한다. 변수변환 $y=x-1$을 이용하면 우변 안의 합은 푸아송확률변수의 합인 1이고 $E(X)=\lambda T$임을 알 수 있다.

푸아송확률변수의 분산을 구하려면 먼저 다음과 같이 $E(X^2)$을 구한다.

$$E(X^2) = \sum_{x=1}^{\infty} x^2 \frac{e^{-\lambda T}(\lambda T)^x}{x!} = \lambda T \sum_{x=1}^{\infty} x \frac{e^{-\lambda T}(\lambda T)^{x-1}}{(x-1)!}$$

여기서 $x=(x-1)+1$이라고 두고 위 식을 다시 쓰면

$$E(X^2) = \lambda T \sum_{x=1}^{\infty} (x-1) \frac{e^{-\lambda T}(\lambda T)^{x-1}}{(x-1)!} + \lambda T \sum_{x=1}^{\infty} \frac{e^{-\lambda T}(\lambda T)^{x-1}}{(x-1)!}$$

이다. 우변에서 첫 번째 항 안의 합은 X의 평균인 λT이므로 첫 번째 항은 $(\lambda T)^2$이다. 두 번째 항 안의 합은 확률의 합이므로 1이다. 따라서 분산은 다음과 같다.

$$V(X) = E(X^2) - [E(X)]^2 = (\lambda T)^2 + \lambda T - (\lambda T)^2 = \lambda T$$

이상의 결과를 정리하면 다음과 같다.

평균과 분산

길이 T의 구간에서 모수가 λ인 푸아송확률변수 X에 대하여

$$\mu = E(X) = \lambda T, \ \sigma^2 = V(X) = \lambda T \tag{3.16}$$

푸아송확률변수의 평균과 분산은 같다. 예를 들어 입자의 수는 cm^2 면적당 평균 25개인 푸아송분포를 따르면 분산도 25이고 표준편차는 cm^2 면적당 5개이다. 따라서 평균으로부터 산포에 대한 정보를 쉽게 얻을 수 있다. 반대로 이산 데이터의 분산이 평균보다 훨씬 크면 확률변수의 분포로 푸아송분포가 좋은 모형이 아니라는 것을 알 수 있다.

주요용어와 개념

기하분포(Geometric distribution)
누적분포함수–이산확률변수(Cumulative distribution function–discrete random variable)
무기억성–이산확률변수(Lack of memory property–discrete random variable)
베르누이 시행(Bernoulli trial)
분산–이산확률변수(Variance–discrete random variable)
유한모집단 수정계수(Finite population correction factor)
음이항분포(Negative binomial distribution)
이산균등분포(Discrete uniform distribution)
이산확률변수의 함수의 기댓값(Expected value of a function of a discrete random variable)
이항분포(Binomial distribution)
초기하분포(Hypergeometric distribution)
평균–이산확률변수(Mean–discrete random variable)
푸아송분포(Poisson distribution)
표준편차–이산확률변수(Standard deviation–discrete random variable)
확률분포–이산확률변수(Probability distribution–discrete random variable)
확률질량함수(Probability mass function)

연속확률변수와 확률분포

CHAPTER 4

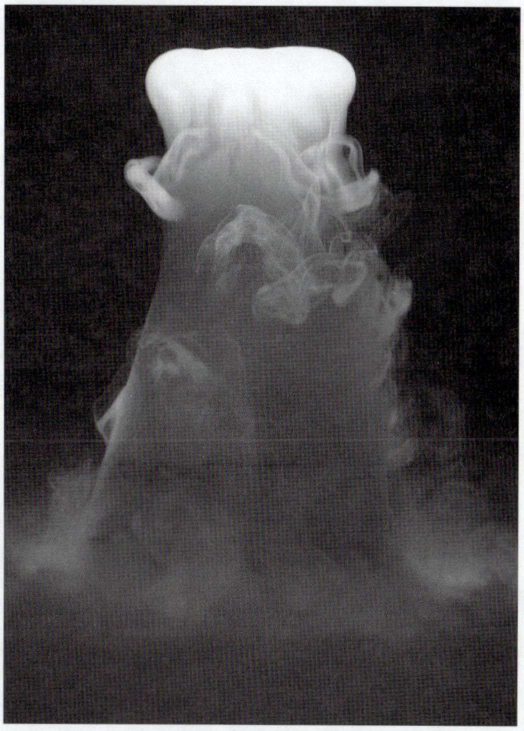

Wolfgang Amri/iStockphoto

학습목표

이 장을 주의 깊게 학습한 후 다음을 할 수 있다.

1. 확률밀도함수를 이용하여 확률을 구한다.
2. 누적분포함수로부터 확률을 구하고, 확률밀도함수로부터 누적분포함수를 결정하며 그 반대로도 한다.
3. 연속확률변수의 평균과 분산을 계산한다.
4. 자주 사용하는 연속확률분포의 가정을 이해한다.
5. 자주 사용하는 연속확률분포에 대하여 확률, 평균, 분산을 구한다.
6. 이항분포와 푸아송분포의 확률을 근사한다.

목차

기체분자 운동론은 통계학과 물리현상을 이어주는 연결고리이다. 물리학자 James Maxwell은 평형상태에서 기체분자 속도의 분포를 결정하기 위해 몇 가지 가정을 하였다. 그는 기체분자들이 충돌할 때 특별히 선호하는 방향이 없이 임의로 운동한다는 개념으로부터 x, y, z 방향의 속도는 같은 확률을 가지며 서로 독립적이라고 가정하였다. 그 결과 어떤 특정한 방향 x에서 분자의 속도는 정규분포라고 알려진 연속확률분포를 따른다는 것을 보일 수 있다. (뒤에서 학습하는 중심극한정리와 같은) 다른 방법으로도 정규분포를 유도할 수 있지만, 기체분자 운동론이 가장 간결하다. 이와 같은 정규분포의 역할은 과학과 공학에서 연속확률분포의 중요성을 보여주는 단편적인 사례이다.

4.1 확률분포와 확률밀도함수

일일 생산품 중 1개를 선택하여 치수 길이를 측정한다고 가정해 보자. 실질적으로 진동, 온도의 변동, 작업자의 차이, 절삭 도구의 마모, 베어링의 마모, 원자재의 변화 등 여러 원인으로 인해 측정치에는 작은 변동이 있다. 이와 같은 실험에서 측정치를 확률변수 X로 나타내는 것은 자연스럽고, X가 취하는 값의 범위를 실수 구간으로 모형화하는 것이 합리적이다. 2장에서 알아본 바와 같이 연속확률변수(continuous random variable)는 실수 구간(유한 또는 무한한)을 범위로 하는 확률변수이다. 길이 측정치의 어떤 정밀도에 대해서도 연속확률변수를 정의할 수 있다.

X가 취하는 값이 무한개이므로 X는 앞에서 다룬 이산확률변수와는 근본적으로 다른 분포를 따른다. 그러나 이산확률변수에서처럼, 같은 또는 비슷한 연속확률변수로 많은 물리적 시스템을 모형화할 수 있다. 이 장에서는 연속확률변수를 학습하고 연속확률변수의 확률, 평균, 분산을 계산하는 방법을 살펴본다.

공학에서는 물리적 시스템을 설명하기 위해 보통 밀도함수를 이용한다. 예를 들어 그림 4.1에서처럼 길고 얇은 보(beam)에 가해지는 하중의 밀도를 생각해 보자. 보의 어떤 지점 x에서 밀도(단위: g/cm)를 함수로 나타낼 수 있다. 큰 하중이 가해지는 구간은 큰 함숫값을 가진다. 점 a에서 b까지 밀도함수를 적분하여 a 이상 b 이하의 총 하중을 결정한다. 적분은 이 구간에서 밀도함수 아래의 면적이며, 대략 이 구간에서 모든 하중의 합이라고 해석할 수 있다.

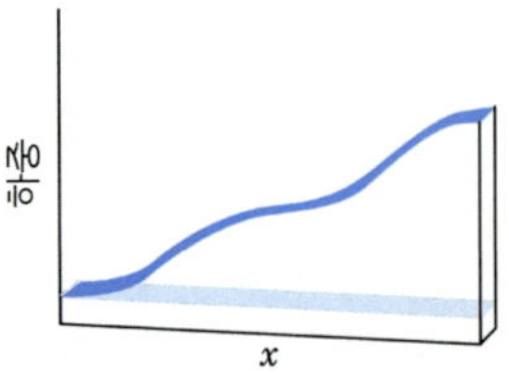

그림 4.1
길고 얇은 보에서 하중의 밀도함수

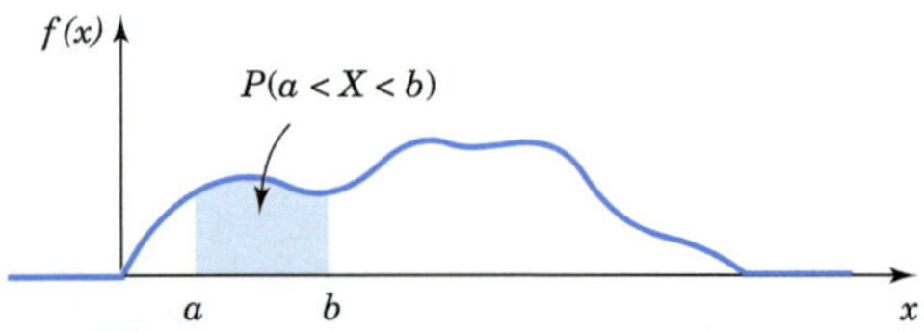

그림 4.2
$f(x)$ 아래 면적으로 구하는 확률

마찬가지로 연속확률변수 X의 확률분포(probability distribution)를 나타내기 위해 확률밀도함수(probability density function) $f(x)$를 사용할 수 있다. 어떤 구간이 X의 값을 포함할 것 같으면 확률이 크고 그에 대응하는 $f(x)$의 값이 크다. 그림 4.2에서 보는 것처럼 a에서 b까지 $f(x)$를 적분하여 X가 a 이상 b 이하일 확률을 결정한다.

확률밀도함수

연속확률변수 X에 대하여 확률밀도함수 $f(x)$는 다음을 만족하는 함수이다.

(1) 모든 x에 대하여 $f(x) \geq 0$

(2) $\int_{-\infty}^{\infty} f(x)dx = 1$

(3) $P(a \leq X \leq b) = \int_a^b f(x)dx =$ 모든 a,b에 대하여 a에서 b까지 $f(x)$ 아래의 면적

(4.1)

확률밀도함수를 이용하면 연속확률변수와 관련된 확률을 간단히 설명할 수 있다. $f(x)$는 음수가 아니고, $\int_{-\infty}^{\infty} f(x)dx = 1$, $0 \leq P(a \leq X \leq b) \leq 1$이므로 확률밀도함수는 확률을 적절히 제한한다. 일어날 수 없는 x의 값에 대한 확률밀도함수는 0이며, 명시적으로 정의되지 않은 x의 값에서 확률밀도함수는 0이라고 가정한다.

그림 4.3에서 보는 것처럼 히스토그램은 확률밀도함수를 근사한다. 히스토그램의 각 구간에서 막대의 면적은 그 구간에서 측정치의 상대빈도(비율)이다. 상대빈도는 측정치가 그 구간에 속할 확률을 추정한 값이다. 마찬가지로 임의의 구간에서 $f(x)$ 아래의 면적은 측정치가 그 구간에 속할 확률의 참값이다.

중요한 점은 $f(x)$를 이용하여 X가 $[a, b]$의 값을 취할 확률을 나타내는 **면적을 계산한다**는 것이다. 앞의 측정치 예제에서 X가 [14, 15] mA에 있을 확률은 이 구간에서 X의 확률밀도함수를 적분한 값이다. X가 [14.5, 14.6] mA에 있을 확률은 같은 $f(x)$를 더 작은 구간에서 적분한 값이다. $f(x)$의 모양을 적절히 선택하여 임의의 연속확률변수 X와 관련된 확률을 나타낼 수 있다. $f(x)$의 모양에 따라 X가 [14.5, 14.6] mA에 있을 확률과 임의의 다른 구간에 있을 확률이 어떻게 비교되는지 결정된다.

길고 얇은 보에 가해지는 하중의 밀도함수를 생각할 때, 모든 점의 폭은 0이므로 한 점에서 하중은 0이다. 마찬가지로 연속확률변수 X와 임의의 x에 대하여

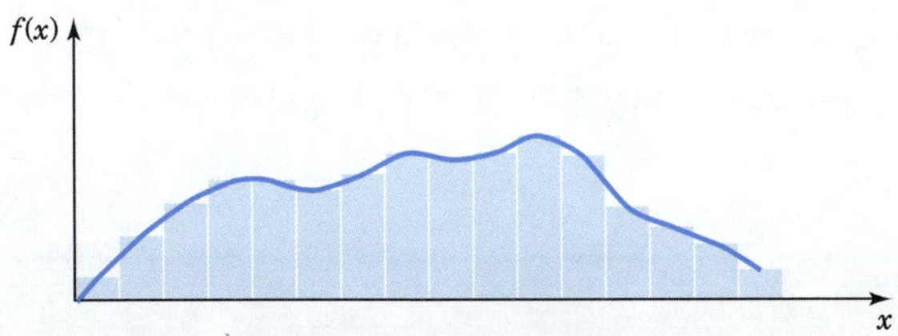

그림 4.3 히스토그램은 확률밀도함수를 근사한다.

$$P(X=x)=0$$

이다. 이 결과를 보면 연속확률변수의 모형이 쓸모없어 보일 수 있다. 그러나 14.47 mA와 같은 특정 전륫값을 관측하였을 때 실질적으로 이 값은 $14.465 \le x < 14.475$와 같이 어떤 범위의 측정값을 반올림한 것으로 해석할 수 있다. 따라서 X의 값으로 반올림된 값 14.47을 관측할 확률은 X가 [14.465, 14.475)에 있을 확률이고, 이 확률은 0이 아니다. 한 점에서 확률은 0이므로 연속확률변수에서는 $<$와 $\le$를 구별할 필요가 없다.

X가 **연속확률변수**일 때 모든 x_1과 x_2에 대하여

$$P(x_1 \le X \le x_2)=P(x_1 < X \le x_2)=P(x_1 \le X < x_2)=P(x_1 < X < x_2) \quad (4.2)$$

예제 4.1 전기전류

연속확률변수 X는 얇은 구리선에 흐르는 전류의 양(단위: mA)을 나타낸다. X의 범위는 [4.9, 5.1] mA이고, X의 확률밀도함수는 $f(x)=5,\ 4.9 \le x \le 5.1$라고 하자. 전류 측정치가 5 mA 미만일 확률은 얼마인가?

확률밀도함수를 그래프로 나타내면 그림 4.4와 같다. 명시적으로 정의되지 않은 곳에서 $f(x)=0$이다. 그림 4.4의 색칠한 부분의 면적은 다음 확률을 나타낸다.

$$P(X<5)=\int_{4.9}^{5} f(x)dx=\int_{4.9}^{5} 5\,dx=0.5$$

다른 예로 전류 측정치가 4.95 mA와 5.1 mA 사이에 있을 확률을 구하면 다음과 같다.

$$P(4.95<X<5.1)=\int_{4.95}^{5.1} f(x)dx=0.75$$

예제 4.2 구멍 지름

연속확률변수 X는 금속부품 판에 뚫은 구멍의 지름이고, 지름의 목표치는 12.5 mm라고 하자. 공정의 무작위 교란으로 구멍의 지름이 목표치보다 클 수 있다. 과거 데이터에 따르면 X의 확률밀도함수는 다음과 같다.

$$f(x)=20e^{-20(x-12.5)},\ x \ge 12.5$$

지름의 길이가 12.6 mm보다 큰 부품을 폐기한다고 할 때 폐기되는 부품의 비율은 얼마인가? 밀도함수와 구하는 확률은 그림 4.5에 나와 있다. $X>12.6$이면 부품이 폐기되므로 구하는 확률은 다음과 같다.

$$P(X>12.6)=\int_{12.6}^{\infty} f(x)dx$$
$$=\int_{12.6}^{\infty} 20e^{-20(x-12.5)}dx=-e^{-20(x-12.5)}\Big|_{12.6}^{\infty}$$
$$=0.135$$

또한, 지름의 길이가 12.5 mm와 12.6 mm 사이인 부품의 비율을 구해 보면

$$P(12.5<X<12.6)=\int_{12.5}^{12.6} f(x)dx=-e^{-20(x-12.5)}\Big|_{12.5}^{12.6}$$
$$=0.865$$

이다. $f(x)$ 아래의 전체 면적은 1이므로 위의 확률을 다음과 같이 계산할 수도 있다.

$$P(12.5<X<12.6)=1-P(X>12.6)$$
$$=1-0.135=0.865$$

해석: 지름이 12.6 mm 이상인 부품의 비율은 0.135이므로 상당수의 부품이 폐기된다. 공정개선을 통해 치수가 12.5 mm 근처인 부품의 비율을 높일 필요가 있다.

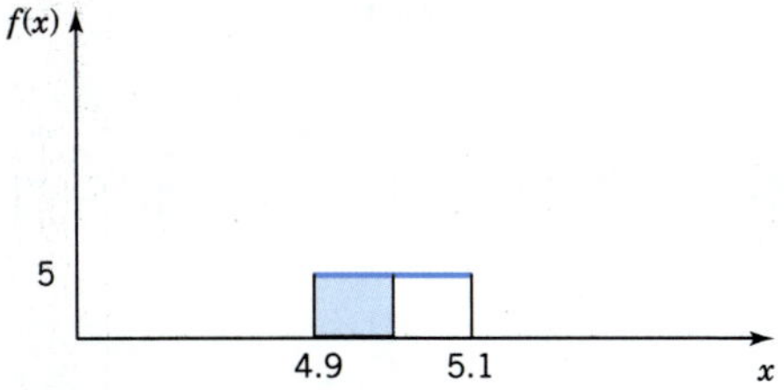

그림 4.4 예제 4.1의 확률밀도함수

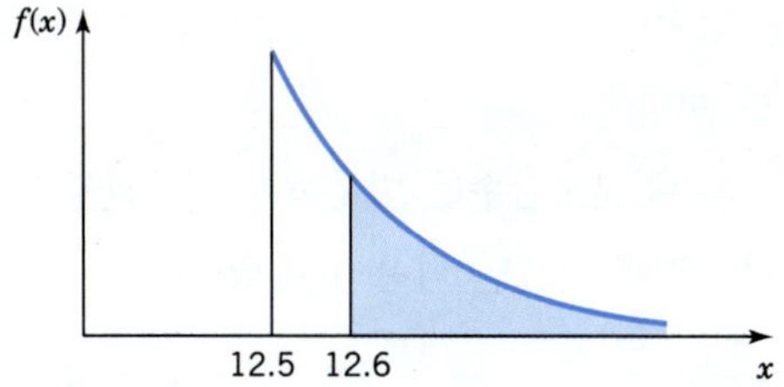

그림 4.5 예제 4.2의 확률밀도함수

4.2 누적분포함수

이산확률변수에서와 마찬가지로 연속확률변수의 분포를 설명하기 위해 누적분포함수 (cumulative distribution function)를 이용할 수 있다.

누적분포함수

연속확률변수 X의 누적분포함수는

$$F(x) = P(X \le x) = \int_{-\infty}^{x} f(u)\,du, \quad -\infty < x < \infty \tag{4.3}$$

누적분포함수는 모든 실수에 대하여 정의된다.

예제 4.3 전기전류

예제 4.1을 다시 보자. 확률변수 X는 구리선에 흐르는 전류의 양을 나타낼 때, 그 누적분포함수는 다음과 같이 3개의 식으로 구성된다. 첫째, $x < 4.9$이면 $f(x) = 0$이므로 $F(x) = 0$이다. 둘째, $4.9 \le x < 5.1$에서

$$F(x) = \int_{4.9}^{x} f(u)\,du = 5x - 24.5$$

이다. 마지막으로, $5.1 \le x$에서

$$F(x) = \int_{5.1}^{x} f(u)\,du = 1$$

이다. 이상을 정리하면 다음과 같다.

$$F(x) = \begin{cases} 0, & x < 4.9 \\ 5x - 24.5, & 4.9 \le x < 5.1 \\ 1, & 5.1 \le x \end{cases}$$

$F(x)$를 그래프로 나타내면 그림 4.6과 같다.

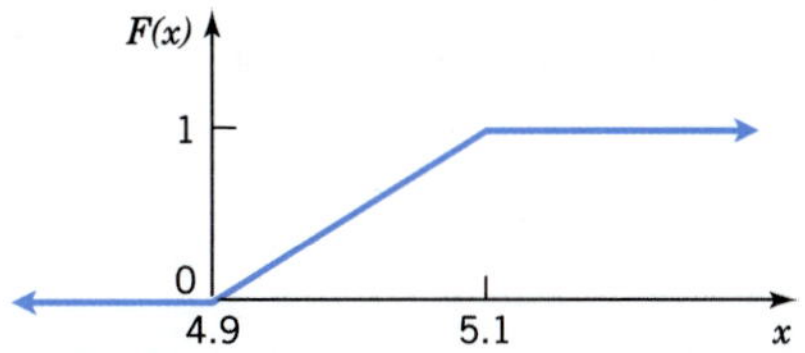

그림 4.6 예제 4.3의 누적분포함수

$F(x)$의 정의에서 $<$를 $\le$로 변경할 수 있고, 그 반대로 할 수도 있다. 즉, 예제 4.3에서 끝점 $x = 4.9$에서 $F(x)$는 $5x - 24.5$ 또는 0, 끝점 $x = 5.1$에서 $F(x)$는 $5x - 24.5$ 또는 1로 정의할 수 있다. 다시 말하면 $F(x)$는 연속함수이다. 이산확률변수의 $F(x)$는 연

속함수가 아니다. 따라서 연속확률변수는 누적분포함수가 연속인 확률변수라고 정의하기도 한다.

누적분포함수를 미분하여 연속확률변수의 확률밀도함수를 구할 수 있다. 미적분의 기본정리에 따르면 다음이 성립한다.

$$\frac{d}{dx}\int_{-\infty}^{x} f(u)\,du = f(x)$$

누적분포함수의 확률밀도함수

누적분포함수 $F(x)$의 도함수가 존재할 때, 확률밀도함수는 $f(x) = \dfrac{dF(x)}{dx}$이다.

예제 4.4 반응시간

화학반응이 완료될 때까지 걸리는 시간(단위: 밀리초)을 다음 누적분포함수로 근사할 수 있다고 하자.

$$F(x) = \begin{cases} 0, & x < 0 \\ 1 - e^{-0.01x}, & x \ge 0 \end{cases}$$

X의 확률밀도함수를 구하고 200 밀리초 이내에 완료되는 화학반응의 비율을 구해 보자.

확률밀도함수는 $F(x)$의 도함수이므로

$$f(x) = \begin{cases} 0, & x < 0 \\ 0.01\,e^{-0.01x}, & x \ge 0 \end{cases}$$

이다. 200 밀리초 이내에 화학반응이 완료될 확률은

$$P(X < 200) = F(200) = 1 - e^{-2} = 0.8647$$

이다.

4.3 연속확률변수의 평균과 분산

연속확률변수에 대해서도 평균(mean)과 분산(variance)을 정의할 수 있다. 이산확률변수의 정의에서 합 대신 적분을 사용한다. 그림 4.1에서처럼 확률밀도함수를 보에 가해지는 하중으로 생각해 보면 평균은 균형점이다.

평균과 분산

연속확률변수 X의 확률밀도함수가 $f(x)$라고 하자.

(1) X의 기댓값(평균)을 μ 또는 $E(X)$라고 할 때

$$\mu = E(X) = \int_{-\infty}^{\infty} x f(x)\,dx \tag{4.4}$$

(2) X의 분산을 σ^2 또는 $V(X)$라고 할 때

$$\sigma^2 = V(X) = \int_{-\infty}^{\infty} (x-\mu)^2 f(x)\,dx = \int_{-\infty}^{\infty} x^2 f(x)\,dx - \mu^2$$

단, X의 표준편차는 $\sigma = \sqrt{\sigma^2}$ 이다.

이산확률변수에서와 같은 방법으로 연속확률변수의 분산에 관한 위의 두 공식이 같음을 보일 수 있다.

예제 4.5 전기전류

예제 4.1을 다시 보자. 전류 측정치 X의 평균과 분산은

$$E(X) = \int_{4.9}^{5.1} x\, f(x)\, dx = \frac{5x^2}{2}\Big|_{4.9}^{5.1} = 5$$

$$V(X) = \int_{4.9}^{5.1} (x-5)^2 f(x)\, dx = \frac{5(x-5)^3}{3}\Big|_{4.9}^{5.1} = 0.0033$$

이다.

연속확률변수 X의 함수 $h(X)$의 기댓값(expected value)도 쉽게 정의할 수 있다.

연속확률변수의 함수의 기댓값

확률밀도함수가 $f(x)$인 연속확률변수 X에 대하여

$$E[h(X)] = \int_{-\infty}^{\infty} h(x) f(x)\, dx \tag{4.5}$$

임의의 상수 a, b에 대하여 $h(X) = aX + b$일 때 $E[h(X)] = aE(X) + b$이다. 적분의 성질을 이용하여 이 사실을 증명할 수 있다.

예제 4.6 전기전류

예제 4.1에서 X는 mA로 측정한 전류이다. 저항이 $100\,\Omega$일 때 전력의 기댓값을 구해 보자.

I는 전류(단위: mA), R은 저항(단위: Ω), P는 전력(단위: W)이라고 할 때 $P = 10^{-6} RI^2$이라는 사실을 이용한다.

이제 $h(X) = (10^{-6})\,100X^2$라고 두면 구하는 기댓값은

$$E[h(X)] = 10^{-4}\int_{4.9}^{5.1} 5x^2\, dx = 0.0001\frac{x^3}{3}\Big|_{4.9}^{5.1} = 0.0025\ \text{W}$$

이다.

4.4 연속균등분포

가장 단순한 연속분포는 다음에 정의된 연속균등분포이다.

연속균등분포

확률변수 X의 확률밀도함수가

$$f(x) = \frac{1}{b-a}, \quad a \le x \le b \tag{4.6}$$

일 때 X는 연속균등확률변수라고 한다.

연속균등확률변수(continuous uniform random variable)의 확률밀도함수를 그래프로 나타내면 그림 4.7과 같다. 연속균등확률변수 X의 평균과 분산은 각각 다음과 같다.

$$E(X) = \int_a^b \frac{x}{b-a}\,dx = \left.\frac{0.5\,x^2}{b-a}\right|_a^b = \frac{a+b}{2}$$

$$V(X) = \int_a^b \frac{\left(x - \frac{a+b}{2}\right)^2}{b-a}\,dx = \left.\frac{\left(x - \frac{a+b}{2}\right)^3}{3(b-a)}\right|_a^b = \frac{(b-a)^2}{12}$$

이상의 결과를 정리하면 다음과 같다.

평균과 분산

구간 $a \le x \le b$에서 연속균등분포를 따르는 확률변수 X에 대하여

$$\mu = E(X) = \frac{a+b}{2},\ \sigma^2 = V(X) = \frac{(b-a)^2}{12} \tag{4.7}$$

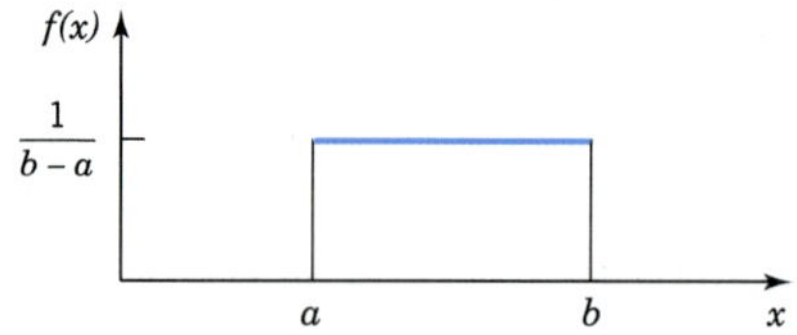

그림 4.7 연속균등 확률밀도함수

예제 4.7 균등전류

예제 4.1에 정의된 확률변수 X는 $[4.9, 5.1]$ mA에서 연속균등분포를 따른다. X의 확률밀도함수는

$$f(x) = 5,\ 4.9 \le x \le 5.1$$

이다. 전류 측정치가 4.95 mA와 5.0 mA 사이에 있을 확률을 구해 보자.

구하는 확률은 그림 4.8에서 색칠한 부분의 넓이인

$$P(4.95 < X < 5.0) = \int_{4.95}^{5.0} f(x)\,dx = 5 \times 0.05 = 0.25$$

이다. $a = 4.9, b = 5.1$이므로 평균과 분산 공식을 적용하면

$$E(X) = 5 \text{ mA},\ V(X) = \frac{0.2^2}{12} = 0.0033 \text{ mA}^2$$

이다. 따라서 X의 표준편차는 0.0577 mA이다.

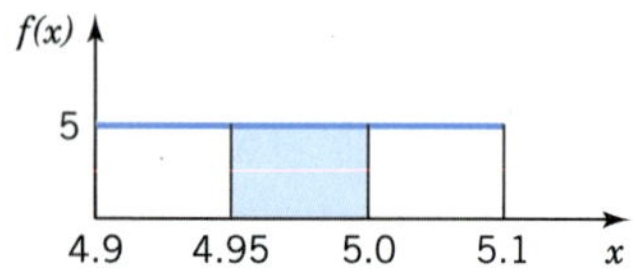

그림 4.8 예제 4.7의 확률밀도함수

연속균등확률변수의 확률밀도함수를 적분하면

$$F(x) = \int_a^x \frac{1}{b-a}\,du = \frac{x-a}{b-a},\ a \le x \le b$$

이다. 따라서 연속균등확률변수의 누적분포함수를 완전히 쓰면

$$F(x) = \begin{cases} 0, & x < a \\ \dfrac{x-a}{b-a}, & a \le x < b \\ 1, & b \le x \end{cases}$$

이고, $F(x)$를 그래프로 나타내면 그림 4.6과 같다.

4.5 정규분포

연속적인 측정치를 나타내기 위해 가장 널리 사용되는 모형은 정규확률변수이다. 확률실험의 반복수가 증가함에 따라 결과의 평균(또는 합)을 나타내는 확률변수는 정규분포(normal distribution)를 따르는 경향이 있다. 1733년 De Moivre는 중심극한정리(central limit theorem)라고 알려진 이 중요한 결과를 발표했다. 불행히도 그의 연구는 얼마간 사라졌고, 거의 100년 후에 Gauss가 독립적으로 정규분포를 개발했다. 후에 De Moivre는 정규분포를 연구한 공로를 인정받았지만, 지금도 종종 정규분포를 가우시안분포(Gaussian distribution)라고 부른다.

우리는 거의 항상 결과의 평균(또는 합)을 구한다. 예를 들어 자동차공학 기술자는 여러 연결기에서 수집한 가압 힘 측정치들의 평균을 연구한다. 각 가압 힘 측정치는 확률실험을 반복한 결과라고 할 때, 평균에 대한 근사적인 결론을 내리기 위해 정규분포를 이용할 수 있다. 다음 여러 장에서 이러한 사실을 학습한다.

때로는 중심극한정리가 명료하지 않을 수 있다. 예를 들어 가공품 길이의 편차(오차)가 온습도의 변동, 진동, 절단 각도의 변동, 절단 도구의 마모, 베어링의 마모, 회전속도의 변동, 조립과 고정 장치의 변동, 다양한 원자재 특성의 변동, 오염도의 변동과 같은 무수히 많은 작은 효과들의 합이라고 가정해 보자. 각 오차의 성분은 독립적이고 양수 또는 음수일 가능성이 같다면, 총 오차는 근사적으로 정규분포를 따른다고 알려져 있다. 정규분포는 많은 기본적 물리현상에 관한 연구에도 사용된다. 예를 들어 물리학자 James Maxwell은 분자의 속도에 관한 간단한 가정으로부터 정규분포를 유도하였다. 이 장에서는 정규확률변수와 관련된 확률을 구하고, 중심극한정리에 대해서는 5장에서 더 자세히 알아본다.

그림 4.9는 평균이 μ이고 분산이 σ^2인 몇몇 정규 확률밀도함수를 나타낸 그래프이다. 모든 정규분포는 종모형의 대칭인 곡선이라는 특징이 있지만, 중심과 퍼짐은 서로 다르다. 정규 확률밀도함수를 정의하면 다음과 같다.

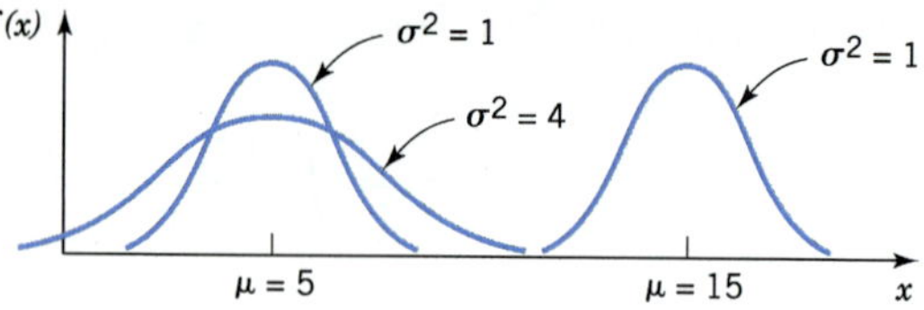

그림 4.9 μ, σ^2의 선택값에서 정규 확률밀도함수

정규분포

확률변수 X의 확률밀도함수가

$$f(x) = \frac{1}{\sigma\sqrt{2\pi}} e^{-\frac{(x-\mu)^2}{2\sigma^2}}, \quad -\infty < x < \infty \tag{4.8}$$

일 때, X는 모수가 $-\infty < \mu < \infty$와 $\sigma > 0$인 정규확률변수라고 한다. 또한,

$$E(X) = \mu, \quad V(X) = \sigma^2 \tag{4.9}$$

이다. 이 분포를 기호로 $N(\mu, \sigma^2)$와 같이 나타낸다.

X의 평균과 분산이 각각 μ와 σ^2임을 보이는 것은 연습문제로 남긴다.

예제 4.8 정규분포

어느 전선 조각의 전류 측정치는 평균이 10 mA이고 분산이 4 mA²인 정규분포를 따른다고 할 때, 전류 측정치가 13 mA를 넘을 확률을 구해 보자.

전류 측정치를 X라고 할 때 구하는 확률은 $P(X > 13)$이다. 이 확률은 그림 4.10의 정규 확률밀도함수 아래 색칠한 부분의 면적이다. 정규 확률밀도함수의 적분은 닫힌 식이 없으므로 이 확률을 수치적으로 구하거나 뒤에서 소개하는 정규분포표로부터 찾아야 한다.

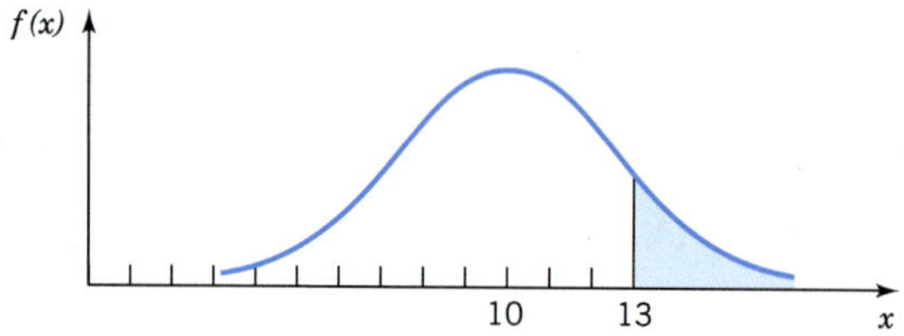

그림 4.10 $\mu = 10$, $\sigma^2 = 4$인 정규확률변수에서 $X > 13$일 확률

다음은 정규분포에 관한 유용한 결과이다. 모든 정규확률변수 X에 대하여

$$P(\mu - \sigma < X < \mu + \sigma) = 0.6827$$
$$P(\mu - 2\sigma < X < \mu + 2\sigma) = 0.9545$$
$$P(\mu - 3\sigma < X < \mu + 3\sigma) = 0.9973$$

이 성립하고, 대칭성에 의해 $P(X < \mu) = P(X > \mu) = 0.5$이다. 모든 x에서 $f(x)$는 양수이므로 정규분포는 실직선상의 각 구간에 확률을 할당한다. 그런데 x가 μ에서 멀어지면 확률밀도함수가 감소한다. 따라서 측정치가 μ로부터 멀리 떨어져 있을 확률은 작고, μ에서 어느 정도 이상 떨어진 구간의 확률은 0으로 근사된다. 이 결과를 그래프로 나타내면 그림 4.11과 같다.

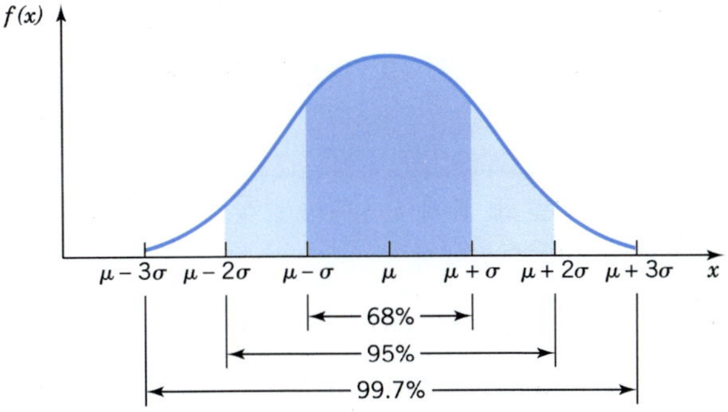

그림 4.11 정규분포와 관련된 확률

평균에서 3σ 이상 떨어진 정규 확률밀도함수 아래의 면적은 아주 작다. 정규 확률밀도함수를 대략 그려볼 때 이와 같은 사실을 이용하면 유용하다. 정규 확률밀도함수를 대략 그려보면 확률을 결정할 때 도움이 된다. 정규분포 확률의 0.997은 구간 $(\mu - 3\sigma, \mu + 3\sigma)$ 안에 있으므로, 종종 6σ를 정규분포의 **폭**이라고 한다. 적분을 이용하여 $-\infty < x < \infty$ 에서 정규 확률밀도함수 아래의 면적은 1임을 보일 수 있다.

표준정규확률변수

$\mu = 0$이고 $\sigma^2 = 1$인 정규확률변수를 **표준정규확률변수**라고 하고 Z로 나타낸다. 표준정규확률변수의 누적분포함수는

$$\Phi(z) = P(Z \leq z), \quad -\infty < z < \infty$$

부록 A의 표 Ⅲ에 표준정규확률변수(standard normal random variable)의 누적확률이 주어져 있다. 컴퓨터 소프트웨어를 이용하여 정규확률변수의 누적확률을 구할 수도 있다. 다음 예제에서 표 Ⅲ의 사용법을 알아본다.

예제 4.9 표준정규분포

Z는 표준정규확률변수라고 할 때 부록 A의 표 Ⅲ으로부터 $\Phi(z) = P(Z \leq z)$을 구해 보자. 표 Ⅲ에서 $P(Z \leq 1.5)$를 찾는 방법은 그림 4.12와 같다. z열을 아래로 읽어 1.5에 해당하는 행을 찾은 다음 0.00으로 표시된 인접 열에서 확률을 읽으면 0.93319이다.

열 제목은 $P(Z \leq z)$에서 z값의 소수점 아래 둘째 자리를 나타낸다. 예를 들어 $P(Z \leq 1.53)$을 구하기 위해 z열을 아래로 읽어 행 1.5까지 이동한 다음 열 제목이 0.03인 곳을 선택하여 확률 0.93699를 읽어온다.

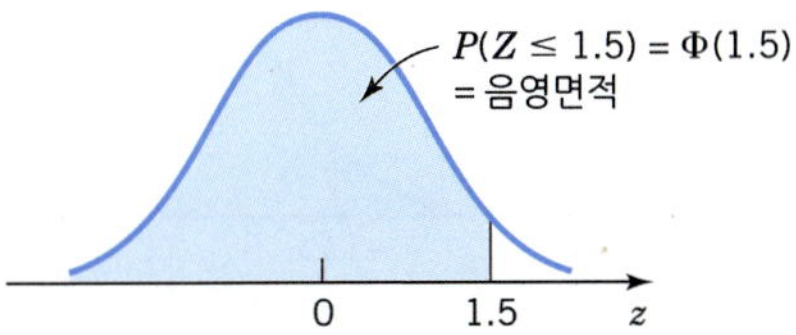

z	0.00	0.01	0.02	0.03
0	0.50000	0.50399	0.50800	0.51197
⋮		⋮		
1.5	0.93319	0.93448	0.93574	0.93699

그림 4.12 표준정규 확률밀도함수

$P(Z \le z)$의 형태가 아닌 확률을 구하려면 부록 A의 표 Ⅲ과 함께 확률의 기본 규칙과 정규분포의 대칭성을 이용하여야 한다. 다음 예제에서 그 방법을 알아본다.

예제 4.10 정규분포 확률계산

그림 4.13은 다음 계산을 나타낸 그래프이다. 실제로는 확률을 한두 자리의 유효숫자로 반올림한다.

1. $P(Z > 1.26) = 1 - P(Z \le 1.26) = 1 - 0.89616 = 0.10384$
2. $P(Z < -0.86) = 0.19490$
3. $P(Z > -1.37) = P(Z < 1.37) = 0.91465$
4. $P(-1.25 < Z < 0.37) = P(Z < 0.37) - P(Z < -1.25)$

   를 구해 보자. 여기서

   $$P(Z < 0.37) = 0.64431, \quad P(Z < -1.25) = 0.10565$$

   이므로 다음이 성립한다.

   $$P(Z < 0.37) - P(Z < -1.25) = 0.64431 - 0.10565 = 0.53866$$

5. $P(Z < -4.6)$은 표 Ⅲ에서 정확하게 찾을 수 없다. 그러나 표의 마지막 입력에서

   $$P(Z < -3.99) = 0.00003$$

   을 읽은 다음 $P(Z < -4.6) < P(Z < -3.99)$라는 사실을 이용하면 $P(Z < -4.6)$은 거의 0이다.
6. $P(Z > z) = 0.05$인 z를 구해 보자. 이 확률을 다시 쓰면 $P(Z \le z) = 0.95$이므로 표 Ⅲ을 역으로 이용한다. 확률 0.95에 해당하는 값을 찾기 위해 확률을 검색한다. 그 방법은 그림 4.13(6)과 같다. 정확한 0.95는 없지만 가장 가까운 값은 $z = 1.65$에 대응하는 0.95053이다.
7. $P(-z < Z < z) = 0.99$인 z를 구해 보자. 정규분포의 대칭성으로 그림 4.13(7)의 색칠한 부분의 면적이 0.99이면 분포의 각 꼬리 면적은 0.005이다. 따라서 z는 표Ⅲ에서 확률 0.995에 해당하는 값으로, 가장 가까운 확률은 $z = 2.58$일 때 0.99506이다.

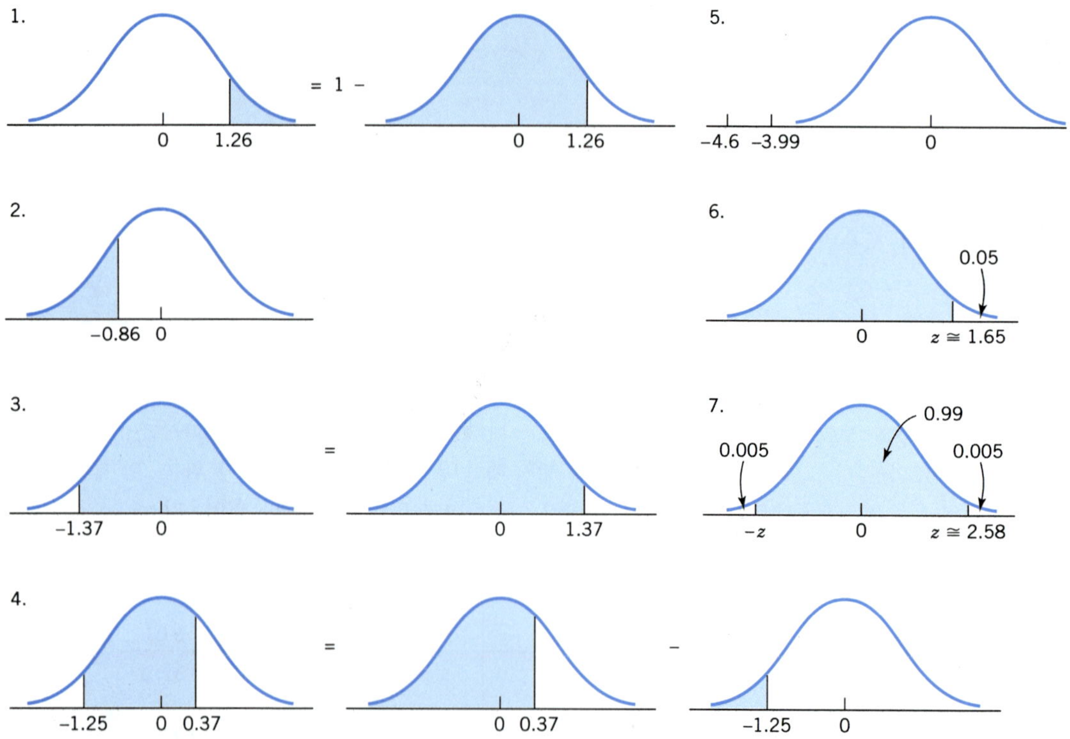

그림 4.13 표준정규분포의 그래프 표현

예제 4.10에서 표준정규확률변수의 확률을 계산하는 방법을 알아보았다. 임의의 정규확률변수에 대해 같은 방법을 사용하려면 μ와 σ의 모든 가능한 쌍에 대응하는 별도의 표가 필요하다고 생각할 수 있다. 다행히 모든 정규분포는 대수적으로 관련되어 있어 임의의 정규확률변수에 관한 확률을 구하기 위해 간단한 변수변환을 한 후 부록 A의 표 Ⅲ을 이용한다.

정규확률변수의 표준화

$E(X)=\mu$이고 $V(X)=\sigma^2$인 정규확률변수 X에 대하여

$$Z=\frac{X-\mu}{\sigma} \tag{4.10}$$

는 $E(Z)=0$이고 $V(Z)=1$인 정규확률변수이다. 즉, Z는 표준정규확률변수이다.

이와 같이 변수를 변환하여 새로운 확률변수를 만드는 것을 "표준화하는 것"(standardizing)이라고 한다. 식(4.10)에서 확률변수 Z는 X의 평균으로부터 거리를 표준편차의 관점으로 표현한 것이다. 표준화는 임의의 정규확률변수에 대한 확률을 계산할 때 핵심 단계이다.

예제 4.11 정규분포를 따르는 전류

어느 전선 조각에서 측정하는 전류는 평균이 10 mA이고 분산이 4 mA2인 정규분포를 따른다고 할 때, 전류의 측정치가 13 mA를 초과할 확률을 구해 보자.

X는 전류 측정치(단위: mA)이다. $P(X>13)$을 구하기 위해 $Z=\frac{X-10}{2}$라고 하자. X와 Z의 관계는 그림 4.14에 나타나 있다. $X>13$은 $Z>1.5$와 같다. 부록 A의 표 Ⅲ으로부터 이 확률을 구하면 다음과 같다.

$$\begin{aligned} P(X>13) &= P(Z>1.5)=1-P(Z\le 1.5) \\ &= 1-0.93319=0.06681 \end{aligned}$$

그림 4.14를 이용하는 대신 확률을 직접 계산하면 다음과 같다.

$$P(X>13)=P\left(\frac{X-10}{2}>\frac{13-10}{2}\right)=P(Z>1.5)=0.06681$$

해석: 표준정규확률변수로 변환하여 모든 정규확률변수에 대한 확률을 계산할 수 있다.

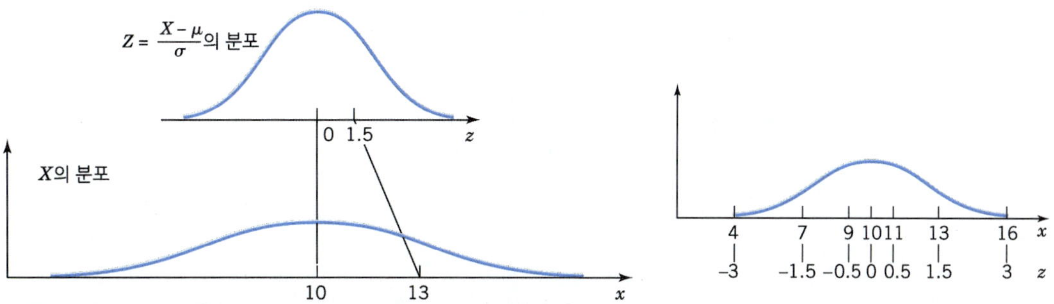

그림 4.14 정규확률변수의 표준화

예제 4.11에서 값 13을 표준화하면 1.5인데, 1.5를 어떤 확률에 대응하는 z-값이라고 한다. 정규확률변수의 확률을 계산하는 방법을 정리하면 다음과 같다.

확률 계산을 위한 표준화

평균이 μ이고 분산이 σ^2인 정규확률변수 X에 대하여

$$P(X \le x) = P\left(\frac{X-\mu}{\sigma} \le \frac{x-\mu}{\sigma}\right) = P(Z \le z) \tag{4.11}$$

단, Z는 표준정규확률변수이고, $z = \dfrac{x-\mu}{\sigma}$는 X를 표준화하여 얻은 z-값이다. 부록 A의 표 Ⅲ에서 z-값에 대응하는 확률을 찾을 수 있다.

예제 4.12 정규분포를 따르는 전류

예제 4.11에서 전류 측정치가 9 mA와 11 mA 사이에 있을 확률을 구해 보자. 그림 4.14를 이용하여 다음을 구한다.

$$\begin{aligned} P(9 < X < 11) &= P\left(\frac{9-10}{2} < \frac{X-10}{2} \le \frac{11-10}{2}\right) \\ &= P(-0.5 < Z < 0.5) \\ &= P(Z < 0.5) - P(Z < -0.5) \\ &= 0.69146 - 0.30854 = 0.38292 \end{aligned}$$

또한, 전류 측정치가 그보다 작을 확률이 0.98이 되는 값을 구해 보자. 구하는 값을 그림으로 나타내면 그림 4.15와 같다. $P(X < x) = 0.98$이 되는 x의 값이 필요하다. 이 확률을 표준화하여 다시 쓰면 다음과 같다.

$$P(X < x) = P\left(\frac{X-10}{2} < \frac{x-10}{2}\right) = P\left(Z < \frac{x-10}{2}\right) = 0.98$$

부록 A의 표 Ⅲ에서 $P(Z < z) = 0.98$이 되는 z-값을 찾으면 가장 가까운 값은

$$P(Z < 2.06) = 0.980301$$

으로 $\dfrac{x-10}{2} = 2.06$이다. 표준화 변환을 역으로 사용하여 x를 구하면 다음과 같다.

$$x = 2(2.06) + 10 = 14.1 \text{ mA}$$

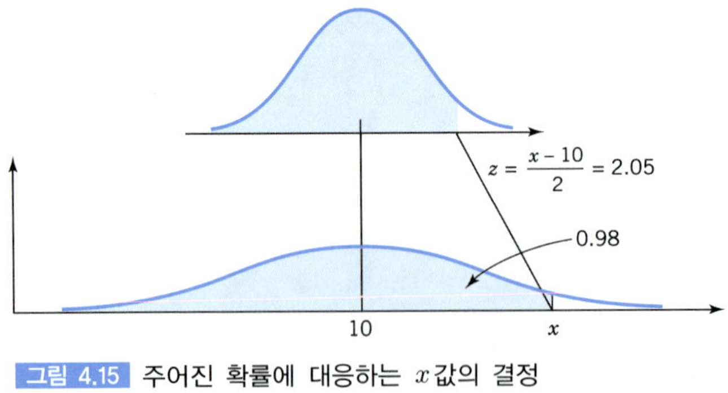

그림 4.15 주어진 확률에 대응하는 x값의 결정

4.6 이항분포와 푸아송분포의 정규근사

이 절의 처음에 중심극한정리와 함께 시행 횟수가 큰 확률변수를 근사하는 분포로 정규분포를 소개하였다. 따라서 n이 클 때 이항확률을 근사하기 위해 정규분포를 사용하는 것이 놀랍지 않다. 아래의 예제를 보면 많은 물리적 시스템을 설명할 때 이항모형이 적절하며 이때 n이 아주 큰 것을 알 수 있다. 그런데 n이 아주 크면 이항분포를 이용하여 확률을 계산하기 어렵다. 이 경우 그림 4.16에서 보는 것처럼 정규근사가 효과적이다. 그림에서 각 막대의 면적은 이항확률에 해당한다. 막대의 면적을 근사하기 위해 정규 확률밀도함수 아래의 면적을 구하면 된다.

그림 4.16에서 $P(3 \le X \le 7)$과 같은 확률은 2.5부터 7.5까지 정규 확률밀도함수 아래의 면적으로 더 잘 근사됨을 알 수 있다. 즉, 연속 정규분포와 이산 이항분포의 차이를 더 잘 보정하기 위해 수정구간을 사용한다. 이러한 수정을 연속성 수정(continuity correction)이라고 한다.

예제 4.13 디지털 채널

어느 디지털 전송에서 오류로 수신되는 비트의 수는 이항분포를 따르며, 한 비트가 오류로 수신될 확률은 1×10^{-5}이라고 가정한다. 1600만개의 비트를 전송할 때 150개 이하의 비트가 수신오류일 확률을 구해 보자.

확률변수 X는 1600만 비트 중 오류로 수신되는 비트의 수라고 할 때 X는 이항확률변수이다. 따라서 구하는 확률은 다음과 같다.

$$P(X \le 150) = \sum_{x=0}^{150} \binom{16,000,000}{x} (10^{-5})^x (1-10^{-5})^{16,000,000-x}$$

해석: 이 확률을 정확하게 계산하기는 어렵다. 다행히 정규분포를 이용하면 훌륭한 근삿값을 얻을 수 있다.

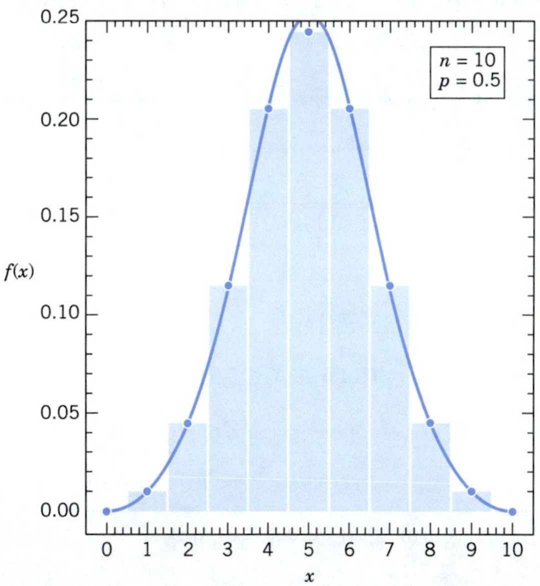

그림 4.16 이항분포의 정규근사

이항분포의 정규근사

모수가 n과 p인 이항확률변수 X에 대하여

$$Z = \frac{X - np}{\sqrt{np(1-p)}} \tag{4.12}$$

는 근사적으로 표준정규확률변수이다. 이항확률을 정규분포로 근사하기 위해 다음과 같이 연속성 수정을 적용한다.

$$P(X \le x) = P(X \le x + 0.5) \approx P\left(Z \le \frac{x + 0.5 - np}{\sqrt{np(1-p)}}\right)$$

$$P(x \le X) = P(x - 0.5 \le X) \approx P\left(\frac{x - 0.5 - np}{\sqrt{np(1-p)}} \le Z\right)$$

단, $np > 5$, $n(1-p) > 5$이면 근사가 적절하다.

3장에서 이항확률변수 X에 대하여 $E(X) = np$, $V(X) = np(1-p)$이므로 식(4.12)는 확률변수 X를 표준화한 식일 뿐이다. 따라서 표준정규분포를 이용하여 X에 관한 확률을 근사할 수 있다. 이러한 근사는 n이 p에 비해 상대적으로 클 때 적절하다.

연속성 수정을 하려면 확률을 $\le$ 또는 $\ge$로 표현한 후 확률을 더 크게 만들도록 수정계수 0.5를 더하거나 빼면 된다.

예제 4.14 디지털 채널

예제 4.13의 디지털 전송 문제를 다음과 같이 풀 수 있다.

$$\begin{aligned} P(X \le 150) &= P(X \le 150.5) \\ &= P\left(\frac{X - 160}{\sqrt{160(1-10^{-5})}} \le \frac{150.5 - 160}{\sqrt{160(1-10^{-5})}}\right) \\ &\approx P(Z \le -0.75) = 0.227 \end{aligned}$$

여기서 $np = (16 \times 10^6)(1 \times 10^{-5}) = 160$이고 $n(1-p)$은 이보다 훨씬 크므로 정규분포 근사는 적절하다.

해석: 정규분포를 이용하여 정확한 계산이 어려운 이항확률을 쉽게 근사할 수 있다.

예제 4.15 이항확률의 정규근사

예제 4.14의 디지털 전송을 다시 보자. 정규근사가 얼마나 잘 되는지 알아보기 위해 $n = 50$개의 비트만 전송하고 수신오류의 확률은 $p = 0.1$이라고 가정하자. 수신오류가 일어나는 비트의 수가 2개 이하일 확률을 정확히 계산하면

$$\begin{aligned} &P(X \le 2) \\ &= \binom{50}{0}(0.9)^{50} + \binom{50}{1}(0.1)(0.9)^{49} + \binom{50}{2}(0.1)^2(0.9)^{48} \\ &= 0.112 \end{aligned}$$

이고, 이 확률을 정규근사를 이용하여 구하면

$$\begin{aligned} P(X \le 2) &= P\left(\frac{X - 5}{\sqrt{50(0.1)(0.9)}} \le \frac{2.5 - 5}{\sqrt{50(0.1)(0.9)}}\right) \\ &\approx P(Z < -1.18) = 0.119 \end{aligned}$$

이다. 또한, $P(X = 5)$를 근사하면

$$\begin{aligned} P(5 \le X \le 5) &= P(4.5 \le X \le 5.5) \\ &\approx P\left(\frac{4.5 - 5}{2.12} \le Z \le \frac{5.5 - 5}{2.12}\right) \\ &= P(-0.24 \le Z \le 0.24) = 0.19 \end{aligned}$$

이다. 이 값은 정확한 값 0.1849에 근접하다.

> 해석: 50개의 비트와 같이 작은 표본에서도 $p = 0.1$일 때 정규근사가 적절하다.

더 좋은 근삿값을 얻기 위해 수정계수를 사용한다. 그러나 그림 4.17에서 보는 것처럼 np 또는 $n(1-p)$가 작으면 이항분포는 상당히 비대칭이므로 대칭인 정규분포가 좋은 근사가 아니다.

3장에서 알아본 바와 같이 모집단의 크기 N에 비해 표본의 크기 n이 작으면 이항분포는 초기하분포를 만족스럽게 근사한다. 경험적으로 이러한 근사는 $n/N < 0.1$이면 효과적이다. 초기하분포에서 p는 K/N, 즉 모집단에서 성공 확률이다. 따라서 $n/N < 0.1$, $np > 5$, $n(1-p) > 5$일 때 정규분포는 초기하분포를 효과적으로 근사할 수 있다. 이를 요약하면 그림 4.18과 같다.

푸아송분포는 시행 횟수가 한없이 커질 때 이항분포의 극한으로 개발되었다. 따라서 푸아송확률을 근사하기 위해 정규분포를 사용할 수 있다는 사실이 놀랍지 않다.

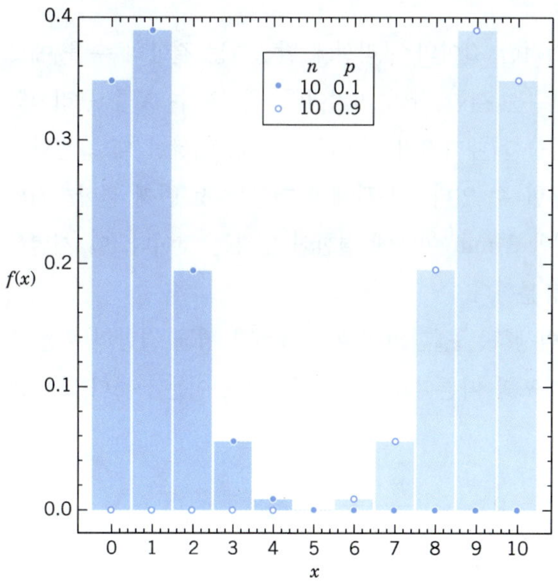

그림 4.17 p가 0 또는 1에 가까우면 이항분포는 대칭이 아니다.

초기하분포 $\overset{\approx}{\dfrac{n}{N} < 0.1}$ 이항분포 $\overset{\approx}{np > 5,\ n(1-p) > 5}$ 정규분포

그림 4.18 초기하확률과 이항확률을 근사하기 위한 조건

푸아송분포의 정규근사

평균이 $E(X)=\lambda$이고 분산이 $V(X)=\lambda$인 푸아송확률변수 X에 대하여

$$Z=\frac{X-\lambda}{\sqrt{\lambda}} \tag{4.13}$$

는 근사적으로 표준정규확률변수이다. 이항분포의 정규근사에서처럼 수정계수를 사용할 수 있고, $\lambda>5$일 때 근사가 적절하다.

예제 4.16 푸아송확률의 정규근사

표면 위의 먼지 1m^2당 발생하는 석면 입자의 수는 평균이 1000인 푸아송분포를 따른다고 가정하자. 1m^2의 먼지를 분석할 때 950개 이하의 입자를 발견할 확률을 구해 보자.

이 확률은

$$P(X\le 950)=\sum_{x=0}^{950}\frac{e^{-1000}1000^x}{x!}$$

이므로 정확하게 계산하기는 어렵다. 이 확률을 근사하면

$$P(X\le 950)=P(X\le 950.5)\approx P\left(Z\le\frac{950.5-1000}{\sqrt{1000}}\right)$$
$$=P(Z\le -1.57)=0.058$$

이다.

해석: 정규분포를 이용하여 정확한 계산이 어려운 푸아송확률을 쉽게 근사할 수 있다.

4.7 지수분포

앞에서 푸아송확률변수를 학습할 때 일정한 길이의 구리선에 발생하는 결함의 수를 예로 보았다. 또 하나의 관심이 있는 확률변수는 결함 간의 거리이다. 확률변수 X를 구리선의 임의의 출발점으로부터 처음 결함을 검출할 때까지의 길이라고 하자. 예상한 대로 결함의 수에 대한 분포를 알면 X의 분포를 구할 수 있다. 이 관계의 핵심은 첫 번째 결함까지의 거리가 3 mm를 초과하는 경우 그때에만 3 mm 이내에 결함이 없다는 것이다. 이 개념은 간단하지만 X의 분포를 분석하기에 충분하다.

확률변수 N은 x mm의 구리선에 발생하는 결함의 수이고 mm당 평균 결함의 수는 λ라고 하면, N은 평균이 λx인 푸아송분포를 따른다. 이때 구리선의 길이는 x보다 크다고 가정한다. 이제

$$P(X>x)=P(N=0)=\frac{e^{-\lambda x}(\lambda x)^0}{0!}=e^{-\lambda x}$$

이므로 X의 누적분포함수는

$$F(x)=P(X\le x)=1-e^{-\lambda x},\quad x\ge 0$$

이다. $F(x)$를 미분하여 X의 확률밀도함수를 구하면 다음과 같다.

$$f(x)=\lambda e^{-\lambda x},\quad x\ge 0$$

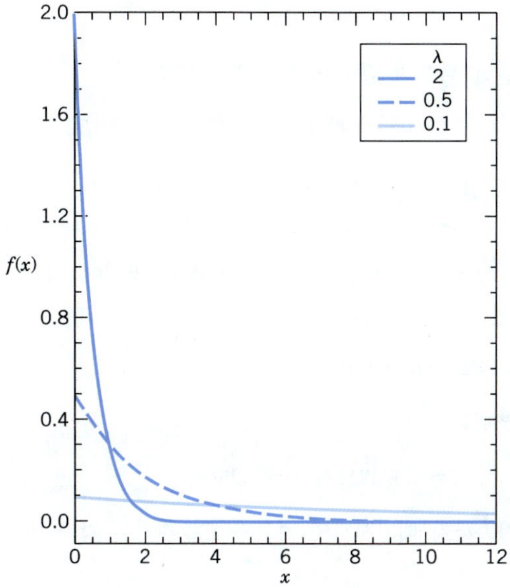

그림 4.19 λ의 선택값에서 지수 확률 밀도함수

위에서 X의 분포를 유도할 때 구리선의 결함 발생은 푸아송과정을 따른다는 가정만 사용한다. 푸아송과정의 어떤 구간에서 발생하는 결함의 수에 관한 확률은 구간의 길이에만 의존하고 위치와는 관계가 없으므로 X를 측정하는 구간의 시작점은 중요하지 않다. 모든 푸아송과정에 대하여 다음의 일반적인 결과를 적용할 수 있다.

지수분포

단위 구간에서 사건의 평균 발생 횟수가 $\lambda > 0$인 푸아송과정에서 사건 간의 간격을 확률변수 X라고 할 때, X는 모수가 λ인 지수확률변수이다. X의 확률밀도함수는

$$f(x) = \lambda e^{-\lambda x}, \quad 0 \le x < \infty \tag{4.14}$$

확률밀도함수가 지수함수로 표현되므로 지수분포(exponential distribution)라고 부른다. 몇몇 모수값에 대하여 지수분포를 그래프로 나타내면 그림 4.19와 같다. 모든 λ에 대하여 지수분포는 상당히 비대칭이다. 다음 결과를 쉽게 보일 수 있다.

평균과 분산

모수가 λ인 지수확률변수 X에 대하여

$$\mu = E(X) = \frac{1}{\lambda}, \quad \sigma^2 = V(X) = \frac{1}{\lambda^2} \tag{4.15}$$

지수분포에서 구간, X, λ에 모두 **같은 단위**를 사용해야 한다. 다음 예제에서 단위의 변환에 관해 알아본다.

예제 4.17 컴퓨터 사용량

어느 대기업 컴퓨터 네트워크의 사용자 접속 수는 시간당 평균 25회의 푸아송과정을 따른다. 이 네트워크에 6분 동안 접속이 없을 확률을 구해 보자.

시작 시간으로부터 첫 번째 접속이 발생할 때까지의 대기시간을 X라고 하면, X는 시간당 $\lambda = 25$인 지수분포를 따른다. λ는 시간당 접속이므로 모든 단위를 시간으로 통일한다. 6분은 0.1시간이므로 X가 6분보다 클 확률을 구하면

$$P(X > 0.1) = \int_{0.1}^{\infty} 25e^{-25x}dx = e^{-25(0.1)} = 0.082$$

이다. 누적분포함수를 이용하여 이 확률을 다음과 같이 구할 수도 있다.

$$P(X > 0.1) = 1 - F(0.1) = e^{-25(0.1)} = 0.082$$

평균 접속을 분당 접속 횟수인 0.417로 변환하고 다음 접속까지 6분이 넘을 확률을 계산해도 답은 같다.

또한, 다음 접속까지 대기시간이 2분과 3분 사이일 확률을 구해 보자. 모든 단위를 시간으로 변환하면

$$P(0.033 < X < 0.05) = \int_{0.033}^{0.05} 25e^{-25x}dx$$
$$= -e^{-25x}\Big|_{0.033}^{0.05} = 0.152$$

이다. 위 확률을 다음과 같이 구할 수도 있다.

$$P(0.033 < X < 0.05) = F(0.05) - F(0.033) = 0.152$$

마지막으로, 접속이 한 번도 없을 확률이 0.9가 되는 구간을 결정해 보자. 즉, $P(X > x) = 0.90$이 되는 x를 구한다. 이제 $P(X > x) = e^{-25x} = 0.90$이므로 이 식의 양변에 자연로그를 취하면

$$-25x = \ln(0.90) = -0.1054$$

이고, 다시 쓰면

$$x = 0.00421(\text{시간}) = 0.25(\text{분})$$

이다. 다음 접속까지 대기시간의 평균과 표준편차는 각각 다음과 같다.

$$\mu = 1/25 = 0.04(\text{시간}) = 2.4(\text{분})$$
$$\sigma = 1/25(\text{시간}) = 2.4(\text{분})$$

해석: 조직은 자원과 직원의 수준이 고객의 서비스 요구를 충족하는지 평가하기 위해 지수확률변수를 널리 활용한다.

예제 4.17에서 6분 동안 접속이 없을 확률은 구간의 시작점과 관계없이 0.082이다. 푸아송과정은 구간에서 사건이 균등하게 일어난다고 가정한다. 즉, 사건의 군집이 없다. 푸아송과정이 네트워크의 접속을 잘 설명하는 모형이면, 정오 이후 첫 번째 접속이 12:06 p.m. 이후에 일어날 확률은 3:00 p.m. 이후 첫 번째 접속이 3:06 p.m. 이후에 일어날 확률과 같다. 누군가 2:22 p.m.에 접속했을 때 다음 접속이 2:28 p.m. 이후에 일어날 확률도 여전히 0.082이다.

시스템을 관찰하는 시작점은 중요하지 않다. 그러나 8:00 a.m. 직후와 같이 하루 중 사용량이 많은 시간이 있고 사용량이 적은 시간이 뒤따른다면 푸아송과정은 적절한 모형이 아니며, 푸아송분포를 이용한 확률 계산은 적절하지 않다. 이런 경우 사용량이 많은 구간과 적은 구간을 별도의 푸아송과정으로 모형화하고, 사용량이 많은 구간에는 큰 λ, 적은 구간에는 작은 λ를 사용하는 것이 합리적이다. 그런 다음 사용량이 많고 적은 구간에 대한 확률을 구하기 위해 해당 λ의 지수분포를 이용할 수 있다.

무기억성: 아래 예제에서 보는 것처럼 지수분포의 더 흥미로운 특징은 조건부확률과 관련된다.

예제 4.18 무기억성

가이거 계수기로 입자를 검출할 때 검출 간의 간격을 X라고 하고, X는 $E(X)=1.4$분인 지수분포를 따른다고 가정하자. 계수기를 처음 작동한 후 0.5분 이내에 입자를 검출할 확률을 구하면

$$P(X<0.5)=F(0.5)=1-e^{-0.5/1.4}=0.30$$

이다. 이제 가이거 계수기를 켜고 입자를 검출하지 못한 채 3분이 지났을 때 앞으로 30초 이내에 입자를 검출할 확률을 구해 보자.

우리는 이미 3분을 기다렸으므로 입자를 곧 검출할 것으로 예상한다. 즉, 다음 30초 동안 검출할 확률은 0.3보다 커야 할 것이다. 그러나 지수분포의 경우 이는 사실이 아니다. 조건부확률의 정의에 따라 구하는 확률은

$$P(X<3.5 \mid X>3)=\frac{P(3<X<3.5)}{P(X>3)}$$

이다. 여기서

$$\begin{aligned} P(3<X<3.5) &= F(3.5)-F(3) \\ &= \left(1-e^{-3.5/1.4}\right)-\left(1-e^{-3/1.4}\right) \\ &= 0.035 \end{aligned}$$

$$P(X>3)=1-F(3)=e^{-3/1.4}=0.117$$

이므로 구하는 조건부확률은 다음과 같다.

$$P(X<3.5 \mid X>3)=\frac{0.035}{0.117}=0.30$$

해석: 입자를 3분 동안 검출하지 못했을 때 다음 30초 이내에 검출할 확률은 계수기를 처음 켜고 30초 이내에 검출할 확률과 같다. 3분 동안 검출하지 못했다는 사실은 다음 30초 이내에 검출할 확률에 아무런 영향을 주지 못한다.

예제 4.18에서 알아본 지수확률변수의 무기억성을 일반적으로 정리하면 다음과 같다. 지수분포는 무기억성을 가지는 유일한 연속확률분포이다.

무기억성

지수확률변수 X에 대하여

$$P(X<t_1+t_2 \mid X>t_1)=P(X<t_2), \quad t_1, t_2>0 \tag{4.16}$$

무기억성을 그림으로 설명하면 그림 4.20과 같다. 면적 A를 확률밀도함수 아래의 전체 면적($A+B+C+D=1$)으로 나누면 $P(X<t_2)$이다. 면적 C를 면적 $C+D$로 나누면 $P(X<t_1+t_2 \mid X>t_1)$이다. 무기억성은 전체 면적 중에서 A가 차지하는 비율은 면적 $C+D$ 중에서 C가 차지하는 비율과 같음을 의미한다.

푸아송과정(Poisson process)의 정의를 생각해 보면 지수분포의 무기억성이 놀랍지 않다. 푸아송과정에서는 구간을 작고 독립인 부분구간으로 나눌 수 있다고 가정한다. 이 작

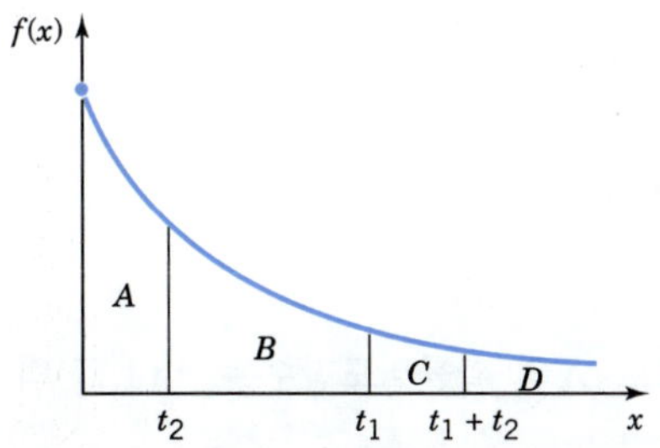

그림 4.20 지수분포의 무기억성

은 부분구간은 이항실험에서 베르누이 독립시행과 비슷하다. 과거 결과를 알아도 미래의 부분구간에서 사건이 일어날 확률에 영향을 주지 않는다. 지수확률변수는 기하확률변수의 연속형으로, 기하확률변수와 마찬가지로 무기억성을 갖는다.

신뢰성 연구에서 기기의 고장시간 모형으로 지수분포를 자주 사용한다. 예를 들어 반도체 칩의 수명은 평균이 40,000시간인 지수확률변수로 설명할 수 있다. 지수분포의 무기억성은 기기가 마모하지 않음을 의미한다. 즉, 기기가 지금까지 얼마나 오래 작동하였는지에 관계없이 앞으로 1000시간 이내 고장 날 확률은 새로운 기기가 처음 작동을 시작한 후 1000시간 이내 고장 날 확률과 같다. 기기가 무작위 충격으로 인해 고장나는 경우 지수확률변수는 기기의 수명을 적절히 설명한다.

그러나 볼 베어링과 같이 기계적 마모가 있는 기기의 수명 L을 더 잘 설명하는 분포는 $P(L < t + \Delta t \mid L > t)$가 t에 따라 증가하는 분포이다. 실질적으로 이런 유형의 고장시간을 설명하기 위해 와이블분포와 같은 분포를 자주 사용한다. 이 장의 뒤에서 와이블분포에 대하여 알아본다.

4.8 얼랭분포와 감마분포

지수확률변수는 푸아송과정에서 처음으로 사건이 일어날 때까지의 길이를 설명한다. 따라서 지수분포를 일반화하여 푸아송과정에서 사건이 r번 일어날 때까지의 길이를 설명할 수 있다.

예제 4.19 프로세서 고장

가끔 대형 컴퓨터 중앙처리장치의 고장을 푸아송과정으로 설명한다. 보통 이런 고장은 부품의 마모 때문이 아니라 많은 반도체 회로의 무작위 고장으로 인해 일어난다. 고장난 장치를 즉시 수리하며 시간당 평균 고장 횟수는 0.0001번이라고 가정해 보자. 시스템에서 4번째 고장이 일어날 때까지 걸리는 시간을 X라고 할 때 X가 40,000시간을 초과할 확률을 구해 보자.

확률변수 N은 40,000시간 동안 일어나는 고장의 횟수라고 하자. 40,000시간 동안 고장이 3번 이하 일어나는 경우에만 4번째 고장이 일어날 때까지 걸리는 시간이 40,000시간을 초과한다. 따라서 다음이 성립한다.

$$P(X > 40{,}000) = P(N \le 3)$$

고장이 푸아송과정을 따르면 N은 40,000시간당 평균고장이

$$E(N) = \lambda T = 0.0001(40{,}000) = 4\text{번}$$

인 푸아송분포를 따르므로 구하는 확률은 다음과 같다.

$$P(X > 40{,}000) = P(N \le 3) = \sum_{k=0}^{3} \frac{e^{-4}4^k}{k!} = 0.433$$

위 예제를 일반화하면, 푸아송과정에서 사건이 r번 일어날 때까지 시간 X에 대하여

$$P(X > x) = \sum_{k=0}^{r-1} \frac{e^{-\lambda x}(\lambda x)^k}{k!} \tag{4.17}$$

이 성립함을 알 수 있다. $P(X > x) = 1 - F(x)$이므로 X의 확률밀도함수는 식(4.17)의

우변의 음의 도함수이다. 따라서 X의 확률밀도함수는

$$f(x)=\frac{\lambda^r x^{r-1}e^{-\lambda x}}{(r-1)!},\quad x>0, r=1,2,\cdots$$

이다. 이 확률밀도함수를 따르는 확률변수를 얼랭확률변수(Erlang random variable)라고 한다. $r=1$이면 얼랭확률변수는 지수확률변수와 같다.

r이 음이 아닌 실수가 되도록 얼랭분포를 일반화하면 몇몇 다른 분포들이 이 일반화된 분포의 특수한 경우가 된다. 그러려면 계승함수 $(r-1)!$을 일반화하여 r이 모든 음이 아닌 값을 가질 수 있으면서 r이 양의 정수일 때 $(r-1)!$이 되어야 한다. 이 함수는 아래에 정의된 감마함수이다.

감마함수

$$\Gamma(r)=\int_0^\infty x^{r-1}e^{-x}dx,\quad r>0 \tag{4.18}$$

감마함수(gamma function) $\Gamma(r)$의 정의에 나타나는 적분은 유한하다. 부분적분을 통해

$$\Gamma(r)=(r-1)\Gamma(r-1)$$

임을 보일 수 있다. 따라서 얼랭분포에서처럼 r이 양의 정수이면 $\Gamma(r)=(r-1)!$이다. 또한, $\Gamma(1)=0!=1$, $\Gamma(1/2)=\pi^{1/2}$임을 보일 수 있다. 그 결과 얼랭분포를 일반화하여 다음의 감마분포(gamma distribution)를 정의한다.

감마분포

확률변수 X의 확률밀도함수가

$$f(x)=\frac{\lambda^r x^{r-1}e^{-\lambda x}}{\Gamma(r)},\quad x>0 \tag{4.19}$$

일 때, X는 모수가 $\lambda>0$와 $r>0$인 감마확률변수라고 한다. r이 정수이면 X는 얼랭분포를 따른다.

모수 λ와 r을 각각 **척도**(scale)모수와 **형상**(shape)모수라고 한다. 그러나 컴퓨터 소프트웨어를 사용할 때는 모수의 정의를 확인해야 한다. 예를 들어 어떤 통계 소프트웨어에서는 척도모수를 $1/\lambda$로 정의하기도 한다. 몇몇 모수값에 대하여 감마분포를 그래프로 나타내면 그림 4.21과 같다. 모수를 변화시키면 많은 다른 모양의 감마분포가 된다. 또한, $u=\lambda x$의 변수변환과 감마함수의 정의를 이용하면 확률밀도함수를 적분하여 1이 됨을 알 수 있다.

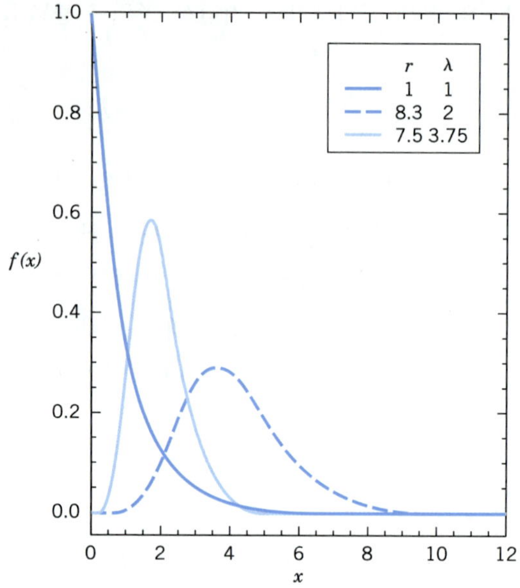

그림 4.21 λ, r의 선택값에서 감마 확률밀도함수

r이 크지 않은 정수인 경우 식(4.17)을 이용하여 감마확률변수의 확률을 계산할 수 있다. 일반적으로는 감마 확률밀도함수의 적분이 어려워 컴퓨터 소프트웨어를 이용하여 확률을 구한다.

앞에서 알아본 바와 같이 모수가 λ인 지수확률변수의 평균과 분산은 각각 $1/\lambda$와 $1/\lambda^2$이다. 얼랭확률변수는 푸아송과정에서 사건이 r번 발생할 때까지의 시간이고, 사건 간의 간격은 독립이다. 따라서 감마확률변수의 평균과 분산은 지수확률변수의 평균과 분산에 각각 r을 곱한 값이다. 부분적분을 반복적으로 적용하여 이 결과를 유도할 수 있지만 세부 내용을 생략하고 결과만 요약하면 다음과 같다.

평균과 분산

모수가 λ와 r인 감마확률변수 X에 대하여

$$\mu = E(X) = \frac{r}{\lambda}, \quad \sigma^2 = V(X) = \frac{r}{\lambda^2}$$

예제 4.20 유전체 준비시간

대용량 처리 유전체를 준비하는 시간은 슬라이드당 평균 2시간인 푸아송과정을 따른다. 10개 슬라이드를 준비하는 데 25시간 이상 걸릴 확률을 구해 보자.

10개 슬라이드를 준비하는 데 걸리는 시간을 X라고 하자. 푸아송과정의 정의로부터 X는 $\lambda = 1/2$, $r = 10$인 감마분포를 따른다. 누적 푸아송확률에 대한 예제 4.19의 방법을 이용하면 구하는 확률은

$$P(X > 25) = \sum_{k=0}^{9} \frac{e^{-12.5}(12.5)^k}{k!}$$

이다. 소프트웨어에서는 평균 12.5와 함께 9를 입력하여 $P(X > 25) = 0.2014$를 구한다.

10개 슬라이드를 준비하는 데 걸리는 시간의 평균과 분산은 각각 다음과 같다.

$$E(X) = \frac{r}{\lambda} = \frac{10}{0.5} = 20(\text{시간})$$

$$V(X) = \frac{r}{\lambda^2} = \frac{10}{0.5^2} = 40(\text{시간})^2$$

따라서 표준편차는 $\sqrt{40} = 6.32$(시간)이다.

확률 0.95로 10개 슬라이드를 완료하는 시간을 구해 보자. 이 질문은 $P(X \le x) = 0.95$가 되는 x를 구하는 것이고, 이때 X는 $\lambda = 1/2$, $r = 10$인 감마확률변수이다. 소프트웨어에서 감마 역누적함수를 이용한다. 형상모수 10, 척도모수 0.5, 확률 0.95를 입력하여 해를 구하면 다음과 같다.

$$P(X \le 31.41) = 0.95$$

해석: 이 결과를 토대로 10개 슬라이드를 준비하기 위해 31.41시간의 일정계획을 세우면 95%의 시간 동안 완료할 수 있다.

나아가 $\lambda = 1/2$이고 $r = 1/2, 1, 3/2, 2, \cdots$인 감마분포의 특수한 경우를 카이제곱분포(chi-squared distribution)라고 한다. 뒤에서 구간추정과 가설검정을 학습할 때 카이제곱분포를 정의하고 폭넓게 사용한다.

4.9 와이블분포

여러 물리적 시스템의 고장시간을 설명할 때 와이블분포(Weibull distribution)를 자주 사용한다. 와이블분포의 모수는 시간이 지남에 따라 고장횟수가 증가하는 시스템(베어링 마모), 감소하는 시스템(일부 반도체), 일정한 시스템(외부 충격으로 인한 고장)을 모두 설명하는 유연성을 보인다.

와이블분포

확률변수 X의 확률밀도함수가

$$f(x) = \frac{\beta}{\delta}\left(\frac{x}{\delta}\right)^{\beta-1} e^{-\left(\frac{x}{\delta}\right)^{\beta}}, \quad x > 0 \tag{4.20}$$

일 때, X는 척도모수가 $\delta > 0$이고 형상모수가 $\beta > 0$인 와이블확률변수라고 한다.

그림 4.22의 확률밀도함수로부터 와이블분포의 유연성을 알 수 있다. 와이블분포는 $\beta = 1$일 때 지수분포이고, $\beta = 2$일 때 레일리분포(Raleigh distribution)의 특수한 경우가 된다.

와이블확률변수의 확률을 계산하기 위해 다음 누적분포함수를 이용하기도 한다.

누적분포함수

모수가 δ와 β인 와이블확률변수 X의 누적분포함수는

$$F(x) = 1 - e^{-\left(\frac{x}{\delta}\right)^{\beta}}, \quad x \ge 0$$

또한, 다음 결과도 보일 수 있다.

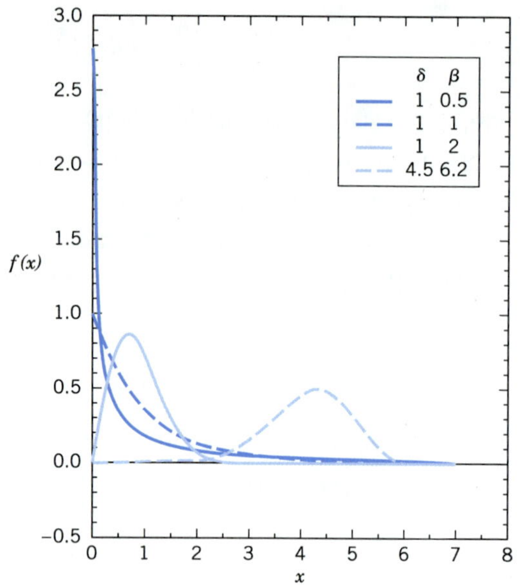

그림 4.22 δ, β의 선택값에서 와이블 확률밀도함수

평균과 분산

모수가 δ와 β인 와이블확률변수 X에 대하여

$$\mu = E(X) = \delta\Gamma\left(1+\frac{1}{\beta}\right),\ \sigma^2 = V(X) = \delta^2\Gamma\left(1+\frac{2}{\beta}\right) - \delta^2\left[\Gamma\left(1+\frac{1}{\beta}\right)\right]^2 \tag{4.21}$$

예제 4.21 베어링 마모

기계축의 베어링 고장시간은 $\beta = 1/2$, $\delta = 5000$시간인 와이블확률변수일 때 평균 고장시간을 구해 보자.

평균에 관한 공식을 이용하여 평균 고장시간을 구하면

$$E(X) = 5000\Gamma\left(1+\frac{1}{2}\right) = 5000\Gamma(1.5)$$
$$= 5000 \times 0.5\sqrt{\pi} = 4431.1(\text{시간})$$

이다.

한편 베어링이 적어도 6000시간 동안 작동할 확률을 구하면 다음과 같다.

$$P(X > 6000) = 1 - F(6000) = e^{-\left(\frac{6000}{5000}\right)^2}$$
$$= e^{-1.44} = 0.237$$

해석: 결과적으로 모든 베어링의 23.7%만 적어도 6000시간 동안 고장없이 작동한다.

4.10 대수정규분포

시스템의 변수가 $x = \exp(w)$와 같은 지수함수 관계일 때 지수를 확률변수 W로 나타내면 $X = \exp(W)$는 확률변수이다. 특히 W가 정규분포를 따르는 경우 X의 분포를 대수정규분포(lognormal distribution)라고 한다. 대수정규분포라는 이름은 변환 $\ln(X) = W$에서 유래한다. 즉, X의 자연로그는 정규분포를 따른다.

X에 관한 확률을 구하기 위해 정규분포로 변환한다. W는 평균이 θ이고 분산이 ω^2

인 정규분포를 따를 때, X의 누적분포함수는 다음과 같다.

$$F(x) = P(X \le x) = P[\exp(W) \le x] = P[W \le \ln(x)]$$
$$= P\left[Z \le \frac{\ln(x) - \theta}{\omega}\right] = \Phi\left[\frac{\ln(x) - \theta}{\omega}\right], \quad x > 0$$

여기서 Z는 표준정규확률변수이고 $\Phi(\cdot)$은 Z의 누적분포함수이다. 따라서 확률을 결정하기 위해 부록 A의 표 Ⅲ을 이용한다. 또한, $x \le 0$에서는 $F(x) = 0$이다.

$F(x)$를 미분하여 X의 확률밀도함수를 구한다. $\Phi(\cdot)$은 표준정규밀도함수의 적분이므로 미적분의 기본정리를 이용하여 $f(x)$를 구한다. 또한, 확률밀도함수로부터 X의 평균과 분산을 구할 수 있다. 세부 내용을 생략하고 아래에 결과를 정리한다.

대수정규분포

W는 평균이 θ이고 분산이 ω^2인 정규분포를 따를 때, $X = e^W$는 확률밀도함수가

$$f(x) = \frac{1}{x\omega\sqrt{2\pi}} e^{-\frac{[\ln(x) - \theta]^2}{2\omega^2}}, \quad 0 < x < \infty$$

인 대수정규확률변수라고 한다. X의 평균과 분산은

$$E(X) = e^{\theta + \omega^2/2}, \quad V(X) = e^{2\theta + \omega^2}\left(e^{\omega^2} - 1\right) \tag{4.22}$$

대수정규분포의 모수 θ와 ω^2은 각각 정규확률변수 W의 평균과 분산이다. 식(4.22)에 정의된 X의 평균과 분산은 이 모수들의 함수이다. 몇몇 모수값에 대하여 대수정규분포를 그래프로 나타내면 그림 4.23과 같다.

종종 시간에 따라 열화(劣化, degradation)하는 제품의 수명을 설명하기 위해 대수정규분포를 사용한다. 예를 들면 반도체 레이저의 수명을 설명하기 위해 자주 사용한다. 이와 같은 응용에 와이블분포도 사용할 수 있으며, 모수를 적절히 선택하면 와이블분포는 대수

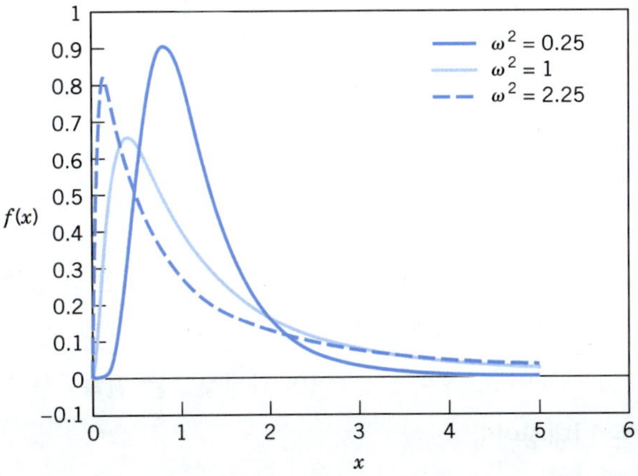

그림 4.23 $\theta = 0$일 때 ω^2의 선택값에서 대수정규 확률밀도함수

정규분포를 근사하기도 한다. 그러나 대수정규분포는 정규확률변수의 지수함수로부터 파생되어 이해하기 쉽고 관련된 확률을 계산하기 편리하다.

예제 4.22 반도체 레이저

반도체 레이저의 수명(단위: 시간)은 $\theta = 10$, $\omega = 1.5$인 대수정규분포를 따른다고 할 때, 수명이 10,000시간을 초과할 확률을 구해 보자.

레이저의 수명을 X라고 나타낼 때 X의 누적분포함수를 이용하여 이 확률을 구하면 다음과 같다.

$$\begin{aligned} P(X > 10{,}000) &= 1 - P[\exp(W) \le 10{,}000] \\ &= 1 - P[W \le \ln(10{,}000)] \\ &= 1 - \Phi\left(\frac{\ln(10{,}000) - 10}{1.5}\right) \\ &= 0.70 \end{aligned}$$

99% 이상의 레이저가 작동하는 시간을 구하기 위해 $P(X > x) = 0.99$인 x를 결정해 보자. 따라서

$$\begin{aligned} P(X > x) &= P[\exp(W) > x)] = P[W > \ln(x)] \\ &= 1 - \Phi\left(\frac{\ln(x) - 10}{1.5}\right) = 0.99 \end{aligned}$$

이다. 부록 A의 표 Ⅲ을 보면 $z = -2.33$일 때 $1 - \Phi(z) = 0.99$이므로

$$\frac{\ln(x) - 10}{1.5} = -2.33,$$

다시 쓰면

$$x = \exp(6.505) = 668.48(\text{시간})$$

이다.

마지막으로, 수명 X의 평균과 분산을 구하면

$$E(X) = e^{\theta + \omega^2/2} = e^{10 + 1.125} = 67{,}846.3(\text{시간})$$

$$\begin{aligned} V(X) &= e^{2\theta + \omega^2}\left(e^{\omega^2} - 1\right) = e^{20 + 2.25}\left(e^{2.25} - 1\right) \\ &= 39{,}070{,}059{,}886.6\,(\text{시간})^2 \end{aligned}$$

이다. 따라서 X의 표준편차는 197,661.5(시간)이다.

해석: 대수정규확률변수의 표준편차는 평균에 비해 상대적으로 클 수 있다.

4.11 베타분포

유연하면서도 유한한 범위로 제한되는 연속확률분포가 확률모형으로 유용할 때가 많다. 예를 들면 물질에 흡수되는 태양복사의 비율 또는 프로젝트의 작업을 완성하는 데 필요한 최대 시간의 비율은 구간 [0,1]에서 연속확률변수이다.

베타분포

확률변수 X의 확률밀도함수가

$$f(x) = \frac{\Gamma(\alpha + \beta)}{\Gamma(\alpha)\Gamma(\beta)} x^{\alpha - 1}(1 - x)^{\beta - 1}, \quad 0 \le x \le 1$$

일 때 X는 모수가 $\alpha > 0$와 $\beta > 0$인 베타확률변수라고 한다.

두 형상모수 α와 β로 인해 베타분포(beta distribution)의 확률밀도함수는 다양한 모양을 가질 수 있다. 몇몇 모수값에 대하여 베타분포를 그래프로 나타내면 그림 4.24와 같다. $\alpha = \beta$이면 베타분포는 $x = 0.5$에 대해 대칭이고, $\alpha = \beta = 1$이면 베타분포는 연속균등분포와 같다. 모수값에 따라 베타분포는 비대칭이다.

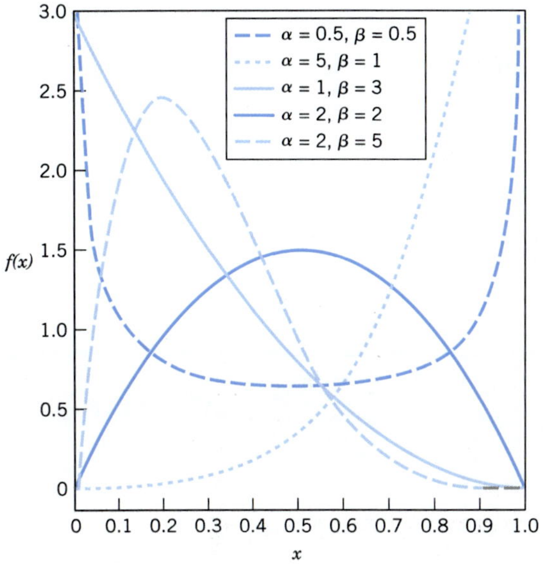

그림 4.24 α, β의 선택값에서 베타 확률밀도함수

일반적으로 베타확률변수의 누적분포함수는 닫힌 식이 없으므로 확률을 수치적으로 계산한다. 확률밀도함수를 더 쉽게 다룰 수 있는 몇몇 특수한 경우도 있지만 자세한 내용을 생략한다.

예제 4.23 등속 조인트

자동차 등속 조인트의 서비스 과정은 분해, 부트 교환, 조립으로 이루어진다. 총 서비스 시간에서 분해시간이 차지하는 비율은 $\alpha=2.5$, $\beta=1$인 베타분포를 따른다고 할 때, 분해시간의 비율이 0.7을 초과할 확률을 구해 보자.

서비스 시간 중에서 분해시간이 차지하는 비율을 X라고 할 때 구하는 확률은 다음과 같다.

$$\begin{aligned} P(X>0.7) &= \int_{0.7}^{1} \frac{\Gamma(\alpha+\beta)}{\Gamma(\alpha)\Gamma(\beta)} x^{\alpha-1}(1-x)^{\beta-1}dx \\ &= \int_{0.7}^{1} \frac{\Gamma(3.5)}{\Gamma(2.5)\Gamma(1)} x^{1.5}dx \\ &= \frac{2.5(1.5)(0.5)\sqrt{\pi}}{(1.5)(0.5)\sqrt{\pi}} \frac{x^{2.5}}{2.5}\bigg|_{0.7}^{1} = 1-0.7^{2.5} = 0.59 \end{aligned}$$

$\alpha>1$, $\beta>1$이면 베타 확률밀도함수의 정점, 즉 최빈값은 [0,1]에 있고

$$\text{최빈값} = \frac{\alpha-1}{\alpha+\beta-2}$$

이다. 이 식은 확률밀도함수의 최빈값과 모수를 관련시킬 때 유용하다. 가령 여러 작업 중 한 작업을 완료하는 데 걸리는 시간의 비율이 $\alpha=2.5$, $\beta=1$인 베타분포를 따른다면 최빈값은 $\frac{2.5-1}{3.5-2}=1$이다. 적분을 이용하여 베타분포의 평균과 분산을 계산할 수 있지만 자세한 사항을 생략하고 아래에 결과만 정리한다.

앞에서 베타확률변수 X를 구간 [0,1]에서 정의하였지만, $W=a+(b-a)X$라고 두면 유한구간 $[a,b]$에 정의된 일반적인 베타확률변수 W를 만들 수 있다.

평균과 분산

모수가 α와 β인 베타확률변수 X에 대하여

$$\mu = E(X) = \frac{\alpha}{\alpha+\beta}, \quad \sigma^2 = V(X) = \frac{\alpha\beta}{(\alpha+\beta)^2(\alpha+\beta+1)}$$

주요용어와 개념

가우시안분포(Gaussian distribution)
감마함수(Gamma function)
감마확률변수(Gamma random variable)
누적분포함수(Cumulative distribution function)
대수정규확률변수(Lognormal random variable)
레일리분포(Raleigh distribution)
무기억성-연속확률변수(Lack of memory property-continuous random variable)
베타확률변수(Beta random variable)
분산-연속확률변수(Variance-continuous random variable)
얼랭확률변수(Erlang random variable)
연속균등확률변수(Continuous uniform random variable)
연속성 수정(Continuity correction)
연속확률변수(Continuous random variable)
와이블확률변수(Weibull random variable)
이항확률과 푸아송확률의 정규근사(Normal approximation to binomial and Poisson probabilities)
정규확률변수(Normal random variable)
지수확률변수(Exponential random variable)
카이제곱분포(Chi-squared distribution)
평균-연속확률변수(Mean-continuous random variable)
평균-연속확률변수의 함수(Mean-function of a continuous random variable)
푸아송과정(Poisson process)
표준정규확률변수(Standard normal random variable)
표준편차-연속확률변수(Standard deviation-continuous random variable)
표준화(Standardizing)
확률밀도함수(Probability density function)
확률변수의 함수의 기댓값(Expected value of a function of a random variable)
확률분포-연속확률변수(Probability distribution-continuous random variable)

결합확률분포

CHAPTER **5**

학습목표

이 장을 주의 깊게 학습한 후 다음을 할 수 있다.

1. 결합확률질량함수와 결합확률밀도함수를 이용하여 확률을 구하고, 결합확률분포로부터 주변확률분포를 결정한다.
2. 결합확률분포로부터 조건부분포를 결정하고, 확률변수의 독립을 평가한다.
3. 확률변수의 공분산과 상관계수를 계산하고, 이를 해석한다.
4. 다항분포를 이용하여 확률을 구하고, 이변량 정규분포의 성질을 이해하며 등고선그림을 작성한다.
5. 여러 확률변수의 선형함수에 대한 평균과 분산을 계산하고, 정규확률변수들의 선형함수에 관한 확률을 구한다.
6. 확률변수의 일반함수의 분포를 결정한다.
7. 적률생성함수를 구하고, 이를 이용하여 적률과 분포를 결정한다.

목차

애리조나주 마리코파 카운티와 피닉스 대도시 지역 전역에서는 공기 질 관리시스템을 운영하여 매시간 미세먼지 농도와 오존을 측정한다. PM10으로 알려진 미세먼지 농도는 공기 중 지름이 10μ m 미만인 고체 및 액체 입자의 측정치(단위: $\mu g/m^3$)이다. 오존은 산소 원자 3개의 무색 가스로 반응성이 아주 좋고 열, 햇볕, 휘발성 유기화합물을 포함하는 다른 오염물질의 복잡한 반응으로 생성된다. 미국 환경보호청은 PM10과 오존에 관한 한계를 설정한다. 예를 들어 오존의 한계는 0.075 ppm이다. 카운티와 도시의 규정과 개선 조치를 결정할 때 PM10과 오존의 하루 측정치가 한계값을 초과할 확률은 중요한 정보이다. 이와 같은 확률을 구하는 방법은 각각의 오염 측정치가 한계를 초과할 확률을 단순히 곱하는 것 이상으로 복잡할 수 있다. PM10 측정치가 높은 날에 오존 측정치도 같이 높을 수 있다. 즉, 측정치가 서로 독립이 아닐 수 있고, 그러면 측정치 간의 관련성이 중요하다. 이 장에서는 둘 이상의 확률변수의 확률분포를 학습한다. 공기 질 데이터는 변수를 함께 다루어야 할 필요성을 보여주는 하나의 사례이다.

5.1 두 확률변수의 결합확률분포

3장과 4장에서 단일 확률변수의 확률분포를 알아보았다. 한편 확률실험에서 2개 이상의 확률변수를 동시에 정의하면 유용할 때가 많다. 예를 들어 연속확률변수 X는 사출성형 부품의 한 차원의 길이, 연속확률변수 Y는 다른 차원의 길이를 나타낼 때 X와 Y를 모두 고려한 확률에 관심이 있을 수 있다. X와 Y의 규격이 각각 (2.95, 3.05) mm와 (7.60, 7.80) mm이면 한 부품이 두 규격을 모두 만족할 확률, 즉

$$P(2.95 < X < 3.05 \text{ 이고 } 7.60 < Y < 7.80)$$

을 구하고 싶을 수 있다.

두 확률변수 X와 Y는 같은 부품에서 측정하는 값이므로, 압력이나 온도의 변동과 같은 사출성형공정의 작은 교란으로 인해 두 값이 2차원 공간의 특정 영역에서 발생할 가능성이 더 높을 수 있다. 예를 들어 압력이 조금 증가하면 X와 Y가 모두 목표치보다 크고, 압력이 조금 감소하면 X와 Y가 모두 목표치보다 작을 수 있다. 따라서 압력의 변화를 근거로 하면 X는 목표치보다 훨씬 큰데 Y는 목표치보다 훨씬 작은 부품이 있을 확률은 낮다.

일반적으로 X와 Y가 모두 확률변수일 때 두 변수의 동시 행태를 정의하는 확률분포를 결합확률분포(joint probability distribution)라고 한다. 이 장에서는 결합확률분포의 중요한 성질을 학습한다. 먼저 두 확률변수의 결합확률분포를 알아보고 더 많은 확률변수의 결합확률분포로 확장한다.

예제 5.1 모바일 응답시간

페이지 다운로드 속도, 즉 응답시간은 모바일 웹사이트의 중요한 성능 측도이다. 응답시간이 길면 고객이 실망하여 경쟁 사이트로 이탈할 수 있다. X는 서비스 신호막대의 개수, Y는 특정 사용자와 사이트의 응답시간(단위: 초)이라고 하자.

그림 5.1은 X와 Y가 취하는 각 점과 그에 대응하는 확률을 명시하여 X와 Y의 결합확률분포를 나타낸 것이다. 단일 확률변수에서와 마찬가지로, 확률변수 (X, Y)의 범위는 $X=x$이고 $Y=y$일 확률이 양수인 2차원 공간의 점 (x,y)의 집합으로 정의된다.

응답시간(y)	신호막대의 개수(x)		
	1	2	3
4	0.15	0.10	0.05
3	0.02	0.10	0.05
2	0.02	0.03	0.20
1	0.01	0.02	0.25

그림 5.1 예제 5.1에서 X와 Y의 결합확률분포

결합확률질량함수: 두 이산확률변수 X와 Y의 결합확률분포는 (X, Y)의 범위 안의 각 점 (x,y)와 그 점을 취할 확률의 대응관계를 설명한다. 보통 $P(X=x$이고 $Y=y)$ 대신 $P(X=x,\ Y=y)$로 쓴다. 두 확률변수의 결합확률분포를 변수의 이변량확률분포 또는 이변량분포(bivariate distribution)라고 한다. 두 이산확률변수의 결합확률분포를 나타내는 한 방법은 결합확률질량함수(joint probability mass function), 즉

$$f_{XY}(x, y) = P(X=x,\ Y=y)$$

를 이용하는 것이다.

결합확률질량함수: 두 확률변수

이산확률변수 X와 Y의 결합확률질량함수 $f_{XY}(x, y)$는 다음을 만족하는 함수이다.

(1) 모든 x, y에 대하여 $f_{XY}(x, y) \ge 0$

(2) $\sum_x \sum_y f_{XY}(x,y) = 1$

(3) $f_{XY}(x, y) = P(X=x,\ Y=y)$ (5.1)

단일 확률변수 X에 대하여 X의 범위 이외의 모든 값에서 확률질량함수는 0이라고 가정하였던 것처럼, X와 Y의 결합확률질량함수에서도 명시되지 않은 값에서 확률은 0이라고 가정한다.

결합확률밀도함수: 두 연속확률변수 X와 Y의 결합확률분포를 나타내는 한 가지 방법은 2차원 공간의 어떤 영역 R에서 X와 Y가 특정한 값을 가질 확률을 계산하는 방법을 제시

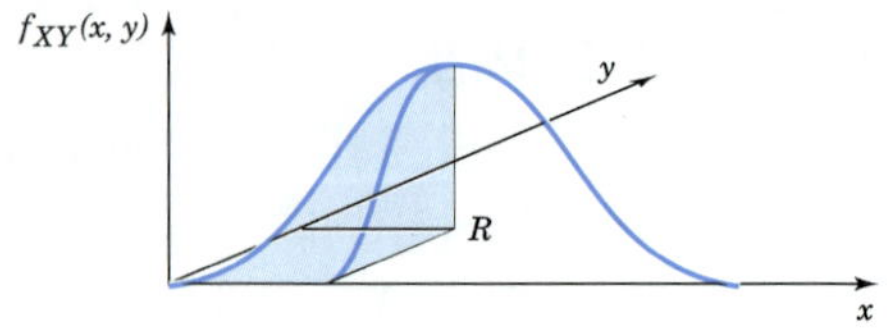

그림 5.2 확률변수 X와 Y의 결합확률밀도함수: (X, Y)가 영역 R 안에 있을 확률은 영역 R 위의 $f_{XY}(x,y)$ 아래 체적으로 결정된다.

하는 것이다. 4장에서 단일 연속확률변수의 확률밀도함수를 정의한 것처럼, 2차원 공간에서 결합확률밀도함수 $f_{XY}(x,y)$를 정의할 수 있다. 그러면 영역 R에 대하여 $f_{XY}(x,y)$를 다중적분하여 (X,Y)가 R 안의 특정한 값을 가질 확률을 구할 수 있다. 이 적분을 영역 R 위의 표면 $f_{XY}(x,y)$ 아래 체적이라고 할 수 있다. 일반적으로 $f_{XY}(x,y)$를 명시하지 않은 모든 점에서는 $f_{XY}(x,y)=0$을 가정함으로써 모든 2차원 공간에서 $f_{XY}(x,y)$를 정의한다.

그림 5.2는 X와 Y의 결합확률밀도함수를 나타낸 그래프이다. (X, Y)가 영역 R의 값을 가지는 확률은 그림 5.2에서 색칠한 부분의 체적이다. 이와 같이 결합확률밀도함수(joint probability density function)를 이용하여 X와 Y의 확률을 결정한다.

결합확률밀도함수: 두 확률변수

연속확률변수 X와 Y의 결합확률밀도함수 $f_{XY}(x,y)$는 다음을 만족하는 함수이다.

(1) 모든 x, y에 대하여 $f_{XY}(x,y) \geq 0$

(2) $\int_{-\infty}^{\infty}\int_{-\infty}^{\infty} f_{XY}(x,y)dxdy = 1$

(3) 2차원 공간의 어떤 영역 R에 대하여 $P((X,Y)\in R) = \iint_R f_{XY}(x,y)\,dxdy$

(5.2)

앞에서 두 확률변수를 예시하기 위해 사출성형 부품의 두 차원의 길이를 생각해 보았다. 두 측정치는 같은 부품에서 측정된 값이므로 일반적으로 두 확률변수는 서로 독립이 아니다. X와 Y의 규격이 각각 (2.95, 3.05) mm와 (7.60, 7.80) mm일 때 부품이 두 규격을 모두 만족할 확률, 즉

$$P(2.95 < X < 3.05,\ \ 7.60 < Y < 7.80)$$

에 관심이 있다고 하자. $f_{XY}(x,y)$는 그림 5.3과 같을 때, 구하는 확률은 규격 내에서 $f_{XY}(x,y)$의 체적이다. 이와 같은 확률을 계산하기 위해 종종 수치적분을 이용한다.

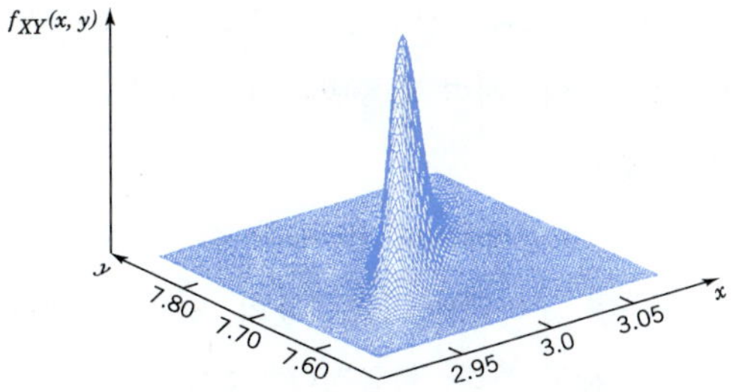

그림 5.3 사출성형 부품의 두 차원의 길이에 대한 결합확률밀도함수

예제 5.2 서버 접속시간

확률변수 X는 기계가 컴퓨터 서버에 연결될 때까지 대기시간(단위: 밀리초)이고, Y는 서버가 기계를 유효 사용자로 승인할 때까지 대기시간(단위: 밀리초)이라고 하자. 두 확률변수는 같은 시간에서 시작하여 대기시간을 측정하며 $X < Y$이다. X와 Y의 결합확률밀도함수는 다음과 같다고 하자.

$$f_{XY}(x,y) = 6\times 10^{-6} e^{-0.001x - 0.002y},\ 0 < x < y$$

이와 같은 분포를 개발하기 위해 다른 합리적 가정을 사용할 수 있지만 여기서는 결합확률밀도함수만 알아본다.

위의 결합확률밀도함수에서 확률이 0이 아닌 영역은 그림 5.4의 색칠한 부분이다. 이 영역에서 $f_{XY}(x,y)$를 적분하면 다음과 같이 1이 되는 성질을 확인할 수 있다.

$$\int_{-\infty}^{\infty}\int_{-\infty}^{\infty} f_{XY}(x,y)\,dy\,dx$$

$$= \int_0^{\infty}\left(\int_x^{\infty} 6\times 10^{-6} e^{-0.001x-0.002y} dy\right)dx$$

$$= 6\times 10^{-6}\int_0^{\infty}\left(\int_x^{\infty} e^{-0.002y} dy\right)e^{-0.001x}dx$$

$$= 6\times 10^{-6}\int_0^{\infty}\left(\frac{e^{-0.002x}}{0.002}\right)e^{-0.001x}dx$$

$$= 0.003\int_0^{\infty} e^{-0.003x}dx = 0.003\left(\frac{1}{0.003}\right) = 1$$

$X < 1000$, $Y < 2000$일 확률을 구하기 위해 다음과 같이 그림 5.5의 색칠한 부분을 적분한다.

$$P(X \le 1000,\ Y \le 2000)$$

$$= \int_0^{1000}\int_x^{2000} f_{XY}(x,y)\,dy\,dx$$

$$= 6\times 10^{-6}\int_0^{1000}\left(\int_x^{2000} e^{-0.002y}dy\right)e^{-0.001x}dx$$

$$= 6\times 10^{-6}\int_0^{1000}\left(\frac{e^{-0.002x} - e^{-4}}{0.002}\right)e^{-0.001x}dx$$

$$= 0.003\int_0^{1000}(e^{-0.003x} - e^{-4}e^{-0.001x})dx$$

$$= 0.003\left[\left(\frac{1-e^{-3}}{0.003}\right) - e^{-4}\left(\frac{1-e^{-1}}{0.001}\right)\right]$$

$$= 0.003(316.738 - 11.578) = 0.915$$

해석: 이 예제에서처럼 결합확률밀도함수를 이용하여 두 확률변수에 관한 확률을 계산할 수 있다.

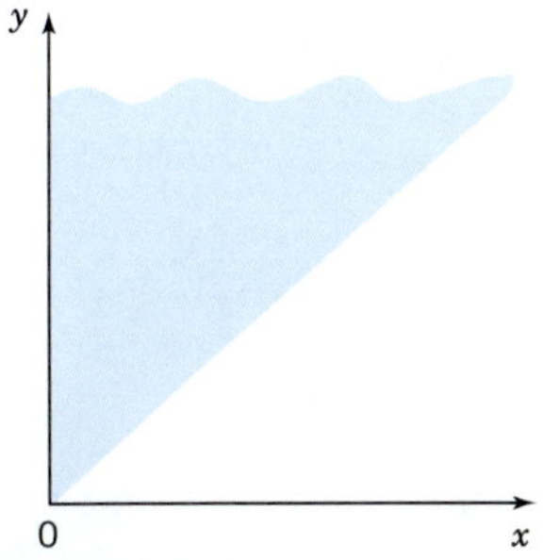

그림 5.4 X와 Y의 결합확률밀도함수는 색칠한 부분 위에서 0이 아니다.

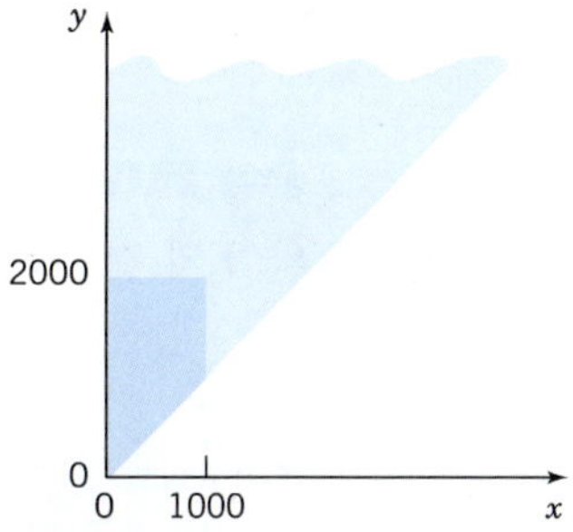

그림 5.5 $X < 1000$, $Y < 2000$일 확률을 계산할 때 적분 영역은 색칠한 부분이다.

주변확률분포: 확률실험에서 2개 이상의 확률변수를 정의하는 경우 X와 Y의 결합확률분포와 각 확률변수의 확률분포를 구별하는 것이 중요하다. 개별 확률변수의 확률분포를 주변확률분포(marginal probability distribution)라고 한다.

X와 다른 확률변수의 결합확률분포로부터 X의 주변확률분포를 구할 수 있다. 예를 들어 이산확률변수 X와 Y를 보자. $P(X=x)$를 구하려면 (X, Y)의 범위 안에서 $X=x$인 모든 점에 대하여 $P(X=x, Y=y)$를 더해야 한다. 확률질량함수에 첨자를 사용하여 확률변수를 구별한다.

예제 5.3 주변분포

그림 5.1에 나타난 X와 Y의 결합확률분포를 이용하여 X의 주변확률분포를 구할 수 있다. 예를 들어

$$\begin{aligned} f_X(3) &= P(X=3) \\ &= P(X=3, Y=1)+P(X=3, Y=2) \\ &\quad +P(X=3, Y=3)+P(X=3, Y=4) \\ &= 0.25+0.2+0.05+0.05=0.55 \end{aligned}$$

이다.

각 열의 확률을 더하여 X의 주변확률분포를 구하고, 각 행의 확률을 더하여 Y의 주변확률분포를 구한다. 결과는 그림 5.6에 나타나 있다.

응답시간(y)	신호막대의 개수(x) 1	2	3	Y의 주변확률분포
4	0.15	0.10	0.05	0.30
3	0.02	0.10	0.05	0.17
2	0.02	0.03	0.20	0.25
1	0.01	0.02	0.25	0.28
X의 주변확률분포	0.20	0.25	0.55	1.00

그림 5.6 그림 5.1에 대한 X와 Y의 주변확률분포

이산확률변수에서와 비슷한 방법으로 연속확률변수의 주변확률분포를 결정한다. 다만 연속확률변수의 경우 합 대신 적분을 사용한다.

주변확률밀도함수: 두 확률변수

확률변수 X와 Y의 결합확률밀도함수가 $f_{XY}(x, y)$일 때, X와 Y의 주변확률밀도함수는 각각

$$f_X(x)=\int f_{XY}(x,y)dy, \quad f_Y(y)=\int f_{XY}(x,y)dx \tag{5.3}$$

단, 첫 번째 적분은 (X, Y)의 범위 안에서 $X=x$인 모든 점, 두 번째 적분은 (X, Y) 범위 안에서 $Y=y$인 모든 점에 대한 것이다.

한 변수에 관한 확률 $P(a<X<b)$를 구하기 위해 다음과 같이 X의 주변확률분포 또는 X와 Y의 결합확률분포를 적분한다.

$$P(a<X<b)=\int_a^b f_X(x)dx=\int_a^b\left[\int_{-\infty}^{\infty} f_{XY}(x,y)dy\right]dx$$
$$=\int_a^b\int_{-\infty}^{\infty} f_{XY}(x,y)dydx$$

예제 5.4 서버 접속시간

예제 5.2에서 서버의 승인 대기시간을 나타내는 확률변수 Y가 2000 밀리초 이상일 확률을 계산해 보자.

이 확률을 구하기 위해 $f_{XY}(x,y)$를 그림 5.7의 색칠한 부분 위에서 적분한다. 이 적분 영역은 다음과 같이 두 부분으로 나누어지며 각 부분의 적분 구간이 다르다.

$$P(Y>2000)=\int_0^{2000}\left(\int_{2000}^{\infty}6\times10^{-6}e^{-0.001x-0.002y}dy\right)dx$$
$$+\int_{2000}^{\infty}\left(\int_x^{\infty}6\times10^{-6}e^{-0.001x-0.002y}dy\right)dx$$

위 식의 첫 번째 적분은

$$6\times10^{-6}\int_0^{2000}\left(\frac{e^{-0.002y}}{-0.002}\bigg|_{2000}^{\infty}\right)e^{-0.001x}dx$$
$$=\frac{6\times10^{-6}}{0.002}e^{-4}\int_0^{2000}e^{-0.001x}dx$$
$$=\frac{6\times10^{-6}}{0.002}e^{-4}\left(\frac{1-e^{-2}}{0.001}\right)=0.0475$$

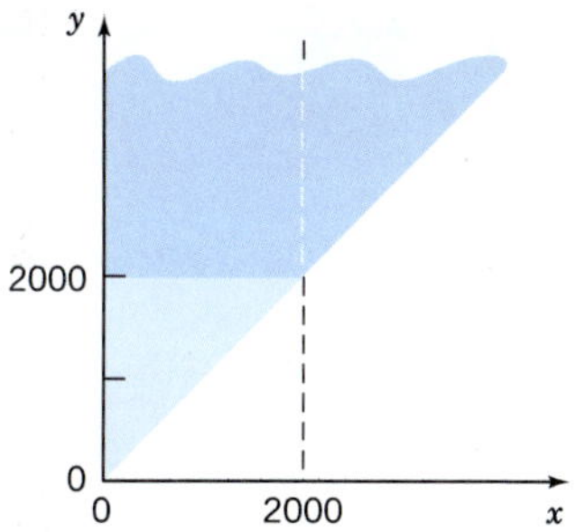

그림 5.7 $P(Y>2000)$을 계산할 때 적분 영역은 색칠한 부분이고 $x<2000$, $x>2000$로 분할된다.

이고, 두 번째 적분은

$$6\times10^{-6}\int_{2000}^{\infty}\left(\frac{e^{-0.002y}}{-0.002}\bigg|_x^{\infty}\right)e^{-0.001x}dx$$
$$=\frac{6\times10^{-6}}{0.002}\int_{2000}^{\infty}e^{-0.003x}dx$$
$$=\frac{6\times10^{-6}}{0.002}\left(\frac{e^{-6}}{0.003}\right)=0.0025$$

이다. 따라서 구하는 확률은 다음과 같다.

$$P(Y>2000)=0.0475+0.0025=0.05$$

다른 방법으로는 Y의 주변확률분포를 이용하여 이 확률을 구할 수도 있다. 즉,

$$f_Y(y)=\int_0^y 6\times10^{-6}e^{-0.001x-0.002y}dx$$
$$=6\times10^{-6}e^{-0.002y}\int_0^y e^{-0.001x}dx$$
$$=6\times10^{-6}e^{-0.002y}\left(\frac{e^{-0.001x}}{-0.001}\bigg|_0^y\right)$$
$$=6\times10^{-6}e^{-0.002y}\left(\frac{1-e^{-0.001y}}{0.001}\right)$$
$$=6\times10^{-3}e^{-0.002y}(1-e^{-0.001y}),\quad y>0$$

이므로 구하는 확률은 다음과 같다.

$$P(Y>2000)=6\times10^{-3}\int_{2000}^{\infty}e^{-0.002y}(1-e^{-0.001y})dy$$
$$=6\times10^{-3}\left(\frac{e^{-0.002y}}{-0.002}\bigg|_{2000}^{\infty}-\frac{e^{-0.003y}}{-0.003}\bigg|_{2000}^{\infty}\right)$$
$$=6\times10^{-3}\left(\frac{e^{-4}}{0.002}-\frac{e^{-6}}{0.003}\right)=0.05$$

보통 X의 주변확률분포로부터 평균 $E(X)$와 분산 $V(X)$를 구한다. 그러나 다음과 같이 X와 Y의 결합확률분포로부터 평균과 분산을 구할 수도 있다.

결합확률분포로부터 평균과 분산: 두 확률변수

$$\mu_X = E(X) = \int_{-\infty}^{\infty} x f_X(x)dx = \int_{-\infty}^{\infty}\int_{-\infty}^{\infty} x f_{XY}(x,y)dydx$$

$$\sigma_X^2 = V(X) = \int_{-\infty}^{\infty} (x-\mu_X)^2 f_X(x)dx = \int_{-\infty}^{\infty}\int_{-\infty}^{\infty} (x-\mu_X)^2 f_{XY}(x,y)dydx \quad (5.4)$$

그림 5.6에 있는 주변확률분포를 이용하여 X와 Y의 평균을 구하면 다음과 같다.

$$E(X) = 1\times 0.2 + 2\times 0.25 + 3\times 0.55 = 2.35$$
$$E(Y) = 1\times 0.28 + 2\times 0.25 + 3\times 0.17 + 4\times 0.3 = 2.49$$

5.2 조건부분포와 독립

확률실험에서 두 확률변수를 정의할 때 한 변수에 관한 정보가 다른 변수의 확률을 변경시킬 수 있다. 예제 5.1에서 X는 신호막대의 개수이고 Y는 응답시간이다. $X=1$일 때 보다 $X=3$일 때 $Y=1$일 확률이 더 클 것으로 기대한다고 하자. 2장의 조건부확률 표기법에 따르면 이 확률은 각각 $P(Y=1\mid X=3)$, $P(Y=1\mid X=1)$이다. 그러면 확률변수 X와 Y는 서로 종속일 것으로 예상된다. X에 관한 정보는 Y에 관한 확률을 변경시킨다.

앞에서 주어진 A에 대한 B의 조건부확률은 $P(B\mid A) = P(A\cap B)/P(A)$라고 정의하였다. 사건 A는 $X=x$, 사건 B는 $Y=y$라고 둔 후 조건부확률의 정의를 이용하면 위의 확률을 구할 수 있다.

예제 5.5 모바일 응답시간: 조건부확률

예제 5.1에서 X와 Y는 각각 신호막대의 개수와 응답시간을 나타낸다. $X=3$일 때 Y의 조건부확률을 구하면

$$P(Y=1\mid X=3) = \frac{P(X=3,\ Y=1)}{P(X=3)} = \frac{f_{X,Y}(3,1)}{f_X(3)} = \frac{0.25}{0.55} = 0.454$$

$$P(Y=2\mid X=3) = \frac{P(X=3,\ Y=2)}{P(X=3)} = \frac{f_{X,Y}(3,2)}{f_X(3)} = \frac{0.2}{0.55} = 0.364$$

$$P(Y=3\mid X=3) = 0.091$$
$$P(Y=4\mid X=3) = 0.091$$

이다. 따라서

$$P(Y=1\mid X=3) + P(Y=2\mid X=3) + P(Y=3\mid X=3) + P(Y=4\mid X=3) = 1$$

이다. 위의 확률 집합은 $X=3$일 때 Y의 조건부확률분포를 정의한다.

예제 5.5에서 $X=x$일 때 Y의 조건부확률을 새로운 확률분포라고 할 수 있다. 이와 같은 확률분포를 $X=x$일 때 Y의 조건부확률질량함수(conditional probability mass function)라고 한다. 예제 5.5에서 $X=3$일 때 Y의 조건부확률질량함수는

$$f_{Y|3}(1)=0.454,\, f_{Y|3}(2)=0.364,\, f_{Y|3}(3)=0.091,\, f_{Y|3}(4)=0.091$$

의 4개 확률로 이루어진다. 같은 개념을 연속확률변수에 적용하면 다음과 같다.

조건부확률밀도함수

연속확률변수 X와 Y의 결합확률밀도함수가 $f_{XY}(x,y)$라고 하자. $X=x$일 때 Y의 조건부확률밀도함수는

$$f_{Y|x}(y)=\frac{f_{XY}(x,\,y)}{f_X(x)} \qquad (\text{단, } f_X(x)>0) \tag{5.5}$$

조건부확률밀도함수(conditional probability density function)는 $X=x$일 때 Y가 가질 수 있는 값에 대한 조건부확률을 제공한다.

조건부확률밀도함수 $f_{Y|x}(y)$는 R_x 안의 모든 y에 대한 확률밀도함수로서 다음을 만족한다.

(1) $f_{Y|x}(y)\ge 0$

(2) $\int f_{Y|x}(y)dy=1$

(3) Y의 범위 안의 모든 집합 B에 대하여 $P(Y\in B \mid X=x)=\int_B f_{Y|x}(y)dy$

(5.6)

결합분포, 주변분포, 조건부확률밀도함수를 정의할 때 0이 아닌 영역을 명시해야 한다. 다음 예제는 이를 알려준다.

예제 5.6 조건부확률

예제 5.2에서 $X=x$일 때 Y의 조건부확률밀도함수를 결정해 보자.

먼저 X의 주변확률밀도함수를 구하면

$$\begin{aligned} f_X(x)&=\int_x^\infty 6\times10^{-6}e^{-0.001x-0.002y}dy \\ &=6\times10^{-6}e^{-0.001x}\left(\frac{e^{-0.002y}}{-0.002}\Bigg|_x^\infty\right) \\ &=0.003e^{-0.003x},\ \ x>0 \end{aligned}$$

즉 X의 주변분포는 $\lambda=0.003$인 지수분포이다. 따라서 구하는 조건부확률밀도함수는

$$\begin{aligned} f_{Y|x}(y)&=\frac{f_{XY}(x,y)}{f_X(x)}=\frac{6\times10^{-6}e^{-0.001x-0.002y}}{0.003e^{-0.003x}} \\ &=0.002e^{0.002x-0.002y},\ \ 0<x<y \end{aligned}$$

이다. $X=1500$일 때 Y의 조건부확률밀도함수는 그림 5.8의 실직선상에서 0이 아니다.

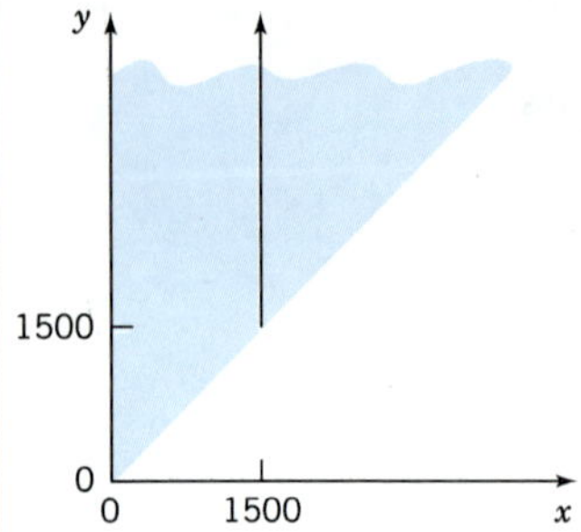

그림 5.8 $X=1500$일 때 Y의 조건부확률밀도함수는 실직선상에서 0이 아니다.

또한, $X=1500$일 때 Y가 2000을 초과할 확률, 즉 $P(Y>2000 \mid X=1500)$을 구하려면 다음과 같이 조건부확률밀도함수를 적분한다.

$$\begin{aligned} P(Y>2000 \mid X=1500) &= \int_{2000}^{\infty} f_{Y\mid 1500}(y)dy \\ &= \int_{2000}^{\infty} 0.002\, e^{0.002(1500)-0.002y}dy \\ &= 0.002\, e^{3}\left(\frac{e^{-0.002y}}{-0.002} \Bigg|_{2000}^{\infty} \right) \\ &= 0.368 \end{aligned}$$

조건부평균과 조건부분산

(1) $X=x$일 때 Y의 조건부평균을 $E(Y\mid x)$ 또는 $\mu_{Y\mid x}$라고 나타낼 때

$$\mu_{Y\mid x} = E(Y\mid x) = \int_y y\, f_{Y\mid x}(y)dy \tag{5.7}$$

(2) $X=x$일 때 Y의 조건부분산을 $V(Y\mid x)$ 또는 $\sigma^2_{Y\mid x}$라고 나타낼 때

$$\sigma^2_{Y\mid x} = V(Y\mid x) = \int_y (y-\mu_{Y\mid x})^2 f_{Y\mid x}(y)dy = \int_y y^2 f_{Y\mid x}(y)dy - \mu^2_{Y\mid x}$$

예제 5.7 조건부평균

예제 5.2에서 $X=1500$일 때 Y의 조건부평균을 구해 보자.

예제 5.6에 Y의 조건부확률밀도함수가 있다. $f_{Y\mid 1500}(y)$는 $y>1500$에서 0이 아니므로 조건부평균은 다음과 같다.

$$\begin{aligned} E(Y\mid X=1500) &= \int_{1500}^{\infty} y\left[0.002\, e^{0.002(1500)-0.002y}\right]dy \\ &= 0.002e^{3}\int_{1500}^{\infty} ye^{-0.002y}dy \end{aligned}$$

부분적분을 이용하여 위 식의 우변에 있는 적분을 구하면

$$\begin{aligned} \int_{1500}^{\infty} ye^{-0.002y}dy &= y\,\frac{e^{-0.002y}}{-0.002}\Bigg|_{1500}^{\infty} - \int_{1500}^{\infty}\frac{e^{-0.002y}}{-0.002}dy \\ &= \frac{1500}{0.002}e^{-3} - \left[\frac{e^{-0.002y}}{(-0.002)(-0.002)} \Bigg|_{1500}^{\infty} \right] \\ &= 2000\left(\frac{e^{-3}}{0.002} \right) \end{aligned}$$

이다. 따라서 $E(Y\mid X=1500)=2000$이다.

해석: 연결 대기시간이 1500 밀리초이면 평균 승인 대기시간은 2000 밀리초이다.

예제 5.1의 이산확률변수에 대하여 예제 5.5의 조건부분포를 이용하여 $X=3$일 때 Y의 조건부평균을 구하면 다음과 같다.

$$E(Y\mid 3) = \mu_{Y\mid 3} = 1\times 0.494 + 2\times 0.364 + 3\times 0.091 + 4\times 0.091 = 1.86$$

여기서 조건부평균은 신호막대의 개수가 3일 때 응답시간의 기댓값이다. $X=3$일 때 Y의 조건부분산을 구하면 다음과 같다.

$$V(Y|3) = (1-1.86)^2(0.494) + (2-1.86)^2(0.364) + (3-1.86)^2(0.091) + (4-1.86)^2(0.091) = 0.91$$

독립: 일부 확률실험에서는 X의 값에 대한 정보가 Y의 값에 대한 확률을 변경시키지 않는다. 이 경우 결합확률분포 대신 주변확률분포를 이용하면 더 쉽게 확률을 계산할 수 있다.

예제 5.8 독립 확률변수

어느 정형외과에서 청구서에 나타나는 오류의 수와 청구서에 기재된 X선 촬영 빈도를 조사한다. 두 확률변수는 관련이 있을 수도 있고 없을 수도 있다. 확률변수 X와 Y는 각각 청구서에 나타나는 오류의 수와 X선 촬영 빈도라고 하자.

X와 Y의 결합확률분포는 그림 5.9(a)의 $f_{XY}(x,y)$와 같다고 가정하자. 그림 5.9(a)에는 X와 Y의 주변확률분포도 나타나 있다. 그림에서 다음이 성립함을 알 수 있다.

$$f_{XY}(x,y) = f_X(x)\,f_Y(y)$$

조건부확률질량함수 $f_{Y|x}(y)$는 그림 5.9(b)에 나타난다. 모든 x에서 $f_{Y|x}(y) = f_Y(y)$이다. 즉, 청구서에 나타나는 오류의 수는 X선 촬영 빈도에 관한 확률에 영향을 주지 않는다.

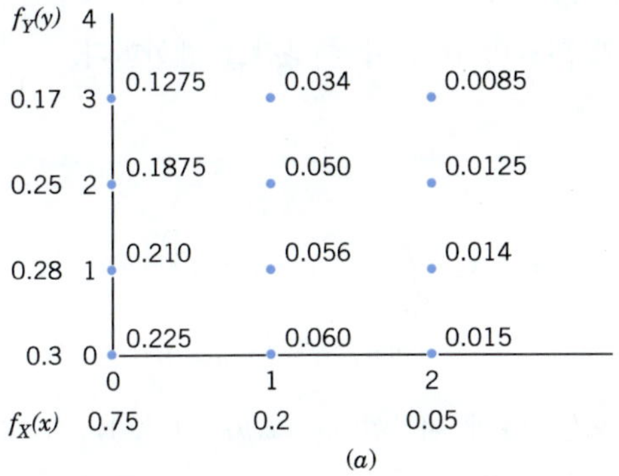

그림 5.9(a) X와 Y의 결합확률분포와 주변확률분포

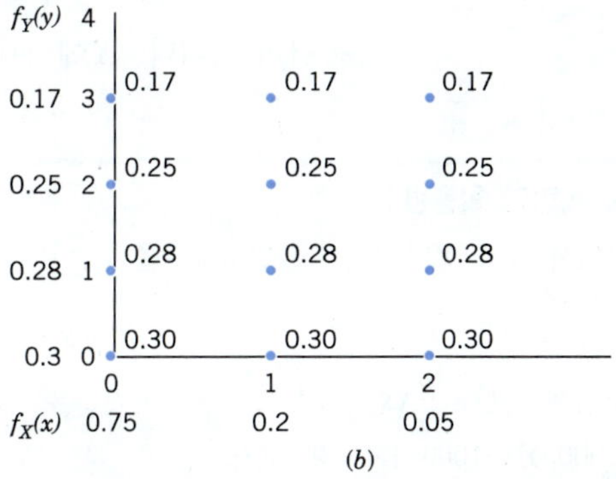

그림 5.9(b) $X=x$일 때 Y의 조건부확률분포

사건의 독립에서처럼 모든 x,y에 대하여 $f_{XY}(x,y) = f_X(x)f_Y(y)$를 만족할 때 두 확률변수는 독립이다. 독립은 **모든** x,y에 대하여 $f_{XY}(x,y) = f_X(x)f_Y(y)$임을 의미한다. 하나의 x,y에 대해서라도 등식이 성립하지 않으면 X와 Y는 독립이 아니다.

두 확률변수가 독립이면 $f_X(x) > 0$에 대하여 다음이 성립한다.

$$f_{Y|x}(y) = \frac{f_{XY}(x,y)}{f_X(x)} = \frac{f_X(x)f_Y(y)}{f_X(x)} = f_Y(y)$$

마찬가지로 다음의 동치명제가 성립한다.

독립: 두 확률변수

확률변수 X와 Y에 대하여 다음 성질 중 하나라도 참이면 나머지가 모두 참이고 X와 Y는 독립이다.

(1) 모든 x,y에 대하여 $f_{XY}(x,y)=f_X(x)f_Y(y)$

(2) $f_X(x)>0$인 모든 x,y에 대하여 $f_{Y|x}(y)=f_Y(y)$

(3) $f_Y(y)>0$인 모든 x,y에 대하여 $f_{X|y}(x)=f_X(x)$

(4) X와 Y의 각 범위 안의 모든 집합 A,B에 대하여

$$P(X\in A,\ Y\in B)=P(X\in A)P(Y\in B) \tag{5.8}$$

$(X,\ Y)$의 직사각형 범위: $f_{XY}(x,y)>0$인 2차원 공간의 모든 점의 집합을 D라고 할 때, D가 직사각형이 아니면 X와 Y는 독립이 아니다. 왜냐하면 X에 관한 정보가 주어지면 확률이 0보다 큰 Y의 범위가 제한되기 때문이다. D가 직사각형이면 X와 Y는 독립일 수도 있고 아닐 수도 있다. 이 경우 두 확률변수가 독립임을 보이려면 여전히 식(5.8)의 조건 중 하나를 만족하는지 확인해야 한다.

그림 5.4에서 (X, Y)의 범위는 직사각형이 아니므로 예제 5.2의 두 확률변수는 서로 독립이 아니다. X에 관한 정보가 Y의 확률이 0이 아닌 구간을 제한한다.

예제 5.9 독립인 확률변수

예제 5.2에서 X와 Y의 결합확률밀도함수를

$$f_{XY}(x,y)=2\times 10^{-6}e^{-0.001x-0.002y},\quad x\ge 0, y\ge 0$$

라고 수정해 보자. X와 Y는 서로 독립임을 보이고 $P(X>1000, Y<1000)$을 구해 보자.

확률이 양수인 범위가 직사각형이므로 X와 Y는 독립일 수 있지만 증명된 것은 아니다. X와 Y가 독립인지 알아보기 위해 각각의 주변확률밀도함수를 구하면

$$f_X(x)=\int_0^\infty 2\times 10^{-6}e^{-0.001x-0.002y}dy$$
$$=0.001e^{-0.001x},\quad x\ge 0$$

$$f_Y(y)=\int_0^\infty 2\times 10^{-6}e^{-0.001x-0.002y}dx$$
$$=0.002\,e^{-0.002y},\quad y\ge 0$$

이다. 모든 x,y에 대하여 $f_{XY}(x,y)=f_X(x)f_Y(y)$이므로 X와 Y는 독립이다.

식(5.8)의 성질 (4)와 함께 각 확률변수가 지수분포를 따른다는 사실을 이용하면 구하는 확률은 다음과 같다.

$$P(X>1000,\ Y<1000)=P(X>1000)P(Y<1000)$$
$$=e^{-1}(1-e^{-2})=0.318$$

우리는 가끔 연구 대상 시스템에 관한 지식을 토대로 확률변수가 독립이라고 가정한다. 확률변수가 독립이면 주변확률분포를 이용하여 두 변수에 관한 확률을 구한다. 예를 들어 컴퓨터를 검색하는 데 걸리는 시간은 성인의 키와는 독립이다.

예제 5.10 가공치수

확률변수 X와 Y는 가공품의 2차원 길이를 나타내고, X와 Y는 독립이라고 하자. 또한, X의 분포는 평균이 10.5 mm이고 분산이 0.0025 mm^2인 정규분포, Y의 분포는 평균이 3.2 mm이고 분산이 0.0036 mm^2인 정규분포라고 하자. $10.4 < X < 10.6,\ 3.15 < Y < 3.25$일 확률을 구해 보자.

X와 Y는 독립이므로 다음이 성립한다.

$$\begin{aligned} &P(10.4 < X < 10.6, 3.15 < Y < 3.25) \\ &= P(10.4 < X < 10.6)P(3.15 < Y < 3.25) \\ &= P\left(\frac{10.4-10.5}{0.05} < Z < \frac{10.6-10.5}{0.05}\right) \\ &\quad \times P\left(\frac{3.15-3.2}{0.06} < Z < \frac{3.25-3.2}{0.06}\right) \\ &= P(-2 < Z < 2)P(-0.833 < Z < 0.833) = 0.568 \end{aligned}$$

단, Z는 표준정규확률변수이다.

해석: 확률변수가 독립이면 여러 확률변수에 관한 확률을 계산하기가 훨씬 쉬워진다.

5.3 셋 이상 확률변수의 결합확률분포

확률실험에서 3개 이상의 확률변수를 정의할 수 있다. 2개의 확률변수에 관한 결과를 3개 이상의 확률변수로 쉽게 확장할 수 있다. 예를 들면 다음과 같다.

예제 5.11 가공치수

생산 중 정기적으로 가공품의 여러 치수를 측정한다. 부품의 4차원 길이를 X_1, X_2, X_3, X_4라고 나타내면 4개의 확률변수에 관심이 있다.

$X_1, X_2, \cdots, X_p$의 결합확률분포가 주어지면 p차원 공간의 임의의 영역 R에서 확률변수 $X_1, X_2, \cdots, X_p$가 특정한 값을 가질 확률을 계산할 수 있다. 연속확률변수의 경우 $(X_1, X_2, \cdots, X_p) \in R$일 확률을 계산하기 위해 영역 R에서 결합확률밀도함수 $f_{X_1X_2\cdots X_p}(x_1, x_2, \cdots, x_p)$를 다중적분한다.

결합확률밀도함수: 여러 확률변수

연속확률변수 $X_1, X_2, \cdots, X_p$의 결합확률밀도함수 $f_{X_1X_2\cdots X_p}(x_1, x_2, \cdots, x_p)$는 다음을 만족한다.

(1) 모든 $x_1, x_2, \cdots, x_p$에 대하여 $f_{X_1X_2\cdots X_p}(x_1, x_2, \cdots, x_p) \geq 0$

(2) $\displaystyle\int_{-\infty}^{\infty}\int_{-\infty}^{\infty}\cdots\int_{-\infty}^{\infty} f_{X_1X_2\cdots X_p}(x_1, x_2, \cdots, x_p)dx_1dx_2\cdots dx_p = 1$

(3) p차원 공간의 임의의 영역 B에 대하여

$$P[(X_1, X_2, \cdots, X_p) \in B] = \iint_B \cdots \int f_{X_1X_2\cdots X_p}(x_1, x_2, \cdots, x_p)dx_1dx_2\cdots dx_p \tag{5.9}$$

일반적으로 명시하지 않은 모든 점에서는 $f_{X_1X_2\cdots X_p}(x_1, x_2, \cdots, x_p) = 0$을 가정하여

p차원 공간의 모든 점에서 $f_{X_1 X_2 \cdots X_p}(x_1, x_2, \cdots, x_p)$를 정의한다.

예제 5.12 부품 수명

X_1, X_2, X_3, X_4는 어떤 전자 조립품에서 4개 부품의 수명이고, 이 변수들의 결합확률밀도함수는

$$f_{X_1X_2X_3X_4}(x_1, x_2, x_3, x_4)$$
$$= 9 \times 10^{-12} e^{-0.001x_1 - 0.002x_2 - 0.0015x_3 - 0.003x_4}$$

단, $x_1, x_2, x_3, x_4 \geq 0$라고 가정하자. 조립품이 1000시간 동안 고장없이 작동할 확률을 구해 보자.

구하는 확률은

$$P(X_1 > 1000, X_2 > 1000, X_3 > 1000, X_4 > 1000)$$

이므로 $f_{X_1X_2X_3X_4}(x_1, x_2, x_3, x_4)$를 영역 $x_1, x_2, x_3, x_4 \geq 1000$에서 다중적분한다. 결합확률밀도함수는 지수함수의 곱이고 각 적분은 지수함수의 단순 적분으로 구하는 확률은 다음과 같다.

$$P(X_1 > 1000, X_2 > 1000, X_3 > 1000, X_4 > 1000)$$
$$= e^{-1-2-1.5-3} = 0.00055$$

여러 연속확률변수의 결합확률밀도함수가 영역 R에서 상수 c이고 다른 곳에서 0이라고 가정하자. 이 경우 식(5.9)의 성질 (2)에 의해

$$\iint_R \cdots \int f_{X_1X_2 \cdots X_p}(x_1, x_2, \cdots, x_p) dx_1 \, dx_2 \cdots dx_p = c \times (\text{영역 } R\text{의 체적}) = 1$$

이고 $c = 1/(\text{영역 } R\text{의 체적})$이다. 또한, 식(5.9)의 성질 (3)에 의해 다음이 성립한다.

$$P[(X_1, X_2, \cdots, X_p) \in B] = \iint_B \cdots \int f_{X_1X_2 \cdots X_p}(x_1, x_2, \cdots, x_p) dx_1 dx_2 \cdots dx_p$$
$$= c \times \text{영역 } (B \cap R)\text{의 체적} = \frac{\text{영역 } (B \cap R)\text{의 체적}}{\text{영역 } R\text{의 체적}}$$

즉, 결합확률밀도함수가 상수이면 확률변수가 영역 B 안의 값을 가질 확률은 단순히 영역 $(B \cap R)$의 체적을 영역 R의 체적으로 나눈 비율이다.

예제 5.13 체적의 비율로서 확률

연속확률변수 X와 Y의 결합확률밀도함수는 영역 $x^2 + y^2 \leq 4$에서 상수일 때 $X^2 + Y^2 \leq 1$일 확률을 구해 보자.

확률이 양수인 영역은 지름 2인 원이고 이 영역의 면적은 4π이다. 영역 $x^2 + y^2 \leq 1$의 면적은 π이므로 구하는 확률은 $\frac{\pi}{4\pi} = \frac{1}{4}$이다.

주변확률밀도함수: 여러 확률변수

연속확률변수 $X_1, X_2, \cdots, X_p$의 결합확률밀도함수가 $f_{X_1X_2 \cdots X_p}(x_1, x_2, \cdots, x_p)$일 때, X_i의 주변확률밀도함수는

$$f_{X_i}(x_i) = \iint \cdots \int f_{X_1X_2 \cdots X_p}(x_1, x_2, \cdots, x_p) dx_1 dx_2 \cdots dx_{i-1} dx_{i+1} \cdots dx_p \quad (5.10)$$

단, 적분은 $X_1, X_2, \cdots, X_p$의 범위 안에서 $X_i = x_i$인 모든 점에 대한 것이다.

p개 확률변수 중 1개 확률변수에 관한 확률 $P(a < X_i < b)$를 구하기 위해 다음과 같이 X_i의 주변확률분포 또는 $X_1, X_2, \cdots, X_p$의 결합확률분포를 이용한다.

$$P(a < X_i < b) = P(-\infty < X_1 < \infty,\ \cdots,\ -\infty < X_{i-1} < \infty, a < X_i < b,\\ -\infty < X_{i+1} < \infty,\ \cdots,\ -\infty < X_p < \infty)$$

나아가 X_i $(i = 1, 2, \cdots, p)$의 주변확률분포 또는 $X_1, X_2, \cdots, X_p$의 결합확률분포를 이용하여 $E(X_i)$와 $V(X_i)$를 각각 다음과 같이 구할 수 있다.

결합확률분포로부터 평균과 분산: 여러 확률변수

$$\mu_{X_i} = E(X_i) = \int_{-\infty}^{\infty}\int_{-\infty}^{\infty}\cdots\int_{-\infty}^{\infty} x_i f_{X_1X_2\cdots X_p}(x_1, x_2, \cdots, x_p)dx_1dx_2\cdots dx_p$$

$$= \int_{-\infty}^{\infty} x_i f_{X_i}(x_i)dx_i \qquad (5.11)$$

$$\sigma^2_{X_i} = V(X_i)$$

$$= \int_{-\infty}^{\infty}\int_{-\infty}^{\infty}\cdots\int_{-\infty}^{\infty}(x_i - \mu_{X_i})^2 f_{X_1X_2\cdots X_p}(x_1, x_2, \cdots, x_p)dx_1dx_2\cdots dx_p$$

$$= \int_{-\infty}^{\infty}(x_i - \mu_{X_i})^2 f_{X_i}(x_i)\,dx_i$$

예제 5.14 주변확률분포

그림 5.10에는 확률변수 X_1, X_2, X_3의 결합확률분포에서 확률이 양수인 점이 표시되어 있다. 그림의 10개 점이 각각 0.1의 확률로 발생한다고 가정하자. 결합확률분포의 범위는 $x_1 + x_2 + x_3 = 3$인 음이 아닌 정수이다. X_2의 주변확률분포를 구하면 다음과 같다.

$$P(X_2 = 0) = f_{X_1X_2X_3}(3,0,0) + f_{X_1X_2X_3}(0,0,3) + f_{X_1X_2X_3}(1,0,2) + f_{X_1X_2X_3}(2,0,1) = 0.4$$

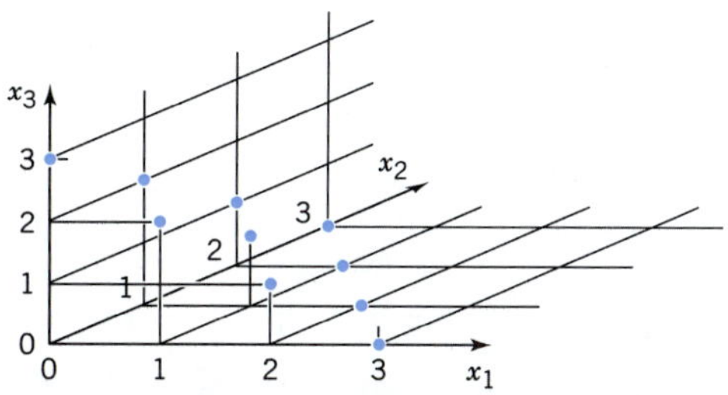

그림 5.10 X_1, X_2, X_3의 결합확률분포

$$P(X_2 = 1) = f_{X_1X_2X_3}(2,1,0) + f_{X_1X_2X_3}(0,1,2) + f_{X_1X_2X_3}(1,1,1) = 0.3$$

$$P(X_2 = 2) = f_{X_1X_2X_3}(1,2,0) + f_{X_1X_2X_3}(0,2,1) = 0.2$$

$$P(X_2 = 3) = f_{X_1X_2X_3}(0,3,0) = 0.1$$

또한, X_2의 기댓값은 다음과 같다.

$$E(X_2) = 0\times0.4 + 1\times0.3 + 2\times0.2 + 3\times0.1 = 1$$

여러 확률변수가 있는 경우 확률변수의 부분집합의 확률분포에 관심이 있을 수 있다. p개 확률변수의 결합확률밀도함수로부터 k $(k < p)$개 확률변수의 주변확률밀도함수를 구하는 방법은 다음과 같다.

확률변수의 부분집합의 분포

연속확률변수 $X_1, X_2, \cdots, X_p$의 결합확률밀도함수가 $f_{X_1X_2\cdots X_p}(x_1, x_2, \cdots, x_p)$라고 할 때, $X_1, X_2, \cdots, X_k$ $(k < p)$의 확률밀도함수는

$$f_{X_1X_2\cdots X_k}(x_1, x_2, \cdots, x_k) = \iint \cdots \int f_{X_1X_2\cdots X_p}(x_1, x_2, \cdots, x_p)dx_{k+1}dx_{k+2}\cdots dx_p \tag{5.12}$$

단, 적분은 $X_1, X_2, \cdots, X_p$의 범위 안에서 $X_1 = x_1, X_2 = x_2, \cdots, X_k = x_k$인 모든 점에 대한 것이다.

조건부확률분포: 두 확률변수에 대한 조건부분포의 개념을 확장하여 여러 확률변수에 대한 조건부분포를 정의할 수 있다. 예를 들어 $(X_4 = x_4, X_5 = x_5)$가 주어졌을 때 X_1, X_2, X_3의 조건부결합분포는 다음과 같다.

$$f_{X_1X_2X_3|x_4x_5}(x_1, x_2, x_3) = \frac{f_{X_1X_2X_3X_4X_5}(x_1, x_2, x_3, x_4, x_5)}{f_{X_4X_5}(x_4, x_5)} \quad (\text{단, } f_{X_4X_5}(x_4, x_5) > 0)$$

독립(independence)의 개념을 여러 확률변수로 확장하면 다음과 같다.

독립: 여러 확률변수

확률변수 $X_1, X_2, \cdots, X_p$가 독립이기 위한 필요충분조건은 모든 $x_1, x_2, \cdots, x_p$에 대하여

$$f_{X_1X_2\cdots X_p}(x_1, x_2, \cdots, x_p) = f_{X_1}(x_1)f_{X_2}(x_2)\cdots f_{X_p}(x_p) \tag{5.13}$$

두 확률변수에서와 마찬가지로 독립은 모든 $x_1, x_2, \cdots, x_p$에 대하여 식(5.13)이 성립함을 의미한다. 만약 등식이 성립하지 않는 점이 하나라도 있으면 $X_1, X_2, \cdots, X_p$는 독립이 아니다. $X_1, X_2, \cdots, X_p$가 독립이면 $X_1, X_2, \cdots, X_p$의 범위 안의 모든 영역 $A_1, A_2, \cdots, A_p$에 대하여 다음이 성립한다.

$$P(X_1 \in A_1, X_2 \in A_2, \cdots, X_p \in A_p) = P(X_1 \in A_1)P(X_2 \in A_2)\cdots P(X_p \in A_p)$$

예제 5.15 음이항분포

3장에서 알아본 바와 같이 모수가 p와 r인 음이항확률변수를 r개의 기하확률변수 $X_1, X_2, \cdots, X_r$의 합으로 나타낼 수 있고, 각 기하확률변수는 다음 성공할 때까지 추가로 필요한 시행 횟수라고 정의된다. 이항실험에서 각 시행은 독립적이므로 $X_1, X_2, \cdots, X_r$은 독립이다.

5.4 공분산과 상관계수

표본공간에서 둘 이상의 확률변수를 정의하였을 때 여러 확률변수의 동시 행태를 설명할 필요가 있다. 즉, 변수 간의 관계를 측정하면 유용하다. 두 변수 간의 관계를 측정하기 위해 일반적으로 사용하는 측도는 공분산(covariance)이다. 공분산을 정의하기 위해 먼저 두 확률변수의 함수 $h(X, Y)$의 기댓값을 정의한다. 다음과 같이 단일 확률변수의 함수의 기댓값을 두 확률변수의 경우로 확장할 수 있다.

두 확률변수의 함수의 기댓값

$$E[h(X,Y)] = \begin{cases} \sum\sum h(x,y) f_{XY}(x,y), & X, Y\text{가 이산형} \\ \iint h(x,y) f_{XY}(x,y), & X, Y\text{가 연속형} \end{cases} \tag{5.14}$$

즉, $E[h(X, Y)]$는 (X, Y)의 범위 안의 각 점에서 $h(x,y)$를 가중평균한 값으로, 일련의 반복된 확률실험에서 기대되는 $h(X, Y)$의 평균이다.

예제 5.16 두 확률변수의 함수의 기댓값

예제 5.1에 정의된 두 확률변수의 결합확률분포를 이용하여 $E[(X-\mu_X)(Y-\mu_Y)]$를 계산해 보자.

이 값을 구하기 위해 (X, Y)의 범위 안의 각 점 (x, y)에 대하여 $x-\mu_X$, $y-\mu_Y$, $f_{XY}(x,y)$를 곱한 후 그 결과값을 모두 더한다. 앞에서 X와 Y의 주변분포를 이용하여 $\mu_X = 2.35$, $\mu_Y = 2.49$를 구했다. 따라서 구하는 기댓값은 다음과 같다.

$$\begin{aligned} & E[(X-\mu_X)(Y-\mu_Y)] \\ &= (1-2.35)(1-2.49)(0.01) + (2-2.35)(1-2.49)(0.02) \\ &\quad + (3-2.35)(1-2.49)(0.25) + (1-2.35)(2-2.49)(0.02) \\ &\quad + (2-2.35)(2-2.49)(0.03) + (3-2.35)(2-2.49)(0.2) \\ &\quad + (1-2.35)(3-2.49)(0.02) + (2-2.35)(3-2.49)(0.1) \\ &\quad + (3-2.35)(3-2.49)(0.05) + (1-2.35)(4-2.49)(0.15) \\ &\quad + (2-2.35)(4-2.49)(0.1) + (3-2.35)(4-2.49)(0.05) \\ &= -0.5815 \end{aligned}$$

다음과 같이 연속확률변수와 이산확률변수의 공분산을 같은 식으로 정의한다.

공분산

확률변수 X와 Y의 **공분산**을 σ_{XY} 또는 $\mathrm{cov}(X, Y)$라고 나타낼 때

$$\sigma_{XY} = \mathrm{cov}(X, Y) = E[(X-\mu_X)(Y-\mu_Y)] = E(XY) - \mu_X\mu_Y \tag{5.15}$$

X와 Y의 결합확률분포에서 확률이 양수인 점들이 양(음)의 기울기인 직선을 따르는 경향을 보이면 σ_{XY}는 양수(음수)이다. 점들이 양의 기울기인 직선을 따르면 X가 μ_X보다 클 때 Y도 μ_Y보다 큰 경향이 있으므로 두 항 $x-\mu_X$와 $y-\mu_Y$의 곱은 양수이다. 그러나 점들이 음의 기울기인 직선을 따르면 $y-\mu_Y$가 음수일 때 $x-\mu_X$는 양수인 경향이 있고 그 반대의 경우도 마찬가지이다. 이런 의미에서 X와 Y의 공분산은 두 확률변수 간의 변동을 설명한다. 그림 5.11은 모든 점의 발생 가능성이 같다고 가정하고 두 확률변수의 공분산이 각각 양, 음, 또는 0인 경우를 그래프로 나타낸 것이다.

공분산은 확률변수 간의 **선형관계**를 측정한다. 그림 5.11(d)에서 보는 것처럼 확률변수 간의 관계가 비선형이면 공분산은 그러한 관계에 민감하지 않을 수 있다. 원 위의 점에서만 확률은 0이 아니므로 두 변수는 서로 관련이 있지만 공분산은 0이다.

연속확률변수에 대해 식(5.15)의 두 공분산 식이 같음을 보일 수 있다. 먼저 기댓값을 적분으로 표현하면 다음과 같다.

$$\begin{aligned} E[(X-\mu_X)(Y-\mu_Y)] &= \int_{-\infty}^{\infty}\int_{-\infty}^{\infty}(x-\mu_X)(y-\mu_Y)f_{XY}(x,y)\,dx\,dy \\ &= \int_{-\infty}^{\infty}\int_{-\infty}^{\infty}(xy-\mu_X y-x\mu_Y+\mu_X\mu_Y)f_{XY}(x,y)\,dx\,dy \end{aligned}$$

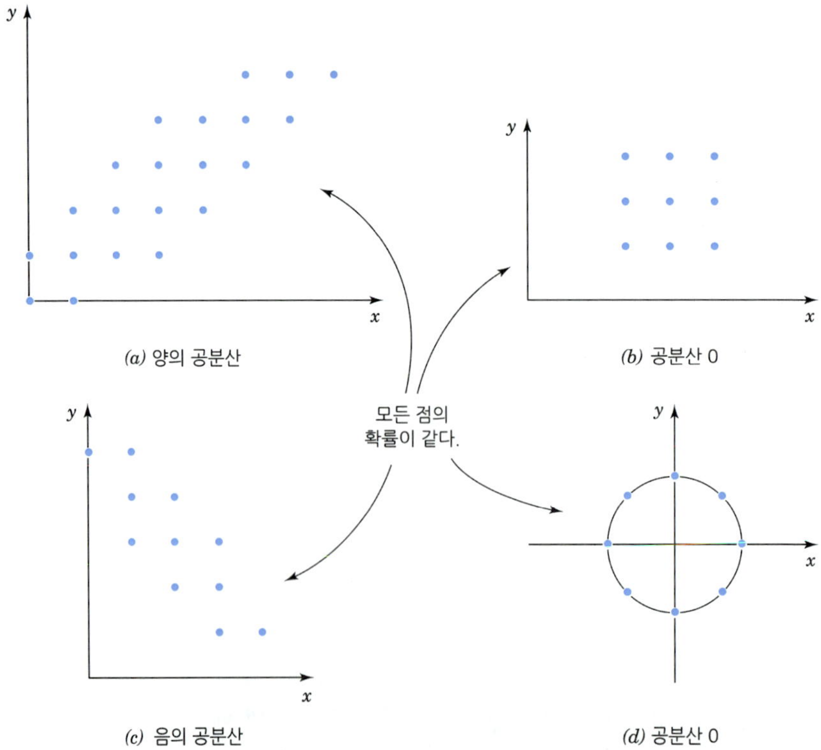

그림 5.11 결합확률분포와 X, Y의 공분산의 부호

위의 식에

$$\int_{-\infty}^{\infty}\int_{-\infty}^{\infty}\mu_X y f_{XY}(x,y)dxdy=\mu_X\left[\int_{-\infty}^{\infty}\int_{-\infty}^{\infty}yf_{XY}(x,y)dxdy\right]=\mu_X\mu_Y$$

를 대입하면 다음이 성립한다.

$$\begin{aligned}E[(X-\mu_X)(Y-\mu_Y)]&=\int_{-\infty}^{\infty}\int_{-\infty}^{\infty}xyf_{XY}(x,y)\,dxdy-\mu_X\mu_Y-\mu_X\mu_Y+\mu_X\mu_Y\\&=\int_{-\infty}^{\infty}\int_{-\infty}^{\infty}xyf_{XY}(x,y)\,dxdy-\mu_X\mu_Y=E(XY)-\mu_X\mu_Y\end{aligned}$$

예제 5.17 두 확률변수의 함수의 기댓값

예제 5.1에서 확률변수 X와 Y는 각각 신호막대의 개수와 응답시간이다. X와 Y의 공분산을 해석해 보자.

신호막대의 개수가 증가하면 응답시간이 감소하는 경향이 있다. 따라서 X와 Y의 공분산은 음수이다. 예제 5.16에서 계산한 공분산은 -0.5815이다.

두 확률변수의 관계를 측정하는 다른 척도로 상관계수(correlation coefficient)가 있다. 상관계수는 공분산보다 해석하기 쉽다.

상관계수

확률변수 X와 Y의 **상관계수**를 ρ_{XY}라고 나타낼 때

$$\rho_{XY}=\frac{\mathrm{cov}(X,\ Y)}{\sqrt{V(X)V(Y)}}=\frac{\sigma_{XY}}{\sigma_X\sigma_Y} \tag{5.16}$$

$\sigma_X>0,\ \sigma_Y>0$이므로 X와 Y의 공분산이 양, 음, 또는 0이면 X와 Y의 상관계수는 양, 음, 또는 0이다. 다음 결과가 성립한다고 알려져 있다.

두 확률변수 X와 Y에 대하여

$$-1\le\rho_{XY}\le+1 \tag{5.17}$$

상관계수를 정의하기 위해 공분산을 각 변수의 표준편차의 곱으로 나눈다. 따라서 상관계수는 단위가 다른 두 변수 간의 선형관계를 비교할 때 사용할 수 있는 차원이 없는 값이다.

X와 Y의 결합확률분포에서 확률이 양수인 점이 양(음)의 기울기인 직선을 따르는 경향이 있으면, ρ_{XY}는 $+1(-1)$에 가깝다. ρ_{XY}가 $+1$ 또는 -1이면 결합확률분포에서 확률이 양수인 점은 정확히 직선 위에 있다. 상관계수가 0이 아닌 두 확률변수를 "상관되었

다"(correlated)라고 한다. 공분산과 마찬가지로 상관계수는 변수 간의 선형관계를 측정하는 측도이다.

예제 5.18 상관계수

예제 5.1에서 신호막대의 개수 X와 응답시간 Y의 상관계수를 구해 보자.

앞에서 구한 공분산은 -0.5815이다. 그림 5.6에 나타난 X와 Y의 주변분포로부터 $V(X)=0.6275$, $V(Y)=1.4099$를 계산한 후 상관계수를 구하면 다음과 같다.

$$\rho_{XY}=\frac{\sigma_{XY}}{\sigma_X\sigma_Y}=\frac{-0.5815}{\sqrt{0.6275}\sqrt{1.4099}}=-0.62$$

예제 5.19 선형관계

확률변수 X의 분포는

$$P(X=1)=0.2,\ P(X=2)=0.6,\ P(X=3)=0.2$$

라고 가정하자. 이제 $Y=2X+5$라고 하면

$$P(Y=7)=0.2,\ P(Y=9)=0.6,\ P(Y=11)=0.2$$

이다. X와 Y의 상관계수를 구해 보자.

X와 Y는 선형관계이므로 $\rho_{XY}=1$이다. 상관계수를 직접 계산하여 확인할 수도 있다.

다음과 같이 서로 독립인 두 확률변수의 결합확률분포에서는 변수의 어떤 관계도 기대할 수 없음이 알려져 있다.

X와 Y가 독립이면

$$\sigma_{XY}=\rho_{XY}=0 \tag{5.18}$$

그러나 두 확률변수의 상관계수가 0이어도 두 확률변수가 독립이라고 결론을 내릴 수는 없다. 앞의 그림 5.11(d)는 이러한 경우를 나타낸다.

5.5 자주 사용하는 결합확률분포

5.5.1 다항분포

이항분포를 일반화하면 유용하게 사용할 수 있는 여러 이산확률변수의 결합분포를 얻는다. 이때 확률실험은 일련의 독립시행으로 이루어지고, 각 시행 결과는 k개 범주 중 하나로 구분되며, 관심의 확률변수는 각 범주에 속하는 결과의 개수이다.

예제 5.20 디지털 채널

전송된 일련의 20개 비트 중 14개는 아주 우수, 3개는 우수, 2개는 보통, 1개는 불량일 확률에 관심이 있다. E, G, F, P는 각각 비트가 아주 우수, 우수, 보통, 불량인 사건을 나타낸다고 하자. 각 비트의 분류는 독립사건이고 E, G, F, P의 확률은 각각 0.6, 0.3, 0.08, 0.02라고 가정하자. 일련의 20개 비트에 대하여 각 범주에 속하는 비트의 수가 관심의 열과 같은 한 예는 다음과 같다.

$$EEEEEEEEEEEEEEGGGFFP$$

비트의 분류는 독립적이므로 이 배열의 확률은

$$P(EEEEEEEEEEEEEEGGGFFP)$$
$$=(0.6)^{14}(0.3)^3(0.08)^2(0.02)^1=2.708\times10^{-9}$$

이다. 같은 수의 E, G, F, P가 있는 배열의 확률은 모두 같으므로, 구하는 확률은 14개의 E, 3개의 G, 2개의 F, 1개의 P가 있는 배열의 수와 2.708×10^{-9}을 곱한 값이다. 2장의 결과를 이용하여 이 배열의 수를 계산하면

$$\frac{20!}{14!3!2!1!}=2{,}325{,}600$$

이다. 따라서 구하는 확률은 다음과 같다.

$$P(14\text{개의 } E,\ 3\text{개의 } G,\ 2\text{개의 } F,\ 1\text{개의 } P)$$
$$=2.708\times10^{-9}\times2{,}325{,}600=0.0063$$

이 예제에서 알 수 있듯이 이항분포를 다음과 같이 일반화할 수 있다.

다항분포

n번의 시행으로 이루어진 확률실험에 대하여 다음을 가정한다.

(1) 각 시행의 결과는 k개 범주 중 하나이다.

(2) 각 시행의 결과가 범주 $1, 2, \cdots, k$에 속할 확률은 각각 $p_1, p_2, \cdots, p_k$이고 각 시행에서 이 확률은 일정하다.

(3) 각 시행은 독립적이다.

확률변수 $X_1, X_2, \cdots, X_k$는 n번의 시행 중 범주 $1, 2, \cdots, k$에 속하는 시행 횟수라고 하면, $X_1, X_2, \cdots, X_k$는 다항분포를 따르고 그 결합확률질량함수는

$$P(X_1=x_1, X_2=x_2, \cdots, X_k=x_k)=\frac{n!}{x_1!x_2!\cdots x_k!}p_1^{x_1}p_2^{x_2}\cdots p_k^{x_k} \tag{5.19}$$

단, $x_1+x_2+\cdots+x_k=n$, $p_1+p_2+\cdots+p_k=1$이다.

다항분포(multinomial distribution)는 이항분포를 다변량으로 확장한 분포이다.

예제 5.21 디지털 채널

예제 5.20에서 확률변수 X_1, X_2, X_3, X_4는 각각 전송된 20개의 비트 중 E, G, F, P인 비트의 수를 나타낸다. 12개의 E, 6개의 G, 2개의 F, 0개의 P가 있을 확률을 구하면

$$P(X_1=12, X_2=6, X_3=2, X_4=0)$$
$$=\frac{20!}{12!6!2!0!}(0.6)^{12}(0.3)^6(0.08)^2(0.02)^0=0.0358$$

이다.

다항 확률실험에서 각 시행의 결과를 범주 i $(i=1, 2, \cdots, k)$에 속하거나 속하지 않는 것으로 생각할 수 있다. 그러면 확률변수 X_i는 범주 i에 속하는 시행 횟수이고 X_i는 이항분포를 따른다.

평균과 분산

$X_1, X_2, \cdots, X_k$가 다항분포를 따를 때, X_i의 주변확률분포는 이항분포이고 X_i의 평균과 분산은 각각

$$E(X_i)=np_i, \quad V(X_i)=np_i(1-p_i) \tag{5.20}$$

5.5.2 이변량 정규분포

정규분포를 두 확률변수의 경우로 확장하면 이변량 정규분포(bivariate normal distribution)가 된다. 이변량 정규분포는 확률변수 간의 양, 음, 또는 0의 상관관계를 설명할 수 있다.

예제 5.22 이변량 정규분포

이 장의 처음에 두 확률변수의 예로 사출성형 부품의 다른 차원의 길이(단위: mm)를 알아보았다. X와 Y의 규격이 각각 $(2.95, 3.05)$와 $(7.60, 7.80)$이면 부품이 두 규격을 모두 만족할 확률, 즉 $P(2.95<X<3.05, 7.60<Y<7.80)$에 관심이 있다. 각 길이를 정규분포로 모형화할 수 있다. 그러나 같은 부품에서 두 길이를 측정하므로 두 확률변수는 서로 독립이 아니다. 많은 응용분야에서 독립이 아닌 두 정규확률변수의 확률분포를 중요하게 사용한다.

이변량 정규확률밀도함수

모수가 $-\infty<\mu_X<\infty, -\infty<\mu_Y<\infty, \sigma_X>0, \sigma_Y>0, -1<\rho<1$인 이변량 정규확률밀도함수는

$$f_{XY}(x, y\,;\,\mu_X, \mu_Y, \sigma_X, \sigma_Y, \rho)=\frac{1}{2\pi\sigma_X\sigma_Y\sqrt{1-\rho^2}}$$
$$\times\exp\left\{\frac{-1}{2(1-\rho^2)}\left[\frac{(x-\mu_X)^2}{\sigma_X^2}-\frac{2\rho(x-\mu_X)(y-\mu_Y)}{\sigma_X\sigma_Y}+\frac{(y-\mu_Y)^2}{\sigma_Y^2}\right]\right\} \tag{5.21}$$

단, $-\infty<x<\infty$, $-\infty<y<\infty$이다.

확률밀도함수 $f_{XY}(x, y\,;\,\mu_X, \mu_Y, \sigma_X, \sigma_Y, \rho)$를 적분하면 1이 되는 것을 보일 수 있다. 이변량 정규확률밀도함수는 실수 평면 전체에서 양수이다. 그림 5.12에 2개의 이변량 정규분포와 그에 대응하는 **등고선그림**이 각각 나타나 있다. 등고선그림의 각 곡선은 확률밀도함수의 값이 일정한 점들의 집합이다. 등고선그림을 보면 이변량 정규확률밀도함수는 (x, y) 평면에서 타원이다. 원은 타원의 일종이라고 할 수 있다. 각 타원의 중심은

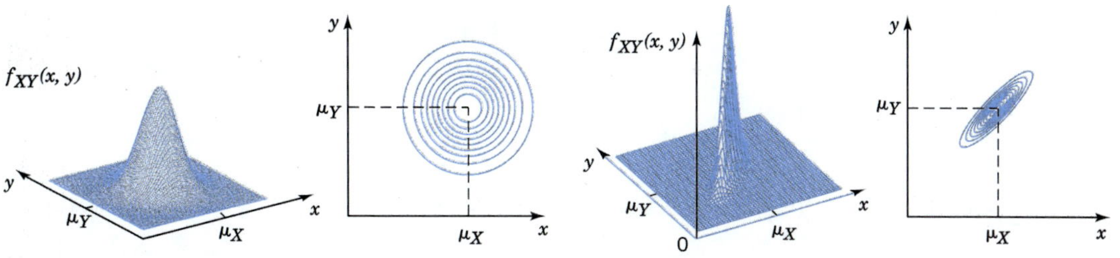

그림 5.12 이변량 정규분포의 예

(μ_X, μ_Y)이다. $\rho > 0(\rho < 0)$이면 타원의 주축은 양(음)의 기울기를 갖는다. $\rho = 0$이면 타원의 주축은 x축 또는 y축과 정렬된다.

예제 5.23 특수한 이변량 정규분포

$\mu_X = \mu_Y = 0, \sigma_X = \sigma_Y = 1, \rho = 0$인 이변량 정규분포의 결합확률밀도함수는 다음과 같다.

$$f_{XY}(x,y) = \frac{1}{2\pi} e^{-0.5(x^2+y^2)}, \quad -\infty < x < \infty, \quad -\infty < y < \infty$$

이 확률밀도함수를 그래프로 나타내면 그림 5.13과 같다. 등고선은 원점을 중심으로 한 동심원으로 이루어진다.

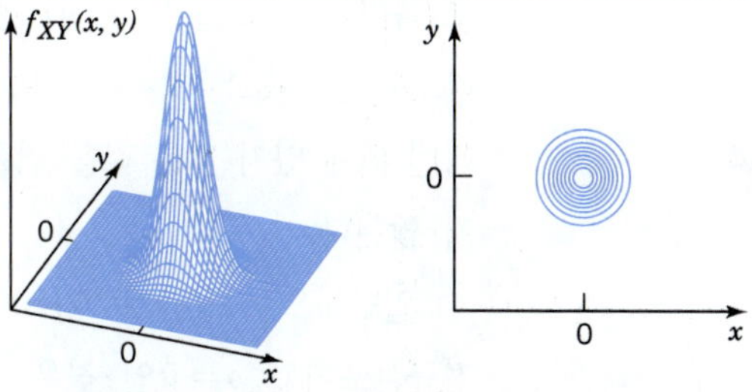

그림 5.13 $\mu_X = \mu_Y = 0, \sigma_X = \sigma_Y = 1, \rho = 0$인 이변량 정규분포

이변량 정규분포에 대하여 다음 결과가 성립한다고 알려져 있다. 더 이상의 자세한 내용은 생략한다.

이변량 정규확률변수의 주변분포

X와 Y의 결합확률밀도함수 $f_{XY}(x, y; \mu_X, \mu_Y, \sigma_X, \sigma_Y, \rho)$가 이변량 정규분포이면 X와 Y의 주변분포는 각각 평균이 μ_X, μ_Y이고 표준편차가 σ_X, σ_Y인 정규분포이다. (5.22)

이변량 정규확률변수의 조건부분포

X와 Y의 결합확률밀도함수 $f_{XY}(x, y; \mu_X, \mu_Y, \sigma_X, \sigma_Y, \rho)$가 이변량 정규분포이면 $X = x$일 때 Y의 조건부분포는 평균이

$$\mu_{Y|x} = \mu_Y + \rho \frac{\sigma_Y}{\sigma_X}(x - \mu_X)$$

이고 분산이

$$\sigma^2_{Y|x} = \sigma^2_Y(1-\rho^2)$$

인 정규분포이다.

기호에서 알 수 있듯이, ρ는 X와 Y의 상관계수이다. 다음 결과의 증명을 생략한다.

이변량 정규확률변수의 상관계수

X와 Y의 결합확률밀도함수 $f_{XY}(x, y; \mu_X, \mu_Y, \sigma_X, \sigma_Y, \rho)$가 이변량 정규분포이면 X와 Y의 상관계수는 ρ이다. (5.23)

그림 5.12의 등고선그림을 보면 ρ가 0(좌측)에서 0.9(우측)로 이동할 때 타원이 주축 주위로 좁아진다. 확률은 (x, y) 평면의 직선 주위로 더 모이고 두 변수의 상관계수는 더 커진다. $\rho=-1$ 또는 $\rho=+1$이면 모든 확률이 (x, y) 평면의 직선 위에 있다. 즉, X와 Y가 직선 위에 있지 않은 값을 취할 확률은 0이다. 이 경우 이변량 정규확률밀도함수는 정의되지 않는다.

일반적으로 상관계수가 0이라고 해서 독립인 것은 아니다. 그러나 X와 Y가 이변량 정규분포이고 $\rho=0$인 경우 X와 Y는 독립이라고 알려져 있다.

이변량 정규확률변수의 상관계수가 0이면 독립을 의미한다.

X와 Y가 $\rho=0$인 이변량 정규분포를 따를 때, X와 Y는 서로 독립이다. (5.24)

서로 상관된 두 정규확률변수에 관한 확률을 계산할 때 이변량 정규분포를 사용한다.

예제 5.24 사출성형 부품

사출성형 부품의 두 치수 X와 Y는 $\mu_X=3.00$, $\mu_Y=7.70$, $\sigma_X=0.04$, $\sigma_Y=0.08$, $\rho=0.8$인 이변량 정규분포를 따르고, 부품이 두 치수의 규격을 모두 만족할 확률은

$$P(2.95 < X < 3.05,\ 7.60 < Y < 7.80)$$

라고 가정하자.

그림 5.3에서 보는 것처럼 이 확률을 구하려면 영역 $2.95 < x < 3.05$, $7.60 < y < 7.80$에서

$$f_{XY}(x, y; \mu_X, \mu_Y, \sigma_X, \sigma_Y, \rho)$$

를 적분한다. 아쉽게도 이변량 정규분포에 관한 확률을 계산할 때 닫힌 해가 없는 경우가 많다. 이 경우 확률밀도함수를 수치적으로 적분해야 한다.

5.6 여러 확률변수의 선형함수

가끔 여러 확률변수의 함수로 새로운 확률변수를 정의하는 경우가 있다. 이 절에서는 뒤에서 중요하게 사용하는 확률변수들의 선형함수에 관한 결과를 알아본다. 예를 들어 X_1과 X_2는 각각 생산된 부품의 길이와 너비라고 할 때, $Y=2X_1+2X_2$는 부품의 둘레를 나

타내는 확률변수이다. 다른 예로, 3장에서는 음이항확률변수를 여러 기하확률변수의 합으로 나타내었다.

이 절에서는 확률변수들의 선형함수로 정의된 확률변수에 관한 결과를 알아본다.

선형함수

주어진 확률변수 $X_1, X_2, \cdots, X_p$와 상수 $c_0, c_1, c_2, \cdots, c_p$에 대하여

$$Y = c_0 + c_1X_1 + c_2X_2 + \cdots + c_pX_p \tag{5.25}$$

는 $X_1, X_2, \cdots, X_p$의 **선형함수**이다.

이제 $X_1, X_2, \cdots, X_p$의 결합분포를 이용하여 $E(Y)$를 구할 수 있다. $X_1, X_2, \cdots, X_p$는 연속확률변수라고 가정하면 다음이 성립한다.

$$\begin{aligned} E(Y) &= \int_{-\infty}^{\infty}\int_{-\infty}^{\infty}\cdots\int_{-\infty}^{\infty}(c_0 + c_1x_1 + c_2x_2 + \cdots + c_px_p) \\ &\qquad\qquad f_{X_1X_2\cdots X_p}(x_1, x_2, \cdots, x_p)dx_1dx_2\cdots dx_p \\ &= c_0 + c_1\int_{-\infty}^{\infty}\int_{-\infty}^{\infty}\cdots\int_{-\infty}^{\infty}x_1f_{X_1X_2\cdots X_p}(x_1, x_2, \cdots, x_p)dx_1dx_2\cdots dx_p \\ &\quad + c_2\int_{-\infty}^{\infty}\int_{-\infty}^{\infty}\cdots\int_{-\infty}^{\infty}x_2f_{X_1X_2\cdots X_p}(x_1, x_2, \cdots, x_p)dx_1dx_2\cdots dx_p \\ &\quad + \cdots \\ &\quad + c_p\int_{-\infty}^{\infty}\int_{-\infty}^{\infty}\cdots\int_{-\infty}^{\infty}x_pf_{X_1X_2\cdots X_p}(x_1, x_2, \cdots, x_p)dx_1dx_2\cdots dx_p \end{aligned}$$

위 식의 각 항에 식(5.11)을 적용하면 다음 식(5.26)이 성립함을 알 수 있다. 비슷한 방법으로 이산확률변수의 경우도 이 식이 성립함을 보일 수 있다.

선형함수의 평균

$X_1, X_2, \cdots, X_p$가 확률변수이고 $Y = c_0 + c_1X_1 + c_2X_2 + \cdots + c_pX_p$라고 할 때

$$E(Y) = c_0 + c_1E(X_1) + c_2E(X_2) + \cdots + c_pE(X_p) \tag{5.26}$$

다음을 증명하는 것은 연습문제로 남긴다.

선형함수의 분산

$X_1, X_2, \cdots, X_p$가 확률변수이고 $Y = c_0 + c_1X_1 + c_2X_2 + \cdots + c_pX_p$라고 할 때

$$V(Y) = c_1^2V(X_1) + c_2^2V(X_2) + \cdots + c_p^2V(X_p) + 2\sum_{i<j}\sum c_ic_j\mathrm{cov}(X_i, X_j) \tag{5.27}$$

특히 $X_1, X_2, \cdots, X_p$가 **독립**이면

$$V(Y)=c_1^2V(X_1)+c_2^2V(X_2)+\cdots+c_p^2V(X_p) \tag{5.28}$$

식(5.28)이 성립하려면 각 확률변수가 독립이어야 한다. 독립성이 왜 중요한지 알아보기 위해 X_1은 확률변수이고 $X_2=-X_1$이라고 하자. X_1과 X_2는 분명 독립이 아니다. 사실 $\rho_{X_1X_2}=-1$이다. $Y=X_1+X_2$는 확률 1로 0이고, X_1과 X_2의 분산에 관계없이 $V(Y)=0$이다.

예제 5.25 음이항분포

3장에서 알아보았듯이, Y는 모수가 p와 r인 음이항확률변수일 때 $Y=X_1+X_2+\cdots+X_r$이고, 각 X_i는 독립이면서 모수가 p인 기하확률변수이다. 따라서

$$E(X_i)=\frac{1}{p},\quad V(X_i)=\frac{(1-p)}{p^2}$$

이다. 식(5.26)과 식(5.28)로부터 다음이 성립한다.

$$E(Y)=\frac{r}{p},\quad V(Y)=\frac{r(1-p)}{p^2}$$

예제 5.25와 비슷한 방법으로 4장의 얼랭확률변수의 평균과 분산 식을 구할 수 있다. 아래에서 식(5.28)을 사용하는 중요한 예제로 오차전파(error propagation)를 알아본다.

예제 5.26 오차전파

어느 반도체 제품은 3층으로 이루어져 있다. 1, 2, 3층 두께의 분산이 각각 25, 40, 30 nm^2이고 층 두께는 서로 독립이라고 할 때, 완제품 두께의 분산을 계산해 보자.

X_1, X_2, X_3은 각 층의 두께이고 X는 완제품의 두께라고 하면

$$X=X_1+X_2+X_3$$

이다. 식(5.28)을 이용하여 X의 분산을 구하면

$$V(X)=V(X_1)+V(X_2)+V(X_3)=25+40+30=95\ \text{nm}^2$$

이다. 그러므로 완제품 두께의 표준편차는 $\sqrt{95}=9.75$ nm이다. 이 결과로부터 각 층의 변동이 완제품으로 어떻게 전파되는지 알 수 있다.

뒤에서 평균과 분산이 같은 확률변수들의 평균이라는 특별한 선형함수를 자주 사용한다. 이 특별한 선형함수에 관한 결과를 정리하면 다음과 같다.

평균의 평균과 분산

(1) $E(X_i)=\mu\ (i=1, 2, \cdots, p)$이고 $\overline{X}=\dfrac{X_1+X_2+\cdots+X_p}{p}$라고 할 때

$$E(\overline{X})=\mu \tag{5.29a}$$

(2) $V(X_i)=\sigma^2\ (i=1, 2, \cdots, p)$이고 $X_1, X_2, \cdots, X_p$가 독립일 때

$$V(\overline{X}) = \frac{\sigma^2}{p} \quad (5.29b)$$

식(5.28)에 $c_i = 1/p$, $V(X_i) = \sigma^2$을 대입하여 $V(\overline{X})$를 구하면 다음과 같다.

$$V(\overline{X}) = \underbrace{(1/p)^2\sigma^2 + \cdots + (1/p)^2\sigma^2}_{p\text{개}} = \frac{\sigma^2}{p}$$

확률변수들의 선형함수에 관한 다른 유용한 결과로, 독립인 정규확률변수들의 재생성 (reproductive property)을 정리하면 다음과 같다.

정규분포의 재생성

$X_1, X_2, \cdots, X_p$가 독립이고 $E(X_i) = \mu_i$, $V(X_i) = \sigma_i^2$ $(i = 1, 2, \cdots, p)$인 정규분포를 따른다고 할 때, $Y = c_0 + c_1X_1 + c_2X_2 + \cdots + c_pX_p$는 평균이

$$E(Y) = c_0 + c_1\mu_1 + c_2\mu_2 + \cdots + c_p\mu_p \quad (5.30)$$

이고 분산이

$$V(Y) = c_1^2\sigma_1^2 + c_2^2\sigma_2^2 + \cdots + c_p^2\sigma_p^2$$

인 정규분포를 따른다.

식(5.26)과 식(5.28)로부터 식(5.30)에 있는 Y의 평균과 분산에 대한 공식이 성립한다. 또한, 적률생성함수를 이용하여 Y가 정규분포를 따른다는 사실을 확인할 수 있다.

예제 5.27 독립인 정규확률변수의 선형함수

어느 생산품의 길이와 너비를 각각 확률변수 X_1과 X_2라고 하자. X_1은 $E(X_1) = 2$ cm, 표준편차가 0.1 cm인 정규분포, X_2는 $E(X_2) = 5$ cm, 표준편차가 0.2 cm인 정규분포를 따른다. 또한, X_1과 X_2는 독립이라고 하자. 부품의 둘레가 14.5 cm를 초과할 확률을 구해 보자.

부품의 둘레는 $Y = 2X_1 + 2X_2$이고 Y는 정규확률변수이다. 식(5.30)으로부터

$$E(Y) = 14 \text{ cm}$$
$$V(Y) = (4)(0.1^2) + (4)(0.2^2) = 0.2 \text{ cm}^2$$

이다. 따라서 구하는 확률은 다음과 같다.

$$P(Y > 14.5) = P\left(\frac{Y - \mu_Y}{\sigma_Y} > \frac{14.5 - 14}{\sqrt{0.2}}\right) = P(Z > 1.12) = 0.13$$

5.7 확률변수의 일반함수

많은 경우 하나 이상의 확률변수의 일반함수에 대한 분포가 필요하다. 이 절에서는 이런 문제를 풀 때 도움이 되는 몇 가지 결과를 알아본다.

이산확률변수 X의 확률질량함수를 $f_X(x)$라고 하자. $Y=h(X)$는 X와 Y의 일대일 변환을 정의하는 함수일 때, Y의 확률분포를 구해 본다. 일대일 변환이란 각 x에 오직 하나의 $y=h(x)$가 있고, 각 y에 오직 하나의 x, 즉 $x=u(y)$가 있음을 의미한다. 여기서 $y=h(x)$를 풀어서 x에 대응하는 y를 구하여 $u(y)$라고 하자.

확률변수 X가 $u(y)$일 때 확률변수 Y는 y이다. 따라서 Y의 확률분포는

$$f_Y(y)=P(Y=y)=P[X=u(y)]=f_X[u(y)]$$

이다. 위의 결과를 다음에 정리한다.

이산확률변수의 일반함수

이산확률변수 X의 확률질량함수를 $f_X(x)$라고 하자. $Y=h(X)$는 X와 Y의 일대일 변환으로 $y=h(x)$를 풀면 x를 y로 유일하게 나타낼 수 있고 이를 $x=u(y)$라고 하자. 확률변수 Y의 확률질량함수는

$$f_Y(y)=f_X[u(y)] \tag{5.31}$$

예제 5.28 이산확률변수의 함수

X는 기하확률변수로 그 확률질량함수는

$$f_X(x)=p(1-p)^{x-1},\ \ x=1,2,3,\cdots$$

라고 할 때 $Y=X^2$의 분포를 구해 보자.

$X\ge 0$이므로 일대일 변환, 즉 $y=x^2$이고 $x=\sqrt{y}$이다. 식(5.31)을 이용하여 Y의 확률질량함수를 구하면 다음과 같다.

$$f_Y(y)=f_X(\sqrt{y})=p(1-p)^{\sqrt{y}-1},\ \ y=1,4,9,\cdots$$

아래에 연속확률변수에 대해서도 비슷한 결과를 정리한다.

연속확률변수의 일반함수

연속확률변수 X의 확률밀도함수를 $f_X(x)$라고 하자. $Y=h(X)$는 X와 Y의 일대일 변환으로 $y=h(x)$를 풀면 x를 y로 유일하게 나타낼 수 있고 이를 $x=u(y)$라고 하자. 확률변수 Y의 확률밀도함수는

$$f_Y(y)=f_X[u(y)]|J| \tag{5.32}$$

단, $J=u'(y)$는 변환의 야코비안(Jacobian)이고, 이 경우 $|J|$은 J의 절댓값이다.

다음과 같이 식(5.32)를 보일 수 있다. $y=h(x)$가 x의 증가함수라고 가정하면

$$P(Y\le a)=P[X\le u(a)]=\int_{-\infty}^{u(a)} f_X(x)dx$$

이다. $x=u(y)$를 이용하여 적분변수를 x에서 y로 변경하면 $dx=u'(y)dy$이고

$$P(Y \le a) = \int_{-\infty}^{a} f_X[u(y)]\,|u'(y)|\,dy$$

이다. 위 식의 적분은 Y의 범위에 포함되는 모든 a에 대하여 $Y \le a$의 확률을 계산한다. 따라서 $f_X[u(y)]|u'(y)|$는 Y의 확률밀도함수, 즉

$$f_Y(y) = f_X[u(y)]|u'(y)| = f_X[u(y)]|J|$$

이다. 마찬가지로 $y = h(x)$가 x의 감소함수인 경우에도 식(5.32)가 성립한다.

예제 5.29 연속확률변수의 함수

X는 확률밀도함수가 $f_X(x) = \frac{x}{8},\ 0 \le x < 4$인 연속확률변수일 때, $Y = h(X) = 2X + 4$의 확률밀도함수를 구해 보자.

$y = h(x) = 2x + 4$는 x의 증가함수, $x = u(y) = \frac{y-4}{2}$

이다. $J = u'(y) = \frac{dx}{dy} = \frac{1}{2}$을 식(5.32)에 대입하면 Y의 확률밀도함수는 다음과 같다.

$$f_Y(y) = \frac{(y-4)/2}{8}\left(\frac{1}{2}\right) = \frac{y-4}{32},\quad 4 \le y \le 12$$

5.8 적률생성함수

X는 평균이 μ인 확률변수라고 가정하자. 지금까지 확률변수 X의 기댓값에 대해 알아보았고 $E(X) = \mu$이다. 이제 X의 함수 $g(X) = X^r$의 기댓값을 알아본다. 이 함수의 기댓값, 즉 $E[g(X)] = E(X^r)$을 확률변수 X의 원점에 대한 r차 적률이라고 한다.

원점에 대한 적률

확률변수 X의 원점에 대한 r차 적률을 μ_r'이라고 나타낼 때

$$\mu_r' = E(X^r) = \begin{cases} \sum_x x^r f_X(x), & X\text{가 이산형} \\ \int_{-\infty}^{\infty} x^r f_X(x)dx, & X\text{가 연속형} \end{cases} \tag{5.33}$$

원점에 대한 1차 적률은 평균, 즉 $E(X) = \mu_1' = \mu$이고, 원점에 대한 2차 적률은 $E(X^2) = \mu_2'$이다. 따라서 다음과 같이 확률변수의 분산을 원점에 대한 적률로 표현할 수 있다.

$$\sigma^2 = E(X^2) - [E(X)]^2 = \mu_2' - \mu^2$$

식(5.33)의 정의로부터 확률변수의 적률을 직접 구할 수도 있지만 많은 경우 다음 함수를 이용하면 더 편리하다.

적률생성함수

확률변수 X의 적률생성함수는 e^{tX}의 기댓값이고 다음과 같이 $M_X(t)$로 나타낸다.

$$M_X(t) = E(e^{tX}) = \begin{cases} \sum_x e^{tx} f_X(x), & X\text{가 이산형} \\ \int_{-\infty}^{\infty} e^{tx} f_X(x)dx, & X\text{가 연속형} \end{cases} \tag{5.34}$$

적률생성함수(moment generating function) $M_X(t)$는 식 (5.34)의 정의에서 합이나 적분이 수렴하는 경우에만 존재한다. 확률변수의 적률생성함수가 존재하면, 다음과 같이 적률생성함수를 이용하여 확률변수의 원점에 대한 적률을 모두 구할 수 있다.

확률변수 X의 적률생성함수가 $M_X(t)$일 때

$$\mu_r{}' = \left.\frac{d^r M_X(t)}{dt^r}\right|_{t=0} \tag{5.35}$$

합과 적분 안에서 미분이 가능할 때

$$\frac{d^r}{dt^r} M_X(t) = \begin{cases} \sum_x x^r e^{tx} f_X(x), & X\text{가 이산형} \\ \int_{-\infty}^{\infty} x^r e^{tx} f_X(x)dx, & X\text{가 연속형} \end{cases}$$

이다. 이 식에서 $t=0$이라고 두면 $\left.\frac{d^r M_X(t)}{dt^r}\right|_{t=0} = E(X^r)$로 식(5.35)가 성립한다.

예제 5.30 이항확률변수의 적률생성함수

X는 이항분포를 따른다고 하자. 즉,

$$f_X(x) = \binom{n}{x} p^x (1-p)^{n-x}, \quad x = 0, 1, \cdots, n$$

이다. 적률생성함수를 이용하여 이항확률변수의 평균과 분산이 $\mu = np$와 $\sigma^2 = np(1-p)$임을 증명해 보자.

적률생성함수의 정의로부터

$$M_X(t) = \sum_{x=0}^{n} e^{tx} \binom{n}{x} p^x (1-p)^{n-x} = \sum_{x=0}^{n} \binom{n}{x} (pe^t)^x (1-p)^{n-x}$$

이다. 위 식의 마지막 합은 $[pe^t + (1-p)]^n$의 이항전개이므로 위 식을 다시 쓰면 다음과 같다.

$$M_X(t) = [pe^t + (1-p)]^n$$

적률생성함수의 1차와 2차 도함수를 구하면 다음과 같다.

$$M_X{}'(t) = \frac{dM_X(t)}{dt} = npe^t[1 + p(e^t - 1)]^{n-1}$$

$$M_X{}''(t) = \frac{d^2 M_X(t)}{dt^2} = npe^t(1 - p + npe^t)[1 + p(e^t - 1)]^{n-2}$$

위의 식 $M_X'(t)$에서 $t=0$이라고 두면

$$M_X'(t)\big|_{t=0} = \mu_1' = \mu = np$$

즉, 이항확률변수 X의 평균이다. 또한, $M_X''(t)$에서 $t=0$이라고 두면

$$M_X''(t)\big|_{t=0} = \mu_2' = np(1-p+np)$$

이다. 따라서 이항확률변수의 분산은 다음과 같다.

$$\sigma^2 = \mu_2' - \mu^2 = np(1-p+np) - (np)^2$$
$$= np - np^2 = np(1-p)$$

예제 5.31 정규확률변수의 적률생성함수

정규확률변수의 적률생성함수를 구하고 평균과 분산이 각각 μ와 σ^2임을 증명해 보자.

정규분포의 적률생성함수는

$$M_X(t) = \int_{-\infty}^{\infty} e^{tx} \frac{1}{\sigma\sqrt{2\pi}} e^{-\frac{(x-\mu)^2}{2\sigma^2}} dx$$
$$= \int_{-\infty}^{\infty} \frac{1}{\sigma\sqrt{2\pi}} e^{-\frac{x^2 - 2(\mu+t\sigma^2)x + \mu^2}{2\sigma^2}} dx$$

이다. 위의 식에서 지수의 완전제곱

$$x^2 - 2(\mu+t\sigma^2)x + \mu^2 = [x-(\mu+t\sigma^2)]^2 - 2\mu t\sigma^2 - t^2\sigma^4$$

을 대입하면 적률생성함수는 다음과 같다.

$$M_X(t) = \int_{-\infty}^{\infty} \frac{1}{\sigma\sqrt{2\pi}} e^{-\frac{[x-(\mu+t\sigma^2)]^2 - 2\mu t\sigma^2 - t^2\sigma^4}{2\sigma^2}} dx$$
$$= e^{\mu t + \frac{\sigma^2 t^2}{2}} \int_{-\infty}^{\infty} \frac{1}{\sigma\sqrt{2\pi}} e^{-\frac{[x-(\mu+t\sigma^2)]^2}{2\sigma^2}} dx$$

이제 $u = \dfrac{x-(\mu+t\sigma^2)}{\sigma}$라고 두면 $dx = \sigma du$이고 위의 식을 다음과 같이 다시 쓸 수 있다.

$$M_X(t) = e^{\mu t + \frac{\sigma^2 t^2}{2}} \int_{-\infty}^{\infty} \frac{1}{\sqrt{2\pi}} e^{-\frac{u^2}{2}} du$$

이 식의 우변에 있는 적분은 표준정규밀도함수 아래의 전체 면적이므로 1이다. 따라서 구하는 적률생성함수는

$$M_X(t) = e^{\mu t + \frac{\sigma^2 t^2}{2}}$$

이다. 이 함수의 1차와 2차 도함수를 구하고 $t=0$으로 두면

$$\frac{dM_X(t)}{dt}\bigg|_{t=0} = \mu_1' = \mu$$

$$\frac{d^2M_X(t)}{dt^2}\bigg|_{t=0} = \mu_2' = \sigma^2 + \mu^2$$

이므로 정규확률변수의 평균은 μ이고 분산은 다음과 같다.

$$\sigma^2 = \mu_2' - \mu^2 = \sigma^2 + \mu^2 - \mu^2 = \sigma^2$$

적률생성함수의 여러 유용한 성질 중 가장 중요한 한 가지는 **유일성**이다. 즉, 확률변수의 적률생성함수가 존재하면 유일하다. 따라서 두 확률변수 X와 Y의 적률생성함수가 $M_X(t)$와 $M_Y(t)$일 때, 모든 t에 대하여 $M_X(t) = M_Y(t)$가 성립하면 X와 Y의 확률분포는 같다. 아래에 적률생성함수의 다른 유용한 성질을 요약한다.

적률생성함수의 성질

(1) X는 확률변수이고 a는 상수일 때,

$$M_{X+a}(t) = e^{at} M_X(t), \quad M_{aX}(t) = M_X(at)$$

(2) 확률변수 $X_1, X_2, \cdots, X_n$은 독립이고 각각의 적률생성함수가

$M_{X_1}(t), M_{X_2}(t), \cdots, M_{X_n}(t)$ 일 때, $Y = X_1 + X_2 + \cdots + X_n$의 적률생성함수는

$$M_Y(t) = M_{X_1}(t) M_{X_2}(t) \cdots M_{X_n}(t) \tag{5.36}$$

$$M_{X+a}(t) = E\left[e^{t(X+a)}\right] = e^{at}E(e^{tX}) = e^{at}M_X(t)$$

이고

$$M_{aX}(t) = E\left[e^{t(aX)}\right] = E\left[e^{(at)X}\right] = M_X(at)$$

이므로 성질 (1)이 성립한다. X가 연속확률변수일 때 성질 (2)를 보면

$$\begin{aligned} M_Y(t) &= E(e^{tY}) = E\left[e^{t(X_1 + X_2 + \cdots + X_n)}\right] \\ &= \int_{-\infty}^{\infty}\int_{-\infty}^{\infty}\cdots\int_{-\infty}^{\infty} e^{t(x_1 + x_2 + \cdots + x_n)} f(x_1, x_2, \cdots, x_n)dx_1 dx_2 \cdots dx_n \end{aligned}$$

이다. 여기서 X가 서로 독립이므로 위의 식에

$$f(x_1, x_2, \cdots, x_n) = f_{X_1}(x_1) f_{X_2}(x_2) \cdots f_{X_n}(x_n)$$

을 대입하면 다음과 같이 성질 (2)가 성립한다.

$$\begin{aligned} M_Y(t) &= \int_{-\infty}^{\infty} e^{tx_1} f_{X_1}(x_1)dx_1 \int_{-\infty}^{\infty} e^{tx_2} f_{X_2}(x_2)dx_2 \cdots \int_{-\infty}^{\infty} e^{tx_n} f_{X_n}(x_n)dx_n \\ &= M_{X_1}(t) M_{X_2}(t) \cdots M_{X_n}(t) \end{aligned}$$

X가 이산확률변수인 경우 적분을 합으로 바꾸고 같은 방법으로 식(5.36)을 증명한다.

다음 예제를 보면 2개 이상의 독립인 확률변수들의 합의 분포를 구할 때 식(5.36)의 결과를 이용하면 문제를 쉽게 풀 수 있음을 알 수 있다.

예제 5.32 푸아송확률변수의 합의 분포

X_1과 X_2는 독립이고 각각 모수가 λ_1과 λ_2인 푸아송확률변수일 때, $Y = X_1 + X_2$의 분포를 구해 보자.

모수가 λ인 푸아송분포의 적률생성함수는

$$M_X(t) = e^{\lambda(e^t - 1)}$$

이므로 X_1과 X_2의 적률생성함수는 $M_{X_1}(t) = e^{\lambda_1(e^t - 1)}$과 $M_{X_2}(t) = e^{\lambda_2(e^t - 1)}$이다. 식(5.36)을 이용하여 $Y = X_1 + X_2$의 적률생성함수를 나타내면

$$M_Y(t) = M_{X_1}(t) M_{X_2}(t) = e^{\lambda_1(e^t - 1)} e^{\lambda_2(e^t - 1)} = e^{(\lambda_1 + \lambda_2)(e^t - 1)}$$

즉, 모수가 $\lambda_1 + \lambda_2$인 푸아송분포의 적률생성함수가 된다. 따라서 모수가 각각 λ_1과 λ_2이고 독립인 두 푸아송확률변수의 합은 모수가 $\lambda_1 + \lambda_2$인 푸아송확률변수이다.

주요용어와 개념

결합확률밀도함수(Joint probability density function)
결합확률분포(Joint probability distribution)
결합확률질량함수(Joint probability mass function)
공분산(Covariance)
다항분포(Multinomial distribution)
독립(Independence)
상관(Correlation)
오차전파(Error propagation)
이변량분포(Bivariate distribution)
이변량 정규분포(Bivariate normal distribution)
적률생성함수(Moment generating function)
정규분포의 재생성(Reproductive property of the normal distribution)
조건부분산(Conditional variance)
조건부평균(Conditional mean)
조건부확률밀도함수(Conditional probability density function)
조건부확률질량함수(Conditional probability mass function)
주변확률분포(Marginal probability distribution)
확률변수들의 선형함수(Linear functions of random variables)
확률변수의 일반함수(General functions of a random variable)

CHAPTER 6

기술통계

Agencja Fotograficzna Caro/Alamy Stock Photo

학습목표

이 장을 주의 깊게 학습한 후 다음을 할 수 있다.

1. 표본평균, 표본분산, 표본표준편차, 표본중앙값, 표본범위를 구하고, 이를 해석한다.
2. 표본평균, 표본분산, 모평균, 모분산의 의미를 이해한다.
3. 줄기-잎그림, 히스토그램, 상자그림 등의 시각적 데이터 표현을 작성하고, 이를 해석한다.
4. 임의표본의 의미를 이해한다.
5. 정규확률그림을 작성하고, 이를 해석한다.
6. 상자그림과 다른 데이터 표현을 이용하여 둘 이상의 표본을 시각적으로 비교하는 방법을 이해한다.
7. 시계열 데이터의 중요한 특징을 시각적으로 표현하기 위해 시계열그림을 사용한다.
8. 둘 이상의 변수의 산점도를 작성하고, 이를 해석한다.

목차

통계학은 데이터의 과학이다. 데이터를 다루는 중요한 측면 중 하나는 데이터의 해석과 후속 분석이 용이하도록 데이터를 정리하고 요약하는 것이다. 통계학의 이런 측면을 기술통계(descriptive statistics)라고 하며, 이것이 이 장의 주제이다. 예를 들어 1장에서 자동차 엔진 연결기의 8개 시제품에서 측정한 가압 힘은 12.6, 12.9, 13.4, 12.3, 13.6, 13.5, 12.6, 13.1 파운드이었다. 데이터에서 가압 힘의 분명한 변동을 볼 수 있다. 데이터의 이러한 정보를 어떻게 요약해야 할까? 이것이 우리가 다루고자 하는 일반적 질문이다. 공학적 의사결정에서는 중심 경향성이나 변동과 같은 특징이 아주 중요하기 때문에 데이터를 요약할 때 이런 특징을 강조해야 한다. 이 장을 학습하고 나면 데이터를 요약하는 수치적 방법과 강력한 그래픽 기법이 있음을 알게 된다. 특히 그래픽 기법은 중요하다. 데이터에 대한 좋은 통계분석은 항상 데이터의 시각화로 시작해야 한다.

6.1 데이터의 수치적 요약

데이터 요약과 시각화는 올바른 통계적 사고에 필수적이다. 데이터 요약과 시각화를 통해 데이터의 중요한 특징에 집중하고, 문제 해결에 사용할 모형의 유형에 관한 통찰을 얻을 수 있다. 컴퓨터는 데이터의 표현과 분석에서 중요한 도구이다. 계산기만 있으면 많은 통계기법을 사용할 수 있지만, 이 경우 많은 시간과 노력이 필요할 수 있다. 컴퓨터를 사용하면 훨씬 더 효율적으로 작업할 수 있다.

통계 소프트웨어의 미리 작성된 라이브러리를 이용하여 대부분의 통계분석을 수행할 수 있다. 사용자는 데이터를 입력한 후 관심 있는 분석과 출력 화면을 선택하면 된다. 메인프레임과 개인용 컴퓨터에서 모두 통계 소프트웨어를 사용할 수 있다. 이 책의 전반에서 통계 소프트웨어의 전형적인 출력물을 예제로 제시한다. 그러나 특정 소프트웨어를 사용하여 데이터를 입력하고 편집하거나 명령어를 입력하는 실질적 사용법에 관해서는 다루지 않는다.

때로는 데이터의 특징을 수치로 설명하면 유용하다. 예를 들어 데이터의 위치나 중심 경향성을 산술평균으로 나타낼 수 있다. 우리가 다루는 대부분의 데이터는 표본을 나타내므로 산술평균을 표본평균이라고 한다.

표본평균

크기가 n인 표본의 관측치를 $x_1, x_2, \cdots, x_n$이라고 나타낼 때, 표본평균은

$$\bar{x} = \frac{x_1 + x_2 + \cdots + x_n}{n} = \frac{\sum_{i=1}^{n} x_i}{n} \tag{6.1}$$

예제 6.1 표본평균

1장에서 연결기의 시제품에 대한 가압 힘을 관측하였다. 8개의 관측치는 다음과 같다.

$$x_1 = 12.6, x_2 = 12.9, x_3 = 13.4, x_4 = 12.3,$$
$$x_5 = 13.6, x_6 = 13.5, x_7 = 12.6, x_8 = 13.1$$

표본평균의 값을 구하면 다음과 같다.

$$\bar{x} = \frac{x_1 + x_2 + \cdots + x_n}{n} = \frac{\sum_{i=1}^{8} x_i}{8}$$
$$= \frac{12.6 + 12.9 + \cdots + 13.1}{8} = \frac{104}{8} = 13.0 \text{ 파운드}$$

그림 6.1에 있는 가압 힘 데이터의 점도표를 보면, 표본평균이 위치 측도임을 알 수 있다. 표본평균 $\bar{x} = 13.0$을 "균형점"으로 생각할 수 있다. 각 관측치가 x축상의 한 점에 놓인 1파운드 질량이라고 하면 $\bar{x}$에 위치한 추는 이 무게 시스템이 균형을 이루도록 한다.

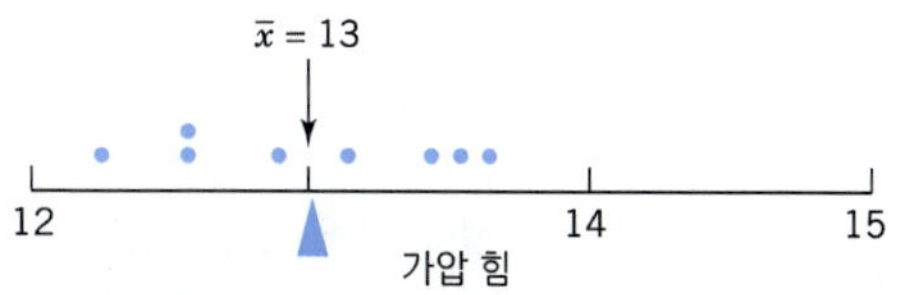

그림 6.1 표본평균을 무게 시스템의 균형점으로 표현한 점도표

표본평균은 데이터 집합 안의 모든 관측치의 평균이다. 데이터는 보통 관측치의 모집단으로부터 추출된 관측치의 표본이다. 이 예제에서 모집단은 고객에게 판매할 모든 연결기를 포함한다. 경우에 따라 이런 유형의 모집단은 물리적으로 존재하지 않을 수 있고, 이것을 개념적 또는 가상의 모집단이라고 한다. 반도체 공장에서 생산하는 실리콘 웨이퍼의 로트(lot)처럼 실제 모집단이 존재하기도 한다.

앞 장에서 확률분포의 평균을 μ라고 나타내었다. 확률분포를 모집단의 모형으로 생각하면 평균은 모집단의 모든 관측치의 평균이다. 일어날 가능성이 모두 동등하고 크기가 N인 유한모집단에서 확률질량함수는 $f(x_i) = 1/N$ 이고, 평균은

$$\mu = \sum_{i=1}^{N} x_i f(x_i) = \frac{\sum_{i=1}^{N} x_i}{N} \quad (6.2)$$

이다. 표본평균(sample mean)의 값 $\bar{x}$는 모평균(population mean) μ의 합리적인 추정치이다. 따라서 3/32인치 두께의 연결기를 설계하고 있는 기술자는 데이터를 기반으로 평균 가압 힘의 추정치가 13.0파운드라고 결론을 내릴 수 있다.

표본평균은 유용하지만 표본 데이터에 관한 모든 정보를 포함하지는 않는다. 표본분산(sample variance) 또는 표본표준편차(sample standard deviation)는 데이터의 변동 또는 산포를 설명한다.

표본분산과 표본표준편차

크기가 n인 표본의 관측치를 $x_1, x_2, \cdots, x_n$이라고 나타낼 때, 표본분산은

$$s^2 = \frac{\sum_{i=1}^{n} (x_i - \bar{x})^2}{n-1} \quad (6.3)$$

> 표본표준편차 s는 표본분산의 양의 제곱근이다.

표본분산의 단위는 변수의 원래 단위의 제곱이다. x를 lb로 측정하면 표본분산의 단위는 lb^2이다. 그에 비해 표본표준편차는 변수의 원래 단위로 변동을 측정하는 유용한 성질을 갖는다.

표본분산이 변동을 측정하는 방법: 표본분산이 변동을 어떻게 측정하는지 알아보기 위해 그림 6.2에 있는 가압 힘 데이터의 편차 $x_i - \bar{x}$에 대한 점도표를 참고하기 바란다. 가압 힘 데이터의 변동이 클수록 일부 편차의 절댓값이 클 것이다. 편차의 합은 항상 0이기 때문에 편차가 음수이면 음수가 아니도록 변환하는 변동의 측도를 사용해야 한다. 이를 위해 표본분산에서는 편차를 제곱한다. 따라서 s^2이 작으면 데이터의 변동이 상대적으로 작고, s^2이 크면 변동이 상대적으로 크다.

예제 6.2 표본분산

표 6.1에는 가압 힘 데이터에 대한 표본분산과 표본표준편차를 계산할 때 필요한 값이 나와 있다. 이 데이터를 그림으로 나타내면 그림 6.2와 같다. s^2의 분자는

$$\sum_{i=1}^{8}(x_i - \bar{x})^2 = 1.60$$

이므로 표본분산과 표본표준편차의 값을 각각 구해 보면 다음과 같다.

$$s^2 = \frac{1.60}{8-1} = \frac{1.60}{7} = 0.2286 \text{ lb}^2$$

$$s = \sqrt{0.2286} = 0.48 \text{ lb}$$

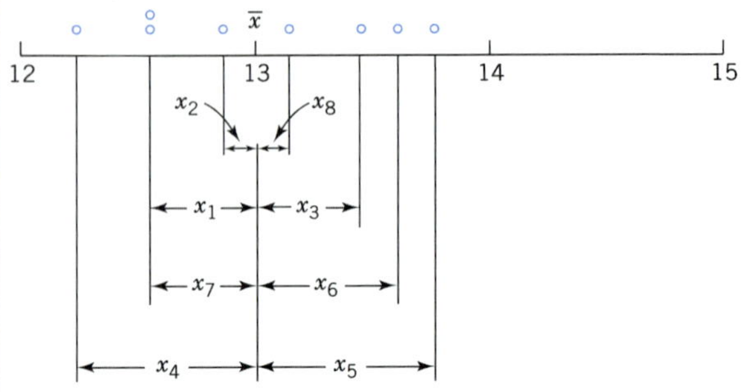

그림 6.2 표본분산이 편차 $x_i - \bar{x}$로 변동을 측정하는 방법

표 6.1 표본분산과 표본표준편차의 계산 항

i	x_i	$x_i - \bar{x}$	$(x_i - \bar{x})^2$
1	12.6	−0.4	0.16
2	12.9	−0.1	0.01
3	13.4	0.4	0.16
4	12.3	−0.7	0.49
5	13.6	0.6	0.36
6	13.5	0.5	0.25
7	12.6	−0.4	0.16
8	13.1	0.1	0.01
합계	104.0	0.0	1.60

s^2의 계산: s^2을 계산하려면 $\bar{x}$의 계산, n번의 뺄셈, n번의 제곱과 덧셈 연산을 해야 한다. 원래의 관측치 x_i 또는 편차 $x_i - \bar{x}$가 정수가 아닌 경우 편차로 작업하는 것이 지루하고, 계산의 정확도를 보장하려면 소수점 아래 여러 자리까지 계산해야 할 수 있다. 표본분산을 계산하는 보다 효율적인 식을 구하기 위해 다음을 보자.

$$s^2 = \frac{\sum_{i=1}^{n}(x_i - \bar{x})^2}{n-1} = \frac{\sum_{i=1}^{n}(x_i^2 + \bar{x}^2 - 2x_i\bar{x})}{n-1} = \frac{\sum_{i=1}^{n}x_i^2 + n\bar{x}^2 - 2\bar{x}\sum_{i=1}^{n}x_i}{n-1}$$

여기서 $\bar{x} = \frac{1}{n}\sum_{i=1}^{n}x_i$를 이용하여 마지막 식을 정리하면 다음과 같다.

$$s^2 = \frac{\sum_{i=1}^{n}x_i^2 - \frac{\left(\sum_{i=1}^{n}x_i\right)^2}{n}}{n-1} \tag{6.4}$$

식(6.4)에서는 각 x_i를 제곱하고, x_i의 합을 제곱하며, $\sum_{i=1}^{n}x_i^2$에서 $\frac{\left(\sum_{i=1}^{n}x_i\right)^2}{n}$을 뺀 후 마지막으로 $n-1$로 나눈다. 이를 s^2(또는 s)**의 단축 계산법**이라고 한다.

예제 6.3 s^2의 단축 계산

식(6.4)의 단축 계산법을 이용하여 표본분산의 값을 구하면

$$s^2 = \frac{\sum_{i=1}^{n}x_i^2 - \frac{\left(\sum_{i=1}^{n}x_i\right)^2}{n}}{n-1} = \frac{1353.6 - \frac{(104)^2}{8}}{7}$$

$$= 0.2286 \ \text{lb}^2$$

이다. 따라서 표준편차의 값은

$$s = \sqrt{0.2286} = 0.48 \ \text{lb}$$

이다. 이 값은 예제 6.2의 결과와 정확히 같다.

표본분산 s^2과 마찬가지로, 모집단의 변동을 모분산(population variance) σ^2이라고 정의한다. σ^2의 양의 제곱근인 σ는 모표준편차(population sample deviation)를 나타낸다. 발생 가능성이 모두 동등하고 크기가 N인 유한모집단에서 모분산은 다음과 같다.

$$\sigma^2 = \frac{\sum_{i=1}^{N}(x_i - \mu)^2}{N} \tag{6.5}$$

모평균의 추정치로 표본평균의 값을 사용한 것과 마찬가지로 모분산의 추정치로 표본분산

의 값을 사용한다. 7장에서 모수의 추정에 대해 정식으로 알아본다.

표본분산의 분모는 표본의 크기에서 1을 뺀 $n-1$이고, 모분산의 분모는 모집단의 크기인 N이다. 모평균 μ의 참값을 알면 각 관측치의 μ에 대한 편차의 제곱합으로 **표본**분산을 구할 수 있다. 실질적으로 거의 항상 μ를 모르므로 각 관측치의 $\bar{x}$에 대한 편차의 제곱합을 사용한다. 이때 관측치 x_i는 모평균 μ보다 자신들의 평균인 $\bar{x}$에 더 가까우므로, 이를 조정하기 위해 표본분산의 분모에 n 대신 $n-1$을 사용한다. 표본분산의 분모에 n을 사용하면 모분산 σ^2보다 변동을 더 작게 측정한다.

표본분산 s^2을 설명하는 다른 한 방법은 자유도 $n-1$을 토대로 한다. **자유도**(degrees of freedom)라는 용어는 n개의 편차 $x_1-\bar{x}$, $x_2-\bar{x}$, $\cdots$, $x_n-\bar{x}$를 합하면 항상 0이므로 임의의 $n-1$개의 편차가 주어지면 남은 1개의 편차는 자동으로 결정된다는 사실에서 유래한다. 표 6.1을 보면 이를 알 수 있다. n개의 편차 중 $n-1$개만 자유롭게 결정되므로 자유도는 데이터에 포함된 독립 정보의 개수라고 할 수 있다.

변동의 측도로 표본분산과 표본표준편차 외에도 표본범위(sample range), 즉 가장 큰 관측치와 가장 작은 관측치의 차이를 사용하기도 한다. 표본범위를 정의하면 다음과 같다.

표본범위

크기가 n인 표본의 관측치를 $x_1, x_2, \cdots, x_n$이라고 나타낼 때, 표본범위는

$$r = \max_{i=1,\cdots,n}(x_i) - \min_{i=1,\cdots,n}(x_i) \tag{6.6}$$

가압 힘 데이터의 표본범위는 $r = 13.6 - 12.3 = 1.3$이다. 일반적으로 표본 데이터의 변동이 크면 표본범위도 크다.

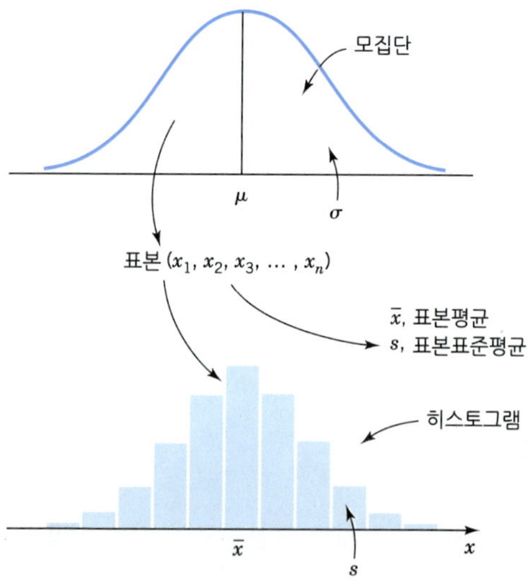

그림 6.3 모집단과 표본의 관계

표본범위를 사용하면 계산은 쉽지만 데이터에 포함된 최댓값과 최솟값 사이의 모든 정보가 무시된다. 예를 들어 두 표본 $1, 3, 5, 8, 9$와 $1, 5, 5, 5, 9$의 범위는 모두 $r = 8$이지만, 표준편차는 $s_1 = 3.35$, $s_2 = 2.83$으로 두 번째 표본의 변동이 더 작다.

$n < 8$과 같이 표본크기가 작을 때는 범위로 인한 정보의 손실이 심각하지 않을 수 있다. 예를 들어 통계적 공정관리에서는 표본크기가 주로 4 또는 5이므로 변동의 측도로 범위를 널리 사용한다. 이러한 응용에 관해서는 15장에서 학습한다.

대부분의 통계 문제에서는 연구 대상인 모집단으로부터 추출한 표본으로 작업한다. 모집단과 표본의 관계를 그림으로 설명하면 그림 6.3과 같다.

6.2 줄기-잎그림

점도표는 최대 약 20개의 관측치가 있는 소표본에 유용한 데이터 표현법이다. 관측치의 수가 그보다 크면 다른 그림이 더 유용하다.

표 6.2에 항공기 구조 부품의 잠재적인 재료로 평가 중인 알루미늄-리튬 합금의 80개 시편에서 측정한 압축강도 데이터가 나타나 있다. 표 6.2에는 데이터가 시험 순서대로 기록되어 있지만, 이런 형식은 압축강도에 관한 정보를 잘 전달하지 못한다. 이 데이터로부터 "전체 시편의 몇 %가 120 psi 미만인가"와 같은 질문에 답하기 어렵다. 많은 관측치가 있으므로 점도표를 사용하는 것은 비효율적이고, 큰 데이터 집합에 더 효과적인 표현법이 있다.

줄기-잎그림(stem-and-leaf diagram)은 각 관측치 x_i가 적어도 두 자리인 데이터 집합 $x_1, x_2, \cdots, x_n$을 시각적으로 더 잘 표현하는 좋은 방법이다. 줄기-잎그림을 작성하기 위해 다음과 같은 절차를 따른다.

표 6.2 80개 알루미늄-리튬 합금 시편의 압축강도(단위: psi)

105	221	183	186	121	181	180	143
97	154	153	174	120	168	167	141
245	228	174	199	181	158	176	110
163	131	154	115	160	208	158	133
207	180	190	193	194	133	156	123
134	178	76	167	184	135	229	146
218	157	101	171	165	172	158	169
199	151	142	163	145	171	148	158
160	175	149	87	160	237	150	135
196	201	200	176	150	170	118	149

줄기-잎그림 작성법

(1) 각 관측치 x_i를 두 부분으로 나눈다. 하나 이상의 앞 자릿수는 줄기이고, 마지막 한 자릿수는 잎이다.
(2) 줄기값을 수직 열에 나열한다.
(3) 줄기 옆에 각 관측치의 잎을 수평으로 기록한다.
(4) 줄기와 잎의 단위를 작성한다.

예를 들어 데이터가 반도체 웨이퍼의 한 로트에서 측정한 불량 퍼센트로, 0~100의 값을 취한다면, 76이라는 값은 줄기 7과 잎 6으로 나뉜다. 일반적으로 관측치의 개수에 비해 상대적으로 적은 수의 줄기를 선택하며, 보통 5개~20개가 가장 좋다.

예제 6.4 합금강도

줄기-잎그림을 작성하기 위해 표 6.2의 압축강도 데이터를 고려해보자. 줄기로 7, 8, 9, ⋯, 24를 선택하여 줄기-잎그림을 작성하면 그림 6.4와 같다. 마지막 열은 각 줄기에 나열된 잎의 개수이다. 그림을 보면 대부분의 압축강도는 110에서 200 사이에 있고 중심은 150과 160 사이에 있음을 확인할 수 있다. 또한, 압축강도는 중심값에서 대략 대칭적으로 분포한다. 표 6.2에서는 분명하지 않았던 데이터의 중요한 특징을 줄기-잎그림에서는 빠르게 확인할 수 있다.

어떤 데이터 집합에서는 더 많은 줄기를 사용할 필요가 있다. 한 가지 방법은 원래 줄기를 수정하는 것이다. 예를 들어 줄기 5를 두 줄기 5L, 5U로 나눌 수 있다. 그러면 줄기 5L에는 잎 0, 1, 2, 3, 4, 줄기 5U에는 잎 5, 6, 7, 8, 9를 둔다. 그 결과 줄기의 개수는 원래 줄기 개수의 2배이다. 5개의 줄기를 정의하여 원래 줄기 개수의 4배로 만들 수도 있다. 예를 들어 줄기 5z에는 잎 0과 1, 5t에는 잎 2와 3, 5f에는 잎 4와 5, 5s에는 잎 6과 7, 5e에는 잎 8과 9를 둔다.

컴퓨터 소프트웨어를 이용하여 표 6.2의 압축강도 데이터에 대한 줄기-잎그림을 작성하면 그림 6.5와 같다. 이 소프트웨어에서는 그림 6.4와 같은 줄기를 사용한다. 컴퓨터를 이용하면 각 줄기에 대하여 잎을 크기 순서대로 정렬하는데, 이런 형식의 그림을 정렬된 줄기-잎그림이라고 한다. 보통 손으로 그림을 작성할 때는 시간이 오래 걸리므로 잎을 정렬하지 않는다. 컴퓨터를 이용하면 줄기의 왼쪽에 열을 추가하여 상단 절반에는 각 줄기 위에 있는 관측치의 개수, 하단 절반에는 각 줄기 아래에 있는 관측치의 개수, 가운데 줄기가 있는 열에는 이 줄기에 위치하는 관측치의 개수가 표시된다.

정렬된 줄기-잎그림에서 백분위수, 사분위수, 중앙값과 같은 데이터의 특성을 쉽게 찾을 수 있다. 표본중앙값(sample median)은 데이터를 두 부분으로 나누는 중심 경향의 측도로서, 중앙값 아래와 위 관측치의 개수가 각각 절반이다. 전체 관측치의 개수가 짝수이면 중앙값은 가운데 2개 값의 중간이다. 그림 6.5에서 강도의 40번째와 41번째 값은 각각 160과 163이므로, 중앙값은 $(160+163)/2=161.5$이다. 관측치의 개수가 홀수이면 중앙

줄기	잎	빈도
7	6	1
8	7	1
9	7	1
10	5 1	2
11	5 8 0	3
12	1 0 3	3
13	4 1 3 5 3 5	6
14	2 9 5 8 3 1 6 9	8
15	4 7 1 3 4 0 8 8 6 8 0 8	12
16	3 0 7 3 0 5 0 8 7 9	10
17	8 5 4 4 1 6 2 1 0 6	10
18	0 3 6 1 4 1 0	7
19	9 6 0 9 3 4	6
20	7 1 0 8	4
21	8	1
22	1 8 9	3
23	7	1
24	5	1

줄기: 십의 자리와 백의 자리; 잎: 일의 자리

그림 6.4 표 6.2의 압축강도 데이터에 대한 줄기-잎그림

강도의 줄기-잎

$N = 80$	줄기	단위 = 1.0
1	7	6
2	8	7
3	9	7
5	10	1 5
8	11	0 5 8
11	12	0 1 3
17	13	1 3 3 4 5 5
25	14	1 2 3 5 6 8 9 9
37	15	0 0 1 3 4 4 6 7 8 8 8 8
(10)	16	0 0 0 3 3 5 7 7 8 9
33	17	0 1 1 2 4 4 5 6 6 8
23	18	0 0 1 1 3 4 6
16	19	0 3 4 6 9 9
10	20	0 1 7 8
6	21	8
5	22	1 8 9
2	23	7
1	24	5

그림 6.5 컴퓨터로 작성한 전형적인 줄기-잎그림

값은 가운데 값이다. 표본최빈값(sample mode)은 가장 자주 발생하는 데이터 값이다. 그림 6.5에서 최빈값은 158이다. 이 값은 표본에서 4번 발생하고 다른 어떤 값도 이 값보다 더 자주 발생하지 않는다. 4번 발생하는 값이 더 있으면 최빈값이 여러 개이다.

예제 6.5 화학수율

그림 6.6에는 화학공정에서 수집한 25개의 수율 관측치에 대한 줄기-잎그림이 나타나 있다. 그림 6.6(a)에서는 줄기로 6, 7, 8, 9를 사용한다. 그 결과 줄기의 개수가 너무 적어 데이터에 관한 정보를 별로 제공하지 못한다. 그림 6.6(b)에서는 각 줄기를 두 부분으로 나누어 데이터를 더 적절히 보여준다. 그림 6.6(c)는 각 줄기를 다섯 부분으로 나눈 줄기-잎그림으로, 줄기가 너무 많아 데이터의 모양에 관한 정보를 잘 보여주지 못한다.

줄기	잎
6	1 3 4 5 5 6
7	0 1 1 3 5 7 8 8 9
8	1 3 4 4 7 8 8
9	2 3 5

(*a*)

줄기	잎
6L	1 3 4
6U	5 5 6
7L	0 1 1 3
7U	5 7 8 8 9
8L	1 3 4 4
8U	7 8 8
9L	2 3
9U	5

(*b*)

줄기	잎
6z	1
6t	3
6f	4 5 5
6s	6
6e	
7z	0 1 1
7t	3
7f	5
7s	7
7e	8 8 9
8z	1
8t	3
8f	4 4
8s	7
8e	8 8
9z	
9t	2 3
9f	5
9s	
9e	

(*c*)

그림 6.6 예제 6.5의 줄기-잎그림: 줄기는 십의 자리이고 잎은 일의 자리이다.

데이터를 3개 이상의 부분으로 나눌 수도 있다. 정렬된 데이터 집합을 같은 크기의 4개 부분으로 나누어 주는 지점을 사분위수(quartile)라고 한다. **첫 번째** 또는 **낮은 사분위수**인 q_1은 대략 25%의 관측치가 그보다 작고, 대략 75%의 관측치가 그보다 큰 값이다. **두 번째 사분위수**인 q_2는 대략 50%의 관측치가 그보다 작은 중앙값이다. **세 번째** 또는 **높은 사분위수**인 q_3은 대략 75%의 관측치가 그보다 작다. 중앙값과 마찬가지로 사분위수는 유일하지 않을 수 있다. 첫 번째와 세 번째 사분위수는 각각 정렬된 관측치의 $(n+1)/4$번째와 $3(n+1)/4$번째 관측치로, 필요에 따라 보간하여 두 값을 구한다. 예를 들어 그림 6.5의 압축강도 데이터에서는 $n=80$, $(80+1)/4=20.25$, $3(80+1)/4=60.75$이다. 따라서 20번째와 21번째 관측치를 보간하면 $q_1=143.5$이고, 60번째와 61번째 관측치를 보간하면 $q_3=181.0$이다. 일반적으로 $100k$번째 백분위수(percentile)는 대략 $100k$%의 관측치가 그보다 작고 대략 $100(1-k)$%의 관측치가 그보다 큰 값이다. 이 경우 변동의 측도로는 사분위범위(interquartile range), 즉 $\text{IQR}=q_3-q_1$을 사용한다. 사분위범위는 표본 범위보다 표본 안의 극단치에 덜 민감하다.

표 6.3 소프트웨어로 구한 압축강도 데이터에 대한 요약통계

N	평균	중앙값	표준편차	평균의 표준오차	최솟값	최댓값	1사분위수	3사분위수
80	162.66	161.50	33.77	3.78	76.00	245.00	143.50	181.00

많은 통계 소프트웨어는 사분위수를 포함하는 데이터 요약값을 출력한다. 표 6.2의 압축강도 데이터에 대한 전형적인 컴퓨터 출력물은 표 6.3과 같다.

6.3 도수분포표와 히스토그램

도수분포표(frequency distribution)는 줄기-잎그림보다 데이터를 더 많이 축약한다. 도수분포표를 작성할 때 데이터의 범위를 구간으로 나누는데, 이 구간을 계급구간(class interval), 셀(cell), 빈(bin)이라고 한다. 가능하면 도수분포표의 시각적 정보를 향상하기 위해 빈의 폭을 일정하게 한다. 합리적인 표현이 되도록 빈의 수를 선택하려면 어느 정도 판단력이 필요하다. 빈의 개수는 데이터에 포함된 관측치의 개수와 산포 또는 퍼짐에 따라 달라지고, 너무 적거나 많은 수의 빈을 사용하면 도수분포표가 정보를 적절히 요약하지 못할 수 있다. 보통 5개~20개의 빈을 사용하면 만족스럽고, 전체 관측치의 개수가 크면 빈의 개수를 증가해야 한다. 빈의 개수를 대략 관측치 개수의 제곱근으로 선택하면 잘 작동한다.

표 6.2의 압축강도 데이터에 대하여 도수분포표를 작성하면 표 6.4와 같다. 데이터 집합에 80개의 관측치가 있고 $\sqrt{80} \simeq 9$이므로 8개 또는 9개의 빈을 사용하면 만족스러운 도수분포표가 된다. 데이터의 최댓값과 최솟값은 각각 245와 76이므로 빈은 적어도 $245 - 76 = 169$ psi의 범위를 갖는다. 첫 번째 빈의 하한을 최솟값보다 약간 작은 값에서 시작하고 마지막 빈의 상한을 최댓값보다 약간 큰 값에서 끝내려면, 도수분포표를 70에서 시작하여 250에서 끝낼 수 있다. 그러면 범위는 180 psi이다. 표 6.4의 도수분포표에서는 빈의 폭이 20 psi인 9개의 빈을 사용하였다. 표 6.4의 2행에는 각 빈의 도수를 전체 관측치의 수로 나누어 구한 상대도수, 마지막 행에는 상대도수를 누적하여 구한 누적

표 6.4 표 6.2의 압축강도 데이터에 대한 도수분포표

계급	$70 \le x < 90$	$90 \le x < 110$	$110 \le x < 130$	$130 \le x < 150$	$150 \le x < 170$
도수	2	3	6	14	22
상대도수	0.0250	0.0375	0.0750	0.7500	0.7500
누적상대도수	0.0250	0.0625	0.1375	0.3125	0.5875
계급	$170 \le x < 190$	$190 \le x < 210$	$210 \le x < 230$	$230 \le x < 250$	
도수	17	10	4	2	
상대도수	0.2125	0.1250	0.0500	0.0250	
누적상대도수	0.8000	0.9250	0.9750	1.0000	

상대도수가 나와 있다. 원 데이터보다 도수분포표의 해석이 더 쉽다. 예를 들어 표 6.4로부터 대부분 시편의 압축강도는 130 psi~190 psi이고 97.5%는 230 psi보다 작은 것을 알 수 있다.

히스토그램(histogram)은 도수분포표의 시각적 표현으로 그 작성 절차는 다음과 같다.

히스토그램 작성법: 빈의 폭이 일정

(1) 수평축에 빈(계급구간)의 경곗값을 표시한다.

(2) 수직축에 도수 또는 상대도수를 표시한다.

(3) 각 빈 위에 그에 대응하는 도수 또는 상대도수를 높이로 하는 직사각형을 그린다.

그림 6.7에는 압축강도 데이터의 히스토그램이 나타난다. 히스토그램은 **줄기-잎그림**과 마찬가지로 측정치 분포의 모양, 중심 경향, 산포 또는 퍼짐에 관한 정보를 시각적으로 표현한 그림이다. 그림 6.7을 보면 압축강도 측정치의 분포는 대칭이고 종 모양이다. 히스토그램을 통해 모집단 모형으로 적절한 확률분포를 선택할 수 있는 통찰을 얻기도 한다. 예를 들어 압축강도 측정치의 모집단에 관한 합리적인 모형은 정규분포라고 할 수 있다.

가끔 **빈의 폭이 일정하지 않은** 히스토그램을 사용하기도 한다. 예를 들어 데이터에 몇 개의 극단적 관측치 또는 이상치가 있는 경우 적은 수의 동일한 폭의 빈을 사용하면 대부분의 관측치가 몇 개의 빈에 속하게 되는 반면, 많은 수의 동일한 폭의 빈을 사용하면 많은 빈에서 빈도가 0이 된다. 더 나은 선택은 대부분의 데이터가 속하는 영역에서는 좁은 폭을 사용하고, 극단적 관측치 근처에서는 적은 수의 넓은 폭을 사용하는 것이다. 빈의 폭이 일정하지 않으면 직사각형의 높이가 아닌 면적이 빈의 빈도와 비례해야 한다. 즉, 직사각형의 높이는 다음과 같다.

$$\text{직사각형의 높이} = \frac{\text{빈의 빈도}}{\text{빈의 폭}}$$

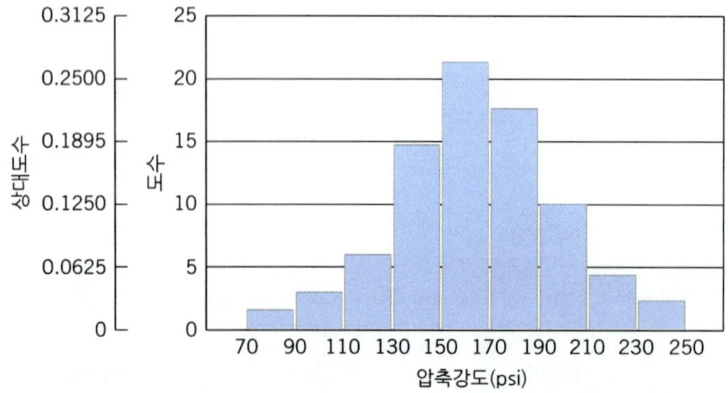

그림 6.7 80개 알루미늄-리튬 시편의 압축강도 데이터에 대한 히스토그램

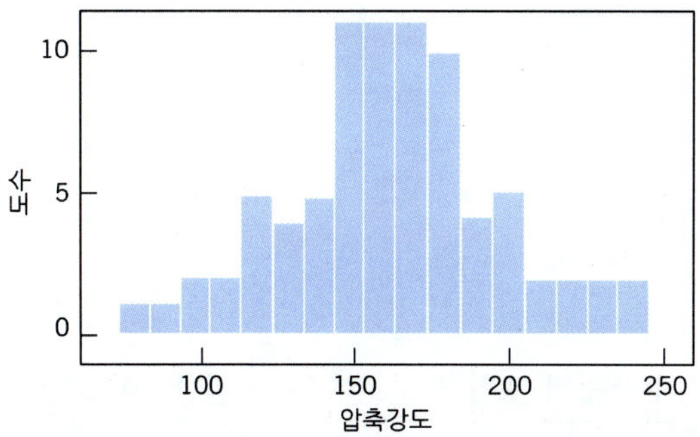

그림 6.8 압축강도 데이터에 대한 히스토그램(17개 빈)

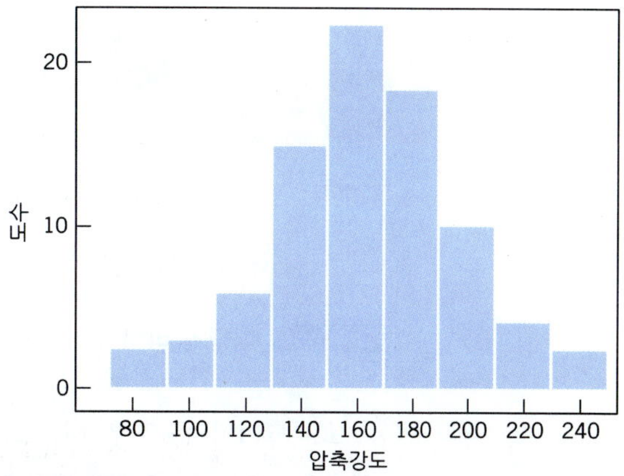

그림 6.9 압축강도 데이터에 대한 히스토그램(9개 빈)

원래 데이터나 줄기-잎그림 대신 도수분포표나 히스토그램을 사용하면 더 이상 개별 관측치를 가지지 않으므로 일부 정보를 잃어버린다. 보통 이러한 정보의 손실은 도수분포표와 히스토그램을 사용하여 얻는 간결하고 쉬운 해석에 비해 무시할 만하다.

그림 6.8에는 17개의 빈을 사용한 압축강도 데이터의 히스토그램이 나타나 있다. 히스토그램은 빈의 수와 폭에 상대적으로 민감할 수 있다. 특히 크기가 작은 데이터 집합의 경우 빈의 수나 폭을 변경하면 히스토그램의 모양이 급격히 변할 수 있다. 75개~100개 정도의 더 큰 크기의 데이터 집합에서는 히스토그램이 안정적이다. 그림 6.9는 압축강도 데이터에 대하여 9개의 빈을 사용한 히스토그램으로, 그림 6.7의 원래 히스토그램과 비슷하다. 관측치의 개수가 $n = 80$으로 중간 정도의 크기이므로, 빈의 수의 선택이 별로 중요하지 않고 그림 6.8과 그림 6.9는 비슷한 정보를 전달한다.

그림 6.10에는 일부 컴퓨터 소프트웨어로 작성할 수 있는 변형 히스토그램, 즉 누적도수그림(cumulative frequency plot)이 나타난다. 이 그림에서 각 막대의 높이는 해당 빈의 상한값 이하인 관측치의 개수이다. 누적도수그림도 데이터 해석에 유용하다. 예를 들어 그림 6.10에서 약 70개의 관측치는 200psi 이하임을 직접 읽어올 수 있다.

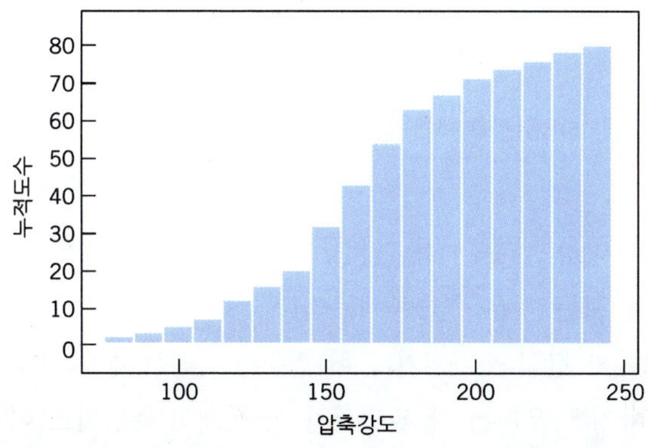

그림 6.10 압축강도 데이터에 대한 누적도수그림

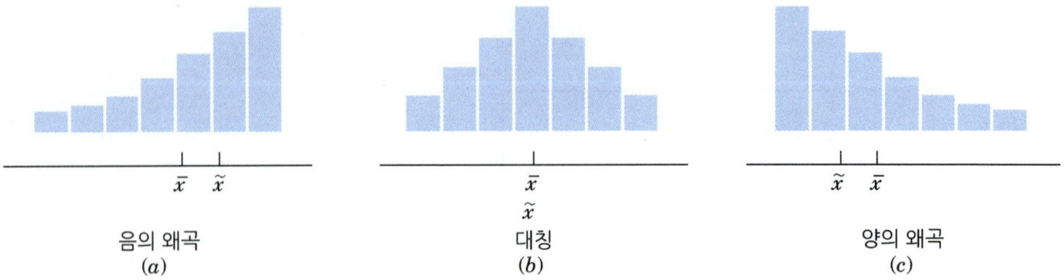

그림 6.11 대칭과 비대칭분포의 히스토그램

표본크기가 큰 경우 히스토그램은 표본이 추출된 모집단 분포에 대한 일반적인 모양을 비교적 믿을만한 지표로 알려준다. 그림 6.11에는 분포의 모양에 대한 세 가지 경우가 나와 있다. 그림에서 $\tilde{x}$는 중앙값을 나타낸다. 일반적으로 그림 6.11(b)와 같이 데이터가 대칭이면 평균과 중앙값이 같다. 나아가 데이터에 하나의 최빈값만 있으면, 즉 데이터가 **단봉**이면 평균, 중앙값, 최빈값이 모두 같다. 그런데 그림 6.11(a)와 (c)에서처럼 데이터가 **왜곡**(한쪽으로 꼬리가 긴 비대칭)이면 평균, 중앙값, 최빈값이 같지 않다. 보통 오른쪽으로 꼬리가 긴 양의 왜곡된 분포에서는 최빈값 < 중앙값 < 평균이고, 왼쪽으로 꼬리가 긴 음의 왜곡된 분포에서는 최빈값 > 중앙값 > 평균이다.

질적 또는 범주형 데이터에 대해서도 도수분포표와 히스토그램을 사용할 수 있다. 응용에 따라 데이터에 1, 2, 3, 4학년과 같이 범주의 자연스러운 순서가 있을 수 있고, 남자, 여자와 같이 범주의 순서가 임의적일 수도 있다. 아래 예제에서 보는 바와 같이 범주형 데이터를 사용하는 경우 빈의 폭은 일정해야 한다.

예제 6.6 여객기 생산

그림 6.12에는 1985년 보잉사의 여객기 생산 데이터가 나타나 있다. 모델 737이 가장 인기가 있고, 모델 757, 747, 767, 707이 뒤따른다.

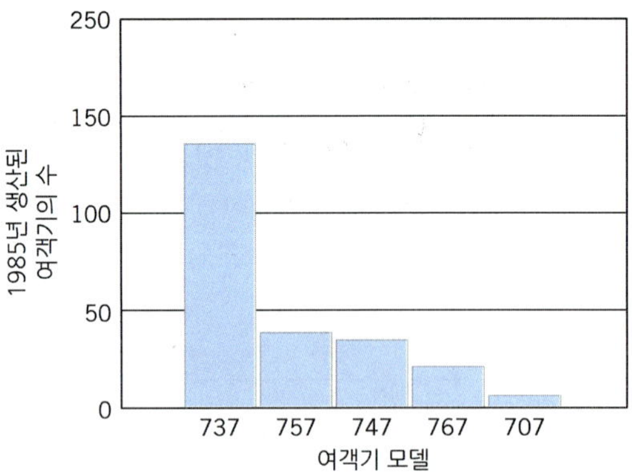

그림 6.12 1985년 여객기 생산

범주별로 도수를 보여주면서 도수에 따라 범주를 정렬시킨 그림을 파레토그림(Pareto chart)이라고 한다. 파레토그림을 작성해 보는 것은 연습문제로 남긴다.

이 절에서는 데이터 집합의 각 관측치가 단일 숫자이거나 한 범주에 속하는 경우 데이터를 요약하는 방법을 알아보았다. 많은 경우 우리는 각 관측치가 여러 개의 측정치로 이루어진 데이터로 작업한다. 예를 들어 연료 효율성에 관한 연구에서 각 관측치는 갤런당 마일 수, 차량의 엔진 크기, 엔진의 마력, 차량의 무게, 차량의 길이를 측정한 값으로 이루어질 수 있다. 이와 같은 데이터를 다변량 데이터(multivariate data)라고 한다. 6.6절에서 다변량 데이터를 요약하는 간단한 그림을 알아본다. 뒤에서 이런 유형의 데이터를 분석하는 방법을 학습한다.

6.4 상자그림

줄기-잎그림과 히스토그램은 데이터 집합의 일반적인 시각적 표현을 제공하는 반면, $\bar{x}$ 또는 s와 같은 수치는 데이터의 단일 특징에 관한 정보를 제공한다. 상자그림(box plot)은 중심, 퍼짐, 대칭으로부터 이탈, 이상치나 특이값의 식별 등과 같은 데이터 집합의 중요한 여러 특징을 동시에 보여주는 그래프이다.

상자그림은 수직 또는 수평으로 정렬된 사각형 상자 위에 데이터의 분위수, 최솟값, 최댓값을 표시한 그림으로, 이것을 **상자수염그림**이라고도 부른다. 상자그림을 작성하려면 먼저 왼쪽(하단) 가장자리의 제1사분위수 q_1에서 시작하여 오른쪽(상단) 가장자리의 제3사분위수 q_3으로 끝나는 사분위범위로 상자를 만든다. 그리고 나서 50 백분위수(중앙값)인 제2사분위수 q_2에서 상자를 통과하는 선을 그린다. 상자의 양쪽 끝에서 각각 수염이라고 불리는 선이 뻗어 나온다. 제1사분위수에서 출발하는 하단 수염은 제1사분위수로부터 1.5사분위범위 이내의 가장 작은 데이터 지점까지 뻗은 선이고, 제3사분위수에서 출발하는 상단 수염은 제3사분위수로부터 1.5사분위범위 이내의 가장 큰 데이터 지점까지 뻗은 선이다. 수염보다 더 상자를 벗어나는 값은 각각의 점으로 표시한다. 이때 수염을 벗어나지만 상자 가장자리로부터 3배의 사분위범위 이내에 있는 점을 이상치(outlier), 이것을 벗어나는 점을 극단치(extreme outlier)라고 한다. 그림 6.13을 참고하기 바란다. 두 종류의 이상치를 구별하기 위해 열린 원과 채워진 원과 같은 기호를 사용하기도 한다.

그림 6.14는 표 6.2의 압축강도 데이터에 대하여 컴퓨터로 작성한 전형적인 상자그림이다. 상자그림에서 압축강도의 분포는 중앙값을 기준으로 상당히 대칭이다. 중앙값을 중

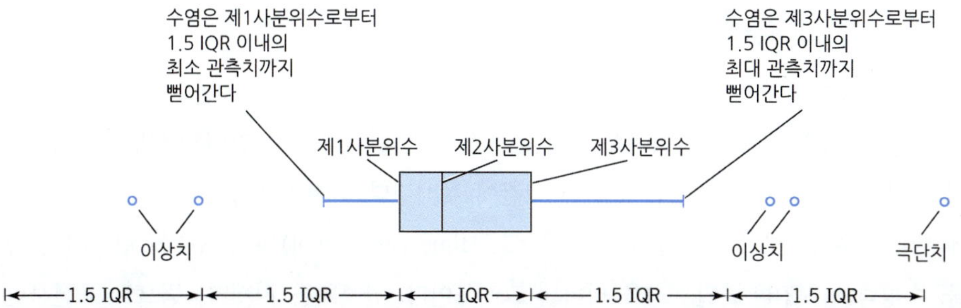

그림 6.13 상자그림

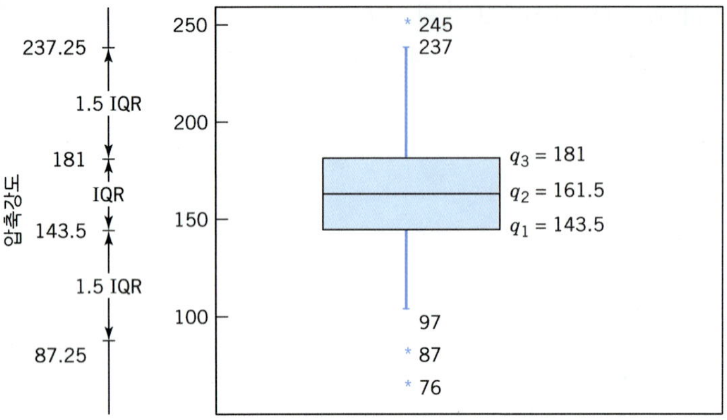

그림 6.14 표 6.2의 압축강도 데이터에 대한 상자그림

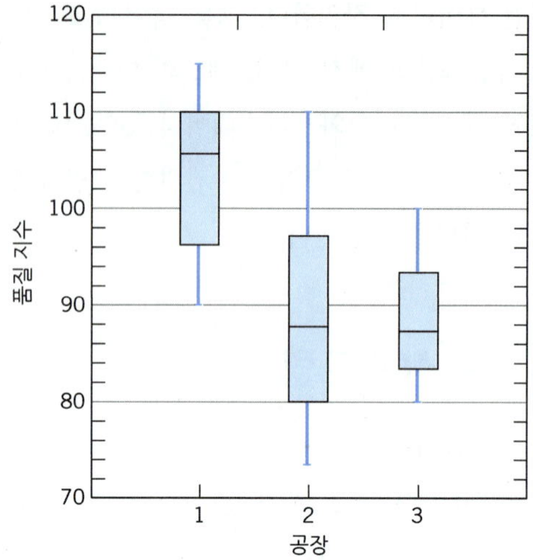

그림 6.15 세 공장의 품질지수에 대한 상자그림

심으로 왼쪽 수염과 오른쪽 수염까지의 길이가 비슷하고, 상자의 왼쪽과 오른쪽 가장자리까지의 길이가 비슷하기 때문이다. 낮은 강도에 2개의 이상치가 있고, 높은 강도에 1개의 이상치가 있다. 이상치의 상한보다 작은 최대 관측치는 237이므로 상단 수염은 237까지 뻗어 있다. 이상치의 상한은

$$q_3 + 1.5\,\text{IQR} = 181 + 1.5(181 - 143.5) = 237.25$$

이다. 이상치의 하한보다 큰 최소 관측치는 97이므로 하단 수염은 97까지 뻗어 있다. 이상치의 하한은

$$q_1 - 1.5\,\text{IQR} = 143.5 - 1.5(181 - 143.5) = 87.25$$

이다. 상자그림은 시각적 효과가 좋고 이해하기 쉬워 데이터 집합을 그림으로 비교할 때 아주 유용하다. 예를 들어 그림 6.15에는 3개의 제조공장에서 생산한 반도체 기기의 제조 품질지수를 비교하는 상자그림이 나와 있다. 그림을 보면 공장 2의 변동이 크고, 공장 2와 공장 3의 품질지수를 높여야 할 필요가 있다.

6.5 시계열그림

지금까지 설명한 히스토그램, 줄기-잎그림, 상자그림과 같은 시각적 표현은 데이터의 변동을 보여주는 매우 유용한 방법이다. 그러나 1장에서 알아본 바와 같이, 이 방법들에서는 데이터 변동에 기여하는 중요한 요인인 시간이 무시된다. 시계열은 관측치가 발생하는 순서에 따라 기록한 데이터 집합이다. 시계열그림(time series plot)은 수직축에 변수의 관측치를, 수평축에 시간(분, 일, 년)을 나타낸 그래프이다. 관측치를 시계열그림으로 표현하면 이전에 볼 수 없었던 데이터의 추세, 주기, 그리고 다른 폭넓은 특징을 볼 수도 있다.

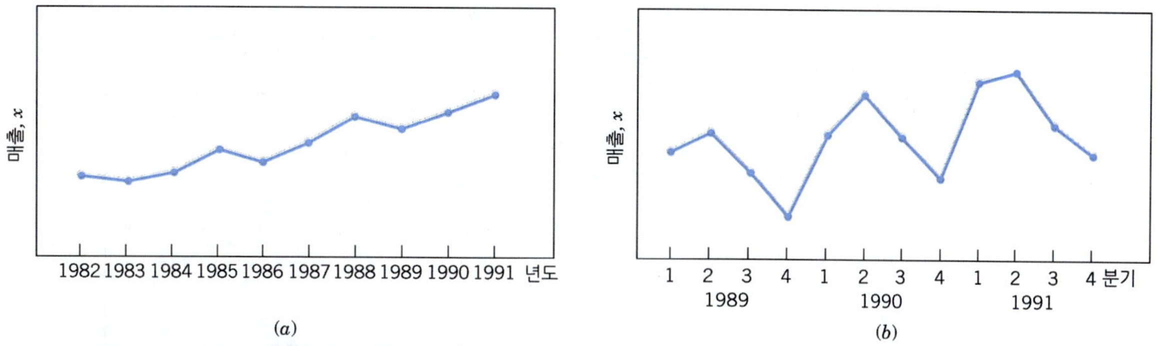

그림 6.16 회사의 (a) 연간 매출 (b) 분기별 매출

예를 들어 그림 6.16(a)에는 지난 10년간 한 회사의 연간 매출에 대한 시계열그림이 나타나 있다. 이 그림을 보면 매출이 전체적으로 상승하는 추세이고 이 추세 주변으로 약간의 변동이 있어 어느 해의 매출은 이전보다 많고 어느 해의 매출은 이전보다 적다. 그림 6.16(b)에는 지난 3년간의 매출이 분기별로 나타나 있다. 연간 매출은 분기별로 순환변동을 보이고 1, 2분기 매출이 3, 4분기 매출보다 많은 것을 알 수 있다.

가끔 시계열그림을 다른 그림과 결합하면 도움이 된다. J. Stuart Hunter("The Digidot Plot", *The American Statistician*, 1988, Vol. 42, pp. 54)는 줄기-잎그림과 시계열그림을 결합한 디지닷그림(digidot plot)을 제안하였다.

표 6.2의 압축강도 측정치는 관측 순서에 따라 기록한 데이터라고 가정한 후, 디지닷그림을 작성하면 그림 6.17과 같다. 이 그림에서 압축강도 데이터의 전체적인 변동을 효과적으로 볼 수 있으며 시간에 따른 관측치의 변동도 볼 수 있다. 압축강도는 평균 162.66

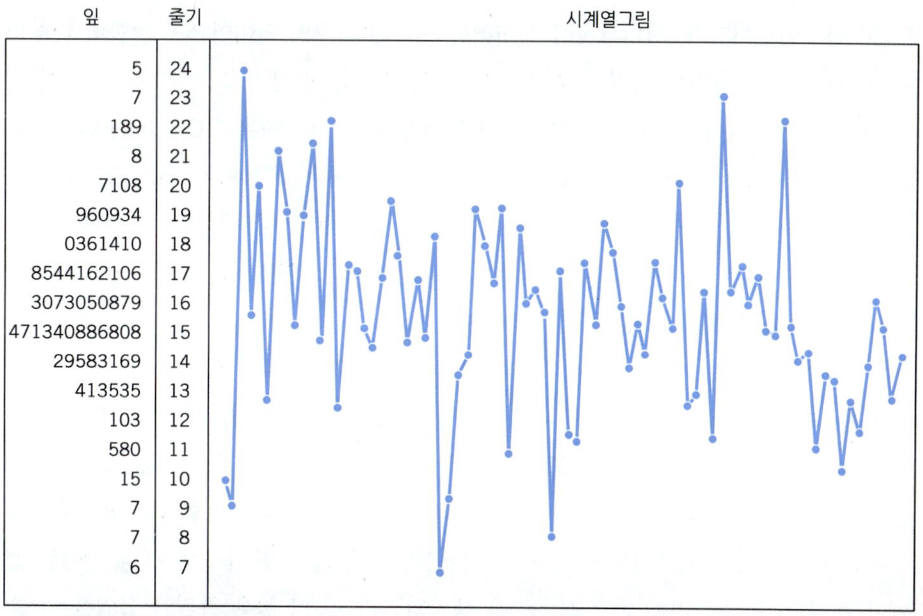

그림 6.17 표 6.2의 압축강도 데이터에 대한 디지닷그림

잎	줄기
8	9e
6	9s
45	9f
2333	9t
0010000	9z
99998	8e
66677	8s
45	8f
23	8t
1	8z

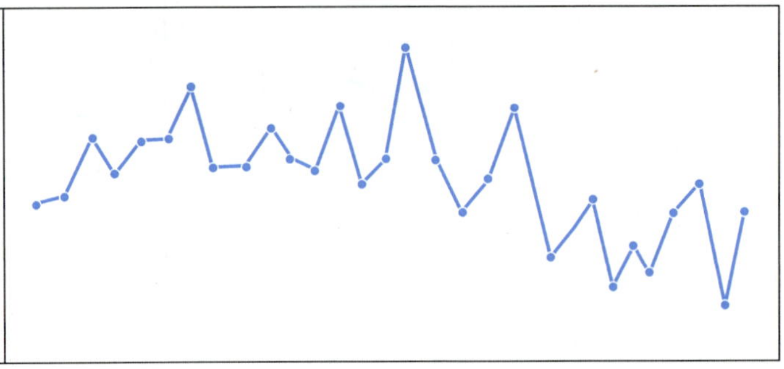

그림 6.18 매시간 관측한 화학공정 농도에 대한 디지닷그림

주변에서 변하며 시간에 걸쳐 이러한 변동이 명백한 패턴을 보이지는 않는다.

그림 6.18의 디지닷그림은 1시간 간격으로 화학공정의 출력물 농도를 측정하여 얻은 30개 관측치를 그린 것이다. 그림을 보면 처음 20시간의 운영에서 공정은 일반적으로 리터당 85 g 이상의 농도를 생산했지만, 20번째 표본 이후 공정에 어떤 일이 일어나 농도가 낮아진 것을 알 수 있다. 출력물 농도의 이런 변동을 줄일 수 있으면 공정을 개선할 수 있다. 주목할 점은 디지닷그림의 줄기-잎 부분에서는 데이터의 시간 차원을 무시하여 공정의 이런 명백한 변동을 확인할 수 없다는 것이다. 이 예제로부터 시계열 데이터에 대해서는 항상 시계열그림을 그리는 것이 중요함을 알 수 있다.

6.6 산점도

많은 문제에서 기술자와 과학자는 다변량 데이터로 작업한다. 즉, 각 관측치는 여러 변수의 측정치들로 이루어진다. 이미 1장에서 이러한 예로 표 1.2의 와이어본드 접합력 데이터를 살펴보았다. 각 관측치는 특정한 와이어본드에서 수집한 접합력, 와이어 길이, 다이 높이의 측정치로 이루어진다. 이런 데이터는 아주 흔하다. 표 6.5에는 T.C. Somers와 M.E. Evans의 논문(*Journal of the Science of Food and Agriculture*, 1974, Vol. 25(11), pp. 1369–1379)에 소개된, 덜 숙성된 레드와인의 품질에 관한 다변량 데이터가 나타나 있다. 저자들은 품질과 함께 다른 여러 설명변수를 기록하였지만, 여기서는 품질, 산성도(pH), 총 이산화황(SO_2), 색밀도, 색상만 생각해 본다.

품질과 다른 한 변수, 예를 들어 색상의 관계를 그래프로 나타내려 한다고 가정해 보자. 산점도(scatter diagram)는 이런 목적에 유용한 방법이다. 산점도를 작성하려면 각 측정치의 쌍에 대하여 한 측정치를 그래프의 수직축에, 다른 측정치를 수평축에 표시한다.

산점도는 훌륭한 탐색 도구이고 두 변수 간의 잠재적 관계를 파악할 때 아주 유용하다. 그림 6.19에는 품질과 색상의 산점도가 나타난다. 그림을 보면 품질과 색상 간에는 선형관계가 존재할 수 있으며 일반적으로 짙은 색상의 와인은 더 높은 품질 등급임을 알 수

표 6.5 덜 숙성된 레드와인의 품질 데이터

품질	산성도	총 이산화황	색밀도	색상
19.2	3.85	66	9.35	5.65
18.3	3.75	79	11.15	6.95
17.1	3.88	73	9.40	5.75
15.2	3.66	86	6.40	4.00
14.0	3.47	178	3.60	2.25
13.8	3.75	108	5.80	3.20
12.8	3.92	96	5.00	2.70
17.3	3.97	59	10.25	6.10
16.3	3.76	22	8.20	5.00
16.0	3.98	58	10.15	6.00
15.7	3.75	120	8.80	5.50
15.3	3.77	144	5.60	3.35
14.3	3.76	100	5.55	3.25
14.0	3.76	104	8.70	5.10
13.8	3.90	67	7.41	4.40
12.5	3.80	89	5.35	3.15
11.5	3.65	192	6.35	3.90
14.2	3.60	301	4.25	2.40
17.3	3.86	99	12.85	7.70
15.8	3.93	66	4.90	2.75

있다. 이미 1장에서 와이어본드 데이터에 대한 접합력, 다이 높이, 와이어 길이의 3차원 산점도를 살펴보았다.

산점도행렬(matrix of scatter plots)은 2개 이상의 변수가 있는 경우 변수 간의 모든 쌍별 관계를 확인하는 데 유용하다. 그림 6.20은 표 6.5의 와인 품질 데이터에 대한 산점도 행렬의 상단 절반을 나타낸 것이다. 그래프의 맨 위 행에는 품질과 4개의 설명변수, 즉 산성도, 이산화황, 색밀도, 색상의 산점도가 나타나고, 다른 행에는 4개 설명변수 간의 쌍별 산점도가 나타난다. 그림으로부터 품질과 산성도 간에는 약한 선형관계, 품질과 색밀도 그리고 (이미 그림 6.19에서 설명한) 품질과 색상 간에는 약간 더 강한 관계를 볼 수 있다. 색밀도와 색상 간에는 예상한 바와 같이 강한 선형관계가 있다.

표본상관계수(sample correlation coefficient)는 두 확률변수 X와 Y의 선형관계의 강도를 양적으로 측정하는 측도이다. 표본상관계수를 정의하면 다음과 같다.

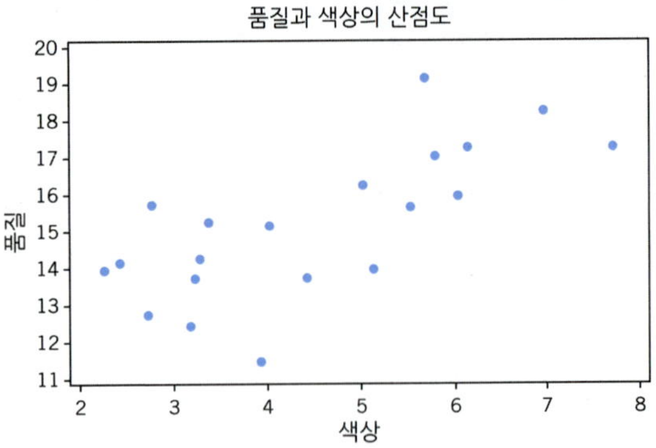

그림 6.19 표 6.5의 와인 색상과 품질에 대한 산점도

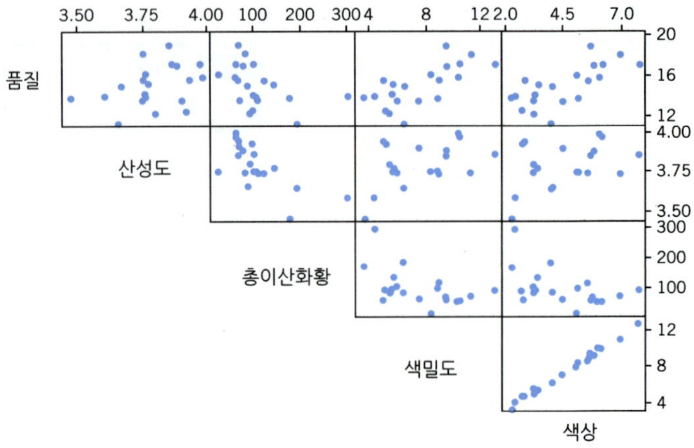

그림 6.20 표 6.5의 와인 품질 데이터에 대한 산점도행렬

$$r_{xy} = \frac{\sum_{i=1}^{n}(x_i - \bar{x})(y_i - \bar{y})}{\left[\sum_{i=1}^{n}(x_i - \bar{x})^2 \sum_{i=1}^{n}(y_i - \bar{y})^2\right]^{1/2}} \tag{6.7}$$

두 변수가 양의 기울기로 완벽히 선형관계이면 $r_{xy} = 1$, 음의 기울기로 완벽히 선형관계이면 $r_{xy} = -1$이다. 두 변수 사이에 선형관계가 없으면 $r_{xy} = 0$이다. 이 상관계수를 19세기 후반과 20세기 초 통계학의 거물 중 한 명인 Karl Pearson의 이름을 따서 피어슨 상관계수라고도 한다.

그림 6.19의 산점도에서 품질과 색상의 표본상관계수는 0.712이다. 이 값은 중간 정도의 강한 상관관계로 두 변수 간의 선형관계가 있음을 뜻한다. 일반적으로 상관계수의 값이 |0.5| 이하이면 약한 관계, |0.8| 이상이면 강한 관계라고 간주한다.

표 6.5에 있는 5개 변수의 모든 쌍별 표본상관계수를 계산하면 다음 표와 같다.

	품질	산성도(pH)	총 이산화황(SO_2)	색밀도
산성도(pH)	0.349			
총 이산화황(SO_2)	−0.445	−0.679		
색밀도	0.702	0.482	−0.492	
색상	0.712	0.430	−0.480	0.996

품질과 두 변수(색상과 색밀도) 간에는 각각 중간 정도의 강한 양의 상관이 있고, 산성도와 총 이산화황 간에는 중간 정도의 강한 음의 상관이 있다. 색상과 색밀도의 상관계수는 0.996으로 둘은 거의 완벽한 양의 선형관계를 보인다.

그림 6.21에는 두 변수 간의 가능한 관계를 보여주는 여러 산점도가 나타나 있다. 그림의 (e)와 (f)에 대해서는 특별한 주의가 필요하다. (e)에서는 x와 y 간에 2차 관계가 있

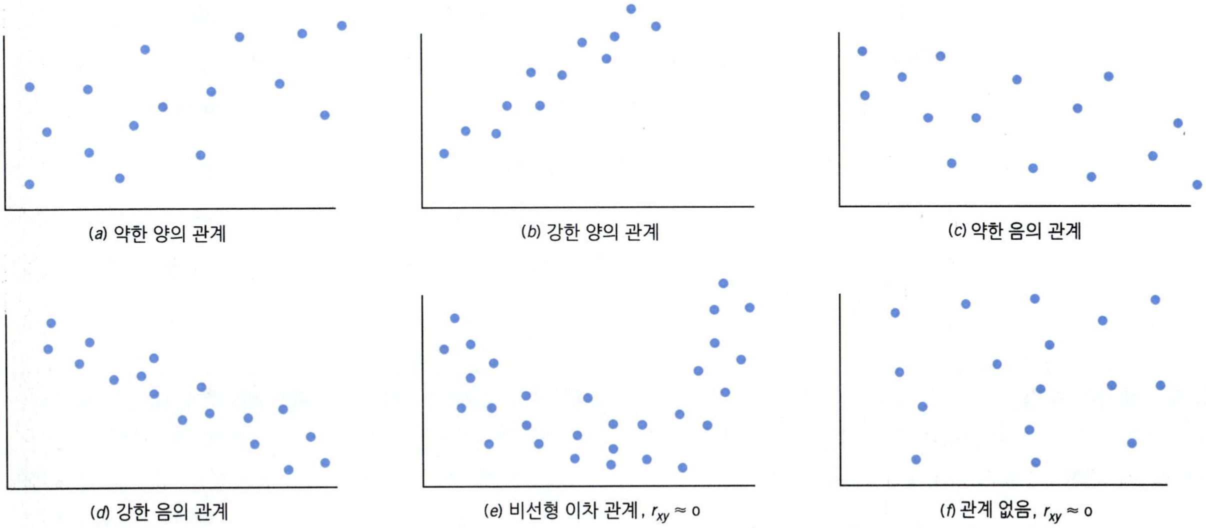

그림 6.21 변수 간의 가능한 관계

는 것으로 보이지만, 상관계수는 선형관계의 측도이기 때문에 표본상관계수는 거의 0이다. 그러나 (f)에서는 두 변수가 서로 관련이 없어 상관계수가 거의 0이다.

6.7 확률그림

특정한 확률분포가 데이터에 타당한 모형인지 어떻게 알 수 있을까? 우리가 뒤에서 학습하는 많은 통계기법은 모집단 분포가 특정한 분포를 따른다는 가정에 기초하므로 이러한 질문에 답할 수 있어야 한다. 데이터가 특정한 확률분포에서 나온 것인지를 결정하는 것은 "가정을 검증하는 것"이라고 할 수 있다. 이러한 질문이 중요한 다른 이유는 분포의 모양이 데이터를 생성하는 기저 물리 메커니즘에 관한 통찰을 제공할 수도 있기 때문이다. 예를 들어 신뢰성공학에서는 고장시간이 지수분포를 따른다는 것을 확인함으로써 고장률이 시간에 따라 일정하다는 고장 메커니즘을 식별할 수 있다.

히스토그램과 같은 여러 시각적 표현은 모집단 분포의 모양에 관한 통찰을 제공할 수 있다. 그러나 표본크기가 아주 크지 않으면 히스토그램은 보통 분포의 모양에 대한 신뢰할 만한 지표가 되지는 못한다. 확률그림(probability plot)은 표본 데이터가 가정한 분포를 따르는지를 주관적이고 시각적으로 결정하기 위해 사용하는 그래픽 방법으로 일반적 절차가 아주 간단하고 빠르다. 또한, 작은 크기부터 중간 크기의 표본에서 히스토그램보다 더 믿을만하다. 보통 확률그림에서는 가정한 분포에 대해 조정한 특별한 축을 사용한다. 정규분포, 대수정규분포, 와이블분포, 카이제곱분포, 감마분포 등에 대해 확률그림을 작성할 수 있는 소프트웨어가 널리 알려져 있다. 많은 통계기법은 모집단이 (적어도 근사적으로) 정규분포일 때 적절하므로 여기서는 정규확률그림을 중점적으로 알아본다.

확률그림를 작성하기 위해 먼저 표본의 관측치를 최솟값부터 최댓값까지 순서대로 정렬한다. 즉, 표본 $x_1, x_2, \cdots, x_n$을 $x_{(1)}, x_{(2)}, \cdots, x_{(n)}$으로 정렬하는데 이때 $x_{(1)}$은 가장 작은 관측치, $x_{(2)}$는 두 번째로 작은 관측치 등이며 $x_{(n)}$은 가장 큰 관측치이다. 이제 적절한 확률지에 정렬된 관측치 $x_{(j)}$와 누적빈도 $(j-0.5)/n$를 표시한다. 만일 가정한 분포가 데이터를 잘 설명하면 점들이 대략 직선상에 놓이고, 점들이 직선에서 크게 벗어나면 가정한 모형이 적절하지 않다. 보통 점들이 직선을 따르는지를 결정하는 것은 주관적이다. 다음 예제에서 이러한 절차를 알아본다.

예제 6.7 배터리 수명

휴대용 개인 컴퓨터에 사용되는 배터리의 유효 서비스 수명(단위: 분)에 대한 10개의 관측치는 다음과 같다.

176, 191, 214, 220, 205, 192, 201, 190, 183, 185

정규분포가 배터리 수명을 적절히 설명하는지 조사하기 위해 확률그림을 이용해 보자. 먼저 표 6.6과 같이 관측치를 오름차순으로 정렬하고 누적빈도 $(j-0.5)/10$을 계산한다.

표 6.6 정규확률그림 작성을 위한 계산 항

j	$x_{(j)}$	$(j-0.5)/10$	z_j
1	176	0.05	−1.64
2	183	0.15	−1.04
3	185	0.25	−0.67
4	190	0.35	−0.39
5	191	0.45	−0.13
6	192	0.55	0.13
7	201	0.65	0.39
8	205	0.75	0.67
9	214	0.85	1.04
10	220	0.95	1.64

대부분의 정규확률그림에서는 왼쪽 세로축에 $100(j-0.5)/n$, 가로축에 관측치 $x_{(j)}$를 둔다. 가끔 오른쪽 세로축에 $100[1-(j-0.5)/n]$를 두기도 한다. 이제 표시한 점을 통과하는 직선을 주관적으로 선택한다. 직선을 그을 때 극단점보다는 중간 근처의 점의 영향을 더 받도록 한다. 경험적으로 좋은 규칙은 25백분위수와 75백분위수 사이에 근사적으로 직선을 그리는 것이다. 그림 6.22의 직선은 이렇게 결정되었다. 점들이 직선에 가까운지를 평가하기 위해 직선을 따라 누워있는 두터운 연필(fat pencil)을 상상해 보아 연필이 거의 모든 점을 덮으면 정규분포가 데이터를 적절히 설명함을 뜻한다. 그림 6.22의 점들은 두터운 연필 시험을 통과하여 정규분포가 적절한 모형이라고 결론을 내린다.

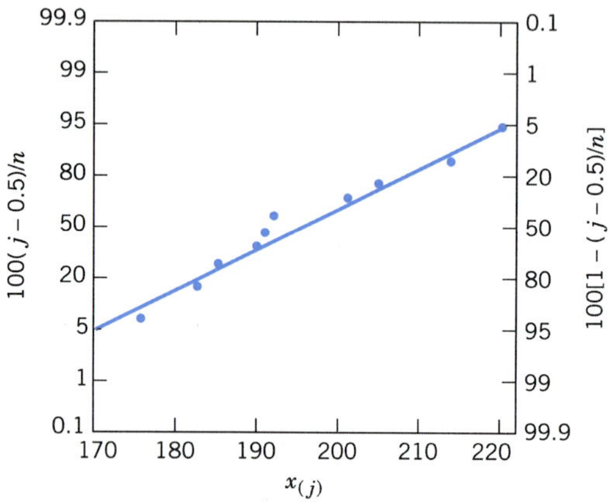

그림 6.22 배터리 수명에 대한 정규확률그림

또한, $x_{(j)}$와 표준화 정규점수 z_j를 타점하여 정규확률그림(normal probability plot)을 작성할 수도 있는데, 이때 z_j는 다음 식을 만족한다.

$$\frac{j-0.5}{n} = P(Z \leq z_j) = \Phi(z_j)$$

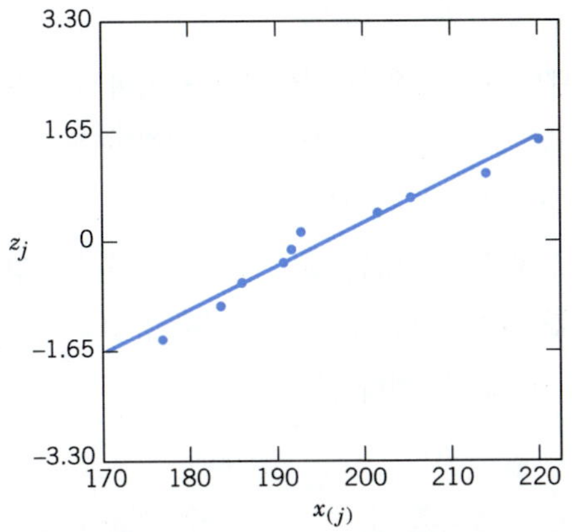

그림 6.23 표준화 정규점수로 나타낸 정규확률그림

예를 들어 $(j-0.5)/n = 0.05$이면 $\Phi(z_j) = 0.05$이므로 $z_j = -1.64$이다. 예제 6.7의 데이터에 대한 표준화 정규점수는 표 6.6의 마지막 열에 있다. 그림 6.23은 $x_{(j)}$와 z_j를 나타낸 정규확률그림으로, 그림 6.22의 것과 같다. 그림 6.23에서는 확률척도, 즉 z-척도를 세로축에 두었으나 어떤 컴퓨터 소프트웨어에서는 축을 뒤집어서 확률척도를 가로축에 두기도 한다.

정규확률그림을 이용하면 대칭이지만 정규분포보다 꼬리가 더 얇거나 두터운 분포 또는 비대칭분포를 식별할 수 있다. 균등분포와 같이 얇은 꼬리의 분포로부터 표본을 추출하였을 때, 최솟값과 최댓값은 정규분포 표본에서 예상되는 것보다 덜 극단적일 것이다. 이 경우 정규확률그림의 중심에 있는 관측치를 통과하는 직선을 그렸을 때 왼쪽 관측치는 직선 아래, 오른쪽 관측치는 직선 위에 위치할 것이다. 그 결과 그림 6.24(a)처럼 S자형 정규확률그림이 된다. 두터운 꼬리의 분포도 S자형 정규확률그림을 보이지만, 이 경우 왼쪽 관측치는 직선 위, 오른쪽 관측치는 직선 아래 있을 것이다. 그림 6.24(b)를 참고하기 바란다. 양의 왜곡된 분포는 그림 6.24(c)와 같은 패턴을 보여서, 양 끝의 관측치가 모두 직선 아래로 떨어지면서 곡선 모양을 가지는 경향이 있다. 이런 유형의 분포에서 나온 최솟값과

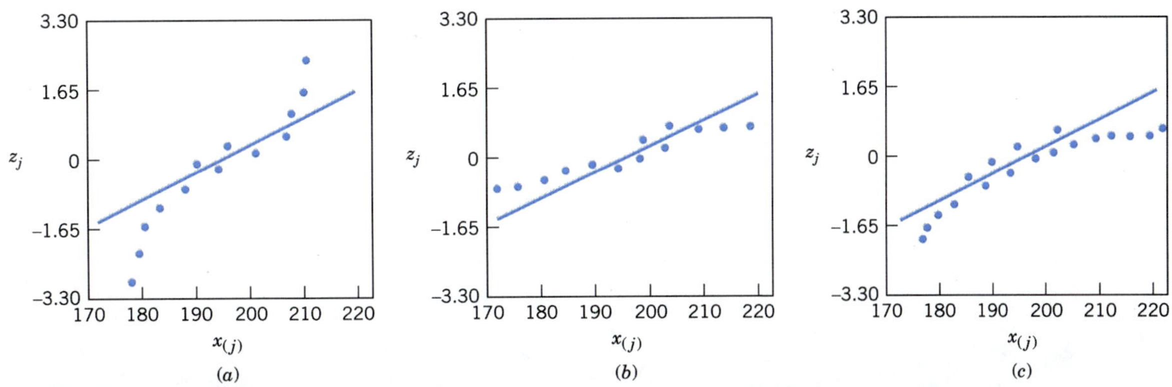

그림 6.24 비정규분포를 나타내는 정규확률그림 (a) 얇은 꼬리분포 (b) 두터운 꼬리분포 (c) 오른쪽으로 왜곡된 분포

최댓값은 정규분포 표본에서 기대되는 것보다 더 크기 때문이다.

모집단이 정확히 정규분포인 경우에도 표본 데이터는 정확히 직선상에 위치하지 않을 것이다. 따라서 그림을 보고 정규분포를 확인하려면 어느 정도의 판단력과 경험이 필요하다. 일반적으로 표본크기가 $n < 30$이면 정규확률그림에서 직선으로부터 상당한 편차가 나타날 수 있으므로, 이 경우 선형으로부터 아주 심하게 벗어나는 경우에만 비정규성의 강한 표시로 해석해야 한다. n이 증가함에 따라 선형 패턴은 더 강해지며, 해석이 쉬워지고, 정규확률그림을 분포의 모양에 대한 지표로 더 신뢰할 수 있다.

주요용어와 개념

다변량 데이터(Multivariate data)
도수분포와 히스토그램(Frequency distribution and histogram)
디지닷그림(Digitdot plot)
모분산(Population variance)
모평균(Population mean)
모표준편차(Population standard deviation)
백분위수(Percentile)
사분위범위(Interquartile range)
사분위수와 백분위수(Quartiles and percentiles)
산점도(Scatter diagram)
산점도행렬(Matrix of scatter plots)
상대도수분포(Relative frequency distribution)
상자그림(Box plot)
시계열(Time Series)
이상치(Outlier)
자유도(Degrees of freedom)
정규확률그림(Normal probability plot)
줄기-잎그림(Stem-and-leaf diagram)
파레토그림(Pareto chart)
표본범위(Sample range)
표본분산(Sample variance)
표본상관계수(Sample correlation coefficient)
표본중앙값(Sample median)
표본최빈값(Sample mode)
표본평균(Sample mean)
표본표준편차(Sample standard deviation)
확률그림(Probability plot)
히스토그램(Histogram)

CHAPTER 7

모수의 점추정과 표본분포

© EasyBuy4u / iStockphoto

학습목표

이 장을 주의 깊게 학습한 후 다음을 할 수 있다.

1. 모집단 또는 확률분포의 모수를 추정하는 일반적 개념을 이해한다.
2. 표본분포와 중심극한정리에서 정규분포의 중요한 역할을 이해한다.
3. 편의, 분산, 평균제곱오차를 포함하여 점추정량의 중요한 성질을 이해한다.
4. 적률법과 최대가능도법을 이용하여 점추정량을 구한다.
5. 모수추정의 정밀도를 구하고, 이를 설명한다.
6. 베이지안 방법으로 점추정량을 구한다.

목차

우리는 모집단에 관한 의사결정을 내리고 결론을 도출하기 위해 통계적 방법을 사용한다. 통계학의 이런 측면을 통계적 추론(statistical inference)이라고 한다. 통계적 추론에서는 결론을 도출하기 위해 표본 정보를 활용한다. 이 장에서는 의사결정을 지원하는 통계적 추론의 학습을 시작한다.

통계적 추론은 크게 모수추정과 가설검정이라는 2개의 분야로 나뉜다. 모수추정 문제의 예로, 비행기 동체에 사용되는 부품의 인장강도를 분석하는 기술자를 생각해 보자. 이러한 분석은 비행기 전체의 구조적 무결성을 평가하는 중요한 작업이다. 자재 배치, 제조공정, 측정 절차 등의 차이로 인해 개별 부품에는 자연스러운 변동이 있고 따라서 기술자는 부품 모집단의 평균 강도를 추정하기를 원한다. 실질적으로 기술자는 표본 데이터를 이용하여 모평균의 참값에 대한 하나의 합리적인 값(좋은 추측값)을 구하는데, 이 값을 점추정치라고 한다. 이 장에서는 좋은 통계적 성질을 가지는 점추정치를 구하는 절차를 학습하고 이 점추정치의 정밀도를 알아본다.

또한, 다른 유형의 추론 문제를 생각해 본다. 화학공정에서 2개의 다른 반응온도 t_1과 t_2를 사용할 수 있고, t_2보다 t_1에서 수율이 높을 것으로 추측한다고 가정해 보자. t_2보다 t_1에서 수율이 높은 것을 입증하면 기술자는 공정변경을 정당화할 수 있다. 통계적 가설검정은 이런 유형의 문제를 해결하기 위한 틀이다. 이 예제에서 기술자는 t_2보다 t_1에서 평균 수율이 더 높은 것을 입증하기 위해 가설을 수립하는 데 관심이 있다. 즉, 평균 수율을 추정하는 대신 공학적 의사결정과 관련된 특정한 가설에 관한 결론을 도출하고자 한다.

7장과 8장에서는 모수추정을 알아보고, 9장과 10장에서는 가설검정을 학습한다.

7.1 점추정

통계적 추론에서는 모집단의 모수에 대한 결론을 도출하는 데 관심이 있다. 통계적 추론의 중요한 일부분은 모수의 추정치를 구하는 것이다. 모수의 점추정치(합리적인 값)를 구하려 할 때, 데이터를 수집하기 전에는 관측치를 확률변수로 두고 $X_1, X_2, \cdots, X_n$이라고 나타낸다. 따라서 관측치의 임의의 함수, 즉 모든 통계량(statistic)은 확률변수이다. 예를 들어 표본평균 $\overline{X}$와 표본분산 S^2은 통계량이며 확률변수이다.

다음과 같이 통계량을 간단히 시각화할 수 있다. 모집단에서 $n = 10$인 표본을 추출하고 표본평균의 값 $\overline{x} = 10.2$를 계산하였다고 하자. 같은 모집단에서 $n = 10$인 두 번째 표본을 추출하고 $\overline{x} = 10.4$를 계산한다. 이 과정을 반복하면 표본평균은 표본 내의 측정치에 의존하고 표본에 따라 다른 값을 취할 수 있는 확률변수이다. 다시 말해 표본평균(또는 표본 데이터의 임의의 함수)은 확률변수이다.

통계량은 확률변수이므로 확률분포를 갖는다. 통계량의 확률분포를 표본분포(sampling

distribution)라고 한다. 표본분포의 개념은 아주 중요하며, 이 장에서 표본분포를 자세히 알아본다.

추론 문제를 다룰 때 관심의 모수를 나타내기 위해 일반적 기호를 사용하면 편리하다. 여기서는 모수를 나타내기 위해 그리스 기호 θ(세타)를 사용한다. 기호 θ는 평균 μ, 분산 σ^2 또는 관심의 다른 모수를 나타낸다. 점추정의 목적은 표본 데이터에 기초하여 θ의 가장 그럴듯한 값으로 단일한 숫자를 결정하는 것이다. 표본으로부터 얻은 통계량의 수치를 점추정치로 사용한다.

일반적으로 확률변수 X는 알려지지 않은 모수 θ로 표현되는 확률분포 $f(x)$를 따르고, $f(x)$에서 추출한 크기가 n인 임의표본을 $X_1, X_2, \cdots, X_n$이라고 할 때, 통계량

$$\hat{\Theta} = h(X_1, X_2, \cdots, X_n)$$

을 θ의 점추정량(point estimator)이라고 한다. $\hat{\Theta}$은 확률변수의 함수이므로 다시 확률변수라는 것을 유의해야 한다. 표본을 추출하여 $\hat{\Theta}$을 관측한 수치 $\hat{\theta}$을 θ의 점추정치(point estimate)라고 한다.

점추정량

모수 θ의 점추정치는 통계량 $\hat{\Theta}$의 단일한 수치 $\hat{\theta}$이다. $\hat{\Theta}$를 θ의 점추정량이라고 한다.

예를 들어 확률변수 X는 평균 μ가 알려지지 않은 정규분포를 따를 때, 표본평균 $\overline{X}$는 모평균 μ의 점추정량, 즉 $\hat{\mu} = \overline{X}$이다. 표본을 추출하고 $\overline{X}$를 계산한 수치 $\overline{x}$는 모평균 μ의 점추정치이다. 예로, $x_1 = 25, x_2 = 30, x_3 = 29, x_4 = 31$이면 μ의 점추정치는

$$\overline{x} = \frac{25 + 30 + 29 + 31}{4} = 28.75$$

이다. 마찬가지로 모분산 σ^2을 모를 때, σ^2의 점추정량은 표본분산 S^2이고, 표본 데이터로부터 S^2을 계산한 값 $s^2 = 6.9$는 σ^2의 **점추정치**이다.

공학에서 추정 문제를 풀어야 하는 경우가 자주 있다. 주로 다음을 추정한다.

- 단일 모집단의 평균 μ
- 단일 모집단의 분산 σ^2 (표준편차 σ)
- 모집단에서 관심의 범주에 속하는 객체의 비율 p
- 두 모집단 평균의 차이 $\mu_1 - \mu_2$
- 두 모집단 비율의 차이 $p_1 - p_2$

위의 모수들의 합리적인 점추정치는 다음과 같다.

- μ의 추정치는 $\hat{\mu} = \overline{x}$, 즉 표본평균의 값이다.

- σ^2의 추정치는 $\hat{\sigma}^2 = s^2$, 즉 표본분산의 값이다.
- 크기가 n인 임의표본을 추출하고 관심의 범주에 속하는 객체의 수를 세어 x라고 하면 p의 추정치는 $\hat{p} = x/n$, 즉 표본비율의 값이다.
- $\mu_1 - \mu_2$의 추정치는 $\hat{\mu}_1 - \hat{\mu}_2 = \bar{x}_1 - \bar{x}_2$, 즉 2개의 독립적인 임의표본을 추출하고 구한 표본평균의 차이값이다.
- $p_1 - p_2$의 추정치는 $\hat{p}_1 - \hat{p}_2$, 즉 2개의 독립적인 임의표본을 추출하고 구한 표본비율의 차이값이다.

하나의 모수에 대해 사용할 수 있는 점추정량은 여러 가지이다. 예를 들어 모평균의 점추정량으로 표본평균, 표본중앙값, 표본의 최솟값과 최댓값의 평균 등을 사용할 수 있다. 주어진 모수에 대하여 어떤 점추정량이 최상인지 결정하기 위해서는 추정량의 통계적 성질을 검토하고 추정량을 비교하기 위한 기준이 필요하다.

7.2 표본분포와 중심극한정리

통계적 추론에서는 모집단으로부터 추출한 임의표본에서 얻은 정보를 이용하여 모집단에 관한 의사결정을 내린다. 예를 들어 한 기술자는 탄산음료 용기에 채워진 평균 음료의 양에 관심이 있고, 모집단의 평균 음료의 양은 300 ml이어야 한다고 하자. 25개 용기의 임의표본을 추출하고 계산한 평균 음료의 양을 $\bar{x} = 298.8$ ml라고 하자. 기술자는 표본평균이 298.8 ml이어도 모평균은 $\mu = 300$ ml이라고 결정할 것이다. 왜냐하면 표본평균은 μ의 합리적 추정치이고 모평균이 $\mu = 300$ ml인 경우에도 표본평균이 298.8 ml일 가능성이 크기 때문이다. 예를 들어 5분마다 25개의 용기를 임의추출하고 표본평균을 반복하여 계산하면, 모평균의 참값이 300 ml인 경우에도 $\bar{x}$는 $\mu = 300$ ml의 위와 아래로 변할 것이다.

표본 데이터와 확률모형을 다음과 같이 연결한다. 표본 데이터의 각 수치는 확률변수를 관측한 값이다. 통상 확률변수는 독립이고 동일한 분포를 따른다고 가정하며, 이와 같은 확률변수를 **확률표본**(random sample)이라고 한다.

> **확률표본**
>
> (a) 서로 독립이고 (b) 동일한 확률분포를 따르는 확률변수 $X_1, X_2, \cdots, X_n$을 크기가 n인 확률표본이라고 한다.

확률표본의 관측된 데이터는 **임의표본**(random sample)이다.

통계적 추론에서 확률표본이라는 가정은 아주 중요하다. 만일 확률표본이 아니고 판단에 기초하거나 다른 방식으로 결함이 있는 표본이면, 통계적 방법은 제대로 작동하지 않으며 잘못된 결론을 제공한다.

확률표본을 추출하는 주된 목적은 모집단의 알려지지 않은 모수에 관한 정보를 얻기 위함이다. 예를 들어 특정 음료를 선호하는 미국인의 비율을 알고 싶다고 하자. 모비율 p의 참값을 결정하기 위해 모집단의 모든 사람을 조사하는 것은 비현실적이며 더 합리적인 방법은 (적절한 크기의) 확률표본을 추출하고 표본에서 해당 음료를 선호하는 사람의 비율을 관측한 수치 $\hat{p}$의 값을 사용하는 것이다.

표본 내에서 해당 음료를 선호하는 사람의 수를 표본크기 n으로 나누어 표본비율 $\hat{p}$을 정의할 때 $\hat{p}$은 확률표본을 이루는 확률변수의 함수이다. 모집단으로부터 추출할 수 있는 확률표본이 많이 있으므로 $\hat{p}$은 표본에 따라 변하는 확률변수이다. 이와 같은 확률변수를 통계량(statistic)이라고 한다.

> **통계량**
> 통계량은 확률표본을 이루는 확률변수의 함수이다.

우리는 앞에서 통계량을 공부한 적이 있다. 예를 들어 $X_1, X_2, \cdots, X_n$이 크기가 n인 확률표본일 때 표본평균 $\overline{X}$, 표본분산 S^2, 표본표준편차 S는 모두 통계량이다. 통계량은 확률변수이므로 확률분포를 갖는다.

> **표본분포**
> 통계량의 확률분포를 표본분포라고 한다.

예를 들어 $\overline{X}$의 확률분포를 평균의 표본분포라고 한다. 통계량의 표본분포는 모집단의 분포, 표본크기, 표본추출방법에 따라 달라진다. 이 장에서는 가장 중요한 표본분포로 정규분포를 알아보고, 8장과 9장에서는 다른 표본분포와 그 응용을 광범위하게 학습한다.

표본평균 $\overline{X}$의 표본분포를 결정하기 위해 평균이 μ이고 분산이 σ^2인 정규분포 모집단에서 크기가 n인 확률표본을 추출한다고 가정하자. 표본의 각 관측치 $X_1, X_2, \cdots, X_n$은 독립이면서 평균이 μ이고 분산이 σ^2인 정규분포를 따르는 확률변수이다. 5장에서 공부한 바와 같이 독립인 정규확률변수들의 선형함수는 다시 정규분포를 따르므로, 표본평균

$$\overline{X} = \frac{X_1 + X_2 + \cdots + X_n}{n}$$

은 평균과 분산이 각각

$$\mu_{\overline{X}} = \frac{\mu + \mu + \cdots + \mu}{n} = \mu, \quad \sigma^2_{\overline{X}} = \frac{\sigma^2 + \sigma^2 + \cdots + \sigma^2}{n^2} = \frac{\sigma^2}{n}$$

인 정규분포를 따른다.

임의의 확률분포를 따르는 모집단에서 추출한 표본에 대하여, 표본크기 n이 크면 표본평균의 표본분포는 근사적으로 평균이 μ이고 분산이 σ^2/n인 정규분포라고 알려져 있다. 이것이 통계학에서 가장 유용한 정리 중 하나인 중심극한정리(central limit theorem)이다.

중심극한정리

평균이 μ이고 분산이 $\sigma^2 < \infty$인 (유한 또는 무한) 모집단에서 크기가 n인 확률표본 $X_1, X_2, \cdots, X_n$을 추출하고 그 표본평균을 $\overline{X}$라고 하자. n이 충분히 크면

$$Z = \frac{\overline{X} - \mu}{\sigma / \sqrt{n}} \tag{7.1}$$

는 근사적으로 표준정규분포를 따른다.

컴퓨터 시뮬레이션 실험을 이용하여 중심극한정리를 시연할 수 있다. 그림 7.1은 위치모수는 $\theta = 2$, 척도모수는 $\omega = 0.75$, 평균은 $\mu = 9.79$, 표준편차는 $\sigma = 8.51$인 대수정규분포를 나타낸 그래프이다. 그림에서 대수정규분포는 정규분포와 비슷하지 않음을 알 수 있다. 대수정규확률변수는 양수만 취하며 오른쪽으로 왜곡된 분포를 따른다. 소프트웨어를 이용하여 이 분포로부터 각각 크기가 $n = 10$인 확률표본을 20번 반복하여 추출한 결과 얻은 데이터가 표 7.1에 나와 있다. 표의 마지막 행은 각 표본의 평균 $\overline{x}$이다.

$\overline{x}$의 값이 모두 같은 것은 아니며 통계량은 확률변수라는 사실을 분명하게 알 수 있다. 표본표준편차, 표본중앙값, 제1사분위수, 제3사분위수, 백분위수 등 어떤 통계량을 계산하

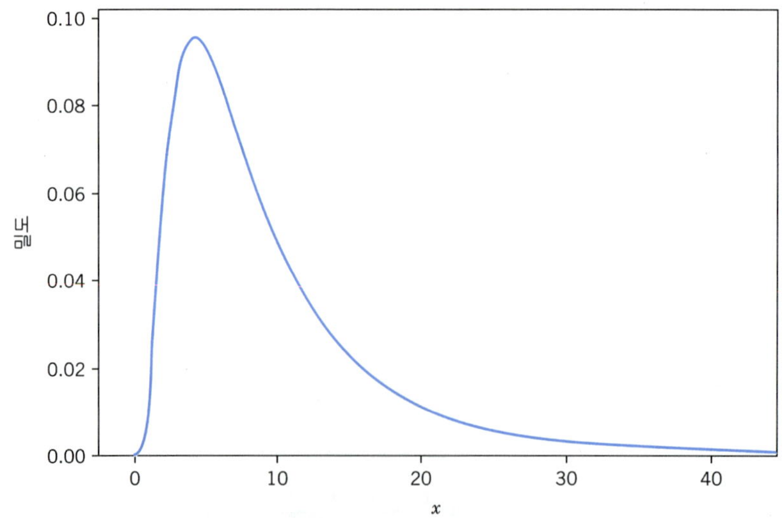

그림 7.1 $\theta = 2$, $\omega = 0.75$인 대수정규분포

더라도 통계량은 확률변수로 표본에 따라 변한다. 직접 시도하여 확인해 보기 바란다.

중심극한정리에 따르면 표본평균 $\overline{X}$의 분포는 정규분포이다. 그림 7.2는 표 7.1의 20개 표본평균에 대한 정규확률그림을 나타낸다. 표본평균의 값들은 직선을 따라 흩어져 있으며 모집단의 분포는 정규분포가 아니지만, 표본평균의 분포는 정규분포임을 알 수 있다. 임의의 통계량의 표본분포를 조사할 때 이런 종류의 표본추출 실험을 사용할 수 있다.

$\overline{X}$에 대한 정규분포 근사는 표본크기 n에 의존한다. 그림 7.3(a)은 1개의 주사위를 던져서 나오는 눈의 수의 분포를 나타낸 그래프이다. 모든 가능한 값 1, 2, 3, 4, 5, 6의 확률은 각각 1/6이다. 그림 7.3(b)는 2개의 주사위를 던져서 나오는 눈의 수의 평균의 분포를, 그림 7.3(c), (d), (e)는 각각 3, 5, 10개의 주사위를 던져서 나오는 눈의 수의 평균의 분포를 나타낸 그래프이다. 모집단(1개 주사위)이 정규분포와 상당히 달라도, 5개 정도의 작은

표 7.1 그림 7.1의 대수정규분포에서 추출한 크기 $n=10$의 20개 표본

	표본									
관측번호	1	2	3	4	5	6	7	8	9	10
1	3.9950	8.2220	4.1893	15.0907	12.8233	15.2285	5.6319	7.5504	2.1503	3.1390
2	7.8452	13.8194	2.6186	4.5107	3.1392	16.3821	3.3469	1.4393	46.3631	1.8314
3	1.8858	4.0513	8.7829	7.1955	7.1819	12.0456	8.1139	6.0995	2.4787	3.7612
4	16.3041	7.5223	2.5766	18.9189	4.2923	13.4837	13.6444	8.0837	19.7610	15.7647
5	9.7061	6.7623	4.4940	11.1338	3.1460	13.7345	9.3532	2.1988	3.8142	3.6519
6	7.6146	5.3355	10.8979	3.6718	21.1501	1.6469	4.9919	13.6334	2.8456	14.5579
7	6.2978	6.7051	6.0570	8.5411	3.9089	11.0555	6.2107	7.9361	11.4422	9.7823
8	19.3613	15.6610	10.9201	5.9469	8.5416	19.7158	11.3562	3.9083	12.8958	2.2788
9	7.2275	3.7706	38.3312	6.0463	10.1081	2.2129	11.2097	3.7184	28.2844	26.0186
10	16.2093	3.4991	6.6584	4.2594	6.1328	9.2619	4.1761	5.2093	10.0632	17.9411
$\overline{x}$	9.6447	7.5348	9.5526	8.5315	8.0424	11.4767	7.8035	5.9777	14.0098	9.8727
관측번호	11	12	13	14	15	16	17	18	19	20
1	7.5528	8.4998	2.5299	2.3115	6.1115	3.9102	2.3593	9.6420	5.0707	6.8075
2	4.9644	3.9780	11.0097	18.8265	3.1343	11.0269	7.3140	37.4338	5.5860	8.7372
3	16.7181	6.2696	21.9326	7.9053	2.3187	12.0887	5.1996	3.6109	3.6879	19.2486
4	8.2167	8.1599	15.5126	7.4145	6.7088	8.3312	11.9890	11.0013	5.6657	5.3550
5	9.0399	15.9189	7.9941	22.9887	8.0867	2.7181	5.7980	4.4095	12.1895	16.9185
6	4.0417	2.8099	7.1098	1.4794	14.5747	8.6157	7.8752	7.5667	32.7319	8.2588
7	4.9550	40.1865	5.1538	8.1568	4.8331	14.4199	4.3802	33.0634	11.9011	4.8917
8	7.5029	10.1408	2.6880	1.5977	7.2705	5.8623	2.0234	6.4656	12.8903	3.3929
9	8.4102	6.4106	7.6495	7.2551	3.9539	16.4997	1.8237	8.1360	7.4377	15.2643
10	7.2316	11.5961	4.4851	23.0760	10.3469	9.9330	8.6515	1.6852	3.6678	2.9765
$\overline{x}$	7.8633	11.3970	8.6065	10.1011	6.7339	9.3406	5.7415	12.3014	10.0828	9.1851

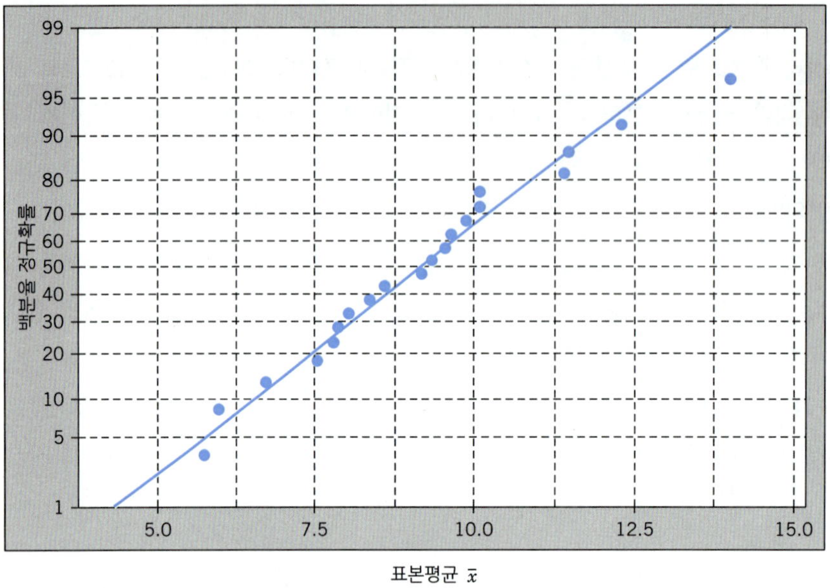

그림 7.2 표 7.1에 대한 표본평균의 정규확률그림

크기의 표본에 대한 평균의 분포는 정규분포로 잘 근사됨을 볼 수 있다. (주사위를 던져서 나오는 눈의 수의 분포는 이산분포이지만 정규분포는 연속분포이다.)

중심극한정리로부터 공학과 과학에서 다루는 많은 확률변수가 정규분포를 따르는 이유를 알 수 있다. 즉, 관측된 변수는 중심극한 효과를 일으키는 일련의 교란들이 함께 작용한 결과물이다.

표본크기가 얼마나 크면 중심극한정리를 적용할 수 있을까? 그 답은 모집단의 분포가 정규분포와 얼마나 비슷한지에 달려있다. 모집단 분포가 대칭이고 단봉형으로 정규분포와 크게 다르지 않으면, 4 또는 5와 같이 작은 크기의 표본에 대해서도 중심극한정리를 적용할 수 있다. 모집단 분포가 정규분포와 많이 다르면 더 큰 크기의 표본이 필요하다. 일반적으로 $n > 30$이면 거의 항상 중심극한정리를 적용할 수 있다. 이 지침은 상당히 보수적

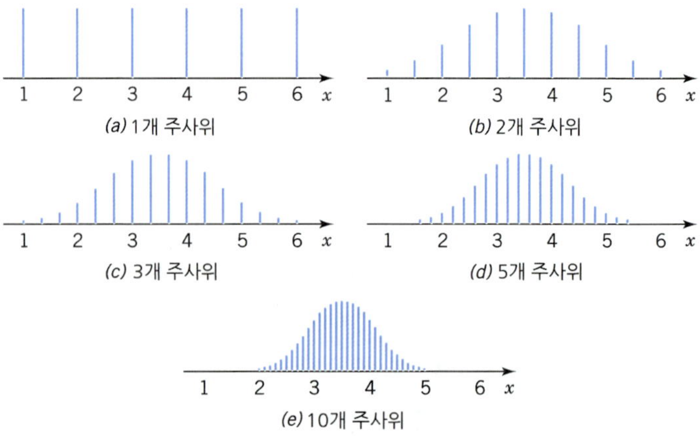

그림 7.3 주사위를 던져 나오는 눈의 수의 평균의 분포
출처: Box, Hunter, Hunter(1978)

이며, 실제로 30보다 훨씬 작은 크기의 표본에 대해서도 중심극한정리를 적용할 수 있다. 그림 7.3의 주사위 예제를 보면 이것을 알 수 있다.

예제 7.1 저항기

어느 전자회사에서 생산하는 저항기의 저항은 평균이 100옴이고 표준편차가 10옴인 정규분포를 따른다. 크기가 $n=25$인 확률표본을 추출할 때 평균 저항이 95옴 미만일 확률을 구해 보자.

$\overline{X}$의 표본분포는 평균이 $\mu_{\overline{X}}=100$이고 표준편차가

$$\sigma_{\overline{X}}=\frac{\sigma}{\sqrt{n}}=\frac{10}{\sqrt{25}}=2$$

인 정규분포이다. 따라서 구하는 확률은 그림 7.4의 색칠한 부분의 면적이다. 그림 7.4에서 $\overline{X}=95$를 표준화하면

$$z=\frac{95-100}{2}=-2.5$$

이므로 $P(\overline{X}<95)=P(X<-2.5)=0.0062$이다.

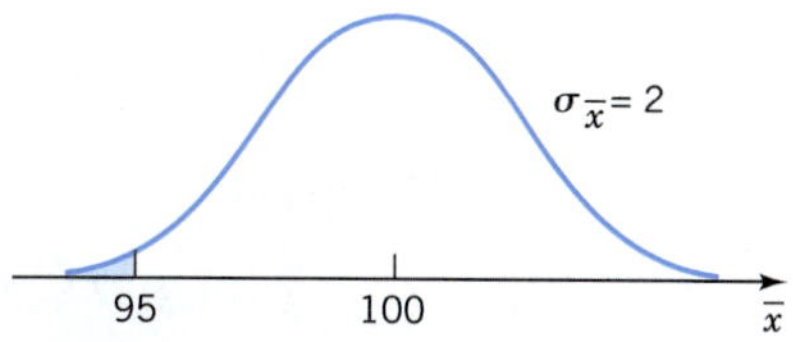

그림 7.4 예제 7.1에서 확률

해석: 이 예제로부터 저항의 분포가 평균 100옴, 표준편차 10옴인 정규분포이면 표본평균이 95옴 미만인 확률표본을 찾는 것이 희귀한 사건임을 알 수 있다. 만약 이런 상황이 발생하면 평균의 참값이 100옴이 맞는지 또는 표준편차의 참값이 10옴이 맞는지 의문이 생긴다.

다음 예제에서는 중심극한정리를 적용하여 $\overline{X}$의 근사 분포를 구한다.

예제 7.2 중심극한정리

확률변수 X는 다음 연속균등분포를 따른다고 하자.

$$f(x)=\begin{cases}1/2, & 4\le x\le 6\\ 0, & \text{그 외}\end{cases}$$

크기가 $n=40$인 확률표본을 추출할 때 표본평균의 분포를 구해 보자.

X의 평균과 분산은 각각 $\mu=5$, $\sigma^2=\frac{(6-4)^2}{12}=\frac{1}{3}$이다. 중심극한정리로부터 $\overline{X}$의 분포는 근사적으로 평균과 분산이 각각 다음과 같은 정규분포이다.

$$\mu_{\overline{X}}=5,\ \sigma^2_{\overline{X}}=\frac{\sigma^2}{n}=\frac{1}{3\times 40}=\frac{1}{120}$$

그림 7.5에는 X와 $\overline{X}$의 분포가 나타나 있다.

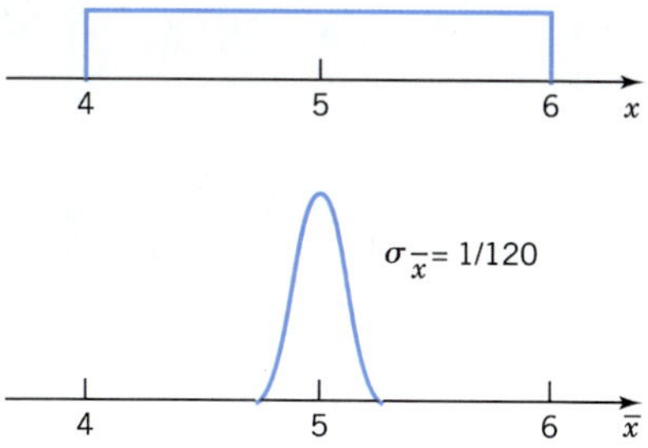

그림 7.5 예제 7.2에서 X와 $\overline{X}$의 분포

이제 2개의 독립적인 모집단을 생각해 보자. 첫 번째 모집단은 평균 μ_1, 분산 σ_1^2이고, 두 번째 모집단은 평균 μ_2, 분산 σ_2^2이며, 두 모집단은 정규분포를 따른다고 가정한다. 5장에서 알아본 바와 같이 독립인 정규확률변수의 선형결합은 정규분포를 따른다. 그 결과

$\overline{X}_1 - \overline{X}_2$의 표본분포는 평균과 분산이 각각 다음과 같은 정규분포이다.

$$\mu_{\overline{X}_1 - \overline{X}_2} = \mu_{\overline{X}_1} - \mu_{\overline{X}_2} = \mu_1 - \mu_2 \tag{7.2}$$

$$\sigma^2_{\overline{X}_1 - \overline{X}_2} = \sigma^2_{\overline{X}_1} + \sigma^2_{\overline{X}_2} = \frac{\sigma_1^2}{n_1} + \frac{\sigma_2^2}{n_2} \tag{7.3}$$

두 모집단의 분포가 정규분포가 아니어도 n_1과 n_2가 모두 30보다 크면 중심극한정리를 이용하여 $\overline{X}_1$와 $\overline{X}_2$가 근사적으로 정규분포를 따른다고 가정할 수 있다. 따라서 $\overline{X}_1 - \overline{X}_2$의 표본분포는 식(7.2)의 평균과 식(7.3)의 분산을 갖는 정규분포로 근사된다. 모집단이 정규분포와 크게 다르지 않으면 n_1 또는 n_2가 30보다 작아도 $\overline{X}_1 - \overline{X}_2$의 분포는 여전히 평균이 식(7.2)이고 분산이 식(7.3)인 정규분포로 근사된다. 이 결과를 요약하면 다음과 같다.

표본평균의 차이에 대한 근사 표본분포

두 모집단은 독립이고 각각 평균이 μ_1, μ_2이고 분산이 σ_1^2, σ_2^2일 때, 두 모집단으로부터 크기가 n_1, n_2인 확률표본을 추출하여 그 표본평균을 $\overline{X}_1$와 $\overline{X}_2$라고 하자. 중심극한정리를 적용하면

$$Z = \frac{\overline{X}_1 - \overline{X}_2 - (\mu_1 - \mu_2)}{\sqrt{\frac{\sigma_1^2}{n_1} + \frac{\sigma_2^2}{n_2}}} \tag{7.4}$$

는 근사적으로 표준정규분포를 따른다. 모집단의 분포가 모두 정규분포이면 Z의 표본분포는 정확히 표준정규분포이다.

7.3 점추정의 일반개념

7.3.1 불편추정량

추정량은 알려지지 않은 모수의 참값과 어떤 의미로 가까워야 한다. $\widehat{\Theta}$의 기댓값이 θ일 때, $\widehat{\Theta}$을 θ의 불편추정량(unbiased estimator)이라고 한다. 즉, $\widehat{\Theta}$이 θ의 불편추정량이면 $\widehat{\Theta}$의 확률분포(표본분포)의 평균은 θ이다.

추정량의 편의

점추정량 $\widehat{\Theta}$이

$$E(\widehat{\Theta}) = \theta \tag{7.5}$$

를 만족하면 $\hat{\Theta}$을 θ의 불편추정량이라고 한다. $\hat{\Theta}$이 불편추정량이 아니면 그 차이인

$$E(\hat{\Theta})-\theta \qquad (7.6)$$

를 추정량 $\hat{\Theta}$의 편의라고 한다.

추정량이 불편추정량이면 편의(bias)는 0, 즉 $E(\hat{\Theta})-\theta=0$이다.

예제 7.3 표본평균과 표본분산은 불편추정량이다.

확률변수 $X_1, X_2, \cdots, X_n$은 평균이 μ이고 분산이 σ^2인 모집단에서 추출한 크기 n의 확률표본일 때, $\overline{X}$와 S^2은 각각 μ와 σ^2의 불편추정량임을 보여 보자.

먼저 표본평균을 보자. 5장의 5.5절에서 $E(\overline{X})=\mu$이므로 표본평균 $\overline{X}$는 모평균 μ의 불편추정량이다.

한편 표본분산의 기댓값은 다음과 같다.

$$E(S^2)=E\left[\frac{\sum_{i=1}^{n}(X_i-\overline{X})^2}{n-1}\right]=\frac{1}{n-1}E\left[\sum_{i=1}^{n}(X_i-\overline{X})^2\right]$$
$$=\frac{1}{n-1}E\left[\sum_{i=1}^{n}\left(X_i^2+\overline{X}^2-2\overline{X}X_i\right)\right]$$
$$=\frac{1}{n-1}E\left(\sum_{i=1}^{n}X_i^2-n\overline{X}^2\right)$$
$$=\frac{1}{n-1}\left[\sum_{i=1}^{n}E\left(X_i^2\right)-nE\left(\overline{X}^2\right)\right]$$

5장에서 학습한 선형함수의 평균에 관한 식을 이용하여 위 식의 마지막 결과를 구한다. 위 식에

$$E\left(X_i^2\right)=\mu^2+\sigma^2,\ \ E\left(\overline{X}^2\right)=\mu^2+\frac{\sigma^2}{n}$$

을 대입하면 다음과 같다.

$$E(S^2)=\frac{1}{n-1}\left[\sum_{i=1}^{n}(\mu^2+\sigma^2)-n\left(\mu^2+\frac{\sigma^2}{n}\right)\right]$$
$$=\frac{1}{n-1}(n\mu^2+n\sigma^2-n\mu^2-\sigma^2)=\sigma^2$$

즉, 표본분산 S^2은 모분산 σ^2의 불편추정량이다.

S^2은 σ^2의 불편추정량이지만 S는 σ의 편의추정량이다. 대표본의 경우 S의 편의는 아주 작다. 정규분포로부터 추출한 표본에서 σ의 추정량으로 S를 자주 사용한다. 8장~10장에서 신뢰구간과 가설검정을 공부할 때 그 이유를 알 수 있다.

모수의 불편추정량이 여러 개일 수 있다. 예를 들어 정규분포 모집단에서 임의추출한 크기 $n=10$의 표본 데이터가 다음과 같다고 하자.

$$x_1=12.8,\ x_2=9.4,\ \ x_3=8.7,\ \ x_4=11.6,\ x_5=13.1,$$
$$x_6=9.8,\ \ x_7=14.1,\ x_8=8.5,\ \ x_9=12.1,\ x_{10}=10.3$$

이 데이터에 대하여 표본평균, 표본중앙값, 10% 절사평균(표본에서 10%의 작은 값과 10%의 큰 값을 버린 후 구한 평균)을 계산하면 각각 다음과 같다.

$$\bar{x} = \frac{12.8+9.4+8.7+11.6+13.1+9.8+14.1+8.5+12.1+10.3}{10} = 11.04$$

$$\bar{x}_M = \frac{10.3+11.6}{2} = 10.95$$

$$\bar{x}_{tr(10)} = \frac{8.7+9.4+9.8+10.3+11.6+12.1+12.8+13.1}{8} = 10.98$$

위 3개의 추정치가 모두 μ의 불편추정치임을 보일 수 있다. 불편추정량이 유일하지 않으므로 추정량을 선택할 때 불편성에만 의존할 수는 없고, 불편추정량 중 하나를 선택하는 방법이 필요하다. 다음 절에서 한 가지 방법을 알아본다.

7.3.2 점추정량의 분산

$\hat{\Theta}_1$과 $\hat{\Theta}_2$은 둘 다 θ의 불편추정량이라고 하자. 즉, 각 추정량의 분포의 중심은 모수의 참값 θ이다. 그런데 추정량의 분포의 분산은 다를 수 있다고 하자. 그림 7.6은 이러한 상황을 그림으로 나타낸다. $\hat{\Theta}_1$은 $\hat{\Theta}_2$보다 분산이 작으므로 $\hat{\Theta}_1$은 θ의 참값에 더 가까운 추정치를 줄 것이다. 여러 불편추정량 중 하나를 선택할 때 분산이 최소인 추정량을 선택하는 것이 논리적이다.

> **최소분산 불편추정량**
> θ의 모든 불편추정량 중 분산이 가장 작은 추정량을 **최소분산 불편추정량**이라고 한다.

어떤 의미에서 최소분산 불편추정량(minimum variance unbiased estimator, MVUE)은 모든 불편추정량 중에서 θ의 참값에 가장 가까운 추정량이다. 여러 실질적 상황에서 MVUE를 구하기 위한 방법론이 이미 개발되어 있으나 이 책의 범위를 벗어난다. 여기서는 정규분포에 관한 매우 중요한 결과를 하나 소개한다.

> 평균이 μ이고 분산이 σ^2인 정규분포에서 추출한 크기 n의 확률표본을 $X_1, X_2, \cdots, X_n$이라고 할 때 그 표본평균 $\overline{X}$는 μ의 MVUE이다.

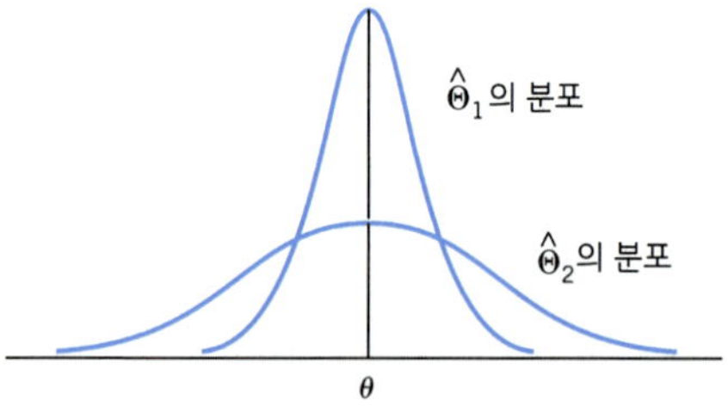

그림 7.6 두 불편추정량 $\hat{\Theta}_1$과 $\hat{\Theta}_2$의 표본분포

MVUE가 존재하는지 알 수 없는 경우에도 후보 추정량 중 하나를 선택하기 위해 여전히 최소분산 원칙을 사용할 수 있다. 예를 들어 모평균을 추정한다고 가정하자. 반드시 **정규분포** 모집단일 필요는 없다. 크기가 n인 확률표본 $X_1, X_2, \cdots, X_n$이 있을 때 μ의 추정량으로 표본평균 $\overline{X}$와 단일 관측치 X_i를 비교해 보자. $\overline{X}$와 X_i는 둘 다 불편추정량이고, 분산은 각각 $V(\overline{X})=\sigma^2/n$, $V(X_i)=\sigma^2$이다. 표본크기 $n \geq 2$에 대하여 $V(\overline{X}) < V(X_i)$이므로 $\overline{X}$는 X_i보다 μ의 더 좋은 추정량이다.

7.3.3 표준오차: 점추정치의 기록

모수의 점추정치를 기록할 때 추정의 정밀도에 대해 어느 정도 정보를 제공하는 것이 바람직하다. 추정의 정밀도를 측정하기 위해 추정량의 표준오차(standard error)를 사용한다.

> **추정량의 표준오차**
>
> 추정량 $\hat{\Theta}$의 표준편차 $\sigma_{\hat{\Theta}} = \sqrt{V(\hat{\Theta})}$을 $\hat{\Theta}$의 표준오차라고 한다. 표준오차에 추정해야 하는 모수가 포함되면 이 모수의 추정치를 $\sigma_{\hat{\Theta}}$에 대입하여 추정된 표준오차 $\hat{\sigma}_{\hat{\Theta}}$을 구한다.

추정된 표준오차를 $s_{\hat{\Theta}}$ 또는 $SE(\hat{\Theta})$으로 나타내기도 한다.

평균이 μ이고 분산이 σ^2인 정규분포로부터 표본을 추출할 때 $\overline{X}$의 분포는 평균이 μ이고 분산이 σ^2/n인 정규분포이므로 $\overline{X}$의 표준오차는 다음과 같다.

$$\sigma_{\overline{X}} = \frac{\sigma}{\sqrt{n}}$$

위의 식에서 σ를 모르면 다음과 같이 표본표준편차 S를 대입하여 $\overline{X}$의 추정된 표준오차를 구한다.

$$SE(\overline{X}) = \hat{\sigma}_{\overline{X}} = \frac{S}{\sqrt{n}}$$

이와 같이 점추정량이 정규분포를 따를 때 모수의 참값은 추정치의 표준오차의 2배 이내에 있을 것을 상당히 자신할 수 있다. 많은 점추정량은 표본의 크기가 클 때 정규분포(또는 근사적으로)를 따르므로 이 결과는 매우 유용하다. 점추정량이 정규분포를 따르지 않아도 불편추정량이면, 모수의 추정치는 참값으로부터 기껏해야 6%의 시간 동안 최대 4배의 표준오차만큼 벗어날 것이다. 따라서 아주 보수적으로 말해서 모수의 참값은 점추정치로부터 기껏해야 4배의 표준오차만큼 떨어져 있다.

예제 7.4 열전도율

어느 논문(*The ASME Journal of Heat Transfer*, 1974, Vol. 96, pp. 59)에서 암코철(Armco iron)의 열전도율을 측정하는 새로운 방법이 소개되었다. 100°F의 온도와 550W의 전력에서 다음과 같이 열전도율의 10개 측정치(단위: Btu/hr-ft- °F)를 수집하였다.

41.60, 41.48, 42.34, 41.95, 41.86,
42.18, 41.72, 42.26, 41.81, 42.04

100°F와 550W에서 평균 열전도율의 점추정치는

$$\bar{x} = 41.924 \text{ Btu/hr-ft-°F}$$

이다. 표본평균의 표준오차는 $\sigma_{\overline{X}} = \dfrac{\sigma}{\sqrt{n}}$인데 여기서 σ를 모르므로 $s = 0.284$를 대입하고 $\overline{X}$의 추정된 표준오차를 구하면 다음과 같다.

$$SE(\overline{X}) = \hat{\sigma}_{\overline{X}} = \frac{s}{\sqrt{n}} = \frac{0.284}{\sqrt{10}} = 0.0898$$

해석: 표준오차는 표본평균의 약 0.2%로, 열전도율의 점추정치는 비교적 정확하다. 표준오차의 2배는

$$2\sigma_{\overline{X}} = 2(0.0898) = 0.1796$$

이므로 열전도율이 정규분포를 따른다면, 평균 열전도율의 참값은 41.924 ± 0.1796, 즉 41.744와 42.104 사이에 있을 것을 확신한다.

7.3.4 부스트랩 표준오차

점추정량이 복잡하여 전통적 방법으로 표준오차를 구하는 것이 어렵거나 불가능한 경우가 있다. 한 예는 모표준편차 σ의 점추정량인 S이다. 다른 예는 지수분포나 와이블분포와 같은 일부 확률분포에서 모수 추정량이다. 이 문제를 해결하기 위해 비교적 새로운 컴퓨터 집약기법인 부스트랩방법(bootstrap method)을 이용할 수 있다.

부스트랩방법을 알아보기 위해 확률변수 X는 모수가 θ인 확률밀도함수 $f(x;\theta)$를 따른다고 가정해 보자. 이 분포로부터 확률표본의 관측치 $x_1, x_2, \cdots, x_n$을 얻고 모수 θ의 추정치로 $\hat{\theta} = 4.5$를 계산했다고 하자. 부스트랩방법에서는 컴퓨터를 이용하여 확률분포 $f(x;\theta = 4.5)$로부터 부스트랩 표본을 추출하고 부스트랩 추정치 $\hat{\theta}^B$를 계산한다. 이 과정을 n_B번 반복한 결과를 요약하면 다음과 같다.

부스트랩 표본 1: $x_1^1, x_2^1, \cdots, x_n^1$, 부스트랩 추정치 $\hat{\theta}_1^B$

부스트랩 표본 2: $x_1^2, x_2^2, \cdots, x_n^2$, 부스트랩 추정치 $\hat{\theta}_2^B$

$\vdots$

부스트랩 표본 n_B: $x_1^{n_B}, x_2^{n_B}, \cdots, x_n^{n_B}$, 부스트랩 추정치 $\hat{\theta}_{n_B}^B$

보통 부스트랩 표본의 수 n_B는 100 또는 200이다. 부스트랩 추정치의 표본평균은

$$\overline{\theta}^B = \frac{1}{n_B}\sum_{i=1}^{n_B}\hat{\theta}_i^B$$

이다. 모수 θ의 추정량 $\hat{\theta}$의 부스트랩 표준오차는 $\hat{\theta}_i^B$의 표본표준편차, 즉

$$SE_B(\hat{\theta}) = \sqrt{\frac{1}{n_B - 1}\sum_{i=1}^{n_B}\left(\hat{\theta}_i^B - \overline{\theta}^B\right)^2} \tag{7.7}$$

이다. 식(7.7)의 분모에 n_{B-1} 대신 n_B를 사용하기도 한다.

예제 7.5 부스트랩 표준오차
어느 전문가 팀에서 대출신청의 처리주기를 조사하고 있다. 경험에 따르면 처리주기는 평균 약 25시간인 정규분포를 따른다. 최근 10건의 대출신청을 임의추출한 결과 수집된 처리주기(단위: 시간) 데이터는 다음과 같다.

24.1514, 27.4145, 20.4000, 22.5151, 28.5152,
28.5611, 21.2489, 20.9983, 24.9840, 22.6245

표본표준편차의 값을 계산하면 $s = 3.11407$이다. 표본표준편차의 부스트랩 표준오차를 구해 보자.

컴퓨터 프로그램을 이용하여 평균이 25이고 표준편차가 3.11407인 정규분포로부터 $n_B = 200$개의 부스트랩 표본을 생성한다고 하자. 가령 첫 번째 표본은

25.4274, 24.2272, 24.8565, 24.3458, 18.4343,
23.3179, 23.0699, 25.2876, 27.1541, 27.2932

이고, 이 표본의 표준편차는 $s = 2.50635$이다. 200개의 부스트랩 표본을 모두 생성한 결과 표준편차의 부스트랩 추정치의 평균은 3.03972이었고 표준오차의 부스트랩 추정치는 0.5464이었다. 표본크기 $n = 10$이 상당히 작기 때문에 표준오차는 상당히 크다.

문제의 상황에 따라 확률변수의 분포가 알려지지 않을 수 있다. 이러한 상황에서 부스트랩을 사용하려면 표본 데이터를 모집단이라고 가정하고 부스트랩 표본을 추출하면 된다. 예를 들어 크기가 $n=25$인 표본이 있을 때 이 표본으로부터 n_B개의 부스트랩 표본을 복원추출하고 앞에서처럼 관심 통계량에 관한 표준오차의 부스트랩 추정치를 계산하면 된다.

7.3.5 추정량의 평균제곱오차

때로는 편의추정량을 사용해야 하는 데 이런 경우 추정량의 평균제곱오차가 중요하다. 모수 θ의 추정량 $\hat{\Theta}$의 평균제곱오차는 $\hat{\Theta}$과 θ의 차이의 제곱에 대한 기댓값이다.

추정량의 평균제곱오차
모수 θ의 추정량 $\hat{\Theta}$의 평균제곱오차는

$$\text{MSE}(\hat{\Theta}) = E(\hat{\Theta} - \theta)^2 \tag{7.8}$$

평균제곱오차(mean squared error)를 다음과 같이 다시 쓸 수 있다.

$$\begin{aligned}\text{MSE}(\hat{\Theta}) &= E[\hat{\Theta} - E(\hat{\Theta})]^2 + [\theta - E(\hat{\Theta})]^2 \\ &= V(\hat{\Theta}) + (\text{편의})^2\end{aligned}$$

즉, $\hat{\Theta}$의 평균제곱오차는 추정량의 분산과 편의 제곱의 합이다. $\hat{\Theta}$이 θ의 불편추정량이면

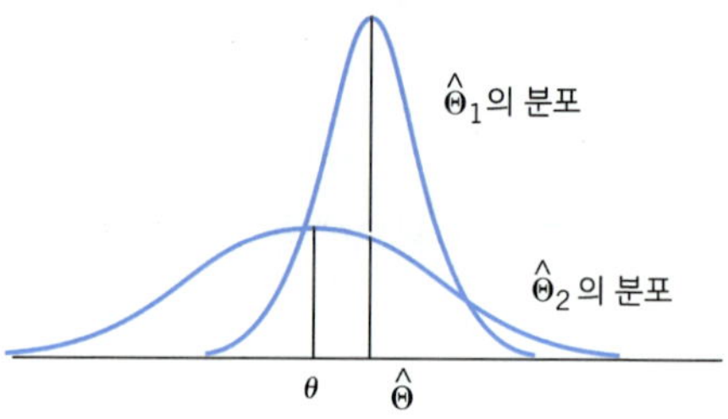

그림 7.7 불편추정량 $\hat{\Theta}_2$보다 분산이 작은 편의추정량 $\hat{\Theta}_1$

$\hat{\Theta}$의 평균제곱오차는 분산과 같다.

평균제곱오차는 두 추정량을 비교할 때 중요한 기준이다. $\hat{\Theta}_1$과 $\hat{\Theta}_2$은 모수 θ의 추정량이고 $\text{MSE}(\hat{\Theta}_1)$과 $\text{MSE}(\hat{\Theta}_2)$은 각각 $\hat{\Theta}_1$과 $\hat{\Theta}_2$의 평균제곱오차라고 할 때, $\hat{\Theta}_1$에 대한 $\hat{\Theta}_2$의 상대적 효율성(relative efficiency)을 다음과 같이 정의한다.

$$\frac{\text{MSE}(\hat{\Theta}_1)}{\text{MSE}(\hat{\Theta}_2)} \tag{7.9}$$

상대적 효율성이 1보다 작으면 $\hat{\Theta}_1$은 $\hat{\Theta}_2$보다 평균제곱오차가 작다는 점에서 $\hat{\Theta}_1$은 θ의 더 효율적인 추정량이다.

상대적으로 작은 편의를 허락하여 추정량의 분산을 상당히 줄일 수 있는 경우 편의추정량이 불편추정량보다 더 작은 평균제곱오차를 가질 수 있다. 즉, 분산의 감소가 편의 제곱보다 크면 평균제곱오차의 관점에서 더 좋은 추정량이다. 예를 들어 그림 7.7에서 편의추정량 $\hat{\Theta}_1$은 불편추정량 $\hat{\Theta}_2$보다 분산이 작다. 편의추정량을 사용하는 응용 분야로는 11장과 12장에서 학습하는 선형회귀분석이 있다.

$\hat{\Theta}$의 평균제곱오차가 모수 θ의 모든 값에서 다른 모든 추정량의 평균제곱오차보다 크지 않으면 $\hat{\Theta}$은 θ의 최적추정량이다. 그러나 최적추정량이 존재하는 경우는 드물다.

7.4 점추정 방법

불편성의 정의와 추정량의 다른 성질을 알았다고 하여 좋은 추정량을 구하는 방법을 알게 된 것은 아니다. 이 절에서는 좋은 추정량을 구하는 방법으로 적률법과 최대가능도법을 학습한다. 일반적으로 적률추정량(moment estimator)보다 최대가능도추정량(maximum likelihood estimator, MLE)의 효율성이 더 좋기 때문에 최대가능도추정량을 선호한다. 그러나 보통 적률추정량을 계산하기가 더 쉽고, 두 방법 모두 불편추정량을 제공하기도 한다. 뒤에서 모수추정을 위한 베이지안 방법도 간략히 알아본다.

7.4.1 적률법

기본적으로 적률법에서는 모집단적률(population moment)과 그에 대응하는 표본적률(sample moment)을 같다고 두고 (모집단적률은 모수의 함수이므로) 등식을 풀어서 모수의 추정량을 구한다.

> **적률**
> $X_1, X_2, \cdots, X_n$은 확률질량함수 또는 확률밀도함수 $f(x)$에서 추출한 확률표본이라고 하자. k차 모집단적률(분포적률)은 $E(X^k)$이고, 그에 대응하는 k차 표본적률은 $\frac{1}{n}\sum_{i=1}^{n} X_i^k$ $(k=1,2,\cdots)$이다.

예를 들어 1차 모집단적률은 $E(X)=\mu$이고 1차 표본적률은 $\frac{1}{n}\sum_{i=1}^{n} X_i = \overline{X}$이므로 두 적률을 같다고 두면 $\hat{\mu}=\overline{X}$, 즉 표본평균은 모평균의 적률추정량이다. 일반적으로 모집단적률은 알려지지 않은 모수 $\theta_1, \theta_2, \cdots, \theta_m$의 함수이다.

> **적률추정량**
> $X_1, X_2, \cdots, X_n$은 m개의 모수 $\theta_1, \theta_2, \cdots, \theta_m$이 알려지지 않은 확률질량함수 또는 확률밀도함수로부터 추출한 확률표본이라고 하자. 처음 m차의 모집단적률과 표본적률을 같다고 두고 얻은 m개의 방정식을 모수에 대해 풀어서 적률추정량 $\hat{\Theta}_1, \hat{\Theta}_2, \cdots, \hat{\Theta}_m$을 구한다.

> **예제 7.6 지수분포: 적률추정량**
> $X_1, X_2, \cdots, X_n$은 모수가 λ인 지수분포에서 추출한 확률표본이라고 하자. 추정하는 모수가 1개이므로 $E(X)$와 $\overline{X}$를 같다고 둔다. 지수분포에서 $E(X)=\frac{1}{\lambda}$이므로 $\frac{1}{\lambda}=\overline{X}$를 풀면 λ의 적률추정량은 $\frac{1}{\overline{X}}$이다.

예를 들어 자동차 엔진 제어기에 사용되는 전자모듈의 고장 메카니즘을 가속하기 위해 고온에서 시험하여 측정한 고장시간은 지수분포를 따른다고 하자. 8개 모듈을 임의추출하여 측정한 고장시간은 다음과 같다.

$$x_1 = 11.96,\ x_2 = 5.03,\ x_3 = 67.40,\ x_4 = 16.07,$$
$$x_5 = 31.50,\ x_6 = 7.73,\ x_7 = 11.10,\ x_8 = 22.38$$

그러면 $\overline{x}=21.65$이고 λ의 적률추정치를 구하면 다음과 같다.

$$\hat{\lambda} = \frac{1}{\overline{x}} = \frac{1}{21.65} = 0.0462$$

예제 7.7 정규분포: 적률추정량

$X_1, X_2, \cdots, X_n$은 모수가 μ와 σ^2인 정규분포에서 추출한 확률표본이라고 하자. 정규분포에서는

$$E(X) = \mu,\ E(X^2) = \mu^2 + \sigma^2$$

이므로 $E(X) = \overline{X},\ E(X^2) = \frac{1}{n}\sum_{i=1}^{n} X_i^2$라고 둔다. 그러면

$$\mu = \overline{X},\ \mu^2 + \sigma^2 = \frac{1}{n}\sum_{i=1}^{n} X_i^2$$

이므로 두 식을 풀어 μ와 σ^2의 적률추정량을 구하면 다음과 같다.

$$\hat{\mu} = \overline{X}, \qquad \hat{\sigma}_2 = \frac{\sum_{i=1}^{n} X_i^2 - n\left(\frac{1}{n}\sum_{i=1}^{n} X_i\right)^2}{n} = \frac{\sum_{i=1}^{n}\left(X_i - \overline{X}\right)^2}{n}$$

해석: σ^2의 적률추정량은 불편추정량이 아니다.

예제 7.8 감마분포: 적률추정량

$X_1, X_2, \cdots, X_n$은 모수가 r과 λ인 감마분포에서 추출한 확률표본이라고 할 때

$$E(X) = \frac{r}{\lambda},\ E(X^2) = \frac{r(r+1)}{\lambda^2}$$

이다. 따라서

$$\frac{r}{\lambda} = \overline{X}, \qquad \frac{r(r+1)}{\lambda^2} = \frac{1}{n}\sum_{i=1}^{n} X_i^2$$

을 풀어서 적률추정량을 구하면 다음과 같다.

$$\hat{r} = \frac{\overline{X}^2}{\frac{1}{n}\sum_{i=1}^{n} X_i^2 - \overline{X}^2},\ \hat{\lambda} = \frac{\overline{X}}{\frac{1}{n}\sum_{i=1}^{n} X_i^2 - \overline{X}^2}$$

예를 들어 예제 7.6의 고장시간 데이터에서 $\bar{x} = 21.65$, $\sum_{i=1}^{8} x_i^2 = 6639.40$이므로 r과 λ의 적률추정치를 계산하면 각각 다음과 같다.

$$\hat{r} = \frac{(21.65)^2}{(1/8)6645.43 - (21.65)^2} = 1.29$$

$$\hat{\lambda} = \frac{21.65}{(1/8)6645.43 - (21.65)^2} = 0.0598$$

해석: $r = 1$일 때 감마분포는 지수분포와 같다. 이 예제에서 $\hat{r}$이 1보다 약간 크므로 감마분포나 지수분포가 데이터의 타당한 모형일 것이다.

7.4.2 최대가능도법

모수의 점추정량을 구하는 가장 좋은 방법 중 하나는 1920년대 유명한 영국 통계학자인 R. A. Fisher가 개발한 최대가능도법이다. 이름에서 알 수 있듯이 이 방법에서는 가능도함수(likelihood function)를 최대로 하는 모수의 값을 추정량으로 사용한다.

최대가능도추정량

X는 확률분포 $f(x;\theta)$를 따르는 확률변수이고 θ는 알려지지 않은 모수라고 가정하자. 크기가 n인 확률표본의 관측치가 $x_1, x_2, \cdots, x_n$일 때 가능도함수는

$$L(\theta) = f(x_1;\theta) f(x_2;\theta) \cdots f(x_n;\theta) \qquad (7.10)$$

이다. 가능도함수 $L(\theta)$는 알려지지 않은 모수 θ의 함수이고, $L(\theta)$를 최대로 하는 θ를 θ의 최대가능도추정량이라고 한다.

이산확률변수의 경우 가능도함수를 해석하기 쉽다. 가능도함수는

$$L(\theta) = P(X_1 = x_1, X_2 = x_2, \cdots, X_n = x_n)$$

로 단지 확률일 뿐이다. 즉, $L(\theta)$는 표본의 관측치가 $x_1, x_2, \cdots, x_n$일 확률이다. 따라서 이산확률변수의 최대가능도추정량은 표본으로 얻은 관측치가 일어날 확률이 최대가 되도록 하는 추정량이다. 일반적으로 최대가능도추정량의 효율성이 우수하기 때문에 적률추정량보다 최대가능도추정량을 선호한다.

예제 7.9 베르누이분포: MLE

베르누이확률변수 X의 확률질량함수는

$$f(x;p) = p^x(1-p)^{1-x},\ x = 0,1$$

이고 p는 추정해야 하는 모수이다. 크기 n의 확률표본에 대한 가능도함수는 다음과 같다.

$$L(p) = p^{x_1}(1-p)^{1-x_1}p^{x_2}(1-p)^{1-x_2} \cdots p^{x_n}(1-p)^{1-x_n}$$
$$= \prod_{i=1}^{n} p^{x_i}(1-p)^{1-x_i} = p^{\sum_{i=1}^{n} x_i}(1-p)^{n-\sum_{i=1}^{n} x_i}$$

$\hat{p}$이 $L(p)$를 최대로 하면 $\ln L(p)$도 최대로 한다. 따라서

$$\ln L(p) = \left(\sum_{i=1}^{n} x_i\right)\ln(p) + \left(n - \sum_{i=1}^{n} x_i\right)\ln(1-p)$$

를 p에 대하여 미분하고 0으로 두면 다음과 같다.

$$\frac{d\ln L(p)}{dp} = \frac{\sum_{i=1}^{n} x_i}{p} - \frac{\left(n - \sum_{i=1}^{n} x_i\right)}{1-p} = 0$$

위 식을 p에 대하여 풀면 p의 최대가능도추정치는

$$\hat{p} = \frac{1}{n}\sum_{i=1}^{n} x_i$$

이고, p의 최대가능도추정량은 다음과 같다.

$$\hat{P} = \frac{1}{n}\sum_{i=1}^{n} X_i$$

예제 7.9에서 구한 p의 최대가능도추정량을 다음 상황에 적용해 보자. 생산라인으로부터 n개의 부품을 임의추출하여 각 부품을 불량품 또는 양품으로 구분한 후 i번째 부품이 불량품이면 $x_i = 1$, 양품이면 $x_i = 0$이라고 하자. 그러면 $\sum_{i=1}^{n} x_i$는 표본에 포함된 불량품의 개수이고, $\hat{p}$은 표본 불량률이다. 모수 p는 모집단 불량률이므로 직관적으로 p를 추정하기 위해 $\hat{p}$을 사용하는 것이 합리적이다.

지금까지 가능도함수를 해석할 때 이산확률변수로 제한하였지만 연속확률변수로 쉽게 확장할 수 있다. 다음은 연속분포의 최대가능도추정에 관한 예제이다.

예제 7.10 지수분포: MLE

모집단은 모수가 λ인 지수분포를 따른다고 하자. 크기가 n인 확률표본의 관측치 $x_1, x_2, \cdots, x_n$에 대한 가능도함수와 로그가능도함수는 각각 다음과 같다.

$$L(\lambda) = \prod_{i=1}^{n} \lambda e^{-\lambda x_i} = \lambda^n e^{-\lambda\sum_{i=1}^{n} x_i}$$

$$\ln L(\lambda) = n\ln(\lambda) - \lambda\sum_{i=1}^{n} x_i$$

다음 방정식

$$\frac{d\ln L(\lambda)}{d\lambda}=\frac{n}{\lambda}-\sum_{i=1}^{n}x_i=0$$

의 해로부터 λ의 최대가능도추정량을 구하면 다음과 같다.

$$\hat{\lambda}=\frac{n}{\sum_{i=1}^{n}X_i}=\frac{1}{\overline{X}}$$

결론: λ의 최대가능도추정량은 표본평균의 역수로 적률추정량과 같다.

그림을 그려보면 최대가능도법이 어떻게 작동하는지 쉽게 알 수 있다. 예제 7.10의 지수분포에 대한 로그가능도함수는 그림 7.8(a)와 같다. 보통 로그가능도함수는 음수이다. 앞에서 고장시간 데이터에 대한 λ의 적률추정치는 $\hat{\lambda}=0.0462$이었고, 예제 7.10에서 이 값은 최대가능도추정치이었다. 그림 7.8(a)에서 λ가 약 0.0462일 때 로그가능도함수가 최대이다. 로그가능도함수가 최댓값 주변에서 비교적 평평한데, 이것은 모수를 아주 정확하게 추정하지는 않았음을 의미한다. 모수를 정확하게 추정하면 최댓값에서 로그가능도함수는 뾰족해야 한다. 즉, 예제에서는 표본크기가 비교적 작아서 추정의 불확실성이 있다. 그림 7.8(b)는 $n=8, 20, 40$의 각 경우에 대해 앞에서처럼 표본평균을 $\overline{x}=21.65$로 일정하게 유지하고 로그가능도와 최댓값의 차이를 그래프로 나타낸 것이다. 로그가능도는 $n=8$에 비해 $n=20$에서 훨씬 더 가파르고, $n=8$, 20에 비해 $n=40$에서 훨씬 더 가파른 것을 알 수 있다.

여러 모수 $\theta_1, \theta_2, \cdots, \theta_k$가 있는 경우에도 최대가능도법을 사용할 수 있다. 가능도 함수는 k개의 알려지지 않은 모수 $\theta_1, \theta_2, \cdots, \theta_k$의 함수이므로, k개의 편미분 방정식

$$\frac{\partial L(\theta_1, \theta_2, \cdots, \theta_k)}{\partial \theta_i}=0,\ i=1,2,\cdots,k$$

을 풀어서 모수 $\{\theta_i\}$의 최대가능도추정량 $\{\hat{\Theta}_i\}$을 구한다.

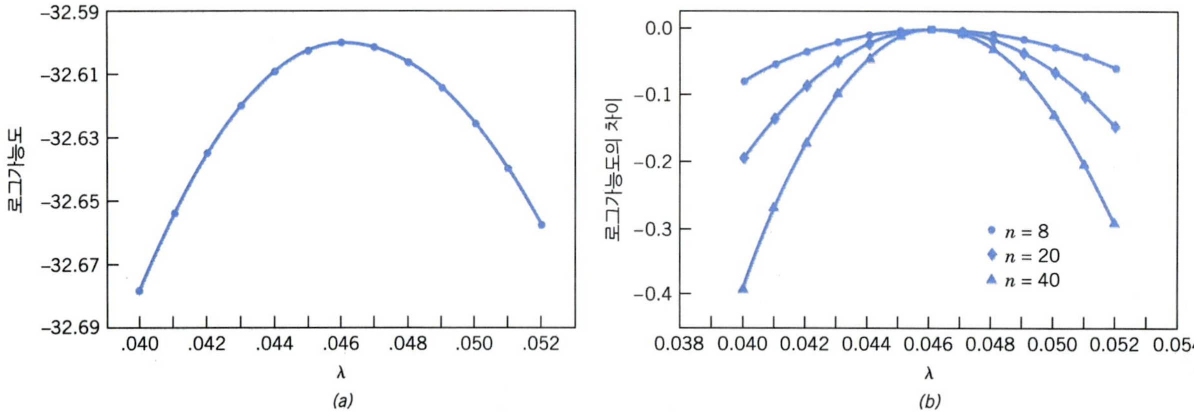

그림 7.8 고장시간 데이터를 이용한 지수분포의 로그가능도 (a) $n=8$ (b) $n=8, 20, 40$

예제 7.11 정규분포: μ와 σ^2의 MLE

X는 μ와 σ^2이 둘 다 알려지지 않은 정규분포를 따른다고 하자. 크기 n인 확률표본의 가능도함수와 로그가능도함수는 각각 다음과 같다.

$$L(\mu, \sigma^2) = \prod_{i=1}^{n} \frac{1}{\sigma\sqrt{2\pi}} e^{-\frac{(x_i-\mu)^2}{2\sigma^2}} = \frac{1}{(2\pi\sigma^2)^{n/2}} e^{-\frac{1}{2\sigma^2}\sum_{i=1}^{n}(x_i-\mu)^2}$$

$$\ln L(\mu, \sigma^2) = -\frac{n}{2}\ln(2\pi\sigma^2) - \frac{1}{2\sigma^2}\sum_{i=1}^{n}(x_i-\mu)^2$$

이제 다음 두 연립방정식

$$\frac{\partial \ln L(\mu, \sigma^2)}{\partial \mu} = \frac{1}{\sigma^2}\sum_{i=1}^{n}(x_i-\mu) = 0$$

$$\frac{\partial \ln L(\mu, \sigma^2)}{\partial \sigma^2} = -\frac{n}{2\sigma^2} + \frac{1}{2\sigma^4}\sum_{i=1}^{n}(x_i-\mu)^2 = 0$$

의 해를 구하면 μ와 σ^2의 최대가능도추정량은 다음과 같다.

$$\hat{\mu} = \overline{X}, \quad \hat{\sigma^2} = \frac{1}{n}\sum_{i=1}^{n}(X_i - \overline{X})^2$$

결론: 다시 한번, 최대가능도추정량은 적률추정량과 같다.

최대가능도추정량의 성질: 최대가능도추정량은 좋은 통계적 성질을 가지므로 보통 추정방법으로 최대가능도법을 선호한다. 최대가능도추정량의 성질을 요약하면 다음과 같다.

최대가능도추정량의 성질

적절한 일반적 조건하에 표본크기 n이 크면 모수 θ의 최대가능도추정량 $\hat{\Theta}$은 다음을 만족한다.

(1) $\hat{\Theta}$은 근사적으로 θ의 불편추정량, 즉 $E(\hat{\Theta}) = \theta$이다.
(2) $\hat{\Theta}$의 분산은 다른 어떤 추정량의 분산만큼 작다.
(3) $\hat{\Theta}$은 점근 정규분포를 따른다.

성질 (1)과 성질 (2)는 최대가능도추정량이 근사적으로 MVUE임을 의미한다. 또한, 최대가능도추정량은 점근(n이 클 때) 정규분포를 따르며 많은 경우 최대가능도추정량을 구하기 쉽다. 최대가능도법을 사용하려면 모집단의 분포를 알거나 가정해야 한다.

최대가능도추정량의 점근성을 알아보기 위해 예제 7.11에서 구한 정규분포의 분산 σ^2에 대한 최대가능도추정량을 보면 다음이 성립함을 보일 수 있다.

$$E(\hat{\sigma}^2) = \frac{n-1}{n}\sigma^2$$

따라서 σ^2의 최대가능도추정량의 편의는

$$E(\hat{\sigma}^2) - \sigma^2 = \frac{n-1}{n}\sigma^2 - \sigma^2 = -\frac{\sigma^2}{n}$$

이다. 편의가 음수이므로 $\hat{\sigma}^2$은 모분산 σ^2을 과소 추정한다. 표본크기 n을 늘리면 편의는 0에 가까워지므로 $\hat{\sigma}^2$은 σ^2의 점근 불편추정량이다.

최대가능도추정량의 다른 중요하고 유용한 성질은 다음과 같다.

최대가능도추정량의 불변성

모수 $\theta_1, \theta_2, \cdots, \theta_k$의 최대가능도추정량이 $\hat{\Theta}_1, \hat{\Theta}_2, \cdots, \hat{\Theta}_k$일 때,

모수의 함수 $h(\theta_1, \theta_2, \cdots, \theta_k)$의 최대가능도추정량은 $h(\hat{\Theta}_1, \hat{\Theta}_2, \cdots, \hat{\Theta}_k)$이다.

예제 7.12 정규분포: σ의 MLE

정규분포에서 μ와 σ^2의 최대가능도추정량은 각각

$$\hat{\mu} = \overline{X}, \quad \hat{\sigma}^2 = \frac{1}{n}\sum_{i=1}^{n}(X_i - \overline{X})^2$$

이다. 함수 $h(\mu, \sigma^2) = \sqrt{\sigma^2} = \sigma$의 최대가능도추정량을 구하기 위해 다음과 같이 함수 h에 $\hat{\mu}$과 $\hat{\sigma}^2$을 대입한다.

$$\hat{\sigma} = \sqrt{\hat{\sigma}^2} = \sqrt{\frac{1}{n}\sum_{i=1}^{n}(X_i - \overline{X})^2}$$

결론: 표준편차 σ의 최대가능도추정량은 표본표준편차 S가 아니다.

최대가능도추정량의 문제점: 최대가능도법은 훌륭한 기법이지만 사용상 문제가 있을 수 있다. 예를 들어 $\frac{dL(\theta)}{d\theta} = 0$의 해를 구하는 것이 어려울 수 있고, $L(\theta)$의 최댓값을 직접 결정하기 위해 미분을 이용하는 것도 항상 가능한 것은 아니다. 다음 예제를 보자.

예제 7.13 균등분포: MLE

X는 $[0, a]$에서 균등분포를 따른다고 하자. 확률밀도함수는 $f(x) = 1/a,\ 0 \le x \le a$이므로 크기가 n인 확률표본의 가능도함수는 다음과 같다.

$$L(a) = \prod_{i=1}^{n}\frac{1}{a} = \frac{1}{a^n},$$

$$0 \le x_1 \le a,\ 0 \le x_2 \le a,\ \cdots,\ 0 \le x_n \le a$$

이 함수의 기울기가 0인 곳이 없다. 즉, 그림 7.9에서 보는 것처럼 $\max(x_i) \le a$이면 가능도는 양수인 $1/a^n$이지만 $\max(x_i) > a$이면 가능도는 0이다. 가능도함수의 최댓값이 이산점에서 발생하므로 최대가능도추정치를 구하기 위해 미분을 직접 이용할 수 없다. 그러나

$$\frac{da^{-n}}{da} = -na^{-n-1}$$

은 모든 $a > 0$에서 음수이므로 a^{-n}은 a의 감소함수이다. 따라서 a가 최소일 때 가능도함수 $L(a)$는 최대이다. 그림 7.9를 보면 $\hat{a}$가 논리적으로 취할 수 있는 최솟값인 $\max(x_i)$일 때 $L(a)$가 최대이다. a가 가장 큰 관측치보다 작을 수 없으므로 $\hat{a}$은 가장 큰 관측치이어야 한다.

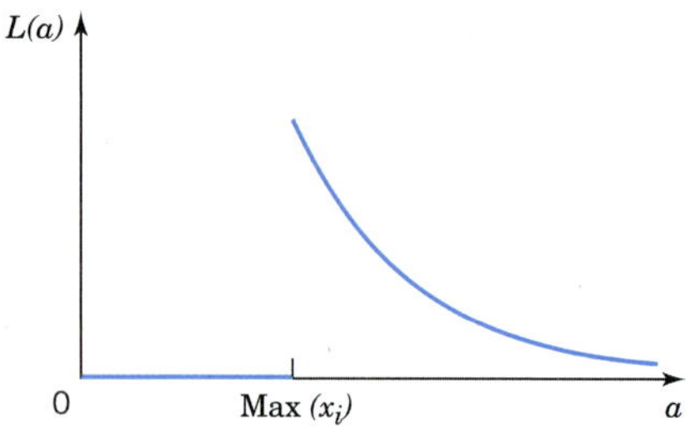

그림 7.9 예제 7.13의 균등분포에 대한 가능도함수

7.4.3 베이지안추정

이 책의 전반에 걸쳐 통계적 추론을 할 때 표본 데이터의 정보를 활용한다. 이와 같은 고전적방법에서는 확률을 상대빈도로 해석하고, 이렇게 해석한 확률을 객관적 확률이라고도 한다. 베이지안방법이라고 하는 통계적 추론의 다른 접근법에서는 표본을 수집하기 전 이미 알고 있었던 다른 정보를 표본 정보와 결합한다. 이 절에서는 베이지안방법으로 모수를 추정하는 절차를 간략히 알아본다.

확률변수 X는 단일 모수 θ의 함수인 확률분포 $f(x|\theta)$를 따른다고 하자. $f(x|\theta)$와 같은 표기법은 X의 분포의 정확한 형태가 θ의 값에 조건부라는 것을 뜻한다. 고전적방법에서는 확률분포로부터 크기가 n인 확률표본을 추출하고 θ의 추정량에 표본값 x_i를 대입한다. 예를 들면 최대가능도법으로 이 추정량을 구할 수 있다.

이제 θ에 관한 다른 추가적인 정보가 있고 그 정보를 θ에 관한 확률분포 $f(\theta)$로 요약할 수 있다고 가정해 보자. 이 확률분포를 θ에 대한 사전분포(prior distribution)라고 한다. 이 사전분포의 평균은 μ_0이고 분산은 σ_0^2이라고 하자. 여기서 모수 θ는 확률변수이므로 이 책의 다른 부분에서 모수를 다루는 방법과는 다른 매우 독특한 개념이다. 사전분포는 θ의 참값에 관한 분석가의 믿음의 정도를 반영하기 때문에 사전분포와 관련된 확률을 주관적 확률이라고 한다. 베이지안방법에서는 θ에 대한 사전분포 $f(\theta)$와 표본의 결합확률분포 $f(x_1, x_2, \cdots, x_n | \theta)$를 이용하여 θ의 사후분포(posterior distribution), 즉 $f(\theta | x_1, x_2, \cdots, x_n)$을 구한다. 이 사후분포는 표본의 정보와 θ의 사전분포의 정보를 모두 포함한다. 어떤 의미로 사후분포는 표본 데이터를 관측한 후 θ의 참값에 대한 믿음의 정도를 나타낸다고 할 수 있다. 개념적으로 사후분포를 구하기는 쉽다. θ가 확률변수이므로 표본 $X_1, X_2, \cdots, X_n$과 모수 θ의 결합확률분포는

$$f(x_1, x_2, \cdots, x_n, \theta) = f(x_1, x_2, \cdots, x_n | \theta) f(\theta)$$

이고, $X_1, X_2, \cdots, X_n$의 주변분포는

$$f(x_1, x_2, \cdots, x_n) = \begin{cases} \sum_\theta f(x_1, x_2, \cdots, x_n, \theta), & \theta\text{가 이산형} \\ \int_{-\infty}^{\infty} f(x_1, x_2, \cdots, x_n, \theta) d\theta, & \theta\text{가 연속형} \end{cases}$$

이다. 따라서 θ의 사후분포는

$$f(\theta | x_1, x_2, \cdots, x_n) = \frac{f(x_1, x_2, \cdots, x_n, \theta)}{f(x_1, x_2, \cdots, x_n)}$$

이다. 사후분포의 평균을 θ의 베이즈추정량(Bayes estimator)이라고 한다.

때로는 θ의 사후분포의 평균을 쉽게 구할 수 있다. $f(\theta \mid x_1, x_2, \cdots, x_n)$은 θ의 함수로서 확률밀도함수이고, $x_1, x_2, \cdots, x_n$은 상수이다. θ는 $f(x_1, x_2, \cdots, x_n, \theta)$를 통해서만 $f(\theta \mid x_1, x_2, \cdots, x_n)$에 입력되므로 $f(x_1, x_2, \cdots, x_n, \theta)$가 잘 알려진 확률분포이면 $f(x_1, x_2, \cdots, x_n)$을 적분하거나 계산하지 않고 잘 알려진 분포로부터 θ의 사후분포의 평균을 직접 구할 수 있다.

예제 7.14 정규분포: μ의 베이즈추정량

$X_1, X_2, \cdots, X_n$은 평균 μ, 분산 σ^2인 정규분포에서 추출한 확률표본이고, μ는 모르고 σ^2은 알고 있다고 가정하자. μ의 사전분포는 평균 μ_0, 분산 σ_0^2인 정규분포라고 가정하면

$$f(\mu) = \frac{1}{\sqrt{2\pi}\,\sigma_0} e^{-\frac{(\mu-\mu_0)^2}{2\sigma_0^2}} = \frac{1}{\sqrt{2\pi\sigma_0^2}} e^{-\frac{(\mu^2 - 2\mu_0\mu + \mu_0^2)}{2\sigma_0^2}}, \quad -\infty < \mu < \infty$$

이며, 표본의 결합확률분포는 다음과 같다.

$$f(x_1, x_2, \cdots, x_n \mid \mu) = \frac{1}{(2\pi\sigma^2)^{n/2}} e^{-\frac{1}{2\sigma^2}\sum_{i=1}^{n}(x_i-\mu)^2} = \frac{1}{(2\pi\sigma^2)^{n/2}} e^{-\frac{1}{2\sigma^2}\left(\sum_{i=1}^{n}x_i^2 - 2\mu\sum_{i=1}^{n}x_i + n\mu^2\right)}$$

따라서 표본과 μ의 결합확률분포는

$$f(x_1, x_2, \cdots, x_n, \mu) = \frac{1}{(2\pi\sigma^2)^{n/2}\sqrt{2\pi\sigma_0^2}} e^{-\frac{1}{2}\left[\left(\frac{1}{\sigma_0^2}+\frac{n}{\sigma^2}\right)\mu^2 - 2\left(\frac{\mu_0}{\sigma_0^2}+\frac{\sum x_i}{\sigma^2}\right)\mu + \frac{\sum x_i^2}{\sigma^2} + \frac{\mu_0^2}{\sigma_0^2}\right]}$$
$$= e^{-\frac{1}{2}\left[\left(\frac{1}{\sigma_0^2}+\frac{1}{\sigma^2/n}\right)\mu^2 - 2\left(\frac{\mu_0}{\sigma_0^2}+\frac{\bar{x}}{\sigma^2/n}\right)\mu\right]} h_1(x_1, \cdots, x_n, \sigma^2, \mu_0, \sigma_0^2)$$

이고, 이 식의 지수를 완전제곱으로 나타내면

$$f(x_1, x_2, \cdots, x_n, \mu) = e^{-\frac{1}{2}\left(\frac{1}{\sigma_0^2}+\frac{1}{\sigma^2/n}\right)\left(\mu - \frac{(\sigma^2/n)\mu_0 + \bar{x}\sigma_0^2}{\sigma_0^2+\sigma^2/n}\right)^2} h_2(x_1, \cdots, x_n, \sigma^2, \mu_0, \sigma_0^2)$$

이다. 여기서

$$h_1(x_1, \cdots, x_n, \sigma^2, \mu_0, \sigma_0^2), \quad h_2(x_1, \cdots, x_n, \sigma^2, \mu_0, \sigma_0^2)$$

는 표본 관측치, $\sigma^2, \mu_0, \sigma_0^2$의 함수이다.

이제 $f(x_1, x_2, \cdots, x_n)$은 μ에 의존하지 않으므로

$$f(\mu \mid x_1, x_2, \cdots, x_n) = e^{-\frac{1}{2}\left(\frac{1}{\sigma_0^2}+\frac{1}{\sigma^2/n}\right)\left(\mu - \frac{(\sigma^2/n)\mu_0 + \bar{x}\sigma_0^2}{\sigma_0^2+\sigma^2/n}\right)^2} h_3(x_1, \cdots, x_n, \sigma^2, \mu_0, \sigma_0^2)$$

이다. 이 식은 정규확률밀도함수이므로 사후평균과 사후분산은 각각 다음과 같다.

$$\frac{(\sigma^2/n)\mu_0 + \sigma_0^2\bar{x}}{\sigma_0^2 + \sigma^2/n}$$

$$\left(\frac{1}{\sigma_0^2} + \frac{1}{\sigma^2/n}\right)^{-1} = \frac{\sigma_0^2(\sigma^2/n)}{\sigma_0^2 + \sigma^2/n}$$

따라서 μ의 베이즈추정치는 μ_0와 $\bar{x}$의 가중평균이다. 앞에서 μ의 최대가능도추정치는 $\hat{\mu} = \bar{x}$이었다.

예를 들어 평균은 알려지지 않은 μ이고 분산은 $\sigma^2 = 4$인 정규분포에서 $n = 10$의 표본을 추출하였다고 하자. 또한, μ의 사전분포는 $\mu_0 = 0$, $\sigma_0^2 = 1$인 정규분포라고 하자. $\bar{x} = 0.75$라고 가정하면 μ의 베이즈추정치는 다음과 같다.

$$\frac{(4/10)(0) + (1)(0.75)}{1 + (4/10)} = \frac{0.75}{1.4} = 0.536$$

결론: μ의 최대가능도추정치는 $\bar{x} = 0.75$이다. 베이즈추정치는 최대가능도추정치와 사전평균 사이에 있다.

주어진 모수에 대한 베이즈추정량과 최대가능도추정량은 서로 관련이 있다. 대표본에서 둘은 거의 일치한다. 일반적으로 두 추정량의 차이는 $1/\sqrt{n}$에 비해 작다. 실제 문제에서 중간 정도 크기의 표본을 사용하는 경우, 표본 결과와 사전 정보가 일관되면 베이즈

추정치와 최대가능도추정치는 근사적으로 같다. 표본 결과와 사전 정보가 일관되지 않으면 두 추정치는 상당히 다를 수 있다. 이런 경우 표본 결과가 맞으면 틀림없이 사전 정보가 틀렸고 최대가능도추정치가 더 좋은 추정치이다.

표본 결과가 사전 정보와 많이 다르면 베이즈추정치는 항상 최대가능도추정치와 사전 정보 사이의 값을 생성하는 경향이 있다. 사전 정보와 표본 간의 불일치가 심할수록 두 추정치의 차이가 크다.

주요용어와 개념

가능도함수(Likelihood function)
두 표본평균 차이의 표본분포인 정규분포(Normal distribution as the sampling distribution of the difference in two sample means)
모수추정(Parameter estimation)
모수추정에서 편의(Bias in parameter estimation)
모집단적률, 분포적률(Population or distribution moments)
베이즈추정량(Bayes estimator)
부스트랩방법(Bootstrap method)
불편추정량(Unbiased estimator)
사전분포(Prior distribution)
사후분포(Posterior distribution)
적률추정량(Moment estimator)
점추정량(Point estimator)
중심극한정리(Central limit theorem)
최대가능도추정량(Maximum likelihood estimator)
최소분산 불편추정량(Minimum variance unbiased estimator, MVUE)
추정량과 추정치(Estimator versus estimate)
추정량의 추정된 표준오차(Estimated standard error of an estimator)
추정량의 평균제곱오차(Mean squared error of an estimator)
추정량의 표준오차(Standard error of an estimator)
통계량(Statistic)
통계적 추론(Statistical inference)
표본분포(Sampling distribution)
표본적률(Sample moment)
표본평균의 표본분포인 정규분포(Normal distribution as the sampling distribution of a sample mean)

CHAPTER 8

단일표본의 통계적 구간

© jkullander / iStockphoto

학습목표

이 장을 주의 깊게 학습한 후 다음을 할 수 있다.

1. 정규분포나 t-분포를 이용하여 정규분포의 평균에 대한 신뢰구간을 구한다.
2. 정규분포의 분산과 표준편차에 대한 신뢰구간을 구한다.
3. 모비율에 대한 신뢰구간을 구한다.
4. 모수에 대한 근사 신뢰구간을 구하는 일반적 방법을 이해한다.
5. 미래 관측치에 대한 예측구간을 구한다.
6. 정규분포에 대한 공차구간을 구한다.
7. 신뢰구간, 예측구간, 공차구간을 설명한다.

목차

기술자들은 종종 모수를 추정해야 한다. 예를 들어 ASTM 표준 E23에는 금속재료의 충격시험을 위한 **샤르피 V-노치 방법**(Charpy V-notch method)이 정의되어 있다. 노치 방법에서는 온도가 감소할 때 재료가 연성에서 취성으로 변하는지 판단하기 위해 충격에너지를 활용한다. 노치 방법에 따라 특정 재료의 10개 시편을 시험했다고 가정하자. 7장에서 평균 충격에너지의 참값 μ를 추정하기 위해 표본평균 $\overline{X}$를 사용하였다. 그러나 추정치와 평균 충격에너지의 참값이 정확하게 일치하지는 않을 것이다. 시험 결과를 단일한 숫자로 기록하면 $\overline{X}$가 평균의 참값 μ에 얼마나 가까운지에 관한 정보가 전혀 없으므로 설득력이 떨어진다. 추정치와 참값은 아주 가까울 수도 있고 상당히 멀 수도 있다. 이를 극복하는 한 방법은 추정치를 그럴듯한 값의 범위로 기록하는 것이다. 이 그럴듯한 값의 범위를 신뢰구간(confidence interval)이라고 한다. 신뢰구간을 구축할 때 절차의 신뢰도를 측정하는 척도로 신뢰수준(confidence level)을 지정한다. 보통 90%, 95%, 99%를 사용한다. 10개 시편을 조사한 데이터를 이용하여 충격에너지에 대한 95% 신뢰구간의 하한 63.84J와 상한 65.08J를 구했다면 95% 신뢰수준에서 **평균** 충격에너지는 63.84J와 65.08J 사이의 모든 값이 그럴듯하다고 할 수 있다. 이때 **신뢰도**는 실험을 여러 번 반복하여 신뢰구간을 구할 때, 이 신뢰구간들 중 95%는 모평균을 포함하고, 5%는 모평균을 포함하지 않는 잘못된 신뢰구간일 것임을 의미한다. 이 장에서는 여러 중요한 문제 상황에서 신뢰구간과 다른 유용한 통계적 구간을 구하는 방법을 학습한다.

7장에서 표본 데이터로부터 모수의 점추정치를 구하는 방법을 알아보았는데, 이렇게 구한 추정치가 얼마나 좋은 추정치인지를 이해하는 것이 중요하다. 예를 들어 화학물질의 평균 점도를 $\hat{\mu}=\overline{x}=1000$으로 추정할 때, 표본변동으로 인해 모평균 μ가 추정치 $\overline{x}$와 정확하게 일치할 가능성은 거의 없다. 점추정치는 $\hat{\mu}$이 μ와 얼마나 가까운지 알려주지 않는다. "공정 평균이 900과 1100 사이에 있을까? 아니면 990과 1010 사이에 있을까?" 하는 질문의 답에 따라 공정에 관한 의사결정은 달라진다. 구간추정치는 모수에 대한 그럴듯한 값의 범위를 제한한다. 많은 경우 이러한 구간을 구하기 쉽고, 점추정치를 구할 때와 같은 데이터를 사용한다.

모집단의 모수에 대한 구간추정치를 신뢰구간이라고 한다. 추정의 정밀도에 관한 정보는 신뢰구간의 길이(폭)로 나타낸다. 좁은 신뢰구간은 정밀한 추정을 의미한다. 추정치를 구하기 위해 모집단에서 추출한 표본을 사용하므로 특정한 신뢰구간이 모수를 실제로 포함하는지 확신할 수는 없다. 그러나 신뢰구간을 구축할 때 모수를 포함할 가능성이 크도록 한다. 공학과 과학에서 신뢰구간을 널리 사용한다.

공차구간(tolerance interval)은 또 하나의 중요한 유형의 구간추정치이다. 예를 들어 화학제품의 점도 데이터는 정규분포를 따른다고 가정할 때 점도의 95%를 포함하는 한계값을 구하고 싶을 수 있다. 정규분포의 95%는 다음 구간에 포함된다.

$$[\mu-1.96\sigma,\ \mu+1.96\sigma]$$

모수 μ와 σ를 모르면 이 식은 유용한 공차구간이 아니다. 위의 식에서 μ와 σ 대신 $\overline{x}$와 s 같은 점추정치를 사용할 수 있지만 각 점추정치의 잠재적 오류를 반영할 필요가 있다. 그 결과 다음 형태의 공차구간을 사용한다.

$$[\overline{x} - ks,\ \overline{x} + ks]$$

여기서 k는 (추정오차를 고려하기 위해 1.96보다 큰) 적절한 상수이다. 신뢰구간과 마찬가지로 공차구간이 분포의 95%를 포함하는지 확실하지는 않지만, 자신있게 그렇다고 할 수 있도록 공차구간을 구축한다. 실질적으로 공차구간을 널리 사용하며, 뒤에서 보는 것처럼 정규분포의 경우 공차구간을 구하기 쉽다.

신뢰구간과 공차구간은 분포의 모수를 제한한다. 이 장을 학습하고 나면 이러한 통계적 구간의 가치를 이해할 수 있다. 예측구간(prediction interval)은 모집단에서 추출하는 하나 이상의 **미래 관측치**에 대한 한계값이다. 예를 들어 예측구간은 점도의 새로운 관측치를 제한하기 위해 사용되는 또 하나의 유용한 구간이다. 표본크기가 클 때 정규분포 데이터에 대한 예측구간은 공차구간으로 수렴하지만, 중간 정도 크기의 표본에서는 예측구간과 공차구간이 다를 수 있다.

세 가지 유형의 구간추정치의 목적을 분명히 기억하여야 한다.

- 신뢰구간은 모집단이나 분포의 모수(점도의 평균 같은)를 제한한다.
- 공차구간은 분포의 일정한 비율을 제한한다.
- 예측구간은 모집단 또는 분포의 미래 관측치를 제한한다.

우리의 경험상 세 가지 유형의 구간을 혼동하기 쉽다. 예를 들어 문제의 상황은 예측구간을 필요로 하는데 종종 신뢰구간을 보고한다. 이 장에서는 신뢰구간, 공차구간, 예측구간에 대해 학습한다.

8.1 분산을 알 때 정규분포의 평균에 대한 신뢰구간

먼저 간단한 상황을 생각해 보면 신뢰구간의 기본적인 개념을 쉽게 이해할 수 있다. 평균 μ는 알려지지 않고 분산 σ^2은 알려진 정규분포를 가정해 보자. 실제로는 평균과 분산을 모두 모르는 경우가 대부분이므로 이와 같은 가정은 다소 비현실적이지만, 다음 절에서 평균과 분산을 둘 다 모르는 더 일반적인 상황의 구간추정을 학습할 것이다.

8.1.1 신뢰구간 구축과 기본성질

5장의 결과에 따르면 $X_1, X_2, \cdots, X_n$은 평균 μ가 알려지지 않고 분산 σ^2은 알려진 정규분포로부터 추출한 확률표본일 때 표본평균 $\overline{X}$는 평균이 μ이고 분산이 σ^2/n인 정규분포

를 따른다. $\overline{X}$에서 그 평균을 빼고 표준편차를 나누어 **표준화**하면

$$Z = \frac{\overline{X} - \mu}{\sigma / \sqrt{n}} \tag{8.1}$$

이고 Z는 $N(0, 1)$을 따른다.

μ의 신뢰구간 추정치는 $l \le \mu \le u$ 형태의 구간이고 표본 데이터를 이용하여 양 끝값 l과 u를 구한다. 표본이 달라지면 l과 u도 달라지므로 양 끝값은 각각 확률변수 L과 U를 관측한 값이라고 할 수 있다. 다음 확률 진술이 참이 되도록 L과 U의 값을 결정할 수 있다고 가정해 보자.

$$P(L \le \mu \le U) = 1 - \alpha, \quad 0 \le \alpha \le 1 \tag{8.2}$$

어떤 표본이 μ의 참값을 포함하는 신뢰구간을 제공하는 표본일 확률은 $1-\alpha$이다. 표본을 추출하여 $X_1 = x_1, X_2 = x_2, \cdots, X_n = x_n$을 관측하고, l과 u를 계산한 후 다음과 같이 μ에 대한 신뢰구간을 만든다.

$$l \le \mu \le u \tag{8.3}$$

위의 식에서 양 끝값인 l과 u를 각각 신뢰하한(lower confidence limit)과 신뢰상한(upper confidence limit)이라고 한다. 또한, $1-\alpha$를 신뢰계수(confidence coefficient)라고 한다.

식(8.1)에서 Z는 표준정규분포를 따르므로

$$P\left(-z_{\alpha/2} \le \frac{\overline{X} - \mu}{\sigma / \sqrt{n}} \le z_{\alpha/2}\right) = 1 - \alpha$$

이다. 위 식의 괄호 안의 각 항에 $\sigma/\sqrt{n}$를 곱하고 $\overline{X}$를 뺀 후 -1을 곱하면

$$P\left(\overline{X} - z_{\alpha/2}\frac{\sigma}{\sqrt{n}} \le \mu \le \overline{X} + z_{\alpha/2}\frac{\sigma}{\sqrt{n}}\right) = 1 - \alpha \tag{8.4}$$

이다. 여기서 양 끝값 $\overline{X} \pm z_{\alpha/2}\frac{\sigma}{\sqrt{n}}$는 확률변수 $\overline{X}$를 포함하므로 **확률구간**이고, 양 끝값은 각각 신뢰하한 L과 신뢰상한 U이다. 따라서 신뢰구간을 다음과 같이 정의한다.

분산을 알 때 평균에 대한 신뢰구간

분산 σ^2이 알려진 정규분포 모집단에서 크기가 n인 임의표본을 추출하여 계산한 표본평균의 값을 $\overline{x}$라고 하자. 모평균 μ에 대한 $100(1-\alpha)\%$ 신뢰구간은

$$\overline{x} - z_{\alpha/2}\frac{\sigma}{\sqrt{n}} \le \mu \le \overline{x} + z_{\alpha/2}\frac{\sigma}{\sqrt{n}} \tag{8.5}$$

단, $z_{\alpha/2}$는 표준정규분포의 상위 $100\alpha/2$번째 백분위수, 즉 상위 $\alpha/2$의 확률에 대응하는 값이다.

이 신뢰구간을 만들 때 정규분포 모집단에서 추출한 표본을 가정하지만, 신뢰구간은 이 가정에 상당히 강건하다. 모집단이 정규분포에서 조금 벗어나도 큰 문제가 되지 않는다. 신뢰수준이 95%라고 **공시되었다면** 실질적으로 93%, 94% 정도 신뢰할 수 있다.

예제 8.1 금속재료의 전이: 신뢰구간

ASTM 표준 E23에는 금속재료의 노치 바 충격시험에 대한 표준 시험방법이 정의되어 있다. 샤르피 V-노치 방법으로 충격에너지를 측정하고 온도 하강에 따라 재료가 연성에서 취성으로 전이하는지 결정하려고 한다. 60℃에서 A238 절단강 10개 시편의 충격에너지를 측정한 값은 다음과 같다.

64.1, 64.7, 64.5, 64.6, 64.5, 64.3, 64.6, 64.8, 64.2, 64.3

충격에너지는 $\sigma = 1J$인 정규분포를 따른다고 할 때, 평균 충격에너지 μ에 대한 95% 신뢰구간을 구해 보자.

신뢰구간 계산에 필요한 값은 다음과 같다.

$$z_{\alpha/2} = z_{0.025} = 1.96,\ n = 10,\ \sigma = 1,\ \bar{x} = 64.46$$

이 값을 식(8.5)에 대입하여 95% 신뢰구간을 구하면 다음과 같다.

$$\bar{x} - z_{0.025}\frac{\sigma}{\sqrt{n}} \le \mu \le \bar{x} + z_{0.025}\frac{\sigma}{\sqrt{n}}$$

$$64.46 - 1.96\frac{1}{\sqrt{10}} \le \mu \le 64.46 + 1.96\frac{1}{\sqrt{10}}$$

$$63.84 \le \mu \le 65.08$$

해석: 표본 데이터를 이용하여 60℃에서 A238 절단강의 평균 충격에너지에 대한 가장 그럴듯한 값의 범위를 구하면

$$63.84J \le \mu \le 65.08J$$

이다.

신뢰구간에 대한 해석: 신뢰구간을 어떻게 해석할까? 예제 8.1의 충격에너지 문제에서 95% 신뢰구간은 $63.84 \le \mu \le 65.08$이므로 μ가 이 구간에 포함될 확률이 0.95라고 결론을 내리고 싶을 수 있다. 그러나 조금만 생각해 보면 이것이 옳지 않음을 알 수 있다. 즉, μ의 참값을 모르고, 진술 $63.84 \le \mu \le 65.08$은 옳거나(확률 1로 참) 틀리다(확률 1로 거짓). 신뢰구간을 올바르게 해석하려면 신뢰구간의 양 끝값을 정의하는 확률 진술, 즉 식(8.2)에서 L과 U는 확률변수이므로 신뢰구간도 **확률구간**임을 이해해야 한다. 따라서 $100(1-\alpha)\%$ 신뢰구간에 관한 올바른 해석은 확률의 상대빈도 관점을 따른다. 구체적으로 무수히 여러 번 임의표본을 추출하고 표본마다 신뢰구간을 구하는 작업을 반복할 때, 구한 신뢰구간들 중 $100(1-\alpha)\%$는 모평균 μ를 포함할 것이다.

그림 8.1에는 정규분포의 평균 μ에 대한 $100(1-\alpha)\%$ 신뢰구간이 나타나 있다. 각 신뢰구간의 가운데 점은 μ의 점추정치 $\bar{x}$이다. 이 그림의 신뢰구간들 중 1개는 μ의 참값을 포함하지 않는다. 만일 이 구간이 95% 신뢰구간이면 장기적으로 이 구간들의 5%는 μ의 참값을 포함하지 않는다.

실질적으로 우리는 단일한 확률표본을 추출하고 단일한 신뢰구간을 구한다. 이 단일한 구간이 μ의 참값을 포함하거나 포함하지 않으므로 이 사건에 확률을 부여하는 것은 옳지 않다. 적절한 해석은 계산한 구간 $[l, u]$가 μ의 참값을 포함하리라는 것을 $100(1-\alpha)\%$

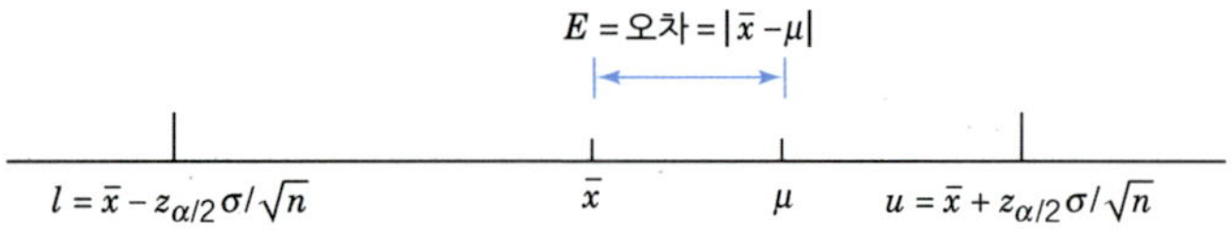

그림 8.1 μ에 대한 신뢰구간의 반복 구성

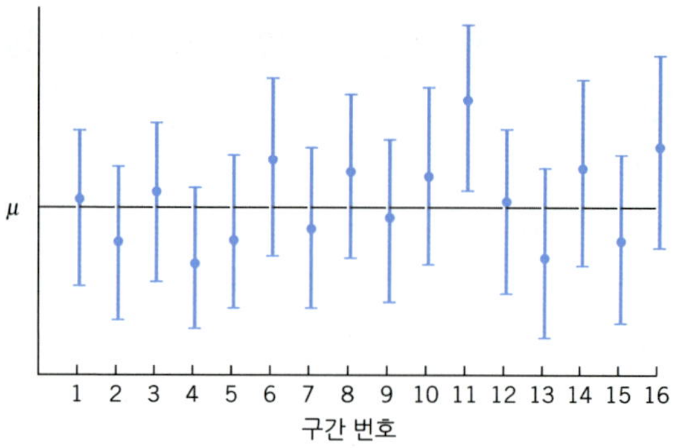

그림 8.2 $\bar{x}$로 μ를 추정할 때 오차

신뢰한다는 것이다. 이 진술은 빈도해석이다. 즉, 특정한 하나의 표본을 이용하여 구한 신뢰구간 $[l, u]$가 μ를 포함하는지 포함하지 않는지 모르지만, 신뢰구간 $[l, u]$를 구하기 위해 사용하는 **방법**은 $100(1-\alpha)\%$의 시간에서 올바른 결론을 준다.

추정의 신뢰수준과 정밀도: 예제 8.1에서 사용한 95%라는 신뢰수준은 우리가 임의로 선택한 것이다. 더 높은 신뢰수준 예를 들어 99%를 선택하면 어떻게 되는가? 더 높은 신뢰수준이 합리적이지 않은가? $z_{\alpha/2}$는 $\alpha = 0.01$에서 $z_{0.01/2} = z_{0.005} = 2.58$이고, $\alpha = 0.05$에서 $z_{0.025} = 1.96$이다. 따라서 95%와 99% 신뢰구간의 길이를 구하면 각각

$$2\left(1.96\frac{\sigma}{\sqrt{n}}\right) = 3.92\frac{\sigma}{\sqrt{n}}, \quad 2\left(2.58\frac{\sigma}{\sqrt{n}}\right) = 5.16\frac{\sigma}{\sqrt{n}}$$

이다. 99% 신뢰구간이 95% 신뢰구간보다 더 넓고, 그 때문에 99% 신뢰구간의 신뢰수준이 더 크다. 표본크기 n과 표준편차 σ가 일정할 때 신뢰수준이 크면 신뢰구간이 넓다.

신뢰구간의 길이는 추정의 **정밀도**를 측정하는 측도이다. 모수추정에서 신뢰구간 길이의 1/2(여기서는 $z_{\alpha/2}\sigma/\sqrt{n}$)을 오차의 한계라고 한다. 정밀도는 신뢰수준과 반비례한다. 의사결정을 위해서는 충분히 짧고 적절한 신뢰수준을 갖는 신뢰구간이 바람직하다. 이를 달성하는 한 가지 방법은 주어진 신뢰수준에서 신뢰구간이 정해진 길이(정밀도)를 갖도록 표본크기 n을 선택하는 것이다.

8.1.2 표본크기의 선택

식(8.5)에서 신뢰구간의 정밀도는 $2z_{\alpha/2}\sigma/\sqrt{n}$이다. 이 말은 $\bar{x}$로 μ를 추정할 때 오차 $E = |\bar{x} - \mu|$가 $z_{\alpha/2}\sigma/\sqrt{n}$보다 작음을 $100(1-\alpha)\%$ 신뢰한다는 뜻으로, 이것을 그림으로 나타내면 그림 8.2와 같다. 표본크기를 제어할 수 있는 경우 n을 적절히 선택하여 μ의 추정오차가 주어진 오차한계 E 이하임을 $100(1-\alpha)\%$ 신뢰하도록 할 수 있다. 즉, $E = z_{\alpha/2}\dfrac{\sigma}{\sqrt{n}}$라고 두고 이 식을 n에 대해 풀면 다음 결과를 얻는다.

분산을 알 때 평균의 추정에서 주어진 오차한계를 만족하는 표본크기

$\overline{x}$가 μ의 추정치일 때 표본크기가

$$n = \left(\frac{z_{\alpha/2}\sigma}{E}\right)^2 \tag{8.6}$$

이면 오차 $|\overline{x} - \mu|$가 주어진 오차한계 E 이하인 것을 $100(1-\alpha)\%$ 신뢰한다.

식(8.6)의 우변이 정수가 아니면 올림을 하여야 신뢰수준이 $100(1-\alpha)\%$보다 작지 않고, 그 결과 신뢰구간의 길이는 $2E$이다.

예제 8.2 금속재료의 전이: 표본크기

예제 8.1의 샤르피 V-노치 시험을 다시 보자. A238 절단강의 95% 신뢰구간의 길이가 $1.0J$ 이하가 되려면 적어도 몇 개의 시편을 시험해야 하는지 알아보자. 오차한계 E는 신뢰구간 길이의 1/2이므로 n을 구하기 위해 식(8.6)에

$$E = 0.5,\ \sigma = 1,\ z_{\alpha/2} = 1.96$$

을 대입한다. 그러면

$$n = \left(\frac{z_{\alpha/2}\sigma}{E}\right)^2 = \left[\frac{(1.96)(1)}{0.5}\right]^2 = 15.37$$

이다. n은 정수이므로 적어도 $n = 16$개의 시편을 시험해야 한다.

표본크기 n, 신뢰구간 길이 $2E$, 신뢰수준 $100(1-\alpha)\%$, 표준편차 σ 사이에는 다음과 같은 일반적인 관계가 성립한다.

- 표준편차 σ와 신뢰수준 $100(1-\alpha)\%$가 일정할 때, 원하는 신뢰구간 길이 $2E$를 줄이면 필요한 표본크기 n은 커진다.
- 신뢰구간 길이 $2E$와 신뢰수준 $100(1-\alpha)\%$가 일정할 때, 표준편차 σ가 커지면 필요한 표본크기 n은 커진다.
- 신뢰구간 길이 $2E$와 표준편차 σ가 일정할 때, 신뢰수준 $100(1-\alpha)\%$를 높이면 필요한 표본크기 n은 커진다.

8.1.3 단측 신뢰한계

식(8.5)는 μ에 대한 신뢰하한과 신뢰상한이 모두 있는 양측구간이다. μ에 대한 단측 신뢰한계(one-sided confidence bound)를 만들려면 식(8.5)에서 하한을 $l = -\infty$ 또는 상한을 $u = \infty$라고 두고, $z_{\alpha/2}$를 z_α로 대체한다.

분산을 알 때 평균에 대한 단측 신뢰한계

모평균 μ에 대한 $100(1-\alpha)\%$ 상한 신뢰한계와 하한 신뢰한계는 각각

$$\mu \leq \bar{x} + z_\alpha \frac{\sigma}{\sqrt{n}} \tag{8.7}$$

$$\bar{x} - z_\alpha \frac{\sigma}{\sqrt{n}} \leq \mu \tag{8.8}$$

예제 8.3 금속재료의 전이: 단측 신뢰한계

예제 8.1의 충격시험 데이터를 이용하여 평균 충격에너지의 95% 하한 신뢰한계를 구해 보자. 앞에서

$$\bar{x} = 64.46, \sigma = 1, \ n = 10$$

이므로 하한 신뢰한계를 구하면 다음과 같다.

$$\bar{x} - z_{0.05} \frac{\sigma}{\sqrt{n}} \leq \mu$$

$$64.46 - 1.64 \frac{1}{\sqrt{10}} \leq \mu$$

$$63.94 \leq \mu$$

해석: 예제 8.1에서 구한 양측구간의 신뢰하한은 63.84이다. $z_\alpha < z_{\alpha/2}$이므로 같은 신뢰수준에서 단측구간의 하한은 양측구간의 하한보다 항상 크다. 즉, 단측구간은 큰 쪽에서 μ를 제한하지 않으므로 더 큰 하한으로 95% 신뢰수준을 이룬다. μ의 하한에만 관심이 있는 경우 양측구간보다 단측구간을 선호하는데, 그 이유는 같은 신뢰수준으로 더 큰 한계를 갖기 때문이다. 마찬가지로 같은 신뢰수준에서 단측구간의 상한은 양측구간의 상한보다 항상 작다.

8.1.4 신뢰구간을 구하는 일반적 방법

모수 θ에 대한 신뢰구간을 만드는 일반적인 방법을 쉽게 구할 수 있다. $X_1, X_2, \cdots, X_n$은 크기가 n인 확률표본일 때, 통계량 $g(X_1, X_2, \cdots, X_n; \theta)$는 다음 성질을 만족한다고 가정하자.

1. $g(X_1, X_2, \cdots, X_n; \theta)$는 표본과 θ에 모두 의존한다.
2. $g(X_1, X_2, \cdots, X_n; \theta)$의 확률분포는 θ나 다른 모르는 모수에 의존하지 않는다.

앞의 예제에서 모수 θ는 μ이고 통계량 $g(X_1, X_2, \cdots, X_n; \mu) = \dfrac{\bar{X} - \mu}{\sigma/\sqrt{n}}$은 성질 1과 성질 2를 모두 만족한다. 즉, 이 통계량은 표본과 μ에 의존하고 (σ는 알려져 있으므로) 표준정규분포를 따른다. 이제 다음을 만족하는 상수 C_L과 C_U를 찾는다.

$$P[C_L \leq g(X_1, X_2, \cdots, X_n; \theta) \leq C_U] = 1 - \alpha \tag{8.9}$$

성질 2로부터 C_L과 C_U는 θ에 의존하지 않아야 한다. 앞의 예제에서는 $C_L = -z_{\alpha/2}$, $C_U = z_{\alpha/2}$이다. 마지막으로 식(8.9)의 확률 진술 안의 항을 재배열하여 θ에 대한 부등식으로 다시 쓰면

$$P[L(X_1, X_2, \cdots, X_n) \le \theta \le U(X_1, X_2, \cdots, X_n)] = 1-\alpha \tag{8.10}$$

이다. 여기서 $L(X_1, X_2, \cdots, X_n)$과 $U(X_1, X_2, \cdots, X_n)$은 θ에 대한 $100(1-\alpha)\%$ 신뢰구간을 정의하는 신뢰하한과 신뢰상한이다. 식(8.9)에서 $g(X_1, X_2, \cdots, X_n;\theta)$를 회전하면 식(8.10)이 되므로 $g(X_1, X_2, \cdots, X_n;\theta)$를 **중심축량**(pivotal quantity)이라고 한다. 앞에서 중심축량 $\dfrac{(\overline{X}-\mu)}{(\sigma/\sqrt{n})}$를 재배열하면 다음 식을 얻는다.

$$L(X_1, X_2, \cdots, X_n) = \overline{X} - z_{\alpha/2}\frac{\sigma}{\sqrt{n}}, \quad U(X_1, X_2, \cdots, X_n) = \overline{X} + z_{\alpha/2}\frac{\sigma}{\sqrt{n}}$$

8.1.5 평균에 대한 대표본 신뢰구간

지금까지 평균 μ는 알려지지 않고 분산 σ^2은 알려진 정규분포 모집단을 가정하였다. 이제 이 가정이 필요하지 않는 대표본 신뢰구간을 알아본다. $X_1, X_2, \cdots, X_n$은 μ와 σ^2이 모두 알려지지 않은 모집단으로부터 추출한 확률표본이라고 하자. 표본크기 n이 크면 중심극한정리에 의해 $\overline{X}$의 분포는 평균이 μ이고 분산이 σ^2/n인 정규분포로 근사된다. 따라서 $Z=\dfrac{(\overline{X}-\mu)}{(\sigma/\sqrt{n})}$는 근사적으로 표준정규분포를 따른다. Z를 중심축량으로 8.1.1절에서처럼 회전하면 μ에 대한 근사 신뢰구간을 구할 수 있다. 그런데 표준편차 σ를 모른다. n이 크면 σ 대신 S를 사용해도 Z의 분포에 거의 영향을 미치지 않는다. 이상을 정리하면 다음과 같다.

> **평균에 대한 대표본 신뢰구간**
>
> 표본의 크기 n이 크면 $\dfrac{\overline{X}-\mu}{S/\sqrt{n}}$는 근사적으로 표준정규분포를 따른다. 따라서 모평균 μ에 대한 $100(1-\alpha)\%$ 대표본 근사 신뢰구간은
>
> $$\bar{x} - z_{\alpha/2}\frac{s}{\sqrt{n}} \le \mu \le \bar{x} + z_{\alpha/2}\frac{s}{\sqrt{n}} \tag{8.11}$$

식(8.11)은 모집단 분포에 관계없이 성립한다. 일반적으로 이 결과를 적절히 사용하려면 $n \ge 40$이어야 한다. 보통 중심극한정리는 $n \ge 30$에서 성립하지만 여기서는 σ 대신 s를 사용하여 추가적인 변동이 있으므로 더 큰 표본크기를 권장한다.

예제 8.4 수은오염

어느 논문(*Transactions of the American Fisheries Society*, 1993)에서 큰입우럭의 수은오염에 관한 연구결과가 보고되었다. 다음은 플로리다 주 53곳의 호수에서 물고기 표본을 추출하고, 근육조직의 수은농도(단위: ppm)를 측정한 결과이다.

1.230	1.330	0.040	0.044	1.200	0.270
0.490	0.190	0.830	0.810	0.710	0.500
0.490	1.160	0.050	0.150	0.190	0.770
1.080	0.980	0.630	0.560	0.410	0.730
0.590	0.340	0.340	0.840	0.500	0.340
0.280	0.340	0.750	0.870	0.560	0.170
0.180	0.190	0.040	0.490	1.100	0.160
0.100	0.210	0.860	0.520	0.650	0.270
0.940	0.400	0.430	0.250	0.270	

이 데이터에 대한 요약통계는 다음과 같다.

변수	*N*	평균	중앙값	표준편차
농도	53	0.5250	0.4900	0.3486

최솟값	최댓값	제1사분위수	제3사분위수
0.0400	1.3300	0.2300	0.7900

그림 8.3에는 수은오염 데이터에 대한 히스토그램과 정규확률그림이 각각 나타나 있다. 두 그림에서 수은오염의 분포가 정규분포가 아니고 양의 왜곡된 분포임을 알 수 있다. μ에 대한 95% 근사 신뢰구간을 구해 보자.

$n > 40$이므로 식(8.11)을 이용하기 위해 정규분포 가정이 꼭 필요한 것은 아니다. 신뢰구간 계산에 필요한 값은

$$n = 53,\ \bar{x} = 0.5250,\ s = 0.3486,\ z_{0.025} = 1.96$$

이다. 이 값을 식(8.11)에 대입하여 μ에 대한 95% 근사 신뢰구간을 구하면 다음과 같다.

$$\bar{x} - z_{0.025}\frac{s}{\sqrt{n}} \le \mu \le \bar{x} + z_{0.025}\frac{s}{\sqrt{n}}$$

$$0.5250 - 1.96\frac{0.3486}{\sqrt{53}} \le \mu \le 0.5250 + 1.96\frac{0.3486}{\sqrt{53}}$$

$$0.4311 \le \mu \le 0.6189$$

해석: 수은농도 측정치의 변동이 커서 신뢰구간이 넓다. 더 큰 크기의 표본을 사용하면 더 좁은 구간을 얻을 수 있다.

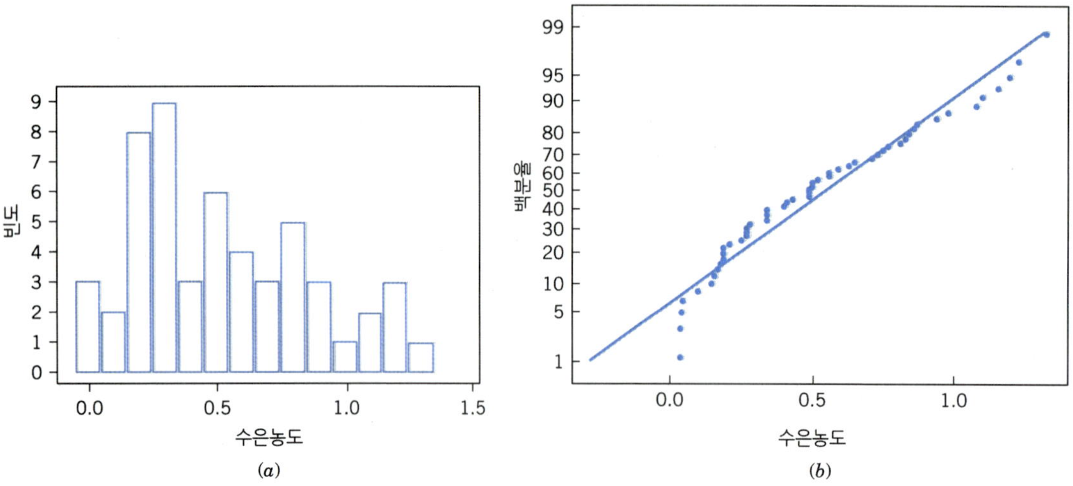

그림 8.3 큰입우럭의 수은오염 (a) 히스토그램 (b) 정규확률그림

모수에 대한 대표본 신뢰구간: 식(8.11)에 정의한 μ에 대한 대표본 신뢰구간을 일반화할 수 있다. θ는 확률분포의 모수이고 $\hat{\Theta}$은 θ의 추정량이라고 하자. (1) $\hat{\Theta}$은 근사적으로 정규분포를 따르고, (2) θ의 근사 불편추정량이며, (3) 표본 데이터로부터 $\hat{\Theta}$의 표준편차 $\sigma_{\hat{\Theta}}$

을 추정할 수 있으면 $(\hat{\Theta}-\theta)/\sigma_{\hat{\Theta}}$는 근사적으로 표준정규분포를 따른다. 따라서 θ에 대한 대표본 근사 신뢰구간을 다음과 같이 정의한다.

대표본 근사 신뢰구간

$$\hat{\theta}- z_{\alpha/2}\sigma_{\hat{\Theta}} \le \theta \le \hat{\theta}+ z_{\alpha/2}\sigma_{\hat{\Theta}} \tag{8.12}$$

최대가능도추정량은 위의 3가지 조건을 모두 만족하므로 $\hat{\Theta}$이 θ의 최대가능도추정량인 경우 식(8.12)를 자주 사용한다. $\sigma_{\hat{\Theta}}$이 다른 알려지지 않은 모수(또는 θ)의 함수인 경우 이 식을 사용하려면 표본 데이터를 이용하여 모수의 추정치를 구하고, 이 추정치를 $\sigma_{\hat{\Theta}}$에 대입하면 된다.

8.2 분산을 모를 때 정규분포의 평균에 대한 신뢰구간

정규분포 모집단에서 μ에 대한 신뢰구간을 구할 때 σ^2을 알면 8.1.1절의 절차를 사용하면 된다. n이 상당히 크면, 예를 들어 $n \ge 40$이면 (중심극한정리로부터) 모집단 분포가 정규분포가 아니어도 이 신뢰구간은 근사적으로 타당하다. 8.1.5절에서는 분산을 모르고 대표본인 경우 신뢰구간을 알아보았다. 그런데 표본크기가 작고 σ^2도 모르는 경우 타당한 신뢰구간을 얻으려면 특정한 모집단 분포를 가정해야 한다. 많은 경우 합리적인 가정은 모집단이 정규분포를 따른다는 것이다.

정규분포가 많은 모집단을 잘 근사하므로 정규분포를 가정하여 구축한 신뢰구간을 널리 적용할 수 있다. 사실 정규분포에서 조금 벗어나도 신뢰구간의 유효성에는 거의 영향이 없다. 정규분포 가정이 타당하지 않을 때 대안은 임의의 모집단 분포에 적용할 수 있는 비모수 절차를 사용하는 것이다.

관심의 모집단은 평균 μ와 분산 σ^2이 둘 다 알려지지 않은 정규분포를 따른다고 하자. 크기가 n인 확률표본 $X_1, X_2, \cdots, X_n$의 표본평균과 표본분산을 각각 $\overline{X}$와 S^2이라고 할 때 μ에 대한 양측 신뢰구간을 구해 보자.

σ^2을 아는 경우 $Z=\dfrac{\overline{X}-\mu}{\sigma/\sqrt{n}}$은 표준정규분포를 따른다. σ^2을 모르는 경우 σ 대신 표본표준편차 S를 사용하므로 $T=\dfrac{\overline{X}-\mu}{S/\sqrt{n}}$라고 하자. 이제 σ 대신 S를 사용할 때 확률변수 T의 분포에 어떤 영향을 주는지 알아야 한다. n이 크면 거의 영향이 없으므로 8.1.5절에서 공부한 정규분포 기반의 신뢰구간을 사용할 수 있다. 그러나 공학 문제에서는 보통 n이 작고, 이 경우 신뢰구간을 만들기 위해 아래의 특정한 분포를 이용한다.

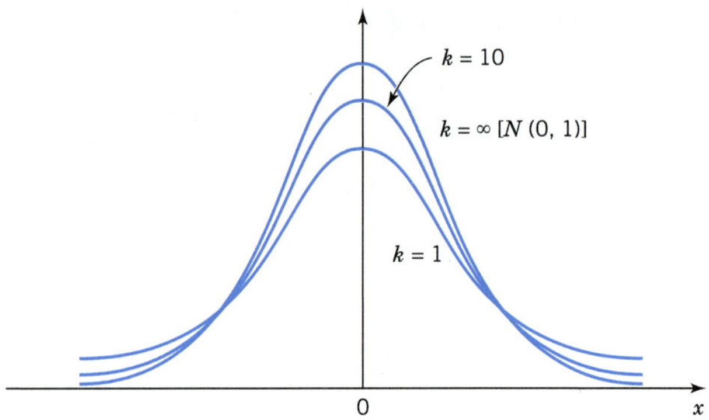

그림 8.4 t-분포의 확률밀도함수

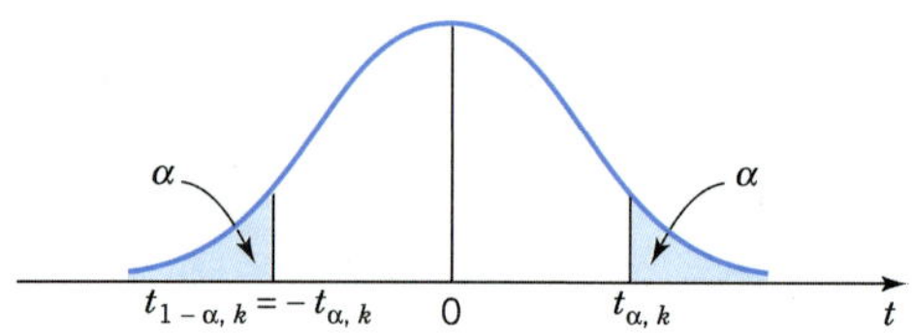

그림 8.5 t-분포의 백분위수

8.2.1 t-분포

t-분포

평균 μ와 분산 σ^2이 둘 다 알려지지 않은 정규분포 모집단에서 추출한 크기가 n인 확률표본을 $X_1, X_2, \cdots, X_n$이라 하고, 그 표본평균과 표본표준편차를 $\overline{X}$와 S라고 하자. 확률변수

$$T = \frac{\overline{X} - \mu}{S/\sqrt{n}} \tag{8.13}$$

는 자유도가 $n-1$인 t-분포를 따른다.

확률변수 T의 확률밀도함수는 다음과 같다.

$$f(x) = \frac{\Gamma\left(\frac{k+1}{2}\right)}{\sqrt{\pi k}\,\Gamma\left(\frac{k}{2}\right)}\left(\frac{x^2}{k}+1\right)^{-\frac{k+1}{2}}, \quad -\infty < x < \infty \tag{8.14}$$

여기서 k는 자유도이다. t-분포의 평균과 분산은 각각 0과 $k/(k-2)$이다. (단, $k > 2$)

몇몇 모수값에 대하여 t-분포를 그래프로 나타내면 그림 8.4와 같다. t-분포의 일반적 모양은 표준정규분포와 비슷하다. 두 분포는 모두 대칭이고 단봉이며 평균 $\mu = 0$에서 밀도함수가 최대이다. 그러나 t-분포는 정규분포보다 더 두터운 꼬리를 갖는다. 즉, 정규분포보다 꼬리부분의 확률이 크다. 자유도가 한없이 커지면 t-분포는 표준정규분포로 수렴한다. 일반적으로 t-분포의 자유도는 추정된 표준편차와 관련된다.

부록 A의 표 V에는 t-분포의 **백분위수**가 나와 있다. 자유도가 k인 확률변수 T에 대하여 상위 α의 면적(확률)에 해당하는 값을 $t_{\alpha,k}$라고 하면 $t_{\alpha,k}$는 자유도가 k인 t-분포의 상위 100α번째 백분위수이다. 그림 8.5는 t-분포의 백분위수를 나타낸 그래프이다. 표 V에서 열 제목은 α이고 자유도는 좌측 열에 나타난다. 가령 자유도가 10인 t-분포의 우측 면적이 0.05인 t-값을 찾아보면 $t_{0.05,10} = 1.812$이다. 즉, 자유도가 10인 확률변수 T에 대하여

$$P(T > t_{0.05,\,10}) = P(T > 1.812) = 0.05$$

이다. t-분포는 0에 대해 대칭이므로 $t_{1-\alpha,k} = -t_{\alpha,k}$이다. 즉, 우측 면적이 $1-\alpha$인 t-값은 우측 면적이 α인 t-값의 음수이다. 가령 $t_{0.95,10} = -1.812$이다. 자유도가 한없이 커지면 t-분포는 표준정규분포에 한없이 가까워지므로 표 V의 마지막 행에 보이는 $t_{\alpha,\infty}$는 z_α이다.

8.2.2 평균에 대한 t-신뢰구간

8.1.1절에서와 비슷한 방법으로 분산이 알려지지 않은 정규분포에서 평균에 대한 $100(1-\alpha)\%$ 신뢰구간을 구축한다. $T = (\overline{X} - \mu)/(S/\sqrt{n})$는 자유도가 $n-1$인 t-분포를 따르므로 다음과 같이 쓸 수 있다.

$$P(-t_{\alpha/2,\,n-1} \le T \le t_{\alpha/2,\,n-1}) = 1-\alpha$$

$$P\left(-t_{\alpha/2,\,n-1} \le \frac{\overline{X}-\mu}{S/\sqrt{n}} \le t_{\alpha/2,\,n-1}\right) = 1-\alpha$$

마지막 식에서 확률 진술 안의 항을 μ에 대한 부등식으로 재배열하면

$$P\left(\overline{X} - t_{\alpha/2,\,n-1}\frac{S}{\sqrt{n}} \le \mu \le \overline{X} + t_{\alpha/2,\,n-1}\frac{S}{\sqrt{n}}\right) = 1-\alpha \tag{8.15}$$

이다. 따라서 μ에 대한 $100(1-\alpha)\%$ 신뢰구간을 다음과 같이 정의한다.

분산을 모를 때 평균에 대한 신뢰구간

분산 σ^2이 알려지지 않은 정규분포 모집단에서 크기가 n인 임의표본을 추출하고 계산한 표본평균과 표본표준편차의 값을 $\overline{x}$와 s라고 하자. 모평균 μ에 대한 $100(1-\alpha)\%$ 신뢰구간은

$$\overline{x} - t_{\alpha/2,\,n-1}\frac{s}{\sqrt{n}} \le \mu \le \overline{x} + t_{\alpha/2,\,n-1}\frac{s}{\sqrt{n}} \tag{8.16}$$

단, $t_{\alpha/2,\,n-1}$은 자유도가 $n-1$인 t-분포의 상위 $100\alpha/2$번째 백분위수이다.

이 신뢰구간을 구할 때 정규분포 모집단으로부터 표본을 추출한다고 가정한다. t-분포에 기반한 신뢰구간은 정규분포 가정에 비교적 강건하다. 일반적으로 데이터의 정규확률그림을 작성하여 정규분포 가정을 검토하는 것이 관례이다. 정규분포에서 조금 벗어나도

염려하지 않아도 된다.

정규분포의 평균에 대한 **단측 신뢰한계**도 쉽게 구할 수 있다. 식(8.16)에서 적절한 신뢰하한과 신뢰상한 중 하나를 선택하고 $t_{\alpha/2,\,n-1}$ 대신 $t_{\alpha,\,n-1}$을 사용하면 된다.

예제 8.5 합금접착: 신뢰구간

어느 재료공학 논문 ("Instrumented Tensile Adhesion Tests on Plasma Sprayed Thermal Barrier Coatings", *Journal of Materials Engineering*, 1989, Vol. 11(4), pp. 275-282)에는 22개의 U-700 합금 시편에 대한 인장접착시험 결과가 보고되었다. 시편의 파괴하중(단위: MPa)은 다음과 같다.

19.8	10.1	14.9	7.5	15.4	15.4
15.4	18.5	7.9	12.7	11.9	11.4
11.4	14.1	17.6	16.7	15.8	19.5
8.8	13.6	11.9	11.4		

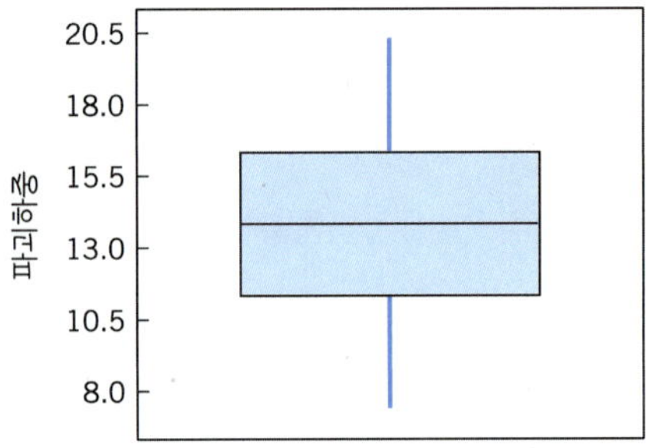

그림 8.6 파괴하중 데이터의 상자그림

데이터의 표본평균과 표본표준편차를 계산하면 $\bar{x}=13.71$, $s=3.55$이다. 그림 8.6과 그림 8.7에 각각 파괴하중 데이터의 상자그림과 정규확률그림이 나타나 있다. 두 그림을 보면 모집단은 정규분포임을 알 수 있다. $n=22$이므로 t- 분포의 자유도는 $n-1=21$이고 $t_{0.025,\,21}=2.080$이다. 따라서 μ에 대한 95% 신뢰구간을 구하면 다음과 같다.

$$\bar{x}-t_{0.025,\,21}\frac{s}{\sqrt{n}} \le \mu \le \bar{x}+t_{0.025,\,21}\frac{s}{\sqrt{n}}$$

$$13.71-2.080\frac{3.55}{\sqrt{22}} \le \mu \le 13.71+2.080\frac{3.55}{\sqrt{22}}$$

$$13.71-1.57 \le \mu \le 13.71+1.57$$

$$12.14 \le \mu \le 15.28$$

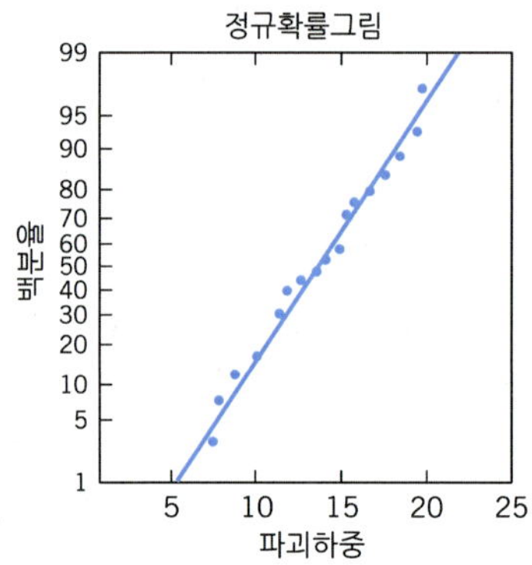

그림 8.7 파괴하중 데이터의 정규확률그림

해석: 인장접착시험에서 파괴하중의 변동이 커 신뢰구간이 상당히 넓다. 표본크기를 늘리면 신뢰구간이 좁아진다.

원하는 신뢰구간의 길이(추정의 정밀도)가 주어질 때, 그에 따른 필요한 표본크기 n을 구하는 문제는 σ를 아는 경우와 달리 쉽게 풀 수 없다. 신뢰구간의 길이에 데이터를 수집하기 전에는 알 수 없는 s, n, $t_{\alpha/2,\,n-1}$이 들어 있기 때문이다. t-분포의 백분위수는 n에 따라 다름을 기억해야 한다. 따라서 시행착오를 통해 적절한 n을 구해야 한다. 또한, 결과는 σ의 사전 "추측값"의 신뢰도에도 의존한다.

8.3 정규분포의 분산에 대한 신뢰구간

모집단의 분산이나 표준편차에 대한 신뢰구간이 필요할 때가 있다. 모집단이 정규분포를 따를 때 이 절에서 학습하는 신뢰구간을 사용할 수 있다. 신뢰구간을 구축하기 위해 다음 결과가 필요하다.

카이제곱(χ^2)분포

$X_1, X_2, \cdots, X_n$은 평균이 μ이고 분산이 σ^2인 정규분포 모집단에서 추출한 확률표본이고 S^2은 표본분산이라고 하자. 확률변수

$$X^2 = \frac{(n-1)S^2}{\sigma^2} \tag{8.17}$$

은 자유도가 $n-1$인 카이제곱분포를 따른다.

카이제곱확률변수의 확률밀도함수는

$$f(x) = \frac{1}{2^{k/2}\Gamma(k/2)} x^{\frac{k}{2}-1} e^{-\frac{x}{2}}, \quad x > 0, \ k = 1, 2, \cdots \tag{8.18}$$

이고, k는 자유도이다. 카이제곱분포(chi-squared distribution)의 평균과 분산은 각각 k와 $2k$이다. 몇몇 모수값에 대하여 카이제곱분포를 그래프로 나타내면 그림 8.8과 같다. 카이제곱확률변수는 음이 아닌 실수이고 양의 왜곡된 분포를 따른다. 그러나 k가 커짐에 따라 카이제곱분포는 점점 대칭이고, 정규분포에 가까워진다.

카이제곱분포의 **백분위수**는 부록 A의 표 Ⅳ에 나와 있다. 자유도가 k인 카이제곱확률변수 X^2의 $100(1-\alpha)$% 번째 백분위수를 $\chi^2_{\alpha,k}$이라고 나타낼 때 다음 식이 성립한다.

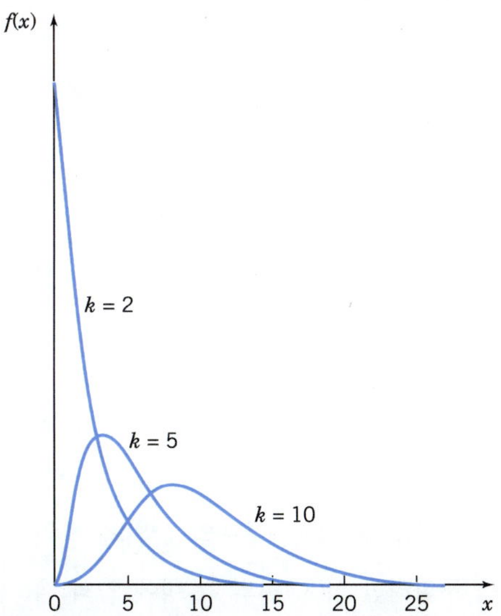

그림 8.8 카이제곱분포의 확률밀도함수

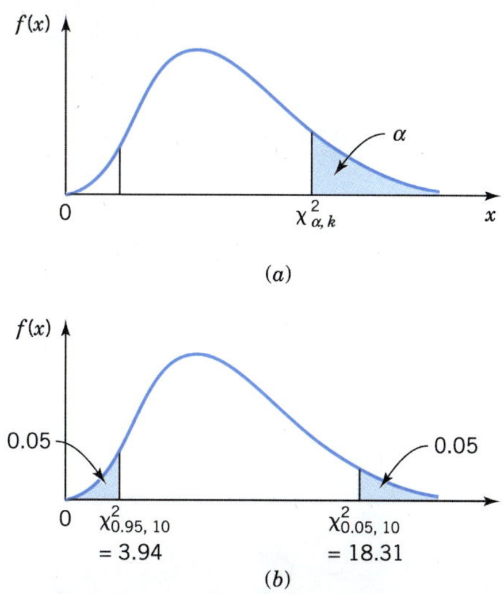

그림 8.9 카이제곱분포의 백분위수

(a) 백분위수 $\chi^2_{\alpha,k}$ (b) 상위 백분위수와 하위 백분위수

$$P(X^2 > \chi^2_{\alpha,k}) = \int_{\chi^2_{\alpha,k}}^{\infty} f(u)du = \alpha$$

이 확률은 그림 8.9(a)에서 색칠한 부분의 면적이다. 표 Ⅳ에서 면적 α는 열 제목이고 자유도는 좌측 열에 나타난다. 가령 자유도가 10인 카이제곱분포의 우측 면적이 0.05인 값을 찾아보면 $\chi^2_{0.05,\,10} = 18.31$이고, 이 값은 이 분포의 **상위** 5%값이다. 자유도가 10인 확률변수 X^2에 대하여 이 확률 진술을 다음과 같이 쓸 수 있다.

$$P(X^2 > \chi^2_{0.05,10}) = P(X^2 > 18.31) = 0.05$$

반대로 자유도가 10인 카이제곱분포의 **하위** 5%값은 표 Ⅳ로부터 $\chi^2_{0.95,\,10} = 3.94$이다. 두 백분위수를 그림으로 나타내면 그림 8.9(b)와 같다.

그러면 σ^2에 대한 $100(1-\alpha)\%$ 신뢰구간을 쉽게 만들 수 있다. 먼저

$$X^2 = \frac{(n-1)S^2}{\sigma^2}$$

은 자유도가 $n-1$인 카이제곱분포를 따르므로 다음과 같이 쓸 수 있다.

$$P\left(\chi^2_{1-\alpha/2,\,n-1} \le X^2 \le \chi^2_{\alpha/2,\,n-1}\right) = 1-\alpha$$

$$P\left(\chi^2_{1-\alpha/2,\,n-1} \le \frac{(n-1)S^2}{\sigma^2} \le \chi^2_{\alpha/2,\,n-1}\right) = 1-\alpha$$

마지막 식에서 확률 진술 안의 항을 σ^2에 대한 부등식으로 재배열하면

$$P\left(\frac{(n-1)S^2}{\chi^2_{\alpha/2,\,n-1}} \le \sigma^2 \le \frac{(n-1)S^2}{\chi^2_{1-\alpha/2,\,n-1}}\right) = 1-\alpha$$

이다. 따라서 σ^2에 대한 신뢰구간을 다음과 같이 정의한다.

분산에 대한 신뢰구간

분산 σ^2이 알려지지 않은 정규분포 모집단에서 크기가 n인 임의표본을 추출하고 계산한 표본분산의 값을 s^2이라고 하자. 모분산 σ^2에 대한 $100(1-\alpha)\%$ 신뢰구간은

$$\frac{(n-1)s^2}{\chi^2_{\alpha/2,\,n-1}} \le \sigma^2 \le \frac{(n-1)s^2}{\chi^2_{1-\alpha/2,\,n-1}} \tag{8.19}$$

단, $\chi^2_{\alpha/2,\,n-1}$과 $\chi^2_{1-\alpha/2,\,n-1}$은 각각 자유도가 $n-1$인 카이제곱분포의 상위와 하위 $100\alpha/2$번째 백분위수이다. σ에 대한 신뢰구간을 구하려면 식(8.19)의 각 항에 양의 제곱근을 취한다.

다음과 같이 σ^2에 대한 $100(1-\alpha)\%$ 단측 신뢰한계도 구할 수 있다.

분산에 대한 단측 신뢰한계

모분산 σ^2에 대한 $100(1-\alpha)\%$ 하한 신뢰한계와 상한 신뢰한계는 각각

$$\frac{(n-1)s^2}{\chi^2_{\alpha,n-1}} \le \sigma^2, \quad \sigma^2 \le \frac{(n-1)s^2}{\chi^2_{1-\alpha,n-1}} \tag{8.20}$$

식(8.19)와 식(8.20)의 신뢰구간은 정규분포 가정에 강건하지 않다. 모집단이 정규분포를 따르지 않으면 $(n-1)S^2/\sigma^2$의 분포는 카이제곱분포와 상당히 다를 수 있다.

예제 8.6 세제 충전

자동충전 기계를 사용하여 병에 액체세제를 채운다. 20개의 병을 임의추출하여 계산한 충전부피의 표본분산이 $s^2 = 0.0153$ (fl oz)^{2}이라고 하자. 분산이 너무 크면 상당한 수의 병이 과다 또는 과소 충전되는 문제가 있다. 충전부피는 근사적으로 정규분포를 따른다고 하자. 식(8.20)으로부터 95% 상한 신뢰한계를 구하면 다음과 같다.

$$\sigma^2 \le \frac{(n-1)s^2}{\chi^2_{0.95,19}}$$

$$\sigma^2 \le \frac{(19)0.0153}{10.117} = 0.0287\ (\text{fl oz})^2$$

위의 식에 제곱근을 취하여 표준편차 σ에 대한 상한 신뢰한계를 구하면 $\sigma \le 0.17$ fl oz이다.

해석: 95% 신뢰수준에서 공정의 표준편차가 0.17 fl oz까지 커질 수 있다. 관리자는 이 표준편차가 병의 과다 또는 과소 충전이라는 운영상의 문제를 일으킬 수 있는지 조사해야 한다.

8.4 모비율에 대한 대표본 신뢰구간

가끔 모비율에 대한 신뢰구간이 필요할 때가 있다. 큰(가능하면 무한한) 모집단에서 크기가 n인 확률표본을 추출하고 관심의 범주에 속하는 관측치의 개수를 X라고 하자. 모비율 p의 점 추정량은 $\hat{P} = X/n$이고, 여기서 n과 p는 이항분포의 모수이다. 4장에서 알아본 바와 같이 p가 0 또는 1에 너무 가깝지 않고 n이 충분히 크면 $\hat{P}$의 분포는 근사적으로 평균이 p이고 분산이 $p(1-p)/n$인 정규분포이다. 일반적으로 이 근사를 사용하려면 $np > 5$, $n(1-p) > 5$이어야 한다. 이 절에서는 이항분포의 정규근사를 이용하여 신뢰구간을 구축하는 방법을 알아본다.

이항비율의 정규근사

n이 크면 $Z = \dfrac{X-np}{\sqrt{np(1-p)}} = \dfrac{\hat{P}-p}{\sqrt{\dfrac{p(1-p)}{n}}}$는 근사적으로 표준정규분포를 따른다.

p에 대한 신뢰구간을 만들려면 먼저

$$P(-z_{\alpha/2} \le Z \le z_{\alpha/2}) \simeq 1-\alpha$$

$$P\left(-z_{\alpha/2} \le \frac{\hat{P}-p}{\sqrt{\dfrac{p(1-p)}{n}}} \le z_{\alpha/2}\right) \simeq 1-\alpha$$

임을 알아야 한다. 위 식에서 확률 진술 안의 항을 p에 대한 부등식으로 재배열하면

$$P\left(\hat{P}-z_{\alpha/2}\sqrt{\frac{p(1-p)}{n}} \le p \le \hat{P}+z_{\alpha/2}\sqrt{\frac{p(1-p)}{n}}\right) \simeq 1-\alpha \tag{8.21}$$

이다. 7장에서 알아본 바와 같이 식(8.21)에서 $\sqrt{p(1-p)/n}$은 **점추정량 $\hat{P}$의 표준오차**이고, 신뢰구간의 상한과 하한에 모수 p가 포함된다. 이 문제를 해결하는 방법은 표준오차 식에서 p 대신 $\hat{P}$을 사용하는 것으로 그 결과는 다음과 같다.

$$P\left(\hat{P}-z_{\alpha/2}\sqrt{\frac{\hat{P}(1-\hat{P})}{n}} \le p \le \hat{P}+z_{\alpha/2}\sqrt{\frac{\hat{P}(1-\hat{P})}{n}}\right) \simeq 1-\alpha \tag{8.22}$$

따라서 p에 대한 $100(1-\alpha)\%$ 근사 신뢰구간을 다음과 같이 정의한다.

모비율에 대한 근사 신뢰구간

크기가 n인 임의표본에서 관심의 범주에 속하는 관측치의 비율을 $\hat{p}$이라고 하자. 모비율 p에 대한 $100(1-\alpha)\%$ 근사 신뢰구간은

$$\hat{p}-z_{\alpha/2}\sqrt{\frac{\hat{p}(1-\hat{p})}{n}} \le p \le \hat{p}+z_{\alpha/2}\sqrt{\frac{\hat{p}(1-\hat{p})}{n}} \tag{8.23}$$

단, $z_{\alpha/2}$는 표준정규분포의 상위 $100\alpha/2$번째 백분위수이다.

이항분포의 정규근사가 적절할 때 위의 방법을 사용한다. 근사 신뢰구간을 보수적으로 사용하려면 $np>5$, $n(1-p)>5$이어야 한다. 근사가 부적절한 경우, 특히 n이 작은 경우 다른 방법을 사용해야 한다. 예를 들어 이항분포표를 이용하여 p의 신뢰구간을 구할 수 있다. 일부 컴퓨터 프로그램에서는 이항분포의 확률질량함수를 구현한 수치적 방법을 사용하기도 한다.

예제 8.7 크랭크축 베어링: 신뢰구간

자동차 엔진의 크랭크축 베어링에 대한 크기 85의 임의표본을 추출한 결과 10개 베어링의 표면 거칠기가 규격보다 크다고 하자. 따라서 표면 거칠기가 규격을 벗어나는 베어링의 모비율 p의 점추정치는

$$\hat{p}=\frac{x}{n}=\frac{10}{85}=0.12$$

이다. 식(8.23)을 이용하여 p에 대한 95% 신뢰구간을 구하면 다음과 같다.

$$\hat{p}-z_{0.025}\sqrt{\frac{\hat{p}(1-\hat{p})}{n}}\le p\le \hat{p}+z_{0.025}\sqrt{\frac{\hat{p}(1-\hat{p})}{n}}$$

$$0.12-1.96\sqrt{\frac{0.12(0.88)}{85}}\le p\le 0.12+1.96\sqrt{\frac{0.12(0.88)}{85}}$$

$$0.0509\le p\le 0.2243$$

해석: 신뢰구간이 넓다. 표본크기($n=85$)가 작지 않지만 $\hat{p}$이 상당히 작아서 $\hat{p}$의 표준편차가 크기 때문이다.

표본크기의 선택: p의 점추정량은 $\hat{P}$이고, $\hat{P}$으로 p를 추정할 때 오차는 $E=|p-\hat{P}|$이다. 이 오차가 $z_{\alpha/2}\sqrt{p(1-p)/n}$ 이하임을 약 $100(1-\alpha)\%$ 신뢰한다. 예제 8.7에서는 표본비율 $\hat{p}=0.12$와 모비율 p의 차이가 0.07을 넘지 않음을 95% 신뢰한다.

표본크기를 제어할 수 있을 때 p의 추정오차가 오차한계 E 이하임을 $100(1-\alpha)\%$ 신뢰하도록 필요한 표본크기 n을 결정할 수 있다. 즉, $E=z_{\alpha/2}\sqrt{p(1-p)/n}$를 n에 대해 풀면 다음 결과를 얻는다.

모비율의 추정에서 주어진 오차한계를 만족하는 표본크기

$$n=\left(\frac{z_{\alpha/2}}{E}\right)^2 p(1-p) \tag{8.24}$$

식(8.24)를 사용하려면 p의 추정치가 필요하다. 과거 표본에서 구한 추정치 $\hat{p}$ 또는 주관적 추정치를 사용할 수 있다. 이 방법이 만족스럽지 않으면 예비표본을 추출하여 $\hat{p}$을 계산하고, 식(8.24)를 사용하여 원하는 정확도로 p를 추정하기 위해 추가로 필요한 관측치의 개수를 결정할 수 있다. 다른 방법으로, 식(8.24)에서 표본크기는 $p=0.5$에서 최대라는 사실을 이용하여 n의 상한을 구할 수 있다. 즉, $p(1-p)\le 0.25$이고 $p=0.5$에서 등호가 성립한다. 이 경우 아래의 식(8.25)를 이용하여 표본크기를 결정하면 $\hat{p}$으로 p를 추정할 때 추정오차가 E 이하임을 적어도 $100(1-\alpha)\%$ 신뢰한다.

$$n=0.25\left(\frac{z_{\alpha/2}}{E}\right)^2 \tag{8.25}$$

예제 8.8 크랭크축 베어링: 표본크기

예제 8.7을 다시 보자. $\hat{p}$으로 p를 추정할 때 오차가 0.05이하인 것을 95% 신뢰하려고 할 때 필요한 표본크기를 구해 보자.

p의 초기 추정치가 $\hat{p}=0.12$라고 할 때 식(8.24)를 이용하여 필요한 표본크기를 구하면 다음과 같다.

$$n=\left(\frac{z_{0.25}}{E}\right)^2\hat{p}(1-\hat{p})=\left(\frac{1.96}{0.05}\right)^2(0.12)(0.88)\cong 163$$

모비율 p의 추정치인 $\hat{p}$이 p의 값에 관계없이 0.05 이내인 것을 **적어도** 95% 신뢰하려면 필요한 표본크기는 식(8.25)로부터 다음과 같다.

$$n=\left(\frac{z_{0.25}}{E}\right)^2 0.25=\left(\frac{1.96}{0.05}\right)^2 0.25\cong 385$$

해석: 예비표본이나 과거경험으로부터 p값에 관한 정보가 있으면 원하는 정밀도와 신뢰수준을 유지하면서 더 작은 크기의 표본을 사용할 수 있다.

단측 신뢰한계: 식(8.23)을 수정하여 p에 대한 근사 단측 신뢰한계를 구할 수 있다.

모비율에 대한 근사 단측 신뢰한계

모비율 p에 대한 $100(1-\alpha)\%$ 근사 하한 신뢰한계와 상한 신뢰한계는 각각

$$\hat{p}-z_\alpha\sqrt{\frac{\hat{p}(1-\hat{p})}{n}}\le p,\quad p\le\hat{p}+z_\alpha\sqrt{\frac{\hat{p}(1-\hat{p})}{n}} \tag{8.26}$$

모비율에 대한 기타 신뢰구간: 식(8.23)의 전통적 방법 이외에도 모비율의 신뢰구간을 구하는 다른 방법이 있다. 식(8.22)에서 부등호를 등호로 바꾸어 얻은 이차방정식을 p에 대해 풀면 다음 식을 얻는다.

$$p=\frac{\hat{p}+\frac{1}{2n}z_{\alpha/2}^2\pm z_{\alpha/2}\sqrt{\frac{\hat{p}(1-\hat{p})}{n}+\frac{1}{4n^2}z_{\alpha/2}^2}}{1+\frac{1}{n}z_{\alpha/2}^2}$$

그 결과 p에 대한 양측 신뢰구간을 다음과 같이 정의한다.

$$UCL=\frac{\hat{p}+\frac{1}{2n}z_{\alpha/2}^2+z_{\alpha/2}\sqrt{\frac{\hat{p}(1-\hat{p})}{n}+\frac{1}{4n^2}z_{\alpha/2}^2}}{1+\frac{1}{n}z_{\alpha/2}^2}$$

$$LCL=\frac{\hat{p}+\frac{1}{2n}z_{\alpha/2}^2-z_{\alpha/2}\sqrt{\frac{\hat{p}(1-\hat{p})}{n}+\frac{1}{4n^2}z_{\alpha/2}^2}}{1+\frac{1}{n}z_{\alpha/2}^2} \tag{8.27}$$

Agresti와 Coull의 논문("Approximate Better Than Exact for Interval Estimation of a Binomial Proportion", *The American Statistician*, 1998, Vol. 52, pp. 119–126)에 따르면, 식(8.27)에 정의된 신뢰구간의 실제 신뢰수준은 거의 모든 α와 p에서 식(8.23)의 전통

표 8.1 단일표본에서 신뢰구간과 가설검정을 구하기 위한 로드맵

모수	기호	다른 모수?	신뢰구간	가설검정	추가사항
정규분포 평균	μ	σ를 알 때	8.1	9.2	
일반분포 평균	μ	σ를 안다고 할 만큼 대표본	8.1.5	9.2.3	대표본 $n \geq 40$
정규분포 평균	μ	σ를 모를 때	8.2	9.3	
정규분포 분산	σ^2	μ를 모를 때	8.3	9.4	
모비율	p	없음	8.4	9.5	

적 신뢰수준보다 공시된 명목수준에 더 가깝다. 저자는 이 새로운 구간을 거의 모든 표본크기에서 사용할 수 있다고 설명한다. 따라서 $n\hat{p} > 5$이고 $n(1-\hat{p}) > 5$이라는 요구조건은 그리 중요하지 않다. 표본크기가 크면 $z_{\alpha/2}^2/(2n)$은 $\hat{p}$에 비해 작고, $z_{\alpha/2}^2/(4n^2)$은 $\hat{p}(1-\hat{p})/n$에 비해 작으며, $z_{\alpha/2}^2/n$도 작으므로 식(8.27)의 아그레스티-코울 신뢰구간(Agresti-Coull CI)은 식(8.23)의 전통적 신뢰구간이 된다.

8.5 신뢰구간을 구하는 지침

신뢰구간을 구할 때 가장 어려운 점은 연구 목적에 맞는 적절한 계산식을 찾는 것이다. 표 8.1에 자주 사용하는 상황과 그에 대응하는 신뢰구간을 학습한 절을 정리하였다. 표 8.1은 적절한 분석법을 선택할 때 유용한 로드맵이다. 다음은 분석법을 식별할 때 도움이 되는 두 가지 사항이다.

1. 구간추정이나 가설검정을 하려고 하는 모수(데이터의 분포)를 결정한다.
2. 다른 모수가 알려져 있는지 또는 추정해야 하는지 확인한다.

9장에서 신뢰구간과 밀접한 관련이 있는 **가설검정** 절차를 학습할 때도 표 8.1이 유용하다. 10장에서 더 다양한 상황을 포함하도록 이 로드맵을 확장한다.

8.6 부스트랩 신뢰구간

7.3.4절에서 **부스트랩**이라는 컴퓨터 집약기법을 이용하여 통계량 $\hat{\theta}$의 추정된 표준오차를 구하는 방법을 알아보았다. 신뢰구간을 구할 때도 부스트랩기법을 이용할 수 있다. 이 방법은 표준 신뢰구간을 쉽게 구하기 어려운 경우 유용하다. 일반적 접근법을 설명하기 위해 표준 신뢰구간이 있는, 즉 분산이 알려진 정규분포의 평균에 대한 $100(1-\alpha)\%$ 신뢰구간을 생각해 보자. 관심 모수는 모평균 μ이고 μ를 추정하는 통계량은 표본평균 $\overline{X}$이다. $\hat{\theta}_i^B - \overline{\theta}^B$ $(i=1, 2, \cdots, n_B)$의 분포의 $100(1-\alpha/2)$번째 백분위수는 $z_{\alpha/2}\sigma/\sqrt{n}$이다. 같은 논리로 $-z_{\alpha/2}\sigma/\sqrt{n}$는 $\overline{X}-\mu$의 분포의 $100\alpha/2$번째 백분위수이다. 따라서

$$P\left[100\frac{\alpha}{2}\text{번째 백분위수} \le \overline{X}-\mu \le 100\left(1-\frac{\alpha}{2}\right)\text{번째 백분위수}\right]=1-\alpha$$

이고, 다시 쓰면

$$P\left[\overline{X}-100\left(1-\frac{\alpha}{2}\right)\text{번째 백분위수} \le \mu \le \overline{X}-100\frac{\alpha}{2}\text{번째 백분위수}\right]=1-\alpha$$

이다. 즉, 신뢰하한은 $\overline{X}-100(1-\alpha/2)$번째 백분위수이고, 신뢰상한은 $\overline{X}-100\alpha/2$번째 백분위수이다. 임의의 모수 θ에 대하여 이 백분위수를 쉽게 결정할 수 없을 때 부스트랩 표본을 이용하여 추정할 수 있다. 즉, n_B개의 부스트랩 표본을 추출하고 부스트랩 추정치 $\hat{\theta}_1^B, \hat{\theta}_2^B, \cdots, \hat{\theta}_{n_B}^B$ 와 $\overline{\theta}^B$를 구한 후, $\hat{\theta}_i^B - \overline{\theta}^B$ $(i=1, 2, \cdots, n_B)$를 계산한다. 이 차이들의 $100\alpha/2$번째 최솟값과 최댓값이 부스트랩 신뢰구간에 필요한 백분위수의 추정치이다.

8.7 예측구간과 공차구간

8.7.1 미래 관측치에 대한 예측구간

변수의 미래 관측치를 예측하는 문제에 관심이 있는 경우가 많다. 이런 문제는 변수의 평균을 추정하는 것과는 다른 문제로 신뢰구간을 사용하는 것은 부적절하다. 이 절에서는 정규확률변수의 미래 관측치에 대한 $100(1-\alpha)\%$ 예측구간을 구하는 방법을 알아본다.

$X_1, X_2, \cdots, X_n$은 정규분포 모집단에서 추출한 크기가 n인 확률표본이라고 하자. 미래 관측치 X_{n+1}의 예측치는 표본평균 $\overline{X}$이고, 예측오차는 $X_{n+1}-\overline{X}$이다. 예측오차의 기댓값은 다음과 같다.

$$E\left(X_{n+1}-\overline{X}\right)=\mu-\mu=0$$

미래 관측치 X_{n+1}은 현재 표본의 평균인 $\overline{X}$와는 독립이므로 예측오차의 분산은

$$V\left(X_{n+1}-\overline{X}\right)=\sigma^2+\frac{\sigma^2}{n}=\sigma^2\left(1+\frac{1}{n}\right)$$

이다. 예측오차 $X_{n+1}-\overline{X}$는 정규분포를 따르므로

$$Z=\frac{X_{n+1}-\overline{X}}{\sigma\sqrt{1+\frac{1}{n}}}$$

는 표준정규분포를 따른다. 위 식에서 σ 대신 S를 대입하면

$$T = \frac{X_{n+1} - \overline{X}}{S\sqrt{1 + \dfrac{1}{n}}}$$

는 자유도가 $n-1$인 t-분포를 따른다. 앞에서 신뢰구간을 구할 때처럼 위 식의 T를 재배열하여 미래 관측치 X_{n+1}의 예측구간(prediction interval)을 구하면 다음과 같다.

예측구간

정규분포를 따르는 미래 관측치 X_{n+1}에 대한 $100(1-\alpha)\%$ 예측구간은

$$\overline{x} - t_{\alpha/2,\,n-1}\, s\sqrt{1+\frac{1}{n}} \le X_{n+1} \le \overline{x} + t_{\alpha/2,\,n-1}\, s\sqrt{1+\frac{1}{n}} \qquad (8.28)$$

예측오차는 추정오차보다 변동이 커서 X_{n+1}의 예측구간은 μ의 신뢰구간보다 넓다. 예측오차는 두 확률변수의 차이인 $X_{n+1} - \overline{X}$인 반면, 추정오차는 변수와 상수의 차이인 $\overline{X} - \mu$이기 때문이다. n이 한없이 커지면 신뢰구간의 폭은 한없이 0으로 가까워져 신뢰구간은 상수 μ가 되지만, 예측구간의 폭은 $2z_{\alpha/2}\sigma$로 수렴한다. 따라서 n이 커지면 μ를 추정하는 불확실성은 0에 가까워지는 반면 X_{n+1}을 예측하는 불확실성은 모수를 추정할 필요가 없는 경우에도 항상 존재한다.

8.2절에서 알아본 바와 같이 n이 작을 때 t-분포에 기반한 μ의 신뢰구간은 정규분포 가정에 강건하다. 이 말은 95% 신뢰구간을 구하면 실제 신뢰수준이 정확히 95%는 아니어도 93% 또는 94% 정도로 아주 가깝다는 뜻이다. 반면 예측구간은 정규분포 가정에 아주 민감하므로 정규분포 가정이 불편하면 식(8.28)을 사용하지 않아야 한다.

예제 8.9 합금접착: 예측구간

예제 8.5의 인장접착시험을 다시 보자. 22개의 합금 시편에서 파괴하중을 측정한 결과 $\overline{x} = 13.71$, $s = 3.55$이고, μ에 대한 95% 신뢰구간은 $12.14 \le \mu \le 15.28$이었다. 이제 23번째 시편을 시험할 계획이라고 할 때, 이 시편의 파괴하중 X_{23}에 대한 95% 예측구간의 양 끝값은

$$\overline{x} \pm t_{0.025,\,21}\, s\sqrt{1+\frac{1}{n}}$$

다시 쓰면

$$13.71 \pm (2.080)(3.55)\sqrt{1+\frac{1}{22}}$$

이다. 위의 식을 정리하면 X_{23}에 대한 95% 예측구간은 $6.16 \le X_{23} \le 21.26$이다.

해석: 예측구간이 신뢰구간보다 훨씬 넓다. 신뢰구간은 모수의 추정치이지만 예측구간은 미래 관측치의 추정치이기 때문이다.

8.7.2 정규분포에 대한 공차구간

반도체 처리장치의 속도는 평균이 $\mu = 600$ MHz이고 표준편차가 $\sigma = 30$ MHz인 정규분포를 따른다고 가정하자. 표준정규 확률밀도함수 아래 면적의 95%는 ± 1.96 사이에 있으

므로 모집단 처리속도의 95%는 다음 구간에 속한다.

$$[600-1.96\times 30,\ 600+1.96\times 30]=[541.2, 658.8]$$

따라서 $[\mu-z_{\alpha/2}\sigma,\ \mu+z_{\alpha/2}\sigma]$를 $100(1-\alpha)\%$ 공차구간(tolerance interval)이라고 한다.

μ와 σ를 모를 때 95% 공차구간을 구하려면 크기가 n인 임의표본을 추출하고 $\bar{x}$와 s를 계산하여 $[\bar{x}-1.96s, \bar{x}+1.96s]$를 구한다. 그런데 $\bar{x}$와 s의 표본변동으로 이 구간이 모집단의 값 중 95% 미만을 포함할 가능성이 크다. 이 문제를 해결하기 위해 1.96을 다른 값으로 대체하여 이 구간이 분포의 95%를 포함하도록 해야 한다. 다음과 같이 이 구간을 쉽게 구할 수 있다.

> **공차구간**
>
> 신뢰수준 $100(1-\alpha)\%$로 정규분포의 적어도 $100\gamma\%$를 포함하는 공차구간은
>
> $$[\bar{x}-ks,\ \bar{x}+ks]$$
>
> 단, k는 공차계수이다. 부록 A의 표 XII에 $\gamma=0.9,\ 0.95,\ 0.99$와 $\alpha=0.1,\ 0.05,\ 0.01$에 대한 k의 값이 나타나 있다.

공차구간은 정규분포 가정에 아주 민감하다. 단측 공차한계에 대한 공차계수(tolerance interval factor)도 부록 A의 표 XII에서 찾을 수 있다.

예제 8.10 합금접착: 공차구간

예제 8.5의 인장접착시험을 다시 보자. 크기가 $n=22$인 합금 시편에서 파괴하중을 측정하여 $\bar{x}=13.71$, $s=3.55$이다. 신뢰수준 95%로 모집단의 90%를 포함하는 공차구간을 구해 보자.

표 XII에서 $n=22$, $\gamma=0.90$, $\alpha=0.05$에 대한 공차계수를 찾으면 $k=2.264$이다. 따라서 구하는 공차구간은

$$[13.71-2.264\times 3.55,\ 13.71+2.264\times 3.55]$$

이고, 이 식을 정리하면 공차구간은 [5.67, 21.74]이다.

해석: 파괴하중의 적어도 90%는 5.67 MPa와 21.74 MPa 사이에 있음을 95% 신뢰한다.

부록 A의 표 XII에서 n이 한없이 커지면 k의 값은 정규분포의 원하는 수준에 대응하는 z-값으로 수렴한다. 예를 들어 모집단의 90%를 포함하는 공차구간을 구할 때 n이 한없이 커지면 k는 $z_{0.05}=1.645$로 수렴한다. n이 한없이 커질 때 미래 관측치에 대한 $100(1-\alpha)\%$ 예측구간은 분포의 $100(1-\alpha)\%$를 포함하는 공차구간으로 수렴한다.

주요용어와 개념

t-분포(t-distribution)
공차구간(Tolerance interval)
단측 신뢰한계(One-sided confidence bound)
대표본 신뢰구간(Large sample confidence interval)
모비율에 대한 아그레스티-코울 신뢰구간(Agresti-Coull confidence interval on a population proportion)
모비율에 대한 신뢰구간(Confidence interval on a population proportion)
신뢰계수(Confidence coefficient)
신뢰구간(Confidence interval)
신뢰수준(Confidence level)
양측 신뢰구간(Two-sided confidence interval)
예측구간(Prediction interval)
정규분포 분산에 대한 신뢰구간(Confidence interval on the variance of a normal distribution)
정규분포 평균에 대한 신뢰구간(Confidence interval on the mean of a normal distribution)
추정오차(Error in estimation)
카이제곱분포(Chi-squared distribution)

단일표본 가설검정

CHAPTER 9

Alain Nogues/Sygma/Sygma/Getty Images

학습목표

이 장을 주의 깊게 학습한 후 다음을 할 수 있다.

1. 공학적 의사결정문제를 가설검정으로 구조화한다.
2. z-검정이나 t-검정을 이용하여 정규분포의 평균에 대한 가설을 검정한다.
3. 정규분포의 분산과 표준편차에 대한 가설을 검정한다.
4. 모비율에 대한 가설을 검정한다.
5. 가설검정 절차에서 P-값 방법을 사용한다.
6. 평균, 분산, 비율에 대한 검정에서 검정력과 제2종오류확률을 계산하고, 표본크기를 결정한다.
7. 신뢰구간과 가설검정의 관계를 이해하고, 이 관계를 이용한다.
8. 카이제곱 적합도검정을 이용하여 분포의 가정사항을 확인한다.
9. 분할표검정을 적용한다.
10. 비모수검정을 적용한다.
11. 동등성검정을 적용한다.
12. P-값을 결합한다.

목차

앞에서 표본 데이터를 이용하여 모집단의 모수를 **점추정**(7장)하거나 **신뢰구간**이라고 하는 그럴듯한 값의 구간으로 추정(8장)하는 방법을 알아보았다. 많은 상황에서 기술자는 다른 유형의 문제, 즉 모수에 관한 두 개의 대립적인 주장 중 어떤 주장이 옳은지 결정하는 문제에 관심이 있다. 예를 들어 한 기술자가 사출좌석과 좌석을 구동하는 로켓모터로 구성된 승무원 탈출 시스템을 설계하고 있으며, 사출좌석이 잘 작동하려면 로켓모터에 내장된 추진제의 평균 연소율이 50 cm/s이어야 한다고 하자. 연소율이 너무 낮으면 사출좌석이 제대로 작동하지 않아 사출이 불안전하고 승무원이 다칠 수 있으며, 연소율이 너무 높으면 추진제가 불안정하거나 사출 힘이 과도하여 승무원이 다칠 수 있다. 따라서 기술자는 "추진제의 평균 연소율이 50 cm/s인가, 아니면 (더 높거나 낮은) 다른 값인가?" 하는 질문에 답해야 한다: 이런 유형의 질문에 답하기 위해 가설검정(hypothesis testing)이라고 하는 통계기법을 사용한다. 이 장에서는 가설검정의 기본원리에 중점을 두고, 단일표본 데이터를 이용하는 가장 일반적인 유형의 가설검정 문제를 학습한다.

9.1 가설검정

9.1.1 통계적 가설

8장에서 표본 데이터를 이용하여 모수의 신뢰구간을 추정하는 방법을 알아보았다. 한편 공학의 많은 문제에서는 모수에 관한 두 개의 대립적인 진술 중 어느 것이 사실인지 결정해야 한다. 이 두 개의 진술을 가설이라고 하며, 가설에 대한 의사결정 절차를 가설검정이라고 한다. 많은 유형의 공학적 의사결정문제, 시험 또는 실험을 가설검정 문제로 구조화할 수 있으므로 가설검정은 통계추론의 가장 유용한 측면 중 하나이다. 또한, 뒤에서 알아보는 바와 같이 가설검정은 신뢰구간과 밀접한 관련이 있다.

모수에 대한 통계적 가설검정과 구간추정은 **비교실험**의 데이터 분석에서 기본적으로 사용하는 방법이다. 특히 모평균을 특정한 값과 비교하는 간단한 비교실험을 자주 사용하며, 이런 간단한 비교실험이 13장과 14장에서 학습하는 더 복잡한 실험설계 문제의 기초가 된다. 이 장에서는 단일 모집단의 비교실험을 알아보고, 모집단 모수에 관한 가설검정을 중점적으로 공부한다.

통계적 가설(statistical hypothesis)을 공식적으로 정의하면 다음과 같다.

> **통계적 가설**
> 통계적 가설은 하나 이상의 모집단의 모수에 관한 진술이다.

모집단을 설명하기 위해 확률분포를 사용하므로 통계적 가설은 확률변수의 확률분포에 관한 진술이다. 가설은 보통 확률분포의 하나 이상의 모수와 관련된다.

예를 들어 승무원 탈출시스템에서 고체추진제의 연소율을 다시 보자. 연소율은 확률변수이므로 연소율을 확률분포로 설명할 수 있고, 우리의 관심은 평균 연소율(분포의 모수)이라고 하자. 구체적으로 평균 연소율이 50 cm/s인지 아닌지를 결정하려면 이것을 공식적으로 다음과 같이 표현한다.

$$H_0 : \mu = 50 \text{ cm/s} \qquad H_1 : \mu \neq 50 \text{ cm/s} \tag{9.1}$$

식(9.1)에서 진술 $H_0 : \mu = 50$ cm/s을 귀무가설(null hypothesis)이라고 하며, 귀무가설은 일단 처음에 사실이라고 가정하는 진술이다. 진술 $H_1 : \mu \neq 50$ cm/s을 대립가설(alternative hypothesis)이라고 하며, 대립가설은 귀무가설에 반대되는 진술이다. 위의 대립가설에서 μ는 50보다 클 수도 있고 작을 수도 있으므로 이와 같은 대립가설을 양측대립가설(two-sided alternative hypothesis)이라고 한다. 경우에 따라

$$H_0 : \mu = 50 \text{ cm/s} \qquad H_1 : \mu > 50 \text{ cm/s}$$

또는 (9.2)

$$H_0 : \mu = 50 \text{ cm/s} \qquad H_1 : \mu < 50 \text{ cm/s}$$

와 같은 단측대립가설(one-sided alternative hypotheses)을 사용할 수도 있다.

우리는 귀무가설을 설정할 때 항상 등호를 사용한다. 하지만 대립가설을 $<$로 명시할 때 귀무가설에 내포된 주장은 $\geq$ 이고, 대립가설을 $>$로 명시할 때 귀무가설에 내포된 주장은 $\leq$ 이다.`

가설은 연구 중인 모집단이나 분포에 관한 진술이며 표본에 관한 진술이 아니라는 것을 기억해야 한다. 앞의 예제에서 50 cm/s와 같이 귀무가설에서 설정하는 모수의 값을 보통 세 가지 방법 중 하나로 결정한다. 첫째, 과거 경험이나 공정에 관한 지식 또는 이전의 시험이나 실험 결과로부터 결정한다. 이 경우 가설검정의 목적은 모수의 값이 달라졌는지를 결정하는 것이다. 둘째, 연구 대상인 공정에 관한 이론이나 모형으로부터 결정한다. 이 경우 가설검정의 목적은 이론이나 모형을 검증하는 것이다. 셋째, 설계나 공학 규격, 계약 의무와 같은 외부적인 사항을 고려하여 결정한다. 이 경우 가설검정의 목적은 적합도 검사이다.

귀무가설에 관한 결정을 내리기 위한 절차를 가설검정이라고 한다. 가설검정에서는 모집단으로부터 추출한 표본의 정보를 이용한다. 이 정보가 귀무가설과 일관되면 귀무가설을 기각하지 않고, 일관되지 않으면 대립가설을 선호하여 귀무가설을 기각한다. 전체 모집단을 조사하지 않으면 특정 가설이 참인지 거짓인지 확실히 알 수 없다. 대부분 상황에서 전체 모집단을 조사하는 것은 불가능하므로 가설검정 절차를 개발할 때 잘못된 결론에 도달할 확률을 생각하여야 한다. 가설검정 절차는 표본을 추출하고, 표본 데이터를 이용하여 검정통계량(test statistic)을 계산한 후, 검정통계량의 계산값을 토대로 귀무가설에 대한 결정을 내리는 과정으로 이루어진다.

9.1.2 통계적 가설검정

가설검정의 일반적인 개념을 알아보기 위해 추진제 연소율 문제를 다시 보자. 귀무가설은 모평균 연소율이 50 cm/s이고 대립가설은 50 cm/s이 아니라는 진술, 즉 다음 가설을 검정하려고 한다.

$$H_0 : \mu = 50 \text{ cm/s} \qquad H_1 : \mu \neq 50 \text{ cm/s}$$

크기가 $n = 10$인 표본을 시험하여 연소율의 표본평균의 값 $\bar{x}$를 계산하면 $\bar{x}$는 모평균 μ의 추정치이다. $\bar{x}$가 가설에서 설정한 50과 근접하면 μ가 실제로 50이라는 귀무가설과 일관되는 반면, 표본평균이 50과 상당히 다르면 대립가설을 지지하는 증거이다. 여기서 표본평균은 검정통계량이다.

그런데 표본에 따라 표본평균의 값이 달라진다. 가령 $48.5 \leq \bar{x} \leq 51.5$이면 $H_0 : \mu = 50$을 기각하지 않고, $\bar{x} < 48.5$ 또는 $\bar{x} > 51.5$이면 $H_1 : \mu \neq 50$을 지지하여 귀무가설 H_0을 기각한다고 하자. 이러한 결정을 그림으로 나타내면 그림 9.1과 같다. 여기서 $\bar{x} < 48.5$ 또는 $\bar{x} > 51.5$를 검정에 대한 기각역(rejection region) 또는 임계역(critical region)이라고 한다. 구간 $48.5 \leq \bar{x} \leq 51.5$ 안에 있는 모든 값은 귀무가설을 기각하지 않는 영역으로 통상 이 구간을 채택역(acceptance region)이라고 한다. 기각역과 채택역의 경계를 임계치(critical value)라고 한다. 앞의 예제에서 임계치는 48.5와 51.5이다. 또한, 결론을 귀무가설 H_0과 관련하여 설명하는 것이 관례이다. 검정통계량이 기각역에 포함되면 H_0을 기각하여 H_1을 받아들이고, 그렇지 않으면 H_0을 기각하지 못한다.

위와 같은 의사결정 절차는 두 가지 잘못된 결론 중 하나로 이어질 수 있다. 예를 들어 추진제의 모평균 연소율이 50 cm/s인데 표본을 임의추출해 시험하니 $\bar{x}$가 기각역에 포함될 수 있다. 그러면 실제로 H_0이 참인데도 불구하고 H_0을 기각하고 H_1을 받아들인다. 이와 같은 종류의 잘못된 결론을 제1종오류(type I error)라고 한다.

> **제1종오류**
> 귀무가설 H_0이 참일 때 H_0을 기각하는 오류를 제1종오류라고 한다.

이제 모평균 연소율이 50 cm/s이 아닌데도 표본평균의 값 $\bar{x}$가 채택역에 포함된다고 가정해 보자. 이 경우 H_0이 거짓인데도 불구하고 H_0을 기각하지 못하여 다음과 같이 다른 종류의 오류가 발생한다.

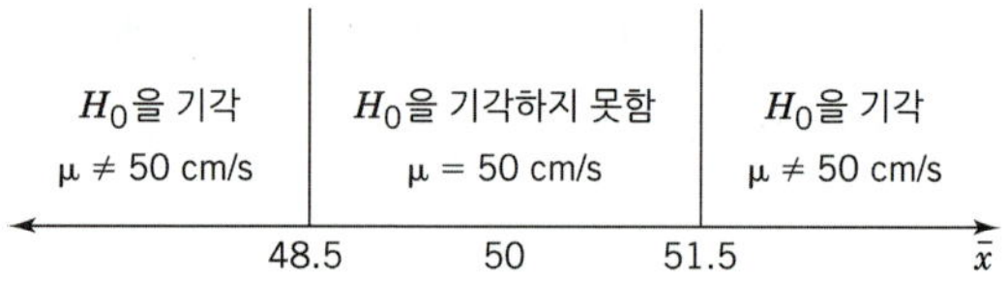

그림 9.1 $H_0 : \mu = 50$과 $H_1 : \mu \neq 50$을 검정할 때 의사결정기준

> **제2종오류**
> 귀무가설 H_0이 거짓일 때 H_0을 기각하지 못하는 오류를 **제2종오류**라고 한다.

따라서 통계적 가설검정에서는 최종 결론이 옳은지 또는 그른지를 결정하는 4가지의 서로 다른 상황이 있다. 이 상황은 표 9.1에 나타나 있다.

가설검정은 확률변수를 기반으로 하므로 표 9.1의 제1종오류와 제2종오류는 확률과 관련된다. 제1종오류를 범하는 확률을 그리스문자 α로 나타낸다.

> **제1종오류확률**
> $$\alpha = P(\text{제1종오류}) = P(H_0\text{을 기각} \mid H_0\text{이 참}) \quad (9.3)$$

제1종오류확률을 다른 말로 **유의수준**(significance level), **α-오류**, **검정크기**라고 한다. 추진제 연소율 문제에서 평균 연소율의 참값이 50 cm/s인데도 불구하고 $\bar{x} < 48.5$ 또는 $\bar{x} > 51.5$이면 제1종오류가 발생한다. 연소율의 표준편차는 $\sigma = 2.5$ cm/s이고 모집단의 분포는 중심극한정리의 조건을 만족할 때, 귀무가설이 참이면 표본평균은 근사적으로 평균이 $\mu = 50$이고 표준편차가 $\sigma/\sqrt{n} = 2.5/\sqrt{10} = 0.79$인 정규분포를 따른다. 제1종오류확률은 그림 9.2의 정규분포에서 색칠한 부분의 면적으로, 이 확률은

$$\alpha = P(\bar{X} < 48.5 \mid \mu = 50) + P(\bar{X} > 51.5 \mid \mu = 50)$$

이다. 여기서 임계치 48.5와 51.5에 대응하는 z-값은 각각

$$z_1 = \frac{48.5 - 50}{0.79} = -1.90, \quad z_2 = \frac{51.5 - 50}{0.79} = 1.90$$

이므로 제1종오류확률을 구하면

$$\begin{aligned}\alpha &= P(Z < -1.90 \mid \mu = 50) + P(Z > 1.90 \mid \mu = 50)\\ &= 0.0287 + 0.0287 = 0.0574\end{aligned}$$

이다. 즉, 모평균 연소율이 실제로 50 cm/s인데도 모든 표본의 5.74%에서 $H_0 : \mu = 50$ cm/s을 기각한다.

그림 9.2에서 채택역을 늘리면 α를 줄일 수 있다. 예를 들어 임계치를 48과 52라고 두

표 9.1 가설검정의 결론

결론	H_0이 참	H_0이 거짓
H_0을 채택	옳은 결론	제2종오류
H_0을 기각	제1종오류	옳은 결론

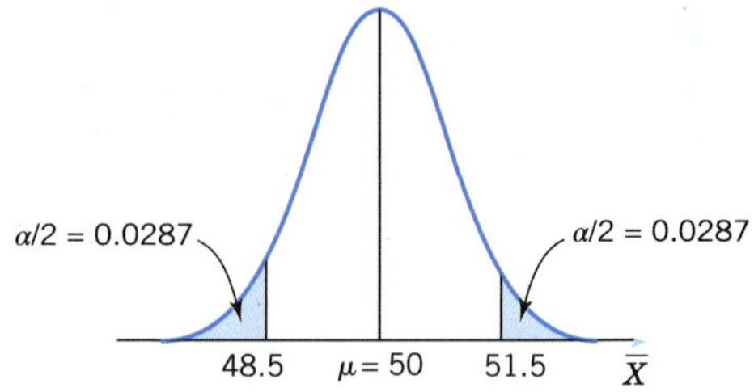

그림 9.2 $n=10$일 때 $H_0: \mu=50$과 $H_1: \mu \neq 50$의 기각역

면 제1종오류확률은 다음과 같이 줄어든다.

$$\alpha = P\left(Z < -\frac{48-50}{0.79} \middle| \mu=50\right) + P\left(Z > \frac{52-50}{0.79} \middle| \mu=50\right)$$
$$= P(Z < -2.53) + P(Z > 2.53)$$
$$= 0.0057 + 0.0057 = 0.0114$$

표본의 크기를 늘려도 α를 줄일 수 있다. 예를 들어 표본크기를 $n=16$으로 두면

$$\frac{\sigma}{\sqrt{n}} = \frac{2.5}{\sqrt{16}} = 0.625$$

이고 그림 9.2의 기각역을 사용할 때

$$z_1 = \frac{48.5-50}{0.625} = -2.40,\ z_2 = \frac{51.5-50}{0.625} = 2.40$$

이므로 제1종오류확률은 다음과 같이 줄어든다.

$$\alpha = P(Z < -2.40 \mid \mu=50) + P(Z > 2.40 \mid \mu=50)$$
$$= 0.0082 + 0.0082 = 0.0164$$

가설검정 절차의 성능을 평가하기 위해 제2종오류를 범하는 확률을 사용한다. 보통 제2종오류확률을 β로 나타낸다.

제2종오류확률

$$\beta = P(\text{제2종오류}) = P(H_0\text{을 기각하지 못함} \mid H_0\text{이 거짓}) \quad (9.4)$$

제2종오류확률 β(β-오류)를 계산하려면 특정한 대립가설이 필요하다. 즉, 대립가설의 μ가 특정한 값으로 설정되어야 한다. 예를 들어 모평균 연소율 μ가 52보다 크거나 48보다 작을 때 $H_0: \mu=50$을 기각하는 것이 중요하면, 검정 절차의 성능을 알아보기 위해 $\mu=52$와 $\mu=48$에서 제2종오류확률을 사용할 수 있다. 구체적으로 $\mu=52$와 $\mu=48$에서는 $H_0: \mu=50$을 기각하기를 원할 때 검정 절차의 성능은 어떠한가? 정규분포의 대칭성으로 인해 두 경우 중 하나만 계산하면 된다. 따라서 모평균의 참값이 $\mu=52$일 때

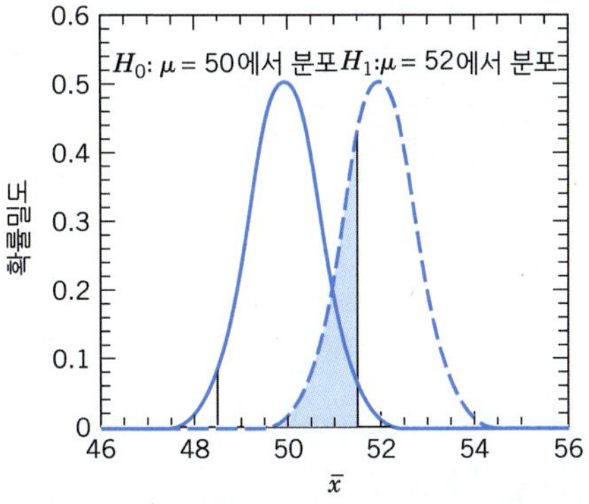

그림 9.3 $n=10$, $\mu=52$일 때 제2종오류확률

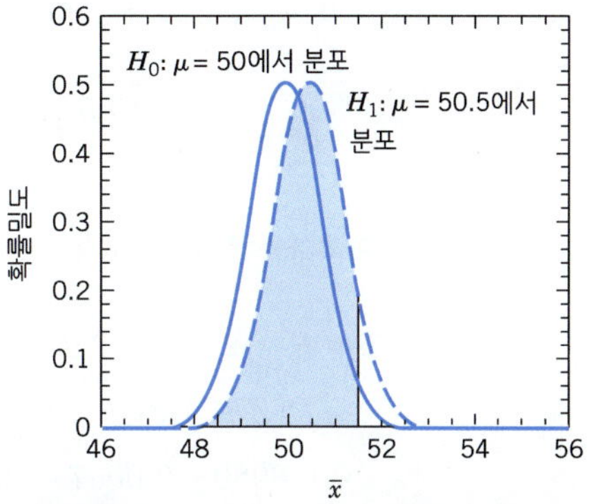

그림 9.4 $n=10$, $\mu=50.5$일 때 제2종오류확률

$H_0: \mu=50$을 기각하지 못하는 확률을 구해 보자.

그림 9.3은 제2종오류확률 β를 계산하는 데 도움이 된다. 그림 9.3의 좌측 정규분포는 H_0이 참일 때(H_0하에서) 검정통계량 $\overline{X}$의 분포이고, 우측 정규분포는 H_1이 참일 때(H_1하에서) 검정통계량 $\overline{X}$의 분포이다. 그림 9.3에서 보는 것처럼, β는 모평균이 $\mu=52$일 때 $48.5 \le \overline{X} \le 51.5$일 확률이고, 이 확률은 $\mu=52$인 정규분포에서 색칠한 부분의 면적이다. 즉, 제2종오류확률은

$$\beta = P(48.5 \le \overline{X} \le 51.5 \mid \mu=52)$$

이다. 여기서 $\mu=52$일 때 48.5와 51.5에 대응하는 z-값을 각각 구하면

$$z_1 = \frac{48.5-52}{0.79} = -4.43, \quad z_2 = \frac{51.5-52}{0.79} = -0.63$$

이므로 제2종오류확률은 다음과 같다.

$$\begin{aligned}\beta &= P(-4.43 \le Z \le -0.63 \mid \mu=52) \\ &= P(Z \le -0.63 \mid \mu=52) - P(Z \le -4.43 \mid \mu=52) \\ &= 0.2643 - 0.0000 = 0.2643\end{aligned}$$

따라서 $n=10$이고 모평균의 참값이 52일 때 $H_0: \mu=50$과 $H_1: \mu \ne 50$을 검정하면 거짓인 귀무가설을 기각하지 못할 확률이 0.2643이다. 정규분포는 평균을 중심으로 대칭이므로 모평균의 참값이 48일 때도 β-오류는 0.2643이다.

모평균 μ의 참값이 귀무가설에서 설정한 값에 가까워질수록 제2종오류확률 β는 빠르게 증가한다. 예를 들어 그림 9.4에서 모평균의 참값은 50.5이고 귀무가설의 설정값 $\mu=50$에 아주 가깝다. 이 경우 제2종오류확률은

$$\beta = P(48.5 \le \overline{X} \le 51.5 \mid \mu=50.5)$$

이다. $\mu = 50.5$일 때 48.5와 51.5에 대응하는 z-값을 각각 구하면

$$z_1 = \frac{48.5 - 50.5}{0.79} = -2.53, \quad z_2 = \frac{51.5 - 50.5}{0.79} = 1.27$$

이므로 제2종오류확률은 다음과 같다.

$$\begin{aligned}\beta &= P(-2.53 \le Z \le 1.27 \mid \mu = 50.5) \\ &= P(Z \le 1.27 \mid \mu = 50.5) - P(Z \le -2.53 \mid \mu = 50.5) \\ &= 0.8980 - 0.0057 = 0.8923\end{aligned}$$

따라서 모평균의 참값이 52일 때보다 50.5일 때 제2종오류확률이 훨씬 더 크다. 물론 실질적으로 모평균의 참값이 귀무가설의 설정값에 가까울 때는 제2종오류를 크게 염려하지 않는다. 모평균의 참값과 귀무가설의 설정값이 많이 다를 때 이것을 검출하는 데 더 관심이 있다.

또한, 제2종오류확률은 표본크기 n에 따라 달라진다. $H_0 : \mu = 50$ cm/s이고 모평균의 참값은 $\mu = 52$라고 하자. 그림 9.5는 표본크기를 $n = 10$에서 $n = 16$으로 늘렸을 때 제2종오류확률을 나타낸다. 좌측 정규분포는 $\mu = 50$일 때 $\overline{X}$의 분포, 우측 정규분포는 $\mu = 52$일 때 $\overline{X}$의 분포이다. 그림 9.5에서 보는 것처럼 제2종오류확률은

$$\beta = P(48.5 \le \overline{X} \le 51.5 \mid \mu = 52)$$

이다. $n = 16$이면 $\overline{X}$의 표준편차는 $\sigma/\sqrt{n} = 2.5/\sqrt{16} = 0.625$이다. 따라서 $\mu = 52$일 때 48.5와 51.5에 대응하는 z-값을 각각 구하면

$$z_1 = \frac{48.5 - 52}{0.625} = -5.60, \quad z_2 = \frac{51.5 - 52}{0.625} = -0.80$$

이므로, 제2종오류확률은 다음과 같다.

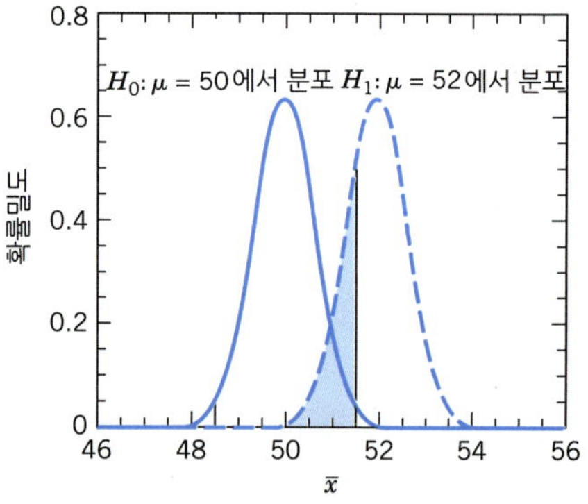

그림 9.5 $n = 16$, $\mu = 52$일 때 제2종오류확률

$$\beta = P(-5.60 \le Z \le -0.80 \mid \mu = 52)$$
$$= P(Z \le -0.80 \mid \mu = 52) - P(Z \le -5.60 \mid \mu = 52)$$
$$= 0.2119 - 0.0000 = 0.2119$$

앞에서 $n = 10$, $\mu = 52$일 때 $\beta = 0.2643$이었다. $n = 16$으로 표본크기를 늘려서 제2종오류확률이 줄어든 것을 알 수 있다.

아래 표는 $n = 10, 16$에서 α가 같도록 임계치를 조정한 후 계산 결과를 요약한 것이다. 상자 안의 값은 앞에서 구하지 않았으나 비슷한 방법으로 계산할 수 있다. 뒤에서 이런 유형의 계산을 더 자세히 알아본다.

채택역	표본크기	α	$\mu = 52$에서 β	$\mu = 50.5$에서 β
$48.5 \le \bar{x} \le 51.5$	10	0.0576	0.2643	0.8923
$48 \le \bar{x} \le 52$	10	0.0114	0.5000	0.9705
$48.81 \le \bar{x} \le 51.19$	16	0.0576	0.0966	0.8606
$48.42 \le \bar{x} \le 51.58$	16	0.0114	0.2515	0.9578

위 표에서 다음 4가지 중요한 사실을 알 수 있다.

1. 임계치를 적절히 선택하면 기각역의 크기와 그에 따른 제1종오류확률 α를 얼마든지 줄일 수 있다.
2. 제1종오류와 제2종오류는 서로 관련이 있다. 표본크기 n을 같게 두고 한 오류의 확률을 줄이면 다른 오류의 확률은 늘어난다.
3. 제1종오류확률 α를 고정할 때, 표본크기를 늘리면 제2종오류확률 β는 작아진다.
4. 귀무가설이 거짓일 때 모수의 참값이 귀무가설의 설정값에 가까워질수록 β는 커진다. 모수의 참값과 귀무가설의 설정값 간의 차이가 커지면 β는 작아진다.

일반적으로 분석가는 임계치를 선택할 때 제1종오류확률 α를 제어한다. 보통 제1종오류확률을 원하는 값으로 설정하기는 쉽다. 그러면 H_0을 잘못 기각할 확률을 직접 제어하므로 H_0의 기각을 **강력한 결론**이라고 간주한다.

제1종오류확률(유의수준)을 제어할 때 논리적으로 어떤 값을 사용해야 하는지 의문이 생긴다. 제1종오류확률은 위험의 척도이다. 더 정확히 말하면 H_0이 참인데 H_0을 잘못 기각할 때의 위험을 측정한다. 따라서 H_0을 잘못 기각하였을 때 그 결과(경제적, 사회적 등)를 반영하여 α를 선택해야 한다. 결과가 더 심각하면 작은 α를, 덜 심각하면 큰 α를 사용한다. α를 결정하기 어려울 때 과학과 공학 실무에서는 $\alpha = 0.05$가 부적절하다는 정보가 없는 한 대부분 $\alpha = 0.05$를 사용한다. 앞의 추진제 연소율 문제에서는 $n = 10$,

$\alpha = 0.05$에 해당하는 임계치가 48.45와 51.55이다.

> 가설검정에서 널리 사용하는 절차 중 하나는 제1종오류확률(유의수준)을 $\alpha = 0.05$로 고정하는 것이다. 경험적으로 이 값을 사용해 왔으며 모든 상황에서 이 값이 적절한 것은 아닐 수 있다.

한편 제2종오류확률 β는 상수가 아니라 표본의 크기와 모수의 참값에 따라 달라진다. β는 표본크기와 H_0이 얼마만큼 거짓인지에 따라 달라지는 함수이므로, β가 충분히 작은 것을 알지 못하는 한 통상 H_0을 받아들이는 결정을 **약한 결론**이라고 간주한다. 따라서 "H_0을 채택한다" 대신 "H_0을 기각하지 못한다"는 표현을 선호한다. H_0을 기각하지 못한다는 것은 H_0을 기각할 만큼 충분한 증거를 찾지 못했음을 뜻한다. H_0을 기각하지 못한다고 해서 반드시 H_0이 참일 확률이 크다는 것을 의미하지는 않는다. 단지 강력한 결론에 도달하기 위해 더 많은 데이터가 필요함을 의미할 수도 있다. 이와 같은 해석은 가설을 수립하는 데 중요한 영향을 미칠 수 있다.

가설검정과 배심원의 재판 사이에는 유용한 유추관계가 성립한다. 재판은 피고인이 무죄라는 가정으로 시작한다. (이것은 귀무가설이 참이라고 가정하는 것과 같다.) 그러나 그에 반대되는 강력한 증거를 발견하면 피고인을 유죄라고 선언한다. (이것은 귀무가설을 기각하는 것과 같다.) 증거가 불충분하면 피고인을 유죄가 아니라고 선언한다. 유죄가 아니라고 선언하는 것은 피고인이 무죄임을 증명하는 것과는 다른 것으로, 귀무가설을 기각하지 못하는 것과 마찬가지로 약한 결론이다.

가설검정에서 사용하는 중요한 개념 중 하나는 다음에 정의된 검정력(power)이다.

> **검정력**
>
> 통계적 검정의 **검정력**은 대립가설이 참일 때 귀무가설을 기각할 확률이다.

검정력은 $1-\beta$이고 **귀무가설이 거짓일 때 귀무가설을 올바르게 기각하는 확률**이라고 해석한다. 서로 다른 통계적 검정을 비교하기 위해 검정력을 사용한다. 예를 들어 추진제 연소율 문제에서 $H_0: \mu = 50$과 $H_1: \mu \neq 50$이고 평균의 참값은 $\mu = 52$라고 가정하자. 앞에서 $n = 10$일 때 $\beta = 0.2643$이므로 이 검정의 검정력은 $1-\beta = 0.7357$이다.

검정력은 통계적 검정의 **민감도**를 측정하는 간결한 측도로, 이때 민감도는 차이를 검출하는 검정의 능력을 의미한다. 추진제 연소율 문제에서 평균 연소율 50과 52의 차이를 검출하는 검정의 민감도는 0.7357이다. 즉, 모평균의 참값이 52일 때 이 검정은 73.57%의 시간 동안 그 차이를 검출하여 $H_0: \mu = 50$을 올바르게 기각한다. 검정력이 너무 낮으면 유의수준 α 또는 표본크기 n을 늘려야 한다.

9.1.3 단측가설과 양측가설

가설을 설정할 때 항상 귀무가설에 등호를 사용하여 제1종오류확률 α를 원하는 값으로 제어한다. H_0을 기각할 때 어떤 결론을 내리고 싶은지에 따라 대립가설은 단측일 수도 있고 양측일 수도 있다. 검정의 결과 초과, 미만, 최소, 적어도 등을 주장하려면 단측대립가설을 사용하는 것이 적절하다. 주장에 방향이 나타나지 않거나 같지 않음을 주장하려면 양측대립가설을 사용한다.

예제 9.1 추진제 연소율: 단측가설

추진제 연소율 문제를 생각해 보자. 연소율이 50 cm/s 미만임을 강력한 결론으로 보여주고 싶으면 가설은

$$H_0 : \mu = 50 \text{ cm/s} \qquad H_1 : \mu < 50 \text{ cm/s}$$

이고, 기각역은 $\overline{X}$의 분포의 좌측 꼬리에 위치한다. H_0을 기각하는 것이 강력한 결론이므로 H_0을 기각하면 원하는 결과를 얻는다. H_0의 진술에서 등호를 사용하지만, 대립가설($\mu < 50$)에 포함되지 않은 모든 μ의 값이 H_0에 포함된다는 것을 기억해야 한다. 따라서 H_0을 기각하지 못한다는 것은 μ가 정확히 50 cm/s임을 의미하는 것이 아니라 단지 H_1을 지지하는 강력한 증거가 없음을 의미한다.

실질적으로 단측검정을 사용해야 하는 문제에서 적절한 대립가설의 방향을 선택하기 어려울 수 있다. 예를 들어 어느 탄산음료 제조업자가 유리 회사로부터 10온스 병을 구매하는 경우를 생각해 보자. 음료 제조업자는 병의 평균 파열강도가 최소 200 psi라는 규격을 충족하는지 확인하기 위해 주어진 로트에 대한 의사결정을 가설검정 문제로 표현하려 할 때 다음 두 가지 표현이 가능하다.

$$H_0 : \mu = 200 \text{ psi} \qquad H_1 : \mu > 200 \text{ psi} \tag{9.5}$$

$$H_0 : \mu = 200 \text{ psi} \qquad H_1 : \mu < 200 \text{ psi} \tag{9.6}$$

먼저 식(9.5)의 경우를 생각해 보자. H_0을 기각하면 병이 만족스럽다고 판단하고, H_0을 기각하지 못하면 병이 규격을 충족하지 않으므로 사용하지 않아야 한다. H_0을 기각하는 것이 강력한 결론으로, 식(9.5)의 표현을 사용할 때는 유리 회사가 병의 평균 파열강도가 규격을 충족한다는 것을 입증해야 한다. 한편 식(9.6)의 경우에는 H_0을 기각하지 못하면 병은 만족스럽다. 즉, 병이 만족스럽지 않다는 강력한 증거가 없으면 병은 만족스럽다고 결론을 내린다.

식(9.5)와 식(9.6) 중 어느 표현을 선택할지는 분석 목적에 따라 다르다. 식(9.5)에서는 평균 파열강도의 참값이 200 psi보다 약간 큰 경우에도 H_0을 받아들이고 병이 만족스럽지 않다고 판단할 확률이 있다. 이 표현에서는 유리 회사가 병이 규격을 충족한다는 것을 입증하기를 원한다. 과거 유리 회사가 규격을 충족시키는 데 어려움이 있었거나 제품 안전을 고려할 때 규격 200 psi를 엄격하게 준수하도록 강제하여야 하는 경우 이러한 표현이 적절

하다. 한편 식(9.6)에서는 평균의 참값이 200 psi보다 약간 작아도 H_0을 받아들이고 병이 만족스럽다고 판단할 확률이 있다. 평균이 200 psi를 넘지 않는다는 강력한 증거가 있을 때, 즉 $H_0: \mu = 200$ psi를 기각할 때만 병이 불만족스럽다고 결론을 내린다. 이런 표현은 유리 회사의 과거 성능이 비교적 만족스러웠고 $\mu \geq 200$의 규격을 조금 벗어나도 해롭지 않을 때 적절하다.

> 단측대립가설을 설정할 때 항상 H_0을 기각하는 것이 강력한 결론이라는 것을 기억해야 한다. 따라서 강력한 결론을 내리고자 하는 중요한 진술을 대립가설에 설정한다. 실제 문제에서 이런 결정은 상황에 대한 관점과 경험에 따라 달라질 수 있다.

9.1.4 가설검정에서 P-값

가설검정의 결과를 보고하는 한 가지 방법은 고정된 유의수준 α에서 귀무가설의 기각 여부를 설명하는 것이다. 이 방법을 고정유의수준검정이라고 한다.

고정유의수준검정은 제2종오류 및 검정력과 직접 관련되므로, 가설검정에서 적절한 표본크기를 결정할 때 아주 중요하다. 그러나 이 방법에는 몇 가지 단점도 있다.

예를 들어 앞의 추진제 연소율 문제에서 유의수준 0.05로 $H_0: \mu = 50$을 기각하였으나 검정통계량의 계산값이 기각역의 경계에 있는지 아니면 안쪽 깊숙히 포함되는지에 대한 정보를 주지 않는다. 또한, 결과를 이렇게 설명하는 것은 정보 이용자에게 이미 정해진 유의수준을 사용하도록 강요하는 것이다. 일부 의사결정자는 $\alpha = 0.05$에 함축된 위험이 불편하여 이 방법이 만족스럽지 않을 수 있다.

실무에서는 이런 어려움을 피하기 위해 **P-값** 방법을 널리 사용한다. P-값은 H_0이 참일 때 검정통계량이 관측된 통계량의 값과 같거나 그보다 더 극단값일 확률이다. 따라서 P-값은 H_0에 반대되는 증거의 정도에 대한 정보를 주고, P-값을 알면 임의의 유의수준에 대하여 결론을 내릴 수 있다. P-값의 공식적인 정의는 다음과 같다.

> **P-값**
> **P-값**은 주어진 데이터로 H_0을 기각할 수 있는 최소한의 유의수준이다.

통상 H_0을 기각하면 "검정통계량(그리고 데이터)이 유의하다"라고 한다. 따라서 P-값은 데이터가 유의하다고 여길 수 있는 최소한의 유의수준이다. 다시 말해 P-값은 관측된 유의수준(observed significance level)이다. 분석가가 미리 공식적으로 유의수준을 지정하지 않아도 의사결정자는 P-값으로 데이터가 얼마나 유의한지 결정할 수 있다.

추진제 연소율 문제에서 다음의 양측가설을 생각해 보자.

$$H_0 : \mu = 50 \text{ cm/s} \qquad H_1 : \mu \neq 50 \text{ cm/s}$$

단, $n = 16, \sigma = 2.5$, $\bar{x} = 51.3$ cm/s이라고 가정하자. 검정통계량을 계산하고 나면 P-값을 구하는 것은 어렵지 않다. 그림 9.6에서 알 수 있듯이 이 예제의 P-값은 검정통계량이 51.3보다 크거나 48.7보다 작을 확률이고, 이 값을 구하면 다음과 같다.

$$\begin{aligned} P &= 1 - P(48.7 < \bar{X} < 51.3) = 1 - P\left(\frac{48.7 - 50}{2.5/\sqrt{16}} < Z < \frac{51.3 - 50}{2.5/\sqrt{16}}\right) \\ &= 1 - P(-2.08 < Z < 2.08) = 1 - 0.962 = 0.038 \end{aligned}$$

P-값은 $H_0 : \mu = 50$이 참일 때 표본평균이 50으로부터 적어도 51.3(또는 48.7)만큼 멀어지는 확률표본을 얻을 확률이 0.038임을 알려준다. 따라서 $H_0 : \mu = 50$이 참이면 표본평균 51.3은 상당히 일어나기 어렵다. 관측한 P-값이 통상 사용하는 유의수준 0.05보다 작으므로 고정유의수준검정을 사용하면 귀무가설을 기각한다. 사실 0.038 이상의 **모든** 유의수준에 대해 $H_0 : \mu = 50$을 기각한다. 정의에서 알 수 있듯이, P-값은 $H_0 : \mu = 50$을 기각할 수 있는 최소한의 유의수준이다.

일반적으로 P-값을 계산하고 나면 미리 고정한 유의수준과 비교하여 결정을 내린다. 통상 미리 고정하는 유의수준은 0.05이다. 그러나 결과를 제시할 때는 주로 귀무가설에 관해 내린 결론과 함께 계산한 P-값을 보고하는 것이 관례이다.

분명한 것은 P-값이 귀무가설에 대한 신용도를 측정하는 측도라는 것이다. 구체적으로 P-값은 귀무가설을 기각하였을 때 이것이 잘못된 결정이었을 위험이다. P는 귀무가설이 거짓일 확률이 **아니며**, $1 - P$는 귀무가설이 참일 확률이 아니다. 귀무가설은 항상 참이거나 거짓이므로 P-값의 적절한 해석은 귀무가설을 잘못 기각할 위험이다. (귀무가설과 관련된 확률은 정의되지 않는다.)

통계적 가설검정에서 P-값을 정확하게 계산하는 것이 항상 쉬운 것은 아니다. 그러나 대부분의 통계 소프트웨어에서는 가설검정의 결과를 P-값으로 보고한다. 이 책에서는 P-값 방법을 광범위하게 사용한다.

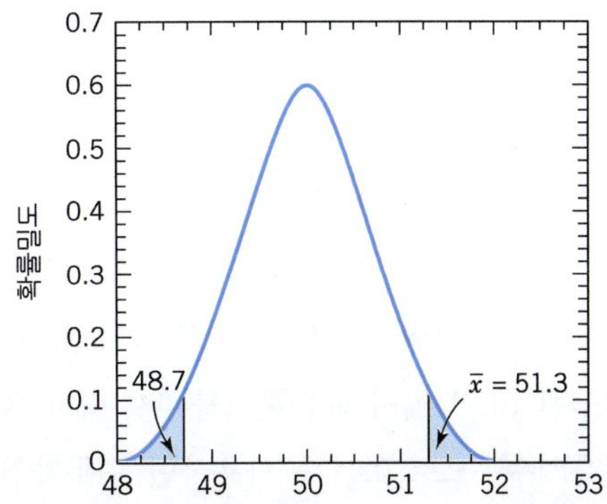

그림 9.6 $\bar{x} = 51.3$일 때 P-값은 색칠한 부분의 면적이다.

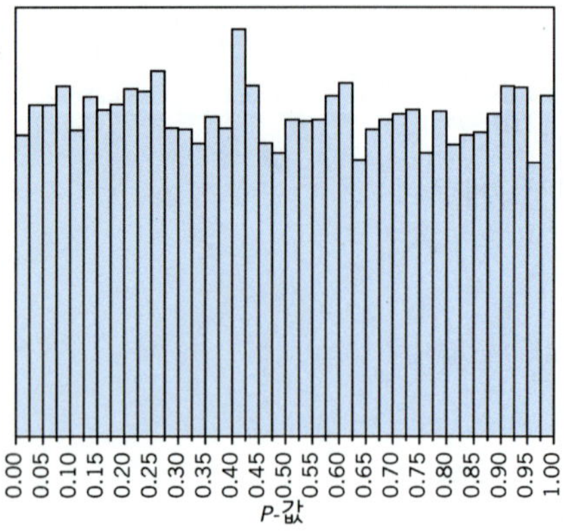

그림 9.7 $H_0 : \mu = 0$이 참일 때 P-값 시뮬레이션

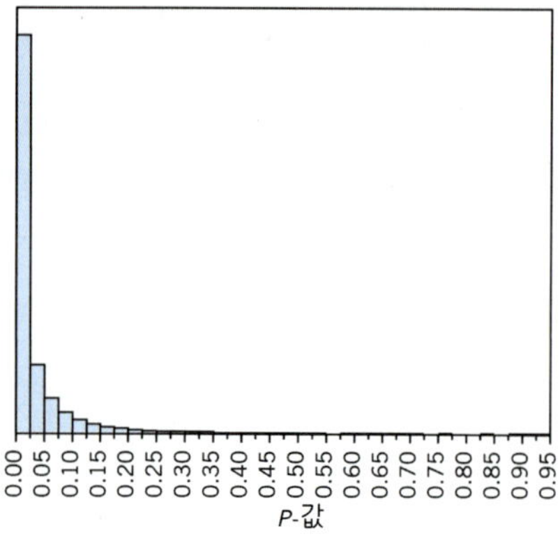

그림 9.8 $\mu = 1$일 때 P-값 시뮬레이션

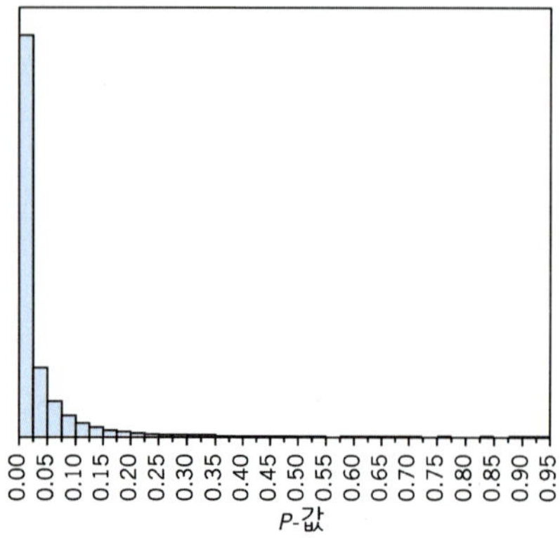

그림 9.9 $\mu = 2$일 때 P-값 시뮬레이션

P-값에 대해 더 알아보기: 통계적 가설검정 절차는 모집단으로부터 표본을 추출하고, 적절한 검정통계량의 값을 계산한 후, 검정통계량의 계산값을 이용하여 귀무가설에 대한 결론을 내리는 것으로 이루어진다. 앞에서는 결론을 내리기 위해 검정통계량으로 표본평균을 사용했다. 표본평균은 추출된 표본에 따라 다른 값을 취하는 확률변수이므로 검정 절차와 관련된 P-값도 확률변수이다. 따라서 P-값도 표본에 따라 다른 값을 취한다. 귀무가설이 참일 때와 거짓일 때 P-값의 행태를 알아보기 위해 컴퓨터 실험, 즉 시뮬레이션을 사용할 수 있다.

$\sigma = 1$인 정규분포 모집단에서 $n = 10$인 표본을 추출하고, $H_0 : \mu = 0$과 $H_1 : \mu \neq 0$을 검정한다고 하자. 먼저 H_0이 참인 경우를 시뮬레이션하기 위해, $\mu = 0, \sigma = 1$인 정규분포에서 크기가 $n = 10$인 임의표본을 10,000번 추출하는 컴퓨터 프로그램을 작성하고 각 표본에 대하여 표본평균과 P-값을 계산하였다. 그림 9.7은 계산한 P-값을 히스토그램으로 나타낸 것이다. P-값의 히스토그램은 (0, 1)의 구간에서 균등 또는 평평한 것을 볼 수 있다. 사실 5% 미만의 P-값이 (0, 0.05)의 구간에 속한다. 귀무가설이 참이면 P-값은 구간 (0, 1)에서 균등분포를 따른다고 알려져 있다. 이 경우 귀무가설이 참이므로 검정의 유의수준으로 0.05를 사용하면 귀무가설을 잘못 기각할 확률은 (대략) 0.05이다.

이제 H_0이 거짓인 경우를 알아보자. 평균을 $\mu = 1$로 변경하고 시뮬레이션 실험을 반복하여 크기가 $n = 10$인 다른 표본을 10,000번 추출하고 P-값을 계산하였다. 그림 9.8은 계산한 P-값의 히스토그램으로 그림 9.7의 히스토그램과는 아주 다른 양상을 보인다. 그림 9.8에서 P-값은 원점 주변에 쌓이는 경향이 있고, 귀무가설이 참일 때보다 0과 0.05 사이에 많은 작은 값이 있다. 모든 P-값이 0.05보다 더 작은 것은 아니다. 0.05보다 큰 P-값은 제2종오류, 즉 평균의 참값이 0이 아닌데도 유의수준 0.05에서 귀무가설을 기각하지 못하도록 하는 표본이다.

마지막으로, 그림 9.9는 평균의 참값이 더 큰 $\mu = 2$일 때 시뮬레이션 결과 계산한 P-값의 히스토그램이다. P-값은 더욱 0에 가깝게 이동하고 히스토그램의 왼쪽에 집중된다. 일반적으로 평균의 참값이 귀무가설의 설정값에서 멀어질수록 P-값의 분포는 0 주변으로 집중되고 0.05를 초과하는 값은 적어진다. 즉, 평균이 귀무가설의 설정값에서 멀어질수록 귀무가설을 올바르게 기각할 가능성이 커진다.

9.1.5 가설검정과 신뢰구간의 관계

주어진 모수에 대한 가설검정과 신뢰구간은 서로 밀접한 관련이 있다. 모수 θ에 대한 $100(1-\alpha)\%$ 신뢰구간이 $[l, u]$라고 할 때 가설

$$H_0 : \theta = \theta_0 \qquad H_1 : \theta \neq \theta_0$$

에 대한 유의수준 α 검정이 H_0을 기각하기 위한 필요충분조건은 θ_0가 구간 $[l, u]$에 포함되지 않는 것이다. 예를 들어 추진제 연소율 문제에서 $\bar{x} = 51.3$, $\sigma = 2.5$, $n = 16$일 때, $\alpha = 0.05$에서 $H_0 : \mu = 50$을 기각하였다. 같은 데이터에 대하여 식(8.5)를 이용하여 μ에 대한 95% 신뢰구간의 양 끝값을 구하면 $51.3 \pm 1.96(2.5/\sqrt{16})$이다. 따라서 신뢰구간은 $50.075 \le \mu \le 52.525$이다. 이 신뢰구간은 $\mu_0 = 50$을 포함하지 않으므로 $H_0 : \mu = 50$을 기각한다.

가설검정과 신뢰구간은 μ에 대한 의사결정이나 추론에 관한 한 서로 같은 절차이지만 각각은 서로 다른 통찰을 제공한다. 예를 들어 신뢰구간은 정해진 신뢰수준에서 μ의 그럴듯한 값의 범위를 제공하는 반면, 가설검정은 특정한 결론과 관련된 P-값처럼 **위험수준**을 표현하는 체계이다. 뒤에서 두 방법의 관계를 더 알아본다.

9.1.6 가설검정의 일반적 절차

이 장에서는 다양한 실질적 문제에 대하여 가설검정 절차를 학습한다. 가설을 검정할 때 다음 절차를 사용할 것을 권장한다.

1. 관심모수: 문제에서 관심의 모수를 파악한다.
2. 귀무가설: 귀무가설 H_0을 명시한다.
3. 대립가설: 적절한 대립가설 H_1을 명시한다.
4. 검정통계량: 적절한 검정통계량을 결정한다.
5. 기각역: 귀무가설을 기각하는 기준을 명시한다.
6. 계산: 표본을 이용하여 필요한 요약통계의 값을 계산하고, 이 값을 검정통계량 식에 대입하여 관측된 검정통계량의 값을 계산한다.
7. 결론: 검정통계량의 계산값을 토대로 H_0의 기각 여부를 결정하고 결과를 문제의 상황에 맞게 보고한다.

표본 데이터를 조사하기 이전에 [단계 1]~[단계 4]를 완성해야 한다. 다음 절에서 일련의 단계를 자세히 알아본다.

실질적으로 이런 형식적이고 엄격한 절차가 항상 필요한 것은 아니다. 일반적으로 실험자(의사결정자)가 관심의 문제에 대한 **실험설계**(즉, 데이터 수집 방법, 측정 방법, 표본 크기)를 결정하면 다음 세 단계만 필요하다.

1. (Z_0과 같이) 사용할 검정통계량을 결정한다.
2. 양측 꼬리, 상단(우측) 꼬리, 하단(좌측) 꼬리 등 기각역의 위치를 명시한다.
3. (α 또는 P-값과 같은) 기각 기준을 명시한다.

실제 문제에서 이러한 단계는 거의 동시에 완료되지만 우리는 각 단계에 대해 신중히 생각하는 것이 중요함을 강조하기 위해 7단계 절차를 제시하여 사용한다. 올바른 접근의 기본사항을 강조하려는 것이다. 실제 문제를 해결할 때 이 절차를 매번 사용하지 않아도 가설검정을 처음 학습할 때는 유용한 체계이다.

통계적 유의성과 실질적 유의성: P-값은 단순히 H_0을 기각 또는 기각하지 못하는 것 이상의 정보를 제공하므로 P-값을 이용하여 가설검정의 결과를 기술하면 유용하다. 즉, 유의수준 0.05로 H_0을 기각할 때 검정통계량의 계산값이 5% 임계치를 간신히 초과하는 것보다 상당히 초과하여 기각역 안에 깊숙이 포함되면 훨씬 더 의미가 있다.

결론을 도출할 때 P-값이 아주 작더라도 실질적 관점에서 해석하기 어려울 수 있다. 작은 P-값은 H_1을 지지하여 H_0을 기각한다는 점에서 통계적 유의성을 나타내지만, 검출된 H_0로부터의 이탈에 실질적 유의성은 거의 없을 수 있다. 특히 표본크기가 클 때 그러하다. (기술자는 실질적 유의성을 공학적 유의성이라고 한다.)

예제 9.1의 추진제 연소율 문제를 다시 보자. $\sigma = 2.5$일 때 $H_0: \mu = 50$ cm/s과 $H_1: \mu \neq 50$ cm/s을 검정하는 문제이다. 평균 연소율의 참값이 50.5이어도 $H_0: \mu = 50$을 크게 벗어난 것이 아니라고, 즉 승무원 탈출시스템의 성능에 관측되는 영향은 없다고 가정해 보자. 다시 말해 모평균은 실제로 50.5인데 $\mu = 50$이라고 결론을 내려도 중요하지 않은 오류이고 실질적 중요성은 없다. 모평균의 참값이 50.5이므로 표본크기가 적당히 크면 $\overline{x}$도 50.5에 가까울 것이고 이 $\overline{x}$로는 H_0을 기각하고 싶지 않다. 다음 표에는 다양한 표본크기 n에 대하여 $\overline{x} = 50.5$일 때 P-값과 함께 모평균의 참값이 50.5일 때 $\alpha = 0.05$에 대한 검정력이 나와 있다.

표본크기 n	$\overline{x} = 50.5$일 때 P–값	$\mu = 50.5$일 때 $\alpha = 0.05$에서 검정력
10	0.527	0.097
25	0.317	0.170
50	0.157	0.293
100	0.046	0.516
400	6.3×10^{-5}	0.979
1000	2.5×10^{-10}	1.000

위 표의 P-값 열을 보면 $\overline{x} = 50.5$가 귀무가설의 설정값 $\mu_0 = 50$과 실질적 관점에서 크게 다르지 않아도 표본크기가 크면 $H_0 : \mu = 50$을 강력하게 기각하는 것을 알 수 있다. 또한, 검정력 열을 보면 고정된 유의수준 α에서 가설을 검정할 때 참 평균과 귀무가설의 설정값이 거의 차이가 없어도 표본크기가 크면 거의 항상 H_0을 기각한다. 이 실험의 교훈은 분명하다.

> 표본크기가 큰 경우 가설검정 결과를 해석할 때 주의해야 한다. 표본크기가 크면 귀무가설의 설정값 μ_0에서 조금만 벗어나도, 즉 평균 차이가 실질적으로 중요하지 않을 때조차도 그 차이를 검출한다.

9.2 분산을 알 때 정규분포의 평균에 대한 검정

이 절에서는 모분산 σ^2이 알려진 단일 정규분포 모집단에서 평균 μ에 대한 가설을 검정하는 절차를 학습한다. 모집단으로부터 확률표본 $X_1, X_2, \cdots, X_n$을 추출할 때 표본평균 $\overline{X}$는 μ의 불편추정량이며 $\overline{X}$의 분산은 $\dfrac{\sigma^2}{n}$이라는 사실을 이용한다.

9.2.1 평균에 대한 가설검정

μ_0은 고정된 상수라고 할 때 다음의 양측가설을 생각해 보자.

$$H_0 : \mu = \mu_0 \qquad H_1 : \mu \neq \mu_0 \tag{9.7}$$

정규분포 모집단으로부터 확률표본 $X_1, X_2, \cdots, X_n$을 추출하면 $\overline{X}$의 **표본분포**(sampling distribution)는 정규분포이다. 귀무가설이 참이면 $\overline{X}$는 평균이 μ_0이고 표준편차가 $\sigma/\sqrt{n}$인 정규분포를 따르므로, 9.1.2절에서처럼 $\overline{X}$의 계산값을 이용하여 P-값이나 기각역을 구할 수 있다.

표본평균 대신 표본평균을 **표준화**하여 표준정규분포를 기반으로 한 검정통계량을 사용하면 더 편리하다. 즉, $H_0 : \mu = \mu_0$을 검정하기 위해 다음 **검정통계량**을 정의한다.

검정통계량

$$Z_0 = \frac{\overline{X} - \mu_0}{\sigma/\sqrt{n}} \tag{9.8}$$

$H_0 : \mu = \mu_0$이 참이면 $E(\overline{X}) = \mu_0$이고 식(9.8)의 Z_0은 $N(0,1)$을 따른다. 아래에서 식(9.8)의 검정통계량을 이용하여 식(9.9)의 양측가설을 검정하는 절차를 알아본다.

크기가 n인 임의표본을 추출하고 표본평균의 값 $\overline{x}$를 계산한다. P-값 방법으로 가설을 검정하려면 귀무가설이 참일 때 표본평균이 적어도 $\overline{x}$만큼 극단적일 확률을 구해야 한다. 식(9.8)의 검정통계량으로부터 $\overline{x}$에 대응하는 z-값은

$$z_0 = \frac{\overline{x} - \mu_0}{\sigma/\sqrt{n}}$$

이므로 구하는 확률을 표준정규누적분포로 표현하면 $1 - \Phi(|z_0|)$이다. $\overline{x}$에 따라 z_0은 양수 또는 음수일 수 있으므로 표준정규누적분포의 인수는 $|z_0|$이다. 양측검정이므로 이 값은 P-값의 1/2이다. 따라서 양측검정에 대한 P-값은

$$P = 2[1 - \Phi(|z_0|)] \tag{9.9}$$

이다. P-값을 그림으로 나타내면 그림 9.10(a)와 같다.

다음으로 상단측검정을 생각해 보자. 가설

$$H_0 : \mu = \mu_0 \qquad H_1 : \mu > \mu_0 \tag{9.10}$$

을 검정하기 위하여, 크기가 n인 임의표본으로부터 $\overline{x}$를 계산한 후 식(9.8)을 이용하여 검정통계량 Z_0의 계산값 z_0을 구한다. 상단측검정이므로 μ_0보다 큰 $\overline{x}$가 대립가설과 일관된다. 따라서 P-값은 표준정규확률변수가 검정통계량의 계산값 z_0보다 클 확률, 즉

$$P = 1 - \Phi(z_0) \tag{9.11}$$

이다. 이 P-값을 그림으로 나타내면 그림 9.10(b)와 같다.

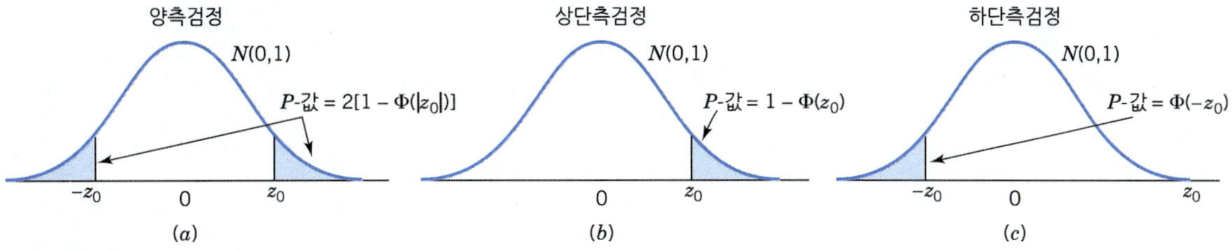

그림 9.10 z−검정의 P−값 (a) $H_1 : \mu \neq \mu_0$ (b) $H_1 : \mu > \mu_0$ (c) $H_1 : \mu < \mu_0$

하단측검정의 가설은 다음과 같다.

$$H_0 : \mu = \mu_0 \qquad H_1 : \mu < \mu_0 \tag{9.12}$$

마찬가지로 크기가 n인 임의표본으로부터 $\bar{x}$를 계산하고 식(9.8)을 이용하여 검정통계량의 계산값 z_0을 구한다. 하단측검정이므로 μ_0보다 작은 $\bar{x}$가 대립가설과 일관된다. 따라서 P-값은 표준정규확률변수가 검정통계량의 계산값 z_0보다 작을 확률, 즉

$$P = \Phi(z_0) \tag{9.13}$$

이다. 이 P-값을 그림으로 나타내면 그림 9.10(c)와 같다. 이 검정통계량의 참조분포(reference distribution)는 표준정규분포이다. 이 검정을 보통 z-검정이라고 한다.

또한, P-값 방법 대신 고정유의수준으로 z-검정을 할 수도 있다. 양측검정과 단측검정 각각에 대하여 기각역의 위치만 결정하면 된다. 먼저 식(9.7)의 양측가설을 생각해 보자. $H_0 : \mu = \mu_0$이 참이면 검정통계량 Z_0이 $-z_{\alpha/2}$와 $z_{\alpha/2}$ 사이에 있을 확률은 $1-\alpha$이다. 이때 $z_{\alpha/2}$는 표준정규분포의 상위 $100\alpha/2$번째 백분위수이다. $-z_{\alpha/2}$와 $z_{\alpha/2}$에 해당하는 영역은 그림 9.11(a)에 나타나 있다. $H_0 : \mu = \mu_0$이 참일 때 $Z_0 > z_{\alpha/2}$ 또는 $Z_0 < -z_{\alpha/2}$일 확률은 α이다. $H_0 : \mu = \mu_0$이 참이면 검정통계량의 계산값이 Z_0의 분포의 꼬리에 속하는 표본은 나오기 어려운 표본이므로 H_0이 거짓이라는 증거이다. 따라서

$$z_0 > z_{\alpha/2} \tag{9.14}$$

또는

$$z_0 < -z_{\alpha/2} \tag{9.15}$$

이면 H_0을 기각하고,

$$-z_{\alpha/2} \leq z_0 \leq z_{\alpha/2} \tag{9.16}$$

이면 H_0을 기각하지 못한다. 식(9.14)와 식(9.15)는 검정의 임계역 또는 기각역을 정의한다. 이 검정의 제1종오류확률은 α이다.

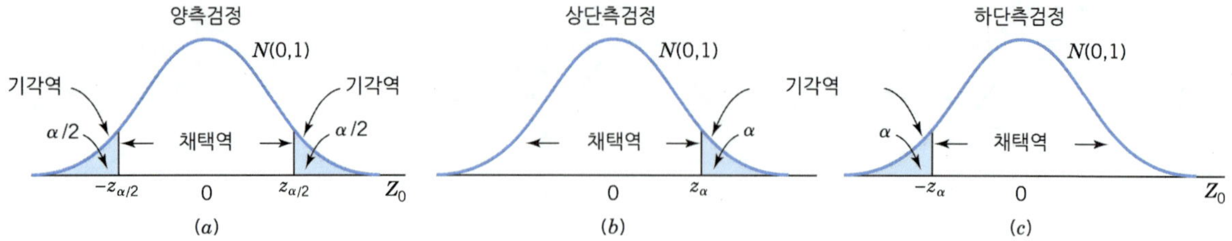

그림 9.11 $H_0 : \mu = \mu_0$이 참일 때 Z_0의 분포와 기각역 (a) $H_1 : \mu \neq \mu_0$ (b) $H_1 : \mu > \mu_0$ (c) $H_1 : \mu < \mu_0$

단측가설에 대해서도 고정유의수준검정을 사용할 수 있다. 식(9.10)의 상단측검정을 보자. 이 검정의 기각역을 정의할 때 검정통계량 Z_0의 계산값이 음수이면 $H_0 : \mu = \mu_0$이 거짓이라는 결론을 내릴 수 없다. 따라서 그림 9.11(b)에서처럼 표준정규분포의 우측 꼬리에 기각역을 두고, 다음이 성립하면 H_0을 기각한다.

$$z_0 > z_\alpha \tag{9.17}$$

비슷한 방법으로 식(9.12)의 하단측검정에서는 검정통계량 Z_0의 계산값 z_0이 너무 작으면 H_0을 기각한다. 즉, 그림 9.11(c)에서처럼 표준정규분포의 좌측 꼬리에 기각역을 두고 다음이 성립하면 H_0을 기각한다.

$$z_0 < -z_\alpha \tag{9.18}$$

분산을 알 때 평균에 대한 검정: 단일표본 z-검정

귀무가설: $H_0 : \mu = \mu_0$

검정통계량: $Z_0 = \dfrac{\overline{X} - \mu_0}{\sigma / \sqrt{n}}$

대립가설	P-값	고정유의수준검정의 기각 기준
$H_1 : \mu \neq \mu_0$	$\lvert z_0 \rvert$ 이상 또는 $-\lvert z_0 \rvert$ 이하일 확률 $P = 2[1 - \Phi(\lvert z_0 \rvert)]$	$z_0 > z_{\alpha/2}$ 또는 $z_0 < -z_{\alpha/2}$
$H_1 : \mu > \mu_0$	z_0 이상일 확률 $P = 1 - \Phi(z_0)$	$z_0 > z_\alpha$
$H_1 : \mu < \mu_0$	z_0 이하일 확률 $P = \Phi(z_0)$	$z_0 < -z_\alpha$

P-값의 계산과 기각역의 위치는 각각 그림 9.10과 그림 9.11에 나타나 있다.

일반적으로 검정통계량으로 $\overline{X}$ 대신 Z_0을 사용하면 기각역과 검정 절차를 이해하기 쉽다. 또한, z_0으로 표현한 기각역을 언제든지 $\overline{x}$로 표현할 수 있다. 앞에서 알아본 고정유의수준검정 절차를 $\overline{x}$로 표현하면 다음과 같다.

$\bar{x} > a$ 또는 $\bar{x} < b$이면 $H_0 : \mu = \mu_0$을 기각한다.

단, $a = \mu_0 + z_{\alpha/2}\dfrac{\sigma}{\sqrt{n}}$, $b = \mu_0 - z_{\alpha/2}\dfrac{\sigma}{\sqrt{n}}$이다.

예제 9.2 추진제 연소율: 가설검정

고체추진제로 작동하는 승무원 탈출시스템을 생각해 보자. 추진제의 연소율은 중요한 제품 특성으로, 규정에 따르면 평균 연소율은 50 cm/s이어야 한다. 연소율의 표준편차는 $\sigma = 2$ cm/s이라고 알려져 있다. 실험자는 유의수준 $\alpha = 0.05$를 사용하기로 하고 크기가 $n = 25$인 임의표본을 추출하여 표본평균의 값 $\bar{x} = 51.3$ cm/s을 구했다고 할 때 어떤 결론을 내려야 하는지 알아보자.

문제를 해결하기 위해 9.1.6절의 가설검정의 7단계 절차를 적용하면 다음과 같다.

1. 관심모수: 관심의 모수는 평균 연소율 μ이다.
2. 귀무가설: $H_0 : \mu = 50$ cm/s
3. 대립가설: $H_1 : \mu \neq 50$ cm/s
4. 검정통계량 : $Z_0 = \dfrac{\bar{X} - \mu_0}{\sigma/\sqrt{n}}$
5. 기각역 : P-값이 0.05보다 작으면 H_0을 기각한다. P-값 대신 $\alpha = 0.05$의 고정유의수준을 사용하는 경우 임계치는 $z_{0.025} = 1.96$, $-z_{0.025} = -1.96$이다.
6. 계산: $\bar{x} = 51.3$, $\sigma = 2$이므로 검정통계량의 계산값은 $z_0 = \dfrac{51.3 - 50}{2/\sqrt{25}} = 3.25$이다.
7. 결론 : P-값은 $P = 2[1 - \Phi(3.25)] = 0.0012$이므로 유의수준 0.05에서 $H_0 : \mu = 50$을 기각한다.

해석: 크기가 25인 표본에 근거하여 모평균 연소율이 50 cm/s과 다르다는 결론을 내린다. 사실 모평균 연소율이 50 cm/s를 초과한다는 강력한 증거가 있다.

9.2.2 제2종오류와 표본크기의 선택

가설검정에서 분석가는 제1종오류확률을 직접 선택한다. 그런데 제2종오류확률은 표본크기에 따라 달라진다. 이 절에서는 제2종오류확률 β를 계산하는 방법과 원하는 β를 얻는 데 필요한 표본크기를 결정하는 방법을 알아본다.

제2종오류확률 β의 계산: 다음의 양측가설을 생각해 보자.

$$H_0 : \mu = \mu_0 \qquad H_1 : \mu \neq \mu_0$$

모평균의 참값은 $\mu = \mu_0 + \delta$ $(\delta > 0)$이라고 할 때 검정통계량 Z_0의 기댓값은

$$E(Z_0) = \frac{E(\bar{X}) - \mu_0}{\sigma/\sqrt{n}} = \frac{(\mu_0 + \delta) - \mu_0}{\sigma/\sqrt{n}} = \frac{\delta\sqrt{n}}{\sigma}$$

이다. 따라서 H_1이 참일 때

$$Z_0 \sim N\left(\frac{\delta\sqrt{n}}{\sigma}, 1\right) \tag{9.19}$$

이다. H_0과 H_1하에서 검정통계량 Z_0의 분포를 그려보면 그림 9.12와 같다. H_1이 참일 때 $Z_0 \sim N(\delta\sqrt{n}/\sigma, 1)$이므로 $-z_{\alpha/2} \le Z_0 \le z_{\alpha/2}$이면 제2종오류가 일어난다. 즉, β는

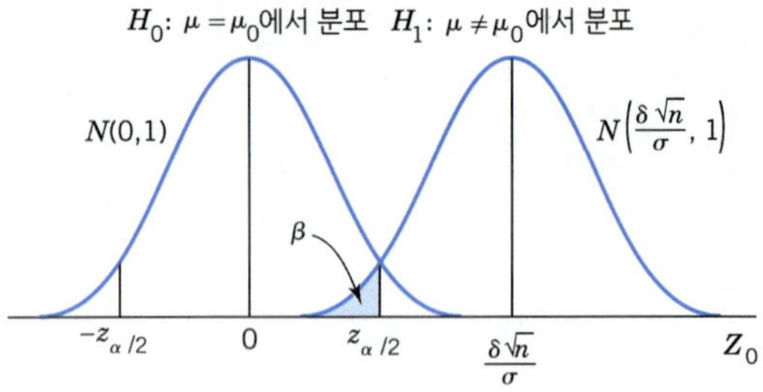

그림 9.12 H_0과 H_1에서 Z_0의 분포

H_1이 참일 때 Z_0이 $-z_{\alpha/2}$와 $z_{\alpha/2}$ 사이에 있을 확률이고, 이 확률은 그림 9.12에서 색칠한 부분의 면적이다. 제2종오류확률을 수리적으로 표현하면 다음과 같다.

분산을 알 때 평균에 대한 양측검정: 제2종오류확률

$$\beta=\Phi\left(z_{\alpha/2}-\frac{\delta\sqrt{n}}{\sigma}\right)-\Phi\left(-z_{\alpha/2}-\frac{\delta\sqrt{n}}{\sigma}\right) \tag{9.20}$$

단, $\Phi(z)$는 표준정규분포에서 z의 좌측 꼬리 확률이다.

식(9.20)은 H_1이 참일 때 Z_0이 구간 $[-z_{\alpha/2}, z_{\alpha/2}]$에 있을 확률이다. 정규분포의 대칭성으로 인해 $\delta<0$인 경우에도 식(9.20)이 성립한다. 같은 방법으로 단측가설에 대해서도 식(9.20)과 비슷한 식을 유도할 수 있다.

표본크기 공식: 주어진 δ와 α에서 원하는 β를 얻는데 필요한 표본크기를 알아보자. 양측검정의 경우 식(9.20)으로부터

$$\beta=\Phi\left(z_{\alpha/2}-\frac{\delta\sqrt{n}}{\sigma}\right)-\Phi\left(-z_{\alpha/2}-\frac{\delta\sqrt{n}}{\sigma}\right)$$

이다. 여기서 $\delta>0$이면 $\Phi\left(-z_{\alpha/2}-\frac{\delta\sqrt{n}}{\sigma}\right)\simeq 0$이므로 제2종오류확률은 근사적으로

$$\beta\simeq\Phi\left(z_{\alpha/2}-\frac{\delta\sqrt{n}}{\sigma}\right) \tag{9.21}$$

이다. 표준정규분포의 $100(1-\beta)$번째 백분위수를 z_β라고 하면 $\beta=\Phi(-z_\beta)$이므로 식(9.21)로부터 다음 식이 성립한다.

$$-z_\beta\simeq z_{\alpha/2}-\frac{\delta\sqrt{n}}{\sigma}$$

위 식을 n에 대해 풀어서 원하는 β에 필요한 표본크기를 구하면 다음과 같다.

분산을 알 때 평균에 대한 양측검정: 표본크기

$$n \simeq \frac{(z_{\alpha/2}+z_\beta)^2\sigma^2}{\delta^2} \quad (\text{단, } \delta=\mu-\mu_0) \tag{9.22}$$

n이 정수가 아니면 보통 올림한다. 식(9.22)의 근사식은 $\Phi\left(-z_{\alpha/2}-\frac{\delta\sqrt{n}}{\sigma}\right)$이 β에 비해 작을 때 적절하다. 비슷한 방법으로 단측검정의 표본크기를 구하면 다음과 같다.

분산을 알 때 평균에 대한 단측검정: 표본크기

$$n \simeq \frac{(z_\alpha+z_\beta)^2\sigma^2}{\delta^2} \quad (\text{단, } \delta=\mu-\mu_0) \tag{9.23}$$

예제 9.3 추진제 연소율: 제2종오류

예제 9.2의 추진제 연소율 문제를 다시 보자. 평균 연소율의 참값은 49 cm/s이고, $\alpha=0.05, \sigma=2, n=25$일 때, 양측검정의 β-오류를 구해 보자.

$\delta=49-50=-1$, $z_{\alpha/2}=z_{0.025}=1.96$이므로 식(9.20)을 이용하여 β-오류를 구하면

$$\begin{aligned}\beta&=\Phi\left(1.96+\frac{\sqrt{25}}{\sigma}\right)-\Phi\left(-1.96+\frac{\sqrt{25}}{\sigma}\right)\\&=\Phi(4.46)-\Phi(0.54)=0.295\end{aligned}$$

이다. 연소율이 50 cm/s로부터 1 cm/s만큼 벗어날 때, 이것을 검출하지 못할 확률이 약 0.3이다. 즉, 평균의 참값이 49 cm/s일 때 귀무가설을 기각하지 못할 확률이 0.3이다.

해석: 표본크기 $n=25$에서 검정력은 별로 크지 않은 값, 즉 $1-\beta=1-0.3=0.7$이다.

분석가는 평균 연소율의 참값이 50 cm/s로부터 1 cm/s만큼 벗어나면 이것을 높은 확률 예를 들어 0.90으로 검출(즉, $H_0: \mu=50$을 기각)하도록 검정을 설계하려고 한다. 이제 $\sigma=2$, $\delta=51-50=1$, $\alpha=0.05$, $\beta=0.10$이다. 또한, $z_{\alpha/2}=z_{0.025}=1.96$, $z_\beta=z_{0.10}=1.28$이므로 식(9.22)를 이용하여 필요한 표본크기를 구하면

$$n \simeq \frac{(z_{\alpha/2}+z_\beta)^2\sigma^2}{\delta^2}=\frac{(1.96+1.28)^2 2^2}{1^2}\simeq 42$$

이다. 이때

$$\begin{aligned}\Phi\left(-z_{\alpha/2}-\frac{\delta\sqrt{n}}{\sigma}\right)&=\Phi\left(-1.96-\frac{(1)\sqrt{42}}{2}\right)\\&=\Phi(-5.20)\simeq 0\end{aligned}$$

은 β에 비해 작으므로 위의 근사가 적절하다.

해석: 높은 검정력 0.90을 얻기 위해 $n=25$ 대신 $n=42$의 상당히 큰 크기의 표본이 필요하다.

검사특성곡선의 이용: 표본크기나 제2종오류확률을 계산할 때 부록 A의 도표 Ⅶa와 Ⅶb에 있는 검사특성곡선(operating characteristic curve) 또는 OC곡선을 이용하면 편리하다. 이 도표에는 $\alpha=0.01$, 0.05와 다양한 표본크기 n에 대하여 모수 d와 식(9.20)의 β를 그린 곡선이 나타나 있다. 그래프의 횡축모수는

$$d=\frac{|\mu-\mu_0|}{\sigma}=\frac{|\delta|}{\sigma} \tag{9.24}$$

이고, μ_0과 σ의 값에 관계없이 모든 문제에서 하나의 OC곡선을 사용한다. OC곡선 또는

식(9.20)과 그림 9.12를 보면 다음을 알 수 있다.

1. 주어진 n과 α에 대하여 모평균 μ의 참값이 μ_0에서 멀어질수록 제2종오류확률 β는 작아진다. 즉, n과 α가 일정할 때 작은 평균 차이보다 큰 평균 차이를 더 잘 검출한다.
2. 주어진 δ와 α에 대하여 표본크기 n을 늘리면 제2종오류확률 β는 작아진다. 즉, 관심의 평균 차이 δ를 검출하려 할 때 표본크기가 클수록 검정이 더 강력하다.

예제 9.4 추진제 연소율: OC곡선을 이용한 제2종오류

예제 9.2의 추진제 연소율 문제를 다시 보자. 평균 연소율의 참값이 $\mu = 51$ cm/s일 때 OC곡선을 이용하여 제2종오류확률을 구해 보자. $\delta = 51 - 50 = 1$, $n = 25$, $\sigma = 2$, $\alpha = 0.05$이다. 그러면 식(9.24)로부터

$$d = \frac{|\mu - \mu_0|}{\sigma} = \frac{|\delta|}{\sigma} = \frac{1}{2}$$

이고, 부록 A의 도표 Ⅶa에서 $n = 25$를 찾아보면 $\beta = 0.30$이다. 즉, 평균 연소율의 참값이 $\mu = 51$ cm/s이면 $n = 25$의 검정으로 평균 차이를 검출하지 못할 가능성이 약 30%이다.

예제 9.5 추진제 연소율: OC곡선을 이용한 표본크기

예제 9.2의 추진제 연소율 문제를 다시 보자. 평균 연소율의 참값이 50 cm/s로부터 1 cm/s만큼 벗어나면 이것을 높은 확률 예를 들어 0.90으로 검출(즉, $H_0: \mu = 50$을 기각)하도록 검정을 설계하려고 한다. 예제 9.3에서는 식(9.22)를 이용하여 필요한 표본크기 $n = 42$를 구했다. 여기서는 OC곡선을 이용하여 이 검정의 표본크기를 구해 보자.

이제

$$d = \frac{|\mu - \mu_0|}{\sigma} = \frac{1}{2}, \quad \alpha = 0.05, \quad \beta = 0.10$$

이므로 부록 A의 도표 Ⅶa에서 필요한 표본크기를 찾아보면 약 $n = 40$이다. 이 결과는 식(9.22)를 이용하여 구한 표본크기와 근사적으로 같다.

OC곡선에는 3개의 모수 β, d, n이 있는데, 이 중 2개가 주어지면 나머지 1개를 결정할 수 있다. 일반적으로 다음 두 경우에 OC곡선을 적용한다.

1. (예제 9.4) 주어진 n과 d에 대하여 β를 구하기: 이미 수행한 실험의 민감도가 염려스럽거나 경제적인 이유로 표본크기를 제한해야 할 때 적용한다.
2. (예제 9.5) 주어진 β와 d에 대하여 n을 구하기: 실험의 시작 시점에 표본크기를 결정할 때 적용한다.

단측가설의 OC곡선은 부록 A의 도표 Ⅶc와 Ⅶd에 나타나 있다. 대립가설이 $H_1: \mu > \mu_0$ 또는 $H_1: \mu < \mu_0$일 때 이 그래프의 횡축모수는 다음과 같다.

$$d = \frac{|\mu - \mu_0|}{\sigma} \tag{9.25}$$

컴퓨터 사용: 컴퓨터 소프트웨어를 이용하여 표본크기와 제2종오류확률을 계산할 수 있다. 예를 들어 추진제 연소율 문제에 대한 전형적인 컴퓨터 출력물은 다음과 같다.

```
Power and Sample Size
1-Sample Z-Test
Testing mean = null (versus not = null)
Calculating power for mean = null + difference
Alpha = 0.05 Sigma = 2
Difference          Sample Size         Target Power        Actual Power
1                   43                  0.9000              0.9064
Power and Sample Size
1-Sample Z-Test
Testing mean = null (versus not = null)
Calculating power for mean = null + difference
Alpha = 0.05 Sigma = 2
Difference          Sample Size         Target Power        Actual Power
1                   28                  0.7500              0.7536
Power and Sample Size
1-Sample Z-Test
Testing mean = null (versus not = null)
Calculating power for mean = null + difference
Alpha = 0.05 Sigma = 2
Difference          Sample Size         Power
1                   25                  0.7054
```

위 출력물의 첫 부분에는 예제 9.3의 결과가 나와 있다. 즉, 평균 연소율의 참값이 50 cm/s로부터 1 cm/s만큼 벗어날 때, $\alpha = 0.05$에서 검정력 0.90으로 이것을 검출하기 위해 필요한 표본크기는 $n = 43$이다. 예제 9.3에서 식(9.22)를 이용하여 수작업으로 계산한 $n = 42$와 근사하다. 두 값이 다른 이유는 소프트웨어에서는 소수점 아래 여러 자리의 z_β를 사용하기 때문이다. 두 번째 부분에서는 검정력 요구값을 0.75로 낮추었고, 그 결과 필요한 표본크기는 $n = 28$로 감소한다. 마지막 부분은 예제 9.4의 해, 즉 표본크기 $n = 25$에서 제2종오류확률 β(검정력 $1-\beta$)를 구한 결과이다. 소프트웨어를 이용하여 구한 검정력은 0.7054이고, 이 값은 예제 9.4에서 OC곡선을 이용하여 구한 값과 비슷하다. 일반적으로 컴퓨터로 계산한 결과가 OC곡선에서 시각적으로 읽은 값보다 정확하다.

9.2.3 대표본 검정

지금까지 σ^2이 알려진 정규분포 모집단에서 $H_0 : \mu = \mu_0$을 검정하는 절차를 알아보았다. 그런데 대부분의 실제 상황에서 σ^2을 모르고 정규분포가 모집단을 잘 설명하는지 확신할 수도 없다. 이런 상황에서 n이 크면, 예를 들어 $n > 40$이면 앞의 검정 절차에서 σ 대신 s를 대입하여도 거의 영향이 없다. 따라서 σ^2이 알려진 정규분포 모집단의 평균에 대한 검정을 σ^2이 **알려지지 않은 대표본 검정 절차**로 쉽게 변환할 수 있고, 이러한 절차는 모집단의 분포와 관계없이 유효하다. 8장에서 공부한 μ의 대표본 신뢰구간과 마찬가지로 대표본 검정은 중심극한정리를 이용한다. 마지막으로 σ^2을 모르는 정규분포 모집단에서 작은 크기의 표본을 추출하는 경우, 정확한 검정을 위해 t-분포를 사용해야 한다. 아래 9.3절에서 이 절차에 대해 알아본다.

9.3 분산을 모를 때 정규분포의 평균에 대한 검정

9.3.1 평균에 대한 가설검정

분산 σ^2이 알려지지 않은 모집단의 평균에 대한 가설검정을 생각해 보자. 같은 상황에서 평균에 대한 **신뢰구간**을 8.2절에서 다루었다. 아래 검정 절차가 타당하려면 8.2절에서처럼 모집단이 정규분포를 따른다는 가정이 필요하다. 검정 절차에 필요한 중요한 결과는 $X_1, X_2, \cdots, X_n$이 평균 μ와 분산 σ^2인 정규분포에서 추출한 확률표본이면 확률변수

$$T = \frac{\overline{X} - \mu}{S/\sqrt{n}}$$

는 자유도가 $n-1$인 t-분포를 따른다는 사실이다. 8.2절에서는 이 결과를 이용하여 μ에 대한 신뢰구간을 구했고, 여기서는 가설검정에 대해 알아본다. 먼저 다음 양측가설을 생각해 보자.

$$H_0 : \mu = \mu_0 \qquad H_1 : \mu \neq \mu_0$$

검정에 사용하는 통계량은 다음과 같다.

검정통계량

$$T_0 = \frac{\overline{X} - \mu_0}{S/\sqrt{n}} \tag{9.26}$$

귀무가설이 참이면 T_0은 자유도가 $n-1$인 t-분포를 따른다. H_0이 참일 때 검정통계량의 분포를 결정하면 그로부터 P-값을 계산하거나 고정유의수준검정의 제1종오류확률이 원하는 값이 되도록 기각역을 결정할 수 있다. H_0이 참일 때 검정통계량의 분포를 참조분포(reference distribution) 또는 영분포(null distribution)라고 한다.

위 가설을 검정하기 위해 식(9.26)의 검정통계량 T_0의 계산값 t_0에 대응하는 P-값을 구한다. 이 검정은 양측검정이므로 P-값은 t-분포의 양쪽 꼬리 확률의 합이다. 양측검정의 P-값을 그림으로 나타내면 그림 9.13(a)와 같다. 그림에서 t_{n-1}은 자유도가 $n-1$인 t-분포를 뜻한다. 이 P-값은 $|t_0|$의 우측 꼬리와 $-|t_0|$의 좌측 꼬리 확률의 합이다. t-분포는 0을 기준으로 대칭이므로 이를 간단히 다음과 같이 쓸 수 있다.

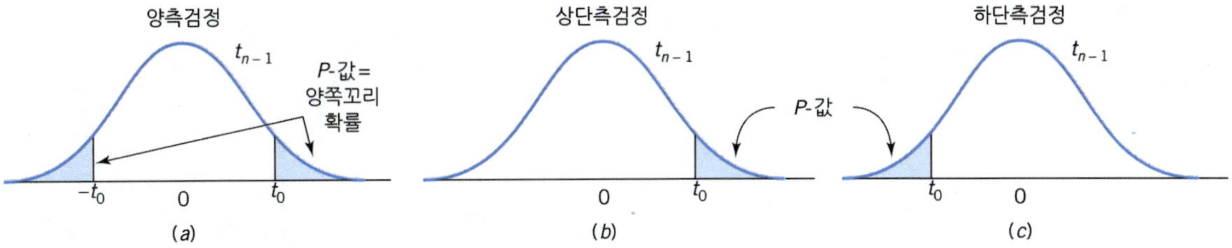

그림 9.13 t−검정의 P−값 (a) $H_1 : \mu \neq \mu_0$ (b) $H_1 : \mu > \mu_0$ (c) $H_1 : \mu < \mu_0$

$$P = 2P(T_0 > |t_0|) \tag{9.27}$$

작은 P-값은 H_0에 반대되는 증거이므로 P-값이 충분히 작으면 H_0을 기각한다.

상단측가설

$$H_0 : \mu = \mu_0 \qquad H_1 : \mu > \mu_0 \tag{9.28}$$

의 경우 식(9.26)으로부터 검정통계량의 계산값 t_0을 구하면 P-값은

$$P = P(T_0 > t_0) \tag{9.29}$$

이다. 하단측가설

$$H_0 : \mu = \mu_0 \qquad H_1 : \mu < \mu_0 \tag{9.30}$$

의 경우 P-값은 다음과 같다.

$$P = P(T_0 < t_0) \tag{9.31}$$

식(9.29)와 식(9.31)의 P-값을 각각 그림으로 설명하면 그림 9.13(b)와 (c)와 같다.

통계 소프트웨어를 이용하여 P-값을 구할 수 있다. 그러나 수작업으로 문제를 해결할 때 t-검정의 P-값을 찾을 수 있으면 유용하다. 부록 A의 표 V에 있는 t-분포표에는 각 t-분포에 대하여 10개의 임계치만 나와 있으므로 이 표를 이용하여 정확한 P-값을 찾는 것은 불가능하다. 다만 이 표로부터 P-값의 상한과 하한을 찾을 수 있다.

예를 들어 자유도가 14인 t-분포의 상단측검정, 즉 $H_1 : \mu > \mu_0$을 생각해 보자. 부록 A의 표 V에서 자유도 14에 대한 임계치는 다음과 같다.

임계치	0.258	0.692	1.345	1.761	2.145	2.624	2.977	3.326	3.787	4.140
꼬리면적	0.4	0.25	0.10	0.05	0.025	0.01	0.005	0.0025	0.001	0.0005

검정통계량의 계산값이 $t_0 = 2.8$일 때, $t_0 = 2.8$은 표의 두 값 2.624와 2.977 사이에 있으므로 그에 대응하는 P-값은 0.01과 0.005 사이에 있다. 그림 9.14를 참고하기 바란다. 그

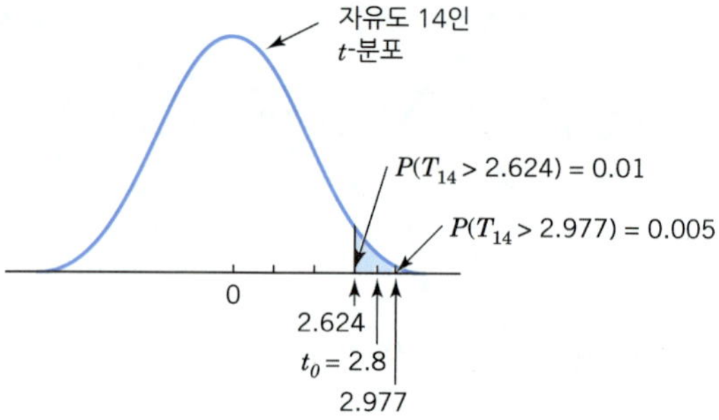

그림 9.14 $t_0 = 2.8$의 P–값: 상단측검정의 경우 0.005와 0.01 사이이다.

림 9.14에서 T_{14}는 자유도가 14인 t-확률변수를 의미한다. 0.01과 0.005은 각각 P-값의 상한과 하한이다.

지금까지 상단측검정에서 P-값을 구하는 방법을 알아보았다. 하단측검정의 경우 t_0에 대한 상한과 하한의 부호를 바꾸고 같은 방식으로 진행한다. 양측검정의 경우 주어진 임계치에 대한 유의수준은 열 이름에서 그에 대응하는 꼬리 확률을 구하고 그 값을 2배한 값이다. P-값을 계산할 때도 이를 반영해야 한다. 예를 들어 자유도가 14인 양측검정에서 $t_0 = 2.8$이라고 가정하면, $t_0 > 2.624$에 대응하는 유의수준은 $\alpha = 2 \times 0.01 = 0.02$이고 $t_0 < 2.977$에 대응하는 유의수준은 $\alpha = 2 \times 0.005 = 0.01$이므로 $0.01 < P < 0.02$이다.

통계 소프트웨어를 이용하여 P-값을 구할 수 있다. 많은 소프트웨어에는 t-분포를 포함한 여러 표준 확률분포에 대하여 누적확률을 구하는 기능이 있다. 적절한 자유도와 검정통계량의 계산값 t_0을 입력하면 누적확률 $P(T_v \le t_0)$이 출력된다. 여기서 v는 검정통계량의 자유도이고 T_v는 자유도가 v인 t-확률변수이다. 누적확률이 주어지면 그로부터 P-값을 구할 수 있다.

단일표본 t-검정을 고정유의수준방법으로 수행할 수도 있다. 양측검정의 경우, 검정통계량의 계산값 t_0이 자유도 $n-1$인 t-분포의 상위와 하위 $100\alpha/2$번째 백분위수로 정의된 기각역에 속하면 귀무가설을 기각한다. 즉,

$$t_0 > t_{\alpha/2,\, n-1} \quad \text{또는} \quad t_0 < -t_{\alpha/2,\, n-1}$$

이면 H_0을 기각한다. 단측검정에서는 대립가설의 부등호의 방향에 따라 기각역의 위치가 결정된다. $H_1: \mu > \mu_0$인 경우

$$t_0 > t_{\alpha,\, n-1}$$

이면 H_0을 기각하고, $H_1: \mu < \mu_0$인 경우

$$t_0 < -t_{\alpha,\, n-1}$$

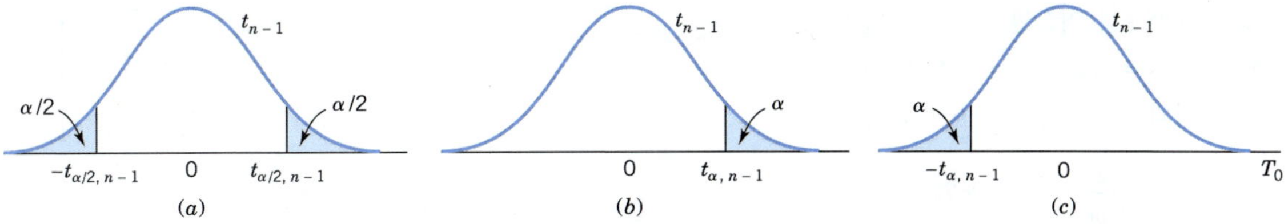

그림 9.15 $H_0: \mu = \mu_0$이 참일 때 T_0의 분포와 기각역 (a) $H_1: \mu \neq \mu_0$ (b) $H_1: \mu > \mu_0$ (c) $H_1: \mu < \mu_0$

이면 H_0을 기각한다. 대립가설에 따른 기각역의 위치를 그림으로 설명하면 그림 9.15와 같다.

분산을 모를 때 평균에 대한 검정: 단일표본 t-검정

귀무가설: $H_0: \mu = \mu_0$

검정통계량: $T_0 = \dfrac{\overline{X} - \mu_0}{S/\sqrt{n}}$

대립가설	P-값	고정유의수준검정의 기각 기준
$H_1: \mu \neq \mu_0$	$\lvert t_0 \rvert$ 이상 또는 $-\lvert t_0 \rvert$ 이하일 확률	$t_0 > t_{\alpha/2,n-1}$ 또는 $t_0 < -t_{\alpha/2,n-1}$
$H_1: \mu > \mu_0$	t_0 이상일 확률	$t_0 > t_{\alpha,n-1}$
$H_1: \mu < \mu_0$	t_0 이하일 확률	$t_0 < -t_{\alpha,n-1}$

P-값의 계산과 기각역의 위치는 각각 그림 9.13과 그림 9.15에 나타나 있다.

예제 9.6 골프클럽 디자인: 가설검정

고강도의 가벼운 소재를 사용하게 되면서 골프클럽 특히 골프채의 디자인과 제조에 혁명이 일어났다. 기술이 중간 정도인 선수들이 중공헤드와 얇은 페이스를 갖춘 클럽을 이용해 훨씬 긴 티샷을 할 수 있게 되었는데, 이것은 얇은 페이스가 공에 전달하는 용수철 효과 때문이다. 클럽헤드에서 골프공을 발사한 후 공이 나가고 들어오는 속도의 비율을 측정하여 이 용수철 효과를 측정할 수 있으며, 이러한 속도의 비율을 **클럽의 반발계수**라고 한다. 어느 생산자가 제작한 15개의 드라이버를 임의추출하고 반발계수를 측정하는 실험을 수행하였다. 실험에서는 공기대포로 골프공을 발사하여 들어오는 속도와 회전량을 정확하게 제어하였다. $\alpha = 0.05$에서 평균 반발계수가 0.82를 초과한다는 주장을 지지하는 증거가 있는지 결정하려고 한다. 반발계수 데이터는 다음과 같다.

0.8411	0.8191	0.8182	0.8125	0.8750
0.8580	0.8532	0.8483	0.8276	0.7983
0.8042	0.8730	0.8282	0.8359	0.8660

표본평균과 표본표준편차와 값을 각각 계산하면 $\overline{x} = 0.83725$와 $s = 0.02456$이다. 그림 9.16의 정규확률그림을 보면 반발계수가 정규분포를 따른다는 가정이 타당하다. 실험의 목적은 평균 반발계수가 0.82를 초과함을 입증하는 것이므로 단측대립가설이 적절하다.

가설검정의 7단계 절차를 적용하면 다음과 같다.

1. 관심모수: 관심의 모수는 평균 반발계수 μ이다.
2. 귀무가설: $H_0: \mu = 0.82$
3. 대립가설: $H_1: \mu > 0.82$
4. 검정통계량: $T_0 = \dfrac{\overline{X} - \mu_0}{S/\sqrt{n}}$

5. 기각역: P-값이 0.05보다 작으면 H_0을 기각한다.
6. 계산: $\bar{x}=0.83725$, $s=0.02456$, $\mu_0=0.82$, $n=15$를 대입하여 검정통계량의 계산값을 구하면 다음과 같다.

$$t_0=\frac{0.83725-0.82}{0.02456/\sqrt{15}}=2.72$$

7. 결론: 부록 A의 표 V에 나와 있는 t-분포표에서 자유도 14를 찾아보면 $\alpha=0.01$에 대응하는 2.624와 $\alpha=0.005$에 대응하는 2.977 사이에 $t_0=2.72$가 있다. 단측검정이므로 P-값은 두 확률 사이, 즉 $0.005<P<0.01$이다. $P<0.05$이므로 H_0을 기각하고 평균 반발계수는 0.82를 초과한다고 결론을 내린다.

해석: 평균 반발계수가 0.82를 넘는다는 결론을 뒷받침하는 강력한 증거가 있다.

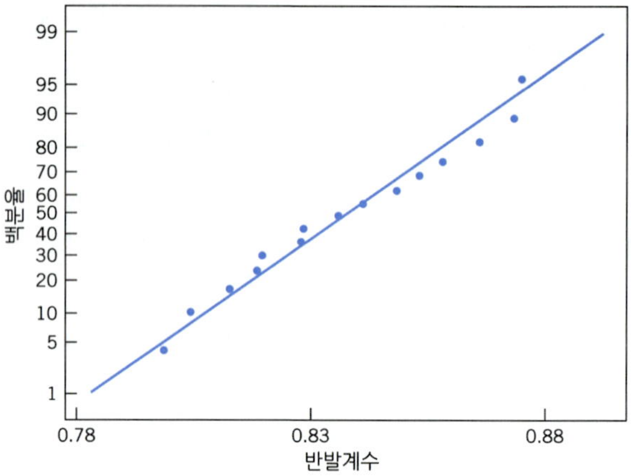

그림 9.16 반발계수 데이터에 대한 정규확률그림

정규성과 t-검정: 앞에서 t-검정을 정의할 때 정규분포 모집단에서 추출한 확률표본을 가정하였다. 식(9.26)의 검정통계량에 대한 참조분포가 t-분포이기 위해 이 가정이 필요하다. 작은 크기의 표본으로 분포의 모양을 식별하기 어려울 수 있으므로 이 가정이 얼마나 중요한지 궁금할 수 있다. 그에 관한 연구가 이미 진행되었고 다행히 t-검정은 정규분포 가정에 비교적 민감하지 않은 것으로 알려져 있다. 모집단이 상당히 대칭이고 단봉형이면 t-검정은 만족스럽게 작동한다. 유의수준의 정확한 값이 공시된 값과 일치하지 않을 수는 있다. 예를 들어 검정 결과가 5% 대신 6% 또는 7% 수준에서 유의할 수 있다. 보통 이런 결과가 실제로 심각한 문제가 되지는 않는다. 그림 9.16의 반발계수 데이터에서 보는 것처럼 정규성을 검증하는 좋은 방법은 데이터의 정규확률그림을 작성해 보는 것이다. 정규확률그림에서 정규성으로부터 심각한 이탈을 명백히 확인할 수 있는 경우 t-검정의 사용은 문제가 된다.

컴퓨터 소프트웨어를 이용하여 단일표본 t-검정을 수행할 수 있다. 예제 9.6에 대한 전형적인 컴퓨터 출력물은 다음과 같다.

```
One-Sample T
Test of mu = 0.82 vs mu > 0.82
                                                95.0% Lower
Variable  N     Mean     StDev      SE Mean  confidence bound   T    P-value
COR      15  0.83725   0.02456      0.00634       0.82608      2.72   0.008
```

위 출력물에는 반발계수에 대한 검정통계량 T_0의 계산값 t_0과 95% 하한 신뢰한계가 나와 있다. P-값은 0.008이다. 95% 하한 신뢰한계가 0.82보다 크므로 귀무가설 $H_0: \mu=0.82$을 기각하고 대립가설 $H_1: \mu>0.82$을 받아들인다.

9.3.2 제2종오류와 표본크기의 선택

t-검정에서 제2종오류확률을 계산하려면 $H_0 : \mu = \mu_0$이 거짓일 때 식(9.26)에 정의된 검정통계량 T_0의 분포가 필요하다. 평균의 참값이 $\mu = \mu_0 + \delta$일 때 T_0의 분포는 자유도가 $n-1$이고 비중심모수가 $\delta\sqrt{n}/\sigma$인 비중심 t-분포(noncentral t distribution)이다. $\delta = 0$이면 비중심 t-분포는 **중심 t-분포**가 된다. 따라서 양측검정에 대한 제2종오류확률은

$$\begin{aligned}\beta &= P(-t_{\alpha/2,n-1} \le T_0 \le t_{\alpha/2,n-1} \mid \delta \ne 0) \\ &= P(-t_{\alpha/2,n-1} \le T_0' \le t_{\alpha/2,n-1})\end{aligned}$$

이고, 여기서 T_0'은 비중심 t-분포를 따르는 확률변수이다. β를 구하려면 비중심 t-분포에서 두 값 사이의 확률을 구해야 하는데, 비중심 t-분포의 확률밀도함수는 복잡하기 때문에 이 확률을 구하기 위해 수치적분을 사용한다.

이와 같은 수치적분을 이미 수행하였고 그 결과는 부록 A의 도표 Ⅶe~Ⅶh에 일련의 OC곡선으로 요약되어 있다. 이 도표에는 다양한 표본크기 n에 대하여 모수 d와 t-검정의 β를 그린 그래프가 나타나 있다. 양측대립가설에 대한 OC곡선은 도표 Ⅶe와 Ⅶf이고, 그래프의 횡축모수는

$$d = \frac{|\mu - \mu_0|}{\sigma} = \frac{|\delta|}{\sigma} \tag{9.32}$$

이다. 단측대립가설 $H_1 : \mu > \mu_0$ 또는 $H_1 : \mu < \mu_0$의 경우 도표 Ⅶg, Ⅶh와

$$d = \frac{|\mu - \mu_0|}{\sigma} = \frac{|\delta|}{\sigma} \tag{9.33}$$

를 사용한다.

여기서 d는 알려지지 않은 모수 σ^2에 의존하지만, 여러 방법으로 이 어려움을 극복할 수 있다. 과거 실험 결과나 사전 정보를 이용하여 결정한 σ^2의 초기 추정치를 사용할 수 있다. 만일 데이터를 수집한 후 검정성능을 평가하는 것이 목적이면 σ^2을 추정하기 위해 s^2을 사용할 수 있다. 사전정보가 없으면 검출하려는 평균 차이를 σ에 대하여 상대적으로 정의할 수 있다. 예를 들어 평균의 작은 차이를 검출하려면 $d = |\delta|/\sigma \le 1$, 중간 정도의 평균 차이를 검출하려면 $d = |\delta|/\sigma = 2$를 선택한다. 즉, 표본크기를 결정할 때 비율 $|\delta|/\sigma$가 중요하고, 검출하려는 평균 차이의 상대적 크기를 지정하여 적절한 d의 값을 선택할 수 있다.

예제 9.7 골프클럽 디자인: 표본크기

예제 9.6의 골프클럽 문제를 다시 보자. 평균 반발계수가 0.82를 0.02만큼 초과하는 경우 $H_0: \mu = 0.82$를 최소 0.8의 확률로 기각하려 할 때 표본크기 $n = 15$이 적절한지 알아보자.

문제를 풀기 위해 σ의 추정치로 $s = 0.02456$을 사용하면

$$d = \frac{|\delta|}{\sigma} = \frac{0.02}{0.02456} = 0.81$$

이다. $\alpha = 0.05$, $d = 0.81, n = 15$에 대하여 부록 A의 도표 Ⅶg에 나타낸 OC곡선을 찾아보면 약 $\beta = 0.10$이다. 따라서 평균의 참값이 0.82를 0.02만큼 초과하는 경우 $H_0: \mu = 0.82$를 기각할 확률은 근사적으로

$$1 - \beta = 1 - 0.10 = 0.90$$

이다. 표본크기 $n = 15$는 충분히 만족스러운 민감도를 제공한다고 결론을 내린다.

컴퓨터 소프트웨어를 이용하여 단일표본 t-검정에 대한 검정력과 표본크기를 계산할 수 있다. 골프클럽 문제에 대한 전형적인 컴퓨터 출력물은 다음과 같다.

Power and Sample Size

```
1-Sample t-test
Testing mean = null (versus > null)
Calculating power for mean = null + difference
Alpha = 0.05 Sigma = 0.02456
Difference          Sample Size          Power
0.02                15                   0.9117
```

Power and Sample Size

```
1-Sample t-test
Testing mean = null (versus > null)
Calculating power for mean = null + difference
Alpha = 0.05 Sigma = 0.02456
Difference          Sample Size          Power
0.01                15                   0.4425
```

Power and Sample Size

```
1-Sample t-test
Testing mean = null (versus > null)
Calculating power for mean = null + difference
Alpha = 0.05 Sigma = 0.02456
Difference          Sample Size          Target Power          Actual Power
0.01                39                   0.8000                0.8029
```

위 출력물의 첫 부분에는 예제 9.7의 결과가 나와 있다. 즉, $n = 15$이면 평균 반발계수가 0.82로부터 0.02만큼 벗어나는 경우 최소 0.8의 검정력으로 이것을 검출할 수 있다. 두 번째 부분에는 평균 반발계수가 0.82로부터 0.01만큼 벗어나는 경우 검정력이 나와 있다. $n = 15$일 때 검정력은 0.4425로 상당히 작다. 마지막 부분은 평균 반발계수가 0.82로부터 0.01만큼 벗어나는 경우 검정력이 적어도 0.8이 되도록 필요한 표본크기를 구한 결과이다. 작은 차이를 검출하기 위해 훨씬 더 큰 크기의 표본이 필요하다.

9.4 정규분포의 분산에 대한 검정

가끔 모분산이나 모표준편차에 대한 가설을 검정할 필요가 있다. 모집단이 정규분포를 따르는 경우 이 절에서 학습하는 검정을 사용할 수 있다.

9.4.1 분산에 대한 가설검정

정규분포 모집단의 분산 σ^2이 지정된 값 예를 들어 σ_0^2과 같은지, 즉 표준편차 σ가 σ_0과 같은지를 검정하려고 한다. $X_1, X_2, \cdots, X_n$은 모집단에서 추출한 크기가 n인 확률표본이라고 하자. 가설

$$H_0 : \sigma^2 = \sigma_0^2 \qquad H_1 : \sigma^2 \neq \sigma_0^2 \tag{9.34}$$

을 검정하기 위해 다음의 검정통계량을 사용한다.

검정통계량

$$X_0^2 = \frac{(n-1)S^2}{\sigma_0^2} \tag{9.35}$$

귀무가설 $H_0 : \sigma^2 = \sigma_0^2$이 참이면 식(9.35)에 정의된 검정통계량 X_0^2은 자유도가 $n-1$인 카이제곱분포를 따른다. 즉, 이 검정의 참조분포는 카이제곱분포이다. 고정유의수준검정을 사용하려면 모집단에서 임의표본을 추출하고 검정통계량 X_0^2의 관측치 χ_0^2을 계산한 후

$$\chi_0^2 > \chi_{\alpha/2, n-1}^2 \text{ 또는 } \chi_0^2 < \chi_{1-\alpha/2, n-1}^2$$

이면 H_0을 기각한다. 여기서 $\chi_{\alpha/2, n-1}^2$과 $\chi_{1-\alpha/2, n-1}^2$은 각각 자유도가 $n-1$인 카이제곱분포의 상위와 하위 $100\alpha/2$번째 백분위수이다. 양측검정의 기각역을 그림으로 설명하면 그림 9.17(a)와 같다. 이 그림에서 χ_{n-1}^2은 자유도가 $n-1$인 카이제곱분포를 나타낸다.

단측검정에도 같은 검정통계량을 사용한다. 가설

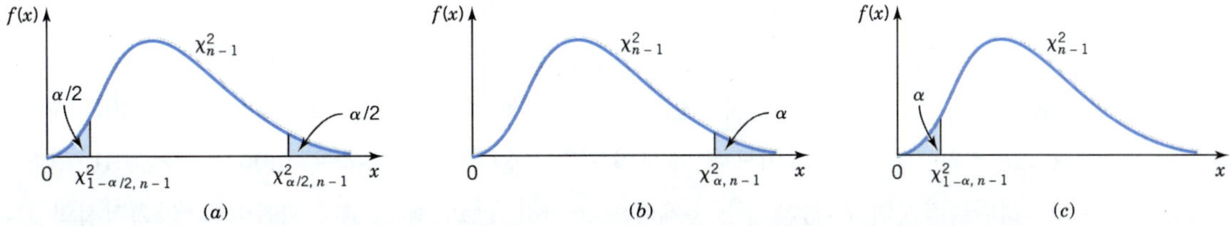

그림 9.17 $H_0 : \sigma^2 = \sigma_0^2$이 참일 때 X_0^2의 분포와 기각역 (a) $H_1 : \sigma^2 \neq \sigma_0^2$ (b) $H_1 : \sigma^2 > \sigma_0^2$ (c) $H_1 : \sigma^2 < \sigma_0^2$

$$H_0 : \sigma^2 = \sigma_0^2 \qquad H_1 : \sigma^2 > \sigma_0^2 \tag{9.36}$$

을 검정하는 경우 $\chi_0^2 > \chi^2_{\alpha,\, n-1}$이면 H_0을 기각하고, 가설

$$H_0 : \sigma^2 = \sigma_0^2 \qquad H_1 : \sigma^2 < \sigma_0^2 \tag{9.37}$$

을 검정하는 경우 $\chi_0^2 < \chi^2_{1-\alpha,\, n-1}$이면 H_0을 기각한다. 그림 9.17(b)와 (c)는 단측검정의 기각역을 나타낸 그림이다.

정규분포의 분산에 대한 검정

귀무가설: $H_0 : \sigma^2 = \sigma_0^2$

검정통계량: $X_0^2 = \dfrac{(n-1)S^2}{\sigma_0^2}$

대립가설	고정유의수준검정의 기각 기준
$H_1 : \sigma^2 \neq \sigma_0^2$	$\chi_0^2 > \chi^2_{\alpha/2,n-1}$ 또는 $\chi_0^2 < \chi^2_{1-\alpha/2,n-1}$
$H_1 : \sigma^2 > \sigma_0^2$	$\chi_0^2 > \chi^2_{\alpha,\,n-1}$
$H_1 : \sigma^2 < \sigma_0^2$	$\chi_0^2 < \chi^2_{1-\alpha,\,n-1}$

예제 9.8 자동충전: 가설검정

자동충전 기계를 이용하여 병에 액체세제를 채운다. 크기가 20인 임의표본을 추출하고 계산한 충전부피의 표본분산은 $s^2 = 0.0153(\text{fl oz})^2$이라고 하자. 만일 충전부피의 분산이 $0.01(\text{fl oz})^2$을 초과하면 상당한 수의 병이 과다 또는 과소 충전되는 문제가 있다. 표본 데이터를 이용하여 생산자에게 과다 또는 과소 충전의 문제가 있는지 알아보려고 한다. $\alpha = 0.05$이고 충전부피는 정규분포를 따른다고 가정하자.

가설검정의 7단계 절차를 적용하면 다음과 같다.

1. 관심모수: 관심의 모수는 모분산 σ^2이다.
2. 귀무가설: $H_0 : \sigma^2 = 0.01$
3. 대립가설: $H_1 : \sigma^2 > 0.01$
4. 검정통계량: $X_0^2 = \dfrac{(n-1)S^2}{\sigma_0^2}$
5. 기각역: $\chi_0^2 > \chi^2_{0.05,\,19} = 30.14$이면 H_0을 기각한다.
6. 계산: 검정통계량의 계산값을 구하면 다음과 같다.

$$\chi_0^2 = \frac{(20-1)(0.0153)}{0.01} = 29.07$$

7. 결론: $\chi_0^2 = 29.07 < \chi^2_{0.05,\,19} = 30.14$이므로 충전부피의 분산이 $0.01(\text{fl oz})^2$을 초과한다는 증거가 없다. 따라서 과다 또는 과소충전의 문제가 있다는 증거가 없다고 결론을 내린다.

또한, 카이제곱검정에서도 P-값 방법을 사용할 수 있다. 부록 A의 표 Ⅲ에서 카이제곱검정의 P-값 한계를 찾을 수 있다. 표 Ⅲ에서 $\chi^2_{0.1,\,19} = 27.20$, $\chi^2_{0.05,\,19} = 30.14$이다. $27.20 < 29.07 < 30.14$이므로 예제 9.8의 검정에 대한 P-값은 $0.05 < P < 0.10$이다.

하단측검정의 P-값은 검정통계량의 계산값 χ_0^2의 좌측 꼬리 확률이다. 양측검정의 P-값은 검정통계량의 계산값에 대응하는 꼬리 확률의 2배이다.

컴퓨터 소프트웨어를 이용하여 정규분포의 분산에 대한 가설검정을 수행할 수 있다. 예제 9.8에 대한 전형적인 컴퓨터 출력물은 다음과 같다.

```
Test and CI for One Variance
Null hypothesis                      Sigma-squared = 0.01
Alternative hypothesis               Sigma-squared > 0.01
Statistics
N                   StDev            Variance
20                  0.124            0.0153
95% One-Sided Confidence Intervals
   Lower Confidence Bound            Lower Confidence Bound
   for StDev                         for Variance
   0.098                             0.0096
Tests
Chi-Square          DF               P-Value
29.07               19               0.065
```

앞에서 알아본 바와 같이 t-검정은 정규분포 가정에 비교적 강건하다. 그러나 카이제곱검정은 그렇지 않다. 정규분포에서 조금만 벗어나도 식(9.35)의 검정통계량 분포는 카이제곱분포와는 상당히 다를 수 있다.

9.4.2 제2종오류와 표본크기의 선택

9.4.1절의 카이제곱검정에 대한 OC곡선이 부록 A의 도표 Ⅷi~Ⅷn에 나와 있다. 이 도표에는 $\alpha = 0.01,\ 0.05$와 다양한 표본크기 n에 대하여 횡축모수

$$\lambda = \frac{\sigma}{\sigma_0} \tag{9.38}$$

와 β를 그린 곡선이 나타나 있다. 이때 σ는 표준편차의 참값이다. 도표 Ⅷi와 Ⅷj는 양측대립가설에 대한 OC곡선, 도표 Ⅷk와 Ⅷl은 상단측대립가설 $H_1 : \sigma^2 > \sigma_0^2$에 대한 OC곡선, 도표 Ⅷm와 Ⅷn은 하단측대립가설 $H_1 : \sigma^2 < \sigma_0^2$에 대한 OC곡선이다. 도표를 사용할 때 σ는 검출하려는 표준편차의 값으로 생각할 수 있다.

검정과 관련된 β-오류 또는 검정력을 평가하기 위해 OC곡선을 사용할 수 있다. 또한, 검정을 **설계**하기 위해, 즉 귀무가설의 설정값 σ_0을 벗어나는 특정한 σ의 값을 검출하는데 필요한 표본크기를 구하기 위해 OC곡선을 사용할 수 있다.

예제 9.9 자동충전: 표본크기

예제 9.8의 자동충전 문제를 다시 보자. 충전부피의 분산이 $0.01(\text{fl oz})^2$을 초과하면 상당한 수의 병이 과다 또는 과소충전되는 문제가 있다. 따라서 표준편차에 대한 가설의 설정값은 $\sigma_0 = 0.10$이다. 충전부피의 표준편차의 참값이 이 값으로부터 25%만큼 벗어나면 이것을 적어도 0.8의 확률로 검출하려 할 때 표본크기 $n = 20$이 적절한지 알아보자.

이 문제를 풀기 위해 다음과 같이 도표 VIIk의 횡축모수를 구한다.

$$\lambda = \frac{\sigma}{\sigma_0} = \frac{0.125}{0.10} = 1.25$$

도표 VIIk에서 $n = 20$, $\lambda = 1.25$를 찾아보면 $\beta \simeq 0.6$이다. 표준편차의 참값이 $\sigma = 0.125$ fl oz만큼 클 때 귀무가설을 기각할 가능성은 약 40%밖에 되지 않는다. β-오류를 줄이기 위해 더 큰 표본크기를 사용해야 한다. $\beta = 0.20$, $\lambda = 1.25$의 경우 OC곡선을 보면 약 $n = 75$이다. 따라서 검정이 요구사항을 만족하려면 적어도 75개의 병이 필요하다.

9.5 모비율에 대한 검정

모비율에 대한 가설검정이 필요할 때가 있다. 큰(가능하면 무한한) 모집단에서 크기가 n인 확률표본을 추출하고 관심의 범주에 속하는 관측치의 개수를 X라고 하자. 그러면 모비율 p의 점추정량은 $\hat{P} = X/n$이고, 여기서 n과 p는 이항분포의 모수이다. 7장에서 알아본 바와 같이 p가 0 또는 1에 너무 가깝지 않고 n이 충분히 크면 $\hat{P}$의 분포는 근사적으로 평균이 p이고 분산이 $p(1-p)/n$인 정규분포이다. 일반적으로 이 근사를 사용하려면 $np > 5$, $n(1-p) > 5$이어야 한다. 이 절에서는 이항분포의 정규근사를 이용하는 모비율에 대한 대표본 검정을 알아본다.

9.5.1 모비율에 대한 대표본 검정

많은 공학적 의사결정문제는 이항분포를 따르는 확률변수와 관련된다. 예를 들어 어느 제조공정에서 생산되는 부품을 양품과 불량품으로 분류할 때 모수 p는 전체 생산품의 불량률이라고 정의하면 표본에 포함된 불량품의 개수를 이항분포로 설명할 수 있다.

다음 가설을 생각해 보자.

$$H_0 : p = p_0 \qquad H_1 : p \neq p_0 \tag{9.39}$$

p가 0 또는 1에 너무 가깝지 않고 표본크기가 크면 이항분포의 정규근사를 이용하여 위의 가설을 검정할 수 있다. X는 크기 n의 확률표본에서 관심의 범주에 속하는 관측치의 개수라고 할 때, $H_0 : p = p_0$이 참이면 X는 근사적으로 $N[np_0, np_0(1-p_0)]$을 따른다. 그러므로 검정통계량은 다음과 같다.

검정통계량

$$Z_0 = \frac{X - np_0}{\sqrt{np_0(1-p_0)}} \tag{9.40}$$

검정통계량 Z_0의 계산값 z_0을 구하고 P-값을 결정한다. H_0이 참이면 검정통계량은 표준정규분포를 따르므로 9.2절의 z-검정과 같은 방법으로 P-값을 구한다. 따라서 양측검정의 경우 P-값은 표준정규분포에서 $|z_0|$ 이상 또는 $-|z_0|$ 이하일 확률을 합한 값, 즉

$$P = 2[1 - \Phi(|z_0|)]$$

이다. 상단측대립가설 $H_1 : p > p_0$의 경우 P-값은 z_0 이상일 확률, 즉

$$P = 1 - \Phi(z_0)$$

이고, 하단측대립가설 $H_1 : p < p_0$의 경우 P-값은 z_0 이하일 확률, 즉

$$P = \Phi(z_0)$$

이다. 모비율의 대표본 검정에도 고정유의수준검정 방법을 사용할 수 있다. 양측검정의 경우

$$z_0 > z_{\alpha/2} \text{ 또는 } z_0 < -z_{\alpha/2}$$

이면 $H_0 : p = p_0$을 기각한다. 마찬가지로 단측검정에 대한 기각역을 구할 수 있다.

모비율에 대한 근사 검정

귀무가설: $H_0 : p = p_0$

검정통계량: $Z_0 = \dfrac{X - np_0}{\sqrt{np_0(1-p_0)}}$

대립가설	P-값	고정유의수준검정의 기각 기준
$H_1 : p \neq p_0$	$\lvert z_0\rvert$ 이상 또는 $-\lvert z_0\rvert$ 이하일 확률 $P = 2[1-\Phi(\lvert z_0\rvert)]$	$z_0 > z_{\alpha/2}$ 또는 $z_0 < -z_{\alpha/2}$
$H_1 : p > p_0$	z_0 이상일 확률 $P = 1-\Phi(z_0)$	$z_0 > z_\alpha$
$H_1 : p < p_0$	z_0 이하일 확률 $P = \Phi(z_0)$	$z_0 < -z_\alpha$

예제 9.10 자동차 엔진 제어기: 가설검정

어느 반도체 제조업자는 자동차 엔진에 사용하는 제어기를 생산한다. 고객은 주요 제조단계에서 0.05 미만의 불량률을 요구하고 제조업자는 $\alpha = 0.05$로 이 품질수준의 공정능력을 입증하여야 한다. 제조업자가 200개의 장치를 임의추출하여 4개가 불량품이면 공정능력을 입증할 수 있는지 알아보자.

가설검정의 7단계 절차를 적용하면 다음과 같다.

1. 관심모수: 관심의 모수는 공정 불량률 p이다.
2. 귀무가설: $H_0 : p = 0.05$
3. 대립가설: $H_1 : p < 0.05$

   가설을 이렇게 표현하는 경우 $H_0 : p = 0.05$을 기각하면 제조업자가 공정능력에 관해 강력한 주장을 할 수 있다.

4. 검정통계량: $Z_0 = \dfrac{X - np_0}{\sqrt{np_0(1-p_0)}}$

5. 기각역: P-값이 0.05보다 작으면 H_0을 기각한다.

6. 계산: 검정통계량의 계산값을 구하면 다음과 같다.

$$z_0 = \frac{x - np_0}{\sqrt{np_0(1-p_0)}} = \frac{4 - 200(0.05)}{\sqrt{200(0.05)(0.95)}} = -1.95$$

7. 결론: $z_0 = -1.95$이므로 P-값은 $\Phi(-1.95) = 0.0256$이다. 따라서 H_0을 기각하고 공정 불량률 p가 0.05보다 작다고 결론을 내린다.

해석: 공정능력이 있다는 강력한 증거가 있다.

식(9.40)에 정의된 검정통계량 Z_0을 다른 형태로 표현할 수 있다. 크기가 n인 확률표본에서 관심의 범주에 속하는 관측치의 개수를 X라고 하면 $\hat{P} = X/n$는 관심의 범주에 속하는 표본비율이다. 식(9.40)에서 Z_0의 분모와 분자를 각각 n으로 나누어 다시 쓰면

$$Z_0 = \frac{X/n - p_0}{\sqrt{p_0(1-p_0)/n}} \quad \text{또는} \quad Z_0 = \frac{\hat{P} - p_0}{\sqrt{p_0(1-p_0)/n}} \tag{9.41}$$

이다. 위 검정통계량에서는 관심의 범주에 속하는 표본 관측치의 개수 대신 표본비율을 사용한다.

컴퓨터 소프트웨어를 이용하여 모비율에 대한 가설검정을 수행할 수 있다. 예제 9.10에 대한 전형적인 컴퓨터 출력물은 다음과 같다.

Test and CI for One Proportion

Test of p = 0.05 vs p < 0.05

Sample	X	N	Sample p	95% Upper Confidence Bound	Z-Value	P-Value
1	4	200	0.020000	0.036283	−1.95	0.026

위 출력물에는 모비율 P에 대한 상한 신뢰한계가 나타나 있다. 8.4절에서 모비율의 신뢰구간을 계산하는 방법을 알아보았으며 여기 제시된 결과는 정규근사를 이용한 가설검정과 신뢰구간이다. 표본크기가 작으면 이 결과는 부적절할 수 있다.

모비율에 대한 소표본 검정: 표본크기 n이 작은 경우 모비율에 대하여 검정하려면 정규근사가 아니라 이항분포를 사용해야 한다. 예를 들어 $H_0: p = p_0$과 $H_1: p < p_0$을 검정할 때 X는 표본에서 성공 횟수라고 하자. 이 검정의 P-값은 모수가 n과 p_0인 이항분포의 좌측 꼬리에서 찾아야 한다. 구체적으로 P-값은 모수가 n과 p_0인 이항확률변수가 X의 관측치보다 작을 확률이다. 상단측검정이나 양측검정의 P-값도 비슷한 방법으로 계산한다. 컴퓨터 소프트웨어를 이용하여 모비율에 대한 정확한 P-값을 계산할 수 있다. 다음 출력물에는 예제 9.10에 대한 정확한 P-값이 나와 있다.

```
Test of p = 0.05 vs p < 0.05
Sample   X    N   Sample p    95% Upper Confidence Bound     Exact P-Value
   1     4   200  0.020000             0.045180                  0.026
```

표본크기가 상당히 크기 때문에 정확한 P-값과 정규근사로 얻은 P-값이 같다. 정확한 신뢰구간과 정규근사로 얻은 신뢰구간은 다른 것을 알 수 있다.

9.5.2 제2종오류와 표본크기의 선택

9.5.1절에서 알아본 가설검정에 대하여 근사 β-오류를 구할 수 있다. 모비율의 참값이 p라고 가정해 보자. 양측대립가설 $H_1 : p \neq p_0$에 대한 근사 β-오류는

$$\beta \simeq \Phi\left(\frac{p_0 - p + z_{\alpha/2}\sqrt{\dfrac{p_0(1-p_0)}{n}}}{\sqrt{\dfrac{p(1-p)}{n}}}\right) - \Phi\left(\frac{p_0 - p - z_{\alpha/2}\sqrt{\dfrac{p_0(1-p_0)}{n}}}{\sqrt{\dfrac{p(1-p)}{n}}}\right) \tag{9.42}$$

이다. 대립가설이 $H_1 : p < p_0$이면

$$\beta \simeq 1 - \Phi\left(\frac{p_0 - p - z_{\alpha}\sqrt{\dfrac{p_0(1-p_0)}{n}}}{\sqrt{\dfrac{p(1-p)}{n}}}\right) \tag{9.43}$$

이고, 대립가설이 $H_1 : p > p_0$이면

$$\beta \simeq \Phi\left(\frac{p_0 - p + z_{\alpha}\sqrt{\dfrac{p_0(1-p_0)}{n}}}{\sqrt{\dfrac{p(1-p)}{n}}}\right) \tag{9.44}$$

이다. 위의 식을 이용하여 유의수준 α-검정에서 원하는 β-오류를 얻는데 필요한 근사 표본크기를 구할 수 있다. 양측검정의 경우 표본크기를 구하는 식은 다음과 같다.

모비율에 대한 양측검정: 근사 표본크기

$$n \simeq \left[\frac{z_{\alpha/2}\sqrt{p_0(1-p_0)} + z_{\beta}\sqrt{p(1-p)}}{p - p_0}\right]^2 \tag{9.45}$$

또한, 단측대립가설의 경우 필요한 표본크기를 구하는 식은 다음과 같다.

모비율에 대한 단측검정: 근사 표본크기

$$n \simeq \left[\frac{z_\alpha\sqrt{p_0(1-p_0)} + z_\beta\sqrt{p(1-p)}}{p-p_0}\right]^2 \tag{9.46}$$

예제 9.11 자동차 엔진 제어기: 제2종오류

예제 9.10에서 반도체 제조업자의 공정 불량률의 참값은 $p=0.03$이라고 하자. $n=200$, $\alpha=0.05$로 공정능력을 검정하는 경우 β-오류를 구해 보자.

식(9.43)을 이용하여 β-오류를 계산하면 다음과 같다.

$$\beta \simeq 1-\Phi\left(\frac{0.05-0.03-1.645\sqrt{\frac{0.05(1-0.05)}{200}}}{\sqrt{\frac{0.03(1-0.03)}{200}}}\right)$$

$$=1-\Phi(-0.44)=0.67$$

따라서 공정 불량률의 참값이 $p=0.03$일 때 공정능력이 없다고 판단할 확률은 약 0.7이다. 즉, 대립가설에 대한 검정력은 약 0.3이다. 이는 큰 β-오류(작은 검정력)처럼 보이지만 $p_0=0.05$와 $p=0.03$의 차이가 작고 표본크기 $n=200$이 특별히 크지 않기 때문이다.

반도체 제조업자는 공정 불량률의 참값이 $p=0.03$일 때 최대 0.1의 β-오류를 수용할 의향이 있다고 가정해 보자. $\alpha=0.05$로 필요한 표본크기를 구해 보자.

식(9.46)을 이용하여 필요한 표본크기를 구하면 다음과 같다.

$$n \simeq \left[\frac{1.645\sqrt{0.05(1-0.05)} + 1.28\sqrt{0.03(1-0.03)}}{0.03-0.05}\right]^2 \simeq 832$$

결론: $n=832$는 매우 큰 표본크기이다. 가설의 설정값 $p_0=0.05$로부터 상당히 작은 차이를 검출하려고 하기 때문이다.

컴퓨터 소프트웨어를 이용하여 모비율에 대한 단일표본 z-검정에 대한 검정력과 표본크기를 계산할 수 있다. 예제 9.11에 대한 전형적인 컴퓨터 출력물은 다음과 같다.

Power and Sample Size

```
Test for One Proportion
Testing proportion = 0.05 (versus < 0.05)
Alpha = 0.05
Alternative          Sample
Proportion            Size             Power
3.00E-02             200              0.3287
```

Power and Sample Size

```
Test for One Proportion
Testing proportion = 0.05 (versus < 0.05)
Alpha = 0.05
Alternative          Sample           Target          Actual
Proportion            Size             Power           Power
3.00E-02             833              0.9000          0.9001
```

Power and Sample Size

```
Test for One Proportion
Testing proportion = 0.05 (versus < 0.05)
Alpha = 0.05
```

```
Alternative          Sample            Target         Actual
Proportion            Size              Power          Power
3.00E-02            561               0.7500         0.75030
```

위 출력물의 첫 부분에는 예제 9.11에서 $p = 0.03$일 때 검정력이 나와 있다. 컴퓨터로 구한 검정력은 식(9.43)을 이용하여 수작업으로 구한 값과 같다. 두 번째 부분은 $p = 0.03$일 때 검정력이 적어도 0.9가 되도록 필요한 표본크기를 계산한 결과이다. 이 결과도 식(9.46)을 이용하여 수작업으로 계산한 값과 일치한다. 마지막 부분에는 $p = 0.03$일 때 검정력을 0.75로 완화한 경우 필요한 표본크기가 나와 있다. $p_0 = 0.05$와 $p = 0.03$의 차이가 작아서 표본크기는 $n = 561$로 여전히 크다.

9.6 단일표본 추론 방법의 요약표

8장과 9장에서 학습한 단일표본 추론의 절차를 요약하면 부록 C의 표와 같다. 표에는 귀무가설, 검정통계량, 다양한 대립가설에 대한 기각 기준, $100(1-\alpha)\%$ 신뢰구간 공식이 포함되어 있다. 표 8.1은 문제의 유형과 부록 C의 정보를 대응시키는 지침이므로 표 8.1을 참고하면 도움이 된다.

9.7 적합도검정

모집단의 확률분포는 알려져 있고 가설은 분포의 모수와 관련될 때 앞에서 공부한 가설검정 절차를 사용한다. 그런데 다른 유형의 가설이 필요할 수 있다. 즉, 모집단의 분포를 알지 못할 때 특정한 분포가 모집단 모형으로 만족스러운지를 검정하고 싶을 수 있다. 예를 들어 모집단이 정규분포라는 가설을 검정할 필요가 있다.

앞에서 이미 이런 문제에 유용하게 사용할 수 있는 시각적 방법으로 **확률그림**을 학습하고 정규확률그림을 작성하는 방법을 알아보았다. 이 절에서는 카이제곱분포를 기반으로 하는 보다 공식적인 **적합도검정**(goodness-of-fit test)의 절차를 학습한다.

적합도검정에서는 확률분포를 모르는 모집단으로부터 추출한 크기 n의 확률표본을 가정한다. 크기가 n인 관측치를 k개의 빈 또는 계급구간이 있는 히스토그램으로 정렬한 후 i번째 계급구간의 관측빈도를 O_i, 귀무가설에 설정한 확률분포를 이용하여 계산한 기대빈도를 E_i라고 하자. 그러면 검정통계량을 다음과 같이 정의한다.

적합도검정의 검정통계량

$$X_0^2 = \sum_{i=1}^{k} \frac{(O_i - E_i)^2}{E_i} \tag{9.47}$$

모집단이 귀무가설에서 설정한 분포를 따를 때 X_0^2은 근사적으로 자유도가 $(k-p-1)$인 카이제곱분포를 따른다고 알려져 있다. 이때 p는 가설에서 설정한 분포에서 추정해야 하는 모수의 개수이다. 표본의 크기가 클수록 근사가 더 정확하다. 검정통계량의 계산값이 너무 크면 모집단 분포가 가설에서 설정한 분포라는 귀무가설을 기각해야 한다. 따라서 P-값은 자유도가 $(k-p-1)$인 카이제곱분포에서 검정통계량 X_0^2의 계산값 χ_0^2보다 클 확률, 즉 $P = P(X_0^2 > \chi_0^2)$이다. 고정유의수준검정에서는 $\chi_0^2 > \chi^2_{\alpha, k-p-1}$일 때 모집단 분포가 가설에서 설정한 분포라는 귀무가설을 기각한다. 여기서 $\chi^2_{\alpha, k-p-1}$은 자유도가 $(k-p-1)$인 카이제곱분포의 $100(1-\alpha)$번째 백분위수, 즉 상위 100α번째 백분위수를 나타낸다.

적합도검정의 절차를 적용할 때 기대빈도의 크기를 주의해야 한다. 기대빈도가 너무 작으면 검정통계량 X_0^2은 관측빈도와 기대빈도의 차이를 반영하지 못하고 기대빈도만 반영한다. 기대빈도의 최솟값에 관한 일반적 합의는 없지만 3, 4 또는 5를 널리 사용한다. 어떤 저자들은 대부분의 기대빈도가 5를 넘으면 하나의 기대빈도는 1 또는 2도 괜찮다고 한다. 기대빈도가 너무 작으면 인접한 계급구간의 기대빈도를 합하고, 그에 대응하는 관측빈도도 합한 후 k를 1만큼 감소시킨다. 적합도검정에서 계급구간의 너비가 모두 같을 필요는 없다.

아래 예제에서 적합도검정의 절차를 적용해 본다.

예제 9.12 인쇄회로기판의 결함: 푸아송분포

인쇄회로기판에 발생하는 결함의 수가 푸아송분포를 따른다는 가설을 검정해 보자. $n=60$개 기판의 임의표본을 수집하고 다음과 같이 결함의 수를 관측하였다.

결함의 수	관측빈도
0	32
1	15
2	9
3	4

가정한 푸아송분포의 평균을 모르므로 표본 데이터로부터 평균을 추정한다. 기판 하나당 평균 결함 수의 추정치는 다음의 표본평균이다.

$$\frac{32\times 0+15\times 1+9\times 2+4\times 3}{60}=0.75$$

모수가 0.75인 푸아송분포로부터 i번째 계급구간의 이론적, 즉 가설에서 설정한 확률 p_i를 계산한다. 각 계급구간은 특정한 결함의 수에 대응하므로 다음과 같이 p_i를 계산한다.

$$p_1 = P(X=0) = \frac{e^{-0.75}(0.75)^0}{0!} = 0.472$$

$$p_2 = P(X=1) = \frac{e^{-0.75}(0.75)^1}{1!} = 0.354$$

$$p_3 = P(X=2) = \frac{e^{-0.75}(0.75)^2}{2!} = 0.133$$

$$p_4 = P(X\geq 3) = 1-(p_1+p_2+p_3) = 0.041$$

각 p_i에 표본크기 $n=60$을 곱하여 기대빈도를 구한다. 즉, $E_i = np_i$이다. 그러면 기대빈도는 다음 표와 같다.

결함의 수	확률	기대빈도
0	0.472	28.32
1	0.354	21.24
2	0.133	7.98
3 이상	0.041	2.46

위 표에서 마지막 행의 기대빈도가 3보다 작으므로 마지막 두 행을 결합하여 다음 표를 작성한다.

결함의 수	관측빈도	기대빈도
0	32	28.32
1	15	21.24
2 이상	13	10.44

$\alpha=0.05$에서 가설검정의 7단계 절차를 적용하면 다음과 같다.

1. 관심모수: 관심의 모수는 인쇄회로기판에 발생하는 결함의 수의 분포이다.
2. 귀무가설: H_0 : 결함의 수는 푸아송분포를 따른다.
3. 대립가설: H_1 : 결함의 수는 푸아송분포를 따르지 않는다.
4. 검정통계량: $X_0^2=\sum_{i=1}^{k}\frac{(O_i-E_i)^2}{E_i}$
5. 기각역: 푸아송분포의 평균을 추정하였으므로 검정통계량의 자유도는

$$k-p-1=3-1-1=1$$

이다. P-값이 0.05보다 작으면 귀무가설을 기각한다.

6. 계산: 검정통계량 X_0^2의 계산값 χ_0^2은 다음과 같다.

$$\chi_0^2=\frac{(32-28.32)^2}{28.32}+\frac{(15-21.24)^2}{21.24}+\frac{(13-10.44)^2}{10.44}=2.94$$

7. 결론: 부록 A의 표 Ⅲ에서 $\chi_{0.1,\,1}^2=2.71$, $\chi_{0.05,\,1}^2=3.84$이다. $\chi_0^2=2.94$는 이 두 값의 사이에 포함되므로 P-값은 0.05와 0.10 사이에 있다. P-값이 0.05를 초과하므로 인쇄회로기판의 결함 수의 분포가 푸아송분포라는 귀무가설을 기각할 수 없다. 소프트웨어로 계산한 정확한 P-값은 0.0864이다.

예제 9.13 전원공급분포: 연속분포

어느 제조기술자가 노트북 컴퓨터에 사용되는 전원공급장치를 시험하고 있다. 출력전압이 정규분포를 따르는지 $\alpha=0.05$로 검정하려고 한다. $n=100$의 임의표본을 추출하여 $\bar{x}=5.04$ V, $s=0.08$ V을 구했다고 하자.

카이제곱 적합도검정에 필요한 빈도분포를 구하기 위해 계급구간을 정하는 일반적 방법은 모든 계급구간의 $E_i=np_i$가 같도록 구간의 경계를 선택하는 것이다. 이 방법을 사용하면 확률

$$p_i=P(a_{i-1}\le X\le a_i)=\int_{a_{i-1}}^{a_i}f(x)dx,\ i=1,2,\cdots,k$$

가 모두 같도록 k개 계급구간의 경계 $a_0, a_1, \cdots, a_k$를 선택한다. $k=8$을 사용할 때, 표준정규분포의 척도를 8개의 등구간으로 나누는 구간은

$$(0,0.32),(0.32,0.675),(0.675,1.15),(1.15,\infty)$$

와 0을 중심으로 이 구간과 대칭인 4개의 음수 구간이다. 각 구간은 $p_i=1/8=0.125$이고 기대빈도는

$$E_i=np_i=100\times0.125=12.5$$

이다. 관측빈도와 기대빈도를 정리하면 다음 표와 같다.

계급구간	관측빈도	기대빈도
$x<4.948$	12	12.5
$4.948\le x<4.986$	14	12.5
$4.986\le x<5.014$	12	12.5
$5.014\le x<5.040$	13	12.5
$5.040\le x<5.066$	12	12.5
$5.066\le x<5.094$	11	12.5
$5.094\le x<5.132$	12	12.5
$5.132\le x$	14	12.5
합계	100	100

표의 첫 번째 계급구간의 경계는 $\bar{x}-1.15s=4.948$이고 두 번째 계급구간은 다음과 같다.

$$[\bar{x}-1.15s,\ \bar{x}-0.675s]$$

같은 방법으로 나머지 계급구간을 구한다.

가설검정의 7단계 절차를 적용하면 다음과 같다.

1. 관심모수: 관심의 모수는 출력전압의 분포이다.
2. 귀무가설: H_0 : 출력전압의 분포는 정규분포이다.
3. 대립가설: H_1 : 출력전압의 분포는 정규분포가 아니다.
4. 검정통계량: $X_0^2 = \sum_{i=1}^{k} \frac{(O_i - E_i)^2}{E_i}$
5. 기각역: 정규분포에서는 2개의 모수를 추정하므로 검정통계량의 자유도는

$$k-p-1=8-2-1=5$$

이다. $\alpha=0.05$로 고정유의수준검정을 사용하면

$$\chi_0^2 > \chi_{0.05,5}^2 = 11.07$$

일 때 H_0을 기각한다.

6. 계산: 검정통계량의 계산값을 구하면 다음과 같다.

$$\chi_0^2 = \sum_{i=1}^{8} \frac{(o_i - E_i)^2}{E_i}$$
$$= \frac{(12-12.5)^2}{12.5} + \frac{(14-12.5)^2}{12.5} + \cdots + \frac{(14-12.5)^2}{12.5}$$
$$= 0.64$$

7. 결론: $\chi_0^2 = 0.64 < \chi_{0.05,5}^2 = 11.07$이므로 H_0을 기각할 수 없다. 따라서 출력전압이 정규분포를 따르지 않는다는 증거가 없다. $\chi_0^2 = 0.64$에 대한 P-값은 $P=0.9861$이다.

9.8 분할표검정

많은 경우 모집단으로부터 크기 n의 표본을 추출하고 표본내의 각 객체를 서로 다른 두 기준에 따라 분류한 후 두 분류 기준이 통계적으로 독립인지 조사할 필요가 있다. 예를 들어 공대 졸업생이라는 모집단에서 초봉과 전공이 독립인지 알고 싶을 수 있다. 분류의 첫 번째 기준에는 r개 수준이 있고 두 번째 기준에는 c개 수준이 있을 때, 첫 번째 기준의 i번째 수준과 두 번째 기준의 j번째 수준에서 관측빈도를 O_{ij}라고 하자. 일반적으로 데이터는 표 9.2와 같이 나타나는데, 이와 같은 표를 $r \times c$ 분할표(contingency table)라고 한다.

이제 행과 열의 분류 기준이 서로 독립이라는 귀무가설을 검정한다. 만일 귀무가설을 기각하면 두 분류 기준의 교호작용이 있다고 결론을 내린다. 이와 같은 독립성검정(independence test)의 정확한 절차를 구하기는 어렵지만 n이 크면 근사 검정통계량을 사용할 수 있다. 두 분류 기준이 서로 독립일 때 임의추출한 한 객체가 분할표의 (i, j)칸에 속할 확률을 p_{ij}라고 하자. 한 객체가 행 범주 i에 속하는 확률은 u_i이고, 열 범주 j에 속

표 9.2 $r \times c$ 분할표

		열			
		1	2	$\cdots$	c
행	1	O_{11}	O_{12}	$\cdots$	O_{1c}
	2	O_{21}	O_{22}	$\cdots$	O_{2c}
	$\vdots$	$\vdots$	$\vdots$	$\vdots$	$\vdots$
	r	O_{r1}	O_{r2}	$\cdots$	O_{rc}

하는 확률은 v_j라고 할 때 $p_{ij}=u_i\times v_j$이다. 두 분류 기준이 독립이면 u_i와 v_j의 추정량은 각각

$$\hat{u}_i=\frac{1}{n}\sum_{j=1}^{c}O_{ij},\qquad \hat{v}_j=\frac{1}{n}\sum_{i=1}^{r}O_{ij} \tag{9.48}$$

이므로 분할표의 $(i,\,j)$칸의 기대빈도는 다음과 같다.

$$E_{ij}=n\hat{u}_i\hat{v}_j=\frac{1}{n}\sum_{j=1}^{c}O_{ij}\sum_{i=1}^{r}O_{ij} \tag{9.49}$$

표본크기 n이 크면 통계량

$$X_0^2=\sum_{i=1}^{r}\sum_{j=1}^{c}\frac{(O_{ij}-E_{ij})^2}{E_{ij}} \tag{9.50}$$

은 귀무가설이 참일 때 근사적으로 자유도가 $(r-1)(c-1)$인 카이제곱분포를 따른다고 알려져 있다. 따라서 X_0^2의 계산값 χ_0^2이 너무 크면 귀무가설을 기각한다. P-값은 자유도가 $(r-1)(c-1)$인 카이제곱분포에서 χ_0^2을 초과할 확률, 즉

$$P=P(X_0^2>\chi_0^2\,|\,H_0)$$

이다. 고정유의수준검정의 경우 $\chi_0^2>\chi^2_{\alpha,\,(r-1)(c-1)}$일 때 귀무가설을 기각한다.

예제 9.14 건강보험계획 선호도

어느 회사에서 3가지의 건강보험계획 중 하나를 선택하려고 한다. 경영진은 $\alpha=0.05$로 건강보험계획 선호도와 직무분류가 독립인지 알아보기 위해 500명의 직원을 임의추출하고 표 9.3의 데이터를 수집하였다.

표 9.3 예제 9.14에 대한 관측빈도

	건강보험계획			
직무분류	1	2	3	합계
정규직	160	140	40	340
임시직	40	60	60	160
합계	200	200	100	500

분할표의 각 칸에 대한 기대빈도를 구하기 위해 먼저 다음을 계산한다.

$$\hat{u}_1=340/500=0.68,\ \hat{u}_2=160/500=0.32,$$
$$\hat{v}_1=200/500=0.40,\ \hat{v}_2=200/500=0.40,$$
$$\hat{v}_3=100/500=0.20$$

위의 값을 식(9.49)에 대입하여 각 칸의 기대빈도를 계산한다. 가령 보험계획 1을 선호하는 정규직의 기대빈도는

$$E_{11}=n\hat{u}_1\hat{v}_1=500(0.68)(0.40)=136$$

이다. 마찬가지로 분할표의 각 칸에 대한 기대빈도를 구한 결과를 정리하면 표 9.4와 같다.

표 9.4 예제 9.14에 대한 기대빈도

	건강보험계획			
직무분류	1	2	3	합계
정규직	136	136	68	340
임시직	64	64	32	160
합계	200	200	100	500

가설검정의 7단계 절차를 적용하면 다음과 같다.

1. 관심모수: 관심의 모수는 직원이 선호하는 건강보험계획이다.

2. 귀무가설: H_0 : 직무와 건강보험 선호도는 독립이다.
3. 대립가설: H_1 : 직무와 건강보험 선호도는 독립이 아니다.
4. 검정통계량: $X_0^2=\sum_{i=1}^{r}\sum_{j=1}^{c}\frac{(O_{ij}-E_{ij})^2}{E_{ij}}$
5. 기각역: $r=2$, $c=3$이므로 검정통계량의 자유도는 $(r-1)(c-1)=2$이다. $\alpha=0.05$로 고정유의수준검정을 사용하는 경우 $\chi_0^2>\chi_{0.05,2}^2=5.99$일 때 H_0을 기각한다.
6. 계산: 검정통계량의 계산값을 구하면 다음과 같다.

$$\chi_0^2=\sum_{i=1}^{2}\sum_{j=1}^{3}\frac{(o_{ij}-E_{ij})^2}{E_{ij}}$$

$$=\frac{(160-136)^2}{136}+\frac{(140-136)^2}{136}+\frac{(40-68)^2}{68}+\frac{(40-64)^2}{64}+\frac{(60-64)^2}{64}+\frac{(60-32)^2}{32}=49.63$$

7. 결론: $\chi_0^2=49.63>\chi_{0.05,2}^2=5.99$이므로 H_0을 기각하고 건강보험 선호도와 직무분류는 독립이 아니라고 결론을 내린다. 컴퓨터 소프트웨어로 검정통계량의 계산값 $\chi_0^2=49.63$의 P-값을 계산하면 $P=1.671\times10^{-11}$이다. 건강보험 선호도와 직무의 관련성을 탐색하는 추가분석이 필요하다. 각 칸에서 관측빈도와 기대빈도의 차이를 조사하면 도움이 된다.

지금까지 단일 모집단에서 추출한 표본을 분류하고 두 변수의 독립성검정을 위해 이차원 분할표를 사용하는 방법을 알아보았다. 이러한 독립성검정은 분할표를 사용하는 한 가지 응용에 불과하다. 분할표를 사용하는 또 하나의 흔한 상황은 r개의 관심 모집단이 있고 각 모집단이 c개 범주로 구분되는 경우이다. 이 경우 i번째 모집단$(i=1, 2, \cdots, r)$에서 표본을 추출하고 i번째 행의 각 해당하는 범주 열에 빈도수를 입력한다. 이런 상황에서는 r개 모집단에서 c개 범주의 비율이 모두 같은지를 조사한다. 즉, 귀무가설은 모집단이 범주에 대하여 동질적이라는 진술이다. 특히 성공과 실패, 양품과 불량품 등 2개 범주만 있는 경우 동질성검정(homogeneity test)은 r개 이항모수가 모두 같은지를 검정하는 것이다. 동질성검정에서 기대빈도, 자유도, 카이제곱 검정통계량을 계산하는 방법은 독립성검정에서와 같다.

9.9 비모수방법

지금까지 학습한 가설검정과 신뢰구간 절차는 대부분 정규분포 모집단에서 추출한 확률표본을 가정한다. 전통적으로 이러한 절차는 특정한 모수분포족(정규분포)을 가정하므로 모수방법(parametric method) 또는 분포에서 자유롭지 않은(not distribution free) 방법이라고 한다. 대부분의 이러한 절차는 데이터가 정규분포에서 조금 벗어나도 비교적 민감하지 않다. 그러나 모집단이 정규분포에서 많이 벗어나지 않아도 t-검정이나 F-검정의 유의수준과 신뢰구간의 신뢰수준은 공시된 수준과 (작은 차이라고 하더라도) 차이가 있다.

이 절에서는 **비모수방법**(nonparametric method) 또는 **분포에서 자유로운**(distribution-free) **방법**이라고 하는 절차를 알아본다. 이 절차에서는 모집단이 연속분포라는 가정 이외에 어떤 가정도 필요하지 않고, 유의수준 α와 신뢰수준 $100(1-\alpha)\%$가 정확하며, 다른 몇 가지 장점이 있다. 첫째, 데이터가 양적일 필요없이, 예 또는 아니오, 불량품 또는 양품과 같은 범주형일 수도 있다. 둘째, 절차가 일반적으로 아주 빠르고 쉽다.

비모수적 절차는 앞에서 학습한 모수적 t-절차와 F-절차에 대한 대안이므로, 정규분포 모집단과 비정규분포 모집단에 대하여 모수방법과 비모수방법의 성능을 비교할 필요가 있다. 일반적으로 비모수방법은 표본의 정보를 모두 활용하지는 않으므로 모집단이 정규분포일 때 비모수방법은 모수방법보다 비효율적이다. 따라서 같은 검정력을 가지려면 비모수방법은 모수방법에 비해 더 많은 표본을 필요로 한다. 보통 비모수방법의 효율손실은 크지 않으며, 표본크기의 차이가 아주 작은 경우도 있다. 모집단 분포가 비정규분포일 때 비모수방법은 정규분포에 기반한 모수방법보다 더 좋은 결과를 보인다. 그러나 일반적으로 주어진 문제에서 모수방법과 비모수방법을 모두 적용할 수 있으면 더 효율적인 모수방법을 사용해야 한다.

데이터가 정규분포를 따르지 않을 때 사용할 수 있는 또 다른 방법은 로그, 제곱근, 또는 역수를 취하여 원래 데이터를 변환한 후 모수방법을 사용하는 것이다. 정규확률그림은 변환이 적절한지 확인하는 데 도움이 된다. 변환이 성공적이면 비모수방법보다 변환을 사용하는 것이 좋다. 그러나 변환이 만족스럽지 않는, 즉 어떤 변환도 표본 데이터를 정규분포 표본과 가깝게 만들지 못하는 경우가 있다. 실질적으로 데이터가 순위(rank)의 형태일 때 이런 상황이 자주 발생한다. 예를 들어 심사위원단이 음료수의 전반적 품질을 평가할 때 최상의 음료에는 순위 1을 할당하고 다음 최상의 음료에는 순위 2를 할당하는 방식을 취한다. 순위 데이터는 정규분포 가정을 만족하기 어렵고 변환도 만족스럽지 않을 수 있다. 많은 비모수방법은 순위 분석과 관련되며 이런 유형의 문제에 적합하다.

9.9.1 부호검정

연속분포의 중앙값 $\tilde{\mu}$에 대해 검정할 때 부호검정(sign test)을 사용한다. 분포의 중앙값은 관측치가 그보다 작거나 같을 확률이 0.5이고 그보다 크거나 같을 확률이 0.5가 되는 값, 즉 $P(X \le \tilde{\mu}) = P(X \ge \tilde{\mu}) = 0.5$이다.

정규분포는 대칭이므로 평균과 중앙값이 같다. 따라서 정규분포의 평균에 대해 검정할 때 부호검정을 사용할 수 있다. 앞에서 정규분포의 평균에 대해 검정할 때 t-검정을 사용하였다. 9.9.3절에서 두 방법의 장단점을 간략히 비교한다. t-검정은 정규분포에서 추출된 표본을 대상으로 하지만, 부호검정은 모든 연속분포에서 추출된 표본을 대상으로 한다. 따라서 부호검정은 비모수적 절차이다.

다음 하단측검정을 생각해 보자.

$$H_0 : \tilde{\mu} = \tilde{\mu}_0 \qquad H_1 : \tilde{\mu} < \tilde{\mu}_0 \tag{9.51}$$

부호검정의 절차는 어렵지 않다. $X_1, X_2, \cdots, X_n$은 관심의 모집단에서 추출한 확률표본이라고 할 때 다음과 같이 차이를 정의한다.

$$X_i - \tilde{\mu}_0, \ i = 1, 2, \cdots, n \tag{9.52}$$

$H_0 : \tilde{\mu} = \tilde{\mu}_0$ 이 참이면 각각의 $X_i - \tilde{\mu}_0$ 는 양수일 가능성과 음수일 가능성이 같다. 검정통계량은 $X_i - \tilde{\mu}_0$ 가 양수인 것의 개수인데, 이를 R^+ 라고 나타내자. 귀무가설을 검정하는 것은 R^+ 가 모수 $p = 1/2$ 인 이항확률변수인지를 검정하는 것이다. 관측된 R^+ 의 값을 r^+ 라고 할 때 이항분포로부터 P-값을 직접 계산할 수 있다. 식(9.51)의 가설을 검정할 때 양의 부호의 비율이 1/2보다 충분히 작으면(r^+ 가 너무 작으면) H_1 을 선호하여 H_0 을 기각한다. 따라서

$$P = P\left(R^+ \le r^+ \mid p = \frac{1}{2}\right)$$

의 값이 미리 정한 유의수준 α 보다 작으면 H_0 을 기각하고 H_1 을 받아들인다.

한편 상단측검정

$$H_0 : \tilde{\mu} = \tilde{\mu}_0 \qquad H_1 : \tilde{\mu} > \tilde{\mu}_0 \tag{9.53}$$

의 경우 r^+ 가 크면, 즉 양의 부호의 관측된 비율이 1/2보다 충분히 크면, H_0 을 기각하고 H_1 을 받아들인다.

양측검정

$$H_0 : \tilde{\mu} = \tilde{\mu}_0 \qquad H_1 : \tilde{\mu} \ne \tilde{\mu}_0 \tag{9.54}$$

의 경우 r^+ 가 너무 크거나 작으면 H_0 을 기각한다. 따라서 $r^+ < n/2$ 이면 P-값은

$$P = 2P\left(R^+ \le r^+ \mid p = \frac{1}{2}\right)$$

이고, $r^+ > n/2$ 이면 P-값은

$$P = 2P\left(R^+ \ge r^+ \mid p = \frac{1}{2}\right)$$

이다. P-값이 미리 정한 유의수준 α 보다 작으면 H_0 을 기각하고 H_1 을 받아들인다.

예제 9.15 추진제 전단강도: 부호검정

Montgomery, Peck, Vining (2012)은 금속용기 안에 점화추진제와 지속추진제를 결합하여 로켓모터를 만드는 연구를 설명하였다. 두 추진제의 접착력의 전단강도는 중요한 품질 특성이다. 20개의 임의추출된 모터를 시험하고 수집한 전단강도 데이터가 표 9.5에 나와 있다. $\alpha = 0.05$ 로 전단강도의 중앙값이 2000 psi인지를 검정하려고 한다.

가설검정의 7단계 절차를 적용하면 다음과 같다.

1. 관심모수: 관심의 모수는 전단강도 분포의 중앙값이다.
2. 귀무가설: $H_0 : \tilde{\mu} = 2000$ psi
3. 대립가설: $H_1 : \tilde{\mu} \ne 2000$ psi
4. 검정통계량: 관측된 검정통계량의 값은 표 9.5에서 양의 부호인 것의 개수, 즉 $r^+ = 14$ 이다.

표 9.5 추진제 전단강도 데이터

관측치(i)	전단강도(x_i)	차이(x_i-2000)	부호
1	2158.70	+158.70	+
2	1678.15	−321.85	−
3	2316.00	+316.00	+
4	2061.30	+61.30	+
5	2207.50	+207.50	+
6	1708.30	−291.70	−
7	1784.70	−215.30	−
8	2575.10	+575.10	+
9	2357.90	+357.90	+
10	2256.70	+256.70	+
11	2165.20	+165.20	+
12	2399.55	+399.25	+
13	1779.80	−220.20	−
14	2336.75	+336.75	+
15	1765.30	−234.70	−
16	2053.50	+53.50	+
17	2414.40	+414.40	+
18	2200.50	+200.50	+
19	2654.20	+654.20	+
20	1753.70	−246.30	−

5. 기각역: $r^+=14$에 대응하는 P-값이 $\alpha=0.05$ 미만이면 H_0을 기각한다.
6. 계산: $r^+=14>n/2=10$이므로 P-값은 다음과 같다.

$$P=2P\left(R^+\geq 14 \;\middle|\; p=\frac{1}{2}\right)$$
$$=2\sum_{r=14}^{20}\binom{20}{r}(0.5)^r(0.5)^{20-r}=0.1153$$

7. 결론: $P=0.1153>\alpha=0.05$이므로 전단강도의 중앙값이 2000 psi라는 귀무가설을 기각할 수 없다. 다시 말하면 $r^+=14$는 전단강도의 중앙값이 2000 psi와 다르다고 할 만큼 충분히 크거나 작은 값이 아니다.

부호검정에 대한 임계치는 부록 A의 표 Ⅷ에 나와 있다. 식(9.54)의 양측검정에 대하여 이 표를 사용하는 방법은 간단하다. R^+와 R^-는 각각 $(X_i-\tilde{\mu}_0)$가 양수와 음수인 것의 개수이고 $R=\min(R^+, R^-)$라고 하자. 부록 A의 표 Ⅷ에는 $\alpha=0.01$, 0.05, 0.10에 대하여 P(제1종오류)$=P(H_0$을 기각 $\mid H_0$이 참$)=\alpha$가 되는 부호검정의 임계치 r^*_α가 나와 있다. 검정통계량 R의 계산값 r이 $r<r^*_\alpha$를 만족하면 $H_0:\tilde{\mu}=\tilde{\mu}_0$를 기각한다.

예를 들어 표 9.5의 데이터를 보자. $r^+=14$, $r^-=6$이므로 $r=\min(14,6)=6$이다. 표 Ⅷ에서 $n=20$, $\alpha=0.05$를 찾아보면 $r^*_{0.05}=5$이다. $r=6>r^*_{0.05}=5$이므로 전단강도 분포의 중앙값이 2000 psi라는 귀무가설을 기각할 수 없다.

단측검정에도 표 Ⅷ을 사용한다. 대립가설이 $H_1:\tilde{\mu}<\tilde{\mu}_0$인 경우 $r^-\leq r^*_\alpha$이면 $H_0:\tilde{\mu}=\tilde{\mu}_0$를 기각하고, $H_1:\tilde{\mu}>\tilde{\mu}_0$인 경우 $r^+\leq r^*_\alpha$이면 $H_0:\tilde{\mu}=\tilde{\mu}_0$를 기각한다. 단측검정의 유의수준은 양측검정의 유의수준의 1/2이다. 표 Ⅷ에는 양측검정의 유의수준 바로 다음 행에 단측검정의 유의수준이 나와 있다.

부호검정의 R처럼 검정통계량이 이산분포를 따르는 경우 유의수준이 정확히 α인 임계치 r_α^*를 선택하는 것이 어려울 수 있다. 이 경우 표 Ⅷ에서 가능한 한 공시된 유의수준에 가까운 α에 대응하는 r_α^*를 선택하면 된다.

부호검정에서 동일값(tie): 모집단 분포가 연속이면 동일값, 즉 X_i가 정확히 $\tilde{u}_0$일 확률은 0이다. 그러나 데이터를 수집하는 방법으로 인해 실질적으로 동일값이 나오는 경우가 있다. 동일값이 나오면 이 값을 빼고 나머지 데이터에 부호검정을 적용한다.

정규근사: $p = 0.5$일 때 n이 적어도 10이면 정규분포가 이항분포를 잘 근사한다. 정규분포의 평균은 np이고 분산은 $np(1-p)$이므로 n이 크면 R^+의 분포는 근사적으로 평균이 $0.5n$이고 분산이 $0.25n$인 정규분포이다. 따라서 귀무가설 $H_0 : \tilde{\mu} = \tilde{\mu}_0$를 검정하는 검정통계량으로 아래 식(9.55)를 사용한다.

부호검정에서 검정통계량의 정규근사

$$Z_0 = \frac{R^+ - 0.5n}{0.5\sqrt{n}} \tag{9.55}$$

식(9.55)의 Z_0을 이용하여 P-값을 계산하거나 고정유의수준검정을 위한 기각역의 위치를 결정한다. 검정통계량 Z_0의 계산값 z_0이 $|z_0| > z_{\alpha/2}$이면 양측대립가설을 기각한다. 단측대립가설에 대한 기각역도 구할 수 있다. 예를 들어 대립가설이 $H_1 : \tilde{\mu} > \tilde{\mu}_0$인 경우 $z_0 > z_\alpha$이면 H_0을 기각한다.

부호검정에서 제2종오류: 부호검정에서는 모든 연속분포에 대하여 $H_0 : \tilde{\mu} = \tilde{\mu}_0$를 검정할 때 제1종오류확률을 공시된 수준 α로 제어할 수 있다. 다른 가설검정 절차에서처럼 부호검정에서도 제2종오류확률 β를 조사하는 것이 중요하다. 검정은 귀무가설로부터의 이탈을 효과적으로 검출할 수 있어야 하는 데, 이 효과를 측정하는 좋은 측도는 중요한 이탈값에 대한 β-오류이다. β-오류가 작으면 효과적인 절차임을 의미한다.

특정한 $\tilde{\mu}$의 값, 예를 들어 $\tilde{\mu}_0 + \Delta$ 뿐만 아니라 분포의 모양도 β에 영향을 미친다. 예를 들어 $\sigma = 1$인 정규분포에 대하여 $H_0 : \tilde{\mu} = 2$와 $H_1 : \tilde{\mu} > 2$를 검정한다고 하자. 정규분포에서는 $\tilde{\mu} = \mu$이므로 이 가설은 평균이 2인지를 검정하는 것과 같다. $\tilde{\mu} = 2$에서 $\tilde{\mu} = 3$으로의 이동을 검출하는 것이 중요한 상황을 그래프로 나타내면 그림 9.18(a)와 같다. 대립가설($H_1 : \tilde{\mu} = 3$)이 참일 때 확률변수 X가 2 이하일 확률을 구하면 다음과 같다.

$$P(X \le 2) = P(Z \le -1) = \Phi(-1) = 0.1587$$

크기가 12인 임의표본을 가정하고, $\alpha = 0.05$로 부록 A의 표 Ⅷ을 찾아보면 $r^- \le r_{0.05}^*$

$=2$일 때 $H_0 : \tilde{\mu} = 2$를 기각한다. 따라서 β는 $\tilde{\mu} = 3$일 때 H_0을 기각하지 못하는 확률로 다음과 같이 β-오류를 구한다.

$$\beta = 1 - \sum_{x=0}^{2} \binom{12}{x} (0.1587)^x (0.8413)^{12-x} = 0.2944$$

그림 9.18(b)는 X의 분포가 지수분포인 경우를 나타낸다. 지수분포의 중앙값이 3일 때 평균은 4.33이므로, $\tilde{\mu} = 3$일 때 X가 2 이하일 확률은

$$P(X \le 2) = \int_0^2 \frac{1}{4.33} e^{-\frac{1}{4.33}x} dx = 0.3699$$

이다. 이 경우 β-오류를 구하면

$$\beta = 1 - \sum_{x=0}^{2} \binom{12}{x} (0.3699)^x (0.6301)^{12-x} = 0.8794$$

이다. 따라서 부호검정의 β는 대립가설에서 설정한 $\tilde{\mu}$의 값뿐만 아니라 모집단 분포에서 귀무가설 설정값의 우측 면적에도 의존한다. 이 우측 면적은 주어진 확률분포의 모양에 상당히 의존한다. 이 예제에서 β는 큰 값이므로 현재 표본크기를 기반으로 한 가설검정은 귀무가설로부터의 이탈을 검출하는 능력이 부족하다고 할 수 있다.

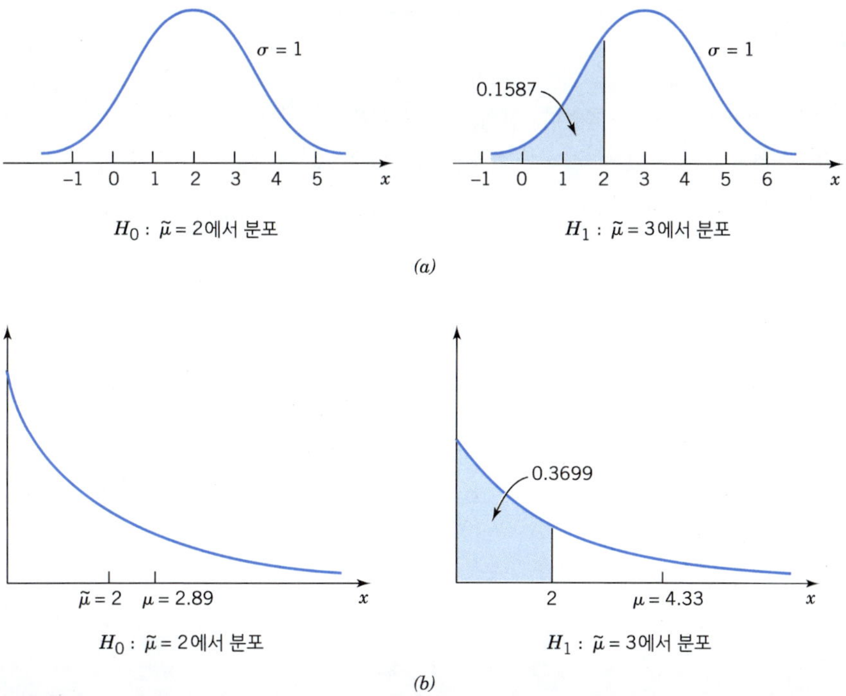

그림 9.18 부호검정에서 β의 계산 (a) 정규분포 (b) 지수분포

9.9.2 윌콕슨 부호순위검정

부호검정은 관측치와 중앙값의 차이(또는 짝진 관측치의 차이)의 부호만 사용하고 크기를 무시한다. Frank Wilcoxon은 방향(부호)과 크기를 모두 사용하는 검정 절차를 개발하였는데 이 절차를 윌콕슨 부호순위검정(Wilcoxon's signed-rank test)이라고 한다.

윌콕슨 부호순위검정은 대칭연속분포(symmetric continuous distribution)에 적용된다. 대칭연속분포에서 평균과 중앙값은 같으므로 $H_0 : \mu = \mu_0$을 검정하기 위해 윌콕슨 부호순위검정을 사용할 수 있다.

검정 절차: $X_1, X_2, \cdots, X_n$은 평균(중앙값)이 μ인 대칭연속분포에서 추출한 확률표본이라고 가정하자. 먼저 차이 $X_i - \mu_0$ $(i = 1, 2, \cdots, n)$를 계산하고 $|X_i - \mu_0|$을 오름차순으로 순위를 매긴 후 순위에 해당 차이의 부호를 부여한다. W^+는 양의 순위의 합, W^-는 음의 순위의 절댓값의 합, $W = \min(W^+, W^-)$라고 하자. 부록 A의 표 IX에는 W의 임계치인 w_α^*가 나와 있다. 대립가설이 $H_1 : \mu \neq \mu_0$일 때 통계량 W의 계산값 w가 $w \leq w_\alpha^*$를 만족하면 $H_0 : \mu = \mu_0$을 기각한다. 표 IX에는 양측검정의 유의수준 $\alpha = 0.01$, 0.02, 0.05, 0.1에 대한 임계치가 나와 있다.

대립가설이 $H_1 : \mu > \mu_0$인 경우 $w^- \leq w_\alpha^*$이면 $H_0 : \mu = \mu_0$을 기각하고, 대립가설이 $H_1 : \mu < \mu_0$인 경우 $w^+ \leq w_\alpha^*$이면 $H_0 : \mu = \mu_0$을 기각한다. 표 IX에 있는 단측검정에 대한 유의수준은 $\alpha = 0.005, 0.01, 0.025, 0.05$이다.

예제 9.16 추진제 전단강도: 윌콕슨 부호순위검정

표 9.5의 추진제 전단강도 데이터에 윌콕슨 부호순위검정을 적용해 보자. 모집단 분포는 대칭연속분포라고 가정한다.

가설검정의 7단계 절차를 적용하면 다음과 같다.

1. 관심모수: 관심의 모수는 전단강도의 평균(또는 중앙값)이다.
2. 귀무가설: $H_0 : \tilde{\mu} = 2000$ psi
3. 대립가설: $H_1 : \tilde{\mu} \neq 2000$ psi
4. 검정통계량: 검정통계량은 $W = \min(W^+, W^-)$이고 검정통계량의 계산값은 $w = \min(w^+, w^-)$이다.
5. 기각역: 부록 A의 표 IX로부터 $w \leq w_{0.05}^* = 52$이면 H_0을 기각한다.
6. 계산: 표 9.5에 대한 부호순위를 계산하면 오른쪽 표와 같다. 양의 순위의 합은

$$w^+ = (1+2+3+4+5+6+11+13+15+16 +17+18+19+20) = 150$$

이고 음의 순위의 절댓값의 합은

$$w^- = (7+8+9+10+12+14) = 60$$

이다. 따라서 $w = \min(150, 60) = 60$이다.

7. 결론: $w = 60 > w_{0.05}^* = 52$이므로 전단강도의 평균(또는 중앙값)이 2000 psi라는 귀무가설을 기각할 수 없다.

관측치(i)	차이(x_i-2000)	부호
16	+53.50	+1
4	+61.30	+2
1	+158.70	+3
11	+165.20	+4
18	+200.50	+5
5	+207.50	+6
7	+215.30	−7
13	−220.20	−8
15	−234.70	−9
20	−246.30	−10
10	+256.70	+11
6	−291.70	−12
3	+316.00	+13
2	−321.85	−14
14	+336.75	+15
9	+357.90	+16
12	+399.50	+17
17	+414.40	+18
8	+575.10	+19
19	+654.20	+20

윌콕슨 부호순위검정에서 동일값: 모집단 분포가 연속이므로 이론적으로는 같은 값이 나올 수 없으나 실질적으로 가끔 같은 값이 나온다. 여러 관측치가 같은 값인 경우 이 값들이 서로 약간 다르다고 가정하고 구한 순위의 평균을 부여한다.

대표본 근사: 표본크기가 적당히 크면 예를 들어 $n > 20$이면 W^+(또는 W^-)는 근사적으로 평균과 분산이 각각

$$\mu_{W^+} = \frac{n(n+1)}{4}, \quad \sigma^2_{W^+} = \frac{n(n+1)(2n+1)}{24}$$

인 정규분포를 따른다고 알려져 있다. 따라서 가설 $H_0 : \mu = \mu_0$의 검정통계량을 다음과 같이 정의한다.

윌콕슨 부호순위검정에서 검정통계량의 정규근사

$$Z_0 = \frac{W^+ - \frac{n(n+1)}{4}}{\sqrt{\frac{n(n+1)(2n+1)}{24}}} \tag{9.56}$$

양측검정 또는 단측검정에 대한 적절한 임계치는 표준정규분포표로부터 구한다.

9.9.3 t-검정과 비교

모집단이 정규분포이면 중앙값에 대한 가설을 검정하기 위해 부호검정과 t-검정을 모두 사용할 수 있다. t-검정의 β-오류는 유의수준 α의 모든 가능한 단측검정 또는 임계치가 대칭인 양측검정 중에서 가장 작다고 알려져 있다. 따라서 정규분포의 경우 t-검정은 부호검정보다 우수하다. 모집단 분포가 대칭이지만 (평균이 유한한) 비정규분포일 때, 정규분포보다 훨씬 더 두터운 꼬리를 가지지 않는 한, t-검정은 부호검정보다 작은 β를 갖는다. 따라서 부호검정은 t-검정의 경쟁 방법이라기보다 중앙값에 대한 검정 절차로 생각해야 한다. 일반적으로 부호검정보다 윌콕슨 부호순위검정을 선호하며, 대칭분포의 경우 윌콕슨 부호순위검정은 t-검정과도 잘 비교된다. 데이터를 변환하여 정규분포에 가까운 분포를 얻지 못하면 윌콕슨 부호순위검정을 사용하는 것이 좋다.

9.10 동등성검정

가설검정은 통계적 추론의 가장 유용한 기법 중 하나이다. 그러나 지금까지 알아본 가설검정은 단방향으로 작동한다. 즉, 귀무가설 H_0이 참이라는 진술로 시작하여, 그 반대되는 증거를 수집하여 대립가설 H_1을 지지하려고 한다. 그 결과 귀무가설을 기각할 때 대립가설에 대한 강력한 진술을 얻는다. 이러한 절차는 많은 상황에서 잘 작동하지만 항상 그런 것은 아니다.

예를 들어 부품의 새로운 공급업체를 선정하는 상황을 생각해 보자. 현재 공급업체는 기준이 되는 평균저항 80옴인 부품을 생산한다. 새 공급업체가 같은 평균저항의 부품을 생산하면 자격을 부여하려고 한다. 조만간 제품 수요가 급속히 증가할 것으로 예상되며 수요를 충족하려면 두 번째 공급업체가 필요하다. 이 경우 전통적 가설검정의 형식인

$$H_0 : \mu = 80 \qquad H_1 : \mu \neq 80$$

은 만족스럽지 않다. 왜냐하면 귀무가설을 기각하는 경우에만 강력한 결론을 얻기 때문이다. 우리가 실제로 검정하는 가설은 다음과 같다.

$$H_0 : \mu \neq 80 \qquad H_1 : \mu = 80$$

이런 유형의 가설검정을 동등성검정(equivalence test)이라고 한다. 귀무가설은 새로운 공급업체가 기준 제품을 생산하지 못한다는 진술이고 이 주장을 기각할 만한 충분한 증거가 없으면 이 주장을 받아들인다. 동등성검정에서는 다음 2개의 단측대립가설을 검정한다.

$$H_0 : \mu = 80 + \delta \qquad H_1 : \mu < 80 + \delta$$

$$H_0 : \mu = 80 - \delta \qquad H_1 : \mu > 80 - \delta$$

여기서 δ를 동등성대역(equivalence band)이라고 하며, δ는 평균성능(여기서는 저항)이 기준과 같다고 할 수 있는 실질적 임계치이다. 구간 $80 \pm \delta$를 동등성구간(equivalence interval)이라고 한다. 첫 번째 가설은 평균과 기준의 차이가 구간의 상한 동등한계보다 현저히 작음을, 두 번째 가설은 이 차이가 구간의 하한 동등한계보다 현저히 큼을 검정한다. 같은 데이터에 두 검정을 모두 적용하므로 2개의 단측검정(two one-sided tests, TOST)이라고도 한다.

예제 9.17 저항

저항은 근사적으로 정규분포를 따르고 새 공급업체로부터 $n = 50$의 임의표본을 추출한 결과 $\bar{x} = 79.98$옴, $s = 0.10$옴이다. 표본평균은 기준 80과 가깝다. 측정오차는 약 0.01옴이라고 가정한다. 새 공급업체의 평균저항이 기준 80의 0.05 이내인 경우 성능의 차이가 없다고 판단하기로 하면 $\delta = 0.05$이다. 주목할 점은 동등성대역을 예상되는 저항의 측정오차보다 크게 선택했다는 것이다. 다음 두 가설을 검정해 보자.

$$H_0 : \mu = 80.05 \qquad H_1 : \mu < 80.05$$

$$H_0 : \mu = 79.95 \qquad H_1 : \mu > 79.95$$

첫 번째 가설의 검정통계량 계산값은 $t_0 = -4.95$이고 P-값은 0.01보다 작으므로 평균저항이 80.05 미만이라고 결론을 내린다. 두 번째 가설의 검정통계량 계산값은 $t_0 = 2.12$이고 P-값은 0.025 미만이다. 따라서 평균저항은 79.95보다 유의하게 크고 80.05보다 유의하게 작다. 평균이 ± 0.05 구간 안에 있으므로 새 공급업체가 현재 공급업체와 동등한 부품을 생산한다는 결론을 뒷받침하는 충분한 증거가 있다.

공급업체의 자격 문제, 일반 의약품 제조, 새 장비의 자격과 같은 많은 응용 분야에서 동등성검정을 이용한다. 동등성을 정의할 때 생각해야 할 문제는 다음과 같다.

1. 동등성대역을 결정할 때 모수 δ는 일반적인 측정오차보다 커야 한다. 경험적으로 δ는 측정오차보다 적어도 3배 커야 한다.
2. 동등성대역은 공정변동보다 훨씬 작아야 한다.
3. 동등성대역은 제품이나 공정의 규격보다 훨씬 작아야 한다. 일반적으로 규격은 사용 적합성을 정의한다.
4. 동등성대역은 실제 기능적 성능과 관련이 있어야 한다. 즉, 성능 저하에 앞서 얼마나 큰 차이를 용인할 수 있는지 결정해야 한다.

9.11 P-값 결합

공학과 과학 분야에서는 관심의 문제와 관련이 있는 여러 가설들의 집합을 검정해야 하는 경우가 자주 있다. 예를 들어 군대와 경찰조직에서 사용하는 방탄복의 합성섬유를 새로 개발할 때, 새 방탄복이 제대로 기능하려면 섬유의 파괴강도가 적어도 100 lb/in^2이어야 한다고 하자. 실험실에서 여러 로트의 섬유를 생산하고 각 로트로부터 3개의 시편을 임의추출하여 시험하였다. 각 로트에 대하여 관심의 가설은 다음과 같다.

$$H_0 : \mu = 100 \qquad H_1 : \mu > 100$$

로트의 크기가 작고 파괴시험이므로 표본의 크기도 작다. 6개의 로트를 생산한 후 독립적인 가설검정을 수행한 결과 P-값은 0.105, 0.080, 0.250, 0.026, 0.650, 0.045라고 하자. 이 P-값들의 크기를 볼 때 새 섬유가 만족스러울 것으로 생각되지만, 표본크기가 작으므로 6개의 검정 결과를 결합하여 새 섬유의 허용 여부를 결정하면 도움이 될 것이다. 여러 연구나 실험 결과를 결합하는 것을 메타분석(meta-analysis)이라고 한다. 공중보건 감시, 새 의료기기나 치료의 임상시험, 생태학, 유전학 등 여러 분야에서 메타분석을 이용한다. 실험 결과를 결합하는 한 가지 방법은 모든 P-값을 하나의 통계량으로 결합한 후 하나의 P-값을 계산하는 것으로 이 절차는 R. A. Fisher에 의해 개발되었다.

가설 i의 P-값을 P_i $(i = 1, 2, \cdots, m)$라고 할 때 검정통계량

$$X_0^2 = -2\sum_{i=1}^{m} \ln(P_i)$$

는 자유도가 $2m$인 카이제곱분포를 따른다고 알려져 있다. 이 검정통계량의 계산값을 이용하여 P-값을 구한다. P-값이 작으면 공통의 귀무가설을 기각하고 결합된 데이터가 대립가설을 지지한다고 결론을 내린다.

위 예제에서 6개 검정의 P-값을 결합하여 검정통계량의 계산값을 구하면

$$\begin{aligned}\chi_0^2 &= -2[\ln(0.105) + \ln(0.080) + \ln(0.250) + \ln(0.026) + \ln(0.650) + \ln(0.045)] \\ &= 26.6947\end{aligned}$$

이고, 자유도는 $2m = 2 \times 6 = 12$이다. P-값은 $0.005 < P < 0.01$로 매우 작으므로 귀무가설을 기각한다. 다시 말해 6개 검정을 결합해 보면 평균 파괴강도가 100 lb/in^2를 초과한다는 강력한 증거가 있다.

Fisher의 방법을 사용하기 위해 귀무가설이 모두 같아야 하는 것은 아니다. 응용분야에 따라 귀무가설이 서로 다른 여러 가설의 집합을 다루기도 한다. 이런 상황에서 대립가설은 적어도 하나의 귀무가설이 거짓이라는 것이다. Fisher의 방법은 1920년대에 개발되었으며 그 이후로 여러 기법이 제안되었다. 이 제안된 기법들의 적절성과 검정력에 대한 설명은

Piegorsch와 Bailer의 논문을 참고하기 바란다("Combining Information", *Wiley Interdisciplinary Reviews: Computational Statistics*, 2009, Vol. 1(3), pp. 354-360).

주요용어와 개념

가설(Hypothesis)
가설검정(Hypothesis testing)
가설검정과 신뢰구간의 관계(Connection between hypothesis tests and confidence intervals)
가설검정에서 표본크기 결정(Sample size determination for hypothesis test)
검사특성곡선, OC곡선(Operating characteristic curve)
검정의 유의수준(Significance level of a test)
검정통계량(Test statistics)
검정통계량의 참조분포(Reference distribution for a test statistic)
고정유의수준(Fixed significance level)
관측된 유의수준(Observed significance level)
귀무가설(Null hypothesis)
기각역(Rejection region)
단측대립가설, 양측대립가설(One- and two-sided alternative hypotheses)
대립가설(Alternative hypothesis)
대칭연속분포(Symmetric continuous distribution)
독립성검정(Independence test)
동등성검정(Equivalence testing)
동질성검정(Homogeneity test)
모수방법(Parametric method)
부호검정(Sign test)
분할표(Contingency table)
비모수검정의 정규근사(Normal approximation to nonparametric test)
비모수방법, 분포에서 자유로운 방법(Nonparametric and distribution free method)
순위(Rank)
신뢰구간(Confidence interval)
영분포(Null distribution)
윌콕슨의 부호순위검정(Wilcoxon's signed-rank test)
임계역(Critical region)
임계치(Critical value)
적합도검정(Goodness-of-fit test)
제1종오류, 제2종오류(Type I and type II errors)
제1종오류확률, 제2종오류확률(α, β)
채택역(Acceptance region)
z-검정(z-test)
추론(Inference)
카이제곱검정(Chi-square test)
통계적 가설(Statistical hypothesis)
통계적 검정의 검정력(Power of a statistical test)
통계적 유의성과 실질적 유의성(Statistical versus practical significance)
t-검정(t-test)
표본분포(Sampling distribution)
P-값 결합(Combining P-values)
P-값(P-value)

이표본 통계추론

CHAPTER **10**

© HKPNC / iStockphoto

학습목표

이 장을 주의 깊게 학습한 후 다음을 할 수 있다.

1. 두 집단 비교실험을 가설검정으로 구조화 한다.
2. 정규분포의 평균 차이에 대한 가설을 검정하고, 신뢰구간을 구한다.
3. 정규분포의 분산 또는 표준편차의 비율에 대한 가설을 검정하고, 신뢰구간을 구한다.
4. 모비율의 차이에 대한 가설을 검정하고, 신뢰구간을 구한다.
5. 가설검정 절차에서 P-값 방법을 사용한다.
6. 평균, 분산, 비율에 대한 이표본 검정에서 검정력과 제2종오류확률을 계산하고, 표본크기를 결정한다.
7. 신뢰구간과 가설검정의 관계를 이해한다.

목차

음용수의 안전은 심각한 공중보건 문제이다. 2001년 5월 27일 발간된 잡지 《애리조나 리퍼블릭(Arizona Republic)》의 한 기사에 따르면 피닉스 도심지역 10곳과 애리조나 농촌지역 10곳에서 측정한 음용수의 비소농도는 3 ppb에서 48 ppb(part per billion, 10^{-9})의 범위로 극적인 차이를 보인다. 또한, 이 기사에서 "도심지역과 농촌지역의 비소농도는 실제로 차이가 있는가? 차이가 있으면 그 차이는 얼마나 큰가? 차이는 공중보건 서비스와 다른 주 정부 기관이 문제해결을 위한 조치를 취해야 할 정도로 큰 값인가? 보고된 비소농도의 수준은 공중보건 위험으로 여겨야 할 정도인가?" 하는 몇 가지 중요한 질문이 제기되었다.

통계적 방법을 이용하여 위 질문 중 일부 질문에 대한 답을 찾을 수 있다. 도심지역을 첫 번째 모집단, 농촌지역을 두 번째 모집단이라고 할 때, 두 모집단의 평균 비소농도인 μ_1과 μ_2가 다르다는 가설을 검정하여 평균 차이가 통계적으로 유의한지 결정할 수 있다. 이와 같은 검정은 9장의 단일표본 가설검정을 두 표본으로 확장한 것이다. 또한, 두 평균의 차이 $\mu_1 - \mu_2$를 추정하는 신뢰구간을 구할 수 있다.

비소농도 문제는 공학과 과학 분야에서 통계학을 사용하는 전형적인 사례이다. 적절한 통계기법을 사용하여 위의 질문 일부분에 대한 답을 찾을 수 있으며, 나머지 질문의 답을 찾으려면 공학적, 과학적 전문지식이 필요하다.

10.1 분산을 알 때 정규분포의 평균 차이에 대한 추론

8장과 9장에서 단일 모집단의 모수(평균 μ, 분산 σ^2, 비율 p)에 대한 가설검정과 신뢰구간을 공부했다. 이 장에서는 단일 모집단 문제를 두 개의 독립 모집단 문제로 확장한다.

문제의 일반적 상황은 그림 10.1에 나타나 있다. 첫 번째 모집단의 평균은 μ_1, 분산은 σ_1^2, 두 번째 모집단의 평균은 μ_2, 분산은 σ_2^2이라고 하자. 추론은 각각 크기가 n_1과 n_2인 두 확률표본을 기반으로 한다. 이제 $X_{11}, X_{12}, \cdots, X_{1n_1}$은 첫 번째 모집단에서 추출한 크기 n_1인 확률표본이고, $X_{21}, X_{22}, \cdots, X_{2n_2}$은 두 번째 모집단에서 추출한 크기가 n_2인 확률표본이라고 하자. 이 장에서 학습하는 방법은 두 모집단의 모수의 차이를 알아보는 비교실험(comparative experiment)에 적용된다.

기술자와 과학자는 종종 두 조건을 비교하여 어떤 조건이 반응에 유의한 영향을 미치는지 결정하려고 한다. 이 조건을 처리(treatment)라고 한다. 아래의 예제 10.1에서 이와 같은 실험을 알아본다. 이 예제에서 두 처리는 두 가지의 서로 다른 페인트 조성물이며 반응은 건조시간이다. 연구의 목적은 새 조성물이 유의한 영향, 즉 건조시간을 줄이는 효과가 있는지를 결정하는 것이다. 실험자는 두 페인트 조성물에 각각 10개의 시료를 임의로 할당하고 모든 20개 시료의 도색 순서를 임의로 정한다. 이와 같은 실험을 완전랜덤화실험(completely randomized experiment)이라고 한다.

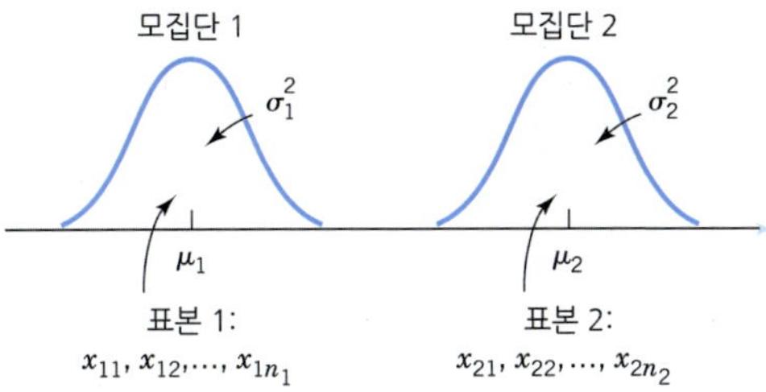

그림 10.1 두 독립 모집단

실험자는 랜덤화실험을 통해 통계적 유의성을 관측하면 처리의 차이로 인해 반응의 차이가 나타난 것으로 자신있게 결론을 내릴 수 있다. 즉, 원인과 결과의 관계가 발견되었다고 확신할 수 있다.

랜덤화실험과 달리 비교에 사용되는 객체를 처리에 임의로 할당할 수 없는 경우도 있다. 예를 들어 미국심장협회에서 발행하는 의학저널 《Circulation》의 1992년 9월호에는 철분수준과 심장마비의 관계에 관한 연구가 발표되었다. 핀란드에서 수행된 이 연구에서는 5년 동안 1931명의 남성을 추적하여 높은 철분수준이 심장마비의 발생에 통계적으로 유의한 영향을 준다는 것을 확인하였다. 이 연구에서는 한 남성을 임의추출하여 낮은 철분수준을 처치하고, 다른 남성을 임의추출하여 높은 철분수준을 처치하는 비교를 수행하지는 않았으며, 단지 시간에 걸쳐 남성들을 추적하였다. 1장에서 알아본 것처럼 이런 유형의 연구는 관찰연구(observational study)이다.

관찰연구에서는 두 집단의 반응이 통계적으로 유의한 차이를 보여도 그 차이가 처리로 인한 것이 아니라 랜덤화를 통해 집단 간에 동일하게 처치하지 못한 다른 요인때문일 수 있기 때문에 관찰연구로부터 인과관계를 식별하기는 어렵다. 예를 들어 심장마비 위험의 차이는 철분수준의 차이 또는 다른 기저요인(콜레스테롤 수치, 고혈압과 같은) 때문일 수 있다.

이 절에서는 분산 σ_1^2과 σ_2^2이 알려진 두 정규분포의 평균 차이 $\mu_1 - \mu_2$에 대한 통계적 추론을 알아본다. 이 절의 가정사항을 요약하면 다음과 같다.

이표본 추론에서 가정사항

(1) $X_{11}, X_{12}, \cdots, X_{1n_1}$은 첫 번째 모집단으로부터 추출한 확률표본이다.

(2) $X_{21}, X_{22}, \cdots, X_{2n_2}$은 두 번째 모집단으로부터 추출한 확률표본이다.

(3) 두 모집단은 서로 독립이며 각각 X_1, X_2로 나타낸다.

(4) 두 모집단은 정규분포를 따른다.

논리적으로 $\mu_1 - \mu_2$의 점추정량은 표본평균의 차이 $\overline{X}_1 - \overline{X}_2$이다. 기댓값의 성질에 의하면 $\overline{X}_1 - \overline{X}_2$의 평균은

$$E(\overline{X}_1 - \overline{X}_2) = E(\overline{X}_1) - E(\overline{X}_2) = \mu_1 - \mu_2$$

이고, 분산은

$$V(\overline{X}_1 - \overline{X}_2) = V(\overline{X}_1) + V(\overline{X}_2) = \frac{\sigma_1^2}{n_1} + \frac{\sigma_2^2}{n_2}$$

이다. 위의 가정사항을 토대로 다음 결과가 성립함을 알 수 있다.

> 확률변수
>
> $$Z = \frac{\overline{X}_1 - \overline{X}_2 - (\mu_1 - \mu_2)}{\sqrt{\frac{\sigma_1^2}{n_1} + \frac{\sigma_2^2}{n_2}}} \tag{10.1}$$
>
> 은 $N(0,1)$을 따른다.

위 결과를 이용하여 $\mu_1 - \mu_2$에 대한 가설검정과 신뢰구간을 구하는 절차를 구축한다. 기본적으로 $\mu_1 - \mu_2$를 모수 θ라고 하면 θ의 추정량은 $\widehat{\Theta} = \overline{X}_1 - \overline{X}_2$이며 $\widehat{\Theta}$의 분산은 $\sigma_{\widehat{\Theta}}^2 = \sigma_1^2/n_1 + \sigma_2^2/n_2$이다. 귀무가설에서 설정한 θ의 값이 θ_0이면 검정통계량은 $\frac{\widehat{\Theta} - \theta_0}{\sigma_{\widehat{\Theta}}}$으로, 식(9.8)에서 정의한 단일 평균에 대한 검정통계량과 아주 비슷하다.

10.1.1 가설검정

이제 두 정규분포 모집단의 평균 차이인 $\mu_1 - \mu_2$에 대한 가설검정을 생각해 보자. 평균 차이 $\mu_1 - \mu_2$가 설정값 Δ_0과 같은지를 검정하려면 귀무가설은 $H_0 : \mu_1 - \mu_2 = \Delta_0$이다. 두 모평균이 같은지를 검정하는 특별한 경우 $\Delta_0 = 0$이다. 식(10.1)에서 $\mu_1 - \mu_2$를 Δ_0으로 대체하여 구한 검정통계량을 Z_0이라고 할 때, Z_0은 H_0하에서 표준정규분포를 따른다. 즉, 검정통계량에 대한 **참조분포**(reference distribution)는 표준정규분포이다. 대립가설이 $H_1 : \mu_1 - \mu_2 \neq \Delta_0$일 때, 평균 차이의 계산값 $\overline{x}_1 - \overline{x}_2$가 Δ_0과 상당히 다르면 H_1이 사실이라는 증거가 된다. H_0이 참이면 Z_0은 $N(0,1)$을 따르므로 P-값은 표준정규분포에서 검정통계량의 계산값 z_0보다 크거나 $-z_0$보다 작을 확률, 즉 $P = 2[1 - \Phi(|z_0|)]$이다. 이러한 절차는 단일표본 z-검정 절차와 정확히 같다. 고정유의수준검정의 경우 단일표본 z-검정에서처럼 임계치를 $z_{\alpha/2}$와 $-z_{\alpha/2}$라고 두면 검정의 유의수준은 α이다. 비슷한 방법으로 단측대립가설에 대한 P-값이나 기각역을 결정한다. 이 결과를 요약하면 다음과 같다.

분산을 알 때 평균의 차이에 대한 검정: 이표본 z – 검정

귀무가설: $H_0 : \mu_1 - \mu_2 = \Delta_0$

검정통계량: $$Z_0 = \frac{\overline{X}_1 - \overline{X}_2 - \Delta_0}{\sqrt{\frac{\sigma_1^2}{n_1} + \frac{\sigma_2^2}{n_2}}} \quad (10.2)$$

대립가설	P–값	고정유의수준검정의 기각 기준
$H_1 : \mu_1 - \mu_2 \neq \Delta_0$	$\lvert z_0 \rvert$ 이상 또는 $-\lvert z_0 \rvert$ 이하일 확률 $P = 2[1 - \Phi(\lvert z_0 \rvert)]$	$z_0 > z_{\alpha/2}$ 또는 $z_0 < -z_{\alpha/2}$
$H_1 : \mu_1 - \mu_2 > \Delta_0$	z_0 이상일 확률 $P = 1 - \Phi(z_0)$	$z_0 > z_\alpha$
$H_1 : \mu_1 - \mu_2 < \Delta_0$	z_0 이하일 확률 $P = \Phi(z_0)$	$z_0 < -z_\alpha$

예제 10.1 페인트 건조시간: 가설검정

어느 제품 개발자는 프라이머 페인트의 건조시간을 줄이는 데 관심을 가지고 두 종류의 페인트 조성물을 시험하였다. 첫 번째는 표준화학 조성물, 두 번째는 건조시간을 줄일 새로운 성분을 첨가한 조성물이다. 경험상 건조시간의 표준편차는 8분이며 새로운 성분을 첨가하여도 내재된 변동은 변하지 않는다. 10개의 시편에는 첫 번째 조성물을, 다른 10개의 시편에는 두 번째 조성물을 도색한다. 이때 20개 시편의 도색 순서는 임의로 정한다. 두 조성물의 건조시간의 표본평균은 각각 $\bar{x}_1 = 121$분, $\bar{x}_2 = 112$분이라고 할 때, 새로운 성분의 효과에 대해 어떤 결론을 내릴 수 있는지 유의수준 $\alpha = 0.05$로 검정해 보자.

가설검정의 7단계 절차를 적용하면 다음과 같다.

1. 관심모수: 관심의 모수는 표준화학 조성물과 새로운 조성물의 평균 건조시간인 μ_1과 μ_2이다.
2. 귀무가설: $\Delta_0 = 0$이므로 $H_0 : \mu_1 - \mu_2 = 0$이다.
3. 대립가설: $H_1 : \mu_1 > \mu_2$이다. 새로운 성분이 건조시간을 감소시키면 H_0을 기각한다.
4. 검정통계량: 검정통계량은 $Z_0 = \dfrac{\overline{X}_1 - \overline{X}_2}{\sqrt{\frac{\sigma_1^2}{n_1} + \frac{\sigma_2^2}{n_2}}}$이고 이때 $\sigma_1^2 = \sigma_2^2 = 8^2 = 64$, $n_1 = n_2 = 10$이다.
5. 기각역: P-값이 0.05보다 작으면 $H_0 : \mu_1 = \mu_2$를 기각한다.
6. 계산: $\bar{x}_1 = 121$분, $\bar{x}_2 = 112$분을 대입하여 검정통계량 Z_0의 계산값을 구하면 $z_0 = \dfrac{121 - 112}{\sqrt{\frac{8^2}{10} + \frac{8^2}{10}}} = 2.52$이다.
7. 결론: P-값을 구하면 $P = 1 - \Phi(2.52) = 0.0059$이므로 유의수준 0.05로 H_0을 기각한다.

해석: 페인트에 새로운 성분을 첨가하여 건조시간을 유의하게 줄인다는 결론을 내린다. 이는 강력한 결론이다.

모분산 σ_1^2, σ_2^2을 모를 때 식(10.2)의 검정통계량에 표본분산 S_1^2, S_2^2을 대입하여 평균차이에 대한 **대표본 검정**을 사용한다. 모집단이 정규분포를 따르지 않아도 이 방법은 잘 작동한다. 대표본 검정을 사용하려면 n_1과 n_2가 모두 40보다 커야 한다.

10.1.2 제2종오류와 표본크기의 선택

OC곡선의 사용: 부록 A의 도표 Ⅶa~Ⅶd에 나타난 OC곡선(operating characteristic curve)

을 이용하여 식(10.2)의 가설에 대한 표본크기나 제2종오류확률을 구할 수 있다. 이 도표는 $\alpha=0.01$, 0.05에 대한 OC곡선이다. 양측가설에는 도표 Ⅷa와 Ⅷb의 OC곡선을 이용하는데, 그래프의 횡축모수는

$$d=\frac{|\mu_1-\mu_2-\Delta_0|}{\sqrt{\sigma_1^2+\sigma_2^2}}=\frac{|\Delta-\Delta_0|}{\sqrt{\sigma_1^2+\sigma_2^2}} \tag{10.3}$$

이고, 같은 표본크기 $n=n_1=n_2$를 사용해야 한다. 단측대립가설 $H_1:\mu_1-\mu_2>\Delta_0$ 또는 $H_1:\mu_1-\mu_2<\Delta_0$의 경우에는 도표 Ⅷc와 Ⅷd를 이용하며, 그래프의 횡축모수는 식(10.3)과 같다.

흔히 두 모집단의 데이터 수집비용이 많이 다르거나 한 모분산이 다른 모분산보다 훨씬 큰 경우 표본의 크기가 서로 다르다. 만약 $n_1\neq n_2$이면

$$n=\frac{\sigma_1^2+\sigma_2^2}{\dfrac{\sigma_1^2}{n_1}+\dfrac{\sigma_2^2}{n_2}} \tag{10.4}$$

을 계산하여 **같은** n을 사용한다. 한편 n_1, n_2가 미리 고정되어 있으면 식(10.4)를 이용하여 n을 계산하고 OC곡선에 지정된 d를 입력하여 β를 찾는다. 지정된 d에 대하여 원하는 β, 즉 β^*를 얻기 위해 필요한 n_1과 n_2를 결정하려면, n_1과 n_2의 시행값을 식(10.4)에 대입하여 n을 계산한 후, OC곡선에 지정된 d를 입력하여 β를 찾는다. 이때 $\beta=\beta^*$이면 n_1과 n_2의 시행값은 만족스럽지만, $\beta\neq\beta^*$이면 n_1과 n_2를 수정하고 이 절차를 반복한다.

예제 10.2 페인트 건조시간: OC곡선에서 표본크기

예제 10.1의 실험에서 평균 건조시간의 차이가 10분이면 적어도 0.9의 확률로 이것을 검출하려고 할 때 필요한 표본크기를 구해 보자.

$\Delta_0=0$, $\Delta=10$이므로 횡축모수의 값은

$$d=\frac{|\mu_1-\mu_2|}{\sqrt{\sigma_1^2+\sigma_2^2}}=\frac{10}{\sqrt{8^2+8^2}}=0.88$$

이다. 유의수준 $\alpha=0.05$로 검정력이 적어도 0.9가 되려면 필요한 표본크기는 도표 Ⅷc로부터 $n=n_1=n_2\simeq 11$이다.

표본크기 공식: $H_0:\mu_1-\mu_2=\Delta_0$은 거짓이고, 평균 차이의 참값은 $\mu_1-\mu_2=\Delta$(단, $\Delta>\Delta_0$)라고 가정해 보자. 유의수준 α에서 원하는 제2종오류확률 β를 얻기 위해 필요한 표본크기를 결정하는 공식을 직접 유도할 수 있다.

예를 들어 양측대립가설에 대한 β-오류는

$$\beta=\Phi\left(z_{\alpha/2}-\frac{\Delta-\Delta_0}{\sqrt{\dfrac{\sigma_1^2}{n_1}+\dfrac{\sigma_2^2}{n_2}}}\right)-\Phi\left(-z_{\alpha/2}-\frac{\Delta-\Delta_0}{\sqrt{\dfrac{\sigma_1^2}{n_1}+\dfrac{\sigma_2^2}{n_2}}}\right)$$

라는 사실을 이용하여 9.2.2절의 단일표본에서와 비슷한 방법으로 표본크기를 구할 수 있다. 결과를 정리하면 다음과 같다.

분산을 알 때 평균 차이에 대한 양측검정: 표본크기($n = n_1 = n_2$)

유의수준 α인 양측검정에서 평균 차이의 참값 Δ를 적어도 $1-\beta$의 검정력으로 검출하려고 할 때 필요한 표본크기 n은

$$n \simeq \frac{(z_{\alpha/2} + z_\beta)^2 (\sigma_1^2 + \sigma_2^2)}{(\Delta - \Delta_0)^2} \tag{10.5}$$

식(10.5)의 근사는 $\Phi\left(-z_{\alpha/2} - \dfrac{(\Delta - \Delta_0)\sqrt{n}}{\sqrt{\sigma_1^2 + \sigma_2^2}}\right)$이 β에 비해 작을 때 적절하다. 단측검정의 경우 원하는 검정력을 주는 표본크기를 구하면 다음과 같다.

분산을 알 때 평균 차이에 대한 단측검정: 표본크기($n = n_1 = n_2$)

유의수준 α인 단측검정에서 평균 차이의 참값 Δ를 적어도 $1-\beta$의 검정력으로 검출하려고 할 때 필요한 표본크기 n은

$$n \simeq \frac{(z_\alpha + z_\beta)^2 (\sigma_1^2 + \sigma_2^2)}{(\Delta - \Delta_0)^2} \tag{10.6}$$

여기서 Δ는 관심이 있는 평균 차이의 참값이다. 식(9.20)에서와 비슷한 방식으로 $n = n_1 = n_2$일 때 β-오류를 구할 수 있다.

예제 10.3 페인트 건조시간: 표본크기 공식

예제 10.1의 실험에서 평균 건조시간의 차이가 10분이면 적어도 0.9의 확률로 이것을 검출하려고 한다. $\Delta_0 = 0$, $\Delta = 10$이고, $\alpha = 0.05$이므로 $z_\alpha = z_{0.05} = 1.645$인 단측검정이다. 한편 검정력은 0.9이므로 $\beta = 0.10$, $z_\beta = z_{0.1} = 1.28$이다. 따라서 식(10.6)을 이용하여 필요한 표본크기를 계산하면 다음과 같다.

$$n \simeq \frac{(z_\alpha + z_\beta)^2 (\sigma_1^2 + \sigma_2^2)}{(\Delta - \Delta_0)^2} = \frac{(1.645 + 1.28)^2 (8^2 + 8^2)}{(10 - 0)^2} \approx 11$$

이 값은 예제 10.2에서 OC곡선을 이용하여 구한 값과 정확히 같다.

10.1.3 신뢰구간

앞의 결과로부터 분산을 알 때 두 평균의 차이 $\mu_1 - \mu_2$에 대한 $100(1-\alpha)\%$ 신뢰구간을 바로 구할 수 있다. $X_{11}, X_{12}, \cdots, X_{1n_1}$은 첫 번째 모집단에서 추출한 크기가 n_1인 확률표본, $X_{21}, X_{22}, \cdots, X_{2n_2}$는 두 번째 모집단에서 추출한 크기가 n_2인 확률표본이라고 하자. 표본평균의 차이 $\overline{X}_1 - \overline{X}_2$는 $\mu_1 - \mu_2$의 점추정량이다. 두 모집단이 각각 정규분포를

따르거나 중심극한정리의 조건을 만족하면 다음의 확률변수

$$Z = \frac{\overline{X}_1 - \overline{X}_2 - (\mu_1 - \mu_2)}{\sqrt{\dfrac{\sigma_1^2}{n_1} + \dfrac{\sigma_2^2}{n_2}}}$$

는 표준정규분포 또는 근사 표준정규분포를 따른다. 따라서

$$P(-z_{\alpha/2} \le Z \le z_{\alpha/2}) = 1 - \alpha$$

이고, 다시 쓰면

$$P\left[-z_{\alpha/2} \le \frac{\overline{X}_1 - \overline{X}_2 - (\mu_1 - \mu_2)}{\sqrt{\dfrac{\sigma_1^2}{n_1} + \dfrac{\sigma_2^2}{n_2}}} \le z_{\alpha/2}\right] = 1 - \alpha$$

이다. 위 식에서 확률 진술 안의 항을 $\mu_1 - \mu_2$에 대한 부등식으로 재배열하면

$$P\left(\overline{X}_1 - \overline{X}_2 - z_{\alpha/2}\sqrt{\frac{\sigma_1^2}{n_1} + \frac{\sigma_2^2}{n_2}} \le \mu_1 - \mu_2 \le \overline{X}_1 - \overline{X}_2 + z_{\alpha/2}\sqrt{\frac{\sigma_1^2}{n_1} + \frac{\sigma_2^2}{n_2}}\right) = 1 - \alpha$$

이다. 따라서 $\mu_1 - \mu_2$에 대한 $100(1-\alpha)\%$ 신뢰구간을 다음과 같이 정의한다.

분산을 알 때 평균 차이에 대한 신뢰구간

분산 σ_1^2과 σ_2^2이 알려진 두 독립 정규분포 모집단에서 각각 크기가 n_1과 n_2인 임의표본을 추출하고 계산한 표본평균의 값을 $\overline{x}_1$와 $\overline{x}_2$라고 하자. 모평균의 차이 $\mu_1 - \mu_2$에 대한 $100(1-\alpha)\%$ 신뢰구간은

$$\overline{x}_1 - \overline{x}_2 - z_{\alpha/2}\sqrt{\frac{\sigma_1^2}{n_1} + \frac{\sigma_2^2}{n_2}} \le \mu_1 - \mu_2 \le \overline{x}_1 - \overline{x}_2 + z_{\alpha/2}\sqrt{\frac{\sigma_1^2}{n_1} + \frac{\sigma_2^2}{n_2}} \quad (10.7)$$

단, $z_{\alpha/2}$는 표준정규분포의 상위 $100\alpha/2$번째 백분위수이다.

식(10.7)에서 신뢰수준은 정규분포 모집단의 경우 정확히 $1-\alpha$이지만, 비정규분포 모집단의 경우 대표본일 때 근사적으로 $1-\alpha$이다. 모분산을 모르는 경우 σ_1^2, σ_2^2 대신 s_1^2, s_2^2을 대입한 후 식(10.7)을 평균 차이에 대한 **대표본 신뢰구간**으로 사용할 수 있다. 이 절차가 타당하려면 표본크기 n_1과 n_2가 모두 40보다 커야 한다.

예제 10.4 알루미늄 인장강도

상용 여객기의 날개 제조에 사용되는 알루미늄 날개보(spar)의 두 가지 등급에 대해 인장강도 (단위: kg/m^2)를 시험하였다. 날개보 제조공정과 시험절차에 대한 과거 경험을 토대로 인장강도의 표준편차는 알려져 있다고 가정한다. 수집한 데이터는 다음과 같다.

$$n_1 = 10,\ \bar{x}_1 = 87.6,\ \sigma_1 = 1,\ n_2 = 12,\ \bar{x}_2 = 74.5,\ \sigma_2 = 1.5$$

μ_1과 μ_2는 두 등급에서 평균 강도의 참값일 때 $\mu_1 - \mu_2$에 대한 90% 신뢰구간을 구해 보자.

식(10.7)에서 $\mu_1 - \mu_2$에 대한 90% 신뢰구간의 양 끝값은

$$\bar{x}_1 - \bar{x}_2 \pm z_{0.05}\sqrt{\frac{\sigma_1^2}{n_1} + \frac{\sigma_2^2}{n_2}}$$

이고, 다시 쓰면

$$87.6 - 74.5 \pm 1.645\sqrt{\frac{1^2}{10} + \frac{1.5^2}{12}}$$

이다. 따라서 구하는 신뢰구간은 다음과 같다.

$$12.22 \le \mu_1 - \mu_2 \le 13.98$$

해석: 신뢰구간이 0을 포함하지 않으므로 첫 번째 등급의 평균 강도 μ_1이 두 번째 등급의 평균 강도 μ_2보다 크다. 첫 번째 등급의 평균 강도는 두 번째 등급의 평균 강도를 12.22와 13.98 kg/m^2 사이만큼 초과함을 90% 신뢰한다.

표본크기의 선택: 표준편차 σ_1과 σ_2(적어도 대략적으로)를 알고 두 표본크기는 같다($n = n_1 = n_2$)고 하자. 신뢰수준 $100(1-\alpha)\%$에서 $\mu_1 - \mu_2$의 추정오차가 오차한계 E 이하가 되도록 필요한 표본크기 n을 구하면 다음과 같다.

분산을 알 때 평균 차이의 추정에서 주어진 오차한계를 만족하는 표본크기

$$n = \left(\frac{z_{\alpha/2}}{E}\right)^2 \left(\sigma_1^2 + \sigma_2^2\right) \tag{10.8}$$

n이 정수가 아니면 올림해야 신뢰수준이 $100(1-\alpha)\%$ 이하가 되지 않는다.

단측 신뢰한계: $\mu_1 - \mu_2$에 대한 $100(1-\alpha)\%$ 상한 신뢰한계와 하한 신뢰한계를 정의하면 다음과 같다.

상한 신뢰한계

$$\mu_1 - \mu_2 \le \bar{x}_1 - \bar{x}_2 + z_\alpha\sqrt{\frac{\sigma_1^2}{n_1} + \frac{\sigma_2^2}{n_2}} \tag{10.9}$$

하한 신뢰한계

$$\bar{x}_1 - \bar{x}_2 - z_\alpha\sqrt{\frac{\sigma_1^2}{n_1} + \frac{\sigma_2^2}{n_2}} \le \mu_1 - \mu_2 \tag{10.10}$$

10.2 분산을 모를 때 정규분포의 평균 차이에 대한 추론

앞의 문제를 확장하여 분산 σ_1^2과 σ_2^2을 모를 때 평균의 차이를 추론하는 문제를 생각해 본다. 표본크기 n_1과 n_2가 40을 넘으면 10.1절의 정규분포 절차를 사용할 수 있다. 그러나 표본크기가 작을 때는 모집단이 정규분포를 따른다는 가정하에 t-분포를 이용하여 가설검정과 신뢰구간을 구해야 한다. 이 절차는 단일표본에서 분산을 모를 때 평균을 추론하는 절차와 비슷하다.

10.2.1 가설검정

분산 σ_1^2과 σ_2^2을 모를 때 두 정규분포의 평균 차이 $\mu_1 - \mu_2$에 대한 가설을 검정하기 위해 t-통계량을 사용한다. 9.3절에서처럼 정규분포 가정이 필요하지만, 정규분포에서 약간 벗어나도 검정 절차에 크게 영향을 미치지는 않는다. 다음에서 두 분산 σ_1^2과 σ_2^2이 같은 경우와 다른 경우를 구분하여 검정 절차를 알아본다.

사례 1 $\sigma_1^2 = \sigma_2^2 = \sigma^2$: 평균 μ_1, μ_2와 분산 $\sigma_1^2 = \sigma_2^2 = \sigma^2$이 모두 알려지지 않은 두 독립 정규분포 모집단에 대하여 다음 가설을 생각해 보자.

$$H_0 : \mu_1 - \mu_2 = \Delta_0 \qquad H_1 : \mu_1 - \mu_2 \neq \Delta_0 \tag{10.11}$$

$X_{11}, X_{12}, \cdots, X_{1n_1}$과 $X_{21}, X_{22}, \cdots, X_{2n_2}$는 각각 첫 번째와 두 번째 모집단에서 추출한 크기가 n_1과 n_2인 확률표본이고, $\overline{X}_1$, $\overline{X}_2$, S_1^2, S_2^2은 두 모집단의 표본평균과 표본분산이라고 하자. 표본평균의 차이 $\overline{X}_1 - \overline{X}_2$의 기댓값은

$$E(\overline{X}_1 - \overline{X}_2) = \mu_1 - \mu_2$$

이므로 $\overline{X}_1 - \overline{X}_2$는 $\mu_1 - \mu_2$의 불편추정량이다. $\overline{X}_1 - \overline{X}_2$의 분산은 다음과 같다.

$$V(\overline{X}_1 - \overline{X}_2) = \frac{\sigma^2}{n_1} + \frac{\sigma^2}{n_2} = \sigma^2\left(\frac{1}{n_1} + \frac{1}{n_2}\right)$$

위 식에서 σ^2의 추정량을 구하기 위해 두 표본분산 S_1^2, S_2^2을 결합하는 것이 합리적이다. σ^2의 **합동추정량**(pooled estimator)을 다음과 같이 정의한다.

분산의 합동추정량

σ^2의 합동추정량을 S_p^2이라고 나타낼 때

$$S_p^2 = \frac{(n_1-1)S_1^2 + (n_2-1)S_2^2}{n_1+n_2-2} \tag{10.12}$$

합동추정량 S_p^2을 다시 쓰면

$$S_p^2 = \frac{n_1-1}{n_1+n_2-2}S_1^2 + \frac{n_2-1}{n_1+n_2-2}S_2^2 = w\,S_1^2 + (1-w)\,S_2^2$$

이고 여기서 $0 < w < 1$이다. 따라서 S_p^2은 두 표본분산 S_1^2과 S_2^2의 **가중평균**이고 가중치 w는 표본크기 n_1과 n_2에 의존한다. 예를 들어 $n_1 = n_2 = n$이면 $w = 0.5$이고, S_p^2은 S_1^2과 S_2^2의 산술평균이다. 만약 $n_1 = 10$, $n_2 = 20$이면 $w = 0.32$, $1 - w = 0.68$이다. 첫 번째 표본의 자유도 $(n_1 - 1)$과 두 번째 표본의 자유도 $(n_2 - 1)$을 결합하여 S_p^2의 자유도는 $(n_1 + n_2 - 2)$이다.

이제

$$Z = \frac{\overline{X}_1 - \overline{X}_2 - (\mu_1 - \mu_2)}{\sigma\sqrt{\frac{1}{n_1} + \frac{1}{n_2}}}$$

는 $N(0,\,1)$을 따른다. 이 식에서 σ 대신 S_p를 대입하면 다음이 성립한다.

이 절의 가정하에서

$$T = \frac{\overline{X}_1 - \overline{X}_2 - (\mu_1 - \mu_2)}{S_p\sqrt{\frac{1}{n_1} + \frac{1}{n_2}}} \tag{10.13}$$

는 자유도가 $(n_1 + n_2 - 2)$인 t-분포를 따른다.

식(10.13)을 이용하여 식(10.11)의 가설을 검정한다. 식(10.13)에서 $\mu_1 - \mu_2$ 대신 Δ_0을 대입하여 얻은 **검정통계량**은 $H_0: \mu_1 - \mu_2 = \Delta_0$하에서 자유도가 $(n_1 + n_2 - 2)$인 t-분포를 따른다. 즉, 검정통계량의 참조분포는 자유도가 $(n_1 + n_2 - 2)$인 t-분포이다. 단일표본에서와 같은 방법으로 P-값을 계산하거나 고정유의수준검정을 위한 기각역의 위치를 결정한다. 이 검정에서는 분산의 합동추정치를 사용하므로 이 절차를 합동 t-검정(pooled t-test)이라고도 한다.

분산을 모를 때 평균 차이에 대한 검정: 이표본 t-검정(같은 분산)[1]

귀무가설: $H_0 : \mu_1 - \mu_2 = \Delta_0$

$$\text{검정통계량: } T_0 = \frac{\overline{X}_1 - \overline{X}_2 - \Delta_0}{S_p\sqrt{\dfrac{1}{n_1} + \dfrac{1}{n_2}}} \tag{10.14}$$

대립가설	P-값	고정유의수준검정의 기각 기준
$H_1 : \mu_1 - \mu_2 \neq \Delta_0$	$\lvert t_0 \rvert$ 이상 또는 $-\lvert t_0 \rvert$ 이하일 확률	$t_0 > t_{\alpha/2, n_1+n_2-2}$ 또는 $t_0 < -t_{\alpha/2, n_1+n_2-2}$
$H_1 : \mu_1 - \mu_2 > \Delta_0$	t_0 이상일 확률	$t_0 > t_{\alpha, n_1+n_2-2}$
$H_1 : \mu_1 - \mu_2 < \Delta_0$	t_0 이하일 확률	$t_0 < -t_{\alpha, n_1+n_2-2}$

예제 10.5 촉매의 수율: 가설검정

두 종류의 촉매가 화학공정의 수율에 미치는 영향을 조사하고 있다. 촉매 1은 현재 사용 중이고 촉매 2도 수용할 수 있다. 촉매 2가 더 저렴하므로 공정수율이 다르지 않으면 촉매 2를 채택한다. 시험용 작은 공정에 대하여 실험을 수행한 결과 수집한 데이터는 표 10.1과 같다. 그림 10.2에 두 표본 데이터에 대한 정규확률그림과 상자그림이 나타나 있다. 분산은 같다고 가정하고 $\alpha = 0.05$로 평균 수율의 차이가 있는지 검정해 보자.

표 10.1 예제 10.5의 촉매 수율 데이터

관측치	촉매 1	촉매 2
1	91.50	89.19
2	94.18	90.95
3	92.18	90.46
4	95.39	93.21
5	91.79	97.19
6	89.07	97.04
7	94.72	91.07
8	89.21	92.75
	$\bar{x}_1 = 92.255$	$\bar{x}_2 = 92.733$
	$s_1 = 2.39$	$s_2 = 2.98$

가설검정의 7단계 절차를 적용하면 다음과 같다.

1. 관심모수: 관심의 모수는 촉매 1과 촉매 2의 평균 수율인 μ_1과 μ_2이다.
2. 귀무가설: $H_0 : \mu_1 = \mu_2$
3. 대립가설: $H_1 : \mu_1 \neq \mu_2$
4. 검정통계량: $T_0 = \dfrac{\overline{X}_1 - \overline{X}_2}{S_p\sqrt{\dfrac{1}{n_1} + \dfrac{1}{n_2}}}$
5. 기각역: P-값이 0.05보다 작으면 H_0을 기각한다.
6. 계산: 표 10.1에서 $\bar{x}_1 = 92.255$, $s_1 = 2.39$, $n_1 = 8$이고 $\bar{x}_2 = 92.733$, $s_2 = 2.98$, $n_2 = 8$이다. 따라서

$$s_p^2 = \frac{(n_1-1)s_1^2 + (n_2-1)s_2^2}{n_1 + n_2 - 2} = \frac{(7)(2.39)^2 + (7)(2.98)^2}{8+8-2} = 7.30$$

이고, $s_p = \sqrt{7.30} = 2.70$이다. 이 값을 대입하여 구한 검정통계량의 계산값은 다음과 같다.

$$t_0 = \frac{\bar{x}_1 - \bar{x}_2}{s_p\sqrt{\dfrac{1}{n_1} + \dfrac{1}{n_2}}} = \frac{92.255 - 92.733}{2.7\sqrt{\dfrac{1}{8} + \dfrac{1}{8}}} = -0.35$$

1) 표본크기가 서로 다를 수 있다고 가정하고 검정 절차를 알아보았지만 같은 표본크기 $n_1 = n_2 = n$을 사용하는 것이 좋다. 두 모집단으로부터 같은 크기의 표본을 추출할 때 t-검정은 분산이 같다는 가정에 덜 민감하다.

7. 결론: $|t_0| = 0.35$이고 부록 A의 표 V를 보면 $t_{0.4, 14} = 0.258$, $t_{0.25, 14} = 0.692$이다. $|t_0| = 0.35$는 0.258과 0.692 사이에 있으므로 P-값은 0.5와 0.8 사이에 있다. P-값이 $\alpha = 0.05$를 초과하므로 귀무가설을 기각할 수 없다.

해석: 유의수준 0.05에서 촉매 2의 평균 수율이 촉매 1의 평균 수율과 다르다는 증거가 없다.

예제 10.5의 이표본 t-검정과 신뢰구간에 대한 전형적인 컴퓨터 출력물은 다음과 같다.

Two-Sample T-Test and CI for Catalyst 1 vs. Catalyst 2

```
        N    Mean    StDev    SE Mean
Cat 1   8    92.26   2.39     0.84
Cat 2   8    92.73   2.99     1.1
Difference = mu Cat 1 − mu Cat 2
Estimate for difference: −0.48
95% CI for difference: (−3.37, 2.42)
T-test of difference = 0 (vs not=): T-value = −0.35 P-value = 0.730 DF = 14
Pooled StDev = 2.70
```

위 출력물의 결과값은 예제 10.5에서 수작업으로 계산한 값과 거의 일치한다. 컴퓨터로 구한 P-값은 0.73이다. $\mu_1 - \mu_2$에 대한 양측 신뢰구간도 출력되는데, 10.2.3절에서 이 신뢰구간을 구하는 방법을 알아본다. 그림 10.2에는 두 표본 데이터에 대한 정규확률그림과 상자그림이 각각 나타나 있다. 정규확률그림을 보면 정규분포 가정에 문제가 없고, 두 직선이 비슷한 기울기를 가지므로 분산이 같다는 가정에도 문제가 없다. 상자그림을 보면 촉매 2의 변동이 약간 더 크지만 두 촉매 간에 명백한 차이는 없다.

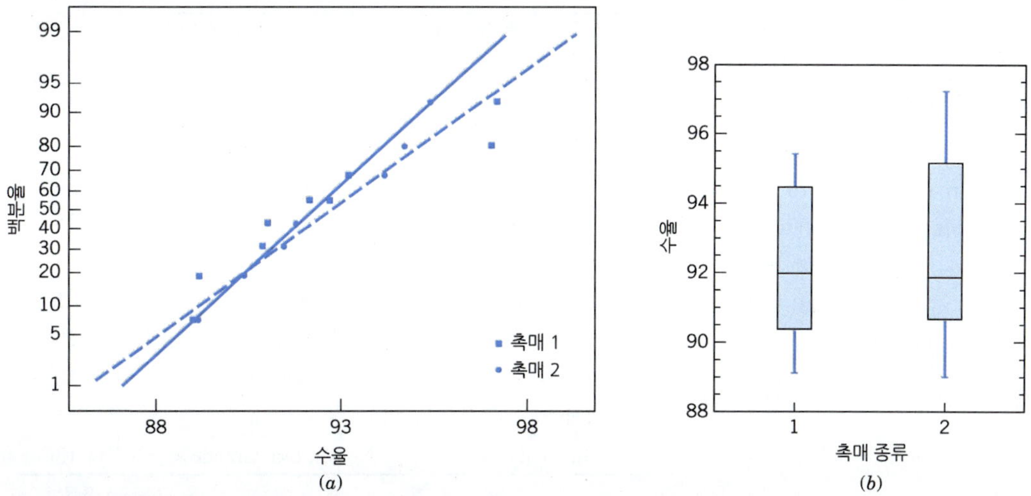

그림 10.2 예제 10.5의 촉매 수율 데이터에 대한 (a) 정규확률그림 (b) 상자그림

사례 2 $\sigma_1^2 \neq \sigma_2^2$: 모분산 σ_1^2과 σ_2^2이 다른 경우 $H_0 : \mu_1 - \mu_2 = \Delta_0$을 검정하는 정확한 t-통계량은 없다. 그러나 다음과 같이 근사 결과를 적용할 수 있다.

분산을 모를 때 평균 차이에 대한 검정통계량: 이표본 t-검정(다른 분산)

귀무가설 $H_0 : \mu_1 - \mu_2 = \Delta_0$이 참이면 검정통계량

$$T_0^* = \frac{\overline{X}_1 - \overline{X}_2 - \Delta_0}{\sqrt{\dfrac{S_1^2}{n_1} + \dfrac{S_2^2}{n_2}}} \tag{10.15}$$

는 근사적으로 자유도가

$$\nu = \frac{\left(\dfrac{s_1^2}{n_1} + \dfrac{s_2^2}{n_2}\right)^2}{\dfrac{\left(s_1^2/n_1\right)^2}{n_1 - 1} + \dfrac{\left(s_2^2/n_2\right)^2}{n_2 - 1}} \tag{10.16}$$

인 t-분포를 따른다. 여기서 ν가 정수가 아니면 가까운 정수로 반올림한다.

$\sigma_1^2 \neq \sigma_2^2$인 경우 두 정규분포의 평균 차이에 대한 가설을 검정하기 위해 분산이 같은 경우와 같은 방법을 적용하지만, 검정통계량으로 T_0 대신 T_0^*를 사용하고, 검정의 자유도로 $(n_1 + n_2 - 2)$ 대신 ν를 사용함을 알 수 있다.

합동 t-검정과 10.2.3절의 신뢰구간 절차는 모두 분산이 같다는 가정에 아주 민감하다. 분산이 같다는 가정을 확신할 수 없으면 $\sigma_1^2 \neq \sigma_2^2$을 가정하는 이표본 t-검정을 사용하는 것이 더 안전하다.

예제 10.6 음용수의 비소

음용수에 포함된 비소농도는 잠재적인 보건위험이 된다. 2001년 5월 27일 발간된 잡지 《애리조나 리퍼블릭》의 한 기사는 피닉스 도심지역 10곳과 애리조나 농촌지역 10곳에서 음용수의 비소농도를 ppb(part per billion, 10^{-9}) 단위로 측정한 결과를 보고하였다. 데이터는 오른쪽 표와 같다. 두 지역의 평균 비소농도의 차이가 있는지 검정해 보자.

그림 10.3에는 두 표본의 비소농도에 대한 정규확률그림이 나타나 있다. 정규분포 가정은 타당한 것으로 보이지만, 두 직선의 기울기가 상당히 다르므로 두 모분산은 같지 않을 것으로 보인다.

피닉스 도심		애리조나 농촌	
$\overline{x}_1 = 12.5,\ s_1 = 7.63$		$\overline{x}_2 = 27.5,\ s_2 = 15.3$	
Phoenix	3	Rimrock	48
Chandler	7	Goodyear	44
Gilbert	25	New River	40
Glendale	10	Apache Junction	38
Mesa	15	Buckeye	33
Paradise Valley	6	Nogales	21
Peoria	12	Black Canyon City	20
Scottsdale	25	Sedona	12
Tempe	15	Payson	1
Sun City	7	Casa Grande	18

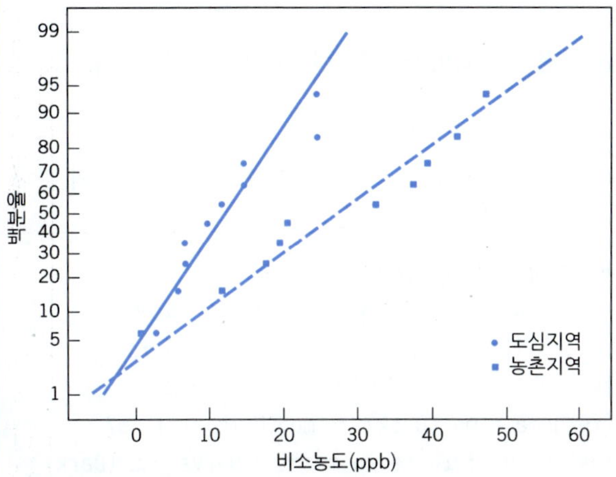

그림 10.3 비소농도 데이터에 대한 정규확률그림

가설검정의 7단계 절차를 적용하면 다음과 같다.

1. 관심모수: 관심의 모수는 두 지역의 평균 비소농도인 μ_1 과 μ_2이다.
2. 귀무가설: $H_0 : \mu_1 = \mu_2$
3. 대립가설: $H_1 : \mu_1 \neq \mu_2$
4. 검정통계량: $T_0^* = \dfrac{\overline{X}_1 - \overline{X}_2}{\sqrt{\dfrac{S_1^2}{n_1} + \dfrac{S_2^2}{n_2}}}$
5. 기각역: 식(10.16)을 이용하여 자유도를 구하면

$$\nu = \frac{\left[\dfrac{(7.63)^2}{10} + \dfrac{(15.3)^2}{10}\right]^2}{\dfrac{\left[(7.63)^2/10\right]^2}{9} + \dfrac{\left[(15.3)^2/10\right]^2}{9}}$$
$$= 13.2 \simeq 13$$

이다. 따라서 $\alpha = 0.05$로 고정유의수준검정을 하면, $t_0^* > t_{0.025,13} = 2.160$ 또는 $t_0^* < -t_{0.025,13} = -2.160$일 때 H_0을 기각한다.

6. 계산: 검정통계량의 계산값을 구하면 다음과 같다.

$$t_0^* = \frac{\overline{x}_1 - \overline{x}_2}{\sqrt{\dfrac{s_1^2}{n_1} + \dfrac{s_2^2}{n_2}}} = \frac{12.5 - 27.5}{\sqrt{\dfrac{(7.63)^2}{10} + \dfrac{(15.3)^2}{10}}} = -2.77$$

7. 결론: $t_0^* = -2.77 < -t_{0.025,13} = -2.160$이므로 H_0을 기각한다.

해석: 피닉스 도심지역과 애리조나 농촌지역에서 음용수의 평균 비소농도가 서로 다르다는 강력한 증거가 있다. 나아가 농촌지역의 평균 비소농도가 더 높다. 이 검정의 P-값은 약 0.016이다.

예제 10.6에 대한 전형적인 컴퓨터 출력물은 다음과 같다.

```
Two-Sample T-Test and CI: PHX vs RuralAZ
                              N           Mean         StDev
PHX                          10          12.50         7.63
RuralAZ                      10          27.50         15.3
Difference = mu PHX - mu RuralAZ
Estimate for difference: -15.00
95% CI for difference: (-26.71, -3.29)
T-test of difference = 0 (vs. not = ): T-value = -2.77 P-value = 0.016 DF = 13
```

위 출력물의 결과값은 예제 10.6에서 수작업으로 계산한 값과 일치한다. 위에는 $\mu_1 - \mu_2$에 대한 95% 양측 신뢰구간도 나와 있는데 10.2.3절에서 이 신뢰구간을 구하는 방법을 알아본다. 주목할 점은 이 신뢰구간이 0을 포함하지 않는다는 것이다. 실제로 95% 신뢰상한은 -3.29 ppb로 0보다 작고, 평균 차이는 $\overline{x}_1 - \overline{x}_2 = 12.5 - 27.5 = -15$ ppb이다.

예제 10.7 초콜릿과 심혈관 건강

어느 논문(*Nature*, 2003, Vol. 48, pp. 1013)에는 초콜릿 섭취가 심혈관 건강에 미치는 영향을 확인하기 위한 실험 결과가 보고되었다. 여기서는 다크 초콜릿과 밀크 초콜릿의 결과만 알아본다.

12명의 실험 참가자는 매일 다크 초콜릿 100그램과 밀크 초콜릿 200그램 중 한 종류를 섭취하고 1시간 후 혈장의 총 항산화 능력을 측정하였다. 피실험자는 여성 7명과 남성 5명으로 평균 연령은 32.2±1세, 평균 체중은 65.8±3.1 kg, 평균 체질량지수는 21.9±0.4 kg/m^{2}이다. 논문에 보고된 것과 비슷한 데이터가 다음에 나와 있다.

다크 초콜릿				밀크 초콜릿			
118.8	122.6	115.6	113.6	102.1	105.8	99.6	102.7
119.5	115.9	115.8	115.1	98.8	100.9	102.8	98.7
116.9	115.4	115.6	107.9	94.7	97.8	99.7	98.6

밀크 초콜릿보다 다크 초콜릿을 섭취하면 평균 항산화 능력이 높다는 주장을 뒷받침하는 증거가 있는지 확인해 보자. μ_1과 μ_2는 각각 다크 초콜릿과 밀크 초콜릿을 섭취한 결과 평균 항산화 능력이라고 할 때 가설은 다음과 같다.

$$H_0 : \mu_1 = \mu_2 \quad H_1 : \mu_1 > \mu_2$$

이 실험에 대하여 합동 t-검정을 수행한 결과는 다음과 같다.

```
Two-sample T for Dark vs. Milk
          N        Sample Mean       StDev
Dark      12       116.06            3.53
Milk      12       100.19            2.89
Difference = mu (Dark) - mu (Milk) = 15.87
T-test of difference in means = 0 (vs. mu (Dark)
> mu (Milk)):
T-value = 12.05 P-Value < 0.001
DF = 22 Pooled StDev = 3.2257
```

P-값(<0.001)이 매우 작으므로 귀무가설을 기각한다. 다크 초콜릿을 섭취하는 것이 밀크 초콜릿을 섭취하는 것보다 평균 항산화 능력이 높다는 강력한 증거가 있다.

10.2.2 제2종오류와 표본크기의 선택

$\sigma_1^2 = \sigma_2^2 = \sigma^2$일 때 제2종오류확률을 계산하기 위해 부록 A의 도표 Ⅶe~Ⅶh에 있는 OC곡선을 이용한다. 아쉽게도 $\sigma_1^2 \neq \sigma_2^2$일 때 귀무가설이 거짓이면 T_0^*의 분포를 모르고 이용할 수 있는 OC곡선도 없다.

$\sigma_1^2 = \sigma_2^2 = \sigma^2$이고 $n_1 = n_2 = n$일 때 양측대립가설 $H_1 : \mu_1 - \mu_2 = \Delta \neq \Delta_0$에 대한 OC곡선은 도표 Ⅶe와 Ⅶf이고, 그래프의 횡축모수는

$$d = \frac{|\Delta - \Delta_0|}{2\sigma} \tag{10.17}$$

단, Δ는 검출하려고 하는 평균 차이이다. 이 그래프를 이용하려면 $n^* = 2n - 1$을 입력해야 한다. 단측대립가설의 경우 식(10.17)에 정의된 d, Δ와 함께 도표 Ⅶg와 Ⅶh를 이용한다. 모수 d는 알려지지 않은 모수 σ의 함수라는 것을 기억해야 한다. 단일표본 t-검정에서처럼 σ의 사전 추정치 또는 주관적 추정치를 사용하거나 검출하려고 하는 평균 차이를 σ에 대한 상대적인 값으로 정의할 수 있다.

예제 10.8 촉매의 수율: 표본크기

예제 10.5의 촉매실험을 다시 보자. 촉매 1과 촉매 2의 평균 수율이 4.0% 차이가 나면 최소 0.85의 확률로 귀무가설을 기각하려고 할 때 필요한 표본크기를 구해 보자.

합동표준편차 σ에 대한 대략적인 추정치로 $s_p = 2.70$을 사용하면

$$d = \frac{|\Delta|}{2\sigma} = \frac{|4|}{2(2.70)} = 0.74$$

이다. 부록 A의 도표 Ⅶe에서 $d = 0.74$, $\beta = 0.15$를 찾아보면 대략 $n^* = 20$이다. 이때 $n^* = 2n - 1$이므로

$$n = \frac{n^* + 1}{2} = \frac{20 + 1}{2} = 10.5 \simeq 11$$

이다. 따라서 표본크기 $n_1 = n_2 = n = 11$을 사용한다.

컴퓨터 소프트웨어를 이용하여 분산이 같은 경우 이표본 t-검정에 대한 검정력과 표본크기를 계산할 수 있다. 예제 10.8에 대한 전형적인 컴퓨터 출력물은 다음과 같다.

```
Power and Sample Size
2-Sample T-test
Testing mean 1 = mean 2 (versus not =)
Calculating power for mean 1 = mean 2 + difference
Alpha = 0.05 Sigma = 2.7
Difference      Sample Size      Target Power      Actual Power
4               10               0.8500            0.8793
```

위 출력물의 결과는 OC곡선에서 시각적으로 읽은 결과와 상당히 일치한다.

10.2.3 신뢰구간

사례 1 $\sigma_1^2 = \sigma_2^2 = \sigma^2$: 두 모분산이 같을 때 평균 차이 $\mu_1 - \mu_2$에 대한 신뢰구간을 만들기 위해 아래 통계량의 분포는 자유도가 $(n_1 + n_2 - 2)$인 t-분포라는 사실을 이용한다.

$$T = \frac{\overline{X}_1 - \overline{X}_2 - (\mu_1 - \mu_2)}{S_p \sqrt{\dfrac{1}{n_1} + \dfrac{1}{n_2}}} \tag{10.18}$$

따라서 다음 식

$$P\left(-t_{\alpha/2,\, n_1+n_2-2} \le T \le t_{\alpha/2,\, n_1+n_2-2}\right) = 1 - \alpha$$

에 식(10.18)의 T를 대입하고 확률 진술 안의 항을 재배열하면, $\mu_1 - \mu_2$에 대한 $100(1-\alpha)\%$ 신뢰구간을 다음과 같이 정의할 수 있다.

분산을 모를 때 평균 차이에 대한 신뢰구간(같은 분산)

분산이 같은 두 독립 정규분포 모집단으로부터 각각 크기가 n_1과 n_2인 임의표본을 추출하고 계산한 표본평균과 표본분산의 값을 $\bar{x}_1$, $\bar{x}_2$, s_1^2, s_2^2이라고 하자. 모평균의 차이 $\mu_1 - \mu_2$에 대한 $100(1-\alpha)\%$ 신뢰구간은

$$\bar{x}_1 - \bar{x}_2 - t_{\alpha/2,\, n_1+n_2-2}\, s_p \sqrt{\frac{1}{n_1} + \frac{1}{n_2}} \le \mu_1 - \mu_2 \le \bar{x}_1 - \bar{x}_2 + t_{\alpha/2,\, n_1+n_2-2}\, s_p \sqrt{\frac{1}{n_1} + \frac{1}{n_2}} \quad (10.19)$$

단, $s_p = \sqrt{\dfrac{(n_1-1)s_1^2 + (n_2-1)s_2^2}{n_1+n_2-2}}$는 모표준편차의 합동추정치이고,

$t_{\alpha/2,\, n_1+n_2-2}$는 자유도가 (n_1+n_2-2)인 t-분포의 상위 $100\alpha/2$번째 백분위수이다.

예제 10.9 시멘트 수화

어느 논문(*Hazardous Waste and Hazardous Material*, 1989, Vol. 6)에는 표준 시멘트와 납 첨가 시멘트의 칼슘 무게를 분석한 결과가 보고되었다. 칼슘이 감소하면 시멘트의 수화 메커니즘이 차단되어 시멘트 구조의 여러 위치에 물이 침투할 수 있다. 칼슘 중량을 분석한 결과, 표준 시멘트 10개 시료에서 $\bar{x}_1 = 90.0$, $s_1 = 5.0$, 납 첨가 시멘트 15개 시료에서 $\bar{x}_2 = 87.0$, $s_2 = 4.0$이었다. 두 모집단의 표준편차는 같고 칼슘 중량은 정규분포를 따른다고 할 때, 두 시멘트의 평균 차이에 대한 95% 신뢰구간을 구해 보자.

식(10.12)를 이용하여 모분산의 합동추정치를 계산하면

$$s_p^2 = \frac{(n_1-1)s_1^2 + (n_2-1)s_2^2}{n_1+n_2-2} = \frac{(9)(5.0)^2 + (14)(4.0)^2}{10+15-2} = 19.52$$

이므로, 모표준편차의 합동추정치는 $s_p = \sqrt{19.52} = 4.4$이다.

식(10.19)에 정의된 95% 신뢰구간의 양 끝값을 구하면

$$\bar{x}_1 - \bar{x}_2 \pm t_{0.025,\, 23}\, s_p \sqrt{\frac{1}{n_1} + \frac{1}{n_2}}$$

이고, 위 식에 $t_{0.025,23} = 2.069$를 대입하면

$$90.0 - 87.0 \pm 2.069(4.4)\sqrt{\frac{1}{10} + \frac{1}{15}}$$

이다. 따라서 구하는 신뢰구간은 다음과 같다.

$$-0.72 \le \mu_1 - \mu_2 \le 6.72$$

해석: 95% 신뢰구간이 0을 포함한다. 유의수준 0.05에서 시멘트에 납을 첨가하면 칼슘의 평균 칼슘중량이 영향을 받는다는 증거가 없다. 다시 말해 95% 신뢰수준에서 납의 존재가 수화 메커니즘에 영향을 미친다고 주장할 수 없다.

사례 2 $\sigma_1^2 \ne \sigma_2^2$: 많은 경우 $\sigma_1^2 = \sigma_2^2$이라는 가정이 합리적이지 않다. 이 가정이 성립하지 않을 때 다음 확률변수

$$T^* = \frac{\bar{X}_1 - \bar{X}_2 - (\mu_1 - \mu_2)}{\sqrt{\dfrac{S_1^2}{n_1} + \dfrac{S_2^2}{n_2}}}$$

는 근사적으로 자유도가 식(10.16)에 정의된 ν인 t-분포를 따른다는 사실이 알려져 있다. 따라서 $\mu_1 - \mu_2$에 대한 $100(1-\alpha)\%$ 신뢰구간을 다음과 같이 정의한다.

분산을 모를 때 평균 차이에 대한 신뢰구간(다른 분산)

분산이 다른 두 독립 정규분포 모집단으로부터 각각 크기가 n_1과 n_2인 임의표본을 추출하고 계산한 표본평균과 표본분산의 값을 $\overline{x}_1$, $\overline{x}_2$, s_1^2, s_2^2이라고 하자. 모평균의 차이 $\mu_1 - \mu_2$에 대한 $100(1-\alpha)\%$ 신뢰구간은

$$\overline{x}_1 - \overline{x}_2 - t_{\alpha/2,\,\nu}\sqrt{\frac{s_1^2}{n_1} + \frac{s_2^2}{n_2}} \le \mu_1 - \mu_2 \le \overline{x}_1 - \overline{x}_2 + t_{\alpha/2,\,\nu}\sqrt{\frac{s_1^2}{n_1} + \frac{s_2^2}{n_2}} \qquad (10.20)$$

단, ν는 식(10.16)과 같고 $t_{\alpha/2,\,\nu}$는 자유도가 ν인 t-분포의 상위 $100\alpha/2$번째 백분위수이다.

10.3 평균 차이에 대한 비모수검정

두 독립 모집단 X_1과 X_2가 정규분포를 따르지 않는 경우를 생각해 보자. X_1과 X_2의 분포는 연속이고 같은 모양과 퍼짐을 가지며 위치만 다를 수 있을 때, 가설 $H_0 : \mu_1 = \mu_2$을 검정하기 위해 윌콕슨 순위합검정(Wilcoxon rank-sum test)을 사용할 수 있다. 어떤 저자들은 이 절차를 맨휘트니 검정(Mann-Whitney test)이라고 부르기도 하지만, 일반적으로 맨휘트니 검정통계량은 다른 형태로 표현된다.

10.3.1 윌콕슨 순위합검정

앞에서처럼 $X_{11}, X_{12}, \cdots, X_{1n_1}$과 $X_{21}, X_{22}, \cdots, X_{2n_2}$는 서로 독립이고 모집단 X_1과 X_2에서 추출한 크기가 n_1과 n_2 $(n_1 \le n_2)$인 확률표본이라 할 때, 다음 가설을 생각해 보자.

$$H_0 : \mu_1 = \mu_2 \qquad\qquad H_1 : \mu_1 \neq \mu_2$$

윌콕슨 순위합검정의 절차는 다음과 같다. 모든 $n_1 + n_2$개의 관측치를 증가하는 순서로 나열하고 순위를 부여한다. 이때 같은 값이 있으면 이 값이 서로 약간 다르다고 가정하고 구한 순위들의 평균을 부여한다. 이제 W_1은 크기가 더 작은 표본의 순위합이고 W_2는 다른 표본의 순위합이라고 정의하면

$$W_2 = \frac{(n_1 + n_2)(n_1 + n_2 + 1)}{2} - W_1 \qquad (10.21)$$

이 성립한다. 귀무가설이 참이면 표본크기의 차이를 보정한 후 두 표본의 순위합이 거의 같을 것이다. 따라서 순위합이 크게 차이가 나면 모평균이 같지 않다고 결론을 내린다.

부록 A의 표 X에는 $\alpha = 0.01, 0.05$인 양측가설에 대한 순위합의 임계치가 나타나 있다. 적절한 표본크기 n_1과 n_2로 표 X을 참고하여 임계치 w_α를 구할 수 있다. 관측치 w_1과 w_2 중 하나가 임계치 w_α 이하이면 $H_1 : \mu_1 \neq \mu_2$를 지지하여 $H_0 : \mu_1 = \mu_2$를 기각한다.

단측가설에 대해서도 같은 절차를 적용할 수 있다. 대립가설이 $H_1 : \mu_1 < \mu_2$일 때는 $w_1 \le w_\alpha$이면 H_0을 기각하고, 대립가설이 $H_1 : \mu_1 > \mu_2$일 때는 $w_2 \le w_\alpha$이면 H_0을 기각한다. 표 X에는 $\alpha = 0.005, 0.025$인 단측검정에 대한 임계치 w_α가 나타나 있다.

예제 10.10 축응력

항공기 구조에 사용하는 인장재료의 평균 축응력을 연구하기 위해 두 종류의 합금을 조사하고 있다. 합금 1은 표준 재료이고, 합금 2는 표준 재료보다 훨씬 더 가벼운 새로운 알루미늄-리튬 합금이다. 각 합금 종류에 대하여 10개의 시편을 시험하고 축응력을 측정한 결과 데이터는 표 10.2와 같다. $\alpha = 0.05$로 축응력의 평균이 같은지 검정하려고 한다.

표 10.2 두 알루미늄-리튬 합금의 축응력(단위: psi)

합금 1		합금 2	
3238	3254	3261	3248
3195	3229	3187	3215
3246	3225	3209	3226
3190	3217	3212	3240
3204	3241	3258	3234

가설검정의 7단계 절차를 적용하면 다음과 같다.

1. 관심모수: 관심의 모수는 두 합금의 평균 축응력인 μ_1과 μ_2이다.
2. 귀무가설: $H_0 : \mu_1 = \mu_2$
3. 대립가설: $H_1 : \mu_1 \neq \mu_2$
4. 검정통계량: $W_2 = \dfrac{(n_1+n_2)(n_1+n_2+1)}{2} - W_1$
5. 기각역: $\alpha = 0.05$, $n_1 = n_2 = 10$이므로 표 X을 찾아보면 임계치는 $w_{0.05} = 78$이다. 따라서 w_1, w_2 중 하나가 $w_{0.05} = 78$ 이하이면 $H_0 : \mu_1 = \mu_2$를 기각한다.
6. 계산: 표 10.2의 데이터를 오름차순으로 정렬하고 순위를 부여하면 다음과 같다.
   합금 1과 합금 2의 순위합을 계산하면 각각 다음과 같다.

$$w_1 = 2+3+4+8+9+11+13+15+16+18 = 99$$

$$w_2 = \frac{(n_1+n_2)(n_1+n_2+1)}{2} - w_1 = \frac{(10+10)(10+10+1)}{2} - 99 = 111$$

합금번호	축응력	순위
2	3187	1
1	3190	2
1	3195	3
1	3204	4
2	3209	5
2	3212	6
2	3215	7
1	3217	8
1	3225	9
2	3226	10
1	3229	11
2	3234	12
1	3238	13
2	3240	14
1	3241	15
1	3246	16
2	3248	17
1	3254	18
2	3258	19
2	3261	20

7. 결론: w_1과 w_2가 모두 $w_{0.05} = 78$ 이상이므로 두 합금의 평균 축응력이 같다는 귀무가설을 기각할 수 없다.

해석: 데이터는 예제의 특정한 응용분야에 대하여 더 우수한 합금이 있음을 입증하지 못한다.

10.3.2 대표본 근사

n_1과 n_2가 비교적 클 때, 예를 들어 8 이상이면 W_1은 근사적으로 평균이

$$\mu_{W_1} = \frac{n_1(n_1+n_2+1)}{2}$$

이고 분산이

$$\sigma^2_{W_1} = \frac{n_1 n_2(n_1+n_2+1)}{12}$$

인 정규분포를 따른다고 알려져 있다. 따라서 $n_1 > 8$이고 $n_2 > 8$일 때 윌콕슨 순위합 검정통계량에 대한 정규근사를 사용할 수 있다. 따라서

$$Z_0 = \frac{W_1 - \mu_{W_1}}{\sigma_{W_1}} \tag{10.22}$$

이고, 대립가설이 양측, 상단측, 하단측일 때 기각역은 각각 $|z_0| > z_{\alpha/2}$, $z_0 > z_\alpha$, $z_0 < -z_\alpha$이다.

10.3.3 t-검정과 비교

9장에서 단일표본 문제에 대하여 t-검정과 윌콕슨 부호순위검정을 비교하였다. 이표본 문제의 결과도 단일표본의 경우와 비슷하다. 즉, 윌콕슨 순위합검정은 정규분포 가정이 타당할 때 t-검정의 95% 정도의 효율성을, 분포의 형태와 관계없이 t-검정의 적어도 86%의 효율성을 갖는다. 보통 모집단 분포가 정규분포보다 더 두터운 꼬리를 가지면 t-검정 대비 윌콕슨 검정의 효율성이 높다. 왜냐하면 t-검정은 표본평균에 매우 의존하며, 꼬리가 두터운 분포에서 표본평균은 불안정하기 때문이다.

10.4 쌍체 t-검정

10.2절의 독립 이표본 t-검정에서와 달리 두 모집단의 관측치를 **쌍**으로 수집하는 경우가 있다. 관측치의 각 쌍 (X_{1j}, X_{2j})는 동질적 조건에서 수집되지만, 서로 다른 쌍은 다른 조건에서 수집될 수 있다. 예를 들어 어느 경도시험기계에 사용할 두 종류의 경도계를 비교한다고 하자. 시험기계가 일정한 힘으로 금속시편에 경도계를 가한 후 들어간 금속시편의 깊이를 측정하여 경도를 결정한다. 만일 여러 개의 시편을 임의추출하여 절반은 첫 번째 경도계로 시험하고, 나머지 절반은 두 번째 경도계로 시험한 후 10.2절의 독립 이표본 t-검정으로 분석하면 그 결과가 올바르지 않을 수 있다. 금속시편이 서로 다른 온도에서 생산된 막대로부터 절단되었거나 경도에 영향을 미치는 다른 어떤 방법에 대하여 서로 이질적

일 수 있기 때문이다. 이 경우 두 경도계의 경도 차이는 금속시편의 경도 차이를 포함한다.

위와 같은 상황에서 더 적절한 절차는 데이터를 쌍으로 수집, 즉 각 시편에서 두 종류의 경도계를 모두 시험하고, 각 시편에 대한 경도값의 **차이**를 분석하는 것이다. 경도계의 차이가 없으면 경도값의 차이의 평균은 0이어야 한다. 이 검정절차를 쌍체 t-검정(paired t-test)이라고 한다.

모집단 X_1의 평균과 분산은 μ_1과 σ_1^2이고, 모집단 X_2의 평균과 분산은 μ_2와 σ_2^2이라고 할 때, $(X_{11}, X_{21}), (X_{12}, X_{22}), \cdots, (X_{1n}, X_{2n})$은 n개의 대응 관측치의 집합이라고 하자. 각 쌍에서 관측치의 차이 $D_j = X_{1j} - X_{2j}$ $(j = 1, 2, \cdots, n)$는 평균이

$$\mu_D = E(X_1 - X_2) = E(X_1) - E(X_2) = \mu_1 - \mu_2$$

이고 분산이 σ_D^2인 정규분포를 따른다고 가정하면, μ_D에 대한 단일표본 검정으로 가설을 검정할 수 있다. 정확히 말하면

$$H_0 : \mu_1 - \mu_2 = \Delta_0 \qquad H_1 : \mu_1 - \mu_2 \neq \Delta_0$$

을 검정하는 것과

$$H_0 : \mu_D = \Delta_0 \qquad H_1 : \mu_D \neq \Delta_0 \tag{10.23}$$

을 검정하는 것이 같다. 위의 검정통계량과 의사결정 절차를 요약하면 다음과 같다.

쌍체 t-검정

귀무가설: $H_0 : \mu_D = \Delta_0$

검정통계량: $$T_0 = \frac{\overline{D} - \Delta_0}{S_D / \sqrt{n}} \tag{10.24}$$

대립가설	P–값	고정유의수준검정의 기각 기준
$H_1 : \mu_D \neq \Delta_0$	$\lvert t_0 \rvert$ 이상 또는 $-\lvert t_0 \rvert$ 이하일 확률	$t_0 > t_{\alpha/2, n-1}$ 또는 $t_0 < -t_{\alpha/2, n-1}$
$H_1 : \mu_D > \Delta_0$	t_0 이상일 확률	$t_0 > t_{\alpha, n-1}$
$H_1 : \mu_D < \Delta_0$	t_0 이하일 확률	$t_0 < -t_{\alpha, n-1}$

식(10.24)에서 $\overline{D}$는 n개의 차이 $D_1, D_2, \cdots, D_n$의 표본평균이고, S_D는 차이의 표본표준편차이다.

예제 10.11 강철 대들보의 전단강도

어느 논문("Model Studies on Plate Girders", *Journal of Strain Analysis for Engineering Design*, 1983, Vol. 18(2), pp. 111-117)에서 강판 대들보의 전단강도를 예측하는 두 가지 방법을 비교하였다. 특정 대들보 9개에 카를스루에(Karlsruhe) 방법과 리하이(Lehigh) 방법을 모두 적용하여 강도를 예측한 데이터가 표 10.3에 있다. 두 방법이 평균적으로 차이가 있는지 결정하려고 한다.

표 10.3 9개 강판 대들보의 강도 예측(예측중량/관측중량)

대들보	카를스루에 방법	리하이 방법	차이(d_j)
S1/1	1.186	1.061	0.125
S2/1	1.151	0.992	0.159
S3/1	1.322	1.063	0.259
S4/1	1.339	1.062	0.277
S5/1	1.200	1.065	0.135
S2/1	1.402	1.178	0.224
S2/2	1.365	1.037	0.328
S2/3	1.537	1.086	0.451
S2/4	1.559	1.052	0.507

가설검정의 7단계 절차를 적용하면 다음과 같다.

1. 관심모수: 관심의 모수는 두 방법의 평균 전단강도의 차이, 즉 $\mu_D = \mu_1 - \mu_2$이다.
2. 귀무가설: $H_0 : \mu_D = 0$
3. 대립가설: $H_1 : \mu_D \neq 0$
4. 검정통계량: $T_0 = \dfrac{\bar{D} - \Delta_0}{S_D / \sqrt{n}}$
5. 기각역: P-값이 0.05보다 작으면 H_0을 기각한다.
6. 계산: d_j의 표본평균과 표본표준편차를 계산하면 $\bar{d} = 0.2739$와 $s_D = 0.1350$이다. 따라서 검정통계량의 계산값을 구하면 다음과 같다.

$$t_0 = \frac{\bar{d}}{s_D / \sqrt{n}} = \frac{0.2739}{0.1350 / \sqrt{9}} = 6.08$$

7. 결론: $t_0 = 6.08$은 $t_{0.0005,8} = 5.041$보다 크고, P-값은 $2(0.0005) = 0.001$ 이하이다. 따라서 두 방법은 서로 다른 예측 결과를 보인다고 결론을 내린다.

해석: 데이터로부터 카를스루에 방법이 리하이 방법보다 평균적으로 강도를 더 크게 예측하는 것을 알 수 있다. 이것은 강력한 결론이다.

컴퓨터 소프트웨어를 이용하여 쌍체 t-검정을 수행할 수 있다. 예제 10.11에 대한 전형적인 컴퓨터 출력물은 다음과 같다.

```
Paired T for Karlsruhe-Lehigh
                 N        Mean           StDev          SE Mean
Karlsruhe        9        1.34011        0.14603        0.04868
Lehigh           9        1.06322        0.05041        0.01680
Difference       9        0.276889       0.135027       0.045009
95% CI for mean difference: (0.173098, 0.380680)
T-test of mean difference = 0 (vs. not = 0): T-value = 6.15, P-value = 0.000
```

위 출력물의 결과값은 예제 10.11에서 수작업으로 계산한 값과 일치한다. 대부분 컴퓨터 소프트웨어에서는 가설검정에 추가하여 평균 차이에 대한 신뢰구간을 출력하는데, 위에는 μ_D에 대한 단일표본 신뢰구간이 나와 있다. 뒤에서 이 신뢰구간을 구하는 자세한 방법을 알아본다.

쌍체비교와 독립비교: 비교실험을 할 때 쌍체실험과 독립실험 중 하나를 선택할 수 있는 경우가 있다. 각 모집단에서 크기가 n인 표본을 추출할 때 이표본 t-검정통계량인

$$T_0 = \frac{\overline{X}_1 - \overline{X}_2 - \Delta_0}{S_p\sqrt{\dfrac{1}{n_1} + \dfrac{1}{n_2}}}$$

은 자유도가 $(2n-2)$인 t-분포와 비교되는 반면, 쌍체 t-검정통계량인

$$T_0 = \frac{\overline{D} - \Delta_0}{S_D / \sqrt{n}}$$

은 자유도가 $(n-1)$인 t-분포와 비교된다. 한편

$$\overline{D} = \sum_{j=1}^{n} \frac{D_j}{n} = \sum_{j=1}^{n} \frac{(X_{1j} - X_{2j})}{n} = \sum_{j=1}^{n} \frac{X_{1j}}{n} - \sum_{j=1}^{n} \frac{X_{2j}}{n} = \overline{X}_1 - \overline{X}_2$$

이므로 두 검정통계량의 분자는 같다. 그런데 이표본 t-검정에서는 X_1과 X_2가 **독립**이고, 쌍체표본에서는 X_1과 X_2가 강한 양의 상관계수 ρ를 갖는다. 두 모집단 X_1과 X_2의 분산이 σ^2으로 같으면

$$V(\overline{D}) = V\left(\overline{X}_1 - \overline{X}_2 - \Delta_0\right) = V\left(\overline{X}_1\right) + V\left(\overline{X}_2\right) - 2\operatorname{cov}\left(\overline{X}_1, \overline{X}_2\right) = 2\sigma^2\left(\frac{1-\rho}{n}\right)$$

이고, $\overline{D}$의 분산을 추정하면 S_D^2/n이다. 쌍 안에서 양의 상관이 있는 경우 쌍체 t-검정의 분모는 이표본 t-검정의 분모보다 작고, 그 결과 쌍체표본에 이표본 t-검정을 적용하면 데이터의 유의성을 상당히 과소평가할 수 있다.

쌍체표본을 사용하면 $\overline{X}_1 - \overline{X}_2$의 분산이 감소하지만, 그에 따른 단점도 있다. 즉, 쌍체 t-검정은 이표본 t-검정에 비해 $n-1$의 자유도를 잃는다. 일반적으로 자유도가 커지면 대립가설의 모수 설정값에 대한 검정력이 커진다. 그러면 어떤 실험을 선택해야 하는지 의문이 생긴다. 관측치를 쌍으로 묶을지 말지를 결정해야 하는데, 이 질문에 대한 일반적인 정답은 없으나 앞의 결과를 토대로 다음 몇 가지 규칙을 제시할 수 있다.

1. 실험단위가 상대적으로 동질적이어서 σ가 작고 쌍 내의 상관이 작으면, 자유도의 감소가 쌍으로 인해 향상되는 정밀도를 상쇄하므로 독립실험을 사용한다.
2. 실험단위가 상대적으로 이질적이어서 σ가 크고 쌍 내의 양의 상관이 크면, 쌍체실험을 사용한다. 일반적으로 이러한 상황은 두 처리에 대한 실험단위가 **동일**한 경우이다. 예제 10.11에서 두 방법을 비교할 때 동일한 대들보를 사용한 경우가 이런 상황에 해당한다.

σ와 ρ를 정확히 모르므로 규칙을 적용하려면 여전히 판단력이 필요하다. 자유도가 40 또는 50과 같이 크면, 쌍을 이루기 위해 $n-1$의 자유도를 잃는 것이 심각하지 않을 수 있다. 그러나 자유도가 10 또는 20과 같이 작으면, 쌍을 이루어 향상되는 정밀도가 충분히 크지 않은 한, 절반의 자유도를 잃는 것이 심각할 수 있다.

μ_D에 대한 신뢰구간: $\mu_D = \mu_1 - \mu_2$에 대한 신뢰구간을 구하기 위해 우선

$$T = \frac{\overline{D} - \mu_D}{S_D / \sqrt{n}}$$

는 자유도가 $n-1$인 t-분포를 따른다는 것을 기억해야 한다. 그러면

$$P(-t_{\alpha/2,\, n-1} \le T \le t_{\alpha/2,\, n-1}) = 1 - \alpha$$

이므로 이 식에 T를 대입하고 확률 진술 안의 항을 $\mu_D = \mu_1 - \mu_2$에 대한 부등식으로 재배열한다. 그 결과 $\mu_1 - \mu_2$에 대한 $100(1-\alpha)\%$ 신뢰구간을 다음과 같이 정의한다.

쌍체표본일 때 평균 차이에 대한 신뢰구간

정규분포에서 추출한 n개 쌍의 차이에 대한 표본평균과 표준편차의 값을 각각 $\overline{d}$와 s_D라고 하자. 모평균의 차이 $\mu_D = \mu_1 - \mu_2$에 대한 $100(1-\alpha)\%$ 신뢰구간은

$$\overline{d} - t_{\alpha/2,\, n-1} \frac{s_D}{\sqrt{n}} \le \mu_D \le \overline{d} + t_{\alpha/2,\, n-1} \frac{s_D}{\sqrt{n}} \quad (10.25)$$

단, $t_{\alpha/2,\, n-1}$는 자유도가 $n-1$인 t-분포의 상위 $100\alpha/2$번째 백분위수이다.

s_D^2은 $\sigma_D^2 = V(X_1 - X_2)$의 추정치이므로 이 신뢰구간은 $\sigma_1^2 \ne \sigma_2^2$인 경우에도 타당하다. 특히 대표본(예를 들어 $n \ge 30$개의 쌍)의 경우 중심극한정리로 인해 정규분포 가정이 필요하지 않다.

쌍체비교에 대한 비모수적 접근: 9.9절에서 학습한 부호검정과 윌콕슨 부호순위검정을 쌍체표본에도 적용할 수 있다. 부호검정의 귀무가설은 차이의 중앙값이 0, 즉 $H_0 : \tilde{\mu}_D = 0$이다. 윌콕슨 부호순위검정의 귀무가설은 차이의 평균이 0이라는 것이다. 9.9.1절과 9.9.2절에서 학습한 단일표본 절차를 두 표본의 차이에 적용하면 된다.

예제 10.12 평행주차 차량

어느 논문("Relative Controllability of Dissimilar Cars", *Human Factors*, 1962, Vol. 4(6), pp. 375-380)에는 $n=14$의 피실험자가 서로 다른 휠베이스와 회전반경을 갖는 두 대의 차량을 평행 주차한 결과가 보고되었다. 데이터는 표 10.4에 나타나 있다. 표 10.4의 "차이" 열로부터 $\bar{d}=1.21$, $s_D=12.68$을 계산한 후 식(10.25)를 이용하여 $\mu_D=\mu_1-\mu_2$에 대한 90% 신뢰구간을 구하면 다음과 같다.

$$\bar{d}-t_{0.05,13}\frac{s_D}{\sqrt{n}} \le \mu_D \le \bar{d}+t_{0.05,13}\frac{s_D}{\sqrt{n}}$$

$$1.21-1.771(12.68)/\sqrt{14} \le \mu_D \le 1.21+1.771(12.68)/\sqrt{14}$$
$$-4.79 \le \mu_D \le 7.21$$

μ_D에 대한 90% 신뢰구간이 0을 포함한다. 데이터는 90% 신뢰수준에서 두 차량의 평균 주차시간이 다르다는 주장을 지지하지 않는다. 데이터는 $\mu_D=\mu_1-\mu_2=0$과 일관된다.

표 10.4 두 자동차의 평행주차 시간(단위: 초)

피실험자(j)	자동차		차이(d_j)
	1(x_{1j})	2(x_{2j})	
1	37.0	17.8	19.2
2	25.8	20.2	5.6
3	16.2	16.8	−0.6
4	24.2	41.4	−17.2
5	22.0	21.4	0.6
6	33.4	38.4	−5.0
7	23.8	16.8	7.0
8	58.2	32.2	26.0
9	33.6	27.8	5.8
10	24.4	23.2	1.2
11	23.4	29.6	−6.2
12	21.2	20.6	0.6
13	36.2	32.2	4.0
14	29.8	53.8	−24.0

10.5 정규분포의 분산 비율에 대한 추론

이 절에서는 그림 10.1의 두 모집단 분포가 정규분포라고 가정한 후, 두 모분산의 비율에 대한 가설검정과 신뢰구간에 대하여 알아본다. 가설검정과 신뢰구간 절차는 모두 정규분포 가정에 비교적 민감하다.

10.5.1 F-분포

평균 μ_1, μ_2와 분산 σ_1^2, σ_2^2이 모두 알려지지 않은 두 독립 정규분포 모집단을 가정하고 두 모분산이 같은지를 검정하려고 한다. 첫 번째 모집단으로부터 크기가 n_1인 확률표본, 두 번째 모집단으로부터 크기가 n_2인 확률표본을 추출하고 표본분산을 각각 S_1^2과 S_2^2이라고 할 때 다음 가설을 생각해 보자.

$$H_0: \sigma_1^2=\sigma_2^2 \qquad H_1: \sigma_1^2 \ne \sigma_2^2 \tag{10.26}$$

검정 절차를 구축하기 위해 새로운 확률분포인 F-분포가 필요하다. F-확률변수는 두 개의 독립적인 카이제곱확률변수의 비율로, 이때 각각은 그 자유도로 나누어진다. 즉,

$$F=\frac{W/u}{Y/v}$$

이고 여기서 W와 Y는 서로 독립이고 자유도가 각각 u와 v인 카이제곱확률변수이다. 확률변수 F의 표본분포는 다음과 같다.

> W와 Y는 독립이고 각각 자유도가 u와 v인 카이제곱확률변수라고 하자. 비율
>
> $$F = \frac{W/u}{Y/v} \tag{10.27}$$
>
> 의 확률밀도함수는
>
> $$f(x) = \frac{\Gamma\left(\frac{u+v}{2}\right)\left(\frac{u}{v}\right)^{u/2} x^{u/2-1}}{\Gamma\left(\frac{u}{2}\right)\Gamma\left(\frac{v}{2}\right)\left[\left(\frac{u}{v}\right)x+1\right]^{(u+v)/2}}, \quad 0 < x < \infty \tag{10.28}$$
>
> 단, F는 분자의 자유도가 u, 분모의 자유도가 v인 F-분포, 즉 $F_{u,v}$분포를 따른다.

F-분포의 평균과 분산은 각각

$$\mu = \frac{v}{v-2}, \quad v > 2$$

$$\sigma^2 = \frac{2v^2(u+v-2)}{u(v-2)^2(v-4)}, \quad v > 4 \tag{10.29}$$

이다. 몇몇 모수값에 대하여 F-분포를 그래프로 나타내면 그림 10.4와 같다. F-확률변수는 양수이고 그 분포는 오른쪽으로 왜곡된다. F-분포는 카이제곱분포와 비슷하지만 F-분포의 두 모수 u와 v는 분포의 모양에 추가적인 유연성을 제공한다.

F-분포의 백분위수는 부록 A의 표 Ⅵ에 나타난다. $f_{\alpha,u,v}$는 분자의 자유도가 u이고 분모의 자유도가 v인 F-분포의 상위 100α번째 백분위수를 나타낸다고 하자. 자유도가 u와 v인 확률변수 F가 이 값을 초과할 확률은

$$P(F > f_{\alpha,u,v}) = \int_{f_{\alpha,u,v}}^{\infty} f(x)dx = \alpha$$

이다. 이것을 그림으로 설명하면 그림 10.5와 같다. 예로 들어 $u=5$, $v=10$이면 부록 A의 표 Ⅵ로부터

$$P(F > f_{0.05,5,10}) = P(F_{5,10} > 3.33) = 0.05$$

이다. 즉, $F_{5,10}$분포의 상위 5번째 백분위수는 $f_{0.05,5,10} = 3.33$이다.

표 Ⅵ에는 상위 백분위수($\alpha \le 0.25$에서 $f_{\alpha,u,v}$의 선택값에 대한)만 나타난다. 하위 백분위수 $f_{1-\alpha,u,v}$를 구하려면 다음 식(10.30)을 사용한다.

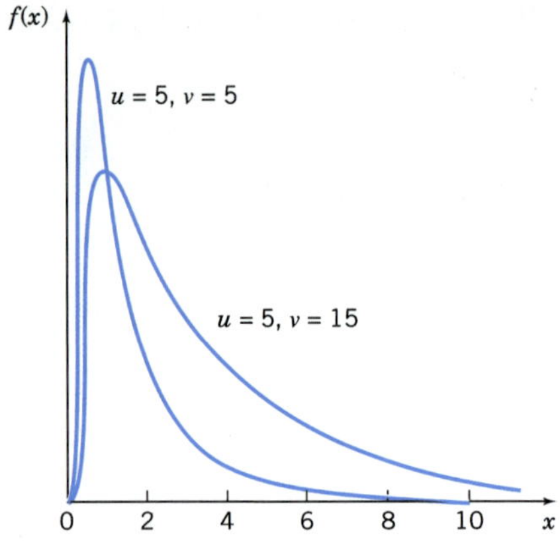

그림 10.4 F-분포의 확률밀도함수

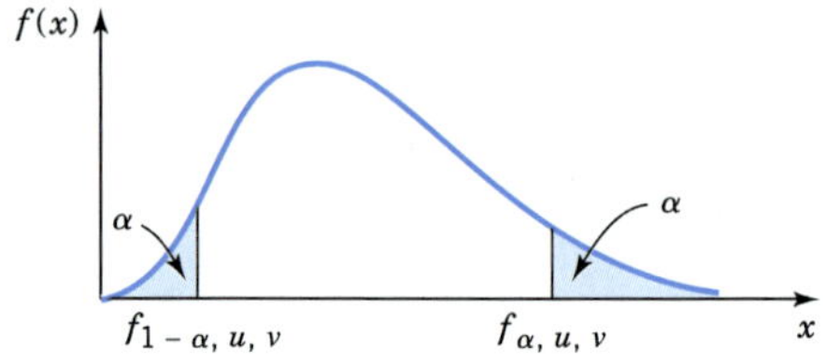

그림 10.5 F-분포의 백분위수

F-분포의 하위 꼬리점

$$f_{1-\alpha,u,v}=\frac{1}{f_{\alpha,v,u}} \tag{10.30}$$

예를 들어 하위 꼬리점 $f_{0.95,5,10}$을 구하면 다음과 같다.

$$f_{0.95,5,10}=\frac{1}{f_{0.05,10,5}}=\frac{1}{4.74}=0.211$$

10.5.2 가설검정

분산이 같다는 가설에 대한 검정은 다음 결과를 기초로 한다.

두 정규분포 표본분산의 비율의 분포

$X_{11}, X_{12}, \cdots, X_{1n_1}$은 평균이 μ_1이고 분산이 σ_1^2인 정규분포 모집단의 확률표본, $X_{21}, X_{22}, \cdots, X_{2n_2}$은 평균이 μ_2이고 분산이 σ_2^2인 정규분포 모집단의 확률표본이라고 하자. 또한, 두 모집단은 독립이고 S_1^2과 S_2^2은 표본분산이라고 하자. 그러면 비율

$$F=\frac{S_1^2/\sigma_1^2}{S_2^2/\sigma_2^2}$$

은 F_{n_1-1,n_2-1}분포를 따른다.

$(n_1-1)S_1^2/\sigma_1^2$은 자유도가 n_1-1인 카이제곱확률변수이고, $(n_2-1)S_2^2/\sigma_2^2$은 자유도가 n_2-1인 카이제곱확률변수이며, 두 정규분포는 서로 독립이라는 사실로부터 위의 결과가 성립함을 보일 수 있다. 귀무가설 $H_0: \sigma_1^2=\sigma_2^2$하에서 비율 $F_0=S_1^2/S_2^2$은 F_{n_1-1,n_2-1} 분포를 따르므로, 다음의 결과가 성립한다.

두 정규분포 분산에 대한 검정

귀무가설: $H_0 : \sigma_1^2 = \sigma_2^2$

검정통계량: $F_0 = \dfrac{S_1^2}{S_2^2}$ (10.31)

대립가설	고정유의수준검정의 기각 기준
$H_1 : \sigma_1^2 \neq \sigma_2^2$	$f_0 > f_{\alpha/2, n_1-1, n_2-1}$ 또는 $f_0 < f_{1-\alpha/2, n_1-1, n_2-1}$
$H_1 : \sigma_1^2 > \sigma_2^2$	$f_0 > f_{\alpha, n_1-1, n_2-1}$
$H_1 : \sigma_1^2 < \sigma_2^2$	$f_0 < f_{1-\alpha, n_1-1, n_2-1}$

고정유의수준검정에 대한 기각 기준을 그래프로 나타내면 그림 10.6과 같다. 이 검정 절차는 정규분포 가정에 상당히 민감하다는 것을 기억해야 한다.

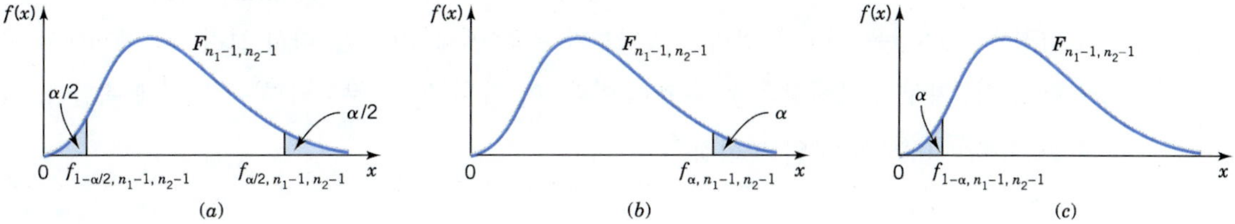

그림 10.6 $H_0 : \sigma_1^2 = \sigma_2^2$이 참일 때 F_0의 분포와 기각역 (a) $H_1 : \sigma_1^2 \neq \sigma_2^2$ (b) $H_1 : \sigma_1^2 > \sigma_2^2$ (c) $H_1 : \sigma_1^2 < \sigma_2^2$

예제 10.13 반도체 식각 변동: 가설검정

반도체 웨이퍼의 산화층이 적절한 두께를 가지도록 식각공정에 혼합가스를 사용한다. 산화층 두께의 변동은 웨이퍼의 중요한 특성이며 후속처리단계에서 작은 변동이 바람직하다. 산화층 두께의 변동을 줄일 수 있는 더 좋은 혼합가스를 결정하기 위해 두 종류의 혼합가스를 연구하고 있다. 각 가스에서 16개의 웨이퍼를 식각한 결과 산화층 두께의 표본표준편차의 값은 $s_1 = 1.96$ Å와 $s_2 = 2.13$ Å이다. 두 혼합가스에서 산화층 두께는 정규분포를 따른다고 할 때 선호하는 가스가 있는지 $\alpha = 0.05$로 검정해 보자.

가설검정의 7단계 절차를 적용하면 다음과 같다.

1. 관심모수: 관심의 모수는 두 혼합가스에서 산화층 두께의 분산인 σ_1^2과 σ_2^2이다.
2. 귀무가설: $H_0 : \sigma_1^2 = \sigma_2^2$
3. 대립가설: $H_1 : \sigma_1^2 \neq \sigma_2^2$
4. 검정통계량: $F_0 = \dfrac{S_1^2}{S_2^2}$
5. 기각역: $n_1 = n_2 = 16$, $\alpha = 0.05$이므로

$$f_0 > f_{0.025, 15, 15} = 2.86$$

또는

$$f_0 < f_{0.975, 15, 15} = \frac{1}{f_{0.025, 15, 15}} = \frac{1}{2.86} = 0.35$$

이면 $H_0 : \sigma_1^2 = \sigma_2^2$을 기각한다. 그림 10.6(a)를 참고하기 바란다.

6. 계산: $s_1^2 = (1.96)^2 = 3.84$, $s_2^2 = (2.13)^2 = 4.54$를 대입하여 검정통계량의 계산값을 구하면 다음과 같다.

$$f_0 = \frac{s_1^2}{s_2^2} = \frac{3.84}{4.54} = 0.85$$

해석: 더 작은 분산의 산화층 두께를 제공하는 가스가 있다는 충분한 증거가 없다.

7. 결론: $f_{0.975,15,15} = 0.35 < 0.85 < f_{0.025,15,15} = 2.86$이므로 유의수준 0.05에서 $H_0 : \sigma_1^2 = \sigma_2^2$을 기각할 수 없다.

F-검정에 대한 P-값: F-검정에서도 P-값 방법을 사용할 수 있다. 상단측검정의 경우 P-값은 $F_{n_1-1,\, n_2-1}$분포 아래에서 검정통계량의 계산값 f_0의 우측 꼬리 면적이다. P-값의 상한과 하한을 구하기 위해 부록 A의 표 Ⅳ를 사용한다. 예를 들어 분자의 자유도가 9, 분모의 자유도가 14, $f_0 = 3.05$인 F-검정을 가정해 보자. 표 Ⅳ에서 $f_{0.05,\,9,\,14} = 2.65$, $f_{0.025,\,9,\,14} = 3.21$이고 $f_0 = 3.05$는 이 두 값 사이에 위치하므로 P-값은 0.05와 0.025 사이에 있다. 하단측검정에 대한 P-값도 비슷하게 찾을 수 있다. 표 Ⅳ에는 F-분포의 상위 꼬리점만 있으므로 필요한 하위 꼬리점을 찾으려면 식(10.30)을 사용한다.

양측검정의 경우 단측검정에서 구한 한계를 두 배로 하여 P-값을 계산한다. 양측 F-검정에서 P-값을 구하는 방법을 알아보기 위해 예제 10.13을 다시 보자. 이 예제에서 구한 검정통계량의 계산값은 $f_0 = 0.85$이다. 이 값은 $F_{15,15}$분포의 하위 꼬리에 속한다. 좌측 확률이 0.25인 하위 꼬리점은

$$f_{0.75,\,15,\,15} = \frac{1}{f_{0.25,\,15,\,15}} = \frac{1}{1.43} = 0.70$$

이고 $0.70 < 0.85$이므로 0.85보다 작을 확률은 0.25보다 크다. 따라서 $f_0 = 0.85$의 P-값은 $2(0.25) = 0.5$보다 크고, 귀무가설을 기각할 만한 충분한 증거가 없다. 이는 예제 10.13의 결론과 일치한다. 실제로 P-값은 0.7570이다. 계산기를 이용하여 $P(F_{15,15} \le 0.85) = 0.3785$와 $2(0.3785) = 0.7570$을 구한다. 필요한 확률을 계산하기 위해 컴퓨터 소프트웨어를 사용할 수도 있다.

컴퓨터 소프트웨어를 이용하여 두 독립 정규분포의 분산이 같은지에 대한 F-검정을 수행할 수 있다. 예제 10.13에 대한 전형적인 컴퓨터 출력물은 다음과 같다.

```
Test for Equal Variances
95% Bonferroni confidence intervals for standard deviations
Sample     N     Lower      StDev      Upper
1          16    1.38928    1.95959    3.24891
2          16    1.51061    2.13073    3.53265
F-test (normal distribution)
Test statistic = 0.85, P-value = 0.750
```

위 결과물에는 개별 분산에 대한 신뢰구간도 함께 나와 있다. 이 신뢰구간은 원래 식 (8.19)를 이용하여 구하는 신뢰구간인데, 이 출력물에서는 본페로니 조정(Bonferroni adjustment)을 적용하여 두 신뢰구간이 동시에 최소 95% 신뢰수준이 되도록 하였다. 즉, 개별 신뢰구간을 구할 때 $\alpha/2 = 0.05/2 = 0.025$를 사용하므로 개별 신뢰구간은 97.5% 신뢰구간이다. 두 분산 **비율**의 신뢰구간에 대해서는 10.5.4절에서 자세히 알아본다.

10.5.3 제2종오류와 표본크기의 선택

부록 A의 도표 Ⅷo~Ⅷr에는 $n_1 = n_2 = n$과 $\alpha = 0.01,\ 0.05$로 10.5.2절의 F-검정에 대한 OC곡선이 나타나 있다. 도표 Ⅷo와 Ⅷp에는 양측가설에 대하여 다양한 표본크기 n에서 횡축모수

$$\lambda = \frac{\sigma_1}{\sigma_2} \tag{10.32}$$

와 β를 그린 곡선이 나타나 있다. 단측가설에는 도표 Ⅷq와 Ⅷr을 사용한다.

예제 10.14 반도체 식각 변동: 표본크기

예제 10.13의 반도체 웨이퍼 식각 문제를 다시 보자. 한 가스에서 산화층 두께의 표준편차가 다른 가스의 표준편차의 절반이면 이것을 최소 0.8의 확률로 검출하려고 할 때, 표본크기 $n_1 = n_2 = 20$이 적절한지 결정해 보자.

한 표준편차가 다른 표준편차의 절반이면

$$\lambda = \frac{\sigma_1}{\sigma_2} = 2$$

이다. $n_1 = n_2 = 20$, $\lambda = 2$로 두고 부록 A의 도표 Ⅷo를 찾아보면 $\beta \simeq 0.2$이다. 한편 $\beta \simeq 0.2$이면 검정력(검정이 표준편차의 차이를 검출할 확률)이 0.8이므로 표본크기 $n_1 = n_2 = 20$이 적절하다고 결론을 내린다.

10.5.4 신뢰구간

σ_1^2 / σ_2^2에 대한 신뢰구간을 구하기 위해 먼저 통계량

$$F = \frac{S_2^2/\sigma_2^2}{S_1^2/\sigma_1^2}$$

의 표본분포는 $F_{n_2-1,\, n_1-1}$분포임을 기억해야 한다. 따라서

$$P(f_{1-\alpha/2,\, n_2-1,\, n_1-1} \le F \le f_{\alpha/2,\, n_2-1,\, n_1-1}) = 1-\alpha$$

이다. 위 식에 F를 대입하고 확률 진술 안의 항을 σ_1^2 / σ_2^2에 대한 부등식으로 재배열한다. 그 결과 σ_1^2 / σ_2^2에 대한 $100(1-\alpha)\%$ 신뢰구간을 다음과 같이 정의한다.

두 정규분포 분산의 비율에 대한 신뢰구간

분산 σ_1^2과 σ_2^2이 알려지지 않은 두 독립 정규분포 모집단으로부터 각각 크기가 n_1과 n_2인 임의표본을 추출하고 계산한 표본분산의 값을 s_1^2과 s_2^2이라고 하자. 모분산의 비율 σ_1^2/σ_2^2에 대한 $100(1-\alpha)\%$ 신뢰구간은

$$\frac{s_1^2}{s_2^2} f_{1-\alpha/2,\, n_2-1,\, n_1-1} \le \frac{\sigma_1^2}{\sigma_2^2} \le \frac{s_1^2}{s_2^2} f_{\alpha/2,\, n_2-1,\, n_1-1} \tag{10.33}$$

단, $f_{\alpha/2,\, n_2-1,\, n_1-1}$과 $f_{1-\alpha/2,\, n_2-1,\, n_1-1}$은 각각 $F_{n_2-1,\, n_1-1}$분포의 상위와 하위 $100\alpha/2$번째 백분위수이다. 표준편차의 비율에 대한 신뢰구간은 식(10.33)의 각 항에 양의 제곱근을 취하여 구한다.

가설검정에서처럼 식(10.33)의 신뢰구간도 정규분포 가정에 상당히 민감하다.

예제 10.15 티타늄 합금 표면 마무리

어느 회사에서 제트터빈 엔진에 사용하는 임펠러를 생산한다. 한 생산공정은 티타늄 합금 부품의 특정한 표면 마무리를 연마하는 작업과 관련된다. 이때 두 연마공정을 사용할 수 있으며 두 공정은 같은 평균 표면 거칠기의 부품을 생산한다. 따라서 기술자는 표면 거칠기의 변동이 더 적은 공정을 선택하려고 한다. 첫 번째 공정에서 $n_1 = 11$개의 부품을 임의추출한 결과 $s_1 = 5.1\mu\text{in}$이고, 두 번째 공정에서 $n_2 = 16$개의 부품을 임의추출한 결과 $s_2 = 4.7\mu\text{in}$이라고 할 때, 두 표준편차의 비율인 σ_1/σ_2에 대한 90% 신뢰구간을 구해 보자.

두 공정이 서로 독립이고 표면 거칠기는 정규분포를 따른다는 가정하에 식(10.33)을 이용하여 신뢰구간을 구하면

$$\frac{s_1^2}{s_2^2} f_{0.95,15,10} \le \frac{\sigma_1^2}{\sigma_2^2} \le \frac{s_1^2}{s_2^2} f_{0.05,15,10}$$

$$\frac{(5.1)^2}{(4.7)^2} 0.39 \le \frac{\sigma_1^2}{\sigma_2^2} \le \frac{(5.1)^2}{(4.7)^2} 2.85$$

이다. 위 식의 값을 계산한 후 제곱근을 취하여 표준편차의 비율에 대한 신뢰구간을 구하면 다음과 같다.

$$0.678 \le \frac{\sigma_1}{\sigma_2} \le 1.832$$

여기서 $f_{0.95,15,10} = \dfrac{1}{f_{0.05,10,15}} = \dfrac{1}{2.54} = 0.39$를 구하기 위해 식(10.30)을 사용한다.

해석: 신뢰구간이 1을 포함하여 90% 신뢰수준에서 두 공정의 표면 거칠기의 표준편차가 다르다고 주장할 수 없다.

10.6 모비율의 차이에 대한 추론

이 절에서는 두 이항분포의 모수 p_1과 p_2의 차이에 대하여 추론해 본다. 여기서는 이항분포의 정규근사를 이용하여 대표본 가설검정과 신뢰구간 절차를 알아본다.

10.6.1 대표본 검정

두 모집단으로부터 각각 크기가 n_1과 n_2인 독립적인 확률표본을 추출하고 관심의 범주에

속하는 관측치의 수를 X_1과 X_2라고 하자. 각 모집단에 이항분포의 정규근사를 적용하면 모비율의 추정량 $\hat{P}_1 = X_1/n_1$과 $\hat{P}_2 = X_2/n_2$는 각각 근사 정규분포를 따른다. 이제 다음 가설을 생각해 보자.

$$H_0 : p_1 = p_2 \qquad H_1 : p_1 \neq p_2$$

두 모비율의 차이에 대한 검정통계량

통계량

$$Z = \frac{\hat{P}_1 - \hat{P}_2 - (p_1 - p_2)}{\sqrt{\dfrac{p_1(1-p_1)}{n_1} + \dfrac{p_2(1-p_2)}{n_2}}} \tag{10.34}$$

는 근사 표준정규분포를 따르며, 이 결과는 $H_0 : p_1 = p_2$를 검정하는 기초가 된다.

구체적으로 $H_0 : p_1 = p_2$가 참이면 $p_1 = p_2 = p$이므로 확률변수

$$Z = \frac{\hat{P}_1 - \hat{P}_2}{\sqrt{p(1-p)\left(\dfrac{1}{n_1} + \dfrac{1}{n_2}\right)}}$$

는 근사적으로 $N(0,1)$을 따른다. 공통의 모수 p의 합동추정량은

$$\hat{P} = \frac{X_1 + X_2}{n_1 + n_2}$$

이므로 $H_0 : p_1 = p_2$에 대한 검정통계량은

$$Z_0 = \frac{\hat{P}_1 - \hat{P}_2}{\sqrt{\hat{P}(1-\hat{P})\left(\dfrac{1}{n_1} + \dfrac{1}{n_2}\right)}}$$

이다. 이상을 정리하면 다음과 같다.

두 모비율의 차이에 대한 근사 검정

귀무가설: $H_0 : p_1 = p_2$

검정통계량: $$Z_0 = \frac{\hat{P}_1 - \hat{P}_2}{\sqrt{\hat{P}(1-\hat{P})\left(\dfrac{1}{n_1} + \dfrac{1}{n_2}\right)}} \tag{10.35}$$

대립가설	P-값	고정유의수준검정의 기각 기준
$H_1: p_1 \neq p_2$	$\lvert z_0 \rvert$ 이상 또는 $-\lvert z_0 \rvert$ 이하일 확률 $P=2[1-\Phi(\lvert z_0 \rvert)]$	$z_0 > z_{\alpha/2}$ 또는 $z_0 < -z_{\alpha/2}$
$H_1: p_1 > p_2$	z_0 이상일 확률 $P=1-\Phi(z_0)$	$z_0 > z_\alpha$
$H_1: p_1 < p_2$	z_0 이하일 확률 $P=\Phi(z_0)$	$z_0 < -z_\alpha$

예제 10.16 세인트존스워트

세인트존스워트(St. John's Wort) 추출물은 우울증 치료에 널리 사용된다. 어느 논문("Effectiveness of St. John's Wort on Major Depression: a Randomized Controlled Trial", *Journal of the American Medical Association*, 2001)에는 우울증으로 진단받은 200명의 외래환자를 대상으로 세인트존스워트 추출물과 위약의 효능을 비교한 결과가 보고되었다. 환자들을 임의로 두 그룹으로 나누고, 한 그룹에는 세인트존스워트를, 다른 그룹에는 위약을 처방하였다. 8주 후 위약을 받은 환자 중 19명이 개선되고 세인트존스워트를 받은 환자 중 27명이 개선되었다. 세인트존스워트가 우울증 치료에 효과적인지 $\alpha=0.05$로 검정해 보자.

가설검정의 7단계 절차를 적용하면 다음과 같다.

1. 관심모수: 관심의 모수는 세인트존스워트 치료와 위약 치료를 받고 개선되는 환자의 비율인 p_1과 p_2이다.
2. 귀무가설: $H_0: p_1 = p_2$
3. 대립가설: $H_0: p_1 > p_2$
4. 검정통계량: $Z_0 = \dfrac{\hat{P}_1 - \hat{P}_2}{\sqrt{\hat{P}(1-\hat{P})\left(\dfrac{1}{n_1}+\dfrac{1}{n_2}\right)}}$
5. 기각역: P-값이 0.05보다 작으면 $H_0: p_1 = p_2$을 기각한다.
6. 계산: $\hat{p}_1 = 27/100 = 0.27$, $\hat{p}_2 = 19/100 = 0.19$,

   $n_1 = n_2 = 100$, $\hat{p} = \dfrac{x_1 + x_2}{n_1 + n_2} = \dfrac{19+27}{100+100} = 0.23$

   를 대입하여 검정통계량의 계산값을 구하면 다음과 같다.

$$z_0 = \frac{\hat{p}_1 - \hat{p}_2}{\sqrt{\hat{p}(1-\hat{p})\left(\dfrac{1}{n_1}+\dfrac{1}{n_2}\right)}} = \frac{0.27-0.19}{\sqrt{0.23(0.77)\left(\dfrac{1}{100}+\dfrac{1}{100}\right)}} = 1.34$$

7. 결론: $z_0 = 1.34$이므로 P-값은 $P = 1-\Phi(1.34) = 0.09$이다. 유의수준 $\alpha = 0.05$에서 귀무가설을 기각할 수 없다.

해석: 세인트존스워트가 우울증을 치료하는 데 효과가 있다는 주장을 뒷받침하는 충분한 증거가 없다.

다음은 비율에 대한 이표본 가설검정과 신뢰구간 절차의 전형적인 컴퓨터 출력물이다. $p_1 - p_2$에 대한 95% 양측 신뢰구간이 0을 포함한다. 10.6.3절에서 신뢰구간을 구하는 절차를 자세히 알아본다.

```
Test and CI for Two Proportions
        Sample      X       N       Sample p
        1           27      100     0.270
        2           19      100     0.190
Estimate for p(1)-p(2): 0.08
95% CI for p(1)-p(2): (-0.0361186, 0.196119)
Test for p(1)-p(2) = 0 (vs not = 0): Z = 1.35 P-value = 0.177
```

10.6.2 제2종오류와 표본크기의 선택

$H_0 : p_1 = p_2$에 대한 대표본 검정에서 β-오류를 계산하는 것은 단일표본의 경우보다 다소 복잡하다. 검정통계량 Z_0의 분모는 $\hat{P}_1 - \hat{P}_2$의 표준편차의 추정량인데, 이 추정량은 $p_1 = p_2 = p$라는 가정하에서 얻었기 때문이다. 만일 $H_0 : p_1 = p_2$가 거짓이면 $\hat{P}_1 - \hat{P}_2$의 표준편차는 다음과 같다.

$$\sigma_{\hat{P}_1 - \hat{P}_2} = \sqrt{\frac{p_1(1-p_1)}{n_1} + \frac{p_2(1-p_2)}{n_2}} \tag{10.36}$$

식(10.36)을 이용하여 두 모비율의 차이에 대한 제2종류확률을 구하면 다음과 같다.

두 모비율의 차이에 대한 양측검정: 제2종오류확률

대립가설 $H_1 : p_1 \neq p_2$에 대한 β-오류는

$$\beta \simeq \Phi\left[\frac{z_{\alpha/2}\sqrt{\bar{p}\bar{q}(1/n_1 + 1/n_2)} - (p_1 - p_2)}{\sigma_{\hat{P}_1 - \hat{P}_2}}\right] - \Phi\left[\frac{-z_{\alpha/2}\sqrt{\bar{p}\bar{q}(1/n_1 + 1/n_2)} - (p_1 - p_2)}{\sigma_{\hat{P}_1 - \hat{P}_2}}\right] \tag{10.37}$$

두 모비율의 차이에 대한 단측검정: 제2종오류확률

(1) 대립가설 $H_1 : p_1 > p_2$에 대한 β-오류는

$$\beta \simeq \Phi\left[\frac{z_{\alpha}\sqrt{\bar{p}\bar{q}(1/n_1 + 1/n_2)} - (p_1 - p_2)}{\sigma_{\hat{P}_1 - \hat{P}_2}}\right] \tag{10.38}$$

(2) 대립가설 $H_1 : p_1 < p_2$에 대한 β-오류는

$$\beta \simeq \Phi\left[\frac{-z_{\alpha}\sqrt{\bar{p}\bar{q}(1/n_1 + 1/n_2)} - (p_1 - p_2)}{\sigma_{\hat{P}_1 - \hat{P}_2}}\right] \tag{10.39}$$

식(10.37)~식(10.39)에서 $\bar{p} = \dfrac{n_1 p_1 + n_2 p_2}{n_1 + n_2}$, $\bar{q} = \dfrac{n_1(1-p_1) + n_2(1-p_2)}{n_1 + n_2}$이다. 주어진 p_1과 p_2에서 크기 α-검정이 원하는 제2종오류확률 β를 가지도록 필요한 표본크기 $n_1 = n_2 = n$을 구하면 다음과 같다.

두 모비율의 차이에 대한 양측검정: 근사 표본크기

$$n \simeq \frac{\left[z_{\alpha/2}\sqrt{(p_1+p_2)(q_1+q_2)/2}+z_\beta\sqrt{p_1q_1+p_2q_2}\,\right]^2}{(p_1-p_2)^2} \tag{10.40}$$

단, $q_1=1-p_1$, $q_2=1-p_2$이다.

단측검정에 대한 표본크기를 구하려면 식(10.40)에서 $z_{\alpha/2}$ 대신 z_α를 사용한다.

10.6.3 신뢰구간

확률변수

$$Z=\frac{\hat{P}_1-\hat{P}_2-(p_1-p_2)}{\sqrt{\dfrac{p_1(1-p_1)}{n_1}+\dfrac{p_2(1-p_2)}{n_2}}}$$

는 근사적으로 $N(0,1)$을 따른다는 사실로부터 p_1-p_2에 대한 신뢰구간을 구할 수 있다. 즉, $P(-z_{\alpha/2}\le Z\le z_{\alpha/2})\simeq 1-\alpha$ 이므로 이 식에 Z를 대입하고 앞에서와 비슷한 방법으로 확률 진술 안의 항을 재배열한다. 그 결과 p_1-p_2에 대한 $100(1-\alpha)\%$ 근사 신뢰구간을 다음과 같이 정의한다.

두 모비율의 차이에 대한 근사 신뢰구간

크기가 n_1과 n_2인 두 독립 표본에서 관심의 범주에 속하는 관측치의 표본비율을 $\hat{p}_1$과 $\hat{p}_2$이라고 하자. 모비율의 차이 p_1-p_2에 대한 $100(1-\alpha)\%$ 근사 신뢰구간은

$$\hat{p}_1-\hat{p}_2-z_{\alpha/2}\sqrt{\frac{\hat{p}_1(1-\hat{p}_1)}{n_1}+\frac{\hat{p}_2(1-\hat{p}_2)}{n_2}}\le p_1-p_2$$

$$\le \hat{p}_1-\hat{p}_2+z_{\alpha/2}\sqrt{\frac{\hat{p}_1(1-\hat{p}_1)}{n_1}+\frac{\hat{p}_2(1-\hat{p}_2)}{n_2}} \tag{10.41}$$

단, $z_{\alpha/2}$는 표준정규분포의 상위 $100\alpha/2$번째 백분위수이다.

예제 10.17 불량 베어링

예제 8.7의 크랭크축 베어링 제조공정을 다시 보자. 표면 마무리 공정을 수정한 후 85개 베어링의 두 번째 임의표본을 추출한 결과 불량 베어링의 수는 8이라고 하면

$$n_1 = 85,\ \hat{p}_1 = 10/85 = 0.1176,\ n_2 = 85,\ \hat{p}_2 = 8/85 = 0.0941$$

이다. 두 공정에서 생산된 불량 베어링 비율의 차이에 대한 95% 근사 신뢰구간을 구해 보자.

식(10.41)의 신뢰구간에서 양 끝값은

$$\hat{p}_1 - \hat{p}_2 \pm z_{0.025}\sqrt{\frac{\hat{p}_1(1-\hat{p}_1)}{n_1} + \frac{\hat{p}_2(1-\hat{p}_2)}{n_2}}$$

이고, 다시 쓰면

$$0.1176 - 0.0941 \pm 1.96\sqrt{\frac{0.1176(0.8824)}{85} + \frac{0.0941(0.9059)}{85}}$$

이므로, 95% 근사 신뢰구간은 다음과 같다.

$$-0.0685 \le p_1 - p_2 \le 0.1155$$

해석: 이 신뢰구간은 0을 포함하므로 표면 마무리 공정의 변경이 불량 크랭크축 베어링의 비율을 줄였다고 보기 어렵다.

식(10.41)의 신뢰구간은 두 이항비율의 차이에 대한 전통적 신뢰구간이다. 이 구간의 실질적 신뢰수준은 공시된 값과 상당히 다를 수 있다. 예를 들어 95% 신뢰구간을 구하려고 식(10.41)에서 $z_{0.025} = 1.96$을 사용하면 실제 신뢰수준은 95%와 다를 수 있다. 이를 개선하기 위해 절차를 약간 조정할 수 있다. 먼저 각 표본에 1번의 성공과 1번의 실패를 추가하여 다음을 계산한다.

$$\tilde{p}_1 = \frac{x_1+1}{n_1+2},\quad \tilde{n}_1 = n_1 + 2,\qquad \tilde{p}_2 = \frac{x_2+1}{n_2+2},\quad \tilde{n}_2 = n_2 + 2$$

그리고 식(10.41)에서 $\hat{p}_1, \hat{p}_2, n_1, n_2$ 대신 $\tilde{p}_1, \tilde{p}_2, \tilde{n}_1, \tilde{n}_2$를 대입한다.

예를 들어 예제 10.17의 크랭크축 베어링 데이터에서는

$$\tilde{p}_1 = \frac{x_1+1}{n_1+2} = \frac{10+1}{85+2} = 0.1264,\quad \tilde{n}_1 = n_1 + 2 = 85 + 2 = 87$$

$$\tilde{p}_2 = \frac{x_2+1}{n_2+2} = \frac{8+1}{85+2} = 0.1034,\quad \tilde{n}_2 = n_2 + 2 = 85 + 2 = 87$$

이므로, 식(10.41)에서 $\hat{p}_1, \hat{p}_2, n_1, n_2$ 대신 $\tilde{p}_1, \tilde{p}_2, \tilde{n}_1, \tilde{n}_2$를 대입하면 개선된 신뢰구간은 $-0.0730 \le p_1 - p_2 \le 0.1190$이다. 예제 10.17에서 구한 전통적 신뢰구간의 길이는 0.1840인데, 새로 구한 신뢰구간의 길이는 0.1920이다. 약간 더 넓어진 신뢰구간은 새로 구한 신뢰구간의 범위가 공시된 95% 수준에 더 가까워졌음을 의미한다. 그러나 새로 구한 신뢰구간도 0을 포함하므로 어느 신뢰구간을 사용해도 결론은 같다.

10.7 이표본 추론 방법의 요약표

부록 C에 이 장에서 학습한 모든 이표본 추론 절차를 요약한 표가 나와 있다. 표에는 귀무가설, 검정통계량, 다양한 대립가설에 대한 기각 기준, $100(1-\alpha)\%$ 신뢰구간 공식이 포함되어 있다.

표 8.1에서 단일표본 문제에 대한 적절한 신뢰구간 공식과 가설검정 방법을 선택하는 지침을 알아보았다. 표 10.5는 이 지침을 이표본 문제로 확장한 것이다. 8장에서 알아본 주요 설명은 여기에도 적용된다. 다음과 같이 두 표본의 모수의 함수(예를 들어 평균 차이)에 이 지침을 적용한다.

1. 구간추정이나 가설검정을 하려고 하는 모수의 함수(데이터의 분포)를 결정한다.
2. 다른 모수들이 알려져 있는지 또는 추정해야 하는지 (그리고 어떤 가정이 주어져 있는지) 확인한다.

표 10.5 이표본에서 신뢰구간과 가설검정을 구하기 위한 로드맵

모수	기호	다른 모수?	신뢰구간	가설검정	추가사항
정규분포 평균 차이	$\mu_1-\mu_2$	σ_1, σ_2를 알 때	10.1.3	10.1.1	
일반분포 평균 차이	$\mu_1-\mu_2$	σ_1, σ_2를 안다고 할 만큼 대표본	10.1.3	10.1.1	대표본 $n_1, n_2 \geq 40$
정규분포 평균 차이	$\mu_1-\mu_2$	σ_1, σ_2가 같고 모를 때	10.2.3	10.2.1	$\sigma_1=\sigma_2$
정규분포 평균 차이	$\mu_1-\mu_2$	σ_1, σ_2가 다르고 모를 때	10.2.3	10.2.1	$\sigma_1 \neq \sigma_2$
정규분포 평균 차이 쌍체표본	$\mu_D=\mu_1-\mu_2$	차이의 표준편차를 모를 때	10.4	10.4	차이에 대한 단일표본 방법
정규분포 분산 비율	σ_1^2/σ_2^2	μ_1, μ_2를 모를 때	10.5.4	10.5.2	
모비율 차이	p_1-p_2	없음	10.6.3	10.6.1	이항분포의 정규근사

주요용어와 개념

가설검정과 신뢰구간에 대한 표본크기 결정(Sample size determination for hypothesis tests and confidence intervals)
검사특성곡선, OC곡선(Operating characteristic curves)
검정통계량(Test statistic)
검정통계량에 대한 임계역(Critical region for a test statistic)
검정통계량에 대한 참조분포(Reference distribution for a test statistic)
관찰연구(Observational study)
귀무가설과 대립가설(Null and alternative hypothesis)
단측과 양측 대립가설(One-sided and two-sided alternative hypotheses)
비교실험(Comparative experiments)
쌍체 t-검정(Paired t-test)
완전랜덤화실험(Completely randomized experiment)
윌콕슨 순위합검정(Wilcoxon rank-sum test)
차이와 비율에 대한 신뢰구간(Confidence intervals on differences and ratios)
처리(Treatment)
통계적 가설(Statistical hypothesis)
합동 t-검정(Pooled t-test)
P-값(P-value)

CHAPTER 11

단순선형회귀와 상관

학습목표

이 장을 주의 깊게 학습한 후 다음을 할 수 있다.

1. 단순선형회귀를 이용하여 공학과 과학 데이터에 대한 경험모형을 구축한다.
2. 최소제곱법으로 선형회귀모형의 모수를 추정하는 방법을 이해한다.
3. 잔차분석을 통해 회귀모형이 데이터에 적합한지 또는 기본 가정사항을 위반하지 않는지 확인한다.
4. 회귀모형의 모수에 대한 신뢰구간을 추정하고, 통계적 가설을 검정한다.
5. 회귀모형을 이용하여 미래의 관측치를 예측하고, 예측구간을 구한다.
6. 상관모형을 적용한다.
7. 간단한 변수변환을 이용하여 선형회귀모형을 적합한다.

목차

1986년 1월 발생한 우주 왕복선 챌린저호의 폭발 사고는 로켓모터의 현장조립(field joint)에 사용된 O-링이 낮은 주변 온도로 인해 고장난 결과이다. 발사 이전 24회의 사전 발사와 모터의 정적 점화에서 수집한 O-링의 고장 정보와 그에 대응하는 온도 데이터가 있었다. 온도에 따른 O-링의 고장확률을 설명하는 통계모형이 있었다면 챌린저호의 비극이 일어나기 전 저온 발사와 관련된 위험을 측정할 수 있었을 수도 있다.

11.1 경험모형

기술자가 공학과 과학 문제를 해결할 때 2개 이상 변수의 관계를 분석해야 하는 경우가 많다. 예를 들어 용기의 가스 압력은 온도와 관련이 있고, 수로에 흐르는 물의 속도는 수로의 폭과 관련이 있으며, 특정 시간에 입자의 변위는 입자의 속도와 관련이 있다. 시간 $t=0$에서 원점으로부터 입자의 변위를 d_0이라고 하고 v를 속도라고 하면, $t \geq 0$에서 변위를 $d_t = d_0 + vt$로 나타낼 수 있다. 이와 같은 관계는 (측정 오류를 제외하면) 변위를 완벽하게 예측하므로 결정적 선형관계를 나타낸다.

그러나 많은 경우 변수의 관계는 결정적이지 않다. 예를 들어 주택의 전기에너지 소비량(y)은 주택 크기(x)와 관련이 있지만 그 관계가 결정적인 것은 아닐 것이다. 마찬가지로, 자동차의 연료 사용량(y)과 차량 무게(x)의 관계가 결정적인 것은 아니다. 두 사례에서 x에 관한 지식으로부터 관심의 반응변수(response variable) y를 완벽하게 예측할 수는 없다. 자동차의 무게가 같아도 연료 사용량이 다를 수 있고, 크기가 같은 두 집의 전기 사용량이 다를 수 있다.

결정적이지 않은 방식으로 변수의 관계를 모형화하고 탐색할 때 회귀분석(regression analysis)을 사용한다. 이런 유형의 문제는 공학과 과학의 여러 분야에서 자주 발생하므로 회귀분석은 가장 널리 사용되는 통계적 도구 중 하나이다. 이 장에서는 독립변수 또는 예측변수 x가 한 개이고 반응변수 y와 x의 관계는 선형인 경우를 학습한다. 간단한 시나리오로 보이지만 현장의 많은 문제가 이러한 틀에 포함된다.

예를 들어 어느 화학공정의 수율은 공정온도와 관련이 있다고 가정해 보자. 회귀분석을 이용하면 온도 수준에 따라 수율을 예측하는 모형을 구축할 수 있다. 그러면 수율을 최대로 하는 온도 수준을 찾기 위한 공정 최적화 또는 공정 제어의 목적으로 회귀모형을 사용할 수 있다.

표 11.1의 데이터를 보자. y는 화학증류 공정으로부터 수집한 산소의 순도, x는 증류장치의 주 응축기 내 탄화수소의 비율을 나타낸다. 그림 11.1은 표 11.1의 데이터를 산점도로 나타낸 것이다. 산점도는 각 (x_i, y_i)를 2차원 좌표계의 점으로 표시한 그림이다. 그림 11.1의 산점도는 컴퓨터를 이용하여 작성한 것으로 개별 변수의 분포를 쉽게 확인할 수 있도록 그래프의 상단과 우측 여백에 x, y 변수의 점도표를 표시하도록 옵션을 선택하였다. (상자그림이나 히스토그램을 선택하는 것도 가능하다.) 산점도를 보면 모든 점을 정

표 11.1 산소순도와 탄화수소

관측번호	탄화수소(x, %)	산소순도(y, %)
1	0.99	90.01
2	1.02	89.05
3	1.15	91.43
4	1.29	93.74
5	1.46	96.73
6	1.36	94.45
7	0.87	87.59
8	1.23	91.77
9	1.55	99.42
10	1.40	93.65
11	1.19	93.54
12	1.15	92.52
13	0.98	90.56
14	1.01	89.54
5	1.11	89.85
16	1.20	90.39
17	1.26	93.25
18	1.32	93.41
19	1.43	94.98
20	0.95	87.33

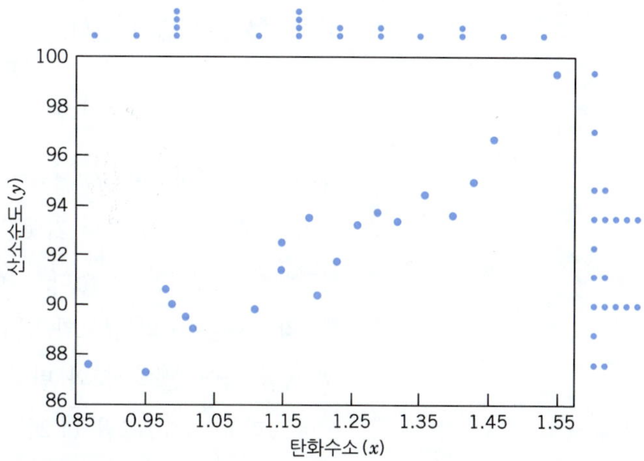

그림 11.1 표 11.1의 탄화수소와 산소순도에 대한 산점도

확하게 지나는 간단한 곡선은 없지만 한 직선 주위에 점이 임의로 흩어져 있다는 강한 징후가 있다. 따라서 확률변수 Y의 평균은 다음과 같이 직선 관계로 x와 관련된다고 가정하는 것이 합리적이다.

$$E(Y \mid x) = \mu_{Y \mid x} = \beta_0 + \beta_1 x$$

이때 직선의 기울기와 절편을 회귀계수(regression coefficient)라고 한다. Y의 평균은 x의 선형함수이지만, 실제 관측치 y가 정확하게 직선 위에 있는 것은 아니다. 이 관계를 확률적 선형모형으로 일반화하는 적절한 방법은 Y의 기댓값이 x의 선형함수이고 고정된 x에서 Y의 참값은 평균 함수(선형모형)에 랜덤 오차항을 더한 것으로 결정된다고 가정하는 것이다. 다시 말해,

$$Y = \beta_0 + \beta_1 x + \epsilon \tag{11.1}$$

이고 ϵ은 랜덤 오차항이다. 독립변수 또는 회귀변수(regressor)가 한 개만 있으므로 이 모형을 단순선형회귀모형(simple linear regression model)이라고 한다. 때로는 이론적 관계로부터 이러한 모형을 구할 수도 있고, x와 y의 관계에 관한 이론적 지식이 없으면 산소순

도 데이터에서처럼 산점도를 조사하여 모형을 선택할 수도 있다. 그러면 회귀모형을 경험모형(empirical model)으로 생각할 수 있다.

회귀모형에 대해 더 알아보기 위해 고정된 x에서 확률변수 Y의 값을 관측할 수 있다고 가정해 보자. x가 고정되면 식(11.1)의 우변의 확률적 요소 ϵ이 Y의 성질을 결정한다. ϵ의 평균과 분산은 각각 0과 σ^2이라고 하면

$$E(Y \mid x) = E(\beta_0 + \beta_1 x + \epsilon) = \beta_0 + \beta_1 x + E(\epsilon) = \beta_0 + \beta_1 x$$

이고, 이 관계는 그림 11.1의 산점도를 보고 경험적으로 기록한 것과 같다. x가 주어지면 Y의 분산은 다음과 같다.

$$V(Y \mid x) = V(\beta_0 + \beta_1 x + \epsilon) = V(\beta_0 + \beta_1 x) + V(\epsilon) = 0 + \sigma^2 = \sigma^2$$

따라서 참 회귀모형 $\mu_{Y|x} = \beta_0 + \beta_1 x$는 평균들의 직선이다. 즉, 어떤 x에서 회귀선의 높이는 해당 x에서 Y의 기댓값이다. 기울기 β_1은 x의 단위 변화량에 대한 Y의 평균 변화량이라고 해석할 수 있다. 나아가 오차분산 σ^2은 특정한 x에서 Y의 변동을 결정한다. 즉, 각 x에는 Y의 분포가 있고 이 분포의 분산은 모든 x에서 같다.

예를 들어 산소순도와 탄화수소의 참 회귀모형은 $\mu_{Y|x} = 75 + 15x$이고 그 분산은 $\sigma^2 = 2$라고 하자. 그림 11.2는 이 상황을 그림으로 나타내며, 그림에서 σ^2 만큼의 변동을 설명하기 위해 정규분포를 사용한 것을 볼 수 있다. Y는 상수(평균) $\beta_0 + \beta_1 x$와 정규확률변수의 합이므로 Y 또한 정규분포를 따르는 확률변수이다. 분산 σ^2은 산소순도 Y의 변동을 결정한다. Y의 관측치는 σ^2이 작을 때 직선 가까이 위치하고, σ^2이 크면 직선에서 크게 벗어날 수도 있다. 여기서 σ^2은 상수이므로 모든 x에서 Y의 변동은 일정하다.

회귀모형은 산소순도 Y와 탄화수소 x의 관계를 설명한다. 주어진 탄화수소 수준 x에서 산소순도는 평균이 $75 + 15x$이고 분산이 2인 정규분포를 따른다. 예를 들어 $x = 1.25$이면 Y의 평균은 $\mu_{Y|x} = 75 + 15(1.25) = 93.75$이고 분산은 2이다.

대부분의 실제 문제에서 절편 β_0, 기울기 β_1, 오차분산 σ^2은 알려지지 않으므로 표본을 이용하여 이 값들을 추정해야 한다. 그리고 추정된 회귀식을 이용하여 Y의 미래 관측

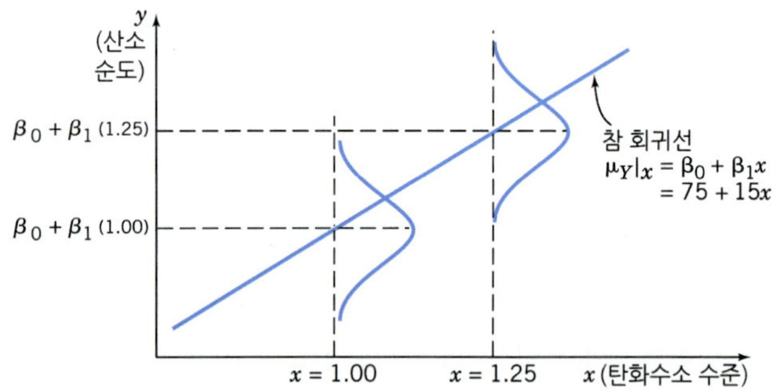

그림 11.2 산소순도와 탄화수소 데이터의 주어진 x에서 Y의 분포

치를 예측하거나 x의 특정한 수준에서 평균반응을 추정한다. 예를 들어 화학공학 기술자는 탄화수소 수준이 $x = 1.25\%$일 때 산소의 평균순도를 추정하는 데 관심이 있을 수 있다. 이 장에서는 이와 같은 단순선형회귀모형의 절차와 응용에 대해 알아본다. 12장에서는 2개 이상의 회귀변수와 관련된 다중선형회귀모형을 학습한다.

역사적 기록: Francis Galton은 아버지 키(x)와 아들 키(y)에 관한 연구에서 회귀분석이라는 용어를 처음으로 사용하였다. Galton은 최소제곱직선을 적합하고 이 직선을 이용하여 아버지 키로부터 아들 키를 예측하였다. 그는 아버지 키가 평균보다 크면 아들 키도 평균보다 크지만, 아버지 키만큼 크지는 않은 것을 발견하였다. 비슷한 결과를 평균보다 작은 키에서도 관측하였다. 즉, 아들 키가 평균으로 "회귀"한 것이다. 그 결과 Galton은 최소제곱직선을 회귀선(regression line)이라고 명명하였다.

회귀의 남용: 회귀를 널리 이용하지만 자주 오용한다. 여기서는 회귀의 몇 가지 공통적인 남용을 간략히 알아본다. 회귀모형에 포함할 변수를 선택하고 모형의 형태를 결정할 때 주의해야 한다. 인과관계가 전혀 없는 변수 간에도 통계적으로 유의한 관계가 나타날 수 있다. 예를 들어 점용접(spot weld)의 전단강도와 방문객 주차장에서 빈 주차 칸의 개수를 관련시키려고 할 수 있다. 이 경우 직선이 데이터에 잘 맞는 것처럼 보이더라도 그 관계를 믿는 것은 불합리할 것이다. 주차공간을 막아서 전단강도를 높이는 것은 불가능하다. 변수 간의 강한 관련이 인과관계를 의미하는 것은 아니다. 이런 결과는 소급연구에서 자주 일어나며 관찰연구에서도 일어난다. **실험설계**만이 인과관계를 결정하는 유일한 방법이다.

회귀모형은 원래 데이터의 범위에서만 유효하다. 잠정적으로 가정한 선형관계는 x의 원래 범위에서 유효하지만 외삽, 즉 원래 범위를 벗어나는 x값을 사용하면 그렇지 않을 수 있다. 다시 말해, 데이터가 수집된 x의 범위를 벗어나면 가정된 모형의 타당성을 확신하기 어렵다. 회귀모형은 외삽 목적으로는 반드시 유효한 것은 아니다.

외삽을 절대로 하지 마라는 뜻은 아니다. 과학과 공학의 많은 상황에서 회귀모형의 외삽이 문제에 접근하는 유일한 방법일 수 있다. 그러나 **조심하라**는 강한 경고가 필요하다. 많은 경우 어느 정도의 외삽은 괜찮을 수 있지만, 큰 외삽은 거의 항상 수용할 수 없는 결과를 줄 것이다.

11.2 단순선형회귀

단순선형회귀에는 하나의 회귀변수(예측변수) x와 하나의 반응변수(종속변수) Y가 있다. Y와 x의 참 관계는 선형이고 x의 각 수준에서 Y는 확률변수라고 가정한다. 앞에서처럼 x에 대한 Y의 기댓값은

$$E(Y \mid x) = \beta_0 + \beta_1 x$$

이고 절편 β_0과 기울기 β_1은 알려지지 않은 회귀계수이다. 반응변수 Y를 다음 모형으로 나타낼 수 있다고 가정한다.

$$Y = \beta_0 + \beta_1 x + \epsilon \tag{11.2}$$

단, ϵ은 독립이면서 평균이 0이고 분산 σ^2이 알려지지 않은 확률변수이다.

n개 관측치의 쌍 (x_1, y_1), (x_2, y_2), $\cdots$, (x_n, y_n)이 있다고 하자. 그림 11.3에는 관측 데이터의 전형적인 산점도와 추정된 회귀선이 나타나 있다. β_0과 β_1의 추정치는 데이터에 (어떤 의미로) 최상으로 적합되는 직선을 제공하여야 한다. 독일의 과학자 Karl Gauss (1777-1855)는 그림 11.3에서 수직 편차의 제곱합이 최소가 되도록 식(11.2)의 모수 β_0과 β_1을 추정할 것을 제안하였다.

회귀계수를 추정하는 이런 기준을 최소제곱법(method of least squares)이라고 한다. 식(11.2)를 이용하여 표본의 n개 관측치를

$$y_i = \beta_0 + \beta_1 x_i + \epsilon_i,\ i = 1, 2, \cdots, n \tag{11.3}$$

로 나타낼 때, 관측치의 참 회귀선으로부터 편차의 제곱합은 다음과 같다.

$$L = \sum_{i=1}^{n} \epsilon_i^2 = \sum_{i=1}^{n} (y_i - \beta_0 - \beta_1 x_i)^2 \tag{11.4}$$

β_0과 β_1의 최소제곱추정량을 $\hat{\beta}_0$과 $\hat{\beta}_1$이라고 할 때 $\hat{\beta}_0$과 $\hat{\beta}_1$은 다음을 만족해야 한다.

$$\left.\frac{\partial L}{\partial \beta_0}\right|_{\hat{\beta}_0, \hat{\beta}_1} = -2\sum_{i=1}^{n} (y_i - \hat{\beta}_0 - \hat{\beta}_1 x_i) = 0$$

$$\left.\frac{\partial L}{\partial \beta_1}\right|_{\hat{\beta}_0, \hat{\beta}_1} = -2\sum_{i=1}^{n} (y_i - \hat{\beta}_0 - \hat{\beta}_1 x_i) x_i = 0 \tag{11.5}$$

위의 두 식을 정리하면 다음과 같다.

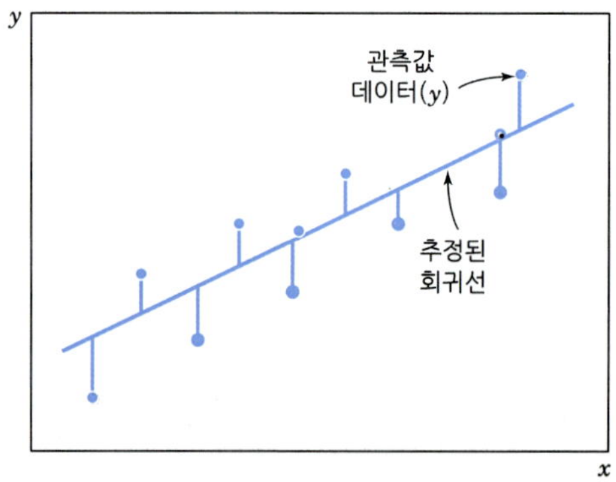

그림 11.3 추정된 회귀선에서 데이터의 편차

$$n\hat{\beta}_0 + \hat{\beta}_1 \sum_{i=1}^{n} x_i = \sum_{i=1}^{n} y_i \tag{11.6}$$

$$\hat{\beta}_0 \sum_{i=1}^{n} x_i + \hat{\beta}_1 \sum_{i=1}^{n} x_i^2 = \sum_{i=1}^{n} x_i y_i$$

식(11.6)을 최소제곱 정규방정식(least squares normal equations)이라고 한다. 정규방정식의 해를 구하면 최소제곱추정량(least squares estimator) $\hat{\beta}_0$과 $\hat{\beta}_1$이 된다.

최소제곱추정치

단순선형회귀모형에서 절편과 기울기의 최소제곱추정치는

$$\hat{\beta}_0 = \bar{y} - \hat{\beta}_1 \bar{x} \tag{11.7}$$

$$\hat{\beta}_1 = \frac{\sum_{i=1}^{n} x_i y_i - n\bar{x}\bar{y}}{\sum_{i=1}^{n} x_i^2 - n\bar{x}^2} \tag{11.8}$$

단, $\bar{x} = \frac{1}{n}\sum_{i=1}^{n} x_i$, $\bar{y} = \frac{1}{n}\sum_{i=1}^{n} y_i$이다.

따라서 적합된 또는 추정된 회귀선은 다음과 같다.

$$\hat{y} = \hat{\beta}_0 + \hat{\beta}_1 x \tag{11.9}$$

각 관측치 쌍은 다음 관계를 만족한다.

$$y_i = \hat{\beta}_0 + \hat{\beta}_1 x_i + e_i,\ i = 1, 2, \cdots, n$$

이때 $e_i = y_i - \hat{y}_i$을 잔차(residual)라고 한다. 잔차는 관측치와 적합치의 차이이다. 뒤에서 회귀모형의 적절성에 관한 정보를 얻기 위해 잔차를 사용한다.

식(11.8)의 분자와 분모를 별도의 기호로 나타내면 편리하다. 주어진 데이터 $(x_1, y_1), (x_2, y_2), \cdots, (x_n, y_n)$에 대하여 S_{xx}와 S_{xy}를 다음과 같이 나타내기로 한다.

$$S_{xx} = \sum_{i=1}^{n} (x_i - \bar{x})^2 = \sum_{i=1}^{n} x_i^2 - \frac{\left(\sum_{i=1}^{n} x_i\right)^2}{n} \tag{11.10}$$

$$S_{xy} = \sum_{i=1}^{n} (x_i - \bar{x})(y_i - \bar{y}) = \sum_{i=1}^{n} x_i y_i - \frac{\left(\sum_{i=1}^{n} x_i\right)\left(\sum_{i=1}^{n} y_i\right)}{n} \tag{11.11}$$

예제 11.1 산소순도

표 11.1의 산소순도 데이터에 단순선형회귀모형을 적합해 보자. 먼저 다음 값을 계산한다.

$$n=20 \qquad \sum_{i=1}^{20} x_i = 23.92 \qquad \sum_{i=1}^{20} y_i = 1{,}843.21$$

$$\bar{x}=1.1960 \qquad \bar{y}=92.1605$$

$$\sum_{i=1}^{20} x_i^2 = 29.2892 \qquad \sum_{i=1}^{20} y_i^2 = 170{,}044.5321$$

$$\sum_{i=1}^{20} x_i y_i = 2{,}214.6566$$

$$S_{xx}=29.2892-\frac{(23.92)^2}{20}=0.68088$$

$$S_{xy}=2{,}214.6566-\frac{(23.92)(1{,}843.21)}{20}=10.17744$$

기울기와 절편의 최소제곱추정치는 각각 다음과 같다.

$$\hat{\beta}_1=\frac{S_{xy}}{S_{xx}}=\frac{10.17744}{0.68988}=14.94748$$

$$\hat{\beta}_0=\bar{y}-\hat{\beta}_1\bar{x}=92.1605-(14.94748)1.196=74.28331$$

적합된 회귀선을 소수점 아래 세 자리까지 표기하면

$$\hat{y}=74.283+14.947x$$

이다. 표본 데이터와 회귀선을 그래프로 나타내면 그림 11.4와 같다.

해석: 회귀모형을 이용하여 탄화수소 수준이 $x=1.00\%$일 때 산소순도를 구하면 $\hat{y}=89.23\%$이다. 89.23%라는 산소순도는 $x=1.00\%$일 때 산소순도의 모평균에 대한 추정치 또는 미래 관측치의 예측치라고 해석할 수 있다. 물론 이 추정치에는 오차가 있다. 즉, 탄화수소 수준이 1.00%일 때 순도의 미래 관측치가 정확하게 89.23%일 가능성은 거의 없다. 다음 절에서 회귀모형의 오차를 설명하기 위해 신뢰구간과 예측구간을 이용하는 방법을 알아본다.

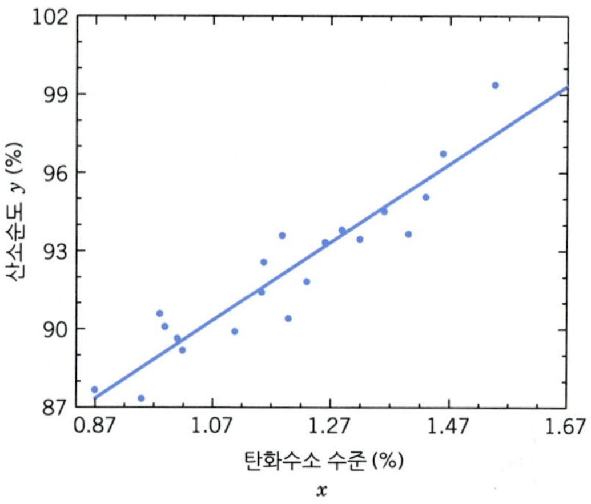

그림 11.4 탄화수소 수준 x와 산소순도 y의 산점도와 추정된 회귀선 $\hat{y}=74.283+14.947x$

회귀분석에서는 컴퓨터 소프트웨어를 널리 이용한다. 보통 소프트웨어는 소수점 아래 더 많은 자리까지 계산한 결과를 출력한다. 표 11.2에는 예제 11.1에 대한 컴퓨터 출력물의 일부가 나와 있는데, 추정치 $\hat{\beta}_0$과 $\hat{\beta}_1$을 알아볼 수 있도록 표시하였다. 다음 절에서 이 출력물에 포함된 정보를 자세히 알아본다.

표 11.2 예제 11.1의 산소순도 데이터에 대한 컴퓨터 출력물

Purity = 74.3 + 14.9 HC Level

Predictor	Coef	SE Coef	T	P
Constant	74.283 ← $\hat{\beta}_0$	1.593	46.62	0.000
HC level	14.947 ← $\hat{\beta}_1$	1.317	11.35	0.000

S = 1.087 R-Sq = 87.7% R-Sq (adj) = 87.1%

Analysis of Variance

Source	DF	SS	MS	F	P
Regression	1	152.13	152.13	128.86	0.000
Residual error	18	21.25 ← SS_E	1.18 ← $\hat{\sigma}^2$		
Total	19	173.38			

Predicted Values for New Observations

New obs	Fit	SE Fit	95.0% CI	95.0% PI
1	89.231	0.354	(88.486, 89.975)	(86.830, 91.632)

Values of Predictors for New Observations

New obs	HC Level
1	1.00

σ^2의 추정: 회귀모형에는 또 하나의 알려지지 않은 모수 σ^2, 즉 오차항의 분산이 있다. σ^2을 추정하기 위해 잔차 $e_i = y_i - \hat{y}_i$을 이용한다. 흔히 오차제곱합(error sum of squares, SSE)이라고도 불리는 잔차의 제곱합은 다음과 같다.

$$SS_E = \sum_{i=1}^{n} e_i^2 = \sum_{i=1}^{n} (y_i - \hat{y}_i)^2 \tag{11.12}$$

오차제곱합의 기댓값은 $E(SS_E) = (n-2)\sigma^2$임을 보일 수 있다. 따라서 σ^2의 불편추정량은 다음과 같다.

분산의 추정량

$$\hat{\sigma}^2 = \frac{SS_E}{n-2} \tag{11.13}$$

식(11.12)를 이용한 SS_E의 계산은 상당히 지루할 수 있다. 식(11.12)에 $\hat{y}_i = \hat{\beta}_0 + \hat{\beta}_1 x_i$를 대입한 후 정리하면 다음과 같이 더 편리한 계산식을 얻는다.

$$SS_E = SS_T - \hat{\beta}_1 S_{xy} \tag{11.14}$$

여기서 $SS_T = \sum_{i=1}^{n}(y_i - \overline{y})^2 = \sum_{i=1}^{n} y_i^2 - n\overline{y}^2$는 반응변수 y의 총제곱합이다. 11.4절에서 이 식에 대해 더 알아본다. 표 11.2의 컴퓨터 출력물에 산소순도 데이터의 오차제곱합과 분산 추정치 $\hat{\sigma}^2 = 1.18$을 알아볼 수 있도록 표시하였다.

11.3 최소제곱추정량의 성질

최소제곱추정량 $\hat{\beta}_0$과 $\hat{\beta}_1$의 통계적 성질을 쉽게 알 수 있다. 모형 $Y = \beta_0 + \beta_1 x + \epsilon$에서 오차항 ϵ은 평균이 0이고 분산이 σ^2인 확률변수이다. x는 고정되므로 Y는 평균이 $\mu_{Y|x} = \beta_0 + \beta_1 x$이고 분산이 σ^2인 확률변수이다. $\hat{\beta}_0$과 $\hat{\beta}_1$은 Y의 관측치 y에 의존하므로 회귀계수의 최소제곱추정량은 확률변수이다. 이제 $\hat{\beta}_0$과 $\hat{\beta}_1$의 편의와 분산을 알아보자.

먼저 $\hat{\beta}_1$은 반응변수 Y_i의 선형결합이므로 기댓값의 성질을 이용하면

$$E(\hat{\beta}_1) = \beta_1 \tag{11.15}$$

임을 보일 수 있다. 따라서 $\hat{\beta}_1$은 기울기 β_1의 불편추정량이다.

이제 $\hat{\beta}_1$의 분산을 보자. $V(\epsilon_i) = \sigma^2$이므로 $V(Y_i) = \sigma^2$이다. $\hat{\beta}_1$은 반응변수 Y_i의 선형결합이므로 5.7절의 결과를 이용하여 다음을 보일 수 있다.

$$V(\hat{\beta}_1) = \frac{\sigma^2}{S_{xx}} \tag{11.16}$$

비슷한 방법으로

$$E(\hat{\beta}_0) = \beta_0, \quad V(\hat{\beta}_0) = \sigma^2\left(\frac{1}{n} + \frac{\overline{x}^2}{S_{xx}}\right) \tag{11.17}$$

이고, $\hat{\beta}_0$은 절편 β_0의 불편추정량이다. 확률변수 $\hat{\beta}_0$과 $\hat{\beta}_1$의 공분산은 0이 아니고 $\text{cov}(\hat{\beta}_0, \hat{\beta}_1) = -\sigma^2 \overline{x}/S_{xx}$이라고 알려져 있다.

식(11.16)과 식(11.17)에 나타난 기울기와 절편의 분산을 추정하기 위해 σ^2의 추정치를 이용한다. $\hat{\beta}_0$과 $\hat{\beta}_1$의 분산 추정치의 제곱근을 각각 기울기와 절편에 대한 추정된 표준오차라고 한다.

추정된 표준오차

단순선형회귀에서 기울기와 절편의 추정된 표준오차는 각각

$$se(\hat{\beta}_1) = \sqrt{\frac{\hat{\sigma}^2}{S_{xx}}}, \quad se(\hat{\beta}_0) = \sqrt{\hat{\sigma}^2\left(\frac{1}{n} + \frac{\bar{x}^2}{S_{xx}}\right)}$$

단, $\hat{\sigma}^2$은 식(11.13)을 이용하여 구한다.

표 11.2의 출력물에서 기울기와 절편의 추정된 표준오차는 SE Coef 열에 나타난다.

11.4 단순선형회귀에서 가설검정

선형회귀모형의 적합도를 평가하는 중요한 한 부분은 모형의 모수에 대한 통계적 가설검정과 신뢰구간을 구축하는 것이다. 이 절에서 단순선형회귀에서 가설검정을 학습하고, 다음 절에서 신뢰구간을 구하는 방법을 알아본다. 회귀모형의 기울기와 절편에 대한 가설을 검정하기 위해 모형의 오차항 ϵ은 정규분포를 따른다는 가정을 추가한다. 즉, 오차는 서로 독립이며 평균 0, 분산 σ^2인 정규분포를 따르며, 이를 약어로 $\text{NID}(0, \sigma^2)$으로 나타낸다.

11.4.1 t-검정의 이용

기울기가 상수 $\beta_{1,0}$이라는 가설을 검정하려고 할 때, 양측검정의 가설은 다음과 같다.

$$H_0 : \beta_1 = \beta_{1,0} \qquad H_1 : \beta_1 \neq \beta_{1,0} \tag{11.18}$$

오차 ϵ_i가 $\text{NID}(0, \sigma^2)$을 따르므로 Y_i는 $\text{NID}(\beta_0 + \beta_1 x_i, \sigma^2)$을 따른다. 이제 $\hat{\beta}_1$은 독립인 정규확률변수들의 선형결합이므로, 11.3절에 나와 있는 편의와 분산 성질을 이용하면 $\hat{\beta}_1$의 분포는 $N(\beta_1, \sigma^2/S_{xx})$이다. 또한, $(n-2)\hat{\sigma}^2/\sigma^2$은 자유도가 $n-2$인 카이제곱분포를 따르고 $\hat{\beta}_1$과 $\hat{\sigma}^2$은 서로 독립이다. 따라서 기울기에 대한 검정통계량을 다음과 같이 정의한다.

기울기에 대한 검정통계량

$$T_0 = \frac{\hat{\beta}_1 - \beta_{1,0}}{\sqrt{\dfrac{\hat{\sigma}^2}{S_{xx}}}} \tag{11.19}$$

위 검정통계량은 $H_0 : \beta_1 = \beta_{1,0}$하에서 자유도가 $n-2$인 t-분포를 따른다. 따라서 검정통계량 T_0의 계산값 t_0이 다음을 만족하면 H_0을 기각한다.

$$|t_0| > t_{\alpha/2,\, n-2} \tag{11.20}$$

식(11.19)의 분모는 기울기의 표준오차이므로 검정통계량을 다음과 같이 다시 쓸 수 있다.

$$T_0 = \frac{\hat{\beta}_1 - \beta_{1,0}}{se(\hat{\beta}_1)}$$

절편에 관한 가설검정도 비슷하다. 가설

$$H_0 : \beta_0 = \beta_{0,0} \qquad H_1 : \beta_0 \neq \beta_{0,0} \tag{11.21}$$

을 검정하기 위한 검정통계량은

$$T_0 = \frac{\hat{\beta}_0 - \beta_{0,0}}{\sqrt{\hat{\sigma}^2\left(\frac{1}{n} + \frac{\bar{x}^2}{S_{xx}}\right)}} = \frac{\hat{\beta}_0 - \beta_{0,0}}{se(\hat{\beta}_0)} \tag{11.22}$$

이다. 검정통계량 T_0이 계산값 t_0이 $|t_0| > t_{\alpha/2,\, n-2}$를 만족하면 귀무가설을 기각한다. 식(11.22)에서 검정통계량의 분모는 절편의 표준오차이다.

식(11.18)의 특별한 경우는

$$H_0 : \beta_1 = 0 \qquad H_1 : \beta_1 \neq 0 \tag{11.23}$$

이다. 이 가설은 회귀유의성(significance of regression)과 관련된다. $H_0 : \beta_1 = 0$을 기각하지 못하는 것은 x와 Y 사이에 선형관계가 없다고 결론을 내리는 것과 같다. 이러한 결과는 그림 11.5(a)에서처럼 Y의 변동을 설명하는 데 x가 거의 유용하지 않아 어떤 x에서도 Y의 가장 좋은 추정치는 $\hat{y} = \overline{Y}$이거나, 그림 11.5(b)에서처럼 x와 Y의 참 관계가 선형이 아님을 의미한다. 반대로 $H_0 : \beta_1 = 0$이 기각되면 x가 Y의 변동을 유용하게 설명한다는 것을 의미한다. $H_0 : \beta_1 = 0$의 기각은 그림 11.6(a)에서처럼 선형모형이 적절하거나, 그림 11.6(b)에서처럼 어느 정도의 선형 효과가 있지만 x의 고차항을 추가하여 더 나은 결과를 얻을 수 있음을 의미할 수 있다.

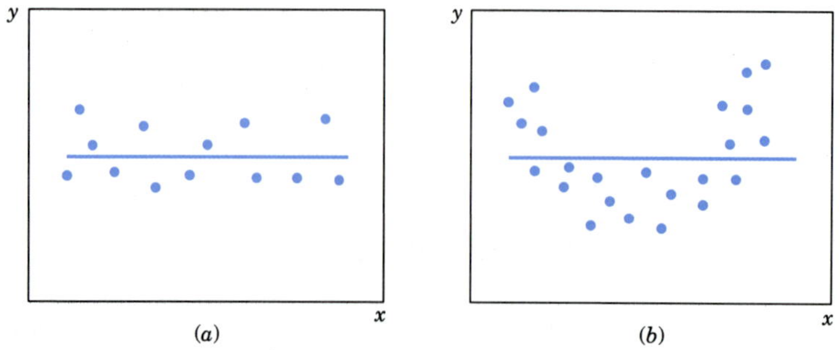

그림 11.5 가설 $H_0 : \beta_1 = 0$을 기각하지 못한다.

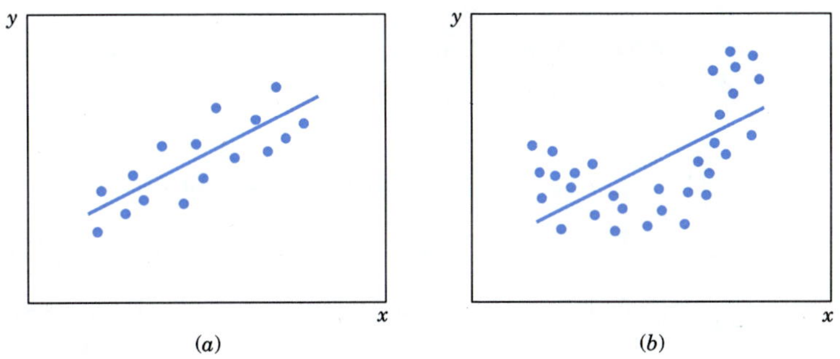

그림 11.6 가설 $H_0 : \beta_1 = 0$을 기각한다.

예제 11.2 산소순도: 회귀계수 검정

예제 11.1의 산소순도 데이터에 대하여 회귀유의성을 검정해 보자. $H_0 : \beta_1 = 0$과 $H_1 : \beta_1 \neq 0$이고 $\alpha = 0.01$이라고 하자. 예제 11.1과 표 11.2로부터

$$\hat{\beta}_1 = 14.947,\ n = 20,\ S_{xx} = 0.68088,\ \hat{\sigma}^2 = 1.18$$

이므로 식(11.19)의 검정통계량의 계산값은 다음과 같다.

$$t_0 = \frac{\hat{\beta}_1}{se(\hat{\beta}_1)} = \frac{\hat{\beta}_1}{\sqrt{\dfrac{\hat{\sigma}^2}{S_{xx}}}} \frac{14.947}{\sqrt{\dfrac{1.18}{0.68088}}} = 11.35$$

해석: $t_{0.005,18} = 2.88$이므로 검정통계량의 계산값은 기각역 깊숙이 위치하여 $H_0 : \beta_1 = 0$을 기각한다. 따라서 회귀계수가 유의하다는 주장을 뒷받침하는 강력한 증거가 있다. 이 검정의 P-값은 $P \simeq 1.23 \times 10^{-9}$이다.

표 11.2는 이 문제에 대한 전형적인 컴퓨터 출력물이다. 기울기에 대한 t-검정통계량의 계산값은 11.35이고 P-값은 0.000이다. 컴퓨터로 $H_0 : \beta_0 = 0$을 검정하기 위한 t-검정통계량도 구할 수 있다. 식(11.22)에 정의된 검정통계량의 계산값은 $t_0 = 46.62$이고, 절편이 0이라는 귀무가설을 기각한다.

11.4.2 분산분석을 이용한 회귀유의성 검정

회귀유의성을 검정하기 위해 분산분석(analysis of variance, ANOVA)을 이용할 수 있다. 분산분석은 반응변수의 총변동을 검정의 기초가 되는 의미있는 성분으로 분해하는 것이다. 분산분석 항등식(ANOVA identity)은 다음과 같다.

분산분석 항등식

$$\sum_{i=1}^{n}(y_i - \bar{y})^2 = \sum_{i=1}^{n}(\hat{y}_i - \bar{y})^2 + \sum_{i=1}^{n}(y_i - \hat{y}_i)^2 \tag{11.24}$$

식(11.24)에서 우변의 두 성분은 각각 회귀선이 설명하는 y_i의 변동과 회귀선이 설명하지 못하고 남은 잔차의 변동을 측정한다. 보통 $SS_E = \sum_{i=1}^{n}(y_i - \hat{y}_i)^2$을 오차제곱합(error sum of squares), $SS_R = \sum_{i=1}^{n}(\hat{y}_i - \bar{y})^2$을 회귀제곱합(regression sum of squares)이라고 한다. 식(11.24)를 다시 쓰면 다음과 같다.

$$SS_T = SS_R + SS_E \tag{11.25}$$

식(11.25)에서 $SS_T = \sum_{i=1}^{n}(y_i - \bar{y})^2$은 y의 총수정제곱합(total corrected sum of squares)이다. 11.2절의 식(11.14)에서 $SS_E = SS_T - \hat{\beta}_1 S_{xy}$이므로, $SS_T = \hat{\beta}_1 S_{xy} + SS_E$이다. 따라서 식(11.25)에서 $SS_R = \hat{\beta}_1 S_{xy}$이다. 총제곱합 SS_T의 자유도는 $n-1$이고, SS_R과 SS_E의 자유도는 각각 $n-2$와 1이다.

$E[SS_E/(n-2)] = \sigma^2$, $E(SS_R) = \sigma^2 + \beta_1^2 S_{xx}$이고, SS_E/σ^2와 SS_R/σ^2은 각각 자유도가 $n-2$와 1이고 서로 독립인 카이제곱확률변수라고 알려져 있다. 따라서 다음 결과가 성립한다.

회귀유의성 검정

$H_0 : \beta_1 = 0$이 참이면 검정통계량

$$F_0 = \frac{SS_R/1}{SS_E/(n-2)} = \frac{MS_R}{MS_E} \tag{11.26}$$

은 $F_{1,n-2}$분포를 따른다.

따라서 검정통계량 F_0의 계산값 f_0이 $f_0 > f_{\alpha,1,n-2}$를 만족하면 귀무가설 $H_0 : \beta_1 = 0$을 기각한다. $MS_R = SS_R/1$과 $MS_E = SS_E/(n-2)$를 평균제곱(mean squares)이라고 한다. 일반적으로 제곱합을 자유도로 나누어 평균제곱을 계산한다. 보통 검정 절차를 표 11.3과 같은 분산분석표(analysis of variance table)로 정리한다. 분산분석에서 $\hat{\sigma}^2 = MS_E$임을 기억해야 한다.

표 11.3 단순회귀의 회귀유의성 검정을 위한 분산분석표

변동원인	제곱합	자유도	평균제곱	F_0
회귀	$SS_R = \hat{\beta}_1 S_{xy}$	1	MS_R	MS_R/MS_E
오차	$SS_E = SS_T - \hat{\beta}_1 S_{xy}$	$n-2$	MS_E	
합계	SS_T	$n-1$		

예제 11.3 산소순도: 분산분석

분산분석을 이용하여 예제 11.1의 산소순도 데이터에 대한 회귀유의성을 검정해 보자. 앞에서

$$SS_T = 173.38,\ \hat{\beta}_1 = 14.947,\ S_{xy} = 10.17744,\ n = 20$$

이므로, 회귀제곱합과 오차제곱합을 구하면 다음과 같다.

$$SS_R = \hat{\beta}_1 S_{xy} = (14.947)(10.17744) = 152.13$$

$$SS_E = SS_T - SS_R = 173.38 - 152.13 = 21.25$$

$H_0 : \beta_1 = 0$을 검정하기 위한 분산분석표는 표 11.2의 컴퓨터 출력물에 나와 있다. 검정통계량의 계산값은

$$f_0 = \frac{MS_R}{MS_E} = \frac{152.13}{1.18} = 128.86$$

이고 P-값은 $P \simeq 1.23 \times 10^{-9}$이므로 β_1은 0이 아니라고 결론을 내린다.

흔히 컴퓨터 패키지에서 사용하는 용어에는 약간의 차이가 있다. 예를 들어 회귀제곱합을 "모형" 제곱합이라 하고, 오차제곱합을 "잔차"제곱합이라고 부르기도 한다.

회귀유의성 검정을 위한 분산분석과 11.4.1절의 t-검정 결과는 같다. 식(11.19)의 t-검정통계량에서 $\beta_{1,0} = 0$이라고 두면 두 방법의 결과가 같은 것을 알 수 있다. 즉,

$$T_0 = \frac{\hat{\beta}_1}{\sqrt{\hat{\sigma}^2 / S_{xx}}} \tag{11.27}$$

의 양변을 제곱하고 $\hat{\sigma}^2 = MS_E$를 대입하면 다음이 성립한다.

$$T_0^2 = \frac{\hat{\beta}_1^2 S_{xx}}{MS_E} = \frac{\hat{\beta}_1 S_{xy}}{MS_E} = \frac{MS_R}{MS_E} \tag{11.28}$$

식(11.28)의 T_0^2은 식(11.26)의 F_0과 같다. 일반적으로 자유도가 ν인 t-확률변수의 제곱은 분자와 분모의 자유도가 각각 1과 ν인 F-확률변수이다. 따라서 T_0을 이용한 검정은 F_0을 이용한 검정과 동등하다. F-검정은 양측대립가설로 제한되지만 t-검정은 단측과 양측 대립가설이 모두 가능하다는 점에서 t-검정이 더 유연하다.

11.5 단순선형회귀에서 신뢰구간

11.5.1 기울기와 절편에 대한 신뢰구간

기울기와 절편의 점추정치에 추가하여 신뢰구간을 추정할 수 있다. 이 신뢰구간의 길이는 회귀선의 전반적인 품질을 측정하는 척도이다. 회귀모형의 오차항 ϵ_i가 독립이고 정규분포를 따르면 다음 두 통계량은 각각 자유도가 $n-2$인 t-분포를 따른다.

$$\frac{\hat{\beta}_1 - \beta_1}{\sqrt{\dfrac{\hat{\sigma}^2}{S_{xx}}}}, \qquad \frac{\hat{\beta}_0 - \beta_0}{\sqrt{\hat{\sigma}^2 \left(\dfrac{1}{n} + \dfrac{\bar{x}^2}{S_{xx}} \right)}}$$

따라서 기울기와 절편에 대한 신뢰구간을 다음과 같이 정의한다.

회귀계수에 대한 신뢰구간

관측치가 정규분포를 따르고 서로 독립이라고 하자.

(1) 단순선형회귀의 기울기 β_1에 대한 $100(1-\alpha)\%$ 신뢰구간은

$$\hat{\beta}_1 - t_{\alpha/2,\,n-2}\sqrt{\frac{\hat{\sigma}^2}{S_{xx}}} \le \beta_1 \le \hat{\beta}_1 + t_{\alpha/2,\,n-2}\sqrt{\frac{\hat{\sigma}^2}{S_{xx}}} \tag{11.29}$$

(2) 단순선형회귀의 절편 β_0에 대한 $100(1-\alpha)\%$ 신뢰구간은

$$\hat{\beta}_0 - t_{\alpha/2,\,n-2}\sqrt{\hat{\sigma}^2\left(\frac{1}{n}+\frac{\overline{x}^2}{S_{xx}}\right)} \le \beta_0 \le \hat{\beta}_0 + t_{\alpha/2,\,n-2}\sqrt{\hat{\sigma}^2\left(\frac{1}{n}+\frac{\overline{x}^2}{S_{xx}}\right)} \tag{11.30}$$

예제 11.4 산소순도: 기울기에 대한 신뢰구간

예제 11.1의 데이터를 이용하여 회귀선의 기울기에 대한 95% 신뢰구간을 구해 보자. 표 11.2로부터 $\hat{\beta}_1 = 14.947$, $S_{xx} = 0.68088$, $\hat{\sigma}^2 = 1.18$이다. 식(11.29)로부터

$$\hat{\beta}_1 - t_{0.025,18}\sqrt{\frac{\hat{\sigma}^2}{S_{xx}}} \le \beta_1 \le \hat{\beta}_1 + t_{0.025,18}\sqrt{\frac{\hat{\sigma}^2}{S_{xx}}}$$

$$14.947 - 2.101\sqrt{\frac{1.18}{0.68088}} \le \beta_1 \le 14.947 + 2.101\sqrt{\frac{1.18}{0.68088}}$$

이고, 위 식을 정리하면 $12.181 \le \beta_1 \le 17.713$이다.

해석: 이 신뢰구간이 0을 포함하지 않으므로 $\alpha = 0.05$로 기울기가 0이 아니라는 강력한 증거가 된다. 오차분산이 매우 작으므로 신뢰구간은 상당히 좁다.(±2.766)

11.5.2 평균반응에 대한 신뢰구간

특정한 x, x_0에서 평균반응(mean response)에 대한 신뢰구간을 구할 수 있다. 이 신뢰구간은 $E(Y|x_0) = \mu_{Y|x_0}$에 대한 신뢰구간이고 간혹 회귀선에 대한 신뢰구간이라고도 한다. $E(Y|x_0) = \mu_{Y|x_0} = \beta_0 + \beta_1 x_0$이므로 적합된 회귀선을 이용하여 $\mu_{Y|x_0}$에 대한 점 추정치를 구하면 다음과 같다.

$$\hat{\mu}_{Y|x_0} = \hat{\beta}_0 + \hat{\beta}_1 x_0$$

$\hat{\beta}_0$과 $\hat{\beta}_1$은 절편 β_0과 기울기 β_1의 불편추정량이므로 $\hat{\mu}_{Y|x_0}$은 $\mu_{Y|x_0}$의 불편추정량이다. $\hat{\mu}_{Y|x_0}$의 분산은 다음과 같다.

$$V(\hat{\mu}_{Y|x_0}) = \sigma^2\left[\frac{1}{n} + \frac{(x_0-\overline{x})^2}{S_{xx}}\right]$$

위 결과를 구하기 위해 $\hat{\mu}_{Y|x_0} = \overline{y} + \hat{\beta}_1(x_0 - \overline{x})$이고 $\mathrm{cov}(\overline{Y}, \hat{\beta}_1) = 0$이라는 사실을 이용한다. 또한, $\hat{\beta}_0$과 $\hat{\beta}_1$은 정규분포를 따르므로 $\hat{\mu}_{Y|x_0}$도 정규분포를 따른다. σ^2의 추정

량으로 $\hat{\sigma}^2$을 이용하면

$$\frac{\hat{\mu}_{Y|x_0}-\mu_{Y|x_0}}{\sqrt{\hat{\sigma}^2\left[\frac{1}{n}+\frac{(x_0-\bar{x})^2}{S_{xx}}\right]}}$$

은 자유도가 $n-2$인 t-분포를 따른다. 그 결과 다음 신뢰구간을 정의한다.

평균반응에 대한 신뢰구간

$x=x_0$에서 평균반응 $\mu_{Y|x_0}$에 대한 $100(1-\alpha)\%$ 신뢰구간은

$$\hat{\mu}_{Y|x_0}-t_{\alpha/2,\,n-2}\sqrt{\hat{\sigma}^2\left[\frac{1}{n}+\frac{(x_0-\bar{x})^2}{S_{xx}}\right]}\le\mu_{Y|x_0}$$
$$\le\hat{\mu}_{Y|x_0}+t_{\alpha/2,\,n-2}\sqrt{\hat{\sigma}^2\left[\frac{1}{n}+\frac{(x_0-\bar{x})^2}{S_{xx}}\right]} \quad (11.31)$$

단, $\hat{\mu}_{Y|x_0}=\hat{\beta}_0+\hat{\beta}_1x_0$이다.

$\mu_{Y|x_0}$에 대한 신뢰구간의 폭은 x_0의 함수로, $x_0=\bar{x}$에서 최소이고 $|x_0-\bar{x}|$가 커짐에 따라 넓어진다.

예제 11.5 산소순도: 평균반응에 대한 신뢰구간

예제 11.1의 데이터를 이용하여 평균반응에 대한 95% 신뢰구간을 구해 보자. 평균반응의 점추정치는

$$\hat{\mu}_{Y|x_0}=74.283+14.947x_0$$

이므로 $x_0=1.00\%$일 때 산소의 평균순도를 추정하면

$$\hat{\mu}_{Y|x_0}=74.283+14.947(1.00)=89.23$$

이다. 식(11.31)을 이용하여 $\mu_{Y|x_0=1.00}$에 대한 95% 신뢰구간의 양 끝값을 구하면

$$89.23\pm2.101\sqrt{1.18\left[\frac{1}{20}+\frac{(1.00-1.1960)^2}{0.68088}\right]}$$

또는 89.23 ± 0.75이다. 따라서 구하는 신뢰구간은

$$88.48\le\mu_{Y|x_0=1.00}\le89.98$$

이다.

컴퓨터 소프트웨어를 이용하여 신뢰구간을 계산할 수도 있다. 표 11.2에는 $x=1.00\%$에서 평균반응의 점추정치와 95% 신뢰구간이 나와 있다.

x_0의 다른 값에서 이와 같은 계산을 반복하면 그에 대응하는 $\mu_{Y|x_0}$에 대한 신뢰구간을 구할 수 있다. 그림 11.7에는 산점도, 적합된 회귀선, 95% 신뢰구간이 나타나 있다. 여기서 95% 신뢰수준은 모든 x가 아니라 한 x에서 구한 구간에 적용된다. $|x_0-\bar{x}|$가 증가함에 따라 $\mu_{Y|x_0}$의 신뢰구간의 폭은 커진다.

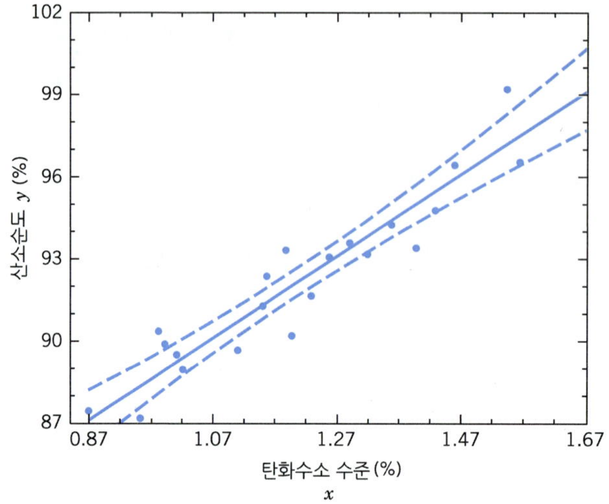

그림 11.7 예제 11.1의 산소순도 데이터에 대한 산점도, 적합된 회귀선, $\mu_{Y|x_0}$의 95% 신뢰한계

11.6 새로운 관측치의 예측

회귀모형의 중요한 응용은 회귀변수의 특정한 수준에서 새로운 관측치, 즉 미래의 관측치를 예측하는 것이다. 관심의 회귀변수 x의 값을 x_0이라고 하고 $x = x_0$에서 새로운 관측치를 Y_0이라고 하면, Y_0에 대한 점추정량은 다음과 같다.

$$\widehat{Y}_0 = \hat{\beta}_0 + \hat{\beta}_1 x_0 \tag{11.32}$$

이제 새로운 관측치 Y_0에 대한 구간추정을 생각해 보자. 새 관측치는 회귀모형을 개발할 때 사용한 관측치와는 독립이다. 식(11.31)의 $\mu_{Y|x_0}$에 대한 신뢰구간은 회귀모형을 적합할 때 사용한 데이터에만 의존하므로 예측에는 부적절하다. 즉, $\mu_{Y|x_0}$의 신뢰구간은 $x = x_0$에서 평균반응(즉, 모집단의 모수)에 관한 것이지 미래의 관측치를 대상으로 한 것은 아니다.

식(11.32)의 $\widehat{Y}_0$은 새로운 관측치 Y_0의 추정량이므로 예측오차는

$$e_{\hat{p}} = Y_0 - \widehat{Y}_0$$

으로, 평균이 0이고 분산이

$$V(e_{\hat{p}}) = V(Y_0 - \widehat{Y}_0) = \sigma^2 \left[1 + \frac{1}{n} + \frac{(x_0 - \overline{x})^2}{S_{xx}} \right]$$

인 정규분포를 따른다. 이 식을 구하기 위해 Y_0과 $\widehat{Y}_0$이 독립이라는 사실을 이용한다. σ^2

을 추정하기 위해 $\hat{\sigma}^2$을 이용하면

$$\frac{Y_0 - \widehat{Y}_0}{\sqrt{\hat{\sigma}^2\left[1+\frac{1}{n}+\frac{(x_0-\overline{x})^2}{S_{xx}}\right]}}$$

은 자유도가 $n-2$인 t-분포를 따른다. 그 결과 다음과 같이 예측구간을 정의한다.

예측구간

$x = x_0$에서 새로운 관측치 Y_0에 대한 $100(1-\alpha)\%$ 예측구간은

$$\hat{y}_0 - t_{\alpha/2,\,n-2}\sqrt{\hat{\sigma}^2\left[1+\frac{1}{n}+\frac{(x_0-\overline{x})^2}{S_{xx}}\right]} \le Y_0 \le \hat{y}_0 + t_{\alpha/2,\,n-2}\sqrt{\hat{\sigma}^2\left[1+\frac{1}{n}+\frac{(x_0-\overline{x})^2}{S_{xx}}\right]} \qquad (11.33)$$

단, $\hat{y}_0 = \hat{\beta}_0 + \hat{\beta}_1 x_0$이다.

예측구간의 폭은 $x_0 = \overline{x}$에서 최소이며 $|x_0 - \overline{x}|$가 커짐에 따라 넓어진다. 식(11.33)을 식(11.31)과 비교하면, 예측구간은 신뢰구간보다 넓은 것을 알 수 있다. 이는 예측구간이 모형의 오차와 미래 관측치의 오차 모두에 의존하기 때문이다.

예제 11.6 산소순도: 예측구간

예제 11.1의 데이터를 이용하여 $x_0 = 1.00\%$에서 산소순도의 새로운 관측치 Y_0에 대한 95% 예측구간을 구해 보자. 예제 11.5에서 $\hat{y}_0 = 89.23$이므로 식(11.33)을 이용하여 Y_0에 대한 예측구간의 양 끝값을 구하면

$$89.23 \pm 2.101\sqrt{1.18\left[1+\frac{1}{20}+\frac{(1.00-1.1960)^2}{0.68088}\right]}$$

이다. 따라서 구하는 예측구간은 $86.93 \le Y_0 \le 91.63$이다.

컴퓨터 소프트웨어는 예측구간도 출력한다. 표 11.2에는 $x = 1.00\%$에서 새로운 관측치에 대한 95% 예측구간이 나타나 있다.

그림 11.8에서 보는 것처럼 여러 x_0에서 이 계산을 반복하면 95% 예측구간은 적합된 회귀선의 상하한으로 나타난다. 이 그림에는 예제 11.5에서 계산한 $\mu_{Y|x_0}$에 대한 95% 신뢰구간도 나와 있다. 예측구간이 신뢰구간보다 더 넓다는 것을 알 수 있다.

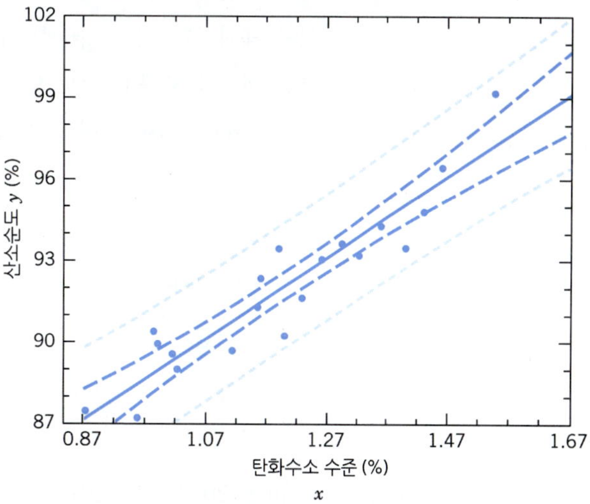

그림 11.8 예제 11.1의 산소순도 데이터에 대한 산점도, 적합된 회귀선, 95% 예측한계, $\mu_{Y|x_0}$의 95% 신뢰한계

11.7 회귀모형의 적합도

회귀모형을 적합할 때 몇 가지 가정이 필요하다. 앞에서 회귀모형의 모수를 추정하기 위해 오차는 평균이 0이고 분산이 일정하며 서로 독립인 확률변수라고 가정하였다. 이제 가설 검정과 구간추정을 위해 오차가 정규분포를 따른다고 가정한다. 또한, 모형의 차수가 정확, 즉 단순선형회귀모형을 적합하였다면 실제 현상은 선형관계라고 가정한다.

분석가는 항상 이런 가정의 타당성을 의심하고 잠정적으로 구축한 모형의 적합도를 검토해야 한다. 이 절에서는 이러한 관점에서 유용한 방법을 알아본다.

11.7.1 잔차분석

회귀모형의 잔차는 $e_i = y_i - \hat{y}_i \ (i=1,2,\ \cdots,n)$이며 여기서 y_i는 실제 관측치이고 $\hat{y}_i$은 적합치이다. 오차는 분산이 일정한 정규분포를 따르는지 그리고 모형에 추가 항이 필요한지 검토할 때 잔차분석이 도움이 된다.

정규성을 확인하기 위해 잔차의 히스토그램이나 정규확률그림을 이용할 수 있다. 회귀분석에서는 표본의 크기가 너무 작아 히스토그램이 의미 없을 수 있으므로 정규확률그림을 선호한다. 보통 컴퓨터 소프트웨어를 이용하여 잔차의 정규확률그림(normal probability plot)을 작성한다. 그림을 보고 정규분포 가정을 평가하려면 판단력이 필요하다. 6.7절의 두터운 연필(fat pencil) 방법을 이용할 수 있다.

또한, $d_i = e_i / \sqrt{\hat{\sigma}^2} \ (i=1,2,\ \cdots,n)$와 같이 잔차를 표준화하여 사용할 수 있다. 오차가 정규분포를 따르면 표준화 잔차의 약 95%는 구간 $(-2, +2)$에 속한다. 이 구간을 훨씬 벗어난 잔차는 이상치(outlier), 즉 나머지 데이터와는 다른 관측치임을 의미한다. 이상치를 제거하기 위한 다양한 규칙이 있다. 그러나 이상치는 간혹 흥미로운 상황에 관한 중요한 정보를 제공할 수도 있으므로 무조건 제거하면 안 된다. 이상치에 관한 더 자세한 설명은 Montgomery, Peck, Vining (2012)을 참고하기 바란다.

잔차를 시간, $\hat{y}_i$, x에 대하여 각각 그래프로 나타내면 도움이 된다. 보통 이 그래프들은 그림 11.9에 나와 있는 4가지의 일반적 패턴 중 하나로 나타난다. 그림 11.9의 (a)는 이상적인 상황을, (b), (c), (d)는 모두 비정상적인 상황을 나타낸다. 잔차그림이 11.9(b)와 같으면 시간, x_i, 또는 y_i의 증가에 따라 관측치의 분산이 증가한다. 이 문제를 해결하기 위해 종종 y에 대한 변수변환을 이용한다. 보통 분산안정화변환은 $\sqrt{y}$, $\ln y$, 또는 $1/y$을 반응치로 사용한다. 적절한 변환을 선택하는 방법에 대해서는 Montgomery, Peck, Vining (2012)을 참고하기 바란다. 또한, $\hat{y}_i$이나 x_i와 잔차의 그림이 (c)처럼 나타나는 경우도 분산의 이질성을 의미한다. 잔차그림이 (d)와 같으면 모형의 부적합성, 즉 고차항의 추가, x-변수 또는 y-변수의 변환, 또는 다른 회귀변수를 고려해야 한다.

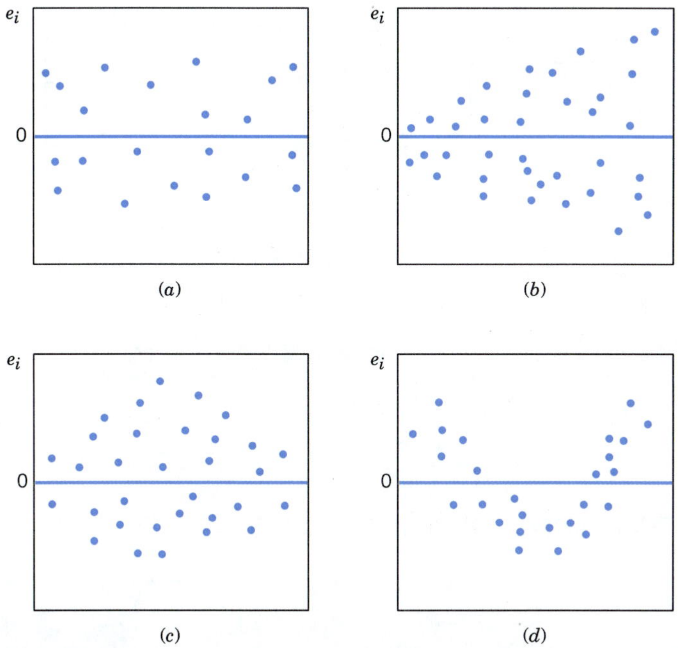

그림 11.9 잔차그림의 패턴 (a) 만족스러움 (b) 깔때기 모양 (c) 이중 활 모양 (d) 비선형

예제 11.7 산소순도: 잔차

예제 11.1의 산소순도 데이터에 대한 추정된 회귀선은

$$\hat{y} = 74.283 + 14.947x$$

이다. 이 데이터의 각 x에서 관측치, 예측치, 잔차를 계산한 결과는 표 11.4와 같다. 이 값은 컴퓨터 출력물의 전형적인 소수점 아래 자릿수로 나타낸 것이다.

잔차의 정규확률그림은 그림 11.10에 나타나 있다. 잔차는 대략 직선을 따라 위치하므로 정규분포로부터 심각한 이탈은 없다고 결론을 내린다. 그림 11.11은 잔차와 예측치 $\hat{y}_i$, 그림 11.12는 잔차와 탄화수소 수준 x_i를 나타낸 그래프이다. 이 그래프로부터 모형의 심각한 부적합성은 없는 것을 알 수 있다.

표 11.4 산소순도 데이터의 예측치와 잔차

관측 번호	탄화수소 (x)	산소순도 (y)	예측치 $(\hat{y})$	잔차 $(e = y - \hat{y})$	관측 번호	탄화수소 (x)	산소순도 (y)	예측치 $(\hat{y})$	잔차 $(e = y - \hat{y})$
1	0.99	90.01	89.081	0.929	11	1.19	93.54	92.071	1.469
2	1.02	89.05	89.530	−0.480	12	1.15	92.52	91.473	1.047
3	1.15	91.43	91.473	−0.043	13	0.98	90,56	88.932	1.628
4	1.29	93.74	93.566	0.174	14	1.01	89,54	89.380	0.160
5	1.46	96.73	96.107	0.623	15	1.11	89.85	90.875	−1.025
6	1.36	94.45	94.612	−0.162	16	1.20	90.39	92.220	−1.830
7	0.87	87.59	87.288	0.302	17	1.26	93.25	93.117	0.133
8	1.23	91.77	92.669	−0.899	18	1.32	93.41	94.014	−0.604
9	1.55	99.42	97.452	1.968	19	1.43	94.98	95.658	−0.678
10	1.40	93.65	95.210	−1.560	20	0.95	87.33	88.483	−1.153

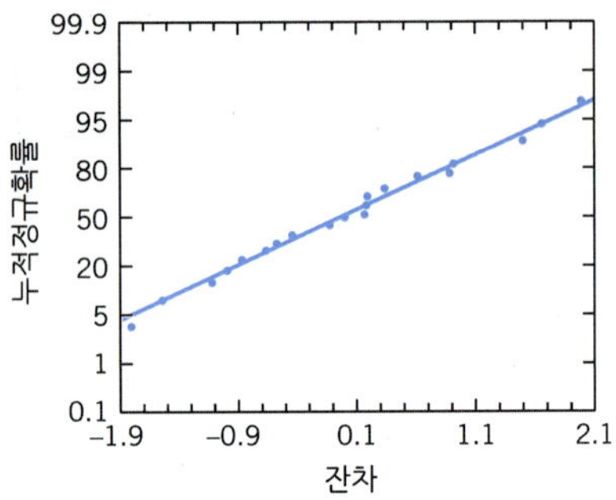

그림 11.10 잔차의 정규확률그림

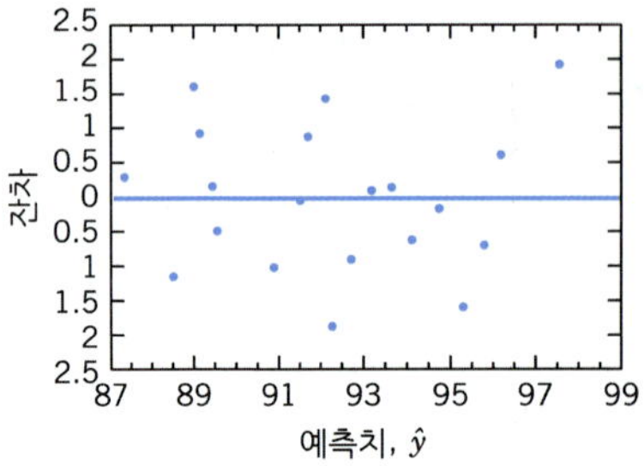

그림 11.11 산소순도 예측치와 잔차

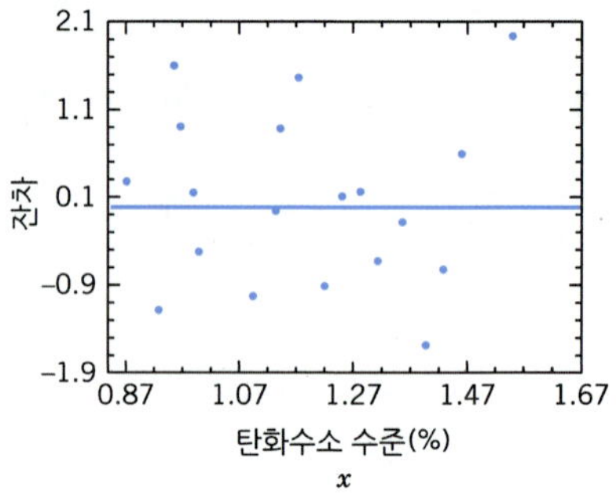

그림 11.12 탄화수소와 잔차

11.7.2 결정계수

널리 이용하는 회귀모형의 측도는 다음과 같은 제곱합의 비율이다.

결정계수

$$R^2 = \frac{SS_R}{SS_T} = 1 - \frac{SS_E}{SS_T} \tag{11.34}$$

회귀모형의 적합도를 판단하기 위해 결정계수(coefficient of determination)를 자주 이용한다. X와 Y가 결합확률변수일 때 R^2은 X와 Y의 상관계수의 제곱이다. 식(11.24)와 식(11.25)의 분산분석 항등식으로부터 $0 \le R^2 \le 1$임을 알 수 있다. 보통 R^2을 회귀모형이 설명하는 데이터 변동의 양이라고 해석한다. 산소순도 예제에서 $R^2 = SS_R/SS_T = 0.877$이므로 회귀모형은 데이터 변동의 87.7%를 설명한다.

회귀모형에 많은 항을 단순히 추가하기만 해도 R^2을 1로 만들 수 있으므로 R^2을 사용할 때 주의해야 한다. 예를 들어 자유도가 $n-1$인 다항식을 이용하면 n개 데이터를 완벽하게 적합할 수 있다. 일반적으로 모형에 변수를 추가하면 R^2은 증가하지만 새로운 모형이 기존 모형보다 우수하다는 것은 아니다. 새 모형의 오차제곱합이 기존 모형의 오차평균제곱만큼 줄지 않으면 새 모형은 오차 자유도를 하나 잃었기 때문에 기존 모형보다 더 큰 오차평균제곱을 갖는다. 그러면 새 모형은 기존 모형보다 더 나쁘다. R^2의 크기는 x의 산포에도 영향을 받는다. 보통 x의 산포가 클수록 R^2도 크다.

R^2에 관한 몇 가지 오해가 있다. 일반적으로 R^2은 회귀선 기울기의 크기를 측정하지 않는다. 즉, R^2이 크다고 기울기가 큰 것은 아니다. 또한, 모형에 x의 고차항을 추가하면 R^2을 인위적으로 늘릴 수 있으므로 R^2이 모형의 적절성을 측정하는 것은 아니다. 심지어 x와 y가 비선형관계이어도 R^2이 클 수 있다. 마지막으로, R^2이 커도 회귀모형이 미래의 관측치를 정확하게 예측하는 것은 아니다.

11.8 상관

회귀분석에서는 x가 측정오차를 무시할 수 있는 수리적 변수이고 Y가 확률변수라고 가정한다. 그러나 많은 경우 X와 Y는 모두 확률변수이다. 보통 이런 경우 관측치 $(X_i,\ Y_i)$ $(i=1,\ \cdots, n)$는 확률분포 $f(x,y)$를 따르는 결합확률변수라고 가정한다.

예를 들어 점용접의 전단강도와 용접 직경의 관계에 대한 회귀모형을 구축할 때 용접 직경을 제어할 수 없다. n개 점용접을 임의추출하여 각각의 직경 X_i와 전단강도 Y_i를 관찰한다. 따라서 $(X_i,\ Y_i)$는 결합확률변수이다.

$(X_i,\ Y_i)$의 결합분포는 5장에서 학습한 이변량 정규분포이고, X의 평균과 분산은 μ_X와 σ_X^2, Y의 평균과 분산은 μ_Y와 σ_Y^2, 그리고 X와 Y의 상관계수(correlation coefficient)는 ρ라고 하자. 상관계수는

$$\rho = \frac{\sigma_{XY}}{\sigma_X \sigma_Y} \tag{11.35}$$

이고, 여기서 σ_{XY}는 X와 Y의 공분산이다.

$X=x$일 때 Y의 조건부분포는

$$f_{Y|x}(y) = \frac{1}{\sqrt{2\pi}\,\sigma_{Y|x}} \exp\left[-\frac{1}{2}\frac{(y-\beta_0-\beta_1 x)^2}{\sigma_{Y|x}^2}\right] \tag{11.36}$$

단,

$$\beta_0 = \mu_Y - \mu_X \rho \frac{\sigma_Y}{\sigma_X} \tag{11.37}$$

$$\beta_1 = \frac{\sigma_Y}{\sigma_X}\rho \tag{11.38}$$

$$\sigma_{Y|x}^2 = \sigma_Y^2 (1-\rho^2) \tag{11.39}$$

이다. 즉, $X=x$일 때 Y의 조건부분포는 평균이

$$E(Y\,|\,x) = \beta_0 + \beta_1 x \tag{11.40}$$

이고 분산이 $\sigma_{Y|x}^2$인 정규분포이다. 따라서 $X=x$일 때 Y의 조건부분포의 평균은 단순선형회귀모형이고, 상관계수 ρ는 기울기 β_1과 관련된다. 식(11.38)에서 $\rho=0$이면 $\beta_1=0$이고 X와 Y는 관련이 없다. 즉, X에 관한 정보가 Y를 예측하는 데 도움이 되지 않는다.

최대가능도법으로 모수 β_0과 β_1의 최대가능도추정량을 구하면 다음과 같다.

$$\hat{\beta}_0 = \overline{Y} - \hat{\beta}_1 \overline{X} \tag{11.41}$$

$$\hat{\beta}_1 = \frac{\sum_{i=1}^{n}(X_i - \overline{X})Y_i}{\sum_{i=1}^{n}(X_i - \overline{X})^2} = \frac{S_{XY}}{S_{XX}} \tag{11.42}$$

식(11.41)과 식(11.42)에 정의된 절편과 기울기의 추정량은 X가 수리적 변수일 때 최소제곱법으로 구한 추정량과 같다. 즉, 결합정규분포를 따르는 Y와 X의 회귀모형은 X가 수리적 변수인 모형과 같다. 이런 결과는 $X=x$일 때 Y는 평균이 $\beta_0+\beta_1 x$이고 분산이 $\sigma^2_{Y|x}$인 정규분포를 따르기 때문이다. 주어진 X에 대하여 Y의 조건부분포가 정규분포인 모든 Y와 X의 결합확률분포에 대하여 동일한 결과가 성립한다.

또한, 상관계수 ρ에 대해 추론할 수 있다. ρ의 추정량은 다음의 표본상관계수이다.

$$\hat{\rho} = \frac{\sum_{i=1}^{n}(X_i - \overline{X})Y_i}{\sqrt{\sum_{i=1}^{n}(X_i - \overline{X})^2 \sum_{i=1}^{n}(Y_i - \overline{Y})^2}} = \frac{S_{XY}}{\sqrt{S_{XX}SS_T}} \tag{11.43}$$

한편

$$\hat{\beta}_1 = \left(\frac{SS_T}{S_{XX}}\right)^{1/2}\hat{\rho} \tag{11.44}$$

이므로 기울기 $\hat{\beta}_1$은 Y의 산포 SS_T를 X의 산포 S_{XX}로 나눈 값의 제곱근을 표본상관계수 $\hat{\rho}$과 곱한 값이다. 그러므로 $\hat{\beta}_1$과 $\hat{\rho}$은 서로 다른 정보를 제공하지만 밀접한 관련이 있다. $\hat{\rho}$은 Y와 X의 선형 관련성을 측정하고, $\hat{\beta}_1$은 X가 한 단위 변할 때 Y의 평균 변화량을 측정한다. $\hat{\rho}$의 크기가 x의 범위에 의존하므로 X가 수리적 변수인 경우 $\hat{\rho}$은 의미가 없다. 또한, 식(11.44)로부터

$$\hat{\rho}^2 = \hat{\beta}_1^2 \frac{S_{XX}}{SS_T} = \hat{\beta}_1 \frac{S_{XY}}{SS_T} = \frac{SS_R}{SS_T} = R^2$$

이 성립한다. 즉, 결정계수 R^2은 Y와 X의 표본상관계수를 제곱한 값이다.

영상관(zero correlation)에 대한 가설

$$H_0 : \rho = 0 \qquad H_1 : \rho \neq 0 \tag{11.45}$$

을 검정할 필요가 있다. 이 가설에 대한 적절한 검정통계량은 다음과 같다.

영상관에 대한 검정통계량

$$T_0 = \frac{\hat{\rho}\sqrt{n-2}}{\sqrt{1-\hat{\rho}^2}} \tag{11.46}$$

$H_0 : \rho = 0$이 참이면 이 검정통계량은 자유도가 $n-2$인 t-분포를 따른다. 따라서 검정통계량 T_0의 계산값 t_0이 $|t_0| > t_{\alpha/2,\, n-2}$를 만족하면 귀무가설 $H_0 : \rho = 0$을 기각한다. 식(11.46)으로부터 위의 검정과 11.5.1절에서 학습한 $H_0 : \beta_1 = 0$의 검정이 동등함을 알 수 있다.

$\rho_0 \neq 0$인 경우 가설

$$H_0 : \rho = \rho_0 \qquad H_1 : \rho \neq \rho_0 \tag{11.45}$$

을 검정하는 절차는 다소 복잡하다. 적당히 큰 표본크기($n \geq 25$)에 대해 통계량

$$Z = \operatorname{arctanh} \hat{\rho} = \frac{1}{2}\ln\frac{1+\hat{\rho}}{1-\hat{\rho}} \tag{11.48}$$

은 근사적으로 정규분포를 따르며, Z의 평균과 분산은 다음과 같다.

$$\mu_Z = \operatorname{arctanh} \rho = \frac{1}{2}\ln\frac{1+\rho}{1-\rho}$$

$$\sigma_Z^2 = \frac{1}{n-3}$$

따라서 $H_0 : \rho = \rho_0$을 검정하기 위해 다음 검정통계량을 이용한다.

$$Z_0 = (\operatorname{arctanh} \hat{\rho} - \operatorname{arctanh} \rho_0)\sqrt{n-3} \tag{11.49}$$

식(11.49)의 검정통계량 Z_0의 계산값 z_0이 $|z_0| > z_{\alpha/2}$를 만족하면 $H_0 : \rho = \rho_0$을 기각한다.

식(11.48)의 변환을 이용하여 다음과 같이 ρ에 대한 $100(1-\alpha)\%$ 신뢰구간을 근사적으로 구할 수 있다.

상관계수에 대한 신뢰구간

$$\tanh\left(\operatorname{arctanh} \hat{\rho} - \frac{z_{\alpha/2}}{\sqrt{n-3}}\right) \leq \rho \leq \tanh\left(\operatorname{arctanh} \hat{\rho} + \frac{z_{\alpha/2}}{\sqrt{n-3}}\right) \tag{11.50}$$

단, $\tanh u = (e^u - e^{-u})/(e^u + e^{-u})$이다.

예제 11.8 와이어본드 접합력

1장의 1.3절에서 반도체 조립공장의 기술자는 와이어본드의 접합력과 2개 요인, 즉 와이어 길이와 다이 높이의 관계를 조사할 때 회귀분석을 사용하였다. 여기서는 와이어 길이만 생각해 본다. 크기 25의 임의표본을 시험한 결과 와이어본드의 접합력과 와이어 길이 데이터는 표 1.2와 같다. 접합력과 와이어 길이는 이변량 정규분포를 따른다고 가정한다.

그림 11.13에는 접합력과 와이어 길이의 산점도와 함께 개별 변수의 상자그림이 나와 있다. 그림을 보면 두 변수 사이에는 선형관계가 있다. 데이터에 단순선형회귀모형을 적합한 결과 생성한 컴퓨터 출력물이 뒤에 나와 있다.

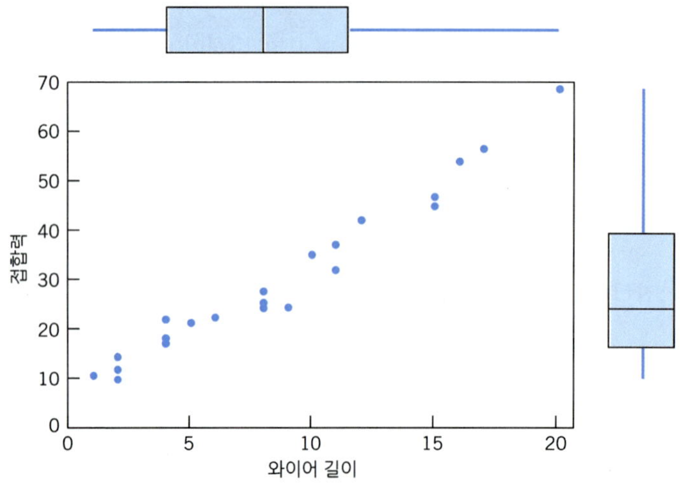

그림 11.13 와이어 길이와 와이어본드 접합력의 산점도

```
Strength = 5.11 + 2.90 Length
Predictor   Coef     SE Coef   T       P
Constant    5.115    1.146     4.46    0.000
Length      2.9027   0.1170    24.80   0.000
S = 3.093  R-sq = 96.4% R-sq(adj) = 96.2%
PRESS = 272.144  R-sq(pred) = 95.54%
Analysis of Variance
Source      DF    SS       MS       F        P
Regression  1     5885.9   5885.9   615.08   0.000
Residual    23     220.1      9.6
Error
Total       24    6105.9
```

이제 $S_{xx} = 698.56$, $S_{xy} = 2027.7132$이므로 표본상관계수는 다음과 같다.

$$\hat{\rho} = \frac{S_{xy}}{\sqrt{S_{xx}SS_T}} = \frac{2027.7132}{\sqrt{(698.560)(6105.9)}} = 0.9818$$

컴퓨터 출력물에서 $\hat{\rho}^2 = (0.9818)^2 = 0.9640$이다. 즉, 와이어 길이와 접합력의 선형관계가 접합력의 전체 변동 중 약 96.4%를 설명한다.

또한, $\alpha = 0.05$로 $H_0: \rho = 0$과 $H_1: \rho \neq 0$을 검정해 보자. 식(11.46)의 t-검정통계량을 계산하면 다음과 같다.

$$t_0 = \frac{\hat{\rho}\sqrt{n-2}}{\sqrt{1-\hat{\rho}^2}} = \frac{0.9818\sqrt{23}}{\sqrt{1-0.9640}} = 24.8$$

컴퓨터 출력물에서는 이 통계량의 값은 $H_0: \beta_1 = 0$의 검정 결과로 나와 있다. $t_{0.025,\,23} = 2.069$이므로 H_0을 기각하고 $\rho \neq 0$라고 결론을 내린다.

마지막으로, 식(11.50)을 이용하여 ρ의 95% 근사 신뢰구간을 구해 보자.

$$\text{arctanh}\,\hat{\rho} = \text{arctanh}\,0.9818 = 2.3452$$

이므로 식(11.50)은

$$\tanh\left(2.3452 - \frac{1.96}{\sqrt{22}}\right) \le \rho \le \tanh\left(2.3452 + \frac{1.96}{\sqrt{22}}\right)$$

이고, 이 식을 정리하면 $0.9585 \le \rho \le 0.9921$이다.

11.9 변환된 변수에 대한 회귀

간혹 참 회귀선이 비선형이어서 선형회귀모형 $Y = \beta_0 + \beta_1 x + \epsilon$이 부적절한 경우가 있다. 산점도를 통해 시각적으로 Y와 x 사이의 분명한 비선형관계를 볼 수도 있고, 사전 경험이나 기저 이론으로부터 비선형관계를 미리 알기도 한다. 이런 상황에서는 적절한 변환을 통해 비선형관계를 선형관계로 변환할 수 있다. 이러한 비선형모형을 본질적 선형(intrinsically linear)이라고 한다.

본질적 선형인 비선형모형의 예로 지수함수

$$Y = \beta_0 e^{\beta_1 x} \epsilon$$

를 생각해 보자. 위 식의 양변을 로그 변환하면

$$\ln Y = \ln \beta_0 + \beta_1 x + \ln \epsilon$$

의 선형모형이 되므로 지수함수는 본질적 선형이다. 이 경우 $\ln \epsilon$이 독립이면서 평균 0, 분산 σ^2인 정규분포를 따른다고 가정한다.

또 하나의 본질적 선형모형은

$$Y = \beta_0 + \beta_1 \frac{1}{x} + \epsilon$$

이다. 역변환 $z = \frac{1}{x}$을 이용하여 위 식을 다시 쓰면 다음 선형모형이 된다.

$$Y = \beta_0 + \beta_1 z + \epsilon$$

선형화를 위해 여러 변환을 동시에 적용하기도 한다. 예를 들어

$$Y = \frac{1}{\exp(\beta_0 + \beta_1 x + \epsilon)}$$

의 경우 $Y^* = \frac{1}{Y}$라고 두고 로그 변환을 하면 다음 선형모형이 된다.

$$\ln Y^* = \beta_0 + \beta_1 x + \epsilon$$

이와 같은 모형을 적합시키는 예제는 Montgomery, Peck, Vining (2012) 또는 Myers (1990)를 참고하기 바란다.

변수변환은 반응변수 Y와 회귀변수 x의 참 관계가 선형으로 잘 근사되지 않는 여러 상황에서 유용하다. 다음 예제에서 변수변환을 활용한다.

예제 11.9 풍력

어느 기술자가 풍차를 이용하여 전기를 생산하는 방안을 연구 중이다. 풍차의 DC 출력과 그에 따른 풍속 데이터를 수집한 결과는 그림 11.14와 표 11.5에 나와 있다.

산점도를 보면 DC 출력 Y와 풍속 x의 관계가 비선형이다. 데이터에 선형모형을 적합하면, 추정된 회귀선은

$$\hat{y} = 0.1309 + 0.2411\,x$$

이고 요약통계는 다음과 같다.

$$R^2 = 0.8745,\ \ MS_E = \hat{\sigma}^2 = 0.0557,$$
$$F_0 = 160.26,\ \ P\text{-값} < 0.0001$$

$\hat{y}_i$과 잔차를 그래프로 나타내면 그림 11.15와 같다. 그림을 보면 선형관계로는 풍속의 정보를 모두 설명하지는 못함을 알 수 있다. 그림 11.14의 산점도에 보이는 명백한 곡률이 잔차그림에서 상당히 증폭되므로, 분명히 다른 모형을 생각해 보아야 한다.

두 변수 사이의 명백한 곡률을 설명하기 위해 다음 2차모형을 생각해 볼 수 있다.

$$Y = \beta_0 + \beta_1 x + \beta_2 x^2 + \epsilon$$

그러나 그림 11.14의 산점도를 보면 풍속이 증가함에 따라

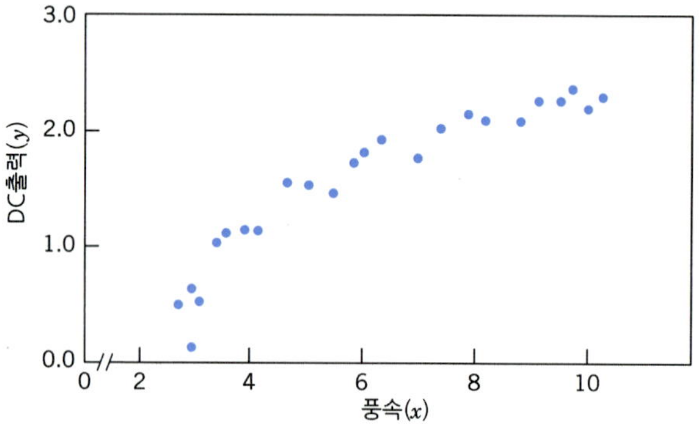

그림 11.14 풍차 데이터의 풍속과 DC 출력

표 11.5 풍차의 풍속과 DC 출력 데이터

관측번호(i)	풍속(x_i)	DC 출력(y_i)	관측번호(i)	풍속(x_i)	DC 출력(y_i)
1	5.00	1.582	14	5.80	1.737
2	6.00	1.822	15	7.40	2.088
3	3.40	1.057	16	3.60	1.137
4	2.70	0.500	17	7.85	2.179
5	10.00	2.236	18	8.80	2.113
6	9.70	2.386	19	7.00	1.800
7	9.55	2.294	20	5.45	1.501
8	3.05	0.558	21	9.10	2.303
9	8.15	2.166	22	10.20	2.310
10	6.20	1.866	23	4.10	1.194
11	2.90	0.653	24	3.95	1.144
12	6.35	1.930	25	2.45	0.123
13	4.60	1.562			

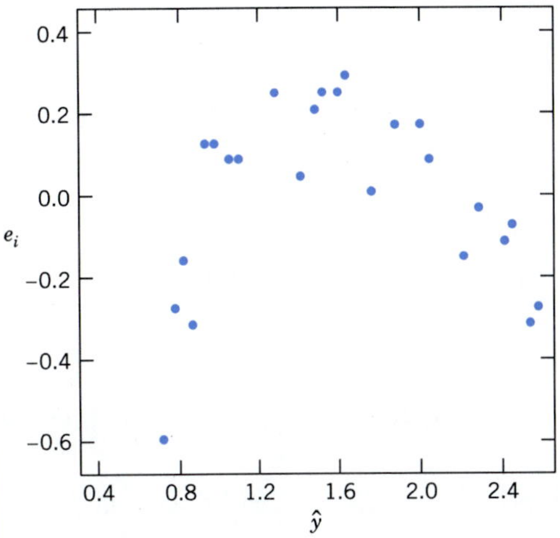

그림 11.15 풍차 데이터의 적합치와 잔차

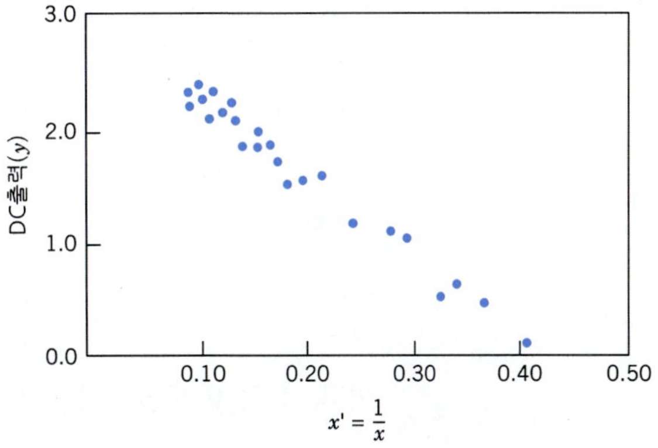

그림 11.16 풍차 데이터의 $x' = 1/x$과 DC 출력

DC 출력은 약 2.5의 상한에 접근하고, 이런 결과는 풍차의 작동이론과도 일치한다. 2차모형은 풍속이 증가하면 결국 아래로 휘어지므로 이 데이터에 적절하지 않다. 풍차 데이터에 대해 위쪽 점근선을 설명하는 더 합리적인 모형은 다음과 같다.

$$Y = \beta_0 + \beta_1 \frac{1}{x} + \epsilon$$

그림 11.16은 변환된 변수 $x' = 1/x$과 DC 출력의 산점도이다. 이 그림은 선형이므로 x의 역변환이 적절함을 알 수 있다. 적합된 회귀선은

$$\hat{y} = 2.9789 - 6.9345x'$$

이고 요약통계는 다음과 같다.

$$R^2 = 0.9800,\ MS_E = \hat{\sigma}^2 = 0.0089,$$
$$F_0 = 1128.43,\ P\text{-값} < 0.0001$$

그림 11.17은 변환된 모형의 $\hat{y}$과 잔차를 그린 그래프로, 분산이 같다는 가정과 관련하여 별다른 문제가 없음을 알 수 있다. 그림 11.18의 정규확률그림을 보면 오차의 분포는 정규분포보다 두터운 꼬리를 가질 수 있다. (극단에서 약간의 상승 및 하강 곡선이다.) 이 정규확률그림의 가로축은 z-점수이다. 모형이 부적절하다는 강력한 신호가 없으므로 변환된 모형이 적절하다고 결론을 내린다.

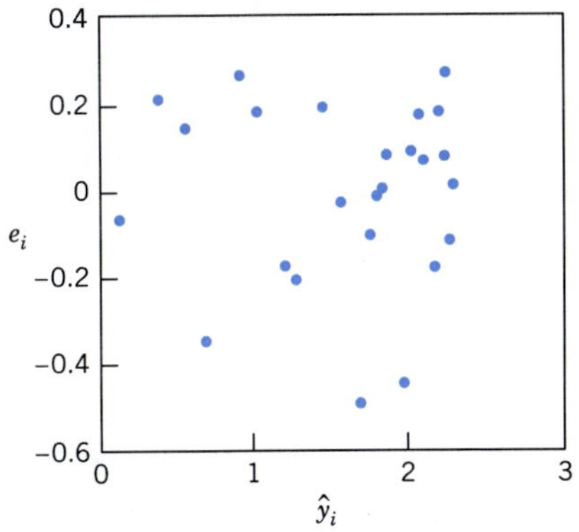

그림 11.17 풍차 데이터의 변수변환 모형에서 적합치와 잔차

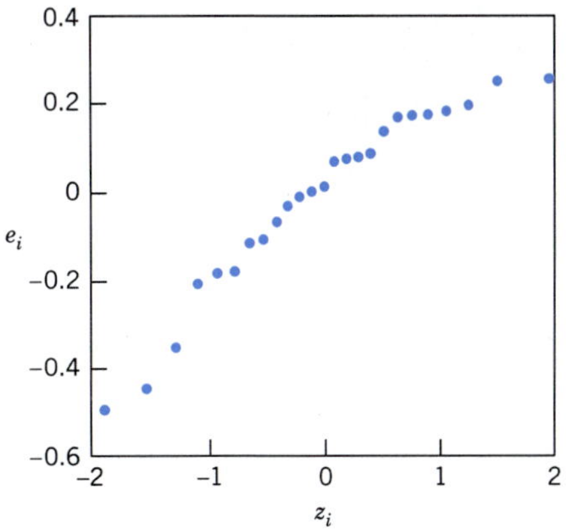

그림 11.18 풍차 데이터의 변수변환 모형에서 잔차의 정규확률그림

11.10 로지스틱 회귀

보통 반응변수가 양적일 때 선형회귀는 잘 작동한다. 이제 반응변수가 0 또는 1만 취하는 경우를 생각해 보자. 이 반응변수는 정성적 반응을 관측한 결과를 임의로 배정한 것일 수 있다. 예를 들어 반응은 반도체 장치의 전기시험 결과로, 제대로 작동한다는 의미의 "성공"이거나 단락, 오픈, 기타 기능적 문제를 의미하는 "실패"일 수 있다.

모형은

$$Y_i = \beta_0 + \beta_1 x_i + \epsilon_i,\ i = 1, 2,\ \cdots, n \tag{11.51}$$

이고, Y_i는 0 또는 1이라고 하자. Y_i는 다음과 같은 베르누이확률변수라고 가정한다.

Y_i	확률
1	$P(Y_i = 1) = \pi_i$
0	$P(Y_i = 0) = 1 - \pi_i$

위 식에서 $E(\epsilon_i) = 0$이므로 반응변수의 기댓값은

$$E(Y_i) = 1(\pi_i) + 0(1 - \pi_i) = \pi_i$$

이므로

$$E(Y_i) = \beta_0 + \beta_1 x_i = \pi_i$$

와 같다. 따라서 $E(Y_i)$는 반응변수가 1일 확률이다.

식(11.51)의 회귀모형에는 몇 가지 문제가 있다. 첫째, 반응이 이진수이면 오차항 ϵ_i는 $Y_i = 1$일 때 $\epsilon_i = 1 - (\beta_0 + \beta_1 x_i)$, $Y_i = 0$일 때 $\epsilon_i = -(\beta_0 + \beta_1 x_i)$의 두 값만 취할 수 있다. 따라서 오차는 정규분포를 따르지 않는다. 둘째,

$$\begin{aligned}\sigma^2_{Y_i} &= E[Y_i - E(Y_i)]^2 \\ &= (1 - \pi_i)^2 \pi_i + (0 - \pi_i)^2 (1 - \pi_i) \\ &= \pi_i (1 - \pi_i)\end{aligned}$$

이므로 오차의 분산이 일정하지 않다. $E(Y_i) = \beta_0 + \beta_1 x_i = \pi_i$이므로 마지막 표현은

$$\sigma^2_{Y_i} = E(Y_i)[1 - E(Y_i)]$$

이다. 따라서 관측치의 분산(또는 $\epsilon_i = Y_i - \pi_i$이고 π_i는 상수이므로 오차의 분산)은 평균의 함수이다. 마지막으로,

$$0 \leq E(Y_i) = \pi_i \leq 1$$

이므로 반응함수에 제약이 있다. 이 제약으로 인해 식(11.51)의 선형반응함수를 사용할 때 반응의 예측치가 구간 (0, 1)의 외부에 있을 수 있다.

경험적으로 반응변수가 이진수일 때 모형은 비선형이다. 이 경우 보통 그림 11.19와 같이 단조 증가(또는 감소)인 S자형(또는 역 S자형) 함수를 이용하는데, 이 함수를 로짓 또는 로지스틱 반응함수(logit response function)라고 한다. 로지스틱 회귀(logistic regression)에서는 $E(Y)$와 x의 관계가 로짓함수로 설명된다고 가정한다. 즉, 기대반응은

$$E(Y) = \frac{\exp(\beta_0 + \beta_1 x)}{1 + \exp(\beta_0 + \beta_1 x)} \tag{11.52}$$

또는

$$E(Y) = \frac{1}{1 + \exp[-(\beta_0 + \beta_1 x)]} \tag{11.53}$$

이다. 그러면

$$\frac{E(Y)}{1 - E(Y)} = \exp(\beta_0 + \beta_1 x) \tag{11.54}$$

이다. 식(11.54)를 오즈(odds)라고 하는데, 오즈의 해석은 간단하다. 특정 x에서 오즈가 2이면, 해당 x에서 성공이 실패보다 2배 더 발생한다는 뜻이다. 오즈의 자연로그는 회귀변수의 선형함수이므로 기울기 β_1은 x가 한 단위 증가할 때 로그오즈의 차이이다. 보통 최대가능도추정법으로 로지스틱 회귀모형의 모수를 추정한다. 이 절차에 관한 자세한 내용은 Montgomery, Peck, Vining (2012)을 참고하기 바란다. 보통은 컴퓨터 소프트웨어를 이용하여 로지스틱 회귀모형을 적합하고 적합도의 품질에 관한 정보를 수집한다.

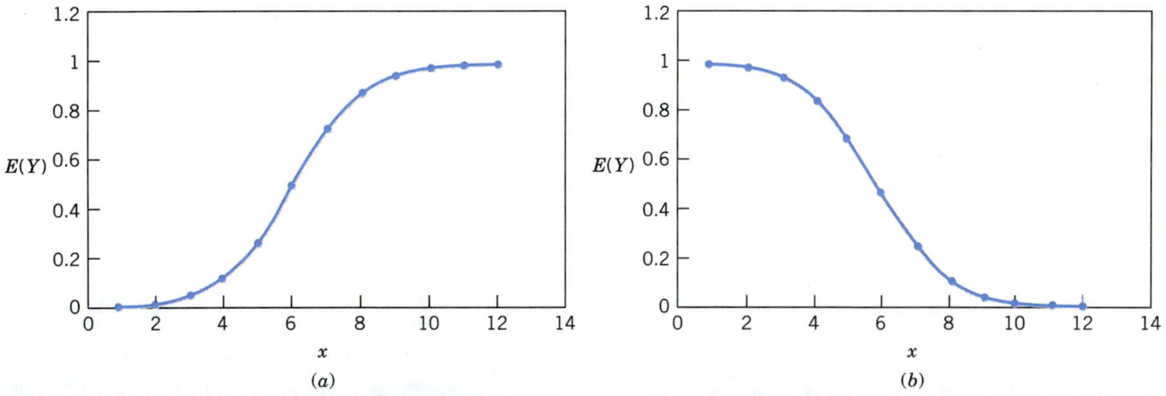

그림 11.19 로지스틱 반응함수의 예 (a) $E(Y) = 1/(1+e^{-6.0-x})$ (b) $E(Y) = 1/(1+e^{-6.0+x})$

로지스틱 회귀를 예시하기 위해 1986년 1월 챌린저 참사가 발생하기 전 수집된 24회의 우주왕복선 발사온도와 O-링 고장 데이터를 이용해 보자. 로켓모터의 현장조립을 밀봉하기 위해 6개의 O-링을 사용하였고, 다음 표에는 발사온도와 고장 데이터가 나와 있다. “O-링 고장” 열에서 “1”은 그 발사에서 적어도 1번 O-링 고장이 발생했음을 나타낸다.

온도	O-링 고장	온도	O-링 고장	온도	O-링 고장
53	1	68	0	75	0
56	1	69	0	75	1
57	1	70	0	76	0
63	0	70	1	76	0
66	0	70	1	78	0
67	0	70	1	79	0
67	0	72	0	80	0
67	0	73	0	81	0

그림 11.20의 산점도를 보면 낮은 온도에서 O-링이 고장나는 경향이 있다. 컴퓨터 소프트웨어로 로지스틱 회귀모형을 적합한 결과는 다음 표와 같다. Minitab과 JMP는 로지스틱 회귀모형의 적합에 우수한 기능을 제공한다.

표를 보면 적합된 로지스틱 회귀선은

$$\hat{y} = \frac{1}{1+\exp[-(10.875-0.17132x)]}$$

이다. $\hat{\beta}_1$의 표준오차는 $se(\hat{\beta}_1) = 0.08344$이다. 대표본의 경우 $\hat{\beta}_1$은 근사 정규분포를 따르므로 $H_0: \beta_1 = 0$을 검정하기 위해 $\hat{\beta}_1/se(\hat{\beta}_1)$의 계산값과 표준정규분포를 비교한다.

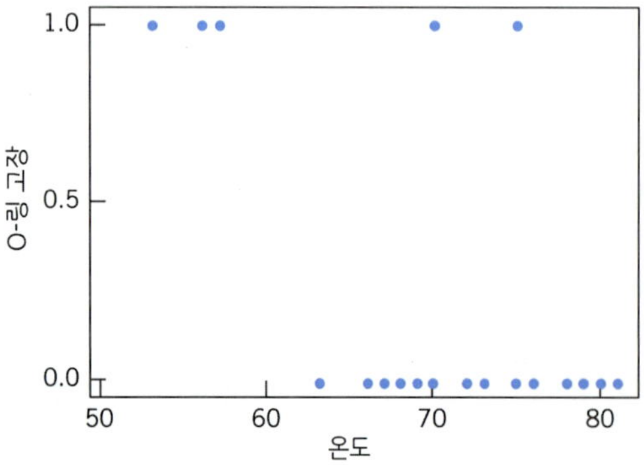

그림 11.20 24회의 우주왕복선 비행에서 발사온도와 O-링 고장의 산점도

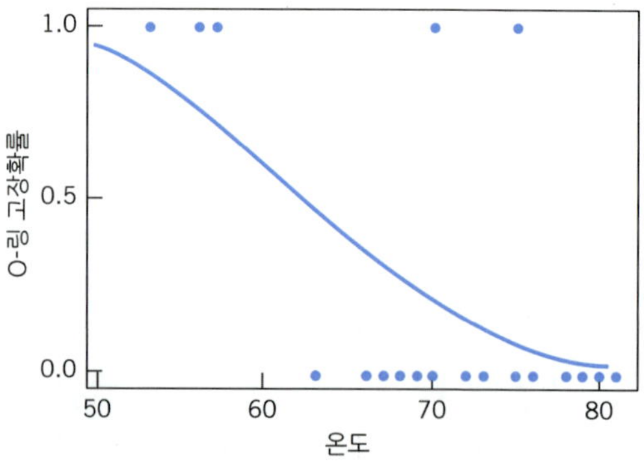

그림 11.21 로지스틱 회귀모형을 이용한 발사온도와 O-링 고장확률

소프트웨어를 이용하여 구한 P-값은 0.04로, 온도는 O-링의 고장확률에 유의한 영향이 있다. 오즈 비는 0.84로, 온도가 1도 증가할 때 고장 오즈는 0.84씩 감소한다. 그림 11.21의 적합된 로지스틱 회귀선을 보면 온도가 감소할 때 O-링의 고장확률이 급격히 증가한다. 챌린저호 발사 당시의 실제 온도는 31°F이었다. 이 온도는 다른 발사온도의 범위를 꽤 벗어나므로 로지스틱 회귀모형이 이 온도에서 아주 정확한 예측치를 제공하지는 못할 것이다. 그렇지만 31°F에서 발사하면 O-링의 고장이 거의 확실하다.

Binary Logistic Regression: O-Ring Failure versus Temperature

```
Link Function: Logit
Response Information
Variable     Value       Count(Event)
O-Ring F     1            7
             0           17
Total                    24
Logistic Regression Table
                                                        Odds        95% CI
Predictor    Coef        SE Coef    Z          P        Ratio       Lower     Upper
Constant     10.875      5.703      1.91       0.057
Temperat     -0.17132    0.08344   -2.05       0.040    0.84        0.72      0.99
Log-Likelihood = -11.515
Test that all slopes are zero: G = 5.944, DF = 1, P-Value = 0.015
```

이 모든 데이터를 발사 이전에 이용할 수 있었다. 기술자는 데이터를 효과적으로 분석하지 못했으며, 데이터를 이용하여 챌린저호 발사에 대한 반대의견으로 NASA 관리자를 설득하지 못하였다. 이 데이터를 간단히 회귀분석만 하였더라면 발사 반대의견의 기초로 사용할 수 있는 강력한 양적 근거를 마련할 수도 있었다. 이 결과는 기술자와 과학자가 **왜 기본적인 통계기법에 대한 강력한 배경지식을 가져야 하는지**를 보여주는 매우 극적인 사례 중 하나이다.

주요용어와 개념

결정계수(Coefficient of determination)
경험모형(Empirical model)
기울기에 대한 신뢰구간(Confidence interval on the slope)
단순선형회귀 모형의 표준오차(Simple linear regression model standard errors)
로지스틱 회귀(Logistic regression)
로짓 반응함수(Logit response function)
모형 모수에 대한 통계적 검정(Statistical tests on model parameters)
미래 관측치에 대한 예측구간(Prediction interval on a future observation)
반응변수(Response variable)
변환(Transformation)
본질적 선형모형(Intrinsically linear model)
분산분석표(Analysis of variance table)
상관계수(Correlation coefficient)
오즈 비(Odds ratio)
오즈(Odds)
오차제곱합(Error sum of squares)
이상치(Outlier)
잔차(Residuals)
잔차그림(Residual plots)
잔차의 정규확률그림(Normal probability plot of residuals)
절편에 대한 신뢰구간(Confidence interval on the intercept)
총수정제곱합(Total corrected sum of squares)
최소제곱(Least squares)
평균반응에 대한 신뢰구간(Confidence interval on the mean response)
평균제곱(Mean squares)
회귀계수(Regression coefficients)
회귀변수(Regressor)
회귀분석(Regression analysis)
회귀선(Regression line)
회귀유의성(Significance of regression)
회귀제곱합(Regression sum of squares)

CHAPTER **12**

다중선형회귀

© skynesher / iStockphoto

학습목표

이 장을 주의 깊게 학습한 후 다음을 할 수 있다.

1. 다중선형회귀를 이용하여 공학과 과학 데이터에 대한 경험 모형을 구축한다.
2. 최소제곱법으로 다중회귀모형을 적합하는 방법을 이해한다.
3. 회귀모형의 적합도를 평가한다.
4. 회귀계수에 대한 가설을 검정하고, 신뢰구간을 구한다.
5. 회귀모형을 이용하여 평균반응과 신뢰구간을 추정하고, 예측치와 예측구간을 구한다.
6. 다항회귀모형을 구축한다.
7. 범주형 회귀변수를 모형화하기 위해 지시변수를 사용한다.
8. 단계적 회귀와 기타 모형구축 기법을 이용하여 회귀모형의 적절한 변수를 선택한다.

목차

이 장에서는 단순선형회귀를 일반화하여 2개 이상의 예측변수가 있는 상황을 생각해 본다. 과학과 공학 분야에서 이런 상황이 자주 발생한다. 예를 들어 1장에서 반도체 패키지의 와이어본드 데이터를 이용하여 접합력, 와이어 길이, 다이 높이 간의 관계를 알아보았다. 패키지를 설계하는 기술자 또는 다이를 패키지에 조립하는 제조 담당자는 접합력과 두 변수의 관계에서 중요한 통찰을 얻을 수 있다. 와이어 길이와 다이 높이를 접합력과 관련시키기 위해 다중선형회귀모형을 사용한다. 이와 같이 여러 변수 간의 관계에 관심이 있는 경우가 많다. 절삭공구의 수명은 절삭속도, 각도와 관련이 있다. 병원의 환자 만족도는 나이, 시술유형, 입원기간과 관련이 있고, 차량의 연비는 차량 유형, 엔진 배기량, 마력, 변속기 유형, 차량 중량과 관련이 있다. 다중회귀모형은 중요한 실질적 의미를 갖는 이러한 변수들의 관계에 관한 통찰을 제공한다.

단순선형회귀모형에서와 마찬가지로 이 장에서는 다중선형회귀모형을 적합하고 통계적 가설검정과 신뢰구간을 구한 후 모형 적합도를 점검하는 방법을 학습한다. 다중회귀모형이 회귀변수의 다항식 모형도 포함한다는 사실을 확인한다. 또한, 후보 회귀변수들로부터 바람직한 회귀모형을 구축할 때 생각해 보아야 하는 측면에 대해서도 알아본다.

12.1 다중선형회귀모형

12.1.1 소개

회귀분석의 많은 응용 사례에서 2개 이상의 회귀변수(예측변수 또는 독립변수)가 있다. 2개 이상의 회귀변수를 포함하는 회귀모형을 다중회귀모형(multiple regression model)이라고 한다.

예를 들어 차량 무게와 엔진 배기량에 따라 차량의 연비가 변한다고 가정하자. 이 관계를 설명하는 다중회귀모형은

$$Y = \beta_0 + \beta_1 x_1 + \beta_2 x_2 + \epsilon \tag{12.1}$$

이다. 이때 Y는 연비, x_1은 차량 무게, x_2는 배기량, ϵ은 랜덤 오차항을 나타낸다. 위의 모형은 2개의 회귀변수가 있는 다중선형회귀모형이다. 식(12.1)은 알려지지 않은 모수 β_0, β_1, β_2의 선형함수이므로 **선형**이라는 용어를 사용한다.

식(12.1)의 회귀모형은 Y, x_1, x_2의 3차원 공간에 있는 평면을 기술한다. 그림 12.1(a)로부터 이 평면은

$$E(Y) = 50 + 10x_1 + 7x_2$$

임을 알 수 있다. 이때 오차의 기댓값은 0, 즉 $E(\epsilon) = 0$을 가정한다. 모수 β_0은 평면의 절편이다. β_1은 x_2가 일정할 때 x_1의 단위 변화량에 대한 Y의 평균 변화량을, β_2는 x_1

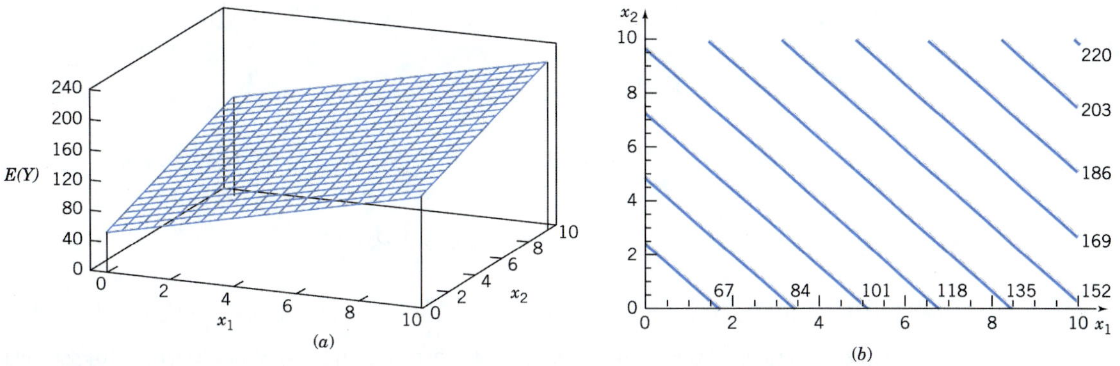

그림 12.1 $E(Y) = 50 + 10x_1 + 7x_2$에 대한 (a) 회귀 표면그림 (b) 등고선그림

이 일정할 때 x_2의 단위 변화량에 대한 Y의 평균 변화량을 측정하므로 β_1과 β_2를 부분회귀계수(partial regression coefficient)라고 한다. 그림 12.1(b)는 $E(Y)$의 값이 같은 x_1과 x_2의 지점을 이은 선, 즉 회귀모형의 등고선그림을 나타낸다. 그림에서 등고선은 직선이다.

일반적으로 반응변수 Y는 k개의 회귀변수와 관련이 있다. 모형

$$Y = \beta_0 + \beta_1 x_1 + \beta_2 x_2 + \cdots + \beta_k x_k + \epsilon \tag{12.2}$$

은 **k개의 회귀변수가 있는 다중선형회귀모형**이고, 모수 β_j $(j = 0, 1, \cdots, k)$는 **회귀계수**이다. 이 모형은 Y와 회귀변수 $\{x_j\}$의 $k+1$차원 공간에서 초평면을 설명한다. 모수 β_j는 다른 모든 회귀변수 x_i $(i \neq j)$가 일정할 때 x_j의 단위 변화량에 대한 Y의 평균 변화량을 나타낸다.

다중선형회귀모형을 변수 간의 관계에 대한 근사함수로 자주 이용한다. 즉, Y와 $x_1, x_2, \cdots, x_k$의 참 관계는 알려지지 않았으나 회귀변수의 특정 범위에서는 선형회귀모형이 적절한 근사가 될 수 있다.

식(12.2)보다 더 복잡한 구조의 모형도 다중선형회귀로 분석할 수 있다. 예를 들어 회귀변수 x의 3차 다항식 모형을 생각해 보자.

$$Y = \beta_0 + \beta_1 x + \beta_2 x^2 + \beta_3 x^3 + \epsilon \tag{12.3}$$

여기서 $x_1 = x$, $x_2 = x^2$, $x_3 = x^3$라고 두고 식(12.3)을 다시 쓰면

$$Y = \beta_0 + \beta_1 x_1 + \beta_2 x_2 + \beta_3 x_3 + \epsilon \tag{12.4}$$

이므로, 이 식은 3개 회귀변수의 다중선형회귀모형이다.

교호작용효과를 포함하는 모형도 다중선형회귀로 분석할 수 있다. 교호작용은 아주 흔하다. 예를 들어 차량 무게와 엔진 배기량의 교호작용이 차량 연비에 영향을 줄 수 있다.

두 변수의 교호작용은 다음 식에서처럼 교차곱 항으로 나타낼 수 있다.

$$Y = \beta_0 + \beta_1 x_1 + \beta_2 x_2 + \beta_{12} x_1 x_2 + \epsilon \tag{12.5}$$

여기서 $x_3 = x_1 x_2$, $\beta_3 = \beta_{12}$라고 두고 식을 다시 쓰면 다음의 다중선형회귀모형이 된다.

$$Y = \beta_0 + \beta_1 x_1 + \beta_2 x_2 + \beta_3 x_3 + \epsilon$$

그림 12.2(a)와 (b)는 각각 $E(Y) = 50 + 10x_1 + 7x_2 + 5x_1 x_2$에 대한 3차원 표면그림과 2차원 등고선그림을 나타낸다. 이 모형은 선형회귀모형이지만 생성된 표면의 모양은 선형이 아님을 유의해야 한다. 일반적으로 모형이 생성하는 표면의 형상과 관계없이 모수 $\{\beta_j\}$에 대하여 선형인 회귀모형을 선형회귀모형이라고 한다.

교호작용은 한 변수(x_1)가 변할 때 나타나는 효과가 다른 변수(x_2)의 수준에 의존함을 의미한다. 예를 들어 그림 12.2에서 x_1이 2에서 8로 변할 때 $E(Y)$의 변화는 $x_2 = 10$일 때보다 $x_2 = 2$일 때 훨씬 작다. 실제 시스템을 연구하고 분석할 때 교호작용이 흔히 발생하며, 회귀분석은 이를 설명하는 한 방법이다.

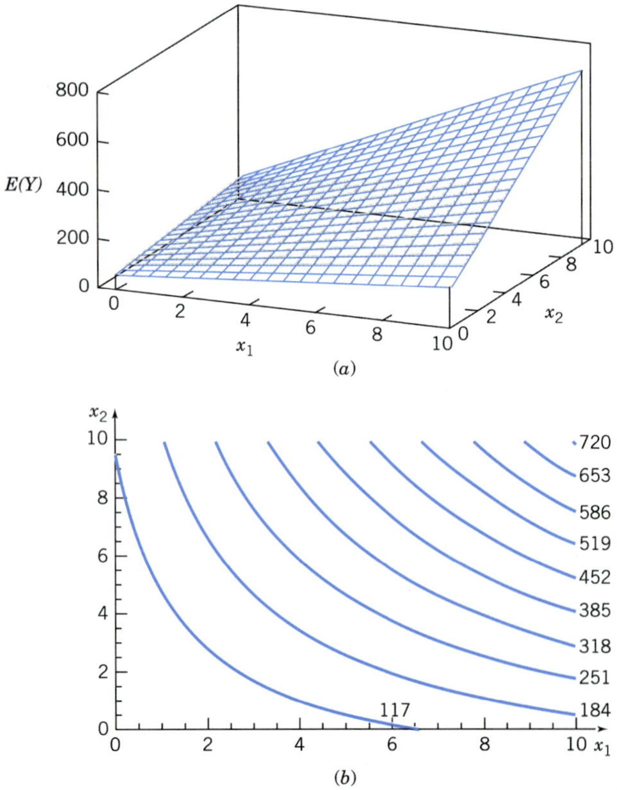

그림 12.2 교호작용만 포함하는 회귀모형의 (a) 3차원 표면그림 (b) 등고선그림

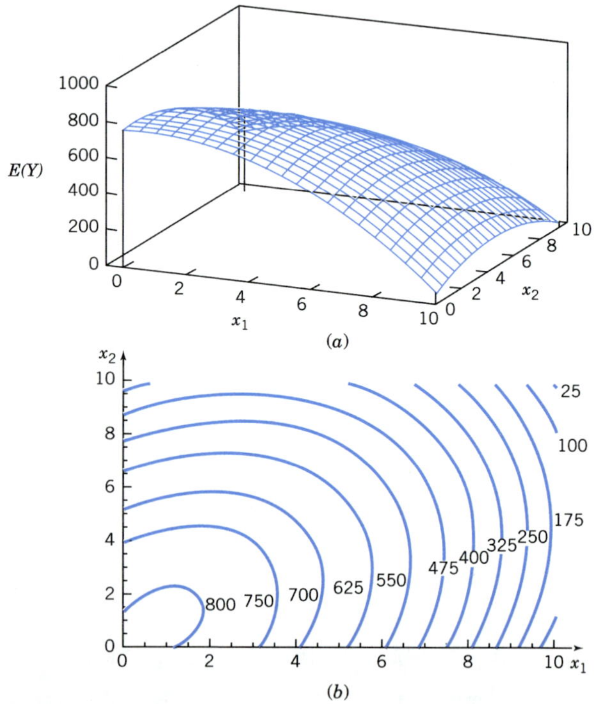

그림 12.3 교호작용과 2차항을 모두 포함하는 회귀모형의 (a) 3차원 표면그림 (b) 등고선그림

마지막으로, 다음과 같이 교호작용이 포함된 2차모형을 생각해 보자.

$$Y = \beta_0 + \beta_1 x_1 + \beta_2 x_2 + \beta_{11} x_1^2 + \beta_{22} x_2^2 + \beta_{12} x_1 x_2 + \epsilon \tag{12.6}$$

여기서 $x_3 = x_1^2$, $x_4 = x_2^2$, $x_5 = x_1 x_2$, $\beta_3 = \beta_{11}$, $\beta_4 = \beta_{22}$, $\beta_5 = \beta_{12}$라고 두고 식(12.6)을 다시 쓰면 다음의 다중선형회귀모형이 된다.

$$Y = \beta_0 + \beta_1 x_1 + \beta_2 x_2 + \beta_3 x_3 + \beta_4 x_4 + \beta_5 x_5 + \epsilon$$

그림 12.3(a)와 (b)는 각각 $E(Y) = 800 + 10x_1 + 7x_2 - 8.5x_1^2 - 5x_2^2 + 4x_1 x_2$에 대한 3차원 표면그림과 등고선그림을 나타낸다. 이 그림에서 x_1이 한 단위 변할 때 Y의 평균 변화량은 x_2의 함수임을 알 수 있다. 2차항과 교호작용은 언덕 모양의 함수를 만든다. 교호작용이 있는 2차모형은 회귀계수의 값에 따라 다양한 모양을 나타내는 매우 유연한 회귀모형이다.

12.1.2 모수의 최소제곱추정

다중선형회귀모형에서 회귀계수를 추정하기 위해 최소제곱법을 사용한다. n개 관측치가 있고 변수 x_j의 i번째 관측치를 x_{ij}라고 할 때, 각 관측치를 다음과 같이 표현한다.

$$(x_{i1}, x_{i2}, \cdots, x_{ik}, y_i), \quad i = 1, 2, \cdots, n, \quad n > k$$

통상 다중회귀 데이터는 표 12.1과 같이 나타난다.

각 관측치 $(x_{i1}, x_{i2}, \cdots, x_{ik}, y_i)$는 식(12.2)를 만족하므로 다음과 같이 쓸 수 있다.

$$\begin{aligned} y_i &= \beta_0 + \beta_1 x_{i1} + \beta_2 x_{i2} + \cdots + \beta_k x_{ik} + \epsilon_i \\ &= \beta_0 + \sum_{j=1}^{k} \beta_j x_{ij} + \epsilon_i, \quad i = 1, 2, \cdots, n \end{aligned} \tag{12.7}$$

오차제곱함수는

$$L = \sum_{i=1}^{n} \epsilon_i^2 = \sum_{i=1}^{n} (y_i - \beta_0 - \sum_{j=1}^{k} \beta_j x_{ij})^2 \tag{12.8}$$

표 12.1 다중회귀 데이터

y	x_1	x_2	$\cdots$	x_k
y_1	x_{11}	x_{12}	$\cdots$	x_{1k}
y_2	x_{21}	x_{22}	$\cdots$	x_{2k}
$\vdots$	$\vdots$	$\vdots$	$\ddots$	$\vdots$
y_n	x_{n1}	x_{n2}	$\cdots$	x_{nk}

이므로 L을 최소로 하는 $(\beta_0, \beta_1, \cdots, \beta_k)$를 찾아야 한다. 따라서 $(\beta_0, \beta_1, \cdots, \beta_k)$의 최소제곱추정량은 다음을 만족한다.

$$\left.\frac{\partial L}{\partial \beta_0}\right|_{\hat{\beta}_0, \hat{\beta}_1, \cdots, \hat{\beta}_k} = -2\sum_{i=1}^{n}\left(y_i - \hat{\beta}_0 - \sum_{j=1}^{k}\hat{\beta}_j x_{ij}\right) = 0 \tag{12.9a}$$

$$\left.\frac{\partial L}{\partial \beta_j}\right|_{\hat{\beta}_0, \hat{\beta}_1, \cdots, \hat{\beta}_k} = -2\sum_{i=1}^{n}\left(y_i - \hat{\beta}_0 - \sum_{j=1}^{k}\hat{\beta}_j x_{ij}\right)x_{ij} = 0,\ j = 1, 2, \cdots, k \tag{12.9b}$$

식(12.9)를 정리하면 다음의 최소제곱 정규방정식이 된다.

$$\begin{aligned}
n\hat{\beta}_0 + \hat{\beta}_1\sum_{i=1}^{n}x_{i1} + \hat{\beta}_2\sum_{i=1}^{n}x_{i2} + \cdots + \hat{\beta}_k\sum_{i=1}^{n}x_{ik} &= \sum_{i=1}^{n}y_i \\
\hat{\beta}_0\sum_{i=1}^{n}x_{i1} + \hat{\beta}_1\sum_{i=1}^{n}x_{i1}^2 + \hat{\beta}_2\sum_{i=1}^{n}x_{i1}x_{i2} + \cdots + \hat{\beta}_k\sum_{i=1}^{n}x_{i1}x_{ik} &= \sum_{i=1}^{n}x_{i1}y_i \\
\vdots \qquad\qquad \vdots \qquad\qquad \vdots \qquad\qquad\qquad \vdots \qquad &\qquad \vdots \\
\hat{\beta}_0\sum_{i=1}^{n}x_{ik} + \hat{\beta}_1\sum_{i=1}^{n}x_{ik}x_{i1} + \hat{\beta}_2\sum_{i=1}^{n}x_{ik}x_{i2} + \cdots + \hat{\beta}_k\sum_{i=1}^{n}x_{ik}^2 &= \sum_{i=1}^{n}x_{ik}y_i
\end{aligned} \tag{12.10}$$

알려지지 않은 회귀계수 1개마다 1개의 정규방정식이 있으므로 총 $p = k+1$개의 정규방정식이 있고, 이 정규방정식의 해는 회귀계수의 최소제곱추정량 $\hat{\beta}_0, \hat{\beta}_1, \cdots, \hat{\beta}_k$이다. 일차 연립방정식을 푸는 일반적 방법으로 정규방정식의 해를 구할 수 있다.

예제 12.1 와이어본드 접합력

1장에서 경험모형의 구축에 관해 알아볼 때 반도체 제조공정의 와이어본드 접합력, 와이어 길이, 다이 높이에 관한 데이터를 이용하였다. 같은 데이터가 표 12.2에 나타나 있고 여기서는 모수추정에 대해 자세히 알아본다. 1장의 그림 1.15는 데이터의 3차원 산점도를, 다음 그림 12.4는 2차원 산점도행렬을 나타낸 그래프이다. 이 그림들은 다변량 데이터 집합에서 변수의 관계를 시각화하는 데 유용하다. 예를 들어 그림에서 접합력과 와이어 길이는 강한 선형관계가 있음을 알 수 있다.

이제 다중선형회귀모형 $Y = \beta_0 + \beta_1 x_1 + \beta_2 x_2 + \epsilon$을 적합해 보자. 여기서 Y는 접합력, x_1은 와이어 길이, x_2는 다이 높이를 나타낸다. 표 12.2의 데이터로부터 다음을 계산한다.

$$n = 25,\ \sum_{i=1}^{25}y_i = 725.82,\ \sum_{i=1}^{25}x_{i1} = 206,\ \sum_{i=1}^{25}x_{i2} = 8{,}294$$

$$\sum_{i=1}^{25}x_{i1}^2 = 2{,}396,\ \sum_{i=1}^{25}x_{i2}^2 = 3{,}531{,}848,\ \sum_{i=1}^{25}x_{i1}x_{i2} = 77{,}177$$

$$\sum_{i=1}^{25}x_{i1}y_i = 8{,}008.47,\ \sum_{i=1}^{25}x_{i2}y_i = 274{,}816.71$$

식(12.10)의 정규방정식은

$$\begin{aligned}
n\hat{\beta}_0 + \hat{\beta}_1\sum_{i=1}^{n}x_{i1} + \hat{\beta}_2\sum_{i=1}^{n}x_{i2} &= \sum_{i=1}^{n}y_i \\
\hat{\beta}_0\sum_{i=1}^{n}x_{i1} + \hat{\beta}_1\sum_{i=1}^{n}x_{i1}^2 + \hat{\beta}_2\sum_{i=1}^{n}x_{i1}x_{i2} &= \sum_{i=1}^{n}x_{i1}y_i \\
\hat{\beta}_0\sum_{i=1}^{n}x_{i2} + \hat{\beta}_1\sum_{i=1}^{n}x_{i2}x_{i1} + \hat{\beta}_2\sum_{i=1}^{n}x_{i2}^2 &= \sum_{i=1}^{n}x_{i2}y_i
\end{aligned}$$

이므로, 위의 계산값을 정규방정식에 대입하면 다음과 같다.

$$\begin{aligned}
25\hat{\beta}_0 + 206\hat{\beta}_1 + 8{,}294\hat{\beta}_2 &= 725.82 \\
206\hat{\beta}_0 + 2{,}396\hat{\beta}_1 + 77{,}177\hat{\beta}_2 &= 8{,}008.47 \\
8{,}294\hat{\beta}_0 + 77{,}177\hat{\beta}_1 + 3{,}531{,}848\hat{\beta}_2 &= 274{,}816.71
\end{aligned}$$

표 12.2 와이어본드 접합력 데이터

관측번호	접합력(y)	와이어 길이(x_1)	다이 높이(x_2)	관측번호	접합력(y)	와이어 길이(x_1)	다이 높이(x_2)
1	9.95	2	50	14	11.66	2	360
2	24.45	8	110	15	21.65	4	205
3	31.75	11	120	16	17.89	4	400
4	35.00	10	550	17	69.00	20	600
5	25.02	8	295	18	10.30	1	585
6	16.86	4	200	19	34.93	10	540
7	14.38	2	375	20	46.59	15	250
8	9.60	2	52	21	44.88	15	290
9	24.35	9	100	22	54.12	16	510
10	27.50	8	300	23	56.63	17	590
11	17.08	4	412	24	22.13	6	100
12	37.00	11	400	25	21.15	5	400
13	41.95	12	500				

위의 연립방정식을 풀면 $\hat{\beta}_0 = 2.26379$, $\hat{\beta}_1 = 2.74427$, $\hat{\beta}_2 = 0.01253$이고 그 결과 적합된 회귀선은 다음과 같다.

$$\hat{y} = 2.26379 + 2.74427x_1 + 0.01253x_2$$

해석: 이 식을 이용하여 주어진 와이어 길이와 다이 높이에서 접합력을 예측한다. 이 식은 1.3절의 회귀모형과 동일하다. 그림 1.16에는 이 식을 이용하여 구한 예측치 $\hat{y}$의 3차원 표면그림이 나와 있다.

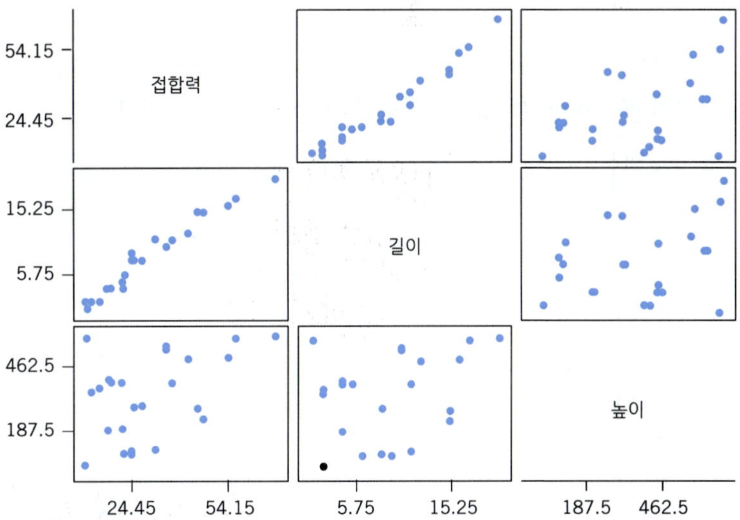

그림 12.4 표 12.2의 와이어본드 접합력 데이터에 대한 산점도행렬

12.1.3 다중선형회귀의 행렬 접근

다중선형회귀모형에서 수학 연산을 행렬 기호로 표현하면 편리하다. k개 회귀변수와 n개 관측치 $(x_{i1}, x_{i2}, \cdots, x_{ik}, y_i)$에 대하여 다음 모형을 가정하자.

$$y_i = \beta_0 + \beta_1 x_{i1} + \beta_2 x_{i2} + \cdots + \beta_k x_{ik} + \epsilon_i,\ i = 1, 2, \cdots, n$$

이 모형을 행렬로 표현하면

$$\mathbf{y} = \mathbf{X}\boldsymbol{\beta} + \boldsymbol{\epsilon} \tag{12.11}$$

이고, 여기서

$$\mathbf{y} = \begin{bmatrix} y_1 \\ y_2 \\ \vdots \\ y_n \end{bmatrix}, \quad \mathbf{X} = \begin{bmatrix} 1 & x_{11} & x_{12} & \cdots & x_{1k} \\ 1 & x_{21} & x_{22} & \cdots & x_{2k} \\ \vdots & \vdots & \vdots & \ddots & \vdots \\ 1 & x_{n1} & x_{n2} & \cdots & x_{nk} \end{bmatrix}, \quad \boldsymbol{\beta} = \begin{bmatrix} \beta_0 \\ \beta_1 \\ \vdots \\ \beta_k \end{bmatrix}, \quad \boldsymbol{\epsilon} = \begin{bmatrix} \epsilon_1 \\ \epsilon_2 \\ \vdots \\ \epsilon_n \end{bmatrix}$$

이다. $\mathbf{y}$는 $(n \times 1)$ 반응치 벡터, $\mathbf{X}$는 $(n \times p)$ 회귀변수 행렬, $\boldsymbol{\beta}$는 $(p \times 1)$ 회귀계수 벡터, $\boldsymbol{\epsilon}$은 $(n \times 1)$ 랜덤오차 벡터이다. 행렬 $\mathbf{X}$를 모형행렬(model matrix)이라고 한다. (절편은 항상 상수 1과 곱해진다고 가정한다.)

오차제곱합은

$$L = \sum_{i=1}^{n} \epsilon_i^2 = \boldsymbol{\epsilon}'\boldsymbol{\epsilon} = (\mathbf{y} - \boldsymbol{X\beta})'(\mathbf{y} - \mathbf{X}\boldsymbol{\beta})$$

이므로, 최소제곱추정량 $\hat{\boldsymbol{\beta}}$은 $\partial L / \partial \boldsymbol{\beta} = \mathbf{0}$의 해가 되는 $\boldsymbol{\beta}$이다. 자세한 미분 과정은 생략하지만 풀어야 할 정규방정식을 정의하면 다음과 같다.

정규방정식

$$\mathbf{X}'\mathbf{X}\hat{\boldsymbol{\beta}} = \mathbf{X}'\mathbf{y} \tag{12.12}$$

식(12.12)는 행렬 형식의 정규방정식으로, 스칼라 형식의 정규방정식인 식(12.10)과 같다. 정규방정식을 풀기 위해 식(12.12)의 양변에 $(\mathbf{X}'\mathbf{X})^{-1}$를 곱하면 $\boldsymbol{\beta}$의 최소제곱추정량은 다음과 같음을 알 수 있다.

$\boldsymbol{\beta}$의 최소제곱추정량

$$\hat{\boldsymbol{\beta}} = (\mathbf{X}'\mathbf{X})^{-1}\mathbf{X}'\mathbf{y} \tag{12.13}$$

p개의 정규방정식에는 p개의 알려지지 않은 모수 $(\beta_0, \beta_1, \cdots, \beta_k)$가 있다. $\mathbf{X}'\mathbf{X}$가 비특이(nonsingular) 행렬이면 행렬식과 연산을 통해 $(\mathbf{X}'\mathbf{X})^{-1}$를 구할 수 있다. 다중회귀의 계산은 거의 항상 컴퓨터를 이용한다.

정규방정식의 행렬 표현은 스칼라 표현과 동일하다. 식(12.12)를 자세히 쓰면

$$\begin{bmatrix} n & \sum_{i=1}^{n} x_{i1} & \sum_{i=1}^{n} x_{i2} & \cdots & \sum_{i=1}^{n} x_{ik} \\ \sum_{i=1}^{n} x_{i1} & \sum_{i=1}^{n} x_{i1}^2 & \sum_{i=1}^{n} x_{i1}x_{i2} & \cdots & \sum_{i=1}^{n} x_{i1}x_{ik} \\ \vdots & \vdots & \vdots & \ddots & \vdots \\ \sum_{i=1}^{n} x_{ik} & \sum_{i=1}^{n} x_{ik}x_{i1} & \sum_{i=1}^{n} x_{ik}x_{i2} & \cdots & \sum_{i=1}^{n} x_{ik}^2 \end{bmatrix} \begin{bmatrix} \hat{\beta}_0 \\ \hat{\beta}_1 \\ \vdots \\ \hat{\beta}_k \end{bmatrix} = \begin{bmatrix} \sum_{i=1}^{n} y_i \\ \sum_{i=1}^{n} x_{i1}y_i \\ \vdots \\ \sum_{i=1}^{n} x_{ik}y_i \end{bmatrix}$$

이고, 이 행렬-벡터 곱을 정리하면 식(12.10)의 스칼라 형식의 정규방정식이 된다. 여기서 $\mathbf{X}'\mathbf{X}$는 $(p \times p)$ 대칭행렬이고 $\mathbf{X}'\mathbf{y}$는 $(p \times 1)$ 열벡터이다. $\mathbf{X}'\mathbf{X}$의 특수한 구조에 주목하면, $\mathbf{X}$의 각 열은 해당 회귀변수의 수준이므로 행렬 $\mathbf{X}'\mathbf{X}$의 대각선 원소는 각 회귀변수 수준에서 제곱합이고 비대각선 원소는 서로 다른 2개 회귀변수 수준의 교차곱의 합임을 알 수 있다. 또한, $\mathbf{X}'\mathbf{y}$의 원소는 $\mathbf{X}$ 열과 관측치 $\{y_i\}$의 교차곱의 합이다.

적합된 회귀선을 다시 쓰면 다음과 같다.

$$\hat{y}_i = \hat{\beta}_0 + \sum_{j=1}^{k} \hat{\beta}_j x_{ij}, \quad i = 1, 2, \cdots, n \tag{12.14}$$

이 식을 행렬로 표현하면 $\hat{\mathbf{y}} = \mathbf{X}\hat{\boldsymbol{\beta}}$이다. 관측치 y_i와 적합치 $\hat{y}_i$의 차이인

$$e_i = y_i - \hat{y}_i$$

을 잔차라 하고, $(n \times 1)$ 잔차 벡터는 다음과 같다.

$$\mathbf{e} = \mathbf{y} - \hat{\mathbf{y}} \tag{12.15}$$

예제 12.2 와이어본드 접합력: 행렬표현

예제 12.1에서 다음 다중선형회귀모형을 적합하였다.

$$Y = \beta_0 + \beta_1 x_1 + \beta_2 x_2 + \epsilon$$

여기서 Y는 와이어본드 접합력, x_1은 와이어 길이, x_2는 다이 높이이다. 표 12.2에 있는 25개의 관측치 데이터에 회귀모형을 적합하기 위해 행렬을 이용해 본다. 이 모형에서 모형행렬 $\mathbf{X}$와 벡터 $\mathbf{y}$는 각각 다음과 같다.

$$\mathbf{X}=\begin{bmatrix}1&2&50\\1&8&110\\1&11&120\\1&10&550\\1&8&295\\1&4&200\\1&2&375\\1&2&52\\1&9&100\\1&8&300\\1&4&412\\1&11&400\\1&12&500\\1&2&360\\1&4&205\\1&4&400\\1&20&600\\1&1&585\\1&10&540\\1&15&250\\1&15&290\\1&16&510\\1&17&590\\1&6&100\\1&5&400\end{bmatrix},\quad \mathbf{y}=\begin{bmatrix}9.95\\24.45\\31.75\\35.00\\25.02\\16.86\\14.38\\9.60\\24.35\\27.50\\17.08\\37.00\\41.95\\11.66\\21.65\\17.89\\69.00\\10.30\\34.93\\46.59\\44.88\\54.12\\56.63\\22.13\\21.15\end{bmatrix}$$

행렬 $\mathbf{X}'\mathbf{X}$는

$$\mathbf{X}'\mathbf{X}=\begin{bmatrix}1&1&\cdots&1\\2&8&\cdots&5\\50&110&\cdots&400\end{bmatrix}\begin{bmatrix}1&2&50\\1&8&110\\\vdots&\vdots&\vdots\\1&5&400\end{bmatrix}=\begin{bmatrix}25&206&8{,}294\\206&2{,}396&77{,}177\\8{,}294&77{,}177&3{,}531{,}848\end{bmatrix}$$

이고, 벡터 $\mathbf{X}'\mathbf{y}$는 다음과 같다.

$$\mathbf{X}'\mathbf{y}=\begin{bmatrix}1&1&\cdots&1\\2&8&\cdots&5\\50&110&\cdots&400\end{bmatrix}\begin{bmatrix}9.95\\24.45\\\vdots\\21.15\end{bmatrix}=\begin{bmatrix}725.82\\8{,}008.47\\274{,}816.71\end{bmatrix}$$

식(12.13)을 이용하여 $\hat{\boldsymbol{\beta}}$을 구하면 다음과 같다.

$$\begin{bmatrix}\hat{\beta}_1\\\hat{\beta}_2\\\vdots\\\hat{\beta}_k\end{bmatrix}=\begin{bmatrix}25&206&8{,}294\\206&2{,}396&77{,}177\\8{,}294&77{,}177&3{,}531{,}848\end{bmatrix}^{-1}\begin{bmatrix}725.82\\8{,}008.47\\274{,}816.31\end{bmatrix}$$

$$=\begin{bmatrix}0.214653&-0.007491&-0.000340\\-0.007491&0.001671&-0.000019\\-0.000340&-0.000019&0.0000015\end{bmatrix}\begin{bmatrix}725.82\\8{,}008.47\\274{,}816.31\end{bmatrix}$$

$$=\begin{bmatrix}2.26379143\\2.74426964\\0.01252781\end{bmatrix}$$

소수점 아래 다섯 자리까지 회귀계수를 나타내어 적합된 회귀선을 쓰면

$$\hat{y}=2.26379+2.74427x_1+0.01253x_2$$

로, 예제 12.1의 결과와 같다.

적합된 회귀선을 이용하여 와이어 길이(x_1)와 다이 높이(x_2)의 다양한 값에서 접합력을 예측할 수 있다. 또한, 각 관측치 (x_{i1}, x_{i2}) $(i=1,2,\cdots,n)$를 대입하여 **적합치** $\hat{y}_i$을 구한다. 예를 들어 첫 번째 관측치는 $x_{11}=2$, $x_{12}=50$이므로 적합치는

$$\begin{aligned}\hat{y}_1&=2.26379+2.74427x_{11}+0.01253x_{12}\\&=2.26379+(2.74427)(2)+(0.01253)(50)\\&=8.38\end{aligned}$$

이고, $y_1=9.95$이므로 잔차는 다음과 같다.

$$e_1=y_1-\hat{y}_1=9.95-8.38=1.57$$

표 12.3에는 전체 25개의 적합치와 잔차가 원래 데이터와 같은 정확도로 나타나 있다.

표 12.3 와이어본드 접합력 데이터의 관측치, 적합치, 잔차

i	y_i	$\hat{y}_i$	$e_i = y_i - \hat{y}_i$	i	y_i	$\hat{y}_i$	$e_i = y_i - \hat{y}_i$
1	9.95	8.38	1.57	14	11.66	12.26	−0.60
2	24.45	25.60	−1.15	15	21.65	15.81	5.84
3	31.75	33.95	−2.20	16	17.89	18.25	−0.36
4	35.00	36.60	−1.60	17	69.00	64.67	4.33
5	25.02	27.91	−2.89	18	10.30	12.34	−2.04
6	16.86	15.75	1.11	19	34.93	36.47	−1.54
7	14.38	12.45	1.93	20	46.59	46.56	0.03
8	9.60	8.40	1.20	21	44.88	47.06	−2.18
9	24.35	28.21	−3.86	22	54.12	52.56	1.56
10	27.50	27.98	−0.48	23	56.63	56.31	0.32
11	17.08	18.40	−1.32	24	22.13	19.98	2.15
12	37.00	37.46	−0.46	25	21.15	21.00	0.15
13	41.95	41.46	0.49				

다중회귀모형을 적합할 때 거의 항상 컴퓨터를 이용한다. 표 12.4에는 와이어본드 접합력의 최소제곱 회귀모형에 대해 주석을 포함하는 컴퓨터 출력물이 나와 있다. 표의 위쪽에 회귀계수 추정치가 있다. 또한, 회귀모형에 관한 중요한 정보를 반영하는 다른 값도 계산되어 있다. 다음 절에서 이 값에 대해 더 자세히 알아본다.

σ^2의 추정: 단순선형회귀에서처럼 다중선형회귀에서도 오차항 ϵ의 분산 σ^2을 추정하는 것은 중요하다. 단순선형회귀에는 모수가 2개 있으므로 잔차제곱합을 $n-2$로 나누어 σ^2의 추정량을 구했다. 비슷한 논리로 p개의 모수가 있는 다중선형회귀에서 σ^2의 추정량은 다음과 같다.

분산의 추정량

$$\hat{\sigma}^2 = \frac{\sum_{i=1}^{n} e_i^2}{n-p} = \frac{SS_E}{n-p} \qquad (12.16)$$

이 추정량은 σ^2의 불편추정량이다. 단순선형회귀에서처럼 보통 σ^2의 추정치를 회귀모형의 분산분석표로부터 구한다. 식(12.16)의 분자는 오차(잔차)제곱합이고 분모 $n-p$는 오차(잔차)의 자유도이다.

표 12.4 소프트웨어를 이용한 와이어본드 접합력 데이터의 다중회귀 결과

Regression Analysis: Strength versus Length, Height

Strength = 2.26 + 2.74 Length + 0.0125 Height

Predictor	Coef	SE Coef	T	P	VIF
Constant	$\hat{\beta}_0 \rightarrow$ 2.264	1.060	2.14	0.044	
Length	$\hat{\beta}_1 \rightarrow$ 2.74427	0.09352	29.34	0.000	1.2
Height	$\hat{\beta}_2 \rightarrow$ 0.012528	0.002798	4.48	0.000	1.2

S = 2.288 R-Sq = 98.1% R-Sq (adj) = 97.9%

PRESS = 156.163 R-Sq (pred) = 97.44%

Analysis of Variance

Source	DF	SS	MS	F	P
Regression	2	5990.8	2995.4	572.17	0.000
Residual error	22	115.2	5.2 $\leftarrow \hat{\sigma}^2$		
Total	24	6105.9			

Source	DF	Seq SS
Length	1	5885.9
Height	1	104.9

Predicted Values for New Observations

New Obs	Fit	SE Fit	95.0% CI	95.0% PI
1	27.663	0.482	(26.663, 28.663)	(22.814, 32.512)

Values of Predictors for New Observations

New Obs	Length	Height
1	8.00	275

SS_E의 계산식은

$$SS_E = \sum_{i=1}^{n}(y_i - \hat{y}_i)^2 = \sum_{i=1}^{n} e_i^2 = \mathbf{e}'\mathbf{e}$$

이므로 이 식에 $\mathbf{e} = \mathbf{y} - \hat{\mathbf{y}} = \mathbf{y} - \mathbf{X}\hat{\boldsymbol{\beta}}$을 대입하여 정리하면 다음과 같다.

$$SS_E = \mathbf{y}'\mathbf{y} - \hat{\boldsymbol{\beta}}\,\mathbf{X}'\mathbf{y} = 27{,}178.5316 - 27{,}063.3581 = 115.174 \tag{12.17}$$

σ^2의 추정치는 $\hat{\sigma}^2 = 115.2/22 = 5.2364$인데, 컴퓨터 출력물에는 소수점 아래 두 자리에서 반올림한 $\hat{\sigma}^2 = 5.2$로 나와 있다.

12.1.4 최소제곱추정량의 성질

회귀모형의 오차항에 관한 일반적 가정하에 최소제곱추정량 $\hat{\beta}_0, \hat{\beta}_1, \cdots, \hat{\beta}_k$의 통계적 성질을 유도할 수 있다. 먼저 11장에서처럼 오차 ϵ_i는 독립이며 평균 0, 분산 σ^2이라는 가정하

에 다음과 같이 $\hat{\beta}_0, \hat{\beta}_1, \cdots, \hat{\beta}_k$은 회귀계수 $\beta_0, \beta_1, \cdots, \beta_k$의 불편추정량임을 보일 수 있다.

$$\begin{aligned} E(\hat{\boldsymbol{\beta}}) &= E[(\mathbf{X}'\mathbf{X})^{-1}\mathbf{X}'\mathbf{y}] \\ &= E[(\mathbf{X}'\mathbf{X})^{-1}\mathbf{X}'(\mathbf{X}\boldsymbol{\beta}+\boldsymbol{\epsilon})] \\ &= E[(\mathbf{X}'\mathbf{X})^{-1}\mathbf{X}'\mathbf{X}\boldsymbol{\beta}+(\mathbf{X}'\mathbf{X})^{-1}\mathbf{X}'\boldsymbol{\epsilon}] \\ &= \boldsymbol{\beta} \end{aligned}$$

위 결과를 보이기 위해 $E(\boldsymbol{\epsilon})=0$, $(\mathbf{X}'\mathbf{X})^{-1}(\mathbf{X}'\mathbf{X})=\mathbf{I}$라는 사실을 이용한다.

$\hat{\boldsymbol{\beta}}$의 공분산 행렬은 $\sigma^2(\mathbf{X}'\mathbf{X})^{-1}$이다. 이 행렬의 대각선 원소는 $\hat{\beta}_0, \hat{\beta}_1, \cdots, \hat{\beta}_k$의 분산이고 비대각선 원소는 공분산이다. 예를 들어 접합력 문제에서처럼 $k=2$이면 행렬 $(\mathbf{X}'\mathbf{X})^{-1}$를 다음과 같이 나타낼 수 있다.

$$\mathbf{C}=(\mathbf{X}'\mathbf{X})^{-1}=\begin{bmatrix} C_{00} & C_{01} & C_{02} \\ C_{10} & C_{11} & C_{12} \\ C_{20} & C_{21} & C_{22} \end{bmatrix}$$

$(\mathbf{X}'\mathbf{X})^{-1}$는 대칭행렬이므로 $C_{10}=C_{01}$, $C_{20}=C_{02}$, $C_{12}=C_{21}$이다. 따라서

$$\begin{aligned} V(\hat{\beta}_j) &= \sigma^2 C_{jj}, \quad j=0,1,2 \\ \operatorname{cov}(\hat{\beta}_i, \hat{\beta}_j) &= \sigma^2 C_{ij}, \quad i \neq j \end{aligned}$$

이다. 일반적으로 $\hat{\boldsymbol{\beta}}$의 공분산 행렬은 $(p \times p)$ 대칭행렬로 (j,j)번째 원소가 $\hat{\beta}_j$의 분산이고 (i,j)번째 원소가 $\hat{\beta}_i$과 $\hat{\beta}_j$의 공분산이므로 다음과 같이 쓸 수 있다.

$$\operatorname{cov}(\hat{\boldsymbol{\beta}})=\sigma^2(\mathbf{X}'\mathbf{X})^{-1}=\sigma^2\mathbf{C}$$

σ^2을 그 추정치로 대체하여 회귀계수의 분산 추정치를 구하며, $\hat{\beta}_j$의 추정된 분산의 제곱근, 즉 $se(\hat{\beta}_j)=\sqrt{\hat{\sigma}^2 C_{jj}}$를 $\hat{\beta}_j$의 추정된 표준오차라고 한다. 이 표준오차는 회귀계수 추정의 정밀도를 측정하는 척도로, 표준오차가 작을수록 좋은 정밀도를 뜻한다.

보통 컴퓨터 소프트웨어를 이용하여 표준오차를 출력한다. 예를 들어 표 12.4의 컴퓨터 출력물을 보면

$$se(\hat{\beta}_0)=1.060, \; se(\hat{\beta}_1)=0.09352, \; se(\hat{\beta}_2)=0.002798$$

이다. $\hat{\beta}_0$은 $se(\hat{\beta}_0)$보다 약 2배 크고, $\hat{\beta}_1$과 $\hat{\beta}_2$은 각각 $se(\hat{\beta}_1)$과 $se(\hat{\beta}_2)$보다 훨씬 크다. 절편에 비해 β_1과 β_2를 더 정밀하게 추정하고 전체적으로 추정 정밀도는 합리적임을 알 수 있다.

12.2 다중선형회귀에서 가설검정

다중선형회귀모형의 모수에 관한 가설검정은 모형 적합도를 측정할 때 유용하다. 이 절에서는 몇 가지 중요한 가설검정 절차에 대해 알아본다. 단순선형회귀에서처럼 가설검정을 위해 오차항 ϵ_i는 독립이며, 평균 0, 분산 σ^2인 정규분포를 따른다고 가정한다.

12.2.1 회귀유의성 검정

회귀유의성 검정이란 반응변수 Y가 회귀변수 $x_1, x_2, \cdots, x_k$ 중 일부와 선형관계가 있는지를 결정하는 검정이다. 적절한 가설은 다음과 같다.

회귀유의성 검정에 대한 가설

$$H_0: \beta_1 = \beta_2 = \cdots = \beta_k = 0$$

$$H_1: \text{적어도 하나의 } \beta_j\text{는 0이 아니다} \tag{12.18}$$

귀무가설 $H_0: \beta_1 = \beta_2 = \cdots = \beta_k = 0$을 기각하면 회귀변수 $x_1, x_2, \cdots, x_k$ 중 적어도 하나는 모형에 유의하게 기여함을 의미한다.

단순선형회귀 절차를 일반화하여 회귀유의성을 검정한다. 총제곱합 SS_T을 회귀제곱합과 오차제곱합으로 분해하면

$$SS_T = SS_R + SS_E$$

이다. 만약 $H_0: \beta_1 = \beta_2 = \cdots = \beta_k = 0$이 참이면 SS_R/σ^2은 자유도가 k인 카이제곱확률변수이다. 카이제곱확률변수의 자유도는 회귀변수의 개수와 같다. 또한, SS_E/σ^2는 자유도가 $n-p$인 카이제곱확률변수이며 SS_E와 SS_R은 서로 독립이라고 알려져 있다. 따라서 $H_0: \beta_1 = \beta_2 = \cdots = \beta_k = 0$에 대한 검정통계량은 다음과 같다.

회귀유의성 검정을 위한 검정통계량

$$F_0 = \frac{SS_R/k}{SS_E/(n-p)} = \frac{MS_R}{MS_E} \tag{12.19}$$

식(12.19)의 검정통계량 F_0의 계산값을 f_0이라고 할 때 $f_0 > f_{\alpha, k, n-p}$이면 귀무가설을 기각한다. 이상의 결과를 표 12.15와 같은 분산분석표로 정리한다.

여기서 SS_R을 쉽게 계산할 수 있는 식이 있다. 총제곱합은

표 12.5 다중회귀의 회귀유의성 검정을 위한 분산분석표

변동원인	제곱합	자유도	평균제곱	f_0
회귀	SS_R	k	MS_R	MS_R/MS_E
오차	SS_E	$n-p$	MS_E	
합계	SS_T	$n-1$		

$$SS_T = \sum_{i=1}^{n} y_i^2 - \frac{1}{n}\left(\sum_{i=1}^{n} y_i\right)^2 = \mathbf{y}'\mathbf{y} - \frac{1}{n}\left(\sum_{i=1}^{n} y_i\right)^2$$

이므로 식(12.17)을 다시 쓰면

$$SS_E = \sum_{i=1}^{n} y_i^2 - \frac{1}{n}\left(\sum_{i=1}^{n} y_i\right)^2 - \left[\hat{\boldsymbol{\beta}}'\mathbf{X}'\mathbf{y} - \frac{1}{n}\left(\sum_{i=1}^{n} y_i\right)^2\right]$$

또는

$$SS_E = SS_T - SS_R \tag{12.20}$$

이다. 따라서 회귀제곱합은 다음과 같다.

$$SS_R = \hat{\boldsymbol{\beta}}'\mathbf{X}'\mathbf{y} - \frac{1}{n}\left(\sum_{i=1}^{n} y_i\right)^2 \tag{12.21}$$

예제 12.3 와이어본드 접합력: 분산분석

예제 12.1의 접합력 데이터를 이용하여 $\alpha = 0.05$로 회귀유의성을 검정해 보자. 총제곱합을 계산하면

$$SS_T = \mathbf{y}'\mathbf{y} - \frac{1}{n}\left(\sum_{i=1}^{n} y_i\right)^2$$
$$= 27{,}178.5316 - \frac{725.82^2}{25} = 6105.9447$$

이고, 식(12.21)로부터 회귀제곱합을 계산하면

$$SS_R = \hat{\boldsymbol{\beta}}'\mathbf{X}'\mathbf{y} - \frac{1}{n}\left(\sum_{i=1}^{n} y_i\right)^2$$
$$= 27{,}063.3581 - \frac{725.82^2}{25} = 5990.7712$$

이다. 이제 SS_E를 계산하면.

$$SS_E = SS_T - SS_R = \mathbf{y}'\mathbf{y} - \hat{\boldsymbol{\beta}}'\mathbf{X}'\mathbf{y} = 115.1735$$

이고, 이상의 결과를 분산분석표로 정리하면 표 12.6과 같다. $H_0: \beta_1 = \beta_2 = 0$에 대한 검정통계량의 계산값은

$$f_0 = \frac{MS_R}{MS_E} = \frac{2995.3856}{5.2352} = 572.17$$

이고, $f_0 > f_{0.05,2,22} = 3.44$이므로 ($P$-값이 $\alpha = 0.05$보다 훨씬 작으므로) 귀무가설을 기각한다. 접합력은 와이어 길이와 다이 높이 중 적어도 한 변수와 선형관계가 있다는 결론을 내린다.

해석: 귀무가설을 기각하여도 우리가 구한 회귀선이 와이어 길이와 다이 높이의 함수로 접합력을 예측하는 적절한 모형임을 의미하는 것은 아니다. 실제로 이 모형을 마음 편히 사용하려면 모형에 대한 적합도검정이 필요하다.

표 12.6 와이어본드 접합력에 대한 분산분석표

변동원인	제곱합	자유도	평균제곱	f_0	P-값
회귀	5990.7712	2	2995.3856	572.17	1.08E-19
오차	115.1735	22	5.2352		
합계	6105.9447	24			

컴퓨터 소프트웨어를 이용하여 회귀유의성 검정을 할 수 있다. 표 12.4의 중간 부분은 예제 12.3에 대한 출력물이다. 표 12.4와 표 12.6을 비교하면 반올림 처리 외에는 같은 결과임을 알 수 있다. 출력물에서 P-값은 0으로 반올림되었다.

R^2와 수정 R^2: 모형 적합도를 평가하는 대표적 통계량으로 결정계수 R^2을 사용한다. 결정계수(coefficient of determination)를 정의하면 다음과 같다.

$$R^2 = \frac{SS_R}{SS_T} = 1 - \frac{SS_E}{SS_T} \tag{12.22}$$

접합력 데이터의 결정계수는 $R^2 = \dfrac{SS_R}{SS_T} = \dfrac{5990.7712}{6105.9447} = 0.9811$이다. 따라서 모형은 접합력의 변동을 약 98% 설명한다. 회귀변수가 모형에 추가될 때 R^2은 절대 감소하지 않으므로 R^2은 다중회귀모형의 적합도를 측정하는 측도로서 다소 문제가 있다.

예를 들어 예제 11.8에서 와이어 길이(x_1)를 단일 회귀변수로 하는 단순선형회귀모형을 적합한 결과 R^2은 0.9640이었다. 따라서 다이 높이(x_2)를 모형에 추가하면 R^2은 $0.9811 - 0.9640 = 0.0171$만큼 아주 조금 증가한다. R^2은 회귀변수가 추가될 때 감소하지 않으므로 R^2이 증가해도 새 회귀변수가 유용하다고 할 수 없다. 접합력 데이터에서처럼 R^2이 조금 증가하면 특히 해석하기 어렵다.

많은 회귀분석 사용자는 R^2보다 다음의 수정결정계수(수정 R^2)를 선호한다.

수정결정계수

$$R^2_{\text{adj}} = 1 - \frac{SS_E/(n-p)}{SS_T/(n-1)} \tag{12.23}$$

위 식에서 $SS_E/(n-p)$는 오차평균제곱이고 $SS_T/(n-1)$은 상수이므로, 새로운 변수가 모형에 추가되어 오차평균제곱이 감소하면 R^2_{adj}은 증가한다. (표 12.4의 컴퓨터 출력물을 보면) 접합력 데이터의 다중회귀모형에서 $R^2_{\text{adj}} = 0.979$인 반면 예제 11.8의 단순선형회귀에서는 $R^2_{\text{adj}} = 0.962$이다. 따라서 다이 높이(x_2)를 모형에 추가하여 반응의 설명되지 않는 변동의 의미있는 감소가 있었다고 할 수 있다.

수정결정계수는 기본적으로 모형에 항이 추가될 때 벌칙을 주는 개념이다. 수정결정계수는 과적합(overfitting), 즉 실제로 유용하지 않은 회귀변수를 모형에 포함시키는 것을 막아준다. 결과적으로 후보 회귀모형을 비교 평가할 때 아주 유용하다.

12.2.2 개별 회귀계수와 일부 회귀계수 검정

개별 회귀계수에 대한 가설검정에도 관심이 있다. 이런 검정은 회귀모형에서 각 회귀변수의 잠재적 가치를 결정할 때 유용하다. 예를 들어 현재 모형에 변수를 추가하거나 제거하면 모형이 더 효과적일 수 있다.

개별 회귀계수 β_j가 특정한 값 $\beta_{j,0}$인지를 검정하기 위한 가설은 다음과 같다.

$$H_0 : \beta_j = \beta_{j,0} \qquad H_1 : \beta_j \neq \beta_{j,0} \tag{12.24}$$

이 가설의 검정통계량은 다음과 같다.

$$T_0 = \frac{\hat{\beta}_j - \beta_{j,0}}{\sqrt{\hat{\sigma}^2 C_{jj}}} = \frac{\hat{\beta}_j - \beta_{j,0}}{se(\hat{\beta}_j)} \tag{12.25}$$

식(12.25)의 분모는 $\hat{\beta}_j$의 표준오차이고, C_{jj}는 $\hat{\beta}_j$에 대응하는 $(\mathbf{X}'\mathbf{X})^{-1}$의 대각선 원소이다. 식(12.25)의 검정통계량 T_0의 계산값 t_0이 $|t_0| > t_{\alpha/2,\, n-p}$를 만족하면 귀무가설 $H_0 : \beta_j = \beta_{j,0}$을 기각한다. 회귀계수 β_j는 모형의 다른 모든 회귀변수 x_i $(i \neq j)$에 의존하므로 이 검정을 부분검정(partial test) 또는 주변검정(marginal test)이라고 한다. 다음 예제에서 부분검정에 대해 더 알아본다.

이 가설의 특별한 경우는 $\beta_{j,0} = 0$일 때이다. 만약 $H_0 : \beta_j = 0$을 기각하지 못하면 회귀변수 x_j를 모형에서 제거할 수 있다. 모형에 변수를 추가하면 항상 회귀제곱합은 증가하고 오차제곱합은 감소한다. (그로 인해 변수가 추가될 때 R^2이 항상 증가한다.) 따라서 모형에 변수를 추가하는 것이 타당할 정도로 회귀제곱합이 충분히 증가하는지를 결정해야 한다. 중요하지 않은 변수를 모형에 추가하면 오차평균제곱이 증가하여 모형의 적합성이 저하한다. (따라서 모형의 적합성 측도로 R^2보다 R^2_{adj}이 더 좋다.)

예제 12.4 와이어본드 접합력: 회귀계수 검정

접합력 데이터를 이용하여 다이 높이(x_2)의 회귀계수가 0인지 검정하려고 할 때 가설은 다음과 같다.

$$H_0 : \beta_2 = 0 \qquad H_1 : \beta_2 \neq 0$$

$\hat{\beta}_2$에 해당하는 행렬 $(\mathbf{X}'\mathbf{X})^{-1}$의 대각선 원소는

$$C_{22} = 0.0000015$$

이므로 식(12.25)의 검정통계량의 계산값은 다음과 같다.

$$t_0 = \frac{\hat{\beta}_2}{\sqrt{\hat{\sigma}^2 C_{22}}} = \frac{0.01253}{\sqrt{(5.2352)(0.0000015)}} = 4.477$$

$t_0 = 4.477 > t_{0.025,\,22} = 2.074$이므로 $H_0 : \beta_2 = 0$을 기각하고 다이 높이는 모형에 유의하게 기여한다고 결론을 내린다. 결론을 내리기 위해 P-값을 이용할 수도 있다. $t_0 = 4.477$에 대한 P-값은 0.0002이므로 $\alpha = 0.05$로 귀무가설을 기각한다.

해석: 위의 검정은 와이어 길이(x_1)가 이미 포함된 모형에 다이 높이(x_2)를 추가할 때 기여도를 측정한다. 표 12.4에는 컴퓨터로 구한 t-검정 결과가 나와 있다. 컴퓨터 소프트웨어에서는 검정통계량을 소수점 아래 두 자리까지 계산하여 각 회귀계수에 대한 t-검정 결과를 출력한다. t-검정 결과로부터 두 회귀변수가 모두 모형에 기여하고 있음을 알 수 있다.

예제 12.5 와이어본드 접합력: 단측 회귀계수 검정

접합력에 대한 다이 높이(x_2)의 영향에 관심이 있으면 다이 높이에 대한 회귀계수의 크기로 이것을 평가할 수 있다. 회귀계수가 0.01보다 큰지를 알아보기 위한 가설은 다음과 같다.

$$H_0 : \beta_2 = 0.01 \qquad H_1 : \beta_2 > 0.01$$

검정을 위해 컴퓨터 소프트웨어는 많은 어려운 작업을 수행하고 우리는 조각을 맞추기만 하면 된다. 표 12.4의 출력물에서 $\hat{\beta}_2 = 0.012528$, $se(\hat{\beta}_2) = 0.002798$이므로 검정통계량의 계산값은

$$t_0 = \frac{0.012528 - 0.01}{0.002798} = 0.9035$$

이고, 자유도는 오차의 자유도인 22이다. 부록 A의 표 Ⅳ를 찾아보면 $t_{0.25,\,22} = 0.686$, $t_{0.10,\,22} = 1.321$이므로 P-값은 0.1과 0.25 사이에 있다. 유의수준 0.05에서 회귀계수가 0.01보다 크다고 주장할 수 없다.

개별 회귀변수의 모형에 대한 기여도를 검정하는 다른 방법이 있다. 이 방법에서는 다른 변수들 $x_i\,(i \neq j)$이 이미 모형에 포함되어 있을 때 변수 x_j를 추가하여 얻는 회귀제곱합의 증가량을 계산한다.

이 방법을 일반회귀유의성 검정(general regression significance test) 또는 추가제곱합 방법(extra sum of squares method)이라고 한다. 회귀변수들의 부분집합이 모형에 기여하는 정도를 조사할 때도 이 방법을 이용한다. k개 회귀변수가 있는 다음의 회귀모형을 생각해 보자.

$$\mathbf{y} = \mathbf{X}\boldsymbol{\beta} + \boldsymbol{\epsilon} \tag{12.26}$$

여기서 $\mathbf{y}$는 $(n \times 1)$ 벡터, $\mathbf{X}$는 $(n \times p)$ 행렬, $\boldsymbol{\beta}$는 $(p \times 1)$ 벡터, $\boldsymbol{\epsilon}$은 $(n \times 1)$ 벡터이고 $p = k + 1$이다. 회귀변수의 부분집합 $x_1, x_2, \cdots, x_r\ (r < k)$이 회귀모형에 유의하게 기여하는지 알아보자. 우선 회귀계수 벡터를 다음과 같이 분할한다.

$$\boldsymbol{\beta} = \begin{bmatrix} \boldsymbol{\beta}_1 \\ \boldsymbol{\beta}_2 \end{bmatrix} \tag{12.27}$$

여기서 $\boldsymbol{\beta}_1$은 $(r \times 1)$ 벡터, $\boldsymbol{\beta}_2$는 $(p - r) \times 1$ 벡터이다. 이제 다음 가설을 검정한다.

> **일반회귀유의성 검정에 대한 가설**
>
> $$H_0 : \boldsymbol{\beta}_1 = \mathbf{0} \qquad H_1 : \boldsymbol{\beta}_1 \neq \mathbf{0} \tag{12.28}$$

단, $\mathbf{0}$은 $(r \times 1)$ 영벡터이다. 그러면 모형을 다음과 같이 쓸 수 있다.

$$\mathbf{y} = \mathbf{X}\boldsymbol{\beta} + \boldsymbol{\epsilon} = \mathbf{X}_1\boldsymbol{\beta}_1 + \mathbf{X}_2\boldsymbol{\beta}_2 + \boldsymbol{\epsilon} \tag{12.29}$$

여기서 $\mathbf{X}_1$은 $\boldsymbol{\beta}_1$과 관계된 $\mathbf{X}$의 열이고, $\mathbf{X}_2$는 $\boldsymbol{\beta}_2$와 관계된 $\mathbf{X}$의 열을 나타낸다.

$\boldsymbol{\beta}_1$과 $\boldsymbol{\beta}_2$를 모두 포함하는 완전모형(full model)에서 $\hat{\boldsymbol{\beta}} = (\mathbf{X}'\mathbf{X})^{-1}\mathbf{X}'\mathbf{y}$이다. 절편을 포함한 모든 변수의 회귀제곱합은 $SS_R(\boldsymbol{\beta}) = \hat{\boldsymbol{\beta}}'\mathbf{X}'\mathbf{y}$이고 자유도는 p이다. 이때 $SS_R(\boldsymbol{\beta})$를 $\boldsymbol{\beta}$로 인한 회귀제곱합이라고 한다. 또한, 오차평균제곱은

$$MS_E = \frac{\mathbf{y}'\mathbf{y} - \hat{\boldsymbol{\beta}}'\mathbf{X}'\mathbf{y}}{n-p}$$

이다. 이제 $\boldsymbol{\beta}_1$의 기여도를 구하기 위해 귀무가설 $H_0 : \boldsymbol{\beta}_1 = \mathbf{0}$이 참일 때 모형을 적합한다. 식(12.29)로부터 축소모형(reduced model)은

$$\mathbf{y} = \mathbf{X}_2\boldsymbol{\beta}_2 + \boldsymbol{\epsilon} \tag{12.30}$$

이다. $\boldsymbol{\beta}_2$의 최소제곱추정량은 $\hat{\boldsymbol{\beta}}_2 = (\mathbf{X}_2'\mathbf{X}_2)^{-1}\mathbf{X}_2'\mathbf{y}$이고, 축소모형의 회귀제곱합은

$$SS_R(\boldsymbol{\beta}_2) = \hat{\boldsymbol{\beta}}_2'\mathbf{X}_2'\mathbf{y} \tag{12.31}$$

이며, 자유도는 $(p-r)$이다. $\boldsymbol{\beta}_2$가 이미 모형에 있을 때 $\boldsymbol{\beta}_1$로 인해 증가한 회귀제곱합은

$$SS_R(\boldsymbol{\beta}_1 \mid \boldsymbol{\beta}_2) = SS_R(\boldsymbol{\beta}) - SS_R(\boldsymbol{\beta}_2) \tag{12.32}$$

이고, 자유도는 r이다. $SS_R(\boldsymbol{\beta}_1 \mid \boldsymbol{\beta}_2)$은 모형에 변수 $x_1, x_2, \cdots, x_r$을 추가하여 증가한 회귀제곱합으로, 이를 $\boldsymbol{\beta}_1$로 인한 추가제곱합이라고 한다. 이제 $SS_R(\boldsymbol{\beta}_1 \mid \boldsymbol{\beta}_2)$는 MS_E와 독립이므로 $H_0 : \boldsymbol{\beta}_1 = \mathbf{0}$의 검정통계량은 다음과 같다.

> **일반회귀유의성 검정을 위한 검정통계량**
>
> $$F_0 = \frac{SS_R(\boldsymbol{\beta}_1 \mid \boldsymbol{\beta}_2)/r}{MS_E} \tag{12.33}$$

식(12.33)의 검정통계량 F_0의 계산값 f_0이 $f_0 > f_{\alpha, r, n-p}$를 만족하면 귀무가설을 기각하고 $\boldsymbol{\beta}_1$ 안의 모수 중 적어도 하나가 0이 아니라고 결론을 내린다. 따라서 $\mathbf{X}_1$에 포함된

변수 $x_1, x_2, \cdots, x_r$ 중 적어도 하나는 회귀모형에 유의하게 기여한다. 이와 같은 검정을 부분 F-검정(partial F test)이라고 한다.

부분 F-검정은 매우 유용하다. x_j가 모형에 마지막으로 추가된 것처럼 다음 회귀제곱합

$$SS_R(\beta_j \mid \beta_0, \beta_1, \cdots, \beta_{j-1}, \beta_{j+1}, \cdots, \beta_k), \quad j = 1, 2, \cdots, k$$

를 계산한 후 부분 F-검정을 사용하여 개별 회귀계수 x_j의 기여도를 측정할 수 있다. 위 식의 추가제곱합은 이미 $x_1, \cdots, x_{j-1}, x_{j+1}, \cdots, x_k$를 포함하는 모형에 x_j를 추가하여 증가하는 회귀제곱합이다. 부분 F-검정은 **모형 구축**, 즉 모형에 사용할 회귀변수의 최적 조합을 탐색할 때 중요한 역할을 한다.

예제 12.6 와이어본드 접합력: 일반회귀유의성 검정

예제 12.1의 접합력 데이터에 대해 부분 F-검정을 이용하여 2개의 새로운 변수 x_3과 x_4의 기여도를 조사해 보자. 새로운 변수에 대해서는 뒤에서 정의한다. 가설

$$H_0: \beta_3 = \beta_4 = 0 \qquad H_1: \beta_3 \neq 0 \text{ 또는 } \beta_4 \neq 0$$

을 검정하기 위해 β_3과 β_4로 인한 추가제곱합, 즉

$$\begin{aligned} & SS_R(\beta_4, \beta_3 \mid \beta_2, \beta_1, \beta_0) \\ &= SS_R(\beta_4, \beta_3, \beta_2, \beta_1, \beta_0) - SS_R(\beta_2, \beta_1, \beta_0) \\ &= SS_R(\beta_4, \beta_3, \beta_2, \beta_1 \mid \beta_0) - SS_R(\beta_2, \beta_1 \mid \beta_0) \end{aligned}$$

을 계산한다. 예제 12.3에서

$$SS_R(\beta_2, \beta_1 \mid \beta_0) = \hat{\boldsymbol{\beta}}'\mathbf{X}'\mathbf{y} - \frac{1}{n}\left(\sum_{i=1}^{n} y_i\right)^2 = 5990.7712$$

를 계산하였고 자유도는 2이다. 표 12.4에는 회귀변수로 x_1과 x_2만 포함하는 모형에 대한 컴퓨터 출력물이 나와 있다. 분산분석표에서 $SS_R = 5990.8$로 위의 결과와 일치한다.

모형 $Y = \beta_0 + \beta_1 x_1 + \beta_2 x_2 + \beta_3 x_3 + \beta_4 x_4 + \epsilon$을 행렬 공식으로 적합한 결과 분산분석표는 표 12.7과 같다. 분산분석표로부터

$$SS_R(\beta_4, \beta_3, \beta_2, \beta_1 \mid \beta_0) = 6024.0$$

이고 자유도는 4이다. 따라서

$$SS_R(\beta_4, \beta_3 \mid \beta_2, \beta_1, \beta_0) = 6024.0 - 5990.8 = 33.2$$

이고 자유도는 2이다. 이 값은 이미 x_1과 x_2를 포함하는 모형에 x_3과 x_4를 추가하여 얻는 추가제곱합이다. 귀무가설을 검정하기 위한 검정통계량의 계산값은

$$f_0 = \frac{SS_R(\beta_4, \beta_3 \mid \beta_2, \beta_1, \beta_0)/2}{MS_E} = \frac{33.2/2}{4.1} = 4.05$$

로, 분모에는 4개 변수 x_1, x_2, x_3, x_4를 모두 포함하는 완전모형으로 구한 MS_E를 사용한다. 이제 $f_{0.05, 2, 20} = 3.49$이므로 H_0을 기각하고 적어도 하나의 새로운 변수가 모형에 유의하다는 결론을 내린다. 구체적으로 x_3과 x_4 중 어느 변수가 중요한지를 결정하고 모형을 다듬기 위해 추가적인 분석이 필요하다.

표 12.7 와이어본드 접합력 데이터의 회귀분석: y와 x_1, x_2, x_3, x_4

The regression equation is y = 5.00 + 1.90 x1 + 0.0151 x2 + 0.0460 x3 − 0.000008 x4

Predictor	Coef	SE Coef	T	P
Constant	4.996	1.655	3.02	0.007
x1	1.9049	0.3126	6.09	0.000
x2	0.01513	0.01051	1.44	0.165
x3	0.04595	0.01666	2.76	0.012
x4	−0.00000766	0.00001641	−0.47	0.646

S = 2.02474 R-Sq = 98.75% R-Sq(adj) = 98.4%

Analysis of Variance

Source	DF	SS	MS	F	P
Regression	4	6024.0	1506.0	367.35	0.000
Residual error	20	82.0	4.1		
Total	24	6105.9			

Source	DF	Seq SS
x1	1	5885.9
x2	1	104.9
x3	1	32.3
x4	1	0.9

지금까지 정의하지 않은 새로운 변수 x_3과 x_4를 알아보자. 사실 이 변수는 원래 예측변수인 와이어 길이와 다이 높이의 2차항, 즉 $x_3 = x_1^2$, $x_4 = x_2^2$이다. 일반적으로 2차항에 대한 검정은 부분 F-검정을 사용한다. 이 정보와 함께 x_1과 x_2에 관한 원래 데이터를 가지고, 컴퓨터 소프트웨어를 이용하면 같은 결과를 생성할 수 있다. 다중회귀검정 절차에서는 x_3과 x_4의 구체적 정의를 사용하지 않는 단순한 방식으로 모형을 확장한다.

부분 F-검정을 단일 변수에 적용하면 t-검정과 동일함을 알아보기 위해 표 12.7의 컴퓨터 출력물을 보자. 분산분석 요약값 바로 아래에 “SeqSS”라는 열에는 x_1만을 적합하여 구한 제곱합(5885.9)과 x_1 다음에 x_2를 적합하여 구한 제곱합(104.9)이 나와 있다. 앞의 기호로는 $SS_R(\beta_1 \mid \beta_0) = 5885.9$, $SS_R(\beta_2 \mid \beta_1, \beta_0) = 104.9$이다. 따라서 $H_0 : \beta_2 = 0$과 $H_1 : \beta_2 \neq 0$을 검정하는 부분 F-검정통계량의 계산값은

$$f_0 = \frac{SS_R(\beta_2 \mid \beta_1, \beta_0)/1}{MS_E} = \frac{104.9}{5.2} = 20.17$$

이다. 여기서 MS_E는 표 12.4의 컴퓨터 출력물에 나와 있는 잔차평균제곱이다. 이 통계량과 $F_{1,22}$분포를 비교한다. 한편 표 12.4에는 같은 가설에 대한 t-검정통계량의 계산값 $t_0 = 4.48$이 나와 있다. 다소 반올림 오차가 있지만 $t_0^2 = 4.48^2 = 20.07 = f_0$임을 알 수 있다. 일반적으로 자유도가 ν인 t-확률변수의 제곱은 자유도가 1과 ν인 F-확률변수와 같

다. 따라서 단일변수의 모형 기여도를 검정할 때 t-검정과 F-검정은 동일한 방법이다. 컴퓨터 출력물은 t-검정을 제공하므로 단일변수에 대한 검정에는 F-검정보다 t-검정을 선호한다.

12.3 다중선형회귀에서 신뢰구간

12.3.1 개별 회귀계수에 대한 신뢰구간

다중회귀모형에서 회귀계수의 신뢰구간을 추정하면 유용할 때가 많다. 가설검정에서와 마찬가지로 신뢰구간을 구하기 위해 오차는 독립이면서 평균 0, 분산 σ^2인 정규분포를 따른다고 가정한다. 따라서 반응변수 $\{Y_i\}$는 독립이면서 평균 $\beta_0+\sum_{j=1}^{k}\beta_j x_{ij}$, 분산 σ^2인 정규분포를 따른다. 최소제곱추정량 $\hat{\boldsymbol{\beta}}$은 반응변수의 선형결합이므로 $\hat{\boldsymbol{\beta}}$은 평균벡터가 $\boldsymbol{\beta}$이고 공분산행렬이 $\sigma^2(\mathbf{X}'\mathbf{X})^{-1}$인 정규분포를 따른다. 그러면 통계량

$$T=\frac{\hat{\beta}_j-\beta_j}{\sqrt{\hat{\sigma}^2 C_{jj}}},\quad j=0,1,\cdots,k \tag{12.34}$$

는 자유도가 $(n-p)$인 t-분포를 따른다. 여기서 C_{jj}는 행렬 $(\mathbf{X}'\mathbf{X})^{-1}$의 (j,j)번째 원소이고, $\hat{\sigma}^2$은 식(12.16)으로부터 구한다. 그 결과 회귀계수 β_j에 대한 $100(1-\alpha)\%$ 신뢰구간을 다음과 같이 정의한다.

> **회귀계수에 대한 신뢰구간**
>
> 다중선형회귀에서 회귀계수 β_j $(j=0,1,\cdots,k)$에 대한 $100(1-\alpha)\%$ 신뢰구간은
>
> $$\hat{\beta}_j-t_{\alpha/2,n-p}\sqrt{\hat{\sigma}^2 C_{jj}}\le\beta_j\le\hat{\beta}_j+t_{\alpha/2,n-p}\sqrt{\hat{\sigma}^2 C_{jj}} \tag{12.35}$$

여기서 $\sqrt{\hat{\sigma}^2 C_{jj}}$는 회귀계수 $\hat{\beta}_j$의 표준오차이므로 위의 신뢰구간을 다음과 같이 쓸 수도 있다.

$$\hat{\beta}_j-t_{\alpha/2,n-p}\,se(\hat{\beta}_j)\le\beta_j\le\hat{\beta}_j+t_{\alpha/2,n-p}\,se(\hat{\beta}_j)$$

예제 12.7 와이어본드 접합력: 회귀계수에 대한 신뢰구간

예제 12.1의 접합력 데이터를 이용하여 β_1에 대한 95% 신뢰구간을 구해 보자. 예제 12.2에서 β_1의 점추정치는 $\hat{\beta}_1=2.74427$이고 $(\mathbf{X}'\mathbf{X})^{-1}$에서 β_1에 해당하는 대각선 원소는 $C_{11}=0.001671$이다. 또한, 예제 12.3에서 $\hat{\sigma}^2=5.2352$, $t_{0.025,22}=2.074$이다. 이 값을 식(12.35)에 대입하여 β_1에 대한 95% 신뢰구간의 양 끝값을 계산하면

$$2.74427 \pm 2.074\sqrt{(5.2352)(0.001671)}$$

이므로 구하는 95% 신뢰구간은 다음과 같다.

$$2.55029 \le \beta_1 \le 2.93825$$

컴퓨터 소프트웨어는 신뢰구간을 계산하는 데 도움이 된다. 표 12.4의 출력물을 보면

$$\hat{\beta}_1 = 2.74427,\ se(\hat{\beta}_1) = \sqrt{(5.2352)(0.001671)} = 0.0935$$

이다. 신뢰구간을 계산하려면 이 표준오차를 t-분포의 분위수인 2.074와 곱한다. 따라서 컴퓨터 출력물에는 신뢰구간을 구하는데 필요한 모든 값이 나와 있다.

12.3.2 평균반응에 대한 신뢰구간

회귀변수들의 특정한 수준 $x_{01}, x_{02}, \cdots, x_{0k}$에서 평균반응(mean response)에 대한 신뢰구간을 구하기 위해 우선 다음 벡터를 정의한다.

$$\mathbf{x}_0 = \begin{bmatrix} 1 \\ x_{01} \\ x_{02} \\ \vdots \\ x_{0k} \end{bmatrix}$$

회귀변수의 수준이 $\mathbf{x}_0$ 일 때 평균반응은 $E(Y|\mathbf{x}_0) = \mu_{Y|\mathbf{x}_0} = \mathbf{x}_0{}'\boldsymbol{\beta}$이고 추정량은

$$\hat{\mu}_{Y|\mathbf{x}_0} = \mathbf{x}_0{}'\hat{\boldsymbol{\beta}} \tag{12.36}$$

이다. $E(\mathbf{x}_0{}'\hat{\boldsymbol{\beta}}) = \mu_{Y|\mathbf{x}_0}$이므로 추정량 $\hat{\mu}_{Y|\mathbf{x}_0}$은 $\mu_{Y|\mathbf{x}_0}$의 불편추정량이고 분산은

$$V(\hat{\mu}_{Y|\mathbf{x}_0}) = \sigma^2 \mathbf{x}_0{}'(\mathbf{X}'\mathbf{X})^{-1}\mathbf{x}_0 \tag{12.37}$$

이다. 통계량

$$\frac{\hat{\mu}_{Y|\mathbf{x}_0} - \mu_{Y|\mathbf{x}_0}}{\sqrt{\hat{\sigma}^2 \mathbf{x}_0{}'(\mathbf{X}'\mathbf{X})^{-1}\mathbf{x}_0}} \tag{12.38}$$

를 토대로 $\mu_{Y|\mathbf{x}_0}$에 대한 $100(1-\alpha)\%$ 신뢰구간을 정의하면 다음과 같다.

평균반응에 대한 신뢰구간

한 점 $\mathbf{x}_0{}' = [1\ x_{01}\ x_{02} \cdots\ x_{0k}]$에서 평균반응에 대한 $100(1-\alpha)\%$ 신뢰구간은

$$\hat{\mu}_{Y|\mathbf{x}_0} - t_{\alpha/2,n-p}\sqrt{\hat{\sigma}^2 \mathbf{x}_0{}'(\mathbf{X}'\mathbf{X})^{-1}\mathbf{x}_0} \le \mu_{Y|\mathbf{x}_0} \le \hat{\mu}_{Y|\mathbf{x}_0} + t_{\alpha/2,n-p}\sqrt{\hat{\sigma}^2 \mathbf{x}_0{}'(\mathbf{X}'\mathbf{X})^{-1}\mathbf{x}_0} \tag{12.39}$$

식(12.39)는 회귀 평면(초평면)에 대한 신뢰구간이며, 단순선형회귀의 신뢰구간인 식(11.31)을 다중선형회귀로 일반화한 것이다.

예제 12.8 와이어본드 접합력: 평균반응에 대한 신뢰구간

예제 12.1의 접합력 데이터를 이용하여 $x_1 = 8$, $x_2 = 275$일 때 평균 접합력에 대한 95% 신뢰구간을 구해 보자. 식(12.36)을 이용하여 $\mathbf{x}_0{}' = [1 \;\; 8 \;\; 275]$에서 $\mu_{Y|\mathbf{x}_0}$의 추정치를 구하면

$$\hat{\mu}_{Y|\mathbf{x}_0} = \mathbf{x}_0{}'\hat{\boldsymbol{\beta}} = [1 \;\; 8 \;\; 275]\begin{bmatrix} 2.26379 \\ 2.74427 \\ 0.01253 \end{bmatrix} = 27.66$$

이고 $\hat{\mu}_{Y|\mathbf{x}_0}$의 분산을 추정하면 다음과 같다.

$$\begin{aligned} &\hat{\sigma}^2 \mathbf{x}_0{}'(\mathbf{X}'\mathbf{X})^{-1}\mathbf{x}_0 \\ &= 5.2352[1 \;\; 8 \;\; 275] \begin{bmatrix} 0.214653 & -0.007491 & -0.000340 \\ -0.007491 & 0.001671 & -0.000019 \\ -0.000340 & -0.000019 & 0.0000015 \end{bmatrix}\begin{bmatrix} 1 \\ 8 \\ 275 \end{bmatrix} \\ &= (5.2352)(0.0444) = 0.23244 \end{aligned}$$

이 값을 식(12.39)에 대입하면 구하는 95% 신뢰구간은

$$27.66 - 2.074\sqrt{0.23244} \le \mu_{Y|\mathbf{x}_0} \le 27.66 + 2.074\sqrt{0.23244}$$

즉, $26.66 \le \mu_{Y|\mathbf{x}_0} \le 28.66$이다.

표 12.4의 컴퓨터 출력물에도 평균 접합력에 대한 추정치와 95% 신뢰구간이 나와 있다.

12.4 새로운 관측치의 예측

회귀변수의 특정한 수준 $x_{01}, x_{02}, \cdots, x_{0k}$에서 반응변수 Y의 미래 관측치를 예측하기 위해 회귀모형을 이용할 수 있다. $\mathbf{x}_0{}' = [1 \;\; x_{01} \;\; x_{02} \;\; \cdots \;\; x_{0k}]$이고 $x_{01}, x_{02}, \cdots, x_{0k}$에서 새로운 관측치를 Y_0이라고 할 때, Y_0의 점추정치는

$$\hat{y}_0 = \mathbf{x}_0{}'\hat{\boldsymbol{\beta}} \tag{12.40}$$

이므로 Y_0의 예측구간을 다음과 같이 정의한다.

예측구간

한 점 $\mathbf{x}_0{}' = [1 \;\; x_{01} \;\; x_{02} \;\; \cdots \;\; x_{0k}]$에서 미래 관측치 Y_0에 대한 $100(1-\alpha)\%$ 예측구간은

$$\begin{aligned} &\hat{y}_0 - t_{\alpha/2, n-p}\sqrt{\hat{\sigma}^2(1 + \mathbf{x}_0{}'(\mathbf{X}'\mathbf{X})^{-1}\mathbf{x}_0)} \le Y_0 \\ &\qquad \le \hat{y}_0 + t_{\alpha/2, n-p}\sqrt{\hat{\sigma}^2(1 + \mathbf{x}_0{}'(\mathbf{X}'\mathbf{X})^{-1}\mathbf{x}_0)} \end{aligned} \tag{12.41}$$

위 예측구간은 단순선형회귀의 예측구간인 식(11.33)을 다중선형회귀로 일반화한 것이다. 새로운 관측치에 대한 예측구간(prediction interval)인 식(12.41)과 평균반응에 대한 신뢰구간인 식(12.39)를 비교해 보면, 예측구간은 신뢰구간보다 넓은 것을 알 수 있다. 신뢰구간은 분포의 평균을 추정할 때 오차를, 예측구간은 $\mathbf{x}_0$에서 미래의 관측치를 예측할 때 오차를 표현한다. 즉, 예측구간에는 한 점 $\mathbf{x}=\mathbf{x}_0$에서 평균을 추정하는 오차뿐만 아니라 확률변수 Y의 고유 변동이 포함된다.

또한, $\mathbf{x}=\mathbf{x}_0$에서 m개의 새로운 관측치의 평균을 예측하는 데 관심이 있을 수 있다. 새로운 관측치의 평균의 분산은 σ^2/m이므로 식(12.41)에서 제곱근 내의 상수 1을 $1/m$로 대체하여 감소된 변동을 반영하며, 그 결과 예측구간이 좁아진다.

회귀변수의 주어진 수준 $x_{01}, x_{02}, \cdots, x_{0k}$에서 새로운 관측치를 예측하거나 평균반응을 추정할 때, 원래 관측치의 범위 밖에서 외삽하는 것을 주의해야 한다. 원래 데이터 영역에서 잘 적합된 모형이라고 해도 그 영역을 벗어나서는 잘 적합되지 않을 수 있다. 다중회귀에서 회귀변수의 수준 $(x_{i1}, x_{i2}, \cdots, x_{ik})$ $(i=1,2,\cdots,n)$는 데이터를 포함하는 영역을 동시에 정의하므로 무심코 외삽하기 쉽다. 예를 들어 그림 12.5에는 2개의 회귀변수에 대해 원래 관측치가 포함된 영역이 나타나 있다. 그림에서 점 (x_{01}, x_{02})는 x_1과 x_2에 대해 개별적으로는 원래 범위에 속하지만, 동시에 보면 원래 범위 밖에 있다. 이를 은닉 외삽(hidden extrapolation)이라고 한다. 이 점에서 새로운 관측치를 예측하거나 평균반응을 추정하는 것은 원래 회귀모형의 외삽에 해당한다.

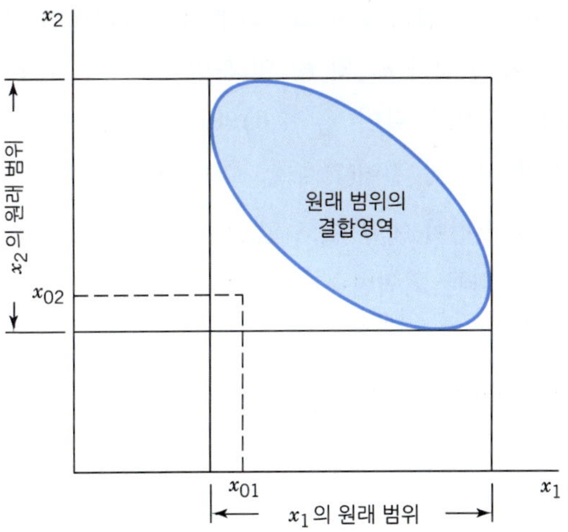

그림 12.5 다중회귀에서 외삽

예제 12.9 와이어본드 접합력: 예측구간

예제 12.1의 접합력 데이터를 이용하여 $x_1=8$, $x_2=275$일 때 새로운 관측치 Y_0에 대한 95% 예측구간을 구해 보자. $\mathbf{x}_0{}'=[1\ 8\ 275]$이고 접합력의 예측치는 $\hat{y}_0=\mathbf{x}_0{}'\hat{\beta}=27.66$이다. 예제 12.8에서 $\mathbf{x}_0{}'(\mathbf{X}'\mathbf{X})^{-1}\mathbf{x}_0=0.0444$이었다. 이 값을 식(12.41)에 대입하면 95% 예측구간의 양 끝값은

$$27.66\pm2.074\sqrt{(5.2352)(1+0.04444)}$$

이므로 예측구간은 $22.81\le Y_0\le 32.51$이다. 이 예측구간은 예제 12.8에서 구한 신뢰구간보다 더 넓다. 표 12.4의 컴퓨터 출력물에도 예측구간이 나타나 있다.

12.5 회귀모형의 적합도

12.5.1 잔차분석

단순선형회귀에서와 마찬가지로 잔차 $e_i=y_i-\hat{y}_i$은 다중회귀모형의 적합도를 판단하는 데 중요한 역할을 한다. 11.7.1절에서 알아본 바와 같이 잔차그림이 유용하다. 아래 예제 12.10에서 접합력 데이터의 잔차그림을 예로 알아본다. 모형에 추가하려는 변수에 대해서도 잔차그림을 그려보면 도움이 된다. 잔차그림에 나타나는 패턴은 후보 변수를 모형에 추가하여 모형을 개선할 수 있는지를 보여줄 수도 있다.

예제 12.10 와이어본드 접합력: 잔차

예제 12.1의 모형에 대한 잔차는 표 12.3에, 잔차의 정규확률그림은 그림 12.6에 나와 있다. 가장 큰 2개의 잔차 ($e_{15}=5.84$, $e_{17}=4.33$)가 나머지 잔차를 지나는 직선에 아주 가깝지는 않지만, 정규분포로부터 심각한 이탈이 보이지는 않는다.

그림 12.7은 $\hat{y}$과 잔차를 나타낸 그래프이다. 또 잔차를 x_1과 x_2에 대해 나타내면 각각 그림 12.8과 그림 12.9와 같다.[1] 가장 큰 2개의 잔차 e_{15}와 e_{17}이 분명하게 보인다. 그림 12.7과 그림 12.8을 보면 모형은 짧은 와이어 길이($x_1\le 6$)와 긴 와이어 길이($x_1\ge 15$)에서 접합력을 과소 예측하고, 중간 와이어 길이($7\le x_1\le 14$)에서 접합력을 과대 예측한다. 접합력과 와이어 길이의 관계가 선형이 아닐 수도 있고(이 경우 x_1^2을 모형에 추가할 필요가 있다.) 모형에 포함하지 않은 다른 회귀변수가 반응변수에 영향을 미칠 수도 있다.

다음에 정의된 표준화 잔차(standardized residual)는 잔차의 크기를 평가할 때 통상 사용하는 잔차보다 더 유용할 수 있다.

1) Montgomery, Peck, Vining (2012)과 Myers (1990)에서 설명한 바와 같이, 잔차를 변형시킨 **부분 잔차**를 회귀변수와 그려보는 방안도 있다. 부분 잔차그림은 반응변수 y와 개별 회귀변수의 관계를 알고자 할 때 유용하다.

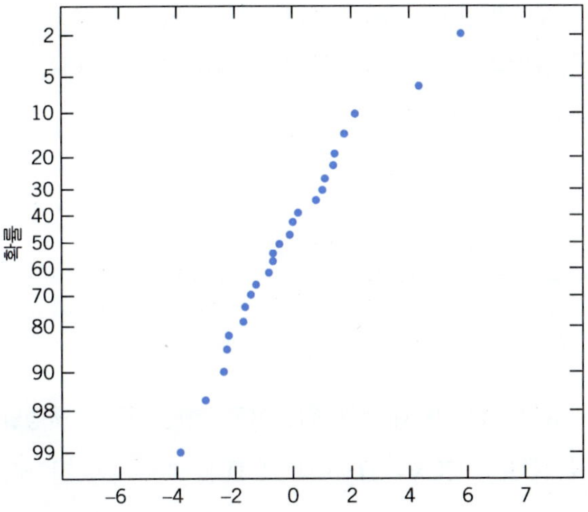

그림 12.6 잔차의 정규확률그림

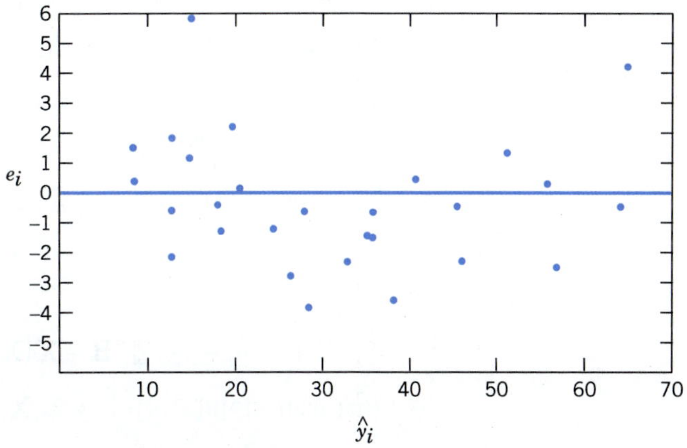

그림 12.7 추정치와 잔차

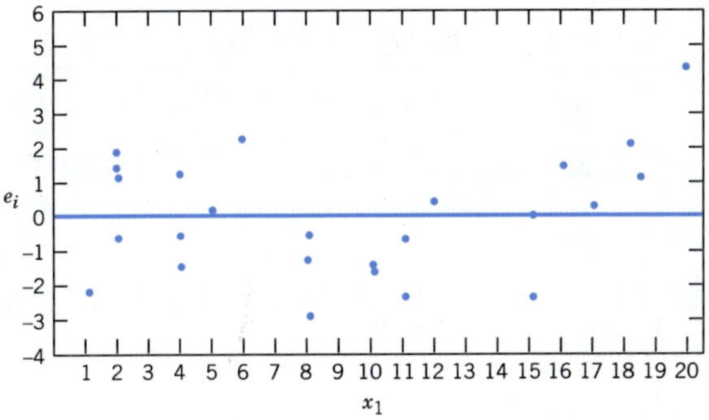

그림 12.8 x_1과 잔차

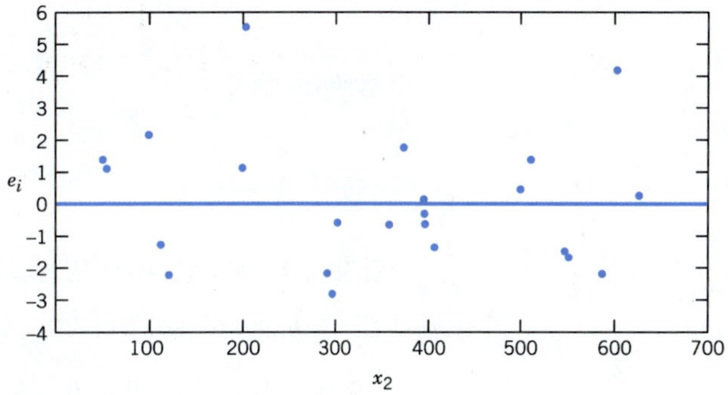

그림 12.9 x_2와 잔차

표준화 잔차

$$d_i = \frac{e_i}{\sqrt{MS_E}} = \frac{e_i}{\sqrt{\hat{\sigma}^2}}, \quad i = 1, 2, \cdots, n \qquad (12.42)$$

접합력 예제에서 e_{15}, e_{17}에 대응하는 표준화 잔차

$$d_{15} = \frac{5.84}{\sqrt{5.2352}} = 2.55, \ d_{17} = \frac{4.33}{\sqrt{5.2352}} = 1.89$$

가 비정상적으로 큰 것 같지는 않다. 데이터를 검토한 결과 15번과 17번 관측치를 수집할 때 어떤 오류도 없었고 두 관측치를 폐기하거나 수정해야 할 이유도 찾지 못했다.

접합력 예제에서는 잔차 크기의 척도로 표준화 잔차를 사용하였다. 어떤 분석가는 보통의 잔차보다 표준화 잔차를 선호한다. 표준화 잔차의 표준편차는 근사적으로 1이므로,

잔차그림을 검토하여 이상치(outlier)를 암시하는 큰 잔차를 쉽게 알 수 있다.

컴퓨터 소프트웨어를 이용하여 다른 유형의 잔차를 계산할 수 있다. 널리 사용하는 하나는 다음의 스튜던트화 잔차(studentized residual)이다.

스튜던트화 잔차

$$r_i = \frac{e_i}{\sqrt{\hat{\sigma}^2(1-h_{ii})}}, \quad i=1,\,2,\,\cdots,\,n \tag{12.43}$$

위 식에서 h_{ii}는 행렬 $\mathbf{H}=\mathbf{X}(\mathbf{X}'\mathbf{X})^{-1}\mathbf{X}'$의 i번째 대각선 원소이고, 행렬 $\mathbf{H}$를 **햇행렬**(hat matrix)이라고 한다. $\hat{\mathbf{y}}=\mathbf{X}\hat{\boldsymbol{\beta}}=\mathbf{X}(\mathbf{X}'\mathbf{X})^{-1}\mathbf{X}'\mathbf{y}=\mathbf{H}\mathbf{y}$이므로 $\mathbf{H}$는 관측치를 적합치로 변환시키는 역할을 한다.

행렬 $\mathbf{X}$의 각 행은 한 벡터, 예를 들어 $\mathbf{x}_i'=[1\ x_{i1}\ x_{i2}\ \cdots\ x_{ik}]$에 해당하므로 햇행렬의 대각선 원소를 달리 표현하면 다음과 같다.

햇행렬의 대각선 원소

$$h_{ii} = \mathbf{x}_i'(\mathbf{X}'\mathbf{X})^{-1}\mathbf{x}_i, \quad i=1,\,2,\,\cdots,\,n \tag{12.44}$$

적합치 $\hat{y}_i$의 분산은 $h_{ii}\sigma^2$임을 유의해야 한다. 12.3.2절에서 평균반응에 대한 신뢰구간을 구할 때 h_{ii}를 이용하였다.

오차는 독립이고 평균 0, 분산 σ^2이라는 가정하에 잔차 e_i의 분산은 다음과 같다.

$$V(e_i) = \sigma^2(1-h_{ii}),\ i=1,2,\ \cdots,n$$

이때 $0 < h_{ii} \le 1$이다. 표준화 잔차는 잔차 크기의 참값을 과소평가하므로 잠재적 이상치를 평가할 때 스튜던트화 잔차를 사용하는 것이 좋다.

예제 12.10에서 잔차가 비정상적으로 큰 15번과 17번 관측치의 표준화 잔차는

$$d_{15} = \frac{e_{15}}{\sqrt{\hat{\sigma}^2}} = \frac{5.84}{\sqrt{5.2352}} = 2.55,\ \ d_{17} = \frac{e_{17}}{\sqrt{\hat{\sigma}^2}} = \frac{4.33}{\sqrt{5.2352}} = 1.89$$

이고 $h_{15,15}=0.0737$, $h_{17,17}=0.2593$이므로 스튜던트화 잔차는

$$r_{15} = \frac{e_{15}}{\sqrt{\hat{\sigma}^2(1-h_{15,15})}} = \frac{5.84}{\sqrt{5.2352(1-0.0737)}} = 2.65$$

$$r_{17} = \frac{e_{17}}{\sqrt{\hat{\sigma}^2(1-h_{17,17})}} = \frac{4.33}{\sqrt{5.2352(1-0.2593)}} = 2.20$$

이다. 스튜던트화 잔차는 표준화 잔차보다 더 크다. 그러나 스튜던트화 잔차도 여전히 이 상치의 존재에 관해 심각한 우려를 일으킬 정도로 크지는 않다.

12.5.2 영향관측치

다중회귀를 적합할 때 간혹 영향력이 큰 관측치가 있다. 이러한 영향관측치(influential observation)는 나머지 데이터로부터 상대적으로 멀리 떨어져 있다. 두 변수에 대한 가상의 상황을 나타낸 그림 12.10을 보면, x-공간에서 한 관측치가 나머지 데이터와 멀리 떨어져 있다. 모형의 성질을 결정할 때 x-공간에서 점들의 위치가 중요하다. 그림 12.10에서 (x_{i1}, x_{i2})는 R^2, 회귀계수의 추정치, 오차평균제곱의 크기를 결정할 때 큰 영향을 줄 수 있다.

영향관측치가 모형의 여러 성질을 좌우하는지 검토해야 한다. 영향관측치가 어떤 방식으로든 잘못된 것이면 제거해야 한다. 영향관측치에 잘못된 부분이 없을 수 있지만 적어도 나머지 데이터와 일치하는 결과를 주는지 조사해야 한다. 영향관측치가 타당해도 모형의 중요한 성질을 좌우하면 모형을 사용할 때 영향을 줄 수 있으므로 이것을 알고 싶을 것이다.

Montgomery, Peck, Vining (2012)과 Myers (1990)는 영향관측치를 검출하기 위한 몇 가지 방법을 설명한다. 탁월한 진단방법은 n개 관측치를 모두 사용하여 구한 최소제곱추정치 $\hat{\boldsymbol{\beta}}$과 i번째 관측치를 제외하고 구한 최소제곱추정치 $\hat{\boldsymbol{\beta}}_{(i)}$의 거리를 측정하는 것이다. 이를 위해 다음과 같이 쿡의 거리 척도(Cook's distance measure)를 정의한다.

쿡의 거리

$$D_i = \frac{(\hat{\boldsymbol{\beta}}_{(i)} - \hat{\boldsymbol{\beta}})'\mathbf{X}'\mathbf{X}(\hat{\boldsymbol{\beta}}_{(i)} - \hat{\boldsymbol{\beta}})}{p\hat{\sigma}^2}, \quad i = 1, 2, \cdots, n$$

i번째 관측치의 영향력이 크면 $\hat{\boldsymbol{\beta}}_{(i)}$은 $\hat{\boldsymbol{\beta}}$과 상당히 다를 것이다. 따라서 D_i가 크면 i번째

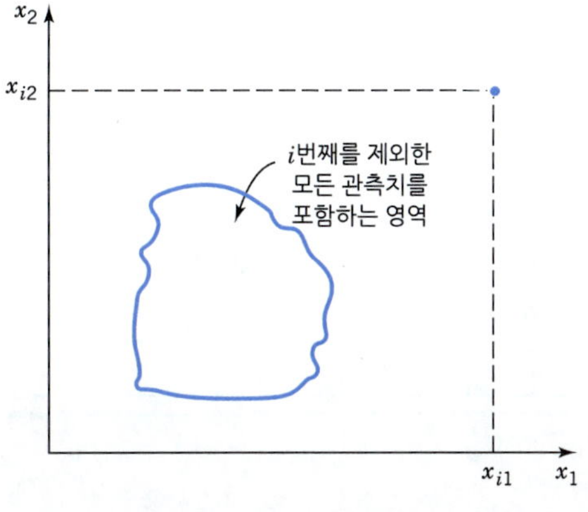

그림 12.10 x-공간에서 멀리 떨어진 데이터

관측치가 영향관측치임을 뜻한다. 보통 D_i의 계산은 다음 공식을 이용한다.

쿡의 거리 공식

$$D_i = \frac{r_i^2}{p}\frac{h_{ii}}{(1-h_{ii})}, \quad i=1, 2, \cdots, n \tag{12.45}$$

식(12.45)에서 D_i는 두 성분의 곱이다. 하나는 스튜던트화 잔차의 제곱을 포함하는 성분으로 모형이 y_i를 얼마나 잘 적합하는지를 반영한다. 여기서 $r_i = e_i/\sqrt{\hat{\sigma}^2(1-h_{ii})}$이다. 다른 하나는 i번째 점이 나머지 점으로부터 얼마나 멀리 떨어져 있는지를 측정한다. 즉, $h_{ii}/(1-h_{ii})$는 i번째 점과 나머지 $n-1$개 점들의 중심 사이의 거리를 측정한다. 두 성분 중 하나라도 크면 D_i가 큰 값을 가질 수 있다. $D_i > 1$이면 영향관측치임을 의미한다.

예제 12.11 와이어본드 접합력: 쿡의 거리

표 12.8에는 접합력 데이터에 대한 h_{ii}와 D_i의 값이 나와 있다. 가령 첫 번째 관측치에 대한 쿡의 거리는 다음과 같이 계산한다.

$$D_1 = \frac{r_1^2}{p}\frac{h_{11}}{(1-h_{11})} = \frac{\left[\frac{e_1}{\sqrt{MS_E(1-h_{11})}}\right]^2}{p}\frac{h_{11}}{(1-h_{11})}$$

$$= \frac{\left[\frac{1.57}{\sqrt{5.2352(1-0.1573)}}\right]^2}{3}\frac{0.1573}{(1-0.1573)}$$

$$= 0.035$$

표 12.8에서 1보다 큰 D_i는 하나도 없으므로 쿡의 거리 D_i는 영향관측치를 하나도 검출하지 않는다.

표 12.8 와이어본드 접합력 데이터에 대한 영향관측치

관측번호(i)	h_{ii}	쿡의 거리(D_i)	관측번호(i)	h_{ii}	쿡의 거리(D_i)
1	0.1573	0.035	14	0.1129	0.003
2	0.1116	0.012	15	0.0737	0.187
3	0.1419	0.060	16	0.0879	0.001
4	0.1019	0.021	17	0.2593	0.565
5	0.0418	0.024	18	0.2929	0.155
6	0.0749	0.007	19	0.0962	0.018
7	0.1181	0.036	20	0.1473	0.000
8	0.1561	0.020	21	0.1296	0.052
9	0.1280	0.160	22	0.1358	0.028
10	0.0413	0.001	23	0.1824	0.002
11	0.0925	0.013	24	0.1091	0.040
12	0.0526	0.001	25	0.0729	0.000
13	0.0820	0.001			

12.6 기타 다중회귀모형

이 절에서는 다중회귀모형의 구축과 관련하여 다항식, 범주형 변수, 모형의 구축, 회귀변수의 상관을 간략하게 알아본다.

12.6.1 다항회귀모형

선형모형 $\mathbf{y} = \mathbf{X}\boldsymbol{\beta} + \boldsymbol{\epsilon}$은 알려지지 않은 모수 $\boldsymbol{\beta}$의 선형관계를 설명하는 일반모형으로, 다항회귀모형(polynomial regression model)을 포함한다. 예를 들어 1개 변수의 2차 다항식

$$Y = \beta_0 + \beta_1 x + \beta_{11} x^2 + \epsilon \tag{12.46}$$

과 2개 변수의 2차 다항식

$$Y = \beta_0 + \beta_1 x_1 + \beta_2 x_2 + \beta_{11} x_1^2 + \beta_{22} x_2^2 + \beta_{12} x_1 x_2 + \epsilon \tag{12.47}$$

은 모두 선형회귀모형에 속한다.

다중회귀의 일반원리를 다항회귀모형에 적용할 수 있으므로 반응에 곡면이 있는 경우 (다른 방법보다) 다항회귀를 널리 이용한다. 아래 예제 12.12에서 다항회귀분석을 알아본다.

예제 12.12 항공기 측벽 패널

항공기 내부의 측벽 패널은 1500톤 프레스로 제작되며 단위당 제조비용은 생산로트의 크기에 따라 다르다. 제품의 단위당 평균비용 y(단위: 백달러)와 생산로트의 크기 x를 측정한 데이터는 아래와 같다. 그림 12.11의 산점도를 보면 2차 다항식이 적절하다.

y	1.81	1.70	1.65	1.55	1.48	1.40
x	20	25	30	35	40	50

y	1.30	1.26	1.24	1.21	1.20	1.18
x	60	65	70	75	80	90

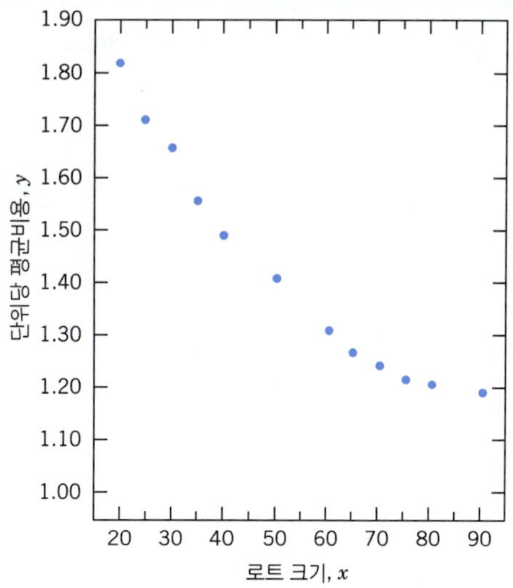

그림 12.11 예제 12.12 데이터에 대한 산점도

이 데이터에 모형 $Y=\beta_0+\beta_1 x+\beta_{11}x^2+\epsilon$을 적합시켜 보자. 벡터 $\mathbf{y}$, 모형행렬 $\mathbf{X}$, 벡터 $\boldsymbol{\beta}$는 각각 다음과 같다.

$$\mathbf{y}=\begin{bmatrix}1.81\\1.70\\1.65\\1.55\\1.48\\1.40\\1.30\\1.26\\1.24\\1.21\\1.20\\1.18\end{bmatrix},\quad \mathbf{X}=\begin{bmatrix}1&20&400\\1&25&625\\1&30&900\\1&35&1225\\1&40&1600\\1&50&2500\\1&60&3600\\1&65&4225\\1&70&4900\\1&75&5625\\1&80&6400\\1&90&8100\end{bmatrix},\quad \boldsymbol{\beta}=\begin{bmatrix}\beta_0\\\beta_1\\\beta_2\end{bmatrix}$$

정규방정식 $\mathbf{X}'\mathbf{X}\hat{\boldsymbol{\beta}}=\mathbf{X}'\mathbf{y}$를 풀어서 추정된 회귀선을 구하면 다음과 같다.

$$\hat{y}=2.19826629-0.02252236x+0.00012507x^2$$

결론: 회귀유의성 검정의 결과는 표 12.9에 나와 있다. 검정통계량의 계산값 $f_0=1767.4$가 유의수준 1%에서 유의하므로 모수 β_1과 β_{11} 중 적어도 하나는 0이 아니다. 모형 적합도에 대한 검정 역시 비정상적인 결과를 보이지 않으므로 추정된 회귀선이 데이터에 관한 합리적인 모형이라는 결론을 내린다.

표 12.9 2차모형에서 회귀유의성 검정

변동원인	제곱합	자유도	평균제곱	f_0	P-값
회귀	0.52516	2	0.26258	1767.4	2.12E-12
오차	0.00134	9	0.00015		
합계	0.52650	11			

일반적으로 다항식을 적합할 때 데이터와 일관되는 최소 차수의 모형을 선택한다. 예제 12.12의 모형에서 2차항을 제거할 수 있는지 검토해 보자. 가설

$$H_0:\beta_{11}=0 \qquad H_1:\beta_{11}\neq 0$$

을 검정하기 위해 일반회귀유의성 검정을 이용한다. 다음과 같이 β_{11}로 인한 추가 제곱합을 구한다.

$$SS_R(\beta_{11}\mid\beta_1,\beta_0)=SS_R(\beta_1,\beta_{11}\mid\beta_0)-SS_R(\beta_1\mid\beta_0)$$

우선 표 12.10에서 $SS_R(\beta_1,\beta_{11}\mid\beta_0)=0.52516$이다. $SS_R(\beta_1\mid\beta_0)$을 구하기 위해 단순선형회귀를 적합하면 $\hat{y}=1.90036313-0.00910056x$이다. 이 모형의 회귀제곱합은 $SS_R(\beta_1\mid\beta_0)=0.49416$이다. 따라서 β_{11}에 따른 추가 제곱합은

표 12.10 예제 12.12에서 $H_0:\beta_{11}=0$ 검정에 대한 분산분석표

변동원인	제곱합	자유도	평균제곱	f_0	P-값
회귀	$SS_R(\beta_1,\beta_{11}\mid\beta_0)=0.52516$	2	0.26258	1767.40	2.12E-12
1차	$SS_R(\beta_1\mid\beta_0)=0.49416$	1	0.49416	2236.12	7.13E-13
2차	$SS_R(\beta_{11}\mid\beta_0,\beta_1)=0.03100$	1	0.03100	208.67	1.56E-7
오차	0.00133	9	0.00015		
합계	0.52650	11			

$$SS_R(\beta_{11} \mid \beta_1, \beta_0) = SS_R(\beta_1, \beta_{11} \mid \beta_0) - SS_R(\beta_1 \mid \beta_0)$$
$$= 0.52516 - 0.49416 = 0.031$$

이다. 표 12.10의 분산분석표에는 $H_0 : \beta_{11} = 0$의 검정 결과가 나와 있다. 2차항은 모형에 유의하게 기여하는 것을 알 수 있다.

12.6.2 범주형 회귀변수와 지시변수

지금까지 알아본 회귀모형은 양적 변수, 즉 수치 척도로 측정되는 변수를 포함한다. 예를 들어 온도, 압력, 거리, 전압과 같은 변수는 양적 변수이다. 간혹 범주형 변수(categorical variable)를 회귀모형에 포함할 필요가 있다. 예를 들어 관측치 y_i와 관련된 한 변수는 작업자이고 2명의 작업자가 있을 때, 각 작업자가 반응에 미치는 영향이 다를 수 있으므로 2명의 작업자에게 서로 다른 수준을 부여한다.

보통 질적 변수의 다른 수준을 고려하기 위해 지시변수(indicator variable)를 이용한다. 예를 들어 회귀모형에서 2명의 작업자의 영향을 알아보기 위해 다음과 같이 지시변수를 정의한다.

$$x = \begin{cases} 0, & \text{작업자 1의 관측치} \\ 1, & \text{작업자 2의 관측치} \end{cases}$$

일반적으로 r개 수준의 질적 변수를 포함하려면 $r-1$개의 지시변수를 이용하며, 각 지시변수에는 0 또는 1을 부여한다. 예를 들어 3명의 작업자가 있으면 다음과 같이 2개의 지시변수를 이용하여 서로 다른 수준을 설명한다.

x_1	x_2	
0	0	작업자 1의 관측치
1	0	작업자 2의 관측치
0	1	작업자 3의 관측치

지시변수를 더미변수(dummy variable) 또는 가변수라고도 한다. 다음은 Montgomery, Peck, Vining (2012)에 소개된 지시변수에 관한 예제이다.

예제 12.13 표면마감

어느 기계공학 기술자가 선반가공된 금속부품의 표면마감과 선반속도(단위: rpm)의 관계를 조사하고 있다. 표 12.11에 두 가지 유형의 절삭공구를 사용하여 수집한 데이터가 나와 있다. 절삭공구의 유형은 표면마감에 영향을 미칠 수 있으므로 다음 모형을 적합한다.

$$Y = \beta_0 + \beta_1 x_1 + \beta_2 x_2 + \epsilon$$

여기서 Y는 표면마감, x_1은 선반속도, x_2는 다음과 같이 사용한 절삭공구의 유형을 나타내는 지시변수이다.

$$x_2 = \begin{cases} 0, & \text{절삭공구 유형이 302호} \\ 1, & \text{절삭공구 유형이 416호} \end{cases}$$

표 12.11 표면마감 데이터

관측번호 (i)	표면마감 (y_i)	선반속도 (x_{1i})	절삭공구의 유형 (x_{2i})
1	45.44	225	302
2	42.03	200	302
3	50.10	250	302
4	48,75	245	302
5	47.92	235	302
6	47.79	237	302
7	52.26	265	302
8	50.52	259	302
9	45.58	221	302
10	44.78	218	302
11	33.50	224	416
12	31.23	212	416
13	37.52	248	416
14	37.13	260	416
15	34.70	243	416
16	33.92	238	416
17	32.13	224	416
18	35.47	251	416
19	33.49	232	416
20	32.29	216	416

이제 모형의 모수를 해석해 보자. 만일 $x_2 = 0$이면

$$Y = \beta_0 + \beta_1 x_1 + \epsilon$$

이므로 기울기가 β_1이고 절편이 β_0인 선형모형이다. 그러나 $x_2 = 1$이면

$$Y = \beta_0 + \beta_1 x_1 + \beta_2(1) + \epsilon = (\beta_0 + \beta_2) + \beta_1 x_1 + \epsilon$$

으로 기울기가 β_1이고 절편이 $\beta_0 + \beta_2$인 선형모형이다. 따라서 모형 $Y = \beta_0 + \beta_1 x_1 + \beta_2 x_2 + \epsilon$을 적합하면 표면마감과 선반속도는 선형관계이고 기울기 β_1은 절삭공구 유형과 관계가 없음을 뜻한다. 다만 절삭공구 유형은 절편에만 영향을 미치며 β_2는 절삭공구를 302호에서 416호로 바꿀 때 절편의 변화량이다.

위 문제에서 모형행렬 $\mathbf{X}$와 벡터 $\mathbf{y}$는 다음과 같다.

$$\mathbf{X} = \begin{bmatrix} 1 & 225 & 1 \\ 1 & 200 & 1 \\ 1 & 250 & 1 \\ 1 & 245 & 1 \\ 1 & 235 & 1 \\ 1 & 237 & 1 \\ 1 & 265 & 1 \\ 1 & 259 & 1 \\ 1 & 221 & 1 \\ 1 & 218 & 1 \\ 1 & 224 & 1 \\ 1 & 212 & 1 \\ 1 & 248 & 1 \\ 1 & 260 & 1 \\ 1 & 243 & 1 \\ 1 & 238 & 1 \\ 1 & 224 & 1 \\ 1 & 251 & 1 \\ 1 & 232 & 1 \\ 1 & 216 & 1 \end{bmatrix}, \quad \mathbf{y} = \begin{bmatrix} 45.44 \\ 42.03 \\ 50.10 \\ 48.75 \\ 47.92 \\ 47.79 \\ 52.26 \\ 50.52 \\ 45.58 \\ 44.78 \\ 33.50 \\ 31.23 \\ 37.52 \\ 37.13 \\ 34.70 \\ 33.92 \\ 32.13 \\ 35.47 \\ 33.49 \\ 32.29 \end{bmatrix}$$

추정된 회귀선은 다음과 같다.

$$\hat{y} = 14.27620 + 0.14115\, x_1 - 13.28020\, x_2$$

결론: 이 모형의 분산분석표를 작성하면 표 12.12와 같다. P-값이 매우 작아서 회귀유의성에 관한 귀무가설 $H_0 : \beta_1 = \beta_2 = 0$을 기각한다. 또한, 표 12.12에는 제곱합

$$SS_R = SS_R(\beta_1, \beta_2 \mid \beta_0) = SS_R(\beta_1 \mid \beta_0) + SS_R(\beta_2 \mid \beta_1, \beta_0)$$

이 나와 있다. 귀무가설 $H_0 : \beta_2 = 0$ 역시 기각하며, 절삭공구 유형은 표면마감에 영향을 준다고 결론을 내린다.

표 12.12 표면마감 데이터에 대한 분산분석표

변동원인	제곱합	자유도	평균제곱	f_0	P-값
회귀	1012.0595	2	506.0279	1103.69	1.02E-18
$SS_R(\beta_1 \mid \beta_0)$	130.6091	1	130.6091	284.87	4.70E-12
$SS_R(\beta_2 \mid \beta_0, \beta_1)$	881.4504	1	881.4504	1922.52	6.24E-19
오차	7.7943	17	0.4585		
합계	1019.8538	19			

지시변수를 사용하여 절삭공구 유형이 기울기와 절편에 모두 영향을 미치는지 확인할 수 있다. 다음 모형을 보자.

$$Y = \beta_0 + \beta_1 x_1 + \beta_2 x_2 + \beta_3 x_1 x_2 + \epsilon$$

여기서 x_2는 지시변수이다. 절삭공구 302호를 사용하면 $x_2 = 0$이므로

$$Y = \beta_0 + \beta_1 x_1 + \epsilon$$

이고, 절삭공구 416호를 사용하면 $x_2 = 1$이므로

$$Y = \beta_0 + \beta_1 x_1 + \beta_2 + \beta_3 x_1 + \epsilon = (\beta_0 + \beta_2) + (\beta_1 + \beta_3) x_1 + \epsilon$$

이다. β_2와 β_3은 각각 절삭공구 유형이 변할 때 절편과 기울기의 변화량을 나타낸다.

이 데이터를 분석하는 다른 방법은 절삭공구 유형별로 별개의 회귀모형을 적합하는 것이다. 그러나 별개의 회귀모형을 적합하는 대신 지시변수를 사용하면 몇 가지 장점이 있다. 첫째, 하나의 회귀모형만 적합한다. 둘째, 두 종류의 공구에 대한 데이터를 동시에 분석하므로 오차의 자유도가 더 크다. 셋째, 모수 β_2와 β_3에 대한 가설검정은 추가제곱합 방법의 특별한 경우에 해당한다.

12.6.3 변수선택과 모형구축

회귀분석을 적용할 때 모형에 포함할 회귀변수의 집합을 선택해야 하는 중요한 문제에 직면한다. 경우에 따라 특정 상황에서 사용할 회귀변수를 결정하기 위해 분석가의 경험이나 이론적 고려가 도움이 될 수 있다. 문제는 모든 회귀변수의 집합으로부터 적절한 회귀변수 집합을 선택하는 것이다. 일반적으로 반응변수 Y를 적절히 모형하기 위해 이러한 후보 회귀변수 중 일부만 필요하다.

이와 같은 상황에서 변수선택(variable selection)의 문제에 관심을 둔다. 즉, 가장 좋은 회귀변수의 집합으로 회귀모형을 적합하기 위해 후보변수를 선별해야 한다. 예측과 같은 의도한 목적으로 모형을 이용할 때 만족스러운 결과를 얻기 위해 충분한 수의 회귀변수를 포함하려고 한다. 그러나 모형의 유지보수 비용을 최소로 하면서 쉬운 모형을 이용하기 위해 가급적 적은 수의 회귀변수를 포함해야 한다. 이렇듯 서로 상충하는 목적을 절충하여 "가장 좋은" 회귀식을 구해야 한다. 대부분의 문제에서 다양한 평가기준의 관점으로 "가장 좋은" 회귀모형이 하나만 존재하는 것이 아니며, 적절한 회귀변수의 집합을 선택하기 위해 대상 시스템과 관련된 많은 경험과 판단력이 필요하다.

변수선택 문제에서 항상 좋은 결과를 제공하는 단일한 알고리즘은 없다. 현재 사용할 수 있는 대부분 방법은 탐색기법으로 만족스러운 결과를 얻기 위해 분석가의 판단력이 필요하다. 아래에서 널리 사용하는 변수선택 기법에 대해 간략히 알아본다. K개의 후보 회

귀변수 $x_1, x_2, \cdots, x_K$와 반응변수 y를 가정하자. 모든 모형은 절편 β_0을 포함한다고 가정할 때, **모든** 변수를 포함하는 완전모형에는 $K+1$개의 항이 있다. 또한, 각 후보변수의 함수 형태($x_1 = 1/x$, $x_2 = \ln x$ 등)는 정확하다고 가정한다.

모든 가능한 회귀: 모든 가능한 회귀(all possible regressions)에서는 1개 회귀변수의 모든 회귀식, 2개 회귀변수의 모든 회귀식 등 모든 가능한 회귀식을 적합한다. 이때 가장 좋은 모형을 선택하기 위해 적절한 기준에 따라 회귀모형을 평가한다. K개의 후보 회귀변수가 있을 때 검토할 모형은 2^K개이다. $K=4$이면 $2^4 = 16$, $K=10$이면 $2^{10} = 1024$로 후보 회귀변수의 개수가 증가하면 검토할 회귀식의 개수는 급격히 증가한다. 그러나 모든 가능한 회귀를 위한 효율적인 계산 알고리즘이 통계 소프트웨어에 널리 구현되어 있으므로, 후보변수의 개수가 지나치게 크지 않으면 실질적으로 문제가 되지 않는다. "최량부분집합"(best subsets) 회귀와 같은 메뉴를 찾으면 된다.

회귀모형을 평가하고 비교하는 몇 가지 기준이 있다. 자주 이용하는 기준은 R^2 또는 R^2_{adj}이다. 기본적으로 R^2 또는 R^2_{adj}의 증가가 작아질 때까지 변수를 계속 추가한다. 보통은 모형에 포함하는 변수의 개수를 증가하면 R^2_{adj}은 안정되면서 결국 감소하기 시작한다. 일반적으로 R^2_{adj}을 최대로 하는 모형을 가장 좋은 회귀모형의 후보로 생각한다. $R^2_{\text{adj}} = 1 - \dfrac{MS_E}{SS_T/(n-1)}$이고 $\dfrac{SS_T}{n-1}$은 상수이므로 R^2_{adj}을 최대로 하는 모형은 평균제곱오차를 최소로 하므로 R^2_{adj}은 매력적인 기준이다.

회귀모형을 평가할 때 이용하는 다른 기준은 회귀모형의 표준화 평균제곱오차를 추정하는 C_p **통계량**이다. 회귀모형에 대한 표준화 평균제곱오차를 다음과 같이 정의한다.

$$\begin{aligned}\Gamma_p &= \frac{1}{\sigma^2}\sum_{i=1}^{n} E[\hat{Y}_i - E(Y_i)]^2 \\ &= \frac{1}{\sigma^2}\left\{\sum_{i=1}^{n}[E(Y_i) - E(\hat{Y}_i)]^2 + \sum_{i=1}^{n} V(\hat{Y}_i)\right\} \\ &= \frac{1}{\sigma^2}[(\text{편의})^2 + \text{분산}]\end{aligned}$$

위 식에서 $\hat{Y}_i$은 K개 후보 회귀변수 중 p개만 포함하는 회귀모형으로 구한 반응치의 추정량이고, σ^2의 추정치는 $K+1$개 항을 모두 포함하는 **완전**모형으로 구한 평균제곱오차, 즉 $\hat{\sigma}^2 = MS_E(K+1)$이다. 그러면 Γ_P의 추정량은 다음과 같다. 자세한 내용은 Montgomery, Peck, Vining (2012)을 참고하기 바란다.

C_p 통계량

$$C_p = \frac{SS_E(p)}{\hat{\sigma}^2} - n + 2p \tag{12.48}$$

만일 p개 항을 포함하는 모형에서 편의가 무시할 정도로 작으면

$$E(C_p \mid \text{편의} = 0) = p$$

라고 알려져 있다. 따라서 회귀모형의 C_p를 p와 비교한다. 편의가 작은 회귀식에서는 C_p가 p에 가깝고, 편의가 유의한 회귀식에서는 C_p가 p보다 크다. C_p가 **최소**이거나 p보다 약간 큰 모형(즉, $C_p \simeq p$)을 가장 좋은 회귀모형으로 선택한다.

회귀모형을 평가하는 기준으로 PRESS 통계량을 사용할 수도 있다. PRESS란 예측오차 제곱합(prediction error sum of squares)의 약어로, 각 관측치 y_i와 **나머지** $n-1$개의 관측치로 적합한 모형에서 구한 예측치 $\hat{y}_{(i)}$의 차이의 제곱합으로 정의된다. 따라서 PRESS는 **새로운** 데이터 또는 모형 적합에 사용되지 않은 데이터를 예측할 때 모형이 얼마나 잘 작동하는지를 측정한다. PRESS 계산식은 다음과 같다.

예측오차 제곱합

$$\text{PRESS} = \sum_{i=1}^{n}(y_i - \hat{y}_{(i)})^2 = \sum_{i=1}^{n}\left(\frac{e_i}{1-h_{ii}}\right)^2$$

여기서 $e_i = y_i - \hat{y}_i$은 원래의 잔차이므로, 보통의 최소제곱법으로 PRESS를 쉽게 계산할 수 있다. PRESS가 작은 모형을 선호한다.

예제 12.14 와인품질

표 12.13에는 피노누와 와인 38가지 브랜드에 대한 시음 데이터가 나와 있다. 데이터는 Kwan, Kowalski, Skogenboe (*Journal of Agricultural and Food Chemistry*, 1979, Vol. 27)의 연구에서 처음 보고되었으며, Minitab 소프트웨어의 데이터집합 중 하나이다. 반응변수는 품질이며 여기서는 5개의 회귀변수를 이용하여 가장 좋은 회귀모형을 찾아본다.

그림 12.12에는 와인품질 데이터의 산점도행렬이 나와 있다. 품질과 회귀변수는 선형관계로 보이지만, 어떤 회귀변수가 더 적절한지는 시각적으로 분명하지 않다. 표 12.14에는 소프트웨어를 이용하여 얻은 모든 가능한 회귀의 결과가 나와 있다. 주어진 크기의 부분집합에서 가장 좋은 모형을 3개씩 그리고 각 모형에 대한 R^2, R^2_{adj}, C_p, $S=\sqrt{MS_E}$를 출력하도록 하였다.

표 12.14로부터 C_p가 가장 작은 모형은 아로마(x_2), 풍미(x_4), 오크향(x_5)의 3개 변수를 포함하는 모형임을 알 수 있다. 이 3-변수 모형은

$$\hat{y} = 6.47 + 0.580x_2 + 1.20x_4 - 0.602x_5$$

이다. 반면에 투명성(x_1)을 추가한 4-변수 모형은

$$\hat{y} = 4.99 + 1.79x_1 + 0.530x_2 + 1.26x_4 - 0.659x_5$$

로 R^2_{adj}이 가장 크고 MS_E가 가장 작다.

이제 어느 모형이 가정을 만족하고 어느 모형을 선호하는지 결정하려면 앞에서 학습한 잔차그림과 다른 기법을 이용하여 더 평가해야 한다. 두 모형 모두 잔차그림에서는 중대한 문제를 보이지 않는다. 3-변수와 4-변수 모형의 PRESS 값은 각각 56.0524와 60.3327이다. PRESS와 회귀변수의 개수가 작은 3-변수 모형이 더 나은 선택으로 보인다.

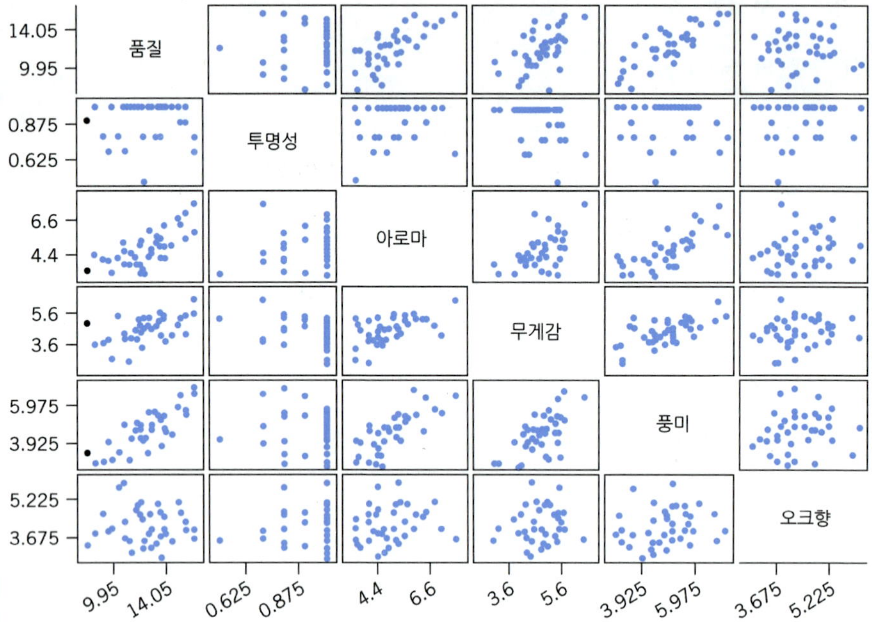

그림 12.12 표 12.13의 와인품질 데이터에 대한 산점도행렬

표 12.13 와인품질 데이터

관측번호	투명성(x_1)	아로마(x_2)	무게감(x_3)	풍미(x_4)	오크향(x_5)	품질(y)
1	1.0	3.3	2.8	3.1	4.1	9.8
2	1.0	3.4	4.9	3.5	3.9	12.6
3	1.0	3.9	5.3	4.8	4.7	11.9
4	1.0	3.9	2.6	3.1	3.6	11.1
5	1.0	5.6	5.1	5.5	5.1	13.3
6	1.0	4.6	4.7	5.0	4.1	12.8
7	1.0	4.8	4.8	4.8	3.3	12.8
8	1.0	5.3	4.5	4.3	5.2	12.0
9	1.0	4.3	4.3	3.9	2.9	13.6
10	1.0	4.3	3.9	4.7	3.9	13.9
11	1.0	5.1	4.3	4.5	3.6	14.4
12	0.5	3.3	5.4	4.3	3.6	12.3
13	0.8	5.9	5.7	7.0	4.1	16.1
14	0.7	7.7	6.6	6.7	3.7	16.1
15	1.0	7.1	4.4	5.8	4.1	15.5
16	0.9	5.5	5.6	5.6	4.4	15.5
17	1.0	6.3	5.4	4.8	4.6	13.8
18	1.0	5.0	5.5	5.5	4.1	13.8
19	1.0	4.6	4.1	4.3	3.1	11.3

20	0.9	3.4	5.0	3.4	3.4	7.9
21	0.9	6.4	5.4	6.6	4.8	15.1
22	1.0	5.5	5.3	5.3	3.8	13.5
23	0.7	4.7	4.1	5.0	3.7	10.8
24	0.7	4.1	4.0	4.1	4.0	9.5
25	1.0	6.0	5.4	5.7	4.7	12.7
26	1.0	4.3	4.6	4.7	4.9	11.6
27	1.0	3.9	4.0	5.1	5.1	11.7
28	1.0	5.1	4.9	5.0	5.1	11.9
29	1.0	5.9	4.4	5.0	4.4	10.8
30	1.0	4.5	3.7	2.9	3.9	8.5
31	1.0	5.2	4.3	5.0	6.0	10.7
32	0.8	4.2	3.8	3.0	4.7	9.1
33	1.0	3.3	3.5	4.3	4.5	12.1
34	1.0	6.8	5.0	6.0	5.2	14.9
35	0.8	5.0	5.7	5.5	4.8	13.5
36	0.8	3.5	4.7	4.2	3.3	12.2
37	0.8	4.3	5.5	3.5	5.8	10.3
38	0.8	5.2	4.8	5.7	3.5	13.2

표 12.14 와인품질 데이터에 대한 모든 가능한 회귀의 컴퓨터 출력물

```
Best Subsets Regression: Quality versus Clarity, Aroma, …
Response is quality

                                              O
                                      C       A
                                      l     F K
                                      a A   l i
                                      r r B a n
                                      i o o v e
                                      t m d o s
Vars  R-Sq  R-Sq (adj)   C-p       S  y a y r s
   1  62.4        61.4   9.0  1.2712        X
   1  50.0        48.6  23.2  1.4658    X
   1  30.1        28.2  46.0  1.7335      X
   2  66.1        64.2   6.8  1.2242        X X
   2  65.9        63.9   7.1  1.2288    X   X
   2  63.3        61.2  10.0  1.2733  X     X
   3  70.4        67.8   3.9  1.1613    X   X X
   3  68.0        65.2   6.6  1.2068  X     X X
   3  66.5        63.5   8.4  1.2357      X X X
   4  71.5        68.0   4.7  1.1568  X X   X X
   4  70.5        66.9   5.8  1.1769    X X X X
   4  69.3        65.6   7.1  1.1996  X   X X X
   5  72.1        67.7   6.0  1.1625  X X X X X
```

단계적 회귀: 단계적 회귀(stepwise regression)는 가장 널리 이용되는 변수선택 기법이다. 이 절차에서는 매 단계마다 부분 F-검정을 기준으로 변수를 추가하거나 제거하여 일련의 회귀모형을 반복적으로 구축한다. 변수를 추가하고 제거하는 기준 F의 값을 각각 f_{in}과 f_{out}라고 할 때, $f_{\text{in}} \geq f_{\text{out}}$이어야 하며 보통 $f_{\text{in}} = f_{\text{out}}$로 둔다.

단계적 회귀에서는 반응변수 Y와 가장 상관이 높은 회귀변수의 1-변수 모형으로 시작한다. 따라서 가장 먼저 선택되는 회귀변수는 가장 큰 F-통계량을 가지는 변수이다. 예를 들어 첫 단계에서 x_1을 선택하였다면 두 번째 단계에서 나머지 $K-1$개의 각 후보변수에 대해 다음 통계량

$$F_j = \frac{SS_R(\beta_j \mid \beta_1, \beta_0)}{MS_E(x_j, x_1)} \tag{12.49}$$

의 계산값 f_j를 구한다. 가장 큰 f_j가 $f_j > f_{\text{in}}$을 만족하면 그에 대응하는 변수를 모형에 추가한다. 식(12.49)에서 $MS_E(x_j, x_1)$는 x_1과 x_j를 모두 포함하는 모형의 평균제곱오차이다. 이제 x_2를 모형에 추가한다고 가정할 때 단계적 회귀는 첫 단계에서 선택한 x_1을 제거해야 하는지를 결정한다. 이를 위해

$$F_1 = \frac{SS_R(\beta_1 \mid \beta_2, \beta_0)}{MS_E(x_1, x_2)} \tag{12.50}$$

을 계산한다. 만일 $f_1 < f_{\text{out}}$이면 x_1을 제거한다. 그렇지 않으면 x_1은 모형에 남고, 이제 x_1과 x_2를 모두 포함하는 모형에 다음 추가될 회귀변수를 찾는다.

일반적으로 각 단계에서 남아있는 후보 회귀변수를 검토하고, 가장 큰 부분 F-통계량을 갖는 회귀변수의 f가 f_{in}을 초과하면 모형에 추가한다. 그러고 나서 모형에 이미 포함되어 있는 각 회귀변수에 대한 부분 F-통계량을 계산하고, 계산한 통계량이 가장 작은 회귀변수의 f가 f_{out}보다 작으면 그 회귀변수를 모형에서 제거한다. 모형에 추가하거나 제거할 변수가 더 이상 없을 때까지 이 절차를 계속한다.

단계적 회귀는 거의 항상 컴퓨터 소프트웨어로 수행되며 이때 분석가는 f_{in}과 f_{out}을 이용하여 절차를 제어한다. 어떤 소프트웨어에서는 f_{in}과 f_{out}의 값을 직접 지정하여야 한다. MS_E의 자유도는 모형에 포함된 변수의 개수에 의존하므로, 지정된 f_{in}과 f_{out}의 값에 따라 제1종오류확률과 제2종오류확률이 변한다. 다른 소프트웨어에서는 f_{in}과 f_{out}에 대한 제1종오류확률을 지정하여야 한다. 그러나 선택된 변수는 그 단계에서 부분 F-통계량을 최대(또는 최소)로 하는 변수이므로 "공시된" 유의수준이 진짜 수준은 아니다. f_{in}과 f_{out}의 값(또는 공시된 제1종오류확률)이 최종모형 선택에 영향을 주는지 알아보기 위해 몇몇 다른 값으로 시험해 보는 것이 유용할 수 있다.

예제 12.15 와인품질: 단계적 회귀

표 12.15에는 와인품질 데이터에 대한 단계적 회귀의 소프트웨어 출력물이 나와 있다. 이 소프트웨어에서는 변수의 추가나 제거를 위해 고정된 α를 사용한다. 표 12.15의 결과는 디폴트 값인 $\alpha = 0.15$를 사용한 것이다. 풍미(x_4), 오크향(x_5), 아로마(x_2)가 차례대로 모형에 추가되고 제거된 것은 없다. 다른 변수가 추가될 수 없어 알고리즘은 종료되었다. 이 결과는 모든 가능한 회귀의 결과와 같고 C_p를 최소로 한다.

표 12.15 와인품질 데이터에 대한 단계적 회귀의 컴퓨터 출력물

```
Stepwise Regression: Quality versus Clarity, Aroma, …
Alpha-to-Enter: 0.15 Alpha-to-Remove: 0.15
Response is Quality on 5 predictors, with N = 38
Step              1            2                3
Constant      4.941        6.912            6.467
Flavor         1.57         1.64             1.20
T-Value        7.73         8.25             4.36
P-Value       0.000        0.000            0.000
Oakiness      -0.54        -0.60
T-Value       -1.95        -2.28
P-Value       0.059        0.029
Aroma                       0.58
T-Value                     2.21
P-Value                    0.034
S              1.27         1.22             1.16
R-Sq          62.42        66.11            70.38
R-Sq(adj)     61.37        64.17            67.76
C-p             9.0          6.8              3.9
```

전진 선택: 전진 선택(forward selection) 절차는 단계적 회귀의 변형으로 회귀제곱합을 유의하게 증가시키는 후보 회귀변수가 남지 않을 때까지 한 번에 하나씩 추가한다. 즉, 부분 F-값이 f_{in}을 초과하는 변수를 하나씩 추가한다. 전진 선택은 이전 단계에서 추가된 변수를 모형에서 제거하는 부분 F-검정이 생략된 단계적 회귀 방법으로, 이는 전진 선택의 약점이다. 즉, 이 절차에서는 현 단계의 회귀변수 추가가 이전 단계에 추가된 회귀변수에 미치는 영향을 탐색하지 않는다. 예제 12.15의 단계적 회귀에서 제거되는 변수 없이 종료되었으므로 전진 선택의 결과는 단계적 회귀의 결과와 같다.

후진 제거: 후진 제거(backward elimination) 절차는 K개 후보 회귀변수가 모두 포함된 완전모형으로 출발한다. 먼저 가장 작은 부분 F-통계량이 유의하지 않으면, 즉 $f < f_{\text{out}}$이면 그에 대응하는 회귀변수를 제거한다. 남은 $K-1$개의 회귀변수를 포함하는 모형을 적합하고 다음 제거할 변수를 찾는다. 더 이상 제거할 회귀변수가 없을 때 절차를 종료한다.

표 12.16에는 와인품질 데이터에 대해 $\alpha=0.1$로 후진 제거를 적용한 결과가 나와 있다. 단계 1에서 무게감(x_3)을 제거한 후 단계 2에서 투명성(x_1)을 제거하여 앞의 결과와 같다.

표 12.16 와인품질 데이터에 대한 후진 제거의 컴퓨터 출력물

```
Stepwise Regression: Quality versus Clarity, Aroma, …
Backward elimination. Alpha-to-Remove: 0.1
Response is Quality on 5 predictors, with N = 38
Step                1              2              3
Constant        3.997          4.986          6.467
Clarity           2.3            1.8
T-Value          1.35           1.12
P-Value         0.187          0.269
Aroma            0.48           0.53           0.58
T-Value          1.77           2.00           2.21
P-Value         0.086          0.054          0.034
Body             0.27
T-Value          0.82
P-Value         0.418
Flavor           1.17           1.26           1.20
T-Value          3.84           4.52           4.36
P-Value         0.001          0.000          0.000
Oakiness        −0.68          −0.66          −0.60
T-Value         −2.52          −2.46          −2.28
P-Value         0.017          0.019          0.029
S                1.16           1.16           1.16
R-Sq            72.06          71.47          70.38
R-Sq(adj)       67.69          68.01          67.76
C-p               6.0            4.7            3.9
```

최종모형 선택에 관한 기타사항: 지금까지 다중선형회귀에서 변수선택을 위해 사용할 수 있는 절차를 알아보았다. 모형구축 절차로 선택한 최종모형에 대해서는 잔차분석, 적합도 결여, 영향관측치와 같은 일반적인 적합도 검토를 하여야 한다. 또한, 원래 변수의 교차곱 항, 다항식 항, 모형 개선을 위한 변수변환 등을 통해 후보변수를 늘리는 방안을 생각해 볼 수 있다. 단계적 회귀와 같은 변수선택 방법의 주요 단점은 분석가가 하나의 가장 좋은 회귀식이 있다고 잘못 생각할 수 있다는 것이다. 일반적으로 동일하게 좋은 여러 개의 회귀모형이 있을 수 있다. 좋은 방안은 몇 가지 서로 다른 모형구축 절차를 적용하여 같은 결과가 나오는지 살펴보는 것이다. 예를 들어 와인품질 데이터에서는 단계적 회귀, 전진 선택, 후진 제거를 이용했을 때 동일한 모형을 얻었고, 모든 가능한 회귀에서 선택한 2개의 가장 좋은 모형 중 하나도 같은 결과였다. 보통 변수선택 방법의 결과는 일치하지 않으

므로 이러한 결과는 3-변수 모형이 가장 좋은 회귀식이라는 사실을 나타낸다.

후보 회귀변수의 개수가 너무 많은 것이 아니면 모든 가능한 회귀 절차를 사용하는 것이 좋다. 보통 이 절차와 함께 최소 MS_E와 C_p 기준을 사용할 것을 추천한다. 이 기준으로 보면 모든 가능한 회귀를 사용하여 가장 좋은 회귀모형을 찾을 수 있지만, 단계적 방법은 이를 보장하지 않는다. 모든 가능한 회귀에서는 단계적 회귀와 달리 회귀변수 간의 종속으로 인해 결과가 왜곡되지 않는다.

12.6.4 다중공선성

다중회귀에서는 반응변수와 회귀변수의 종속 관계를 발견하기를 기대한다. 그러나 대부분의 회귀 문제에서 회귀벼수 간의 종속도 존재한다. 회귀변수 간의 종속이 강한 경우 다중공선성(multicollinearity)이 존재한다고 한다. 다중공선성은 회귀계수의 추정치와 추정된 모형의 활용에 심각한 영향을 미친다.

다중공선성의 영향을 알아보자. 행렬 $\mathbf{C} = (\mathbf{X}'\mathbf{X})^{-1}$의 대각선 원소를

$$C_{jj} = \frac{1}{(1 - R_j^2)}, \ j = 1, 2, \ \cdots, k$$

라고 쓸 수 있는데 여기서 R_j^2는 x_j에 대해 다른 $(k-1)$개의 회귀변수로 회귀하여 구한 결정계수이다. 즉, R_j^2는 x_j와 다른 회귀변수의 상관관계를 측정한다. 나머지 회귀변수에 대한 x_j의 선형 종속성이 강할수록, 즉 다중공선성이 강할수록 R_j^2은 크다. $V(\hat{\beta}_j) = \sigma^2 C_{jj}$이므로 $\hat{\beta}_j$의 분산은 $(1 - R_j^2)^{-1}$에 의해 팽창된다. 따라서 다음과 같이 $\hat{\beta}_j$에 대한 분산팽창계수(variance inflation factor, VIF)를 정의한다.

분산팽창계수

$$VIF(\beta_j) = \frac{1}{1 - R_j^2}, \ j = 1, 2, \ \cdots, k \tag{12.51}$$

분산팽창계수는 다중공선성의 정도를 측정하는 중요한 측도이다. 만약 모형행렬 $\mathbf{X}$의 열이 직교하면 회귀변수는 독립이고 분산팽창계수는 모두 1이다. 그래서 1을 초과하는 분산팽창계수는 데이터 내에 어느 정도의 다중공선성이 존재함을 뜻한다.

다중공선성이 존재할 때 회귀계수 추정치가 부정확해도 적합된 회귀식은 여전히 유용할 수 있다. 예를 들어 새로운 관측치를 예측한다고 하자. 다중공선성이 있는 x-공간의 원래 영역에서 예측하는 경우 개별 β_j를 잘못 예측해도 $\sum_{j=1}^{k} \beta_j x_{ij}$를 상당히 잘 예측할 수 있기 때문에 종종 만족스러운 예측이 이루어진다. 일반적으로 새 관측치의 예측이 데이터가 수집된 x-공간의 원래 영역을 넘어서 외삽하는 경우에는 결과가 좋지 않다. 보통 외삽에

는 개별 모수의 좋은 추정치가 필요하다.

다중공선성은 여러 이유로 발생한다. 행렬 $\mathbf{X}$의 열 사이에 근사적으로 선형 제약이 성립하도록 데이터를 수집할 때 다중공선성이 발생할 수 있다. 예를 들어 4개의 회귀변수가 혼합물 성분이면 성분의 합은 상수이므로 이와 같은 제약조건이 존재한다. 보통 이러한 제약조건이 정확하게 성립하는 것은 아니고, 분석가는 그런 제약이 있는지도 모를 수 있다.

다중공선성의 존재를 검출할 수 있는 2가지 방법을 간략히 소개한다.

1. 식(12.51)의 분산팽창계수는 유용한 다중공선성 측도이다. 분산팽창계수가 클수록 다중공선성이 더 심각하다. 어떤 저자들은 분산팽창계수가 하나라도 10을 넘으면 다중공성선이 있다고 하고, 또 어떤 저자들은 이 값이 너무 관대하다고 생각하여 분산팽창계수가 4 또는 5를 넘으면 안 된다고 한다. 컴퓨터 소프트웨어는 분산팽창계수를 출력한다. 표 12.4에 있는 접합력 데이터에 대한 출력물에서는 $VIF(\beta_1)$과 $VIF(\beta_2)$가 모두 작아서 다중공선성 문제는 없다.
2. 회귀유의성에 관한 F-검정은 유의함에도 불구하고 개별 회귀계수 검정이 유의하지 않으면 다중공선성이 있을 수 있다.

다중공선성 문제를 해결하기 위한 몇 가지 대책이 있다. 자주 사용하는 방법은 회귀계수의 근사적 선형 종속성을 없애기 위해 특정하게 설계된 새로운 관측치로 데이터를 증강하는 것이다. 그러나 경제적 이유 또는 x_j에 관한 물리적 제약으로 이 방법을 사용하지 못할 수 있다. 다른 방법은 모형에서 변수를 제거하는 것인데, 이 방법은 제거된 변수에 포함된 정보를 버린다는 단점이 있다.

다중공선성은 회귀계수의 안정성에 영향을 주므로 최소제곱법보다 다중공선성에 덜 민감한 방법으로 모수를 추정하는 것이 도움이 된다. 이를 위한 몇 가지 방법이 있다. 최소제곱법의 대안 중 하나인 능선회귀(Ridge regression)는 다중공선성을 극복하는 데 유용하다. 능선회귀에 관한 보다 자세한 사항은 Montgomery, Peck, Vining (2012)을 참고하기 바란다.

주요용어와 개념

C_p 통계량(C_p statistic)
PRESS 통계량(Prediction error sum of squares statistic)
개별 모형 모수에 대한 추론(Inference on individual model parameters)
결정계수(Coefficient of determination, R^2)
다중공선성(Multicollinearity)
다중회귀모형(Multiple regression model)
다중회귀에서 ANOVA 검정(Analysis of variance test in multiple regression)
다중회귀에서 모형 모수와 해석(Model parameters and their interpretation in multiple regression)
다항회귀모형(Polynomial regression model)
단계적 회귀(Stepwise regression)
모든 가능한 회귀(All possible regressions)
미래의 관측치에 대한 예측구간(Prediction interval on a future observation)
범주형 변수(Categorical variables)
변수선택(Variable selection)
부분검정, 주변검정(Partial or marginal test)
분산팽창계수(Variance inflation factor, VIF)
스튜던트화 잔차(Studentized residuals)
영향관측치(Influential observations)
완전모형(Full model)
은닉 외삽(Hidden extrapolation)
이상치(Outliers)
잔차분석과 모형 적합도 검토(Residual analysis and model adequacy checking)
전진 선택(Forward selection)
지시변수(Indicator variables)
추가제곱합 방법(Extra sum of squares method)
쿡의 거리측도(Cook's distance measure)
평균반응에 대한 신뢰구간(Confidence interval on the mean response)
표준화 잔차(Standardized residuals)
햇행렬(Hat matrix)
회귀계수에 대한 신뢰구간(Confidence interval on the regression coefficient)
회귀유의성(Significance of regression)
후진 제거(Backward elimination)

CHAPTER 13

단일요인 실험설계와 분석

© Vasko Miokovic/iStockphoto

학습목표

이 장을 주의 깊게 학습한 후 다음을 할 수 있다.

1. 단일요인 공학실험을 설계하고 시행한다.
2. 실험 데이터를 분석하기 위한 분산분석법을 이해한다.
3. 잔차그림을 이용하여 모형의 적합도를 검토한다.
4. 다중비교를 이용하여 평균의 차이를 식별한다.
5. 단일요인 실험에서 표본크기를 결정한다.
6. 고정요인과 변량요인의 차이를 이해한다.
7. 변량요인 실험에서 분산성분을 추정한다.
8. 블록화의 원리를 이해하고 블록화가 방해인자의 효과를 어떻게 분리하는지 이해한다.
9. 랜덤화 완전블록 실험을 설계하고 이를 분석한다.

목차

실험은 공학적, 과학적 의사결정과정의 일부분이다. 예를 들어 어느 토목공학 기술자가 콘크리트 경화방법이 평균 압축강도에 미치는 영향을 조사한다고 하자. 경화방법별로 콘크리트 시료를 선택하고 각 시료의 압축강도를 측정하는 실험을 시행한 후, 실험 데이터를 이용하여 어느 경화방법이 평균 압축강도를 최대로 하는지 결정할 것이다.

위와 같은 상황에서 2가지의 경화방법만 고려하면, 10장에서 공부한 이표본 검정을 이용하여 실험을 계획하고 분석할 수 있다. 즉, 관심의 요인(인자, factor)은 경화방법 1개이고 요인의 수준(levels of a factor)은 2개이다. 어느 경화방법이 압축강도를 최대로 하는지 알아보기 위해, 부록 A의 표 Ⅶ에 주어진 검사특성곡선을 이용하여 시험할 시료의 개수를 결정하고 t-검정을 이용하여 두 평균이 서로 다른지 검정하면 된다.

그런데 단일요인 실험에서 3개 이상의 수준이 필요한 경우도 많다. 예를 들어 토목공학 기술자는 5가지의 경화방법을 조사할 수 있다. 이 장에서는 단일요인의 수준이 3개 이상일 때 평균을 비교하기 위한 분산분석(ANOVA) 방법을 알아본다. 또한, 실험의 랜덤화를 공부하고, 랜덤화가 전반적인 실험 전략에서 차지하는 중요한 역할을 이해하도록 한다. 요인의 개수가 2개 이상인 다요인 실험의 설계와 분석은 14장에서 다룬다.

13.1 공학실험의 설계

통계적 실험설계는 신제품 개발을 위한 기초 현상의 발견, 신제품이나 공정의 개발, 기존 제품이나 공정의 개선, 신기술의 상용화 등 많은 중요한 공학 문제를 해결할 때 매우 유용하게 사용된다. 예를 들어 새로운 공정을 개발할 때 대부분의 공정은 온도, 압력, 속도와 같이 제어 가능한 변수로 설명된다. 기술자는 계획된 실험을 이용하여 어떤 공정변수가 공정성능에 큰 영향을 미치는지 결정할 수 있고 그 결과 다음의 효과를 얻을 수 있다.

- 공정수율의 개선
- 공정변동의 감소와 목표 요구치의 충족
- 설계 및 개발기간의 단축
- 운영비용의 감소

또한, 실험설계는 신제품을 개발하고 기존 제품을 개선하는 공학설계 과정에도 유용하게 사용된다. 공학설계 과정에서 통계적 실험설계를 응용하는 사례는 다음과 같다.

- 기본 설계형상의 평가와 비교
- 서로 다른 재료의 평가
- 다양한 운영 조건에서 제품이 잘 작동하고 강건하도록 설계변수를 선택
- 제품 성능에 영향을 주는 핵심 설계변수를 결정

공학설계 과정에서 실험설계를 사용하면 제조하기 쉬운 제품, 경쟁사에 비해 우수한 성능

과 신뢰성을 갖는 제품, 그리고 설계, 개발, 제조시간이 단축된 제품을 얻을 수 있다.

계획된 실험은 **순차적으로** 진행된다. 보통 많은 제어변수가 있는 제조공정과 같은 복잡한 시스템에서는 먼저 가장 중요한 변수를 정하는 **선별실험**(screening experiment)을 시행한 후, 정보를 정제하고 공정개선을 위해 변수를 어떻게 조정할지 결정하는 후속실험을 시행한다. 실험자의 최종 목적은 **최적화**, 즉 최상의 공정성능이 되도록 주요 변수의 수준을 결정하는 것이다.

13장과 14장에서는 좋은 실험에 필수적인 통계적 방법을 학습한다. **모든 실험은 계획된 실험이다.** 아쉽게도 일부 실험은 잘못 계획되어 귀중한 자원이 비효율적으로 사용되기도 한다. 실험설계를 이용하면 실험 과정이 효율적이고 경제적이며, 통계적 방법으로 데이터를 검토하여 최종 결론을 도출함으로써 **과학적 객관성**을 확보할 수 있다.

13.2 완전랜덤화 단일요인 요인실험

13.2.1 인장강도 예제

어느 종이 제조사는 인장강도를 개선하는 데 관심이 있다. 제품 기술에 따르면, 인장강도는 펄프 내 견목농도의 함수이고 견목농도의 관심 범위는 5%에서 20% 사이일 것으로 예상된다. 기술팀은 4가지의 견목농도 수준, 즉 5%, 10%, 15%, 20%를 조사하기로 하고 각 농도 수준에서 6개의 시료를 시험한다. 24개 시료의 실험순서를 모두 임의로 정하고 인장시험기로 시험한 결과 수집한 데이터는 표 13.1과 같다.

표 13.1 견목농도에 따른 종이의 인장강도(단위: psi) 데이터

견목농도(%)	관측치						합계	평균
	1	2	3	4	5	6		
5	7	8	15	11	9	10	60	10.00
10	12	17	13	18	19	15	94	15.67
15	14	18	19	17	16	18	102	17.00
20	19	25	22	23	18	20	127	21.17
							383	15.96

이 실험은 하나의 요인에 4개의 수준이 있는 완전랜덤화 단일요인 실험이다. 요인의 수준을 처리(treatment)라고 하는데, 이 예제의 각 처리에는 6개의 관측치, 즉 반복(replicates)이 있다. 이 실험에서 랜덤화(randomization)의 역할은 매우 중요하다. 24개 시행의 순서를 임의로 정하여 인장강도 관측치에 영향을 줄 수 있는 방해변수(nuisance variable)의 효과를 근사적으로 제거한다. 예를 들어 인장시험기에 워밍업, 즉 인장기를 계속 사용하면 인장강도 관측치가 점점 커지는 효과가 있다고 가정해 보자. 만일 24개 시행

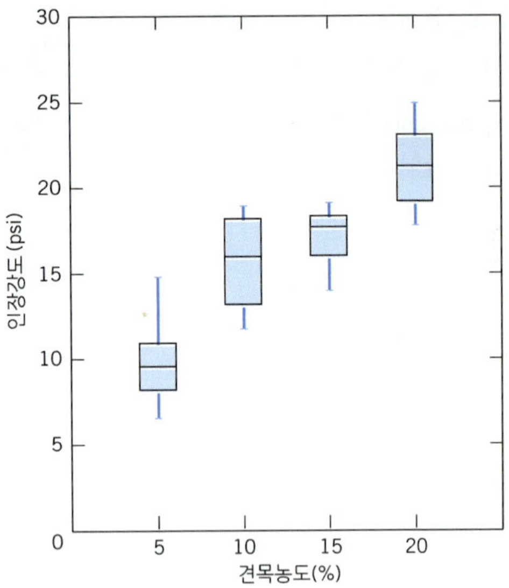

그림 13.1 견목농도에 따른 인장강도의 상자그림

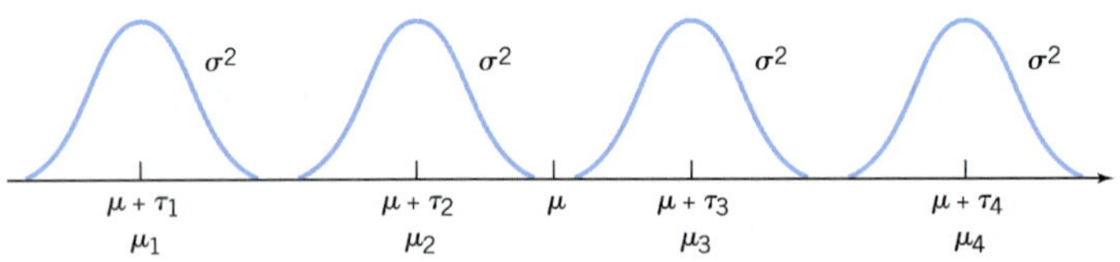

그림 13.2 완전랜덤화 단일요인 실험의 모형

이 모두 견목농도가 증가하는 순서, 즉 먼저 5% 시료를 모두 시험한 후 10% 시료를 시험하는 방식으로 시행하였다면 관측된 인장강도의 차이가 워밍업 효과일 수 있다. 인과관계를 검출하기 위한 랜덤화의 역할은 이미 10.1절에서 알아보았다.

계획된 실험으로 수집한 데이터를 그림으로 분석하는 것은 중요하다. 그림 13.1에는 견목농도의 4가지 수준에서 인장강도의 상자그림이 나타나 있다. 그림을 보면 견목농도의 변화가 인장강도에 영향을 주는 것을 알 수 있다. 구체적으로 농도가 높을수록 인장강도가 증가하고, 한 농도수준에서 인장강도의 분포는 상당히 대칭이며, 농도에 따라 인장강도의 변동이 극적으로 변하지는 않는다.

데이터를 그림으로 해석하면 유용하다. 상자그림은 처리(요인수준) **내** 변동과 처리 **간** 변동을 알려준다. 이제 완전랜덤화 단일요인 실험으로 수집한 데이터를 통계적으로 분석하는 방법을 학습한다.

13.2.2 분산분석

관심의 단일요인에 a개의 수준이 있다고 가정하자. 요인의 각 수준을 처리라고 하는데, 처리는 농업과학 분야의 초기 실험계획 응용에서 사용하기 시작한 일반 용어이다. a개의 처리 각각에 대해 **반응치**는 확률변수이다. 관측 데이터는 표 13.2와 같이 나타난다. 표 13.2의 입력 y_{ij}는 처리 i에서 j번째 얻은 관측치이다. 먼저 a개의 처리에 대해 각각 n개의 관측치가 있는 경우를 생각해 보자.

다음과 같은 **선형모형**으로 표 13.2의 데이터를 설명할 수 있다.

$$Y_{ij} = \mu + \tau_i + \epsilon_{ij}, \quad \begin{cases} i = 1, 2, \cdots, a \\ j = 1, 2, \cdots, n \end{cases} \tag{13.1}$$

표 13.2 단일요인 요인실험의 일반적 데이터

처리	관측치				합계	평균
1	y_{11}	y_{12}	$\cdots$	y_{1n}	$y_{1.}$	$\bar{y}_{1.}$
2	y_{21}	y_{22}	$\cdots$	y_{2n}	$y_{2.}$	$\bar{y}_{2.}$
$\vdots$	$\vdots$	$\vdots$	$\ddots$	$\vdots$	$\vdots$	$\vdots$
a	y_{a1}	y_{a2}	$\cdots$	y_{an}	$y_{a.}$	$\bar{y}_{a.}$
					$y_{..}$	$\bar{y}_{..}$

단, Y_{ij}는 i번째 처리의 j번째 관측치를 나타내는 반응변수, μ는 모든 처리에 공통인 전체평균을 나타내는 모수, τ_i는 i번째 처리효과라고 하는 처리와 관련된 모수, ϵ_{ij}는 랜덤 오차항이다. 여기서 오차 ϵ_{ij}는 독립이면서 평균 0, 분산 σ^2인 정규분포를 따른다고 가정한다. 위의 모형을 다음과 같이 다시 쓸 수 있다.

$$Y_{ij} = \mu_i + \epsilon_{ij}, \quad \begin{cases} i = 1, 2, \cdots, a \\ j = 1, 2, \cdots, n \end{cases}$$

이때 $\mu_i = \mu + \tau_i$는 i번째 처리의 평균이다. 이 모형에서 각 처리는 평균이 μ_i인 모집단을 정의한다. 그림 13.2에서 보는 것처럼 i번째 처리는 평균이 μ_i이고 분산이 σ^2인 정규분포 모집단이라고 할 수 있다.

관측치를 임의의 순서로 측정하고, 처리를 사용하는 환경(종종 **실험단위**라고 하는)은 가능한 한 일정하도록 유지해야 한다. 이와 같은 실험계획을 완전랜덤화설계(completely randomized design, CRD)라고 한다.

실험자가 a개 처리를 명시적으로 선택하였을 때, 처리평균에 대한 가설을 검정하고 처리효과를 추정한다. 이것을 고정효과모형(fixed effects model)이라고 한다.

이 절에서는 고정효과모형에 대한 분산분석(analysis of variance, ANOVA)을 학습한다. 분산분석은 새로운 것이 아니고 앞에서 회귀분석을 공부할 때 이미 알아보았다. 그러나 이 절에서는 처리효과의 동일성을 검정하기 위해 분산분석을 어떻게 사용할 수 있는지를 알아본다. 처리효과 τ_i는 전체평균 μ로부터의 편차로 정의되므로 다음이 성립한다.

$$\sum_{i=1}^{a} \tau_i = 0 \tag{13.2}$$

고정효과모형에서는 a개 처리평균 $\mu_1, \mu_2, \cdots, \mu_a$의 동일성을 검정하는 데 관심이 있다. 즉, 식(13.2)의 조건하에서 다음 가설을 검정한다.

$$H_0 : \tau_1 = \tau_2 = \cdots = \tau_a = 0 \tag{13.3}$$

H_1 : 적어도 하나의 i에 대해 $\tau_i \neq 0$이다.

귀무가설이 참이면 각 관측치는 전체평균 μ와 랜덤오차 ϵ_{ij}의 합이다. 전체 N개의 관측치가 모두 평균 0, 분산 σ^2인 정규분포를 따른다는 뜻이다. 그러므로 귀무가설이 참이면 요인의 수준을 바꾸어도 평균반응에 미치는 영향은 없다.

분산분석에서는 식(13.3)의 가설을 검정하기 위해 표본 데이터의 총 변동을 2개의 성분으로 분해하여 얻은 2개의 독립적인 분산 추정치를 비교한다. i번째 처리에서 모든 관측치의 합계는 $y_{i.}$, 처리의 평균은 $\bar{y}_{i.}$, 전체 관측치의 합계는 $y_{..}$, 전체평균은 $\bar{y}_{..}$라고 하자. 이를 수식으로 쓰면 다음과 같다.

$$y_{i.} = \sum_{j=1}^{n} y_{ij}, \qquad \bar{y}_{i.} = \frac{y_{i.}}{n} \qquad (i = 1, 2, \cdots, a)$$

$$y_{..} = \sum_{i=1}^{a}\sum_{j=1}^{n} y_{ij}, \qquad \bar{y}_{..} = \frac{y_{..}}{N} \tag{13.4}$$

단, $N = an$은 전체 관측치의 개수이고 첨자 ·은 해당 첨자에 대한 합을 의미한다.

다음의 총제곱합(total sum of squares)은 데이터의 총변동을 측정한다.

$$SS_T = \sum_{i=1}^{a}\sum_{j=1}^{n} (y_{ij} - \bar{y}_{..})^2$$

위의 총제곱합을 다음과 같이 분해한다.

분산분석 제곱합 항등식: 단일요인 요인실험

(1) 제곱합 항등식은

$$\sum_{i=1}^{a}\sum_{j=1}^{n} (y_{ij} - \bar{y}_{..})^2 = n\sum_{i=1}^{a} (\bar{y}_{i.} - \bar{y}_{..})^2 + \sum_{i=1}^{a}\sum_{j=1}^{n} (y_{ij} - \bar{y}_{i.})^2 \tag{13.5}$$

이것을 기호로 나타내면

$$SS_T = SS_{\text{Treatments}} + SS_E$$

(2) 자유도를 분해하면

$$an - 1 = (a-1) + a(n-1) \tag{13.6}$$

이것을 기호로 나타내면

$$df_T = df_{\text{Treatments}} + df_E$$

식(13.5)의 항등식은 데이터의 총변동을 2개의 성분으로 분해한다. 하나는 처리평균과 전체평균의 차이의 제곱합으로, 이것을 처리제곱합(treatment sum of squares)이라 하고 $SS_{\text{Treatments}}$로 나타낸다. 다른 하나는 각 처리 내에서 관측치와 처리평균의 차이의 제곱합으로, 이것을 오차제곱합(error sum of squares)이라 하고 SS_E로 나타낸다. 관측된 처리평균과 전체평균의 차이는 처리효과를 측정하고, 각 처리 내에서 관측치와 처리평균의 차이는 랜덤오차를 설명한다.

제곱합 항등식에 대응하여 자유도를 분해하면 식(13.6)과 같다. 총 $N = an$개의 관측치가 있으므로 SS_T의 자유도는 $an-1$이다. 요인수준은 a이므로 $SS_{\text{Treatments}}$의 자유도는 $a-1$이다. 각 처리 내에서 n번 반복이 있으므로 오차를 추정할 때 각 처리의 자유도는 $n-1$이고, 총 a개의 처리가 있으므로 오차의 자유도는 $a(n-1)$이다.

또한, 처리평균제곱(treatment mean square)과 오차평균제곱(error mean square)을 각각 다음과 같이 정의한다.

$$MS_{\text{Treatments}} = \frac{SS_{\text{Treatments}}}{a-1}$$

$$MS_E = \frac{SS_E}{a(n-1)}$$

한편 $MS_{\text{Treatments}}$와 MS_E의 기댓값을 조사하면 분산분석이 어떻게 작동하는지 이해하고 처리평균의 차이가 없다(모든 i에 대해 $\tau_i = 0$이다.)라는 가설을 검정하기 위한 통계량을 결정할 수 있다.

평균제곱의 기댓값: 단일요인 고정효과모형

$$E(MS_{\text{Treatments}}) = \sigma^2 + \frac{n\sum_{i=1}^{a}\tau_i^2}{a-1}$$

$$E(MS_E) = \sigma^2$$

$MS_{\text{Treatments}}$와 MS_E는 독립이라고 알려져 있다. 따라서 처리평균의 차이가 없다는 귀무가설이 참이면 다음 검정통계량 F_0은 $F_{a-1,\,a(n-1)}$분포를 따른다.

F-검정통계량: 단일요인 고정효과모형

$$F_0 = \frac{\dfrac{SS_{\text{Treatments}}}{a-1}}{\dfrac{SS_E}{a(n-1)}} = \frac{MS_{\text{Treatments}}}{MS_E} \tag{13.7}$$

평균제곱의 기댓값을 보면 MS_E는 σ^2의 불편추정량이고, 귀무가설이 참일 때 $MS_{\text{Treatments}}$도 σ^2의 불편추정량이다. 그러나 귀무가설이 거짓이면 $MS_{\text{Treatments}}$의 기댓값은 σ^2보다 커져서 식(13.7)의 검정통계량 F_0의 분자의 기댓값은 분모의 기댓값보다 크다. 따라서 검정통계량 F_0의 값이 클 때 귀무가설을 기각한다. 즉, 기각역은 $F_{a-1,\,a(n-1)}$ 분포의 우측 꼬리 한쪽에 위치하여 F_0의 계산값 f_0이 $f_0 > f_{\alpha,\,a-1,\,a(n-1)}$을 만족하면 H_0을 기각한다.

이상의 결과를 표 13.3과 같이 요약하고 이 표를 분산분석표라고 한다.

표 13.3 분산분석표: 단일요인 고정효과모형

변동원인	제곱합	자유도	평균제곱	F_0
처리	$SS_{\text{Treatments}}$	$a-1$	$MS_{\text{Treatments}} = \dfrac{SS_{\text{Treatments}}}{a-1}$	$\dfrac{MS_{\text{Treatments}}}{MS_E}$
오차	SS_E	$a(n-1)$	$MS_E = \dfrac{SS_E}{a(n-1)}$	
합계	SS_T	$an-1$		

예제 13.1 인장강도: 분산분석

13.2.1절의 견목농도 실험은 완전랜덤화 설계이다. 견목농도에 따라 평균 인장강도의 차이가 있는지 $\alpha = 0.01$로 검정해 보자. 가설은 다음과 같다.

$$H_0: \tau_1 = \tau_2 = \tau_3 = \tau_4 = 0$$

H_1 : 적어도 하나의 i에 대해 $\tau_i \neq 0$이다.

분산분석을 위한 제곱합을 계산한 결과는 다음과 같다.

$$SS_T = 512.96$$

$$SS_{\text{Treatments}} = 382.79$$

$$SS_E = SS_T - SS_{\text{Treatments}} = 512.96 - 382.79 = 130.17$$

분산분석표를 작성하면 표 13.4와 같다. 검정통계량의 계산값 $f_0 = 19.60$은 $f_{0.01,\,3,\,20} = 4.94$보다 크므로, 귀무가설을 기각하고 견목농도가 종이의 평균 인장강도에 유의한 영향을 미친다고 결론을 내린다. 컴퓨터 출력물로부터 이 검정통계량의 P-값을 구하면 다음과 같다.

$$P(F_0 > 19.60) \simeq 3.59 \times 10^{-6}$$

P-값이 $\alpha = 0.01$보다 상당히 작으므로 귀무가설이 참이 아니라고 결론을 내린다.

해석: 견목농도가 인장강도에 영향을 준다는 강력한 증거가 있다. 그러나 분산분석 결과는 견목농도의 어떤 수준에서 인장강도의 평균이 다른지를 알려주지는 못한다. 이 질문에 대한 답은 13.2.3절에서 알아본다.

표 13.4 견목농도 실험에 대한 분산분석표

변동원인	제곱합	자유도	평균제곱	f_0	P-값
처리	382.79	3	127.60	19.60	3.59E-6
오차	130.17	20	6.51		
합계	512.96	23			

한편 개별 처리평균에 대한 95% 신뢰구간을 구해 보자. i번째 처리평균은

$$\mu_i = \mu + \tau_i, \quad i = 1, 2, \cdots, a$$

이고, μ_i에 대한 점추정량은 $\hat{\mu}_i = \overline{Y}_{i.}$이다. 오차가 정규분포를 따르면 $\hat{\mu}_i$은 평균이 μ_i이고 분산이 σ^2/n인 정규분포를 따른다. 따라서 σ^2을 알 때 정규분포를 이용하여 신뢰구간을 구한다. σ^2을 모를 때 σ^2의 추정량으로 MS_E를 사용하면 통계량

$$T = \frac{\overline{Y}_{i.} - \mu_i}{\sqrt{\dfrac{MS_E}{n}}}$$

는 자유도가 $a(n-1)$인 t-분포를 따른다. 따라서 t-분포를 이용하여 신뢰구간을 다음과 같이 정의한다.

처리평균에 대한 신뢰구간: 단일요인 고정효과모형

i번째 처리평균 μ_i에 대한 $100(1-\alpha)\%$ 신뢰구간은

$$\overline{y}_{i.} - t_{\alpha/2,\, a(n-1)}\sqrt{\frac{MS_E}{n}} \le \mu_i \le \overline{y}_{i.} + t_{\alpha/2,\, a(n-1)}\sqrt{\frac{MS_E}{n}} \tag{13.8}$$

예를 들어 20% 견목농도에서 처리평균의 점추정치는 $\overline{y}_{4.} = 21.167$이고, $MS_E = 6.51$, $t_{0.025,\, 20} = 2.086$이므로 95% 신뢰구간의 양 끝값은

$$\overline{y}_{4.} \pm t_{0.025,\, 20}\sqrt{\frac{MS_E}{n}} = 21.167 \pm 2.086\sqrt{\frac{6.51}{6}}$$

이고 95% 신뢰구간은 다음과 같다.

$$19.00 \le \mu_4 \le 23.34$$

두 처리평균의 차이 $\mu_i - \mu_j$에 대한 신뢰구간에도 관심이 있을 수 있다. $\mu_i - \mu_j$의 점추정량은 $\overline{Y}_{i.} - \overline{Y}_{j.}$이고 추정량의 분산은

$$V(\overline{Y}_{i.} - \overline{Y}_{j.}) = \frac{\sigma^2}{n} + \frac{\sigma^2}{n} = \frac{2\sigma^2}{n}$$

이다. 이제 σ^2을 MS_E로 추정하면

$$T = \frac{\overline{Y}_{i.} - \overline{Y}_{j.} - (\mu_i - \mu_j)}{\sqrt{\dfrac{2MS_E}{n}}}$$

는 자유도가 $a(n-1)$인 t-분포를 따른다. 따라서 다음과 같이 $\mu_i - \mu_j$에 대한 신뢰구간을 정의한다.

처리평균의 차이에 대한 신뢰구간: 단일요인 고정효과모형

두 처리평균의 차이 $\mu_i - \mu_j$에 대한 $100(1-\alpha)\%$ 신뢰구간은

$$(\bar{y}_{i.} - \bar{y}_{j.}) - t_{\alpha/2,\, a(n-1)}\sqrt{\frac{2MS_E}{n}} \le \mu_i - \mu_j \le (\bar{y}_{i.} - \bar{y}_{j.}) + t_{\alpha/2,\, a(n-1)}\sqrt{\frac{2MS_E}{n}} \tag{13.9}$$

예를 들어 견목농도 실험에서 $\mu_3 - \mu_2$에 대한 95% 신뢰구간의 양 끝값을 구하면

$$(\bar{y}_{3.} - \bar{y}_{2.}) \pm t_{0.025,\,20}\sqrt{\frac{2MS_E}{n}} = (17.00 - 15.67) \pm 2.086\sqrt{\frac{2\times 6.51}{6}}$$

이므로 95% 신뢰구간은 다음과 같다.

$$-1.74 \le \mu_3 - \mu_2 \le 4.40$$

신뢰구간은 0을 포함하므로 두 수준의 평균 인장강도는 차이가 없다는 결론을 내린다.

불균형 실험: 단일요인 실험에서 요인수준마다 관측치의 개수가 다를 수 있다. 이런 실험을 **불균형**(unbalanced)이라고 한다. 이 경우 위의 제곱합 공식을 수정해야 한다. 처리 i $(i = 1, 2, \cdots, a)$에서 관측치의 개수는 n_i, 총 관측치의 개수는 $N = \sum_{i=1}^{a} n_i$라고 하자. 처리의 표본크기가 n_i로 서로 다른 경우 제곱합 계산식은 다음과 같다.

분산분석 계산식: 표본크기가 다른 단일요인 실험

$$SS_T = \sum_{i=1}^{a}\sum_{j=1}^{n_i} y_{ij}^2 - \frac{y_{..}^2}{N} \tag{13.10}$$

$$SS_{\text{Treatments}} = \sum_{i=1}^{a} \frac{y_{i.}^2}{n_i} - \frac{y_{..}^2}{N}$$

$$SS_E = SS_T - SS_{\text{Treatments}}$$

균형 실험을 사용하면 중요한 두 가지 장점이 있다. 첫째, 분산이 같다는 가정을 조금 벗어나도 분산분석 결과가 상대적으로 덜 민감하다. 둘째, 검정력이 최대이다.

13.2.3 분산분석 후 다중비교

분산분석 결과 귀무가설 $H_0 : \tau_1 = \tau_2 = \cdots = \tau_a$을 기각하면 모든 처리평균이 다 똑같은 것은 아니다. 즉, 서로 다른 처리평균이 있다. 그러나 분산분석은 어느 평균이 다른지를 알려주지 않는다. 이 문제를 조사하는 방법을 다중비교(multiple comparison)라고 한다. 많은 다중비교 절차가 있으나 여기서는 피셔의 최소유의차(Fisher's least significant difference, LSD)와 그래프를 이용하는 방법을 알아본다. Montgomery (2017)는 다른 여러 방법을 소개한다.

피셔의 LSD 방법에서는

$$t_0 = \frac{\bar{y}_{i.} - \bar{y}_{j.}}{\sqrt{\dfrac{2MS_E}{n}}}$$

를 계산하여 모든 $i \neq j$에 대해 귀무가설 $H_0 : \mu_i = \mu_j$를 쌍별로 비교한다. 양측검정의 경우

$$|\,\bar{y}_{i.} - \bar{y}_{j.}\,| > LSD$$

이면 μ_i와 μ_j는 유의하게 다르다. 균형 실험의 경우 LSD를 다음과 같이 정의한다.

다중비교를 위한 최소유의차

$$LSD = t_{\alpha/2,\,a(n-1)} \sqrt{\frac{2MS_E}{n}} \qquad (13.11)$$

불균형 실험의 경우 LSD를 다음과 같이 정의한다.

$$LSD = t_{\alpha/2,\,N-a} \sqrt{MS_E\left(\frac{1}{n_i} + \frac{1}{n_j}\right)}$$

예제 13.2 인장강도: LSD 검정

견목농도 실험에 피셔의 LSD 방법을 적용해 보자. $a = 4$, $n = 6$, $MS_E = 6.51$, $t_{0.025,20} = 2.086$이고 각 처리평균의 추정치와 피셔의 LSD는 각각 다음과 같다.

$$\bar{y}_{1.} = 10.00,\ \bar{y}_{2.} = 15.67,\ \bar{y}_{3.} = 17.00,\ \bar{y}_{4.} = 21.17,$$

$$LSD = t_{0.025,20}\sqrt{\frac{2MS_E}{n}} = 2.086\sqrt{\frac{2(6.51)}{6}} = 3.07$$

따라서 처리평균의 차이가 3.07 이상인 쌍은 서로 유의하게 다르다. 평균 차이를 쌍별로 비교하면 다음과 같다.

처리 4와 처리 1: $\bar{y}_{4.} - \bar{y}_{1.} = 21.17 - 10.00 = 11.17 > 3.07$

처리 4와 처리 2: $\bar{y}_{4.} - \bar{y}_{2.} = 21.17 - 15.67 = 5.50 > 3.07$

처리 4와 처리 3: $\bar{y}_{4.} - \bar{y}_{3.} = 21.17 - 17.00 = 4.17 > 3.07$

처리 3와 처리 2: $\bar{y}_{3.} - \bar{y}_{2.} = 17.00 - 15.67 = 1.33 < 3.07$

처리 2와 처리 1: $\bar{y}_{2.} - \bar{y}_{1.} = 15.67 - 10.00 = 5.67 > 3.07$

결론: 한 쌍(처리 2와 처리 3)을 제외한 모든 쌍에서 처리평균은 유의한 차이가 있다. 즉, 10%와 15% 농도는 근사적으로 인장강도가 같고 다른 모든 농도 수준에서 인장강도의 차이가 있다. 그림 13.3에서처럼 서로 다르지 않은 처리평균에 밑줄을 그어서 작성한 그래프가 도움이 된다. 20% 견목농도의 인장강도가 최대임을 알 수 있다.

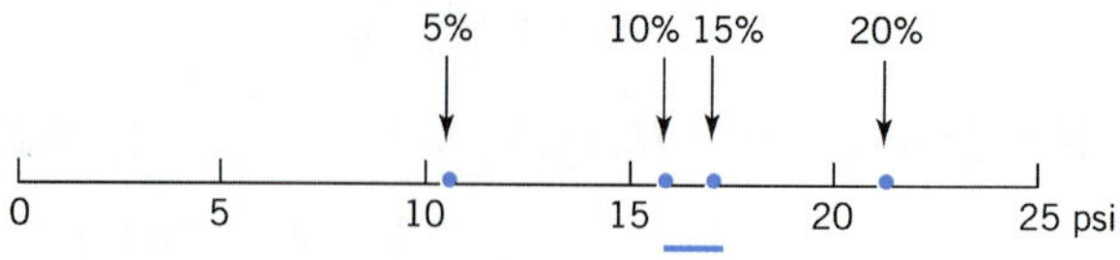

그림 13.3 견목농도 실험에서 피셔의 LSD 결과

그래프를 이용한 평균 비교: 분산분석 후 처리평균을 그림으로 비교할 수도 있다. 요인수준은 a개이고 각 처리평균의 추정치는 $\bar{y}_{1.}, \bar{y}_{2.}, \cdots, \bar{y}_{a.}$라고 하자. 개별 관측치의 표준편차는 σ이고 각 처리평균 추정량의 표준편차는 $\sigma/\sqrt{n}$이다. 처리평균이 모두 같으면 처리평균의 추정치 $\bar{y}_{1.}, \bar{y}_{2.}, \cdots, \bar{y}_{a.}$는 마치 평균이 μ이고 표준편차가 $\sigma/\sqrt{n}$인 정규분포로부터 임의추출된 관측치의 집합처럼 보일 것이다.

처리평균의 추정치 $\bar{y}_{1.}, \bar{y}_{2.}, \cdots, \bar{y}_{a.}$의 축을 따라 움직이는 정규분포를 상상해 보자. 처리평균이 모두 같으면 $\bar{y}_{i.}$들이 같은 분포로부터 추출되었음을 보여주는 어떤 위치가 있어야 한다. 그렇지 않으면 이 분포로부터 추출되지 않은 것 같은 $\bar{y}_{i.}$는 평균이 다른 처리와 관련된다.

이 논리의 유일한 문제점은 σ를 모른다는 것이다. σ의 추정치로 $\sqrt{MS_E}$를 이용하면 정규분포 대신 t-분포를 사용해야 한다. t-분포는 정규분포와 비슷하므로 폭이 대략 $6\sqrt{MS_E/n}$인 정규곡선을 상상하면 잘 작동할 것이다.

예제 13.1의 견목농도 실험에 대해 처리평균의 추정량의 분포를 그려보면 그림 13.4와 같다. 이 정규분포의 표준편차는

$$\sqrt{MS_E/n} = \sqrt{6.51/6} = 1.04$$

이다. 수평축을 따라 표준편차가 1.04인 분포를 이동시킨다고 상상해 보면 분포의 위치를 어디에 고정해도 4개의 처리평균 추정치가 모두 이 분포에서 추출되었을 것으로 보기는 어렵다. 물론 분산분석 결과 평균이 모두 다 같은 것은 아니므로 이것을 예상할 수 있다. 그림 13.4는 분산분석 결과를 그래프로 표현한 것이다. 그림을 보면 다른 처리에 비해 처리 4 (20% 농도)가 더 높은 평균, 처리 1 (5% 농도)이 더 낮은 평균인 것을 알 수 있다.

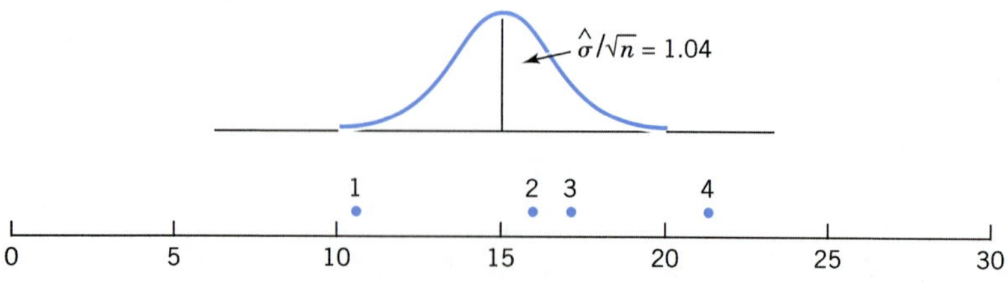

그림 13.4 표준편차가 $\sqrt{MS_E/n} = 1.04$인 정규분포에 표시한 견목농도의 평균 강도

처리 2(10% 농도)와 처리 3(15% 농도)의 평균 강도는 차이가 없다.

이 절차는 간단하고 대략적이지만 매우 효과적인 다중비교 기법으로 많은 상황에서 잘 작동한다.

13.2.4 잔차분석과 모형검토

분산분석에서는 관측치가 독립이고 정규분포를 따르며 처리의 분산이 모두 같다고 가정한다. 잔차를 조사하여 이 가정을 확인해야 한다. 잔차는 관측치 y_{ij}와 통계모형으로 구한 추정치(적합치) $\hat{y}_{ij}$의 차이이다. 완전랜덤화 설계에서는 $\hat{y}_{ij} = \bar{y}_{i.}$ 이므로 잔차

$$e_{ij} = y_{ij} - \bar{y}_{i.}$$

는 관측치와 그에 대응하는 적합치의 차이이다. 표 13.5에 견목농도 실험의 잔차가 나타나 있다. $\bar{y}_{i.}$를 이용하여 잔차를 계산함으로써 데이터에서 견목농도의 효과를 제거하고, 그 결과 잔차는 설명하지 못한 변동에 관한 정보를 포함한다.

잔차의 **정규확률그림**을 작성하여 정규분포 가정을 검토한다. 각 요인수준에서 분산이 같다는 가정을 검토하기 위해 요인수준과 잔차를 그래프로 나타내고 잔차의 퍼진 정도를 비교한다. **적합치** $\bar{y}_{i.}$와 잔차의 그래프도 유용하다. 잔차의 변동은 어떤 방식으로도 $\bar{y}_{i.}$의 값에 의존하지 않아야 한다. 대부분의 통계 소프트웨어를 이용하여 비슷한 그림을 작성할 수 있다. 보통 이런 그림에 패턴이 나타나면 변수변환, 즉 다른 축에서 데이터 분석이 필요함을 의미한다. 예를 들어 $\bar{y}_{i.}$의 값에 따라 잔차의 산포가 증가하면 $\log(y)$나 $\sqrt{y}$와 같은 변수변환을 고려해야 한다. 문제에 따라 잔차의 산포가 $\bar{y}_{i.}$에 의존한다는 것은 매우 중요한 정보이다. 반응이 최대인 요인수준을 선택하는 경우 그 요인수준에서 시행을 할 때마다 반응의 변동이 커질 수 있다.

시간이나 실험의 시행 순서에 따라 잔차를 그래프로 나타내면 독립성 가정을 검토할 수 있다. 일련의 양 또는 음과 같은 어떤 패턴이 나타나면 관측치가 독립이 아니라는 것을 의미한다. 시간이나 시행 순서가 중요하거나 시간에 따라 변하는 어떤 중요한 변수를 실험계획에 포함하지 않았음을 의미할 수 있다.

견목농도 실험의 잔차에 대한 정규확률그림을 작성하면 그림 13.5(a)와 같다. 그림

표 13.5 견목농도 실험에 대한 잔차

견목농도(%)	잔차					
5	−3.00	−2.00	5.00	1.00	−1.00	0.00
10	−3.67	1.33	−2.67	2.33	3.33	−0.67
15	−3.00	1.00	2.00	0.00	−1.00	1.00
20	−2.17	3.83	0.83	1.83	−3.17	−1.17

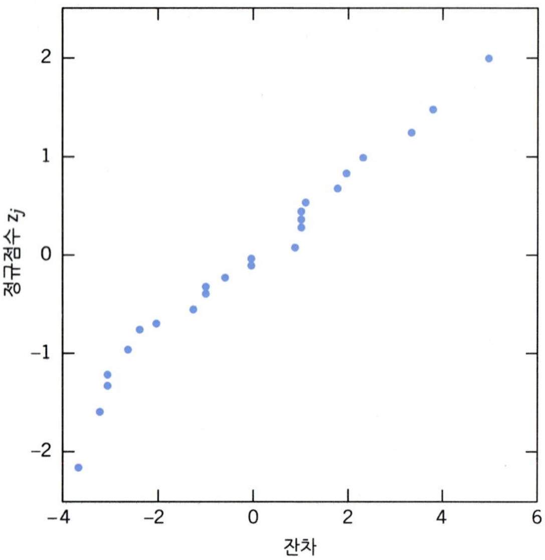

그림 13.5(a) 견목농도 실험에서 잔차의 정규확률그림

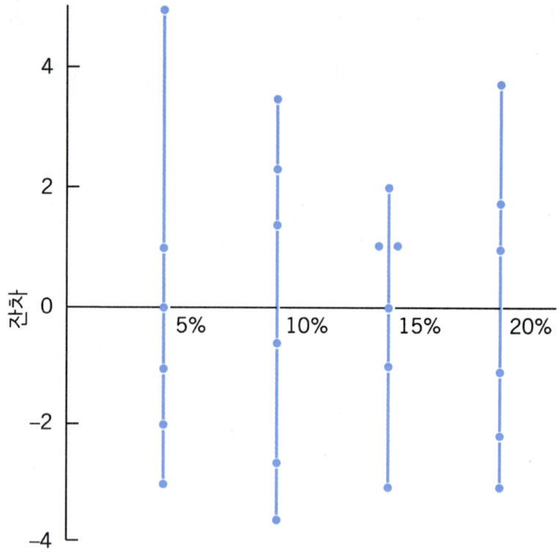

그림 13.5(b) 견목농도 실험에서 처리와 잔차

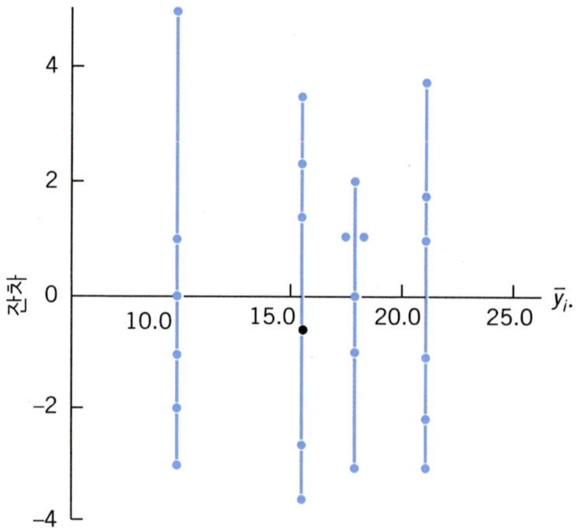

그림 13.5(c) 견목농도 실험에서 적합치와 잔차

13.5(b)와 (c)는 잔차를 각각 요인수준과 적합치 $\bar{y}_{i.}$에 대해 나타낸 그래프이다. 이 그림에는 모형의 부적합성이나 가정과 관련된 특별한 문제점이 보이지 않는다.

13.2.5 표본크기의 선택

실험설계에서 표본크기 또는 반복수를 결정하는 것이 중요하다. 그에 대한 지침을 구하기 위해 검사특성곡선(operating characteristic curve, OC곡선)을 이용한다. OC곡선은 다양한 표본크기에서 검정할 모수의 값에 따라 제2종류확률 β를 타점한 그래프이다. 적절한 민감도를 위해 필요한 반복수를 결정하기 위해 OC곡선을 이용한다.

분산분석의 검정력을 정의하면 다음과 같다.

$$\begin{aligned} 1-\beta &= P(H_0\text{을 기각} \mid H_0\text{이 거짓}) \\ &= P(F_0 > f_{\alpha,\, a-1,\, a(n-1)} \mid H_0\text{이 거짓}) \end{aligned} \tag{13.12}$$

위의 확률을 계산하려면 귀무가설이 거짓일 때 검정통계량 F_0의 분포를 알아야 한다. 분산분석은 여러 평균을 비교하므로 귀무가설은 여러 방식, 예를 들어 $\tau_1 > 0$, $\tau_2 = 0$, $\tau_3 < 0$ 등으로 거짓일 수 있다. 식(13.12)의 검정력은 오직 다음 함수를 통해서만 τ_i에 의존한다고 알려져 있다.

$$\Phi^2 = \frac{n\sum_{i=1}^{a}\tau_i^2}{a\sigma^2}$$

따라서 τ_i의 대립가설 값으로 Φ^2을 계산하고 그 결과를 이용하여 검정력을 계산할 수 있다. 구체적으로, 귀무가설이 거짓이면 검정통계량 $F_0 = \dfrac{MS_{\text{Treatments}}}{MS_E}$는 자유도가 $a-1$과 $n(a-1)$이고 비중심모수가 Φ^2에 의존하는 비중심 F-분포를 따른다. 여기서는 식(13.12)에 정의된 β를 구하기 위해 비중심 F-분포표 대신 OC곡선을 사용한다. 이 곡선은 Φ와 β를 나타낸 그래프이다.

$\alpha = 0.01, 0.05$에서 주어진 분자의 자유도 ν_1과 분모의 자유도 ν_2에 대한 OC곡선을 사용할 수 있다. 그림 13.6은 $a = 4, 5$(즉, $\nu_1 = 3, 4$)에 대한 OC곡선을 그린 그래프이다.

OC곡선에서 검출하려는 평균 차이를 $\sum_{i=1}^{a}\tau_i^2$의 항으로 정의한다. σ^2을 모르는 경우 검출하려는 $\sum_{i=1}^{a}\tau_i^2/\sigma^2$의 비율을 선택하거나 σ^2의 추정치를 사용한다. 이미 수행한 실험의 민감도에 관심이 있으면 σ^2의 추정치로 MS_E를 이용할 수 있다.

예제 13.3 인장강도: 표본크기의 선택

완전랜덤화 실험에서 $\alpha = 0.01$로 5개 평균을 비교해 보자. $\sum_{i=1}^{5}\tau_i^2/\sigma^2 = 5.0$이면 적어도 0.9의 확률로 귀무가설을 기각하려고 할 때, 필요한 반복수를 결정하고자 한다. 이 경우

$$\Phi^2 = \frac{n\sum_{i=1}^{a}\tau_i^2}{a\sigma^2} = \frac{n}{5}(5) = n$$

이고 $\nu_1 = a-1 = 4$, $\nu_2 = a(n-1) = 5(n-1)$이므로 그림 13.6의 아래 OC곡선을 참고한다. 먼저 $n = 4$를 시도하면

$$\Phi^2 = 4,\ \Phi = 2,\ \nu_2 = 15$$

이므로, 그림 13.6에서 $\beta \simeq 0.38$이다.

따라서 검정력은

$$1-\beta = 1-0.38 = 0.62$$

로 요구된 0.90보다 작다. 즉, $n = 4$는 충분하지 않다. 비슷한 방식으로 n을 증가하면 그 결과는 다음 표와 같다.

n	Φ^2	Φ	$a(n-1)$	β	검정력$(1-\beta)$
4	4	2.00	15	0.38	0.62
5	5	2.24	20	0.18	0.82
6	6	2.45	25	0.06	0.94

결론: 검정력을 충족하려면 적어도 $n = 6$의 반복이 필요하다.

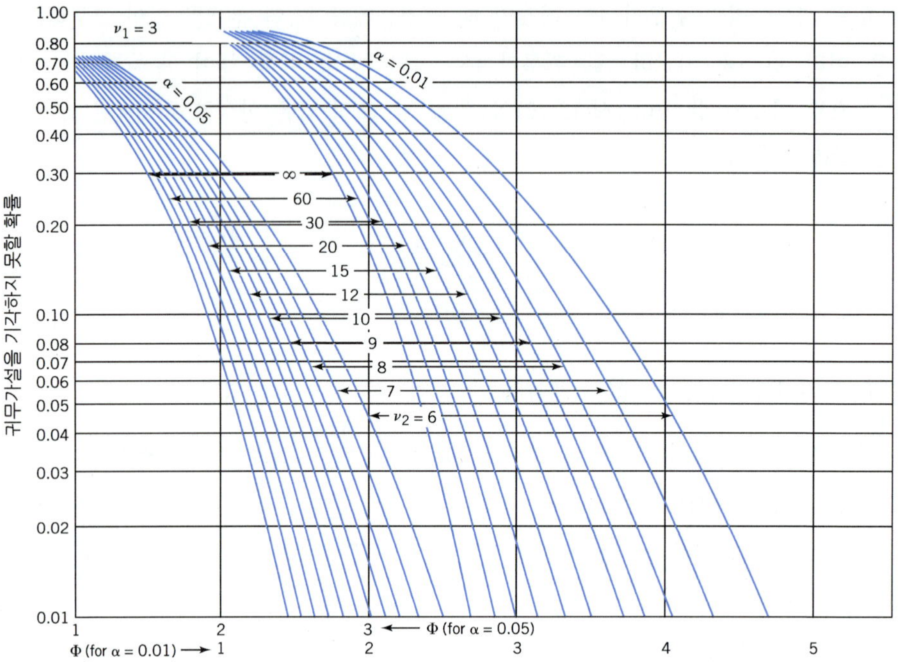

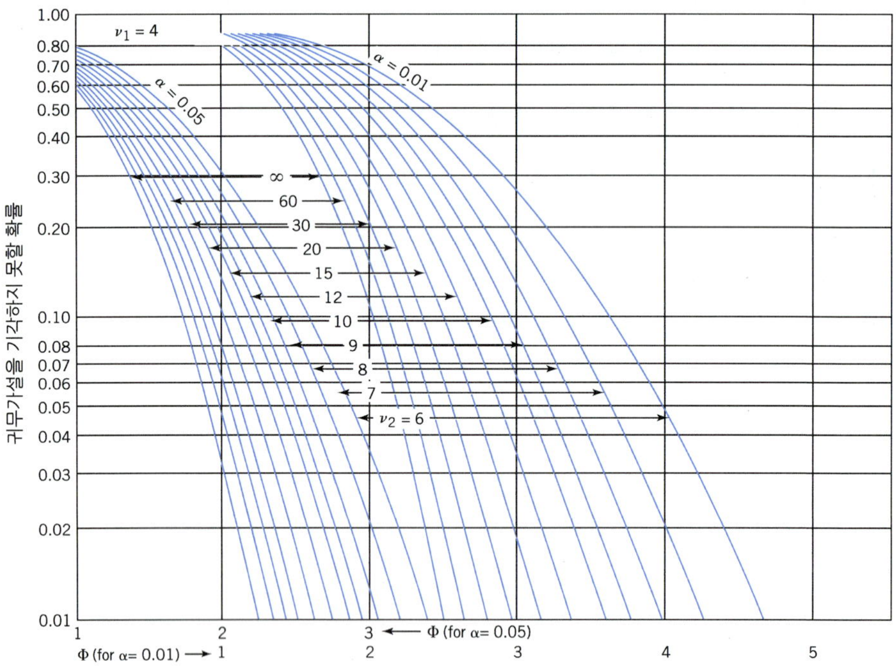

그림 13.6 고정효과모형의 분산분석을 위한 검사특성곡선(위: 4수준, 아래: 5수준)

13.3 변량효과모형

13.3.1 고정요인과 변량요인

많은 경우 요인수준의 개수가 많고, 이런 경우 분석가는 요인수준의 전체 모집단에 관한 결론을 도출하는 데 관심이 있다. 요인수준의 전체 모집단으로부터 임의로 a개 수준을 선택하여 실험하면, 그 요인을 변량요인(random factor)이라고 한다. 실험에서 사용하는 요인수준을 임의로 선택하므로 도출한 결론을 요인수준의 전체 모집단에 적용할 수 있다. 이 절에서는 요인수준의 모집단이 무한하다고 할 만큼 충분히 크다고 가정한다. 이것은 실험에서 사용한 요인수준에만 결론을 적용하는 고정효과모형과는 매우 다른 상황임을 알아야 한다.

13.3.2 분산분석과 분산성분

다음 선형모형

$$Y_{ij} = \mu + \tau_i + \epsilon_{ij}, \quad \begin{cases} i = 1, 2, \cdots, a \\ j = 1, 2, \cdots, n \end{cases} \tag{13.13}$$

에서 처리효과 τ_i와 오차 ϵ_{ij}는 독립인 확률변수라고 하자. 이 모형의 구조는 식(13.1)의 고정효과모형과 같으나 모수에 대한 해석은 다르다. 처리효과 τ_i의 분산이 σ_τ^2이면 독립성에 의해 반응변수 Y_{ij}의 분산은

$$V(Y_{ij}) = \sigma_\tau^2 + \sigma^2 \tag{13.14}$$

이다. 분산 σ_τ^2과 σ^2을 분산성분(variance component), 식(13.13)의 모형을 분산성분모형 또는 변량효과모형(random-effects model)이라고 한다. 이 모형에서 가설을 검정하기 위해 오차 ϵ_{ij}는 독립이면서 평균 0, 분산 σ^2인 정규분포를 따르고, 처리효과 τ_i는 독립이면서 평균 0, 분산 σ_τ^2인 정규분포를 따른다고 가정한다.[2)]

변량효과모형에서는 개별 처리효과가 0이라는 가설을 검정하는 것은 의미가 없고 σ_τ^2에 대한 다음 가설을 검정하는 것이 더 적절하다.

$$H_0 : \sigma_\tau^2 = 0 \qquad H_1 : \sigma_\tau^2 > 0$$

만일 $\sigma_\tau^2 = 0$이면 처리효과는 모두 같고, $\sigma_\tau^2 > 0$이면 처리 간의 변동이 있다.

고정효과모형에서 사용한 총변동의 분해는 변량효과모형에도 여전히 타당하다. 즉,

2) 변량효과모형에서는 τ_i가 독립인 확률변수라고 가정하므로 고정효과모형의 가정 $\sum_{i=1}^{a} \tau_i = 0$을 적용하지 않는다.

$$SS_T = SS_{\text{Treatments}} + SS_E \tag{13.15}$$

이다. 그러나 처리평균제곱의 기댓값은 고정효과모형과 다르다.

평균제곱의 기댓값: 단일요인 변량효과모형

$$E(MS_{\text{Treatments}}) = E\left(\frac{SS_{\text{Treatments}}}{a-1}\right) = \sigma^2 + n\sigma_\tau^2 \tag{13.16}$$

$$E(MS_E) = E\left[\frac{SS_E}{a(n-1)}\right] = \sigma^2 \tag{13.17}$$

평균제곱의 기댓값을 보면 $H_0 : \sigma_\tau^2 = 0$이 참일 때 MS_E와 $MS_{\text{Treatments}}$는 모두 σ^2을 추정한다. 또한, MS_E와 $MS_{\text{Treatments}}$는 독립이다. 따라서 비율

$$F_0 = \frac{MS_{\text{Treatments}}}{MS_E} \tag{13.18}$$

는 귀무가설이 참일 때 $F_{a-1,\, a(n-1)}$분포를 따르므로, 검정통계량 F_0의 계산값 f_0이 $f_0 > f_{\alpha,\, a-1,\, a(n-1)}$을 만족하면 유의수준 α로 H_0을 기각한다.

변량효과모형에서 계산 절차와 분산분석표를 작성하는 방법은 고정효과모형에서와 같다. 그러나 변량효과모형의 결론은 처리의 전체 모집단에 적용되므로 고정효과모형의 결론과 상당히 다르다.

변량효과모형에서는 분산성분 σ_τ^2과 σ^2을 추정한다. σ_τ^2과 σ^2을 추정하는 절차는 분산분석표의 정보를 이용하므로 분산분석법이라고 한다. 분산분석법에서는 정규분포 가정이 필요하지 않고, 다만 평균제곱의 기댓값과 분산분석표의 계산값이 같다고 두고 분산성분을 구한다. 단일요인 변량효과모형의 경우 평균제곱의 기댓값과 계산값을 같다고 두면

$$MS_{\text{Treatments}} = \sigma^2 + n\sigma_\tau^2, \qquad MS_E = \sigma^2$$

이다. 따라서 분산성분의 추정량은 다음과 같다.

분산성분 추정량: 단일요인 변량효과모형

$$\hat{\sigma}^2 = MS_E \tag{13.19}$$

$$\hat{\sigma}_\tau^2 = \frac{MS_{\text{Treatments}} - MS_E}{n} \tag{13.20}$$

분산분석법을 이용하여 분산을 추정하였을 때 분산성분의 추정치가 음수일 수 있다. 분산성분은 음수가 될 수 없으므로 음의 추정치를 피해야 한다. 한 방법은 음의 추정치가

표본추출 변동에 따른 것이라고 가정하여 추정치를 받아들이고 분산성분의 참값은 0이라는 증거로 삼는 것이다. 이 방법은 직관적이지만 다른 추정치의 통계적 성질을 방해할 수 있다. 대안은 항상 음이 아닌 추정치를 생성하는 다른 방법으로 분산성분을 다시 추정하거나 또는 음의 추정치는 가정한 선형모형이 틀렸다는 증거라고 생각하고 더 적절한 모형을 찾기 위해 모형과 가정사항을 검토하는 것이다.

예제 13.4 섬유 제조

D. C. Montgomery (*Design and Analysis of Experiments*, 8th edition, John Wiley, 2012)는 여러 직조기로 옷감을 짜는 섬유 제조사의 단일요인 실험을 설명하고 변량효과모형을 적용하였다. 섬유 제조사는 직조기에 따른 인장강도의 변동을 조사하기 위해, 4개의 직조기를 임의추출하고 각 직조기로부터 4개의 옷감시료를 임의추출하여 각각 인장강도를 측정하였다. 표 13.6은 실험 데이터를, 표 13.7은 분산분석표를 나타낸다.

표 13.6 직조기에 따른 옷감의 인장강도 데이터

직조기	관측치					
	1	2	3	4	합계	평균
1	98	97	99	96	390	97.5
2	91	90	93	92	366	91.5
3	96	95	97	95	383	95.8
4	95	96	99	98	388	97.0
					1527	95.45

표 13.7 직조기 실험 데이터에 대한 분산분석표

변동원인	제곱합	자유도	평균제곱	f_0	P-값
직조기	89.19	3	29.73	15.68	1.88E-4
오차	22.75	12	1.90		
합계	111.94	15			

분산분석 결과 공장의 직조기는 일정 강도의 옷감을 생산하는 능력에 있어 유의한 차이가 있다. 분산성분의 추정치는

$$\hat{\sigma}^2 = 1.90, \quad \hat{\sigma}_\tau^2 = \frac{29.73 - 1.90}{4} = 6.96$$

으로, 인장강도의 분산 추정치는 다음과 같다.

$$\hat{V}(Y_{ij}) = \hat{\sigma}_\tau^2 + \hat{\sigma}^2 = 6.96 + 1.90 = 8.86$$

결론: 인장강도 변동의 대부분은 직조기 간의 차이에 기인한다.

이 예제를 보면 분산분석의 중요한 적용, 즉 공정변동의 출처를 분리하는 것을 알 수 있다. 품질개선 프로그램에서는 중요한 기능모수나 성질의 과도한 변동성 문제가 자주 발생한다. 예제 13.4의 경우 공정의 평균과 표준편차를 추정하면 각각 다음과 같다.

$$\bar{y} = 95.45, \ \hat{\sigma}_Y = \sqrt{\hat{V}(Y_{ij})} = \sqrt{8.86} = 2.98$$

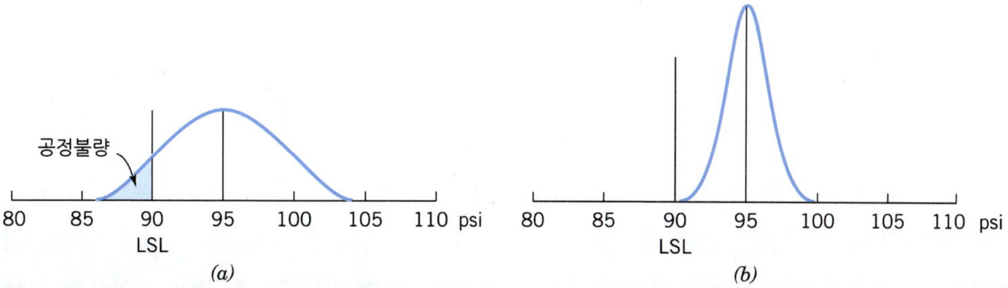

그림 13.7 옷감 인장강도의 분포 (a) 현재 공정 (b) 개선된 공정

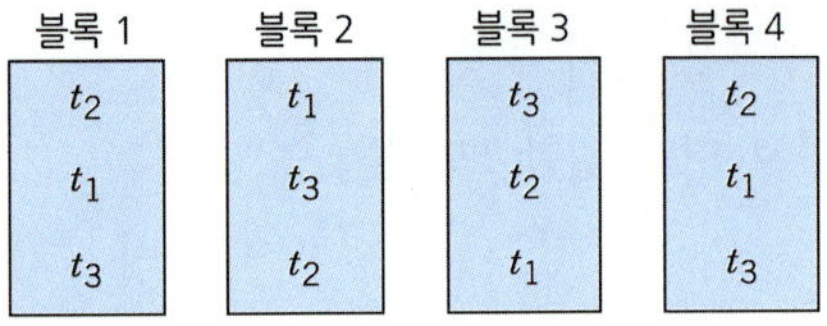

그림 13.8 RCBD 개념도

표 13.8 3개 처리와 4개 블록이 있는 RCBD 데이터

처리	블록			
	1	2	3	4
1	y_{11}	y_{12}	y_{13}	y_{14}
2	y_{21}	y_{22}	y_{23}	y_{24}
3	y_{31}	y_{32}	y_{33}	y_{34}

따라서 인장강도가 근사 정규분포를 따르면 출하제품 인장강도의 분포는 그림 13.7(a)의 정규분포와 비슷할 것이다. 인장강도의 규격하한(lower specification limit, LSL)이 90 psi이면 공정 출하제품의 상당 부분이 불합격, 즉 폐기되거나 2등급 품질로 팔아야 하는 결함 제품이다. 이러한 결함 제품은 직조기 간의 차이로 인한 과도한 변동과 직접 관련이 있다. 직조기 성능의 변동은 설치불량, 정비부실, 감독 부적절, 작업자의 훈련부족 등에 기인할 수 있다. 품질개선의 책임이 있는 기술자나 관리자는 공정변동의 원인을 찾아 제거해야 한다. 그러면 인장강도의 변동은 그림 13.7(b)에서 보는 것처럼 $\hat{\sigma}_Y = \sqrt{\hat{\sigma}^2} = \sqrt{1.90} = 1.38$ psi로 크게 줄어든다. 이렇듯 개선된 공정에서는 인장강도의 변동이 감소하여 불합격이 크게 줄고, 저비용, 고품질, 고객만족 증대, 경쟁력 강화로 이어진다.

13.4 랜덤화 완전블록설계

13.4.1 실험설계와 통계분석

많은 문제에서 방해인자(nuisance factor)로 인한 변동을 제어하도록 실험을 계획할 필요가 있다. 10장에서 t-검정에 관한 예제로 강판 대들보의 전단강도를 예측하는 두 방법을 비교하였다. 대들보 간에는 잠재적으로 강도 차이가 있지만 이 차이는 직접적인 관심의 대상이 아니므로, 하나의 대들보에 두 방법을 모두 적용하고 쌍체 t-검정으로 강도의 차이를 0과 비교하도록 실험을 설계하였다. 쌍체 t-검정은 실험의 모든 시행을 동일한 조건에서 진행하지 못할 때 두 처리의 평균을 비교하는 절차로, 방해인자의 효과를 차단하여 실험 내의 배경잡음을 줄이는 방법이다. 블록이 방해인자이므로, 이 예제에서 방해인자는 실험에서 사용하는 강판 대들보이다.

요인수준이 3개 이상인 경우 쌍체 t-검정을 확장하여 랜덤화 블록설계를 사용한다. 예를 들어 강판 대들보의 강도를 평가할 때 3가지 방법을 이용할 수 있다고 가정하자. 3가지 방법을 3개의 처리 t_1, t_2, t_3이라고 할 때, 실험에서 4개 대들보를 사용하면 랜덤화 완전블럭설계(randomized complete block design, RCBD)는 그림 13.8과 같이 나타난다. 각 블록은 모든 처리를 시험할 만큼 충분히 크고 각 블럭 내에서 3개 처리를 임의로 할당하기 때문에 이 설계를 RCBD라고 한다. 실험을 수행하고 나면 표 13.8과 같이 데이터를 기록

표 13.9 a개 처리와 b개 블록이 있는 RCBD 데이터

처리	블록				합계	평균
	1	2	$\cdots$	b		
1	y_{11}	y_{12}	$\cdots$	y_{1b}	$y_{1.}$	$\bar{y}_{1.}$
2	y_{21}	y_{22}	$\cdots$	y_{2b}	$y_{2.}$	$\bar{y}_{2.}$
$\vdots$	$\vdots$	$\vdots$	$\ddots$	$\vdots$	$\vdots$	$\vdots$
a	y_{a1}	y_{a2}	$\cdots$	y_{ab}	$y_{a.}$	$\bar{y}_{a.}$
합계	$y_{.1}$	$y_{.2}$	$\cdots$	$y_{.b}$	$y_{..}$	
평균	$\bar{y}_{.1}$	$\bar{y}_{.2}$	$\cdots$	$\bar{y}_{.b}$		$\bar{y}_{..}$

한다. 이때 관측치 y_{ij}는 블록 j에서 처리 i를 시험할 때 반응을 나타낸다.

RCBD의 일반적 절차는 b개 블록을 선택하고 각 블록에서 실험의 완전 반복을 수행하는 것으로 구성된다. 수준이 a개인 단일요인을 b개 블록에서 조사하는 RCBD를 수행한 결과 데이터는 표 13.9와 같이 나타난다. 각 블록에는 요인수준당 1개, 총 a개의 관측치가 있고, 블록 내에서 관측 순서는 임의로 결정된다.

이제 RCBD의 통계분석을 알아보자. 수준이 a개인 요인을 b개 블록에서 실험할 때 관측치를 다음의 **선형모형**으로 설명할 수 있다.

$$Y_{ij} = \mu + \tau_i + \beta_j + \epsilon_{ij}, \quad \begin{cases} i = 1, 2, \cdots, a \\ j = 1, 2, \cdots, b \end{cases} \tag{13.21}$$

여기서 Y_{ij}는 i번째 처리와 j번째 블록에서 관측치를 나타내는 반응변수, μ는 전체평균, τ_i는 i번째 처리의 효과, β_j는 j번째 블록의 효과, ϵ_{ij}는 랜덤 오차항이다. 오차 ϵ_{ij}는 독립이면서 평균 0, 분산 σ^2인 정규분포를 따른다고 가정한다. 또한, 처리와 블록의 효과는 전체평균으로부터의 편차로 정의되므로 $\sum_{i=1}^{a} \tau_i = 0$, $\sum_{j=1}^{b} \beta_j = 0$이다. 이 정의는 13.2절의 완전랜덤화 실험에서 사용한 것과 같다. 또한, 처리와 블록은 서로 교호작용이 없다고 가정한다. 즉, 처리 i의 효과는 실험된 블록에 관계없이 일정하다. 이제 다음과 같이 처리효과가 모두 같은지를 검정한다.

$$H_0 : \tau_1 = \tau_2 = \cdots = \tau_a = 0$$

H_1 : 적어도 하나의 i에 대해 $\tau_i \neq 0$ 이다.

분산분석을 RCBD로 확장하기 위해 다음과 같이 총제곱합을 3개의 성분으로 분해하는 제곱합 항등식을 이용한다.

분산분석 제곱합 항등식: RCBD

(1) 제곱합 항등식은

$$\sum_{i=1}^{a}\sum_{j=1}^{b}(y_{ij}-\bar{y}_{..})^2 = b\sum_{i=1}^{a}(\bar{y}_{i.}-\bar{y}_{..})^2 + a\sum_{j=1}^{b}(\bar{y}_{.j}-\bar{y}_{..})^2 + \sum_{i=1}^{a}\sum_{j=1}^{b}(y_{ij}-\bar{y}_{i.}-\bar{y}_{.j}+\bar{y}_{..})^2 \qquad (13.22)$$

이것을 기호로 나타내면

$$SS_T = SS_{\text{Treatments}} + SS_{\text{Blocks}} + SS_E$$

(2) 자유도를 분해하면

$$ab-1 = (a-1)+(b-1)+(a-1)(b-1)$$

이것을 기호로 나타내면

$$df_T = df_{\text{Treatments}} + df_{\text{Blocks}} + df_E$$

RCBD에서 평균제곱을 정의하면 다음과 같다.

$$MS_{\text{Treatments}} = \frac{SS_{\text{Treatments}}}{a-1}$$

$$MS_{\text{Blocks}} = \frac{SS_{\text{Blocks}}}{b-1}$$

$$MS_E = \frac{SS_E}{(a-1)(b-1)}$$

평균제곱의 기댓값은 다음과 같이 알려져 있다.

평균제곱의 기댓값: RCBD

$$E(MS_{\text{Treatments}}) = \sigma^2 + \frac{b\sum_{i=1}^{a}\tau_i^2}{a-1}$$

$$E(MS_{\text{Blocks}}) = \sigma^2 + \frac{a\sum_{j=1}^{b}\beta_j^2}{b-1}$$

$$E(MS_E) = \sigma^2$$

처리효과가 모두 0이라는 귀무가설이 참이면 모든 $\tau_i = 0$이고 $MS_{\text{Treatments}}$는 σ^2의 불편추정량이다. 귀무가설이 거짓이면 $MS_{\text{Treatments}}$는 σ^2을 과다추정한다. 오차평균제곱은 항상 σ^2의 불편추정량이다. 귀무가설이 참이면 검정통계량

$$F_0 = \frac{MS_{\text{Treatments}}}{MS_E} \tag{13.23}$$

는 $F_{a-1,\,(a-1)(b-1)}$분포를 따른다. 따라서 검정통계량 F_0의 계산값 f_0이 $f_0 > f_{\alpha,\,a-1,\,(a-1)(b-1)}$을 만족하면 유의수준 α로 귀무가설을 기각한다.

실제 계산시 SS_T, $SS_{\text{Treatments}}$, SS_{Blocks}을 계산한 후 뺄셈으로 오차제곱합 SS_E를 구하면 편리하다. 적절한 계산식은 다음과 같다.

분산분석 계산식: RCBD

$$SS_T = \sum_{i=1}^{a}\sum_{j=1}^{b} y_{ij}^2 - \frac{y_{..}^2}{ab} \tag{13.24}$$

$$SS_{\text{Treatments}} = \frac{1}{b}\sum_{i=1}^{a} y_{i.}^2 - \frac{y_{..}^2}{ab} \tag{13.25}$$

$$SS_{\text{Blocks}} = \frac{1}{a}\sum_{j=1}^{b} y_{.j}^2 - \frac{y_{..}^2}{ab} \tag{13.26}$$

$$SS_E = SS_T - SS_{\text{Treatments}} - SS_{\text{Blocks}}$$

보통 이 결과를 표 13.10과 같은 분산분석표로 요약한다. 일반적으로 RCBD 분산분석을 위해 컴퓨터 소프트웨어를 이용한다.

표 13.10 분산분석표: RCBD

변동원인	제곱합	자유도	평균제곱	F_0
처리	$SS_{\text{Treatments}}$	$a-1$	$MS_{\text{Treatments}} = \dfrac{SS_{\text{Treatments}}}{a-1}$	$\dfrac{MS_{\text{Treatments}}}{MS_E}$
블록	SS_{Blocks}	$b-1$	$MS_{\text{Blocks}} = \dfrac{SS_{\text{Blocks}}}{b-1}$	
오차	SS_E	$(a-1)(b-1)$	$MS_E = \dfrac{SS_E}{(a-1)(b-1)}$	
합계	SS_T	$ab-1$		

예제 13.5 옷감 인장강도: 분산분석

영구적인 프레스 마감공정에 이용되는 4가지 유형의 화학약품이 옷감의 인장강도에 미치는 영향을 조사하고 있다. 5개의 옷감시료를 선택하고 각 옷감시료에 4가지 유형의 화학약품을 임의로 하나씩 시험하는 RCBD를 수행한 결과 데이터는 표 13.11과 같다. 분산분석을 이용하여 약품유형에 따라 평균 인장강도의 차이가 있는지 유의수준 $\alpha = 0.01$로 검정해 보자.

분산분석을 위한 제곱합을 계산하면 다음과 같다.

$$SS_T = 25.69$$

$$SS_{\text{Treatments}} = 18.04$$

$$SS_{\text{Blocks}} = 6.69$$

$$SS_E = SS_T - SS_{\text{Treatments}} - SS_{\text{Blocks}} = 25.69 - 18.04 - 6.69 = 0.96$$

표 13.12의 분산분석표를 보면

$$f_0 = 75.13 > f_{0.01,\,3,\,12} = 5.95$$

이므로 4가지 유형의 화학약품이 인장강도에 미치는 영향은 유의한 차이가 있다고 결론을 내린다. 컴퓨터 소프트웨어로 구한 P-값은 4.79×10^{-8}이다.

표 13.11 약품유형에 따른 옷감의 인장강도 데이터

약품유형	옷감시료					처리 합계 $y_{i.}$	처리 평균 $\bar{y}_{i.}$
	1	2	3	4	5		
1	1.3	1.6	0.5	1.2	1.1	5.7	1.14
2	2.2	2.4	0.4	2.0	1.8	8.8	1.76
3	1.8	1.7	0.6	1.5	1.3	6.9	1.38
4	3.9	4.4	2.0	4.1	3.4	17.8	3.56
블록 합계 $y_{.j}$	9.2	10.1	3.5	8.8	7.6	$y_{..} = 39.2$	
블록 평균 $\bar{y}_{.j}$	2.30	2.53	0.88	2.20	1.90		$\bar{y}_{..} = 1.96$

표 13.12 화학약품 실험에 대한 분산분석표

변동원인	제곱합	자유도	평균제곱	f_0	P-값
약품유형(처리)	18.04	3	6.01	75.13	$4.79E-8$
옷감시료(블록)	6.69	4	1.67		
오차	0.96	12	0.08		
합계	25.69	19			

블록화의 필요성: RCBD로 실험하였지만 사실 블록화(blocking)는 필요하지 않았다고 가정해 보자. 총 ab개의 관측치가 있으므로 RCBD에서 오차의 자유도는 $(a-1)(b-1)$이다. 만일 실험을 b번 반복이 있는 단일요인 완전랜덤화설계(CRD)로 수행했다면 오차의 자유도는 $a(b-1)$이다. 그러므로 블록화로 인해 $a(b-1)-(a-1)(b-1) = b-1$의 오차 자유도를 비용으로 지불한 것이다. 이와 같은 자유도의 손실로 식(13.23)의 검정통계량에 대한 F-분포의 임계치가 커지고, 처리효과를 검출하려면 더 큰 처리평균의 차이가 필요하다. 그러나 보통 오차 자유도의 손실은 작아서 블록효과가 중요하면 RCBD를 사용해야 한다.

예를 들어 예제 13.5의 실험을 블록화를 고려하지 않은 CRD로 보면 오차 자유도는

16이다. RCBD에서 오차 자유도는 12이므로 블록화의 비용은 자유도 4에 불과하다. 블록효과가 정말로 중요하면 얻는 정보의 이득을 고려할 때 작은 손실이다. 예제 13.5에서 블록효과는 크다. 만일 블록을 고려하지 않은 CRD로 분석하면 SS_{Blocks}이 오차제곱합에 포함되고, 그 결과 MS_E가 훨씬 커지므로 처리의 차이를 검출하기 더 어렵다. 일반적 규칙으로 블록효과가 중요한지 의심이 들면 블록효과가 존재한다고 가정해야 한다. 이런 가정이 틀렸더라도 오차 자유도가 아주 작은 것이 아니면 약간의 자유도를 손실해도 무시할 정도의 영향을 준다.

13.4.2 다중비교

분산분석 결과 처리평균의 차이가 있다고 결론을 내리면 이 차이를 구체적으로 분리하기 위해 후속 검정을 수행할 필요가 있다. 이러한 목적으로 다중비교 방법을 이용한다. 여기서는 피셔의 LSD 방법을 알아본다. 4가지 유형의 화학약품에 대한 처리평균의 추정치는

$$\bar{y}_{1.} = 1.14, \quad \bar{y}_{2.} = 1.76, \quad \bar{y}_{3.} = 1.38, \quad \bar{y}_{4.} = 3.56$$

이다. 여기서 각 블록에 하나씩, 즉 $b=5$의 관측치를 이용하여 각 평균을 구했다. $\alpha = 0.05$일 때 $t_{0.025,\,12} = 2.179$이므로 LSD의 값은

$$LSD = t_{0.025,\,12}\sqrt{\frac{2MS_E}{b}} = 2.179\sqrt{\frac{2\times 0.08}{5}} = 0.39$$

이다. 따라서 어떤 쌍의 처리평균의 차이가 0.39 이상이면 처리평균이 서로 유의하게 다르다. 처리평균의 차이를 쌍별로 비교하면 다음과 같다.

처리 4와 처리 1: $3.56 - 1.14 = 2.42 > 0.39$

처리 4와 처리 3: $3.56 - 1.38 = 2.18 > 0.39$

처리 4와 처리 2: $3.56 - 1.76 = 1.80 > 0.39$

처리 2와 처리 1: $1.76 - 1.14 = 0.62 > 0.39$

처리 2와 처리 3: $1.76 - 1.38 = 0.38 < 0.39$

처리 3과 처리 1: $1.38 - 1.14 = 0.24 < 0.39$

이 결과를 그림으로 나타내면 그림 13.9와 같다. 밑줄을 그은 쌍은 평균이 다르지 않음을

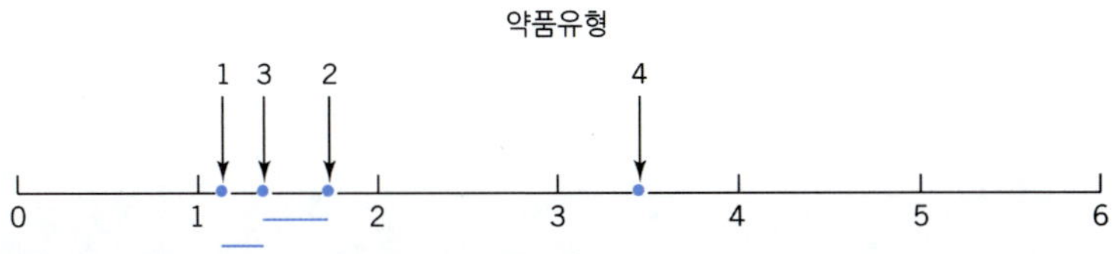

그림 13.9 화학약품 실험에서 피셔의 LSD 결과

의미한다. LSD 검정 결과 약품유형 4는 나머지 약품유형과 유의하게 다른 인장강도를 보인다고 할 수 있다. 약품유형 2와 3은 다르지 않고, 약품유형 1과 3도 다르지 않다. 약품유형 1과 2의 인장강도는 약간 차이가 있다.

13.4.3 잔차분석과 모형검토

실험설계에서 잔차를 조사하여 결과를 무효화할 정도로 모형의 가정이 위반되는지 확인하는 것이 중요하다. 앞에서와 마찬가지로 RCBD에서 잔차는 관측치와 추정치(적합치)의 차이, 즉 $e_{ij} = y_{ij} - \hat{y}_{ij}$이다. 이때 적합치

$$\hat{y}_{ij} = \bar{y}_{i.} + \bar{y}_{.j} - \bar{y}_{..}$$

는 i번째 처리와 j번째 블록에서 평균반응의 추정치이다. 표 13.13에는 옷감의 인장강도 데이터에 대한 잔차가 나와 있다.

잔차그림을 작성하면 그림 13.10(a)~(d)와 같다. 보통 컴퓨터 소프트웨어로 잔차그림을 작성한다. 4가지 유형의 화학약품으로 처리했을 때 옷감시료(블록) 3이 다른 시료보다 더 큰 변동을 보인다. 약품유형 4의 강도가 가장 크지만 변동도 다소 크다. 이런 결과가 잠재적으로 중요하면 이를 확인하기 위해 후속실험이 필요하다.

표 13.13 화학약품 실험에 대한 RCBD의 잔차

	옷감시료				
약품유형	1	2	3	4	5
1	−0.18	−0.10	0.44	−0.18	0.02
2	0.10	0.08	−0.28	0.00	0.10
3	0.08	−0.24	0.30	−0.12	−0.02
4	0.00	0.28	−0.48	0.30	−0.10

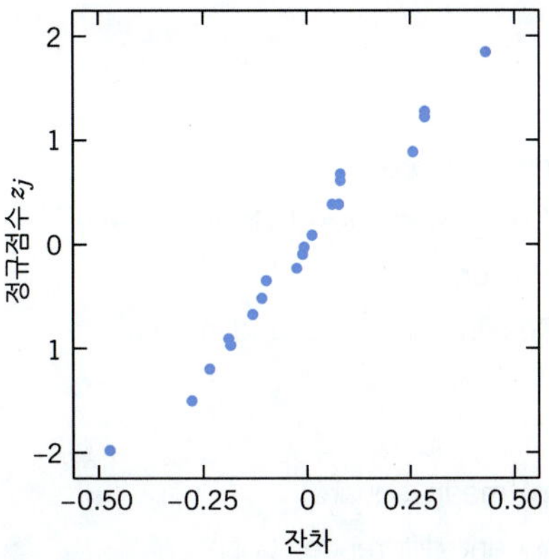

그림 13.10(a) RCBD 잔차의 정규확률그림

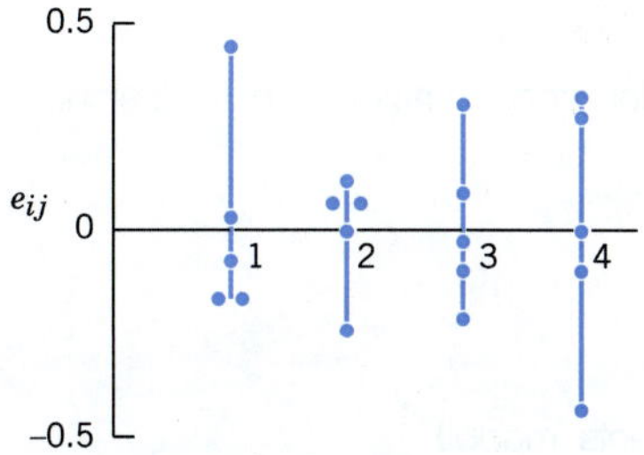

그림 13.10(b) RCBD 처리와 잔차

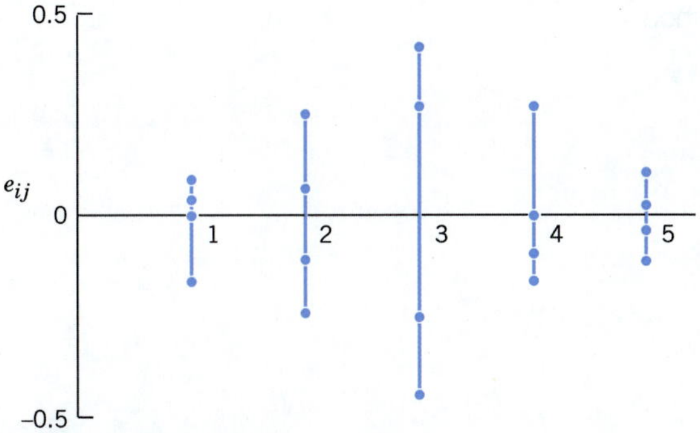

그림 13.10(c) RCBD 블록과 잔차

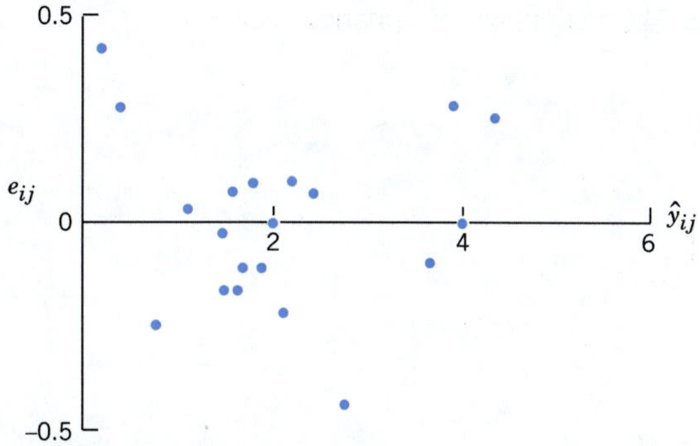

그림 13.10(d) RCBD 적합치와 잔차

주요용어와 개념

검사특성곡선(Operating characteristic curve, OC curve)
고정효과모형(Fixed-effects model)
다중비교(Multiple comparisons)
랜덤화 완전블록설계(Randomized complete block design, RCBD)
랜덤화(Randomization)
방해인자(Nuisance factor)
변량요인(Random factor)
변량효과모형(Random-effects model)
분산분석(Analysis of variance, ANOVA)
분산성분(Variance components)
분산성분모형(Components of variance model)
블록화(Blocking)
오차평균제곱(Error mean square)
완전랜덤화설계(Completely randomized design, CRD)
요인수준(Levels of a factor)
잔차분석과 모형점검(Residual analysis and model checking)
처리(Treatment)
처리평균제곱(Treatment mean square)
최소유의차(Least significant difference, LSD)
평균의 그래프 비교(Graphical comparison of means)
피셔의 최소유의차 방법(Fisher's least significant difference method)

CHAPTER 14

다요인 실험설계와 분석

학습목표

이 장을 주의 깊게 학습한 후 다음을 할 수 있다.

1. 요인설계 방법을 이용하여 다요인 공학실험을 설계하고 시행한다.
2. 주효과와 교호작용효과를 분석하고 해석하는 방법을 이해한다.
3. 실험 데이터를 분석하기 위한 분산분석법을 이해한다.
4. 잔차그림을 이용하여 모형의 적합도를 검토한다.
5. 2수준 요인설계의 사용법을 이해한다.
6. 블록에서 2수준 요인설계를 시행하는 방법을 이해한다.
7. 2수준 부분요인설계를 계획하고 시행한다.
8. 2수준 요인설계에서 중심점을 이용하여 곡률을 검정한다.
9. 공정의 최적화실험을 위해 반응표면설계를 사용한다.

목차

카로티노이드는 과일과 채소에서 자연 발생하는 지용성 색소이며, 건강한 식품으로 추천되어 왔다. 잘 알려진 카로티노이드로는 베타카로틴이 있다. 또 다른 카로티노이드로는 상업적으로 생산되며 강한 항산화제로 알려진 아스타잔틴이 있다. 학술지 《Biotechnology Progress》에 아스타잔틴의 생산을 촉진하는 실험이 소개되었다. 이 실험에서는 생산에 중요한 요인으로 광자자속밀도(photon flux density), 질소, 인, 마그네슘, 아세테이트, 철분, 염화나트륨을 고려하고, 각 요인과 요인의 조합이 생산에 미치는 영향을 조사하였다. 실험의 각 요인에 높은 수준과 낮은 수준만 포함하여도 요인의 모든 가능한 조합을 실험하려면 $2^7 = 128$번의 시행이 필요하다. 이와 같이 큰 실험은 여러 단점이 있으므로 훨씬 적은 수의 시행으로 가장 중요한 정보를 얻을 수 있는 부분 실험을 사용할 수 있을지 의문이 생긴다. 놀랍게도 이 사례에서는 전체의 1/8인 16개의 조합만 실험하였다. 이 장에서는 이런 유형의 실험설계와 분석을 알아본다. 현대의 기술개발과 과학탐구 전반에 걸쳐 이런 실험을 널리 이용한다.

14.1 소개

실험은 하나 또는 일련의 시험이다. 모든 공학과 과학 분야에서 실험을 시행하며, 실험은 시스템과 공정의 작동 원리를 습득하는 중요한 방식이다. 어떻게 실험하는지에 따라 실험에서 도출한 결론의 타당성이 크게 달라지므로 실험의 설계는 문제의 최종 해에 중요한 역할을 한다.

이 장에서는 실험자가 중요하다고 생각하는 요인이 2개 이상인 경우를 알아본다. 요인실험(factorial experiment)은 이런 유형의 문제에 사용할 수 있는 강력한 기법이다. 일반적으로 요인실험에서는 요인수준의 모든 조합을 시험한다. 예를 들어 어느 화학공학 기술자가 반응시간과 반응온도가 공정수율에 미치는 영향을 조사할 때 2수준의 반응시간(1시간, 2시간)과 2수준의 반응온도(125°F, 150°F)가 중요하다고 생각하면 요인실험에서는 시간과 온도의 4가지 조합에서 시험을 시행할 것이다.

실험설계는 공정성능을 개선하려는 기술자와 과학자에게 매우 중요한 도구이다. 또한, 새로운 공정의 개발과 신제품의 설계에도 실험설계를 광범위하게 응용한다. 아래에서 몇 가지 사례를 알아본다.

공정특성실험: 어느 논문(*IEEE Transactions on Electronics Packaging Manufacturing*, 2001, Vol. 24, pp. 249-254)에서 표면실장기술(surface mount technology, SMT)에 무연 땜납을 사용하는 문제를 알아보았다. SMT는 전자소자를 인쇄회로기판(printed circuit board, PCB)에 조립하는 공정이다. 납땜크림(solder paste)이 스텐실을 통과하면서 PCB에 도포된다. 도포기에는 스퀴지(squeegee)라는 고무롤러가 있어서 크림이 스퀴지를 굴러가면서 스텐실 개구부에 채워진다. 스퀴지가 스텐실을 이동하면서 크림을 개구부로 떼어내

고, 도포작업이 완료되면 기판은 스텐실로부터 기계적으로 분리된다. 전자소자가 증착 부위에 위치하면 기판에 열이 가해지고 크림이 유동하여 땜납 이음을 형성하게 된다.

이 공정에는 많은 변수가 있으나 모든 변수가 똑같이 중요한 것은 아니다. 팀 구성원의 공정에 관한 지식과 정보를 수집하여 실험에 포함할 후보변수의 초기 목록을 작성한다. 예를 들어 기술자는 **브레인스토밍** 회의를 열고 SMT에 관한 경험이 있는 제조담당자를 초대한다. SMT에는 여러 개의 제어 가능한 요인이 있으며, 이런 요인으로는 (1) 스퀴지 속도, (2) 스퀴지 압력, (3) 스퀴지 각도, (4) 금속 또는 폴리우레탄 스퀴지, (5) 스퀴지 진동, (6) 스텐실에서 스퀴지를 들어 올릴 때 지연시간, (7) 스텐실 분리속도, (8) 도포 간격, (9) 납땜크림 합금, (10) 크림 전처리, (11) 크림 입자크기, (12) 플럭스 유형, (13) 유동 온도, (14) 유동 시간 등이 있다.

제어 가능한 요인 외에도 제조 중 쉽게 제어할 수 없는 다른 요인들이 있다. 이런 요인에는 (1) PCB 두께, (2) 기판에 사용할 소자의 형태와 개구부 길이, (3) 기판 위 소자의 배치, (4) 납땜크림 밀도의 변동, (5) 환경 요인, (6) 스퀴지 마모, (7) 청결도 등이 있다. 제어 불가능한 요인을 **잡음**요인이라고도 한다. 이 공정을 개념적으로 표현하면 그림 14.1과 같다. 이러한 상황에서 기술자는 SMT 공정특성, 즉 PCB 상의 결함 발생에 영향을 주는 제어 가능한 요인과 제어 불가능한 요인을 결정하기 위하여, 요인효과의 크기와 방향을 추정할 수 있도록 실험을 계획해야 한다. 이 실험을 선별실험(screening experiment)이라고 한다. 이와 같은 특성실험 또는 선별실험이 주는 정보는 주요 공정변수를 파악하고 결함을 줄이기 위해 요인을 조정하는 방향을 결정하는 데 도움이 된다.

최적화실험: 특성실험에서는 반응에 영향을 주는 요인에 관심이 있다. 논리적으로 다음 단계는 최적 반응에 이르도록 하는 주요 요인의 영역을 찾는 것이다. 예를 들어 반응변수가 비용이면 최저비용의 영역을 찾는다. 이를 위해 최적화실험(optimization experiment)이 필요하다.

어느 화학공정의 수율은 반응온도와 반응시간에 따라 변한다고 가정해 보자. 현재 공정은 155°F와 1.7시간에서 작동하여 공정수율이 약 75%라고 가정하자. 수율을 반응시간과 반응온도의 함수로 나타내면 그림 14.2와 같다. 수율이 같은 지점을 연결한 선은 수율

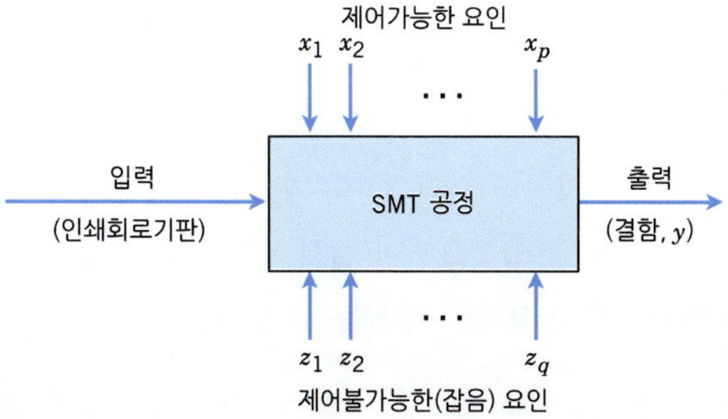

그림 14.1 땜납 실험의 개략도

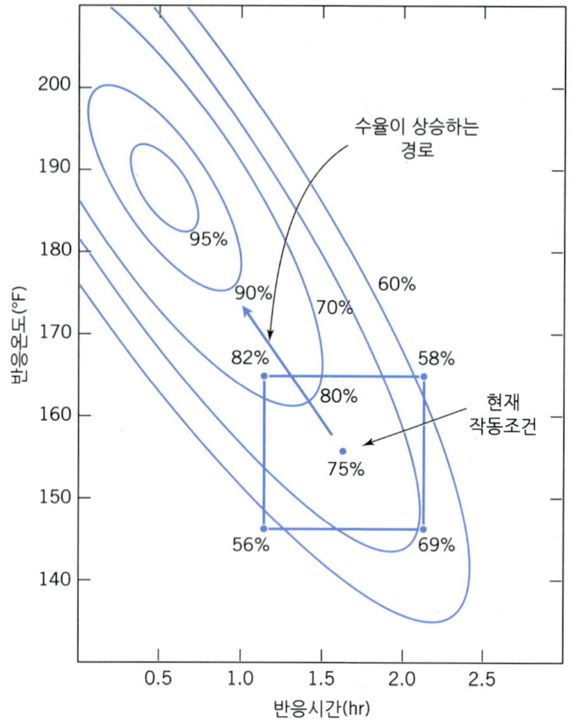

그림 14.2 최적화실험의 예시: 반응시간과 반응온도의 함수로서 수율의 등고선그림

의 **등고선**으로, 그림에는 60, 70, 80, 90, 95%의 수율에 대한 등고선이 나와 있다. 최적점을 찾기 위해 반응시간과 반응온도 각각의 현재 작동조건에 대해 ±10°F와 ±0.5시간의 2수준에서 요인실험을 시작할 수 있다. 그림 14.2에는 이와 같은 2요인 실험설계가 표시되어 있다. 4개 실험점(145°F, 1.2시간; 145°F, 2.2시간; 165°F, 1.2시간; 165°F, 2.2시간)에서 평균반응을 보면 수율을 높이기 위해 온도를 높이고 시간을 줄이는 방향으로 이동해야 한다. 최대 수율의 영역을 찾는 이러한 방향으로 추가 실험을 수행할 수 있다.

제품설계: 신제품 개발에도 실험설계를 이용한다. 예를 들어 어느 기술팀이 자동차 문의 힌지를 설계하고 있다고 하자. 이 제품의 특성은 차량이 언덕에 주차되어 있을 때 차의 문이 흔들리지 않도록 하는 걸쇠(latch)의 견제력이고, 견제력을 점검하는 메커니즘은 판스프링과 롤러이다. 차의 문을 열면 롤러가 이동하여 판스프링을 압축하고, 문을 닫으려면 스프링을 옆으로 밀어내어야 하므로 견제력이 생긴다. 기술팀은 견제력이 (1) 롤러의 이동거리, (2) 중심에서 스프링까지 높이, (3) 중심에서 스프링까지 수평거리, (4) 보강 스프링의 자유높이, (5) 주 스프링의 자유높이라는 5개 요인의 함수라고 생각한다.

기술자는 일정 범위 안에서 이 요인을 변화시킬 수 있는 프로토타입 힌지 메커니즘을 만들 수 있다. 일단 5개 요인의 적절한 수준을 파악하면 요인수준의 다양한 조합에서 실험을 설계하고 프로토타입을 시험할 수 있다. 그러면 어느 요인이 걸쇠 견제력에 가장 영향을 주는지에 관한 정보를 수집하고 분석하여 걸쇠 설계를 개선할 수 있다.

14.2 요인실험

실험에서 여러 요인에 관심이 있는 경우 요인실험을 사용한다. 앞서 학습한 것처럼 요인실험에서는 여러 요인을 동시에 변화시킨다.

> **요인실험**
> 요인실험은 실험의 각 반복에서 요인의 모든 가능한 수준의 조합을 조사하는 것을 의미한다.

두 요인 A, B가 있고 요인 A에는 a개 수준, 요인 B에는 b개 수준이 있을 때, 실험의 각 반복은 ab개의 처리조합을 모두 포함한다.

요인수준의 변화로 인한 반응의 변화를 요인효과라고 한다. 연구의 주된 요인을 일컫는 말이기 때문에 주효과(main effect)라고 한다. 예를 들어 표 14.1에는 두 요인 A, B가 각각 2수준(A_{low}, A_{high}, B_{low}, B_{high})인 요인실험 데이터가 나와 있다. 요인 A의 주효과는 A의 높은 수준과 낮은 수준에서 평균반응의 차이로 정의된다. 요인 A의 주효과를 계산하면

$$A = \frac{30+40}{2} - \frac{10+20}{2} = 20$$

즉, 요인 A를 낮은 수준에서 높은 수준으로 바꾸면 평균반응은 20단위 증가한다. 비슷한 방법으로 요인 B의 주효과를 계산하면 다음과 같다.

$$B = \frac{20+40}{2} - \frac{10+30}{2} = 10$$

몇몇 실험에서는 한 요인의 수준 간의 반응 차이가 다른 요인의 수준에 따라 달라진다. 즉, 요인 간에 교호작용(interaction)이 있다. 예를 들어 표 14.2의 데이터를 보면 요인 B의 낮은 수준에서 요인 A의 효과는

$$A = 30 - 10 = 20$$

이고, 요인 B의 높은 수준에서 요인 A의 효과는

표 14.1 두 요인의 요인실험

요인 A	요인 B	
	B_{low}	B_{high}
A_{low}	10	20
A_{high}	30	40

표 14.2 교호작용이 있는 요인실험

요인 A	요인 B	
	B_{low}	B_{high}
A_{low}	10	20
A_{high}	30	0

$$A = 0 - 20 = -20$$

이다. 요인 A의 효과가 요인 B의 수준에 따라 다르므로 두 요인에는 교호작용이 있다.

교호작용이 클 때 주효과는 거의 실질적 의미가 없다. 예를 들어 표 14.2에서 A의 주효과는

$$A = \frac{30+0}{2} - \frac{10+20}{2} = 0$$

이므로 요인 A의 효과가 없다고 결론을 내리고 싶을 수 있다. 그러나 요인 B의 **서로 다른 수준**에서 요인 A의 효과를 조사하면 그렇지 않다. 따라서 요인 A와 B의 교호작용에 관한 정보는 주효과에 관한 정보보다 더 유용하다. 유의한 교호작용이 주효과의 유의성을 가릴 수 있으므로, 교호작용이 있을 때 관련된 요인의 주효과는 큰 의미가 없다.

표 14.1과 표 14.2와 같은 요인실험에서 교호작용효과를 쉽게 추정할 수 있다. 이런 유형의 실험, 즉 두 요인이 모두 2수준일 때, 교호작용효과는 대각 평균의 차이이다. 이 값은 요인 B의 두 수준에서 구한 요인 A의 효과의 차이를 2로 나눈 값이다. 예를 들어 표 14.1에서 교호작용효과는

$$AB = \frac{20+30}{2} - \frac{10+40}{2} = 0$$

이고, 요인 A와 B의 교호작용이 없다. 한편 표 14.2에서 교호작용효과는

$$AB = \frac{20+30}{2} - \frac{10+0}{2} = 20$$

이고, 요인 A와 B의 교호작용이 아주 크다.

교호작용의 개념을 그림으로 나타내는 방식은 여러 가지이다. 그림 14.3은 표 14.1의 데이터를 이용하여 요인 A의 수준에 따라 요인 B의 두 수준을 나타낸 그래프이다. 그림에서 B_{low}와 B_{high}의 직선은 거의 평행한데, 이것은 요인 A와 B의 교호작용이 없음을 의미한다. 한편 그림 14.4는 표 14.2의 데이터로 같은 그래프를 그린 것이다. 그림에서 B_{low}와 B_{high}의 직선은 서로 평행하지 않으며, 이것은 요인 A와 B의 교호작용이 있음을 의미한다. 이 그래프를 **2요인 교호작용그림**이라고 한다. 이런 그림은 실험결과를 제시할 때 유용하고, 컴퓨터 소프트웨어를 이용하여 작성할 수 있다.

그림 14.5와 그림 14.6은 각각 표 14.1과 표 14.2의 데이터에 대한 **3차원 표면그림**이다. 표 14.1의 데이터에는 교호작용이 없으므로 그림 14.5의 표면그림은 A-B 공간 위에 놓인 평면이 된다. A와 B의 축방향으로 평면의 기울기는 각각 요인 A와 B의 주효과에 비례한다. 표 14.2의 데이터에 나타나는 교호작용효과는 그림 14.6에서처럼 평면을 비틀어 반응함수에 곡면을 만든다. 요인실험은 변수 간의 교호작용을 발견하는 유일한 방법이다.

한편 현장에서 자주 사용하는 요인설계의 대안은 "**한 번에 한** 요인실험"(one-factor-

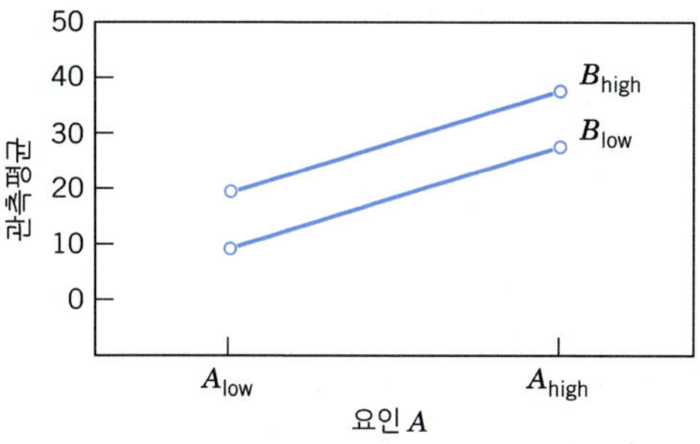

그림 14.3 교호작용이 없는 요인실험

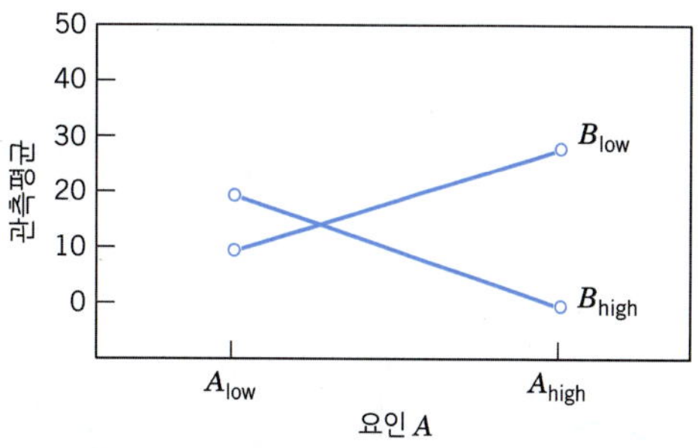

그림 14.4 교호작용이 있는 요인실험

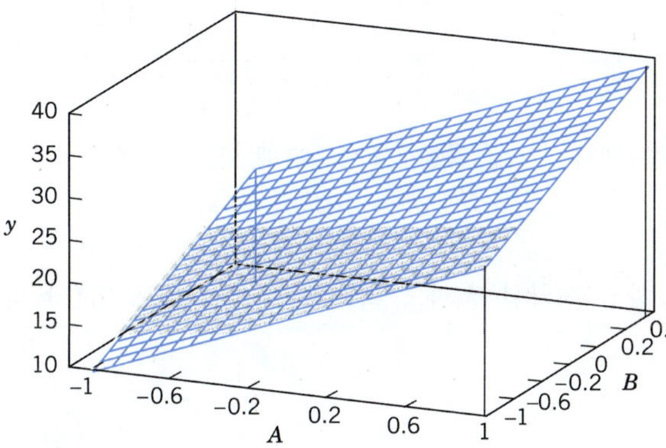

그림 14.5 표 14.1 데이터의 3차원 표면그림: A와 B의 교호작용효과가 없는 경우

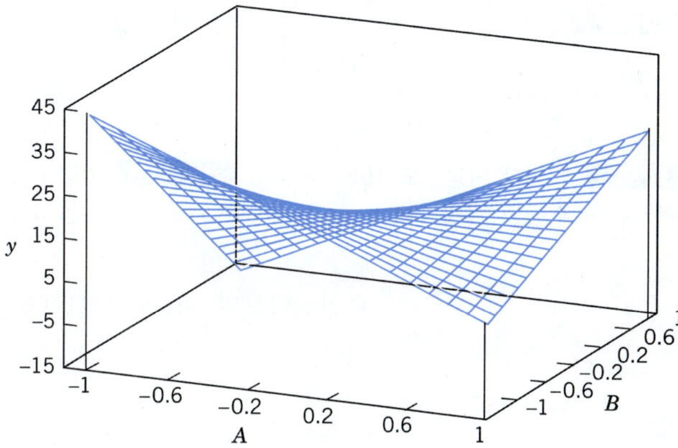

그림 14.6 표 14.2 데이터의 3차원 표면그림: A와 B의 교호작용효과가 있는 경우

at-a-time, OFAT)으로 요인의 수준을 동시에 바꾸는 대신 한 번에 하나씩 바꾸는 것이다. OFAT 방법의 예로, 어느 기술자가 공정수율을 최대로 하는 반응온도와 반응시간을 구한다고 하자. 반응온도를 155°F로 고정하고 서로 다른 반응시간의 수준, 즉 0.5, 1.0, 1.5, 2.0, 2.5시간에서 실험을 시행한 결과는 그림 14.7에 나와 있다. 그림을 보면 반응시간이 약 1.7일 때 수율이 최대이다. 이제 최적온도를 구하기 위해 기술자는 반응시간을 1.7로 고정하고 서로 다른 온도수준 140, 150, 160, 170, 180°F에서 실험을 시행한다. 실험 결과는 그림 14.8에 나와 있다. 그러므로 최적 공정조건은 155°F와 1.7시간이고 수율은 약 75%라고 결론을 내린다.

그림 14.9는 실제 공정수율의 등고선그림을 반응온도와 반응시간의 함수로 나타내고 그 위에 OFAT의 실험 시행을 표시한 것이다. 그림을 보면 OFAT 방법의 실패가 분명하다. 실제 최적 수율은 OFAT 방법보다 적어도 20% 높고, 최적 반응시간은 훨씬 낮고 최적 반응온도는 높다. 반응시간을 줄여야 하는 것을 발견하지 못한 것이 치명적인데, 생산량, 용량, 생산계획, 제조비용, 종합 생산성에 상당한 타격을 줄 수 있다.

OFAT 방법이 실패한 이유는 반응온도와 반응시간의 교호작용을 검출하지 못했기 때문이다. 요인실험은 교호작용을 검출할 수 있는 유일한 방법이다. 또한, OFAT 방법은

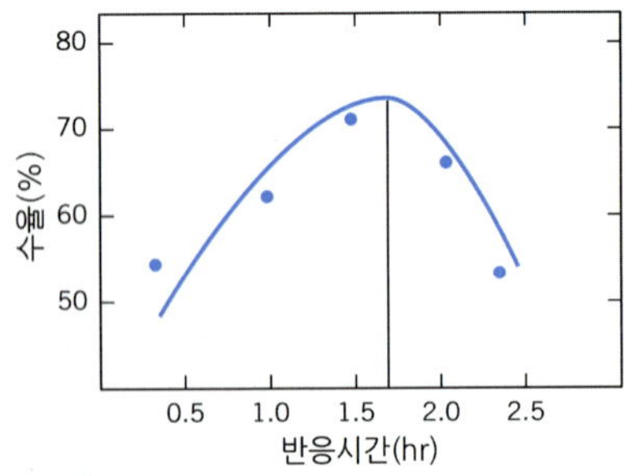

그림 14.7 일정한 반응온도 155°F에서 반응시간과 수율의 관계

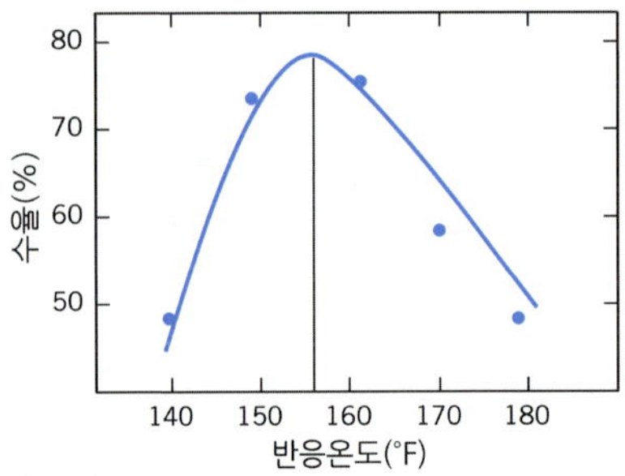

그림 14.8 일정한 반응시간 1.7에서 반응온도와 수율의 관계

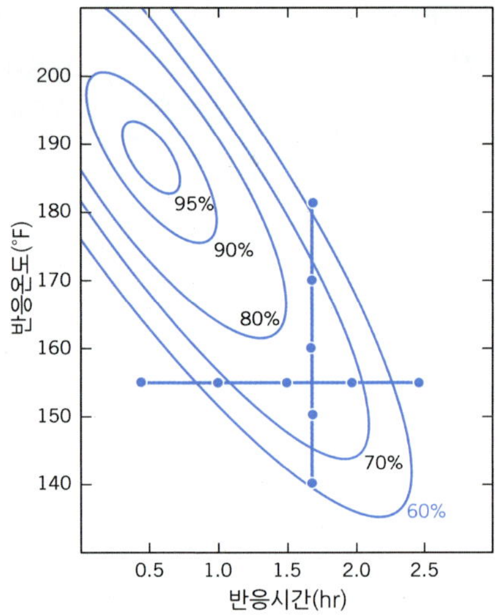

그림 14.9 OFAT에 따른 최적화

요인실험보다 더 많은 실험을 필요로 하고 정확한 결과도 확신할 수 없으므로 비효율적이다.

14.3 2요인 요인실험

가장 단순한 형태의 요인실험에는 두 요인만 있다. 요인 A에는 a개 수준, 요인 B에는 b개 수준이 있을 때, 2요인 요인설계의 데이터는 표 14.3과 같이 나타난다. 실험은 n번 반복되며, 각 반복은 ab개의 처리조합을 포함한다. 이제 y_{ijk}를 요인 A의 i번째 수준과 요인 B의 j번째 수준에서 k번째 반복의 관측치라고 하자. abn개 전체 실험의 순서를 임의로 정한다. 13장의 단일요인 요인실험과 마찬가지로 2요인 요인실험도 **완전랜덤화설계**(CRD)이다.

이 데이터를 다음과 같은 선형모형으로 설명할 수 있다.

$$Y_{ijk} = \mu + \tau_i + \beta_j + (\tau\beta)_{ij} + \epsilon_{ijk}, \quad \begin{cases} i = 1, 2, \cdots, a \\ j = 1, 2, \cdots, b \\ k = 1, 2, \cdots, n \end{cases} \tag{14.1}$$

여기서 Y_{ijk}는 요인 A의 i번째 수준과 요인 B의 j번째 수준에서 k번째 반복의 관측치를 나타내는 반응변수, μ는 전체평균, τ_i는 요인 A의 i번째 수준의 효과, β_j는 요인 B의 j번째 수준의 효과, $(\tau\beta)_{ij}$는 요인 A의 i번째 수준과 요인 B의 j번째 수준의 교호작용효과, ϵ_{ij}는 평균이 0이고 분산이 σ^2인 정규분포를 따르는 랜덤 오차항이다. 검정하는 가설은 요인 A의 주효과가 없음, 요인 B의 주효과가 없음, 요인 A와 B의 교호작용효과가 없음의 3가지이다. 13장의 단일요인 요인실험처럼 분산분석을 이용하여 가설을 검정한다.

표 14.3 2요인 요인실험의 일반적 데이터

		요인 B					
		1	2	$\cdots$	b	합계	평균
요인 A	1	y_{111} y_{112} $\vdots$ y_{11n}	y_{121} y_{122} $\vdots$ y_{12n}	$\cdots$	y_{1b1} y_{1b2} $\vdots$ y_{1bn}	$y_{1..}$	$\bar{y}_{1..}$
	2	y_{211} y_{212} $\vdots$ y_{21n}	y_{221} y_{222} $\vdots$ y_{22n}	$\cdots$	y_{2b1} y_{2b2} $\vdots$ y_{2bn}	$y_{2..}$	$\bar{y}_{2..}$
	$\vdots$	$\vdots$	$\vdots$	$\ddots$	$\vdots$	$\vdots$	$\vdots$
	a	y_{a11} y_{a12} $\vdots$ y_{a1n}	y_{a21} y_{a22} $\vdots$ y_{a2n}	$\cdots$	y_{ab1} y_{ab2} $\vdots$ y_{abn}	$y_{a..}$	$\bar{y}_{a..}$
	합계	$y_{.1.}$	$y_{.2.}$	$\cdots$	$y_{.b.}$	$y_{...}$	
	평균	$\bar{y}_{.1.}$	$\bar{y}_{.2.}$	$\cdots$	$\bar{y}_{.b.}$		$\bar{y}_{...}$

실험에 두 요인이 있으므로 이 검정절차를 이원분산분석(two-way analysis of variance)이라고 한다.

14.3.1 통계분석

실험자가 요인 A의 a개 수준, 요인 B의 b개 수준을 구체적으로 지정했으면 추론은 이 수준에만 적용된다. 관습적으로 모형의 효과 τ_i, β_j, $(\tau\beta)_{ij}$를 평균으로부터의 편차로 정의하므로 $\sum_{i=1}^{a}\tau_i = 0$, $\sum_{j=1}^{b}\beta_j = 0$, $\sum_{i=1}^{a}(\tau\beta)_{ij} = 0$, $\sum_{j=1}^{b}(\tau\beta)_{ij} = 0$이다.

분산분석을 이용하여 요인 A의 주효과, 요인 B의 주효과, 요인 A와 B의 교호작용효과에 관한 가설을 검정한다. 표 14.3에는 분산분석에 필요한 기호가 정의되어 있다. $y_{i..}$은 요인 A의 i번째 수준에서 관측치의 합계, $y_{.j.}$은 요인 B의 j번째 수준에서 관측치의 합계, $y_{ij.}$은 요인 A의 i번째 수준과 요인 B의 j번째 수준에서 관측치의 합계, $y_{...}$은 전체 관측치의 합계를 나타낸다. $\bar{y}_{i..}$, $\bar{y}_{.j.}$, $\bar{y}_{ij.}$, $\bar{y}_{...}$는 각각 해당하는 행, 열, 셀, 전체의 평균을 나타내며 다음과 같이 계산된다.

합과 평균 기호

$$y_{i..} = \sum_{j=1}^{b}\sum_{k=1}^{n} y_{ijk}, \qquad \bar{y}_{i..} = \frac{y_{i..}}{bn}, \qquad i = 1, 2, \cdots, a$$

$$y_{.j.} = \sum_{i=1}^{a}\sum_{k=1}^{n} y_{ijk}, \qquad \bar{y}_{.j.} = \frac{y_{.j.}}{an}, \qquad j = 1, 2, \cdots, b$$

$$y_{ij.} = \sum_{k=1}^{n} y_{ijk}, \qquad \bar{y}_{ij.} = \frac{y_{ij.}}{n}, \qquad i = 1, 2, \cdots, a, \ j = 1, 2, \cdots, b$$

$$y_{...} = \sum_{i=1}^{a}\sum_{j=1}^{b}\sum_{k=1}^{n} y_{ijk}, \qquad \bar{y}_{...} = \frac{y_{...}}{abn}$$

주효과와 교호작용효과를 검정하기 위한 귀무가설과 대립가설은 각각 다음과 같다.

$H_0 : \tau_1 = \tau_2 = \cdots = \tau_a = 0$ (요인 A의 주효과가 없다.)

H_1 : 적어도 하나의 i에 대해 $\tau_i \neq 0$ 이다.

$H_0 : \beta_1 = \beta_2 = \cdots = \beta_b = 0$ (요인 B의 주효과가 없다.)

H_1 : 적어도 하나의 j에 대해 $\beta_j \neq 0$ 이다.

$H_0 : (\tau\beta)_{11} = (\tau\beta)_{12} = \cdots = (\tau\beta)_{ab} = 0$ (교호작용효과가 없다.)

H_1 : 적어도 하나의 (i,j)에 대해 $(\tau\beta)_{ij} \neq 0$ 이다. (14.2)

앞에서처럼 분산분석(analysis of variance, ANOVA)을 이용하여 가설을 검정하기 위해 데이터의 총변동을 여러 성분으로 분해하고 성분의 크기를 비교한다. 총변동은 관측치의 총제곱합인

$$SS_T = \sum_{i=1}^{a}\sum_{j=1}^{b}\sum_{k=1}^{n} (y_{ijk} - \bar{y}_{...})^2$$

이므로 총제곱합을 다음과 같이 분해한다.

분산분석 제곱합 항등식: 2요인 요인실험

(1) **제곱합 항등식**은

$$\sum_{i=1}^{a}\sum_{j=1}^{b}\sum_{k=1}^{n} (y_{ijk} - \bar{y}_{...})^2 = bn\sum_{i=1}^{a} (\bar{y}_{i..} - \bar{y}_{...})^2 + an\sum_{j=1}^{b} (\bar{y}_{.j.} - \bar{y}_{...})^2 \tag{14.3}$$

$$+ n\sum_{i=1}^{a}\sum_{j=1}^{b} (y_{ij.} - \bar{y}_{i..} - \bar{y}_{.j.} + \bar{y}_{...})^2 + \sum_{i=1}^{a}\sum_{j=1}^{b}\sum_{k=1}^{n} (y_{ijk} - \bar{y}_{ij.})^2$$

이것을 기호로 나타내면

$$SS_T = SS_A + SS_B + SS_{AB} + SS_E \tag{14.4}$$

(2) 자유도를 분해하면

$$abn - 1 = (a-1) + (b-1) + (a-1)(b-1) + ab(n-1)$$

이것을 기호로 나타내면

$$df_T = df_A + df_B + df_{AB} + df_E$$

식(14.3)과 식(14.4)에서 총제곱합 SS_T를 행 요인 A의 제곱합인 SS_A, 열 요인 B의 제곱합인 SS_B, 교호작용의 제곱합인 SS_{AB}, 오차의 제곱합인 SS_E로 분해한다. 총변동의 자유도는 $(abn-1)$, 요인 A의 주효과의 자유도는 $(a-1)$, 요인 B의 주효과의 자유도는 $(b-1)$, 요인 A와 B의 교호작용효과의 자유도는 $(a-1)(b-1)$이다. 표 14.3의 ab개의 각 셀 안에 n번 반복의 자유도는 $n-1$이고 같은 셀 내의 관측치는 오차에 의해서만 변동하므로, 오차제곱합의 자유도는 $ab(n-1)$이다.

식(14.4)의 우변에 있는 각 제곱합을 그에 대응하는 자유도로 나누어 요인 A의 주효과, 요인 B의 주효과, 요인 A와 B의 교호작용효과, 오차의 평균제곱을 각각 다음과 같이 정의한다.

$$MS_A = \frac{SS_A}{a-1}, \quad MS_B = \frac{SS_B}{b-1}, \quad MS_{AB} = \frac{SS_{AB}}{(a-1)(b-1)}, \quad MS_E = \frac{SS_E}{ab(n-1)}$$

A와 B는 고정된 모수요인일 때 평균제곱의 기댓값을 어렵지 않게 구할 수 있다.

평균제곱의 기댓값: 2요인 요인실험

$$E(MS_A) = E\left(\frac{SS_A}{a-1}\right) = \sigma^2 + \frac{bn\sum_{i=1}^{a}\tau_i^2}{a-1}$$

$$E(MS_B) = E\left(\frac{SS_B}{b-1}\right) = \sigma^2 + \frac{an\sum_{j=1}^{b}\beta_j^2}{b-1}$$

$$E(MS_{AB}) = E\left[\frac{SS_{AB}}{(a-1)(b-1)}\right] = \sigma^2 + \frac{n\sum_{i=1}^{a}\sum_{j=1}^{b}(\tau\beta)_{ij}^2}{(a-1)(b-1)}$$

$$E(MS_E) = E\left[\frac{SS_E}{ab(n-1)}\right] = \sigma^2$$

위의 기댓값을 보면 "요인 A의 효과가 없다($H_0 : \tau_i = 0$), 요인 B의 효과가 없다($H_0 : \beta_j = 0$), 요인 A와 B의 교호작용효과가 없다($H_0 : (\tau\beta)_{ij} = 0$)"라는 3개의 귀무가설이 모두 참이면 4개의 평균제곱이 모두 σ^2의 불편추정량이다.

이 3개의 귀무가설을 검정하기 위해 각각 다음의 비율을 이용한다.

F-검정통계량: 2요인 요인실험

$$F_0 = \frac{MS_A}{MS_E}, \quad F_0 = \frac{MS_B}{MS_E}, \quad F_0 = \frac{MS_{AB}}{MS_E}$$

위의 첫 번째 검정통계량은 $H_0 : \tau_i = 0$이 참이면 $F_{a-1,\, ab(n-1)}$분포를 따르므로 검정통계량의 계산값 f_0이 $f_0 > f_{\alpha,\, a-1,\, ab(n-1)}$을 만족하면 유의수준 α로 귀무가설을 기각한다. 두 번째 검정통계량은 $H_0 : \beta_j = 0$이 참이면 $F_{b-1,\, ab(n-1)}$분포를 따르므로 검정통계량의 계산값 f_0이 $f_0 > f_{\alpha,\, b-1,\, ab(n-1)}$을 만족하면 유의수준 α로 귀무가설을 기각한다. 마지막 검정통계량은 $H_0 : (\tau\beta)_{ij} = 0$이 참이면 $F_{(a-1)(b-1),\, ab(n-1)}$분포를 따르므로 $f_0 > f_{\alpha,\, (a-1)(b-1),\, ab(n-1)}$을 만족하면 유의수준 α로 귀무가설을 기각한다.

보통 두 요인의 교호작용효과를 먼저 검정하고 주효과를 검정한다. 교호작용효과가 유의하지 않으면 주효과에 대한 해석은 간단하다. 그러나 교호작용효과가 유의하면 교호작용과 관련된 주효과는 실질적으로 해석할 필요가 없을 수 있다. 일반적으로 교호작용에 관한 정보가 주효과에 관한 정보보다 더 중요하다.

제곱합을 계산하는 것은 쉽지만 수작업으로 계산하기는 지루한 일이다. 통계 소프트웨어를 이용하면 편리하다. 보통 계산 결과를 표 14.4와 같은 분산분석표로 정리한다.

표 14.4 분산분석표: 2요인 고정효과모형

변동원인	제곱합	자유도	평균제곱	F_0
요인 A	SS_A	$a-1$	$MS_A = \dfrac{SS_A}{a-1}$	$\dfrac{MS_A}{MS_E}$
요인 B	SS_B	$b-1$	$MS_B = \dfrac{SS_B}{b-1}$	$\dfrac{MS_B}{MS_E}$
교호작용	SS_{AB}	$(a-1)(b-1)$	$MS_{AB} = \dfrac{SS_{AB}}{(a-1)(b-1)}$	$\dfrac{MS_{AB}}{MS_E}$
오차	SS_E	$ab(n-1)$	$MS_E = \dfrac{SS_E}{ab(n-1)}$	
합계	SS_T	$abn-1$		

예제 14.1 항공기 초벌페인트

항공기 초벌페인트의 접착력을 개선하기 위해 알루미늄 표면에 담그기와 뿌리기의 2가지 적용방법 중 하나를 선택할 수 있다. 공정기술 팀은 3종류의 초벌유형에 따라서도 접착력이 바뀌는지 알고 싶다. 초벌유형과 적용방법이 페인트 접착력에 미치는 영향을 조사하기 위해 요인실험을 수행하였다. 초벌유형과 적용방법의 각 조합에서 3개 시료를 도색하고 마감 페인트를 적용한 후 접착력을 측정한 결과 수집한 데이터는 표 14.5와 같다. 분산분석을 위해 제곱합을 계산하면 다음과 같다.

$$\begin{aligned} SS_T &= 10.72 \\ SS_{\text{types}} &= 4.58 \\ SS_{\text{methods}} &= 4.91 \\ SS_{\text{interaction}} &= 0.24 \\ SS_E &= SS_T - SS_{\text{types}} - SS_{\text{methods}} - SS_{\text{interaction}} \\ &= 10.72 - 4.58 - 4.91 - 0.24 \\ &= 0.99 \end{aligned}$$

표 14.5 초벌페인트 실험 데이터

초벌유형	적용방법		$y_{i..}$
	담그기	뿌리기	
1	4.0, 4.5, 4.3	5.4, 4.9, 5.6	28.7
2	5.6, 4.9, 5.4	5.8, 6.1, 6.3	34.1
3	3.8, 3.7, 4.0	5.5, 5.0, 5.0	27.0
$y_{.j.}$	40.2	49.6	$y_{...} = 89.8$

분산분석표를 작성하면 표 14.6과 같다. $\alpha = 0.05$에서 $f_{0.05,2,12} = 3.89$, $f_{0.05,1,12} = 4.75$이므로, 초벌유형과 적용방법의 주효과는 모두 접착력에 영향을 준다고 결론을 내린다. 또한, 교호작용의 검정통계량 계산값 1.47은 $f_{0.05,2,12}$보다 작으므로, 교호작용은 유의하지 않다.

표 14.6의 마지막 열에는 각 F-비율에 대한 P-값이 나타난다. 두 주효과의 P-값은 모두 0.05보다 아주 작고, 교호작용효과의 P-값은 0.05보다 크다.

표 14.6 초벌페인트 실험에 대한 분산분석표

변동원인	제곱합	자유도	제곱평균	f_0	P-값
초벌유형	4.58	2	2.29	27.86	2.7E-5
적용방법	4.91	1	4.91	59.70	4.7E-6
교호작용	0.24	2	0.12	1.47	0.2621
오차	0.99	12	0.08		
합계	10.72	17			

해석: 그림 14.10은 두 적용방법에서 초벌유형에 따라 평균 접착력 $\bar{y}_{ij.}$를 나타낸 그래프이다. 2개의 선이 거의 평행하므로 교호작용효과가 없음을 알 수 있다. 또한, 큰 관측치는 큰 접착력을 나타내므로, 뿌리기 방법과 초벌유형 2가 가장 효과적이라는 결론을 내린다.

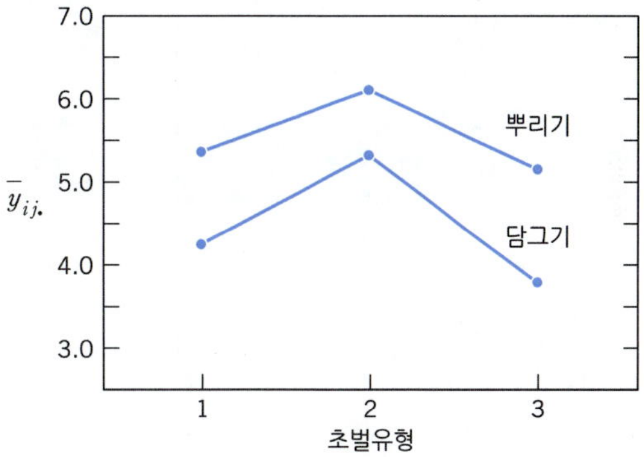

그림 14.10 두 적용방법에서 초벌유형과 평균 접착력

개별평균 검정: 두 요인이 모두 고정요인일 때 한 요인의 평균을 비교하려면 13장에서 공부한 피셔의 LSD와 같은 다중비교 방법을 이용한다. 교호작용이 없으면 행 평균 $\bar{y}_{i..}$ 또는 열 평균 $\bar{y}_{.j.}$를 이용하여 다중비교를 한다. 그런데 교호작용이 유의하면 한 요인 예를 들어 A의 평균을 비교하는 것은 교호작용에 의해 희석될 수 있다. 이런 경우 요인 B의 수준을 고정하고 요인 A의 평균에 대해 피셔의 LSD를 적용한다.

14.3.2 모형의 적합도

13장의 단일요인 요인실험에서처럼 요인실험의 잔차는 **모형 적합도**를 평가할 때 중요한 역할을 한다. 2요인 요인실험에서 잔차는 다음과 같이 관측치와 해당 셀 평균의 차이이다.

$$e_{ijk} = y_{ijk} - \bar{y}_{ij.}$$

예제 14.1의 초벌페인트 데이터에 대한 잔차는 표 14.7에 나와 있다. 잔차에 대한 정규확률그림을 작성하면 그림 14.11(a)와 같다. 그림의 꼬리부분은 중심을 지나는 직선에 정확하게 위치하지 않으므로, 정규분포 가정에 잠재적인 문제가 있을 수 있으나 정규분포로부터 이탈이 심각해 보이지는 않는다. 그림 14.11(b)와 (c)는 각각 초벌유형과 적용방법에 따라 잔차를 그린 그래프이다. 다른 두 유형에 비해 초벌유형 3의 변동이 약간 더 작다. 적합치와 잔차를 나타낸 그림 14.11(d)에서는 특이한 패턴이 보이지 않는다.

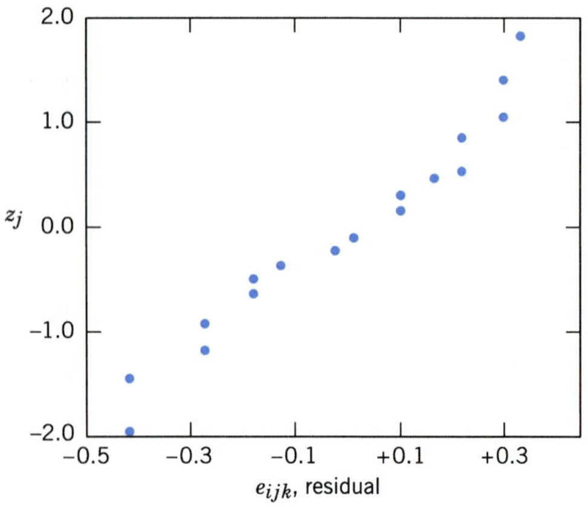

그림 14.11(a) 초벌페인트 실험에서 잔차의 정규확률그림

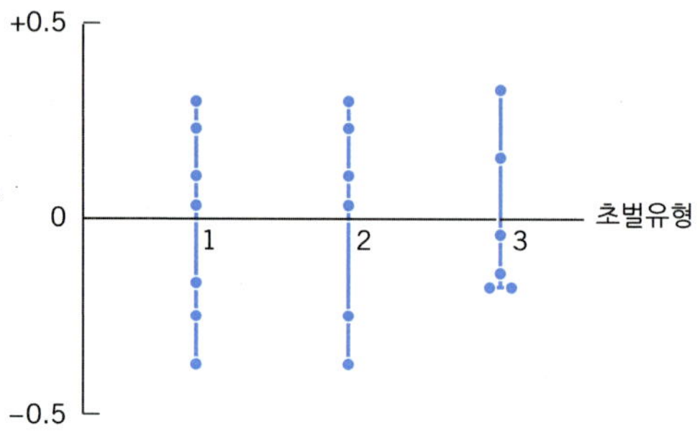

그림 14.11(b) 초벌페인트 실험에서 초벌유형과 잔차

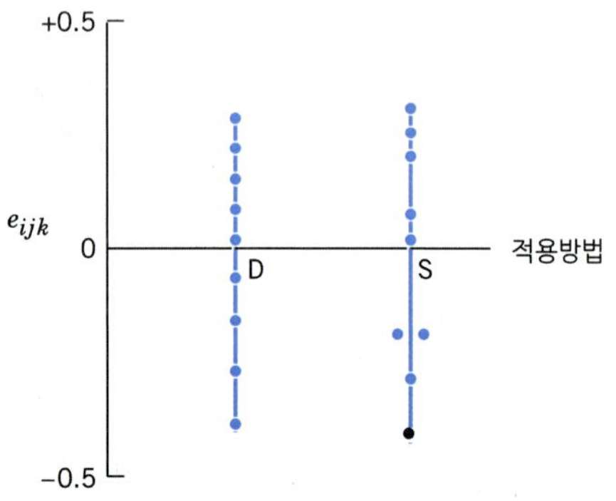

그림 14.11(c) 초벌페인트 실험에서 적용방법과 잔차

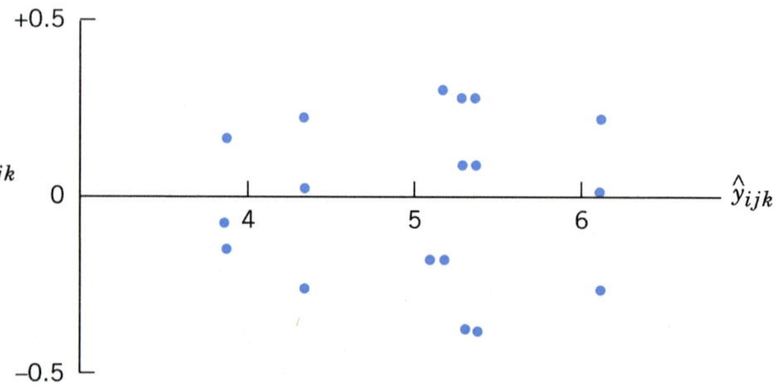

그림 14.11(d) 초벌페인트 실험에서 적합치와 잔차

표 14.7 초벌페인트 실험의 잔차

초벌유형	적용방법	
	담그기	뿌리기
1	−0.27, 0.23, 0.03	0.10, −0.40, 0.30
2	0.30, −0.40, 0.10	−0.27, 0.03, 0.23
3	−0.03, −0.13, 0.17	0.33, −0.17, −0.17

14.3.3 단일 반복수

2요인 요인실험에서 셀당 하나의 관측치만 있는 경우가 있다. 이런 경우 관측치의 개수와 모형의 모수의 개수가 같아서 오차의 자유도는 0이다. 따라서 추가적인 가정이 없으면 주효과와 교호작용효과에 관한 가설을 모두 검정할 수는 없다. 문제를 해결하는 한 방법은 교호작용효과를 무시할 수 있다고 가정하고 교호작용효과의 평균제곱을 오차의 평균제곱으로 사용하는 것이다. 그러면 랜덤화 블록설계에서의 분석과 같다. 이 경우 교호작용이 없다는 가정이 위험할 수 있으므로, 교호작용이 있는지를 살피기 위해 데이터와 잔차를 주의깊게 조사해야 한다.

14.4 일반 요인실험

많은 실험에서 3개 이상의 요인이 있다. 이 절에서는 요인 A의 수준이 a개, 요인 B의 수준이 b개, 요인 C의 수준이 c개 등으로 배열된 요인실험을 알아본다. 일반적으로 n번의 완전한 반복이 이루어지면 총 관측치의 개수는 $a \times b \times c \times \cdots \times n$이다.

예를 들어 **3요인 요인실험**에 대해 다음 모형을 생각해 보자.

$$Y_{ijkl} = \mu + \tau_i + \beta_j + \gamma_k + (\tau\beta)_{ij} + (\tau\gamma)_{ik} + (\beta\gamma)_{jk} + (\tau\beta\gamma)_{ijk} + \epsilon_{ijkl}, \begin{cases} i = 1, 2, \cdots, a \\ j = 1, 2, \cdots, b \\ k = 1, 2, \cdots, c \\ l = 1, 2, \cdots, n \end{cases} \tag{14.5}$$

위 모형에는 3개의 주효과, 3개의 2요인 교호작용효과, 1개의 3요인 교호작용효과, 오차항이 있다. 분산분석표를 작성하면 표 14.8과 같다. 오차제곱합을 계산하려면 각 처리조합에서 적어도 2번의 반복, 즉 $n \geq 2$이어야 한다. 주효과와 교호작용효과에 대한 F-검정은 평균제곱의 기댓값으로부터 바로 구할 수 있고, 귀무가설이 참일 때 평균제곱의 비율은 F-분포를 따른다.

표 14.8 분산분석표: 3요인 고정효과모형

변동원인	제곱합	자유도	평균제곱	기대평균제곱	F_0
A	SS_A	$a-1$	MS_A	$\sigma^2+\dfrac{bcn\sum_{i=1}^{a}\tau_i^2}{a-1}$	$\dfrac{MS_A}{MS_E}$
B	SS_B	$b-1$	MS_B	$\sigma^2+\dfrac{acn\sum_{j=1}^{b}\beta_j^2}{b-1}$	$\dfrac{MS_B}{MS_E}$
C	SS_C	$c-1$	MS_C	$\sigma^2+\dfrac{abn\sum_{k=1}^{c}\gamma_k^2}{c-1}$	$\dfrac{MS_C}{MS_E}$
AB	SS_{AB}	$(a-1)(b-1)$	MS_{AB}	$\sigma^2+\dfrac{cn\sum_{i=1}^{a}\sum_{j=1}^{b}(\tau\beta)_{ij}^2}{(a-1)(b-1)}$	$\dfrac{MS_{AB}}{MS_E}$
AC	SS_{AC}	$(a-1)(c-1)$	MS_{AC}	$\sigma^2+\dfrac{bn\sum_{i=1}^{a}\sum_{k=1}^{c}(\tau\gamma)_{ik}^2}{(a-1)(c-1)}$	$\dfrac{MS_{AC}}{MS_E}$
BC	SS_{BC}	$(b-1)(c-1)$	MS_{BC}	$\sigma^2+\dfrac{an\sum_{j=1}^{b}\sum_{k=1}^{c}(\beta\gamma)_{jk}^2}{(b-1)(c-1)}$	$\dfrac{MS_{BC}}{MS_E}$
ABC	SS_{ABC}	$(a-1)(b-1)(c-1)$	MS_{ABC}	$\sigma^2+\dfrac{n\sum_{i=1}^{a}\sum_{j=1}^{b}\sum_{k=1}^{c}(\tau\beta\gamma)_{ijk}^2}{(a-1)(b-1)(c-1)}$	$\dfrac{MS_{ABC}}{MS_E}$
오차	SS_E	$abc(n-1)$	MS_E	σ^2	
합계	SS_T	$abcn-1$			

예제 14.2 표면 거칠기

어느 기계공학 기술자가 금속절삭공정으로 생산한 부품의 표면 거칠기를 연구하고 있다. 이송속도(A), 절삭깊이(B), 공구각도(C)의 3개 요인에 관심이 있다. 각 요인의 수준은 2이고 요인설계의 2회 반복을 실시하였다. 편의상 코드화 데이터를 표 14.9에 나타내었다.

분산분석표를 작성하면 표 14.10과 같다. 3요인 실험에서 수작업으로 계산하는 것은 지루한 일이므로 컴퓨터 소프트웨어를 사용한다. 각 효과의 평균제곱을 오차평균제곱으로 나누어 주효과와 교호작용효과의 F-비율을 구한다. $\alpha=0.05$일 때 각 F-비율에 대한 임계치는 $f_{0.05,1,8}=5.32$이다. P-값을 이용할 수도 있다. 표 14.10의 마지막 열에 각 검정통계량에 대한 P-값이 나와 있다. 이송속도(A)의 F-비율은 기각역 깊숙이 포함되어 이송속도는 표면 거칠기에 유의한 영향을 준다는 강한 증거가 있다. 그러나 절삭깊이(B)의 P-값은 0.0710으로 $\alpha=0.05$를 약간 초과하므로 절삭깊이가 표면 거칠기에 영향을 준다는 약한 증거가 있다. 다음으로 큰 효과는 이송속도와 절삭깊이의 교호작용효과이다. 따라서 이송속도와 절삭깊이 모두 중요한 공정변수일 가능성이 높다.

해석: 추가 실험을 통해 표면 거칠기를 개선하는데 중요한 요인을 더 자세히 알아볼 수 있다.

표 14.9 표면 거칠기의 코드화 데이터

	절삭깊이(B)			
	0.025인치		0.04인치	
	공구각도(C)		공구각도(C)	
이송속도(A)	15°	25°	15°	25°
분당 20인치	9	11	9	10
	7	10	11	8
분당 30인치	10	10	12	16
	12	13	15	14

표 14.10 표면 거칠기 데이터에 대한 분산분석표

분산분석					
요인	수준	값			
이송속도	2	20 30			
절삭깊이	2	0.025 0.040			
공구각도	2	15 25			
변동원인	제곱합	자유도	평균제곱	f_0	P-값
이송속도	45.563	1	45.563	18.69	0.003
절삭깊이	10.563	1	10.563	4.33	0.071
공구각도	3.063	1	3.063	1.26	0.295
이송속도*절삭깊이	7.563	1	7.563	3.10	0.116
이송속도*공구각도	0.062	1	0.062	0.03	0.877
절삭깊이*공구각도	1.563	1	1.563	0.64	0.446
이송속도*절삭깊이*공구각도	5.062	1	5.062	2.08	0.188
오차	19.500	8	2.437		
합계	92.938	15			

3요인 이상이 있는 요인실험 특히 일부 요인이 3수준 이상이면 많은 실험이 필요하기 때문에 모든 요인을 2수준으로 하는 요인설계를 사용한다. 이 설계를 준비하고 분석하기는 어렵지 않으며 다른 유용한 실험설계의 기초가 된다.

14.5 2^k 요인설계

반응에 대한 요인의 결합 효과를 연구하는 실험에서는 흔히 요인설계를 이용한다. 몇 가지 특수한 요인설계가 널리 사용되고 다른 중요한 설계의 기초가 된다.

특수한 요인설계 중에서도 k개 요인이 모두 2수준인 경우가 가장 중요하다. 요인수준은 온도, 압력, 시간의 두 수준과 같이 양적일 수도 있고, 기계, 작업자의 수, 또는 요인의 존재 여부와 같이 질적일 수도 있다. 이러한 설계를 완전히 1번 반복하려면 총 2^k개의 관측치가 필요한데 이를 2^k 요인설계(2^k factorial design)라고 한다.

2^k 요인설계는 특히 많은 요인을 검토해야 하는 초기 실험에서 유용하다. k개 요인을 완전요인설계로 조사할 때 2^k 설계의 시행 횟수가 가장 적다. 각 요인에 2수준만 있으므로 선택된 요인수준의 범위 안에서 반응은 근사적으로 선형이라고 가정한다.

14.5.1 2^2 설계

가장 단순한 2^k 설계는 2^2, 즉 두 요인 A와 B가 모두 두 수준인 설계이다. 보통 두 수준을 요인의 낮은 수준과 높은 수준이라 하고, 각각을 기호 $-$와 $+$로 나타낸다. 그림 14.12에서 보는 것처럼 기하학적으로 2^2 설계를 $2^2 = 4$개의 처리조합을 꼭짓점으로 하는 정사각형으로 나타낸다. 이를 설계에 대한 기하학적 표기라고 한다.

처리조합을 나타내기 위해 특수 기호를 사용한다. 일반적으로 처리조합을 일련의 소문자로 나타내는데, 한 문자가 있으면 그 문자에 해당되는 요인은 높은 수준에서 시행되고, 문자가 없으면 그 요인은 낮은 수준에서 시행된다. 예를 들어 처리조합 a는 요인 A는 높은 수준, 요인 B는 낮은 수준에서의 시행을 나타낸다. 두 요인이 모두 낮은 수준인 처리조합을 (1)이라고 나타낸다. 2^k 계열의 설계 전체에서 이 기호를 사용한다. 예를 들어 2^4 설계에서 요인 A와 C는 높은 수준이고 요인 B와 D는 낮은 수준인 처리조합은 ac라고 나타낸다.

2^2 설계에서 관심의 효과는 요인 A의 주효과, 요인 B의 주효과, 요인 A와 B의 교호작용효과이다. 또한, 기호 (1), a, b, ab는 이 설계점(처리조합)에서 수집한 n개 관측치의 합계를 나타낸다. 2^2 설계에서 요인의 효과를 추정하는 것은 어렵지 않다. 요인 A의 주효과를 추정하기 위해 A가 높은 수준인 그림 14.12의 정사각형 우측 관측치의 평균으로부터 A가 낮은 수준인 정사각형 좌측 관측치의 평균을 빼면 된다. 마찬가지로 요인 B의 주

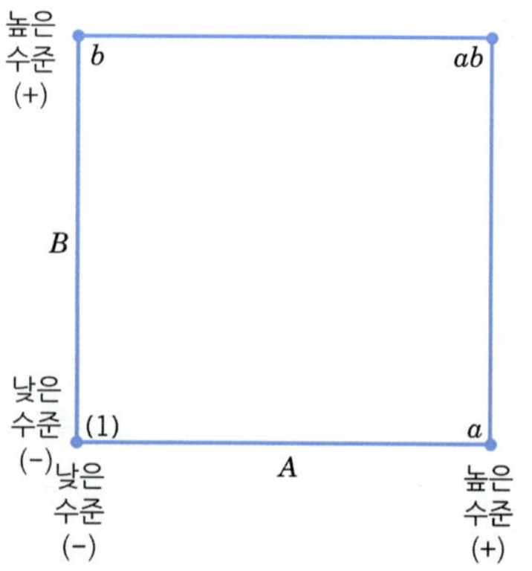

처리	A	B
(1)	−	−
a	+	−
b	−	+
ab	+	+

그림 14.12 2^2 요인설계

효과를 추정하려면 B가 높은 수준인 정사각형 위쪽 관측치의 평균으로부터 B가 낮은 수준인 정사각형 아래쪽 관측치의 평균을 뺀다. 이상을 식으로 정리하면 다음과 같다.

요인의 주효과: 2^2 설계

$$A = \bar{y}_{A+} - \bar{y}_{A-} = \frac{a+ab}{2n} - \frac{b+(1)}{2n} = \frac{1}{2n}[a+ab-b-(1)] \quad (14.6)$$

$$B = \bar{y}_{B+} - \bar{y}_{B-} = \frac{b+ab}{2n} - \frac{a+(1)}{2n} = \frac{1}{2n}[b+ab-a-(1)] \quad (14.7)$$

마지막으로 교호작용효과는 다음과 같이 그림 14.12의 대각 평균의 차이로 추정된다.

교호작용효과: 2^2 설계

$$AB = \frac{ab+(1)}{2n} - \frac{a+b}{2n} = \frac{1}{2n}[ab+(1)-a-b] \quad (14.8)$$

식(14.6)~식(14.8)의 대괄호 안에 있는 양을 대비(contrast)라고 한다. 예를 들어 요인 A의 주효과의 대비를 Contrast_A라고 할 때 다음과 같이 정의한다.

$$\text{Contrast}_A = a+ab-b-(1)$$

대비의 계수는 항상 $+1$ 또는 -1이다. 표 14.11과 같이 부호 $+$와 $-$로 나타낸 표를 이용하여 특정 처리조합에 대한 대비의 부호를 결정할 수 있다. 표 14.11의 열 제목은 주효과 A와 B, 교호작용효과 AB, 전체 합을 나타내는 I이고, 행 제목은 처리조합이다. AB 열의 부호는 A열과 B열의 부호를 곱한 것이다. 이 표로부터 대비를 생성하려면 해당 열의 부호와 행에 표시된 처리조합을 각각 곱한 후 모두 더한다. 예를 들면

$$\text{Contrast}_{AB} = [(1)] + [-a] + [-b] + [ab] = ab + (1) - a - b$$

이다. 대비를 이용하여 A, B, AB 효과의 추정치와 제곱합을 구한다. n번의 반복이 있는 2^k 설계에서 각 효과의 추정치와 제곱합을 각각 다음과 같이 계산한다.

표 14.11 2^2 설계에서 효과의 부호

처리조합	요인효과			
	I	A	B	AB
(1)	+	−	−	+
a	+	+	−	−
b	+	−	+	−
ab	+	+	+	+

대비와 효과의 관계

$$\text{효과} = \frac{\text{Contrast}}{n\,2^{k-1}} \tag{14.9}$$

효과의 제곱합

$$SS = \frac{(\text{Contrast})^2}{n\,2^{k}} \tag{14.10}$$

각 효과의 자유도는 수준의 수인 2에서 1을 뺀 값인 1이므로 각 효과의 평균제곱과 제곱합은 같다. 분산분석은 자유도가 $4n-1$인 총제곱합 SS_T와 자유도가 $4(n-1)$인 오차제곱합 SS_E를 구하면 완성된다.

예제 14.3 에피택셜(epitaxial) 공정

어느 논문(*AT&T Technical Journal*, 1986, Vol. 65, pp. 39-50)에는 2수준 요인설계를 IC 제조에 활용하는 사례가 소개되었다. 이 산업의 기초공정 중 하나는 실리콘 웨이퍼에 에피택셜층을 성장시키는 것이다. 웨이퍼를 서셉터(susceptor)에 장착하고 공정실(bell jar)에 배치하면, 공정실 상단의 노즐을 통해 화학 증기가 투입되고, 서셉터가 회전하면서 열이 가해진다. 에피택셜층이 충분히 두꺼워질 때까지 이 조건이 유지된다.

$n=4$의 2요인 요인설계 데이터는 표 14.12에 나와 있다. 요인 A는 증착시간으로 낮은 수준 −은 짧은 시간, 높은 수준 +는 긴 시간이다. 요인 B는 비소유량으로 낮은 수준 −는 55%, 높은 수준 +는 59%이다. 반응변수는 에피택셜층의 두께(단위: μm)이다. 식(14.6)~식(14.8)을 이용하여 효과의 추정치를 계산하면 다음과 같다.

$$A = \frac{1}{2n}[a+ab-b-(1)]$$
$$= \frac{1}{2(4)}(59.299+59.156-55.686-56.081) = 0.836$$

$$B = \frac{1}{2n}[b+ab-a-(1)]$$
$$= \frac{1}{2(4)}(55.686+59.156-59.299-56.081) = -0.067$$

$$AB = \frac{1}{2n}[ab+(1)-a-b]$$
$$= \frac{1}{2(4)}(59.156+56.081-59.299-55.686) = 0.032$$

효과의 추정치를 보면 요인 A(증착시간)의 효과가 크고, 증착시간이 커지면 에피택셜층의 두께가 증가하는 양의 방향임을 알 수 있다. 증착시간이 낮은 수준에서 높은 수준으로 변하면 에피택셜층의 두께는 평균 0.836 μm만큼 증가한다. 요인 B(비소유량)의 효과와 요인 A와 B의 교호작용효과는 작은 것으로 보인다.

분산분석으로 효과의 유의성을 확인할 수 있다. A, B, AB 효과에 대한 제곱합과 총제곱합을 계산하면 다음과 같다.

$$SS_A = \frac{[a+ab-b-(1)]^2}{16} = \frac{(6.688)^2}{16} = 2.7956$$

$$SS_B = \frac{[b+ab-a-(1)]^2}{16} = \frac{(-0.538)^2}{16} = 0.0181$$

$$SS_{AB} = \frac{[ab+(1)-a-b]^2}{16} = \frac{(0.252)^2}{16} = 0.0040$$

$$SS_T = 14.037^2 + \cdots + 14.932^2 - \frac{(56.081+\cdots+59.156)^2}{16}$$
$$= 3.0672$$

표 14.12 에피택셜 공정실험 데이터

처리조합	요인효과			층 두께(μm)				합계	평균
	A	B	AB						
(1)	−	−	+	14.037	14.165	13.972	13.907	56.081	14.020
a	+	−	−	14.821	14.757	14.843	14.878	59.299	14.825
b	−	+	−	13.880	13.860	14.032	13.914	55.686	13.922
ab	+	+	+	14.888	14.921	14.415	14.932	59.156	14.789

해석: 표 14.13의 분산분석표를 보면 효과의 크기와 방향으로 얻은 결론을 확인할 수 있다. 요인 A(증착시간)는 에피택셜층의 두께에 유의한 영향을 미치는 유일한 요인이고, 효과 추정치의 방향으로 볼 때 증착시간을 늘리면 에피택셜층이 두꺼워진다. 표 14.13의 상단 결과는 뒤에서 다시 알아본다.

표 14.13 에피택셜 공정실험의 분석

항	효과 추정치	회귀계수 추정치	회귀계수의 표준오차	t_0	P-값
상수	14.3889	0.03605	399.17000	0.00	
A	0.8360	0.4180	0.03605	11.60	0.00
B	−0.0672	−0.0336	0.03605	−0.93	0.38
AB	0.0315	0.0157	0.03605	0.44	0.67

변동원인	제곱합	자유도	평균제곱	f_0	P-값
A(증착시간)	2.7956	1	2.7956	134.40	0.00
B(비소유량)	0.0181	1	0.0181	0.87	0.38
AB	0.0040	1	0.0040	0.19	0.67
오차	0.2495	12	0.0208		
합계	3.0672	15			

모형과 잔차분석: 데이터에 회귀모형을 적합하면 2^k 설계의 반응변수에 대한 모형과 잔차를 쉽게 구할 수 있다. 에피택셜 공정실험에서 유의한 요인은 증착시간뿐이므로 회귀모형은

$$Y = \beta_0 + \beta_1 x_1 + \epsilon$$

이다. 증착시간을 코드화 변수 x_1이라고 나타내면 증착시간의 낮은 수준과 높은 수준은 각각 -1, $+1$이다. 최소제곱법으로 적합된 모형은

$$\hat{y} = 14.389 + \left(\frac{0.836}{2}\right)x_1$$

인데, 여기서 절편 $\hat{\beta}_0$은 전체 16개 관측치의 총평균 $\bar{y}_{...}$이고, 기울기 $\hat{\beta}_1$은 증착시간 효과의 추정치의 1/2이다. 회귀계수는 x_1이 한 단위 변화할 때 Y의 평균 변화량을 측정하므

로 효과 추정치의 1/2이다. 효과 추정치는 -1에서 $+1$로 두 단위의 변화에 근거하기 때문이다.

회귀계수를 보면 요인과 반응변수의 관련성을 알 수 있다. 회귀분석에서와 마찬가지로 회귀계수가 0과 유의하게 다른가에 관심이 있다. 식(14.6)~식(14.8)에서 각 효과의 추정치는 두 평균의 차이로 $\bar{y}_+ - \bar{y}_-$이다. n번 반복이 있는 2^k 설계에서는 각 평균에 관측치의 절반이 있으므로 $\bar{y}_+$와 $\bar{y}_-$는 각각 $n2^{k-1}$개 관측치의 평균이다. 따라서 회귀계수의 추정치는 다음과 같이 효과 추정치의 1/2과 같다.

회귀계수와 효과의 관계

$$\hat{\beta} = \frac{\text{효과}}{2} = \frac{\bar{y}_+ - \bar{y}_-}{2} \tag{14.11}$$

$\hat{\beta}$의 표준오차는 두 평균 차이의 표준오차로 다음과 같다.

회귀계수의 표준오차

$$se(\hat{\beta}) = \frac{\hat{\sigma}}{2}\sqrt{\frac{1}{n2^{k-1}} + \frac{1}{n2^{k-1}}} = \hat{\sigma}\sqrt{\frac{1}{n2^k}} \tag{14.12}$$

단, $\hat{\sigma}$은 오차평균제곱의 제곱근, 즉 $\sqrt{MSE}$이다. 따라서 효과의 유의성을 검정하기 위해 회귀계수에 대한 t-검정을 사용할 수도 있다. 2^k 설계에서 $H_0 : \beta = 0$을 검정하기 위한 검정통계량은 다음과 같다.

효과유의성 검정을 위한 검정통계량

$$T_0 = \frac{\hat{\beta}}{se(\hat{\beta})} = \frac{(\bar{y}_+ - \bar{y}_-)/2}{\hat{\sigma}\sqrt{\frac{1}{n2^k}}} \tag{14.13}$$

이 검정의 자유도는 오차평균제곱의 자유도이다. 이 검정통계량은 이표본 t-검정의 검정통계량과 비슷하지만, 유의할 점은 σ를 추정하기 위해 오차평균제곱의 제곱근을 사용한다는 것이다. 추정치 $\hat{\sigma}$은 한 실험의 여러 처리를 설명하므로 이표본 t-검정에서 사용하는 추정치와는 다르다.

2^k 설계에서 회귀계수 검정을 위해 사용하는 t-검정의 검정통계량을 제곱하면 분산분석에서 효과 검정을 위해 사용하는 F-검정통계량과 같다. 일반적으로 자유도가 d인 t-분포를 따르는 확률변수의 제곱은 $F_{1,d}$분포를 따른다. 따라서 t-검정의 검정통계량의 절댓값을 t-분포와 비교하는 검정은 분산분석의 F-검정통계량과 정확하게 같은 P-값을 갖는다. 효과유의성을 검정할 때 두 방법 중 어느 것을 사용해도 된다.

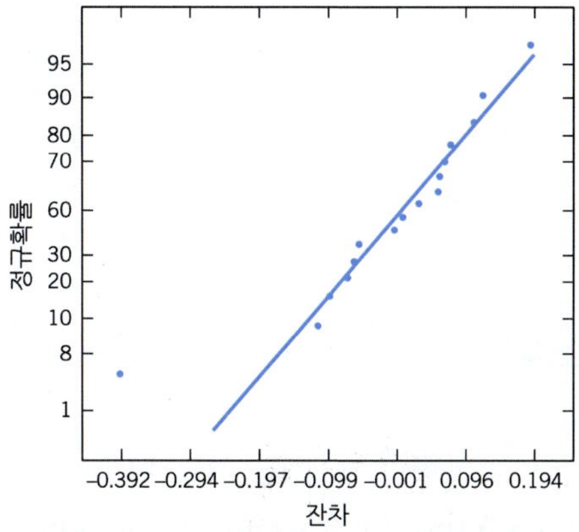

그림 14.13 에피택셜 공정실험에서 잔차의 정규확률그림

예제 14.3의 에피택셜 공정실험에서 요인 A의 효과 추정치는 0.836이고 회귀계수 추정치는 $0.836/2 = 0.418$이다. 표 14.13의 분산분석표에서 오차평균제곱은 $\hat{\sigma}^2 = 0.0208$이므로 $se(\hat{\beta}) = \sqrt{0.0208/[4(2^2)]} = 0.03605$이고, 요인 A에 대한 t-검정의 검정통계량 계산값은 $0.418/0.03605 = 11.596$이다. 이 값을 제곱하면 $11.596^2 = 134.47$이므로 분산분석표에서 요인 A에 대한 F-검정통계량의 계산값과 같다. 따라서 t-검정의 P-값은 분산분석의 P-값과 같다. 회귀계수 추정치와 t-검정을 통한 2^k 설계의 분석은 회귀분석에서 이용하는 접근과 유사하므로 회귀분석의 관점에서 결과를 해석하는 것이 더 쉬울 수도 있다. 컴퓨터 소프트웨어를 이용하면 자주 이러한 형식으로 결과가 출력된다.

또한, 최소제곱법으로 적합된 모형을 이용하여 정사각형의 꼭짓점, 즉 처리를 이루는 설계점에서 예측치를 구할 수 있다. 예를 들어 낮은 증착시간과 낮은 비소유량, 즉 $x_1 = -1,\ x_2 = -1$에서 예측치를 계산하면

$$\hat{y} = 14.389 + \left(\frac{0.836}{2}\right)(-1) = 13.971$$

이므로, 이 설계점에서 4개 시행에 대한 잔차를 계산하면 각각 다음과 같다.

$$\begin{aligned} e_1 &= 14.037 - 13.971 = 0.066 \\ e_2 &= 14.165 - 13.971 = 0.194 \\ e_3 &= 13.972 - 13.971 = 0.001 \\ e_4 &= 13.907 - 13.971 = -0.064 \end{aligned}$$

비슷한 방법으로 다른 3개 설계점에서 예측치와 잔차를 계산할 수 있다.

잔차의 정규확률그림을 작성하면 그림 14.13과 같다. 그림에서 잔차 $e_{15} = -0.392$는 이상치로 보인다. 높은 증착시간과 높은 비소유량에서 시행한 4개 시험을 검토해 보아도, 관측치 $y_{15} = 14.415$는 다른 3개 관측치에 비해 상당히 작아서 15번 관측치가 이상치라는 잠정적 결론에 확신을 더한다. 다른 가능성으로는 에피택셜층 두께의 변동에 영향을 미치는 다른 공정변수가 있을 수 있다. 어느 변수가 이런 결과를 초래하는지 발견하면, 이

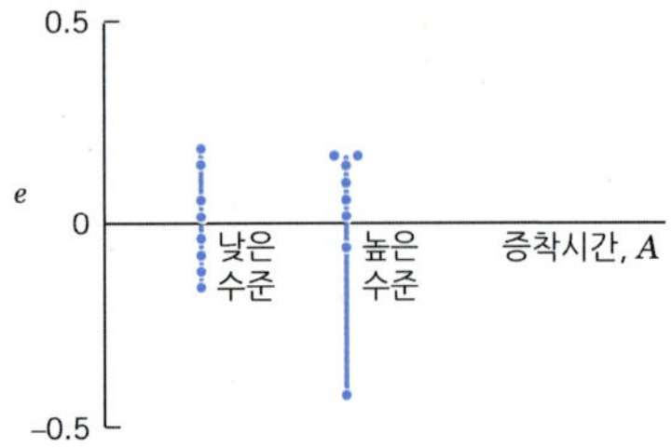

그림 14.14 증착시간과 잔차

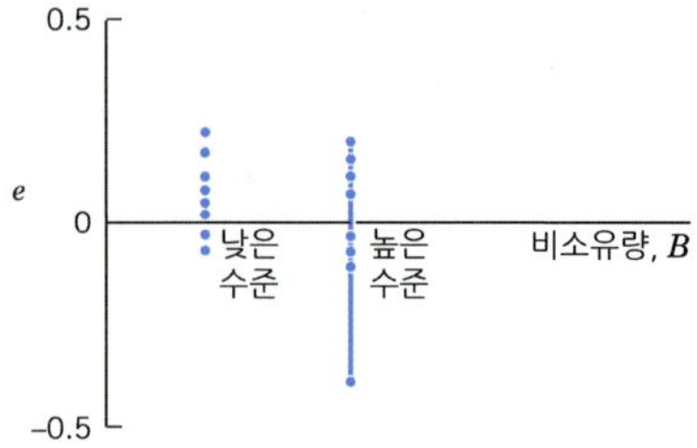

그림 14.15 비소유량과 잔차

변수를 에피택셜층 두께의 **변동**을 최소로 하는 수준으로 조정할 수 있다. 그림 14.14와 그림 14.15는 각각 증착시간과 비소유량에 대해 잔차를 나타낸 그래프이다. y_{15}와 관련된 비정상적으로 큰 잔차를 제외하면, 증착시간이나 비소유량이 에피택셜층 두께의 변동에 영향을 준다는 증거는 없다.

그림 14.16에는 2^2 설계의 각 설계점에서 에피택셜층 두께의 표준편차가 나와 있다. 요인 A와 B가 모두 높은 수준인 설계점에서 얻은 4개 관측치의 표준편차는 다른 3개 설계점에서 얻은 관측치의 표준편차에 비해 상당히 크다. 이 차이는 y_{15}와 관련된 비정상적으로 작은 두께 때문이다. 또한, 요인 A와 B가 모두 낮은 수준인 설계점의 표준편차는 나머지 2개 설계점의 표준편차보다 약간 크다. 이러한 결과는 실험에 포함하지 않은 다른 공정변수가 에피택셜층 두께의 변동에 영향을 줄 수 있음을 뜻한다. 이러한 가능성을 조사하기 위해 다른 공정변수를 포함하는 실험을 계획하고 시행할 수 있다. 《AT&T Technical Journal》에 실린 원본에서는 본 예제에서 포함하지 않은 다른 두 요인이 공정변동에 영향을 준다.

14.5.2 3요인 이상의 2^k 설계

두 요인이 각각 두 수준인 요인설계를 세 요인 이상으로 확장할 수 있다. 예를 들어 각각 두 수준이 있는 세 요인을 생각해 보자. 즉, $k = 3$으로 2^3 설계이고 8개의 처리조합이 있

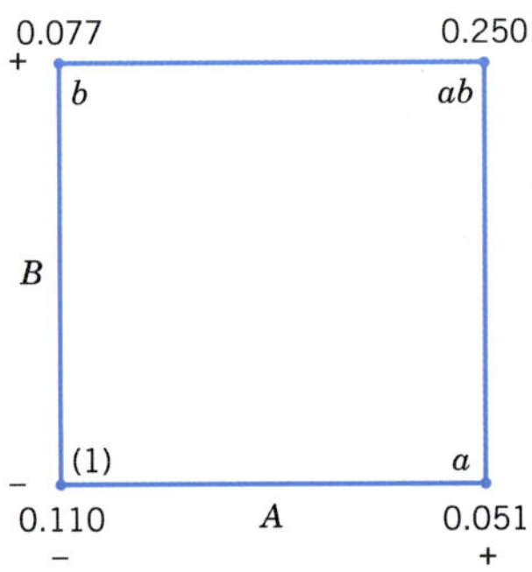

그림 14.16 2^2 설계의 4개 처리조합에서 에피택셜층 두께의 표준편차

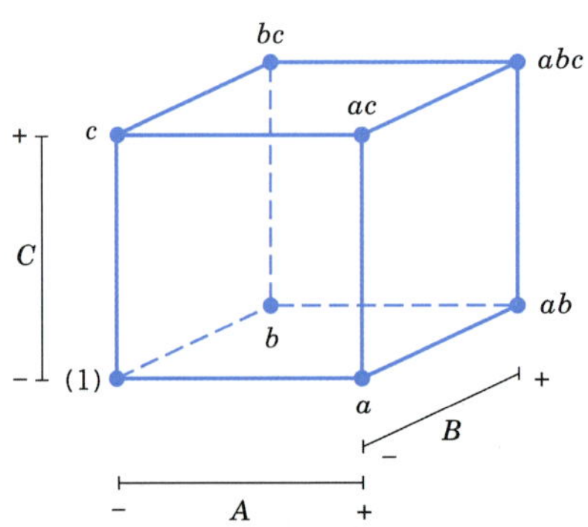

(a) 기하학적 표현

시행	A	B	C
1	−	−	−
2	+	−	−
3	−	+	−
4	+	+	−
5	−	−	+
6	+	−	+
7	−	+	+
8	+	+	+

(b) 2^3 설계행렬

그림 14.17 2^3 설계

다. 이 설계를 기하학적으로 표현하면 그림 14.17(a)와 같이 8개 처리조합을 꼭짓점으로 하는 정육면체(큐브)이다. 그림 14.17(b)는 8개 시행을 나타낸 표로 각 행은 하나의 시행을 나타내며 세 요인 각각에는 낮은 수준과 높은 수준을 의미하는 $-$와 $+$가 나타난다. 이 표를 설계행렬(design matrix)이라고도 한다. 이 설계에서 3개의 주효과(A, B, C), 3개의 2요인 교호작용효과(AB, AC, BC), 1개의 3요인 교호작용효과(ABC)를 추정할 수 있다.

주효과를 추정하기는 쉽다. 문자 $(1), a, b, ab, c, ac, bc, abc$는 설계의 8개 처리조합에서 각각 n번 반복한 관측치의 합계이다. 그림 14.18(a)에서 보는 것처럼 요인 A의 주효과는 요인 A가 높은 수준인 큐브 우측의 4개 처리조합의 평균에서 요인 A가 낮은 수준인 큐브 좌측의 4개 처리조합의 평균을 뺀 값, 즉

$$A = \bar{y}_{A+} - \bar{y}_{A-} = \frac{a+ab+ac+abc}{4n} - \frac{(1)+b+c+bc}{4n}$$

이다. 이와 비슷한 방법으로 요인 B와 C의 주효과도 구한다.

요인의 주효과: 2^3 설계

$$A = \bar{y}_{A+} - \bar{y}_{A-} = \frac{1}{4n}[a+ab+ac+abc-(1)-b-c-bc]$$

$$B = \bar{y}_{B+} - \bar{y}_{B-} = \frac{1}{4n}[b+ab+bc+abc-(1)-a-c-ac]$$

$$C = \bar{y}_{C+} - \bar{y}_{C-} = \frac{1}{4n}[c+ac+bc+abc-(1)-a-b-ab]$$

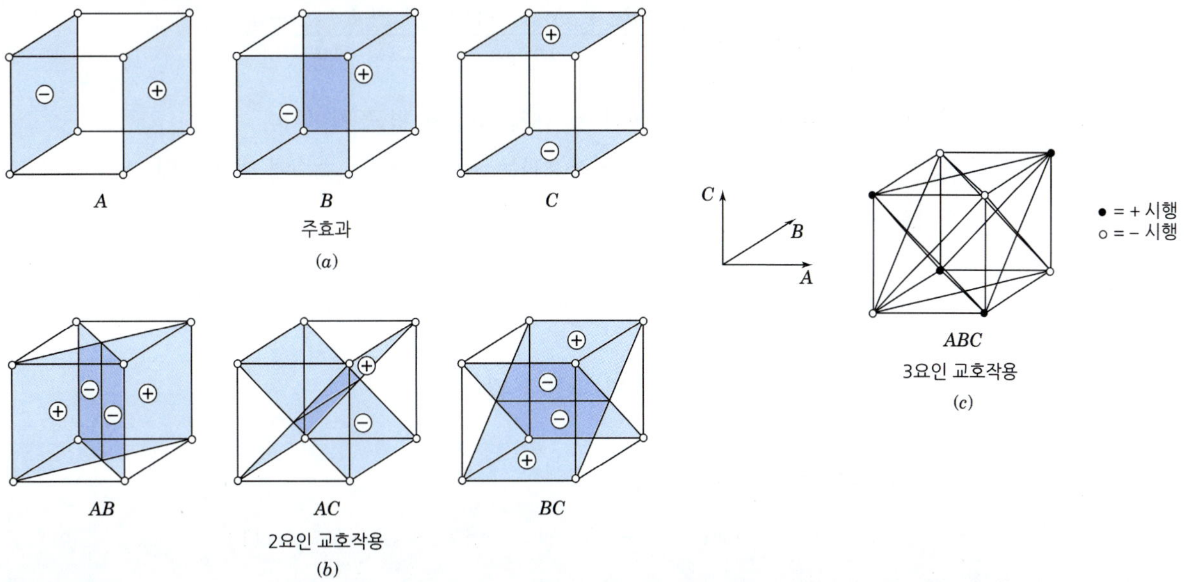

그림 14.18 2^3 설계에서 대비의 기하학적 표현 (a) 주효과 (b) 2요인 교호작용 (c) 3요인 교호작용

2요인 교호작용도 쉽게 추정할 수 있다. 먼저 요인 B의 두 수준에서 요인 A의 효과의 차이를 측정하면 다음과 같다.

B	평균효과
높은 수준(+)	$\dfrac{(abc-bc)+(ab-b)}{2n}$
낮은 수준(−)	$\dfrac{(ac-c)+[a-(1)]}{2n}$
차이	$\dfrac{abc-bc+ab-b-ac+c-a+(1)}{2n}$

요인 A와 B의 교호작용효과는 요인 B의 두 수준에서 요인 A의 평균 차이로 정의되며, 이 값은 위 차이의 $1/2$이다. 요인 A와 C의 교호작용효과, 요인 B와 C의 교호작용효과도 비슷한 방법으로 계산한다. 이상을 정리하면 다음과 같다.

2요인 교호작용효과: 2^3 설계

$$AB=\frac{1}{4n}[(1)-a-b+ab+c-ac-bc+abc]$$

$$AC=\frac{1}{4n}[(1)-a+b-ab-c+ac-bc+abc]$$

$$BC=\frac{1}{4n}[(1)+a-b-ab-c-ac+bc+abc]$$

요인 A와 B의 교호작용효과를 다시 쓰면

$$AB=\frac{abc+ab+c+(1)}{4n}-\frac{bc+b+ac+a}{4n}$$

이므로 그림 14.18(b)의 큐브에서 두 대각 평면의 평균 차이이다.

요인 A, B, C의 3요인 교호작용효과는 요인 C의 두 수준에 대한 요인 A와 B의 교호작용의 평균 차이, 즉

$$ABC=\frac{1}{4n}[(abc-bc)-(ac-c)-(ab-b)+(a-(1))]$$

로 정의된다. 위의 식을 정리하면 다음과 같다.

3요인 교호작용효과: 2^3 설계

$$ABC=\frac{1}{4n}[abc-bc-ac+c-ab+b+a-(1)]$$

표 14.14 2^3 설계에서 효과의 부호

처리조합	요인효과							
	I	A	B	AB	C	AC	BC	ABC
(1)	+	−	−	+	−	+	+	−
a	+	+	−	−	−	−	+	+
b	+	−	+	−	−	+	−	+
ab	+	+	+	+	−	−	−	−
c	+	−	−	+	+	−	−	+
ac	+	+	−	−	+	+	−	−
bc	+	−	+	−	+	−	+	−
abc	+	+	+	+	+	+	+	+

앞에서처럼 3요인 교호작용효과를 두 평균의 차이로 다시 쓸 수 있다. 두 평균에서의 시행을 분리하면 각각 그림 14.18(c)의 큐브를 구성하는 두 사면체의 꼭짓점을 정의한다.

효과에 대한 위의 식에서 대괄호 안의 값은 처리조합의 대비이다. 대비를 이용하여 표 14.14와 같이 +, − 부호로 이루어진 표를 작성할 수 있다. 또한, 그림 14.17(b)의 설계행렬로부터 표 14.14에 있는 주효과의 부호를 직접 결정할 수도 있다. 주효과 열의 부호를 결정하고 나면 나머지 열의 부호는 적절한 주효과 열의 부호를 행별로 곱하여 구한다. 예를 들어 각 행에서 A열과 B열의 부호를 곱하여 AB열의 부호를 결정한다. 이 표를 이용하여 각 효과의 대비를 쉽게 구할 수 있다.

표 14.14로부터 몇 가지 흥미로운 성질을 발견할 수 있다.

1. I열을 제외하면 각 열에서 +와 −의 개수는 같다.
2. 임의의 두 열의 부호를 곱한 것의 합은 0이다. 즉, 열은 **직교**한다.
3. 임의의 열에 I를 곱하면 그 열은 바뀌지 않는다. 즉, I는 **항등원**이다.
4. 임의의 열에 스스로를 곱하면 항등열이 되므로 임의의 두 열을 곱하면 표의 다른 열이 된다. 예를 들면 $A \times B = AB$이고, $AB \times ABC = A^2B^2C = C$이다.

2^k 설계에서 주효과나 교호작용효과의 추정치를 구하려면 먼저 표의 첫 열의 처리조합을 해당 주효과나 교호작용 열의 부호와 곱한 후 그 결과를 합하여 대비를 구하고 다시 대비를 실험의 전체 시행 횟수의 1/2로 나눈다.

예제 14.4 표면 거칠기

예제 14.2의 표면 거칠기 실험을 다시 보자. 이 실험은 2^3 요인설계로, 세 요인은 이송속도(A), 절삭깊이(B), 공구각도(C)이고, $n=2$의 반복이 있다. 표면 거칠기 데이터는 표 14.15에 나와 있다.

요인 A의 주효과를 계산하면

$$A=\frac{1}{4n}[a+ab+ac+abc-(1)-b-c-bc]$$
$$=\frac{1}{4(2)}(22+27+23+30-16-20-21-18)$$
$$=\frac{1}{8}(27)=3.375$$

이다. 식(14.10)을 이용하여 A의 제곱합을 구하면 다음과 같다.

표 14.15 표면 거칠기 실험 데이터

처리조합	설계요인			표면 거칠기	합계
	A	B	C		
(1)	−1	−1	−1	9, 7	16
a	1	−1	−1	10, 12	22
b	−1	1	−1	9, 11	20
ab	1	1	−1	12, 15	27
c	−1	−1	1	11, 10	21
ac	1	−1	1	10, 13	23
bc	−1	1	1	10, 8	18
abc	1	1	1	16, 14	30

$$SS_A=\frac{(\text{Contrast}_A)^2}{n2^k}=\frac{27^2}{2(8)}=45.5625$$

비슷한 방법으로 다른 효과를 구하면 다음과 같다.

$$B=1.625$$
$$C=0.875$$
$$AB=1.375$$
$$AC=0.125$$
$$BC=-0.625$$
$$ABC=1.125$$

효과의 크기를 보면 이송속도(A)가 가장 크고, 다음으로 절삭깊이(B), 둘의 교호작용이 뒤따른다. 표 14.16의 요약치를 통해서도 이것을 확인할 수 있다.

컴퓨터 결과물은 표 14.17에 나와 있다. 표의 상단에는 각 요인의 효과와 회귀계수의 추정치가 나타난다. 예를 들어 이송속도의 주효과에 대해 $t_0=4.32$(자유도 8)이다.

$$t_0^2=(4.32)^2=18.66$$

은 표 14.16에 있는 F-검정통계량의 계산값 $f_0=18.69$와 근사하다. F-검정의 분자와 분모의 자유도는 각각 1과 8이다.

표 14.17의 하단 출력물은 모형의 항에 초점을 둔 분산분석 결과로, 회귀모형으로 얻어진다. 12.2.2절의 부분 F-검정에 관한 내용을 복습하면 도움이 된다. 변동원인 아래 주효과라는 제목의 행은 이송속도, 절삭깊이, 공구각도의 주효과를 말한다. 각각의 자유도는 1이므로, 자유도 열의 값은 3이다. 순차제곱합(Seq SS)이라는 열은 각 처리조합이 그 **위**의 항을 모두 포함하는 모형에 추가될 때 제곱합이 얼마나 증가하는지를 알려준다. 순차제곱합 열의 첫 숫자는 3개의 주효과로만 모형을 적합할 때 제곱합이다. 2요인 교호작용이라는 행은 AB, AC, BC를 나타내며 그 순차제곱합은 주효과만 포함하는 모형에 교호작용 항이 추가될 때 제곱합의 증가량이다. 마찬가지로 3요인 교호작용에 대한 순차제곱합은 모든 다른 효과를 포함하는 모형에 3요인 교호작용이 추가될 때 제곱합의 증가량이다.

수정제곱합(Adj SS)이라는 열은 각 처리조합이 다른 **모든** 항을 포함하는 모형에 추가될 때 제곱합의 증가량이다. 각 처리에서 동일 반복을 갖는 2^k 설계는 직교설계(orthogonal design)이므로 수정제곱합과 순차제곱합은 같다. 따라서 컴퓨터로 작성한 표 14.17의 분산분석표에서 각 행에 대한 F-검정은 마치 그들이 모형에 포함된 마지막 항인 것처럼 주효과, 2요인 교호작용효과, 3요인 교호작용효과의 유의성을 검정하는 것이다. 표 14.17을 보면 주효과 항만 유의한 것이 분명하다. 개별 요인효과에 대한 t-검정 결과를 보면 이송속도와 절삭깊이의 주효과가 크고 그 둘의 교호작용이 어느 정도 존재한다는 것을 알 수 있다. 따라서 컴퓨터 출력물은 앞의 결과와 일치한다.

표 14.16 표면 거칠기 실험의 분석

항	효과 추정치	회귀계수 추정치	회귀계수의 표준오차	t_0	P–값
상수		11.0625	0.3903	28.34	0.000
A	3.3750	1.6875	0.3903	4.32	0.003
B	1.6250	0.8125	0.3903	2.08	0.071
C	0.8750	0.4375	0.3903	1.12	0.295
AB	1.3750	0.6875	0.3903	1.76	0.116
AC	0.1250	0.0625	0.3903	0.16	0.877
BC	−0.6250	−0.3125	0.3903	−0.80	0.446
ABC	1.1250	0.5625	0.3903	1.44	0.188

변동원인	제곱합	자유도	평균제곱	f_0	P–값
A	45.5625	1	45.5625	18.69	0.002
B	10.5625	1	10.5625	4.33	0.071
C	3.0625	1	3.0625	1.26	0.295
AB	7.5625	1	7.5625	3.10	0.116
AC	0.0625	1	0.0625	0.03	0.877
BC	1.5625	1	1.5625	0.64	0.446
ABC	5.0625	1	5.0625	2.08	0.188
오차	19.5000	8	2.4375		
합계	92.9375	15			

표 14.17 표면 거칠기 실험의 컴퓨터 출력물

Estimated Effects and Coefficients for Roughness					
Term	Effect	Coef	StDev Coef	T	P
상수		11.0625	0.3903	28.34	0.000
속도	3.3750	1.6875	0.3903	4.32	0.003
깊이	1.6250	0.8125	0.3903	2.08	0.071
각도	0.8750	0.4375	0.3903	1.12	0.295
속도*길이	1.3750	0.6875	0.3903	1.76	0.116
속도*각도	0.1250	0.0625	0.3903	0.16	0.877
깊이*각도	−0.6250	−0.3125	0.3903	−0.80	0.446
속도*깊이*각도	1.1250	0.5625	0.3903	1.44	0.188

Analysis of Variance for Roughness						
Source	DF	Seq SS	Adj SS	Adj MS	F	P
주효과	3	59.188	59.188	19.729	8.09	0.008
2요인 교호작용	3	9.187	9.187	3.062	1.26	0.352
3요인 교호작용	1	5.062	5.062	5.062	2.08	0.188
잔차오차	8	19.500	19.500	2.437		
순수오차	8	19.500	19.500	2.437		
합계	15	92.938				

모형과 잔차분석: 2^2 설계에서와 비슷한 방법으로 2^k 설계의 잔차를 구할 수 있다. 예를 들어 표면 거칠기 실험을 생각해 보자. 가장 큰 효과는 A, B, AB이므로 예측을 위한 회귀모형(regression model)은 다음과 같다.

$$Y = \beta_0 + \beta_1 x_1 + \beta_2 x_2 + \beta_{12} x_1 x_2 + \epsilon$$

여기서 x_1은 요인 A, x_2는 요인 B, x_1x_2는 요인 A와 B의 교호작용을 나타낸다. 회귀계수 β_1, β_2, β_{12}의 추정치는 해당하는 효과 추정치의 1/2이고, β_0의 추정치는 총 평균이다. 따라서

$$\begin{aligned}\hat{y} &= 11.0625 + \left(\frac{3.375}{2}\right)x_1 + \left(\frac{1.625}{2}\right)x_2 + \left(\frac{1.375}{2}\right)x_1x_2 \\ &= 11.0625 + 1.6875x_1 + 0.8125x_2 + 0.6875x_1x_2\end{aligned}$$

이다. 회귀계수 추정치는 표 14.17의 상단에 나와 있다. 요인 A와 B의 수준을 위의 식에 대입하여 예측치를 구한다. 예를 들어 요인 A, B, C가 모두 낮은 수준인 처리조합에서 예측치는 다음과 같다.

$$\hat{y} = 11.0625 + 1.6875(-1) + 0.8125(-1) + 0.6875(-1)(-1) = 9.25$$

이 처리조합에서 관측치는 9와 7이므로 잔차는 $9 - 9.25 = -0.25$와 $7 - 9.25 = -2.25$이다. 나머지 14개 시행에 대해서도 비슷한 방법으로 잔차를 구한다.

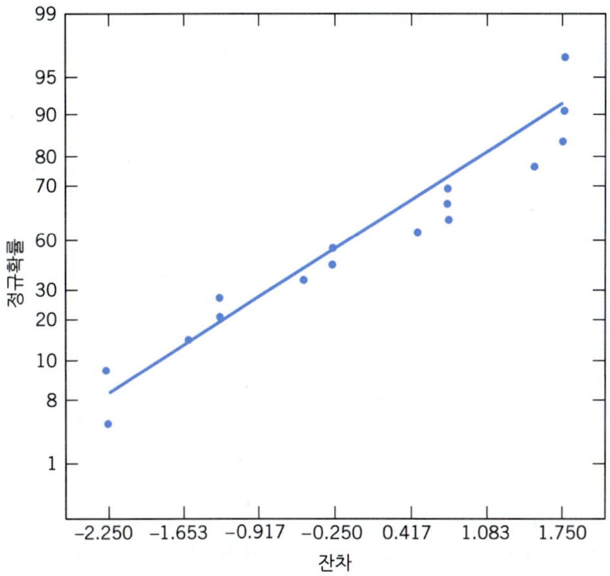

그림 14.19 표면 거칠기 실험에서 잔차의 정규확률그림

그림 14.19에는 잔차의 정규확률그림이 나타나 있다. 잔차가 근사적으로 직선 위에 놓이므로 데이터의 정규성에 대해 의심할 이유가 없다. 심각한 이상치에 대한 의심의 여지도 없다. 추가로 적합치와 요인 A, B, C에 대해 잔차를 그려보면 도움이 된다.

2^k 설계의 투영: 2^k 설계에서 하나 이상의 원래 요인을 제거할 수 있으면 2^k 설계를 더 적은 수의 요인설계로 투영할 수 있다. 그 결과 남은 요인에 대한 추가적인 통찰을 얻기도 한다. 예를 들어 표면 거칠기 실험에서, 요인 C와 관련된 주효과와 모든 교호작용이 유의하지 않으므로 요인 C를 설계로부터 제거할 수 있다. 그러면 그림 14.17의 큐브를 A-B 공간의 정사각형으로 투영하고 새로운 설계에서는 4개 처리조합이 각각 4번 반복된다. 일반적으로, h개의 요인을 제거하여 $r=k-h$개의 요인이 남으면 원래 n번의 반복이 있는 2^k 설계를 $n2^h$번의 반복이 있는 2^r 설계로 투영할 수 있다.

14.6 무반복 2^k 설계

요인실험에서 요인의 개수가 증가함에 따라 추정해야 하는 효과의 개수도 증가한다. 예를 들어 2^4 실험에서 주효과는 4개, 2요인 교호작용은 6개, 3요인 교호작용은 4개, 4요인 교호작용은 1개이다. 한편 2^6 실험에서 주효과는 6개, 2요인 교호작용은 15개, 3요인 교호작용은 20개, 4요인 교호작용은 15개, 5요인 교호작용은 6개, 6요인 교호작용은 1개이다. 일반적으로 **효과의 희소성 원리**를 적용한다. 즉, 주효과와 낮은 차수의 교호작용이 시스템을 지배한다. 보통 3요인 이상의 교호작용은 무시할 수 있다. 그러므로 요인의 수가 제법 크면, 즉 k가 4 또는 5 이상이면, 통상 2^k 설계를 1번만 반복하고 고차의 교호작용을 오차의 추정치와 합한다. 2^k 설계의 단일반복을 **무반복** 2^k 설계라고 한다.

무반복 요인설계의 데이터를 분석할 때 고차의 교호작용이 발생하는 경우가 있다. 그러면 고차의 교호작용을 합하여 계산한 오차평균제곱을 사용하는 것은 부적절하다. 이 문제를 극복하는 간단한 방법이 있다. 유의하지 않은 효과는 평균이 0이고 분산이 σ^2인 정규분포를 따른다. 따라서 효과의 추정치에 대한 정규확률그림을 작성하였을 때 유의하지 않은 효과는 직선 위에 놓이고, 평균이 0과 다른 유의한 효과는 직선 위에 놓이지 않을 것이다. 아래 예제 14.5에서 이 방법을 자세히 알아본다.

예제 14.5 플라즈마 식각: 요인설계

어느 논문("Orthogonal Design for Process Optimization and Its Application in Plasma Etching", *Solid State Technology*, 1987, pp. 127-132)에 단일 웨이퍼 플라즈마 식각장치의 질화물 식각공정을 개발하기 위한 요인설계가 소개되었다. 이 공정에서는 C_2F_6을 반응가스로 사용하며, 가스의 흐름, 음극 인가전력, 반응로의 압력, 양극과 음극의 간격을 변경할 수 있다. 일반적으로 여러 개의 반응변수에 관심이 있으나 이 예제에서는 실리콘 질화물의 식각률만 생각한다.

공정을 연구하기 위해 무반복 2^4 설계를 사용하며, 3요인 교호작용과 4요인 교호작용은 유의할 것 같지 않으므로 일단 오차와 합하기로 한다. 이 설계에서 사용한 요인수준은 다음과 같다.

수준	설계요인			
	전극간격 (cm)	압력 (mTorr)	가스흐름 (SCCM)	전력 (W)
낮은 수준(−)	0.80	450	125	275
높은 수준(+)	1.20	550	200	325

2^4 설계의 16개 처리조합에 대한 데이터는 표 14.18과 같다. 요인 A의 효과를 추정하면 다음과 같다.

$$\begin{aligned} A &= \frac{1}{8}[a+ab+ac+abc+ad+abd+acd+abcd \\ &\quad -(1)-b-c-bc-d-bd-cd-bcd] \\ &= \frac{1}{8}(669+650+642+635+749+868+860+729 \\ &\quad -550-604-633-601-1037-1052-1075-1063) \\ &= -101.625 \end{aligned}$$

따라서 전극간격을 0.80 cm에서 1.20 cm로 증가하면 식각률이 분당 101.625 Å만큼 감소한다.

비슷한 방법으로 다른 효과의 추정치를 계산하면 결과는 다음과 같다.

$$\begin{aligned} A &= -101.625 & AD &= -153.625 \\ B &= -1.625 & BD &= -0.625 \\ AB &= -7.875 & ABD &= 4.125 \\ C &= 7.375 & CD &= -2.125 \\ AC &= -24.875 & ACD &= 5.625 \\ BC &= -43.875 & BCD &= -25.375 \\ ABC &= -15.625 & ABCD &= -40.125 \\ D &= 306.125 & & \end{aligned}$$

표 14.18 플라즈마 식각실험 데이터

A (전극간격)	B (압력)	C (가스흐름)	D (전력)	식각률 (Å/min)
−1	−1	−1	−1	550
1	−1	−1	−1	669
−1	1	−1	−1	604
1	1	−1	−1	650
−1	−1	1	−1	633
1	−1	1	−1	642
−1	1	1	−1	601
1	1	1	−1	635
−1	−1	−1	1	1037
1	−1	−1	1	649
−1	1	−1	1	1052
1	1	−1	1	868
−1	−1	1	1	1075
1	−1	1	1	860
−1	1	1	1	1063
1	1	1	1	729

효과에 대한 정규확률그림을 작성하면 그림 14.20과 같다. 주효과 A와 D, 교호작용효과 AD는 다른 점들이 지나는 직선으로부터 멀리 떨어져 있으므로 A, D, AD는 분명히 유의하다. 표 14.19의 분석결과는 이를 뒷받침한다. 분산분석표의 오차평균제곱을 구하기 위해 3요인과 4요인 교호작용

을 합하였다. 그러나 정규확률그림에서 중요한 것으로 보이는 교호작용효과를 오차항과 합하면 안 된다.

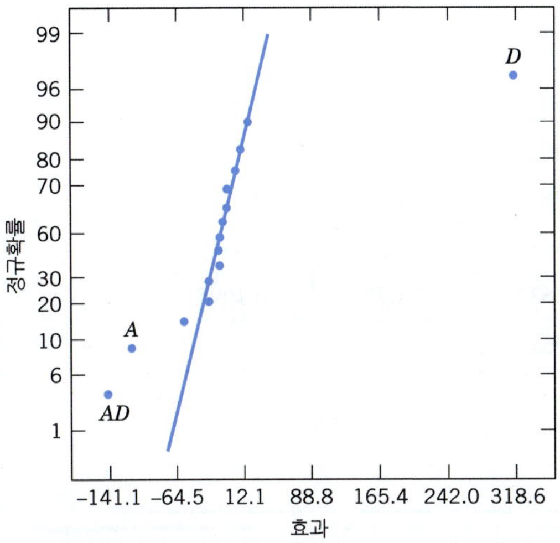

그림 14.20 플라즈마 식각실험에서 효과의 정규확률그림

해석: $A=-101.625$이므로 전극간격이 커지면 식각률이 감소한다. 또한, $D=306.125$이므로 높은 전력을 인가하면 식각률이 증가한다. 그림 14.21은 요인 A와 D의 교호작용그림이다. 낮은 전력에서 전극간격을 바꾸는 효과는 작지만, 높은 전력에서 전극간격이 증가하면 식각률이 상당히 감소한다. 전력 수준이 높고 전극간격이 낮을 때 식각률이 높다.

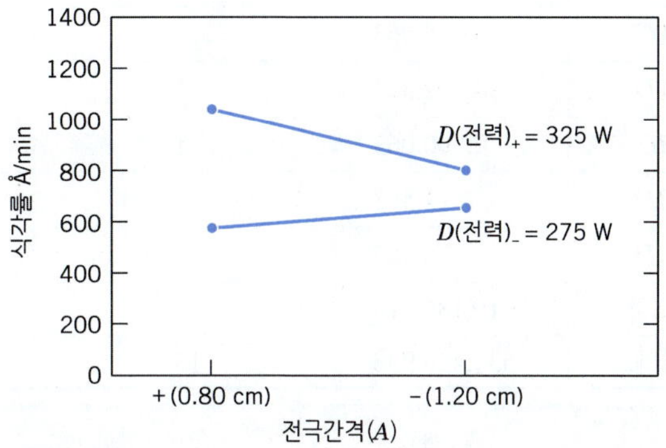

그림 14.21 플라즈마 식각실험에서 전극간격과 전력의 교호작용

표 14.19 플라즈마 식각실험의 분석

항	효과 추정치	회귀계수 추정치	회귀계수의 표준오차	t_0	P–값
상수		776.06	11.28	68.77	0.000
A	−101.62	−50.81	11.28	−4.50	0.006
B	−1.62	−0.81	11.28	−0.07	0.945
C	7.37	3.69	11.28	0.33	0.757
D	306.12	153.06	11.28	13.56	0.000
AB	−7.88	-3.94	11.28	−0.35	0.741
AC	−24.88	−12.44	11.28	−1.10	0.321
AD	−153.62	−76.81	11.28	−6.81	0.001
BC	−43.87	−21.94	11.28	−1.94	0.109
BD	−0.63	−0.31	11.28	−0.03	0.979
CD	−2.13	−1.06	11.28	−0.09	0.929

변동원인	제곱합	자유도	평균제곱	f_0	P-값
A	41,310.563	1	41,310.563	20.28	0.0064
B	10.563	1	10.563	<1	-
C	217.563	1	217.563	<1	-
D	374,850.063	1	374,850.063	183.99	0.0000
AB	248.063	1	248.063	<1	-
AC	2,475.063	1	2,475.063	1.21	0.3206
AD	94,402.563	1	94,402.563	46.34	0.0010
BC	7,700.063	1	7,700.063	3.78	0.1095
BD	1.563	1	1.563	<1	-
CD	18.063	1	18.063	<1	-
오차	10,186.813	5	2,037.363		
합계	531,420.938	15			

다음 회귀모형을 이용하여 예제 14.5의 데이터에 대한 잔차를 구할 수 있다.

$$\hat{y} = 776.0625 - \left(\frac{101.625}{2}\right)x_1 + \left(\frac{306.125}{2}\right)x_4 - \left(\frac{153.625}{2}\right)x_1 x_4$$

예를 들어 요인 A와 D가 모두 낮은 수준일 때 예측치는

$$\hat{y} = 776.0625 - \left(\frac{101.625}{2}\right)(-1) + \left(\frac{306.125}{2}\right)(-1) - \left(\frac{153.625}{2}\right)(-1)(-1) = 597$$

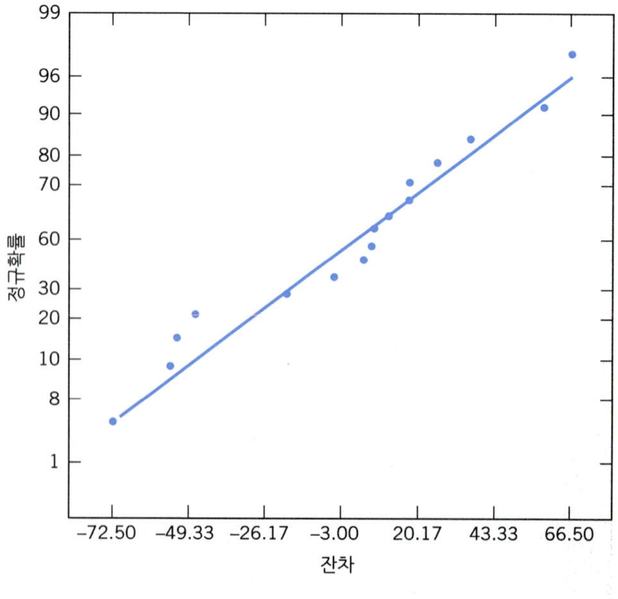

그림 14.22 플라즈마 식각실험에서 잔차의 정규확률그림

이므로 이 처리조합에서 4개의 잔차는 다음과 같다.

$$
\begin{aligned}
e_1 &= 530 - 597 = -47 \\
e_2 &= 604 - 597 = \ \ 7 \\
e_3 &= 633 - 597 = 36 \\
e_4 &= 601 - 597 = \ \ 4
\end{aligned}
$$

나머지 처리조합의 잔차도 비슷한 방법으로 구한다. 잔차의 정규확률그림은 그림 14.22와 같다. 오차의 정규분포 가정을 만족한다.

14.7 2^k 설계의 중심점 추가

2수준 요인설계를 사용할 때 요인효과가 선형이라는 가정이 염려스러울 수 있다. 물론 완전한 선형이 필요한 것은 아니고 근사적으로 선형이어도 2^k는 제법 잘 작동한다. 그런데 2^k 설계의 어떤 점에서라도 실험을 반복하면 곡률효과를 찾으면서도 오차를 독립적으로 추정할 수 있다. 그래서 2^k 설계에 중심점을 추가한다. 즉, $x_i = 0$ $(i = 1, 2, \cdots, k)$에서 n_C번 실험을 반복한다. 반복 시행을 중심점에 추가하는 중요한 이유는 중심점은 2^k 설계의 효과 추정치에 영향을 미치지 않기 때문이다. 중심점을 추가할 때 k개 요인이 양적이라고 가정한다.

이 방법을 알아보기 위해 각 요인점 $(-,-)$, $(+,-)$, $(-,+)$, $(+,+)$에 각각 1개 관측치가 있고 중심점 (0, 0)에 n_C개의 반복 관측치가 있는 2^2 설계를 생각해 보자. 그림 14.23은 이러한 설계를 그림으로 나타낸 것이다. 4개 요인점의 평균을 $\bar{y}_F$, 중심점의 평균을 $\bar{y}_C$라고 하자. 만일 $\bar{y}_F - \bar{y}_C$가 작으면 중심점은 요인점을 지나는 평면 근처에 있는 것으로 곡률이 없다는 뜻이다. 반대로 $\bar{y}_F - \bar{y}_C$가 크면 곡률이 존재한다.

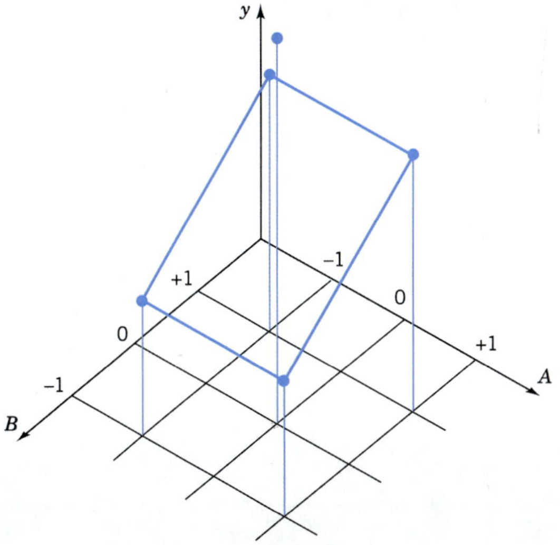

그림 14.23 중심점이 있는 2^2 설계

요인 효과에 대한 검정처럼 곡률에 대한 검정도 F-검정 또는 t-검정을 사용한다. 자유도 1의 곡률제곱합을 MS_E와 비교하는 F-검정의 검정통계량을 계산하거나 두 평균의 비교에 사용한 것과 비슷한 t-검정의 검정통계량을 계산할 수 있다. 이때 곡률에 대한 계수는 $\bar{y}_F - \bar{y}_C$이며 σ의 추정치는 $\sqrt{MS_E}$이다.

곡률제곱합과 검정통계량

(1) 곡률제곱합은

$$SS_{\text{Curvature}} = \frac{n_F n_C (\bar{y}_F - \bar{y}_C)^2}{n_F + n_C} = \left(\frac{\bar{y}_F - \bar{y}_C}{\sqrt{\dfrac{1}{n_F} + \dfrac{1}{n_C}}} \right)^2 \tag{14.14}$$

(2) 곡률검정을 위한 검정통계량은

$$T_0 = \frac{\bar{y}_F - \bar{y}_C}{\hat{\sigma}\sqrt{\dfrac{1}{n_F} + \dfrac{1}{n_C}}}$$

일반적으로 n_F는 요인점의 개수이다. $SS_{\text{Curvature}}$를 오차평균제곱과 비교하여 곡률에 대한 F-검정을 수행한다. 다른 효과에 대한 검정에서와 마찬가지로 t-검정의 검정통계량을 제곱하면 F-검정의 검정통계량과 같다.

2^k 설계에 중심점을 추가할 때 모형은

$$Y = \beta_0 + \sum_{j=1}^{k} \beta_j x_j + \sum_{i<j}\sum \beta_{ij} x_i x_j + \sum_{j=1}^{k} \beta_{jj} x_j^2 + \epsilon$$

이다. 여기서 β_{jj}는 순수한 2차 효과이다. 곡률에 대한 가설은

$$H_0 : \sum_{j=1}^{k} \beta_{jj} = 0 \qquad H_1 : \sum_{j=1}^{k} \beta_{jj} \neq 0$$

이다. 설계에서 요인점의 반복이 없어도 n_C개의 중심점을 이용하여 자유도가 $n_C - 1$인 오차 추정치를 구할 수 있다.

예제 14.6 공정수율

어느 화학공학 기술자는 공정의 전환비율, 즉 공정수율에 대해 연구하고 있다. 관심의 변수는 반응시간과 반응온도이다. 탐색 영역에서 선형성 가정이 불확실하여 2^2 무반복 설계에 5개의 중심점을 추가하기로 한다. 설계와 수율 데이터는 그림 14.24에 나타나 있다.

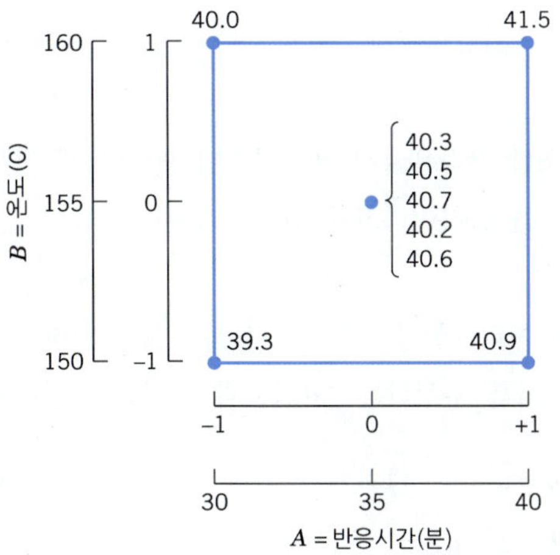

그림 14.24 공정수율 실험에 5회의 중심점을 추가한 2^2 설계

분석결과를 요약하면 표 14.20과 같다. 중심점을 이용하여 오차평균제곱을 계산하면 다음과 같다.

$$MS_E = \frac{SS_E}{n_C - 1} = \frac{\sum_{\text{중심점}} (y_i - \bar{y}_C)^2}{n_C - 1}$$

$$= \frac{\sum_{i=1}^{5} (y_i - 40.46)^2}{4} = \frac{0.1720}{4} = 0.0430$$

또한, $\bar{y}_F = 40.425$, $\bar{y}_C = 40.46$이므로

$$\bar{y}_F - \bar{y}_C = 40.425 - 40.46 = -0.035$$

이다. 식 (14.14)로부터 곡률제곱합을 구하면 다음과 같다.

$$SS_{\text{Curvature}} = \frac{n_F n_C (\bar{y}_F - \bar{y}_C)^2}{n_F + n_C} = \frac{(4)(5)(-0.035)^2}{4+5} = 0.0027$$

곡률에 대한 계수는 $\bar{y}_F - \bar{y}_C = -0.035$이며 곡률검정을 위한 검정통계량 T_0의 계산값을 구하면 다음과 같다.

$$t_0 = \frac{-0.035}{\sqrt{(0.043)\left(\frac{1}{4} + \frac{1}{5}\right)}} = -0.25$$

해석: 분산분석 결과를 보면 두 요인 모두 주효과는 유의하고 교호작용효과는 유의하지 않다. 또한, 탐색 영역에서 반응표면에 곡률이 있다는 증거가 없다. 즉, 귀무가설 $H_0 : \sum_{j=1}^{k} \beta_{jj} = 0$을 기각할 수 없다.

표 14.20 중심점이 있는 공정수율 실험의 분석

항	효과 추정치	회귀계수 추정치	회귀계수의 표준오차	t_0	P-값
상수		40.4250	0.1037	389.89	0.000
A	1.5500	0.7750	0.1037	7.47	0.002
B	0.6500	0.3250	0.1037	3.13	0.035
AB	−0.0500	−0.0250	0.1037	−0.24	0.821
중심점		−0.0350	0.1391	−0.25	0.814

변동원인	제곱합	자유도	평균제곱	f_0	P-값
A(반응시간)	2.4025	1	2.4025	55.87	0.0017
B(반응온도)	0.4225	1	0.4225	9.83	0.0350
AB	0.0025	1	0.0025	0.06	0.8237
곡률	0.0027	1	0.0027	0.06	0.8163
오차	0.1720	4	0.0430		
합계	3.0022	8			

14.8 2^k 설계의 블록화와 교락

가끔 2^k 설계의 모든 관측치를 동질적인 조건에서 시험하는 것이 가능하지 않다. 이러한 상황에서는 블록화(blocking)가 유용하다. 그런데 블록의 크기가 처리조합의 완전 반복에 필요한 시행의 수보다 작은 경우가 많다. 이 경우 2^k 설계를 2^p개의 블록에 배치하는 방법을 교락(confounding)이라고 한다. 이 방법은 특정 교호작용효과가 블록과 구별되지 않도록, 즉 블록과 교락되도록 한다. 여기서는 2^k 요인설계를 2^p $(p < k)$개의 블록으로 교락하는 문제를 알아본다.

2^2 설계를 생각해 보자. $2^2 = 4$개의 처리조합 각각은 4시간의 시험이 필요할 때 전체 실험을 수행하는 데 2일이 걸린다. 시험하는 날을 블록이라고 하면 4개의 처리조합 중 같은 날에 실험할 2개의 처리를 결정해야 한다.

이 설계는 그림 14.25와 같다. 블록 1에는 처리조합 (1)과 ab, 블록 2에는 처리조합 a와 b가 포함된다. 한편 요인 A와 B의 주효과를 추정하는 대비는 각각 다음과 같다.

$$\text{Contrast}_{\text{A}} = ab + a - b - (1)$$
$$\text{Contrast}_{\text{B}} = ab + b - a - (1)$$

요인 A와 B의 주효과에 대한 대비에는 각 블록으로부터 하나의 +와 하나의 −인 처리조합이 있기 때문에 대비는 블록화의 영향을 받지 않는다. 즉, 한 블록의 관측치를 상수만큼 증가시키는 블록 간의 차이는 상쇄되었다. 그런데 요인 A와 B의 교호작용효과에 대한 대비는

$$\text{Contrast}_{\text{AB}} = ab + (1) - a - b$$

이다. +부호인 2개의 처리조합 ab와 (1)은 블록 1에, −부호인 2개의 처리조합 a와 b는 블록 2에 있으므로 블록효과와 교호작용효과 AB는 동일하다. 즉, 교호작용효과는 블록과 교락된다. 표 14.11의 2^2 설계에 대한 부호표를 보면 그 이유를 알 수 있다. 표 14.11을 보면 AB열이 +인 처리조합은 모두 블록 1, AB열이 −인 처리조합은 모두 블록 2에 배

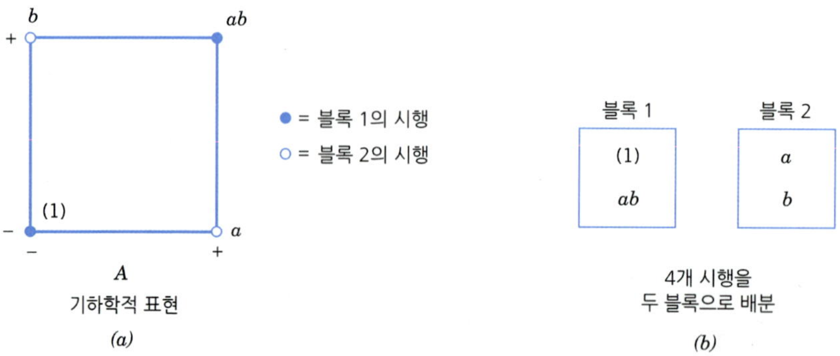

그림 14.25 블록이 2개인 2^2 설계

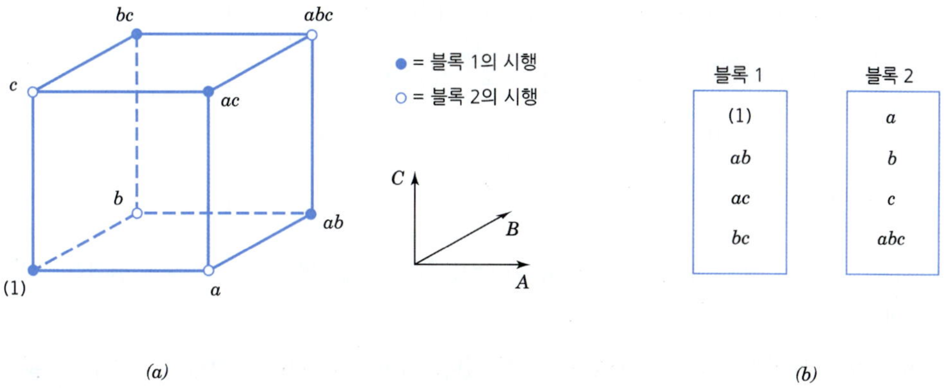

그림 14.26 블록이 2개인 2^3 설계

분된 것을 알 수 있다.

임의의 2^k 설계를 2개 블록과 교락시킬 때 이런 방식을 사용한다. 다른 예로, 블록이 2개인 2^3 설계를 생각해 보자. 표 14.14의 부호표를 이용하여, ABC열이 $-$인 모든 처리조합을 블록 1에, $+$인 모든 처리조합을 블록 2에 배분한다. 이 설계 결과는 그림 14.26과 같다.

블록을 만드는 더 일반적인 방법은 다음의 정의대비(defining contrast)를 이용하는 것이다.

$$L = \alpha_1 x_1 + \alpha_2 x_2 + \cdots + \alpha_n x_n \tag{14.15}$$

여기서 x_i는 주어진 처리조합에서 i번째 요인의 수준이고, α_i는 블록과 교락되는 효과에서 i번째 요인의 지수값이다. 2^k 설계의 경우 α_i는 0 또는 1이고, x_i는 0(낮은 수준) 또는 1(높은 수준)이다. L(2로 나눈 나머지)의 값이 같은 처리조합을 같은 블록으로 배분한다. L(2로 나눈 나머지)의 값은 0 또는 1이므로 2^k개의 처리조합을 정확히 2개의 블록으로 배분한다.

예를 들어 세 요인 A, B, C의 교호작용효과 ABC를 블록과 교락시키는 2^3 설계를 보면 x_1, x_2, x_3은 각각 요인 A, B, C의 수준이고, $\alpha_1 = \alpha_2 = \alpha_3 = 1$이다. 따라서 이 경우 정의대비는 다음과 같다.

$$L = x_1 + x_2 + x_3$$

처리조합을 2개 블록으로 배분하기 위해 다음과 같이 각 처리조합의 정의대비를 구한다.

$$(1): L = 1(0) + 1(0) + 1(0) = 0 = 0 \ \text{(2로 나눈 나머지)}$$

$$a: L = 1(1) + 1(0) + 1(0) = 1 = 1 \ \text{(2로 나눈 나머지)}$$

$$b: L = 1(0) + 1(1) + 1(0) = 1 = 1 \ \text{(2로 나눈 나머지)}$$

$$ab: L = 1(1) + 1(1) + 1(0) = 2 = 0 \ \text{(2로 나눈 나머지)}$$

$$c: L = 1(0)+1(0)+1(1) = 1 = 1 \ (2\text{로 나눈 나머지})$$
$$ac: L = 1(1)+1(0)+1(1) = 2 = 0 \ (2\text{로 나눈 나머지})$$
$$bc: L = 1(0)+1(1)+1(1) = 2 = 0 \ (2\text{로 나눈 나머지})$$
$$abc: L = 1(1)+1(1)+1(1) = 3 = 1 \ (2\text{로 나눈 나머지})$$

따라서 $(1), ab, ac, bc$를 블록 1에, a, b, c, abc를 블록 2에 배분한다. 이 설계 결과는 그림 14.26과 같다.

이 설계를 생성하는 다른 간단한 방법이 있다. 처리조합 (1)을 포함하는 블록을 주블록(principal block)이라고 한다. (처리 (1)을 제외한) 주블록의 임의의 처리조합은 주블록 내의 다른 2개 처리조합의 곱을 2로 나눈 나머지로 구할 수 있다. 예를 들어 그림 14.26에서처럼 교호작용효과 ABC를 블록과 교락시킨 2^3 설계의 주블록은 다음과 같다.

$$ab \cdot ac = a^2bc = bc$$
$$ab \cdot bc = ab^2c = ac$$
$$ac \cdot bc = abc^2 = ab$$

다른 블록의 처리조합은 이 블록의 한 처리조합에 주블록의 각 처리조합을 곱한 후 2로 나눈 나머지로 얻는다. ABC가 블록과 교락된 2^3 설계에서, 주블록은 (1), ab, ac, bc이므로 처리조합 b는 다른 블록이다. 따라서 두 번째 블록에 속하는 처리조합은 다음과 같이 구한다.

$$b \cdot (1) = b$$
$$b \cdot ab = ab^2 = a$$
$$b \cdot ac = abc$$
$$b \cdot bc = b^2c = c$$

예제 14.7 미사일 오차거리

어느 실험자는 4개 요인이 견착식 지대공 미사일의 오차거리에 미치는 영향을 연구하고 있다. 요인은 표적 유형(A), 추적자 유형(B), 표적 고도(C), 표적 범위(D)이다. 편의상 각 요인을 두 수준에서 실험하며, 광학 추적시스템을 이용하여 오차거리를 가까운 피트 단위로 측정한다. 2명의 포수가 실험하는데 포수 간의 차이가 있을 수 있으므로, 2^4 설계를 두 블록에서 수행하되 4개 요인의 교호작용효과 $ABCD$를 블록과 교락하기로 한다. 그러면 정의대비는 다음과 같다.

$$L = x_1 + x_2 + x_3 + x_4$$

실험설계와 데이터는 그림 14.27에 나타나 있다. 컴퓨터 소프트웨어로 구한 효과 추정치는 표 14.21과 같다. 그림 14.28의 효과에 대한 정규확률그림을 살펴보면 A, D, AD, AC가 큰 것으로 보인다. 3요인 교호작용을 오차항과 결합한 후 효과를 분석한 결과는 표 14.22와 같다.

해석: 교호작용효과 AC와 AD가 유의하므로 3개 요인 A, C, D가 모두 오차거리에 유의한 영향을 미친다. 표적 유형, 표적 고도 그리고 둘의 교호작용이 있다고 결론을 내린다. 이 분석에서 교호작용효과 $ABCD$는 블록과 교락되었다.

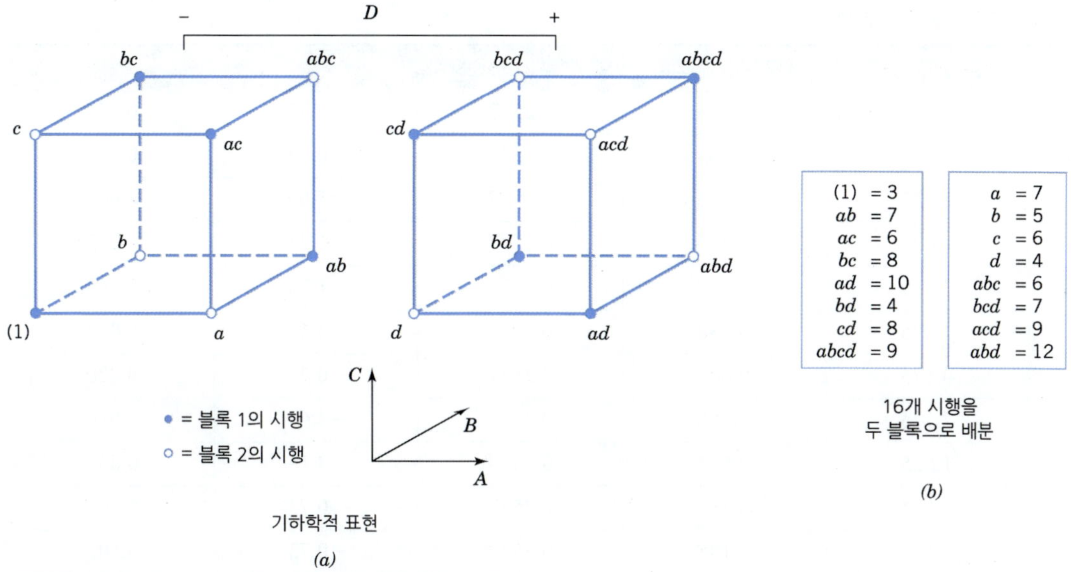

그림 14.27 예제 14.7에 대한 블록이 2개인 2^4 설계

표 14.21 컴퓨터로 구한 미사일 오차거리 실험의 효과 추정치

효과와 계수 추정치		
항	효과	계수
상수		6.938
블록($ABCD$)		0.063
A	2.625	1.312
B	0.625	0.313
C	0.875	0.438
D	1.875	0.938
AB	−0.125	−0.063
AC	−2.375	−1.187
AD	1.625	0.813
BC	−0.375	−0.188
BD	−0.375	−0.187
CD	−0.125	−0.062
ABC	−0.125	−0.063
ABD	0.875	0.438
ACD	−0.375	−0.187
BCD	−0.375	−0.187

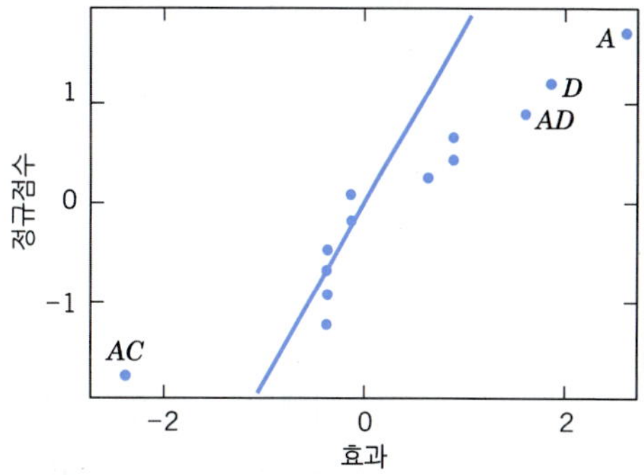

그림 14.28 미사일 오차거리 실험에서 효과의 정규확률그림

표 14.22 미사일 오차거리 실험의 분석

항	효과 추정치	회귀계수 추정치	회귀계수의 표준오차	t_0	P-값
상수		6.938	0.2577	26.92	0.000
블록($ABCD$)		0.063	0.2577	0.24	0.820
A	2.625	1.312	0.2577	5.09	0.007
B	0.625	0.313	0.2577	1.21	0.292
C	0.875	0.437	0.2577	1.70	0.165
D	1.875	0.938	0.2577	3.64	0.022
AB	−0.125	−0.062	0.2577	−0.24	0.820
AC	−2.375	−1.188	0.2577	−4.61	0.010
AD	1.625	0.813	0.2577	3.15	0.034
BC	−0.375	−0.187	0.2577	−0.73	0.507
BD	−0.375	−0.188	0.2577	−0.73	0.507
CD	−0.125	−0.063	0.2577	−0.24	0.820

표 14.22 미사일 오차거리 실험의 분석(계속)

변동원인	제곱합	자유도	평균제곱	f_0	P-값
블록($ABCD$)	0.0625	1	0.0625	0.06	-
A	27.5625	1	27.5625	25.94	0.0070
B	1.5625	1	1.5625	1.47	0.2920
C	3.0625	1	3.0625	2.88	0.1648
D	14.0625	1	14.0625	13.24	0.0220
AB	0.0625	1	0.0625	0.06	-
AC	22.5625	1	22.5625	21.24	0.0100
AD	10.5625	1	10.5625	9.94	0.0344
BC	0.5625	1	0.5625	0.53	-
BD	0.5625	1	0.5625	0.53	-
CD	0.0625	1	0.0625	0.06	-
오차	4.2500	4	1.0625		
합계	84.9375	15			

2^k 설계를 각각 2^{k-2}개의 관측치를 갖는 4개 블록으로 교락시킬 수 있다. 이 설계를 생성하려면 블록과 교락시킬 2개의 효과를 선택하고 그에 대한 정의대비를 구해야 한다. 그러면 블록과 교락시키기 위해 처음 선택한 2개 효과의 일반화 교호작용(generalized interaction)도 블록과 교락된다. 두 효과의 일반화 교호작용은 두 효과의 각 문자를 곱하고 2로 나눈 나머지이다.

예를 들어 블록이 4개인 2^4 설계를 생각해 보자. 블록과 교락할 효과로 AC와 BD를 선택하면 일반화 교호작용은 $(AC)(BD) = ABCD$이다. AC와 BD에 대한 다음의 정의대비를 이용하여 설계를 생성한다.

$$L_1 = x_1 + x_3 \qquad L_2 = x_2 + x_4$$

그러면 다음과 같이 4개 블록이 만들어진다.

블록 1 $L_1 = 0, L_2 = 0$	블록 2 $L_1 = 1, L_2 = 0$	블록 3 $L_1 = 0, L_2 = 1$	블록 4 $L_1 = 1, L_2 = 1$
(1)	a	b	ab
ac	c	abc	bc
bd	abd	d	ad
$abcd$	bcd	acd	cd

이와 같은 절차를 일반화하여 2^k 설계를 2^p $(p < k)$개의 블록으로 교락시킬 수 있다. 먼저 교락시킬 p개의 효과를 선택하되, 서로의 일반화 교호작용이 되지 않도록 한다. 그러고 나서 교락시키는 p개의 효과에 대응하는 정의대비 $L_1, L_2, \cdots, L_p$를 이용하여 블록을 만든다. 선택한 p개의 효과에 추가하여 정확히 $2^p - p - 1$개의 효과가 블록과 교락되는데, 이들은 처음에 선택한 p개 효과의 일반화 교호작용이다. 관심이 있는 효과는 교락되지 않도록 주의해야 한다.

2^k 설계의 교락에 관한 자세한 내용은 Montgomery (2017)을 참고하기 바란다. 이 책에는 주효과와 낮은 차수의 교호작용이 교락되지 않도록 블록과 교락시킬 요인를 선정하는 지침이 나와 있다. 특히 최대 7개 요인과 다양한 블록 크기에 대해 교락 설계를 계획하는 표도 나와 있다.

14.9 2^{k-1} 부분요인설계

2^k 설계에서 요인의 수가 증가하면 필요한 시행의 수는 급격히 증가한다. 예를 들어 2^5 설계의 완전 반복에는 32개의 처리조합이 있는데, 주효과의 자유도는 5, 2요인 교호작용의 자유도는 10에 불과하여 전체 31의 자유도 중 남은 16은 3요인 이상의 고차 교호작용을 추정하는 데 사용된다. 공정이나 제품을 처음 연구할 때 이러한 고차 교호작용에 관한 관심은 거의 없다. 일부 고차 교호작용을 무시할 수 있으면 2^k의 완전 반복보다 시행 횟수가 더 적은 부분요인설계(fractional factorial design)를 사용하여 주효과와 저차원의 교호작용에 대한 정보를 얻을 수 있다. 이 절에서는 2^k 설계의 부분실시를 학습한다.

주로 **선별실험**에서 부분요인설계를 사용한다. 보통 프로젝트 초기 단계에는 대부분의 요인이 반응에 거의 영향을 주지 않으므로, 많은 요인 중 효과가 큰 요인을 식별할 목적으로 선별실험을 사용한다. 후속 연구에서 중요하다고 식별된 요인들을 더 철저히 조사한다.

표 14.23 2^3 설계에서 +, − 부호

처리조합	요인효과							
	I	A	B	C	AB	AC	BC	ABC
a	+	+	−	−	−	−	+	+
b	+	−	+	−	−	+	−	+
c	+	−	−	+	+	−	−	+
abc	+	+	+	+	+	+	+	+
ab	+	+	+	−	+	−	−	−
ac	+	+	−	+	−	+	−	−
bc	+	−	+	+	−	−	+	−
(1)	+	−	−	−	+	+	+	−

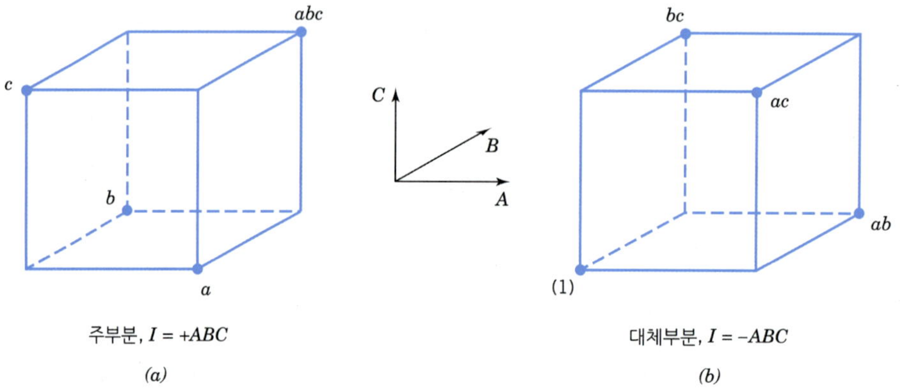

그림 14.29 2^3 설계의 1/2 부분

2^k 설계의 1/2 부분에는 2^{k-1}개의 처리조합이 있으므로 이와 같은 설계를 2^{k-1} 부분요인설계라고 한다. 예를 들어 2^{3-1} 설계, 즉 2^3의 1/2 부분을 생각해 보자. 완전요인설계에는 8개의 처리조합이 있지만 부분요인설계에는 4개의 처리조합만 있다. 2^3 설계의 +, −부호표를 작성하면 그림 14.23과 같다. 4개의 처리조합 a, b, c, abc를 1/2 부분으로 선택했다고 가정할 때, 이 처리조합은 표 14.23의 상단과 그림 14.29(a)에 나타나 있다.

2^{3-1} 설계는 교호작용효과 ABC열이 +인 처리조합만 사용한다. 여기서 ABC를 이 특정부분의 생성자(generator)라고 한다. 항등원 I는 4개 처리조합에서 항상 +이므로 $I = ABC$를 이 설계의 정의관계(defining relation)라고 한다.

2^{3-1} 설계의 처리조합은 4개이므로 주효과와 관련된 자유도는 3이다. 표 14.23의 상단을 보면 주효과의 추정치를 다음과 같이 관측치의 선형결합으로 구할 수 있다.

$$A = \frac{1}{2}(a - b - c + abc)$$
$$B = \frac{1}{2}(-a + b - c + abc)$$
$$C = \frac{1}{2}(-a - b + c + abc)$$

2요인 교호작용효과의 추정치는 다음과 같음을 쉽게 확인할 수 있다.

$$BC = \frac{1}{2}(a - b - c + abc)$$
$$AC = \frac{1}{2}(-a + b - c + abc)$$
$$AB = \frac{1}{2}(-a - b + c + abc)$$

따라서 A열에 있는 관측치의 선형결합을 l_A라고 할 때 l_A는 주효과 A와 교호작용효과 BC를 모두 추정한다. 즉, 선형결합 l_A는 두 효과의 합인 $A+BC$를 추정한다. 마찬가지로 선형결합 l_B는 $B+AC$를 추정하고, 선형결합 l_C는 $C+AB$를 추정한다. 이런 성질을 가지는 둘 이상의 효과를 별칭(aliases)이라고 한다. 2^{3-1} 설계에서는 A와 BC, B와 AC, C와 AB가 별칭이다. 부분실험으로 인해 별칭이 생긴다. 많은 경우 관심의 주효과와 저차원 교호작용은 중요하지 않을 것 같은 고차원의 교호작용과 별칭이 되도록 실험할 부분을 선택한다.

정의관계 $I = ABC$를 이용하여 이 설계의 별칭구조를 파악할 수 있다. 어떤 효과를 정의관계와 곱하여 그 효과의 별칭을 구한다. 앞의 예에서 $A \cdot I = A$이고 $A^2 = I$ 이므로 주효과 A의 별칭은

$$A = A \cdot ABC = A^2BC = BC$$

이다. 또한, 주효과 B와 C의 별칭은 각각 다음과 같다.

$$B = B \cdot ABC = AB^2C = AC$$
$$C = C \cdot ABC = ABC^2 = AB$$

한편 실험에서 다른 1/2 부분, 즉 표 14.23의 처리조합에서 ABC열의 −와 관련된 처리조합을 선택했다고 할 때, 이 4개의 처리조합은 표 14.23의 하단과 그림 14.29(b)에 나와 있다. 이 설계의 정의관계는 $I = -ABC$이고 별칭은 $A = -BC$, $B = -AC$, $C = -AB$이다. 따라서 이 부분으로 주효과 A, B, C를 추정하면 실제로는 $A - BC$, $B - AC$, $C - AB$를 추정한다. 어떤 1/2 부분을 선택했는지는 중요하지 않다. 정의관계가 +인 부분을 주부분(principal fraction), 다른 부분을 대체부분(alternate fraction)이라고 한다.

만일 부분요인설계를 위한 생성자로 AB를 선택하면 $A = A \cdot AB = B$가 되어 두 주효과 A와 B가 별칭이다. 이런 경우 일반적으로 중요한 정보를 잃어버린다.

가끔 부분요인설계를 순차적(sequence)으로 이용하여 효과를 추정하기도 한다. 예를 들어 생성자 ABC로 2^{3-1} 설계의 주부분을 시행한다면 이 설계로부터 다음과 같이 효과의 추정치를 구한다.

$$l_A = A + BC, \quad l_B = B + AC, \quad l_C = C + AB$$

여기서 2요인 교호작용은 중요하지 않다고 가정하면, 2^{3-1} 설계로부터 3개의 주효과 A, B, C를 추정할 수 있다. 그런데 주부분을 시행한 후 교호작용에 대해 확실히 하고 싶으면 대체부분을 시행함으로써 교호작용효과를 추정할 수 있다. 대체부분으로부터 효과의 추정치를 구하면 다음과 같다.

$$l_A' = A - BC, \quad l_B' = B - AC, \quad l_C' = C - AB$$

그 결과 2개의 부분요인설계에서 추정한 효과의 선형결합을 더하고 빼면 주효과와 교호작용효과의 추정치를 분리할 수 있다. 예를 들어 $l_A = A + BC$, $l_A' = A - BC$이므로 다음과 같이 A와 BC의 별칭을 분리하여 효과를 추정할 수 있다.

$$\frac{1}{2}(l_A + l_A') = \frac{1}{2}(A + BC + A - BC) = A$$

$$\frac{1}{2}(l_A - l_A') = \frac{1}{2}(A + BC - A + BC) = BC$$

비슷한 방법으로 다른 효과의 추정치를 분리하면 그 결과는 다음과 같다.

효과 i	$\frac{1}{2}(l_i + l_i')$의 경우	$\frac{1}{2}(l_i - l_i')$의 경우
A	$\frac{1}{2}(A+BC+A-BC) = A$	$\frac{1}{2}[(A+BC-(A-BC)] = BC$
B	$\frac{1}{2}(B+AC+B-AC) = B$	$\frac{1}{2}[(B+AC-(B-AC)] = AC$
C	$\frac{1}{2}(C+AB+C-AB) = C$	$\frac{1}{2}[(C+AB-(C-AB)] = AB$

지금까지 2개의 부분요인설계를 결합하여 주효과와 2요인 교호작용효과를 분리할 수 있음을 알아보았다. 이와 같은 성질 덕분에 부분요인설계는 실험 문제에서 매우 유용하게 사용된다. 작고 효율적인 실험을 순차적으로 시행하고 **여러** 실험의 정보를 결합하며 실험과정을 통해 학습할 수 있는 장점이 있다.

2^{k-1} 설계를 생성하려면 먼저 $k-1$개 요인의 완전요인설계에 대한 처리조합을 작성

해야 하는데 이것을 **기본설계**라고 한다. 그러고 나서 가장 높은 차수의 교호작용의 +, − 부호로 k번째 요인에 해당하는 열의 부호를 결정한다. 예를 들어 2^{3-1} 부분요인설계를 생성하려면 2^2 완전요인설계를 기본설계로 작성한 후 요인 C에 해당하는 열의 부호를 $\pm AB$로 결정한다. 주부분을 구하려면 다음과 같이 $C=+AB$라고 두고, 대체부분을 구하려면 $C=-AB$라고 둔다.

기본설계	
2^2 완전요인설계	
A	B
−	−
+	−
−	+
+	+

부분설계		
2^{3-1}, $I=+ABC$		
A	B	$C=AB$
−	−	+
+	−	−
−	+	−
+	+	+

예제 14.8 플라즈마 식각: 부분요인설계

1/2 부분설계를 예시하기 위해 예제 14.5의 플라즈마 식각실험을 다시 보자. 전극간격(A), 압력(B), 가스흐름(C), 전력(D)을 조사하기 위해 $I=ABCD$인 2^{4-1} 설계를 이용한다고 가정하자. 이 설계를 생성하기 위해 세 요인 A, B, C의 2^3 설계를 기본설계로 작성한 후 4번째 요인의 수준을 $D=ABC$로 결정한다. 이 설계와 식각률 데이터는 표 14.24에 나와 있다. 설계를 기하학적으로 표현하면 그림 14.30과 같다.

이 설계에서 주효과는 3요인 교호작용효과와 별칭이다. A의 별칭은

$$A \cdot I = A \cdot ABCD, \quad \text{즉 } A = A^2BCD = BCD$$

이다. 비슷한 방법으로 $B=ACD$, $C=ABD$, $D=ABC$이고, 서로 다른 2요인 교호작용효과끼리 별칭이다. 예를 들어 AB의 별칭은

$$AB \cdot I = AB \cdot ABCD, \text{ 즉 } AB = A^2B^2CD = CD$$

이다. 마찬가지로 $AC=BD$, $AD=BC$이다.

표 14.24의 4개 열의 부호를 이용하여 주효과와 주효과의 별칭에 대한 추정치를 구한다. 예를 들어 A열로부터 추정되는 효과는

$$\begin{aligned} l_A &= A + BCD \\ &= \frac{1}{4}(-550+749-1052+650-1075+642-601+729) \\ &= -127.0 \end{aligned}$$

이다. 다른 열로부터 추정되는 효과는 다음과 같다.

$$l_B = B + ACD = 4.0$$
$$l_C = C + ABD = 11.5$$
$$l_D = D + ABC = 290.5$$

l_A와 l_D가 큰 값이다. 만일 다른 3요인 교호작용이 유의하지 않다는 믿음이 있으면 주효과 A와 D는 식각률에 유의한 영향을 미친다고 결론을 내린다.

교호작용을 추정하기 위해 표 14.24에 AB, AC, AD 열을 추가한다. 예를 들어 AB 열의 부호는

$$(+, -, -, +, +, -, -, +)$$

이므로 다음 추정치를 구한다.

$$\begin{aligned} l_{AB} &= AB + CD \\ &= \frac{1}{4}(550-749-1052+650+1075-642-601+729) \\ &= -10 \end{aligned}$$

비슷한 방법으로 AC열과 AD열의 부호를 이용하여 다음을 구한다.

$$l_{AC} = AC + BD = -25.50,$$
$$l_{AD} = AD + BC = -197.50$$

추정치 l_{AD}가 크다. 결과를 해석해 보면 A와 D가 크기 때문에 l_{AD}는 교호작용효과 BC보다는 AD일 것이다. 2^{4-1} 설계의 결과는 예제 14.5의 완전요인설계의 결과와 일치한다.

해석: 보통 4개 이상의 요인을 사용할 때 2^k의 1/2 부분설계를 사용하는 것이 좋다.

표 14.24 정의관계가 $I = ABCD$인 2^{4-1} 설계

A	B	C	$D = ABC$	처리조합	식각률
−	−	−	−	(1)	550
+	−	−	+	ad	749
−	+	−	+	bd	1052
+	+	−	−	ab	650
−	−	+	+	cd	1075
+	−	+	−	ac	642
−	+	+	−	bc	601
+	+	+	+	$abcd$	729

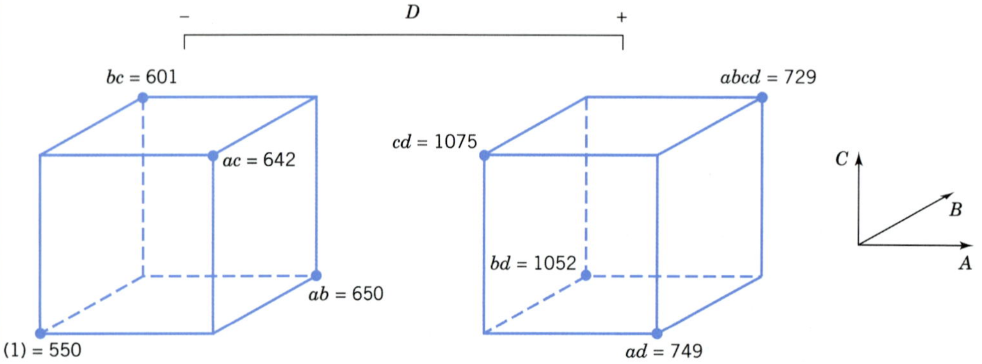

그림 14.30 플라즈마 식각실험에 대한 2^{4-1} 설계

요인효과의 정규확률그림: 많은 수의 효과가 있는 부분요인실험에서 요인효과의 유의성을 평가할 때 정규확률그림을 사용하면 매우 유용하다. 컴퓨터 소프트웨어로 예제 14.8의 플라즈마 식각실험에 대한 정규확률그림을 작성하면 그림 14.31과 같다. 이 그림에서 요인 A와 D의 주효과와 교호작용효과 AD가 확실히 두드러진다.

잔차분석: 앞에서처럼 회귀모형으로 부분요인실험의 잔차를 구할 수 있다. 모형의 타당성을 검토하고 실험에 대한 추가적인 통찰을 얻기 위해 잔차그림을 분석해야 한다.

중심점: 곡률을 평가하고 오차 추정치를 구하기 위해 부분요인설계에서도 중심점을 추가할 수 있다. 완전요인실험에서처럼 곡률분석을 하기 위해 $\bar{y}_F - \bar{y}_C$를 표준오차와 비교한다. 반복 시행한 중심점을 이용하여 오차 추정치를 계산하며, 정규확률그림에서 유의하지 않은 것으로 나타난 효과의 제곱합으로 오차를 보충할 수 있다.

2^{k-1} 설계의 투영: 2^{k-1} 실험에서 1개 이상의 요인을 제거하면 설계를 완전요인설계로 투영할 수 있다. 예를 들어 그림 14.32에서는 2^{3-1} 설계를 세 요인 중 두 요인의 완전요인설계로 투영한다. 세 요인 중 기껏해야 두 요인이 중요하다고 생각하면 2^{3-1} 설계는 중요

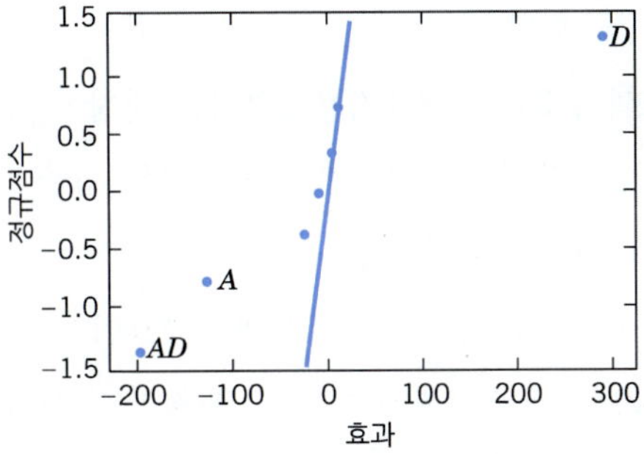

그림 14.31 플라즈마 식각실험에서 효과의 정규확률그림

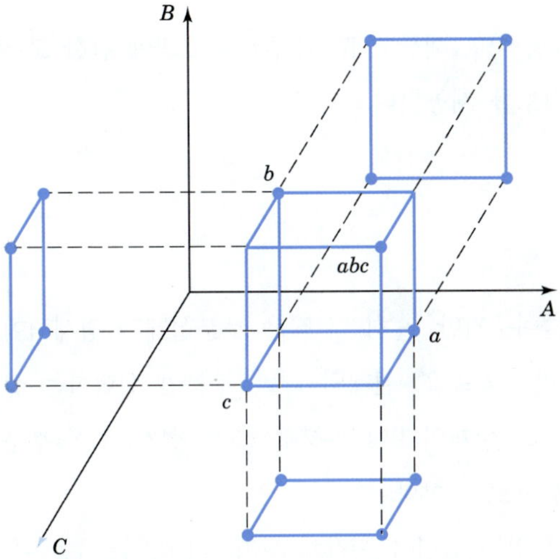

그림 14.32 2^{3-1} 설계를 2^2 설계로 투영

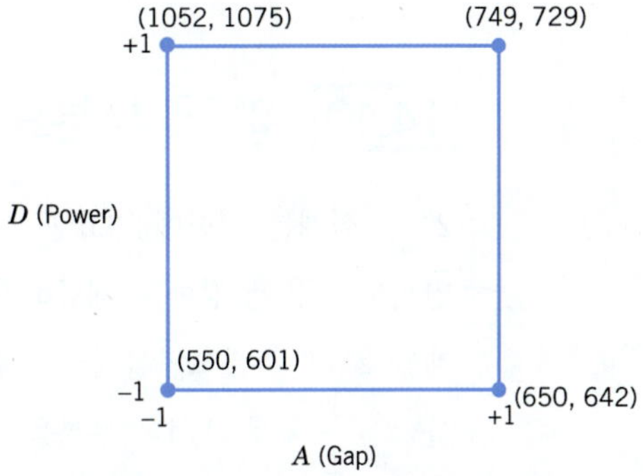

그림 14.33 플라즈마 식각실험에서 요인 B와 C를 제거한 후 얻은 2^2 설계

한 요인을 식별할 수 있는 좋은 설계이다. 중요하지 않은 요인을 제거하고 남은 중요한 요인의 집합으로 된, 더 강한 실험으로 투영할 수 있으므로 요인선별에서 이러한 투영성(projection property)은 매우 유용하다.

예제 14.8의 플라즈마 식각실험에서 사용한 2^{4-1} 설계의 경우 4요인 중 B와 C를 제거할 수 있다. 그러면 표 14.24에서 남은 열은 두 요인 A와 D에 대한 2^2 설계의 2번 반복이 된다. 이 설계는 그림 14.33에 나와 있다. 이 그림에서 주효과 A, D와 교호작용효과 AD가 큰 것을 분명히 알 수 있다.

설계 해상도: 설계 해상도(design resolution)는 부분요인설계가 생성하는 별칭의 패턴에 따라 설계를 분류하는 유용한 방법이다. 특히 해상도 Ⅲ, Ⅳ, Ⅴ의 설계가 중요하다. 각 용어의 정의는 다음과 같다.

1. **해상도 Ⅲ 설계:** 어떤 주효과도 다른 주효과와 별칭이 아니지만, 주효과와 2요인 교호작용효과는 별칭이고, 2요인 교호작용효과 중 일부가 서로 별칭일 수 있는 설계이다. $I = ABC$인 2^{3-1} 설계는 해상도 Ⅲ이다. 보통 해상도를 나타내기 위해

로마숫자를 첨자로 이용하여 2^{3-1}_{III} 설계라고 한다.

2. **해상도 Ⅳ 설계:** 어떤 주효과도 다른 주효과나 2요인 교호작용효과와는 별칭이 아니지만, 2요인 교호작용효과끼리는 서로 별칭인 설계이다. 예제 14.8에서 사용한 $I=ABCD$인 2^{4-1} 설계는 해상도 Ⅳ, 즉 2^{4-1}_{IV} 설계이다.

3. **해상도 Ⅴ 설계:** 어떤 주효과나 2요인 교호작용효과도 다른 주효과나 2요인 교호작용효과와 별칭이 아니지만 2요인과 3요인 교호작용효과는 서로 별칭인 설계이다. $I=ABCDE$인 2^{5-1} 설계는 해상도 Ⅴ, 즉 2^{5-1}_{V} 설계이다.

해상도 Ⅲ, Ⅳ 설계는 선별실험에서 특히 유용하다. 해상도 Ⅳ 설계는 주효과에 관한 모든 정보와 2요인 교호작용효과에 관한 일부 정보를 제공한다.

14.10 2^{k-p} 부분요인설계

2^{k-1} 설계는 실험에 필요한 시행의 수를 줄여주지만, 흔히 더 작은 부분설계가 경제적이면서도 유용한 정보를 제공하기도 한다. 일반적으로 2^k 설계의 $1/2^p$ 부분만 실험하는 설계를 2^{k-p} 부분요인설계라고 한다. 따라서 2^k 설계의 1/4 부분을 2^{k-2} 설계, 1/8 부분을 2^{k-3} 설계, 1/16 부분을 2^{k-4} 설계 등으로 부른다.

2^{k-2} 설계를 알아보기 위해 6개 요인이 있는 실험을 생각해 보자. 기술자는 주로 주효과에 관심이 있지만 2요인 교호작용효과에 관해서도 어느 정도 정보를 얻기를 원한다고 하자. 2^{6-1} 설계에는 32개의 시행이 있으므로 효과 추정을 위한 자유도는 31이다. 그러나 단지 6개의 주효과와 15개의 2요인 교호작용을 추정하기 위해 1/2 부분설계를 사용하는 것은 비효율적이며 불필요하게 많은 시행을 필요로 한다. 한편 2^{6-2} 설계에는 16개의 시행이 있고 효과 추정을 위한 자유도는 15이므로 6개의 주효과를 전부 추정하고 일부 2요인 교호작용효과도 조사할 수 있다.

2^{6-2} 설계를 생성하려면 요인 A, B, C, D의 2^4 설계를 기본설계로 작성한 후 E열과 F열을 추가해야 한다. 두 열을 구하기 위해, 2개의 설계 생성자로 $I=ABCE$와 $I=BCDF$를 선택하면 E열은 $E=ABC$, F열은 $F=BCD$로 결정된다. 그런데 2^k 설계의 +, − 부호표에서 어떤 두 열의 곱은 다른 한 열이 된다. 따라서 $ABCE$와 $BCDF$의 곱, 즉 $(ABCE)(BCDF)=AB^2C^2DEF=ADEF$도 I와 같다. 따라서 2^{6-2} 설계의 완전한 정의관계는

$$I=ABCE=BCDF=ADEF$$

이다. 정의관계(위의 $ABCE$와 같이)에 있는 각 항을 **워드**(word)라고 한다. 어떤 효과의 별칭을 찾으려면, 단순히 그 효과를 정의관계의 각 워드로 곱하면 된다. 예를 들어 효과

표 14.25 $I = ABCE = BCDF = ADEF$인 2_{IV}^{6-2} 설계의 별칭구조

$A = BCE = DEF = ABCDF$	$AB = CE = ACDF = BDEF$
$B = ACE = CDF = ABDEF$	$AC = BE = ABDF = CDEF$
$C = ABE = BDF = ACDEF$	$AD = EF = BCDE = ABCF$
$D = BCF = AEF = ABCDE$	$AE = BC = DF = ABCDEF$
$E = ABC = ADF = BCDEF$	$AF = DE = BCEF = ABCD$
$F = BCD = ADE = ABCEF$	$BD = CF = ACDE = ABEF$
$ABD = CDE = ACF = BEF$	$BF = CD = ACEF = ABDE$
$ACD = BDE = ABF = CEF$	

A의 별칭은

$$A = BCE = ABCDF = DEF$$

이다. 이 설계에 대한 완전한 별칭관계는 표 14.25에 나와 있다. 일반적으로 2^{k-p} 설계의 해상도는 완전한 정의관계에서 가장 짧은 워드에 들어있는 문자의 개수와 같다. 따라서 위의 2^{6-2} 설계는 해상도 Ⅳ로, 주효과는 3요인 이상의 고차 교호작용효과와 별칭이며, 2요인 교호작용효과는 서로 별칭이다. 이 설계는 주효과에 관한 모든 정보와 2요인 교호작용효과에 관한 일부 정보를 준다. 다음 예제 14.9에서 이 설계를 생성하고 분석하는 방법을 알아본다.

예제 14.9 사출성형

사출성형공정으로 제조된 어떤 부품들이 조립작업에서 문제가 되는 과도한 수축을 보인다. 수축을 줄이려는 노력의 일환으로, 품질개선팀은 사출성형공정을 연구하기 위해 실험설계를 사용하기로 한다. 품질개선팀은 성형온도(A), 나사속도(B), 유지시간(C), 사이클타임(D), 게이트 크기(E), 유지압력(F)의 6개 요인을 각각 두 수준에서 조사하여 각 요인이 수축에 미치는 영향을 확인하고 교호작용에 관한 사전 정보를 얻으려고 한다.

품질개선팀은 6개 요인에 대해 16개 시행이 있는 2수준 부분요인설계를 사용하기로 하고, 설계를 생성하기 위해 요인 A, B, C, D의 2^4 설계를 기본설계로 작성한 후 $E = ABC$, $F = BCD$로 두었다. 표 14.26에는 이 설계와 함께 16개 시행에서 수집한 수축값(×10)이 나타나 있다.

이 실험의 효과 추정치에 대한 정규확률그림을 작성하면 그림 14.34와 같다. 효과가 큰 추정치는 요인 A의 주효과, 요인 B의 주효과, 요인 A와 B의 교호작용효과이다. 표 14.25의 별칭관계를 볼 때, 이 결론을 채택하는 것이 잠정적으로 합리적이다. 그림 14.35의 요인 A와 B의 교호작용그림을 보면, 공정은 요인 B가 낮은 수준일 때 요인 A에 민감하지 않지만, 요인 B가 높은 수준일 때 요인 A에 민감하다. 요인 B가 낮은 수준이면 요인 A의 수준과 관계없이 10% 내외의 평균 수축을 보인다. 이와 같은 초기 분석에 기초하여, 품질개선팀은 요인 A(성형온도)와 B(나사속도)를 모두 낮은 수준에 두기로 하였다. 이 조건에서 부품의 평균 수축은 10% 내외로 줄어들 수 있지만, 부품 수축의 변동은 조립 시 여전히 잠재적 문제로 남아 있다. 이 문제에 대처하기 위해 부품 수축의 변동에 영향을 주는 다른 요인이 있는지 찾아보아야 한다.

표 14.26 사출성형 실험의 2_{IV}^{6-2} 설계

시행	A	B	C	D	$E=ABC$	$F=BCD$	수축값(×10)
1	−	−	−	−	−	−	6
2	+	−	−	−	+	−	10
3	−	+	−	−	+	+	32
4	+	+	−	−	−	+	60
5	−	−	+	−	+	+	4
6	+	−	+	−	−	+	15
7	−	+	+	−	−	−	26
8	+	+	+	−	+	−	60
9	−	−	−	+	−	+	8
10	+	−	−	+	+	+	12
11	−	+	−	+	+	−	34
12	+	+	−	+	−	−	60
13	−	−	+	+	+	−	16
14	+	−	+	+	−	−	5
15	−	+	+	+	−	+	37
16	+	+	+	+	+	+	52

그림 14.36에 나타난 잔차의 정규확률그림은 만족스럽게 보인다. 또한, 각 요인에 대한 잔차그림을 작성하였는데 그 중 하나는 그림 14.37에 있는 요인 C(유지시간)에 대한 잔차그림이다. 이 그림으로부터 유지시간이 높은 수준일 때 보다 낮은 수준일 때 잔차의 변동이 훨씬 작은 것을 알 수 있다.

잔차는 다음의 적합된 회귀선으로부터 계산된다.

$$\begin{aligned}\hat{y}&=\hat{\beta}_0+\hat{\beta}_1x_1+\hat{\beta}_2x_2+\hat{\beta}_{12}x_1x_2\\&=27.3125+6.9375x_1+17.8125x_2+5.9375x_1x_2\end{aligned}$$

단, x_1, x_2, x_1x_2는 각각 요인 A와 B의 수준 그리고 A와 B의 교호작용에 해당하는 코드화 변수이다. 잔차를 구하는

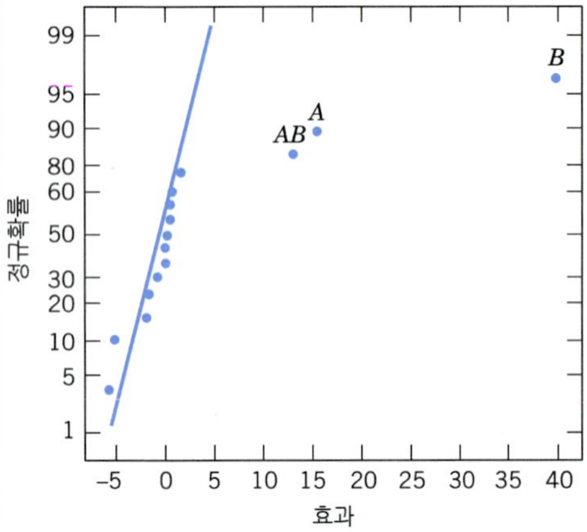

그림 14.34 사출성형 실험에서 효과의 정규확률그림

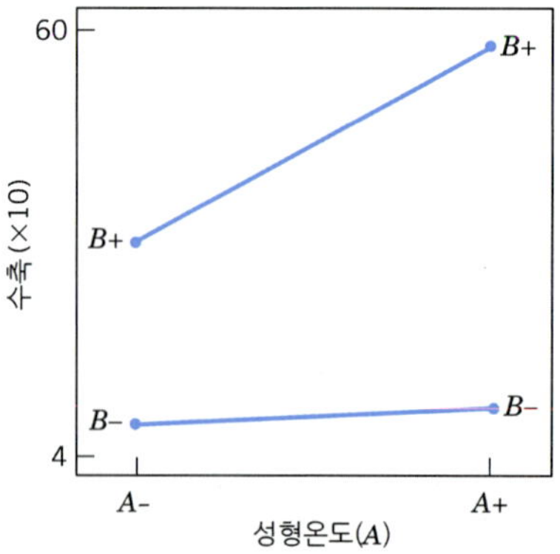

그림 14.35 사출성형 실험에서 AB 교호작용그림

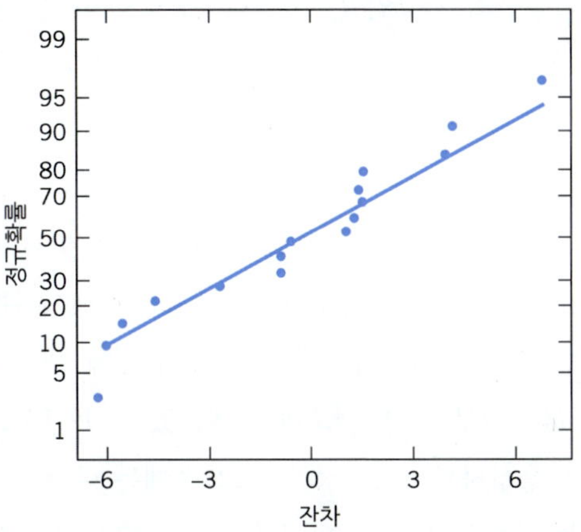

그림 14.36 사출성형 실험에서 잔차의 정규확률그림

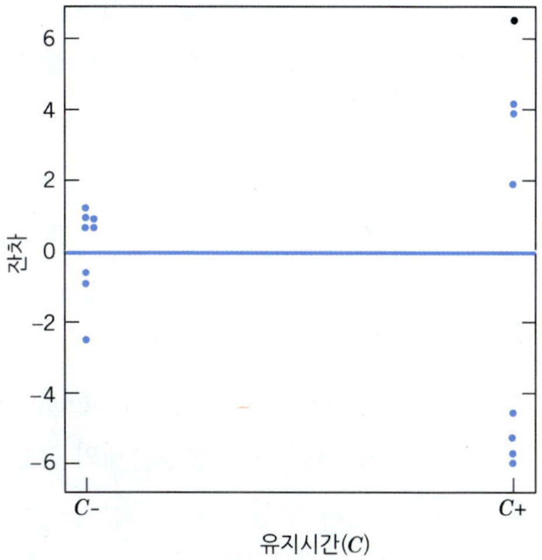

그림 14.37 사출성형 실험에서 유지시간과 잔차

데 사용된 회귀모형은 데이터로부터 요인 A와 B의 주효과와 교호작용효과의 위치효과를 제거한다. 코드화 변수를 사용하므로 잔차에는 설명되지 않은 변동에 대한 정보만 포함된다. 그림 14.37을 보면 부품 수축의 변동에는 패턴이 있고, 유지시간이 낮은 수준일 때 변동이 더 작은 것을 알 수 있다.

해석: 그림 14.38에서 실험 데이터를 요인 A, B, C로 이루어진 큐브로 투영할 수 있음을 알 수 있다. 큐브의 각 꼭짓점에 수축 관측치의 평균과 범위가 나타나 있다. 그림을 보면 요인 B를 낮은 수준에 두고 공정을 실행하는 것이 부품 수축의 평균을 줄여주는 열쇠임을 알 수 있다. 만일 요인 B(나사속도)가 낮으면, 사실상 요인 A(성형온도)와 요인 C(유지시간)의 모든 조합에서 평균 수축이 작다. 그러나 큐브의 각 꼭짓점에 있는 수축의 범위를 보면, 생산 중 수축의 변동을 낮게 유지하기 위한 가장 적절한 선택은 요인 C(유지시간)를 낮은 수준으로 두는 것임을 분명히 알 수 있다.

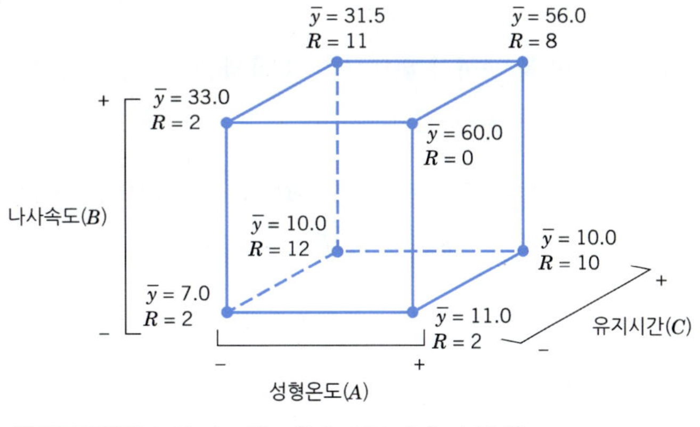

그림 14.38 요인 A, B, C의 평균 수축과 범위

예제 14.9에서 2^{6-2} 부분요인설계를 생성할 때 사용한 개념을 확장하여 2^{k-p} 부분요인설계를 생성할 수 있다. 일반적으로 2^{k-p}개의 시행이 있는 2^k 부분요인설계를 2^k 설계의 $1/2^p$ 부분, 더 간단히 2^{k-p} 부분요인설계라고 한다. 이 설계에서는 p개의 독립적인 생성자를 선택한 후 p개의 생성자와 그로부터 결정되는 2^p-p-1개의 일반화 교호작용

으로 정의관계를 구한다.

또한, 각 효과 열에 정의관계를 곱해서 별칭구조를 확인할 수 있다. 생성자를 선택할 때 관심의 효과가 서로 별칭이 되지 않도록 주의해야 한다. 각 효과에는 2^p-1개의 별칭이 있다. 보통 제법 큰 k에 대해서는 3차 이상의 고차 교호작용을 무시할 수 있다고 가정하며, 그 결과 별칭구조는 아주 간단해진다.

2^{k-p} 부분요인설계에서 가능한 한 가장 좋은 별칭관계가 되도록 p개 생성자를 선택하는 것이 중요하다. 한 가지 타당한 기준은 2^{k-p} 설계의 해상도가 가장 크도록 생성자를 선택하는 것이다. Montgomery (2017)는 $k \le 15$, $n \le 128$인 2^{k-p} 설계에 대해 생성자를 제안하고 별칭관계의 표를 제공한다. 이 표의 일부가 표 14.27에 나와 있다. 표 14.27에서 생성자는 + 또는 −로 나와 있다. 모든 생성자를 +로 정하면 그 설계는 주부분이고, 생성자에 하나라도 −가 있으면 그 설계는 대체부분 중 하나이다. 표 14.27에 제안된 생성자를 사용하면 해상도가 가장 높다.

예를 들어 2^{7-4} 설계에는 7개의 요인을 수용하기 위해 8개의 시행이 있다. 이 설계는 요인 A, B, C의 2^3 설계를 기본설계로 작성한 후 표 14.27에서처럼 $I=ABD$, $I=ACE$, $I=BCF$, $I=ABCG$를 이용하여 4개의 새로운 열을 구하는 $1/16$ 부분설계로, 이 설계는 표 14.28에 나타나 있다.

생성자를 한 번에 2개씩, 3개씩, 결국 4개를 모두 곱해서 완전정의관계(complete defining relation)를 구하면 다음과 같다.

$$
\begin{aligned}
I &= ABD = ACE = BCF = ABCG = BCDE = ACDF = CDG = ABEF \\
&= BEG = AFG = DEF = ADEG = CEFG = BDFG = ABCDEFG
\end{aligned}
$$

주효과의 별칭을 구하기 위해서는 그 효과를 정의관계의 각 항에 곱한다. 예를 들어 A의 별칭을 구하면 다음과 같다.

$$
\begin{aligned}
A &= BD = CE = ABCF = BCG = ABCDE = CDF = ACDG = BEF \\
&= ABEG = FG = ADEF = DEG = ACEFG = ABDFG = BCDEFG
\end{aligned}
$$

이 설계는 주효과와 2요인 교호작용효과가 서로 별칭이므로 해상도 Ⅲ이다. 만일 모든 3요인 이상의 교호작용효과를 무시할 수 있으면 7개 주효과의 별칭은 다음과 같다.

$$
\begin{aligned}
l_A &= A + BD + CE + FG \\
l_B &= B + AD + CF + EG \\
l_C &= C + AE + BF + DG \\
l_D &= D + AB + CG + EF \\
l_E &= E + AC + BG + DF \\
l_F &= F + BC + AG + DE \\
l_G &= G + CD + BE + AF
\end{aligned}
$$

이 2^{7-4}_{III} 설계에서는 모든 자유도가 주효과를 추정하는 데 사용되므로 이러한 설계를 **포화 부분요인설계**(saturated fractional factorial)라고 한다. 주효과를 2요인 교호작용효과로부터 분리하기 위해 순차적으로 해상도 Ⅲ인 부분요인설계를 결합할 수 있다. 이 절차에 대한 자세한 설명은 Montgomery (2012)를 참고하기 바란다.

표 14.27 2^{k-p} 부분요인설계의 선택

요인 수 k	부분요인설계	시행 수	생성자
3	2^{3-1}_{III}	4	$C=\pm AB$
4	2^{4-1}_{IV}	8	$D=\pm ABC$
5	2^{5-1}_{V}	16	$E=\pm ABCD$
	2^{5-2}_{III}	8	$D=\pm AB$
			$E=\pm AC$
6	2^{6-1}_{VI}	32	$F=\pm ABCDE$
	2^{6-2}_{IV}	16	$E=\pm ABC$
			$F=\pm BCD$
	2^{6-3}_{III}	8	$D=\pm AB$
			$E=\pm AC$
			$F=\pm BC$
7	2^{7-1}_{VII}	64	$G=\pm ABCDEF$
	2^{7-2}_{IV}	32	$F=\pm ABCD$
			$G=\pm ABDE$
	2^{7-3}_{IV}	16	$E=\pm ABC$
			$F=\pm BCD$
			$G=\pm ACD$
	2^{7-4}_{III}	8	$D=\pm AB$
			$E=\pm AC$
			$F=\pm BC$
			$G=\pm ABC$
8	2^{8-2}_{V}	64	$G=\pm ABCD$
			$H=\pm ABEF$
	2^{8-3}_{IV}	32	$F=\pm ABC$
			$G=\pm ABD$
			$H=\pm BCDE$
	2^{8-4}_{IV}	16	$E=\pm BCD$
			$F=\pm ACD$
			$G=\pm ABC$
			$H=\pm ABD$

요인 수 k	부분요인설계	시행 수	생성자
9	2^{9-2}_{IV}	128	$H=\pm ACDFG$
			$J=\pm BCEFG$
	2^{9-3}_{IV}	64	$G=\pm ABCD$
			$H=\pm ACEF$
			$J=\pm CDEF$
	2^{9-4}_{IV}	32	$F=\pm BCDE$
			$G=\pm ACDE$
			$H=\pm ABDE$
			$J=\pm ABCE$
	2^{9-5}_{III}	16	$E=\pm ABC$
			$F=\pm BCD$
			$G=\pm ACD$
			$H=\pm ABD$
			$J=\pm ABCD$
10	2^{10-3}_{V}	128	$H=\pm ABCG$
			$J=\pm ACDE$
			$K=\pm ACDF$
	2^{10-4}_{IV}	64	$G=\pm BCDF$
			$H=\pm ACDF$
			$J=\pm ABDE$
			$K=\pm ABCE$
	2^{10-5}_{IV}	32	$F=\pm ABCD$
			$G=\pm ABCE$
			$H=\pm ABDE$
			$J=\pm ACDE$
			$K=\pm BCDE$
	2^{10-6}_{III}	16	$E=\pm ABC$
			$F=\pm BCD$
			$G=\pm ACD$
			$H=\pm ABD$
			$J=\pm ABCD$
			$K=\pm AB$

표 14.27 2^{k-p} 부분요인설계의 선택(계속)

요인 수 k	부분요인설계	시행 수	생성자	요인 수 k	부분요인설계	시행 수	생성자
11	2_{IV}^{11-5}	64	$G=\pm CDE$	11	2_{IV}^{11-6}	32	$K=\pm ADE$
			$H=\pm ABCD$				$L=\pm BDE$
			$J=\pm ABF$		2_{III}^{11-7}	16	$E=\pm ABC$
			$K=\pm BDEF$				$F=\pm BCD$
			$L=\pm ADEF$				$G=\pm ACD$
	2_{IV}^{11-6}	32	$F=\pm ABC$				$H=\pm ABD$
			$G=\pm BCD$				$J=\pm ABCD$
			$H=\pm CDE$				$K=\pm AB$
			$J=\pm ACD$				$L=\pm AC$

출처: Montgomery (2012)

표 14.28 2_{III}^{7-4} 부분요인설계

A	B	C	$D=AB$	$E=AC$	$F=BC$	$G=ABC$
−	−	−	+	+	+	−
+	−	−	−	−	+	+
−	+	−	−	+	−	+
+	+	−	+	−	−	−
−	−	+	+	−	−	+
+	−	+	−	+	−	−
−	+	+	−	−	+	−
+	+	+	+	+	+	+

14.11 반응표면설계

반응표면방법(response surface methodology) 또는 RSM이란 여러 변수가 반응에 영향을 미치고 반응의 최적화가 목적인 응용문제에서 시스템을 모형화하고 분석하기 위해 사용하는 통계기법의 모음을 말한다. 예를 들어 어느 화학공학 기술자가 공정수율(y)을 최대로 하는 온도(x_1)와 공급농도(x_2)의 수준을 찾으려고 할 때, 다음과 같이 공정수율을 온도와 공급농도의 함수로 나타낼 수 있다.

$$Y=f(x_1, x_2)+\epsilon$$

여기서 ϵ은 반응변수 Y에서 관측되는 잡음 또는 오차이다. $E(Y)=f(x_1, x_2)=\eta$ 라고 하면

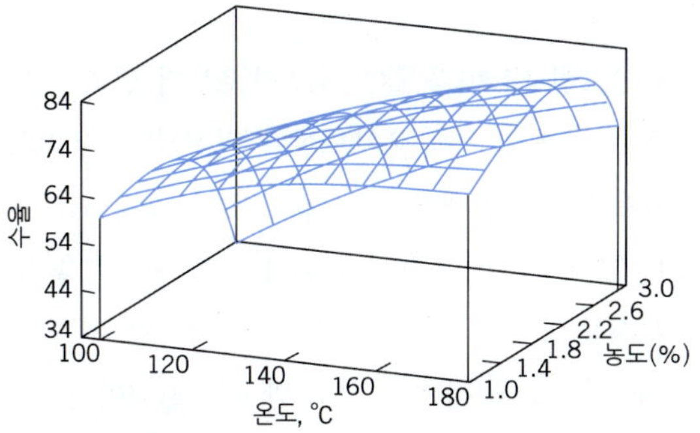

그림 14.39 온도와 농도의 함수로 표현한 평균수율의 3차원 반응표면

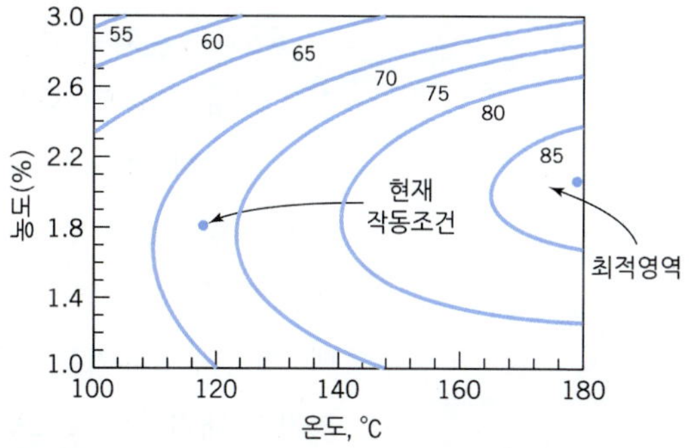

그림 14.40 그림 14.39의 수율 반응표면의 등고선그림

$$\eta = f(x_1, x_2)$$

로 표현되는 표면을 반응표면(response surface)이라고 한다.

그림 14.39는 x_1과 x_2의 수준에 따라 반응표면 η를 나타낸 그래프이다. 반응은 3차원 공간에서 표면그림으로 표현된다. 반응표면의 모양을 시각화하기 위해 그림 14.40과 같은 반응표면의 등고선그림을 이용한다. 등고선그림은 x_1, x_2 공간에서 반응치가 일정한 점들을 선으로 연결한 그림으로, 각 등고선은 반응표면의 특정한 높이에 해당한다. 등고선그림은 반응표면의 높이나 모양에 변화를 일으키는 x_1, x_2의 수준을 조사할 때 도움이 된다.

대부분의 RSM 문제에서 반응변수와 독립변수의 참 함수관계는 알려지지 않았다. 따라서 RSM의 첫 단계에서는 Y와 독립변수의 참 관계에 대한 적절한 근사식을 찾는다. 보통 독립변수의 주어진 영역에서 낮은 차수의 다항식을 사용한다. 반응변수가 독립변수의 선형함수로 잘 설명되면 근사함수는 다음 1차모형이다.

$$Y = \beta_0 + \beta_1 x_1 + \beta_2 x_2 + \cdots + \beta_k x_k + \epsilon \tag{14.16}$$

만일 시스템에 곡률이 존재하면 다음 2차모형과 같은 더 고차의 다항식을 사용한다.

$$Y = \beta_0 + \sum_{i=1}^{k} \beta_i x_i + \sum_{i=1}^{k} \beta_{ii} x_i^2 + \sum\sum_{i<j} \beta_{ij} x_i x_j + \epsilon \tag{14.17}$$

많은 RSM 문제에서는 이와 같은 근사 다항식 중 1개 또는 2개 모두를 사용한다. 보통 다항식 모형은 독립변수의 전체 영역에서는 참 함수관계를 근사하지 못하지만, 상대적으로 작은 영역에서는 상당히 잘 맞는다.

근사 다항식의 모수를 추정하기 위해 11장과 12장에서 학습한 최소제곱법을 사용한다. 그리고 나면 적합된 표면을 이용하여 반응표면을 분석한다. 적합된 표면이 참 반응함수를 적절히 근사하는 경우 적합된 표면을 분석하는 것은 실제 시스템을 분석하는 것과 거의 같을 것이다.

RSM은 순차적 절차이다. 현재 작동조건이 그림 14.40과 같이 최적해로부터 멀리 떨어진 반응표면의 한 지점일 때, 시스템에는 곡률이 거의 없고 1차모형이 적절하다. 우리의 목적은 실험자를 최적해 근처로 신속하고 효율적으로 안내하는 것이다. 일단 최적해를 포함하는 영역을 찾으면 더 정교한 모형을 이용할 수 있고 최적해의 위치를 찾는 분석을 수행할 수 있다. 그림 14.40을 보면 반응표면분석을 "언덕을 오르는 것"으로 생각할 수 있는데, 언덕의 꼭대기는 반응이 최대인 지점이다. 반대로 최적해가 최소 반응의 지점이면 "골짜기를 내려가는 것"으로 생각할 수 있다.

RSM의 최종 목표는 시스템의 최적 작동조건을 결정하거나 작동의 요구조건을 충족하는 요인 공간의 영역을 결정하는 것이다. RSM에서 **최적**이라는 용어는 특별한 의미로 사용된다. RSM의 "언덕 오르기" 절차는 국소 최적점으로의 수렴을 보장한다.

경사상승법: 흔히 시스템의 최적 작동조건에 대한 초기 추정치는 최적해로부터 멀리 떨어져 있다. 이런 상황에서 실험자의 목적은 경제적이고 효율적이면서 간단한 실험 절차를 이용하여 최적해 근처로 빠르게 이동하는 것이다. 보통 최적해로부터 멀리 있을 때는 독립변수의 작은 영역에서 1차모형이 참 표면을 잘 근사한다고 가정한다.

경사상승법은 경사상승경로, 즉 반응이 최대로 증가하는 방향으로 순차적으로 이동하는 절차이다. 물론 최소화가 목적이면 경사하강법을 말한다. 적합된 1차반응표면은

$$\hat{y} = \hat{\beta}_0 + \sum_{i=1}^{k} \hat{\beta}_i x_i \tag{14.18}$$

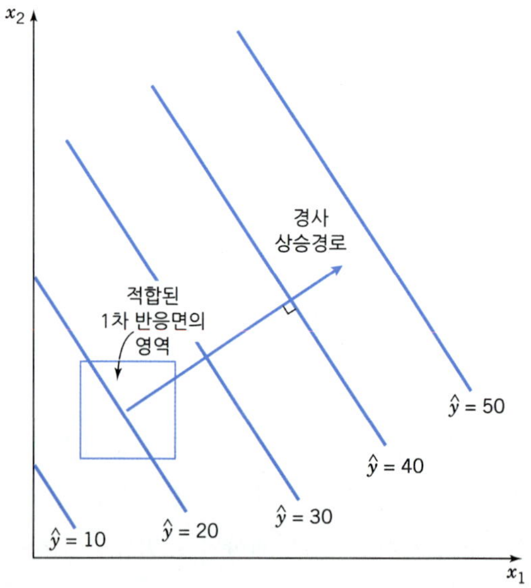

그림 14.41 1차 반응표면과 경사상승경로

이고, $\hat{y}$의 등고선은 그림 14.41에서 보는 것처럼 일련의 평행선이다. 경사상승 방향은 $\hat{y}$이 가장 빠르게 증가하는 방향으로, 이 방향은 적합된 반응표면과 직교한다. 보통 경사상승경로는 관심영역의 중심을 통과하면서 적합된 반응표면과 직교하는 선이다. 따라서 경로상의 단계는 회귀계수 $\{\hat{\beta}_i\}$에 비례한다. 실험자는 공정에 관한 지식과 다른 실질적 고려사항에 근거하여 경로상의 기본 단계의 크기를 결정하여야 한다.

경사상승경로를 따라 반응이 더 증가하지 않을 때까지 실험을 수행한다. 그런 다음 새로운 1차모형을 적합하여 경사상승의 방향을 결정하며, 최적해 근처에 도달하였다는 믿음이 생길 때까지 추가 실험을 수행한다.

예제 14.10 공정수율: 경사상승법

예제 14.6에서는 화학공정 실험의 두 요인, 즉 반응시간(x_1)과 반응온도(x_2)가 수율(Y)에 미치는 영향을 알아보았다. 그림 14.24에는 실험에서 사용한 2^2 설계와 5개의 중심점이 나와 있다. 기술자는 두 요인이 모두 중요하고 교호작용은 없으며, 반응표면에 곡률이 존재하지 않음을 알고 있다고 할 때, 다음 1차모형을 적합하는 것이 적절하다.

$$Y = \beta_0 + \beta_1 x_1 + \beta_2 x_2 + \epsilon$$

표 14.20에서 반응시간의 효과 추정치는 1.55분이고 반응온도의 효과 추정치는 0.65°F이었다. 회귀계수 $\hat{\beta}_1$과 $\hat{\beta}_2$은 그에 대응하는 효과 추정치의 1/2이므로 적합된 1차모형은 다음과 같다.

$$\hat{y} = 40.44 + 0.775\,x_1 + 0.325\,x_2$$

그림 14.42(a)와 (b)에는 모형에 대한 등고선그림과 3차원 표면그림이 각각 나타나 있다. 그림을 보면 코드화 변수인 x_1, x_2와 원래 변수인 반응시간(분)과 반응온도(°F)의 관계를 알 수 있다.

이 그림이나 적합된 모형을 보면, 설계 중심점($x_1 = 0$, $x_2 = 0$)에서 경사상승경로를 따라 이동하기 위해서는 x_2 방향으로 0.325단위 이동할 때마다 x_1 방향으로 0.775단위 이동한다. 따라서 경사상승경로는 $x_1 = 0$, $x_2 = 0$을 통과하고 기울기는 0.325/0.775이다. 기본단계의 크기로 반응시간 5분을 사용할 때, 반응시간 5분은 **코드화** 변수 x_1의 한 단계로 $\Delta x_1 = 1$과 같다. 따라서 경사상승경로에서 한 단계는

$$\Delta x_1 = 1, \;\; \Delta x_2 = (0.325/0.775)\Delta x_1 = 0.42$$

이다. 코드화 변수 x_2의 변화 $\Delta x_2 = 0.42$는 원래 변수인 반응온도로 표현하면 약 2°F이다. 그러므로 기술자는 매번 반응시간 5분, 반응온도 2°F를 증가하면서 경사상승경로를 따라 이동하고 각 지점에서 수율을 관측한다.

다음 단계: 그림 14.43에는 경사상승경로를 따라 몇 개의 지점과 그 지점에서 관측한 공정수율이 나타나 있다. 지점 A~D에서는 수율이 계속 증가하지만, 지점 D 이후에는 수율이 감소한다. 따라서 경사상승법은 반응시간 55분, 반응온도 163°F 근처에서 수율 67%로 종료된다.

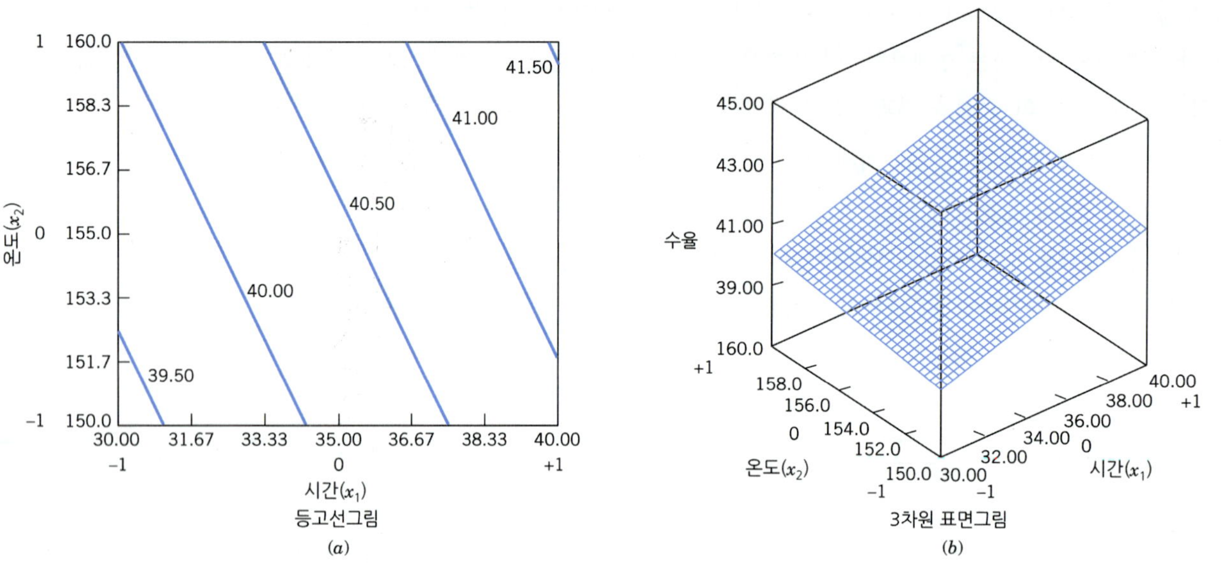

그림 14.42 1차모형의 반응표면

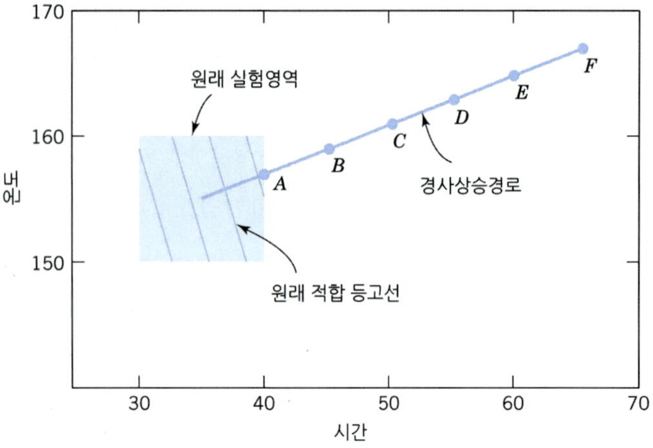

점 A: 40분, 157 °F, y = 40.5
점 B: 45분, 159 °F, y = 51.3
점 C: 50분, 161 °F, y = 59.6
점 D: 55분, 163 °F, y = 67.1
점 E: 60분, 165 °F, y = 63.6
점 F: 65분, 167 °F, y = 60.7

그림 14.43 경사상승실험

2차 반응표면분석: 최적해에 비교적 가까워지면 참 반응표면의 곡률로 인해 반응을 근사하는 2차모형이 필요하다. 적합된 2차모형은 다음과 같다.

$$\hat{y} = \hat{\beta}_0 + \sum_{i=1}^{k} \hat{\beta}_i x_i + \sum_{i=1}^{k} \hat{\beta}_{ii} x_i^2 + \sum_{i<j}\sum \hat{\beta}_{ij} x_i x_j$$

단, $\hat{\beta}$은 β의 최소제곱추정치이다. 다음 예제에서는 적합된 모형을 이용하여 x에 대한 최적의 작동조건을 찾고 반응표면의 특성을 조사하는 방법을 알아본다.

예제 14.11 공정수율: 중심합성설계

예제 14.10에서 경사상승법은 반응시간 55분, 반응온도 163°F에서 종료되었다. 기술자는 이 영역에서 2차모형을 적합하기로 한다. 표 14.29와 그림 14.44에는 55분과 163°F를 중심으로 하는 2^2 설계, 5개의 중심점, 좌표 축을 따른 4개의 시행(축점)으로 구성되는 실험설계가 나와 있다. 이런 유형의 설계를 중심합성설계라고 한다. 일반적으로 2차 반응표면을 적합하기 위해 중심합성설계를 널리 이용한다.

표 14.29 예제 14.11 중심합성설계의 데이터

관측번호	시간(분)	온도(°F)	코드화 변수		반응 1(수율)	반응 2(점도)
			x_1	x_2		
1	50	160	−1	−1	65.3	35
2	60	160	1	−1	68.2	39
3	50	170	−1	1	66.0	36
4	60	170	1	1	69.8	43
5	48	165	−1.414	0	64.5	30
6	62	165	1.414	0	69.0	44
7	55	158	0	−1.414	64.0	31
8	55	172	0	1.414	68.5	45
9	55	165	0	0	68.9	37
10	55	165	0	0	69.7	34
11	55	165	0	0	68.5	35
12	55	165	0	0	69.4	36
13	55	165	0	0	69.0	37

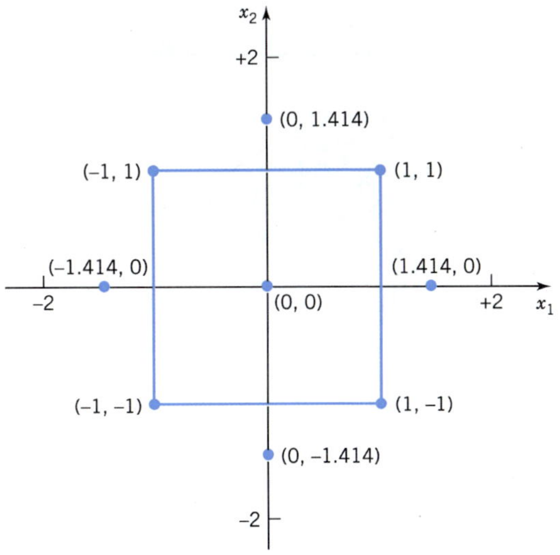

그림 14.44 중심합성설계

이 단계의 실험에서는 2개의 반응변수, 즉 수율과 점도를 측정하였다. 수율에 대한 최소제곱 2차모형은 다음과 같다.

$$\hat{y}_1 = 69.1 + 1.633x_1 + 1.083x_2 - 0.969x_1^2 - 1.219x_2^2 + 0.255x_1x_2$$

이 모형의 분산분석표를 작성하면 표 14.30과 같다. 그림 14.45에는 위 모형에 대한 등고선그림과 3차원 표면그림이 나와 있다. 그림으로부터 대략 반응시간 60분과 반응온도 167°F에서 수율이 약 70%로 최대임을 알 수 있다.

점도는 다음의 1차모형으로 적절히 설명된다.

$$\hat{y}_2 = 37.08 + 3.85x_1 + 3.10x_2$$

표 14.31은 이 모형에 대한 분산분석표이다. 점도의 반응표면을 그려보면 그림 14.46과 같다. 반응시간과 반응온도 모두 높은 수준에서 점도는 크다.

표 14.30 수율의 2차모형에 대한 분산분석표

변동원인	제곱합	자유도	평균제곱	f_0	P-값
모형	45.89	5	9.178	14.93	0.013
잔차	4.30	7	0.615		
합계	50.19	12			
독립변수	회귀계수	회귀계수의 표준오차		t_0	P-값
상수	69.100	0.351		197.1	
x_1	1.633	0.277		5.891	0.0006
x_2	1.083	0.277		3.907	0.0058
x_1^2	−0.969	0.297		−3.259	0.0139
x_2^2	−1.219	0.297		−4.100	0.0046
x_1x_2	0.225	0.392		0.574	0.5839

표 14.31 점도의 1차모형에 대한 분산분석표

변동원인	제곱합	자유도	평균제곱	f_0	P-값
모형	195.4	2	97.72	15.89	0.0008
잔차	61,5	10	6.15		
합계	256.9	12			
독립변수	회귀계수	회귀계수의 표준오차		t_0	P-값
상수	37.08	0.69		53.910	
x_1	3.85	0.88		4.391	0.0014
x_2	3.10	0.88		3.536	0.0054

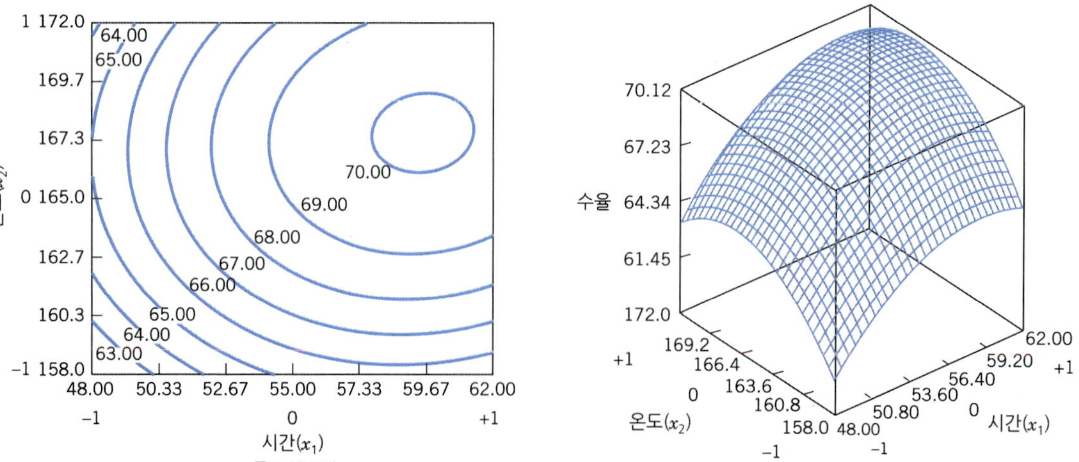

등고선그림
(a)

표면그림
(b)

그림 14.45 수율의 반응표면

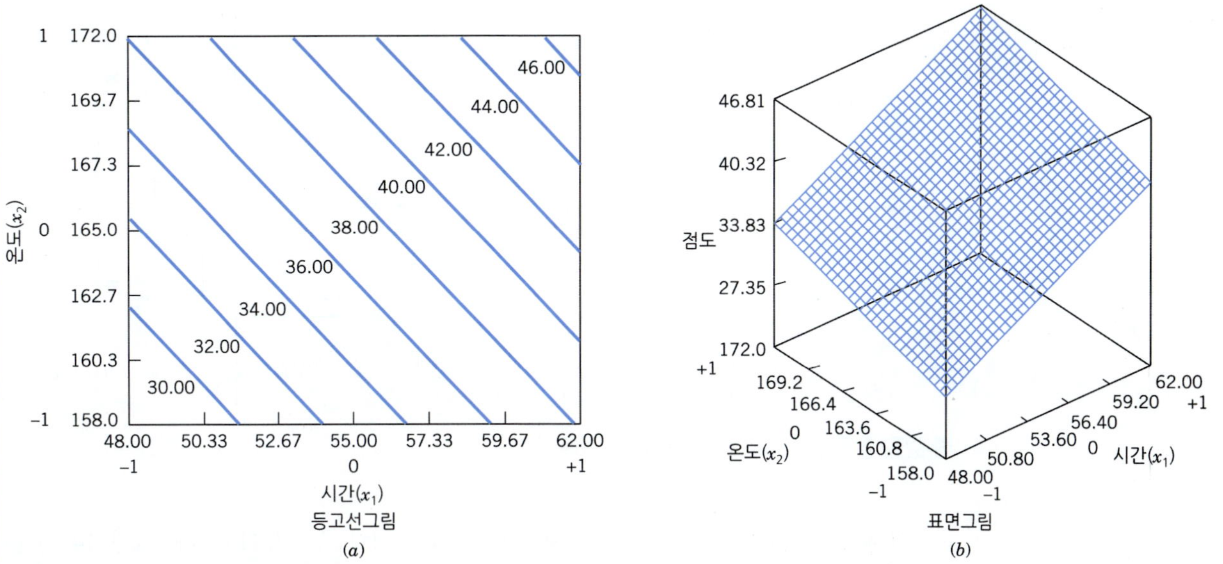

그림 14.46 점도의 반응표면

해석: 대부분의 RSM 문제에서처럼 기술자는 두 반응변수에 대해 상충되는 목표, 즉 수율을 최대로 하면서 점도의 범위를 $38 \leq y_2 \leq 42$로 제한하려고 한다. 독립변수가 많지 않을 경우 문제를 푸는 쉬운 방법은 반응표면을 겹쳐서 그린 후 최적해를 찾는 것이다. 그림 14.47은 두 반응표면을 겹쳐 그린 후 $y_1 = 69\%$, $y_2 = 38$, $y_2 = 42$의 등고선을 강조하여 나타낸 것이다. 색칠한 부분은 시간과 온도의 실행 불가능한 조합이다. 그림 14.47을 보면 반응시간과 반응온도의 몇몇 조합에서 결과가 만족스럽다.

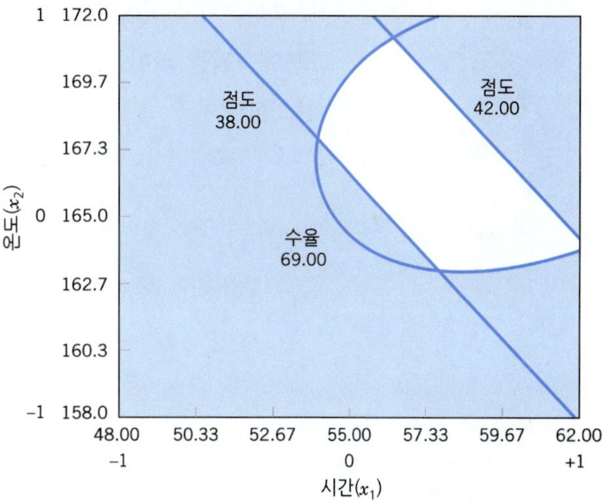

그림 14.47 겹쳐서 그린 수율과 점도의 반응표면

예제 14.11에서 2차 반응표면을 적합하기 위해 중심합성설계(central composite design, CCD)를 사용하였다. CCD는 필요한 시행의 횟수가 상대적으로 효율적이므로 널리 사용되는 설계이다. 일반적으로 k개 요인에 대한 CCD에는 2^k개의 요인점, $2k$개의 축점, 적어도 하나의 중심점이 있다. 보통 3-5개의 중심점을 이용한다. $k = 2, 3$에 대한 CCD는 그림 14.48에 나타나 있다.

그림 14.48에서 축점 α를 적절히 선택하여 CCD가 회전가능하도록(rotatable) 할 수 있다. 회전가능한 설계에서는 중심점으로부터 같은 거리에 있는 모든 점에서 예측치 $\hat{y}$의 표준편차가 일정하다. 회전성을 위해 $\alpha = F^{1/4}$로 두는데, 여기서 F는 설계에서 사용한 요인점의 개수로 보통 $F = 2^k$이다.

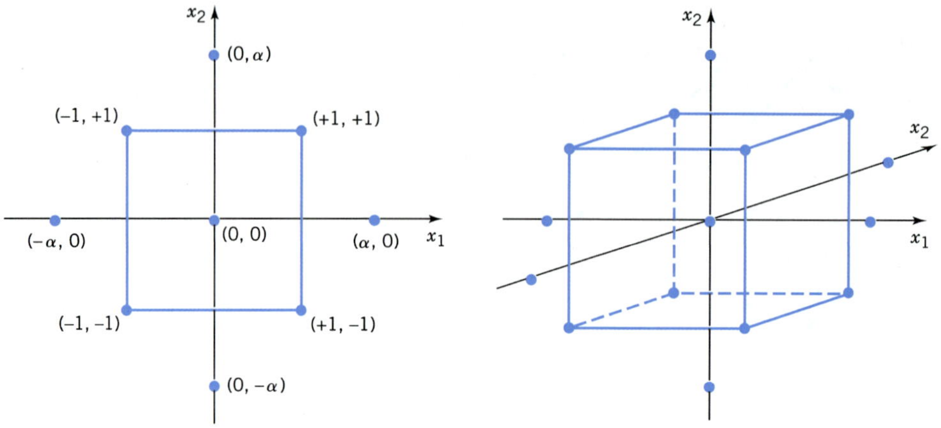

그림 14.48 $k=2, 3$일 때 중심합성설계

예제 14.11의 설계에서처럼 $k=2$인 경우 $\alpha=(2^2)^{1/4}=1.414$이다. 그림 14.49에는 2차모형으로 구한 수율 예측치의 표준오차에 대한 등고선그림과 표면그림이 나와 있다. 등고선은 동심원이며, 이것은 설계의 중심에서 같은 거리에 있는 점의 수율이 같은 정밀도로 예측됨을 의미한다. 예상한 바와 같이 설계 중심으로부터 거리가 멀어질수록 정밀도는 감소한다.

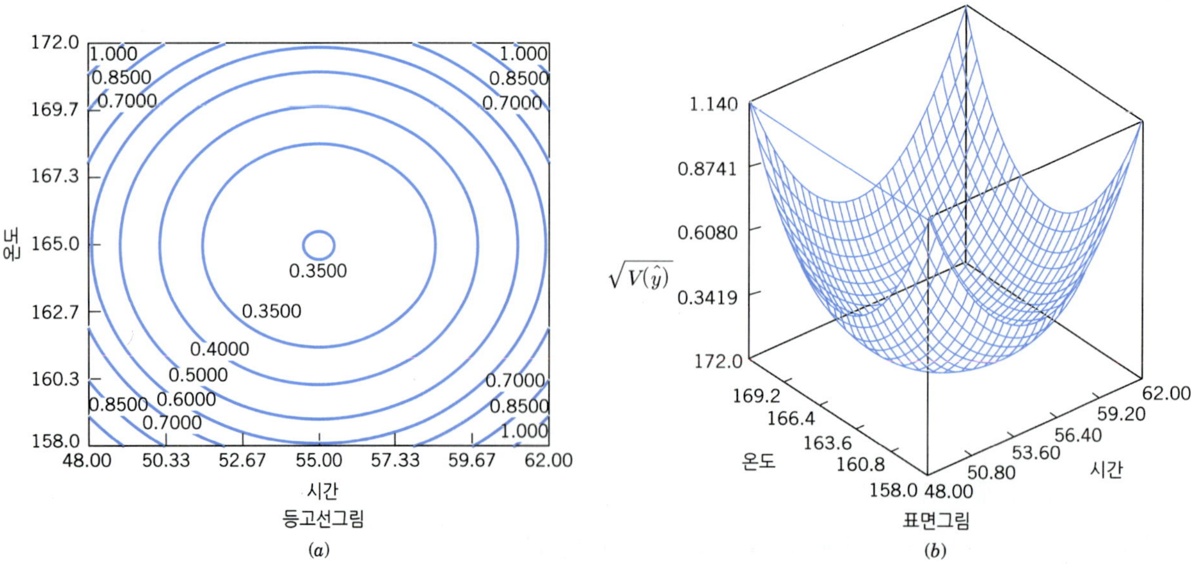

그림 14.49 회전가능한 중심합성설계에서 일정한 $\sqrt{V(\hat{y})}$

주요용어와 개념

경사상승, 경사하강(Steepest ascent or descent)
교락(Confounding)
교호작용(Interaction)
대비(Contrast)
반응표면(Response surface)
별칭(Aliases)
부분요인설계(Fractional factorial design)
분산분석(Analysis of variance, ANOVA)
블록화와 방해인자(Blocking and nuisance factors)
생성자(Generator)
선별실험(Screening experiment)
설계행렬(Design matrix)
완전정의관계(Complete defining relation)
요인실험(Factorial experiment)
요인효과의 정규확률그림(Normal probability plot of factor effects)
2^k 요인설계(2^k factorial design)
2수준 요인설계(Two-level factorial design)
잔차분석(Residual analysis)
정의관계(Defining relation)
주효과(Main effect)
중심합성설계(Central composite design, CCD)
중심점(Center points)
직교설계(Orthogonal design)
최적화실험(Optimization experiment)
투영성(Projection property)
해상도(Resolution)
회귀모형(Regression model)

통계적 품질관리

CHAPTER **15**

doc-stock/Alamy Stock Photo

Courtesy of Mike Johnson, www.redbead.com

학습목표

이 장을 주의 깊게 학습한 후 다음을 할 수 있다.

1. 품질개선 과정에서 통계적 도구의 역할을 이해한다.
2. 변동의 종류와 합리적 부분군을 이해하고, 이상원인을 검출하기 위해 관리도를 사용한다.
3. 슈하트 관리도의 일반 모형을 이해하고, 이상원인을 검출할 때 웨스턴일렉트릭 규칙과 같은 구역규칙과 패턴분석을 적용하는 방법을 이해한다.
4. $\overline{X}, R, S$, 개별값 관리도 등의 계량형 관리도를 작성하고 이를 해석한다.
5. P, U 등의 계수형 관리도를 작성하고 이를 해석한다.
6. 공정능력비를 구하고 이를 해석한다.
7. 슈하트 관리도의 평균런길이를 구한다.
8. 누적합 관리도와 지수가중이동평균 관리도를 작성하고 이를 해석한다.
8. 다른 통계적 공정관리의 문제해결도구를 사용한다.

목차

어느 세미나에서 품질 전문가 W. Edwards Deming은 많은 흰 구슬과 약간의 빨간 구슬이 들어 있는 구슬 한 통으로 간단한 실험을 진행하였다. 그는 세미나 참가자들에게 한 번에 50개의 구슬을 퍼낼 수 있는 홈이 파인 주걱을 사용하여 흰 구슬만 퍼내도록 요구하였다. 참가자들이 구슬을 계속 채워가면서 실험을 반복할 때, 흰 구슬만 골라내는 것은 어려운 일이었으며 각 주걱에는 빨간 구슬이 담겨 나왔다. 여기서 빨간 구슬은 불량품을 나타낸다. Deming은 각 주걱에 담긴 빨간 구슬의 비율을 기록하고, 그 결과를 토대로 몇 가지 요점을 설명했다. 실험의 상황에서 알 수 있듯이 통에서 구슬을 퍼내는 일련의 프로세스는 참가자들이 간단하게 개선할 수 있는 일이 아니다. 프로세스의 변경(통 안에 들어있는 빨간 구슬의 개수를 줄여주는 것과 같은)이 필요하지만 그것은 경영진의 책무이다. 많은 비즈니스 프로세스에도 비슷한 특성이 있다. 데이터를 기반으로, 변동이 일상적이고 프로세스에 내재하는 고유한 것인지 또는 특별한 원인으로 인한 결과인지를 알아내는 것이 중요하다. 공정관리나 개선방법을 결정하기 위해 이와 같은 두 종류의 변동을 구별하는 것이 중요하다. 1장에서 다룬 공정조정에 관한 예제를 참고하기 바란다. 관리도는 공정변동을 이해하기 위한 필수적인 도구이며 15장의 주요 주제이다.

15.1 품질개선과 통계학

대부분의 비즈니스에서 제품과 서비스의 품질은 중요한 의사결정 요인이다. 개인, 기업, 국방 프로그램, 소매점 등 소비자의 유형에 관계없이 모든 소비자는 구매 결정을 할 때, 품질을 비용 및 일정계획과 똑같이 중요하게 생각한다. 따라서 품질개선은 많은 기업의 주요 관심사이다.

품질은 사용상의 적합성을 뜻한다. 예를 들어 소비자가 자동차를 구매할 때 자동차가 결함없이 믿을만하며 경제적이기를 기대한다. 마찬가지로 소매업자가 완제품을 구매할 때 제품이 손쉽게 저장 및 전시될 수 있도록 잘 포장 정리되어 있기를 기대한다. 다시 말해 모든 고객은 구매하는 제품과 서비스가 자신의 요구사항을 충족하기를 기대한다. 고객의 요구사항은 사용상의 적합성을 정의한다.

사용상의 적합성은 설계품질과 적합품질의 상호작용으로 결정된다. 설계품질은 공학과 경영 의사결정의 결과로 성능, 신뢰성, 서비스 편의성, 기능이 다른 수준으로 나타나게 되는 것을 의미하고, 적합품질은 모든 생산 단위가 균등하고 결함이 없을 때까지 변동을 체계적으로 줄이고 결함을 제거하는 것을 의미한다.

고객의 요구사항에 대한 깊은 이해와 체계적인 낭비제거를 통해 설계품질을 향상시키는 것을 품질개선이라고 한다. 낭비는 생산 중 폐기와 재작업, 검사와 시험, 문서상의 오류(기술 도면, 점검표, 발주 및 계획서 등), 고객 불만 응대, 보증비, 처음에 제대로 할 수 있었던 작업을 제대로 하지 않아 필요한 시간 등을 포함한다. 성공적인 품질개선 노력으로 낭비를 제거하고 비용을 줄이며, 생산성과 고객 만족을 증대하고, 기업 평판을 향상하여 시장 점유율을 높이고, 궁극적으로 기업 이윤을 증가시킬 수 있다.

이러한 품질개선에 통계적 방법이 중요한 역할을 한다. 제품 설계와 개발 과정에서 서로 다른 자재와 부품을 비교하고 시스템과 부품의 공차를 결정하기 위해 통계적 방법을 사용한다. 또한, 제조공정의 능력을 결정하기 위해서도 통계적 방법을 사용한다. 통계적 공정관리를 통해 변동을 체계적으로 줄이고 공정을 개선할 수 있다. 수명시험으로 제품에 대한 신뢰성 데이터를 수집하고 이를 분석함으로써 설계 개선, 유효 수명의 연장, 운영비와 유지 보수비의 절감을 실현할 수 있다. 회귀분석을 이용하여 고객 만족과 관련된 핵심적인 공정 지표를 결정할 수 있으며, 그 결과 조직은 주요 공정을 중점적으로 관리할 수 있다. 이 장에서는 통계적 품질관리의 기본 방법을 학습한다. 통계적 품질관리는 실험설계와 함께 성공적인 품질개선 노력의 기초가 된다.

15.1.1 통계적 품질관리

이 장에서는 통계적 품질관리(statistical quality control, SQC)에 관해 알아본다. SQC란 품질개선 활동에 필수적인 도구들의 모음을 말한다. 넓은 의미의 SQC는 품질의 측정, 감시, 제어, 개선을 위해 통계적, 공학적 방법을 활용하는 분야라고 할 수 있다. SQC는 1920년대로 거슬러 올라가는 분야로, 벨 전화 연구소의 Walter A. Shewhart 박사는 이 분야의 초기 개척자 중 한 명이다. 1924년 그는 통계적 공정관리(statistical process control, SPC)의 기본 도구 중 하나인 현대식 관리도를 발표하였다. 다른 두 명의 벨 시스템 직원인 Harold F. Dodge와 Harry G. Romig은 통계적 표본추출과 검사 방법을 개발하는 중요한 역할을 하였다. 이 세 사람의 작업은 현대적 SQC의 기초가 되었으며 제2차 세계대전 중 미국에서는 이러한 방법들을 광범위하게 도입하였다. 한편 제2차 세계대전 이후 W. Edwards Deming 박사와 Joseph M. Juran 박사는 SQC 방법을 널리 보급하는 데 기여하였다.

특히 일본은 SQC 방법을 성공적으로 전개하여 다른 국가들에 비해 상당한 이익을 누렸다. 1970년대 미국 산업은 일본(그리고 다른 국가)과의 경쟁으로 많은 피해를 입었으며, 이러한 결과는 미국에서 SQC 방법을 재조명하는 계기가 되었다. SQC에 대한 관심은 주로 **통계적 공정관리와 실험설계**에 집중되었고, 많은 기업은 생산, 기술, 기타 사업 조직에 SQC를 도입하게 되었다.

15.1.2 통계적 공정관리

제품의 품질을 검사하는 것은 실용적이지 않고, 처음부터 제품을 제대로 만들어야 한다. 이를 위해 제조공정은 안정적이고 반복 가능해야 하며, 목표치 또는 명목치 근처에서 변동 없이 작동해야 한다. SPC는 변동의 감소를 통해 공정 안정성을 확보하고 공정능력을 개선해 주는 강력한 도구이다. 통상 SPC를 모든 공정에 적용할 수 있는 문제해결도구의 집합이라고 한다. SPC의 주요 도구로는 히스토그램, 파레토그림, 특성요인도, 결함집중도, 관리도, 산점도, 체크시트가 있는데, 그 중에서도 관리도는 아주 강력한 도구이다.

15.2 관리도 개요

15.2.1 기본원칙

아무리 잘 설계하고 관리하여도 모든 공정에는 어느 정도의 고유한 변동이 있다. 이러한 자연스러운 변동, 즉 "배경잡음"은 본질적으로 피할 수 없는 여러 원인들의 누적 효과이다. 공정의 배경잡음이 비교적 작을 때, 그 정도의 변동은 허용할 수 있는 공정성능의 수준이라고 간주한다. SQC의 맥락으로 보면, 이런 자연스러운 변동은 "우연원인의 안정된 시스템"이므로, 우연원인으로 인한 변동만 존재하는 공정을 **통계적 관리상태**라고 한다. 다시 말해 우연원인은 공정의 고유한 일부분이다.

그러나 공정 출력에는 때때로 다른 종류의 변동이 있다. 핵심 품질특성에 이런 종류의 변동이 발생하는 주된 3가지 이유는 부적절하게 조정된 기계, 작업자의 오류, 결함이 있는 원자재이다. 일반적으로 이런 변동은 배경잡음에 비해 상당히 크고 허용할 수 없는 수준의 공정성능을 초래한다. 이와 같이 우연원인의 일부분이 아닌 변동의 원인을 이상원인이라 하고, 이상원인이 존재하는 공정을 **관리이탈상태**라고 한다.[3)]

생산공정은 보통 관리상태에서 작동하여 상대적으로 오랫동안 허용할 수 있는 수준의 제품을 생산한다. 그러나 이상원인이 마치 우연인 것처럼 발생하여 공정은 관리이탈상태로 이동하며 대부분의 출력은 요구사항과 일치하지 않게 된다. SPC의 주된 목적은 이상원인이나 공정이동의 발생을 신속히 검출하여 많은 부적합품을 생산하기 전에 공정을 조사하고 시정조치를 취할 수 있도록 하는 것이다. 관리도(control chart)는 이러한 목적으로 널리 사용되는 온라인 공정관리기법이다.

1장에서 학습한 내용을 정리해 보자. 우연원인으로 인한 변동을 조정하면 오히려 공정변동을 증가시키며, 이상원인에 대해서만 조치를 취하여야 한다. 생산공정의 모수를 추정하고, 이 정보를 이용하여 공정이 규격을 충족하는 능력을 결정하기 위해 관리도를 사용할 수 있다. 또한, 관리도는 공정개선에 유용한 정보를 제공하기도 한다. SPC의 궁극적 목표는 **공정변동을 제거**하는 것이다. 변동을 완전히 제거하기는 어렵지만 관리도를 이용하면 변동을 가능한 한 많이 줄일 수 있다.

전형적인 관리도는 그림 15.1과 같다. 관리도는 표본에서 계산한 품질 특성치를 표본번호 또는 시간에 따라 나타낸 그래프이다. 몇 분마다 또는 매시간과 같이 주기적인 간격

3) Shewhart는 **우연**원인(chance cause)과 **이상**원인(assignable cause)이라는 용어를 사용했다. 오늘날 어떤 저자들은 **우연**원인 대신 **공통**원인(common cause), **이상**원인 대신 **특수**원인(special cause)이라는 용어를 사용한다.

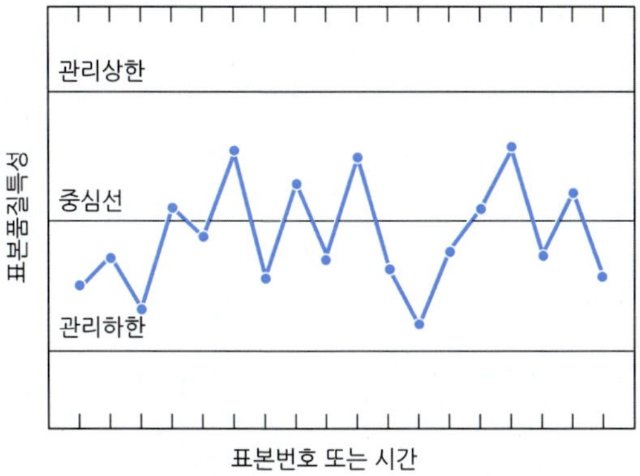

그림 15.1 전형적인 관리도

으로 표본을 추출한다.

- 관리도에는 중심선이 나타난다. 중심선(center line, CL)은 관리상태에 해당하는, 즉 우연원인만 존재할 때 품질특성치의 평균이다.
- 관리도에는 또한 **관리상한**(upper control limit, UCL)과 **관리하한**(lower control limit, LCL)이라고 하는 2개의 수평선이 나타난다. 공정이 관리상태이면 거의 모든 표본점이 관리한계 안에 위치하도록 관리한계를 선택해야 한다.

일반적으로 관리도의 표본점들이 관리한계 안에 위치하는 한 공정은 관리상태라고 판정하며 이 경우 공정에 대한 조치가 필요하지 않다. 그러나 관리한계를 벗어나는 점은 공정이 관리이탈상태라는 증거라고 해석하며, 이 점을 초래한 이상원인을 찾아 제거하기 위한 조사와 시정조치가 필요하다. 보통 관리도 상의 표본점을 선으로 연결하여 일련의 점이 시간의 흐름에 따라 어떻게 변하는지 알아보기 쉽도록 한다.

모든 점이 관리한계 안에 있어도 점이 임의적이지 않고 체계적이면 공정이 관리이탈상태임을 나타낸다. 예를 들어 최근 20개의 점 중에서 18개가 중심선과 관리상한 사이에 있고 2개만 중심선과 관리하한 사이에 있으면, 모든 점이 관리한계 안에 있어도 무엇인가 잘못되었을 가능성이 크다. 공정이 관리상태이면 모든 점은 임의적이어야 한다. 관리도에 나타나는 체계적인 패턴을 검출하기 위한 방법을 적용하면 관리이탈상태를 검출하는 데 도움이 된다. 보통 관리도에 나타나는 체계적 패턴에는 이유가 있으며, 그 이유를 찾아 제거하여야 공정성능이 개선된다.

관리도와 가설검정은 서로 밀접한 관련이 있다. 본질적으로 관리도는 공정이 통계적 관리상태라는 귀무가설에 대한 일련의 검정이다. 점이 관리한계 안에 있으면 귀무가설을 기각하지 못하고, 관리한계 밖에 있으면 귀무가설을 기각한다.

이제 관리도에 대한 일반적인 **모형**을 알아보자. 관심의 어떤 품질특성을 측정하는 통계량을 W라고 하고, W의 평균과 표준편차를 각각 μ_W와 σ_W라고 하자.[4] 관리도의 관

4) σ_W는 품질특성의 표준편차가 아니라 관리도에 나타나는 통계량, 즉 W의 표준편차이다.

리상한, 중심선, 관리하한은 각각 다음과 같이 정의된다.

관리도 모형

$$UCL = \mu_W + k\sigma_W \tag{15.1}$$

$$CL = \mu_W$$

$$LCL = \mu_W - k\sigma_W$$

여기서 k는 중심선에서 관리한계까지의 "거리"를 표준편차의 단위로 나타낸 것으로, 보통 $k = 3$을 선택한다. Shewhart가 이러한 일반원리를 처음 제안하였고, 이 원리에 따라 개발된 관리도를 슈하트 관리도(Shewhart control chart)라고 한다.

관리도는 통계적 관리의 의미를 명확히 설명해 주는 도구이므로 다양한 방식으로 관리도를 사용할 수 있다. 여러 응용 분야에서 온라인 공정관리를 위해 관리도를 사용한다. 즉, 표본 데이터를 수집하여 관리도를 작성하고, 예를 들어 $\bar{x}$가 관리한계 내에 있고 체계적인 패턴이 보이지 않으면, 공정은 관리도가 나타내는 현재 수준에서 관리상태라고 한다. 과거의 데이터가 관리상태의 공정에서 나온 것인지 또는 이 공정에서 나오는 미래의 표본이 관리상태를 나타내는지를 결정하기 위해 관리도를 사용한다.

관리도를 사용하는 가장 중요한 목적은 공정**개선**이다. 대부분의 공정은 통계적 관리상태에서 작동하지 않는다. 따라서 일상에서 관리도를 주의 깊게 사용하면 이상원인의 발생을 검출할 수 있고, 공정으로부터 이상원인을 제거하면 변동이 줄어 공정이 개선된다. 관리도를 사용하는 공정개선 활동을 그림으로 설명하면 그림 15.2와 같다. 관리도는 이상원인의 발생을 **감지**할 뿐이다. 이상원인을 제거하려면 경영진, 작업자, 기술자의 조치와 관리도의 신호에 대응하는 **행동** 계획이 필요하다. 이상원인을 식별하고 제거하기 위해 문제

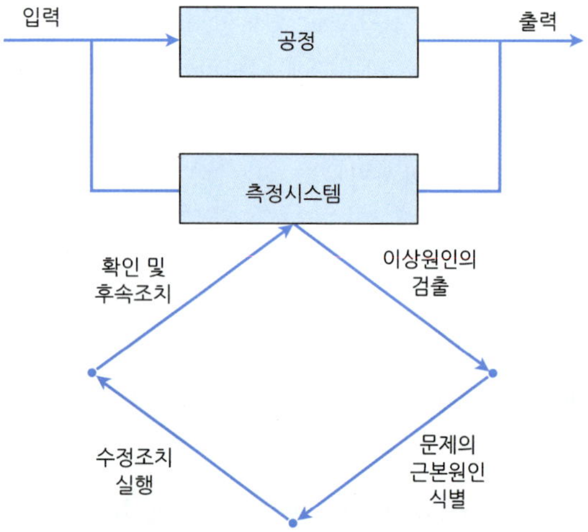

그림 15.2 관리도를 이용한 공정개선

의 근본원인을 찾고 공략하여야 한다. 피상적인 해결책은 실질적인 공정개선에 도움이 되지 않는다. 시정조치를 위한 효과적인 시스템을 개발하는 것이 SPC 구현의 필수적인 구성요소이다.

또한, 관리도를 **추정 도구**로 사용할 수도 있다. 통계적 관리상태인 관리도로부터 평균, 표준편차, 부적합품률, 부적합품 수와 같은 공정모수를 추정하고, 이 추정치를 이용하여 공정이 허용할 수 있는 제품을 생산하는 **능력**을 결정할 수 있다. 이와 같은 공정능력(process capability) 연구는 제품의 수명주기 동안 일어나는 생산/구매 결정, 변동을 줄이는 공정개선, 제품 품질에 관한 고객 또는 공급업체와의 계약 등 많은 의사결정문제에 상당한 영향을 미친다. 공정능력의 추정에 관해서는 뒤에서 자세히 알아본다.

일반적으로 관리도를 다음과 같이 두 유형으로 분류한다.

- 많은 품질특성을 연속 척도의 숫자로 측정할 수 있다. 이런 경우 품질특성을 중심경향 측도와 산포 측도로 설명하면 편리하다. 중심과 산포에 대한 관리도를 계량형 관리도(variables control charts)라고 한다. 공정중심을 관리하기 위해 가장 널리 사용하는 관리도는 $\overline{X}$ 관리도이고, 공정산포를 관리하기 위해서는 표본범위 또는 표본표준편차에 기초한 관리도를 사용한다.
- 품질특성을 연속 또는 양적 척도로 측정할 수 없는 경우도 많다. 이 경우 각 제품이 특정한 속성을 가지는지에 따라 적합품 또는 부적합품으로 판단하거나, 제품에 나타나는 부적합 또는 결함의 개수를 셀 수 있다. 이와 같은 품질특성에 대한 관리도를 계수형 관리도(attributes control charts)라고 한다.

산업 현장에서 오랫동안 관리도를 사용하여 왔다. 관리도가 인기 있는 이유로는 적어도 다음 5가지가 있다.

1. 관리도는 생산성 향상을 위한 검증된 기법이다. 성공적인 관리도 프로그램은 **모든** 작업에서 주요 생산성 저해 요인인 폐기와 재작업을 줄여주고, 그 결과 생산성이 향상하고 비용은 감소하며 생산능력(시간당 적합품의 수로 측정되는)이 증가한다.
2. 관리도는 결함 예방에 효과적이다. 관리도는 공정을 관리상태로 유지하는 것으로 "처음부터 제대로 하라"는 철학과 일관된다. 나중에 불량품으로부터 양품을 골라내는 것보다 처음에 제대로 만드는 것이 더 저렴하다. 효과적인 공정관리가 없으면 누군가에게 불량품을 만들도록 돈을 지불하는 셈이다.
3. 관리도는 불필요한 공정조정을 예방한다. 관리도는 배경잡음과 비정상적 변동을 구별하도록 해 준다. 우연변동과 이상변동을 구별하는 데 있어, 작업자를 포함하여 어떤 장치도 관리도만큼 효과적이지 않다. 작업자가 관리도 프로그램과 관련 없이 주기적인 검사로 공정을 조정하면 우연변동에 과도하게 반응하여 불필요하게 조정하고, 불필요한 조정은 공정성능을 저하할 수 있다. 다시 말해 관리도는 "고장 나지 않았으면 수리하지 마라"는 철학과 일맥상통한다.

4. 관리도는 진단 정보를 제공한다. 흔히 경험이 풍부한 기술자는 관리도에 나타나는 패턴을 보고 진단에 관한 중요한 정보를 알 수 있고, 이 정보를 이용하여 공정성능을 개선할 수 있다.
5. 관리도는 공정능력에 관한 정보를 제공한다. 관리도는 중요한 공정모수와 시간에 따른 공정의 안정성에 관한 정보를 제공하고, 이를 통해 공정능력을 추정할 수 있다. 공정능력에 관한 정보는 제품과 공정의 설계에 큰 도움이 된다.

관리도는 가장 효과적인 관리도구 중 하나이고, 비용관리와 자재관리만큼 중요하다. 현대의 컴퓨터 기술 덕분에 어떤 유형의 공정에도 관리도를 쉽게 구현할 수 있으며, 작업센터에서 실시간 온라인으로 데이터를 수집하고 분석할 수 있다.

15.2.2 관리도의 설계

간단한 예를 통해 관리도의 개념을 알아보자. 자동차 엔진의 피스톤 링을 제조하는 공정에서 링의 내경은 중요한 품질특성이다. 내경의 공정평균은 74 mm이고 표준편차는 0.01 mm라고 할 때, 평균 내경에 대한 관리도를 작성하면 그림 15.3과 같다. 몇 분마다 5개 링의 임의표본을 추출하고, 평균 내경 $\overline{x}$를 계산하여 관리도에 표시한다. 이 경우 통계량 $\overline{X}$를 이용하여 공정평균을 감시하므로 이 관리도를 $\overline{X}$ 관리도라고 한다. 그림 15.3의 $\overline{X}$ 관리도에서는 모든 점이 관리한계 안에 있으므로 공정은 통계적 관리상태에 있다.

이제 관리한계를 어떻게 결정하는지 알아보자. 공정평균은 74 mm이고 공정표준편차는 $\sigma = 0.01$ mm이다. 매번 크기가 $n = 5$인 표본을 추출할 때, 표본평균 $\overline{X}$의 표준오차는

$$\sigma_{\overline{X}} = \frac{\sigma}{\sqrt{n}} = \frac{0.01}{\sqrt{5}} = 0.0045$$

이다. 따라서 공정이 평균 내경 74 mm에서 관리상태이면 중심극한정리에 의해 $\overline{X}$는 근사정규분포를 따르므로, 표본평균 $\overline{X}$의 약 $100(1-\alpha)\%$는 $74 \pm z_{\alpha/2}(0.0045)$ 사이에 있을 것이다. 통상 상수 $z_{\alpha/2}$를 3으로 정한다. 따라서 관리상하한을 계산하면 다음과 같다.

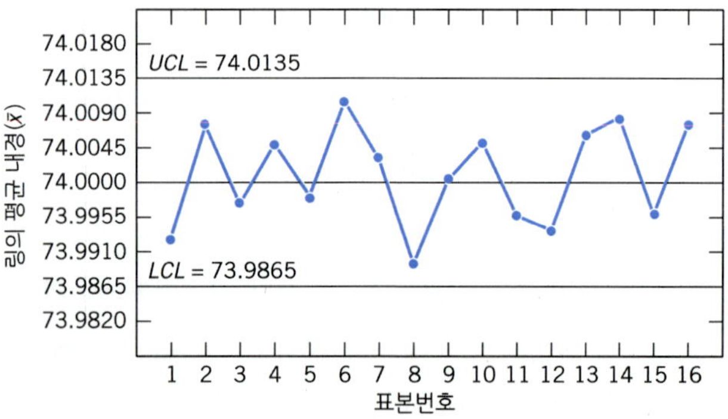

그림 15.3 피스톤 링의 내경에 대한 $\overline{X}$ 관리도

$$UCL = 74 + 3(0.0045) = 74.0135$$
$$LCL = 74 - 3(0.0045) = 73.9865$$

이 관리한계는 3시그마 관리한계이다. 3시그마 관리한계를 사용하면 $\alpha = 0.0027$, 즉 공정이 관리상태일 때 한 점이 관리한계를 벗어날 확률이 0.0027이다. 주어진 시그마한계에서 관리한계의 폭은 표본크기 n과 반비례한다. 관리한계를 선택하는 것은 다음의 가설검정에 대한 기각역을 결정하는 것과 같다.

$$H_0 : \mu = 74 \qquad H_1 : \mu \neq 74$$

단, $\sigma = 0.01$라고 가정한다. 본질적으로 관리도는 여러 시점에서 이 가설을 반복적으로 검정하는 것과 같다.

관리도를 설계할 때 표본크기와 표본추출 빈도(주기)를 명시해야 한다. 보통 큰 표본크기를 사용하면 공정의 작은 변화를 더 잘 검출한다. 공정이동을 검출하려는 관점에서 가장 바람직한 결정은 많은 표본을 자주 선택하는 것이지만, 이와 같은 결정은 보통 경제적으로 실현 불가능하므로 일반적으로 **샘플링 노력을 배분**한다. 즉, 짧은 간격으로 작은 크기의 표본을 추출하거나 긴 간격으로 큰 크기의 표본을 추출한다. 현재 산업 현장에서는 특히 대량생산 공정이나 다양한 유형의 이상원인이 발생할 수 있는 경우, 작은 크기의 표본을 자주 추출하는 것을 선호하는 경향이 있다.

자동 감지 및 측정기술이 발전함에 따라 표본추출 빈도를 크게 늘릴 수 있고, 궁극적으로는 모든 제품을 시험할 수 있다. 그러나 이와 같은 기술이 결함을 예방하는 것은 아니므로 관리도는 여전히 필요하다. 이용할 수 있는 데이터가 증가함에 따라 공정관리의 효과는 확장되고 품질은 향상된다.

관리도의 관리한계를 구축하기 위해 예비표본을 사용할 때, 이러한 관리한계를 시행값으로 취급하는 것이 관례이다. 따라서 표본의 통계량을 적절한 관리도에 표시한 후 관리한계를 벗어난 점을 모두 조사하고, 이상원인의 발생을 발견하면 이상원인을 제거한 후 새로운 관리한계를 결정한다. 이러한 방식으로 공정은 결국 통계적 관리상태에 이르게 되고, 공정의 고유 능력을 평가할 수 있다. 그러고 나면 공정의 중심과 산포에 변화를 일으킬 다른 방법을 생각해 볼 수 있다.

15.2.3 합리적 부분군

관리도의 기본 개념 중 하나는 Shewhart가 합리적 부분군(rational subgroup)이라고 부르는 방법에 따라 표본 데이터를 수집하는 것이다. 합리적 부분군이란 부분군 내의 관측치 변동은 모든 우연변동을 포함하고 이상변동을 제외하도록 표본을 선택해야 함을 의미한다. 그러면 관리한계는 우연변동에 대한 한계값이다. 그 결과 우연변동은 관리한계 안의 점을 생성하고, 이상원인의 발생은 관리한계를 벗어나는 점을 생성하게 된다.

관리도를 생산공정에 적용할 때 합리적 부분군을 만드는 논리적 기준은 생산의 시간 순서이다. 물론 시간 순서를 유지하여도 부분군을 잘못 형성할 수도 있다. 가령 부분군의 일부 관측치를 하루 8시간 근무 종료 시점에 선택하고 나머지 관측치를 다음 근무일의 시작 시점에 선택하면, 이상변동인 교대 근무 간의 차이를 우연변동으로 처리한 것이다. 그로 인해 관리도가 교대근무 간의 차이를 검출하기 어려워진다. 그런데도 보통 시간 순서를 유지하면 시간에 따라 일어나는 이상원인을 검출할 수 있기 때문에 시간 순서는 부분군을 형성하는 좋은 기준이다.

합리적 부분군을 형성하는 가장 일반적 방식은 가능한 한 동시에 생산된 부품으로 부분군을 만드는 것이다. 관리도의 주된 목적이 공정이동을 검출하는 것일 때 이 방식을 사용한다. 그러면 이상원인이 존재하는 경우 **표본 안**의 이상변동을 최소로 하고 **표본 간**의 이상변동을 최대로 할 수 있다. 또한, 계량형 관리도에서 이 방식을 사용하면 공정의 표준편차를 추정할 수 있다. 합리적 부분군을 만드는 이러한 방식은 본질적으로 표본이 수집될 때마다 공정의 "스냅 사진"을 얻는 것이다.

다른 방식으로 합리적 부분군을 만들 수도 있다. 예를 들어 여러 기계가 있고 기계의 출력물이 하나로 합해지는 공정을 생각해 보자. 이 공정에서 표본을 추출하는 경우 어느 기계가 관리이탈상태인지 검출하기 어려울 수 있으므로 합리적 부분군을 형성하는 논리적 방법은 개별 기계의 출력물에 각각 관리도를 적용하는 것이다. 같은 기계의 다른 헤드, 다른 작업장, 다른 작업자 등에 이와 같은 개념을 적용할 수 있다.

합리적 부분군의 개념은 매우 중요하다. 표본을 제대로 선택하려면, 관리도 분석을 통해 가능한 한 많은 유용한 정보를 얻으려는 목표를 가지고 공정을 신중히 고려하여야 한다.

15.2.4 관리도의 패턴분석

관리도에서 하나 이상의 점이 관리한계를 벗어나거나 점들이 조직적인 패턴을 보일 때 관리이탈상태를 의미한다. 예를 들어 그림 15.4의 $\overline{X}$ 관리도를 보자. 모든 25개의 점이 관리한계 안에 있지만 점들이 임의적이지 않기 때문에 관리상태가 아니다. 구체적으로 25개의 점 중에서 19개가 중심선 아래에 있고 6개만 중심선 위에 있다. 점들이 임의적이면 중심선 위와 아래에 더 고르게 분포할 것이다. 또한, 4번째 점 이후 연속된 5개의 점이 상승한다. 이러한 점들의 배열을 런(run)이라고 한다. 일련의 관측치가 증가하면 "**상승 런**", 감소하면 "**하강 런**"이라고 한다. 이 관리도에는 비정상적으로 긴 상승 런(4번째 점에서 시작)과 하강 런(18번째 점에서 시작)이 있다.

일반적으로 같은 유형의 연속된 관측치를 **런**이라고 정의한다. 상승 런과 하강 런 이외에도, 관측치 유형을 중심선 위와 아래로 정의할 수 있으므로 중심선 위의 2개의 연속된 점은 길이 2의 런이다.

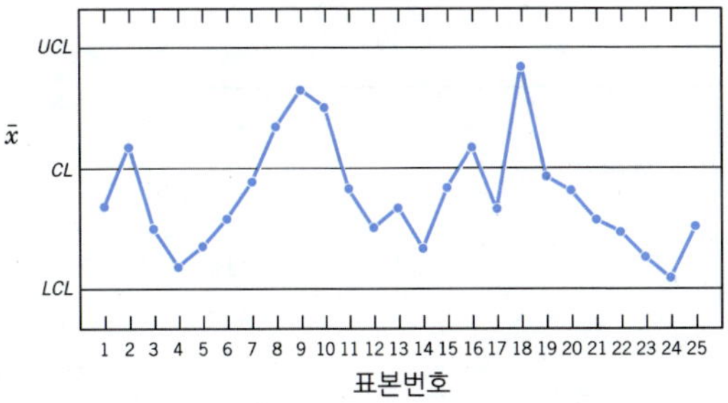

그림 15.4 $\overline{X}$ 관리도

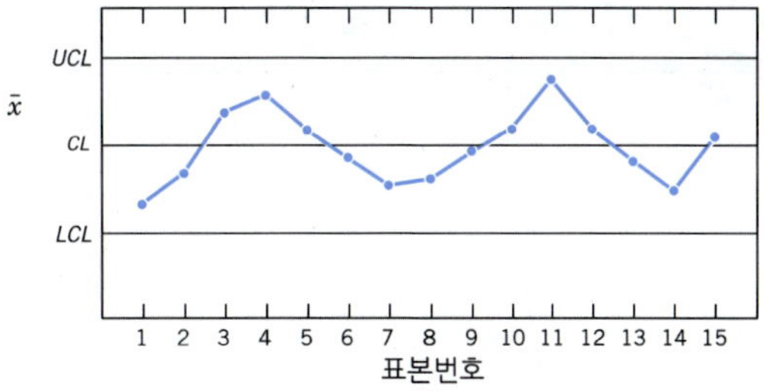

그림 15.5 주기적 패턴이 있는 $\overline{X}$ 관리도

임의표본에서 길이 8 이상의 런이 발생할 확률은 매우 작다. 따라서 길이 8 이상의 모든 유형의 런은 관리이탈 신호라고 볼 수 있다. 예를 들어 연속된 8개의 점이 중심선 한쪽에 나타나면 관리이탈을 의미한다.

런은 관리도상의 체계적인 행태를 측정하는 중요한 측도이지만, 다른 유형의 패턴도 관리이탈을 나타낼 수 있다. 예를 들어 그림 15.5의 $\overline{X}$ 관리도를 보면 표본평균이 모두 관리한계 안에 있지만 주기성을 보인다. 이러한 패턴은 작업자의 피로, 원자재 공급, 스트레스 누적과 같은 공정문제 때문일 수 있다. 주기성을 유발한 변동의 원인을 제거하거나 줄여주면 수율을 높일 수 있다. 그림 15.6에서 LSL과 USL은 각각 공정의 규격하한과 규격상한을 나타낸다. 규격한계(specification limits)는 허용되는 제품이 반드시 만족해야 하는 범위로, 종종 고객요구로부터 결정된다.

이 문제는 관리도상의 조직적이고 체계적인 패턴을 식별하고 그 이유를 규명하는 패턴인식의 문제이다. 공정에 대한 경험과 지식이 있어야 특정 패턴을 이상원인으로 해석할 수 있다. 즉, 관리도의 통계적 원리뿐만 아니라 공정을 잘 이해하고 있어야 한다.

《Western Electric Handbook》(1956)에는 관리도의 체계적인 패턴을 검출하기 위한 일련의 규칙이 나와 있다. 널리 채택된 웨스턴일렉트릭 규칙(Western Electric rules)에 따르면 다음 중 하나라도 해당하면 공정이 관리이탈상태라고 결론을 내린다.

1. 1개의 점이 중심선으로부터 3시그마 관리한계를 벗어난 경우
2. 연속된 3개의 점 중 2개의 점이 중심선으로부터 2시그마 한계를 벗어난 경우
3. 연속된 5개의 점 중 4개의 점이 중심선으로부터 1시그마 한계를 벗어난 경우
4. 연속된 8개의 점이 중심선의 같은 쪽에 나타난 경우

관리도의 민감도를 향상하기 위해 실무에서 이러한 규칙을 매우 효과적으로 사용한다. 규칙 2와 규칙 3은 한 번에 중심선의 한쪽에 적용된다. 즉, 2시그마 **상한**을 벗어나는 점 바로 뒤에 나타나는 2시그마 **하한**을 벗어나는 점은 관리이탈 신호가 아니다.

그림 15.7에는 피스톤 링 공정에 대한 $\overline{X}$ 관리도와 함께 웨스턴일렉트릭 규칙에서 사용하는 1시그마, 2시그마, 3시그마 한계가 나타나 있다. 이러한 내부 한계는 중심선을 기

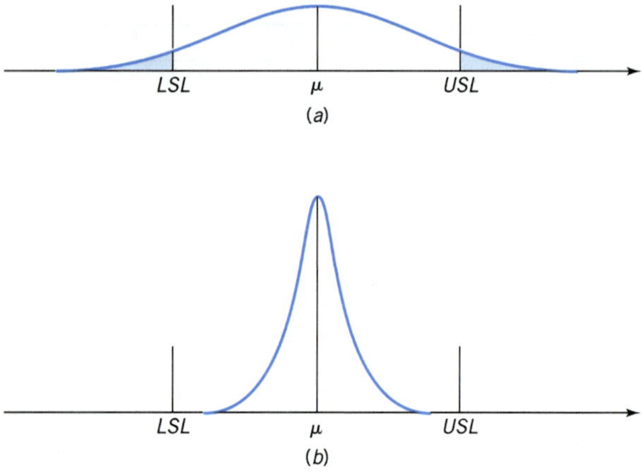

그림 15.6 (a) 주기적 패턴이 있는 변동
(b) 주기적 패턴이 제거된 변동

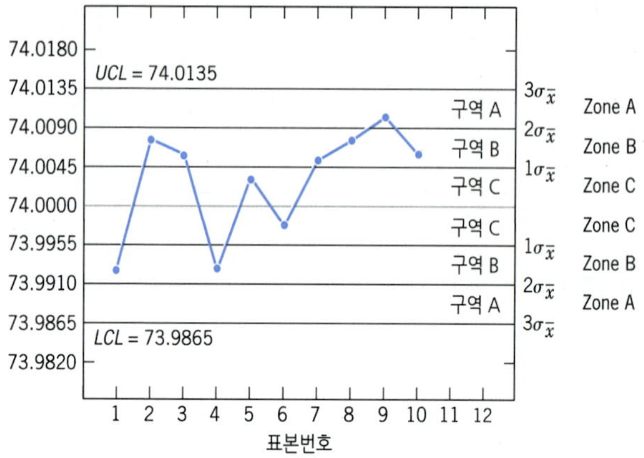

그림 15.7 웨스턴일렉트릭 런 규칙

준으로 위와 아래를 각각 A, B, C의 세 구역으로 나눈다. 이러한 내부 한계를 경고한계(warning limits), 웨스턴일렉트릭 규칙을 관리도의 런 규칙(run rule)이라고도 한다. 그림 15.7에서 마지막 4개의 점은 모두 구역 B를 벗어난다. 연속된 5개의 점 중에서 4개의 점이 1시그마 한계를 벗어나므로 체계적인 패턴이라고 판단하고 공정이 관리이탈상태라고 결론을 내린다.

15.3 $\overline{X}-R$, $\overline{X}-S$ 관리도

품질특성을 측정치로 나타낼 수 있을 때 품질특성의 평균과 변동을 모두 관리한다. 공정평균을 관리하기 위해 보통 $\overline{X}$ 관리도라고 하는 평균 관리도를 사용한다. 표준편차를 어떻게 추정하는가에 따라 공정변동을 관리하기 위해 범위 관리도(R 관리도) 또는 표준편차 관리도(S 관리도)를 사용한다.

보통 공정이 관리상태라고 생각될 때 추출한 예비표본으로 모수를 추정한다. 적어도 20개~25개의 예비표본을 사용한다. m개의 예비표본이 있고 각 예비표본의 크기는 n이라고 가정하자. n은 보통 4, 5, 6이다. 상대적으로 작은 크기의 표본을 널리 사용하며 각 표본은 주로 합리적 부분군으로 구성한다. i번째 표본의 표본평균이 $\overline{X}_i$일 때 다음의 전체평균으로 모평균 μ를 추정한다.

$$\hat{\mu} = \overline{\overline{X}} = \frac{1}{m}\sum_{i=1}^{m}\overline{X}_i \tag{15.2}$$

따라서 $\overline{X}$ 관리도의 중심선은 $\overline{\overline{X}}$ 이다.

각 표본 내 관측치의 표준편차나 범위로부터 σ를 추정한다. 표본크기는 상대적으로 작으므로 σ를 표본범위로 추정해도 효율성의 손실은 거의 없다.

$\overline{X}-R$ 관리도: 관리한계를 정하기 위해 정규분포 모집단에서 표본범위 R과 모표준편차 σ의 관계를 알아야 한다. R이 확률변수이므로 **상대범위**인 $W=R/\sigma$도 확률변수이다. W의 분포의 평균과 표준편차를 각각 d_2와 d_3이라고 나타내며, d_2와 d_3의 값은 부분군의 크기 n에 의존한다. 이 값을 수치적으로 계산하거나 표 또는 컴퓨터 소프트웨어에서 찾아올 수 있다. $R=\sigma W$의 평균과 표준편차는 다음과 같이 알려져 있다.

$$\mu_R = d_2\sigma\,,\ \ \sigma_R = d_3\sigma \tag{15.3}$$

i번째 표본의 범위는 R_i라고 할 때, 표본범위의 평균은

$$\overline{R} = \frac{1}{m}\sum_{i=1}^{m} R_i \tag{15.4}$$

이다. 그러면 $\overline{R}$는 μ_R의 추정량이고, 식(15.3)으로부터 다음이 성립한다.

> **R 관리도에서 σ의 추정량**
>
> σ의 불편추정량은
>
> $$\hat{\sigma} = \frac{\overline{R}}{d_2} \tag{15.5}$$
>
> 단, 상수 d_2는 다양한 표본크기에 대하여 부록 A의 표 XI에 나타나 있다.

표본으로부터 $\overline{\overline{X}}$와 $\overline{R}$의 계산값인 $\overline{\overline{x}}$와 $\overline{r}$를 구한 후 $\overline{X}$ 관리도의 관리상하한을 다음과 같이 계산한다.

$$UCL = \hat{\mu}_{\overline{X}} + 3\hat{\sigma}_{\overline{X}} = \hat{\mu} + 3\frac{\hat{\sigma}}{\sqrt{n}} = \overline{\overline{x}} + \frac{3}{d_2\sqrt{n}}\overline{r} \tag{15.6}$$

$$LCL = \hat{\mu}_{\overline{X}} - 3\hat{\sigma}_{\overline{X}} = \hat{\mu} - 3\frac{\hat{\sigma}}{\sqrt{n}} = \overline{\overline{x}} - \frac{3}{d_2\sqrt{n}}\overline{r}$$

위 식에서

$$A_2 = \frac{3}{d_2\sqrt{n}} \tag{15.7}$$

라고 두어 $\overline{X}$ 관리도의 관계한계를 다음과 같이 정의한다.

$\overline{X}$ 관리도: $\overline{R}$와 함께

$$UCL = \overline{\overline{x}} + A_2 \overline{r}, \qquad CL = \overline{\overline{x}}, \qquad LCL = \overline{\overline{x}} - A_2 \overline{r} \tag{15.8}$$

단, 상수 A_2는 다양한 표본크기에 대하여 부록 A의 표 XI에 나타나 있다.

R 관리도의 관리한계도 쉽게 결정할 수 있다. 중심선은 $\overline{R}$이고, 관리상하한을 결정하기 위해 R의 표준편차인 σ_R을 추정해야 한다. 공정이 관리상태일 때 상대범위 W의 분포를 사용한다. 식(15.3)으로부터 σ_R의 추정량을 구하면

$$\hat{\sigma}_R = d_3 \hat{\sigma} = d_3 \frac{\overline{R}}{d_2} \tag{15.9}$$

이므로, R 관리도의 관리상하한은 다음과 같다.

$$\begin{aligned} UCL &= \overline{r} + \frac{3d_3}{d_2}\overline{r} = \left(1 + \frac{3d_3}{d_2}\right)\overline{r} \\ LCL &= \overline{r} - \frac{3d_3}{d_2}\overline{r} = \left(1 - \frac{3d_3}{d_2}\right)\overline{r} \end{aligned} \tag{15.10}$$

위의 식에서 $D_3 = 1 - \frac{3d_3}{d_2}$, $D_4 = 1 + \frac{3d_3}{d_2}$ 라고 두어 R 관리도의 관계한계를 다음과 같이 정의한다.

R 관리도

$$UCL = D_4 \overline{r}, \qquad CL = \overline{r}, \qquad LCL = D_3 \overline{r} \tag{15.11}$$

단, $\overline{r}$는 표본범위의 평균인 μ_R의 추정치이고, 상수 D_3과 D_4는 다양한 표본크기에 대하여 부록 A의 표 XI에 나타나 있다.

R 관리도에서 LCL의 값이 음수가 나올 수 있다. 그러면 LCL을 0으로 두는 것이 관례이다. R 관리도의 점은 음수가 아니므로 어떤 점도 0보다 작을 수 없다. 또한, 공정 산포가 시간에 따라 상수가 아니면 $\overline{X}$ 관리도의 관리한계가 잘못되었으므로 $\overline{X}$ 관리도보다 R 관리도를 먼저 조사해야 한다.

$\overline{X} - S$ 관리도: 공정의 표준편차 σ를 관리하기 위해 범위를 사용하는 것보다 더 현대적인 방법은 표준편차를 사용하는 것이다. 표준편차를 사용하는 관리도를 S 관리도라고 한다. 공정변동을 관리하기 위해 S 관리도를 사용하는 경우, 공정평균을 관리하기 위해 $\overline{X}$ 관리도의 관리한계를 구할 때도 표준편차를 이용한다. 통상 부분군에 사용하는 표본크기

는 작아서(10 미만) 범위나 표준편차 중 어느 것을 사용하여도 $\overline{X}$ 관리도의 관리한계는 거의 차이가 없다. 컴퓨터 소프트웨어를 이용하여 관리도를 작성하는 경우 흔히 S 관리도를 사용한다. 아래에서 S 관리도를 작성하는 방법을 알아본다.

7.3절에서 S는 σ의 편의추정량(biased estimator)임을 알았다. 즉, $E(S)=c_4\sigma$이고 이때 c_4는 1에 가까운 상수이지만 1은 아니다. 또한, $E(S)$를 계산하는 것과 비슷한 방법으로 S의 표준편차는 $\sigma\sqrt{1-c_4^2}$ 임을 보일 수 있다. 따라서 S 관리도의 관리한계는 다음과 같다.

$$UCL=c_4\sigma+3\sigma\sqrt{1-c_4^2}, \qquad CL=c_4\sigma, \qquad LCL=c_4\sigma-3\sigma\sqrt{1-c_4^2} \tag{15.12}$$

m개의 예비표본이 있고 각 표본의 크기는 n이라고 하자. i번째 표본의 표준편차는 S_i 라고 하면 m개 표본표준편차의 평균은

$$\overline{S}=\frac{1}{m}\sum_{i=1}^{m}S_i \tag{15.13}$$

이고 $E(\overline{S})=c_4\sigma$이다. 따라서 σ의 불편추정량은 다음과 같다.

S 관리도에서 σ의 추정량

σ의 불편추정량은

$$\hat{\sigma}=\frac{\overline{S}}{c_4} \tag{15.14}$$

단, 상수 c_4는 다양한 표본크기에 대하여 부록 A의 표 XI에 나타나 있다.

S 관리도를 사용하는 경우 $\overline{X}$ 관리도에서 σ의 추정치로 식(15.14)를 이용한다. 따라서 $\overline{X}$ 관리도와 S 관리도의 관리한계를 각각 다음과 같이 구한다.

$\overline{X}$ 관리도: $\overline{S}$와 함께

$$UCL=\overline{\overline{x}}+3\frac{\overline{s}}{c_4\sqrt{n}}, \qquad CL=\overline{\overline{x}}, \qquad LCL=\overline{\overline{x}}-3\frac{\overline{s}}{c_4\sqrt{n}} \tag{15.15}$$

S 관리도

$$UCL=\overline{s}+3\frac{\overline{s}}{c_4}\sqrt{1-c_4^2}, \quad CL=\overline{s}, \quad LCL=\overline{s}-3\frac{\overline{s}}{c_4}\sqrt{1-c_4^2} \tag{15.16}$$

S 관리도에서 LCL이 음수가 나오면 0으로 두는 것이 관례이다.

예제 15.1 날개개방(vane opening)

제트비행기 엔진의 한 부품은 인베스트먼트 주조법이라고 하는 정밀주조공정으로 제조된다. 이 주조물의 날개개방은 부품의 중요한 기능적 모수이다. 공정의 통계적 안정성을 평가하기 위해 $\overline{X}-R$ 또는 $\overline{X}-S$ 관리도를 사용할 수 있다. 표 15.1에는 각각 5개 부품으로 구성된 20개의 부분군에 대한 날개개방 데이터가 나와 있다. 표의 값은 치수의 마지막 세 자리를 이용하여 코딩한 값이다. 예를 들면 31.6은 0.50316인치를 의미한다.

표 15.1의 맨 마지막 행에 $\overline{\overline{x}}=33.3$, $\overline{r}=5.8$이 나와 있다. 부록 A의 표 XI에서 크기 5의 표본에 대한 A_2의 값은 0.577이므로 $\overline{X}$ 관리도의 관리상하한은

$$\overline{\overline{x}} \pm A_2 \overline{r} = 33.32 \pm (0.577)(5.8) = 33.32 \pm 3.35$$

이다. 따라서 $\overline{X}$ 관리도의 시행 관리한계는

$$UCL = 36.67,\quad CL = 33.32,\quad LCL = 29.97$$

이다. R 관리도의 시행 관리한계는

$$UCL = D_4 \overline{r} = (2.115)(5.8) = 12.27$$

$$CL = \overline{r} = 5.8$$

$$LCL = D_3 \overline{r} = (0)(5.8) = 0$$

이다. $\overline{X}-R$ 관리도를 작성하면 그림 15.8과 같다. $\overline{X}$ 관리도에서 표본 6, 8, 11, 19는 관리이탈이고, R 관리도에서 표본 9는 관리이탈이다. 이 점들은 웨스턴일렉트릭의 첫 번째 규칙을 위반하여 그림에서 “1”로 표시되어 있다.

표 15.1 날개개방 데이터

표본번호	x_1	x_2	x_3	x_4	x_5	$\overline{x}$	r	s
1	33	29	31	32	33	31.6	4	1.67332
2	33	31	35	37	31	33.4	6	2.60768
3	35	37	33	34	36	35.0	4	1.58114
4	30	31	33	34	33	32.2	4	1.64317
5	33	34	35	33	34	33.8	2	0.83666
6	38	37	39	40	38	38.4	3	1.14018
7	30	31	32	34	31	31.6	4	1.51658
8	29	39	38	39	39	36.8	10	4.38178
9	28	33	35	36	43	35.0	15	5.43139
10	38	33	32	35	32	34.0	6	2.54951
11	28	30	28	32	31	29.8	4	1.78885
12	31	35	35	35	34	34.0	4	1.73205
13	27	32	34	35	37	33.0	10	3.80789
14	33	33	35	37	36	34.8	4	1.78885
15	35	37	32	35	39	35.6	7	2.60768
16	33	33	27	31	30	30.8	6	2.48998
17	35	34	34	30	32	33.0	5	2.00000
18	32	33	30	30	33	31.6	3	1.51658
19	25	27	34	27	28	28.2	9	3.42053
20	35	35	36	33	30	33.8	6	2.38747
						$\overline{\overline{x}}=33.32$	$\overline{r}=5.8$	$\overline{s}=2.345$

또한, $n=5$에 대한 $c_4=0.94$이므로

$$\frac{3\bar{s}}{c_4}\sqrt{1-c_4^2}=\frac{3\,(2.345)}{0.94}\sqrt{1-0.94^2}=2.553$$

이고, 따라서 S 관리도의 시행 관리한계는 다음과 같다.

$$UCL=2.345+2.553=4.898$$
$$CL=2.345$$
$$LCL=2.345-2.553=-0.208$$

LCL이 음수이므로 0으로 둔다. 만일 $\bar{s}$를 이용하여 $\overline{X}$ 관리도의 상하한을 구하면

$$\bar{\bar{x}}\pm\frac{3\bar{s}}{c_4\sqrt{n}}=33.32\pm\frac{3\,(2.345)}{0.94\sqrt{5}}=33.32\pm3.35$$

이다. 이 결과는 위에서 $\bar{r}$를 이용하여 구한 값과 거의 같다. S 관리도는 그림 15.9에 나타나 있다.

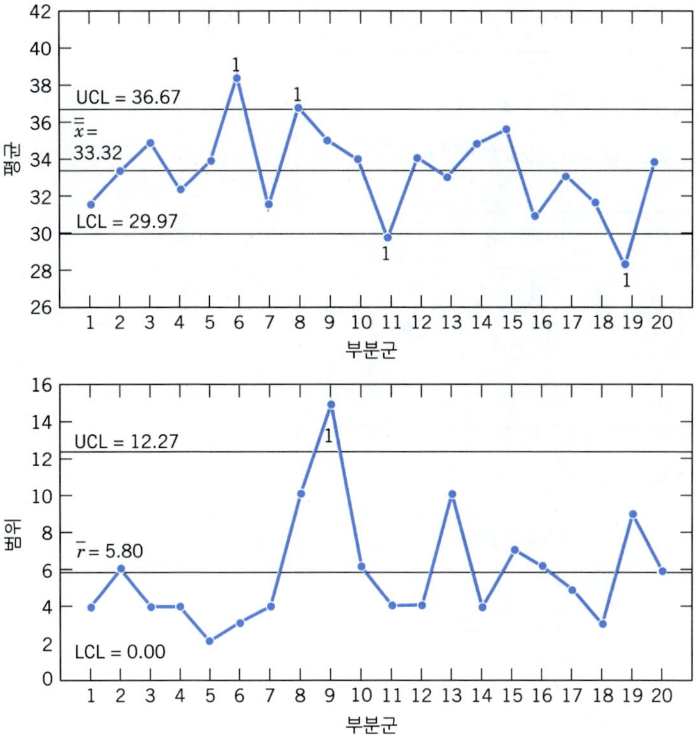

그림 15.8 날개개방 데이터에 대한 $\overline{X}-R$ 관리도

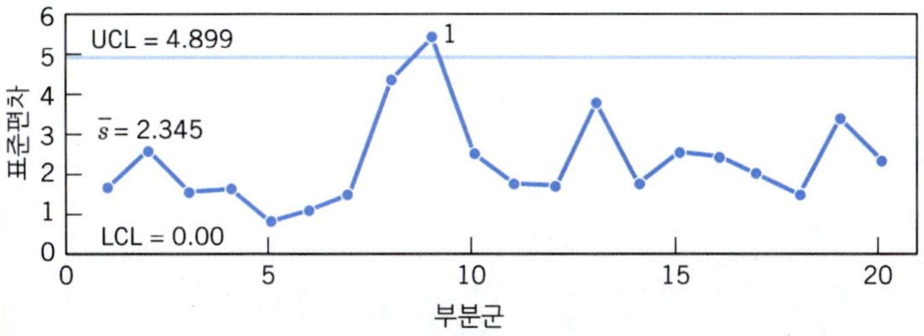

그림 15.9 날개개방 데이터에 대한 S 관리도

모든 이상변동의 원인은 왁스성형 영역의 불량 도구라고 가정하자. 5개의 표본점 6, 8, 9, 11, 19를 제거하고 $\overline{X}$ 관리도의 관리한계를 다시 계산하면 수정된 관리한계는

$$UCL = \overline{\overline{x}} + A_2\overline{r} = 33.21 + (0.577)(5.0) = 36.10$$

$$CL = \overline{\overline{x}} = 33.21$$

$$LCL = \overline{\overline{x}} - A_2\overline{r} = 33.21 - (0.577)(5.0) = 30.33$$

이고, R 관리도의 수정된 관리한계는 다음과 같다.

$$UCL = D_4\overline{r} = (2.115)(5.0) = 10.57$$

$$CL = \overline{r} = 5.0$$

$$LCL = D_3\overline{r} = (0)(5.0) = 0$$

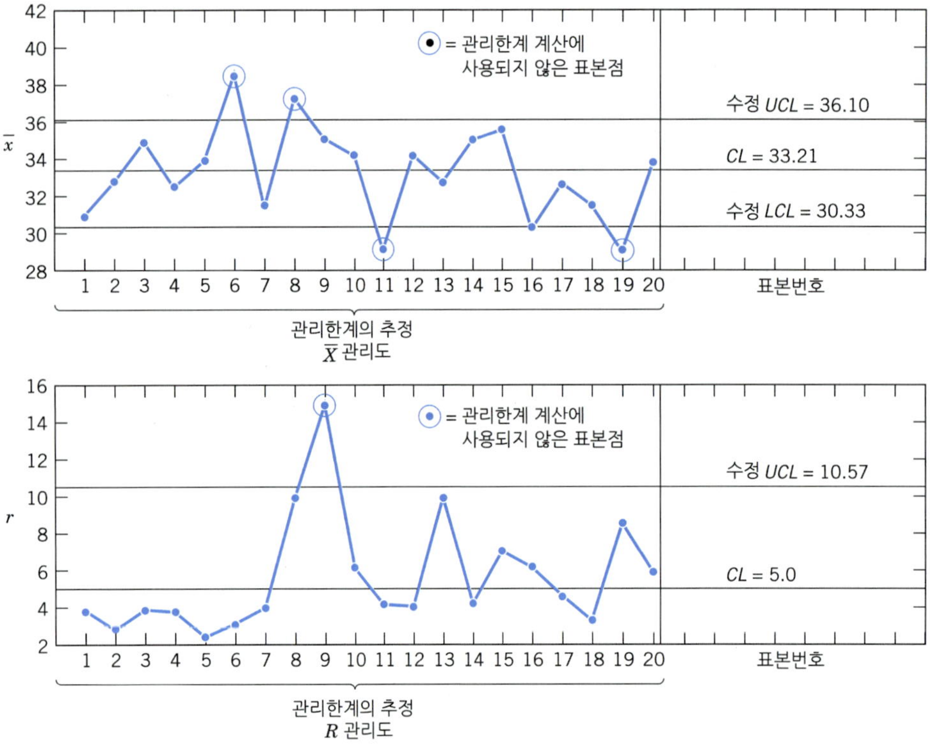

그림 15.10 날개개방 데이터에 대한 $\overline{X}-R$ 관리도의 수정된 한계

수정된 관리도를 작성하면 그림 15.10과 같다.

해석: 처음 20개의 예비표본은 관리한계를 결정하기 위한 추정 데이터로 취급한다. 이제 수정된 관리한계를 사용하여 미래의 생산공정을 관리할 수 있다. 새로운 표본을 얻을 때마다 $\overline{x}$와 r을 계산하고 관리도에 표시한다. 공정이 안정상태에 있더라도 관리한계를 주기적으로 수정하는 것이 바람직하다. 공정개선이 이루어질 때는 항상 관리한계를 수정해야 한다.

컴퓨터를 이용한 $\overline{X}-R$ 관리도의 작성: 컴퓨터 소프트웨어를 이용하여 $\overline{X}-R$ 관리도를 작성할 수 있다. 날개개방 데이터에 대한 관리도를 작성하면 그림 15.8과 그림 15.10에 나타난 것과 비슷하다. 보통 소프트웨어에서는 사용자가 관리한계의 폭을 시그마의 배수로 선택하고, 관리이탈 점을 검출하기 위해 웨스턴일렉트릭 규칙을 이용할 것인지 결정할 수 있으며, 표 15.2와 같은 요약보고서를 출력하고 일부 부분군을 제외한 관리한계를 계산할 수도 있다.

표 15.2 날개개방 데이터에 대한 컴퓨터 소프트웨어의 요약보고서

Test Results for Xbar Chart
TEST 1. One point more than 3.00 sigmas from center line.
Test Failed at points: 6 8 11 19
Test Results for R Chart
TEST 1. One point more than 3.00 sigmas from center line.
Test Failed at points: 9

15.4 개별값 관리도

많은 경우 공정관리에 사용하는 표본크기는 $n=1$, 즉 개별 단위가 부분군이다. 이와 같은 상황을 예로 들면 다음과 같다.

1. 자동화 검사와 측정기술을 사용하여 매 생산단위를 분석한다.
2. 생산 속도가 매우 느리고 분석 전에 $n>1$인 표본을 축적하기 어렵다.
3. 많은 화학공정에서처럼 공정의 반복 관측치는 실험오차 또는 분석오차만큼만 달라서 그 차이가 아주 작다.
4. 제지 공장과 같은 플랜트 공정에서 롤 전반에 걸친 코팅 두께와 같은 관측치는 거의 차이가 없고, 롤을 따라 코팅 두께를 관리하는 것이 목적이면 표준편차가 아주 작다.

이와 같은 상황에서는 개별값 관리도(individual control chart) 또는 X 관리도가 유용하다. 개별값 관리도에서는 공정변동을 추정하기 위해 연속적인 두 관측치의 이동범위(moving range)를 사용한다. 이동범위를 $MR_i = |X_i - X_{i-1}|$ $(i=2, 3, \cdots, m)$이라고 할 때, m개 관측치의 평균 이동범위는 다음과 같다.

$$\overline{MR} = \frac{1}{m-1}\sum_{i=2}^{m}|X_i - X_{i-1}|$$

σ의 추정량은

$$\hat{\sigma} = \frac{\overline{MR}}{d_2} = \frac{\overline{MR}}{1.128} \tag{15.17}$$

이다. 각 이동범위는 연속된 2개 관측치의 범위이므로 d_2는 $n=2$에 해당하는 값이고 $m-1$개의 이동범위가 있다. 따라서 이동범위 관리도의 관리한계를 구할 때 $n=2$에 대한 D_3과 D_4를 사용한다.

개별값 관리도와 이동범위 관리도

(1) 개별값 관리도의 관리한계는

$$UCL = \bar{x} + 3\frac{\overline{mr}}{d_2} = \bar{x} + 3\frac{\overline{mr}}{1.128}$$

$$CL = \bar{x} \tag{15.18}$$

$$LCL = \bar{x} - 3\frac{\overline{mr}}{d_2} = \bar{x} - 3\frac{\overline{mr}}{1.128}$$

(2) 이동범위 관리도의 관리한계는

$$UCL = D_4\,\overline{mr} = 3.267\,\overline{mr}$$

$$CL = \overline{mr}$$

$$LCL = D_3\,\overline{mr} = 0$$

$n = 2$일 때 $D_3 = 0$이므로 이동범위 관리도의 LCL은 항상 0이다. 다음 예제에서 개별값 관리도와 이동범위 관리도의 절차를 알아본다.

예제 15.2 화학공정 농도

표 15.3에는 화학공정 출력물에 관한 20개의 농도 판독값이 나타나 있다. 동시에 여러 표본을 추출하여 농도를 판독하면 측정오차만큼만 다르고 측정오차는 작기 때문에 실험자는 매시간 하나의 판독값을 얻었다.

개별값 관리도를 작성하기 위해 20개 농도값의 표본평균 $\bar{x} = 99.1$을 구한다. 표 15.3의 마지막 열에서 이동범위의 평균은 $\overline{mr} = 2.59$이다. 부록 A의 표 XI에서 $n = 2$를 찾아보면 $D_3 = 0$, $D_4 = 3.267$이다. 따라서 이동범위 관리도의 관리한계는 다음과 같다.

$$UCL = D_4\,\overline{mr} = (3.267)(2.59) = 8.46$$

$$CL = \overline{mr} = 2.59$$

$$LCL = 0$$

소프트웨어를 이용하여 관리도를 작성하면 그림 15.11과 같다. 이동범위 관리도에서 관리상한을 넘는 점이 하나도 없으므로 이제 개별값 관리도를 작성한다. $n = 2$에서 $d_2 = 1.128$이므로 개별값 관리도의 관리한계는 다음과 같다.

$$UCL = \bar{x} + 3\frac{\overline{mr}}{d_2} = 99.1 + 3\frac{2.59}{1.128} = 105.99$$

$$CL = \bar{x} = 99.1$$

$$LCL = \bar{x} - 3\frac{\overline{mr}}{d_2} = 99.1 - 3\frac{2.59}{1.128} = 92.21$$

개별값 관리도와 이동범위 관리도는 그림 15.11에 나타나 있다. 관리이탈에 대한 징후가 보이지 않는다.

해석: 이제 미래의 공정을 관리하기 위해 위에서 구한 관리한계를 사용한다.

표 15.3 화학공정 농도 데이터

관측번호	농도(x)	이동범위(mr)	관측번호	농도(x)	이동범위(mr)
1	102.0		12	98.7	2.6
2	94.8	7.2	13	101.1	2.4
3	98.3	3.5	14	98.4	2.7
4	98.4	0.1	15	97.0	1.4
5	102.0	3.6	16	96.7	0.3
6	98.5	3.5	17	100.3	3.6
7	99.0	0.5	18	101.4	1.1
8	97.7	1.3	19	97.2	4.2
9	100.0	2.3	20	101.0	3.8
10	98.1	1.9		$\bar{x}=99.1$	$\overline{mr}=2.59$
11	101.3	3.2			

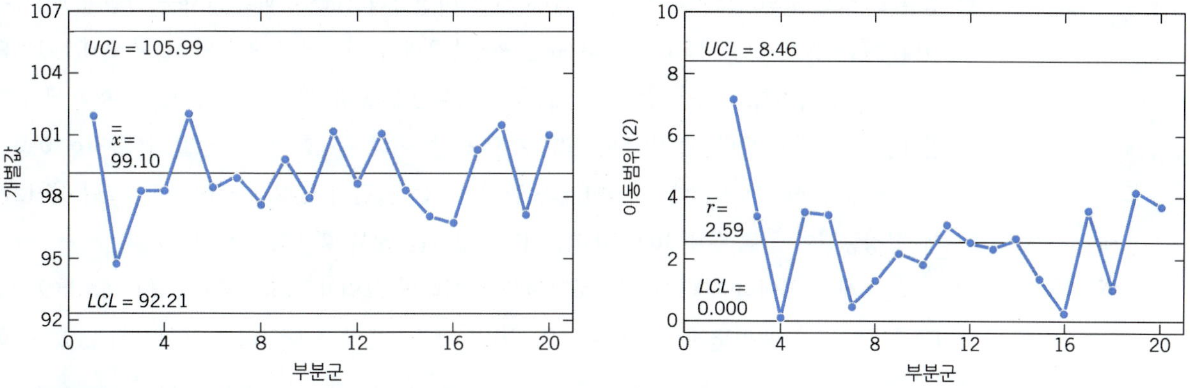

그림 15.11 화학공정 농도 데이터에 대한 개별값 관리도와 이동범위 관리도

개별값 관리도의 해석 방법은 $\overline{X}$ 관리도와 아주 비슷하다. 공정평균이 이동하면 1개 이상의 점이 관리한계 밖으로 나가거나 중심선 한쪽에 런에 의한 패턴이 나타나게 된다. 이동범위는 서로 상관되어 있어 종종 런이나 순환 패턴이 나타날 수 있으므로 이동범위 관리도의 패턴을 해석할 때 약간의 주의가 필요하다. 그러나 개별 관측치는 서로 상관되지 않으므로 개별값 관리도에 명백한 패턴이 나타나면 주의 깊게 조사해야 한다.

공정평균이 조금 이동한 경우 개별값 관리도는 이것을 검출하는데 그다지 민감하지 않다. 예를 들어 평균이 1시그마 이동하면 이것을 검출하기 위한 표본점의 수는 평균 43.9이다. (뒤에서 이 결과를 더 알아본다.) 큰 평균이동을 검출할 때는 개별값 관리도의 성능이 그보다 훨씬 좋다. 그러나 많은 경우 공정평균은 조금 이동하므로 더 신속하게 평균이동을 검출할 수 있는 방법이 필요하다. 이런 경우 15.8절에서 학습하는 **누적합 관리도**나 **지수가중이동평균 관리도**와 같은 시간가중 관리도를 사용하는 것이 좋다.

어떤 저자는 공정의 작은 이동을 검출하는 능력을 향상하기 위해 개별값 관리도에서 3 시그마보다 더 좁은 한계를 사용할 것을 제안한다. 더 좁은 한계는 오경보(false alarm)를 증가시켜 관리도가 쓸모없어질 수 있으므로 이런 제안은 위험하다. 작은 이동의 검출이 필요한 경우 15.8절의 시간가중 관리도를 사용하는 것이 좋다.

15.5 공정능력

보통 공정이 관리상태에 있을 때 공정의 성능, 즉 공정능력에 관한 정보를 수집한다. 공정능력을 평가할 때 공차그림(층그림)과 히스토그램이 도움이 된다. 날개 제조공정에서 추출한 20개의 표본에 대한 공차그림은 그림 15.12에 나타난다. 날개개방에 대한 규격은 0.5030 ± 0.0010 인치이다. 코드화 데이터로 표현하면 $USL = 40$, $LSL = 20$이고 이 규격한계도 그림 15.12에 나와 있다. 각 관측치를 공차그림에 표시한 후 동일 부분군에 속하는 관측치를 선으로 연결한다. 공차그림은 시간에 따른 개별값의 패턴을 알아보거나 특정한 $\overline{x}$ 또는 $\overline{r}$의 값이 표본 안의 한두 개의 비정상적 관측치 때문인지를 확인할 때 유용하다. 예를 들어 그림 15.12로부터 표본 9에는 2개의 비정상적 관측치, 표본 8에는 1개의 비정상적 관측치가 있음을 알 수 있다. 공차그림은 일종의 개별값 그림이므로 여기에 규격한계를 표시해도 된다. 관리도에 규격한계를 표시하거나 관리한계를 결정할 때 규격을 이용하는 것은 절대 적절하지 않다. 규격한계와 관리한계는 관련이 없다. 마지막으로 그림 15.12에서 공정중심이 규격중심 30(0.5030인치)을 벗어난 것을 확인할 수 있다.

날개개방 데이터에 대한 히스토그램을 작성하면 그림 15.13과 같다. 표본 6, 8, 9, 11, 19($\overline{X}$ 또는 R 관리도에서 관리이탈인 점)의 관측치는 히스토그램에 포함하지 않았다. 히

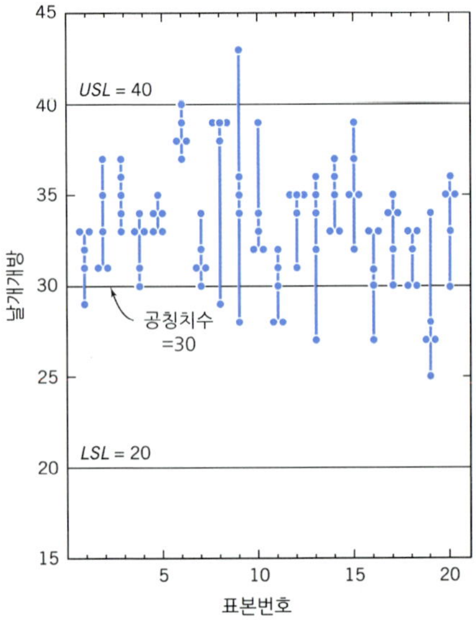

그림 15.12 날개개방 데이터의 공차그림

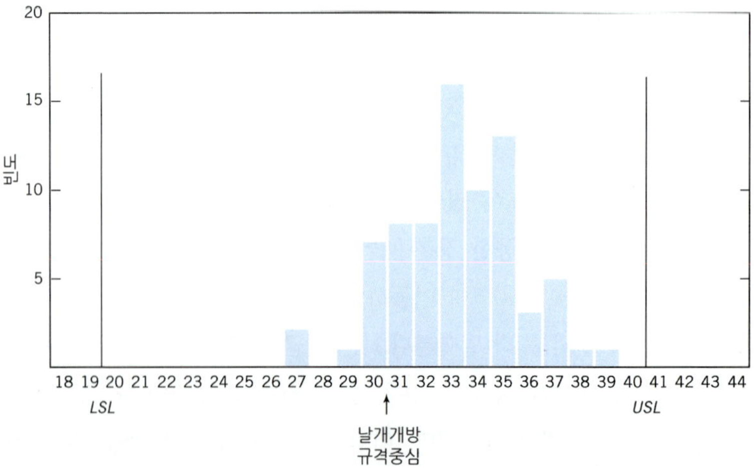

그림 15.13 날개개방 데이터의 히스토그램

스토그램을 보면 공정이 규격을 충족할 수 있지만 중심이 벗어나 있다.

공정능력을 측정하는 다른 방법은 다음과 같은 지수를 사용하는 것이다.

공정능력비

$$PCR = \frac{USL - LSL}{6\sigma} \tag{15.19}$$

공정능력비((process capability ratio, PCR)의 분자는 규격의 폭이다. 한편 공정평균 양쪽으로 3σ 한계를 자연공차한계(natural tolerance limit)라고 한다. 자연공차한계는 관리상태의 공정에서 나오는 대부분의 생산품을 포함하는 한계를 나타낸다. 따라서 분모에 있는 6 σ를 공정의 폭이라고도 한다. 날개개방 데이터에서 표본크기는 5이고 σ의 추정치는

$$\hat{\sigma} = \frac{\bar{r}}{d_2} = \frac{5.0}{2.326} = 2.15$$

이므로 PCR을 추정하면 다음과 같다.

$$\hat{PCR} = \frac{USL - LSL}{6\hat{\sigma}} = \frac{40 - 20}{6(2.15)} = 1.55$$

PCR을 해석하기는 쉽다. $(1/PCR)100\%$는 규격의 폭 중에서 공정이 사용하는 백분율이다. 따라서 날개개방 공정은 규격 폭의 $(1/1.55)100\% = 64.5\%$를 사용한다.

그림 15.14(a)와 같이 PCR이 1을 넘는 경우 자연공차한계가 규격 안에 포함되므로 이 공정은 부적합품을 거의 생산하지 않는다. 그림 15.14(b)와 같이 $PCR = 1$이면 더 많은 부적합품이 생긴다. 정규분포 공정에서 $PCR = 1$이면 부적합품률이 0.27% 또는 2700 PPM(parts per millon)이다. 그림 15.14(c)와 같이 PCR이 1보다 작은 공정은 수율에 아주 민감하고 많은 부적합품을 생산한다.

식(15.19)에 정의된 PCR에서는 암묵적으로 공정중심과 규격중심이 일치한다고 가정한다. 만약 공정중심이 규격중심으로부터 벗어나면 공정의 실제능력은 PCR에 나타난 것보다 작다. 식(15.19)의 PCR을 공정의 잠재능력, 즉 중심이 맞추어진 공정능력의 측도라고 생각하면 편리하다. 공정중심이 규격중심과 일치하지 않으면 공정의 실제능력을 측정하는 측도로 다음에 정의된 PCR_k를 사용한다.

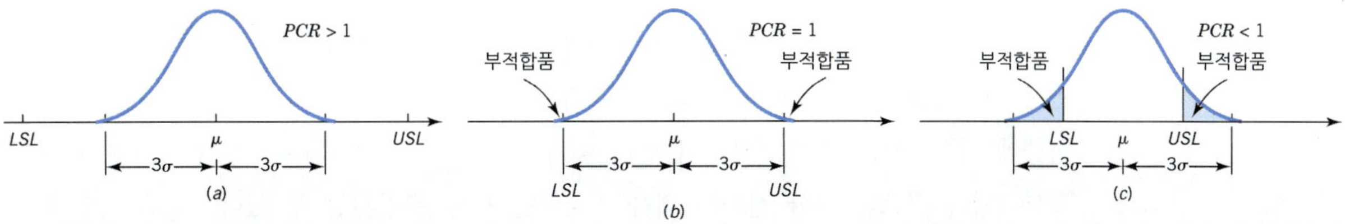

그림 15.14 공정 부적합품과 PCR

$$PCR_k = \min\left(\frac{USL-\mu}{3\sigma},\ \frac{\mu-LSL}{3\sigma}\right) \tag{15.20}$$

PCR_k는 공정평균에 더 가까운 쪽의 규격한계로 계산한 단측 공정능력비이다. 날개개방 공정에서 (관리이탈인 표본점을 제거한 후) PCR_k를 추정하면 다음과 같다.

$$\begin{aligned} P\hat{C}R_k &= \min\left(\frac{USL-\overline{\overline{x}}}{3\hat{\sigma}},\ \frac{\overline{\overline{x}}-LSL}{3\hat{\sigma}}\right) \\ &= \min\left[\frac{40-33.21}{3(2.15)},\ \frac{33.21-20}{3(2.15)}\right] = 1.05 \end{aligned}$$

만일 $PCR = PCR_k$이면 공정중심은 규격중심과 일치한다. 날개개방 공정에서는 $PCR_k = 1.05$, $PCR = 1.55$이므로, 그림 15.10과 그림 15.13에서 보는 것처럼 공정중심은 규격중심에서 벗어나 있다. 중심을 벗어난 공정은 지나치게 큰 왁스도구 때문으로 추적할 수 있었고, 공구를 변경한 후 공정을 상당히 개선할 수 있었다.

종종 규격하한에 미달하거나 규격상한을 초과하는 불량품의 비율에 관심이 있다. 통계적 관리상태의 공정 출력값은 X이고 X는 정규분포를 따른다고 할 때, 불량률은 다음과 같이 구한다.

$$P(X < LSL) = P\left(Z < \frac{LSL-\mu}{\sigma}\right),\quad P(X > USL) = P\left(Z > \frac{USL-\mu}{\sigma}\right)$$

예제 15.3 전기전류

어느 전자 제조공정에서 전류의 규격은 $100 \pm 10\,\text{mA}$이다. 공정평균 μ와 표준편차 σ는 각각 107.0과 1.5이다. 공정평균은 USL에 더 가깝다. 따라서 공정능력비는

$$PCR = \frac{110-90}{6(1.5)} = 2.22,\quad PCR_k = \frac{110-107}{3(1.5)} = 0.67$$

이다. PCR_k가 작으므로 공정은 규격을 벗어나는 전류를 생산할 것이다. 부록 A의 표 II에 있는 정규분포표를 이용하여 불량률을 구하면 다음과 같다.

$$P(X < LSL) = P\left(Z < \frac{90-107}{1.5}\right) = P(Z < -11.33) \cong 0$$

$$P(X > USL) = P\left(Z > \frac{110-107}{1.5}\right) = P(Z > 2) = 0.023$$

해석: 전류가 LSL 이하일 확률은 거의 0이지만, USL 이상일 확률은 상대적으로 크다. 예비표본에서 규격한계를 벗어나는 관측치는 없지만, 이 기준으로 볼 때 어떤 잠재적인 문제가 있을 수 있다. 공정평균을 규격중심인 100 mA에 맞추면 PCR_k는 개선될 것이다.

불량률을 계산하기 위해 관측치가 정규분포를 따르고 공정은 관리상태임을 가정한다. 관측치가 정규분포를 따르지 않으면 결과가 많이 다를 수 있다. 이 경우 계산 결과를 공정 성능에 대한 근사값으로 이해해야 한다. 더구나 μ와 σ를 데이터로부터 추정해야 하는 데 표본크기가 작으면 계산 결과를 더욱 저하하는 나쁜 추정치일 수 있다.

관리상태의 정규분포 공정에서 공정중심이 규격중심과 일치하는 경우와 규격중심으로

표 15.4 정규분포 공정에서 PCR과 PPM의 관계

PCR	*PPM*	
	공정중심과 규격중심이 일치	공정중심이 1.5σ 이동
0.50	133,614.4	501,349.9
0.67	44,431.2	305,249.8
0.75	24,448.9	226,715.8
1.00	2,699.8	66,810.6
1.25	176.8	12,224.5
1.33	66.1	6,387.2
1.50	6.8	1,349.9
1.67	0.5	224.1
1.75	0.2	88.4
2.00	0.0	3.4

부터 1.5σ 이동한 경우 각각에 대해, PCR과 불량률의 관계를 PPM 단위로 나타내면 표 15.4와 같다. 많은 미국 기업은 $PCR=1.33$을 수용할 수 있는 최소 목표치로, $PCR=1.66$을 강도, 안전, 치명적인 품질특성에 대한 최소 목표치로 사용한다.

일부 기업은 내부 공정과 공급자 공정에 대해 $PCR_k=2.0$을 달성할 것을 요구한다. $PCR=PCR_k=2.0$인 공정을 그래프로 나타내면 그림 15.15와 같다. 정규분포 가정하에서 이 공정의 불량률은 0.0018 PPM이다. $PCR_k=2.0$인 공정은 공정평균으로부터 더 가까운 규격한계까지의 거리가 6σ이므로, 이 공정을 6시그마 공정(6-sigma process)이라고 한다. 이렇게 높은 공정능력을 요구하는 이유는 장기간 공정평균을 규격중심에 유지하는 것이 어렵기 때문이다. 6시그마 공정의 중요성을 정당화하기 위해 일반적으로 그림 15.15를 이용한다. 공정평균이 1.5σ 이동하는 경우 6시그마 공정의 PCR_k는 다음과 같이 감소한다.

$$PCR_k=\frac{USL-\mu}{3\sigma}=\frac{6\sigma-1.5\sigma}{3\sigma}=1.5$$

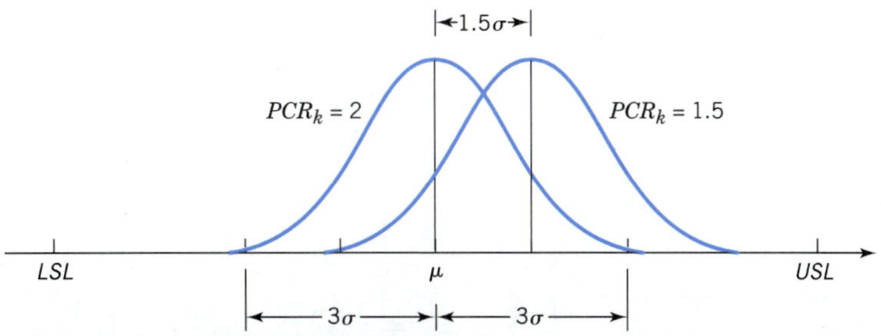

그림 15.15 평균이 1.5σ 이동한 6시그마 공정

정규분포를 가정할 때, 위와 같이 이동된 공정의 불량률은 3.4 PPM이다. 따라서 6시그마 공정의 평균이 규격중심으로부터 1.5σ 이동하여도 불량률을 최소로 유지할 수 있다.

일부 미국회사 특히 자동차 산업에서는 $C_p = PCR$, $C_{pk} = PCR_k$라는 용어를 채택한다. 그러나 C_p는 통계학의 다중회귀에서 다른 의미로 사용되므로, 여기서는 전통적 표현인 PCR과 PCR_k를 사용한다.

다시 강조하면 공정능력의 계산은 안정된 공정, 즉 관리상태에 있는 공정에 대해서만 의미가 있다. 공정능력비는 공정의 우연변동이 규격에 비해 수용할 정도인지를 설명한다.

15.6 계수형 관리도

15.6.1 P 관리도(불량률 관리도)

제품을 표준과 비교하여 불량품과 양품으로 분류하는 상황이 자주 있다. 볼베어링의 지름이 템플릿의 원형 구멍으로 만든 게이지를 통과하는지를 검사할 때, 이런 종류의 측정은 마이크로미터와 같은 장치로 직접 지름을 측정하는 것보다 훨씬 간단할 수 있다. 이와 같은 상황에서 계수형 관리도를 사용한다. 보통 계수형 관리도는 계량형 관리도에 비해 훨씬 더 큰 크기의 표본이 필요하다. 이 절에서는 불량률 관리도, 즉 P 관리도를 학습한다. P 관리도를 **부적합품률 관리도**라고도 한다.

각 표본점에서 크기가 n인 임의표본을 추출할 때, 표본에 포함된 불량품의 수는 D이고 D는 모수가 p인 이항확률변수라고 하자. 관리도에는 각 표본의 불량률

$$P = \frac{D}{n}$$

를 표시한다. 이항분포로부터 통계량 P의 분산을 구하면 다음과 같다.

$$\sigma_P^2 = \frac{p(1-p)}{n}$$

따라서 P 관리도의 관리한계를 다음과 같이 정의한다.

$$UCL = p + 3\sqrt{\frac{p(1-p)}{n}}, \qquad CL = p, \qquad LCL = p - 3\sqrt{\frac{p(1-p)}{n}} \tag{15.21}$$

대부분의 경우 공정 불량률의 참값을 모르므로 예비표본으로 추정하여야 한다.

예비표본이 m개 있고 각 표본의 크기는 n이라고 하자. 또한, i번째 표본에서 불량품의 수를 D_i라고 하면 평균 불량률은

$$\overline{P} = \frac{1}{m}\sum_{i=1}^{m} P_i = \frac{1}{mn}\sum_{i=1}^{m} D_i \tag{15.22}$$

이고 p 의 추정량으로 $\overline{P}$를 사용한다. 따라서 P 관리도의 관리한계를 다음과 같이 계산한다.

P 관리도

$$UCL = \bar{p} + 3\sqrt{\frac{\bar{p}(1-\bar{p})}{n}}, \quad CL = \bar{p}, \quad LCL = \bar{p} - 3\sqrt{\frac{\bar{p}(1-\bar{p})}{n}} \tag{15.23}$$

단, $\bar{p}$는 공정 불량률의 추정치이다.

이 관리한계는 이항분포의 정규근사를 기초로 구한 것이다. p가 작으면 정규근사가 적합하지 않으므로 이항확률표로부터 관리한계를 직접 구해야 한다. 만일 $\bar{p}$가 작으면 정규근사로 구한 관리하한이 음수일 수 있는데, 이 경우 관리하한을 0으로 두는 것이 관례이다.

예제 15.4 세라믹 기판

세라믹 기판의 생산라인에 대해 불량률 관리도를 작성하려고 한다. 크기가 100인 20개의 예비표본이 있고 각 표본에서 불량품의 수는 표 15.5에 나타나 있다. 표본번호는 생산된 순서라고 가정하자. $\bar{p} = 800/2000 = 0.40$이므로 P 관리도의 시행 관리한계는 다음과 같다.

표 15.5 세라믹 기판 표본에서 불량품의 수

표본번호	불량품의 수	표본번호	불량품의 수
1	44	11	36
2	48	12	52
3	32	13	35
4	50	14	41
5	29	15	42
6	31	16	30
7	46	17	46
8	52	18	38
9	44	91	26
10	48	20	30

$$UCL = 0.40 + 3\sqrt{\frac{(0.40)(0.60)}{100}} = 0.55$$
$$CL = 0.40$$
$$LCL = 0.40 - 3\sqrt{\frac{(0.40)(0.60)}{100}} = 0.25$$

P 관리도를 작성하면 그림 15.16과 같다. 모든 표본이 관리상태에 있다. 만일 그렇지 않으면 변동의 이상원인을 찾아서 관리한계를 적절히 수정해야 한다. 이 관리도를 이용하여 미래의 생산을 관리할 수 있다.

해석: 공정이 통계적 관리상태이지만 불량률($\bar{p} = 0.40$)은 아주 크다. 불량품이 많이 생산되는 이유를 알아보기 위해 공정을 조사해야 한다. 불량품을 분석하여 결함 유형을 알게 되면 공정변경이 결함의 수준에 미치는 영향을 파악해야 한다. 이런 측면에서 실험설계가 유용할 수 있다.

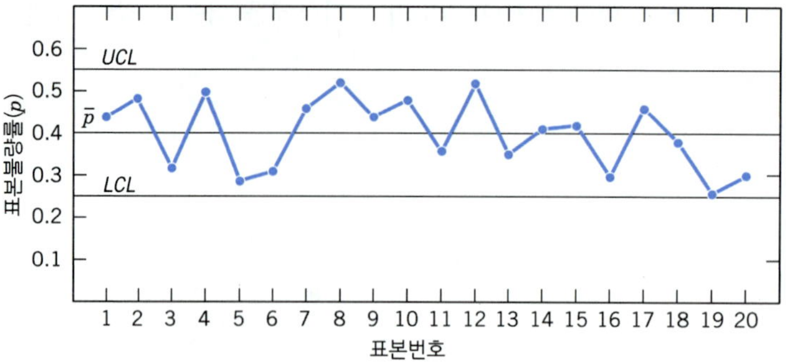

그림 15.16 세라믹 기판의 P 관리도

컴퓨터 소프트웨어를 이용하여 부적합품수 관리도인 **NP 관리도**를 작성할 수 있다. NP 관리도에는 불량품의 수인 $nP = D$를 타점한다. NP 관리도에 나타내는 점, 중심선, 관리상하한은 P 관리도의 해당 요소에 n을 곱한 값이다. NP 관리도를 사용하면 P 관리도에서처럼 비율을 계산할 필요는 없지만, 그 외에는 모두 동일하다.

15.6.2 U 관리도(단위당 결함수 관리도)

경우에 따라 불량률 대신 단위당 결함수를 관리할 필요가 있다. 예를 들어 병원에서는 월간 감염 사례의 건수를, 반도체 제조업체에서는 웨이퍼당 큰 오염 입자의 수를 기록할 수 있다. 이 경우 **단위당 결함수 관리도**인 **U 관리도**를 사용한다. 각 부분군의 n개 단위에 총 C개의 결함이 있을 때, 단위당 평균 결함수는

$$U = \frac{C}{n}$$

이다. 이런 데이터에 대해 U 관리도를 사용한다.

보통 단위당 결함수를 푸아송분포로 설명한다. 단위당 결함수는 평균이 λ인 푸아송 확률변수라고 가정하면 분산도 λ이다. 관리도상의 각 점은 크기가 n인 표본에 포함된 단위당 평균 결함수, 즉 관측된 U의 값이다. U의 평균은 λ이고 분산은 λ/n이다. 따라서 λ가 알려진 경우 U 관리도의 관리한계는 다음과 같다.

$$UCL = \lambda + 3\sqrt{\frac{\lambda}{n}}, \quad CL = \lambda, \quad LCL = \lambda - 3\sqrt{\frac{\lambda}{n}} \tag{15.24}$$

예비표본이 m개 있고 각 표본의 크기는 n이라고 하자. i번째 표본에서 결함수를 C_i라고 하면 $U_i = C_i/n$는 i번째 표본에서 단위당 평균 결함수이다. 따라서 단위당 평균 결함수 λ의 추정량은 다음과 같다.

$$\bar{U} = \frac{1}{m}\sum_{i=1}^{m} U_i = \frac{1}{mn}\sum_{i=1}^{m} C_i \tag{15.25}$$

그러므로 U 관리도의 관리한계를 다음과 같이 계산한다.

U 관리도

$$UCL = \bar{u} + 3\sqrt{\frac{\bar{u}}{n}}, \qquad CL = \bar{u}, \qquad LCL = \bar{u} - 3\sqrt{\frac{\bar{u}}{n}} \tag{15.26}$$

단, $\bar{u}$는 단위당 평균 결함수의 추정치이다.

U 관리도의 관리한계는 푸아송분포의 정규근사를 기초로 구한 것이다. λ가 작으면 정규근사가 적합하지 않으므로 푸아송확률표로부터 관리한계를 직접 구해야 한다. 만일 $\bar{u}$가 작으면 정규근사로 구한 관리하한이 음수일 수 있는데, 이 경우 관리하한을 0으로 두는 것이 관례이다.

예제 15.5 인쇄회로기판

인쇄회로기판(printed circuit board, PCB)은 수동 및 자동공정으로 조립된다. 표면실장기술을 사용하여 기판에 소자를 기계적, 전기적으로 연결한다. 공정관리를 위해 매시간 5장의 기판을 검사하고 결함수를 기록한 데이터는 표 15.6과 같다.

U 관리도의 중심선은

$$\bar{u} = \frac{1}{20}\sum_{i=1}^{20} u_i = \frac{32.0}{20} = 1.6$$

이고 관리상하한을 구하면 다음과 같다.

$$UCL = \bar{u} + 3\sqrt{\frac{\bar{u}}{n}} = 1.6 + 3\sqrt{\frac{1.6}{5}} = 3.3$$

$$LCL = \bar{u} - 3\sqrt{\frac{\bar{u}}{n}} = 1.6 - 3\sqrt{\frac{1.6}{5}} < 0$$

LCL이 음수이므로 0으로 둔다. 관리도를 작성하면 그림 15.17과 같다. 그림으로부터 공정이 관리상태임을 알 수 있다.

해석: 5장의 기판에 8개의 결함, 즉 기판 하나당 1.6개의 결함($8/5 = 1.6$)은 너무 많으므로 공정개선이 필요하다. PCB에서 발견된 결함의 유형을 조사할 필요가 있다. 그러면 공정개선을 위한 잠재적 방법을 발견할 수 있다.

표 15.6 PCB 표본의 단위당 결함수

표본번호	결함수	단위당 결함수(u_i)	표본번호	결함수	단위당 결함수(u_i)
1	6	1.2	11	9	1.8
2	4	0.8	12	15	3.0
3	8	1.6	13	8	1.6
4	10	2.0	14	10	2.0
5	9	1.8	15	8	1.6
6	12	2.4	16	2	0.4
7	16	3.2	17	7	1.4
8	2	0.4	18	1	0.2
9	3	0.6	19	7	1.4
10	10	2.0	20	13	2.6

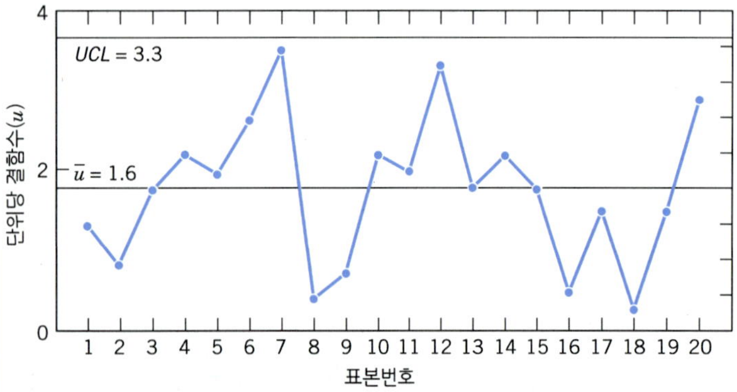

그림 15.17 PCB상의 단위당 결함수에 대한 U 관리도

컴퓨터 소프트웨어를 이용하여 결함수 관리도인 C 관리도를 작성할 수 있다. C 관리도에는 표본의 총 결함수를 표시한다. 이 관리도에 나타내는 점, 중심선, 관리상하한은 U 관리도의 해당 요소에 n을 곱한 값이다. C 관리도를 사용하면 U 관리도에서처럼 비율을 계산할 필요는 없지만, 그 외에는 모두 동일하다.

15.7 관리도의 성능

관리도를 설계할 때 중요한 결정 중 하나는 관리한계를 지정하는 것이다. 관리한계를 중심선으로부터 멀리 두면 제1종오류의 위험, 즉 이상원인이 없을 때 한 점이 관리한계를 벗어날 위험을 줄일 수 있다. 그러나 관리한계가 넓어져서 제2종오류의 위험, 즉 공정이 관리이탈상태일 때 한 점이 관리한계 안에 나타날 위험이 늘어난다. 관리한계를 중심선에 가깝게 이동시키면 반대로 제1종오류의 위험은 늘어나고 제2종오류의 위험은 줄어든다.

관례상 슈하트 관리도의 관리한계는 중심선에 나타낸 통계량으로부터 ±3표준편차의 거리로 설정한다. 즉, 식(15.1)의 상수 k를 3으로 둔다. 이러한 한계를 3시그마 관리한계라고 한다.

표본크기와 표본추출 주기를 결정하는 한 방법은 관리도의 평균런길이(average run length, ARL)를 사용하는 것이다. 여기서 ARL은 관리이탈상태가 나타날 때까지 평균적으로 관리도에 표시하는 표본점의 개수이다. 기하확률변수의 평균을 이용하여 모든 슈하트 관리도의 ARL을 계산할 수 있다. 한 점이 관리한계를 벗어날 확률은 p라고 할 때 ARL을 다음과 같이 구한다.

평균런길이

$$ARL = \frac{1}{p} \tag{15.27}$$

공정이 관리상태일 때 3시그마 관리한계의 $\overline{X}$ 관리도에서 정규분포를 따르는 한 점이 관리한계를 벗어날 확률은 $p = 0.0027$이다. 따라서 관리상태일 때 $\overline{X}$ 관리도의 ARL을 구하면

$$ARL = \frac{1}{p} = \frac{1}{0.0027} \cong 370$$

즉, 공정이 관리상태이어도 평균적으로 370개 표본마다 1번씩 관리이탈 신호가 나타난다.

15.2.2절에서 알아본 피스톤 링 공정에서 매시간 표본을 추출하면 평균 370시간마다 오경보가 발생한다. $n = 5$이고 관리이탈상태에서 공정평균은 74.0135 mm로 이동한다고 가정할 때, $\overline{X}$가 그림 15.3의 관리한계 안에 있을 확률은

$$\begin{aligned}
&P(73.9865 \le \overline{X} \le 74.0135 \mid \mu = 74.0135) \\
&= P\left(\frac{73.9865 - 74.0135}{0.0045} \le Z \le \frac{74.0135 - 74.0135}{0.0045}\right) \\
&= P(-6 \le Z \le 0) = 0.5
\end{aligned}$$

이다. 식(15.27)의 p에 0.5를 대입하면 관리이탈상태에서 $\overline{X}$ 관리도의 ARL은

$$ARL = \frac{1}{p} = \frac{1}{0.5} = 2$$

즉, 관리도가 공정이동을 검출하는데 평균 2개의 표본이 필요하고 평균 2시간이 경과한다. 이제 평균 74.0135 mm의 피스톤 링은 과도한 폐기 비용으로 이어지고 최종적인 엔진 조립을 지연시키므로 이를 수용할 수 없다고 가정해 보자. 관리이탈상태임을 검출하는 데 걸리는 시간을 어떻게 줄일 수 있을까? 한 방법은 더 자주 표본을 취하는 것이다. 예를 들어

30분마다 표본을 추출하면 평균적으로 1시간 만에 공정이동을 검출한다. 또 다른 방법은 표본크기를 증가시키는 것이다. 예를 들어 $n=10$을 사용하면 그림 15.3의 관리한계는 73.9905와 74.0095로 좁아진다. 공정평균이 74.0135 mm일 때 $\overline{X}$가 관리한계 안에 있을 확률은 약 0.1이므로, $p=0.9$이고 관리이탈상태에서 ARL을 구하면

$$ARL = \frac{1}{p} = \frac{1}{0.9} = 1.11$$

즉, $n=5$에 비해 $n=10$에서는 2배 빨리 평균이동을 검출할 수 있다. 이상을 정리하면, 평균이 이동한 후 1시간 이내에 이를 검출하는 것이 중요할 때 다음 두 가지의 관리도 설계를 사용할 수 있다.

설계 1	설계 2
표본의 크기: $n=5$	표본의 크기: $n=10$
표본추출 주기: 30분	표본추출 주기: 1시간

표 15.7에는 3시그마 관리한계의 $\overline{X}$ 관리도에 대한 ARL이 나와 있다. 0부터 3시그마까지의 공정이동과 $n=1, 4$의 표본크기에 대해 $1/p$로 ARL을 계산하였다. 여기서 p는 정규분포에서 한 점이 관리한계를 벗어날 확률이다. 그림 15.18은 공정평균이 2σ 이동한 경우를 나타낸다.

표 15.7 3시그마 관리한계인 경우 $\overline{X}$ 관리도의 ARL

공정이동의 크기	ARL	
	$n=1$	$n=4$
0	370.4	370.4
0.5σ	155.2	43.9
1.0σ	43.9	6.3
1.5σ	15.0	2.0
2.0σ	6.3	1.2
3.0σ	2.0	1.0

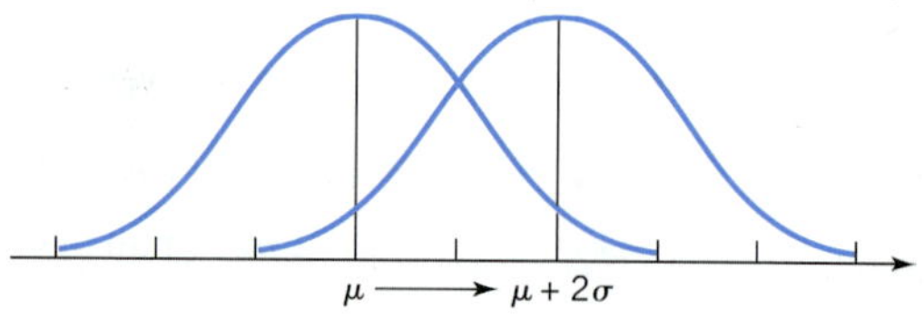

그림 15.18 2σ의 평균이동

15.8 시간가중 관리도

15.3절과 15.4절에서 학습한 슈하트 관리도의 주된 단점은 공정의 작은 이동, 예를 들어 1.5σ 미만의 이동에 상대적으로 민감하지 않다는 것이다. 그 이유는 슈하트 관리도는 가장 마지막 점의 정보만 이용하고 일련의 점에 포함된 정보를 무시하기 때문이다. 웨스턴일렉트릭 규칙과 같은 부가절차를 적용하여 이 문제를 어느 정도 해결할 수 있지만, 이 규칙을 사용하면 슈하트 관리도의 단순성과 해석의 용이성이 사라진다. 또한, 관리상태의 ARL도 370보다 작아져서 오경보가 증가하고 심각한 현실적 결과를 가져올 수 있다.

슈하트 관리도의 효과적인 대안으로 알려진 시간가중 관리도에서는 여러 표본점에 걸쳐 데이터를 통합한다. 시간가중 관리도는 작은 이동을 검출할 때 슈하트 관리도보다 ARL 관점에서 훨씬 더 나은 성능을 보이면서 관리상태의 ARL을 별로 감소시키지 않는다.

15.8.1 지수가중이동평균 관리도

우리는 자주 시간에 따라 수집한 데이터를 여러 기간에 걸쳐 평균한다. 예를 들어 경제 데이터를 지난 4분기에 걸친 평균으로 나타낸다. 시점 t에서 마지막 4개 관측치의 평균을 다음과 같이 쓸 수 있다.

$$\overline{x}_t = \frac{1}{4}x_t + \frac{1}{4}x_{t-1} + \frac{1}{4}x_{t-2} + \frac{1}{4}x_{t-3}$$

이 평균을 구할 때 최근 4개의 관측치에 각각 가중치 1/4을, 그보다 오래된 관측치에 가중치 0을 부여하는데 이것을 이동평균(moving average)이라고 한다. 이 경우 **창** 크기는 4이다. 이동평균에서는 가장 최근 관측치 하나만 사용했을 때보다 더 좋은 평균 추정치를 얻기 위해 최근 데이터를 평균하여 잡음을 평활한다.

통계적 공정관리를 위해 고정된 크기의 창 대신 가장 최근의 관측치에 가장 큰 가중치를 부여하고 이후로 점차 이전 관측치에 대한 가중치를 감소시키는 것이 유용하다. 이러한 유형의 평균은 가중치를 곱으로 감소시켜 생성할 수 있다. 공정 목표치 또는 역사적 평균은 μ_0이고, 시점 t에서 크기 $n \geq 1$의 표본을 수집하여 계산한 표본평균은 $\overline{x}_t$라고 하자. 그러면 지수가중이동평균(exponentially weighted moving-average, EWMA)은 다음과 같다.

$$\begin{aligned} z_t &= \lambda \overline{x}_t + \lambda(1-\lambda)\overline{x}_{t-1} + \cdots + \lambda(1-\lambda)^{t-1}\overline{x}_1 + (1-\lambda)^t \mu_0 \\ &= \sum_{k=0}^{t-1} \lambda(1-\lambda)^k \overline{x}_{t-k} + (1-\lambda)^t \mu_0, \ 0 < \lambda \leq 1 \end{aligned}$$

위 식에서 각각의 이전 관측치에 대한 가중치는 $(1-\lambda)$배씩 감소하고, 초깃값 μ_0의 가중

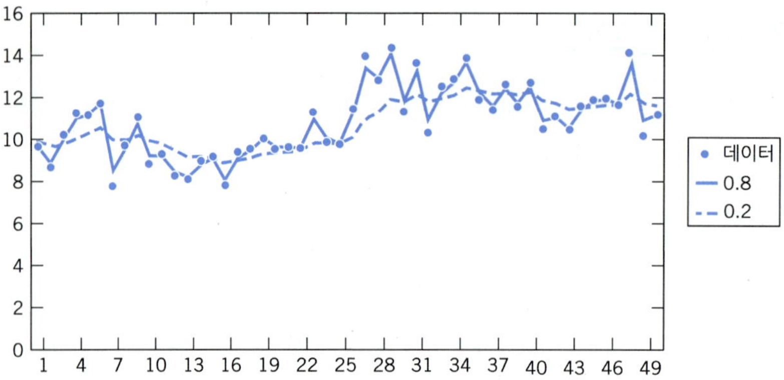

그림 15.19 $\lambda = 0.2, 0.8$인 EWMA는 평활곡선과 관성 사이의 절충을 보여준다.

치는 전체 가중치의 합이 1이 되도록 결정된다. EWMA를 기하평균(geometric average)이라고도 한다.

이때 잡음의 감소와 변화에 대한 관성을 절충하여 λ의 값을 결정한다. 예를 들어 일련의 가중치는 $\lambda = 0.8$일 때 0.8, 0.16, 0.032, 0.0064, 0.00128 등이고, $\lambda = 0.2$일 때 0.2, 0.16, 0.128, 0.1024, 0.0819 등이다. $\lambda = 0.8$일 때 가중치는 빠르게 감소하여 가장 최근 관측치에 대부분의 가중치가 부여되고, 더 오래된 관측치는 EWMA에 그다지 기여하지 않는다. 이 경우 EWMA는 잡음을 별로 평균하지 않으므로, 관리한계가 넓어지고 변화에 대한 관성은 작아져서 슈하트 관리도와 마찬가지로 큰 변화에 더 민감하다. 한편 $\lambda = 0.2$일 때 가중치는 느리게 감소하고 최근의 여러 관측치가 EWMA에 상당히 기여한다. 이 경우 EWMA는 잡음을 더 많이 평균하므로, 관리한계가 좁아지고 변화에 대한 관성은 커져서 작은 변화에 더 민감하다. 그림 15.19에는 중간에 평균이동이 일어난 일련의 관측치가 나타나 있다. $\lambda = 0.2$인 EWMA는 데이터를 더 평활하고, $\lambda = 0.8$인 EWMA는 추정치를 더 빠르게 조정함을 알 수 있다.

EWMA에서는 매시점 t에서 이전의 모든 데이터에 대한 새로운 가중평균을 구해야 하므로 계산이 어려워 보인다. 그러나 간단한 재귀방정식을 이용하여 z_t를 계산하는 쉬운 방법이 있다. $z_0 = \mu_0$이라고 할 때 다음이 성립한다.

EWMA 관계식

$$z_t = \lambda \bar{x}_t + (1-\lambda) z_{t-1}, \quad t = 1, 2, \cdots \tag{15.28}$$

지수가중이동평균(EWMA) 관리도를 작성하려면 z_t에 대한 관리한계가 필요하다. 관리도의 일반원리에 따르면, 관리한계는 통계량 z_t의 평균으로부터 3시그마 거리에 위치한다. EWMA 관리도를 개별값 또는 부분군 평균에 적용할 수 있다. 부분군 크기는 n이라고 하자. 개별값인 경우 $n = 1$을 사용하면 된다.

Z_t는 독립적인 관측치 $X_1, X_2, \cdots, X_t$와 μ_0의 선형함수이므로, 5장의 결과를 이용하여

$$E(Z_t) = \mu_0, \qquad V(Z_t) = \frac{\sigma^2}{n}\frac{\lambda}{2-\lambda}[1-(1-\lambda)^{2t}]$$

임을 보일 수 있다. 따라서 EWMA 관리도의 관리한계를 다음과 같이 정의한다.

EWMA 관리도

$$UCL = \mu_0 + 3\frac{\sigma}{\sqrt{n}}\sqrt{\frac{\lambda}{2-\lambda}[1-(1-\lambda)^{2t}]} \quad (15.29)$$
$$CL = \mu_0$$
$$LCL = \mu_0 - 3\frac{\sigma}{\sqrt{n}}\sqrt{\frac{\lambda}{2-\lambda}[1-(1-\lambda)^{2t}]}$$

EWMA 관리도의 관리한계는 중심선으로부터 일정한 폭이 아니다. Z_t의 분산을 이용하여 관리한계를 구하는데 분산은 시간에 따라 변하기 때문이다. 그러나 t가 커짐에 따라 Z_t의 분산은 다음과 같이 상수에 가까워진다.

$$\lim_{t\to\infty} V(Z_t) = \frac{\sigma^2}{n}\left(\frac{\lambda}{2-\lambda}\right)$$

따라서 t가 커짐에 따라 관리한계는 중심선과 평행한 직선이 된다.

한편 식(15.29)에서 모수 μ_0과 σ는 $\overline{X}$ 또는 X 관리도에서와 같은 통계량으로 추정된다. 즉, 부분군에 대해

$$\hat{\mu}_0 = \overline{\overline{X}}, \qquad \hat{\sigma} = \frac{\overline{R}}{d_2} \text{ 또는 } \hat{\sigma} = \frac{\overline{S}}{c_4}$$

이고, $n=1$에 대해 다음과 같다.

$$\hat{\mu}_0 = \overline{X}, \qquad \hat{\sigma} = \frac{\overline{MR}}{1.128}$$

예제 15.6 화학공정 농도: EWMA

표 15.3의 화학공정 농도 데이터에 대해 $n=1$, $\lambda=0.2$인 EWMA 관리도를 작성해 보자. 표 15.3에서 $\overline{x}=99.1$, $\overline{mr}=2.59$이므로 $\hat{\mu}_0=99.1$, $\hat{\sigma}=2.59/1.128=2.30$이다. 식(15.29)를 이용하여 z_1에 대한 관리한계를 계산하면

$$UCL = 99.1 + 3(2.30)\sqrt{\frac{0.2}{2-0.2}[1-(1-0.2)^2]} = 100.01$$
$$CL = 99.1$$
$$LCL = 99.1 - 3(2.30)\sqrt{\frac{0.2}{2-0.2}[1-(1-0.2)^2]} = 98.19$$

이다. 처음 몇 개의 z_t와 그에 대응하는 관리한계를 계산한 결과를 표로 정리하면 다음과 같다.

t	1	2	3	4	5
x_t	102.00	94.80	94.30	98.40	102.00
z_t	99.68	98.70	98.62	98.58	99.26
UCL	97.72	97.33	97.12	97.00	96.93
LCL	100.48	100.87	101.08	101.20	101.27

그림 15.20에는 컴퓨터 소프트웨어로 작성한 EWMA 관리도가 나타나 있다. 시간이 증가하면 관리한계가 넓어지지만 빠르게 안정되고 있다. 각 점은 그에 해당하는 관리한계 안에 있으므로 관리이탈에 대한 어떤 신호도 나타나지 않는다.

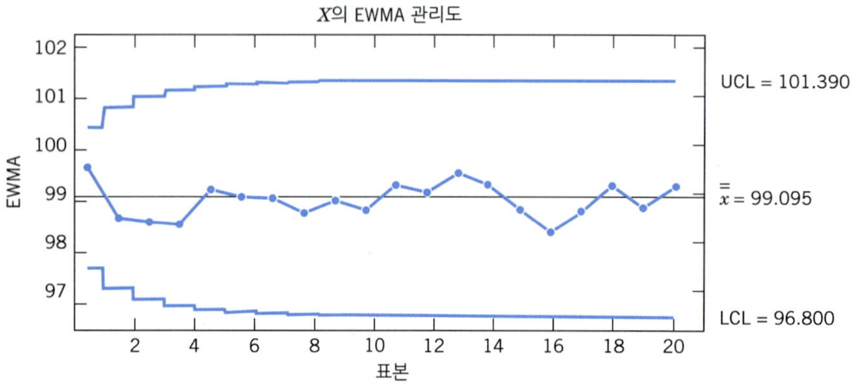

그림 15.20 표 15.3의 화학공정 농도 데이터에 대한 EWMA 관리도

EWMA 관리도의 표본점은 서로 독립이 아니므로 런 규칙을 적용하지 않는다. 런 규칙으로 반영하는 데이터의 역사적 정보는 각 시간 t에서 계산하는 EWMA에 통합된다.

일반적으로 $0.1 < \lambda < 0.5$를 사용하고 보통 $\lambda = 0.2$이다. 작은 λ는 작은 이동에 대해 더 높은 민감도를 가지며, 큰 λ는 큰 이동에 대해 관리도를 잘 조정한다. 이러한 성능은 표 15.8의 ARL에서 알 수 있다. ARL의 계산은 슈하트 관리도에서보다 더 어렵다. 자세한 사항은 생략한다. 표 15.8에서는 $\lambda = 0.1$과 $\lambda = 0.5$를 비교한다. 표에서 L은 관리한계의 계수 k인데, 두 경우 모두 ARL이 500이 되도록 L의 값을 맞추었다. 즉, EWMA의 관리한계는 $E(Z_t) \pm L\sqrt{V(Z_t)}$이고 L은 공정의 평균이동이 없을 때 ARL이 500이 되도록 선택하였다.

표 15.8에 나타난 EWMA의 ARL을 보면 공정 이동의 크기가 작을 때 더 작은 λ를 선호함을 알 수 있다. 또한, EWMA의 성능은 표 15.7에 있는 슈하트 관리도의 성능보다 훨씬 좋다. 물론 이것은 평균적인 결과이다. 공정평균이 증가하는 시점에서 z_t가 음수일 수 있는데, 이 경우 먼저 z_t를 0 근처까지 증가시키고 다시 UCL 이상의 값이 되도록 더 증가시켜야 하는 성능 불이익이 있다. 정교한 분석으로 성능 불이익을 수량화할 수 있으며, 결론적으로 대부분 응용에서 EWMA의 성능 불이익은 작다고 알려져 있다.

표 15.8 EWMA 관리도의 ARL

평균이동 ($\sigma_{\overline{X}}$의 배수)	$\lambda = 0.5, L = 3.07$	$\lambda = 0.1, L = 2.81$
0.00	500.00	500.00
0.25	255.00	106.00
0.50	88.80	31.30
0.75	35.90	15.90
1.00	17.50	10.30
1.50	6.53	6.09
2.00	3.63	4.36
3.00	1.93	2.87

15.8.2 누적합 관리도

슈하트 관리도의 다른 대안으로 누적합 관리도(cumulative sum control chart), 즉 CUSUM 관리도가 있다. 이 절에서는 표본평균과 개별값에 대한 CUSUM 관리도를 알아본다. 그 외 다른 통계량에 대해서도 CUSUM 관리도를 사용할 수 있다.

CUSUM 관리도에서는 표본점과 목표치 간의 편차의 누적합을 표시한다. 크기가 $n \geq 1$인 j번째 표본의 평균은 $\overline{X}_j$이고 공정평균의 목표치는 μ_0이라고 하자. 표본번호 i에 대하여 다음과 같이 누적합(CUSUM)을 정의한다.

$$S_i = \sum_{j=1}^{i} (\overline{X}_j - \mu_0) \tag{15.30}$$

여기서 S_i는 i번째 표본까지의 누적합이다. CUSUM 관리도는 **여러** 표본의 정보를 결합하므로 슈하트 관리도에 비해 작은 공정이동을 검출하는 데 효과적이며, 특히 $n = 1$인 표본에서 효과적이다. 이 관리도는 부분군의 표본크기가 1인 화학 및 공정산업 또는 단일 생산품을 자동 측정하는 이산 제조공정에서 좋은 대안이 될 수 있다.

공정이 목표치 μ_0에서 관리상태이면 식(15.30)에 정의된 누적합은 0 주변에서 오르내릴 것이다. 그러나 공정평균이 위쪽의 어떤 값 $\mu_1(\mu_1 > \mu_0)$로 이동하면 누적합 S_i에 상향(양) 이동이 발생한다. 반대로 공정평균이 아래쪽의 어떤 값 $\mu_1(\mu_1 < \mu_0)$로 이동하면 S_i에 하향(음) 이동이 발생한다. 따라서 관리도에 나타낸 점이 상향이나 하향의 경향이 있으면 공정평균이 이동한 증거로 생각하여 이상원인을 조사한다.

표 15.3의 화학공정 농도 데이터에 대해 CUSUM을 계산해 보면 이것을 쉽게 알 수 있다. 농도는 개별값이므로 CUSUM을 계산할 때 $\overline{X}_j = X_j$이다. 농도의 목표치는 $\mu_0 = 99$라고 할 때, CUSUM의 계산값은

$$s_i = \sum_{j=1}^{i} (x_j - 99) = (x_i - 99) + \sum_{j=1}^{i-1} (x_j - 99) = (x_i - 99) + s_{i-1}$$

표 15.9 표 15.3의 화학공정 농도 데이터에 대한 누적합의 계산

i	x_i	x_i-99	$s_i=(x_i-99)+s_{i-1}$
1	102.0	3.0	3.0
2	94.8	−4.2	−1.2
3	98.3	−0.7	−1.9
4	98.4	−0.6	−2.5
5	102.0	3.0	0.5
6	98.5	−0.5	0.0
7	99.0	0.0	0.0
8	97.7	−1.3	−1.3
9	100.0	1.0	−0.3
10	98.1	−0.9	−1.2
11	101.3	2.3	1.1
12	98,7	−0.3	0.8
13	101.1	2.1	2.9
14	98.4	−0.6	2.3
15	97.0	−2.0	0.3
16	96.7	−2.3	−2.0
17	100.3	1.3	−0.7
18	101.4	2.4	1.7
19	97.2	−1.8	−0.1
20	101.0	2.0	1.9

이다. 초기치로 $s_0=0$을 사용하여 CUSUM을 계산한 결과는 표 15.9와 같다. 그림 15.21은 표 15.9의 마지막 열에 있는 CUSUM을 그래프로 나타낸 것으로, CUSUM이 0 주변에서 오르내리고 있다.

관리한계가 없으므로 그림 15.21의 그래프는 관리도가 아니다. CUSUM 관리도의 관리한계를 구하는 방법은 2가지가 있다. 더 오래된 것은 V마스크 절차이다. 그림 15.22(a)에 전형적인 V마스크가 나타나 있다. V마스크는 CUSUM 관리도의 다양한 위치에 배치할 수 있는 V자 모양의 홈이다. 먼저 가장 마지막 s_i의 점 O와 수평축에 평행한 직선 OP를 표시한 CUSUM 관리도에 V마스크를 배치한다. 그 이전의 모든 누적합 $s_1, s_2, \cdots, s_{i-1}$이 V마스크의 양팔(arm) 안에 놓이면 공정은 관리상태이다. 여기서 양팔은 그림 15.22(a)의 선분 OP와 각도가 θ인 직선으로 그 길이가 무한히 연장될 수 있다고 가정한다. 만일 s_i가 하나라도 V마스크 팔의 외부로 벗어나면 공정은 관리이탈상태라고 판정한다. 실제로 사용할 때는 CUSUM 관리도에 새로운 점이 나타나자마자 V마스크를 적용한다. 그림 15.22(b)에서는 V마스크를 표본 30번에 맞추었을 때 표본 22번 이전의 적어도 한 점이 V마스크의 아래팔 밑에 놓이므로 평균의 상향 이동을 알 수 있다. 그 점이 만약 윗팔 위

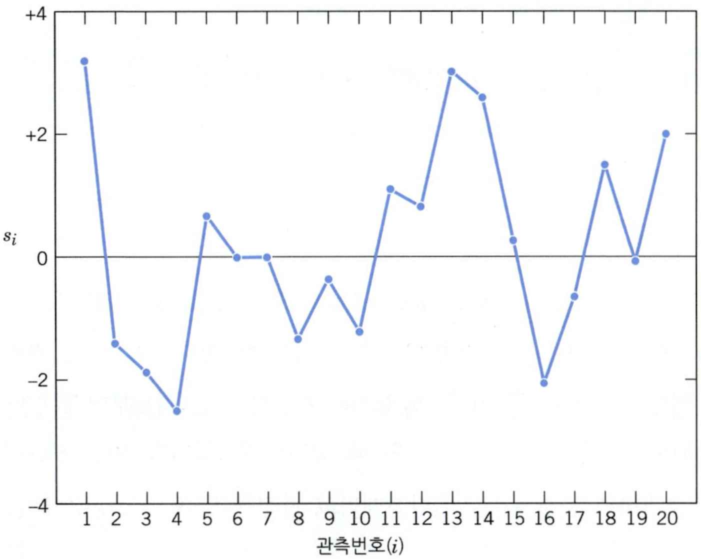

그림 15.21 화학공정 농도 데이터에 대한 누적합

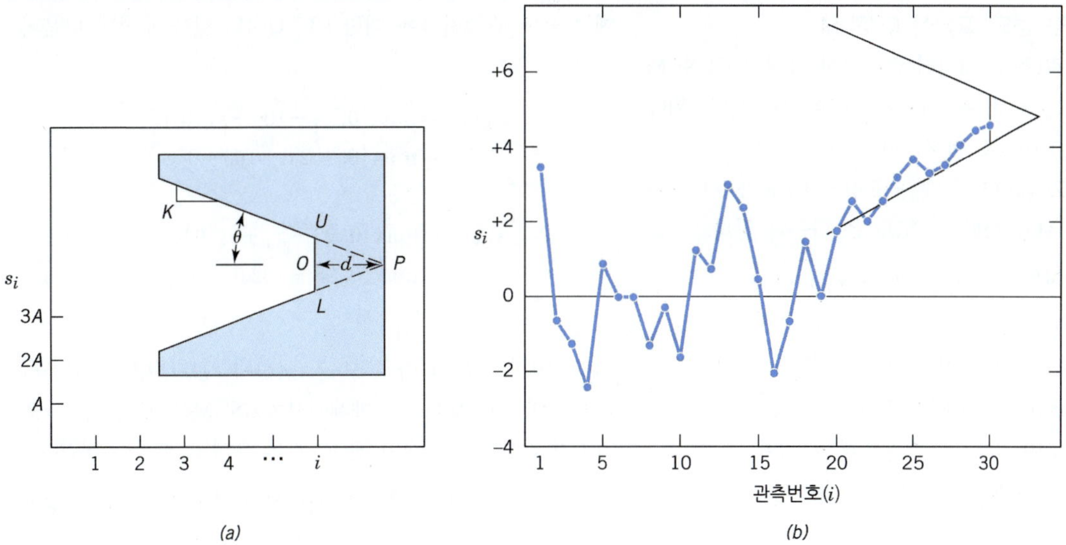

그림 15.22 누적합 관리도 (a) V마스크와 크기조정 (b) 누적합 관리도의 사용

로 놓이면 평균의 하향 이동을 의미한다. 따라서 V마스크는 보통의 슈하트 관리도의 관리 한계와 비슷한 시각적 참조 틀을 제공한다. V마스크 설계를 위한 기술적인 내용은 Montgomery (2013)를 참고하기 바란다.

일부 컴퓨터 소프트웨어는 V마스크 방식으로 CUSUM 관리도를 제공하지만, 또 다른 접근법인 표형식 CUSUM이 더 우수하다. 특히 이 절차는 CUSUM 관리도를 컴퓨터로 구현할 때 매력적이다.

표본번호 i에 대한 상단 CUSUM과 하단 CUSUM을 각각 $S_H(i)$와 $S_L(i)$라고 할 때 각각을 다음과 같이 정의한다.

CUSUM 관리도

$$S_H(i) = \max[0,\ \overline{X}_i - (\mu_0 + K) + S_H(i-1)] \tag{15.31}$$

$$S_L(i) = \max[0,\ (\mu_0 - K) - \overline{X}_i + S_L(i-1)] \tag{15.32}$$

단, 초기치는 $S_H(0) = S_L(0) = 0$이다.

식(15.31)과 식(15.32)에서 K를 참조치(reference value)라고 한다. 보통 목표치 μ_0과 관리이탈상태의 평균치 $\mu_1 = \mu_0 + \Delta$의 중간지점에서 참조치를 선택한다. 즉, K는 검출하려는 평균이동 크기의 절반으로 $K = \dfrac{\Delta}{2}$이다. $S_H(i)$와 $S_L(i)$는 목표치로부터의 편차가 K보다 큰 것을 누적하며, 두 값은 각각 음수가 될 때 0으로 재설정된다. 만일 $S_H(i)$ 또는 $S_L(i)$가 상수 H를 초과하면 공정은 관리이탈상태라고 판정한다. 여기서 상수 H를 결정구간(decision interval)이라고 한다.

예제 15.7 화학공정 농도: 표형식 CUSUM

표 15.9의 화학공정 농도 데이터에 대하여 표형식 CUSUM을 적용해 보자. $\mu_0 = 99$, $K = 1$, $H = 10$을 사용한다. 뒤에서 이 값을 선택한 이유를 알아본다.

표 15.10에 농도 데이터에 대한 표형식 CUSUM이 나와 있다. 상한 CUSUM과 하한 CUSUM은 다음과 같다.

$$\begin{aligned} S_H(i) &= \max[0,\ X_i - (\mu_0 + K) + S_H(i-1)] \\ &= \max[0,\ X_i - (99+1) + S_H(i-1)] \\ &= \max[0,\ X_i - 100 + S_H(i-1)] \end{aligned}$$

$$\begin{aligned} S_L(i) &= \max[0,\ (\mu_0 - K) - X_i + S_L(i-1)] \\ &= \max[0,\ (99-1) - X_i + S_L(i-1)] \\ &= \max[0,\ 98 - X_i + S_L(i-1)] \end{aligned}$$

예를 들어 관측치 1에 대한 CUSUM의 값을 구하면 다음과 같다.

$$\begin{aligned} s_H(1) &= \max[0,\ x_1 - 100 + s_H(0)] \\ &= \max[0,\ 102.0 - 100 + 0] \\ &= 2.0 \end{aligned}$$

$$\begin{aligned} s_L(1) &= \max[0,\ 98 - x_1 + s_L(0)] \\ &= \max[0,\ 98 - 102.0 + 0] \\ &= 0 \end{aligned}$$

표 15.10에서 n_H와 n_L은 각각 $s_H(i)$와 $s_L(i)$가 0이 아닌 기간의 수를 나타낸다. 이 예제에서 CUSUM은 결정구간을 초과하지 않으므로 공정이 관리상태에 있다고 결론을 내린다.

다음 단계: 미래의 생산을 관리하기 위해 위에서 작성한 CUSUM 관리도를 이용할 수 있다.

표 15.10 화학공정 농도 데이터에 대한 표형식 CUSUM

		상단 CUSUM			하단 CUSUM		
i	x_i	x_i-100	$s_H(i)$	n_H	$98-x_i$	$s_L(i)$	n_L
1	102.0	2.0	2.0	1	−4.0	0.0	0
2	94.8	−5.2	0.0	0	3.2	3.2	1
3	98.3	−1.7	0.0	0	−0.3	2.9	2
4	98.4	−1.6	0.0	0	−0.4	2.5	3
5	102.0	2.0	2.0	1	−4.0	0.0	0
6	98.5	−1.5	0.5	2	−0.5	0.0	0
7	99.0	−1.0	0.0	0	−1.0	0.0	0
8	97.7	−2.3	0.0	0	0.3	0.3	1
9	100.0	0.0	0.0	0	−2.0	0.0	0
10	98.1	−1.9	0.0	0	−0.1	0.0	0
11	101.3	1.3	1.3	1	−3.3	0.0	0
12	98,7	−1.3	0.0	0	−0.7	0.0	0
13	101.1	1.1	1.1	1	−3.1	0.0	0
14	98.4	−1.6	0.0	0	−0.4	0.0	0
15	97.0	−3.0	0.0	0	1.0	1.0	1
16	96.7	−3.3	0.0	0	1.3	2.3	2
17	100.3	0.3	0.3	1	−2.3	0.0	0
18	101.4	1.4	1.7	2	−3.4	0.0	0
19	97.2	−2.8	0.0	0	0.8	0.8	1
20	101.0	1,0	1.0	1	−3.0	0.0	0

표형식 CUSUM에서 공정이 관리이탈상태라고 판정되면 이상원인을 찾고 수정조치를 취한 후 CUSUM을 다시 0에서 시작한다. 공정이동 이후의 새로운 공정평균은 다음과 같이 추정한다.

$$\hat{\mu}=\begin{cases}\mu_0+K+\dfrac{s_H(i)}{n_H}, & s_H(i)>H\\[2ex] \mu_0-K-\dfrac{s_L(i)}{n_L}, & s_L(i)>H\end{cases} \tag{15.33}$$

보통 이상원인이 발생한 시점의 추정치는 관리이탈신호를 나타낸 상단 CUSUM이나 하단 CUSUM이 가장 마지막으로 0이었던 표본번호이다.

표형식 CUSUM를 그래프로 나타낸 그림을 CUSUM 상태그림이라고 한다. 예제 15.6의 화학공정 농도 데이터를 CUSUM 상태그림으로 그려보면 그림 15.23과 같다. 각 수직막대는 표본번호 i에서 $s_H(i)$와 $s_L(i)$의 값이다. 그래프 안에 결정구간을 추가한 CUSUM 상태그림은 슈하트 관리도와 비슷하다. 또한, CUSUM 상태그림에 각 기간의 표본 통계량 x_i를 굵은 점으로 표시함으로써 특정한 CUSUM 값을 초래한 실제 공정성능을 시각적으로 볼 수 있도록 한다.

표형식 CUSUM에서는 K와 H의 값을 선택해야 한다. 보통 ARL 값이 좋도록 K와 H의 값을 결정한다. CUSUM 관리도의 ARL 성능에 대해 이미 많은 연구가 진행되었다. 아래에서 기존의 연구에 기초하여 K와 H를 선택하기 위한 일반적인 사항을 알아본다.

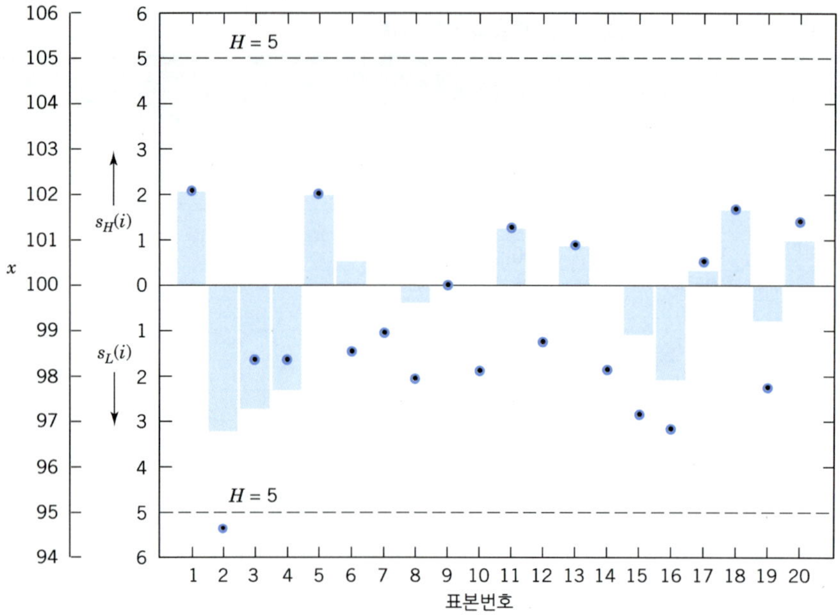

그림 15.23 화학공정 농도 데이터에 대한 CUSUM 상태그림

CUSUM 관리도에 표시한 표본점의 표준편차를 $\sigma_{\overline{X}}$라고 할 때, $H = h\sigma_{\overline{X}}$, $K = k\sigma_{\overline{X}}$라고 하자. $n = 1$이면 $\sigma_{\overline{X}} = \sigma_X$이다. 일반적으로 $h = 4, 5$와 $k = 1/2$을 사용하면 CUSUM 관리도는 공정평균의 $1\sigma_{\overline{X}}$ 이동에 대하여 좋은 ARL을 갖는다. 이보다 더 크거나 작은 이동을 검출하고 싶으면 $k = \delta/2$로 둔다. 여기서 δ는 평균이동의 크기를 표준편차 단위로 나타낸 값이다.

$k = 1/2$, $h = 4, 5$일 때 ARL 성능은 표 15.11과 같다. $1\sigma_{\overline{X}}$의 이동을 검출하려고 할 때, $h = 4$에서 8.38개, $h = 5$에서 10.4개의 표본이 필요하다. 표 15.7의 $\overline{X}$ 관리도에서는 같은 크기의 평균이동을 검출하기 위해 43.9개의 표본이 필요하다.

표 15.11 $k = 1/2$인 경우 CUSUM 관리도의 ARL

평균이동($\sigma_{\overline{X}}$의 배수)	$h = 4$	$h = 5$
0.00	168.00	465.00
0.25	74.20	139.00
0.50	26.60	38.00
0.75	13.30	17.00
1.00	8.38	10.4
1.50	4.75	5.75
2.00	3.34	4.01
2.50	2.62	3.11
3.00	2.19	2.57
4.00	1.71	2.01

예제 15.7의 CUSUM 관리도를 작성할 때 이 규칙을 이용하였다. 공정표준편차는 $\sigma = 2$로 가정한다. (예제 15.2를 보면 이 값은 합리적이다.) 그러면 $k = 1/2$, $h = 5$일 때, 표형식 CUSUM에는

$$K = k\sigma = \frac{1}{2} \times 2 = 1, \quad H = h\sigma = 5 \times 2 = 10$$

을 사용한다.

순차적인 $S_H(i)$와 $S_L(i)$는 독립이 아니므로, CUSUM에는 웨스턴일렉트릭 규칙과 같은 부가절차를 적용할 수 없다. CUSUM은 가중치가 확률인 가중평균이다. 모든 CUSUM은 강하게 상관되어 웨스턴일렉트릭 규칙을 사용하면 많은 오경보가 나온다.

15.9 다른 SPC 도구

관리도는 공정변동의 원인을 조사할 때 강력한 도구이지만, 다른 SPC 문제해결도구와 함께 이용될 때 가장 효과적이다. 이 절에서는 예제 15.5에서 알아본 인쇄회로기판(PCB)의 결함 데이터를 이용하여 몇 가지 문제해결도구를 학습해 본다.

그림 15.17에는 $n = 5$의 PCB 표본에서 발생하는 결함수에 대한 U 관리도가 나타나 있다. 관리도에서 공정은 통계적 관리상태이지만 결함수를 더 감소시켜야 한다. PCB 하나당 평균 결함수는 $8/5 = 1.6$이고, 이 정도의 결함 수준에서는 방대한 재작업이 필요하기 때문이다.

문제해결을 위한 첫 단계로 결함 유형에 대한 파레토그림(Pareto diagram)을 작성한다.

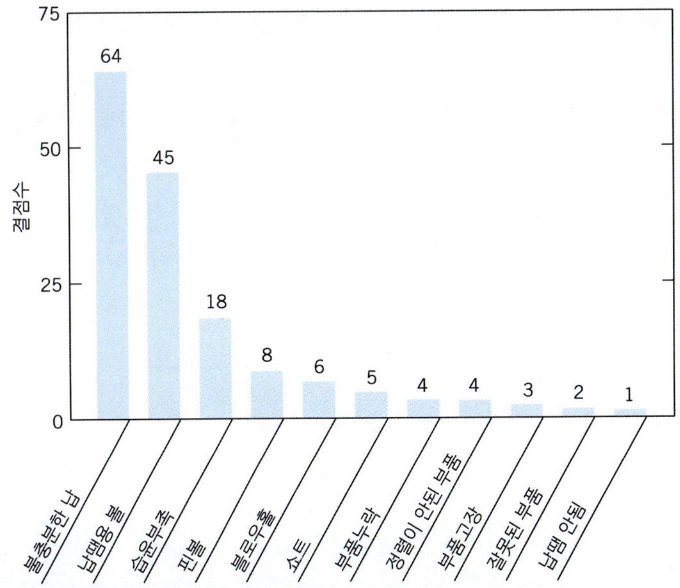

그림 15.24 PCB 결함에 대한 파레토그림

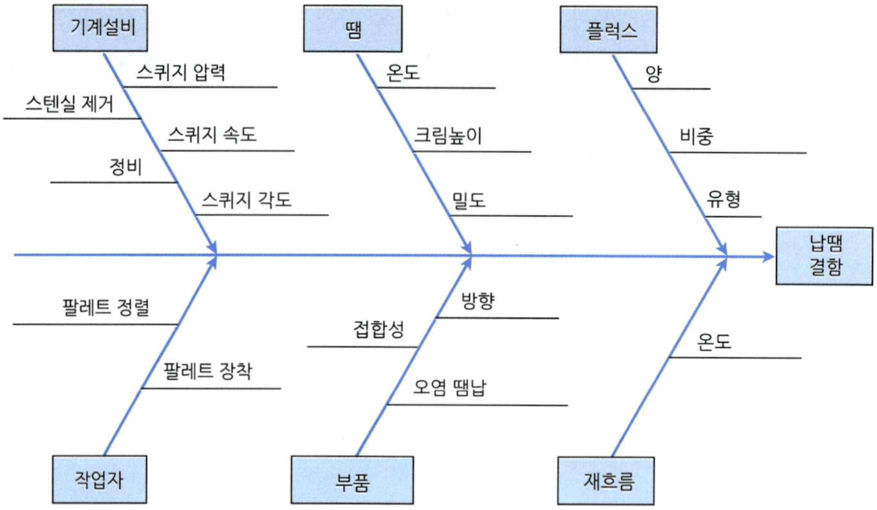

그림 15.25 PCB 납땜공정에 대한 특성요인도

그림 15.24의 파레토그림을 보면 불충분한 납과 납땜용 볼이 가장 빈번한 결함으로, 전체 결함의 $(109/160)100 = 68\%$를 차지한다. 또한, 파레토그림의 처음 5개의 결함 유형은 모두 납과 관련된 결함이다. 따라서 개선을 위한 잠재적인 기회는 흐름납땜공정(flow solder process)에 있다.

표면실장 공정을 개선하기 위해 작업자, 작업 감독자, 제조 기술자, 품질 기술자로 팀을 구성하고 납 결함의 잠재적 원인을 연구하였다. 브레인스토밍 회의를 진행하고 그림 15.25에 나와 있는 특성요인도(cause-and-effect diagram)를 작성하였다. 특성요인도는 제품 결함의 다양한 잠재적 원인과 상호관계를 표시하기 위해 널리 사용되며, 공정에 관한 지식을 요약 및 정리하는 데 유용하다.

브레인스토밍 결과 납 결함의 발생에 영향을 줄 수 있는 변수를 잠정적으로 확인할 수 있었다. 이 변수는 플럭스의 비중, 재흐름 온도, 스퀴지 각도, 납땜크림 높이, 재흐름 온도, 기판 적재방법이다. 납 결함에 대한 7개 변수의 영향을 분석하기 위해 실험설계를 이용할 수 있다.

또한, 팀은 제품에 대한 결함집중도(defect concentration diagram)를 작성하였다. 결함집중도는 가장 빈번하게 발생하는 결함을 부품에 표시하는 스케치로, 결함이 부품의 동일

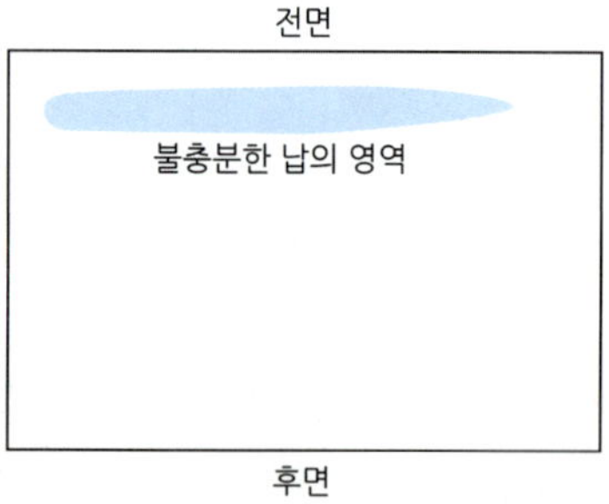

그림 15.26 PCB에 대한 결함집중도

위치에서 발생하는지를 결정하기 위해 이 그림을 사용한다. 그림 15.26의 PCB에 대한 결함집중도를 보면 "불충분한 납"이라는 결함은 대부분 보드의 전면 가장자리에서 발생한다. 추가 조사를 통해, 보드를 운반하는 데 사용하는 팔레트 중 하나가 휘어서 보드의 전면 가장자리가 스퀴지와 접촉 불량을 초래하는 것을 확인하였다.

고장 팔레트를 교체하고 7개 변수에 대한 실험설계를 시행한 결과 일부 변수는 결함에 유의한 영향을 미치며 결함을 줄일 수 있음을 확인하였다. 실험 결과를 적용한 후 재작업이 필요한 납땜의 비율은 1%에서 0.01% 미만으로 감소하였다.

15.10 의사결정이론

많은 경영과 공학 의사결정과 마찬가지로 품질개선에 관한 의사결정은 불확실한 상황에서 이루어진다. 의사결정을 위해 문제를 행동, 가능한 상태, 그에 대응하는 확률을 기준으로 특성화하여 대안을 양적으로 비교한다. 의사결정이론(decision theory)은 의사결정에 필요한 수리적 모형을 연구하는 학문으로, 모형과 양적 기준에 따라 대안 행동을 비교 선택하는 방식을 다룬다.

15.10.1 의사결정모형

의사결정문제를 특성화하는 간단한 방법은 행동, 상태와 상태의 확률, 결과(비용 또는 수익)로 나타내는 것이다. 보통 하나의 의사결정에는 가능한 행동의 집합 A, 즉

$$A = \{a_1, a_2, \cdots, a_K\}$$

가 있다. 예를 들어 차량 구매와 관련된 행동 집합은 보증을 연장함 (a_1)과 연장하지 않음 (a_2)으로 이루어진다.

가능한 미래의 상황은 다음과 같이 상태의 집합 S로 나타낸다.

$$S = \{s_1, s_2, \cdots, s_M\}$$

미래에는 1개의 상태만 일어나지만, 의사결정을 내리는 시점에는 미래의 상태가 불확실하다. 예를 들어 한 가능한 상태는 중대 수리가 필요한 것이고, 다른 가능한 상태는 중대 수리가 불필요한 것이다.

각 상태 s_m $(m = 1, 2, \cdots, M)$에 확률 p_m을 대응시키면 $p_1 + p_2 + \cdots + p_M = 1$이다. 확률은 중요하지만 추정하기 어려울 수 있다. 경우에 따라 역사적 데이터가 있어 추정치를 얻을 수도 있고, 전문가 집단의 주관적 믿음에 의존해야 할 수도 있다.

또한, 행동과 상태에 따른 경제적 비용(수익)을 표현하여야 한다. 즉,

$$C_{km}=\text{행동 } a_k\text{를 선택하고 상태 } s_m\text{이 일어났을 때 비용}$$

이라고 둔다. 예를 들어 보증을 연장하고 수리가 필요하지 않으면 손실은 보증비용이지만 보증을 연장하지 않고 수리가 필요하면 손실은 수리비용이다.

예제 15.8 보증연장 의사결정문제

차량에 대한 보증연장 여부를 결정하기 위해 다음 모형을 이용하자. 먼저 행동은 다음과 같다.

$$a_1 = \text{보증을 연장함}, \quad a_2 = \text{보증을 연장하지 않음}$$

보증기간 동안 중대한 수리, 사소한 수리, 수리 불필요의 3개 상태 중 하나가 발생하고 각 상태와 관련된 확률은 다음과 같다고 가정한다.

s_1 = 중대한 수리, 확률 0.1

s_2 = 사소한 수리, 확률 0.5

s_3 = 수리 불필요, 확률 0.4

마지막으로, 비용 C_{km}을 의사결정 평가표로 제시할 수 있는데, 여기서 각 행은 행동이고 각 열은 상태이다. 보증을 연장하는 비용은 200달러라고 할 때, 각 행동과 가능한 미래의 상태를 비용과 대응시키면 표 15.12와 같다.

표 15.12 의사결정 평가표

확률		0.1	0.5	0.4
상태		s_1	s_2	s_3
행동	a_1	\$200	\$200	\$200
	a_2	\$1,200	\$300	\$0

15.10.2 의사결정기준

예제 15.8에서처럼 의사결정문제를 행동, 상태, 확률로 요약한 후 "최상"의 행동에 관한 질문에 답해야 한다. 의사결정 당시에는 상태를 모르기 때문에 서로 다른 비용을 가질 수 있다. 비용(및 관련 확률)을 기초로 행동을 선택하기 위해 다양한 기준을 사용할 수 있지만 이 기준들이 같은 행동으로 이어지는 것은 아니다.

비관적인 사람은 각 행동에 대한 최악의 가능한 상태에 중점을 두고 일어날 수 있는 최대비용을 기준으로 행동을 비교한다. 예를 들어 표 15.12에서 행동 a_1에 대한 최대비용은 상태와 관계없이 $\max_m C_{1m} = \$200$이고, 행동 a_2에 대한 최대비용은 $\max_m C_{2m} = \max(1200, 300, 0) = \$1200$이다. 합리적인 기준은 최대비용을 최소로 하는 행동을 선택하는 것이므로 a_1을 선택한다. 일반적으로 이런 접근에서는 다음과 같이 $\max_m C_{km}$을 최소로 하는 행동 a_k를 선택한다.

최소최대 기준

최소최대 기준에서는

$$\min_k \max_m C_{km} \tag{15.34}$$

에 해당하는 행동 a_k를 선택한다.

최소최대 기준(minimax criterion)이라는 이름은 최소와 최대의 계산에서 유래한다. 최소최대 기준은 최악의 (비관적) 상황에 중점을 두며 상태의 확률을 무시한다. 어떤 행동에 대한 상태가 매우 드물게 발생해도 높은 비용을 수반하는 경우 부정적으로 생각하여 해당 행동을 제거할 수 있다.

다른 기준은 최선의 (낙관적) 상황에 중점을 두고, 다음과 같이 최소비용을 기준으로 행동을 비교하는 것이다.

최소최소 기준

최소최소 기준에서는

$$\min_k \min_m C_{km} \tag{15.35}$$

에 해당하는 행동 a_k를 선택한다.

예제 15.8의 보증연장 예제에서 $\min_m C_{1m} = 200$, $\min_m C_{2m} = 0$이므로 최소최소 기준(minimin criterion)에 의하면 행동 a_2를 선택한다.

앞의 두 기준에서는 모두 상태와 관련된 확률을 무시한다. 가장 가능성 있는 기준(most probable criterion)에서는 발생확률이 가장 높은 상태의 비용에 근거하여 행동을 평가한다.

가장 가능성 있는 기준

가장 가능성 있는 기준에서는 가장 일어날 가능성이 높은 상태의 비용을 최소로 하는 행동을 선택한다. (15.36)

보증연장 예제에서 가장 가능성 있는 상태는 사소한 수리로, a_1의 비용은 \$200이고 a_2의 비용은 \$300이다. 따라서 이 기준으로는 a_1을 선택한다.

마지막으로 기대비용 기준(expected cost criterion)에서는 행동 a_k와 이산확률변수 X_k를 관련시킨다. X_k의 분포는 행동에 관한 비용과 그에 대응하는 확률로 구성된다. 행동 a_k의 기대비용은 $E(X_k)$이다.

기대비용 기준

기대비용 기준은 기대비용을 최소로 하는 행동을 선택한다. (15.37)

보증연장 예제에서 $E(X_1) = 200$, $E(X_2) = 1200(0.1) + 300(0.5) + 0(0.4) = 270$이다. 따라서 a_1에서 기대비용이 최소이다.

의사결정문제를 의사결정나무(decision tree)라고 하는 그래프로 나타낼 수 있다. 보증연장 예제에 대한 의사결정나무를 작성하면 그림 15.27과 같다. 그림에서 사각형은 선택

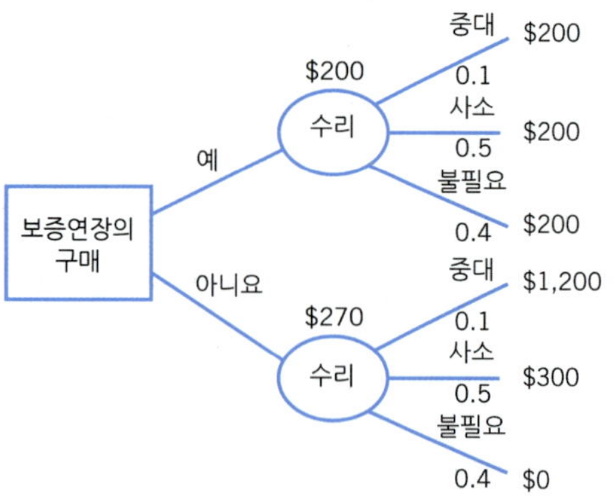

그림 15.27 보증연장 예제에 대한 의사결정나무, 각 행동의 기대비용이 원형 노드에 나타나 있다.

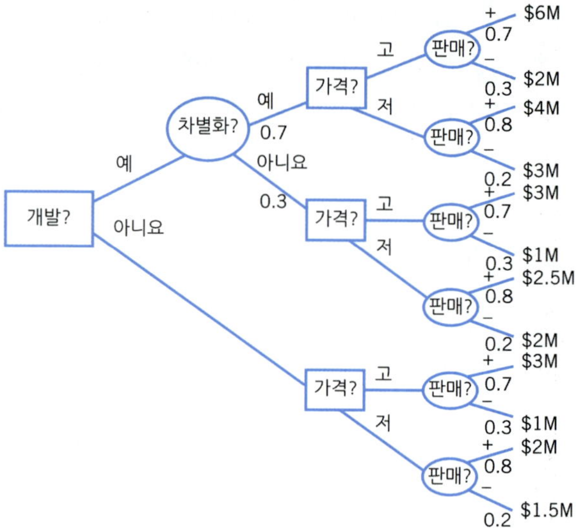

그림 15.28 개발 또는 구매계약 예제에 대한 의사결정나무

되는 행동을 나타내는 의사결정노드이고, 이 노드에서 나오는 각 아크(arc)는 하나의 행동을 나타낸다. 각 행동 아크는 (의사결정자의 통제 밖에서) 상태가 선택되었음을 의미하는 원형 노드로 끝나고, 상태는 원형 노드에서 나오는 아크로 나타낸다. 각 아크에 해당 상태의 확률을 나타내고 비용을 아크의 끝에 표시한다. 이것이 의사결정문제의 기본 구조이다. 그림 15.27의 각 원형 노드 위에는 식(15.37)로 계산한 기대비용이 표시되고, 기대비용 기준으로 보면 a_1을 선택한다. 기대비용을 앞의 다른 기준으로 대체하여 대안 행동을 요약할 수도 있다.

그림 15.28과 같이 더 복잡한 문제에서는 일련의 행동과 상태들(의사결정나무에서 각각 사각형과 원으로 나타낸)이 있다. 각 상태에는 대응하는 확률이 있고, 나무를 지나는 각 경로에는 대응하는 비용이 있다. 기준을 정하면 경로 끝에서부터 해당 기준을 적용하여 행동을 결정하고 나무의 초기 행동 노드에 도달할 때까지 분석을 계속한다. 다음 예제에서 이것을 자세히 알아본다.

예제 15.9 개발 또는 구매계약 의사결정문제

이 예제에서는 단일한 결정문제를 다수의 결정문제로 확장한다. 그림 15.28의 의사결정나무를 보자. 첫 번째 결정은 신제품을 개발할지 또는 공급업체와 계약을 맺을지에 관한 것으로, 이는 **개발?**이라고 표시한 상자로 나타난다. 신제품을 개발하면 차별화될 수 있지만 현재 시장에 있는 것과 유사할 수도 있는데, 이는 **차별화?**라고 표시한 원으로 나타난다. 신제품이든 계약제품이든 가격을 결정해야 하므로, 이는 **가격?**이라고 표시한 상자로 나타나고 선택지는 높은 가격과 낮은 가격 중 하나이다. 마지막으로 제품이 시장에 출시될 때 시장 조건은 판매에 유리하거나 불리할 수 있으며, 이는 **판매?**라고 표시한 원으로 나타난다. 유리한 시장과 불리한 시장은 각각 아크에 +와 −로 표시하였다.

아크의 확률은 그 아래의 숫자이다. 예를 들어 개발된 제품이 차별화될 확률은 0.7이다. 마찬가지로 유리한 또는 불리한 시장 조건의 확률도 해당 숫자로 표시하였다. 낮은 가격으로의 결정은 불리한 시장보다 유리한 시장 조건과 더 높은 확률인 것을 알 수 있다. 또한, 그림에 표시된 달러 금액은 의사결정나무를 통한 해당 경로에서 기업의 이익을 나타낸다. 이익(이득)을 기초로 결정을 내리는 경우 목표는 이익을 최대로 하는 것이다.

단일한 의사결정노드의 절차를 다음과 같이 확장할 수 있다. 먼저 종단 노드의 달러 금액에서 시작하여 의사결정을 평가하기 위해 나무를 역방향으로 진행한다. 이 예제에서는 이익에 관심이 있으므로, 비관적인 접근은 최소 이익을 최대로 하는 의사결정을 선택하는 것이다. 예를 들어 신제품을 개발하고 결과가 차별화이며 가격을 높게 책정한 경우, 가능한 금액은 6백만 달러와 2백만 달러이다. 비관적인 접근은 이 경로에서 가격을 높게 책정하는 결정을 2백만 달러로 평가한다. 비슷한 방법으로 가격을 낮게 책정하는 결정을 3백만 달러로 평가한다. 결과적으로 이 경로를 따라 이루어지는 의사결정은 최악의 경우 이익이 3백만 달러이고 낮은 가격으로 설정하는 것이다.

마찬가지로, 신제품을 개발하고 결과가 차별화되지 않으며 가격을 높게 책정한 경우 두 가능한 금액은 3백만 달러와 1백만 달러이다. 비관적인 접근은 이 경로에서 가격을 높게 책정하는 결정을 1백만 달러로 평가한다. 비슷한 방법으로 가격을 낮게 책정하는 결정을 2백만 달러로 평가한다. 결과적으로 신제품을 개발하는 결정으로 차별화된 제품(비관적으로 2백만 달러, 확률 0.7)이 나오거나 차별화되지 않은 제품(비관적으로 1백만 달러)이 나올 수 있다. 비관적 견해는 신제품을 개발하는 결정으로 1백만 달러의 이익을 창출하는 것이다.

또한, 신제품을 개발하지 않고 (계약하며) 가격을 높게 책정할 때 비관적인 이익은 1백만 달러이고, 가격을 낮게 책정할 때 비관적인 이익은 1.5백만 달러이다. 결과적으로, 이 기준으로 결정하면 비관적인 이익이 1.5백만 달러인 낮은 가격으로 책정하는 것이다. 마지막으로, 신제품을 개발하거나 개발하지 않는 결정에 대한 비관적인 이익은 각각 1백만 달러와 1.5백만 달러이다. 따라서 이 기준으로 결정하면 신제품을 개발하지 않는다.

이 결정에서는 확률을 생각하지 않았음을 유의하기 바란다. 이것은 비관적인 기준의 단점 중 하나이다. 다른 기준을 적용해 보는 것은 연습문제로 남긴다.

15.11 SPC 구현하기

기업이 SPC 방법을 성공적으로 구현하면 상당한 이익을 얻을 수 있다. SPC는 통계적 문제해결도구의 집합으로 보이지만, SPC를 성공적으로 구현하려면 도구를 학습하고 사용하는 것 이상이 필요하다. 품질개선 과정에서 경영자의 참여와 헌신은 SPC의 성공에 가장 중요한 구성요소이다. 경영자는 본보기이며, 조직 내의 다른 사람들은 경영자를 안내자이자 모범자로 여긴다. 보통 한 사람이 공정개선을 도입하기는 어렵고 팀 접근이 중요하다. 특성요인도, 파레토그림, 결함집중도와 같은 "멋진 일곱 가지(magnificent seven)" 문제해결도구는 개선팀을 구축하는 데 도움이 된다. SPC 문제해결도구에 관한 광범위한 지식을 조직 전체에 널리 알리고 사용하여야 한다. 그러려면 SPC와 품질개선에 대한 지속적인 교육이 필요하다.

SPC 기반의 품질개선 프로그램에서 주된 목적은 주간, 분기, 연간 기준의 지속적인 개선이다. SPC는 기업이 어려울 때 적용되고 나중에 포기되는 일회성 프로그램이 아니다. 품질개선은 조직 문화의 일부이어야 한다.

관리도는 품질개선에 중요한 도구이다. 공정은 저절로 관리상태에서 운영되지 않는다. 이상원인을 제거하고 공정변동을 줄이고 공정성능을 안정시키기 위해, SPC 프로그램의 초기에 실행해야 하는 중요한 단계가 바로 관리도의 사용이다. 품질과 생산성을 향상하기 위해서는 사실과 데이터를 기반으로 한 관리를 시작해야 하고 판단에만 의존해서는 안 된다. 관리도는 관리방식의 이러한 변화에 있어 중요한 부분이다.

전사적 SPC 프로그램의 성공적인 실행에는 다음의 요소들이 나타난다.

1. 경영 리더십
2. 팀 접근
3. 모든 수준의 직원 교육
4. 지속적 개선에 대한 강조
5. 성공을 인정하는 메커니즘

경영 리더십과 팀 접근의 중요성을 아무리 강조해도 지나치지 않다. 성공적인 품질개선은 하향식 경영주도적 활동이다. 또한, 개선과 성공을 측정하고 성공에 관한 지식을 조직 전체에 확산하는 것이 중요하다. 회사 전체에 성공적인 개선을 전파함으로써 동기부여와 다른 공정개선을 촉진하고 지속적 개선을 업무수행의 일상적인 부분으로 만들 수 있다.

W. Edwards Deming의 철학은 품질과 생산성 개선을 실행하기 위한 중요한 틀이다. Deming의 철학은 경영을 위한 14가지 요점으로 요약된다. 이러한 경영 원칙을 준수하는 것이 일본 산업의 성공에 중요한 요인이었으며, 일본의 품질과 생산성 개선 노력에서 여전히 촉매의 역할을 하고 있다. 이 철학은 현재 서양에도 빠르게 확산되고 있다. 데밍의 14가지 요점(Deming's 14 points)을 정리하면 다음과 같다.

1. 제품과 서비스의 개선에 중점을 두고 일관된 목적을 창출하라. 제품 설계와 성능을 개선하기 위해 지속적으로 노력하라. 연구, 개발, 혁신에 대한 투자는 장기적으로 조직에 이익을 줄 것이다.
2. 저급한 기술, 불량 제품, 나쁜 서비스를 거부하는 새로운 철학을 채택하라. 불량품을 생산하는 데 드는 비용은 좋은 제품을 생산하는 데 드는 비용과 동일(때로는 더 많이)하며, 불량품으로 인한 폐기, 재작업, 기타 손실비용은 회사의 자원을 엄청나게 소모한다.
3. "품질관리"를 위해 대량검사에 의존하지 말라. 검사가 할 수 있는 것은 불량품을 선별하는 것뿐이며, 이 시점에는 이미 불량품을 생산하기 위해 비용이 발생한 상태이다. 검사는 공정에서 너무 늦게 이루어지며, 비용이 많이 들고 종종 효과가 없다. 품질은 검사가 아니라 공정개선을 통해 불량품을 예방한 결과물이다.
4. 가격만을 기준으로 공급업체에 사업을 부여하지 말고 품질도 고려하라. 가격은 품질척도와 함께 고려될 때만 공급업체의 제품에 대한 의미 있는 척도이다. 다시 말해 구매 가격뿐만 아니라 해당 항목의 총비용을 고려해야 한다. 품질을 고려할 때 최저 입찰자가 최저 비용의 공급업체가 아닌 경우가 자주 있다. 현대적인 품질개선 방법을 사용하고, 공정관리와 공정능력을 입증할 수 있는 공급업체에 우선권을 부여해

야 한다.

5. 지속적 개선에 중점을 두라. 제품과 서비스 시스템을 개선하기 위해 지속적으로 노력하라. 개선활동에 직원을 참여시키고 통계적 방법, 특히 SPC 문제해결도구를 사용하라.
6. 현대적인 훈련 방법을 실천하고 모든 직원의 훈련에 투자하라. 모든 직원은 자신의 직무의 기술적인 측면과 함께 현대적인 품질 및 생산성 개선 방법에 대한 훈련을 받아야 한다. 훈련은 모든 직원이 이러한 방법을 매일 실천하도록 장려해야 한다.
7. 현대적인 감독 방법을 실천하라. 감독은 근로자를 수동적으로 감시하는 것뿐만 아니라 그들이 근무하는 시스템을 개선하는 데 중점을 두어야 한다. 감독의 첫 번째 목표는 작업 시스템과 제품을 개선하는 것이어야 한다.
8. 두려움을 제거하라. 많은 근로자는 질문하는 것을 어려워하고, 문제를 보고하거나 품질과 효과적인 생산에 방해가 되는 조건을 지적하는 것을 두려워한다. 많은 조직에서 두려움과 관련된 경제적 손실이 크다. 관리만이 두려움을 제거할 수 있다.
9. 사업의 기능 영역 간의 장벽을 허물어라. 효과적인 품질 및 생산성 개선을 위해 다양한 조직 단위 간의 팀워크가 필수적이다.
10. 노동자 대상의 목표, 슬로건, 수치적 목표를 제거하라. "무결점"과 같은 목표는 어떻게 목표를 달성할지 계획이 없으면 쓸모가 없는 것이다. 사실 이러한 슬로건과 "프로그램"은 일반적으로 비생산적이다. 시스템을 개선하고 시스템 개선에 관한 정보를 제공하는 데 집중하라.
11. 수치적 할당량과 작업 표준을 제거하라. 작업표준은 역사적으로 품질과 관계없이 설정되어 왔다. 작업표준은 경영진이 작업공정을 이해하지 못하고 공정개선을 위한 효과적인 경영 시스템을 제공하지 못한다는 증거이기도 한다.
12. 직원의 직무수행을 저해하는 장벽을 제거하라. 경영진은 직원의 제안, 의견, 불만을 경청해야 한다. 작업을 수행하는 사람이 해당 작업에 대해 가장 잘 알고 있으며 일반적으로 공정을 더 효과적으로 작동하도록 하는 중요한 아이디어를 가지고 있다. 직원은 단체 교섭의 상대자이자 비즈니스의 중요한 참여자이다.
13. 모든 직원을 위한 지속적인 훈련과 교육 프로그램을 수립하라. 모든 직원이 간단하고 강력한 통계적 기법에 대한 교육을 필수적으로 받아야 한다. 비즈니스 전반에 SPC 문제해결도구, 특히 관리도의 사용을 널리 확산하여야 한다. 관리도를 널리 보급하고 직원이 관리도의 사용법을 이해하면 나쁜 품질의 원인을 찾고 공정을 개선할 가능성이 더 커진다. 교육은 모든 사람을 품질개선 과정의 관계자로 만드는 방법이다.
14. 최고경영진에서 위의 13가지 요점을 적극적으로 지원하는 구조를 마련하라.

데밍의 14가지 요점에서 두 가지를 주목하여야 한다. 첫째, 변화에 대한 강력한 강조이다. 둘째, 변화의 과정에서 경영진의 중요한 역할이다. 그런데 무엇을 변화시켜야 하고,

이러한 변화 과정을 어떻게 시작해야 할 것인가? 예를 들어 반도체 제조공정의 수율을 향상하려면 무엇을 해야 하는가? 여기서 통계적 방법이 가장 빈번하게 사용된다. 반도체 공정을 개선하려면 불량 생산품의 개수에 영향을 미치는 제어 가능한 요인을 결정해야 하고, 이 질문에 답하려면 공정 데이터를 수집하고 시스템이 공정변수의 변화에 어떻게 반응하는지 확인해야 한다. 이 책에서 학습하는 통계적 방법, 특히 SPC와 실험설계 기법들은 이러한 지식에 기여할 수 있다.

주요용어와 개념

결함수 관리도(C chart)
가장 가능성 있는 기준(Most probable criterion)
개별값 관리도(Individuals control chart, X chart)
결함집중도(Defect concentration diagram)
경고한계(Warning limits)
계량형 관리도(Variables control charts)
계수형 관리도(Attributes control charts)
공정능력비(Process capability ratio, PCR, PCR_k)
공정능력(Process capability)
관리도(Control chart)
관리한계(Control limits)
규격한계(Specification limits)
기대비용 기준(Expected cost criterion)
누적합 관리도(Cumulative sum control chart, CUSUM)
단위당 결함수 관리도(U chart)
데밍의 14가지 요점(Deming's 14 points)
런 규칙(Run rules)
문제해결도구(Problem-solving tools)
범위 관리도(R chart)
부적합품률 관리도, 불량률 관리도(P chart)
부적합품수 관리도(NP chart)
불량률 관리도(Fraction-defective control chart)
슈하트 관리도(Shewhart control chart)
6시그마 공정(6-sigma process)
오경보(False alarm)
우연원인(Chance causes)
웨스턴일렉트릭 규칙(Western Electric rules)
의사결정나무(Decision tree)
의사결정이론(Decision theory)
이동범위(Moving range)
이상원인(Assignable causes)
자연공차한계(Natural tolerance limits)
중심선(Center line)
지수가중이동평균 관리도(Exponentially weighted moving-average control chart, EWMA)
최소최대 기준(Minimax criterion)
최소최소 기준(Minimin criterion)
통계적 공정관리(Statistical process control, SPC)
통계적 품질관리(Statistical quality control, SQC)
특성요인도(Cause-and-effect diagram)
파레토그림(Pareto diagram)
평균런길이(Average run length, ARL)
표준편차 관리도(S chart)
품질개선(Quality improvement)
합리적 부분군(Rational subgroup)

부록

부록 A 통계표와 도표

표 I 자주 사용하는 확률분포

	이산확률분포	평균	분산	본문의 절
균등(uniform)	$f(x)=\frac{1}{b-a+1}$ $x=a,\ a+1,\ \cdots,\ b$	$\frac{a+b}{2}$	$\frac{(b-a+1)^2-1}{12}$	3.5
이항(binomial)	$f(x)=\binom{n}{x}p^x(1-p)^{n-x}$ $x=0,\ 1,\ \cdots,\ n,\quad 0\le p\le 1$	np	$np(1-p)$	3.6
기하(geometric)	$f(x)=(1-p)^{x-1}p$ $x=1,\ 2,\ \cdots,\quad 0\le p\le 1$	$\frac{1}{p}$	$\frac{1-p}{p^2}$	3.7
음이항(negative binomial)	$f(x)=\binom{x-1}{r-1}(1-p)^{x-r}p^r$ $x=r,\ r+1,\ r+2,\ \cdots,\ 0\le p\le 1$	$\frac{r}{p}$	$\frac{r(1-p)}{p^2}$	3.7
초기하(hypergeometric)	$f(x)=\frac{\binom{K}{x}\binom{N-K}{n-x}}{\binom{N}{n}}$ $x=\max(0,\ n+K-N),\ 1,\ \cdots,\ \min(K,\ n)$ $K\le N,\ n\le N$	$n\frac{K}{N}$	$n\frac{K}{N}\left(1-\frac{K}{N}\right)\left(\frac{N-n}{N-1}\right)$	3.8
포아송(Poisson)	$f(x)=\frac{e^{-\lambda}\lambda^x}{x!}$ $x=0,\ 1,\ 2,\ \cdots,\quad \lambda>0$	λ	λ	3.9
	연속확률분포	**평균**	**분산**	**본문의 절**
균등(uniform)	$f(x)=\frac{1}{b-a}$ $a\le x\le b$	$\frac{a+b}{2}$	$\frac{(b-a)^2}{12}$	4.5
정규(normal)	$f(x)=\frac{1}{\sqrt{2\pi}\sigma}e^{-\frac{1}{2}\left(\frac{x-\mu}{\sigma}\right)^2}$ $-\infty<x<\infty,\ -\infty<\mu<\infty,\ \sigma>0$	μ	σ^2	4.6
지수(exponential)	$f(x)=\lambda e^{-\lambda x}$ $x\ge 0,\ \lambda>0$	$\frac{1}{\lambda}$	$\frac{1}{\lambda^2}$	4.8
얼랭(Erlang)	$f(x)=\frac{\lambda^r x^{r-1}e^{-\lambda x}}{(r-1)!}$ $x\ge 0,\ \lambda>0,\ r=1,\ 2,\ \cdots$	$\frac{r}{\lambda}$	$\frac{r}{\lambda^2}$	4.9.1
감마(gamma)	$f(x)=\frac{\lambda^r x^{r-1}e^{-\lambda x}}{\Gamma(r)}$ $x\ge 0,\ \lambda>0,\ r>0$	$\frac{r}{\lambda}$	$\frac{r}{\lambda^2}$	4.9.2
와이블(Weibull)	$f(x)=\frac{\beta}{\delta}\left(\frac{x}{\delta}\right)^{\beta-1}e^{-\left(\frac{x}{\delta}\right)^\beta}$ $x\ge 0,\ \beta>0,\ \delta>0$	$\delta\Gamma\left(1+\frac{1}{\beta}\right)$	$\delta^2\Gamma\left(1+\frac{2}{\beta}\right)$ $-\delta^2\left[\Gamma\left(1+\frac{1}{\beta}\right)\right]^2$	4.10
대수정규(lognormal)	$f(x)=\frac{1}{\sqrt{2\pi}x\omega}e^{-\frac{(\ln x-\theta)^2}{2\omega^2}}$ $x>0,\ -\infty<\mu<\infty,\ \omega>0$	$e^{\theta+\omega^2/2}$	$e^{2\theta+\omega^2}(e^{\omega^2}-1)$	4.11
베타(beta)	$f(x)=\frac{\Gamma(\alpha+\beta)}{\Gamma(\alpha)\Gamma(\beta)}x^{\alpha-1}(1-x)^{\beta-1}$ $0\le x\le 1,\ \alpha>0,\ \beta>0$	$\frac{\alpha}{\alpha+\beta}$	$\frac{\alpha\beta}{(\alpha+\beta)^2(\alpha+\beta+1)}$	4.12

표 II 누적 이항분포표 $P(X \le x)$

		P										
n	***x***	**0.1**	**0.2**	**0.3**	**0.4**	**0.5**	**0.6**	**0.7**	**0.8**	**0.9**	**0.95**	**0.99**
1	0	0.9000	0.8000	0.7000	0.6000	0.5000	0.4000	0.3000	0.2000	0.1000	0.0500	0.0100
2	0	0.8100	0.6400	0.4900	0.3600	0.2500	0.1600	0.0900	0.0400	0.0100	0.0025	0.0001
	1	0.9900	0.9600	0.9100	0.8400	0.7500	0.6400	0.5100	0.3600	0.1900	0.0975	0.0199
3	0	0.7290	0.5120	0.3430	0.2160	0.1250	0.0640	0.0270	0.0080	0.0010	0.0001	0.0000
	1	0.9720	0.8960	0.7840	0.6480	0.5000	0.3520	0.2160	0.1040	0.0280	0.0073	0.0003
	2	0.9990	0.9920	0.9730	0.9360	0.8750	0.7840	0.6570	0.4880	0.2710	0.1426	0.0297
4	0	0.6561	0.4096	0.2401	0.1296	0.0625	0.0256	0.0081	0.0016	0.0001	0.0000	0.0000
	1	0.9477	0.8192	0.6517	0.4752	0.3125	0.1792	0.0837	0.0272	0.0037	0.0005	0.0000
	2	0.9963	0.9728	0.9163	0.8208	0.6875	0.5248	0.3483	0.1808	0.0523	0.0140	0.0006
	3	0.9999	0.9984	0.9919	0.9744	0.9375	0.8704	0.7599	0.5904	0.3439	0.1855	0.0394
5	0	0.5905	0.3277	0.1681	0.0778	0.0313	0.0102	0.0024	0.0003	0.0000	0.0000	0.0000
	1	0.9185	0.7373	0.5282	0.3370	0.1875	0.0870	0.0308	0.0067	0.0005	0.0000	0.0000
	2	0.9914	0.9421	0.8369	0.6826	0.5000	0.3174	0.1631	0.0579	0.0086	0.0012	0.0000
	3	0.9995	0.9933	0.9692	0.9130	0.8125	0.6630	0.4718	0.2627	0.0815	0.0226	0.0010
	4	1.0000	0.9997	0.9976	0.9898	0.6988	0.9222	0.8319	0.6723	0.4095	0.2262	0.0490
6	0	0.5314	0.2621	0.1176	0.0467	0.0156	0.0041	0.0007	0.0001	0.0000	0.0000	0.0000
	1	0.8857	0.6554	0.4202	0.2333	0.1094	0.0410	0.0109	0.0016	0.0001	0.0000	0.0000
	2	0.9842	0.9011	0.7443	0.5443	0.3438	0.1792	0.0705	0.0170	0.0013	0.0001	0.0000
	3	0.9987	0.9830	0.9295	0.8208	0.6563	0.4557	0.2557	0.0989	0.0159	0.0022	0.0000
	4	0.9999	0.9984	0.9891	0.9590	0.9806	0.7667	0.5798	0.3446	0.1143	0.0328	0.0015
	5	1.0000	0.9999	0.9993	0.9959	0.9844	0.9533	0.8824	0.7379	0.4686	0.2649	0.0585
7	0	0.4783	0.2097	0.0824	0.0280	0.0078	0.0016	0.0002	0.0000	0.0000	0.0000	0.0000
	1	0.8503	0.5767	0.3294	0.1586	0.0625	0.0188	0.0038	0.0004	0.0000	0.0000	0.0000
	2	0.9743	0.8520	0.6471	0.4199	0.2266	0.0963	0.0288	0.0047	0.0002	0.0000	0.0000
	3	0.9973	0.9667	0.8740	0.7102	0.5000	0.2898	0.1260	0.0333	0.0027	0.0002	0.0000
	4	0.9998	0.9953	0.9712	0.9037	0.7734	0.5801	0.3529	0.1480	0.0257	0.0038	0.0000
	5	1.0000	0.9996	0.9962	0.9812	0.9375	0.8414	0.6706	0.4233	0.1497	0.0444	0.0020
	6	1.0000	1.0000	0.9998	0.9984	0.9922	0.9720	0.9176	0.7903	0.5217	0.3017	0.0679
8	0	0.4305	0.1678	0.0576	0.0168	0.0039	0.0007	0.0001	0.0000	0.0000	0.0000	0.0000
	1	0.8131	0.5033	0.2553	0.1064	0.0352	0.0085	0.0013	0.0001	0.0000	0.0000	0.0000
	2	0.9619	0.7969	0.5518	0.3154	0.1445	0.0498	0.0113	0.0012	0.0000	0.0000	0.0000
	3	0.9950	0.9437	0.8059	0.5941	0.3633	0.1737	0.0580	0.0104	0.0004	0.0000	0.0000
	4	0.9996	0.9896	0.9420	0.8263	0.6367	0.4059	0.1941	0.0563	0.0050	0.0004	0.0000
	5	1.0000	0.9988	0.9887	0.9502	0.8555	0.6846	0.4482	0.2031	0.0381	0.0058	0.0001
	6	1.0000	0.9999	0.9987	0.9915	0.9648	0.8936	0.7447	0.4967	0.1869	0.0572	0.0027
	7	1.0000	1.0000	0.9999	0.9993	0.9961	0.9832	0.9424	0.8322	0.5695	0.3366	0.0773
9	0	0.3874	0.1342	0.0404	0.0101	0.0020	0.0003	0.0000	0.0000	0.0000	0.0000	0.0000
	1	0.7748	0.4362	0.1960	0.0705	0.0195	0.0038	0.0004	0.0000	0.0000	0.0000	0.0000
	2	0.9470	0.7382	0.4628	0.2318	0.0889	0.0250	0.0043	0.0003	0.0000	0.0000	0.0000
	3	0.9917	0.9144	0.7297	0.4826	0.2539	0.0994	0.0253	0.0031	0.0001	0.0000	0.0000
	4	0.9991	0.9804	0.9012	0.7334	0.5000	0.2666	0.0988	0.0196	0.0009	0.0000	0.0000
	5	0.9999	0.9969	0.9747	0.9006	0.7461	0.5174	0.2703	0.0856	0.0083	0.0006	0.0000
	6	1.0000	0.9997	0.9957	0.9750	0.9102	0.7682	0.5372	0.2618	0.0530	0.0084	0.0001
	7	1.0000	1.0000	0.9996	0.9962	0.9805	0.9295	0.8040	0.5638	0.2252	0.0712	0.0034
	8	1.0000	1.0000	1.0000	0.9997	0.9980	0.9899	0.9596	0.8658	0.6126	0.3698	0.0865

표 II 누적 이항분포표 $P(X \le x)$ (계속)

		P										
n	*x*	0.1	0.2	0.3	0.4	0.5	0.6	0.7	0.8	0.9	0.95	0.99
10	0	0.3487	0.1074	0.0282	0.0060	0.0010	0.0001	0.0000	0.0000	0.0000	0.0000	0.0000
	1	0.7361	0.3758	0.1493	0.0464	0.0107	0.0017	0.0001	0.0000	0.0000	0.0000	0.0000
	2	0.9298	0.6778	0.3828	0.1673	0.0547	0.0123	0.0016	0.0001	0.0000	0.0000	0.0000
	3	0.9872	0.8791	0.6496	0.3823	0.1719	0.0548	0.0106	0.0009	0.0000	0.0000	0.0000
	4	0.9984	0.9672	0.8497	0.6331	0.3770	0.1662	0.0473	0.0064	0.0001	0.0000	0.0000
	5	0.9999	0.9936	0.9527	0.8338	0.6230	0.3669	0.1503	0.0328	0.0016	0.0001	0.0000
	6	1.0000	0.9991	0.9894	0.9452	0.8281	0.6177	0.3504	0.1209	0.0128	0.0010	0.0000
	7	1.0000	0.9999	0.9984	0.9877	0.9453	0.8327	0.6172	0.3222	0.0702	0.0115	0.0001
	8	1.0000	1.0000	0.9999	0.9983	0.9893	0.9536	0.8507	0.6242	0.2639	0.0861	0.0043
	9	1.0000	1.0000	1.0000	0.9999	0.9990	0.9940	0.9718	0.8926	0.6513	0.4013	0.0956
11	0	0.3138	0.0859	0.0198	0.0036	0.0005	0.0000	0.0000	0.0000	0.0000	0.0000	0.0000
	1	0.6974	0.3221	0.1130	0.0302	0.0059	0.0007	0.0000	0.0000	0.0000	0.0000	0.0000
	2	0.9104	0.6174	0.3127	0.1189	0.0327	0.0059	0.0006	0.0000	0.0000	0.0000	0.0000
	3	0.9815	0.8389	0.5696	0.2963	0.1133	0.0293	0.0043	0.0002	0.0000	0.0000	0.0000
	4	0.9972	0.9496	0.7897	0.5328	0.2744	0.0994	0.0216	0.0020	0.0000	0.0000	0.0000
	5	0.9997	0.9883	0.9218	0.7535	0.5000	0.2465	0.0782	0.0117	0.0003	0.0000	0.0000
	6	1.0000	0.9980	0.9784	0.9006	0.7256	0.4672	0.2103	0.0504	0.0028	0.0001	0.0000
	7	1.0000	0.9998	0.9957	0.9707	0.8867	0.7037	0.4304	0.1611	0.0185	0.0016	0.0000
	8	1.0000	1.0000	0.9994	0.9941	0.9673	0.8811	0.6873	0.3826	0.0896	0.0152	0.0002
	9	1.0000	1.0000	1.0000	0.9993	0.9941	0.9698	0.8870	0.6779	0.3026	0.1019	0.0052
	10	1.0000	1.0000	1.0000	1.0000	0.9995	0.9964	0.9802	0.9141	0.6862	0.4312	0.1047
12	0	0.2824	0.0687	0.0138	0.0022	0.0002	0.0000	0.0000	0.0000	0.0000	0.0000	0.0000
	1	0.6590	0.2749	0.0850	0.0196	0.0032	0.0003	0.0000	0.0000	0.0000	0.0000	0.0000
	2	0.8891	0.5583	0.2528	0.0834	0.0193	0.0028	0.0002	0.0000	0.0000	0.0000	0.0000
	3	0.9744	0.7946	0.4925	0.2253	0.0730	0.0153	0.0017	0.0001	0.0000	0.0000	0.0000
	4	0.9957	0.9274	0.7237	0.4382	0.1938	0.0573	0.0095	0.0006	0.0000	0.0000	0.0000
	5	0.9995	0.9806	0.8822	0.6652	0.3872	0.1582	0.0386	0.0039	0.0001	0.0000	0.0000
	6	0.9999	0.9961	0.9614	0.8418	0.6128	0.3348	0.1178	0.0194	0.0005	0.0000	0.0000
	7	1.0000	0.9994	0.9905	0.9427	0.8062	0.5618	0.2763	0.0726	0.0043	0.0002	0.0000
	8	1.0000	0.9999	0.9983	0.9847	0.9270	0.7747	0.5075	0.2054	0.0256	0.0022	0.0000
	9	1.0000	1.0000	0.9998	0.9972	0.9807	0.9166	0.7472	0.4417	0.1109	0.0196	0.0002
	10	1.0000	1.0000	1.0000	0.9997	0.9968	0.9804	0.9150	0.7251	0.3410	0.1184	0.0062
	11	1.0000	1.0000	1.0000	1.0000	0.9998	0.9978	0.9862	0.9313	0.7176	0.4596	0.1136
13	0	0.2542	0.0550	0.0097	0.0013	0.0001	0.0000	0.0000	0.0000	0.0000	0.0000	0.0000
	1	0.6213	0.2336	0.0637	0.0126	0.0017	0.0001	0.0000	0.0000	0.0000	0.0000	0.0000
	2	0.8661	0.5017	0.2025	0.0579	0.0112	0.0013	0.0001	0.0000	0.0000	0.0000	0.0000
	3	0.9658	0.7473	0.4206	0.1686	0.0461	0.0078	0.0007	0.0000	0.0000	0.0000	0.0000
	4	0.9935	0.9009	0.6543	0.3530	0.1334	0.0321	0.0040	0.0002	0.0000	0.0000	0.0000
	5	0.9991	0.9700	0.8346	0.5744	0.2905	0.0977	0.0182	0.0012	0.0000	0.0000	0.0000
	6	0.9999	0.9930	0.9376	0.7712	0.5000	0.2288	0.0624	0.0070	0.0001	0.0000	0.0000
	7	1.0000	0.9988	0.9818	0.9023	0.7095	0.4256	0.1654	0.0300	0.0009	0.0000	0.0000
	8	1.0000	0.9988	0.9960	0.9679	0.8666	0.6470	0.3457	0.0991	0.0065	0.0003	0.0000
	9	1.0000	1.0000	0.9993	0.9922	0.9539	0.8314	0.5794	0.2527	0.0342	0.0031	0.0000
	10	1.0000	1.0000	0.9999	0.9987	0.9888	0.9421	0.7975	0.4983	0.1339	0.0245	0.0003
	11	1.0000	1.0000	1.0000	0.9999	0.9983	0.9874	0.9363	0.7664	0.3787	0.1354	0.0072
	12	1.0000	1.0000	1.0000	1.0000	0.9999	0.9987	0.9903	0.9450	0.7458	0.4867	0.1225

표 II 누적 이항분포표 $P(X \le x)$ (계속)

		P										
n	*x*	0.1	0.2	0.3	0.4	0.5	0.6	0.7	0.8	0.9	0.95	0.99
14	0	0.2288	0.0440	0.0068	0.0008	0.0001	0.0000	0.0000	0.0000	0.0000	0.0000	0.0000
	1	0.5846	0.1979	0.0475	0.0081	0.0009	0.0001	0.0000	0.0000	0.0000	0.0000	0.0000
	2	0.8416	0.4481	0.1608	0.0398	0.0065	0.0006	0.0000	0.0000	0.0000	0.0000	0.0000
	3	0.9559	0.6982	0.3552	0.1243	0.0287	0.0039	0.0002	0.0000	0.0000	0.0000	0.0000
	4	0.9908	0.8702	0.5842	0.2793	0.0898	0.0175	0.0017	0.0000	0.0000	0.0000	0.0000
	5	0.9985	0.9561	0.7805	0.4859	0.2120	0.0583	0.0083	0.0004	0.0000	0.0000	0.0000
	6	0.9998	0.9884	0.9067	0.6925	0.3953	0.1501	0.0315	0.0024	0.0000	0.0000	0.0000
	7	1.0000	0.9976	0.9685	0.8499	0.6047	0.3075	0.0933	0.0116	0.0002	0.0000	0.0000
	8	1.0000	0.9996	0.9917	0.9417	0.7880	0.5141	0.2195	0.0439	0.0015	0.0000	0.0000
	9	1.0000	1.0000	0.9983	0.9825	0.9102	0.7207	0.4158	0.1298	0.0092	0.0004	0.0000
	10	1.0000	1.0000	0.9998	0.9961	0.9713	0.8757	0.6448	0.3018	0.0441	0.0042	0.0000
	11	1.0000	1.0000	1.0000	0.9994	0.9935	0.9602	0.8392	0.5519	0.1584	0.0301	0.0003
	12	1.0000	1.0000	1.0000	0.9999	0.9991	0.9919	0.9525	0.8021	0.4154	0.1530	0.0084
	13	1.0000	1.0000	1.0000	1.0000	0.9999	0.9992	0.9932	0.9560	0.7712	0.5123	0.1313
15	0	0.2059	0.0352	0.0047	0.0005	0.0000	0.0000	0.0000	0.0000	0.0000	0.0000	0.0000
	1	0.5490	0.1671	0.0353	0.0052	0.0005	0.0000	0.0000	0.0000	0.0000	0.0000	0.0000
	2	0.8159	0.3980	0.1268	0.0271	0.0037	0.0003	0.0000	0.0000	0.0000	0.0000	0.0000
	3	0.9444	0.6482	0.2969	0.0905	0.0176	0.0019	0.0001	0.0000	0.0000	0.0000	0.0000
	4	0.9873	0.8358	0.5155	0.2173	0.0592	0.0093	0.0007	0.0000	0.0000	0.0000	0.0000
	5	0.9978	0.9389	0.7216	0.4032	0.1509	0.0338	0.0037	0.0001	0.0000	0.0000	0.0000
	6	0.9997	0.9819	0.8689	0.6098	0.3036	0.0950	0.0152	0.0008	0.0000	0.0000	0.0000
	7	1.0000	0.9958	0.9500	0.7869	0.5000	0.2131	0.0500	0.0042	0.0000	0.0000	0.0000
	8	1.0000	0.9992	0.9848	0.9050	0.6964	0.3902	0.1311	0.0181	0.0003	0.0000	0.0000
	9	1.0000	0.9999	0.9963	0.9662	0.8491	0.5968	0.2784	0.0611	0.0022	0.0001	0.0000
	10	1.0000	1.0000	0.9993	0.9907	0.9408	0.7827	0.4845	0.1642	0.0127	0.0006	0.0000
	11	1.0000	1.0000	0.9999	0.9981	0.9824	0.9095	0.7031	0.3518	0.0556	0.0055	0.0000
	12	1.0000	1.0000	1.0000	0.9997	0.9963	0.9729	0.8732	0.6020	01841	0.0362	0.0004
	13	1.0000	1.0000	1.0000	1.0000	0.9995	0.9948	0.9647	0.8329	0.4510	0.1710	0.0096
	14	1.0000	1.0000	1.0000	1.0000	1.0000	0.9995	0.9953	0.9648	0.7941	0.5367	0.1399
20	0	0.1216	0.0115	0.0008	0.0000	0.0000	0.0000	0.0000	0.0000	0.0000	0.0000	0.0000
	1	0.3917	0.0692	0.0076	0.0005	0.0000	0.0000	0.0000	0.0000	0.0000	0.0000	0.0000
	2	0.6769	0.2061	0.0355	0.0036	0.0002	0.0000	0.0000	0.0000	0.0000	0.0000	0.0000
	3	0.8670	0.4114	0.1071	0.0160	0.0013	0.0000	0.0000	0.0000	0.0000	0.0000	0.0000
	4	0.9568	0.6296	0.2375	0.0510	0.0059	0.0003	0.0000	0.0000	0.0000	0.0000	0.0000
	5	0.9887	0.8042	0.4164	0.1256	0.0207	0.0016	0.0000	0.0000	0.0000	0.0000	0.0000
	6	0.9976	0.9133	0.6080	0.2500	0.0577	0.0065	0.0003	0.0000	0.0000	0.0000	0.0000
	7	0.9996	0.9679	0.7723	0.4159	0.1316	0.0210	0.0013	0.0000	0.0000	0.0000	0.0000
	8	0.9999	0.9900	0.8867	0.5956	0.2517	0.0565	0.0051	0.0001	0.0000	0.0000	0.0000
	9	1.0000	0.9974	0.9520	0.7553	0.4119	0.1275	0.0171	0.0006	0.0000	0.0000	0.0000
	10	1.0000	0.9994	0.9829	0.8725	0.5881	0.2447	0.0480	0.0026	0.0000	0.0000	0.0000
	11	1.0000	0.9999	0.9949	0.9435	0.7483	0.4044	0.1133	0.0100	0.0001	0.0000	0.0000
	12	1.0000	1.0000	0.9987	0.9790	0.8684	0.5841	0.2277	0.0321	0.0004	0.0000	0.0000
	13	1.0000	1.0000	0.9997	0.9935	0.9423	0.7500	0.3920	0.0867	0.0024	0.0000	0.0000
	14	1.0000	1.0000	1.0000	0.9984	0.9793	0.8744	0.5836	0.1958	0.0113	0.0003	0.0000
	15	1.0000	1.0000	1.0000	0.9997	0.9941	0.9490	0.7625	0.3704	0.0432	0.0026	0.0000
	16	1.0000	1.0000	1.0000	1.0000	0.9987	0.9840	0.8929	0.5886	0.1330	0.0159	0.0000
	17	1.0000	1.0000	1.0000	1.0000	0.9998	0.9964	0.9645	0.7939	0.3231	0.0755	0.0010
	18	1.0000	1.0000	1.0000	1.0000	1.0000	0.9995	0.9924	0.9308	0.6083	0.2642	0.0169
	19	1.0000	1.0000	1.0000	1.0000	1.0000	1.0000	0.9992	0.9885	0.8784	0.6415	0.1821

표 III 누적 표준정규분포표

$$\Phi(z) = P(Z \le z) = \int_{-\infty}^{z} \frac{1}{\sqrt{2\pi}} e^{-\frac{1}{2}u^2} du$$

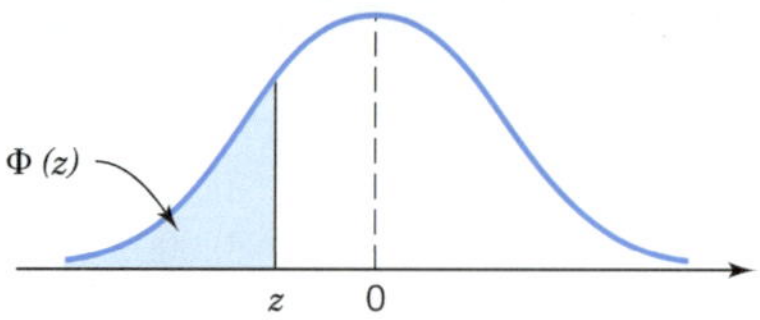

z	−0.09	−0.08	−0.07	−0.06	−0.05	−0.04	−0.03	−0.02	−0.01	−0.00
−3.9	0.000033	0.000034	0.000036	0.000037	0.000039	0.000041	0.000042	0.000044	0.000046	0.000048
−3.8	0.000050	0.000052	0.000054	0.000057	0.000059	0.000062	0.000064	0.000067	0.000069	0.000072
−3.7	0.000075	0.000078	0.000082	0.000085	0.000088	0.000092	0.000096	0.000100	0.000104	0.000108
−3.6	0.000112	0.000117	0.000121	0.000126	0.000131	0.000136	0.000142	0.000147	0.000153	0.000159
−3.5	0.000165	0.000172	0.000179	0.000185	0.000193	0.000200	0.000208	0.000216	0.000224	0.000233
−3.4	0.000242	0.000251	0.000260	0.000270	0.000280	0.000291	0.000302	0.000313	0.000325	0.000337
−3.3	0.000350	0.000362	0.000376	0.000390	0.000404	0.000419	0.000434	0.000450	0.000467	0.000483
−3.2	0.000501	0.000519	0.000538	0.000557	0.000577	0.000598	0.000619	0.000641	0.000664	0.000687
−3.1	0.000711	0.000736	0.000762	0.000789	0.000816	0.000845	0.000874	0.000904	0.000935	0.000968
−3.0	0.001001	0.001035	0.001070	0.001107	0.001144	0.001183	0.001223	0.001264	0.001306	0.001350
−2.9	0.001395	0.001441	0.001489	0.001538	0.001589	0.001641	0.001695	0.001750	0.001807	0.001866
−2.8	0.001926	0.001988	0.002052	0.002118	0.002186	0.002256	0.002327	0.002401	0.002477	0.002555
−2.7	0.002635	0.002718	0.002803	0.002890	0.002980	0.003072	0.003167	0.003264	0.003364	0.003467
−2.6	0.003573	0.003681	0.003793	0.003907	0.004025	0.004145	0.004269	0.004396	0.004527	0.004661
−2.5	0.004799	0.004940	0.005085	0.005234	0.005386	0.005543	0.005703	0.005868	0.006037	0.006210
−2.4	0.006387	0.006569	0.006756	0.006947	0.007143	0.007344	0.007549	0.007760	0.007976	0.008198
−2.3	0.008424	0.008656	0.008894	0.009137	0.009387	0.009642	0.009903	0.010170	0.010444	0.010724
−2.2	0.011011	0.011304	0.011604	0.011911	0.012224	0.012545	0.012874	0.013209	0.013553	0.013903
−2.1	0.014262	0.014629	0.015003	0.015386	0.015778	0.016177	0.016586	0.017003	0.017429	0.017864
−2.0	0.018309	0.018763	0.019226	0.019699	0.020182	0.020675	0.021178	0.021692	0.022216	0.022750
−1.9	0.023295	0.023852	0.024419	0.024998	0.025588	0.026190	0.026803	0.027429	0.028067	0.028717
−1.8	0.029379	0.030054	0.030742	0.031443	0.032157	0.032884	0.033625	0.034379	0.035148	0.035930
−1.7	0.036727	0.037538	0.038364	0.039204	0.040059	0.040929	0.041815	0.042716	0.043633	0.044565
−1.6	0.045514	0.046479	0.047460	0.048457	0.049471	0.050503	0.051551	0.052616	0.053699	0.054799
−1.5	0.055917	0.057053	0.058208	0.059380	0.060571	0.061780	0.063008	0.064256	0.065522	0.066807
−1.4	0.068112	0.069437	0.070781	0.072145	0.073529	0.074934	0.076359	0.077804	0.079270	0.080757
−1.3	0.082264	0.083793	0.085343	0.086915	0.088508	0.090123	0.091759	0.093418	0.095098	0.096801
−1.2	0.098525	0.100273	0.102042	0.103835	0.105650	0.107488	0.109349	0.111233	0.113140	0.115070
−1.1	0.117023	0.119000	0.121001	0.123024	0.125072	0.127143	0.129238	0.131357	0.133500	0.135666
−1.0	0.137857	0.140071	0.142310	0.144572	0.146859	0.149170	0.151505	0.153864	0.156248	0.158655
−0.9	0.161087	0.163543	0.166023	0.168528	0.171056	0.173609	0.176185	0.178786	0.181411	0.184060
−0.8	0.186733	0.189430	0.192150	0.194894	0.197662	0.200454	0.203269	0.206108	0.208970	0.211855
−0.7	0.214764	0.217695	0.220650	0.223627	0.226627	0.229650	0.232695	0.235762	0.238852	0.241964
−0.6	0.245097	0.248252	0.251429	0.254627	0.257846	0.261086	0.264347	0.267629	0.270931	0.274253
−0.5	0.277595	0.280957	0.284339	0.287740	0.291160	0.294599	0.298056	0.301532	0.305026	0.308538
−0.4	0.312067	0.315614	0.319178	0.322758	0.326355	0.329969	0.333598	0.337243	0.340903	0.344578
−0.3	0.348268	0.351973	0.355691	0.359424	0.363169	0.366928	0.370700	0.374484	0.378281	0.382089
−0.2	0.385908	0.389739	0.393580	0.397432	0.401294	0.405165	0.409046	0.412936	0.416834	0.420740
−0.1	0.424655	0.428576	0.432505	0.436441	0.440382	0.444330	0.448283	0.452242	0.456205	0.460172
0.0	0.464144	0.468119	0.472097	0.476078	0.480061	0.484047	0.488033	0.492022	0.496011	0.500000

표 III 누적 표준정규분포표(계속)

$$\Phi(z) = P(Z \le z) = \int_{-\infty}^{z} \frac{1}{\sqrt{2\pi}} e^{-\frac{1}{2}u^2} du$$

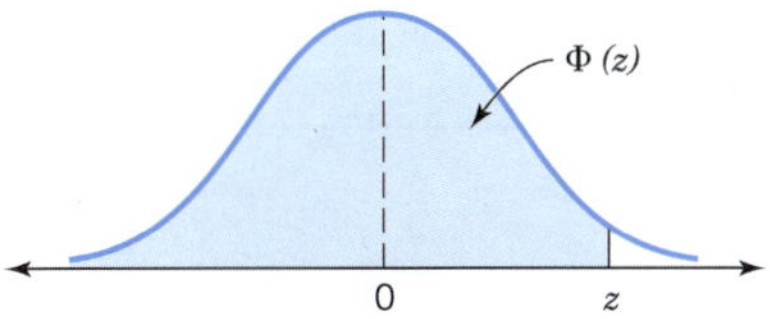

z	0.00	0.01	0.02	0.03	0.04	0.05	0.06	0.07	0.08	0.09
0.0	0.500000	0.503989	0.507978	0.511967	0.515953	0.519939	0.532922	0.527903	0.531881	0.535856
0.1	0.539828	0.543795	0.547758	0.551717	0.555760	0.559618	0.563559	0.567495	0.571424	0.575345
0.2	0.579260	0.583166	0.587064	0.590954	0.594835	0.598706	0.602568	0.606420	0.610261	0.614092
0.3	0.617911	0.621719	0.625516	0.629300	0.633072	0.636831	0.640576	0.644309	0.648027	0.651732
0.4	0.655422	0.659097	0.662757	0.666402	0.670031	0.673645	0.677242	0.680822	0.684386	0.687933
0.5	0.691462	0.694974	0.698468	0.701944	0.705401	0.708840	0.712260	0.715661	0.719043	0.722405
0.6	0.725747	0.729069	0.732371	0.735653	0.738914	0.742154	0.745373	0.748571	0.751748	0.754903
0.7	0.758036	0.761148	0.764238	0.767305	0.770350	0.773373	0.776373	0.779350	0.782305	0.785236
0.8	0.788145	0.791030	0.793892	0.796731	0.799546	0.802338	0.805106	0.807850	0.810570	0.813267
0.9	0.815940	0.818589	0.821214	0.823815	0.826391	0.828944	0.831472	0.833977	0.836457	0.838913
1.0	0.841345	0.843752	0.846136	0.848495	0.850830	0.853141	0.855428	0.857690	0.859929	0.862143
1.1	0.864334	0.866500	0.868643	0.870762	0.872857	0.874928	0.876976	0.878999	0.881000	0.882977
1.2	0.884930	0.886860	0.888767	0.890651	0.892512	0.894350	0.896165	0.897958	0.899727	0.901475
1.3	0.903199	0.904902	0.906582	0.908241	0.909877	0.911492	0.913085	0.914657	0.916207	0.917736
1.4	0.919243	0.920730	0.922196	0.923641	0.925066	0.926471	0.927855	0.929219	0.930563	0.931888
1.5	0.933193	0.934478	0.935744	0.936992	0.938220	0.939429	0.940620	0.941792	0.942947	0.944083
1.6	0.945201	0.946301	0.947384	0.948449	0.949497	0.950529	0.951543	0.952540	0.953521	0.954486
1.7	0.955435	0.956367	0.957284	0.958185	0.959071	0.959941	0.960796	0.961636	0.962462	0.963273
1.8	0.964070	0.964852	0.965621	0.966375	0.967116	0.967843	0.968557	0.969258	0.969946	0.970621
1.9	0.971283	0.971933	0.972571	0.973197	0.973810	0.974412	0.975002	0.975581	0.976148	0.976705
2.0	0.977250	0.977784	0.978308	0.978822	0.979325	0.979818	0.980301	0.980774	0.981237	0.981691
2.1	0.982136	0.982571	0.982997	0.983414	0.983823	0.984222	0.984614	0.984997	0.985371	0.985738
2.2	0.986097	0.986447	0.986791	0.987126	0.987455	0.987776	0.988089	0.988396	0.988696	0.988989
2.3	0.989276	0.989556	0.989830	0.990097	0.990358	0.990613	0.990863	0.991106	0.991344	0.991576
2.4	0.991802	0.992024	0.992240	0.992451	0.992656	0.992857	0.993053	0.993244	0.993431	0.993613
2.5	0.993790	0.993963	0.994132	0.994297	0.994457	0.994614	0.994766	0.994915	0.995060	0.995201
2.6	0.995339	0.995473	0.995604	0.995731	0.995855	0.995975	0.996093	0.996207	0.996319	0.996427
2.7	0.996533	0.996636	0.996736	0.996833	0.996928	0.997020	0.997110	0.997197	0.997282	0.997365
2.8	0.997445	0.997523	0.997599	0.997673	0.997744	0.997814	0.997882	0.997948	0.998012	0.998074
2.9	0.998134	0.998193	0.998250	0.998305	0.998359	0.998411	0.998462	0.998511	0.998559	0.998605
3.0	0.998650	0.998694	0.998736	0.998777	0.998817	0.998856	0.998893	0.998930	0.998965	0.998999
3.1	0.999032	0.999065	0.999096	0.999126	0.999155	0.999184	0.999211	0.999238	0.999264	0.999289
3.2	0.999313	0.999336	0.999359	0.999381	0.999402	0.999423	0.999443	0.999462	0.999481	0.999499
3.3	0.999517	0.999533	0.999550	0.999566	0.999581	0.999596	0.999610	0.999624	0.999638	0.999650
3.4	0.999663	0.999675	0.999687	0.999698	0.999709	0.999720	0.999730	0.999740	0.999749	0.999758
3.5	0.999767	0.999776	0.999784	0.999792	0.999800	0.999807	0.999815	0.999821	0.999828	0.999835
3.6	0.999841	0.999847	0.999853	0.999858	0.999864	0.999869	0.999874	0.999879	0.999883	0.999888
3.7	0.999892	0.999896	0.999900	0.999904	0.999908	0.999912	0.999915	0.999918	0.999922	0.999925
3.8	0.999928	0.999931	0.999933	0.999936	0.999938	0.999941	0.999943	0.999946	0.999948	0.999950
3.9	0.999952	0.999954	0.999956	0.999958	0.999959	0.999961	0.999963	0.999964	0.999966	0.999967

표 IV 카이제곱분포의 백분위수 $\chi^2_{\alpha,v}$

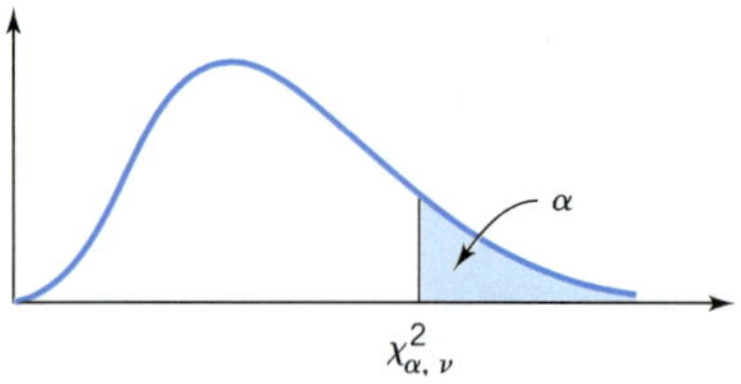

v \ α	.995	.990	.975	.950	.900	.500	.100	.050	.025	.010	.005
1	.00+	.00+	.00+	.00+	.02	.45	2.71	3.84	5.02	6.63	7.88
2	.01	.02	.05	.10	.21	1.39	4.61	5.99	7.38	9.21	10.60
3	.07	.11	.22	.35	.58	2.37	6.25	7.81	9.35	11.34	12.84
4	.21	.30	.48	.71	1.06	3.36	7.78	9.49	11.14	13.28	14.86
5	.41	.55	.83	1.15	1.61	4.35	9.24	11.07	12.83	15.09	16.75
6	.68	.87	1.24	1.64	2.20	5.35	10.65	12.59	14.45	16.81	18.55
7	.99	1.24	1.69	2.17	2.83	6.35	12.02	14.07	16.01	18.48	20.28
8	1.34	1.65	2.18	2.73	3.49	7.34	13.36	15.51	17.53	20.09	21.96
9	1.73	2.09	2.70	3.33	4.17	8.34	14.68	16.92	19.02	21.67	23.59
10	2.16	2.56	3.25	3.94	4.87	9.34	15.99	18.31	20.48	23.21	25.19
11	2.60	3.05	3.82	4.57	5.58	10.34	17.28	19.68	21.92	24.72	26.76
12	3.07	3.57	4.40	5.23	6.30	11.34	18.55	21.03	23.34	26.22	28.30
13	3.57	4.11	5.01	5.89	7.04	12.34	19.81	22.36	24.74	27.69	29.82
14	4.07	4.66	5.63	6.57	7.79	13.34	21.06	23.68	26.12	29.14	31.32
15	4.60	5.23	6.27	7.26	8.55	14.34	22.31	25.00	27.49	30.58	32.80
16	5.14	5.81	6.91	7.96	9.31	15.34	23.54	26.30	28.85	32.00	34.27
17	5.70	6.41	7.56	8.67	10.09	16.34	24.77	27.59	30.19	33.41	35.72
18	6.26	7.01	8.23	9.39	10.87	17.34	25.99	28.87	31.53	34.81	37.16
19	6.84	7.63	8.91	10.12	11.65	18.34	27.20	30.14	32.85	36.19	38.58
20	7.43	8.26	9.59	10.85	12.44	19.34	28.41	31.41	34.17	37.57	40.00
21	8.03	8.90	10.28	11.59	13.24	20.34	29.62	32.67	35.48	38.93	41.40
22	8.64	9.54	10.98	12.34	14.04	21.34	30.81	33.92	36.78	40.29	42.80
23	9.26	10.20	11.69	13.09	14.85	22.34	32.01	35.17	38.08	41.64	44.18
24	9.89	10.86	12.40	13.85	15.66	23.34	33.20	36.42	39.36	42.98	45.56
25	10.52	11.52	13.12	14.61	16.47	24.34	34.28	37.65	40.65	44.31	46.93
26	11.16	12.20	13.84	15.38	17.29	25.34	35.56	38.89	41.92	45.64	48.29
27	11.81	12.88	14.57	16.15	18.11	26.34	36.74	40.11	43.19	46.96	49.65
28	12.46	13.57	15.31	16.93	18.94	27.34	37.92	41.34	44.46	48.28	50.99
29	13.12	14.26	16.05	17.71	19.77	28.34	39.09	42.56	45.72	49.59	52.34
30	13.79	14.95	16.79	18.49	20.60	29.34	40.26	43.77	46.98	50.89	53.67
40	20.71	22.16	24.43	26.51	29.05	39.34	51.81	55.76	59.34	63.69	66.77
50	27.99	29.71	32.36	34.76	37.69	49.33	63.17	67.50	71.42	76.15	79.49
60	35.53	37.48	40.48	43.19	46.46	59.33	74.40	79.08	83.30	88.38	91.95
70	43.28	45.44	48.76	51.74	55.33	69.33	85.53	90.53	95.02	100.42	104.22
80	51.17	53.54	57.15	60.39	64.28	79.33	96.58	101.88	106.63	112.33	116.32
90	59.20	61.75	65.65	69.13	73.29	89.33	107.57	113.14	118.14	124.12	128.30
100	67.33	70.06	74.22	77.93	82.36	99.33	118.50	124.34	129.56	135.81	140.17

v = 자유도

표 V t-분포의 백분위수 $t_{\alpha,\,v}$

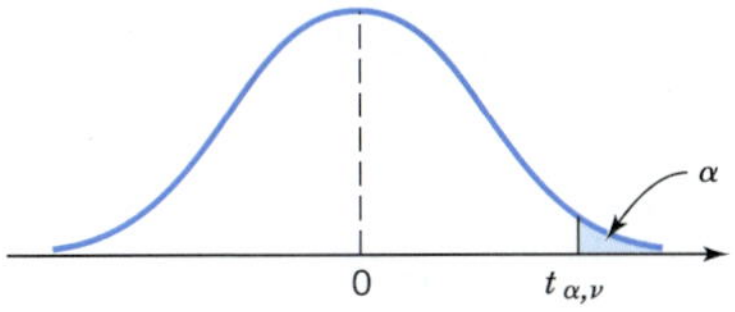

v \ α	.40	.25	.10	.05	.025	.01	.005	.0025	.001	.0005
1	.325	1.000	3.078	6.314	12.706	31.821	63.657	127.32	318.31	636.62
2	.289	.816	1.886	2.920	4.303	6.965	9.925	14.089	23.326	31.598
3	.277	.765	1.638	2.353	3.182	4.541	5.841	7.453	10.213	12.924
4	.271	.741	1.533	2.132	2.776	3.747	4.604	5.598	7.173	8.610
5	.267	.727	1.476	2.015	2.571	3.365	4.032	4.773	5.893	6.869
6	.265	.718	1.440	1.943	2.447	3.143	3.707	4.317	5.208	5.959
7	.263	.711	1.415	1.895	2.365	2.998	3.499	4.029	4.785	5.408
8	.262	.706	1.397	1.860	2.306	2.896	3.355	3.833	4.501	5.041
9	.261	.703	1.383	1.833	2.262	2.821	3.250	3.690	4.297	4.781
10	.260	.700	1.372	1.812	2.228	2.764	3.169	3.581	4.144	4.587
11	.260	.697	1.363	1.796	2.201	2.718	3.106	3.497	4.025	4.437
12	.259	.695	1.356	1.782	2.179	2.681	3.055	3.428	3.930	4.318
13	.259	.694	1.350	1.771	2.160	2.650	3.012	3.372	3.852	4.221
14	.258	.692	1.345	1.761	2.145	2.624	2.977	3.326	3.787	4.140
15	.258	.691	1.341	1.753	2.131	2.602	2.947	3.286	3.733	4.073
16	.258	.690	1.337	1.746	2.120	2.583	2.921	3.252	3.686	4.015
17	.257	.689	1.333	1.740	2.110	2.567	2.898	3.222	3.646	3.965
18	.257	.688	1.330	1.734	2.101	2.552	2.878	3.197	3.610	3.922
19	.257	.688	1.328	1.729	2.093	2.539	2.861	3.174	3.579	3.883
20	.257	.687	1.325	1.725	2.086	2.528	2.845	3.153	3.552	3.850
21	.257	.686	1.323	1.721	2.080	2.518	2.831	3.135	3.527	3.819
22	.256	.686	1.321	1.717	2.074	2.508	2.819	3.119	3.505	3.792
23	.256	.685	1.319	1.714	2.069	2.500	2.807	3.104	3.485	3.767
24	.256	.685	1.318	1.711	2.064	2.492	2.797	3.091	3.467	3.745
25	.256	.684	1.316	1.708	2.060	2.485	2.787	3.078	3.450	3.725
26	.256	.684	1.315	1.706	2.056	2.479	2.779	3.067	3.435	3.707
27	.256	.684	1.314	1.703	2.052	2.473	2.771	3.057	3.421	3.690
28	.256	.683	1.313	1.701	2.048	2.467	2.763	3.047	3.408	3.674
29	.256	.683	1.311	1.699	2.045	2.462	2.756	3.038	3.396	3.659
30	.256	.683	1.310	1.697	2.042	2.457	2.750	3.030	3.385	3.646
40	.255	.681	1.303	1.684	2.021	2.423	2.704	2.971	3.307	3.551
60	.254	.679	1.296	1.671	2.000	2.390	2.660	2.915	3.232	3.460
120	.254	.677	1.289	1.658	1.980	2.358	2.617	2.860	3.160	3.373
∞	.253	.674	1.282	1.645	1.960	2.326	2.576	2.807	3.090	3.291

v = 자유도

표 VI F–분포의 백분위수 f_{α, v_1, v_2}

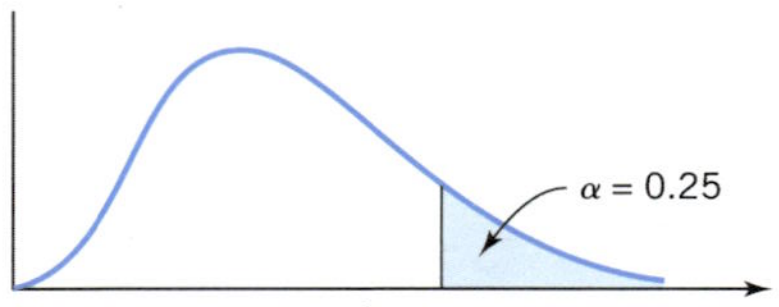

$f_{0.25, \nu_1, \nu_2}$

ν_2 \ ν_1	분자의 자유도(ν_1)																		
분모의 자유도(ν_2)	1	2	3	4	5	6	7	8	9	10	12	15	20	24	30	40	60	120	∞
1	5.83	7.50	8.20	8.58	8.82	8.98	9.10	9.19	9.26	9.32	9.41	9.49	9.58	9.63	9.67	9.71	9.76	9.80	9.85
2	2.57	3.00	3.15	3.23	3.28	3.31	3.34	3.35	3.37	3.38	3.39	3.41	3.43	3.43	3.44	3.45	3.46	3.47	3.48
3	2.02	2.28	2.36	2.39	2.41	2.42	2.43	2.44	2.44	2.44	2.45	2.46	2.46	2.46	2.47	2.47	2.47	2.47	2.47
4	1.81	2.00	2.05	2.06	2.07	2.08	2.08	2.08	2.08	2.08	2.08	2.08	2.08	2.08	2.08	2.08	2.08	2.08	2.08
5	1.69	1.85	1.88	1.89	1.89	1.89	1.89	1.89	1.89	1.89	1.89	1.89	1.88	1.88	1.88	1.88	1.87	1.87	1.87
6	1.62	1.76	1.78	1.79	1.79	1.78	1.78	1.78	1.77	1.77	1.77	1.76	1.76	1.75	1.75	1.75	1.74	1.74	1.74
7	1.57	1.70	1.72	1.72	1.71	1.71	1.70	1.70	1.70	1.69	1.68	1.68	1.67	1.67	1.66	1.66	1.65	1.65	1.65
8	1.54	1.66	1.67	1.66	1.66	1.65	1.64	1.64	1.63	1.63	1.62	1.62	1.61	1.60	1.60	1.59	1.59	1.58	1.58
9	1.51	1.62	1.63	1.63	1.62	1.61	1.60	1.60	1.59	1.59	1.58	1.57	1.56	1.56	1.55	1.54	1.54	1.53	1.53
10	1.49	1.60	1.60	1.59	1.59	1.58	1.57	1.56	1.56	1.55	1.54	1.53	1.52	1.52	1.51	1.51	1.50	1.49	1.48
11	1.47	1.58	1.58	1.57	1.56	1.55	1.54	1.53	1.53	1.52	1.51	1.50	1.49	1.49	1.48	1.47	1.47	1.46	1.45
12	1.46	1.56	1.56	1.55	1.54	1.53	1.52	1.51	1.51	1.50	1.49	1.48	1.47	1.46	1.45	1.45	1.44	1.43	1.42
13	1.45	1.55	1.55	1.53	1.52	1.51	1.50	1.49	1.49	1.48	1.47	1.46	1.45	1.44	1.43	1.42	1.42	1.41	1.40
14	1.44	1.53	1.53	1.52	1.51	1.50	1.49	1.48	1.47	1.46	1.45	1.44	1.43	1.42	1.41	1.41	1.40	1.39	1.38
15	1.43	1.52	1.52	1.51	1.49	1.48	1.47	1.46	1.46	1.45	1.44	1.43	1.41	1.41	1.40	1.39	1.38	1.37	1.36
16	1.42	1.51	1.51	1.50	1.48	1.47	1.46	1.45	1.44	1.44	1.43	1.41	1.40	1.39	1.38	1.37	1.36	1.35	1.34
17	1.42	1.51	1.50	1.49	1.47	1.46	1.45	1.44	1.43	1.43	1.41	1.40	1.39	1.38	1.37	1.36	1.35	1.34	1.33
18	1.41	1.50	1.49	1.48	1.46	1.45	1.44	1.43	1.42	1.42	1.40	1.39	1.38	1.37	1.36	1.35	1.34	1.33	1.32
19	1.41	1.49	1.49	1.47	1.46	1.44	1.43	1.42	1.41	1.41	1.40	1.38	1.37	1.36	1.35	1.34	1.33	1.32	1.30
20	1.40	1.49	1.48	1.47	1.45	1.44	1.43	1.42	1.41	1.40	1.39	1.37	1.36	1.35	1.34	1.33	1.32	1.31	1.29
21	1.40	1.48	1.48	1.46	1.44	1.43	1.42	1.41	1.40	1.39	1.38	1.37	1.35	1.34	1.33	1.32	1.31	1.30	1.28
22	1.40	1.48	1.47	1.45	1.44	1.42	1.41	1.40	1.39	1.39	1.37	1.36	1.34	1.33	1.32	1.31	1.30	1.29	1.28
23	1.39	1.47	1.47	1.45	1.43	1.42	1.41	1.40	1.39	1.38	1.37	1.35	1.34	1.33	1.32	1.31	1.30	1.28	1.27
24	1.39	1.47	1.46	1.44	1.43	1.41	1.40	1.39	1.38	1.38	1.36	1.35	1.33	1.32	1.31	1.30	1.29	1.28	1.26
25	1.39	1.47	1.46	1.44	1.42	1.41	1.40	1.39	1.38	1.37	1.36	1.34	1.33	1.32	1.31	1.29	1.28	1.27	1.25
26	1.38	1.46	1.45	1.44	1.42	1.41	1.39	1.38	1.37	1.37	1.35	1.34	1.32	1.31	1.30	1.29	1.28	1.26	1.25
27	1.38	1.46	1.45	1.43	1.42	1.40	1.39	1.38	1.37	1.36	1.35	1.33	1.32	1.31	1.30	1.28	1.27	1.26	1.24
28	1.38	1.46	1.45	1.43	1.41	1.40	1.39	1.38	1.37	1.36	1.34	1.33	1.31	1.30	1.29	1.28	1.27	1.25	1.24
29	1.38	1.45	1.45	1.43	1.41	1.40	1.38	1.37	1.36	1.35	1.34	1.32	1.31	1.30	1.29	1.27	1.26	1.25	1.23
30	1.38	1.45	1.44	1.42	1.41	1.39	1.38	1.37	1.36	1.35	1.34	1.32	1.30	1.29	1.28	1.27	1.26	1.24	1.23
40	1.36	1.44	1.42	1.40	1.39	1.37	1.36	1.35	1.34	1.33	1.31	1.30	1.28	1.26	1.25	1.24	1.22	1.21	1.19
60	1.35	1.42	1.41	1.38	1.37	1.35	1.33	1.32	1.31	1.30	1.29	1.27	1.25	1.24	1.22	1.21	1.19	1.17	1.15
120	1.34	1.40	1.39	1.37	1.35	1.33	1.31	1.30	1.29	1.28	1.26	1.24	1.22	1.21	1.19	1.18	1.16	1.13	1.10
∞	1.32	1.39	1.37	1.35	1.33	1.31	1.29	1.28	1.27	1.25	1.24	1.22	1.19	1.18	1.16	1.14	1.12	1.08	1.00

표 VI F-분포의 백분위수 f_{α, v_1, v_2} (계속)

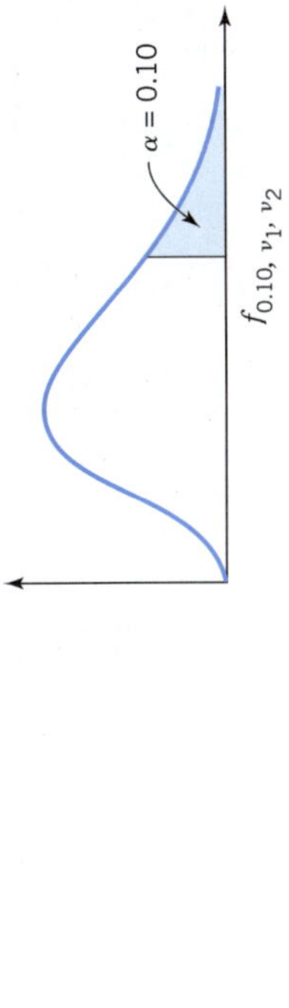

$f_{0.10, v_1, v_2}$

v_2 \ v_1 (분자의 자유도 (v_1))	1	2	3	4	5	6	7	8	9	10	12	15	20	24	30	40	60	120	∞
1	39.86	49.50	53.59	55.83	57.24	58.20	58.91	59.44	59.86	60.19	60.71	61.22	61.74	62.00	62.26	62.53	62.79	63.06	63.33
2	8.53	9.00	9.16	9.24	9.29	9.33	9.35	9.37	9.38	9.39	9.41	9.42	9.44	9.45	9.46	9.47	9.47	9.48	9.49
3	5.54	5.46	5.39	5.34	5.31	5.28	5.27	5.25	5.24	5.23	5.22	5.20	5.18	5.18	5.17	5.16	5.15	5.14	5.13
4	4.54	4.32	4.19	4.11	4.05	4.01	3.98	3.95	3.94	3.92	3.90	3.87	3.84	3.83	3.82	3.80	3.79	3.78	3.76
5	4.06	3.78	3.62	3.52	3.45	3.40	3.37	3.34	3.32	3.30	3.27	3.24	3.21	3.19	3.17	3.16	3.14	3.12	3.10
6	3.78	3.46	3.29	3.18	3.11	3.05	3.01	2.98	2.96	2.94	2.90	2.87	2.84	2.82	2.80	2.78	2.76	2.74	2.72
7	3.59	3.26	3.07	2.96	2.88	2.83	2.78	2.75	2.72	2.70	2.67	2.63	2.59	2.58	2.56	2.54	2.51	2.49	2.47
8	3.46	3.11	2.92	2.81	2.73	2.67	2.62	2.59	2.56	2.54	2.50	2.46	2.42	2.40	2.38	2.36	2.34	2.32	2.29
9	3.36	3.01	2.81	2.69	2.61	2.55	2.51	2.47	2.44	2.42	2.38	2.34	2.30	2.28	2.25	2.23	2.21	2.18	2.16
10	3.29	2.92	2.73	2.61	2.52	2.46	2.41	2.38	2.35	2.32	2.28	2.24	2.20	2.18	2.16	2.13	2.11	2.08	2.06
11	3.23	2.86	2.66	2.54	2.45	2.39	2.34	2.30	2.27	2.25	2.21	2.17	2.12	2.10	2.08	2.05	2.03	2.00	1.97
12	3.18	2.81	2.61	2.48	2.39	2.33	2.28	2.24	2.21	2.19	2.15	2.10	2.06	2.04	2.01	1.99	1.96	1.93	1.90
13	3.14	2.76	2.56	2.43	2.35	2.28	2.23	2.20	2.16	2.14	2.10	2.05	2.01	1.98	1.96	1.93	1.90	1.88	1.85
14	3.10	2.73	2.52	2.39	2.31	2.24	2.19	2.15	2.12	2.10	2.05	2.01	1.96	1.94	1.91	1.89	1.86	1.83	1.80
15	3.07	2.70	2.49	2.36	2.27	2.21	2.16	2.12	2.09	2.06	2.02	1.97	1.92	1.90	1.87	1.85	1.82	1.79	1.76
16	3.05	2.67	2.46	2.33	2.24	2.18	2.13	2.09	2.06	2.03	1.99	1.94	1.89	1.87	1.84	1.81	1.78	1.75	1.72
17	3.03	2.64	2.44	2.31	2.22	2.15	2.10	2.06	2.03	2.00	1.96	1.91	1.86	1.84	1.81	1.78	1.75	1.72	1.69
18	3.01	2.62	2.42	2.29	2.20	2.13	2.08	2.04	2.00	1.98	1.93	1.89	1.84	1.81	1.78	1.75	1.72	1.69	1.66
19	2.99	2.61	2.40	2.27	2.18	2.11	2.06	2.02	1.98	1.96	1.91	1.86	1.81	1.79	1.76	1.73	1.70	1.67	1.63
20	2.97	2.59	2.38	2.25	2.16	2.09	2.04	2.00	1.96	1.94	1.89	1.84	1.79	1.77	1.74	1.71	1.68	1.64	1.61
21	2.96	2.57	2.36	2.23	2.14	2.08	2.02	1.98	1.95	1.92	1.87	1.83	1.78	1.75	1.72	1.69	1.66	1.62	1.59
22	2.95	2.56	2.35	2.22	2.13	2.06	2.01	1.97	1.93	1.90	1.86	1.81	1.76	1.73	1.70	1.67	1.64	1.60	1.57
23	2.94	2.55	2.34	2.21	2.11	2.05	1.99	1.95	1.92	1.89	1.84	1.80	1.74	1.72	1.69	1.66	1.62	1.59	1.55
24	2.93	2.54	2.33	2.19	2.10	2.04	1.98	1.94	1.91	1.88	1.83	1.78	1.73	1.70	1.67	1.64	1.61	1.57	1.53
25	2.92	2.53	2.32	2.18	2.09	2.02	1.97	1.93	1.89	1.87	1.82	1.77	1.72	1.69	1.66	1.63	1.59	1.56	1.52
26	2.91	2.52	2.31	2.17	2.08	2.01	1.96	1.92	1.88	1.86	1.81	1.76	1.71	1.68	1.65	1.61	1.58	1.54	1.50
27	2.90	2.51	2.30	2.17	2.07	2.00	1.95	1.91	1.87	1.85	1.80	1.75	1.70	1.67	1.64	1.60	1.57	1.53	1.49
28	2.89	2.50	2.29	2.16	2.06	2.00	1.94	1.90	1.87	1.84	1.79	1.74	1.69	1.66	1.63	1.59	1.56	1.52	1.48
29	2.89	2.50	2.28	2.15	2.06	1.99	1.93	1.89	1.86	1.83	1.78	1.73	1.68	1.65	1.62	1.58	1.55	1.51	1.47
30	2.88	2.49	2.28	2.14	2.03	1.98	1.93	1.88	1.85	1.82	1.77	1.72	1.67	1.64	1.61	1.57	1.54	1.50	1.46
40	2.84	2.44	2.23	2.09	2.00	1.93	1.87	1.83	1.79	1.76	1.71	1.66	1.61	1.57	1.54	1.51	1.47	1.42	1.38
60	2.79	2.39	2.18	2.04	1.95	1.87	1.82	1.77	1.74	1.71	1.66	1.60	1.54	1.51	1.48	1.44	1.40	1.35	1.29
120	2.75	2.35	2.13	1.99	1.90	1.82	1.77	1.72	1.68	1.65	1.60	1.55	1.48	1.45	1.41	1.37	1.32	1.26	1.19
∞	2.71	2.30	2.08	1.94	1.85	1.77	1.72	1.67	1.63	1.60	1.55	1.49	1.42	1.38	1.34	1.30	1.24	1.17	1.00

분모의 자유도 (v_2)

표 VI F–분포의 백분위수 f_{α, v_1, v_2} (계속)

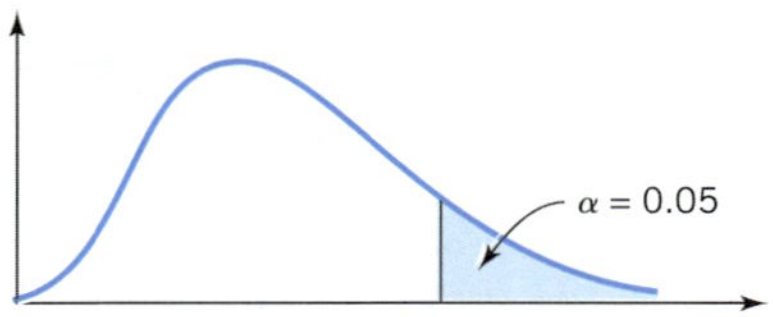

f_{α, v_1, v_2}

v_2 \ v_1 (분자의 자유도(v_1))	1	2	3	4	5	6	7	8	9	10	12	15	20	24	30	40	60	120	∞
1	161.4	199.5	215.7	224.6	230.2	234.0	236.8	238.9	240.5	241.9	243.9	245.9	248.0	249.1	250.1	251.1	252.2	253.3	254.3
2	18.51	19.00	19.16	19.25	19.30	19.33	19.35	19.37	19.38	19.40	19.41	19.43	19.45	19.45	19.46	19.47	19.48	19.49	19.50
3	10.13	9.55	9.28	9.12	9.01	8.94	8.89	8.85	8.81	8.79	8.74	8.70	8.66	8.64	8.62	8.59	8.57	8.55	8.53
4	7.71	6.94	6.59	6.39	6.26	6.16	6.09	6.04	6.00	5.96	5.91	5.86	5.80	5.77	5.75	5.72	5.69	5.66	5.63
5	6.61	5.79	5.41	5.19	5.05	4.95	4.88	4.82	4.77	4.74	4.68	4.62	4.56	4.53	4.50	4.46	4.43	4.40	4.36
6	5.99	5.14	4.76	4.53	4.39	4.28	4.21	4.15	4.10	4.06	4.00	3.94	3.87	3.84	3.81	3.77	3.74	3.70	3.67
7	5.59	4.74	4.35	4.12	3.97	3.87	3.79	3.73	3.68	3.64	3.57	3.51	3.44	3.41	3.38	3.34	3.30	3.27	3.23
8	5.32	4.46	4.07	3.84	3.69	3.58	3.50	3.44	3.39	3.35	3.28	3.22	3.15	3.12	3.08	3.04	3.01	2.97	2.93
9	5.12	4.26	3.86	3.63	3.48	3.37	3.29	3.23	3.18	3.14	3.07	3.01	2.94	2.90	2.86	2.83	2.79	2.75	2.71
10	4.96	4.10	3.71	3.48	3.33	3.22	3.14	3.07	3.02	2.98	2.91	2.85	2.77	2.74	2.70	2.66	2.62	2.58	2.54
11	4.84	3.98	3.59	3.36	3.20	3.09	3.01	2.95	2.90	2.85	2.79	2.72	2.65	2.61	2.57	2.53	2.49	2.45	2.40
12	4.75	3.89	3.49	3.26	3.11	3.00	2.91	2.85	2.80	2.75	2.69	2.62	2.54	2.51	2.47	2.43	2.38	2.34	2.30
13	4.67	3.81	3.41	3.18	3.03	2.92	2.83	2.77	2.71	2.67	2.60	2.53	2.46	2.42	2.38	2.34	2.30	2.25	2.21
14	4.60	3.74	3.34	3.11	2.96	2.85	2.76	2.70	2.65	2.60	2.53	2.46	2.39	2.35	2.31	2.27	2.22	2.18	2.13
15	4.54	3.68	3.29	3.06	2.90	2.79	2.71	2.64	2.59	2.54	2.48	2.40	2.33	2.29	2.25	2.20	2.16	2.11	2.07
16	4.49	3.63	3.24	3.01	2.85	2.74	2.66	2.59	2.54	2.49	2.42	2.35	2.28	2.24	2.19	2.15	2.11	2.06	2.01
17	4.45	3.59	3.20	2.96	2.81	2.70	2.61	2.55	2.49	2.45	2.38	2.31	2.23	2.19	2.15	2.10	2.06	2.01	1.96
18	4.41	3.55	3.16	2.93	2.77	2.66	2.58	2.51	2.46	2.41	2.34	2.27	2.19	2.15	2.11	2.06	2.02	1.97	1.92
19	4.38	3.52	3.13	2.90	2.74	2.63	2.54	2.48	2.42	2.38	2.31	2.23	2.16	2.11	2.07	2.03	1.98	1.93	1.88
20	4.35	3.49	3.10	2.87	2.71	2.60	2.51	2.45	2.39	2.35	2.28	2.20	2.12	2.08	2.04	1.99	1.95	1.90	1.84
21	4.32	3.47	3.07	2.84	2.68	2.57	2.49	2.42	2.37	2.32	2.25	2.18	2.10	2.05	2.01	1.96	1.92	1.87	1.81
22	4.30	3.44	3.05	2.82	2.66	2.55	2.46	2.40	2.34	2.30	2.23	2.15	2.07	2.03	1.98	1.94	1.89	1.84	1.78
23	4.28	3.42	3.03	2.80	2.64	2.53	2.44	2.37	2.32	2.27	2.20	2.13	2.05	2.01	1.96	1.91	1.86	1.81	1.76
24	4.26	3.40	3.01	2.78	2.62	2.51	2.42	2.36	2.30	2.25	2.18	2.11	2.03	1.98	1.94	1.89	1.84	1.79	1.73
25	4.24	3.39	2.99	2.76	2.60	2.49	2.40	2.34	2.28	2.24	2.16	2.09	2.01	1.96	1.92	1.87	1.82	1.77	1.71
26	4.23	3.37	2.98	2.74	2.59	2.47	2.39	2.32	2.27	2.22	2.15	2.07	1.99	1.95	1.90	1.85	1.80	1.75	1.69
27	4.21	3.35	2.96	2.73	2.57	2.46	2.37	2.31	2.25	2.20	2.13	2.06	1.97	1.93	1.88	1.84	1.79	1.73	1.67
28	4.20	3.34	2.95	2.71	2.56	2.45	2.36	2.29	2.24	2.19	2.12	2.04	1.96	1.91	1.87	1.82	1.77	1.71	1.65
29	4.18	3.33	2.93	2.70	2.55	2.43	2.35	2.28	2.22	2.18	2.10	2.03	1.94	1.90	1.85	1.81	1.75	1.70	1.64
30	4.17	3.32	2.92	2.69	2.53	2.42	2.33	2.27	2.21	2.16	2.09	2.01	1.93	1.89	1.84	1.79	1.74	1.68	1.62
40	4.08	3.23	2.84	2.61	2.45	2.34	2.25	2.18	2.12	2.08	2.00	1.92	1.84	1.79	1.74	1.69	1.64	1.58	1.51
60	4.00	3.15	2.76	2.53	2.37	2.25	2.17	2.10	2.04	1.99	1.92	1.84	1.75	1.70	1.65	1.59	1.53	1.47	1.39
120	3.92	3.07	2.68	2.45	2.29	2.17	2.09	2.02	1.96	1.91	1.83	1.75	1.66	1.61	1.55	1.55	1.43	1.35	1.25
∞	3.84	3.00	2.60	2.37	2.21	2.10	2.01	1.94	1.88	1.83	1.75	1.67	1.57	1.52	1.46	1.39	1.32	1.22	1.00

분모의 자유도(v_2)

표 VI F-분포의 백분위수 f_{α, v_1, v_2} (계속)

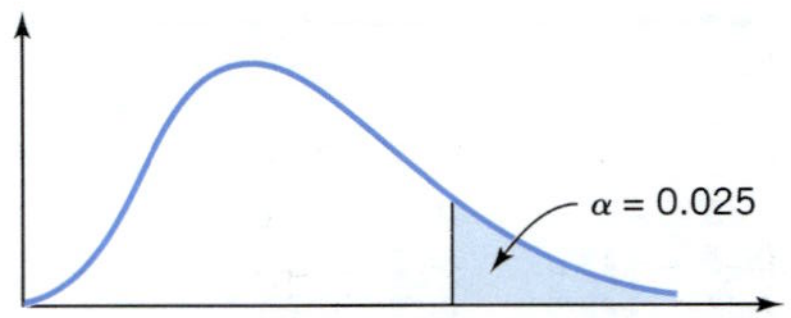

f_{α, v_1, v_2}

v_2 \ v_1 (분자의 자유도(v_1))	1	2	3	4	5	6	7	8	9	10	12	15	20	24	30	40	60	120	∞
1	647.8	799.5	864.2	899.6	921.8	937.1	948.2	956.7	963.3	968.6	976.7	984.9	993.1	997.2	1001	1006	1010	1014	1018
2	38.51	39.00	39.17	39.25	39.30	39.33	39.36	39.37	39.39	39.40	39.41	39.43	39.45	39.46	39.46	39.47	39.48	39.49	39.50
3	17.44	16.04	15.44	15.10	14.88	14.73	14.62	14.54	14.47	14.42	14.34	14.25	14.17	14.12	14.08	14.04	13.99	13.95	13.90
4	12.22	10.65	9.98	9.60	9.36	9.20	9.07	8.98	8.90	8.84	8.75	8.66	8.56	8.51	8.46	8.41	8.36	8.31	8.26
5	10.01	8.43	7.76	7.39	7.15	6.98	6.85	6.76	6.68	6.62	6.52	6.43	6.33	6.28	6.23	6.18	6.12	6.07	6.02
6	8.81	7.26	6.60	6.23	5.99	5.82	5.70	5.60	5.52	5.46	5.37	5.27	5.17	5.12	5.07	5.01	4.96	4.90	4.85
7	8.07	6.54	5.89	5.52	5.29	5.12	4.99	4.90	4.82	4.76	4.67	4.57	4.47	4.42	4.36	4.31	4.25	4.20	4.14
8	7.57	6.06	5.42	5.05	4.82	4.65	4.53	4.43	4.36	4.30	4.20	4.10	4.00	3.95	3.89	3.84	3.78	3.73	3.67
9	7.21	5.71	5.08	4.72	4.48	4.32	4.20	4.10	4.03	3.96	3.87	3.77	3.67	3.61	3.56	3.51	3.45	3.39	3.33
10	6.94	5.46	4.83	4.47	4.24	4.07	3.95	3.85	3.78	3.72	3.62	3.52	3.42	3.37	3.31	3.26	3.20	3.14	3.08
11	6.72	5.26	4.63	4.28	4.04	3.88	3.76	3.66	3.59	3.53	3.43	3.33	3.23	3.17	3.12	3.06	3.00	2.94	2.88
12	6.55	5.10	4.47	4.12	3.89	3.73	3.61	3.51	3.44	3.37	3.28	3.18	3.07	3.02	2.96	2.91	2.85	2.79	2.72
13	6.41	4.97	4.35	4.00	3.77	3.60	3.48	3.39	3.31	3.25	3.15	3.05	2.95	2.89	2.84	2.78	2.72	2.66	2.60
14	6.30	4.86	4.24	3.89	3.66	3.50	3.38	3.29	3.21	3.15	3.05	2.95	2.84	2.79	2.73	2.67	2.61	2.55	2.49
15	6.20	4.77	4.15	3.80	3.58	3.41	3.29	3.20	3.12	3.06	2.96	2.86	2.76	2.70	2.64	2.59	2.52	2.46	2.40
16	6.12	4.69	4.08	3.73	3.50	3.34	3.22	3.12	3.05	2.99	2.89	2.79	2.68	2.63	2.57	2.51	2.45	2.38	2.32
17	6.04	4.62	4.01	3.66	3.44	3.28	3.16	3.06	2.98	2.92	2.82	2.72	2.62	2.56	2.50	2.44	2.38	2.32	2.25
18	5.98	4.56	3.95	3.61	3.38	3.22	3.10	3.01	2.93	2.87	2.77	2.67	2.56	2.50	2.44	2.38	2.32	2.26	2.19
19	5.92	4.51	3.90	3.56	3.33	3.17	3.05	2.96	2.88	2.82	2.72	2.62	2.51	2.45	2.39	2.33	2.27	2.20	2.13
20	5.87	4.46	3.86	3.51	3.29	3.13	3.01	2.91	2.84	2.77	2.68	2.57	2.46	2.41	2.35	2.29	2.22	2.16	2.09
21	5.83	4.42	3.82	3.48	3.25	3.09	2.97	2.87	2.80	2.73	2.64	2.53	2.42	2.37	2.31	2.25	2.18	2.11	2.04
22	5.79	4.38	3.78	3.44	3.22	3.05	2.93	2.84	2.76	2.70	2.60	2.50	2.39	2.33	2.27	2.21	2.14	2.08	2.00
23	5.75	4.35	3.75	3.41	3.18	3.02	2.90	2.81	2.73	2.67	2.57	2.47	2.36	2.30	2.24	2.18	2.11	2.04	1.97
24	5.72	4.32	3.72	3.38	3.15	2.99	2.87	2.78	2.70	2.64	2.54	2.44	2.33	2.27	2.21	2.15	2.08	2.01	1.94
25	5.69	4.29	3.69	3.35	3.13	2.97	2.85	2.75	2.68	2.61	2.51	2.41	2.30	2.24	2.18	2.12	2.05	1.98	1.91
26	5.66	4.27	3.67	3.33	3.10	2.94	2.82	2.73	2.65	2.59	2.49	2.39	2.28	2.22	2.16	2.09	2.03	1.95	1.88
27	5.63	4.24	3.65	3.31	3.08	2.92	2.80	2.71	2.63	2.57	2.47	2.36	2.25	2.19	2.13	2.07	2.00	1.93	1.85
28	5.61	4.22	3.63	3.29	3.06	2.90	2.78	2.69	2.61	2.55	2.45	2.34	2.23	2.17	2.11	2.05	1.98	1.91	1.83
29	5.59	4.20	3.61	3.27	3.04	2.88	2.76	2.67	2.59	2.53	2.43	2.32	2.21	2.15	2.09	2.03	1.96	1.89	1.81
30	5.57	4.18	3.59	3.25	3.03	2.87	2.75	2.65	2.57	2.51	2.41	2.31	2.20	2.14	2.07	2.01	1.94	1.87	1.79
40	5.42	4.05	3.46	3.13	2.90	2.74	2.62	2.53	2.45	2.39	2.29	2.18	2.07	2.01	1.94	1.88	1.80	1.72	1.64
60	5.29	3.93	3.34	3.01	2.79	2.63	2.51	2.41	2.33	2.27	2.17	2.06	1.94	1.88	1.82	1.74	1.67	1.58	1.48
120	5.15	3.80	3.23	2.89	2.67	2.52	2.39	2.30	2.22	2.16	2.05	1.94	1.82	1.76	1.69	1.61	1.53	1.43	1.31
∞	5.02	3.69	3.12	2.79	2.57	2.41	2.29	2.19	2.11	2.05	1.94	1.83	1.71	1.64	1.57	1.48	1.39	1.27	1.00

분모의 자유도(v_2)

표 VI F-분포의 백분위수 f_{α,v_1,v_2} (계속)

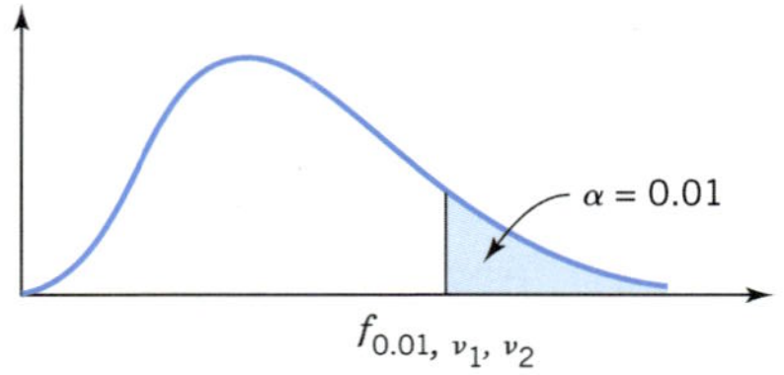

f_{α,v_1,v_2}

분모의 자유도(v_2) \ 분자의 자유도(v_1)	1	2	3	4	5	6	7	8	9	10	12	15	20	24	30	40	60	120	∞
1	4052	4999.5	5403	5625	5764	5859	5928	5982	6022	6056	6106	6157	6209	6235	6261	6287	6313	6339	6366
2	98.50	99.00	99.17	99.25	99.30	99.33	99.36	99.37	99.39	99.40	99.42	99.43	99.45	99.46	99.47	99.47	99.48	99.49	99.50
3	34.12	30.82	29.46	28.71	28.24	27.91	27.67	27.49	27.35	27.23	27.05	26.87	26.69	26.00	26.50	26.41	26.32	26.22	26.13
4	21.20	18.00	16.69	15.98	15.52	15.21	14.98	14.80	14.66	14.55	14.37	14.20	14.02	13.93	13.84	13.75	13.65	13.56	13.46
5	16.26	13.27	12.06	11.39	10.97	10.67	10.46	10.29	10.16	10.05	9.89	9.72	9.55	9.47	9.38	9.29	9.20	9.11	9.02
6	13.75	10.92	9.78	9.15	8.75	8.47	8.26	8.10	7.98	7.87	7.72	7.56	7.40	7.31	7.23	7.14	7.06	6.97	6.88
7	12.25	9.55	8.45	7.85	7.46	7.19	6.99	6.84	6.72	6.62	6.47	6.31	6.16	6.07	5.99	5.91	5.82	5.74	5.65
8	11.26	8.65	7.59	7.01	6.63	6.37	6.18	6.03	5.91	5.81	5.67	5.52	5.36	5.28	5.20	5.12	5.03	4.95	4.46
9	10.56	8.02	6.99	6.42	6.06	5.80	5.61	5.47	5.35	5.26	5.11	4.96	4.81	4.73	4.65	4.57	4.48	4.40	4.31
10	10.04	7.56	6.55	5.99	5.64	5.39	5.20	5.06	4.94	4.85	4.71	4.56	4.41	4.33	4.25	4.17	4.08	4.00	3.91
11	9.65	7.21	6.22	5.67	5.32	5.07	4.89	4.74	4.63	4.54	4.40	4.25	4.10	4.02	3.94	3.86	3.78	3.69	3.60
12	9.33	6.93	5.95	5.41	5.06	4.82	4.64	4.50	4.39	4.30	4.16	4.01	3.86	3.78	3.70	3.62	3.54	3.45	3.36
13	9.07	6.70	5.74	5.21	4.86	4.62	4.44	4.30	4.19	4.10	3.96	3.82	3.66	3.59	3.51	3.43	3.34	3.25	3.17
14	8.86	6.51	5.56	5.04	4.69	4.46	4.28	4.14	4.03	3.94	3.80	3.66	3.51	3.43	3.35	3.27	3.18	3.09	3.00
15	8.68	6.36	5.42	4.89	4.36	4.32	4.14	4.00	3.89	3.80	3.67	3.52	3.37	3.29	3.21	3.13	3.05	2.96	2.87
16	8.53	6.23	5.29	4.77	4.44	4.20	4.03	3.89	3.78	3.69	3.55	3.41	3.26	3.18	3.10	3.02	2.93	2.84	2.75
17	8.40	6.11	5.18	4.67	4.34	4.10	3.93	3.79	3.68	3.59	3.46	3.31	3.16	3.08	3.00	2.92	2.83	2.75	2.65
18	8.29	6.01	5.09	4.58	4.25	4.01	3.84	3.71	3.60	3.51	3.37	3.23	3.08	3.00	2.92	2.84	2.75	2.66	2.57
19	8.18	5.93	5.01	4.50	4.17	3.94	3.77	3.63	3.52	3.43	3.30	3.15	3.00	2.92	2.84	2.76	2.67	2.58	2.59
20	8.10	5.85	4.94	4.43	4.10	3.87	3.70	3.56	3.46	3.37	3.23	3.09	2.94	2.86	2.78	2.69	2.61	2.52	2.42
21	8.02	5.78	4.87	4.37	4.04	3.81	3.64	3.51	3.40	3.31	3.17	3.03	2.88	2.80	2.72	2.64	2.55	2.46	2.36
22	7.95	5.72	4.82	4.31	3.99	3.76	3.59	3.45	3.35	3.26	3.12	2.98	2.83	2.75	2.67	2.58	2.50	2.40	2.31
23	7.88	5.66	4.76	4.26	3.94	3.71	3.54	3.41	3.30	3.21	3.07	2.93	2.78	2.70	2.62	2.54	2.45	2.35	2.26
24	7.82	5.61	4.72	4.22	3.90	3.67	3.50	3.36	3.26	3.17	3.03	2.89	2.74	2.66	2.58	2.49	2.40	2.31	2.21
25	7.77	5.57	4.68	4.18	3.85	3.63	3.46	3.32	3.22	3.13	2.99	2.85	2.70	2.62	2.54	2.45	2.36	2.27	2.17
26	7.72	5.53	4.64	4.14	3.82	3.59	3.42	3.29	3.18	3.09	2.96	2.81	2.66	2.58	2.50	2.42	2.33	2.23	2.13
27	7.68	5.49	4.60	4.11	3.78	3.56	3.39	3.26	3.15	3.06	2.93	2.78	2.63	2.55	2.47	2.38	2.29	2.20	2.10
28	7.64	5.45	4.57	4.07	3.75	3.53	3.36	3.23	3.12	3.03	2.90	2.75	2.60	2.52	2.44	2.35	2.26	2.17	2.06
29	7.60	5.42	4.54	4.04	3.73	3.50	3.33	3.20	3.09	3.00	2.87	2.73	2.57	2.49	2.41	2.33	2.23	2.14	2.03
30	7.56	5.39	4.51	4.02	3.70	3.47	3.30	3.17	3.07	2.98	2.84	2.70	2.55	2.47	2.39	2.30	2.21	2.11	2.01
40	7.31	5.18	4.31	3.83	3.51	3.29	3.12	2.99	2.89	2.80	2.66	2.52	2.37	2.29	2.20	2.11	2.02	1.92	1.80
60	7.08	4.98	4.13	3.65	3.34	3.12	2.95	2.82	2.72	2.63	2.50	2.35	2.20	2.12	2.03	1.94	1.84	1.73	1.60
120	6.85	4.79	3.95	3.48	3.17	2.96	2.79	2.66	2.56	2.47	2.34	2.19	2.03	1.95	1.86	1.76	1.66	1.53	1.38
∞	6.63	4.61	3.78	3.32	3.02	2.80	2.64	2.51	2.41	2.32	2.18	2.04	1.88	1.79	1.70	1.59	1.47	1.32	1.00

표 VII 검사특성곡선

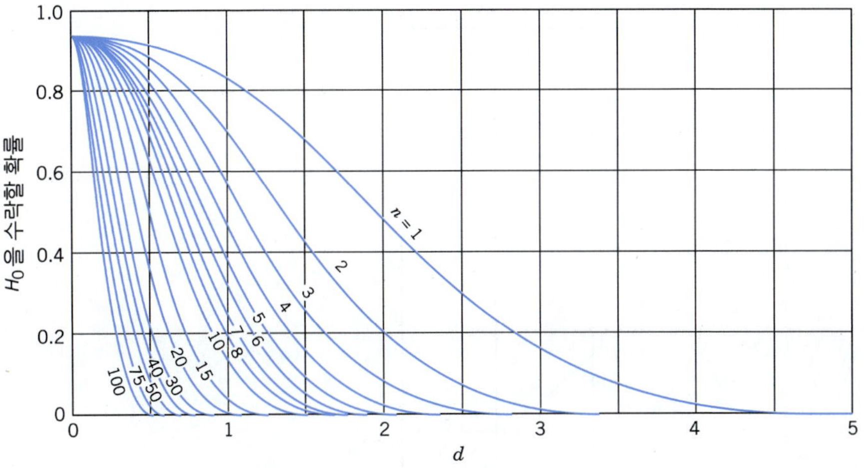

(a) $\alpha = 0.05$, 양측 z–검정에서 여러 n에 대한 OC곡선

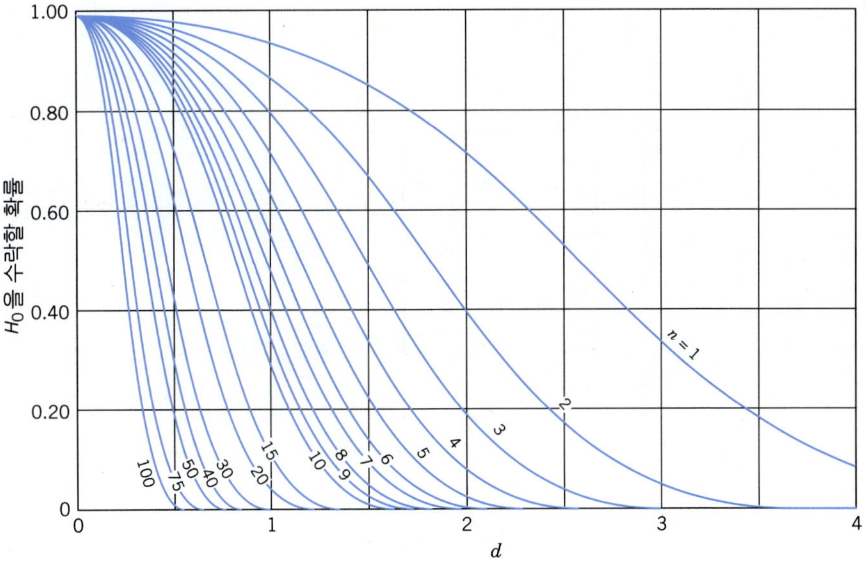

(b) $\alpha = 0.01$, 양측 z–검정에서 여러 n에 대한 OC곡선

- 표 VIIa, e, f, k, m, q의 출처: C.L. Ferris, F.E. Grubbs, C.L. Weaver, "Operating Characteristics for the Common Statistical Tests of Significance," *Annals of Mathematical Statistics*, 1946.
- 표 VIIb, c, d, g, h, i, j, l, n, o, p, r의 출처: A.H. Bowker, G.J. Lieberman, *Engineering Statistics*, Prentice-Hall, 1972.

표 VII 검사특성곡선(계속)

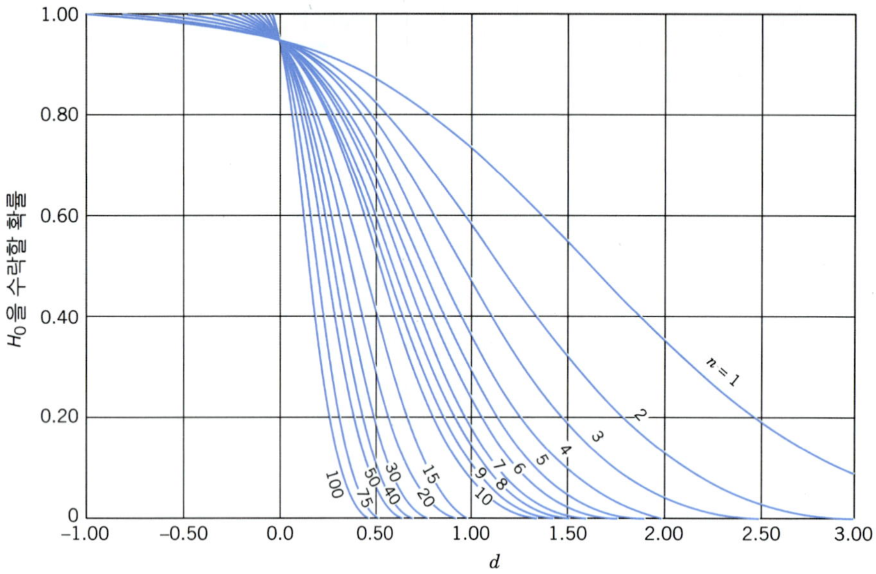

(c) $\alpha = 0.05$, 단측 z-검정에서 여러 n에 대한 OC곡선

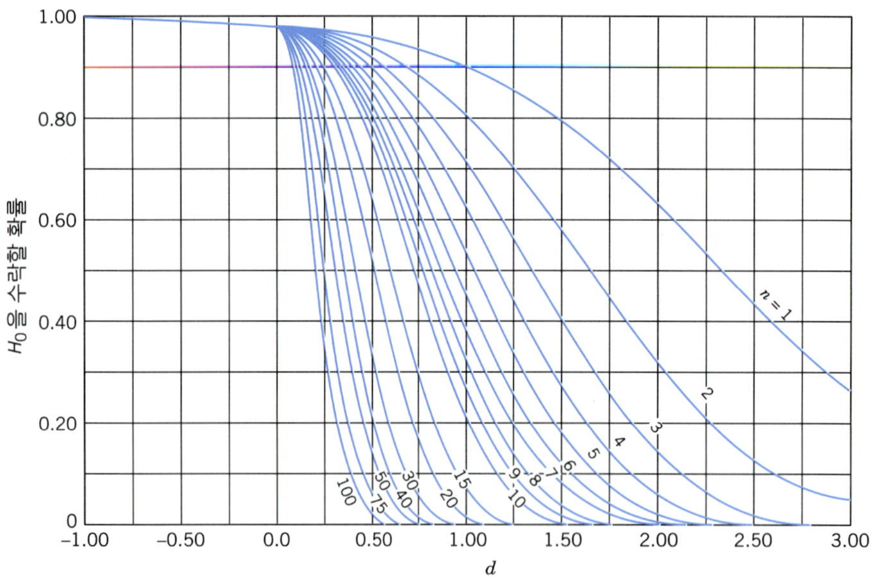

(d) $\alpha = 0.01$, 단측 z-검정에서 여러 n에 대한 OC곡선

표 VII 검사특성곡선(계속)

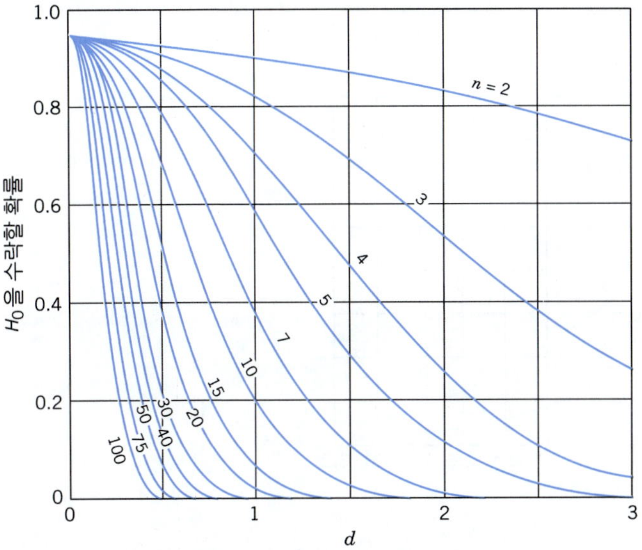

(e) $\alpha = 0.05$, 양측 t-검정에서 여러 n에 대한 OC곡선

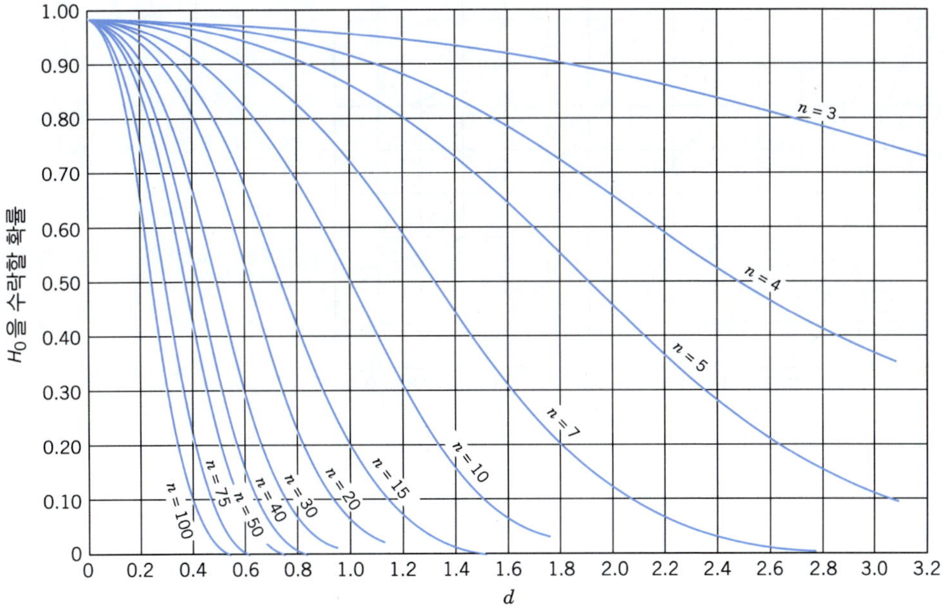

(f) $\alpha = 0.01$, 양측 t-검정에서 여러 n에 대한 OC곡선

표 VII 검사특성곡선(계속)

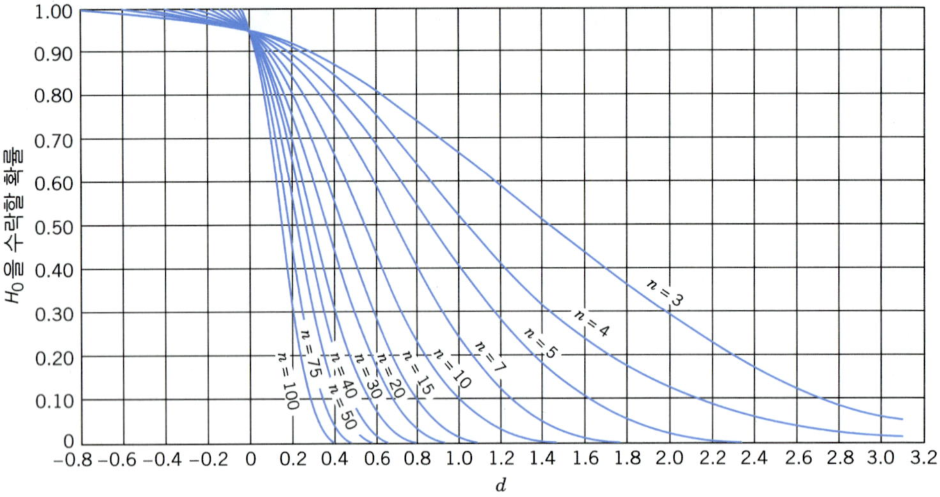

(g) $\alpha = 0.05$, 단측 t−검정에서 여러 n에 대한 OC곡선

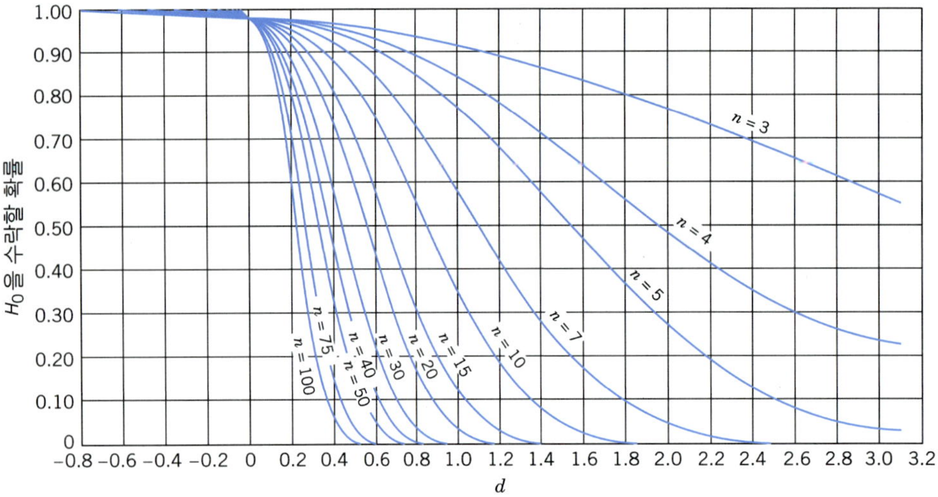

(h) $\alpha = 0.01$, 단측 t−검정에서 여러 n에 대한 OC곡선

표 VII 검사특성곡선(계속)

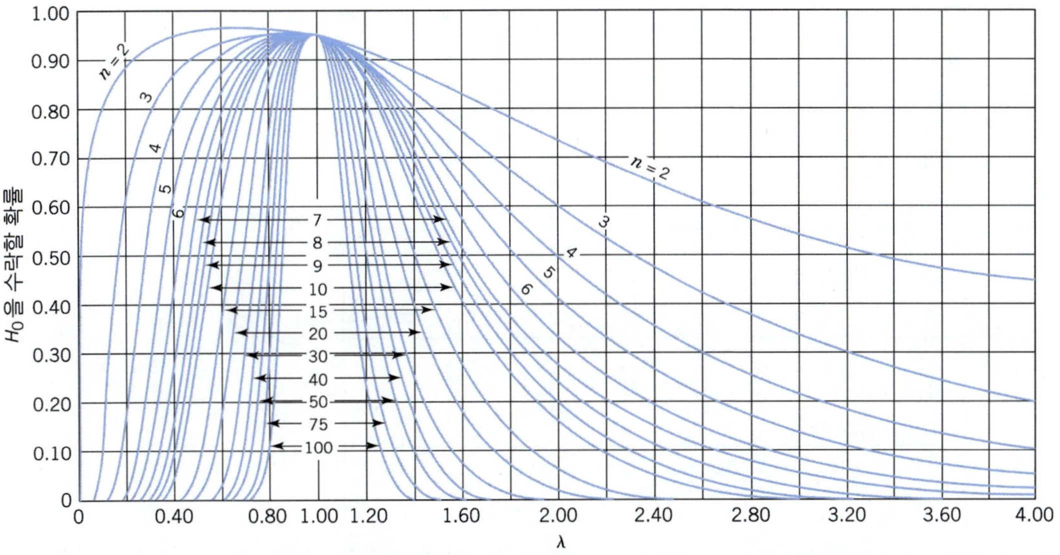

(i) $\alpha = 0.05$, 양측 χ^2–검정에서 여러 n에 대한 OC곡선

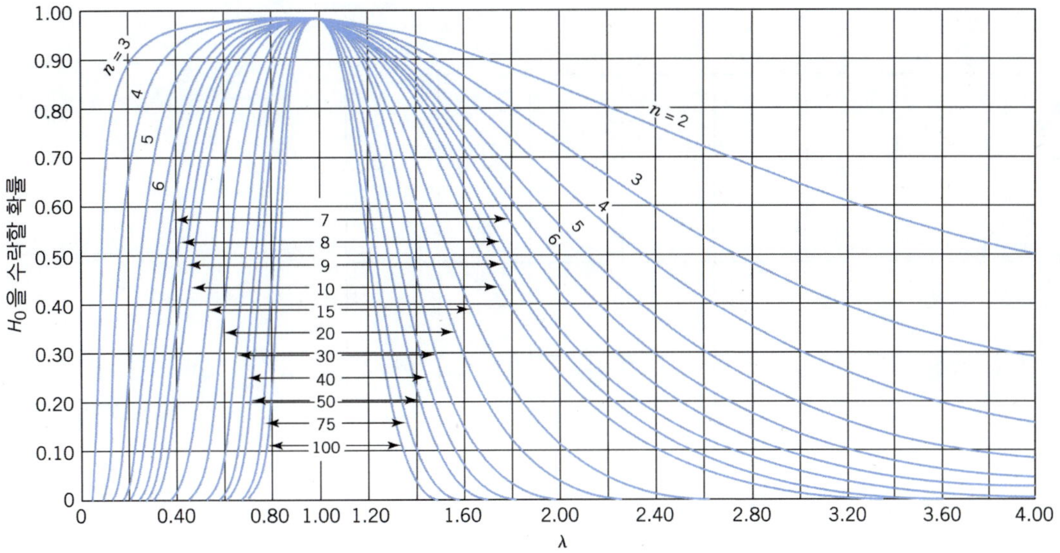

(j) $\alpha = 0.01$, 양측 χ^2–검정에서 여러 n에 대한 OC곡선

표 VII 검사특성곡선(계속)

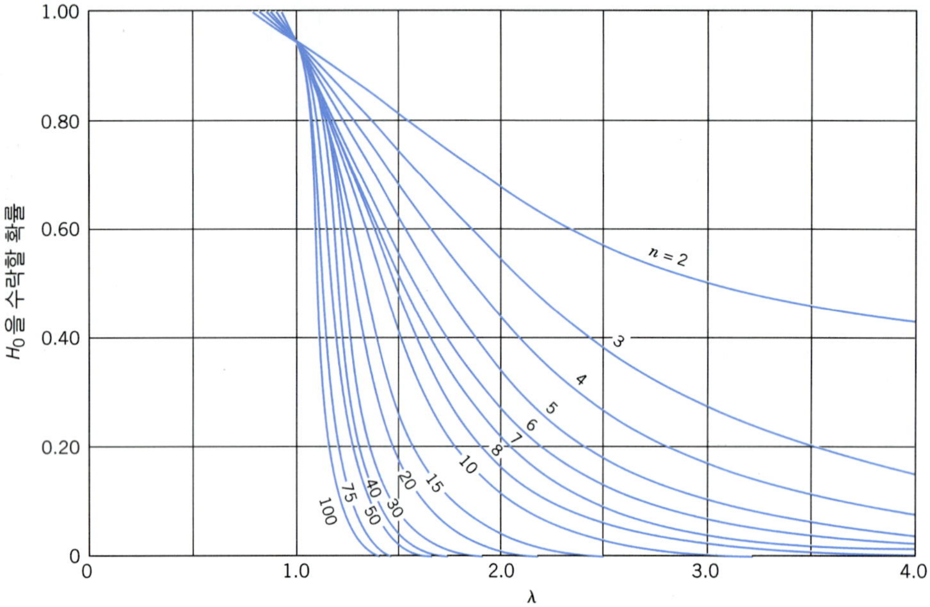

(k) $\alpha = 0.05$, 상단측 χ^2-검정에서 여러 n에 대한 OC곡선

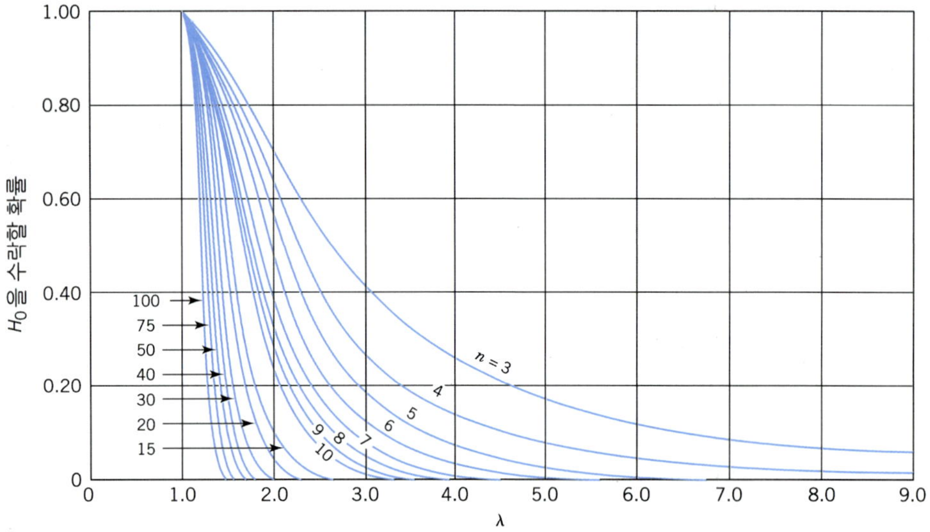

(l) $\alpha = 0.01$, 상단측 χ^2-검정에서 여러 n에 대한 OC곡선

표 VII 검사특성곡선(계속)

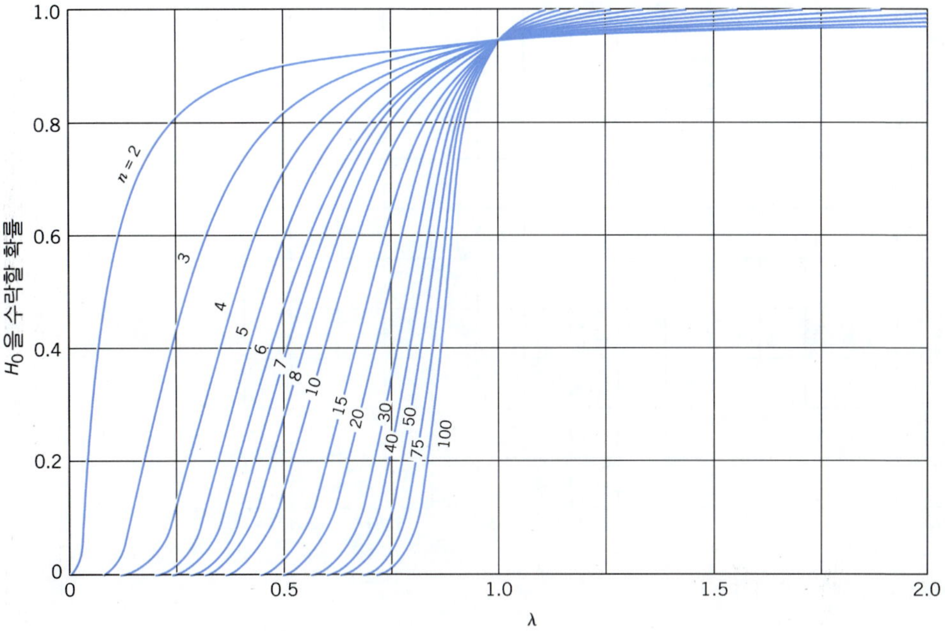

(m) $\alpha = 0.05$, 하단측 χ^2-검정에서 여러 n에 대한 OC곡선

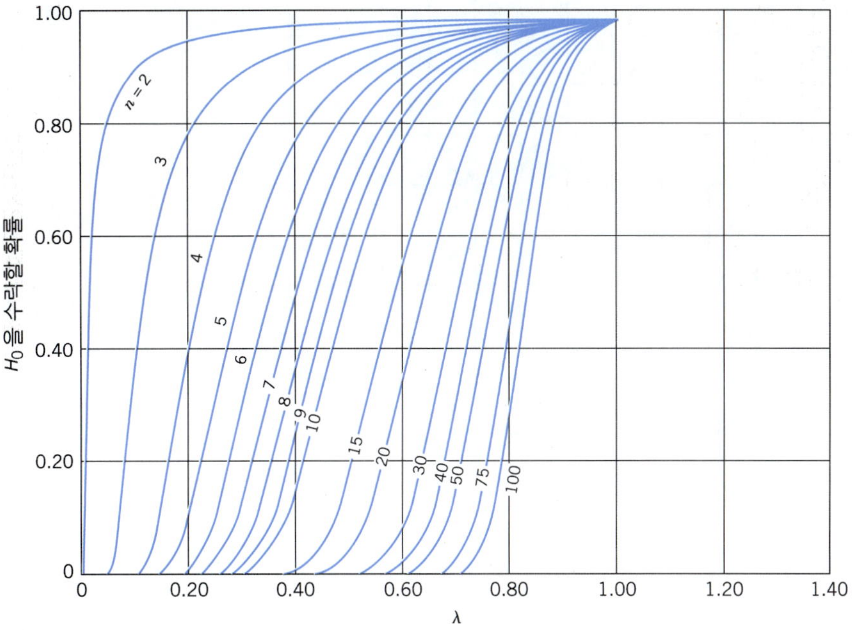

(n) $\alpha = 0.01$, 하단측 χ^2-검정에서 여러 n에 대한 OC곡선

표 VII 검사특성곡선(계속)

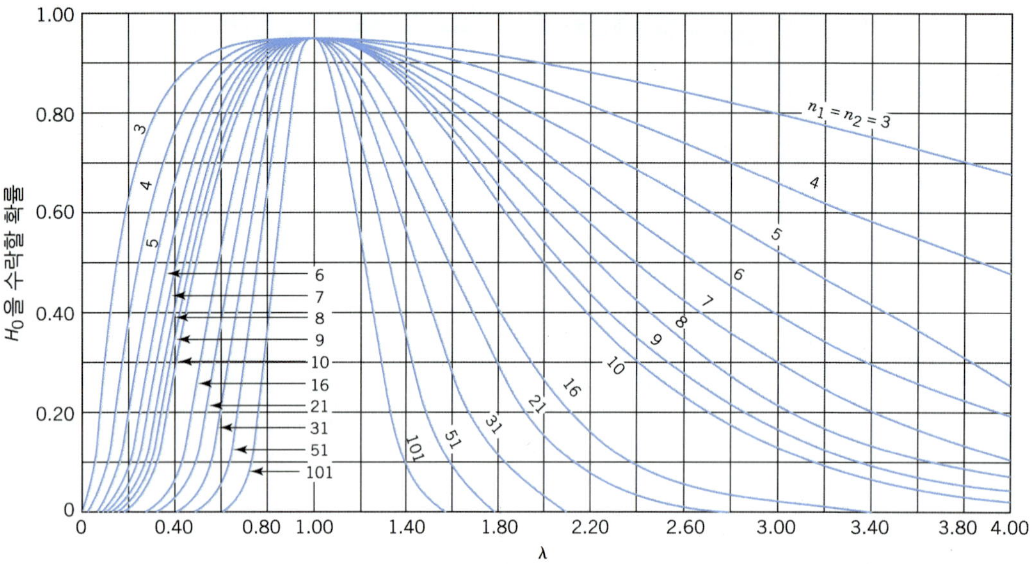

(o) $\alpha = 0.05$, 양측 F–검정에서 여러 n에 대한 OC곡선

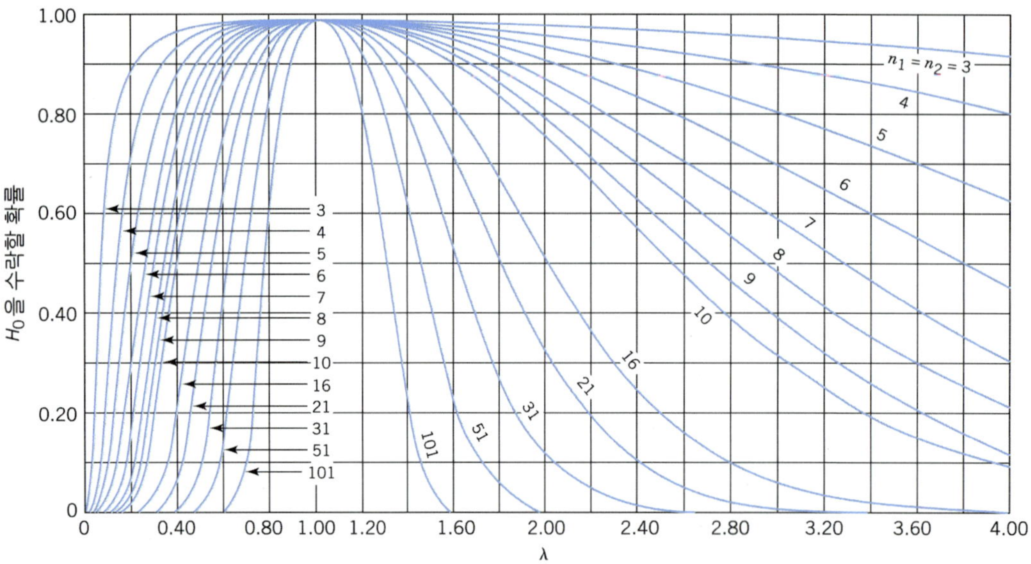

(p) $\alpha = 0.01$, 양측 F–검정에서 여러 n에 대한 OC곡선

표 VII 검사특성곡선(계속)

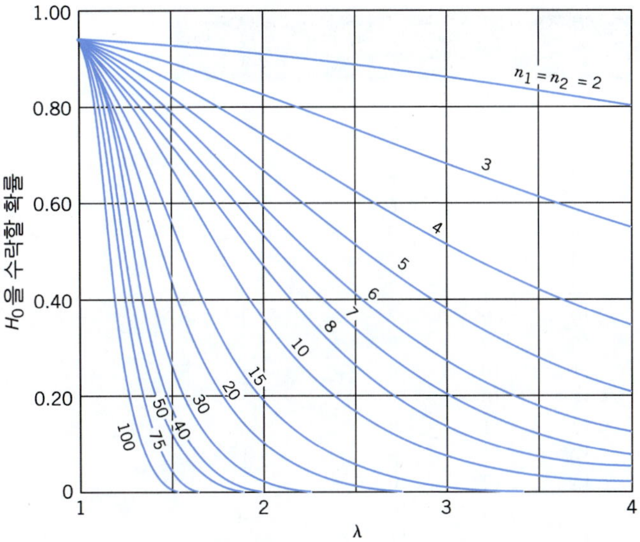

(q) $\alpha = 0.05$, 단측 F–검정에서 여러 n에 대한 OC곡선

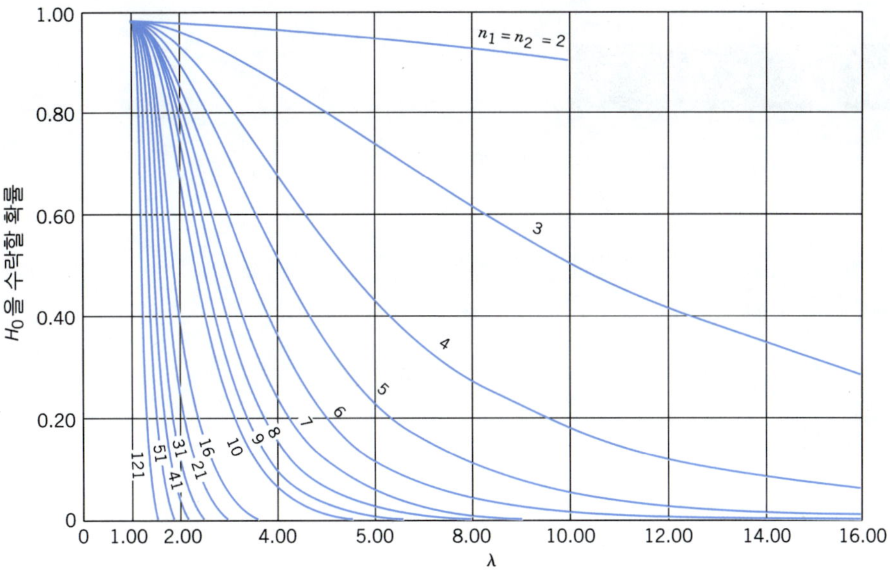

(r) $\alpha = 0.01$, 단측 F–검정에서 여러 n에 대한 OC곡선

표 VIII 부호검정의 임계치

n \ α	0.10 0.05	0.05 0.025	0.01 0.005	양측검정 단측검정	n \ α	0.10 0.05	0.05 0.025	0.01 0.005	양측검정 단측검정
	r_α^*								
5	0				23	7	6	4	
6	0	0			24	7	6	5	
7	0	0			25	7	7	5	
8	1	0	0		26	8	7	6	
9	1	1	0		27	8	7	6	
10	1	1	0		28	9	8	6	
11	2	1	0		29	9	8	7	
12	2	2	1		30	10	9	7	
13	3	2	1		31	10	9	7	
14	3	2	1		32	10	9	8	
15	3	3	2		33	11	10	8	
16	4	3	2		34	11	10	9	
17	4	4	2		35	12	11	9	
18	5	4	3		36	12	11	9	
19	5	4	3		37	13	12	10	
20	5	5	3		38	13	12	10	
21	6	5	4		39	13	12	11	
22	6	5	4		40	14	13	11	

표 IX 윌콕스 부호순위검정의 임계치

n^* \ α	0.10 0.05	0.05 0.025	0.02 0.01	0.01 0.005	양측검정 단측검정
	w_α^*				
4					
5	0				
6	2	0			
7	3	2	0		
8	5	3	1	0	
9	8	5	3	1	
10	10	8	5	3	
11	13	10	7	5	
12	17	13	9	7	
13	21	17	12	9	
14	25	21	15	12	
15	30	25	19	15	
16	35	29	23	19	
17	41	34	27	23	
18	47	40	32	27	
19	53	46	37	32	
20	60	52	43	37	
21	67	58	49	42	
22	75	65	55	48	
23	83	73	62	54	
24	91	81	69	61	
25	100	89	76	68	

* $n > 25$이면 $W^-(W^+)$는 평균이 $\frac{n(n+1)}{4}$이고 분산이 $\frac{n(n+1)(2n+1)}{24}$인 근사 정규분포를 따른다.

표 X 윌콕슨 순위합검정의 임계치

$w_{0.05}$

n_2 \ n_1*	4	5	6	7	8	9	10	11	12	13	14	15
4	10											
5	11	17										
6	12	18	26									
7	13	20	27	36								
8	14	21	29	38	49							
9	15	22	31	40	51	63						
10	15	23	32	42	53	65	78					
11	16	24	34	44	55	68	81	96				
12	17	26	35	46	58	71	85	99	115			
13	18	27	37	48	60	73	88	103	119	137		
14	19	28	38	50	63	76	91	106	123	141	160	
15	20	29	40	52	65	79	94	110	127	145	164	185
16	21	31	42	54	67	82	97	114	131	150	169	
17	21	32	43	56	70	84	100	117	135	154		
18	22	33	45	58	72	87	103	121	139			
19	23	34	46	60	74	90	107	124				
20	24	35	48	62	77	93	110					
21	25	37	50	64	79	95						
22	26	38	51	66	82							
23	27	39	53	68								
24	28	40	55									
25	28	42										
26	29											
27												
28												

* $n_1, n_2 > 8$에 대하여 W_1은 평균이 $\frac{1}{2}n_1(n_1+n_2+1)$이고 분산이 $\frac{n_1n_2(n_1+n_2+1)}{12}$인 근사 정규분포를 따른다.

표 X 윌콕슨 순위합검정의 임계치(계속)

$w_{0.01}$

n_2 \ n_1*	4	5	6	7	8	9	10	11	12	13	14	15
5		15										
6	10	16	23									
7	10	17	24	32								
8	11	17	25	34	43							
9	11	18	26	35	45	56						
10	12	19	27	37	47	58	71					
11	12	20	28	38	49	61	74	87				
12	13	21	30	40	51	63	76	90	106			
13	14	22	31	41	53	65	79	93	109	125		
14	14	22	32	43	54	67	81	96	112	129	147	
15	15	23	33	44	56	70	84	99	115	133	151	171
16	15	24	34	46	58	72	86	102	119	137	155	
17	16	25	36	47	60	74	89	105	122	140		
18	16	26	37	49	62	76	92	108	125			
19	17	27	38	50	64	78	94	111				
20	18	28	39	52	66	81	97					
21	18	29	40	53	68	83						
22	19	29	42	55	70							
23	19	30	43	57								
24	20	31	44									
25	20	32										
26	21											
27												
28												

표 XI 계량형 관리도의 인자

관리도의 인자							
	$\overline{X}$ 관리도			R 관리도		S 관리도	
n*	A_1	A_2	d_2	D_3	D_4	C_4	n
2	3.760	1.880	1.128	0	3.267	0.7979	2
3	2.394	1.023	1.693	0	2.575	0.8862	3
4	1.880	.729	2.059	0	2.282	0.9213	4
5	1.596	.577	2.326	0	2.115	0.9400	5
6	1.410	.483	2.534	0	2.004	0.9515	6
7	1.277	.419	2.704	.076	1.924	0.9594	7
8	1.175	.373	2.847	.136	1.864	0.9650	8
9	1.094	.337	2.970	.184	1.816	0.9693	9
10	1.028	.308	3.078	.223	1.777	0.9727	10
11	.973	.285	3.173	.256	1.744	0.9754	11
12	.925	.266	3.258	.284	1.716	0.9776	12
13	.884	.249	3.336	.308	1.692	0.9794	13
14	.848	.235	3.407	.329	1.671	0.9810	14
15	.816	.223	3.472	.348	1.652	0.9823	15
16	.788	.212	3.532	.364	1.636	0.9835	16
17	.762	.203	3.588	.379	1.621	0.9845	17
18	.738	.194	3.640	.392	1.608	0.9854	18
19	.717	.187	3.689	.404	1.596	0.9862	19
20	.697	.180	3.735	.414	1.586	0.9869	20
21	.679	.173	3.778	.425	1.575	0.9876	21
22	.662	.167	3.819	.434	1.566	0.9882	22
23	.647	.162	3.858	.443	1.557	0.9887	23
24	.632	.157	3.895	.452	1.548	0.9892	24
25	.619	.153	3.931	.459	1.541	0.9896	25

*표본의 관측치 개수 $n > 25$에 대하여 $A_1 = \dfrac{3}{\sqrt{n}}$이다.

표 XII 공차구간의 인자

양측구간의 k값									
	신뢰수준								
	0.90			0.95			0.99		
	포함확률								
표본크기	0.90	0.95	0.99	0.90	0.95	0.99	0.90	0.95	0.99
2	15.978	18.800	24.167	32.019	37.674	48.430	160.193	188.491	242.300
3	5.847	6.919	8.974	8.380	9.916	12.861	18.930	22.401	29.055
4	4.166	4.943	6.440	5.369	6.370	8.299	9.398	11.150	14.527
5	3.949	4.152	5.423	4.275	5.079	6.634	6.612	7.855	10.260
6	3.131	3.723	4.870	3.712	4.414	5.775	5.337	6.345	8.301
7	2.902	3.452	4.521	3.369	4.007	5.248	4.613	5.488	7.187
8	2.743	3.264	4.278	3.136	3.732	4.891	4.147	4.936	6.468
9	2.626	3.125	4.098	2.967	3.532	4.631	3.822	4.550	5.966
10	2.535	3.018	3.959	2.839	3.379	4.433	3.582	4.265	5.594
11	2.463	2.933	3.849	2.737	3.259	4.277	3.397	4.045	5.308
12	2.404	2.863	3.758	2.655	3.162	4.150	3.250	3.870	5.079
13	2.355	2.805	3.682	2.587	3.081	4.044	3.130	3.727	4.893
14	2.314	2.756	3.618	2.529	3.012	3.955	3.029	3.608	4.737
15	2.278	2.713	3.562	2.480	2.954	3.878	2.945	3.507	4.605
16	2.246	2.676	3.514	2.437	2.903	3.812	2.872	3.421	4.492
17	2.219	2.643	3.471	2.400	2.858	3.754	2.808	3.345	4.393
18	2.194	2.614	3.433	2.366	2.819	3.702	2.753	3.279	4.307
19	2.172	2.588	3.399	2.337	2.784	3.656	2.703	3.221	4.230
20	2.152	2.564	3.368	2.310	2.752	3.615	2.659	3.168	4.161
21	2.135	2.543	3.340	2.286	2.723	3.577	2.620	3.121	4.100
22	2.118	2.524	3.315	2.264	2.697	3.543	2.584	3.078	4.044
23	2.103	2.506	3.292	2.244	2.673	3.512	2.551	3.040	3.993
24	2.089	2.489	3.270	2.225	2.651	3.483	2.522	3.004	3.947
25	2.077	2.474	3.251	2.208	2.631	3.457	2.494	2.972	3.904
30	2.025	2.413	3.170	2.140	2.529	3.350	2.385	2.841	3.733
40	1.959	2.334	3.066	2.052	2.445	3.213	2.247	2.677	3.518
50	1.916	2.284	3.001	1.996	2.379	3.126	2.162	2.576	3.385
60	1.887	2.248	2.955	1.958	2.333	3.066	2.103	2.506	3.293
70	1.865	2.222	2.920	1.929	2.299	3.021	2.060	2.454	3.225
80	1.848	2.202	2.894	1.907	2.272	2.986	2.026	2.414	3.173
90	1.834	2.185	2.872	1.889	2.251	2.958	1.999	2.382	3.130
100	1.822	2.172	2.854	1.874	2.233	2.934	1.977	2.355	3.096

표 XII 공차구간의 인자(계속)

양측구간의 k값									
	신뢰수준								
	0.90			0.95			0.99		
	포함확률								
표본크기	0.90	0.95	0.99	0.90	0.95	0.99	0.90	0.95	0.99
2	10.253	13.090	18.500	20.581	26.260	37.094	103.029	131.426	185.617
3	4.258	5.311	7.340	6.155	7.656	10.553	13.995	17.370	23.896
4	3.188	3.957	5.438	4.162	5.144	7.042	7.380	9.083	12.387
5	2.742	3.400	4.666	3.407	4.203	5.741	5.362	6.578	8.939
6	2.494	3.092	4.243	3.006	3.708	5.062	4.411	5.406	7.335
7	2.333	2.894	3.972	2.755	3.399	4.642	3.859	4.728	6.412
8	2.219	2.754	3.783	2.582	3.187	4.354	3.497	4.285	5.812
9	2.133	2.650	3.641	2.454	3.031	4.143	3.240	3.972	5.389
10	2.066	2.568	3.532	2.355	2.911	3.981	3.048	3.738	5.074
11	2.011	2.503	3.443	2.275	2.815	3.852	2.898	3.556	4.829
12	1.966	2.448	3.371	2.210	2.736	3.747	2.777	3.410	4.633
13	1.928	2.402	3.309	2.155	2.671	3.659	2.677	3.290	4.472
14	1.895	2.363	3.257	2.109	2.614	3.585	2.593	3.189	4.337
15	1.867	2.329	3.212	2.068	2.566	3.520	2.521	3.102	4.222
16	1.842	2.299	3.172	2.033	2.524	3.464	2.459	3.028	4.123
17	1.819	2.272	3.137	2.002	2.486	3.414	2.405	2.963	4.037
18	1.800	2.249	3.105	1.974	2.453	3.370	2.357	2.905	3.960
19	1.782	2.227	3.077	1.949	2.423	3.331	2.314	2.854	3.892
20	1.765	2.028	3.052	1.926	2.396	3.295	2.276	2.808	3.832
21	1.750	2.190	3.028	1.905	2.371	3.263	2.241	2.766	3.777
22	1.737	2.174	3.007	1.886	2.349	3.233	2.209	2.729	3.727
23	1.724	2.159	2.987	1.869	2.328	3.206	2.180	2.694	3.681
24	1.712	2.145	2.969	1.853	2.309	3.181	2.154	2.662	3.640
25	1.702	2.132	2.952	1.838	2.292	3.158	2.129	2.633	3.601
30	1.657	2.080	2.884	1.777	2.220	3.064	2.030	2.515	3.447
40	1.598	2.010	2.793	1.697	2.125	2.941	1.902	2.364	3.249
50	1.559	1.965	2.735	1.646	2.065	2.862	1.821	2.269	3.125
60	1.532	1.933	2.694	1.609	2.022	2.807	1.764	2.202	3.038
70	1.511	1.909	2.662	1.581	1.990	2.765	1.722	2.153	2.974
80	1.495	1.890	2.638	1.559	1.964	2.733	1.688	2.114	2.924
90	1.481	1.874	2.618	1.542	1.944	2.706	1.661	2.082	2.883
100	1.470	1.861	2.601	1.527	1.927	2.684	1.639	2.056	2.850

부록 B 참고문헌

입문과 그래픽 방법

- Chambers, J., Cleveland, W., Kleiner, B., and P. Tukey (1983), Graphical Methods for Data Analysis, Wadsworth & Brooks/Cole, Pacific Grove, CA. 통계 그래픽 방법에 대해 잘 설명되어 있다.
- Freedman, D., Pisani, R., Purves R., and A. Adbikari (2007), *Statistics*, 4th ed., Norton, New York. 통계적 사고에 대한 훌륭한 입문서로 최소한의 수학만을 필요로 한다.
- Hoaglin, D., Mosteller, F., and J. Tukey (1983), *Understanding Robust and Exploratory Data Analysis*, John Wiley & Sons, New York. 줄기-잎그림 또는 상자그림과 같은 기법에 대한 설명과 예시를 제공한다
- Tanur, J., et al. (eds.) (1989), *Statistics: A Guide to the Unknown*, 3rd edition, Wadsworth & Brooks/Cole, Pacific Grove, CA. 통계의 다양한 응용을 설명하는 짧은 비수학적 논문을 포함한다.
- Tukey, J. (1977), *Exploratory Data Analysis*, Addison- Wesley, Reading, MA. 여러 새로운 기술적 및 분석적 방법을 소개한다. 읽기에는 그리 쉽지 않다.

확률

- Hoel, P. G., Port, S. C., and C. J. Stone (1971), *Introduction to Probability Theory*, Houghton Mifflin, Boston. 확률이론과 표준 이산분포 및 연속분포를 종합적으로 다룬다.
- Olkin, I., Derman, C., and L. Gleser (1994), *Probability Models and Applications*, 2nd ed., Macmillan, New York. 이 책보다 더 높은 수학적 수준으로 확률에 대해 종합적으로 다룬다.
- Mosteller, F., Rourke, R., and G. Thomas (1970), *Probability with Statistical Applications*, 2nd ed., Addison-Wesley, Reading, MA. 여러 우수한 예제를 포함하는 확률에 대한 미적분 입문서이다.
- Ross, S. (2009), *A First Course in Probability*, 8th ed., Prentice-Hall, Englewood Cliffs, NJ. 이 책보다 수학적으로 더 정교하지만 많은 훌륭한 예제와 연습문제를 포함한다.

수리통계학

- Efron, B., and R. Tibshirani (1993), *An Introduction to the Bootstrap*, Chapman and Hall, New York. 컴퓨터 집약기법에 대한 중요한 참고서이다.
- Hoel, P. G. (1984), *Introduction to Mathematical Statistics*, 5th ed., John Wiley & Sons, New York. 뛰어난 입문서로 잘 쓰여 있으며 일반적으로 이해하기 쉽다.
- Hogg, R., and A. Craig (2004), *Introduction to Mathematical Statistics*, 6th ed., Prentice-Hall, Englewood Cliffs, NJ. 통계의 수학적 원리에 대한 또 다른 고전적 저서로 Hoel의 책보다 수준이 높지만 추정 및 가설검정에 대한 훌륭한 논의가 포함되어 있다.
- Larsen, R., and M. Marx (1986), *Introduction to Mathematical Statistics*, 2nd ed., Prentice-Hall, Englewood Cliffs, NJ. 비교적 낮은 수준의 수학을 사용하여 아주 읽기 쉽다.
- Larson, H. J. (1982), *Introduction to Probability Theory and Statistical Inference*, 3rd ed., John Wiley & Sons, New York. 확률과 수리통계의 여러 측면에 대한 광범위한 내용을 다루는 아주 잘 쓰여진 책이다.

공업통계

- Devore, J. L. (2008), *Probability and Statistics for Engineering and the Sciences*, 8th ed., Duxbury & Brooks/Cole, Pacific Grove, CA. 이 책과 같은 주제를 많이 다루지만 수학적 수준이 조금 더 높다. 많은 예제와 연습문제가 생물학 및 생명과학에 적용된다.

- Hines,W.W., and D. C. Montgomery (1990), *Probability and Statistics in Engineering and Management Science*, 3rd ed., John Wiley & Sons, New York. 이 책과 같은 주제를 많이 다루지만 확률에 중점을 두며 수학적 수준이 더 높다.
- Ross, S. (1987), *Introduction to Probability and Statistics for Engineers and Scientists*, John Wiley & Sons, New York. 이 책보다 더 간결하며 수학 중심적이지만 몇몇 좋은 예시가 포함되어 있다.
- Walpole, R. E., Myers, R. H., and S. L. Myers (2002), *Probability and Statistics for Engineers and Scientists*, 7th ed., Prentice-Hall, Inc., Upper Saddle River, New Jersey. 이 책과 비슷한 수준으로 잘 쓴 책이다.

회귀분석

- Daniel, C., and F. Wood (1980), *Fitting Equations to Data*, 2nd ed., John Wiley & Sons, New York. 데이터 분석에 대한 많은 통찰을 담고 있는 훌륭한 참고서이다.
- Draper, N., and H. Smith (1998), *Applied Regression Analysis*, 3rd ed., John Wiley & Sons, New York. 회귀분석에 대한 포괄적 책으로, 통계에 중점을 둔 독자를 위해 쓴 책이다.
- Kutner, M.H., Nachtsheim, C.J., Neter, J., and W. Li (2005), *Applied Linear Statistical Models*, 5th ed., McGraw-Hill/Irwin, Columbus, OH. 책의 첫 부분은 단순선형회귀와 다중선형회귀에 대한 입문이다. 비즈니스와 경제학에 중점을 두고 있다.
- Montgomery, D. C., Peck, E. A., and G. G. Vining (2012), *Introduction to Linear Regression Analysis*, 5th ed., John Wiley &Sons, New York. 기술자와 물리 과학자를 위해 쓰인 회귀분석에 대한 포괄적인 책이다.
- Myers, R. H. (1990), *Classical and Modern Regression with Applications*, 2nd ed., PWS-Kent, Boston. 주석이 달린 SAS 출력을 포함한 예제가 많고, 매우 잘 쓴 책이다.

실험설계

- Box, G. E. P., Hunter, W. G., and J. S. Hunter (2005), *Statistics for Experimenters*, 2nd ed., John Wiley & Sons, New York. 통계적 접근을 원하는 독자를 위한 주제에 대한 훌륭한 입문서이다. 데이터 분석에 유용한 여러 제안이 포함되어 있다.
- Mason, R. L., Gunst, R. F., and J. F. Hess (2003), *Statistical Design and Analysis of Experiments*, 2nd ed., John Wiley & Sons, New York. 기초통계, 가설검정 및 신뢰구간, 실험설계의 기본 그리고 회귀분석을 포괄적으로 다루는 책이다.
- Montgomery, D. C. (2017), *Design and Analysis of Experiments*, 9th ed., John Wiley & Sons, New York. Box, Hunter, and Hunter 책과 같은 수준에서 공학 응용에 중점을 둔 책이다.

비모수통계

- Conover, W. J. (1998), *Practical Nonparametric Statistics*, 3rd ed., John Wiley & Sons, New York. 비모수 통계 방법에 관한 훌륭한 설명이 있고, 좋은 예제와 연습문제가 포함되어 있다.
- Hollander, M., and D. Wolfe (1999), *Nonparametric Statistical Methods*, 2nd ed., John Wiley & Sons, New York. 좋은 참고서로 유용한 표들이 포함되어 있다.

통계적 품질관리 및 관련 기법

- Duncan, A. J. (1986), Quality Control and Industrial Statistics, 5th ed., Richard D. Irwin, Homewood, Illinois. 해당 주제에 대한 고전서이다.
- Grant, E. L., and R. S. Leavenworth (1996), Statistical Quality Control, 7th ed., McGraw-Hill, New York. 해당 주제에 대한 최초의 책 중 하나로 좋

은 예시가 많이 포함되어 있다.

- John, P. W. M. (1990), Statistical Methods in Engineering and Quality Improvement, John Wiley & Sons, New York. 방법론적인 책은 아니지만 품질개선을 위한 통계적 방법론에 대해 잘 설명되어 있다.
- Montgomery, D. C. (2013), Introduction to Statistical Quality Control, 7th ed., John Wiley & Sons, New York. 이 책과 같은 수준에서 쓰인, 해당 주제에 대해 현대적이고 포괄적으로 설명한다.
- Nelson, W. (2003), Applied Life Data Analysis, JohnWiley& Sons, New York. 고장 데이터 연구에 사용하는 통계적 방법에 대한 많은 예제를 포함하고 있으며, 신뢰성공학의 통계적 측면과 해당 분야에서 사용되는 특수한 확률분포에 대한 좋은 참고서이다.
- Ryan, T. P. (2000), Statistical Methods for Quality Improvement, 2nd ed., John Wiley & Sons, New York. 해당 분야를 광범위하게 다루며 일부 최신 기법에 중점을 둔 참고서이다.
- Wadsworth, H. M., Stephens, K. S., and A. B. Godfrey (2001), Modern Methods for Quality Control and Improvement, 2nd ed., John Wiley & Sons, New York. 이 책보다 다소 높은 수준에서 품질개선을 위한 통계적 방법을 포괄적으로 다루고 있다.
- Western Electric Company (1956), Statistical Quality Control Handbook, Western Electric Company, Inc., Indianapolis, Indiana. 옛날 책이지만 여전히 좋은 책이다.

부록 C 가설검정과 신뢰구간 요약표

단일표본 가설검정

귀무가설	검정통계량	대립가설	기각 기준	P–값	OC곡선 모수	부록 표 VII
$H_0: \mu=\mu_0$ σ^2을 알 때	$z_0=\dfrac{\bar{x}-\mu_0}{\sigma/\sqrt{n}}$	$H_1: \mu\neq\mu_0$	$\lvert z_0\rvert > z_{\alpha/2}$	$\lvert z_0\rvert$ 이상 또는 $-\lvert z_0\rvert$ 이하일 확률	$d=\dfrac{\lvert\mu-\mu_0\rvert}{\sigma}$	a, b
		$H_1: \mu>\mu_0$	$z_0 > z_\alpha$	z_0 이상일 확률	$d=\dfrac{\mu-\mu_0}{\sigma}$	c, d
		$H_1: \mu<\mu_0$	$z_0 < -z_\alpha$	z_0 이하일 확률	$d=\dfrac{\mu_0-\mu}{\sigma}$	c, d
$H_0: \mu=\mu_0$ σ^2을 모를 때	$t_0=\dfrac{\bar{x}-\mu_0}{s/\sqrt{n}}$	$H_1: \mu\neq\mu_0$	$\lvert t_0\rvert > t_{\alpha/2,\,n-1}$	$\lvert t_0\rvert$ 이상 또는 $-\lvert t_0\rvert$ 이하일 확률	$d=\dfrac{\lvert\mu-\mu_0\rvert}{\sigma}$	e, f
		$H_1: \mu>\mu_0$	$t_0 > t_{\alpha,\,n-1}$	t_0 이상일 확률	$d=\dfrac{\mu-\mu_0}{\sigma}$	g, h
		$H_1: \mu<\mu_0$	$t_0 < -t_{\alpha,\,n-1}$	t_0 이하일 확률	$d=\dfrac{\mu_0-\mu}{\sigma}$	g, h
$H_0: \sigma^2=\sigma_0^2$	$\chi_0^2=\dfrac{(n-1)s^2}{\sigma_0^2}$	$H_1: \sigma^2\neq\sigma_0^2$	$\chi_0^2 > \chi^2_{\alpha/2,\,n-1}$, $\chi_0^2 < \chi^2_{1-\alpha/2,\,n-1}$	9.4절 참조	$\lambda=\dfrac{\sigma}{\sigma_0}$	i, j
		$H_1: \sigma^2>\sigma_0^2$	$\chi_0^2 > \chi^2_{\alpha,\,n-1}$		$\lambda=\dfrac{\sigma}{\sigma_0}$	k, l
		$H_1: \sigma^2<\sigma_0^2$	$\chi_0^2 < \chi^2_{1-\alpha,\,n-1}$		$\lambda=\dfrac{\sigma}{\sigma_0}$	m, n
$H_0: p=p_0$	$z_0=\dfrac{x-np_0}{\sqrt{np_0(1-p_0)}}$	$H_1: p\neq p_0$	$\lvert z_0\rvert > z_{\alpha/2}$	$\lvert z_0\rvert$ 이상 또는 $-\lvert z_0\rvert$ 이하일 확률		
		$H_1: p>p_0$	$z_0 > z_\alpha$	z_0 이상일 확률		
		$H_1: p<p_0$	$z_0 < -z_\alpha$	z_0 이하일 확률		

단일표본 신뢰구간

문제 유형	점추정치	$100(1-\alpha)$% 신뢰구간
σ^2을 알 때 평균 μ	$\bar{x}$	$\bar{x}-z_{\alpha/2}\dfrac{\sigma}{\sqrt{n}} \le \mu \le \bar{x}+z_{\alpha/2}\dfrac{\sigma}{\sqrt{n}}$
σ^2을 모를 때 평균 μ	$\bar{x}$	$\bar{x}-t_{\alpha/2,n-1}\dfrac{s}{\sqrt{n}} \le \mu \le \bar{x}+t_{\alpha/2,n-1}\dfrac{s}{\sqrt{n}}$
정규분포의 분산 σ^2	s^2	$\dfrac{(n-1)s^2}{\chi^2_{\alpha/2,\,n-1}} \le \sigma^2 \le \dfrac{(n-1)s^2}{\chi^2_{1-\alpha/2,\,n-1}}$
이항분포의 비율 p	$\hat{p}$	$\hat{p}-z_{\alpha/2}\sqrt{\dfrac{\hat{p}(1-\hat{p})}{n}} \le p \le \hat{p}+z_{\alpha/2}\sqrt{\dfrac{\hat{p}(1-\hat{p})}{n}}$

이표본 가설검정

귀무가설	검정통계량	대립가설	기각 기준	P-값	OC곡선 모수	표 VII
$H_0: \mu_1-\mu_2=\Delta_0$ σ_1^2, σ_2^2 알 때	$z_0=\dfrac{\bar{x}_1-\bar{x}_2-\Delta_0}{\sqrt{\dfrac{\sigma_1^2}{n_1}+\dfrac{\sigma_2^2}{n_2}}}$	$H_1: \mu_1-\mu_2 \neq \Delta_0$	$\lvert z_0 \rvert > z_{\alpha/2}$	$\lvert z_0 \rvert$ 이상 또는 $-\lvert z_0 \rvert$ 이하일 확률	$d=\dfrac{\lvert \mu_1-\mu_2-\Delta_0 \rvert}{\sqrt{\sigma_1^2+\sigma_2^2}}$	a, b
		$H_1: \mu_1-\mu_2 > \Delta_0$	$z_0 > z_\alpha$	z_0 이상일 확률	$d=\dfrac{\mu_1-\mu_2-\Delta_0}{\sqrt{\sigma_1^2+\sigma_2^2}}$	c, d
		$H_1: \mu_1-\mu_2 < \Delta_0$	$z_0 < -z_\alpha$	z_0 이하일 확률	$d=\dfrac{\mu_2-\mu_1-\Delta_0}{\sqrt{\sigma_1^2+\sigma_2^2}}$	c, d
$H_0: \mu_1-\mu_2=\Delta_0$ σ_1^2, σ_2^2 모를 때 $\sigma_1^2=\sigma_2^2$	$t_0=\dfrac{\bar{x}_1-\bar{x}_2-\Delta_0}{s_p\sqrt{\dfrac{1}{n_1}+\dfrac{1}{n_2}}}$	$H_1: \mu_1-\mu_2 \neq \Delta_0$	$\lvert t_0 \rvert > t_{\alpha/2,\, n_1+n_2-2}$	$\lvert t_0 \rvert$ 이상 또는 $-\lvert t_0 \rvert$ 이하일 확률	$d=\dfrac{\lvert \Delta-\Delta_0 \rvert}{2\sigma}$	e, f
		$H_1: \mu_1-\mu_2 > \Delta_0$	$t_0 > t_{\alpha,\, n_1+n_2-2}$	t_0 이상일 확률	$d=\dfrac{\Delta-\Delta_0}{2\sigma}$	g, h
		$H_1: \mu_1-\mu_2 < \Delta_0$	$t_0 < -t_{\alpha,\, n_1+n_2-2}$	t_0 이하일 확률	$d=\dfrac{\Delta_0-\Delta}{2\sigma}$	g, h
					$\Delta=\mu_1-\mu_2$	
$H_0: \mu_1-\mu_2=\Delta_0$ σ_1^2, σ_2^2 모를 때 $\sigma_1^2 \neq \sigma_2^2$	$t_0=\dfrac{\bar{x}_1-\bar{x}_2-\Delta_0}{\sqrt{\dfrac{s_1^2}{n_1}+\dfrac{s_2^2}{n_2}}}$	$H_1: \mu_1-\mu_2 \neq \Delta_0$	$\lvert t_0 \rvert > t_{\alpha/2,\, \nu}$	$\lvert t_0 \rvert$ 이상 또는 $-\lvert t_0 \rvert$ 이하일 확률		
		$H_1: \mu_1-\mu_2 > \Delta_0$	$t_0 > t_{\alpha,\, \nu}$	t_0 이상일 확률		
		$H_1: \mu_1-\mu_2 < \Delta_0$	$t_0 < -t_{\alpha,\, \nu}$	t_0 이하일 확률		
		$\nu=\left(\dfrac{s_1^2}{n_1}+\dfrac{s_2^2}{n_2}\right)^2\left[\dfrac{(s_1^2/n_1)^2}{n_1-1}+\dfrac{(s_2^2/n_2)^2}{n_2-1}\right]^{-1}$				
$H_0: \mu_D=0$ 쌍체표본	$t_0=\dfrac{\bar{d}}{s_D/\sqrt{n}}$	$H_1: \mu_D \neq 0$	$\lvert t_0 \rvert > t_{\alpha/2,\, n-1}$	$\lvert t_0 \rvert$ 이상 또는 $-\lvert t_0 \rvert$ 이하일 확률		
		$H_1: \mu_D > 0$	$t_0 > t_{\alpha,\, n-1}$	t_0 이상일 확률		
		$H_1: \mu_D < 0$	$t_0 < -t_{\alpha,\, n-1}$	t_0 이하일 확률		
$H_0: \sigma_1^2=\sigma_2^2$	$f_0=\dfrac{s_1^2}{s_2^2}$	$H_1: \sigma_1^2 \neq \sigma_2^2$	$f_0 > f_{\alpha/2,\, n_1-1,\, n_2-1}$, $f_0 < f_{1-\alpha/2,\, n_1-1,\, n_2-1}$	10.5.2절 참조	$\lambda=\sigma_1/\sigma_2$	o, p
		$H_1: \sigma_1^2 > \sigma_2^2$	$f_0 > f_{\alpha,\, n_1-1,\, n_2-1}$		$\lambda=\sigma_1/\sigma_2$	q, r
		$H_1: \sigma_1^2 < \sigma_2^2$	$f_0 < f_{1-\alpha,\, n_1-1,\, n_2-1}$		$\lambda=\sigma_1/\sigma_2$	q, r
$H_0: p_1=p_2$	$z_0=\dfrac{\hat{p}_1-\hat{p}_2}{\sqrt{\hat{p}(1-\hat{p})\left(\dfrac{1}{n_1}+\dfrac{1}{n_2}\right)}}$	$H_1: p_1 \neq p_2$	$\lvert z_0 \rvert > z_{\alpha/2}$	$\lvert z_0 \rvert$ 이상 또는 $-\lvert z_0 \rvert$ 이하일 확률		
		$H_1: p_1 > p_2$	$z_0 > z_\alpha$	z_0 이상일 확률		
		$H_1: p_1 < p_2$	$z_0 < -z_\alpha$	z_0 이하일 확률		

이표본 신뢰구간

문제 유형	점추정치	$100(1-\alpha)\%$ 신뢰구간
두 평균 μ_1과 μ_2 차이 σ_1^2, σ_2^2 알 때	$\bar{x}_1-\bar{x}_2$	$\bar{x}_1-\bar{x}_2-z_{\alpha/2}\sqrt{\frac{\sigma_1^2}{n_1}+\frac{\sigma_2^2}{n_2}} \le \mu_1-\mu_2 \le \bar{x}_1-\bar{x}_2+z_{\alpha/2}\sqrt{\frac{\sigma_1^2}{n_1}+\frac{\sigma_2^2}{n_2}}$
정규분포 평균 μ_1과 μ_2 차이 σ_1^2, σ_2^2 모를 때, $\sigma_1^2=\sigma_2^2$	$\bar{x}_1-\bar{x}_2$	$\bar{x}_1-\bar{x}_2-t_{\alpha/2,\,n_1+n_2-2}\,s_p\sqrt{\frac{1}{n_1}+\frac{1}{n_2}} \le \mu_1-\mu_2 \le \bar{x}_1-\bar{x}_2+t_{\alpha/2,\,n_1+n_2-2}\,s_p\sqrt{\frac{1}{n_1}+\frac{1}{n_2}}$ $s_p=\sqrt{\frac{(n_1-1)s_1^2+(n_2-1)s_2^2}{n_1+n_2-2}}$
정규분포 평균 μ_1과 μ_2 차이 σ_1^2, σ_2^2 모를 때, $\sigma_1^2\neq\sigma_2^2$	$\bar{x}_1-\bar{x}_2$	$\bar{x}_1-\bar{x}_2-t_{\alpha/2,\,\nu}\sqrt{\frac{s_1^2}{n_1}+\frac{s_2^2}{n_2}} \le \mu_1-\mu_2 \le \bar{x}_1-\bar{x}_2+t_{\alpha/2,\,\nu}\sqrt{\frac{s_1^2}{n_1}+\frac{s_2^2}{n_2}}$ $\nu=\frac{\left(\frac{s_1^2}{n_1}+\frac{s_2^2}{n_2}\right)^2}{\frac{(s_1^2/n_1)^2}{n_1-1}+\frac{(s_2^2/n_2)^2}{n_2-1}}$
쌍체표본 $\mu_D=\mu_1-\mu_2$	$\bar{d}$	$\bar{d}-t_{\alpha/2,\,n-1}\frac{s_D}{\sqrt{n}} \le \mu_D \le \bar{d}+t_{\alpha/2,\,n-1}\frac{s_D}{\sqrt{n}}$
정규분포 분산의 비율 $\frac{\sigma_1^2}{\sigma_2^2}$	$\frac{s_1^2}{s_2^2}$	$\frac{s_1^2}{s_2^2}f_{1-\alpha/2,\,n_2-1,\,n_1-1} \le \frac{\sigma_1^2}{\sigma_2^2} \le \frac{s_1^2}{s_2^2}f_{\alpha/2,\,n_2-1,\,n_1-1}$ $f_{1-\alpha/2,\,n_2-1,\,n_1-1}=\frac{1}{f_{\alpha/2,\,n_1-1,\,n_2-1}}$
이항비율의 차이 p_1-p_2	$\hat{p}_1-\hat{p}_2$	$\hat{p}_1-\hat{p}_2-z_{\alpha/2}\sqrt{\frac{\hat{p}_1(1-\hat{p}_1)}{n_1}+\frac{\hat{p}_2(1-\hat{p}_2)}{n_2}} \le p_1-p_2 \le \hat{p}_1-\hat{p}_2+z_{\alpha/2}\sqrt{\frac{\hat{p}_1(1-\hat{p}_1)}{n_1}+\frac{\hat{p}_2(1-\hat{p}_2)}{n_2}}$

찾아보기

Applied Statistics and Probability for Engineers, **Seventh Edition, Asia Edition**
by Douglas C. Montgomery and George C. Runger

·저자
더글러스 몽고메리(Douglas C. Montgomery)
애리조나 주립대학 교수
조지 룽거(George C. Runger)
애리조나 주립대학 교수

·역자
김경미
건국대학교 산업공학과 교수

공학도를 위한 확률과 통계 제7판
APPLIED STATISTICS AND PROBABILITY FOR ENGINEERS, 7th Edition, Asia Edition

지은이 Douglas C. Montgomery · George C. Runger
옮긴이 김경미
펴낸이 조경희
펴낸곳 경문사
펴낸날 2024년 10월 31일 1판 1쇄
등 록 1979년 11월 9일 제1979-000023호
주 소 04057, 서울특별시 마포구 와우산로 174
전 화 (02)332-2004 팩스 (02)336-5193
이메일 kyungmoon@kyungmoon.com

값 39,000원

ISBN 979-11-6073-701-1